Linear Algebra
A Modern Introduction, 4th

선형대수학

데이비드 풀 지음

고관표 · 김경수 · 김도상 · 김병학 · 김인현 · 김정산 · 김진용 · 김태화 · 김혜현
박상원 · 박진한 · 서종진 · 송현종 · 신준용 · 심효섭 · 우현균 · 이규명 · 이선미
이완석 · 정진문 · 조경미 · 조낙은 · 조성진 · 최 원 · 최형준 · 표용수 · 하준홍
한성휴 · 한응섭 · 한창용 · 함남우 · 홍범일 옮김

KM 경문사
Cengage

Australia • Brazil • Canada • Mexico • Singapore • United Kingdom • United States

Cengage

Linear Algebra: A Modern Introduction, 4th Edition

David Poole

ISBN-13: 978-89-6105-979-4

Cengage Learning Korea Ltd.
14F YTN Newsquare 76 Sangamsan-ro
Mapo-gu Seoul 03926 Korea
Tel: (82) 1533 7053
Fax: (82) 2 330 7001

Printed in Korea
Print Number: 09 Print Year: 2025

역자 서문

선형대수학은 수학의 기본 교과목으로서는 물론, 자연과학을 비롯한 이공계의 여러 분야 및 사회과학 분야에서의 광범위한 응용으로 그 중요성이 인식되고 있다. 특히, 정보화시대와 영상시대를 맞이하여 급속하게 변화하는 기술과 새로운 지식에 대응하기 위하여, 선형대수학에 대한 이해는 실용성에 바탕을 둔 여러 분야에서의 실제 문제를 다루는 기초를 제공하는 데 필수적이라 할 수 있다.

이 책은 David Poole이 저술한 《Linear Algebra, A Modern Introduction (Forth Edition)》의 1장부터 8장까지의 내용을 번역한 것으로, 수학에 대한 기초 지식이 부족한 독자들도 이해할 수 있도록 적합한 기본 내용과 다양한 응용으로 구성되어 있다. 일부 내용에 대해서는 미적분학 등의 기초수학에 대한 기본 지식을 요구하고 있지만, 이해하기 어려운 부분은 생략하더라도 이 책의 전반적인 내용을 이해하는 데 큰 어려움은 없을 것으로 생각한다.

처음 다루는 내용에 대해서는 상세한 설명과 함께 풍부한 예제를 수록하여 새로운 개념을 이해하는 데 도움이 되게 하였으며, 각 절에는 연습문제를 수록하여 학생들의 문제해결력을 배양하고 일반화를 시도할 수 있는 기회를 제공하고자 하였다. 또한, 장별 복습문제를 수록하여 학습한 내용을 스스로 점검해볼 수 있도록 하였으며, 책의 전반에 걸쳐 여러 가지 응용문제를 다루고 있어서 새로운 내용에 대한 동기유발과 함께, 이미 배운 내용을 이해하는 데 도움이 되게 하였다.

제3판에서는 일부 내용에 대한 재편성과 수많은 단어의 수정을 통해 설명의 명료함과 정확성을 개선하였으며, 다섯 개의 쓰기과제를 추가하여 학생들을 더 많이 참여하도록 하였다. 또한, 200개 이상의 수정된 연습문제들을 새로 수정하였으며, 연습문제 풀이들을 업데이트하였다.

이 책의 각 장에서 다루는 주요 내용은 다음과 같다.

1장 유클리드 공간에서의 벡터대수와 스칼라적, 직선과 평면

2장 연립일차방정식의 해법, 생성원 집합과 일차독립, 연립일차방정식의 응용

3장 행렬의 연산, 역행렬, LU 분해, 기저와 차원, 선형변환

4장 고윳값과 고유벡터, 행렬식, 닮음과 대각화, 고윳값 계산, 고유벡터의 응용

5장 유클리드 공간에서의 직교, 직교여공간과 직교사영, 그램-슈미트 직교화 과정과 QR 분해, 대칭행렬의 직교대각화와 응용

6장 일반 벡터공간과 부분공간, 일반 벡터공간에서의 일차독립, 기저와 차원,

좌표변환, 선형변환과 그 행렬
7장 내적공간, 크기와 거리함수, 최소제곱근사, 특잇값 분해
8장 코드벡터, 오류정정코드, 쌍대코드, 선형코드, 코드의 최소거리

이 책은 대학에서 한 학기 또는 두 학기용 선형대수학 교재로 활용할 수 있도록 저술되었다. 비교적 많은 내용을 포함하고 있으므로, 대학의 교양교육과정과 수강 학생의 수학에 대한 선행학습 수준에 따라 내용을 적절히 선택하여 지도할 수 있을 것이다. 실제로, 유클리드 벡터공간만을 다루고자 하는 경우에는 6장의 대부분은 생략하여도 좋을 것이다. 또한, 해당 전공분야에 필요한 내용을 중심으로 맞춤형 교재로도 활용이 가능할 것이다.

끝으로, 이 책을 접하는 독자들이 선형대수학 교과목의 기초를 확립하고 그 중요성을 인식하여 앞으로의 전공분야 공부에 많은 도움이 되길 바라며, 출판을 맡아주신 경문사 여러분께 감사를 드린다. 아울러, 교재의 수정을 위해 수고한 여러분께 진심어린 감사를 드린다.

2016년 2월
역자 씀

차례

Chapter 01 벡터

Chapter 02 연립일차방정식

Chapter 03 행렬

Chapter 04 고윳값과 고유벡터

Chapter 05 직교

Chapter 06 벡터공간

Chapter 07 거리와 근사

Chapter 08 코드

저자 서문

책을 쓸 때 가장 마지막에 안 사실을 맨 앞에 배치한다.

– 파스칼(Blaise Pascal, *Pensées*, 1670)

《선형대수학: 현대적 소개》(제4판)에서는 이전의 출판에 대해 독자들에게 호평을 받았던 접근 방식과 특징들을 계속 유지하고자 하였다. 그럼에도 불구하고 저자는 무언가 책의 흐름을 잘 이어지게 하고, 여러 가지 명확히 하는 것들을 추가하고 또한, 연습문제들을 새롭게 하였다.

저자는 선형대수학을 접하는 학생들이 이 과목의 유용함을 깨닫고 아주 흥미로운 과목임을 느끼게 되기를 바란다. 더불어 수학뿐만 아니라 선형대수학을 활용하는 다른 교과목에서도 학생들이 알아야 할 기본 개념과 원리를 완전히 이해하는 데 이 책이 활용되기를 바란다. 나아가 이 과목이 좀 더 이론적이고 응용된, 수치적인 수학적 상황과 어떻게 상호작용을 하는지도 이해할 수 있기를 바란다.

이 책은 한 학기 혹은 두 학기에 걸친 선형대수학 입문 과정에 적합한 내용으로 구성하였다. 무엇보다도 먼저 가장 중요한 독자인 학생들을 위해 어렵지 않으면서 읽고 싶은 책이 되도록 최선을 다하였다. 이 책은 수학을 전공하는 학생들과 더불어 공학, 물리학, 화학, 컴퓨터과학, 생물학, 환경과학, 지리학, 경제학, 심리학, 경영학 및 교육학 등을 전공하는 많은 학생들과 일반 선택과목 혹은 졸업이수 학점을 위해 수강하는 학생들을 고려하여 저술하고자 하였다. 이에 따라, 이 책의 내용은 이론과 응용이 균형을 이루면서, 학생 중심의 교수법에 따라 전통적인 설명을 결합하여 아주 엄격하면서도 대화체로 집필되었다.

세상에는 단 하나의 최상의 학습 형태만 있는 것은 아니다. 한 학급에는 독립적인 학습 방법을 선호하는 학생, 그룹 학습을 선호하는 학생, 강의식 수업을 선호하는 학생, 탐색과 연구를 위한 워크숍의 방식에 익숙한 학생, 대수적인 계산을 능숙하게 하는 학생, 수치 계산을 잘하는 학생, 강력한 기하학적 직관을 가진 학생 등이 다양하게 섞여 있다. 저자는 이 책에서 모든 형태의 학생들이 자신이 선호하는 방법을 찾을 수 있도록 다양한 방법으로 학습자료를 제시하고 있다. 또한, 포괄적이고 통합된 방식으로 이론적이고 계산적이면서 실용적인 주제를 제공하고자 하였다. 이러한 과정을 통해 학생들이 선형대수학의 여러 측면에 직면할 기회를 갖게 되기를 바란다.

이 책은 선형대수학 교육과정 연구단체에서 제시한 권고사항을 반영하고 있다.

교수법 측면에서, 학생들에게 구체적인 예시가 추상적 개념에 대한 설명보다 먼저 제시되어야 한다는 것은 분명한 사실이므로, 이를 감안하여 책을 구성하였다. 또한, 저자는 선형대수학이 근본적으로 벡터와 깊은 관련이 있으므로, 학생들이 구체적인 상황에서 기하학적 안목을 넓히기 위해서는 벡터를 먼저 학습할 필요가 있다고 생각한다. 게다가, 벡터에 대한 설명은 연립일차방정식이 어떻게 자연스럽게 기하학의 문제에서 발생하게 되었는지를 이해하는 데 도움을 줄 것이다. 그때 행렬은 연립일차방정식의 계수행렬과 선형변환으로 동시에 자연스럽게 나타난다. 이는 기하학적으로 가장 잘 이해할 수 있는 고유벡터들과 직교사영들에 대한 기초단계가 된다. 서문에 명시된 이러한 이해의 방향은 기하학적 이해가 계산 기술에 선행한다는 저자의 신념을 반영하는 것이다.

저자는 이 책에 나오는 정리의 수를 제한하고자 하였다. 대부분 정리라고 이름붙인 결과들은 뒷부분에서 이용되거나 앞서 제시된 내용을 요약한 것이다. 핵심내용은 아니지만 흥미로운 결과들은 연습문제나 탐구문제에 포함하였다. 예를 들어, 벡터적은 1장과 4장의 탐구문제에서 다루었다. 또한, 대부분의 선형대수학 교재들과는 달리 행렬식을 다룬 별도의 장을 두지 않았다. 핵심적인 결과들은 4.2절에 모아 두었으며, 다른 흥미로운 내용들은 탐구문제에 포함되어 있다. 그럼에도, 이 책은 개론적인 내용을 포괄하고 있다. "이 결과에 대한 증명은 이 책의 범위를 넘는 것이다"라는 말을 하지 않기 위해서, 가능하면 어느 부분에서든지 초보적이고 이해하기 쉬운 정리의 증명과정을 포함하였다. 그 결과로, 이 책이 필요한 모든 것을 완비한 책이 되기를 기대한다.

저자는 응용문제들을 수록하는 데 인색하지 않았다. 한 과목에서 다룰 수 있는 것보다 훨씬 많은 내용들을 다루었기 때문에, 학생들은 이 책을 통해 선형대수학을 이용하는 문제들이 광범위하게 많다는 것을 알게 될 것이다. 다른 선형대수학 입문서에서는 다루지 않는 코드이론의 현대적 내용들을 언급하였다. 또한, 실생활에서 응용되는 선형대수와 관련한 여러 인상적인 문제들을 스스로 해결 가능하도록 비네트 장식(글 속의 삽화나 사진)처럼 제시하고 있다.

선형대수학을 강의하는 이들은 이 책을 통해 가르치는 즐거움을 느낄 수 있게 되길 바라며, 무엇보다 이 책으로 공부하는 학생들이 선형대수학의 아름다움과 필요성을 인식하고, 선형대수학이 다양한 유용성을 지닌 학문임을 이해할 수 있기를 희망한다.

제4판에서는 무엇이 달라졌는가?

이 책의 전체적인 구조와 형태는 제4판에서 바뀌지 않았다. 새로 추가된 내용들을 요약하면 다음과 같다.

- 코드이론에 대한 응용을 새 온라인 장인 8장으로 이동하였다.
- 학생들을 더 많이 참여하도록 하기 위하여 다섯 개의 쓰기과제를 연습문제에 추가하였다. 이 과제들은 학생들에게 선형대수의 역사와 발전의 관점에서 연

구와 쓰기를 할 수 있는 기회를 준다. 탐구, 비네트(소품문) 및 많은 응용들은 학생들의 과제를 위한 추가 자료를 제공한다.

- 200개 이상의 새로 수정된 연습문제들이 있다. 검토자들의 의견을 반영하여, 안내된 연습문제의 형태로 코시-슈바르츠 부등식의 완전한 증명이 1장에 있다.
- 저자는 설명의 명료함과 정확성을 개선하기 위하여 많은 단어를 조금씩 수정하였다. 또한, 자체의 정의 상자를 주어 여러 개의 정의를 더 명확히 하고, 꽤 많은 새로운 결과를 정리와 함께 번호를 부여하여 강조하였다.
- 모든 학습 보조자료들을 업데이트하였다.

이 책의 특징들

명료한 문체

이 책은 간단하면서 직접대화체 형식으로 기술하였으며, 수학기호에 과도하게 의존하기보다는 가능한 범위에서 수학적 언어를 많이 사용하고자 하였다. 모든 증명들은 아주 엄격하게 다루고 있다. 구체적인 예제가 정리 앞에, 다음에 추가적인 예제와 응용이 나오도록 하였다. ―구체적인 것에서 일반적인 것으로― 이 기조는 책 전체를 통하여 일관성을 유지한다.

핵심 개념을 미리 소개

많은 학생들은 선형대수학을 공부하면서 계산과정에서 이론과정으로 넘어갈 때 어려움에 직면하게 될 것이다. 이 책에서는 개념을 완전히 일반화하기 이전에 구체적인 상황에서 핵심개념을 먼저 소개한다. 실제로, 5장과 7장에서 소개되는 일반 벡터공간에서의 내적, 크기, 직교사영 등의 더 일반적인 개념을 다루기 이전에, 1장에서 평면과 공간의 구체적인 상황에서 스칼라적, 길이, 직교, 사영 등과 같은 벡터개념을 먼저 논의하였다. 유사하게 생성원 집합과 일차독립성은 6장에서 일반화되기 전에 2장에서 구체적으로 취급되었다. 부분공간, 기저와 차원의 기본개념은 행렬의 행공간, 열공간과 영공간이 소개되는 3장에 먼저 나오고, 뒤에 6장에서 이러한 개념들의 일반화가 주어진다. 또한, 4장에서 일반적인 $n\times n$행렬보다 먼저 2×2행렬에 대한 고윳값과 고유벡터를 살펴본다. 4장의 시작 부분까지 선형대수학의 주요 개념들이 구체적이고 계산을 필요로 하는 예제와 함께 모두 소개되어 있다. 이 책의 뒷부분에서 이러한 개념들이 완전히 일반화되었을 때, 학생들은 그 개념에 익숙해지는 시간을 갖게 되어 일반화된 개념에 두려움을 갖지 않는다.

벡터와 기하학의 강조

선형대수학은 기본적으로 벡터에 관한 것이라는 생각으로, 기하학적 직관을 강조하고 있다. 따라서 첫 장은 벡터에 관한 것으로, 교과서 전체를 통하여 반복적으로 나오는 많은 개념들을 전개한다. 연립일차방정식의 해법에 대한 근본적인 식견을 제공하는 $\mathbb{R}^3$에서의 직선과 평면의 폭넓은 취급과 함께, 직교, 사영 및 일차결합과 같은 개념들은 1장에 나온다. 선형변환은 6장에서 일반적인 선형변환이 다루어지기 전에 3장에서 행렬변환으로 여러 가지 기하학적인 예와 함께 소개된다.

4장에서는 고윳값이 시각적인 도움을 위한 '고유그림'과 함께 소개된다. 5장에서 직교사영, 부분공간의 직교여공간과 그램-슈미트 과정이 모두, $\mathbb{R}^n$으로 일반화되기 전에, $\mathbb{R}^3$의 구체적인 틀 속에서 제공되고, 7장에서 내적공간으로 일반화된다. 특이값 분해의 기본성질이 7장에서 기하학적 논법을 통하여 비형식적으로 설명된다. 교과서의 300개 이상의 그림 가운데 200개 이상은 선형대수의 기하학적 이해를 높이기 위한 것이다.

예제와 연습문제

이 책에는 400개 이상의 예제들이 있는데, 대부분 기존의 다른 선형대수학 입문서보다 훨씬 상세하게 다루었다. 이러한 자세함의 정도는 학생들이 이 책을 읽기를 원해야 (또 읽을 수 있어야) 한다는 원칙을 지키는 데 있다. 이에 따라, 수업시간에 모든 예제를 다 다루려고 하는 것은 아니다. 많은 문제는 프로젝트나 개별 또는 그룹별 과제로 제공하면 좋을 것이다. 대부분의 예제에는 학생들이 심화문제를 다루기 이전에 문제해결력 향상을 위하여 적어도 하나의 대응되는 예제를 수록하고 있다.

또한, 비슷한 수준의 교재에 수록된 문제보다 더 많은 2,000개 이상의 연습문제를 수록하고 있으며, 책의 뒷부분에 홀수 번 문제의 해답을 수록하여 교과 학습에 많은 도움이 되도록 하였다.

각 장의 마지막에는 복습문제 형태의 추가적인 연습문제들이 나온다. 각각 기본개념의 이해를 테스트하기 위한 10개의 진위형 문제가 있고, 계속하여 19개의 계산 및 이론 연습문제가 있는데 이것은 각 장의 주요 개념과 기법을 요약하기 위한 것이다.

가장자리의 아이콘

이 책의 가장자리에 표시한 여러 아이콘들은 내용을 이해하는 여러 방법을 환기시키기 위한 것이다. $\frac{dy}{dx}$ 아이콘은 미분적분학 지식이 필요한 예제나 연습문제를 표시한다. a + bi 아이콘은 복소수에 관련된 예제나 연습문제를 나타낸다. CAS 아이콘은 Maple, Mathematica나 MATLAB 등의 컴퓨터 대수시스템(CAS)이나 행렬계산이 가능한 계산기가 필요함을 나타낸다. 또한, → 아이콘은 잠시 멈추고 지금까지 읽어온 내용을 생각해보아야 하는 곳을 나타낸다.

보조자료

가르치는 사람들을 위한

Enhanced WebAssign

인쇄된 접근 카드: 978-1-285-85829-6

온라인 접근 코드: 978-1-285-85827-2

Cengage Learning으로부터 독점적으로, Enhanced WebAssign은 가장 강력한 온라인 가정학습 해결책인 WebAssign과 함께 당신들이 알고 좋아하는 예외적인 수학 콘텐트를 겸비한다. Enhanced WebAssign은 학생들이 즉각적인 피드백, 풍부한 개인지도 자료와 상호적이고 충분히 개인의 요구에 맞추는 전자책들(YouBook)과 함께할 수 있도록 하여, 주제에 대한 더 깊은 개념적 이해가 가능하도록 학생들을 돕는다. 유연한 과제부여 선택권은 가르치는 사람들에게 학생들의 미리 요구된 과제점수에 기초하여 조건적으로 과제를 부여하는 능력을 준다. www.cengage.com/ewa를 방문하여 더 많은 것을 알아볼 수 있다.

학생들을 위한

Student Solutions Manual (ISBN-13: 978-1-285-84195-3)

학생을 위한 해답집과 학습안내(The Student Solutions Manual and Study Guide)는 모든 홀수 번호 연습문제와 선택된 짝수 번호 연습문제에 대한 자세한 풀이, 기호와 정의 및 정리에 대한 절과 장의 요약, 그리고 학습 팁과 힌트를 포함한다. 복합적인 연습문제들은 깊이 있는 이해를 위해 고안된 지문-답변 형식을 통하여 탐구해본다. 또한, 선택된 연습문제들을 더 탐구하도록, 도전하고 즐길 수 있는 문제들이 포함되어 있다.

Enhanced WebAssign

인쇄된 접근 카드: 978-1-285-85829-6

온라인 접근 코드: 978-1-285-85827-2

Enhanced WebAssign(가르치는 사람에 의하여 지정되는)은 학생들에게 가정학습 과제에 대한 즉각적인 피드백을 준다. 이 온라인 가정학습 시스템은 사용하기 쉽고, 교과서 절과 비디오 예 및 문제 위주의 개인지도에 대한 도움이 되는 링크들을 포함한다.

감사의 글*

저자는 이 교재 이전에 출판된 책들에 대해 유익하고 통찰력 있는 논평을 해주

* (번역자 주) 감사의 글의 상세한 내용은 번역에서 제외하였음. 자세한 것은 원서 참고.

신 평론가 여러분들께 감사드린다. 그들의 평가와 유용한 제안은 이 책의 전개와 성공에 많은 공헌을 하였다. 그리고 충고와 격려로 이 책의 체계와 형태에 많은 도움을 준 이들과 출판을 위해 애써주신 분들께도 진심어린 감사들 드린다. 또한, 여느 때와 같이, 이 책을 저술하는 중에도 사랑으로 후원과 이해를 보내준 가족에게 감사한다. 만약 그들이 없었다면, 이 책의 저술은 가능하지 않았을 것이다.

데이비드 풀(David Poole)

dpoole@trentu.ca

가르치는 사람들에게

"내가 가야 할 길을 말해 주겠어요?"
"당신이 가고 싶어 하는 곳이 어디냐에 달려 있죠."하고 고양이가 말했다.

—루이스 캐럴, 《이상한 나라의 앨리스》, 1865

이 교재는 융통성 있게 활용할 수 있도록 한 학기 또는 두 학기용으로 만들었다. 주제와 활용의 범위는 다양한 독자들과 여러 유형의 과정에 알맞도록 편성하였다. 각 장의 주요 내용과 지도방안은 다음과 같다.

1장: 벡터

1.0절의 경마장 게임은 흥미는 있을지언정 비형식적 방법으로 벡터를 도입하고 있다. 그리고 벡터는 대수적, 기하적 관점에서 형식적으로 도입된다. 덧셈과 스칼라배의 연산과 그 성질들은 $\mathbb{R}^n$으로 일반화되기 전에 먼저, $\mathbb{R}^2$와 $\mathbb{R}^3$의 구체적인 환경에서 출발한다. 1.2절은 벡터의 스칼라적과 길이, 각도, 직교 등과 같은 관련 개념들을 정의한다. (직교)사영의 가장 중요한 개념은 여기에서 전개되며, 5장과 7장에서 다시 소개할 것이다. '벡터와 기하'에 대한 탐구는 벡터 방법들이 유클리드 기하에서 어떤 결과를 증명하는 데 어떻게 이용되는지를 보여준다. 1.3절에서는 $\mathbb{R}^2$와 $\mathbb{R}^3$의 직선과 평면에 대한 기본 내용들을 상세하게 소개한다. 이 절은 2장의 연립일차방정식 문제에서 해의 기하학적 의미를 이해하는 데에도 필수적이다. $\mathbb{R}^3$에서의 벡터의 벡터적에 대한 것들은 탐구문제로 남겨두었다. 이 장은 힘벡터의 응용문제로 끝을 맺고 있다.

2장: 연립일차방정식

이 장의 도입 부분은 연립일차방정식의 해법에 대한 다양한 생각들이 있음을 설명해주고 있다. 2.1절과 2.2절은 연립일차방정식의 풀이를 위한 주요 계산도구인 행렬의 행줄임(가우스 소거법과 가우스-조르단 소거법)을 전개한다. 이 책에서 수반되는 계산 방법은 거의 이 방법에 의존한다. 계수정리는 여기서 처음으로 소개되며, 좀 더 일반적인 성질은 3장, 5장과 6장에서 다시 소개한다. 2.3절은 매우 중요하며, 벡터의 생성원 집합과 일차독립 등의 기본 개념을 소개한다. 이러한 내용들은 서둘러 지나쳐서는 안 된다. 2.4절은 이용가능한 시간과 학급의 흥미에 따라 교수가 선택할 수 있는 6개의 응용문제를 포함하고 있다. 위성 위치 확인 시스템 비네트는 학생들이 재미있어할 만한 또 다른 응용이다. 2.5절의 반복법은 선택적으로 다룰 수 있지만, 수치/응용을 주제로 하는 과정에서는 필수적이다. 이 장의 3개의 탐구문제들은 연립일차방정식을 풀기 위한 컴퓨터의 활용과 연관되어 있다. 모든 학생들은 적어도 이들의 이슈 정도는 알아야 할 것이다.

3장: 행렬

이 장은 이 책에서 가장 중요한 몇 개의 아이디어들을 포함하고 있다. 내용이 많으나 앞쪽의 내용은 아주 빨리 지나갈 수 있고 남은 시간은 3.5절의 핵심 내용을 다루는 데 할애하도록 하여야 한다. 3.0절에서는 선형변환의 개념을 소개하고 있다. 행렬이 단지 정적인 것이 아니라 벡터들을 다른 벡터들로 변환하는 한 형태의 함수라는 생각을 한다. 행렬, 행렬의 연산과 그들의 성질에 관한 모든 기본 내용들은 처음 두 절에서 알 수 있다. 행렬의 분할과 행렬 곱의 다양한 표현들은 다음 절들에서 반복적으로 사용되기 때문에 강조되어야 한다. 3.3절의 가역행렬에 대한 기본정리는 아주 중요하고 가역성의 새로운 성질을 나타내는 형태로서 여러 번 보게 될 것이다. 3.4절은 아주 중요한 행렬의 LU 분해에 대해서 논의한다. 만약 이 주제를 수업시간에 모두 다룰 수 없다면, 프로젝트로 활용하거나 워크숍을 통해 논의하는 것도 좋을 것이다. 3.5절에서는 일반화된 내용을 다루기 전에 구체적인 행렬들에 대한 선형대수학의 주요 개념인 부분공간, 기저, 차원과 계수 등에 대해 설명한다. 비록 이 절의 예들이 친숙할지라도 학생들이 새로운 용어들에 익숙해지는 것이 중요하다. 3.6절에서 선형변환을 기하학적으로 다루는 것은 6장에 있는 일반적인 선형변환으로의 자연스러운 변화를 이끌어 내기 위한 의도이다. 사영에 대한 예제는 5장에 다시 나오기 때문에 특별히 중요하다. 로봇팔에 관한 비네트는 선형변환의 합성에 대한 구체적인 설명이다. 3.7절에는 선택가능한 4개의 응용들이 있다. 개체수 증가에 대한 마르코프 연쇄나 레슬리 모형 중 적어도 하나는 다루어야 할 것이다. 왜냐하면, 이것들은 4장에서 다시 사용될 것이기 때문이다.

4장: 고윳값과 고유벡터

4.0절의 도입 부분에서는 그래프에 관련된 흥미로운 동적 시스템을 보여준다. 이러한 탐구는 우리에게 고유벡터의 개념을 소개하고, 4.5절의 거듭제곱법을 선보여 준다. 4.1절에는 2×2 행렬의 고유벡터를 보여주는 방법으로 '고유그림'이라는 참신한 특색이 포함되어 있다. 크기가 작은 행렬의 특성다항식 찾기에 사용하는 행렬식은 4.2절에서 소개한다. 이러한 행렬식의 '벼락치기 코스'는 선택적이지만 기본적인 라플라스 전개 정리의 증명을 포함하여 학생들이 필요로 하는 필

수적인 내용을 모두 포함한다. 비네트 '루이스 캐럴의 압축법'은 역사적 흥미와 학생들이 매력적으로 느낄 행렬식 계산의 대안적 방법을 보여준다. 탐구문제 '행렬식의 기하학적 응용'은 몇몇의 흥미롭고 유용한 결과를 포함하는 훌륭한 프로젝트가 된다. 고윳값과 고유벡터에 대한 기본적인 이론은 4.3절과 4.4절에서 다루고, 대각화라는 중요한 주제는 4.4절에서 다룬다. 행렬의 거듭제곱을 다루는 예제 4.29는 수업 중에 다룰 만하다. 4.5절에서 논의되는 거듭제곱방법과 그 변형들은 선택사항이지만, 모든 학생들은 그 방법을 알아야 하며 응용 교과과정에서는 이것을 자세히 다루어야만 한다. 게르시고린의 원판 정리는 4.5절의 다른 부분들과는 별도로 다룰 수 있다. 개체수 증가에 대한 마르코프 연쇄와 레슬리 모델은 4.6절에 다시 나온다. 비록 페론의 정리가 선택적이더라도 그 정리 자체는 적어도 언급은 되어야 한다. 왜냐하면 그것이 왜 우리가 이러한 응용에서 대응되는 양의 고유벡터를 가지는 유일한 양의 고윳값을 기대하는지를 설명하기 때문이다. 점화관계, 미분방정식에 대한 응용은 선형대수를 이산수학, 미적분학과 연결지어준다. 행렬 지수함수는 학급의 학생이 미적분학에 대한 기초 실력을 가지고 있다면 다룰 수 있다. 이산 선형동적시스템이라는 마지막 주제는 4장에서 다룬 많은 내용을 새롭고 기하학적인 방향으로 되짚고 정리해준다. 학생들은 고유벡터가 어떻게 스포츠 팀과 웹사이트의 순위결정에 이용되는지 알게 되면 재미있어할 것이다.

5장: 직교

'벽 위의 그림자' 탐구문제는 최상의 수학이다. 그것은 알고 있는 개념(벡터의 다른 벡터 위로의 정사영)을 가지고 와서 유용한 방법(벡터의 부분공간-평면 위로의 정사영)으로 그것을 일반화하고, 한편 이전에 알지 못했던 몇몇 성질들을 밝혀 주기도 한다. 5.1절은 여기서부터 반복하여 이용될 벡터의 직교집합과 정규직교 집합에 관한 기본적 결과들을 포함하고 있다. 특히, 직교행렬은 강조되어야만 한다. 5.2절에서는 1장에서 소개된 부분공간의 직교여공간과 부분공간 위로의 벡터의 직교사영에 대한 두 개념을 일반화한다. 직교분해 정리는 중요하며 그램-슈미트 정규직교화 과정을 설정하는 데 도움을 준다. 또한, 계수 정리의 간략한 증명도 제시한다. 그램-슈미트 정규직교화 과정은 매우 중요한 QR 분해를 통해 5.3절에서 상세하게 다룬다. 뒤에 나오는 두 개의 탐구문제는 QR 분해의 방법이 실제로 어떻게 계산되는지와 고윳값을 어림잡을 수 있는 방법을 알려준다. (실)대칭행렬의 직교대각화를 다루는 5.4절은 뒤에 나오는 응용들에 필요하다. 또한, 선형대수에서 가장 중요한 정리인 스펙트럼 정리를 포함한다. 5.5절에 있는 응용들은 2차형식과 2차방정식의 그래프를 포함한다. 저자는 선형대수 교과목 지도에서 적어도 이들 중의 마지막 부분을 포함시킨다. 왜냐하면, 이것이 이미 학생들이 알고 있는 원뿔곡선에 대해 알고 있는 것을 확장시켜주기 때문이다.

6장: 벡터공간

4.6절에 이어 피보나치수열은 6.0절에서 다시 나온다. 이 탐구문제의 목적은 3.5절의 친숙한 벡터공간 개념이 새로운 설정에서 효과적으로 이용될 수 있다는 것을 보여주는 것이다. 벡터공간의 모든 주요 내용들이 1~3장에 이미 소개되었으므로 6.1절과 6.2절의 내용들은 학생들에게 아주 익숙할 것이다. 여기서 강조하고 싶은 것은 계산 기술에 의존하기보다는 성질들을 증명하기 위한 벡터공간의 공리들을 사용하는 데 있다. 6.3절에서 기저의 변환을 논의할 때, 학생들이 이렇게 만들어진 기호가 작동하는 법을 기억하기 위하여 이 기호를 어떻게 사용하는지 보여주는 것은 도움이 된다. 결국 가우스–조르단 소거법은 여기서 가장 효과적이다. 선형변환에 대한 내용인 6.4절과 6.5절은 중요하다. 예제들은 행렬과 행렬변환들에 대한 이전의 결과들과 관련이 있다. 특히, 선형변환의 핵과 치역이 행렬의 영공간과 열공간을 일반화라는 것을 강조하는 것은 중요하다. 6.6절에서는 거의 모든 선형변환이 본질적으로 행렬변환임을 제시해준다. 이것은 3.6절의 내용의 기반 위에서 이루어진 것이라 학생들이 너무 놀랄 필요는 없다. 하지만 예제는 주의해서 다루어야 한다. 기저의 변환과 행렬의 닮음이 관련되어 있다는 것은 주목할 만하다. '타일, 격자문과 결정학적인 제한'에 대한 탐구는 좌표변환의 한 응용이다. 이들과 에셔의 예술 작업과의 관련은 더 흥미롭다. 6.7절의 응용은 앞서 한 내용에 기반을 두고 있고 시간이 있거나 흥미롭다면 강의 내용에 포함할 수 있다.

7장: 거리와 근사

재미있는 '택시기하학' 체험과 함께 7.0절을 시작한다. 그 목적은 일반화된 크기(norm)와 거리함수에 대한 뒤따라 나오는 논재를 설정하는 것이다. 7.1절에서 내적공간에 대하여 살펴본다. 여기서 강조할 점은 예제들과 공리를 이용하는 것이다. 탐구학습인 '벡터와 복소계수를 갖는 행렬'은 스칼라적, 대칭행렬, 직교행렬 및 직교대각화의 개념이 실벡터공간에서 복소벡터공간으로 어떻게 확장될 수 있는지를 보여준다. 다음 탐구학습으로 '기하학적 부등식과 최적화 문제'는 학생들이 전형적으로 즐기는 것이다. 7.2절은 일반화된 벡터와 행렬의 크기를 다루고 행렬의 조건수(condition number)가 2장에서 살펴본 **불량조건**(ill-conditioned)의 연립일차방정식의 개념과 어떻게 관련되는지를 보인다. 최소제곱 근사(7.3절)는 여러 다른 학문분야에 대한 선형대수의 중요한 응용의 하나이다. 최적근사 정리와 최소제곱 정리는 중요하지만 그 증명은 직관적으로 명백하다. 여기서 예제에 얼마간의 시간을 들여라. 7.4절은 선형대수의 가장 인상적인 응용의 하나인 특잇값 분해를 다룬다. 7.5절에서 수업진도와 흥미에 따라 추가적인 응용을 선택할 수 있다.

8장: 코드

이 온라인 장은 코드이론에 대한 선형대수의 응용들을 포함한다. 8.1절은 어떻게 벡터들이 익숙한 세계상품코드(UPC)와 국제표준도서번호(ISBN)과 같은 오류 감지 코드를 디자인 하는 데 이용될 수 있느냐는 논의와 함께 시작된다. 이 논제는 1장의 지식만을 필요로 한다. 신용카드나 은행카드에 사용되는 코다바 시스템에 대한 비네트는 8.1절을 소개하는 데 이용될 수도 있는 우수한 강의실 발표거리이다. 학생들이 행렬연산들에 익숙하게 된 후, 8.2절은 오류를 찾고 수정하기 위하여 코드가 어떻게 디자인되는가 하는 것을 설명한다. 여기서 소개되는 헤밍코드는 아마 가장 유명한 오류감지 코드의 예이다. 8.3절에 살펴볼 쌍대코드는 이전의 것으로부터 새로운 코드를 만드는 중요한 방법이다. 5장에서 소개된 직교여공간의 개념은 여기서 꼭 필요한 개념이다. 가장 중요하고 또 가장 널리 사용되는 코드의 종류는 8.4절에 정의된 선형코드 족이다. 부분공간, 기저와 차원의 개념이 여기서의 열쇠가 된다. 코드에 대한 우리의 논의는 8.5절에서 코드의 최소거리의 정의와 코드의 오류수정 능력을 결정하는 데 있어서 그 역할과 함께 끝난다.

이 책의 사용법

학생들이 이 책을 쉽게 읽을 수 있으므로, 저자는 항상 수업시간에 학습내용을 다루기 이전에 학생들이 읽어오도록 하고 있다. 이에 따라, 저자는 가장 중요한 개념에 대한 강조와 학생들이 쉽게 다룰 수 없는 주제에 대한 해결, 예제의 제시, 응용문제에 대한 토론 등에 수업시간을 활용할 수 있게 되었다. 저자는 수업시간에 읽도록 계획된 내용을 학생들이 모두 이해하기를 시도하지는 않는다. 이러한 접근은 저자에게 아주 활발한 학습과정에 대해서는 속도를 지속하도록 하고, 학생들이 대체로 어려워하는 내용을 다룰 때는 속도를 줄일 수 있도록 해준다.

두 학기 과정에서는, 적당한 응용문제를 포함하여 이 책의 전체 내용을 다룰 수 있다. 여분의 유연성으로 여러분은 약간의 주제에 대해서 생략해도 좋다. 시간에 대한 제한을 받지 않음으로 인해 남아있는 주제, 더 진전된 응용문제 또는 일부 탐구문제에 대한 더욱 상세한 내용들을 다룰 수 있다. 증명을 강조하는 수학과정을 위해서는 1장에서 3장까지의 내용은 많지만 많은 시간이 필요하지는 않다. 또한, 6장의 내용은 3.5절과 3.6절의 결합으로 이해할 수 있다.

한 학기 과정에서는 과정의 종류와 수강학생의 수준에 따라 가르쳐야 할 주제를 결정하여야 한다. 이 경우는 기초과정, 계산을 강조하는 과정 및 선형대수에 대한 기본 개념을 알고 있는 학생들을 위한 과정의 3가지 과정으로 구분하여 지도할 수 있을 것이다. 특히, 기초과정에서는 일반 벡터공간에 대한 내용은 전혀 언급하지 않고 증명문제는 아주 가볍게 다루면 될 것이다.

학생들에게

"제가 어디서 시작해야 할까요, 폐하?"라고 그가 물었다.
"처음부터 시작하라. 그리고 마지막에 이를 때까지 계속 가라. 거기서 멈춰라."라고 근엄하게 왕이 말했다.
—루이스 캐럴, 《이상한 나라의 앨리스》, 1865

선형대수는 아주 흥미로운 과목으로, 재미있는 결과들, 다른 분야에서의 응용과 수학의 다른 영역과의 연관성으로 가득 채워져 있다.

선형대수에는 계산 기술, 개념, 응용 등의 몇 가지 영역이 있다. 이 책의 목표들 중의 하나는 여러분이 이 교과의 모든 내용에 숙달하도록 돕고 그것들 사이의 상호작용을 알게 하는 것이다. 따라서 각 절의 연습문제를 풀이하기 이전에 책의 각 절의 내용을 읽고 이해하는 것이 중요하다. 여러분에게 과제로 주어진 연습문제와 관련된 예제만을 읽는다면 많은 것을 놓치게 될 것이다. 여러분은 여러 용어의 정의와 정리의 의미를 확실하게 이해하고 있어야 한다. 여러분이 전에 그것을 이해했던 것보다 많은 것을 읽어야 하더라도 걱정하지 말아라. 여백에 있는 ➸ 아이콘은 잠시 멈추고 지금까지 읽어온 내용을 생각해보아야 하는 곳을 나타낸다.

연습문제와 장별 복습문제 중에서 대부분의 홀수 번호 문제에 대한 해답이 이 책의 마지막 부분에 수록되어 있다. 그러나 여러분이 완전한 답을 얻기 전에는 해답을 보고 싶은 유혹을 뿌리쳐야 한다. 그리고 여러분이 풀이한 답이 뒤의 해답과 다르더라도 여러분이 옳을 수도 있음을 기억하여라. 답을 표현하는 방법이 한 가지만 있는 것이 아니다. 예를 들어, $1/\sqrt{2}$는 $\sqrt{2}/2$로 나타낼 수도 있으며, 벡터 $\begin{bmatrix} 3 \\ 1/2 \end{bmatrix}$의 모든 스칼라배의 집합은 $\begin{bmatrix} 6 \\ 1 \end{bmatrix}$의 모든 스칼라배의 집합과도 같다.

여러분이 새로운 개념을 접하게 되면, 이전에 알고 있는 예제와 연관시키도록 노력해보라. 연습문제의 증명이나 해답을 논리적이고 연결된 방법으로, 완전한 문장을 이용하여 나타내보아라. 뜻이 통하도록 표현되었는지 다시 읽어보아라. 그리고 학급에 친구가 있다면 그에게 여러분이 쓴 것을 읽어보게 하여라. 만약 다른 사람에게 뜻이 통하지 않으면 그것은 영원히 의미가 없는 것일지도 모른다.

여러분은 행렬계산 능력을 가진 계산기나 컴퓨터 대수시스템이 유용함을 알게 될 것이다. 이들은 여러분의 계산 결과를 확인하는 데 도움이 되며, 지루한 계산이 요구되는 문제들의 풀이에서 꼭 필요하다. 공학기술은 여러분이 선형대수의 특정영역들을 조사할 수 있도록 해준다. 만약 이 벡터에서 한 원소를 바꾸면 어떻게 될까? 만약에 이 행렬의 크기가 달라진다면 어떻게 될까? 어떤 것을 바꿈으로써 내가 원하는 답을 얻을 수 있을까? 등과 같이 공학기술은 '만약의 문제(what if)' 게임을 즐길 수 있게 해준다. 본문이나 연습문제에서 공학기술 사용을 권하는 곳에 대한 표시로 교재의 가장자리에 CAS 아이콘을 남긴다.

여러분은 선형대수학으로의 여행을 시작하였다. 이 책을 당신의 여행안내서로 생각하여라. 준비가 되었는가? 출발!

1 벡터

1.0 도입 : 경주 게임

길이, 넓이, 부피, 질량, 온도와 같이 측정가능한 양들은 각각의 크기를 명시함으로써 완전히 나타낼 수 있다. 반면에 속도, 힘, 가속도와 같은 양들을 나타내기 위해서는 크기와 방향이 모두 필요하다. 이러한 양들을 벡터라고 한다. 예를 들어, 바람의 속도는 시속 10 km 의 남서풍과 같이 속력과 방향으로 이루어진 벡터이다. 기하학적으로 벡터들은 종종 화살표나 유향선분으로 표현된다.

벡터의 개념은 19세기에 처음 도입되었지만, 20세기에 들어와서야 특히 물리학과 같은 분야에서 그 응용의 유용성이 알려지게 되었다. 최근에는 전산과학, 통계학, 경제학, 생명과학 그리고 사회과학과 같은 분야에도 벡터의 응용이 알려지고 있다. 이 책에서 이러한 응용의 일부를 다루게 될 것이다.

이 장에서는 벡터를 소개하고 벡터의 기하학적, 대수적 성질을 살펴본다. 또한, 벡터를 이용하는 비기하적인 응용도 다루게 된다. 우선 벡터의 핵심 개념을 설명하는 단순한 게임부터 소개하도록 한다. [선형대수학 수업에서 지루한 순간이 오면 친구와 함께 이 게임을 해 보기를 권한다. 물론 지루한 순간은 거의 없겠지만!]

그래프용지 위에서 게임을 한다. 용지 위에 출발선과 결승선이 있는 경주로를 그린다. 경주로의 길이와 모양은 아무 제한이 없으며 경주로의 폭은 모든 선수를 수용할 수 있도록 충분히 넓게 한다. 예를 들어, 그들의 차나 자전거 또는 경주로를 달릴 무엇이든지 표현할 서로 다른 색의 펜을 사용하는 두 명의 선수가 있다고 하자. (이 두 선수는 영희와 철수이며, 사이클 선수라고 하자.)

1. 새 격자점과 이전의 격자점을 연결하는 선분 전체가 반드시 경주로 내부에 있어야 한다.

아일랜드 수학자인 윌리엄 해밀턴 (William Rowan Hamilton, 1805–1865)은 복소수와 복소수의 일반화에 관한 그의 연구에서 벡터의 개념을 사용하였다.

2. 두 선수는 같은 순번에서 같은 격자점을 가질 수 없다. (이를 '비충돌' 법칙이라고 한다.)
3. 새로운 이동은 다음과 같이 앞의 이동과 관련된다. 만일 한 명이 한 번의 이동에서 a칸만큼 수평으로 이동하고 b칸만큼 수직으로 이동하면, 다음 이동시 그 선수는 반드시 수평으로는 $a-1$칸과 $a+1$칸 사이를 이동하여야 하고 수직으로는 $b-1$칸과 $b+1$칸 사이를 이동하여야 한다. 다시 말해서, 만일 두 번째 이동이 수평으로 c칸만큼 그리고 수직으로 d칸만큼 이동한다면 $|a-c| \le 1$이고 $|b-d| \le 1$이어야 한다. (이것을 '가속/감속'의 법칙이라고 한다.) 이 규칙에 따라 첫 번째 이동은 수직으로 1칸 그리고/또는 수평으로 1칸이 되어야 한다.

다른 선수와 충돌이 일어나거나 경주로를 벗어난 선수는 탈락한다. 결승선을 지난 첫 번째 선수를 승자로 한다. 만일 한 명 이상의 선수가 같은 차례에서 결승선을 지났다면 결승선을 가장 멀리 지난 선수가 승자가 된다.

그림 1.1의 시범 경기에서 영희는 승자이다. 철수는 너무 빠르게 가속하여서 경주로의 반환점에서 회전하기 어려웠다.

세 번째 규칙을 이해하기 위하여 영희의 세 번째와 네 번째 이동을 생각해 보자. 영희의 세 번째 이동에서 그녀는 수평으로 1칸, 수직으로 3칸을 갔다. 그녀의 네 번째 이동에서 그녀는 수평으로 0칸에서 2칸까지, 그리고 수직으로 2칸에서 4칸까지 움직일 수 있다. (이들의 몇몇 조합은 그녀를 경주로 밖으로 내보내게 할 수 있다.) 그녀는 각각의 방향으로 2칸씩 이동하는 것을 선택하였다.

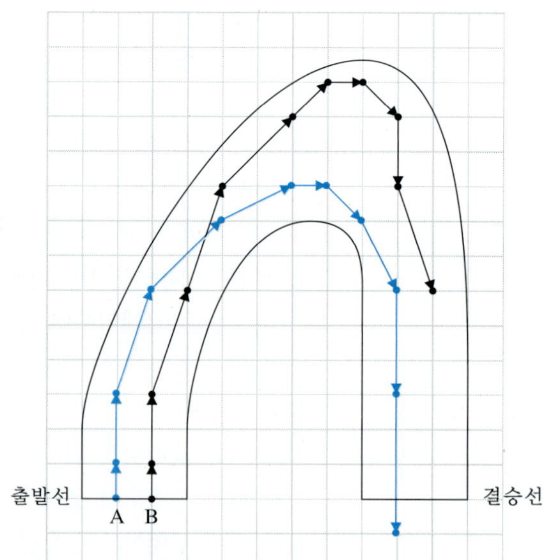

그림 1.1 경주 게임의 예

문제 1 경주 게임을 몇 번 해 보아라.

문제 2 철수가 다른 이동 경로를 선택하여 경주에서 이길 수 있을까?

문제 3 수평으로 a칸, 수직으로 b칸을 이동한 것을 기호 $[a, b]$로 나타내기로 한다. (a 또는 b 또는 둘 모두 음수일 수 있다.) 만일 이동 $[3, 4]$를 실시하였다면, 다음 이동에서 도달 가능한 모든 격자점을 그래프용지 위에 그려보아라.

문제 4 두 번의 연속 이동의 실제 효과는 무엇인가? 다시 말해서 $[a, b]$ 이동 후 $[c, d]$ 이동하였을 경우, 전체로 수직, 수평으로 얼마나 멀리 이동할까?

문제 5 기호 $[a, b]$를 이용하여 영희의 이동과정을 기술하여라. 그녀가 좌표축 위의 원점 $(0, 0)$에서 이동을 시작한 것으로 가정한다. 그래프용지를 보지 않고 영희의 각 이동에 대한 격자점의 좌표를 어떻게 구할 수 있는지를 설명하여라. 만일 그녀의 출발점이 원점이 아니라 $(2, 3)$이 되도록 좌표축들이 다르게 그려졌다면 영희의 마지막 점은 무엇이겠는가?

비록 간단한 게임이지만 이 게임은 벡터에 대한 몇 가지 유용한 개념들을 소개한다. 다음 세 절에서 경주 게임처럼 평면에서 시작하는 벡터들을 기하학적, 대수적 관점에서 다룬다.

1.1 벡터기하와 대수

평면에서의 벡터

데카르트 평면은 좌표를 처음 도입하여 **기하학적** 문제를 **대수적** 기법을 이용하여 해결할 수 있도록 한 프랑스의 철학자이자 수학자인 르네 데카르트(1596–1650)에 의하여 도입되었다.

벡터라는 말은 "운반한다"라는 어원을 갖고 있는 라틴어에서 유래되었다. 벡터는 한 점이 주어진 방향으로 주어진 거리만큼 이동되었을 때 만들어진다. 다른 관점으로 보면 벡터는 길이와 방향의 두 가지 정보를 "운반한다". 벡터를 손으로 쓸 때 진한 글씨체로 나타내는 것은 어렵다. 어떤 사람들은 **v**로 인쇄되어 표시된 벡터를 $\vec{v}$로 쓰기를 좋아하지만, 대부분의 경우에 보통의 소문자 v로 나타내도 좋다. 그 문자가 벡터를 나타내는지는 대부분 문맥을 통하여 명확할 것이다.

우선, 익숙한 x, y축으로 된 데카르트 평면을 생각하기로 한다. **벡터**(vector)는 한 점 A에서 다른 점 B까지의 이동에 대응하는 유향선분이다(그림 1.2 참조).

A에서 B까지의 벡터를 $\overrightarrow{AB}$로 나타낸다. 이때, 점 A를 **시점**(initial point) 또는 **꼬리**(tail), 점 B를 **종점**(terminal point) 또는 **머리**(head)라고 한다. 보통 벡터는 단순히 **v**와 같이 진한 글씨체의 소문자로 나타낸다.

평면 위의 모든 점의 집합은 시점이 원점 O인 모든 벡터들의 집합과 대응된다. 각 점 A에 대하여 원점 O를 시점으로 하는 벡터 $\mathbf{a} = \overrightarrow{OA}$가 대응되고(이러한 벡터를 때때로 위치벡터라고 한다.), 시점이 원점 O인 각 벡터 **a**는 그 종점 A와 대응된다.

일반적으로 벡터는 좌표를 사용하여 나타낸다. 그림 1.3의 예처럼 $A = (3, 2)$이고 벡터는 $\mathbf{a} = \overrightarrow{OA} = [3, 2]$로 나타낸다. 같은 방법으로, 그림 1.3에 있는 다른

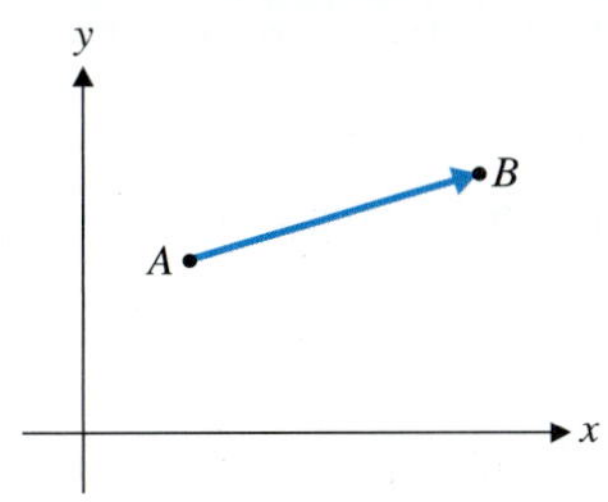

그림 1.2

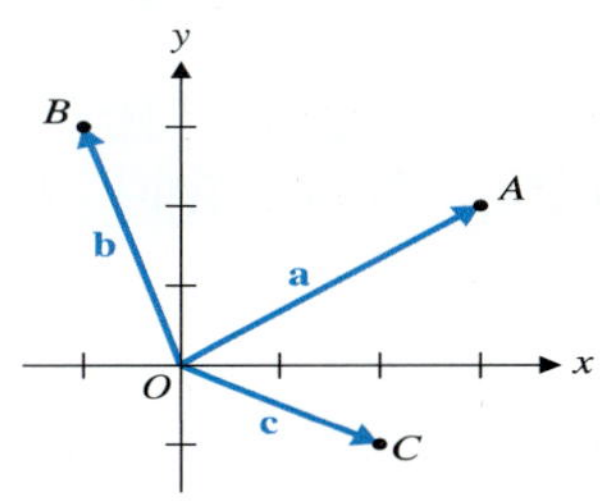

그림 1.3

벡터들은

$$\mathbf{b} = [-1,\ 3]\text{과 } \mathbf{c} = [2,\ -1]$$

이다. 각 좌표(벡터 **a**의 경우에 3과 2)를 그 벡터의 **성분**(component)이라고 한다. 벡터는 때때로 실수의 순서쌍으로 정의한다. 예를 들어, $[3,\ 2] \neq [2,\ 3]$ 이므로 순서는 중요하다. 일반적으로 두 벡터가 같다는 것은 그들의 대응하는 성분이 모두 같다는 것이다. 따라서 $[x,\ y] = [1,\ 5]$ 는 $x = 1$이고 $y = 5$임을 의미한다.

성분이라는 단어는 라틴어 "함께"라는 의미의 co와 "두다"라는 의미의 ponere라는 라틴어에서 유래되었다. 따라서 벡터는 그 성분들을 "함께 둔다"는 의미를 갖는다.

행벡터(row vector) 대신에 **열벡터**(column vector)를 사용하는 것이 종종 편리하다. $[3,\ 2]$의 다른 표현 방법은 $\begin{bmatrix}3\\2\end{bmatrix}$ 이다(중요한 점은 성분들의 **순서**이다.). 다음 장들에서 열벡터 표현이 계산적 관점에서 좀 더 편리하다는 것을 알게 되겠지만, 지금은 두 가지 표현에 모두 익숙해지도록 한다.

원점에서 시작하여 원점으로 끝나는 벡터 $[0, 0] = \overrightarrow{OO}$ 를 실제로 그릴 수는 없지만 이 벡터는 매우 중요하며 **영벡터**(zero vector)라고 부른다. 영벡터는 **0**으로 나타낸다.

$\mathbb{R}^2$은 '알 투'로 읽는다.

두 개의 성분을 갖는 모든 벡터의 집합을 $\mathbb{R}^2$로 나타낸다(여기서 $\mathbb{R}$은 실수전체의 집합으로 $\mathbb{R}^2$의 벡터의 성분으로 취할 수 있는 범위를 나타낸다.). 따라서 $[-1,\ 3.5]$, $[\sqrt{2},\ \pi]$와 $[\frac{5}{3},\ 4]$는 모두 $\mathbb{R}^2$에 속한다.

경주 게임을 생각하면서 시점이 원점이 아닌 벡터들에 이 개념들을 적용하여 보자. 벡터라는 단어의 어원적 유래인 "운반하다"가 문제의 실마리를 제공한다. 벡터 $[3, 2]$ 는 다음과 같이 해석될 수 있다. 원점 O에서 출발하여 오른쪽으로 3칸을 이동하고 위로 2칸을 이동하여 P에 도달한다. 같은 이동이 다른 시점에서도 적용될 수 있다. 그림 1.4는, $\overrightarrow{AB}$와 $\overrightarrow{CD}$로 표현되는, 같은 두 이동을 보여주고 있다.

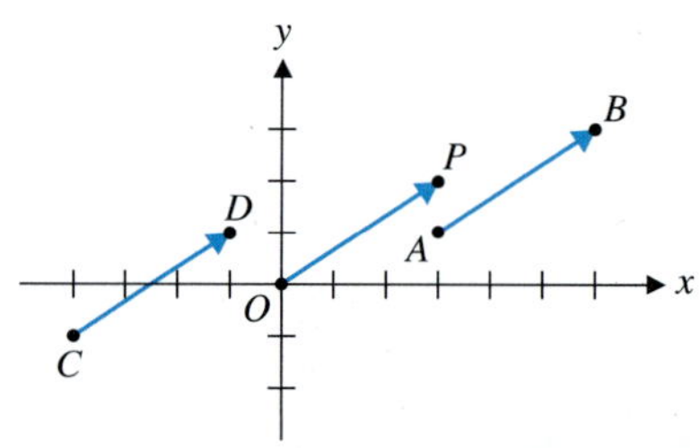

그림 1.4

두 벡터의 길이가 같고 방향이 같다면 두 벡터가 **같다**고 정의한다. 따라서 그림 1.4에서 $\overrightarrow{AB} = \overrightarrow{CD}$ 이다(이 두 벡터들은 다른 시점과 다른 종점을 갖고 있지만 같은 이동을 나타내고 있다.). 기하학적으로, 하나의 벡터를 평행 이동하여 다른 벡터에 일치시킬 수 있다면 두 벡터가 같다. 그림 1.4에서 성분을 이용하여 나타내면 $A = (3,\ 1)$이고 $B = (6,\ 3)$이다. 이동을 나타내는 벡터 $[3, 2]$ 는 각각의 성분의 차이를 보여준다.

좌표에 의하여 벡터를 언급할 때, 해석적으로 취급하는 것이다.

$$\overrightarrow{AB} = [3, 2] = [6-3, 3-1]$$

같은 이유로, $\overrightarrow{CD} = [-1-(-4), 1-(-1)] = [3, 2]$ 이며, 따라서 예상한 바와 같이 $\overrightarrow{AB} = \overrightarrow{CD}$ 이다.

시점이 원점인 $\overrightarrow{OP}$와 같은 벡터는 **표준위치**(standard position)에 있다고 한다. 앞에서 다룬 논의에서 모든 벡터는 표준위치에 있는 벡터로 나타낼 수 있음을 설명하였다. 역으로, 표준위치에 있는 벡터는 평면에 있는 임의의 점을 시점으로 하는 벡터로 평행 이동할 수 있다.

예제 1.1

$A=(-1,\ 2)$이고 $B=(3,\ 4)$일 때 $\overrightarrow{AB}$를 구하고

(a) 표준위치인 벡터로 그려라.

(b) 시점이 $C=(2,\ -1)$인 벡터로 그려라.

풀이 $\overrightarrow{AB}=[3-(-1),\ 4-2]=[4,\ 2]$이다. 만일 $\overrightarrow{AB}$를 $C=(2,\ -1)$인 $\overrightarrow{CD}$로 평행이동하면, $D=(2+4,\ -1+2)=(6,1)$이 된다(그림 1.5 참조).

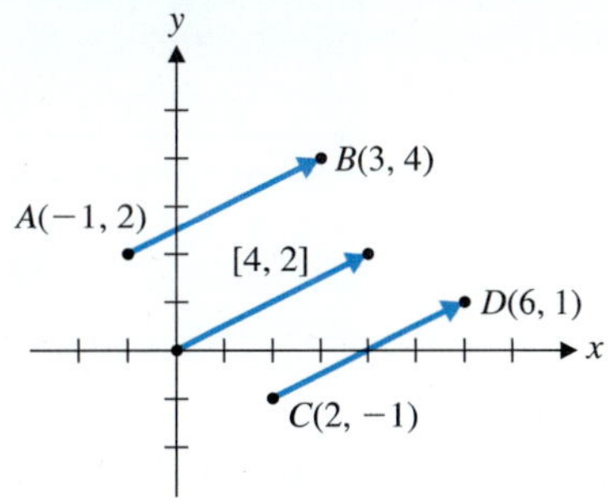

그림 1.5

이전의 벡터에서 새로운 벡터 만들기

경주 게임처럼, 종종 하나의 벡터가 다른 벡터에 '이어가는' 경우가 있다. 이것이 벡터 연산의 가장 기본이 되는 **벡터 덧셈**(vector addition)의 개념으로 인도한다.

만일 $\mathbf{u}$에 이어서 $\mathbf{v}$가 그려지면 $\mathbf{u}+\mathbf{v}$로 표현되는 세 번째 벡터로 전체 이동을 시각화할 수 있다. 그림 1.6에서 $\mathbf{u}=[1,\ 2]$이고 $\mathbf{v}=[2,\ 2]$이면 $\mathbf{u}$에 따른 $\mathbf{v}$의 실제 효과는

$$[1+2,\ 2+2]=[3,\ 4]$$

가 되며, 이 값이 $\mathbf{u}+\mathbf{v}$이다. 일반적으로 $\mathbf{u}=[u_1,\ u_2]$이고 $\mathbf{v}=[v_1,\ v_2]$이면, 이

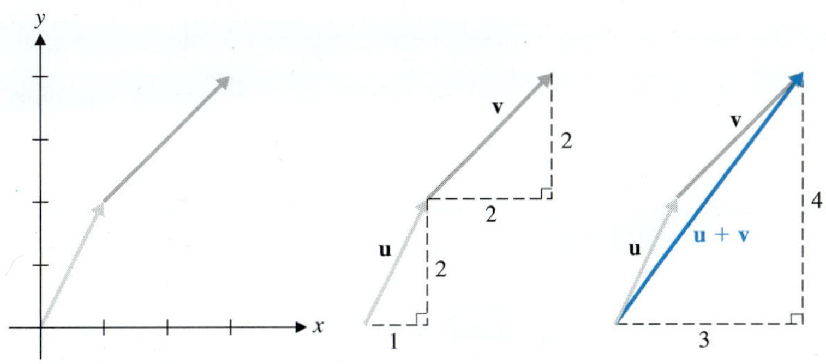

그림 1.6 벡터의 덧셈

두 벡터의 **합**(sum) $\mathbf{u}+\mathbf{v}$는

$$\mathbf{u}+\mathbf{v}=[u_1+v_1, u_2+v_2]$$

가 된다. $\mathbf{u}+\mathbf{v}$를 기하학적으로 시각화하는 것은 매우 유용하다. 다음 규칙은 앞에서 언급한 논의에 대한 기하학적 설명이 된다.

종점-시점 법칙

$\mathbb{R}^2$에 있는 두 벡터 $\mathbf{u}$와 $\mathbf{v}$에 대하여 $\mathbf{v}$를 평행 이동하여 $\mathbf{v}$의 시점을 $\mathbf{u}$의 종점에 일치시킨다. 그러면 $\mathbf{u}$와 $\mathbf{v}$의 합 $\mathbf{u}+\mathbf{v}$는 $\mathbf{u}$의 시점에서부터 $\mathbf{v}$의 종점까지의 벡터가 된다(그림 1.7).

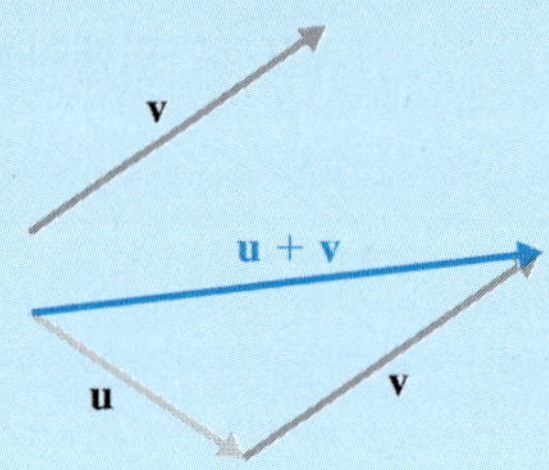

그림 1.7 종점-시점 법칙

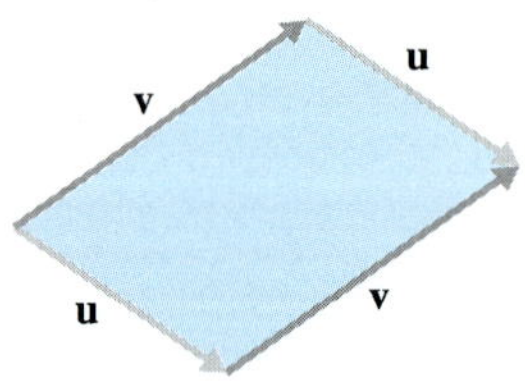

그림 1.8 u와 v에 의하여 결정된 평행사변형

$\mathbf{u}$와 $\mathbf{v}$를 평행 이동하여 그림 1.8과 같이 평행사변형을 얻을 수 있다. 이 평행사변형을 $\mathbf{u}$와 $\mathbf{v}$에 의하여 결정된 평행사변형이라고 한다. 이것은 표준위치에 있는 벡터들에 대하여 종점-시점 법칙과 같은 결과를 이끌어 낸다.

평행사변형 법칙

$\mathbb{R}^2$에 있는 (표준위치의) 두 벡터 $\mathbf{u}$와 $\mathbf{v}$에 대하여 벡터의 합 $\mathbf{u}+\mathbf{v}$는 표준위치에서 $\mathbf{u}$와 $\mathbf{v}$에 의하여 결정된 평행사변형의 대각선 벡터이다(그림 1.9).

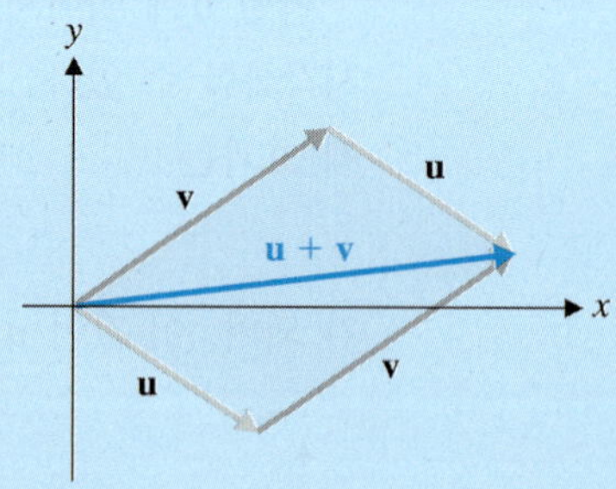

그림 1.9 평행사변형 법칙

예제 1.2 $\mathbf{u}=[3, -1]$이고 $\mathbf{v}=[1, 4]$일 때, $\mathbf{u}+\mathbf{v}$를 계산하고 그림을 그려라.

풀이 $\mathbf{u}+\mathbf{v}=[3+1, -1+4]=[4, 3]$이다. 종점-시점 법칙에 따라 이 벡터를 그린 것은 그림 1.10(a)이고 평행사변형 법칙을 따라 그린 것은 그림 1.10(b)이다.

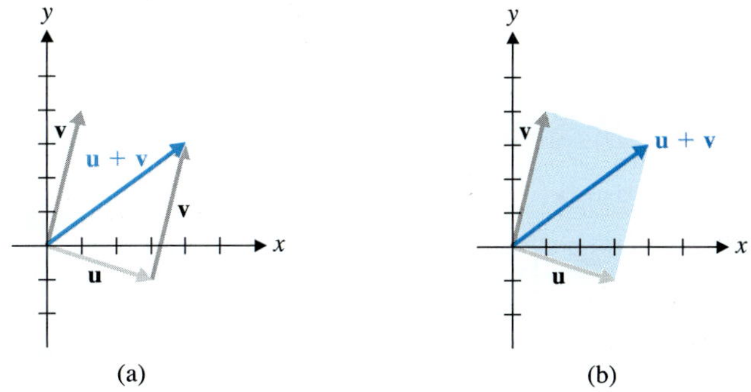

그림 1.10

두 번째 기본적인 벡터 연산은 **스칼라배**(scalar multiplication)이다. 벡터 $\mathbf{v}$와 실수 c에 대하여 스칼라배 $c\mathbf{v}$는 $\mathbf{v}$의 각 성분에 c를 곱하여 얻어지는 벡터이다. 예를 들어, $3[-2,\ 4]=[-6,\ 12]$이다. 일반적으로

$$c\mathbf{v}=c[v_1,\ v_2]=[cv_1,\ cv_2]$$

이다.

예제 1.3 $\mathbf{v}=[-2,\ 4]$일 때, $2\mathbf{v}$, $\frac{1}{2}\mathbf{v}$와 $-2\mathbf{v}$를 계산하고 그림을 그려라.

풀이 먼저, 다음과 같이 계산한다.

$$2\mathbf{v}=[2(-2),\ 2(4)]=[-4,\ 8]$$
$$\tfrac{1}{2}\mathbf{v}=[\tfrac{1}{2}(-2),\ \tfrac{1}{2}(4)]=[-1,\ 2]$$
$$-2\mathbf{v}=[-2(-2),\ -2(4)]=[4,\ -8]$$

이 벡터들은 그림 1.11에 나타나 있다.

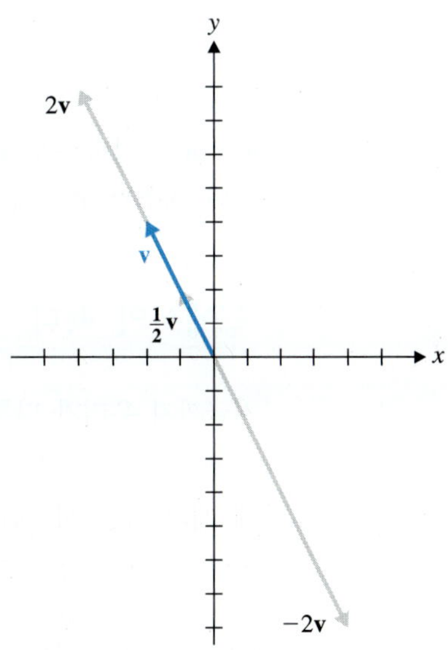

그림 1.11

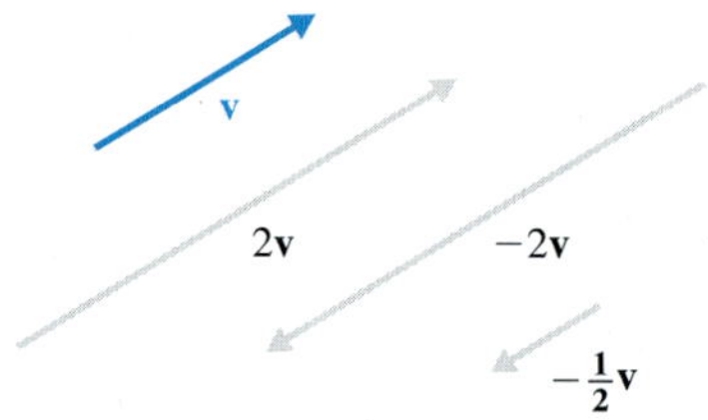

그림 1.12

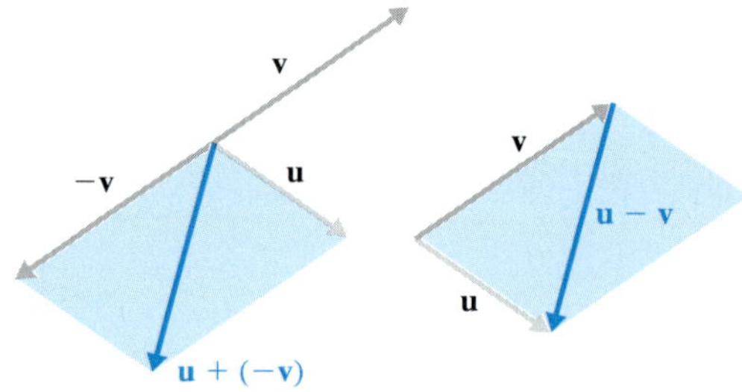

그림 1.13 벡터의 차

스칼라라는 단어는 '사다리'라는 의미를 갖는 라틴어인 scala에서 유래한다. 사다리 위에 등간격으로 있는 발을 딛는 가로장들은 척도를 제공하고 벡터 계산에서 상수의 곱은 단지 벡터의 척도(또는 길이)만을 변화시킨다. 따라서 상수들은 스칼라로 알려져 있다.

$c\mathbf{v}$는 $c>0$일 때 $\mathbf{v}$와 같은 방향이며 $c<0$일 때 $\mathbf{v}$와 반대방향이 된다. 또한 $c\mathbf{v}$는 $\mathbf{v}$에 $|c|$배한 길이를 갖는다. 이러한 이유로, 벡터와 관련하여 상수를 **스칼라**(scalar)라고 한다. 그림 1.12에서 볼 수 있듯이 벡터의 평행이동을 고려할 때, 두 벡터가 서로 스칼라배일 필요충분조건은 두 벡터가 **평행**(parallel)한 것이다.

특히, 스칼라배 $(-1)\mathbf{v}$는 $-\mathbf{v}$로 나타내며, $\mathbf{v}$의 **음벡터**(negative vector)라고 한다. 음벡터는 벡터의 뺄셈을 정의하는 데 사용된다. $\mathbf{u}$와 $\mathbf{v}$의 **차**(difference)는

$$\mathbf{u}-\mathbf{v}=\mathbf{u}+(-\mathbf{v})$$

로 정의한다. 그림 1.13은 $\mathbf{u}-\mathbf{v}$가 $\mathbf{u}$와 $\mathbf{v}$에 의하여 결정되는 평행사변형의 '다른' 대각선에 대응함을 보여준다.

예제 1.4

$\mathbf{u}=[1,\ 2]$이고 $\mathbf{v}=[-3,\ 1]$일 때 $\mathbf{u}-\mathbf{v}=[1-(-3),\ 2-1]=[4,\ 1]$이다.

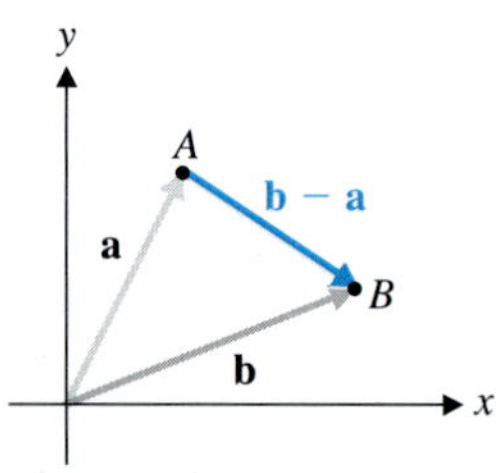

그림 1.14

예제 1.4에서 뺄셈의 정의는 우리가 $\overrightarrow{AB}$와 같은 벡터를 계산하는 방법과 일치한다. 점 A와 점 B가 표준위치에 있는 벡터 $\mathbf{a}$와 $\mathbf{b}$에 대응하면 그림 1.14에서와 같이 $\overrightarrow{AB}=\mathbf{b}-\mathbf{a}$이다. [이 그림에 대한 종점–시점 법칙은 $\mathbf{a}+(\mathbf{b}-\mathbf{a})=\mathbf{b}$임을 설명한다. 만일 종점이 B가 아닌 A를 $\mathbf{b}-\mathbf{a}$의 종점으로 그리면 그림은 $\mathbf{b}+(\mathbf{b}-\mathbf{a})=\mathbf{a}$를 설명하게 되는데 이것은 잘못된 것이다! 이 단원의 후반부에 벡터와 관련된 대수적 표현에 대하여 좀 더 학습하게 될 것이다.]

$\mathbb{R}^3$에서의 벡터

지금까지 우리가 다루었던 모든 것들은 쉽게 삼차원으로 확장된다. 세 실수의 순서쌍의 집합을 $\mathbb{R}^3$로 나타낸다. 점들과 벡터들은 원점 O에서 만나는 서로 수직인 세 개의 축을 사용하여 나타낸다. $A=(1,\ 2,\ 3)$과 같은 점은 다음과 같이 위치한다. 우선 x축을 따라서 1칸을 이동한 후 y축을 따라서 2칸을 이동한다. 마지막으로 z축을 따라서 3칸을 이동한다. 이에 대응하는 벡터 $\mathbf{a}=[1,\ 2,\ 3]$은 그림 1.15에서처럼 $\overrightarrow{OA}$가 된다.

$\mathbb{R}^3$에 있는 벡터 $\mathbf{a}$를 시각화하는 또 다른 방법은 6개의 면이 3개의 축 평면

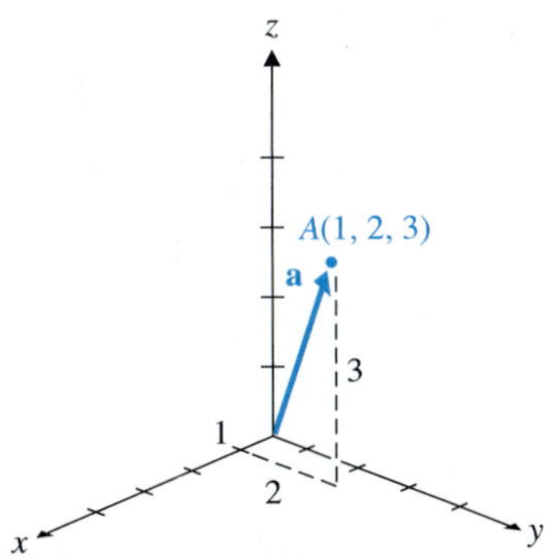

그림 1.15

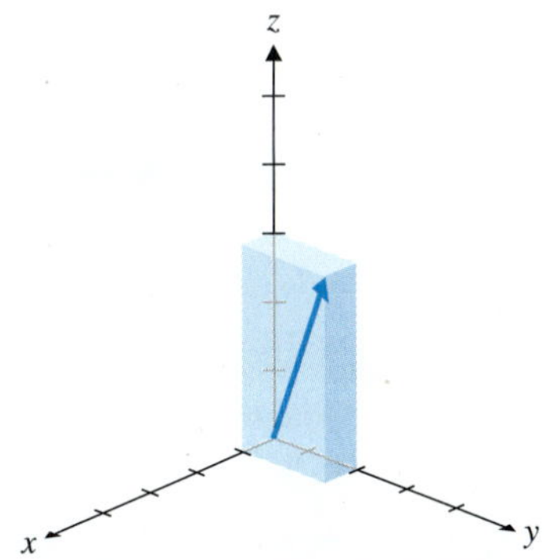

그림 1.16

(xy, xz, yz 평면)과 각 축 평면에 평행하면서 점 (1, 2, 3)을 지나는 세 평면에 의하여 결정되는 상자를 만드는 것이다. 그러면 벡터 [1, 2, 3]은 그림 1.16에서와 같이 원점에서 상자의 맞은편 꼭짓점까지 연결하여 만들어지는 대각선에 대응한다.

벡터 덧셈과 뺄셈에 대한 '성분별' 정의는 쉽게 $\mathbb{R}^3$로 확장된다.

$\mathbb{R}^n$에서의 벡터

일반적으로 행벡터 또는 열벡터로 표시된 n개 실수의 순서쌍의 집합을 $\mathbb{R}^n$으로 나타낸다. 따라서 $\mathbb{R}^n$에 있는 벡터 $\mathbf{v}$는

$$[v_1, v_2, \cdots, v_n] \text{ 또는 } \begin{bmatrix} v_1 \\ v_2 \\ \vdots \\ v_n \end{bmatrix}$$

의 형태가 된다. $\mathbf{v}$의 각 구성원을 성분이라고 한다. v_i를 i번째 성분이라고 한다.

앞에서 논의한 바와 같은 방법으로 $\mathbb{R}^n$에서의 벡터의 덧셈과 스칼라배를 정의한다. $\mathbf{u}=[u_1, u_2, \cdots, u_n]$이고 $\mathbf{v}=[v_1, v_2, \cdots, v_n]$일 때 $\mathbf{u}+\mathbf{v}$의 i번째 성분은 u_i+v_i이며 $c\mathbf{v}$의 i번째 성분은 cv_i이다.

$\mathbb{R}^n$에서는 벡터를 그림으로 나타낼 수 없기 때문에 벡터를 계산할 수 있다는 것이 중요하다. 벡터의 연산이 실수의 연산과 비슷할 것이라고 가정하지 않도록 주의하여야 한다. 물론 벡터들에 관한 대수적 계산이 스칼라들에 대한 대수적 계산과 비슷한 경우가 종종 있다. 그러나 다음에 벡터 계산이 실수의 계산에서 전에 경험한 것과 아주 다른 상황을 만나게 될 것이다. 따라서 벡터들의 연산에 대한 어떤 대수적 성질을 이용하기 전에 우선 증명하는 것이 중요하다.

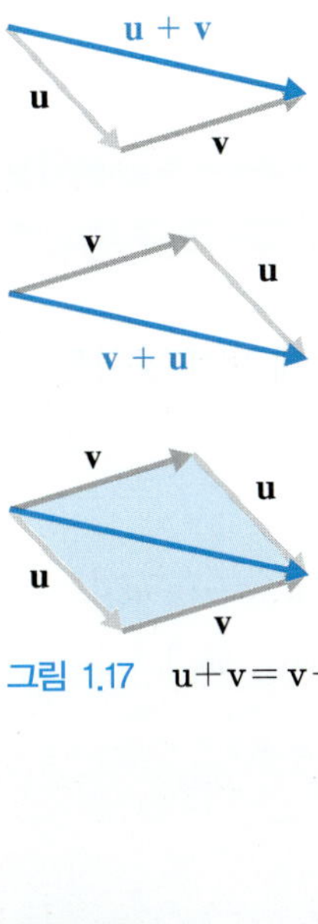

그림 1.17 $\mathbf{u}+\mathbf{v}=\mathbf{v}+\mathbf{u}$

이러한 성질 중의 하나가 덧셈의 교환법칙이다. 임의의 벡터 $\mathbf{u}$와 $\mathbf{v}$에 대하여 $\mathbf{u}+\mathbf{v}=\mathbf{v}+\mathbf{u}$가 성립한다. 이 성질은 분명히 $\mathbb{R}^2$에서 성립한다. 기하학적으로 종점-시점 법칙은 $\mathbf{u}+\mathbf{v}$와 $\mathbf{v}+\mathbf{u}$가 $\mathbf{u}$와 $\mathbf{v}$에 의하여 결정되는 평행사변형의 주대각선임을 보여준다. 평행사변형 법칙은 이러한 대칭성을 반영하고 있다(그림 1.17 참조).

그림 1.17은 단순히 $\mathbf{u}+\mathbf{v}=\mathbf{v}+\mathbf{u}$의 성질을 보여준다. 그것은 모든 가능한 경우를 다 설명하지 않았기 때문에 증명이라고 할 수 없다. 예를 들어, $\mathbf{u}=\mathbf{v}$, $\mathbf{u}=-\mathbf{v}$ 그리고 $\mathbf{u}=\mathbf{0}$인 경우도 포함되어야만 한다(이 경우들에 있어서 그림은 어떤 모습이 될까?). 이러한 이유로 인하여 대수적 증명이 필요하다. 그러나 $\mathbb{R}^n$에서 성립하는 것을 증명하는 것은 $\mathbb{R}^2$에서 성립하는 것을 증명하는 것만큼 쉽다.

다음 정리는 $\mathbb{R}^n$에서 벡터 덧셈과 스칼라배에 대한 대수적 성질들을 요약한 것이다. 증명은 실수에 대한 대응하는 성질을 따른다.

정리 1.1 **$\mathbb{R}^n$에서의 벡터의 대수적 성질**

$\mathbf{u}$, $\mathbf{v}$, $\mathbf{w}$가 $\mathbb{R}^n$의 벡터들이고 c, d는 스칼라라고 하자. 그러면

a. $\mathbf{u}+\mathbf{v}=\mathbf{v}+\mathbf{u}$ 교환법칙
b. $(\mathbf{u}+\mathbf{v})+\mathbf{w}=\mathbf{u}+(\mathbf{v}+\mathbf{w})$ 결합법칙
c. $\mathbf{u}+\mathbf{0}=\mathbf{u}$
d. $\mathbf{u}+(-\mathbf{u})=\mathbf{0}$
e. $c(\mathbf{u}+\mathbf{v})=c\mathbf{u}+c\mathbf{v}$ 분배법칙
f. $(c+d)\mathbf{u}=c\mathbf{u}+d\mathbf{u}$ 분배법칙
g. $c(d\mathbf{u})=(cd)\mathbf{u}$
h. $1\mathbf{u}=\mathbf{u}$

정리라는 단어는 "쳐다본다."라는 의미를 갖고 있는 그리스 단어 theorema에서 유래한다. 따라서 정리는 우리가 예를 보고 그 예들로부터 일반적으로 성립함을 보이고자 하는 성질들을 뽑아낼 때 우리가 갖는 인식에 근거한다. 비슷하게 우리가 수학에서 무엇인가를 이해하였을 때 –예를 들어, 정리의 증명– 우리는 종종 "나는 보았다"라고 말한다.

주의

- (a)의 교환법칙과 함께 성질 (c)와 (d)는 $\mathbf{0}+\mathbf{u}=\mathbf{u}$와 $-\mathbf{u}+\mathbf{u}=\mathbf{0}$임을 설명한다.
- 만일 분배법칙 (e)와 (f)를 오른쪽에서 왼쪽으로 이해하면 그 성질들은 덧셈으로부터 공통 스칼라나 공통 벡터로 인수분해할 수 있음을 설명한다.

증명

(a)와 (b)만을 증명하고 나머지는 연습문제로 남긴다.

$\mathbf{u}=[u_1, u_2, \cdots, u_n]$, $\mathbf{v}=[v_1, v_2, \cdots, v_n]$, $\mathbf{w}=[w_1, w_2, \cdots, w_n]$이라고 하자.

(a)
$$\begin{aligned}\mathbf{u}+\mathbf{v}&=[u_1, u_2, \cdots, u_n]+[v_1, v_2, \cdots, v_n]\\&=[u_1+v_1, u_2+v_2, \cdots, u_n+v_n]\\&=[v_1+u_1, v_2+u_2, \cdots, v_n+u_n]\\&=[v_1, v_2, \cdots, v_n]+[u_1, u_2, \cdots, u_n]\\&=\mathbf{v}+\mathbf{u}\end{aligned}$$

두 번째와 네 번째 등식은 벡터 덧셈의 정의에 의한 것이고 세 번째 등식은 실수의 덧셈에 관한 교환법칙에 의한 것이다.

(b) 그림 1.18은 $\mathbb{R}^2$에서 결합법칙을 보여준다. 대수적으로

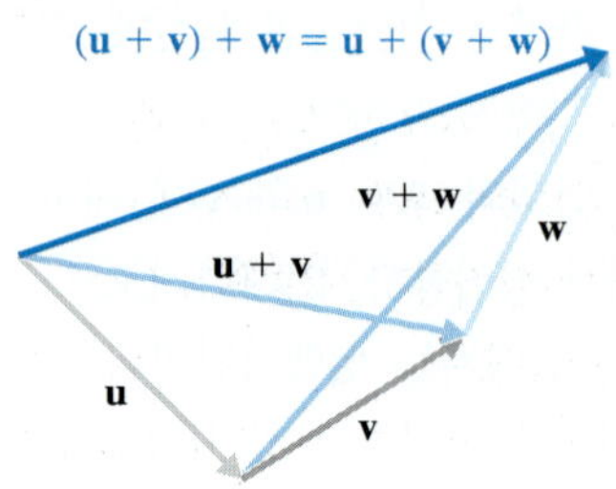

그림 1.18

$$\begin{aligned}(\mathbf{u}+\mathbf{v})+\mathbf{w}&=([u_1, u_2, \cdots, u_n]+[v_1, v_2, \cdots, v_n])+[w_1, w_2, \cdots, w_n]\\&=[u_1+v_1, u_2+v_2, \cdots, u_n+v_n]+[w_1, w_2, \cdots, w_n]\end{aligned}$$

$$
\begin{aligned}
&= [(u_1+v_1)+w_1,\ (u_2+v_2)+w_2,\ \cdots,\ (u_n+v_n)+w_n] \\
&= [u_1+(v_1+w_1),\ u_2+(v_2+w_2),\ \cdots,\ u_n+(v_n+w_n)] \\
&= [u_1,\ u_2,\ \cdots,\ u_n]+[v_1+w_1,\ v_2+w_2,\ \cdots,\ v_n+w_n] \\
&= [u_1,\ u_2,\ \cdots,\ u_n]+([v_1,\ v_2,\ \cdots,\ v_n]+[w_1,\ w_2,\ \cdots,\ w_n]) \\
&= \mathbf{u}+(\mathbf{v}+\mathbf{w})
\end{aligned}
$$

가 성립한다. 네 번째 등식은 실수의 덧셈에 관한 결합법칙에 의한 것이다.

정리 1.1의 성질 (b)에 의하여 우리가 원하는 대로 벡터들을 묶어서 더할 수 있기 때문에 괄호를 사용하지 않고 $\mathbf{u}+\mathbf{v}+\mathbf{w}$로 나타내도 문제가 없다. 또한, (a)에 의하여 만일 우리가 원한다면 $\mathbf{w}+\mathbf{u}+\mathbf{v}$와 같이 덧셈을 하는 순서를 바꿀 수도 있다. 같은 방법으로, 4개 또는 그 이상의 벡터들도 순서나 묶는 방법에 관계없이 계산할 수 있다. 일반적으로 $\mathbf{v}_1,\ \mathbf{v}_2,\ \cdots,\ \mathbf{v}_k$가 $\mathbb{R}^n$에 있는 벡터들일 때, 이들의 합을 괄호없이 다음과 같이 나타낸다.

$$\mathbf{v}_1+\mathbf{v}_2+\cdots+\mathbf{v}_k$$

다음 예제는 벡터들의 대수적 계산을 실행하기 위하여, 정리 1.1을 이용함을 보여준다.

예제 1.5

$\mathbf{a},\ \mathbf{b},\ \mathbf{x}$를 $\mathbb{R}^n$에 있는 벡터들이라고 하자.

(a) $3\mathbf{a}+(5\mathbf{b}-2\mathbf{a})+2(\mathbf{b}-\mathbf{a})$를 간단히 하여라.

(b) $5\mathbf{x}-\mathbf{a}=2(\mathbf{a}+2\mathbf{x})$일 때, $\mathbf{a}$를 이용하여 $\mathbf{x}$를 구하여라.

풀이 우리가 사용한 정리 1.1의 모든 성질들을 언급하면서 두 질문 모두에 대하여 자세한 답안을 제시하고자 한다. 이러한 형태의 계산을 하는 처음 몇 번은 모든 단계의 이유를 밝히는 것이 좋은 연습이 된다. 일단 벡터 성질들에 대하여 익숙해지면 시간과 공간을 절약하기 위하여 중간의 몇 단계는 생략해도 좋다.

(a) 먼저, 괄호를 삽입하는 것부터 시작한다.

$$
\begin{aligned}
3\mathbf{a}+(5\mathbf{b}-2\mathbf{a})+2(\mathbf{b}-\mathbf{a}) &= (3\mathbf{a}+(5\mathbf{b}-2\mathbf{a}))+2(\mathbf{b}-\mathbf{a}) \\
&= (3\mathbf{a}+(-2\mathbf{a}+5\mathbf{b}))+(2\mathbf{b}-2\mathbf{a}) && \text{(a), (e)} \\
&= ((3\mathbf{a}+(-2\mathbf{a}))+5\mathbf{b})+(2\mathbf{b}-2\mathbf{a}) && \text{(b)} \\
&= ((3+(-2))\mathbf{a}+5\mathbf{b})+(2\mathbf{b}-2\mathbf{a}) && \text{(f)} \\
&= (1\mathbf{a}+5\mathbf{b})+(2\mathbf{b}-2\mathbf{a}) \\
&= ((\mathbf{a}+5\mathbf{b})+2\mathbf{b})-2\mathbf{a} && \text{(b), (h)} \\
&= (\mathbf{a}+(5\mathbf{b}+2\mathbf{b}))-2\mathbf{a} && \text{(b)} \\
&= (\mathbf{a}+(5+2)\mathbf{b})-2\mathbf{a} && \text{(f)} \\
&= (7\mathbf{b}+\mathbf{a})-2\mathbf{a} && \text{(a)}
\end{aligned}
$$

$$
\begin{aligned}
&= 7\mathbf{b} + (\mathbf{a} - 2\mathbf{a}) && \text{(b)} \\
&= 7\mathbf{b} + (1-2)\mathbf{a} && \text{(f), (h)} \\
&= 7\mathbf{b} + (-1)\mathbf{a} \\
&= 7\mathbf{b} - \mathbf{a}
\end{aligned}
$$

왜 우리가 위 단계의 일부를 생략하지 않는지 알 수 있을 것이다! 실제로

$$
\begin{aligned}
&3\mathbf{a} + (5\mathbf{b} - 2\mathbf{a}) + 2(\mathbf{b} - \mathbf{a}) = 3\mathbf{a} + 5\mathbf{b} - 2\mathbf{a} + 2\mathbf{b} - 2\mathbf{a} \\
&= (3\mathbf{a} - 2\mathbf{a} - 2\mathbf{a}) + (5\mathbf{b} + 2\mathbf{b}) \\
&= -\mathbf{a} + 7\mathbf{b}
\end{aligned}
$$

처럼 이러한 일련의 단계를 간단히 하는 것이나 계산의 대부분을 마음속으로 하는 것도 괜찮다.

(b) 상세하게 과정을 적으면

$$
\begin{aligned}
5\mathbf{x} - \mathbf{a} &= 2(\mathbf{a} + 2\mathbf{x}) \\
5\mathbf{x} - \mathbf{a} &= 2\mathbf{a} + 2(2\mathbf{x}) && \text{(e)} \\
5\mathbf{x} - \mathbf{a} &= 2\mathbf{a} + (2\cdot 2)\mathbf{x} && \text{(g)} \\
5\mathbf{x} - \mathbf{a} &= 2\mathbf{a} + 4\mathbf{x} \\
(5\mathbf{x} - \mathbf{a}) - 4\mathbf{x} &= (2\mathbf{a} + 4\mathbf{x}) - 4\mathbf{x} \\
(-\mathbf{a} + 5\mathbf{x}) - 4\mathbf{x} &= 2\mathbf{a} + (4\mathbf{x} - 4\mathbf{x}) && \text{(a), (b)} \\
-\mathbf{a} + (5\mathbf{x} - 4\mathbf{x}) &= 2\mathbf{a} + \mathbf{0} && \text{(b), (d)} \\
-\mathbf{a} + (5-4)\mathbf{x} &= 2\mathbf{a} && \text{(f), (c)} \\
-\mathbf{a} + (1)\mathbf{x} &= 2\mathbf{a} \\
\mathbf{a} + (-\mathbf{a} + \mathbf{x}) &= \mathbf{a} + 2\mathbf{a} && \text{(h)} \\
(\mathbf{a} + (-\mathbf{a})) + \mathbf{x} &= (1+2)\mathbf{a} && \text{(b), (f)} \\
\mathbf{0} + \mathbf{x} &= 3\mathbf{a} && \text{(d)} \\
\mathbf{x} &= 3\mathbf{a} && \text{(c)}
\end{aligned}
$$

이다. 대부분의 경우 이러한 단계의 대부분을 생략할 것이다.

일차결합과 좌표

벡터들의 스칼라배의 합인 벡터를 벡터들의 일차결합이라고 한다. 형식적인 정의는 다음과 같다.

정의 만일 $\mathbf{v} = c_1\mathbf{v}_1 + c_2\mathbf{v}_2 + \cdots + c_k\mathbf{v}_k$ 인 스칼라 $c_1, c_2, \cdots, c_k$ 가 존재하면 $\mathbf{v}$를 $\mathbf{v}_1, \mathbf{v}_2, \cdots, \mathbf{v}_k$의 **일차결합**(linear combination)이라고 한다. 이때, 스칼라 $c_1, c_2, \cdots, c_k$를 주어진 일차결합의 **계수**(coefficient)라고 한다.

예제 1.6

벡터 $\begin{bmatrix} 2 \\ -2 \\ -1 \end{bmatrix}$는 $3\begin{bmatrix} 1 \\ 0 \\ -1 \end{bmatrix}+2\begin{bmatrix} 2 \\ -3 \\ 1 \end{bmatrix}-\begin{bmatrix} 5 \\ -4 \\ 0 \end{bmatrix}=\begin{bmatrix} 2 \\ -2 \\ -1 \end{bmatrix}$이므로, $\begin{bmatrix} 1 \\ 0 \\ -1 \end{bmatrix}$, $\begin{bmatrix} 2 \\ -3 \\ 1 \end{bmatrix}$과 $\begin{bmatrix} 5 \\ -4 \\ 0 \end{bmatrix}$의 일차결합이다.

주의 주어진 벡터가 다른 벡터들의 일차결합인지를 결정하는 문제는 제2장에서 다루게 될 것이다.

$\mathbb{R}^2$에서 (평행이 아닌) 두 벡터들의 일차결합을 아주 간편하게 설명하는 것이 가능하다.

예제 1.7

$\mathbf{u}=\begin{bmatrix} 3 \\ 1 \end{bmatrix}$, $\mathbf{v}=\begin{bmatrix} 1 \\ 2 \end{bmatrix}$라 두면, $\mathbf{u}$와 $\mathbf{v}$를 새로운 축으로 정할 수 있다(이는 $\mathbf{e}_1=\begin{bmatrix} 1 \\ 0 \end{bmatrix}$와 $\mathbf{e}_2=\begin{bmatrix} 0 \\ 1 \end{bmatrix}$를 표준 좌표축으로 정하는 것과 같은 방법이다.).

우리는 $\mathbf{u}$와 $\mathbf{v}$의 일차결합을 쉽게 찾을 수 있도록 **좌표격자**(coordinate grid)를 정하기 위하여 이 새로운 축들을 사용할 수 있다.

그림 1.19에서와 같이 $\mathbf{w}$는 원점에서 시작하여 $-\mathbf{u}$로 이동한 후, $2\mathbf{v}$만큼 이동한 곳에 위치한다. 즉

$$\mathbf{w}=-\mathbf{u}+2\mathbf{v}$$

이다. $\mathbf{u}$와 $\mathbf{v}$에 관한 $\mathbf{w}$의 좌표는 -1과 2이다. 이것은 일차결합의 계수에 관심을 갖게 하는 또 다른 방법이다. 따라서

$$\mathbf{w}=-\begin{bmatrix} 3 \\ 1 \end{bmatrix}+2\begin{bmatrix} 1 \\ 2 \end{bmatrix}=\begin{bmatrix} -1 \\ 3 \end{bmatrix}$$

이다. 여기서 -1과 3은 각각 $\mathbf{e}_1$과 $\mathbf{e}_2$에 관한 $\mathbf{w}$의 좌표들임을 유념하여야 한다.

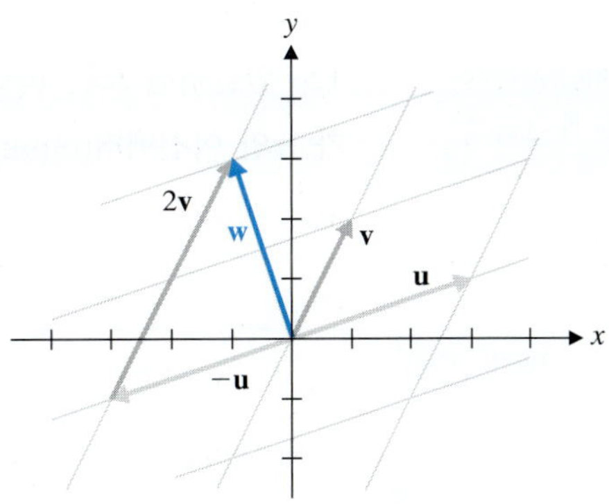

그림 1.19

표준 좌표축을 다른 좌표축으로 변경하는 것은 유용한 생각이다. 특히, 분자와 결정체 구조들은 때때로 직사각형의 격자 형태를 띠지 않기 때문에 화학과 지질학에 있어서 활용된다. 이는 이 책에서 계속 접하게 될 개념이다.

이진벡터와 모듈로 계산

기하학적인 해석이 없는 ─ 적어도 유클리드 기하학을 사용하지 않는 ─ 벡터의 형태를 접하게 될 것이다. 컴퓨터는 (꺼짐/켜짐, 닫힘/열림, 거짓/참, 아니오/예 등과 같이 해석될 수 있는) 0과 1에 의해 자료를 표시한다. 각 성분이 0 또는 1로 구성된 벡터를 **이진벡터**라고 한다. 8장에서 이러한 벡터들은 여러 가지 형태의 코드(code)의 연구에 자연스럽게 나타나는 것을 알게 된다.

이 경우에, 통상적인 계산의 규칙은 수정되어야 하는데, 이는 스칼라에 관련되는 각 계산의 결과가 0 또는 1이 되어야만 하기 때문이다. 수정된 덧셈과 곱셈의 규칙은 다음과 같다.

+	0	1
0	0	1
1	1	0

·	0	1
0	0	0
1	0	1

여기서, $1+1=0$이라는 규칙은 호기심을 갖게 한다. 이것은 생각만큼 낯설지는 않다. 0을 단어 '짝수(even)'로 바꾸고 1을 단어 '홀수(odd)'로 바꾸면, 이 표는 짝수와 홀수의 합과 곱에 대한 홀짝 규칙으로 간단하게 요약된다. 예를 들어, $1+1=0$은 두 홀수의 합이 짝수가 된다는 사실을 나타낸다. 이러한 규칙을 갖는 스칼라들의 집합 $\{0, 1\}$를 $\mathbb{Z}_2$로 나타내고 **모듈로 2에 대한 정수**(integers modulo 2)의 집합이라 한다.

예제 1.8

$\mathbb{Z}_2$에서는 $1+1+0+1=1$이고 $1+1+1+1=0$이다. 이 계산들도 패리티 규칙의 예가 된다. 즉, 세 홀수와 짝수의 합은 홀수이고, 네 홀수의 합은 짝수이다.

> 우리는 $\mathbb{R}^n$에서 사용할 방법과 다르게 **길이**의 개념을 사용한다. 이진벡터의 길이에 대한 기하학적인 개념이 없기 때문에 혼란스럽지는 않을 것이다.

이제, 스칼라 집합을 $\mathbb{Z}_2$로 하는 벡터에 대해 지금까지의 규칙을 확장한다. 0과 1로 만들어진 모든 n-순서쌍들의 집합은 $\mathbb{Z}_2^n$으로 나타낸다. $\mathbb{Z}_2^n$의 벡터들을 **길이가 n인 이진벡터**(binary vectors of length n)라 부른다. 이들 벡터의 모든 계산은 모듈로 2에 대하여 실행한다.

예제 1.9

$\mathbb{Z}_2^2$의 벡터들은 $[0, 0]$, $[0, 1]$, $[1, 0]$와 $[1, 1]$이다. (일반적으로, $\mathbb{Z}_2^n$은 얼마나 많은 벡터들을 포함하고 있을까?)

예제 1.10 $\mathbf{u}=[1, 1, 0, 1, 0]$와 $\mathbf{v}=[0, 1, 1, 1, 0]$를 길이가 5인 두 이진벡터라 하자. $\mathbf{u}+\mathbf{v}$를 구하여라.

풀이 $\mathbf{u}+\mathbf{v}$의 계산이 $\mathbb{Z}_2$에서 실행되므로

$$\begin{aligned}\mathbf{u}+\mathbf{v} &= [1, 1, 0, 1, 0]+[0, 1, 1, 1, 0] \\ &= [1+0, 1+1, 0+1, 1+1, 0+0] \\ &= [1, 0, 1, 0, 0]\end{aligned}$$

이진벡터들에 대하여 하였던 것들을 $k \geq 2$에 대하여 유한집합 $\{0, 1, 2, \cdots k\}$에서 택한 성분들로 구성되는 벡터들에까지 일반화할 수 있다. 이를 위하여, 먼저 이진 계산에 대한 개념을 확장해야만 한다.

예제 1.11 **모듈로 3에 대한 정수**(integer modulo 3)들의 집합 $\mathbb{Z}_3=\{0, 1, 2\}$에서는 아래와 같이 주어진 덧셈과 곱셈을 갖는다.

+	0	1	2
0	0	1	2
1	1	2	0
2	2	0	1

·	0	1	2
0	0	0	0
1	0	1	2
2	0	2	1

각 덧셈과 곱셈의 결과가 집합 $\{0, 1, 2\}$에 속함을 관찰하자. 이때, $\mathbb{Z}_3$이 덧셈과 곱셈의 연산에 대해 **닫혀있다**(closed)라고 한다. 아마도 그림 1.20에서와 같이, 시계 면에 0, 1, 2이 있는 3시간짜리 시계처럼 이 집합을 생각하는 것이 가장 쉬울 것이다.

계산 $1+2=0$는 다음과 같이 해석한다. 1시 이후의 2시간은 0시다. 12시간짜리 시계에서 24:00과 12:00가 동일하듯이 이 3시간짜리 시계에서는 3시와 0시는 같다. 마찬가지로, 모든 3의 배수(양과 음)는 0과 같고, 1은 3의 배수보다 1이 더 큰 임의의 수(-2, 4, 7 등)와 같으며, 2는 3의 배수보다 2가 더 큰 임의의 수(-1, 5, 8 등)와 같다. 그림 1.21에서 보듯이, 원 둘레를 감싸듯이 숫자 선을 그릴 수 있다.

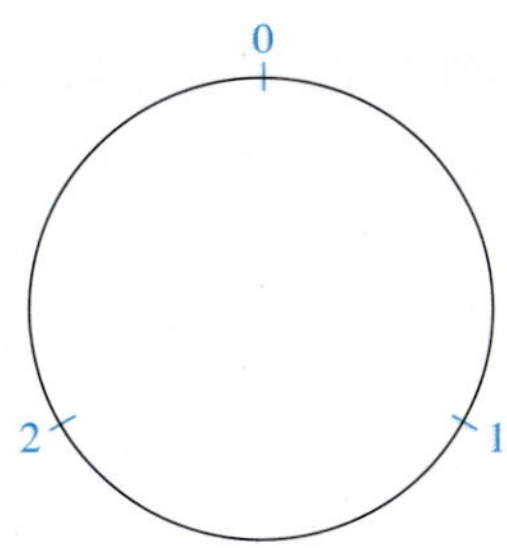

그림 1.20 모듈로 3에 대한 계산

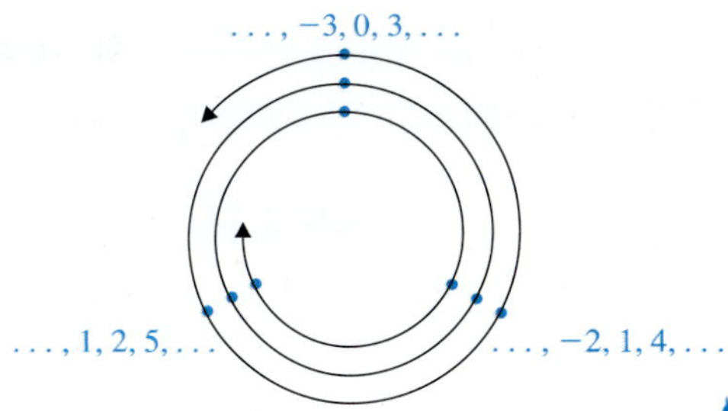

그림 1.21

예제 1.12 $\mathbb{Z}_3$에서 3548과 같은 것은 무엇인가?

풀이 이것은 3시간짜리 시계에서 3548이 놓이는 곳을 알아보는 것과 같다. 열쇠는 이 수가 가장 가까운(작은) 3의 배수로부터 얼마나 떨어져 있는지를 구하는 것이다. 즉, 3548을 3으로 나누었을 때의 나머지를 알 필요가 있다. 나눗셈에 의해, $3548 = 3 \cdot 1182 + 2$을 구할 수 있고, 따라서 나머지는 2이다. 따라서 3548은 $\mathbb{Z}_3$에서 2와 같다.

현대대수학과 수론에서, 이 개념을 더 자세하게 공부하는데, 위의 등식을 종종 $3548 = 2 \pmod 3$ 또는 $3548 \equiv 2 \pmod 3$로 표기하는데, 여기서 ≡을 '합동'이라고 읽는다. 여기서는 이 기호나 용어를 사용하지 않을 것이다.

예제 1.13 $\mathbb{Z}_3$에서 $2+2+1+2$를 계산하여라.

풀이 1 예제 1.12에서와 같은 개념을 이용한다. 보통의 합은 $2+2+1+2=7$인데, 이것은 6보다 1이 더 큰 수이고, 따라서 3으로 나누면 나머지가 1이다. 따라서 $\mathbb{Z}_3$에서는 $2+2+1+2=1$이다.

풀이 2 이 계산의 더 좋은 방법은 $\mathbb{Z}_3$에서 전 과정을 단계별로 실행하는 것이다.

$$\begin{aligned} 2+2+1+2 &= (2+2)+1+2 \\ &= 1+1+2 \\ &= (1+1)+2 \\ &= 2+2 \\ &= 1 \end{aligned}$$

여기서 결합을 위해 선택한 항들을 분류하기 위해 괄호를 사용하였다. 처음 두 항과 마지막 두 항을 동시에 결합함으로써 더 빠르게 계산할 수 있다.

$$\begin{aligned} (2+2)+(1+2) &= 1+0 \\ &= 1 \end{aligned}$$

반복되는 곱셈도 유사하게 처리할 수 있다. 이 개념은 0, 1 또는 2에 대한 각 계산 결과를 줄이기 위해 덧셈 및 곱셈표를 이용하는 것이다.

예제 1.14 $\mathbb{Z}_3^5$에서, $\mathbf{u}=[2,\ 2,\ 0,\ 1,\ 2]$이고 $\mathbf{v}=[1,\ 2,\ 2,\ 2,\ 1]$이라 하자. 그러면

$$\begin{aligned} \mathbf{u}+\mathbf{v} &= [2,\ 2,\ 0,\ 1,\ 2] + [1,\ 2,\ 2,\ 2,\ 1] \\ &= [2+1,\ 2+2,\ 0+2,\ 1+2,\ 2+1] \\ &= [0,\ 1,\ 2,\ 0,\ 0] \end{aligned}$$

이다.

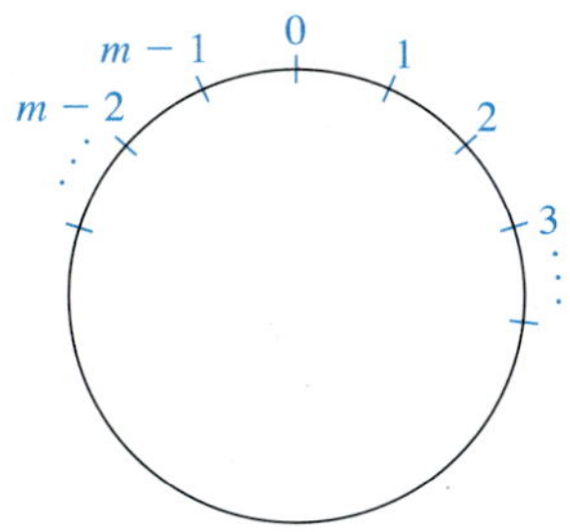

그림 1.22 모듈로 m에 대한 계산

이 개념들을 벡터로 확장하는 것은 어렵지 않다. 예를 들어, $\mathbb{Z}_3^5$에 있는 벡터들을 **길이 5인 삼진벡터**(ternary vectors of length 5)라고 한다.

일반적으로, **모듈로 m에 대한 정수**(integer modulo m)들의 집합(그림 1.22에서와 같이, m시간짜리 시계에 대응) $\mathbb{Z}_m = \{0, 1, 2, \cdots, m-1\}$이 있다. $\mathbb{Z}_m$의 원소를 성분으로 하는 n-순서쌍을 **길이 n인 m진벡터**(m-ary vector of length n)라고 한다. 길이 n인 모든 m진벡터들의 집합을 $\mathbb{Z}_m^n$으로 나타낸다.

1.1 연습문제

1. $\mathbb{R}^2$의 표준위치에 다음 벡터들을 그려라.

(a) $\mathbf{a} = \begin{bmatrix} 3 \\ 0 \end{bmatrix}$　(b) $\mathbf{b} = \begin{bmatrix} 2 \\ 3 \end{bmatrix}$

(c) $\mathbf{c} = \begin{bmatrix} -2 \\ 3 \end{bmatrix}$　(d) $\mathbf{d} = \begin{bmatrix} 3 \\ -2 \end{bmatrix}$

2. 점 $(2, -3)$을 종점으로 갖도록 연습문제 1에 있는 벡터들을 그려라.

3. $\mathbb{R}^3$의 표준위치에 다음 벡터들을 그려라.

(a) $\mathbf{a} = [0, 2, 0]$　(b) $\mathbf{b} = [3, 2, 1]$

(c) $\mathbf{c} = [1, -2, 1]$　(d) $\mathbf{d} = [-1, -1, -2]$

4. 연습문제 3에 있는 벡터들의 시점이 $(3, 2, 1)$이 되도록 이동시켰을 때, 그 벡터들의 종점을 구하여라.

5. 다음 점들의 쌍 각각에 대하여, 벡터 $\overrightarrow{AB}$를 그려라. 그리고 그 벡터들이 표준위치에 오도록 계산하고 $\overrightarrow{AB}$를 다시 그려라.

(a) $A = (1, -1)$, $B = (4, 2)$

(b) $A = (0, -2)$, $B = (2, -1)$

(c) $A = (2, \frac{3}{2})$, $B = (\frac{1}{2}, 3)$

(d) $A = (\frac{1}{3}, \frac{1}{3})$, $B = (\frac{1}{6}, \frac{1}{2})$

6. 한 도보 여행자가 북쪽으로 4km 간 후에 북동쪽으로 5km를 갔다. 이 여행자의 여행을 나타내는 이동벡터를 그리고, 출발지로부터 여행자의 순 이동을 나타내는 벡터를 그려라.

※ [7–10] 연습문제 1에 있는 벡터들을 적용하여 다음에 주어진 벡터를 계산하고, 그 결과를 얻는 방법을 기하학적으로 설명하여라.

7. $\mathbf{a}+\mathbf{b}$　8. $\mathbf{b}-\mathbf{c}$

9. $\mathbf{d}-\mathbf{c}$　10. $\mathbf{a}+\mathbf{d}$

※ [11–12] 연습문제 3에 있는 벡터들을 적용하여, 다음에 주어진 벡터들을 계산하여라.

11. $2\mathbf{a}+3\mathbf{c}$　12. $3\mathbf{b}-2\mathbf{c}+\mathbf{d}$

13. $\mathbf{u}$와 $\mathbf{v}$가 그림 1.23에 나타난 것과 같을 때, $\mathbf{u}$, $\mathbf{v}$, $\mathbf{u}+\mathbf{v}$, $\mathbf{u}-\mathbf{v}$의 성분을 구하여라.

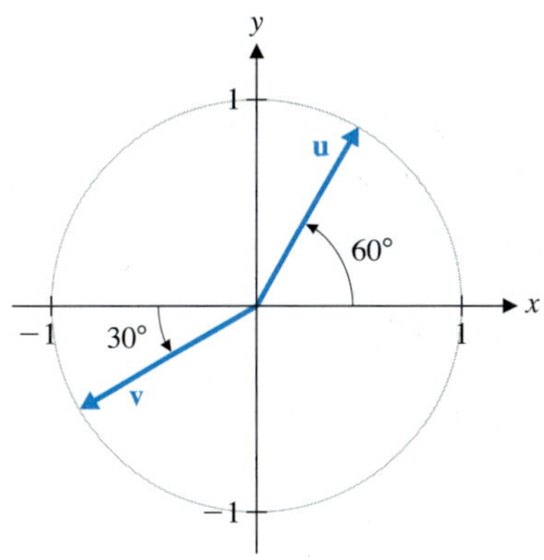

그림 1.23

14. 그림 1.24에서 A, B, C, D, E, F는 원점이 중심인 정육각형의 꼭짓점들이다.

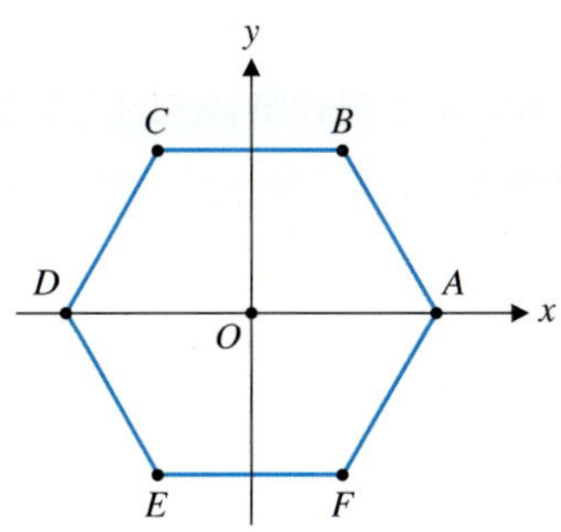

그림 1.24

다음 각 벡터들을 $\mathbf{a} = \overrightarrow{OA}$와 $\mathbf{b} = \overrightarrow{OB}$로 나타내어라.

(a) $\overrightarrow{AB}$ (b) $\overrightarrow{BC}$
(c) $\overrightarrow{AD}$ (d) $\overrightarrow{CF}$
(e) $\overrightarrow{AC}$ (f) $\overrightarrow{BC}+\overrightarrow{DE}+\overrightarrow{FA}$

※ [15–16] 주어진 벡터들을 간단히 하여라. 정리 1.1의 성질 중 어떤 것을 사용하였는지 말하여라.

15. $2(\mathbf{a}-3\mathbf{b})+3(2\mathbf{b}+\mathbf{a})$

16. $-3(\mathbf{a}-\mathbf{c})+2(\mathbf{a}+2\mathbf{b})+3(\mathbf{c}-\mathbf{b})$

※ [17–18] 벡터 $\mathbf{x}$를 벡터 $\mathbf{a}$와 $\mathbf{b}$로 나타내어라.

17. $\mathbf{x}-\mathbf{a}=2(\mathbf{x}-2\mathbf{a})$

18. $\mathbf{x}+2\mathbf{a}-\mathbf{b}=3(\mathbf{x}+\mathbf{a})-2(2\mathbf{a}-\mathbf{b})$

※ [19–20] $\mathbf{u}$와 $\mathbf{v}$에 관한 좌표축을 그리고, $\mathbf{w}$의 위치를 나타내어라.

19. $\mathbf{u}=\begin{bmatrix}1\\-1\end{bmatrix}$, $\mathbf{v}=\begin{bmatrix}1\\1\end{bmatrix}$, $\mathbf{w}=2\mathbf{u}+3\mathbf{v}$

20. $\mathbf{u}=\begin{bmatrix}-2\\1\end{bmatrix}$, $\mathbf{v}=\begin{bmatrix}2\\-2\end{bmatrix}$, $\mathbf{w}=-\mathbf{u}-2\mathbf{v}$

※ [21–22] $\mathbf{u}$와 $\mathbf{v}$에 관한 좌표축과 같은 도형 위에 표준좌표축을 그려라. 이것들을 이용하여 $\mathbf{w}$를 $\mathbf{u}$와 $\mathbf{v}$의 일차결합으로 나타내어라.

21. $\mathbf{u}=\begin{bmatrix}1\\-1\end{bmatrix}$, $\mathbf{v}=\begin{bmatrix}1\\1\end{bmatrix}$, $\mathbf{w}=\begin{bmatrix}2\\6\end{bmatrix}$

22. $\mathbf{u}=\begin{bmatrix}-2\\3\end{bmatrix}$, $\mathbf{v}=\begin{bmatrix}2\\1\end{bmatrix}$, $\mathbf{w}=\begin{bmatrix}2\\9\end{bmatrix}$

23. 정리 1.1의 성질 (d)와 (e)를 설명하기 위한 도형을 그려라.

24. 정리 1.1의 (d)에서 (g)까지의 성질들을 대수적으로 증명하여라.

※ [25–28] $\mathbf{u}$와 $\mathbf{v}$는 이진벡터들이다. 각 경우에서 $\mathbf{u}+\mathbf{v}$를 구하여라.

25. $\mathbf{u}=\begin{bmatrix}0\\1\end{bmatrix}$, $\mathbf{v}=\begin{bmatrix}1\\1\end{bmatrix}$ 26. $\mathbf{u}=\begin{bmatrix}1\\1\\0\end{bmatrix}$, $\mathbf{v}=\begin{bmatrix}1\\1\\1\end{bmatrix}$

27. $\mathbf{u}=[1,\ 0,\ 1,\ 1]$, $\mathbf{v}=[1,\ 1,\ 1,\ 1]$

28. $\mathbf{u}=[1,\ 1,\ 0,\ 1,\ 0]$, $\mathbf{v}=[0,\ 1,\ 1,\ 1,\ 0]$

29. $\mathbb{Z}_4$에 대한 덧셈 및 곱셈표를 작성하여라.

30. $\mathbb{Z}_5$에 대한 덧셈 및 곱셈표를 작성하여라.

※ [31–43] 주어진 계산을 하여라.

31. $\mathbb{Z}_3$에서 $2+2+2$ 32. $\mathbb{Z}_3$에서 $2\cdot 2\cdot 2$

33. $\mathbb{Z}_3$에서 $2(2+1+2)$ 34. $\mathbb{Z}_4$에서 $3+1+2+3$

35. $\mathbb{Z}_4$에서 $2\cdot 3\cdot 2$ 36. $\mathbb{Z}_4$에서 $3(3+3+2)$

37. $\mathbb{Z}_3$, $\mathbb{Z}_4$, $\mathbb{Z}_5$에서 $2+1+2+2+1$

38. $\mathbb{Z}_5$에서 $(3+4)(3+2+4+2)$

39. $\mathbb{Z}_9$에서 $8(6+4+3)$ 40. $\mathbb{Z}_{11}$에서 2^{100}

41. $\mathbb{Z}_3^3$에서 $[2,\ 1,\ 2]+[2,\ 0,\ 1]$

42. $\mathbb{Z}_3^3$에서 $2[2,\ 2,\ 1]$

43. $\mathbb{Z}_4^4$, $\mathbb{Z}_5^4$에서 $2([3,\ 1,\ 1,\ 2]+[3,\ 3,\ 2,\ 1])$

※ [44–55] 주어진 방정식의 해를 구하거나 해가 존재하지 않음을 보여라.

44. $\mathbb{Z}_5$에서 $x+3=2$ 45. $\mathbb{Z}_6$에서 $x+5=1$

46. $\mathbb{Z}_3$에서 $2x=1$ 47. $\mathbb{Z}_4$에서 $2x=1$

48. $\mathbb{Z}_5$에서 $2x=1$ 49. $\mathbb{Z}_5$에서 $3x=4$

50. $\mathbb{Z}_6$에서 $3x=4$ 51. $\mathbb{Z}_8$에서 $6x=5$

52. $\mathbb{Z}_{11}$에서 $8x=9$ 53. $\mathbb{Z}_5$에서 $2x+3=2$

54. $\mathbb{Z}_6$에서 $4x+5=2$ 55. $\mathbb{Z}_8$에서 $6x+3=1$

56. (a) $x+a=0$이 $\mathbb{Z}_5$에서 해를 갖기 위한 a를 구하여라.
(b) $x+a=b$가 $\mathbb{Z}_6$에서 해를 갖기 위한 a, b를 구하여라.
(c) $x+a=b$가 $\mathbb{Z}_m$에서 해를 갖기 위한 a, b 및 m을 구하여라.

57. (a) $ax=1$이 $\mathbb{Z}_5$에서 해를 갖기 위한 a를 구하여라.
(b) $ax=1$이 $\mathbb{Z}_6$에서 해를 갖기 위한 a를 구하여라.
(c) $ax=1$이 $\mathbb{Z}_m$에서 해를 갖기 위한 a와 m을 구하여라.

1.2 길이와 각도: 스칼라적

길이, 거리, 각과 같은 익숙한 기하학적 개념을 벡터를 이용하여 나타내는 것은 매우 쉽다. 이를 이용하여 $\mathbb{R}^2$와 $\mathbb{R}^3$보다 더 일반적인 경우에 이들의 중요하고 핵심적인 생각을 사용할 수 있다. 앞으로 학습할 장들에서 이러한 단순한 기하학적 도구들이 응용분야에서 발생하는 다양한 문제들을 해결하는 데 사용될 것이다. 경우에 따라서는 전혀 기하학적이지 않은 문제의 풀이에 사용되기도 한다.

스칼라적

길이, 거리, 각의 벡터적인 의미는 두 벡터의 스칼라적의 표현을 사용하여 나타낼 수 있다.

정의 $\mathbf{u}=\begin{bmatrix}u_1\\u_2\\\vdots\\u_n\end{bmatrix}$이고 $\mathbf{v}=\begin{bmatrix}v_1\\v_2\\\vdots\\v_n\end{bmatrix}$이면, $\mathbf{u}$와 $\mathbf{v}$의 **스칼라적**(scalar product 또는 dot product) $\mathbf{u}\cdot\mathbf{v}$는

$$\mathbf{u}\cdot\mathbf{v}=u_1v_1+u_2v_2+\cdots+u_nv_n$$

으로 정의한다.

부연하면, $\mathbf{u}\cdot\mathbf{v}$는 $\mathbf{u}$와 $\mathbf{v}$의 대응하는 성분들의 곱의 합이다. 우리가 정의한 이 '곱셈'은 두 가지 점에서 중요하다. 첫 번째로, $\mathbf{u}$와 $\mathbf{v}$는 반드시 같은 개수의 성분들을 가지고 있어야 한다. 두 번째로, 스칼라적 $\mathbf{u}\cdot\mathbf{v}$는 다른 벡터가 아닌 숫자이다. 이는 왜 $\mathbf{u}\cdot\mathbf{v}$가 $\mathbf{u}$와 $\mathbf{v}$의 스칼라적이라고 하는지에 대한 이유가 된다. $\mathbb{R}^n$에 있는 벡터들의 스칼라적은 7장에서 다룰 **내적**(inner product)이라는 좀 더 일반적인 개념의 특별하고 중요한 경우이다.

예제 1.15

$\mathbf{u}=\begin{bmatrix}1\\2\\-3\end{bmatrix}$이고 $\mathbf{v}=\begin{bmatrix}-3\\5\\2\end{bmatrix}$일 때, $\mathbf{u}\cdot\mathbf{v}$를 구하여라.

풀이 $\mathbf{u}\cdot\mathbf{v}=1\cdot(-3)+2\cdot5+(-3)\cdot2=1$

만일 예제 1.15에서 $\mathbf{v}\cdot\mathbf{u}$를 계산하면

$$\mathbf{v}\cdot\mathbf{u}=(-3)\cdot1+5\cdot2+2\cdot(-3)=1$$

이다. 이것은 일반적으로 성분들의 개별적인 곱들이 교환가능하기 때문에 $\mathbf{u}\cdot\mathbf{v}=\mathbf{v}\cdot\mathbf{u}$가 명백하게 성립한다. 이 교환법칙은 우리가 반복적으로 사용하게 될 스칼라적의 성질 중의 하나이다. 스칼라적의 중요 성질들은 정리 1.2에 요약되어 있다.

정리 1.2 $\mathbf{u}$, $\mathbf{v}$, $\mathbf{w}$가 $\mathbb{R}^n$의 벡터이고 c가 스칼라이면 다음이 성립한다.

a. $\mathbf{u}\cdot\mathbf{v}=\mathbf{v}\cdot\mathbf{u}$ 교환법칙

b. $\mathbf{u}\cdot(\mathbf{v}+\mathbf{w})=\mathbf{u}\cdot\mathbf{v}+\mathbf{u}\cdot\mathbf{w}$ 분배법칙

c. $(c\mathbf{u})\cdot\mathbf{v}=c(\mathbf{u}\cdot\mathbf{v})$

d. $\mathbf{u}\cdot\mathbf{u}\geq 0$이고, $\mathbf{u}\cdot\mathbf{u}=0$이기 위한 필요충분조건은 $\mathbf{u}=\mathbf{0}$이다.

증명 여기서 (a)와 (c)를 증명하고, 나머지 성질들은 연습문제로 남긴다.

(a) 스칼라적의 정의를 $\mathbf{u}\cdot\mathbf{v}$와 $\mathbf{v}\cdot\mathbf{u}$에 적용하면

$$\begin{aligned}\mathbf{u}\cdot\mathbf{v}&=u_1v_1+u_2v_2+\cdots+u_nv_n\\&=v_1u_1+v_2u_2+\cdots+v_nu_n\\&=\mathbf{v}\cdot\mathbf{u}\end{aligned}$$

가 성립한다. 여기서 두 번째 등식은 실수들의 곱셈이 교환가능하다는 사실로부터 얻게 된다.

(c) 스칼라배와 스칼라적의 정의를 이용하면

$$\begin{aligned}(c\mathbf{u})\cdot\mathbf{v}&=[cu_1,\ cu_2,\ \cdots,\ cu_n]\cdot[v_1,\ v_2,\ \cdots,\ v_n]\\&=cu_1v_1+cu_2v_2+\cdots+cu_nv_n\\&=c(u_1v_1+u_2v_2+\cdots+u_nv_n)\\&=c(\mathbf{u}\cdot\mathbf{v})\end{aligned}$$

주의

- 성질 (b)를 오른쪽에서 왼쪽으로 관찰하여 보면 스칼라적의 합으로부터 공통 벡터 $\mathbf{u}$를 묶어 낼 수 있음을 알 수 있다. 이 성질에 (a)를 적용하여 다음과 같은 대응하는 성질을 얻는다.

$$(\mathbf{v}+\mathbf{w})\cdot\mathbf{u}=\mathbf{v}\cdot\mathbf{u}+\mathbf{w}\cdot\mathbf{u}$$

- 성질 (c)를 확장하면 $\mathbf{u}\cdot(c\mathbf{v})=c(\mathbf{u}\cdot\mathbf{v})$가 된다(연습문제 46 참조). 성질 (c)의 이러한 확장은 스칼라적을 스칼라배할 때 스칼라를 계산이 좀 더 편하다고 생각되는 벡터와 먼저 결합할 수 있음을 말한다. 예를 들면 다음과 같다.

$$\begin{aligned}(\tfrac{1}{2}[-1,\ -3,\ 2])\cdot[6,\ -4,\ 0]&=[-1,\ -3,\ 2]\cdot(\tfrac{1}{2}[6,\ -4,\ 0])\\&=[-1,\ -3,\ 2]\cdot[3,\ -2,\ 0]=3\end{aligned}$$

처음에 주어진 식에서는 분수가 나타나지만 위에서처럼 바꾸면 분수를 피할 수 있다.

정리 1.2는 벡터의 대수적 성질들이 실수의 대수적 성질들과 닮은 점을 보여준다. 다음 예에서 우리에게 친근한 항등식과 비슷한 벡터의 항등식을 찾을 수 있다.

예제 1.16 $\mathbb{R}^n$의 임의의 벡터 $\mathbf{u}$와 $\mathbf{v}$에 대하여, $(\mathbf{u}+\mathbf{v})\cdot(\mathbf{u}+\mathbf{v})=\mathbf{u}\cdot\mathbf{u}+2(\mathbf{u}\cdot\mathbf{v})+\mathbf{v}\cdot\mathbf{v}$가 성립함을 증명하여라.

풀이

$$\begin{aligned}(\mathbf{u}+\mathbf{v})\cdot(\mathbf{u}+\mathbf{v}) &= (\mathbf{u}+\mathbf{v})\cdot\mathbf{u}+(\mathbf{u}+\mathbf{v})\cdot\mathbf{v} \\ &= \mathbf{u}\cdot\mathbf{u}+\mathbf{v}\cdot\mathbf{u}+\mathbf{u}\cdot\mathbf{v}+\mathbf{v}\cdot\mathbf{v} \\ &= \mathbf{u}\cdot\mathbf{u}+\mathbf{u}\cdot\mathbf{v}+\mathbf{u}\cdot\mathbf{v}+\mathbf{v}\cdot\mathbf{v} \\ &= \mathbf{u}\cdot\mathbf{u}+2(\mathbf{u}\cdot\mathbf{v})+\mathbf{v}\cdot\mathbf{v}\end{aligned}$$

각 단계에서 사용된 정리 1.2의 부분들을 설명하여라.

$\mathbb{Z}_m^n$의 벡터들에 대해서도 스칼라적을 마찬가지로 생각할 수 있다.

길이

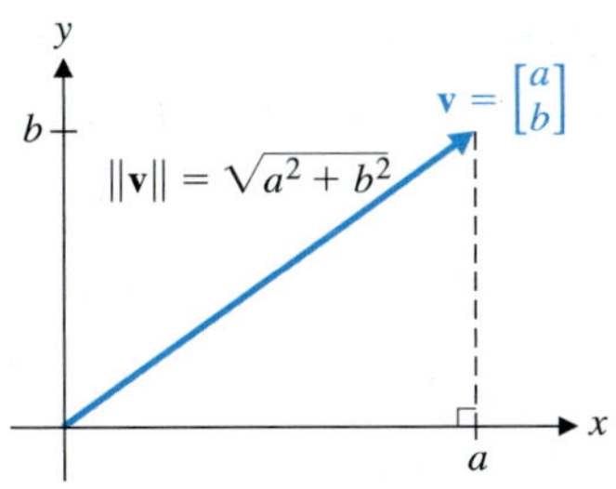

그림 1.25

스칼라적이 길이의 계산에서 어떤 역할을 하는지 알기 위하여 길이가 평면에서 어떻게 계산되는지를 다시 생각해 보자. 이를 위하여 필요한 것이 피타고라스 정리이다.

$\mathbb{R}^2$에서 벡터 $\mathbf{v}=\begin{bmatrix} a \\ b \end{bmatrix}$의 길이는 원점에서부터 점 (a, b)까지의 거리이고, 피타고라스 정리에 의하여 그림 1.25에서처럼 길이는 $\sqrt{a^2+b^2}$ 이다. $a^2+b^2=\mathbf{v}\cdot\mathbf{v}$임을 알 수 있고 이로부터 다음 정의를 얻는다.

정의 $\mathbb{R}^n$의 벡터 $\mathbf{v}=\begin{bmatrix} v_1 \\ v_2 \\ \vdots \\ v_n \end{bmatrix}$의 **길이**(length) 또는 **크기**(norm)는

$$\|\mathbf{v}\| = \sqrt{\mathbf{v}\cdot\mathbf{v}} = \sqrt{v_1^2+v_2^2+\cdots+v_n^2}$$

으로 정의된 음이 아닌 스칼라 $\|\mathbf{v}\|$이다.

다시 말하면 벡터의 길이는 그 벡터의 성분들의 제곱의 합에 대한 제곱근이다. $\mathbf{v}\cdot\mathbf{v}$의 제곱근은 정리 1.2의 (d)에 의하여 $\mathbf{v}\cdot\mathbf{v}\geq 0$이기 때문에 항상 정의된다. 벡터 길이에 대한 정의는 $\|\mathbf{v}\|^2=\mathbf{v}\cdot\mathbf{v}$로 다시 나타낼 수 있으며, 이것은 벡터의 스칼라적과 길이에 관한 성질들을 증명하는 데 사용될 것이다.

예제 1.17 $\|[2, 3]\| = \sqrt{2^2 + 3^2} = \sqrt{13}$

정리 1.3은 벡터 길이에 대한 중요한 성질들을 설명한다.

정리 1.3

$\mathbf{v}$가 $\mathbb{R}^n$의 벡터이고 c가 스칼라이면, 다음이 성립한다.

a. $\|\mathbf{v}\| = 0$이기 위한 필요충분조건은 $\mathbf{v} = \mathbf{0}$인 것이다.

b. $\|c\mathbf{v}\| = |c|\,\|\mathbf{v}\|$

증명 성질 (a)는 정리 1.2의 (d)에 의하여 자명하게 성립한다. (b)가 성립함을 보이기 위하여 정리 1.2의 (c)로부터

$$\|c\mathbf{v}\|^2 = (c\mathbf{v}) \cdot (c\mathbf{v}) = c^2(\mathbf{v} \cdot \mathbf{v}) = c^2\|\mathbf{v}\|^2$$

를 얻는다. 임의의 실수 c에 대하여 $\sqrt{c^2} = |c|$임을 이용하여 식의 양변에 제곱근을 취하면 (b)의 결과를 얻는다.

길이가 1인 벡터를 **단위벡터**(unit vector)라고 한다. $\mathbb{R}^2$에서 모든 단위벡터의 집합은 원점을 중심으로 하고 반지름이 1인 원인 단위원과 일치한다(그림 1.26 참조). 임의의 $\mathbf{0}$이 아닌 벡터 $\mathbf{v}$에 대하여 $\mathbf{v}$를 자신의 길이로 나눔으로써 $\mathbf{v}$와 같은 방향의 단위벡터를 구할 수 있다. 정리 1.3의 성질 (b)를 이용하여 대수적으로 이 성질을 증명할 수 있다. 만일 $\mathbf{u} = (1/\|\mathbf{v}\|)\mathbf{v}$이면

$$\|\mathbf{u}\| = \|(1/\|\mathbf{v}\|)\mathbf{v}\| = |1/\|\mathbf{v}\||\,\|\mathbf{v}\| = (1/\|\mathbf{v}\|)\|\mathbf{v}\| = 1$$

이고 $1/\|\mathbf{v}\|$가 양의 스칼라이므로, $\mathbf{u}$는 $\mathbf{v}$와 같은 방향을 갖는다. 같은 방향에 있는 단위벡터를 구하는 것은 종종 벡터를 **정규화**(normalization)한다고 한다(그림 1.27 참조).

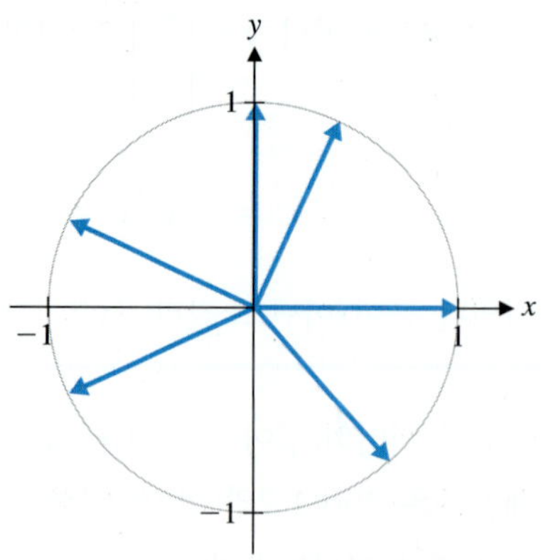

그림 1.26 $\mathbb{R}^2$의 단위벡터

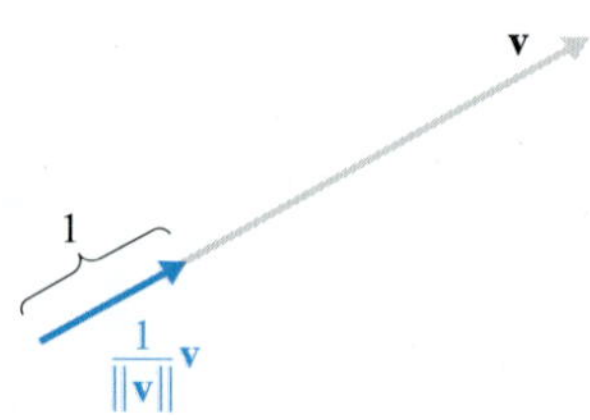

그림 1.27 벡터의 정규화

예제 1.18

$\mathbb{R}^2$에서 $\mathbf{e}_1 = \begin{bmatrix} 1 \\ 0 \end{bmatrix}$, $\mathbf{e}_2 = \begin{bmatrix} 0 \\ 1 \end{bmatrix}$라고 하자. 그러면 $\mathbf{e}_1$과 $\mathbf{e}_2$는 각각 그들의 성분의 제곱의 합이 1이므로 단위벡터들이다. 같은 방법으로 $\mathbb{R}^3$에서도 단위벡터들

$$\mathbf{e}_1 = \begin{bmatrix} 1 \\ 0 \\ 0 \end{bmatrix},\ \mathbf{e}_2 = \begin{bmatrix} 0 \\ 1 \\ 0 \end{bmatrix},\ \mathbf{e}_3 = \begin{bmatrix} 0 \\ 0 \\ 1 \end{bmatrix}$$

을 얻을 수 있다. 그림 1.28에서 이 벡터들이 $\mathbb{R}^2$와 $\mathbb{R}^3$에서 양의 좌표축 위에 위치함을 알 수 있다.

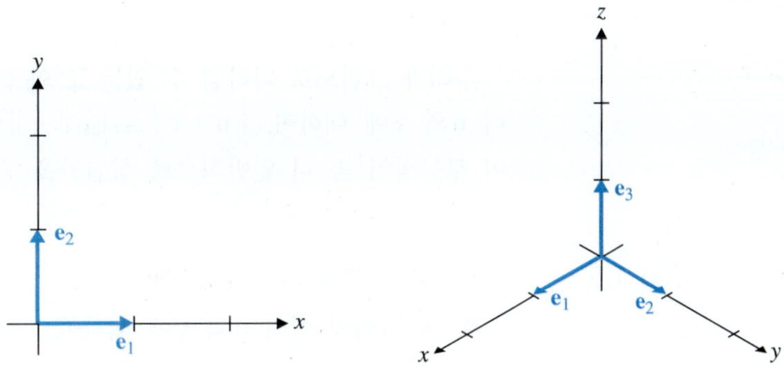

그림 1.28 $\mathbb{R}^2$와 $\mathbb{R}^3$의 기본 단위벡터

일반적으로 $\mathbb{R}^n$에서 단위벡터들 $\mathbf{e}_1$, $\mathbf{e}_2$, $\cdots$, $\mathbf{e}_n$을 정의할 수 있는데, 여기서 $\mathbf{e}_i$는 i번째 성분은 1이고 그 외의 성분은 0인 벡터이다. 이 벡터들은 선형대수학에서 계속 나타나는데 이들은 **기본 단위벡터**(standard unit vector)라고 한다.

예제 1.19

벡터 $\mathbf{v} = \begin{bmatrix} 2 \\ -1 \\ 3 \end{bmatrix}$을 정규화하여라.

풀이 $\|\mathbf{v}\| = \sqrt{2^2 + (-1)^2 + 3^2} = \sqrt{14}$ 이므로, $\mathbf{v}$와 같은 방향을 갖는 단위벡터는

$$\mathbf{u} = (1/\|\mathbf{v}\|)\mathbf{v} = (1/\sqrt{14})\begin{bmatrix} 2 \\ -1 \\ 3 \end{bmatrix} = \begin{bmatrix} 2/\sqrt{14} \\ -1/\sqrt{14} \\ 3/\sqrt{14} \end{bmatrix}$$

정리 1.3의 성질 (b)는 길이가 스칼라적에 관하여 어떻게 영향을 주는가를 설명하기 때문에 일반적인 호기심은 길이와 벡터의 덧셈이 양립하는지에 대하여 알고자 하는 것이다. $\|\mathbf{u}+\mathbf{v}\| = \|\mathbf{u}\| + \|\mathbf{v}\|$와 같은 등식을 갖고 있다면 좋겠지만, 거의 모든 벡터 $\mathbf{u}$와 $\mathbf{v}$에 대하여 이는 거짓이다(연습문제 40(a) 참조). 하지만 $=$를 $\le$로 바꾼다면 부등식이 성립한다. 이 삼각부등식은 잘 알려진 중요한 결과로 또 다른 중요한 부등식인 코시–슈바르츠 부등식에 의존한다. 코시–슈바르츠 부등식

은 7장에서 증명을 하고 좀 더 자세한 것을 논하게 될 것이다.

정리 1.4 **코시-슈바르츠 부등식(Cauchy-Schwarz Inequality)**

$\mathbb{R}^n$의 임의의 벡터 $\mathbf{u}$와 $\mathbf{v}$에 대하여

$$|\mathbf{u}\cdot\mathbf{v}| \le \|\mathbf{u}\|\,\|\mathbf{v}\|$$

가 성립한다.

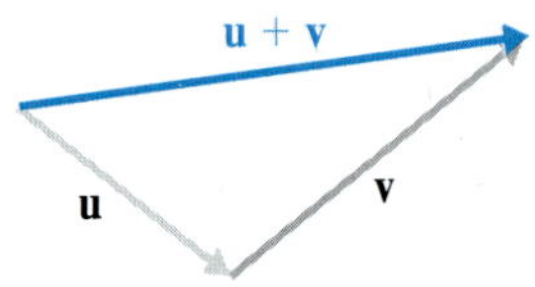

그림 1.29 삼각부등식

이 부등식의 증명에 대한 대수적이고 기하학적인 접근은 연습문제 59와 60을 참조하여라.

우리가 그림으로 나타낼 수 있는 $\mathbb{R}^2$와 $\mathbb{R}^3$에서는 그림 1.29와 같이 임의의 벡터 $\mathbf{u}$와 $\mathbf{v}$에 대하여, $\|\mathbf{u}+\mathbf{v}\| \le \|\mathbf{u}\| + \|\mathbf{v}\|$가 성립하는 것은 분명하다. 이제, 이 부등식이 좀 더 일반적으로 성립함을 증명하고자 한다.

정리 1.5 **삼각부등식(Triangle Inequality)**

$\mathbb{R}^n$의 임의의 벡터 $\mathbf{u}$와 $\mathbf{v}$에 대하여

$$\|\mathbf{u}+\mathbf{v}\| \le \|\mathbf{u}\| + \|\mathbf{v}\|$$

가 성립한다.

증명 부등식의 양변이 모두 음이 아니므로, 좌변의 제곱이 우변의 제곱보다 작거나 같음을 보이면 된다.

$$\begin{aligned}\|\mathbf{u}+\mathbf{v}\|^2 &= (\mathbf{u}+\mathbf{v})\cdot(\mathbf{u}+\mathbf{v})\\ &= \mathbf{u}\cdot\mathbf{u} + 2(\mathbf{u}\cdot\mathbf{v}) + \mathbf{v}\cdot\mathbf{v} && \text{예제 1.16}\\ &\le \|\mathbf{u}\|^2 + 2|\mathbf{u}\cdot\mathbf{v}| + \|\mathbf{v}\|^2\\ &\le \|\mathbf{u}\|^2 + 2\|\mathbf{u}\|\,\|\mathbf{v}\| + \|\mathbf{v}\|^2 && \text{코시-슈바르츠 정리}\\ &= (\|\mathbf{u}\| + \|\mathbf{v}\|)^2\end{aligned}$$

이 성립하므로, 정리가 증명되었다.

거리

두 벡터 사이의 거리는 수직선 위의 두 점 사이의 거리나 데카르트 평면에 있는 두 점 사이의 거리에 대한 유사개념이다. 그림 1.30에서 두 수 a와 b 사이의 거리는 $|a-b|$로 주어진다. 여기서 절댓값은 우리가 a와 b 중 어느 것이 더 큰가를 알 필요가 없음을 보장한다. 이 거리는 $\sqrt{(a-b)^2}$와 같으며 이에 대한 2차원의 일반화는 두 점 $(a_1,\ a_2)$와 $(b_1,\ b_2)$ 사이의 거리를 나타내는

$$d = \sqrt{(a_1-b_1)^2 + (a_2-b_2)^2}$$

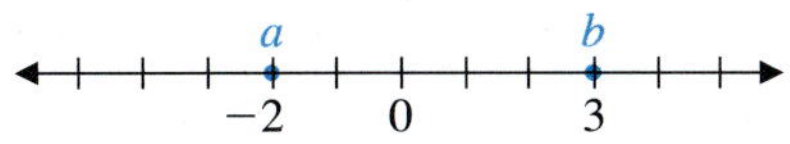

그림 1.30 $d=|a-b|=|-2-3|=5$

벡터를 이용하면, $\mathbf{a}=\begin{bmatrix}a_1\\a_2\end{bmatrix}$이고 $\mathbf{b}=\begin{bmatrix}b_1\\b_2\end{bmatrix}$일 때 그림 1.31에서와 같이 d는 $\mathbf{a}-\mathbf{b}$의 길이이다. 이것은 다음 정의의 기초가 된다.

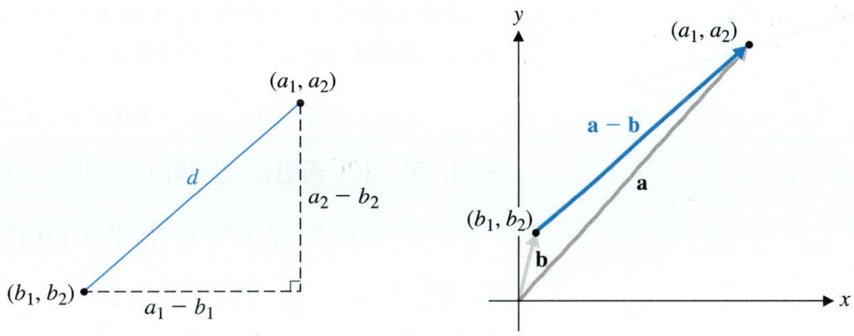

그림 1.31 $d=\sqrt{(a_1-b_1)^2+(a_2-b_2)^2}=\|\mathbf{a}-\mathbf{b}\|$

정의 $\mathbb{R}^n$의 두 벡터 $\mathbf{u}$와 $\mathbf{v}$ 사이의 **거리**(distance) $\mathrm{d}(\mathbf{u},\mathbf{v})$는

$$\mathrm{d}(\mathbf{u},\mathbf{v})=\|\mathbf{u}-\mathbf{v}\|$$

로 정의한다.

예제 1.20

$\mathbf{u}=\begin{bmatrix}\sqrt{2}\\1\\-1\end{bmatrix}$와 $\mathbf{v}=\begin{bmatrix}0\\2\\-2\end{bmatrix}$ 사이의 거리를 구하여라.

풀이 $\mathbf{u}-\mathbf{v}=\begin{bmatrix}\sqrt{2}\\-1\\1\end{bmatrix}$이므로

$$\mathrm{d}(\mathbf{u},\ \mathbf{v})=\|\mathbf{u}-\mathbf{v}\|=\sqrt{(\sqrt{2})^2+(-1)^2+1^2}=\sqrt{4}=2$$

각의 크기

스칼라적은 한 쌍의 벡터 사이의 각을 계산하는 데 사용될 수 있다. $\mathbb{R}^2$와 $\mathbb{R}^3$에서 $\mathbf{0}$이 아닌 벡터 $\mathbf{u}$와 $\mathbf{v}$ 사이의 각은 그림 1.32와 같이 이들 벡터에 의하여 결정되는 $0° \le \theta \le 180°$인 각 θ를 의미한다.

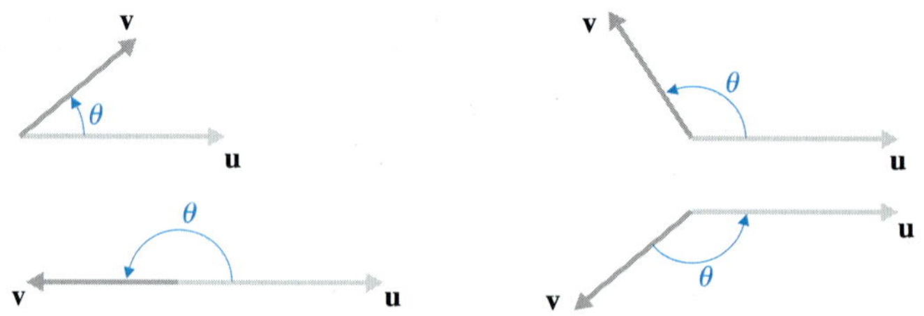

그림 1.32 u와 v 사이의 각

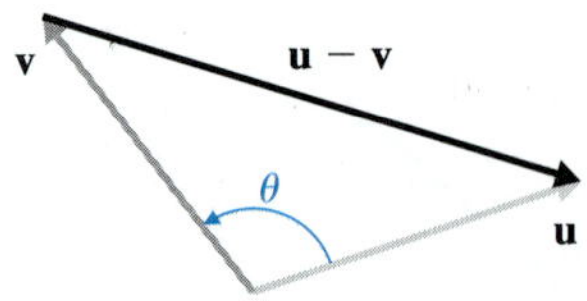

그림 1.33

그림 1.33에서 세 변이 $\mathbf{u}$, $\mathbf{v}$와 $\mathbf{u}-\mathbf{v}$인 삼각형을 생각해 보자. 여기서, θ는 $\mathbf{u}$와 $\mathbf{v}$ 사이의 각이다. 이 삼각형에 코사인 법칙을 적용하면

$$\|\mathbf{u}-\mathbf{v}\|^2 = \|\mathbf{u}\|^2 + \|\mathbf{v}\|^2 - 2\|\mathbf{u}\|\,\|\mathbf{v}\|\cos\theta$$

이다. 이 식의 좌변을 전개하고 $\|\mathbf{v}\|^2 = \mathbf{v}\cdot\mathbf{v}$임을 사용하면

$$\|\mathbf{u}\|^2 - 2(\mathbf{u}\cdot\mathbf{v}) + \|\mathbf{v}\|^2 = \|\mathbf{u}\|^2 + \|\mathbf{v}\|^2 - 2\|\mathbf{u}\|\,\|\mathbf{v}\|\cos\theta$$

를 얻는다. 이 식을 간단히 하면 $\mathbf{u}\cdot\mathbf{v} = \|\mathbf{u}\|\,\|\mathbf{v}\|\cos\theta$가 된다. 이 사실로부터 $\mathbf{0}$이 아닌 두 벡터 $\mathbf{u}$와 $\mathbf{v}$ 사이의 각 θ에 대한 코사인에 대하여 다음 공식을 얻을 수 있다.

정의 $\mathbb{R}^n$의 임의의 $\mathbf{0}$이 아닌 두 벡터 $\mathbf{u}$와 $\mathbf{v}$에 대하여

$$\cos\theta = \frac{\mathbf{u}\cdot\mathbf{v}}{\|\mathbf{u}\|\,\|\mathbf{v}\|}$$

이다.

예제 1.21

벡터 $\mathbf{u} = [2,\ 1,\ -2]$와 $\mathbf{v} = [1,\ 1,\ 1]$ 사이의 각을 구하여라.

풀이 $\mathbf{u}\cdot\mathbf{v} = 2\cdot1 + 1\cdot1 + (-2)\cdot1 = 1$이고 $\|\mathbf{u}\| = \sqrt{2^2+1^2+(-2)^2} = \sqrt{9} = 3$이며 $\|\mathbf{v}\| = \sqrt{1^2+1^2+1^2} = \sqrt{3}$이다. 따라서 $\cos\theta = 1/3\sqrt{3}$이므로 $\theta = \cos^{-1}(1/3\sqrt{3}) \approx 1.377$라디안 또는 $78.9°$이다.

예제 1.22

정육면체의 두 개의 이웃한 면 위에 있는 두 대각선 사이의 각을 구하여라.

풀이 정육면체의 크기는 중요하지 않으므로 한 변의 길이가 1인 정육면체를 이용하여 각을 구하자. 그림 1.34에서와 같이 $\mathbb{R}^3$의 좌표축에 맞추어 정육면체를 놓으면, 벡터 $[1,\ 0,\ 1]$과 $[0,\ 1,\ 1]$이 이웃하는 두 면의 대각선이 된다. 이 벡터들 사이의 각 θ는

$$\cos\theta = \frac{1\cdot0+0\cdot1+1\cdot1}{\sqrt{2}\,\sqrt{2}} = \frac{1}{2}$$

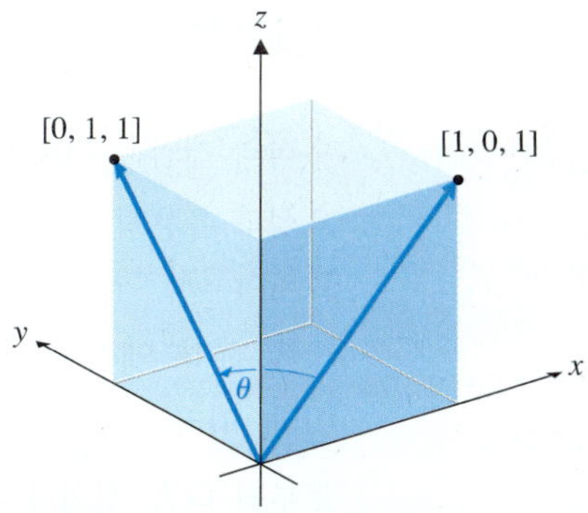

그림 1.34

를 만족하고, 이 결과로부터 구하고자 하는 각은 $\pi/3$라디안 또는 $60°$이다.

실제로, 이 답을 얻기 위하여 어떤 계산도 할 필요가 없다. 만일 우리가 꼭짓점 $(1,\ 0,\ 1)$과 $(0,\ 1,\ 1)$을 연결하는 세 번째 면의 대각선을 그리면 모든 면의 대각선의 길이가 같기 때문에 이 삼각형은 정삼각형이다. 우리가 구하고자 했던 각은 이 삼각형의 각이므로 $60°$임을 알 수 있다. 때때로 작은 통찰력이 복잡한 계산을 생략하게 한다.

주의

- 지금까지 보여준 것처럼, 두 벡터 사이의 각에 대한 근삿값을 정하여야 한다. 그러나 특수각($0°$, $30°$, $45°$, $60°$, $90°$ 또는 이 각들의 정수배)일 때 표 1.1과 같이 코사인 값을 알고 있으면 정확하게 대응하는 각을 얻을 수 있다. 다른 각의 경우에는 우리는 계산기나 컴퓨터를 사용하여 역코사인 함수를 이용하여 원하는 각에 대한 근삿값을 구한다.

표 1.1 특수각의 코사인

θ	0°	30°	45°	60°	90°
$\cos\theta$	$\dfrac{\sqrt{4}}{2}=1$	$\dfrac{\sqrt{3}}{2}$	$\dfrac{\sqrt{2}}{2}=\dfrac{1}{\sqrt{2}}$	$\dfrac{\sqrt{1}}{2}=\dfrac{1}{2}$	$\dfrac{\sqrt{0}}{2}=0$

- 두 벡터 사이의 각의 코사인에 대한 공식의 유도는 단지 $\mathbb{R}^2$와 $\mathbb{R}^3$에서만 유효한데 그 이유는 공식이 코사인 법칙에 대한 기하학적 사실에 의존하기 때문이다. $n>3$일 때, $\mathbb{R}^n$에서 공식은 정의로 간주된다. 코시-슈바르츠 부등식에 의하여 $\left|\dfrac{\mathbf{u}\cdot\mathbf{v}}{\|\mathbf{u}\|\,\|\mathbf{v}\|}\right| \le 1$이고, 이로부터 코사인 함수가 그렇듯이 $\dfrac{\mathbf{u}\cdot\mathbf{v}}{\|\mathbf{u}\|\,\|\mathbf{v}\|}$은 -1에서부터 1까지의 값을 가짐을 알 수 있다.

직교벡터

직교(orthogonal)라는 단어는 그리스어로 '수직의'라는 ortho와 '각도'라는 gonia에서 유래한다. 따라서 글자 그대로의 의미는 '수직인 각'이다. 라틴어로 같은 뜻의 단어는 rectangular이다.

수직의 개념은 기하학에 근간을 두고 있다. 기하학을 학습한 학생들은 직각의 중요성과 유용성을 잘 알고 있다. 우리는 $\mathbb{R}^n$의 벡터들에 대하여 수직의 개념을 일반화하고자 하는데 이를 **직교**(orthogonality)라 한다.

$\mathbb{R}^2$와 $\mathbb{R}^3$에서 $\mathbf{0}$이 아닌 벡터 $\mathbf{u}$와 $\mathbf{v}$는 두 벡터 사이의 각 θ가 직각이면 수직이다. 따라서 $\dfrac{\mathbf{u}\cdot\mathbf{v}}{\|\mathbf{u}\|\,\|\mathbf{v}\|} = \cos 90° = 0$이고 이로부터 $\mathbf{u}\cdot\mathbf{v}=0$을 얻는다. 이 사실로부터 다음 정의가 유도된다.

정의 $\mathbb{R}^n$의 벡터 $\mathbf{u}$와 $\mathbf{v}$는 $\mathbf{u}\cdot\mathbf{v}=0$일 때, 서로 **수직** 또는 **직교**(orthogonal)라고 한다.

$\mathbb{R}^n$에 있는 벡터 $\mathbf{v}$에 대하여 $\mathbf{0}\cdot\mathbf{v}=0$이 성립하므로, 영벡터는 모든 벡터에 직교한다.

예제 1.23

$\mathbb{R}^3$에서 $\mathbf{u}=[1,\ 1,\ -2]$와 $\mathbf{v}=[3,\ 1,\ 2]$는 $\mathbf{u}\cdot\mathbf{v}=3+1-4=0$이므로 직교한다.

직교의 개념을 사용하여, $\mathbb{R}^n$에서 유용한 피타고라스 정리의 쉬운 증명을 얻을 수 있다.

정리 1.6 **피타고라스 정리(Pythagoras' Theorem)**

$\mathbb{R}^n$에 있는 임의의 벡터 $\mathbf{u}$와 $\mathbf{v}$에 대하여, $\|\mathbf{u}+\mathbf{v}\|^2 = \|\mathbf{u}\|^2 + \|\mathbf{v}\|^2$이 성립하기 위한 필요충분조건은 $\mathbf{u}$와 $\mathbf{v}$가 직교하는 것이다.

증명 예제 1.16으로부터 $\mathbb{R}^n$에 있는 임의의 벡터 $\mathbf{u}$와 $\mathbf{v}$에 대하여, $\|\mathbf{u}+\mathbf{v}\|^2 = \|\mathbf{u}\|^2 + 2(\mathbf{u}\cdot\mathbf{v}) + \|\mathbf{v}\|^2$가 성립한다. 이 사실로부터 $\|\mathbf{u}+\mathbf{v}\|^2 = \|\mathbf{u}\|^2 + \|\mathbf{v}\|^2$이 성립하기 위한 필요충분조건은 $\mathbf{u}\cdot\mathbf{v}=0$이다(그림 1.35 참조).

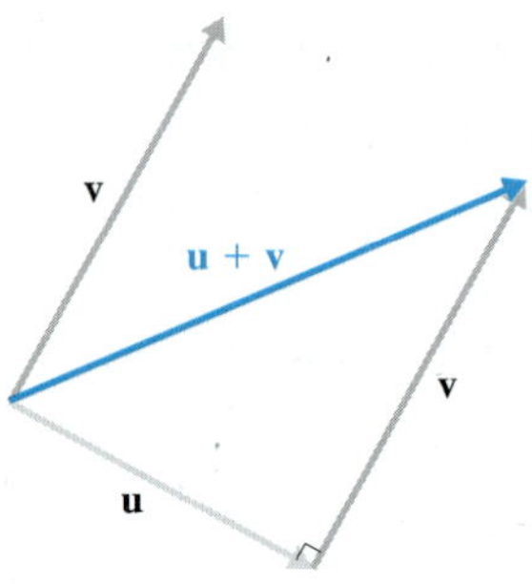

그림 1.35 피타고라스 정리

직교의 개념은 선형대수학에서 가장 중요하고 유용한 개념 중의 하나이고 때때로 놀라운 모습으로 나타나기도 한다. 5장에서 이 주제에 대한 심도 깊은 논의가 있겠지만 그 전에도 여러 번 이 개념을 접하게 될 것이다. 직교와 관련된 하나의 문제는 한 점에서 한 직선까지의 거리를 구하는 것인데 여기서 '수선 내리기'는 익숙한 단계이다.

사영

벡터를 사용하여 한 점에서 직선까지의 거리를 구하는 문제를 생각해 보자. 이 방법은 한 벡터의 다른 벡터 위로의 사영이라고 하는 중요한 개념을 이끈다.

그림 1.36에서 볼 수 있듯이 ($\mathbb{R}^2$ 또는 $\mathbb{R}^3$에서) 한 점 B에서 직선 ℓ까지의 거리를 구하는 문제는 수직 선분 $\overline{PB}$의 길이를 구하는 문제 또는 벡터 $\overrightarrow{PB}$의 길이를 구하는 문제로 귀결된다. 만일 ℓ 위에서 한 점 A를 잡으면 직각삼각형 ΔAPB에서 다른 두 벡터는 변 $\overrightarrow{AP}$와 빗변 $\overrightarrow{AB}$이다. 이때, $\overrightarrow{AP}$를 직선 ℓ 위로의 $\overrightarrow{AB}$의 **사영**이라고 한다. 이제 우리는 벡터를 이용하여 이 상황을 이해하고자 한다.

그림 1.36 점으로부터 직선에 이르는 거리

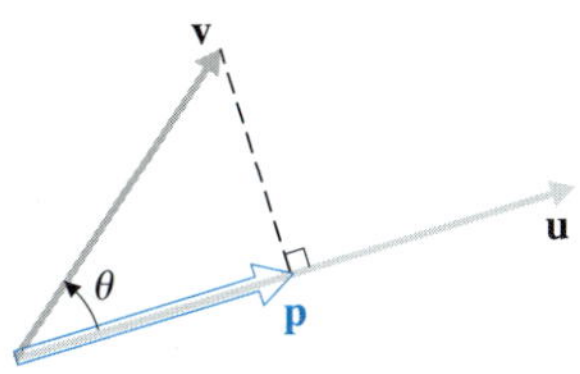

그림 1.37 v의 u 위로의 사영

0이 아닌 두 벡터 $\mathbf{u}$와 $\mathbf{v}$가 있다고 하자. $\mathbf{p}$가 $\mathbf{v}$의 종점에서 $\mathbf{u}$ 위로 수직으로 내려 얻어지는 벡터라고 하고, θ를 그림 1.37과 같이 $\mathbf{u}$와 $\mathbf{v}$ 사이의 각이라고 하자. 그러면 $\mathbf{u}$와 같은 방향인 단위벡터 $\hat{\mathbf{u}} = (1/\|\mathbf{u}\|)\mathbf{u}$에 대하여 $\mathbf{p} = \|\mathbf{p}\|\hat{\mathbf{u}}$이다. 또한, 기본적인 삼각함수에 의하여 $\|\mathbf{p}\| = \|\mathbf{v}\|\cos\theta$이고 여기에 $\cos\theta = \dfrac{\mathbf{u}\cdot\mathbf{v}}{\|\mathbf{u}\|\,\|\mathbf{v}\|}$를 대입하면

$$\begin{aligned}\mathbf{p} &= \|\mathbf{v}\|\left(\frac{\mathbf{u}\cdot\mathbf{v}}{\|\mathbf{u}\|\,\|\mathbf{v}\|}\right)\left(\frac{1}{\|\mathbf{u}\|}\right)\mathbf{u}\\ &= \left(\frac{\mathbf{u}\cdot\mathbf{v}}{\|\mathbf{u}\|^2}\right)\mathbf{u}\\ &= \left(\frac{\mathbf{u}\cdot\mathbf{v}}{\mathbf{u}\cdot\mathbf{u}}\right)\mathbf{u}\end{aligned}$$

를 얻는다. 이것이 우리가 원하는 식이며, $\mathbb{R}^n$의 벡터들에 대한 다음 정의의 기초가 된다.

정의 $\mathbf{u}$와 $\mathbf{v}$가 $\mathbb{R}^n$에 있는 벡터들이고 $\mathbf{u} \neq \mathbf{0}$이면, $\mathbf{u}$ 위로의 $\mathbf{v}$의 **사영**(projection)을 $\mathrm{proj}_{\mathbf{u}}(\mathbf{v})$로 나타내고

$$\text{proj}_{\mathbf{u}}(\mathbf{v}) = \left(\frac{\mathbf{u}\cdot\mathbf{v}}{\mathbf{u}\cdot\mathbf{u}}\right)\mathbf{u}$$

라고 정의한다.

이 공식을 유도할 수 있는 다른 방법은 연습문제 61에 설명되어 있다.

주의

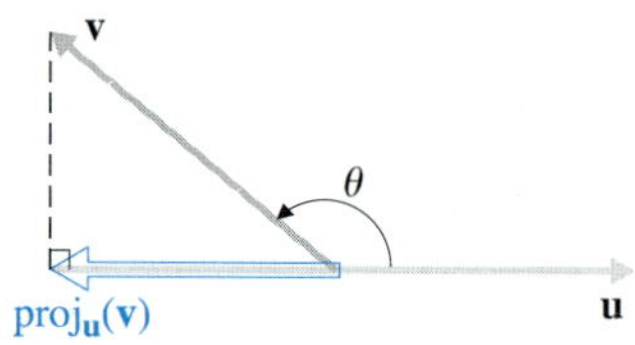

그림 1.38

- 사영이라는 단어는 하나의 상을 벽에 비춘다는 개념에서 유래한다. (예를 들어, 슬라이드 영사기로 비추는 것을 생각하라.) 서로 평행하고 **v** 위에서 **u**로 수직인 광선의 불빛을 생각해 보자. **u** 위로의 **v**의 사영은 단지 그림자의 모습이다.
- $\text{proj}_{\mathbf{u}}(\mathbf{v})$를 변수 **v**의 함수로 생각하는 것이 도움이 될 것이다. 그러면 변수 **v**는 정의의 우변에 단 한번 나타난다. 또한, $\text{proj}_{\mathbf{u}}(\mathbf{v})$가 (**v**가 아닌) 벡터 **u**의 스칼라배임을 설명하는 그림 1.37을 기억하는 것이 도움이 된다.
- $\text{proj}_{\mathbf{u}}(\mathbf{v})$의 정의를 유도할 때 **u**와 함께 **v**가 **0**이 아니라는 조건이 필요하지만, **u** 위로의 영벡터의 사영이 **0**임은 기하학적으로 분명하다. $\left(\frac{\mathbf{u}\cdot\mathbf{0}}{\mathbf{u}\cdot\mathbf{u}}\right)\mathbf{u} = 0\mathbf{u} = \mathbf{0}$이므로 정의를 통해서도 확인할 수 있다.
- 만일 **u**와 **v** 사이의 각이 둔각이면 그림 1.38처럼 $\text{proj}_{\mathbf{u}}(\mathbf{v})$는 **u**와 반대 방향이 될 것이다. 즉, $\text{proj}_{\mathbf{u}}(\mathbf{v})$는 **u**의 음의 스칼라배가 된다.
- 만일 **u**가 단위벡터이면, $\text{proj}_{\mathbf{u}}(\mathbf{v}) = (\mathbf{u}\cdot\mathbf{v})\mathbf{u}$이다.

예제 1.24 다음의 각 문제에서 **u** 위로의 **v**의 사영을 구하여라.

(a) $\mathbf{v} = \begin{bmatrix} -1 \\ 3 \end{bmatrix}$, $\mathbf{u} = \begin{bmatrix} 2 \\ 1 \end{bmatrix}$ (b) $\mathbf{v} = \begin{bmatrix} 1 \\ 2 \\ 3 \end{bmatrix}$, $\mathbf{u} = \mathbf{e}_3$

(c) $\mathbf{v} = \begin{bmatrix} 1 \\ 2 \\ 3 \end{bmatrix}$, $\mathbf{u} = \begin{bmatrix} 1/2 \\ 1/2 \\ 1/\sqrt{2} \end{bmatrix}$

풀이 (a) $\mathbf{u}\cdot\mathbf{v} = \begin{bmatrix} 2 \\ 1 \end{bmatrix} \cdot \begin{bmatrix} -1 \\ 3 \end{bmatrix} = 1$이고 $\mathbf{u}\cdot\mathbf{u} = \begin{bmatrix} 2 \\ 1 \end{bmatrix} \cdot \begin{bmatrix} 2 \\ 1 \end{bmatrix} = 5$이다. 따라서

$$\text{proj}_{\mathbf{u}}(\mathbf{v}) = \left(\frac{\mathbf{u}\cdot\mathbf{v}}{\mathbf{u}\cdot\mathbf{u}}\right)\mathbf{u} = \frac{1}{5}\begin{bmatrix} 2 \\ 1 \end{bmatrix} = \begin{bmatrix} 2/5 \\ 1/5 \end{bmatrix}$$

(b) $\mathbf{e}_3$가 단위벡터이므로

$$\text{proj}_{\mathbf{e}_3}(\mathbf{v}) = (\mathbf{e}_3\cdot\mathbf{v})\mathbf{e}_3 = 3\mathbf{e}_3 = \begin{bmatrix} 0 \\ 0 \\ 3 \end{bmatrix}$$

(c) $\|\mathbf{u}\| = \sqrt{\frac{1}{4}+\frac{1}{4}+\frac{1}{2}} = 1$이다. 따라서

$$\text{proj}_{\mathbf{u}}(\mathbf{v})=(\mathbf{u}\cdot\mathbf{v})\mathbf{u}=\left(\frac{1}{2}+1+\frac{3}{\sqrt{2}}\right)\begin{bmatrix}1/2\\1/2\\1/\sqrt{2}\end{bmatrix}=\frac{3(1+\sqrt{2})}{2}\begin{bmatrix}1/2\\1/2\\1/\sqrt{2}\end{bmatrix}$$
$$=\frac{3(1+\sqrt{2})}{4}\begin{bmatrix}1\\1\\\sqrt{2}\end{bmatrix}$$

1.2 연습문제

※ [1–6] $\mathbf{u}\cdot\mathbf{v}$를 구하여라.

1. $\mathbf{u}=\begin{bmatrix}-1\\2\end{bmatrix}$, $\mathbf{v}=\begin{bmatrix}3\\1\end{bmatrix}$

2. $\mathbf{u}=\begin{bmatrix}3\\-2\end{bmatrix}$, $\mathbf{v}=\begin{bmatrix}4\\6\end{bmatrix}$

3. $\mathbf{u}=\begin{bmatrix}1\\2\\3\end{bmatrix}$, $\mathbf{v}=\begin{bmatrix}2\\3\\1\end{bmatrix}$

CAS 4. $\mathbf{u}=\begin{bmatrix}3.2\\-0.6\\-1.4\end{bmatrix}$, $\mathbf{v}=\begin{bmatrix}1.5\\4.1\\-0.2\end{bmatrix}$

5. $\mathbf{u}=[1,\ \sqrt{2},\ \sqrt{3},\ 0]$, $\mathbf{v}=[4,\ -\sqrt{2},\ 0,\ -5]$

CAS 6. $\mathbf{u}=[1.12,\ -3.25,\ 2.07,\ -1.83]$, $\mathbf{v}=[-2.29,\ 1.72,\ 4.33,\ -1.54]$

※ [7–12] 주어진 연습문제에 대한 $\|\mathbf{u}\|$을 구하고, $\mathbf{u}$방향의 단위벡터를 구하여라.

7. 연습문제 1
8. 연습문제 2
9. 연습문제 3
CAS 10. 연습문제 4
11. 연습문제 5
CAS 12. 연습문제 6

※ [13–16] 주어진 연습문제에서 $\mathbf{u}$와 $\mathbf{v}$ 사이의 거리 $d(\mathbf{u},\mathbf{v})$을 구하여라.

13. 연습문제 1
14. 연습문제 2
15. 연습문제 3
CAS 16. 연습문제 4

17. $n\geq 2$일 때, $\mathbf{u}$, $\mathbf{v}$, $\mathbf{w}$가 $\mathbb{R}^n$의 벡터이고, c가 스칼라일 때, 다음 표현이 의미가 없는 이유를 설명하여라.
   (a) $\|\mathbf{u}\cdot\mathbf{v}\|$
   (b) $\mathbf{u}\cdot\mathbf{v}+\mathbf{w}$
   (c) $\mathbf{u}\cdot(\mathbf{v}\cdot\mathbf{w})$
   (d) $c\cdot(\mathbf{u}+\mathbf{w})$

※ [18–23] $\mathbf{u}$와 $\mathbf{v}$ 사이의 각이 예각, 둔각 또는 직각인지를 말하여라.

18. $\mathbf{u}=\begin{bmatrix}3\\0\end{bmatrix}$, $\mathbf{v}=\begin{bmatrix}-1\\1\end{bmatrix}$

19. $\mathbf{u}=\begin{bmatrix}2\\-1\\1\end{bmatrix}$, $\mathbf{v}=\begin{bmatrix}1\\-2\\-1\end{bmatrix}$

20. $\mathbf{u}=[4,\ 3,\ -1]$, $\mathbf{v}=[1,\ -1,\ 1]$

CAS 21. $\mathbf{u}=[0.9,\ 2.1,\ 1.2]$, $\mathbf{v}=[-4.5,\ 2.6,\ -0.8]$

22. $\mathbf{u}=[1,\ 2,\ 3,\ 4]$, $\mathbf{v}=[-3,\ 1,\ 2,\ -2]$

23. $\mathbf{u}=[1,\ 2,\ 3,\ 4]$, $\mathbf{v}=[5,\ 6,\ 7,\ 8]$

※ [24–29] 주어진 연습문제에서 $\mathbf{u}$와 $\mathbf{v}$ 사이의 각을 구하여라.

24. 연습문제 18
25. 연습문제 19
26. 연습문제 20
CAS 27. 연습문제 21
CAS 28. 연습문제 22
CAS 29. 연습문제 23

30. $A=(-3,2)$, $B=(1,0)$, $C=(4,6)$라 하자. ΔABC가 직각삼각형임을 보여라.

31. $A=(1,\ 1,\ -1)$, $B=(-3,\ 2,\ -2)$, $C=(2,\ 2,\ -4)$라 하자. ΔABC가 직각삼각형임을 보여라.

CAS 32. 정육면체의 대각선과 인접한 모서리 사이의 각을 구하여라.

33. 정육면체는 네 개의 대각선을 갖는다. 그것들 중 어느 두 개도 직교하지 않음을 보여라.

※ [34–35] 두 방법을 이용하여 다음에 주어진 꼭짓점을 갖는 삼각형의 넓이를 구하여라.

34. $A=(1,\ -1)$, $B=(2,\ 2)$, $C=(4,\ 0)$

35. $A=(3,\ -1,\ 4)$, $B=(4,\ -2,\ 6)$, $C=(5,\ 0,\ 2)$

※ [36-37] 두 벡터가 수직이도록 하는 스칼라 k의 값을 모두 구하여라.

36. $\mathbf{u}=\begin{bmatrix}2\\3\end{bmatrix}$, $\mathbf{v}=\begin{bmatrix}k+1\\k-1\end{bmatrix}$ 37. $\mathbf{u}=\begin{bmatrix}1\\-1\\2\end{bmatrix}$, $\mathbf{v}=\begin{bmatrix}k^2\\k\\-3\end{bmatrix}$

38. $\mathbf{u}=\begin{bmatrix}3\\1\end{bmatrix}$와 직교하는 모든 벡터 $\mathbf{v}=\begin{bmatrix}x\\y\end{bmatrix}$을 구하여라.

39. $\mathbf{u}=\begin{bmatrix}a\\b\end{bmatrix}$와 직교하는 모든 벡터 $\mathbf{v}=\begin{bmatrix}x\\y\end{bmatrix}$을 구하여라.

40. $\mathbb{R}^2$ 또는 $\mathbb{R}^3$에 있는 벡터 $\mathbf{u}$와 $\mathbf{v}$에 대하여, 다음이 성립하기 위한 조건은 무엇인가?

(a) $\|\mathbf{u}+\mathbf{v}\|=\|\mathbf{u}\|+\|\mathbf{v}\|$ (b) $\|\mathbf{u}+\mathbf{v}\|=\|\mathbf{u}\|-\|\mathbf{v}\|$

41. 정리 1.2(b)를 증명하여라.

42. 정리 1.2(d)를 증명하여라.

※ [43-45] 벡터 사이의 거리에 대한 다음 성질을 증명하여라.

43. 모든 벡터 $\mathbf{u}$와 $\mathbf{v}$에 대하여 $d(\mathbf{u}, \mathbf{v})=d(\mathbf{v}, \mathbf{u})$.

44. 모든 벡터 $\mathbf{u}$, $\mathbf{v}$, $\mathbf{w}$에 대하여

$$d(\mathbf{u}, \mathbf{w})\le d(\mathbf{u}, \mathbf{v})+d(\mathbf{v}, \mathbf{w})$$

45. $d(\mathbf{u}, \mathbf{v})=0$이기 위한 필요충분조건은 $\mathbf{u}=\mathbf{v}$이다.

46. $\mathbb{R}^n$의 모든 벡터 $\mathbf{u}$, $\mathbf{v}$와 모든 스칼라 c에 대하여 $\mathbf{u}\cdot c\mathbf{v}=c(\mathbf{u}\cdot\mathbf{v})$임을 보여라.

47. $\mathbb{R}^n$의 모든 벡터 $\mathbf{u}$, $\mathbf{v}$에 대하여 $\|\mathbf{u}-\mathbf{v}\|\ge\|\mathbf{u}\|-\|\mathbf{v}\|$임을 보여라. [힌트: 삼각부등식에서 $\mathbf{u}$을 $\mathbf{u}-\mathbf{v}$로 바꾸어라.]

48. $\mathbf{u}\cdot\mathbf{v}=\mathbf{u}\cdot\mathbf{w}$임을 알고 있다고 가정하자. $\mathbf{v}=\mathbf{w}$인가? 옳으면 $\mathbb{R}^n$에서 증명을 하고, 그렇지 않으면 반례(즉, $\mathbf{u}\cdot\mathbf{v}=\mathbf{u}\cdot\mathbf{w}$이지만 $\mathbf{v}\ne\mathbf{w}$를 만족하는 벡터 $\mathbf{u}$, $\mathbf{v}$, $\mathbf{w}$가 존재)를 들어라.

49. $\mathbb{R}^n$의 모든 벡터 $\mathbf{u}$, $\mathbf{v}$에 대하여 $(\mathbf{u}+\mathbf{v})\cdot(\mathbf{u}-\mathbf{v})=\|\mathbf{u}\|^2-\|\mathbf{v}\|^2$임을 증명하여라.

50. (a) $\mathbb{R}^n$의 모든 벡터 $\mathbf{u}$, $\mathbf{v}$에 대하여, $\|\mathbf{u}+\mathbf{v}\|^2+\|\mathbf{u}-\mathbf{v}\|^2=2\|\mathbf{u}\|^2+2\|\mathbf{v}\|^2$임을 보여라.

(b) $\mathbb{R}^2$에 $\mathbf{u}$, $\mathbf{v}$, $\mathbf{u}+\mathbf{v}$ 및 $\mathbf{u}-\mathbf{v}$을 나타내는 그림을 그리고, (a)를 이용하여 평행사변형에 대한 결과를 추론하여라.

51. $\mathbb{R}^n$의 모든 벡터 $\mathbf{u}$, $\mathbf{v}$에 대하여 $\mathbf{u}\cdot\mathbf{v}=\frac{1}{4}\|\mathbf{u}+\mathbf{v}\|^2-\frac{1}{4}\|\mathbf{u}-\mathbf{v}\|^2$임을 보여라.

52. (a) $\|\mathbf{u}+\mathbf{v}\|=\|\mathbf{u}-\mathbf{v}\|$이기 위한 필요충분조건은 $\mathbf{u}$와 $\mathbf{v}$가 수직임을 증명하여라.

(b) $\mathbb{R}^2$에 $\mathbf{u}$, $\mathbf{v}$, $\mathbf{u}+\mathbf{v}$ 및 $\mathbf{u}-\mathbf{v}$을 나타내는 그림을 그리고, (a)를 이용하여 평행사변형에 대한 결과를 추론하여라.

53. (a) $\mathbb{R}^n$에서 $\mathbf{u}+\mathbf{v}$와 $\mathbf{u}-\mathbf{v}$가 직교하기 위한 필요충분조건이 $\|\mathbf{u}\|=\|\mathbf{v}\|$임을 증명하여라.

(b) $\mathbb{R}^2$에 $\mathbf{u}$, $\mathbf{v}$, $\mathbf{u}+\mathbf{v}$ 및 $\mathbf{u}-\mathbf{v}$을 나타내는 그림을 그리고, (a)를 이용하여 평행사변형에 대한 결과를 추론하여라.

54. $\|\mathbf{u}\|=2$, $\|\mathbf{v}\|=\sqrt{3}$, $\mathbf{u}\cdot\mathbf{v}=1$일 때, $\|\mathbf{u}+\mathbf{v}\|$을 구하여라.

55. $\|\mathbf{u}\|=1$, $\|\mathbf{v}\|=2$, $\mathbf{u}\cdot\mathbf{v}=3$을 만족하는 벡터 $\mathbf{u}$, $\mathbf{v}$가 존재하지 않음을 보여라.

56. (a) $\mathbf{u}$가 $\mathbf{v}$와 $\mathbf{w}$에 동시에 수직이면, $\mathbf{u}$는 $\mathbf{v}+\mathbf{w}$와도 수직임을 보여라.

(b) $\mathbf{u}$가 $\mathbf{v}$와 $\mathbf{w}$에 동시에 수직이면, 모든 스칼라 s, t에 대하여 $\mathbf{u}$가 $s\mathbf{v}+t\mathbf{w}$와도 수직임을 보여라.

57. $\mathbf{u}\ne\mathbf{0}$인 $\mathbb{R}^n$의 모든 벡터 $\mathbf{u}$, $\mathbf{v}$에 대하여, $\mathbf{u}$가 $\mathbf{v}-\mathrm{proj}_{\mathbf{u}}(\mathbf{v})$와 수직임을 보여라.

58. (a) $\mathrm{proj}_{\mathbf{u}}(\mathrm{proj}_{\mathbf{u}}(\mathbf{v}))=\mathrm{proj}_{\mathbf{u}}(\mathbf{v})$임을 증명하여라.

(b) $\mathrm{proj}_{\mathbf{u}}(\mathbf{v}-\mathrm{proj}_{\mathbf{u}}(\mathbf{v}))=\mathbf{0}$임을 증명하여라.

(c) (a)와 (b)를 기하학적으로 설명하여라.

59. 코시-슈바르츠 부등식 $|\mathbf{u}\cdot\mathbf{v}|\le\|\mathbf{u}\|\|\mathbf{v}\|$이 $(\mathbf{u}\cdot\mathbf{v})^2\le\|\mathbf{u}\|^2\|\mathbf{v}\|^2$의 양변에 제곱근을 취하여 얻은 부등식과 동치임을 증명하여라.

(a) $\mathbb{R}^2$에서 $\mathbf{u}=\begin{bmatrix}u_1\\u_2\end{bmatrix}$이고 $\mathbf{v}=\begin{bmatrix}v_1\\v_2\end{bmatrix}$이면 이 부등식은

$$(u_1v_1+u_2v_2)^2\le(u_1^2+u_2^2)(v_1^2+v_2^2)$$

이 된다. 이것을 대수적으로 증명하여라. [힌트: 우변에서 좌변을 뺀 후 그 차가 절대로 음이 될 수 없음을 보여라.]

(b) $\mathbb{R}^3$에서 (a)의 논의를 증명하여라.

60. 코시-슈바르츠 부등식을 증명하는 또 다른 방법이 그림 1.40에 제시되어 있는데, 이것은 $\mathbb{R}^2$ 또는 $\mathbb{R}^3$에서 $\|\mathrm{proj}_{\mathbf{u}}(\mathbf{v})\|\le\|\mathbf{v}\|$임을 보여준다. 이것이 코시-슈바르츠 부등식과 동치임을 보여라.

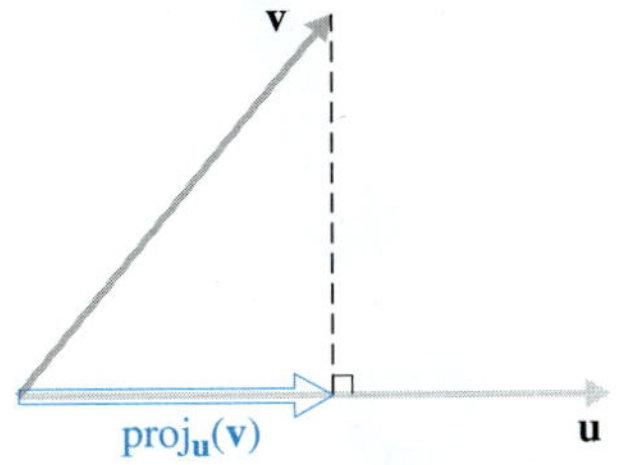

그림 1.40

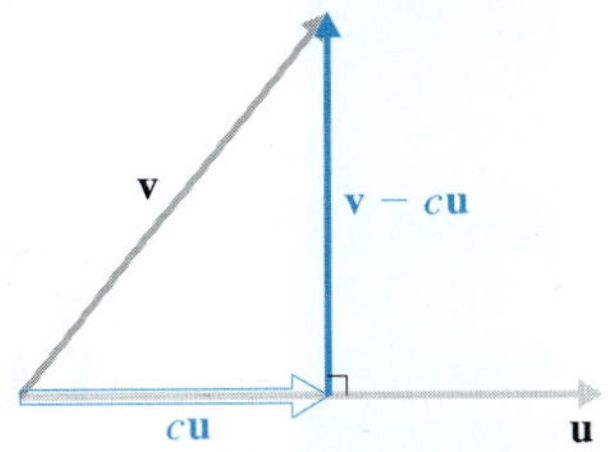

그림 1.41

61. 어떤 스칼라 c에 대하여 $\text{proj}_\mathbf{u}(\mathbf{v}) = c\,\mathbf{u}$인 사실과 그림 1.41을 이용하여, c를 구하고 $\text{proj}_\mathbf{u}(\mathbf{v})$에 대한 공식을 유도하여라.

62. 수학적 귀납법을 이용하여, 일반화된 삼각부등식

$$\|\mathbf{v}_1 + \mathbf{v}_2 + \cdots + \mathbf{v}_n\| \le \|\mathbf{v}_1\| + \|\mathbf{v}_2\| + \cdots + \|\mathbf{v}_n\|$$

을 증명하여라.

탐구

벡터와 기하

유클리드 평면기하학에서 나오는 많은 결과들은 벡터를 써서 증명할 수 있다. 예를 들어 정리 1.6에서 피타고라스 정리를 증명하는 데 벡터를 이용하였다. 여기에서 우리는 유클리드 기하학으로부터 나온 다른 정리들을 증명하는 데 벡터를 사용하게 될 것이다. 기본개념이나 기호 등에 대한 소개를 위하여 간단한 예를 생각해 보자.

예제 1.25 선분 $\overline{AB}$의 중점 M을 벡터로 나타내어라.

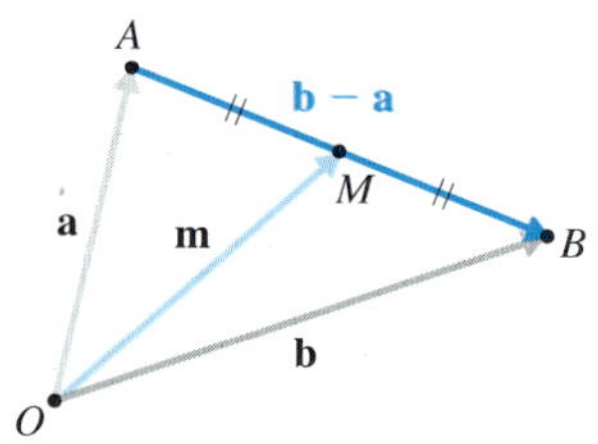

그림 1.42 $\overline{AB}$의 중점

풀이 우선 모든 것을 벡터 표현으로 바꾸어야 한다. 원점을 O라 하고 점을 P라 할 때, p를 벡터 $\overrightarrow{OP}$라고 하자. 이런 방법으로 $\mathbf{a}=\overrightarrow{OA}$, $\mathbf{b}=\overrightarrow{OB}$, $\mathbf{m}=\overrightarrow{OM}$이라고 하면, $\overrightarrow{AB}=\overrightarrow{OB}-\overrightarrow{OA}=\mathbf{b}-\mathbf{a}$이다(그림 1.42).

이제 M이 선분 $\overline{AB}$의 중점이므로, 다음이 성립한다.

$$\mathbf{m}-\mathbf{a}=\overrightarrow{AM}=\tfrac{1}{2}\overrightarrow{AB}=\tfrac{1}{2}(\mathbf{b}-\mathbf{a})$$

따라서

$$\mathbf{m}=\mathbf{a}+\tfrac{1}{2}(\mathbf{b}-a)=\tfrac{1}{2}(a+b)$$

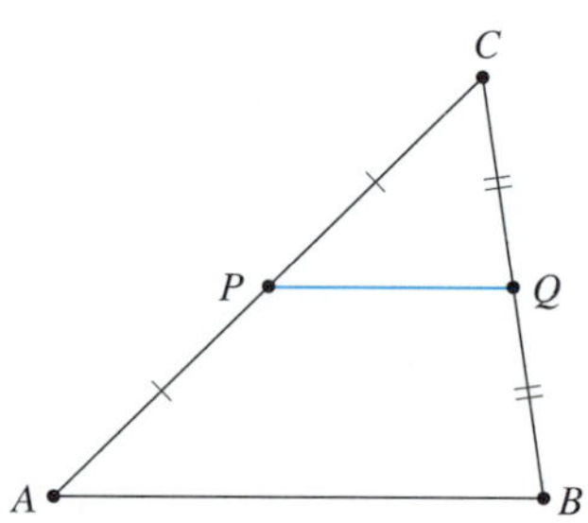

그림 1.43

1. 선분 $\overline{AB}$ 위의 점 A로부터 점 B에 이르는 길이의 3분의 1에 해당하는 점을 P라 할 때, 점 P를 벡터를 이용하여 표현하고 이것을 일반화하여라.
2. 삼각형의 두 변의 중점을 연결하는 선분은 다른 한 변과 평행이고 그 길이는 절반임을 증명하여라. 그림 1.43에서 $\overrightarrow{PQ}=\tfrac{1}{2}\overrightarrow{AB}$임을 벡터 기호를 써서 증명하여라.
3. 임의의 사변형 $ABCD$의 각 변의 중점을 꼭짓점으로 하는 사변형 $PQRS$(그림 1.44)는 평행사변형임을 증명하여라.
4. 삼각형의 **중선**(median)은 한 꼭짓점으로부터 마주보는 변의 중점을 이은 선분이다(그림 1.45 참조). 삼각형의 세 중선은 한 점 G에서 만나고(즉, 교점이 같다.), 이 점은 각 꼭짓점에서 마주보는 변의 중점에 이르는 거리의 3분의 2 위

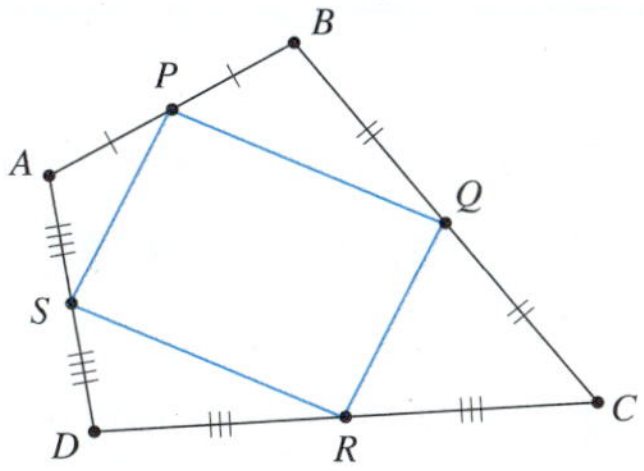

그림 1.44

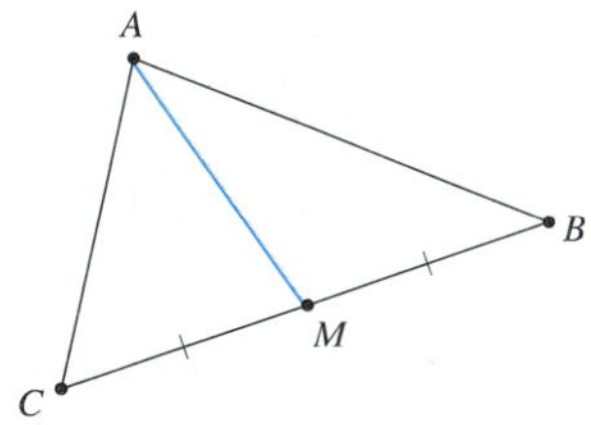

그림 1.45 중선

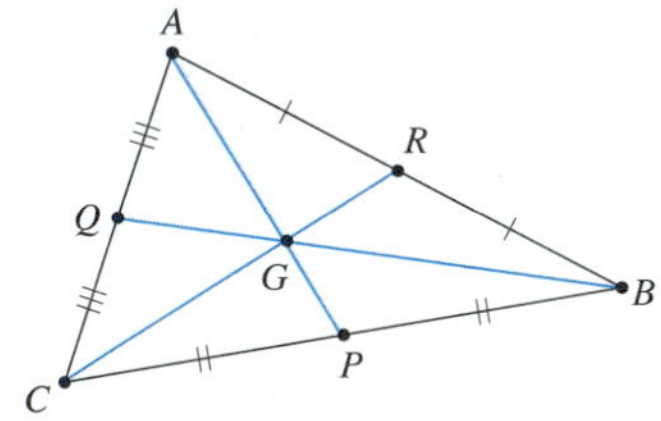

그림 1.46 중심

치에 있음을 증명하여라. [힌트: 그림 1.46에서 A에서 P에 이르는 거리의 3분의 2인 점은 $\frac{1}{3}(\mathbf{a}+\mathbf{b}+\mathbf{c})$임을 증명하여라. 그런 다음, $\frac{1}{3}(\mathbf{a}+\mathbf{b}+\mathbf{c})$는 B에서 Q, C에서 R에 이르는 거리의 3분의 2인 위치에 있음을 증명하여라.] 그림 1.46에서 점 G를 삼각형의 **중심**(centroid)이라 한다.

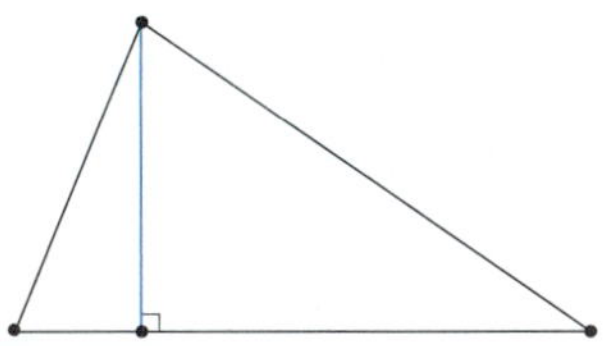
그림 1.47 높이

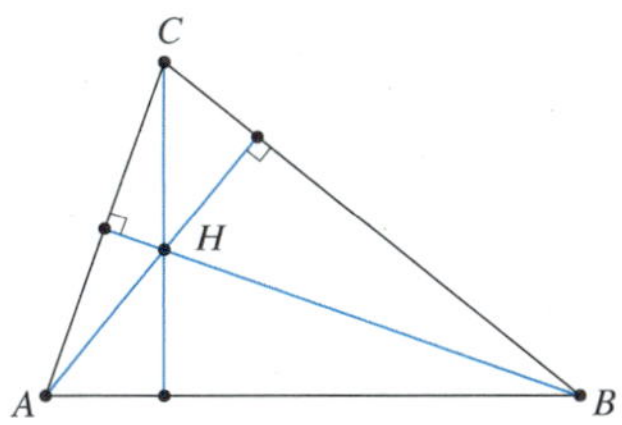

그림 1.48 수심

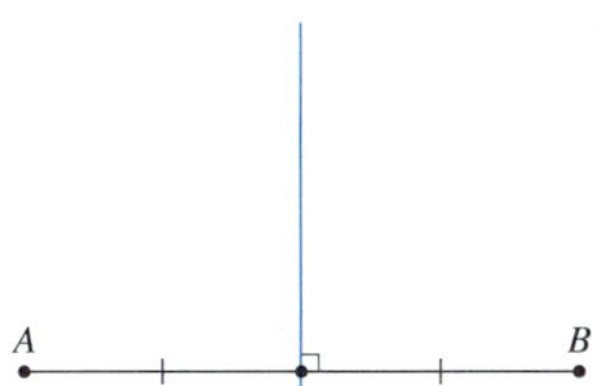

그림 1.49 수직이등분선

5. 삼각형의 **높이**(altitude)는 한 꼭짓점에서 마주보는 변에 수직으로 그은 선분의 길이이다(그림 1.47). 삼각형의 각 꼭짓점에서 마주보는 변에 수직으로 그은 세 선분은 한 점에서 만남을 증명하여라. [힌트: 그림 1.48에서와 같이 A와 B로부터 마주보는 변에 수직으로 그린 선분의 교점을 H라 하고 $\overrightarrow{CH}$가 $\overrightarrow{AB}$에 수직임을 증명하여라.] 그림 1.48에서 점 H를 삼각형의 **수심**(orthocenter)이라 한다.
6. 선분의 **수직이등분선**(perpendicular bisector)이란 선분과 수직이면서 이 선분의 중점을 지나는 직선을 말한다(그림 1.49). 삼각형의 세 변의 수직이등분선은 한 점에서 만남을 증명하여라. [힌트: 그림 1.50과 같이 $\overline{AC}$와 $\overline{BC}$의 수직이등분선의 교점을 K라 하고 $\overrightarrow{RK}$가 $\overrightarrow{AB}$에 수직임을 증명하여라.] 그림 1.50에서 점 K를 삼각형의 **외심**(circumcenter)이라 한다.
7. 어떤 원의 지름의 양 끝점을 A와 B라 하자. C를 원주 위의 한 점이라 하면 $\angle ACB$는 직각임을 증명하여라. [힌트: 그림 1.51에서 O를 원의 중심이라 하고 벡터 $\mathbf{a}$와 $\mathbf{c}$를 써서 $\overrightarrow{AC}$가 $\overrightarrow{BC}$에 수직임을 증명하여라.]
8. 사변형에서 마주보는 변의 중점을 서로 연결하는 두 선분은 서로 수직이등분함을 증명하여라(그림 1.52).

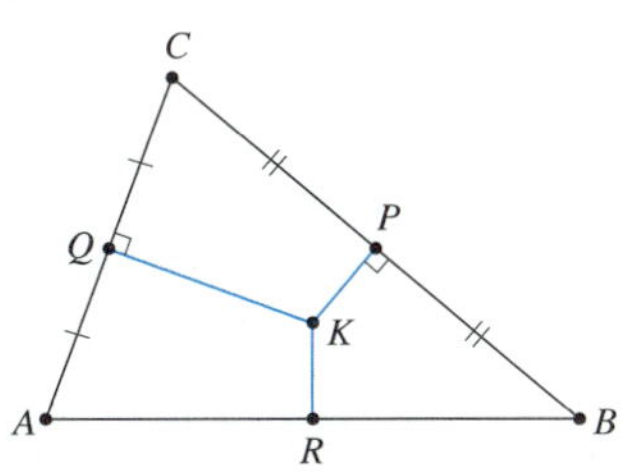

그림 1.50 외심

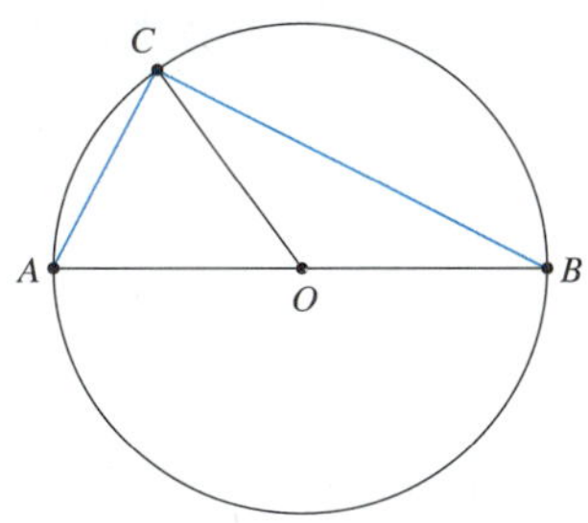

그림 1.51

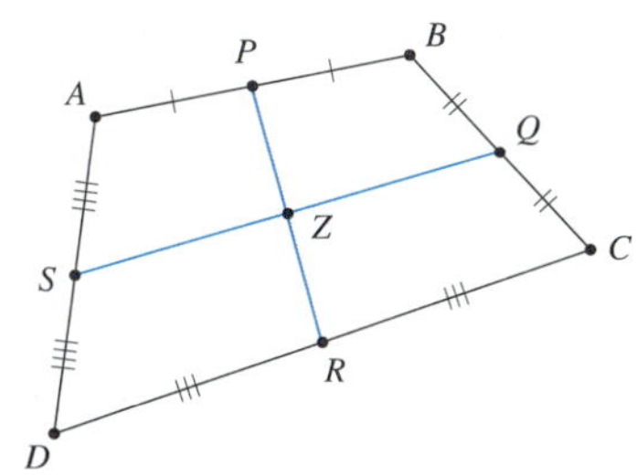

그림 1.52

1.3 직선과 평면

우리는 데카르트 평면에 있는 직선의 방정식을 잘 알고 있다. 이제 벡터의 관점에서 $\mathbb{R}^2$에 있는 직선을 생각해보자. 이러한 접근으로부터 우리가 얻을 수 있는 인식을 통하여 $\mathbb{R}^3$에 있는 직선과 평면에 대해 일반화할 수 있다. 이 책의 후반부에서 다루게 될 선형대수학의 많은 부분은 직선과 평면의 간단한 기하에서 유래한다. 이들을 시각화하고 기하학적으로 생각하는 능력은 큰 도움이 될 것이다.

$\mathbb{R}^2$와 $\mathbb{R}^3$에서의 직선

xy-평면에서 직선의 방정식에 대한 일반형은 $ax + by = c$이다. $b \neq 0$이면 방정식을 $y = -(a/b)x + c/b$로 나타낼 수 있는데, 이는 $y = mx + k$의 형태이다. [이것은 기울기-절편 형태이다. m은 직선의 기울기이고 좌표가 $(0, k)$인 점은 y-절편이다.] 그림에서 벡터를 얻기 위하여 다음의 예를 생각해보자.

예제 1.26 방정식 $2x + y = 0$을 만족하는 직선 ℓ이 그림 1.53에 있다. 이 직선은 원점을 지나고 기울기가 -2이다. 방정식의 좌변은 스칼라적의 형태이다. 실제로 $\mathbf{n} = \begin{bmatrix} 2 \\ 1 \end{bmatrix}$이고 $\mathbf{x} = \begin{bmatrix} x \\ y \end{bmatrix}$라고 하면 방정식은 $\mathbf{n} \cdot \mathbf{x} = 0$이 된다. 벡터 $\mathbf{n}$은 직선에 수직이다. 즉, 벡터 $\mathbf{n}$은 직선에 평행한 임의의 벡터 $\mathbf{x}$에 직교한다(그림 1.54). 그리고 벡터 $\mathbf{n}$을 직선에 대한 **법선벡터**(normal vector)라고 한다. 방정식 $\mathbf{n} \cdot \mathbf{x} = 0$은 직선 ℓ의 방정식의 표준형이다.

라틴어 norma는 직각을 그릴 때 목수가 사용하는 정사각형을 의미한다. 따라서 법선벡터는 무엇인가에 수직한 것을 말하며, 여기서 무엇인가는 대개 평면을 뜻한다.

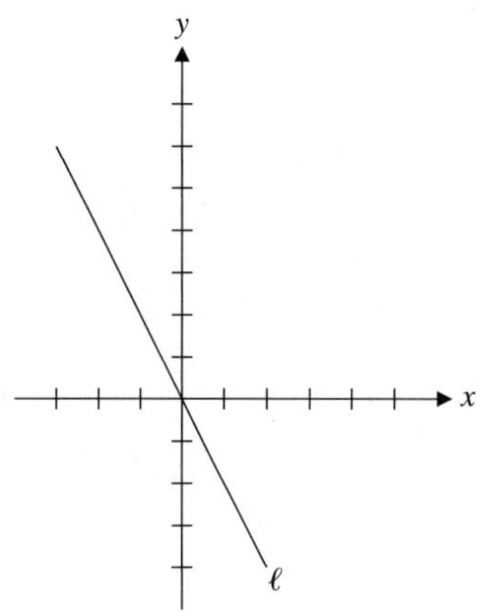

그림 1.53 직선 $2x + y = 0$

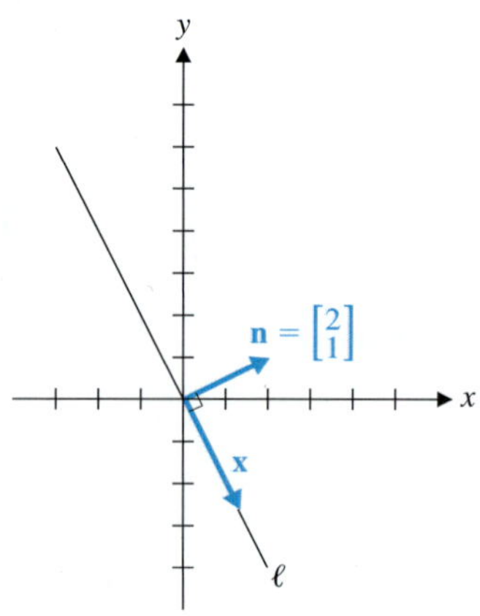

그림 1.54 법선벡터 $\mathbf{n}$

이 직선을 구하는 또 다른 방법은 직선을 따라서 움직이는 작은 입자를 상상하는 것이다. 이 작은 입자가 $t = 0$일 때 원점에서 출발하여 x좌표가 매초 1씩 바꿔는 방법으로 직선을 따라서 이동한다고 가정하자. 그러면 $t=1$에서 작은 입자는 $(1, -2)$에 있고 $t=1.5$일 때 $(1.5, -3)$에 있다. 만일 작은 입자가 과거에도 존재했다고 생각하여 t의 값이 음이 될 수 있다면, $t=-2$일 때 작은 입자는 $(-2, 4)$에 있게 된다.

이러한 이동은 그림 1.55에 잘 나타나 있다. 일반적으로 $x=t$일 때 $y=-2t$이고 우리는 이 관계를

$$\begin{bmatrix} x \\ y \end{bmatrix} = \begin{bmatrix} t \\ -2t \end{bmatrix} = t\begin{bmatrix} 1 \\ -2 \end{bmatrix}$$

인 벡터표시로 나타낼 수 있다.

벡터 $\mathbf{d}=\begin{bmatrix} 1 \\ -2 \end{bmatrix}$의 의미는 무엇일까? 벡터 $\mathbf{d}$는 ℓ에 평행한 특별한 벡터인데 이 벡터를 직선에 대한 **방향벡터**(direction vector)라고 한다. 그림 1.56에 있는 것처럼 ℓ의 방정식을 $\mathbf{x}=t\mathbf{d}$로 쓸 수 있다. 이것이 직선의 방정식의 벡터형이다.

만일 직선이 원점을 지나지 않으면, 우리는 식을 약간 변형하여야 한다.

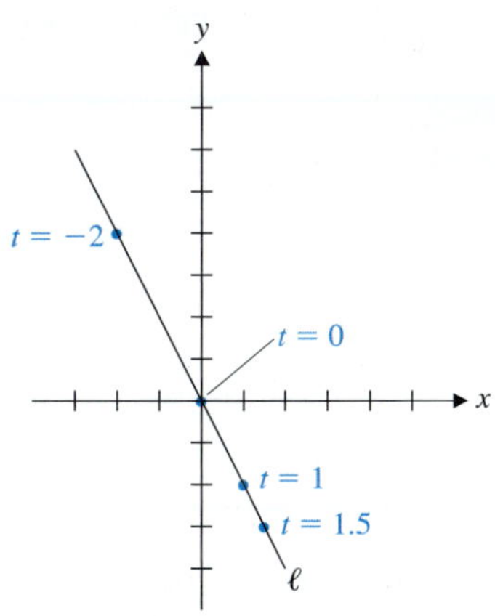

그림 1.55

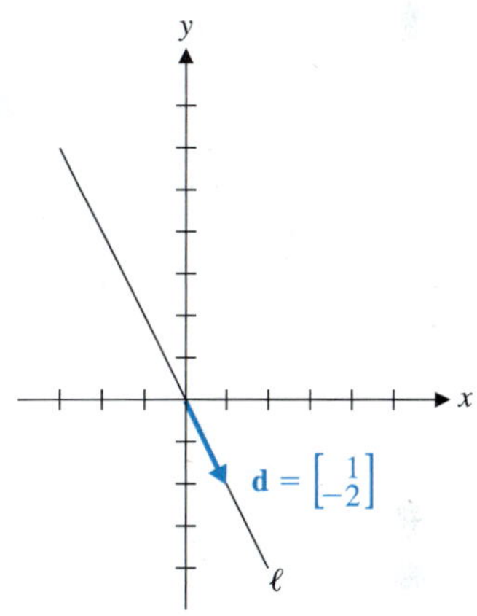

그림 1.56 방향벡터 d

예제 1.27

방정식이 $2x+y=5$인 직선 ℓ을 생각해 보자(그림 1.57). 이것은 예제 1.26에 있는 직선을 위로 5칸 올린 직선이다. 이 직선의 기울기는 -2이지만 y-절편은 점 $(0, 5)$이다. 예제 1.26으로부터 벡터 $\mathbf{d}$와 $\mathbf{n}$이 각각 이 직선에 대한 방향벡터와 법선벡터가 되는 것은 명백하다.

따라서 $\mathbf{n}$은 ℓ에 평행한 모든 벡터에 직교한다. 점 $P=(1, 3)$은 ℓ 위에 있다. 만일 $X=(x, y)$가 ℓ 위의 임의의 점을 나타낸다면 벡터 $\overrightarrow{PX}=\mathbf{x}-\mathbf{p}$는 ℓ에 평행하며 $\mathbf{n}\cdot(\mathbf{x}-\mathbf{p})=0$이다(그림 1.58). 이 식을 간단히 하면 $\mathbf{n}\cdot\mathbf{x}=\mathbf{n}\cdot\mathbf{p}$이다. 이를 확인하기 위하여 계산해 보면

$$\mathbf{n}\cdot\mathbf{x}=\begin{bmatrix} 2 \\ 1 \end{bmatrix}\cdot\begin{bmatrix} x \\ y \end{bmatrix}=2x+y, \quad \mathbf{n}\cdot\mathbf{p}=\begin{bmatrix} 2 \\ 1 \end{bmatrix}\cdot\begin{bmatrix} 1 \\ 3 \end{bmatrix}=5$$

이다. 그러므로 표준형 $\mathbf{n}\cdot\mathbf{x}=\mathbf{n}\cdot\mathbf{p}$는 직선의 방정식에 대한 일반형의 또 다른

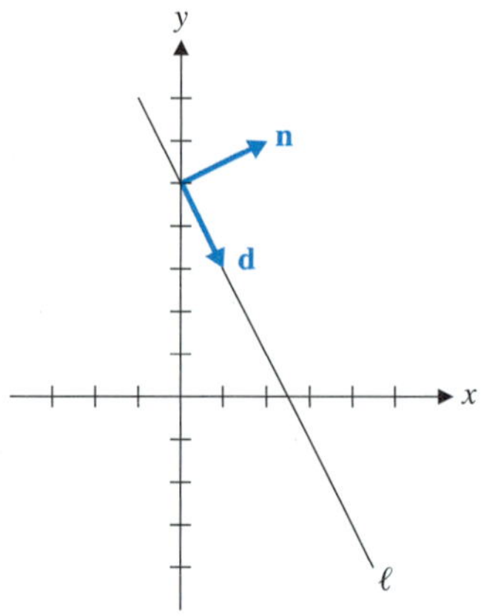

그림 1.57 직선 $2x+y=5$

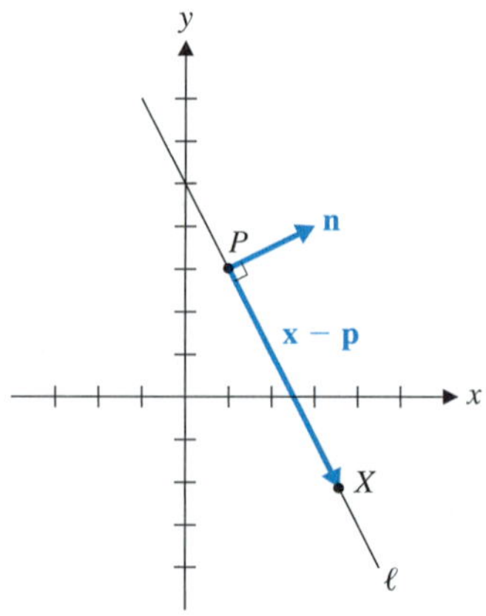

그림 1.58 $\mathbf{n}\cdot(\mathbf{x}-\mathbf{p})=0$

표현이다. 예제 1.26에서 $\mathbf{p}$는 영벡터이므로, $\mathbf{n}\cdot\mathbf{p}=0$이 방정식의 우변이 된다.

이 결과들로부터 다음의 정의를 얻는다.

정의 $\mathbb{R}^2$에 있는 직선 ℓ의 방정식의 **표준형**(normal form)은

$$\mathbf{n}\cdot(\mathbf{x}-\mathbf{p})=0 \quad \text{또는} \quad \mathbf{n}\cdot\mathbf{x}=\mathbf{n}\cdot\mathbf{p}$$

이다. 이때, $\mathbf{p}$는 ℓ 위의 특수한 점이고 $\mathbf{n}\neq\mathbf{0}$은 ℓ에 대한 법선벡터이다.

ℓ의 방정식의 **일반형**(general form)은 $ax+by=c$이며, 여기서 $\mathbf{n}=\begin{bmatrix}a\\b\end{bmatrix}$는 ℓ에 대한 법선벡터이다.

계속하여 예제 1.27에서 직선 ℓ의 벡터형 방정식을 구하여 보자. 직선 ℓ에서 $\mathbf{x}$를 택하면 $\mathbf{x}-\mathbf{p}$는 방향벡터 $\mathbf{d}$에 평행해야 하고 $\mathbf{d}$의 스칼라배의 형태이어야 한다. 즉, 적당한 스칼라 t에 대하여 $\mathbf{x}-\mathbf{p}=t\mathbf{d}$ 또는 $\mathbf{x}=\mathbf{p}+t\mathbf{d}$이어야 한다. 성분으로 표현하면

$$\begin{bmatrix}x\\y\end{bmatrix}=\begin{bmatrix}1\\3\end{bmatrix}+t\begin{bmatrix}1\\-2\end{bmatrix} \tag{1}$$

또는

$$\begin{aligned} x&=1+t \\ y&=3-2t \end{aligned} \tag{2}$$

이다. 식 (1)은 ℓ의 벡터형 방정식이며 성분을 나타내는 방정식 (2)는 직선의 매개변수방정식, 변수 t는 매개변수라고 한다.

> **매개변수**(parameter)와 형용사 **매개변수적인**(parametric)이라는 말은 '나란히'라는 뜻의 para와 '측량'이라는 뜻의 metron이라는 그리스 단어에서 유래되었다. 수학적으로, 매개변수는 다른 변수를 나타내는 변수—이전의 것들과 나란히 위치한 새로운 '측도'이다.

이를 $\mathbb{R}^3$에 어떻게 일반화할 것인가? 직선의 방정식의 벡터형과 매개변수형을 완전하게 옮기는 방법을 생각해보자. 3차원에서 일반화하기 어려운 $\mathbb{R}^2$에서의 직선의 기울기는 좀 더 편리한 방향벡터의 개념으로 대체하여 다음과 같이 정의한다.

정의 $\mathbb{R}^2$ 또는 $\mathbb{R}^3$에 있는 직선 ℓ의 방정식의 **벡터형**(vector form)은

$$\mathbf{x} = \mathbf{p} + t\mathbf{d}$$

이다. 여기서, $\mathbf{p}$는 ℓ 위의 특수한 점이고 $\mathbf{d} \neq \mathbf{0}$는 ℓ에 대한 방향벡터이다. 벡터형 방정식에서 성분에 관한 방정식을 ℓ의 **매개변수 방정식**(parametric equation)이라고 한다.

우리는 이러한 용어들을 간단히 줄여 일반방정식, 표준방정식, 벡터방정식, 매개변수 방정식이라 부를 것이다.

예제 1.28

$\mathbb{R}^3$에서 점 $P = (1,\ 2,\ -1)$을 지나고 벡터 $\mathbf{d} = \begin{bmatrix} 5 \\ -1 \\ 3 \end{bmatrix}$에 평행한 직선의 벡터방정식과 매개변수 방정식을 구하여라.

풀이 벡터방정식 $\mathbf{x} = \mathbf{p} + t\mathbf{d}$는

$$\begin{bmatrix} x \\ y \\ z \end{bmatrix} = \begin{bmatrix} 1 \\ 2 \\ -1 \end{bmatrix} + t\begin{bmatrix} 5 \\ -1 \\ 3 \end{bmatrix}$$

이고, 매개변수 방정식은

$$\begin{aligned} x &= \ \ 1 + 5t \\ y &= \ \ 2 - \ t \\ z &= -1 + 3t \end{aligned}$$

주의

- 주어진 직선 ℓ의 방정식에 대한 벡터형과 매개변수형은 유일하지 않다. 사실, ℓ 위의 임의의 점을 $\mathbf{p}$로 사용할 수 있고 ℓ에 대한 임의의 방향벡터를 사용할 수 있기 때문에 무수히 많은 표현이 가능하다. 하지만 모든 방향벡터들은 다른 것의 스칼라배이다.

  예제 1.28에서 $(6,\ 1,\ 2)$는 $t = 1$로 택하면 직선 위의 다른 점이고, $\begin{bmatrix} 10 \\ -2 \\ 6 \end{bmatrix}$은 또 다른 방향벡터이다. 따라서

$$\begin{bmatrix} x \\ y \\ z \end{bmatrix} = \begin{bmatrix} 6 \\ 1 \\ 2 \end{bmatrix} + s\begin{bmatrix} 10 \\ -2 \\ 6 \end{bmatrix}$$

  은 주어진 직선에 대한 다른 형태의 벡터방정식을 나타낸다. 두 매개변수 s와 t 사이의 관계는 매개변수 방정식을 비교함으로 알 수 있다. ℓ 위의 임의의 점 $(x,\ y,\ z)$에 대하여

$$\begin{aligned} x &= \ \ 1+5t = 6+10s \\ y &= \ \ 2-\ \ t = 1-\ \ 2s \\ z &= -1+3t = 2+\ \ 6s \end{aligned}$$

이고, 이로부터

$$\begin{aligned} -10s+5t &= \ \ 5 \\ 2s-\ \ t &= -1 \\ -6s+3t &= \ \ 3 \end{aligned}$$

이다. 이들 각 방정식에서 $t=1+2s$를 얻는다.

- 직관적으로 우리는 직선이 일차원의 대상임을 알고 있다. '차원'의 개념은 3장과 6장에서 명확하게 정의될 것이지만, 이는 직선의 벡터방정식이 하나의 매개변수를 필요로 한다는 사실을 설명한다.

예제 1.29 우리는 종종 "두 점이 하나의 직선을 결정한다"고 한다. 점 $P=(-1,5,0)$와 $Q=(2,1,1)$에 의하여 결정되는 $\mathbb{R}^3$의 직선 ℓ의 벡터방정식을 구하여라.

풀이 ℓ 위의 임의의 점을 $\mathbf{p}$로 사용하여도 되므로 P를 사용하도록 한다(Q를 사용하여도 좋다.). 편리한 방향벡터는 $\mathbf{d}=\overrightarrow{PQ}=\begin{bmatrix} 3 \\ -4 \\ 1 \end{bmatrix}$(또는 이 벡터의 스칼라배)이다. 따라서 구하려는 벡터방정식은

$$\begin{aligned} \mathbf{x} &= \mathbf{p}+t\mathbf{d} \\ &= \begin{bmatrix} -1 \\ 5 \\ 0 \end{bmatrix} + t\begin{bmatrix} 3 \\ -4 \\ 1 \end{bmatrix} \end{aligned}$$

$\mathbb{R}^3$에서의 평면

다음은 직선방정식의 일반형을 어떻게 $\mathbb{R}^3$로 일반화할 것인가 하는 것이다. $ax+by=c$가 $\mathbb{R}^2$에 있는 직선의 방정식에 대한 일반형이라면 $ax+by+cz=d$는 $\mathbb{R}^3$에서 직선을 나타낸다고 추측할 수도 있을 것이다. 표준형으로 이 방정식은 $\mathbf{n}\cdot\mathbf{x}=\mathbf{n}\cdot\mathbf{p}$인데 여기서 $\mathbf{n}$은 직선에 대한 법선벡터이고 $\mathbf{p}$는 직선 위의 한 점이다.

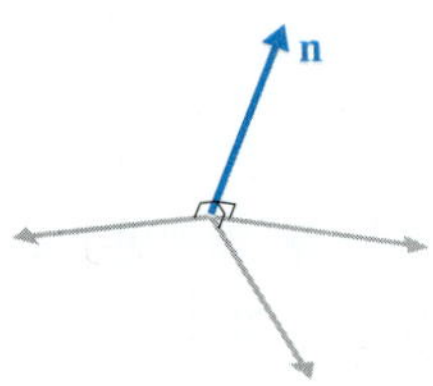

그림 1.59 $\mathbf{n}$은 무수히 많은 벡터들에 수직이다.

이러한 추론이 옳은 것인지 알아보기 위하여 $ax+by+cz=0$의 특별한 경우를 생각해 보기로 하자. 표준형으로 나타내면, $\mathbf{n}=\begin{bmatrix} a \\ b \\ c \end{bmatrix}$일 때 위의 식은 $\mathbf{n}\cdot\mathbf{x}=0$이 된다. 그러나 이 방정식을 만족하는 모든 벡터 $\mathbf{x}$의 집합은 $\mathbf{n}$에 직교하는 모든 벡터의 집합과 같다. 그림 1.59에서 알 수 있듯이 무수히 많은 방향에 있는 벡터들이 이 성질을 만족하고 평행한 평면들의 한 집합을 결정한다. 따라서 우리의 추측

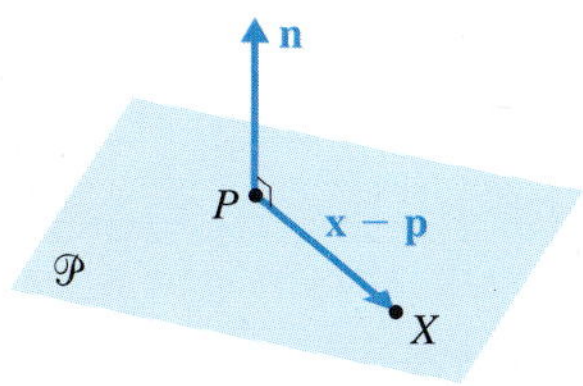

그림 1.60 $\mathbf{n}\cdot(\mathbf{x}-\mathbf{p})=0$

은 잘못되었다. $ax+by+cz=d$는 $\mathbb{R}^3$에서 직선이 아니라 평면의 방정식이 된다.

이 부분에 대하여 좀 더 엄밀하게 알아보도록 하자. $\mathbb{R}^3$에 있는 임의의 평면 $\mathscr{P}$는 $\mathscr{P}$ 위의 점 $\mathbf{p}$와 $\mathscr{P}$에 수직인 $\mathbf{0}$이 아닌 벡터 $\mathbf{n}$에 의하여 결정된다(그림 1.60). 따라서 $\mathbf{x}$가 $\mathscr{P}$ 위의 임의의 점이면, $\mathbf{n}\cdot(\mathbf{x}-\mathbf{p})=0$ 또는 $\mathbf{n}\cdot\mathbf{x}=\mathbf{n}\cdot\mathbf{p}$가 성립한다. 만일 $\mathbf{n}=\begin{bmatrix}a\\b\\c\end{bmatrix}$이고 $\mathbf{x}=\begin{bmatrix}x\\y\\z\end{bmatrix}$이면, 성분으로 나타낸 방정식은 $ax+by+cz=d$가 된다. 여기서 $d=\mathbf{n}\cdot\mathbf{p}$이다.

정의 $\mathbb{R}^3$에 있는 평면 $\mathscr{P}$의 방정식에 대한 **표준형**(normal form)은

$$\mathbf{n}\cdot(\mathbf{x}-\mathbf{p})=0 \quad \text{또는} \quad \mathbf{n}\cdot\mathbf{x}=\mathbf{n}\cdot\mathbf{p}$$

이다. 이때, $\mathbf{p}$는 $\mathscr{P}$ 위의 특정한 점이고 $\mathbf{n}\neq\mathbf{0}$은 $\mathscr{P}$에 대한 법선벡터이다.

$\mathscr{P}$의 방정식에 대한 **일반형**(general form)은 $ax+by+cz=d$이고, 여기서 $\mathbf{n}=\begin{bmatrix}a\\b\\c\end{bmatrix}$는 $\mathscr{P}$에 대한 법선벡터이다.

평면에 대한 법선벡터의 임의의 스칼라배는 또 다른 법선벡터가 된다.

예제 1.30

$P=(6,0,1)$이고 법선벡터가 $\mathbf{n}=\begin{bmatrix}1\\2\\3\end{bmatrix}$인 평면의 방정식에 대한 표준형과 일반형을 구하여라.

풀이 $\mathbf{p}=\begin{bmatrix}6\\0\\1\end{bmatrix}$이고 $\mathbf{x}=\begin{bmatrix}x\\y\\z\end{bmatrix}$일 때, $\mathbf{n}\cdot\mathbf{p}=1\cdot6+2\cdot0+3\cdot1=9$이다. 따라서 표준방정식은 $\mathbf{n}\cdot\mathbf{x}=\mathbf{n}\cdot\mathbf{p}$이고 일반방정식은 $x+2y+3z=9$이다.

평행한 평면들이 같은 법선벡터를 갖는 것은 기하학적으로 분명하다. 따라서 그 일반방정식들의 좌변은 서로 스칼라배이다. 예를 들어, $2x+4y+6z=10$은 예제 1.30의 평면에 평행한 한 평면의 일반방정식이다. 왜냐하면, 이 방정식은 $x+2y+3z=5$로 다시 나타낼 수 있으므로 두 평면이 같은 법선벡터 $\mathbf{n}$을 갖기 때문이다. (두 평면은 식의 우변들이 서로 다르므로 일치하지 않는다.)

우리는 평면의 방정식을 벡터형이나 매개변수형으로 표현할 수 있다. 이렇게 하기 위하여 한 평면은 평면 위의 한 점 P(벡터 $\mathbf{p}$)와 평면에 평행한 두 개의 방향벡터 $\mathbf{u}$와 $\mathbf{v}$에 의하여 결정된다는 것을 알아야 한다. 이때, 두 벡터는 서로 평행하지 않아야 한다.

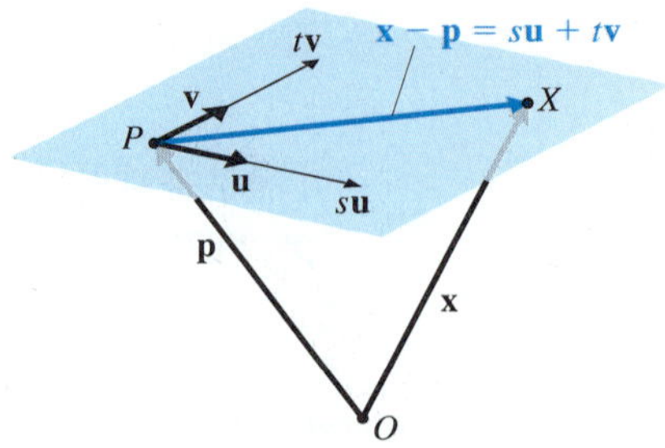

그림 1.61 $\mathbf{x}-\mathbf{p}=s\mathbf{u}+t\mathbf{v}$

그림 1.61에서처럼, 평면 위의 임의의 점 X($\mathbf{x}$의 위치)에 대하여 항상 $\mathbf{x}-\mathbf{p}=s\mathbf{u}+t\mathbf{v}$ 또는 $\mathbf{x}=\mathbf{p}+s\mathbf{u}+t\mathbf{v}$인 방향벡터의 적절한 스칼라배 $s\mathbf{u}$와 $t\mathbf{v}$를 구할 수 있다. 만일 이 방정식을 성분으로 나타내면, 평면에 대한 다음의 매개변수 방정식을 얻을 수 있다.

정의 $\mathbb{R}^3$에 있는 평면 $\mathscr{P}$의 방정식에 대한 **벡터형**은

$$\mathbf{x}=\mathbf{p}+s\mathbf{u}+t\mathbf{v}$$

이며 여기서 $\mathbf{p}$는 $\mathscr{P}$ 위의 점이고 $\mathbf{u}$와 $\mathbf{v}$는 $\mathscr{P}$에 대한 방향벡터들이다. $\mathbf{u}$와 $\mathbf{v}$는 $\mathbf{0}$이 아니고 $\mathscr{P}$에 평행하지만 서로 평행하지 않다.

벡터형 방정식의 성분에 관한 방정식으로 나타낸 것을 $\mathscr{P}$의 **매개변수 방정식**(parametric equation)이라고 한다.

예제 1.31 예제 1.30에 있는 평면에 대한 벡터방정식과 매개변수 방정식을 구하여라.

풀이 평면의 방정식을 구하기 위해서는 두 개의 방향벡터를 구하여야 한다. 평면 위에서 한 점 $P=(6,\ 0,\ 1)$을 택하고 $\mathscr{P}$에서 P와 다른 두 점 Q와 R을 구한다면 두 벡터 $\overrightarrow{PQ}$와 $\overrightarrow{PR}$은 주어진 평면의 방향벡터가 된다. 여기서, 두 벡터는 평행하지 않다고 가정하자. 시행착오를 통해서 점 $Q=(9,\ 0,\ 0)$와 $R=(3,\ 3,\ 0)$는 일반방정식 $x+2y+3z=9$를 만족하므로 평면 위에 있는 점들임을 알 수 있다. 따라서

$$\mathbf{u}=\overrightarrow{PQ}=\mathbf{q}-\mathbf{p}=\begin{bmatrix}3\\0\\-1\end{bmatrix},\quad \mathbf{v}=\overrightarrow{PR}=\mathbf{r}-\mathbf{p}=\begin{bmatrix}-3\\3\\-1\end{bmatrix}$$

인데, 두 벡터는 서로 스칼라배가 아니므로, 두 벡터는 평행하지 않는 방향벡터이다. 그러므로 $\mathscr{P}$의 벡터방정식은

$$\begin{bmatrix}x\\y\\z\end{bmatrix}=\begin{bmatrix}6\\0\\1\end{bmatrix}+s\begin{bmatrix}3\\0\\-1\end{bmatrix}+t\begin{bmatrix}-3\\3\\-1\end{bmatrix}$$

이고, 이에 관한 매개변수 방정식은

$$\begin{aligned} x &= 6 + 3s - 3t \\ y &= \qquad\quad 3t \\ z &= 1 - \ \ s - \ \ t \end{aligned}$$

이다. 만일 $R = (0, 0, 3)$로 택하였다면, 어떤 결과가 나왔을까?

주의

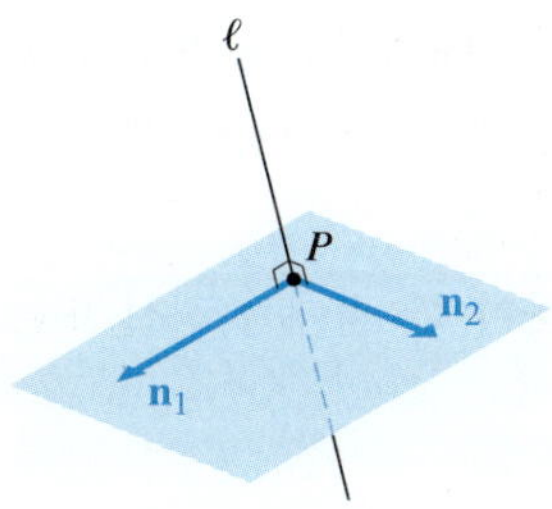

그림 1.62 두 법선이 한 평면을 결정한다.

- 평면은 2차원이며 벡터형이거나 매개변수형이거나 평면의 방정식은 2개의 매개변수를 필요로 한다.
- 그림 1.59와 같이 $\mathbb{R}^3$에 있는 주어진 점 P와 $\mathbf{0}$이 아닌 벡터 $\mathbf{n}$에 대하여, 점 P를 지나고 $\mathbf{n}$을 법선벡터로 하는 무수히 많은 직선이 존재한다. 하지만 그림 1.62에서와 같이 P와 두 개의 평행하지 않은 법선벡터 $\mathbf{n}_1$과 $\mathbf{n}_2$는 유일한 직선 ℓ을 결정한다. 왜냐하면, ℓ이 P를 지나면서 방정식이 $\mathbf{x} = \mathbf{p} + s\,\mathbf{n}_1 + t\,\mathbf{n}_2$인 평면에 수직인 직선이어야 하기 때문이다. 따라서 $\mathbb{R}^3$에 있는 직선은 각각이 하나의 법선벡터에 관련된 다음 두 방정식

$$\begin{aligned} a_1x + b_1y + c_1z &= d_1 \\ a_2x + b_2y + c_2z &= d_2 \end{aligned}$$

에 의하여 결정된다. 하지만 이 방정식들은 평행하지 않은 (왜 평행하지 않아야 할까?) 평면을 나타내기 때문에 두 개의 평행하지 않은 평면의 교집합으로서 직선을 결정한다(그림 1.63). 대수적으로, 직선은 두 개의 방정식을 동시에 만족하는 점 (x, y, z)들로 구성된다. 2장에서 연립일차방정식에 대한 해를 논의할 때 이 개념에 대하여 좀 더 탐구하게 될 것이다.

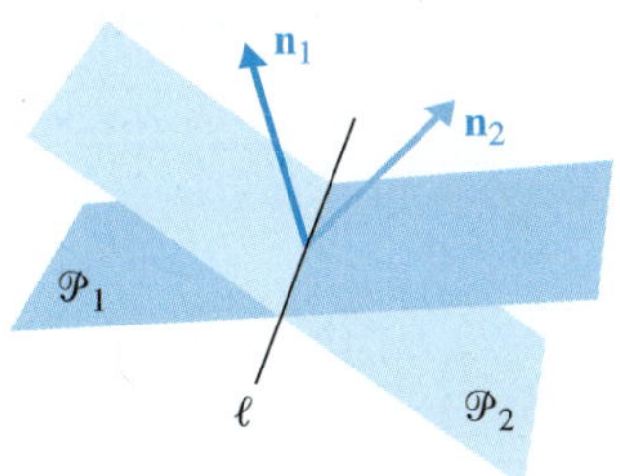

그림 1.63 두 평면의 교선은 한 직선이 된다.

표 1.2와 1.3은 직선과 평면의 방정식에 대하여 지금까지 논의한 바를 요약한 것이다.

하나의 방정식이 $\mathbb{R}^2$에서는 직선을 나타내지만 $\mathbb{R}^3$에서는 평면을 나타내기도

표 1.2 $\mathbb{R}^2$에서의 직선방정식

표준형	일반형	벡터형	매개변수형
$\mathbf{n}\cdot\mathbf{x} = \mathbf{n}\cdot\mathbf{p}$	$ax + by = c$	$\mathbf{x} = \mathbf{p} + t\mathbf{d}$	$\begin{cases} x = p_1 + td_1 \\ y = p_2 + td_2 \end{cases}$

표 1.3 $\mathbb{R}^3$에서의 직선과 평면

	표준형	일반형	벡터형	매개변수형
직선	$\begin{cases} \mathbf{n}_1\cdot\mathbf{x} = \mathbf{n}_1\cdot\mathbf{p}_1 \\ \mathbf{n}_2\cdot\mathbf{x} = \mathbf{n}_2\cdot\mathbf{p}_2 \end{cases}$	$\begin{cases} a_1x + b_1y + c_1z = d_1 \\ a_2x + b_2y + c_2z = d_2 \end{cases}$	$\mathbf{x} = \mathbf{p} + t\mathbf{d}$	$\begin{cases} x = p_1 + td_1 \\ y = p_2 + td_2 \\ z = p_3 + td_3 \end{cases}$
평면	$\mathbf{n}\cdot\mathbf{x} = \mathbf{n}\cdot\mathbf{p}$	$ax + by + cz = d$	$\mathbf{x} = \mathbf{p} + s\mathbf{u} + t\mathbf{v}$	$\begin{cases} x = p_1 + su_1 + tv_1 \\ y = p_2 + su_2 + tv_2 \\ z = p_3 + su_3 + tv_3 \end{cases}$

함을 알 수 있다. 고차원에서는 이러한 형태의 방정식에 의하여 결정되는 대상을 **초평면**(hyperplane)이라고 한다. 대상의 차원과 필요한 방정식의 개수 그리고 공간의 차원의 관계는 '균형공식'에 의하여 설명된다.

(대상의 차원)+(방정식의 개수)=공간의 차원

대상의 차원이 크면 클수록 방정식의 개수는 작아진다. 예를 들어, $\mathbb{R}^3$에 있는 평면은 2차원이므로 $2+1=3$으로부터 삼차원 공간에서는 하나의 방정식을 필요로 한다. $\mathbb{R}^3$에 있는 직선은 일차원이므로 $3-1=2$개의 방정식이 필요하다. 주어진 대상의 차원은 벡터표시나 매개변수표시에 있는 매개변수의 개수와 일치한다. '차원'의 개념은 3장과 6장에서 엄밀하게 다루게 될 것이지만, 임시로 직관적인 관찰로 다룬다.

이제, 이 절에서 배운 결과와 1.2절의 결과를 종합하여 한 점에서 직선 또는 평면까지의 거리를 구할 수 있다.

예제 1.32

점 $B=(1,\ 0,\ 2)$에서 점 $A=(3,\ 1,\ 1)$을 지나고, 방향벡터 $\mathbf{d}=\begin{bmatrix}-1\\1\\0\end{bmatrix}$을 갖는 직선 ℓ까지의 거리를 구하여라.

풀이 점 P가 B에서 ℓ에 내린 수선의 발에 위치한 점이라고 할 때 $\overrightarrow{PB}$의 길이를 구해야 한다. $\mathbf{v}=\overrightarrow{AB}$라고 하면 $\overrightarrow{AP}=\text{proj}_{\mathbf{d}}(\mathbf{v})$이고 $\overrightarrow{PB}=\mathbf{v}-\text{proj}_{\mathbf{d}}(\mathbf{v})$이다(그림 1.64).

우리는 다음의 몇 단계가 필요하다.

1단계: $\mathbf{v}=\overrightarrow{AB}=\mathbf{b}-\mathbf{a}=\begin{bmatrix}1\\0\\2\end{bmatrix}-\begin{bmatrix}3\\1\\1\end{bmatrix}=\begin{bmatrix}-2\\-1\\1\end{bmatrix}$

2단계: $\mathbf{d}$ 위로의 $\mathbf{v}$의 사영은

$$\begin{aligned}\text{proj}_{\mathbf{d}}(\mathbf{v})&=\left(\frac{\mathbf{d}\cdot\mathbf{v}}{\mathbf{d}\cdot\mathbf{d}}\right)\mathbf{d}\\&=\left(\frac{(-1)\cdot(-2)+1\cdot(-1)+0\cdot 1}{(-1)^2+1+0}\right)\begin{bmatrix}-1\\1\\0\end{bmatrix}=\tfrac{1}{2}\begin{bmatrix}-1\\1\\0\end{bmatrix}\\&=\begin{bmatrix}-\frac{1}{2}\\\frac{1}{2}\\0\end{bmatrix}\end{aligned}$$

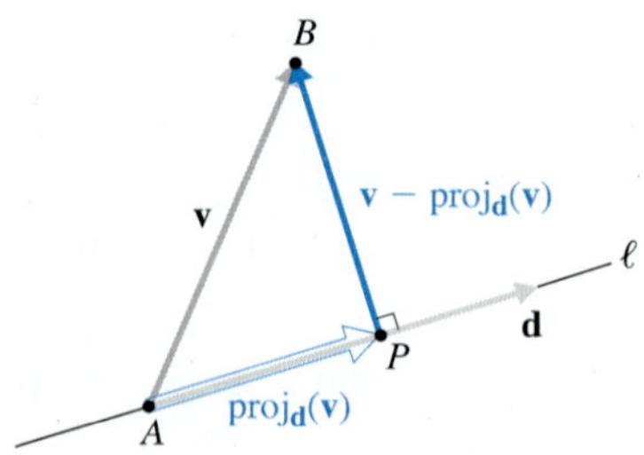

그림 1.64 $\mathrm{d}(B,\ \ell)=\|\mathbf{v}-\text{proj}_{\mathbf{d}}(\mathbf{v})\|$

3단계: 우리가 원하는 벡터는

$$\mathbf{v}-\text{proj}_{\mathbf{d}}(\mathbf{v})=\begin{bmatrix}-2\\-1\\1\end{bmatrix}-\begin{bmatrix}-\frac{1}{2}\\\frac{1}{2}\\0\end{bmatrix}=\begin{bmatrix}-\frac{3}{2}\\-\frac{3}{2}\\1\end{bmatrix}$$

4단계: B에서 ℓ까지의 거리 $\mathrm{d}(B,\ \ell)$은

$$\|\mathbf{v}-\text{proj}_{\mathbf{d}}(\mathbf{v})\|=\left\|\begin{bmatrix}-\frac{3}{2}\\-\frac{3}{2}\\1\end{bmatrix}\right\|$$

이다. 정리 1.3(b)를 이용하여 계산을 간단히 하면

$$\begin{aligned}\|\mathbf{v}-\text{proj}_{\mathbf{d}}(\mathbf{v})\|&=\tfrac{1}{2}\left\|\begin{bmatrix}-3\\-3\\2\end{bmatrix}\right\|\\&=\tfrac{1}{2}\sqrt{9+9+4}\\&=\tfrac{1}{2}\sqrt{22}\end{aligned}$$

참조

- 이전의 기호로 $\mathrm{d}(B,\ \ell)=\mathrm{d}(\mathbf{v},\ \text{proj}_{\mathbf{d}}(\mathbf{v}))$이다.

직선 ℓ이 $\mathbb{R}^2$에 있고 직선의 일반방정식이 $ax+by=c$일 때, $B=(x_0,\ y_0)$로부터의 거리 $\mathrm{d}(B,\ \ell)$은 공식

$$\mathrm{d}(B,\ \ell)=\frac{|ax_0+by_0-c|}{\sqrt{a^2+b^2}} \tag{3}$$

으로 주어진다. 이 공식은 연습문제 39에서 증명하도록 한다.

예제 1.33 점 $B=(1,\ 0,\ 2)$에서 일반방정식이 $x+y-z=1$인 평면 $\mathscr{P}$까지의 거리를 구하여라.

풀이 P가 B에서 $\mathscr{P}$ 위에 내린 수선의 발이라 할 때, $\overrightarrow{PB}$의 길이를 계산하여야 한다. 그림 1.65에서 볼 수 있듯이 A가 $\mathscr{P}$ 위의 임의의 점이고 $\mathscr{P}$의 법선벡터 $\mathbf{n}=\begin{bmatrix}1\\1\\-1\end{bmatrix}$이 A를 시점으로 할 때, $\mathbf{n}$ 위로의 $\overrightarrow{AB}$의 사영의 길이를 구해야 한다.

이제, 몇 단계의 필요한 계산을 수행해 보자.

1단계: 시행착오를 거쳐서 방정식 $x+y-z=1$ 위의 한 점 $A=(1,\ 0,\ 0)$를 찾는다.

2단계: $\mathbf{v}=\overrightarrow{AB}=\mathbf{b}-\mathbf{a}=\begin{bmatrix}1\\0\\2\end{bmatrix}-\begin{bmatrix}1\\0\\0\end{bmatrix}=\begin{bmatrix}0\\0\\2\end{bmatrix}$라고 하자.

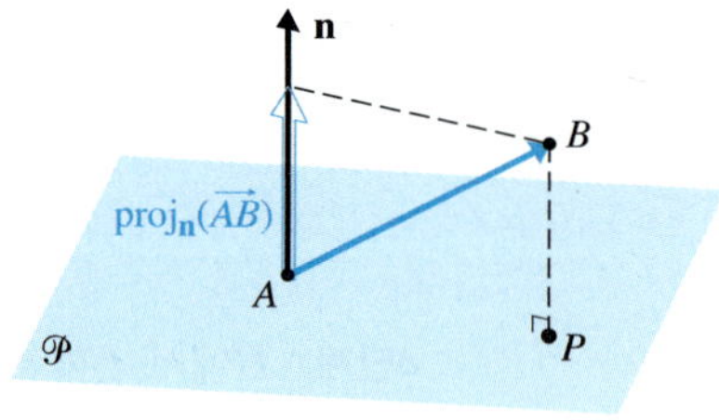

그림 1.65 $d(B, \mathscr{P})=\|\text{proj}_{\mathbf{n}}(\overrightarrow{AB})\|$

3단계: $\mathbf{n}$ 위로의 $\mathbf{v}$의 사영은

$$\begin{aligned}\text{proj}_{\mathbf{n}}(\mathbf{v})&=\left(\frac{\mathbf{n}\cdot\mathbf{v}}{\mathbf{n}\cdot\mathbf{n}}\right)\mathbf{n}\\&=\left(\frac{1\cdot 0+1\cdot 0-1\cdot 2}{1+1+(-1)^2}\right)\begin{bmatrix}1\\1\\-1\end{bmatrix}\\&=-\tfrac{2}{3}\begin{bmatrix}1\\1\\-1\end{bmatrix}=\begin{bmatrix}-\frac{2}{3}\\-\frac{2}{3}\\\frac{2}{3}\end{bmatrix}\end{aligned}$$

4단계: B로부터 $\mathscr{P}$ 까지의 거리 $d(B, \mathscr{P})$는

$$\begin{aligned}\|\text{proj}_{\mathbf{n}}(\mathbf{v})\|&=\left|-\tfrac{2}{3}\right|\left\|\begin{bmatrix}1\\1\\-1\end{bmatrix}\right\|\\&=\tfrac{2}{3}\left\|\begin{bmatrix}1\\1\\-1\end{bmatrix}\right\|\\&=\tfrac{2}{3}\sqrt{3}\end{aligned}$$

일반적으로, 점 $B=(x_0, y_0, z_0)$로부터 일반방정식이 $ax+by+cz=d$인 평면 $\mathscr{P}$까지의 거리 $d(B, \mathscr{P})$는 공식

$$d(B, \mathscr{P})=\frac{|ax_0+by_0+cz_0-d|}{\sqrt{a^2+b^2+c^2}} \tag{4}$$

로 주어진다. 연습문제 40에서 이 공식을 증명하도록 한다.

1.3 연습문제

※ [1–2] P를 지나고 법선벡터 $\mathbf{n}$을 갖는 직선의 방정식에 대한 (a) 표준형과 (b) 일반형을 구하여라.

1. $P=(0,\ 0)$, $\mathbf{n}=\begin{bmatrix}3\\2\end{bmatrix}$ 2. $P=(1,\ 2)$, $\mathbf{n}=\begin{bmatrix}3\\-4\end{bmatrix}$

※ [3–6] P를 지나고 방향벡터 $\mathbf{d}$를 갖는 직선의 방정식에 대한 (a) 벡터형과 (b) 매개변수형을 구하여라.

3. $P=(1,\ 0)$, $\mathbf{d}=\begin{bmatrix}-1\\3\end{bmatrix}$ 4. $P=(-4,\ 4)$, $\mathbf{d}=\begin{bmatrix}1\\1\end{bmatrix}$

5. $P=(0,\ 0,\ 0)$, $\mathbf{d}=\begin{bmatrix}1\\-1\\4\end{bmatrix}$ 6. $P=(3,\ 0,\ -2)$, $\mathbf{d}=\begin{bmatrix}2\\5\\0\end{bmatrix}$

※ [7–8] P를 지나고 법선벡터 $\mathbf{n}$을 갖는 평면의 방정식에 대한 (a) 표준형과 (b) 일반형을 구하여라.

7. $P=(0,\ 1,\ 0)$, $\mathbf{n}=\begin{bmatrix}3\\2\\1\end{bmatrix}$

8. $P=(3,\ 0,\ -2)$, $\mathbf{n}=\begin{bmatrix}2\\5\\0\end{bmatrix}$

※ [9–10] P를 지나고 방향벡터 $\mathbf{u}$와 $\mathbf{v}$를 갖는 평면의 방정식에 대한 (a) 벡터형과 (b) 매개변수형을 구하여라.

9. $P=(0,\ 0,\ 0)$, $\mathbf{u}=\begin{bmatrix}2\\1\\2\end{bmatrix}$, $\mathbf{v}=\begin{bmatrix}-3\\2\\1\end{bmatrix}$

10. $P=(6,\ -4,\ -3)$, $\mathbf{u}=\begin{bmatrix}0\\1\\1\end{bmatrix}$, $\mathbf{v}=\begin{bmatrix}-1\\1\\1\end{bmatrix}$

※ [11–12] 다음에 주어진 P, Q를 지나는 직선의 벡터방정식을 구하여라.

11. $P=(1,\ -2)$, $Q=(3,\ 0)$
12. $P=(0,\ 1,\ -1)$, $Q=(-2,\ 1,\ 3)$

※ [13–14] P, Q, R을 지나는 평면의 벡터방정식을 구하여라.

13. $P=(1,\ 1,\ 1)$, $Q=(4,\ 0,\ 2)$, $R=(0,\ 1,\ -1)$
14. $P=(1,\ 1,\ 0)$, $Q=(1,\ 0,\ 1)$, $R=(0,\ 1,\ 1)$

15. $\mathbb{R}^2$에서 다음의 방정식을 갖는 직선에 대한 매개변수 방정식과 벡터방정식을 구하여라.
   (a) $y=3x-1$ (b) $3x+2y=5$

16. 벡터방정식 $\mathbf{x}=\mathbf{p}+t(\mathbf{q}-\mathbf{p})$을 생각하는데, 여기서 $\mathbf{p}$와 $\mathbf{q}$는 $\mathbb{R}^2$ 또는 $\mathbb{R}^3$의 점 P와 Q에 대응하는 위치벡터이다.
   (a) 이 방정식은 t가 0에서 1까지 변함에 따라 선분 $\overline{PQ}$를 나타냄을 보여라.
   (b) 선분 $\overline{PQ}$의 중점 $\mathbf{x}$를 나타내는 t의 값과 $\mathbf{x}$를 구하여라.
   (c) $P=(2,\ -3)$, $Q=(0,\ 1)$일 때, 선분 $\overline{PQ}$의 중점을 구하여라.
   (d) $P=(1,\ 0,\ 1)$, $Q=(4,\ 1,\ -2)$일 때, 선분 $\overline{PQ}$의 중점을 구하여라.
   (e) (c)에서 선분 $\overline{PQ}$를 같은 간격으로 삼등분하는 두 점을 구하여라.
   (f) (d)에서 선분 $\overline{PQ}$를 같은 간격으로 삼등분하는 두 점을 구하여라.

17. $\mathbb{R}^2$에서, 기울기 m_1과 m_2를 갖는 두 직선이 서로 수직이 될 필요충분조건은 $m_1m_2=-1$임을 벡터를 이용하여 보여라.

18. 직선 ℓ은 점 $P=(1,\ -1,\ 1)$을 지나고 방향벡터 $\mathbf{d}=\begin{bmatrix}2\\3\\-1\end{bmatrix}$를 갖는다. 다음의 각 평면 $\mathscr{P}$에 대하여, ℓ과 $\mathscr{P}$가 평행하는지, 직교하는지 또는 둘 다 아닌지를 판정하여라.
   (a) $2x+3y-z=1$ (b) $4x-y+5z=0$
   (c) $x-y-z=3$ (d) $4x+6y-2z=0$

19. 평면 $\mathscr{P}_1$의 방정식은 $4x-y+5z=2$이다. 연습문제 18의 각 평면 $\mathscr{P}$에 대하여, $\mathscr{P}_1$과 $\mathscr{P}$가 평행하는지, 직교하는지 또는 둘 다 아닌지를 판정하여라.

20. $P=(2,\ -1)$을 지나면서 방정식이 $2x-3y=1$인 직선과 수직인 $\mathbb{R}^2$에 있는 직선의 벡터방정식을 구하여라.

21. $P=(2,\ -1)$을 지나고 방정식이 $2x-3y=1$인 직선과 평행인 $\mathbb{R}^2$에 있는 직선의 벡터방정식을 구하여라.

22. $P=(-1,\ 0,\ 3)$을 지나고 방정식이 $x-3y+2z=5$인 평면과 수직인 $\mathbb{R}^3$에 있는 직선의 벡터방정식을 구하여라.

23. $P=(-1, 0, 3)$을 지나고 매개변수 방정식이

$$\begin{aligned} x &= 1-t \\ y &= 2+3t \\ z &= -2-t \end{aligned}$$

인 직선과 평행인 $\mathbb{R}^3$에 있는 직선의 벡터방정식을 구하여라.

24. $P=(0, -2, 5)$를 지나고 방정식이 $6x-y+2z=3$인 평면에 평행인 평면의 표준방정식을 구하여라.

25. 정육면체는 여덟 개의 꼭짓점 (x, y, z)를 갖는다. 여기서, x, y, z는 0 또는 1이다(그림 1.34).
   (a) 정육면체의 여섯 면을 나타내는 평면의 방정식을 구하여라.
   (b) 원점과 $(1, 1, 1)$을 잇는 대각선을 포함하고 xy-평면과 수직인 평면의 방정식을 구하여라.
   (c) 예제 1.22에서 언급된 옆면의 대각선들을 포함하는 평면의 일반방정식을 구하여라.

26. 점 $P=(1, 0, -2)$와 $Q=(5, 2, 4)$로부터 같은 거리에 있는 점들의 집합의 방정식을 구하여라.

※ [27–28] 점 Q에서 직선 ℓ까지의 거리를 구하여라.

27. $Q=(2, 2)$, ℓ의 방정식은 $\begin{bmatrix} x \\ y \end{bmatrix} = \begin{bmatrix} -1 \\ 2 \end{bmatrix} + t\begin{bmatrix} 1 \\ -1 \end{bmatrix}$

28. $Q=(0, 1, 0)$, ℓ의 방정식은 $\begin{bmatrix} x \\ y \\ z \end{bmatrix} = \begin{bmatrix} 1 \\ 1 \\ 1 \end{bmatrix} + t\begin{bmatrix} -2 \\ 0 \\ 3 \end{bmatrix}$

※ [29–30] 점 Q에서 평면 $\mathscr{P}$까지의 거리를 구하여라.

29. $Q=(2, 2, 2)$, $\mathscr{P}$의 방정식은 $x+y-z=0$

30. $Q=(0, 0, 0)$, $\mathscr{P}$의 방정식은 $x-2y+2z=1$

※ [31–32] 그림 1.66은 벡터를 이용하여 Q와 가장 가까운 ℓ 위의 점 R의 위치를 구하는 방법을 말해준다.

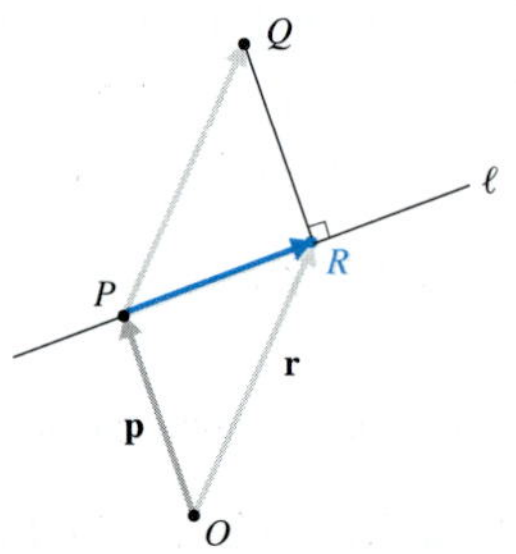

그림 1.66 $\mathbf{r}=\mathbf{p}+\overrightarrow{PR}$

31. 연습문제 27의 Q와 가장 가까운 ℓ 위의 점 R을 구하여라.

32. 연습문제 28의 Q와 가장 가까운 ℓ 위의 점 R을 구하여라.

※ [33–34] 그림 1.67은 벡터를 이용하여 Q와 가장 가까운 $\mathscr{P}$ 위의 점 R의 위치를 구하는 방법을 말해준다.

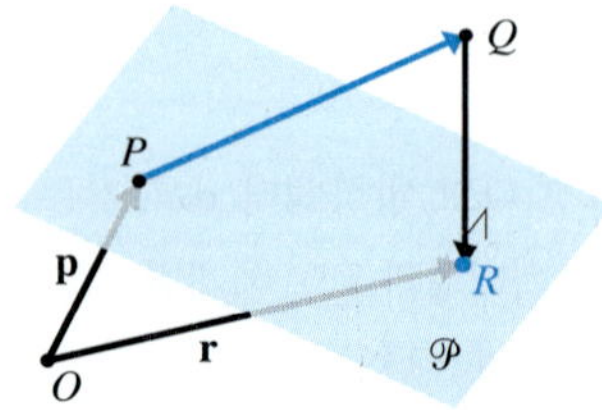

그림 1.67 $\mathbf{r}=\mathbf{p}+\overrightarrow{PQ}+\overrightarrow{QR}$

33. 연습문제 29의 Q와 가장 가까운 $\mathscr{P}$ 위의 점 R을 구하여라.

34. 연습문제 30의 Q와 가장 가까운 $\mathscr{P}$ 위의 점 R을 구하여라.

※ [35–36] 다음에서 평행한 직선 사이의 거리를 구하여라.

35. $\begin{bmatrix} x \\ y \end{bmatrix} = \begin{bmatrix} 1 \\ 1 \end{bmatrix} + s\begin{bmatrix} -2 \\ 3 \end{bmatrix}$, $\begin{bmatrix} x \\ y \end{bmatrix} = \begin{bmatrix} 5 \\ 4 \end{bmatrix} + t\begin{bmatrix} -2 \\ 3 \end{bmatrix}$

36. $\begin{bmatrix} x \\ y \\ z \end{bmatrix} = \begin{bmatrix} 1 \\ 0 \\ -1 \end{bmatrix} + s\begin{bmatrix} 1 \\ 1 \\ 1 \end{bmatrix}$, $\begin{bmatrix} x \\ y \\ z \end{bmatrix} = \begin{bmatrix} 0 \\ 1 \\ 1 \end{bmatrix} + t\begin{bmatrix} 1 \\ 1 \\ 1 \end{bmatrix}$

※ [37–38] 다음에서 평행한 평면 사이의 거리를 구하여라.

37. $2x+y-2z=0$, $2x+y-2z=5$

38. $x+y+z=1$, $x+y+z=3$

39. 예제 1.33 앞의 공식 (3)을 증명하여라.

40. 예제 1.33 뒤의 공식 (4)를 증명하여라.

41. $\mathbb{R}^2$에서 방정식이 각각 $\mathbf{n}\cdot\mathbf{x}=c_1$, $\mathbf{n}\cdot\mathbf{x}=c_2$인 평행한 두 직선 사이의 거리는 $\dfrac{|c_1-c_2|}{\|\mathbf{n}\|}$임을 증명하여라.

42. 방정식이 $\mathbf{n}\cdot\mathbf{x}=d_1$, $\mathbf{n}\cdot\mathbf{x}=d_2$인 평행한 두 평면 사이의 거리는 $\dfrac{|d_1-d_2|}{\|\mathbf{n}\|}$임을 증명하여라.

평행하지 않는 두 평면 $\mathscr{P}_1$과 $\mathscr{P}_2$의 법선벡터를 각각 $\mathbf{n}_1$과 $\mathbf{n}_2$라 할 때, $\mathbf{n}_1$과 $\mathbf{n}_2$ 사이의 각 θ에 대하여, $\mathscr{P}_1$과 $\mathscr{P}_2$ 사이의 각은 θ와 $180^\circ-\theta$ 중에서 예각인 것으로 정의한다(그림 1.68).

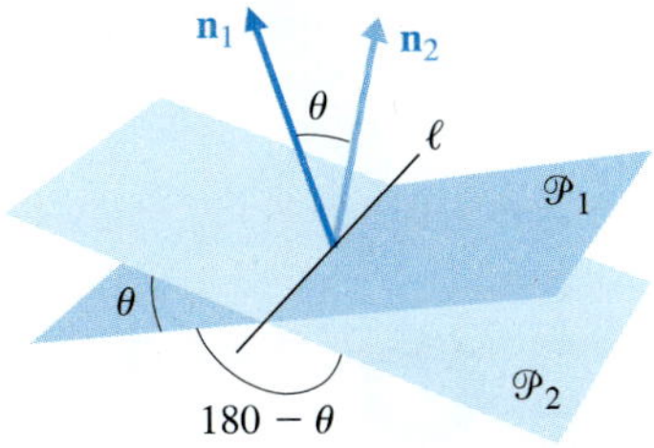

그림 1.68

※ [43–44] 다음에 주어진 방정식을 갖는 두 평면 사이의 예각을 구하여라.

43. $x+y+z=0$, $2x+y-2z=0$

44. $3x-y+2z=5$, $x+4y-z=2$

※ [45–46] 다음에 주어진 방정식을 만족하는 평면과 직선은 교차함을 보이고, 그들 사이의 예각인 교각을 구하여라.

45. 평면의 방정식은 $x+y+2z=0$이고, 직선의 방정식은 $x=2+t$, $y=1-2t$, $z=3+t$이다.

46. 평면의 방정식은 $4x-y-z=6$이고, 직선의 방정식은 $x=t$, $y=1+2t$, $z=2+3t$이다.

※ [47–48] 벡터의 평면 위로의 사영을 구하는 문제에 대한 한 접근법을 살펴보자. 그림 1.69에서 보는 바와 같이 $\mathbb{R}^3$에서 $\mathscr{P}$는 원점을 지나고 법선벡터 $\mathbf{n}$을 갖는 평면이고 $\mathbf{v}$가 $\mathbb{R}^3$의 점이면, $\mathbf{p}=\mathrm{proj}_{\mathscr{P}}(\mathbf{v})$는 어떤 스칼라 c에 대하여 $\mathbf{v}-c\mathbf{n}=\mathbf{p}$를 만족하는 $\mathscr{P}$에 있는 벡터이다.

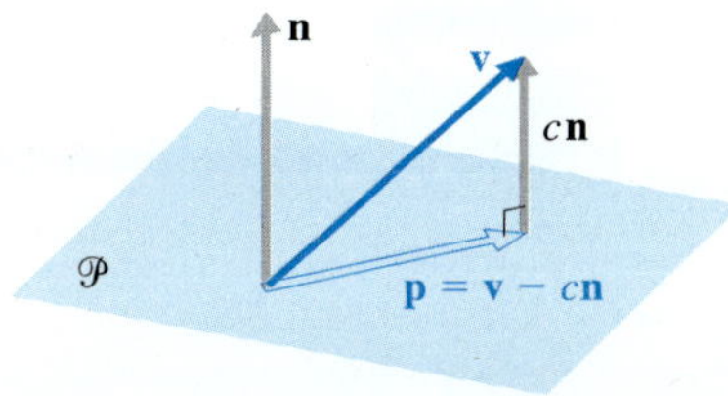

그림 1.69 평면 위로의 사영

47. $\mathbf{n}$이 $\mathscr{P}$의 모든 벡터와 수직임($\mathbf{p}$와도 수직임)을 이용하여, c에 대하여 풀고 $\mathbf{p}$를 $\mathbf{v}$와 $\mathbf{n}$으로 표현하여라.

48. 연습문제 47의 방법을 이용하여, 다음 방정식을 갖는 평면 위로의

$$\mathbf{v}=\begin{bmatrix}1\\0\\-2\end{bmatrix}$$

의 사영을 구하여라.

(a) $x+y+z=0$ (b) $3x-y+z=0$

(c) $x-2z=0$ (d) $2x-3y+z=0$

탐구

벡터적

평면의 방정식의 벡터형식 $\mathbf{x}=\mathbf{p}+s\mathbf{u}+t\mathbf{v}$를 표준형으로 쉽게 바꿀 수 있다면 편리할 것이다. 평행하지 않는 두 벡터 $\mathbf{u}$와 $\mathbf{v}$가 주어졌을 때, $\mathbf{u}$와 $\mathbf{v}$에 동시에 수직인 세 번째 벡터 $\mathbf{n}$을 만들어내는 과정이 필요하다. 한 가지 방법은 벡터들의 벡터적이라고 알려진 구조를 이용하는 것이다. 벡터적은 다음과 같이 정의되고, 단지 $\mathbb{R}^3$에서만 유효하다.

정의

$\mathbf{u}=\begin{bmatrix}u_1\\u_2\\u_3\end{bmatrix}$와 $\mathbf{v}=\begin{bmatrix}v_1\\v_2\\v_3\end{bmatrix}$의 **벡터적**(cross product) $\mathbf{u}\times\mathbf{v}$는

$$\mathbf{u}\times\mathbf{v}=\begin{bmatrix}u_2v_3-u_3v_2\\u_3v_1-u_1v_3\\u_1v_2-u_2v_1\end{bmatrix}$$

으로 정의되는 벡터이다.

두 벡터의 벡터적을 계산하는 방법을 기억하는 데 도움이 되는 지름길이 아래에 설명되어 있다. 완전한 각 벡터 아래에 그 벡터의 처음 두 성분을 적는다. 가장 위쪽 줄의 두 성분을 무시하고, 네 개의 성분의 각 블록을 생각하자. 실선으로 연결된 성분들의 곱에서 점선으로 연결된 성분들의 곱을 빼라. $\mathbf{u}\times\mathbf{v}$의 첫 번째 성분은 첨자 1을 갖지 않고, 두 번째 성분은 첨자 2를 갖지 않으며, 세 번째 성분을 첨자 3을 갖지 않는다.

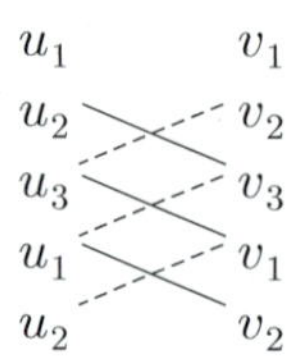

$$\begin{array}{l}u_2v_3-u_3v_2\\u_3v_1-u_1v_3\\u_1v_2-u_2v_1\end{array}$$

다음 문제들을 통하여 벡터적을 간단히 살펴보자.

1. $\mathbf{u} \times \mathbf{v}$를 계산하여라.

(a) $\mathbf{u}=\begin{bmatrix}0\\1\\1\end{bmatrix}$, $\mathbf{v}=\begin{bmatrix}3\\-1\\2\end{bmatrix}$ (b) $\mathbf{u}=\begin{bmatrix}3\\-1\\2\end{bmatrix}$, $\mathbf{v}=\begin{bmatrix}0\\1\\1\end{bmatrix}$

(c) $\mathbf{u}=\begin{bmatrix}-1\\2\\3\end{bmatrix}$, $\mathbf{v}=\begin{bmatrix}2\\-4\\-6\end{bmatrix}$ (d) $\mathbf{u}=\begin{bmatrix}1\\1\\1\end{bmatrix}$, $\mathbf{v}=\begin{bmatrix}1\\2\\3\end{bmatrix}$

2. $\mathbf{e}_1 \times \mathbf{e}_2=\mathbf{e}_3$, $\mathbf{e}_2 \times \mathbf{e}_3=\mathbf{e}_1$이고 $\mathbf{e}_3 \times \mathbf{e}_1=\mathbf{e}_2$임을 보여라.

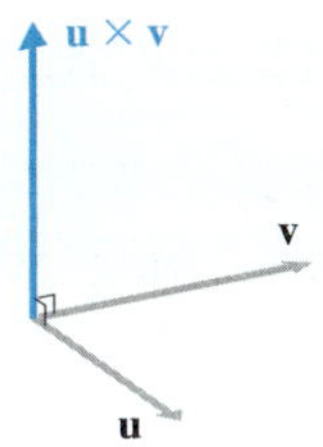

그림 1.70

3. 그림 1.70에서 보는 바와 같이 벡터적의 정의를 이용하여, $\mathbf{u} \times \mathbf{v}$가 $\mathbf{u}$와 $\mathbf{v}$에 수직임을 보여라.

4. 벡터적을 이용하여 평면의 방정식의 표준형을 구하여라.

(a) $P=(1, 0, -2)$를 지나고, $\mathbf{u}=\begin{bmatrix}0\\1\\1\end{bmatrix}$와 $\mathbf{v}=\begin{bmatrix}3\\-1\\2\end{bmatrix}$에 평행한 평면

(b) $P=(0, -1, 1)$, $Q=(2, 0, 2)$와 $R=(1, 2, -1)$을 지나는 평면

5. 벡터적에 대한 다음 성질들을 증명하여라.

(a) $\mathbf{v} \times \mathbf{u}=-(\mathbf{u} \times \mathbf{v})$ (b) $\mathbf{u} \times \mathbf{0}=\mathbf{0}$

(c) $\mathbf{u} \times \mathbf{u}=\mathbf{0}$ (d) $\mathbf{u} \times k\mathbf{v}=k(\mathbf{u} \times \mathbf{v})$

(e) $\mathbf{u} \times k\mathbf{u}=\mathbf{0}$ (f) $\mathbf{u} \times (\mathbf{v}+\mathbf{w})=\mathbf{u} \times \mathbf{v}+\mathbf{u} \times \mathbf{w}$

6. 벡터적에 대한 다음 성질들을 증명하여라.

(a) $\mathbf{u}\cdot(\mathbf{v} \times \mathbf{w})=(\mathbf{u} \times \mathbf{v})\cdot\mathbf{w}$

(b) $\mathbf{u} \times (\mathbf{v} \times \mathbf{w})=(\mathbf{u}\cdot\mathbf{w})\mathbf{v}-(\mathbf{u}\cdot\mathbf{v})\mathbf{w}$

(c) $\|\mathbf{u}\times\mathbf{v}\|^2=\|\mathbf{u}\|^2\|\mathbf{v}\|^2-(\mathbf{u}\cdot\mathbf{v})^2$

7. 문제 5, 6의 성질을 이용하여 문제 2, 3을 증명하여라.

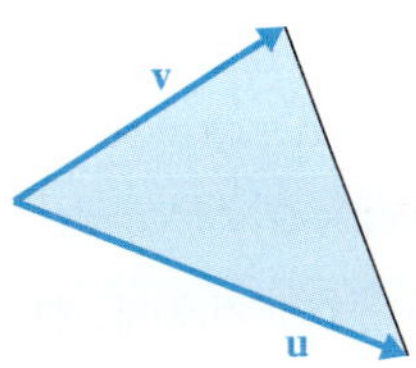

그림 1.71

8. $\mathbf{u}$와 $\mathbf{v}$는 $\mathbb{R}^3$에 있는 벡터이고, θ는 $\mathbf{u}$와 $\mathbf{v}$ 사이의 각이라 하자.

(a) $\|\mathbf{u}\times\mathbf{v}\|=\|\mathbf{u}\|\|\mathbf{v}\|\sin\theta$임을 보여라. [힌트: 문제 6(c)를 이용하여라.]

(b) 그림 1.71에서와 같이 $\mathbf{u}$와 $\mathbf{v}$로 만들어진 삼각형의 넓이 $\mathcal{A}$는

$$\mathcal{A}=\tfrac{1}{2}\|\mathbf{u}\times\mathbf{v}\|$$

으로 주어짐을 보여라.

(c) (b)의 결과를 이용하여, 꼭짓점 $A=(1, 2, 1)$, $B=(2, 1, 0)$와 $C=(5, -1, 3)$을 갖는 삼각형의 넓이를 구하여라.

쓰기과제 스칼라적(dot product)과 벡터적(cross product)의 기원

오늘날 우리가 사용하고 있는 스칼라적과 벡터적에 대한 기호는 19세기 말 예일대학의 수리물리학 교수 Josiah Willard Gibbs에 의하여 소개되었다. Edwin B. Wilson은 Gibbs가 지도한 반의 대학원생이었는데, 그는 나중에 그 반의 보고서들을 쓰고, 그것들을 확장하여 1901년 Gibbs의 승인을 받아 《벡터해석: 수학과 물리학의 학생을 위한 교과서》(Vector Analysis: A *Text-Book for the Use of Students of Mathematics and Physics*)를 출판하였다. 그러나 스칼라적과 벡터적의 개념은 더 일찍 나왔는데 여러 가지 다른 이름과 기호로 쓰여 졌었다.

스칼라적과 벡터적에 대한 이름과 기호들의 발전에 대한 보고서를 작성하여라.

1. Florian Cajori, *A History of Mathematical Notations* (New York: Dover, 1993).
2. J. Willard Gibbs and Edwin Bidwell Wilson, *Vector Analysis: A Text-Book for the Use of Students of Mathematics and Physics*(New York: Charles Scribner's Sons, 1901). http://archive.org/details/117714283.
3. Ivor Grattan-Guinness, *Companion Encyclopedia of the History and Philosophy of the Mathematical Sciences* (London: Routledge, 2013).

1.4 응용

힘 벡터

벡터를 사용하여 힘을 모형화할 수 있다. 예를 들어, 30km/h로 서쪽으로 부는 바람이나 1kg의 물체에 9.8N의 힘으로 아래로 작용하는 지구중력은 각각 크기와 방향으로 구성되므로 벡터로 표현하는 것이 가장 좋다.

한 물체에 여러 개의 힘이 작용하는 경우가 많이 있다. 그런 경우에, 함께 작용하는 모든 힘의 순 결과는 **합력**(resultant)이라 부르는 단일 힘으로 각 힘들의 단순한 벡터합이다(그림 1.72 참조). 여러 개의 힘이 한 물체에 작용할 때, 때로는 그 합력이 영이 될 수 있다. 이 경우 그 물체는 어느 방향으로도 움직이지 않는데 **평형상태**(equilibrium)에 있다고 한다. 어떤 물체가 평형상태에 있을 때 그 물체에 작용하는 힘들을 머리와 꼬리를 잇는 식으로 배열하면 그 결과는 닫힌 다각형이 된다(그림 1.73 참조).

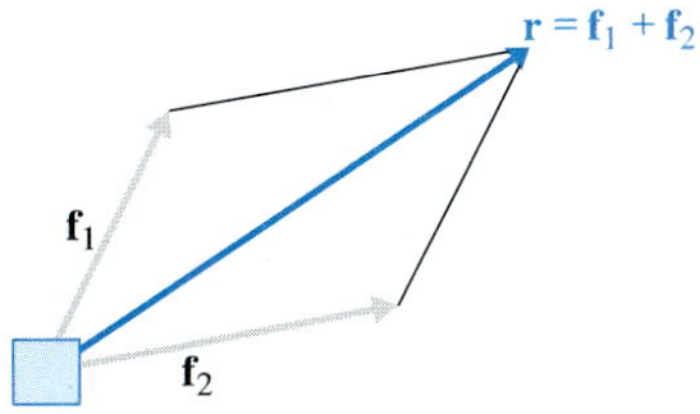

그림 1.72　두 힘의 합력

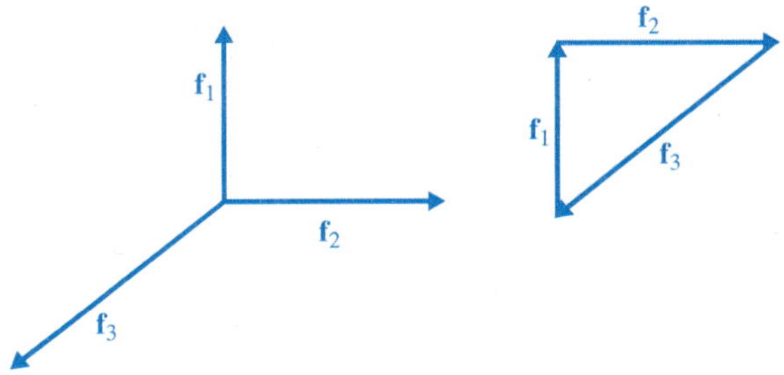

그림 1.73　평형상태

예제 1.34

영희와 철수는 길에 있는 바위 하나를 굴려 밖으로 끌어내려고 한다. 영희는 20 N 의 힘으로 북쪽으로, 철수는 40 N 의 힘으로 동쪽으로 그 바위를 밀고 있다.

(a) 그 바위에 작용하는 합력은?

(b) 길동이는 영희와 철수가 바위를 옮기는 것을 막으려고 한다. 이때, 그 바위가 평형상태가 되도록 하려면 길동이가 가해야 하는 힘은?

풀이 (a) 그림 1.74는 두 힘의 위치를 나타낸다. 평행사변형의 원리를 이용하여 두 힘을 더하면 그림에 표시된 것처럼 합력 $\mathbf{r}$ 을 얻는다. 피타고라스 정리에 의하여,

$$\|\mathbf{r}\| = \sqrt{20^2 + 40^2} = \sqrt{2000} \approx 44.72\,\text{N}$$

임을 알 수 있다. $\mathbf{r}$ 의 방향을 알기 위하여 $\mathbf{r}$ 과 철수의 동쪽방향의 힘과의 사이의 각 θ 를 계산하면 $\sin\theta = 20 / \|\mathbf{r}\| \approx 0.447$ 이므로 $\theta = 26.57°$ 이다.

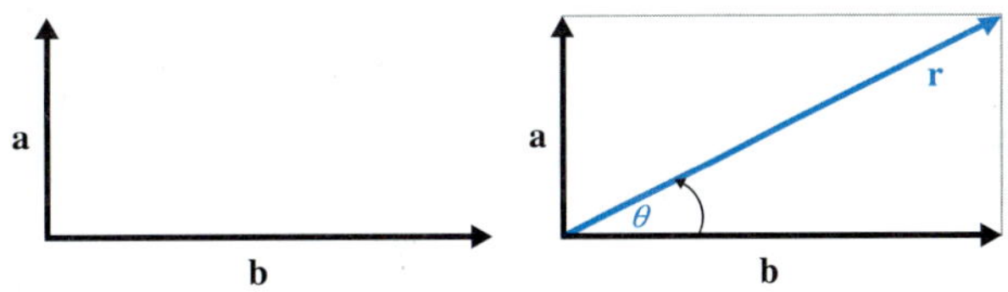

그림 1.74　두 힘의 합력

(b) 영희, 철수, 길동이 가하는 힘을 각각 $\mathbf{a}$, $\mathbf{b}$, $\mathbf{c}$ 라 하면, $\mathbf{a}+\mathbf{b}+\mathbf{c}=\mathbf{0}$ 가 되어야 하므로 $\mathbf{c} = -(\mathbf{a}+\mathbf{b}) = -\mathbf{r}$, 따라서 길동이 가해야 하는 힘은 $\mathbf{r}$ 과 반대방향으로 44.72 N 이다.

때로는 합력이 같은 여러 개의 힘으로 주어진 힘을 분해하는 문제에 관심이 있을 수 있다. 이러한 과정을 벡터의 **성분분해**(resolving a vector into component)라고 한다. 2 차원에서는 벡터를 두 개의 성분으로 분해하기를 원한다. 그러나 무수히 많은 방법이 있지만 가장 유용한 것은 두 개의 직교성분으로 분해하는 것이다(5장과 7장에서 이러한 개념을 좀 더 일반적으로 살펴볼 것이다.). 이것은 보통 좌표축을 도입하여 x 축에 평행한 한 성분과 y 축에 평행한 다른 성분을 선택함으로써 이루어진다. 이때, 두 성분을 각각 **수평성분**(horizontal component)과 **수**

직성분(vertical component)이라고 한다. 그림 1.75에서 $\mathbf{f}$는 주어진 벡터이고 $\mathbf{f}_x$와 $\mathbf{f}_y$는 각각 수평성분과 수직성분이다.

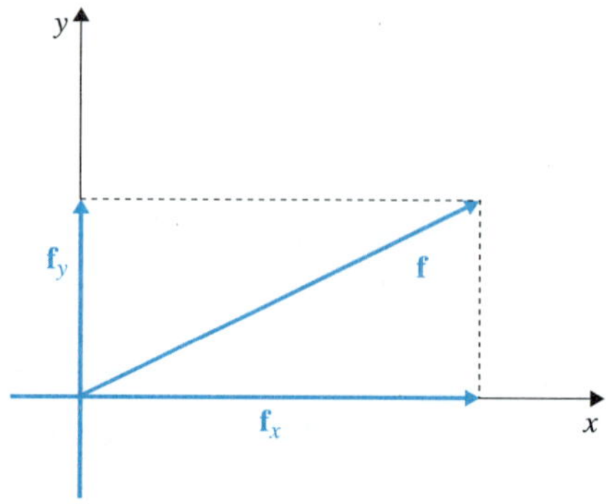

그림 1.75 벡터의 성분분해

예제 1.35 영희는 100 N의 힘으로 손수레의 손잡이를 끌고 있다. 손잡이가 수평과 20°의 각을 이루고 있다고 할 때, 손수레가 앞으로 끌려가는 힘과 바닥 위로 들어 올려지는 힘을 각각 구하여라.

풀이 그림 1.76은 그 상황과 필요한 벡터 그림을 나타내고 있다.

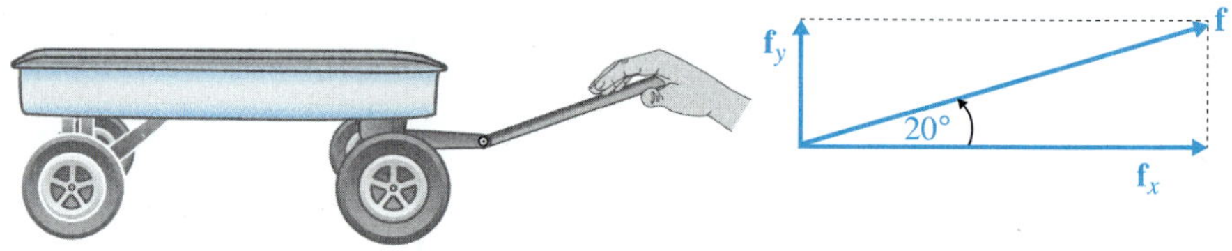

그림 1.76

$\|\mathbf{f}_x\| = \|\mathbf{f}\|\cos 20°$이고 $\|\mathbf{f}_y\| = \|\mathbf{f}\|\sin 20°$이므로

$$\|\mathbf{f}_x\| \approx 100(0.9397) \approx 93.97, \quad \|\mathbf{f}_y\| \approx 100(0.3420) \approx 34.20$$

따라서 손수레는 약 93.97 N의 힘으로 앞으로 당겨지고, 약 34.20 N의 힘으로 바닥 위로 들어 올려진다.

두 가지 다른 방법을 사용하여 다음 예제를 풀어보자. 첫째 풀이는 평형상태에 있는 힘들의 삼각형을 생각하고 둘째 풀이는 힘의 성분분해를 이용한다.

예제 1.36 그림 1.77은 두 개의 철사 줄로 천정에 달려있는 그림을 나타낸 것이다. 그림의 질량은 5 kg이고, 두 철사 줄이 각각 천정과 45°와 60°의 각을 이루고 있을 때, 각 철사 줄의 장력을 구하여라.

그림 1.77

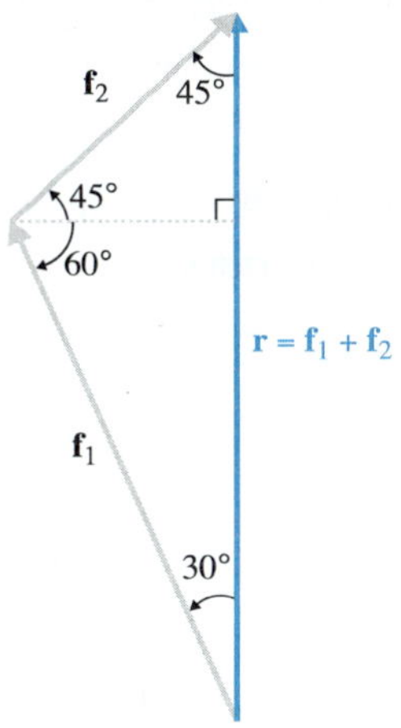

그림 1.78

풀이 1 그림이 평형상태에 있다고 가정한다. 두 철사 줄은 아래로 향하는 중력에 평형을 이루도록 위로 충분히 힘을 받아야 한다. $5\times 9.8 = 49\,\mathrm{N}$ 의 중력이 아래로 그림에 미치므로 두 철사 줄은 총 $49\,\mathrm{N}$ 의 힘을 위로 받는다. 두 철사 줄의 장력을 각각 $\mathbf{f}_1$ 과 $\mathbf{f}_2$ 로 나타내고, 그 합력을 $\mathbf{r}$ 로 나타내자(그림 1.78). 평형상태에 있으므로 $\|\mathbf{r}\| = 49$ 이다. 사인의 법칙을 이용하여

$$\frac{\|\mathbf{f}_1\|}{\sin 45^\circ} = \frac{\|\mathbf{f}_2\|}{\sin 30^\circ} = \frac{\|\mathbf{r}\|}{\sin 105^\circ}$$

이므로

$$\|\mathbf{f}_1\| = \frac{\|\mathbf{r}\|\sin 45^\circ}{\sin 105^\circ} \approx \frac{49(0.7071)}{0.9659} \approx 35.87,$$

$$\|\mathbf{f}_2\| = \frac{\|\mathbf{r}\|\sin 30^\circ}{\sin 105^\circ} \approx \frac{49(0.5)}{0.9659} \approx 25.36$$

이다. 따라서 철사 줄의 장력은 각각 $35.87\,\mathrm{N}$ 과 $25.36\,\mathrm{N}$ 이다.

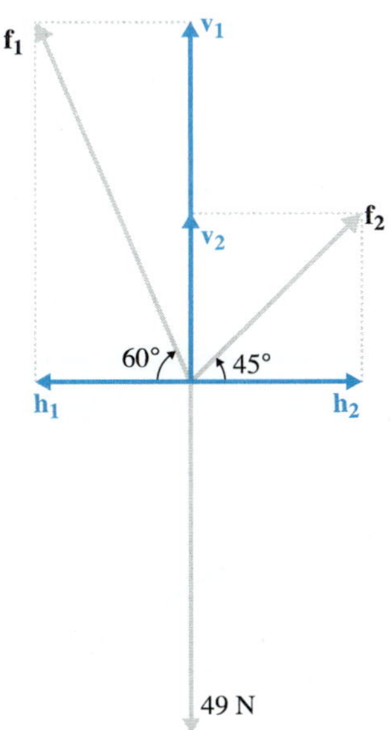

그림 1.79

풀이 2 $\mathbf{f}_1$ 과 $\mathbf{f}_2$ 를 각각 수평성분과 수직성분으로 분해하여 $\mathbf{f}_1 = \mathbf{h}_1 + \mathbf{v}_1$, $\mathbf{f}_2 = \mathbf{h}_2 + \mathbf{v}_2$ 라 두고, 아래로 $49\,\mathrm{N}$ 의 힘이 있음을 주목하자(그림 1.79).

$$\|\mathbf{h}_1\| = \|\mathbf{f}_1\|\cos 60^\circ = \frac{\|\mathbf{f}_1\|}{2}, \quad \|\mathbf{v}_1\| = \|\mathbf{f}_1\|\sin 60^\circ = \frac{\sqrt{3}\,\|\mathbf{f}_1\|}{2},$$

$$\|\mathbf{h}_2\| = \|\mathbf{f}_2\|\cos 45^\circ = \frac{\|\mathbf{f}_2\|}{\sqrt{2}}, \quad \|\mathbf{v}_2\| = \|\mathbf{f}_2\|\sin 45^\circ = \frac{\|\mathbf{f}_2\|}{\sqrt{2}}$$

가 성립한다. 그림이 평형상태에 있으므로 수평성분이 평형을 이루어야 하고 수직성분도 마찬가지이다. 따라서

$$\|\mathbf{f}_1\| = \frac{2\|\mathbf{f}_2\|}{\sqrt{2}} = \sqrt{2}\,\|\mathbf{f}_2\| \text{이고} \quad \frac{\sqrt{3}\,\|\mathbf{f}_1\|}{2} + \frac{\|\mathbf{f}_2\|}{\sqrt{2}} = 49$$

이다. 두 번째 식에서 첫 번째 식을 빼면

$$\frac{\sqrt{3}\,\|\mathbf{f}_2\|}{\sqrt{2}} + \frac{\|\mathbf{f}_2\|}{\sqrt{2}} = 49, \text{ 즉 } \|\mathbf{f}_2\| = \frac{49\sqrt{2}}{1+\sqrt{3}} \approx 25.36$$

따라서 $\|\mathbf{f}_1\| = \sqrt{2}\,\|\mathbf{f}_2\| \approx 35.87$. 결과적으로 철사 줄의 장력은 각각 35.87N과 25.36N이다.

1.4 연습문제

※ [1–6] 주어진 힘들의 합력을 구하여라.

1. 12N의 크기로 정북으로 작용하는 힘 $\mathbf{f}_1$과 5N의 크기로 정동으로 작용하는 힘 $\mathbf{f}_2$
2. 15N의 크기로 정서로 작용하는 힘 $\mathbf{f}_1$과 20N의 크기로 정남으로 작용하는 힘 $\mathbf{f}_2$
3. 8N의 크기로 작용하는 힘 $\mathbf{f}_1$과 8N의 크기로 $\mathbf{f}_1$에 60°각으로 작용하는 힘 $\mathbf{f}_2$
4. 4N의 크기로 작용하는 힘 $\mathbf{f}_1$과 6N의 크기로 $\mathbf{f}_1$에 135°각으로 작용하는 힘 $\mathbf{f}_2$
5. 2N의 크기로 정동으로 작용하는 힘 $\mathbf{f}_1$, 6N의 크기로 정서로 작용하는 힘 $\mathbf{f}_2$와 4N의 크기로 $\mathbf{f}_1$에 60°각으로 작용하는 힘 $\mathbf{f}_3$
6. 10N의 크기로 정동으로 작용하는 힘 $\mathbf{f}_1$, 13N의 크기로 정북으로 작용하는 힘 $\mathbf{f}_2$, 5N의 크기로 정서로 작용하는 힘 $\mathbf{f}_3$와 8N의 크기로 정남으로 작용하는 힘 $\mathbf{f}_4$
7. 10N의 한 힘을 서로 수직인 두 힘으로 분해하여라. 여기서 하나는 주어진 10N의 힘과 60° 각을 이룬다.
8. 10kg의 벽돌이 30°각의 경사면에 놓여있다(그림 1.80 참조). 마찰이 없다고 가정할 때, 벽돌이 미끄러져 내리지 않도록 하는 경사면에 평행한 힘을 구하여라.

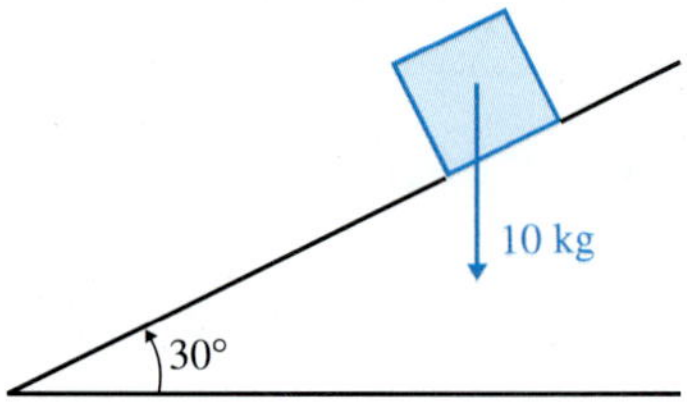

그림 1.80

9. 견인차가 자동차를 견인하고 있다. 견인줄의 장력이 1500N이고, 그림 1.81에서 보는 것처럼, 견인줄이 수평면과 45°각을 이루고 있다고 한다. 자동차를 바닥으로부터 들어 올리려는 수직방향의 힘을 구하여라.

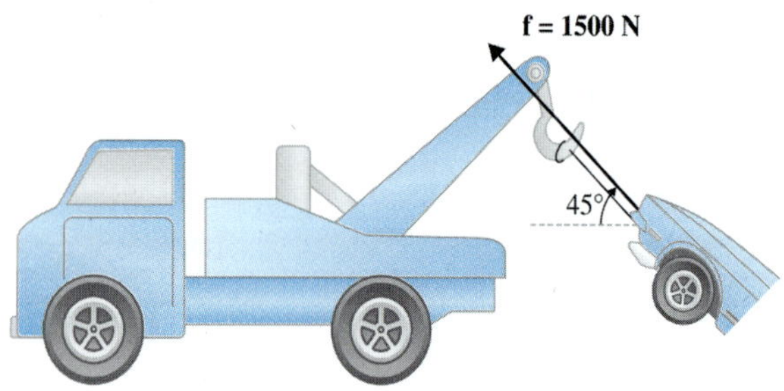

그림 1.81

10. 질량이 30kg인 잔디 깎는 기계를 100N의 힘으로 밀고 있다. 잔디 깎는 기계의 손잡이가 지면과 이루는 각이 45°일 때 잔디 깎는 기계를 움직이려는 힘의 수평성분을 구하여라.
11. Joe's Diner 건물 밖에 질량이 50kg인 간판이 걸려 있다(그림 1.82 참조). 간판을 지탱하고 있는 밧줄이 건물과 이루는 각이 60°일 때, 줄의 장력을 구하여라.

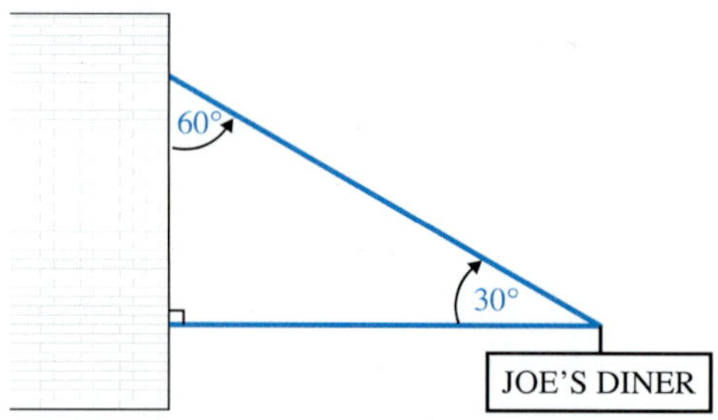

그림 1.82

12. Joe's Diner 건물의 창문에 질량이 1kg인 간판이 걸

려있다. 그림 1.83과 같이, 같은 높이에 있는 고리에 고정된 두 끈에 각각 45°각을 이루며 간판이 매달려 있을 때, 끈의 장력을 구하여라.

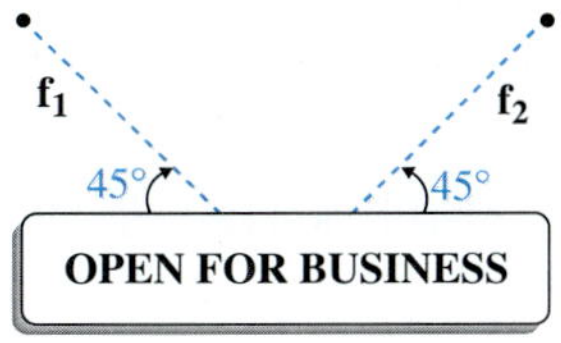

그림 1.83

13. 천정에 있는 고리에 고정된 두 철사 줄에 질량이 15 kg인 그림이 매달려 있다. 철사 줄의 길이가 각각 15 cm와 20 cm이고 두 고리 사이의 거리가 25 cm일 때, 각 철사 줄에 걸리는 장력을 구하여라.

14. 천정에서 내려온 두 철사 줄에 질량이 20 kg인 그림이 걸려있다. 각 철사 줄이 천정과 이루는 각이 30°와 45°일 때, 각 철사 줄에 걸리는 장력을 구하여라.

1장 복습문제

1. 다음 명제가 참인지 거짓인지를 판정하여라.
   (a) $\mathbb{R}^n$의 벡터 $\mathbf{u}$, $\mathbf{v}$, $\mathbf{w}$에 대하여, $\mathbf{u}+\mathbf{w}=\mathbf{v}+\mathbf{w}$이면, $\mathbf{u}=\mathbf{v}$이다.
   (b) $\mathbb{R}^n$의 벡터 $\mathbf{u}$, $\mathbf{v}$에 대하여, $\mathbf{u}\cdot\mathbf{w}=\mathbf{v}\cdot\mathbf{w}$이면, $\mathbf{u}=\mathbf{v}$이다.
   (c) $\mathbb{R}^3$의 벡터 $\mathbf{u}$, $\mathbf{v}$, $\mathbf{w}$에 대하여, $\mathbf{u}$는 $\mathbf{v}$와 수직이고, $\mathbf{v}$가 $\mathbf{w}$와 수직이면, $\mathbf{u}$는 $\mathbf{w}$와 수직이다.
   (d) $\mathbb{R}^3$에서 직선 ℓ이 평면 $\mathscr{P}$와 평행하면, ℓ의 방향벡터 $\mathbf{d}$는 $\mathscr{P}$의 법선벡터 $\mathbf{n}$과 평행하다.
   (e) $\mathbb{R}^3$에서 직선 ℓ이 평면 $\mathscr{P}$와 수직이면, ℓ의 방향벡터 $\mathbf{d}$는 $\mathscr{P}$의 법선벡터 $\mathbf{n}$과 평행하다.
   (f) $\mathbb{R}^3$에서 두 평면이 평행하지 않으면, 두 평면은 한 직선에서 반드시 만난다.
   (g) $\mathbb{R}^3$에서 두 직선이 평행하지 않으면, 두 직선은 한 점에서 반드시 만난다.
   (h) $\mathbf{v}$가 $\mathbf{v}\cdot\mathbf{v}=0$을 만족하는 이진벡터이면, $\mathbf{v}=\mathbf{0}$이다.
   (i) $\mathbb{Z}_5$에서 $ab=0$이면 $a=0$이거나 $b=0$이다.
   (j) $\mathbb{Z}_6$에서 $ab=0$이면 $a=0$이거나 $b=0$이다.

2. $\mathbf{u}=\begin{bmatrix}-1\\5\end{bmatrix}$, $\mathbf{v}=\begin{bmatrix}3\\2\end{bmatrix}$이고, $4\mathbf{u}+\mathbf{v}$가 종점 $(10, -10)$을 갖는 벡터일 때, $4\mathbf{u}+\mathbf{v}$의 시점의 좌표를 구하여라.

3. $\mathbf{u}=\begin{bmatrix}-1\\5\end{bmatrix}$, $\mathbf{v}=\begin{bmatrix}3\\2\end{bmatrix}$일 때, $2\mathbf{x}+\mathbf{u}=3(\mathbf{x}-\mathbf{v})$을 $\mathbf{x}$에 관하여 풀어라.

4. 원점 O를 중심으로, 반시계방향으로 꼭짓점이 각각 A, B, C, D인 사각형을 생각하자. $\mathbf{a}=\overrightarrow{OA}$이고 $\mathbf{b}=\overrightarrow{OB}$일 때, $\overrightarrow{BC}$을 $\mathbf{a}$, $\mathbf{b}$로 나타내어라.

5. 벡터 $[-1, 1, 2]$와 $[2, 1, -1]$ 사이의 각을 구하여라.

6. $\mathbf{u}=\begin{bmatrix}1\\-2\\2\end{bmatrix}$ 위로의 $\mathbf{v}=\begin{bmatrix}1\\1\\1\end{bmatrix}$의 사영을 구하여라.

7. $\begin{bmatrix}1\\2\\3\end{bmatrix}$과 수직인 xy-평면에 있는 단위벡터를 구하여라.

8. $(1, 1, 1)$을 지나며 매개변수 방정식

$$\begin{aligned} x&=\ \ 2-\ t\\ y&=\ \ 3+2t\\ z&=-1+\ t \end{aligned}$$

과 수직인 평면의 방정식을 구하여라.

9. $(3, 2, 5)$를 지나고 평면의 방정식 $2x+3y-z=0$과 평행한 평면의 방정식을 구하여라.

10. 세 점 $A(1, 1, 0)$, $B(1, 0, 1)$, $C(0, 1, 2)$을 지나는 평면의 방정식을 구하여라.

11. 세 점 $A(1, 1, 0)$, $B(1, 0, 1)$, $C(0, 1, 2)$을 꼭짓점으로 하는 삼각형의 넓이를 구하여라.

12. $A=(5, 1, -2)$, $B=(3, -7, 0)$로 만들어진 선분의 중점을 구하여라.

13. $\|\mathbf{u}\|=2$, $\|\mathbf{v}\|=3$과 $\mathbf{u}\cdot\mathbf{v}=-7$을 만족하는 벡터 $\mathbf{u}$, $\mathbf{v}$가 $\mathbb{R}^n$에 존재하지 않는 이유는 무엇인가?

14. 점 $(3, 2, 5)$에서 평면 $2x+3y-z=0$까지의 거리를 구하여라.

15. 점 $(3, 2, 5)$에서 매개변수 방정식이 $x=t$, $y=1+t$, $z=2+t$인 직선까지의 거리를 구하여라.

16. $\mathbb{Z}_5$에서 $3-(2+4)^3(4+3)^2$을 계산하여라.

17. 가능하다면, $\mathbb{Z}_7$에서 $3(x+2)=5$를 풀어라.

18. 가능하다면, $\mathbb{Z}_9$에서 $3(x+2)=5$를 풀어라.

19. $\mathbb{Z}_5^4$에서 $[2, 1, 3, 3]\cdot[3, 4, 4, 2]$를 구하여라.

20. $\mathbb{Z}_2^4$에서 $\mathbf{u}=[1, 1, 1, 0]$일 때, $\mathbf{u}\cdot\mathbf{v}=0$를 만족하는 이진벡터 $\mathbf{v}$의 개수를 구하여라.

2 연립일차방정식

2.0 도입: Triviality

영어단어 **trivial**은 라틴어의 tri-('three')와 via('road')에서 유래되었다. 글자 그대로 자명(triviality)은 세 길이 교차하는 장소를 의미한다. 이렇게 공통으로 만나는 점은 평범한, 보통의, 대수롭지 않는 등의 좀 더 익숙한 **trivial**에 대한 의미를 부여한다. 중세 대학에서는 사학(산술, 기하, 음악, 천문학)을 배우기 이전에 세 개의 공통과목(문법, 수사학, 논리학)으로 구성된 삼학을 먼저 가르쳤다. 삼학을 구성하는 '세 가지 길'은 중세 학예의 시작이었다.

이 절은 연립일차방정식에 대한 고찰에서 시작한다. 동일한 연립일차방정식이 모두 같은 해에 도달하는, 우리에게 있어서 세 가지 길에 해당하는 중요한 세 가지 해법을 살펴볼 것이다. 여러분들은 연립일차방정식을 풀이하는 이 세 방법에 익숙해져, 이것이 (자명한!) 상식이 되도록 하여야 할 것이다.

먼저, 연립일차방정식

$$\begin{aligned} 2x + \ \ y &= \ \ \ 8 \\ x - 3y &= -3 \end{aligned}$$

을 생각해보자.

문제 1 이들 방정식으로 표현되는 두 직선을 그려라. 교점은 무엇인가?

문제 2 벡터 $\mathbf{u} = \begin{bmatrix} 2 \\ 1 \end{bmatrix}$과 $\mathbf{v} = \begin{bmatrix} 1 \\ -3 \end{bmatrix}$을 생각하자. $\mathbf{u}$와 $\mathbf{v}$로 결정되는 좌표격자를 그려라. [힌트: 표준 좌표격자를 가늘게 그린 다음, 이를 보조로 하여 새로운 좌표격자를 그린다.]

문제 3 u-v 격자좌표 위에 $\mathbf{w} = \begin{bmatrix} 8 \\ -3 \end{bmatrix}$의 좌표를 구하여라.

문제 4 문제 3을 다른 말로 설명하면 $x\mathbf{u} + y\mathbf{v} = \mathbf{w}$에서 계수 x와 y를 묻는 것이다. 두 방정식을 사용하는 것과 이 벡터방정식을 사용하는 것은 동치이다. 무엇을 알 수 있는가?

문제 5 문제 1에서 그렸던 직선을 다시 생각해보자. 방정식이 $2x + y = 8$인 직선을 직선 1로 하고, 방정식이 $x - 3y = -3$인 직선을 직선 2로 정한다. 문제 1에서 그린 그래프에서 점 $(0, 0)$을 P_0로 표시한다. P_0에서 직선 1까지 수평선분을 그리고 새로운 점을 P_1으로 표시한다. P_1에서 직선 2까지 수직선분을 그리고 이 점을 P_2로 표시한다. P_2에서 직선 1까지 수평선분을 그리고 이 점을 P_3로 표시한다. 이와 같은 방법으로 직선 1까지 수평선분을 그리고 다음 직선 2까지 수직선분을 계속 그리면, 어떤 상황이 나타나는가?

표 2.1

점	x	y
P_0	0	0
P_1		
P_2		
P_3		
P_4		
P_5		
P_6		

문제 6 소수점 이하 두 자리까지 정확한 계산기를 이용하여 점 P_1, P_2, $\cdots$, P_6의 (근사)좌표를 구한다. 값을 구하기 위해, 먼저 x에 대한 첫 번째 방정식을 y에 관하여 풀고, y에 대한 두 번째 방정식을 x에 관하여 푸는 것이 도움이 된다. 그 값을 표 2.1에 기록하되 각 점을 x좌표와 y좌표로 분리하여 적어라.

이 문제의 결과는 연립일차방정식의 풀이 방법이 여러 가지 있음을 보여준다. 다음의 연립일차방정식을 문제에서 설명된 과정을 반복하여라.

(a) $\begin{aligned} 4x - 2y &= 0 \\ x + 2y &= 5 \end{aligned}$ (b) $\begin{aligned} 3x + 2y &= 9 \\ x + 3y &= 10 \end{aligned}$ (c) $\begin{aligned} x + y &= 5 \\ x - y &= 3 \end{aligned}$ (d) $\begin{aligned} x + 2y &= 4 \\ 2x - y &= 3 \end{aligned}$

문제 1–6에서 관찰된 모든 것이 이 예에서도 합당한가? 유사성과 차이점을 설명하여라. 이 장에서 우리는 이런 개념들을 좀 더 상세하게 살펴볼 것이다.

2.1 연립일차방정식의 소개

$\mathbb{R}^2$에서 직선의 일반방정식은 $ax + by = c$이고, $\mathbb{R}^3$에서 평면의 일반방정식은 $ax + by + cz = d$임을 상기하여라. 이와 같은 형태의 방정식을 일차방정식이라 한다.

정의 n개의 미지수 x_1, x_2, $\cdots$, x_n에 대해

$$a_1x_1 + a_2x_2 + \cdots + a_nx_n = b$$

의 형태로 표현되는 방정식을 **일차방정식**(linear equation)이라 한다. 여기서 **계수** a_1, a_2, $\cdots$, a_n과 **상수항** b는 상수이다.

예제 2.1

다음은 모두 일차방정식이다.

$$3x-4y=-1 \qquad r-\frac{1}{2}s-\frac{15}{3}t=9 \qquad x_1+5x_2=3-x_3+2x_4$$

$$\sqrt{2}\,x+\frac{\pi}{4}y-\left(\sin\frac{\pi}{5}\right)z=1 \qquad 3.2x_1-0.01x_2=4.6$$

세 번째 방정식은 $x_1+5x_2+x_3-2x_4=3$ 으로 나타낼 수 있기 때문에 일차방정식이 된다. 주어진 예제에서는 (그리고 대부분의 응용에서) 계수와 상수항이 모두 실수이지만, 또 다른 경우나 응용에서는 복소수 또는 $\mathbb{Z}_p$(p 는 소수)의 원소일 수도 있다.

다음은 일차방정식이 아니다.

$$xy+2z=1 \qquad x_1^2-x_2^3=3 \qquad \frac{x}{y}+z=2$$

$$\sqrt{2x}+\frac{\pi}{4}y-\sin\left(\frac{\pi}{5}z\right)=1 \qquad \sin x_1-3x_2+2^{x_3}=0$$

그러므로 일차방정식은 미지수들의 곱, 역수 또는 다른 함수를 포함하지 않는다. 미지수의 지수는 1이고 미지수에는 상수만 곱해진다. 위의 각 목록에서 네 번째 예를 특히 주의하여 보아라. 첫째 목록에서 네 번째 방정식은 왜 일차이고, 둘째 목록에서 네 번째 방정식은 왜 일차가 아닌가?

일차방정식 $a_1x_1+a_2x_2+\cdots+a_nx_n=b$의 **해**(solution)는 $x_1=s_1$, $x_2=s_2$, $\cdots$, $x_n=s_n$을 대입할 때 방정식을 만족하는 벡터 $[s_1,\ s_2,\ \cdots,s_n]$이다.

예제 2.2

(a) $[5,\ 4]$는 $3x-4y=-1$의 해이다. 왜냐하면, $x=5$와 $y=4$를 대입하면 $3(5)-4(4)=-1$과 같이 일차방정식이 만족되기 때문이다. $[1,\ 1]$은 또 다른 해이다. 일반적으로, 해는 주어진 방정식으로 결정되는 직선 위의 점에 대응된다. 그러므로 $x=t$라 두고 y에 대하여 풀면 해의 전체집합은 매개변수 형태인 $[t,\ \frac{1}{4}+\frac{3}{4}t]$로 나타남을 알 수 있다. 또한, y를 어떤 매개변수로 두고 x에 대하여 풀어도 된다. 두 매개변수로 나타낸 해는 달라 보이지만 동치이다. 그 이유를 밝혀라.

(b) 일차방정식 $x_1-x_2+2x_3=3$은 $[3,\ 0,\ 0]$, $[0,\ 1,\ 2]$와 $[6,\ 1,\ -1]$을 특수한 해로 갖는다. 방정식의 해집합은 주어진 방정식으로 결정되는 평면에 있는 점들의 집합으로 대응된다. $x_2=s$, $x_3=t$라 두면, 매개변수 형태의 해는 $[3+s-2t,\ s,\ t]$로 주어진다. 위의 세 가지 특수한 해는 s와 t의 값이 얼마일 때인가?

연립일차방정식(system of linear equations)은 같은 미지수를 가지는 유한개의 일차방정식의 집합이다. 연립일차방정식의 **해**(solution)는 연립방정식에서 각 방정식 모두의 해가 되는 벡터이다. 연립일차방정식의 **해집합**(solution set)은 연립일차방정식의 모든 해들의 집합이다. 우리는 연립일차방정식의 해를 구하는 과정을 '연립일차방정식 풀이'라 한다.

예제 2.3 연립방정식

$$\begin{aligned} 2x - y &= 3 \\ x + 3y &= 5 \end{aligned}$$

에서 $[2,\ 1]$은 두 식을 모두 만족하므로, 주어진 연립일차방정식의 해가 된다. 한편, $[1,\ -1]$은 첫 번째 식만 만족하므로 연립일차방정식의 해는 아니다.

예제 2.4 다음의 연립일차방정식을 풀어라.

(a) $\begin{aligned} x - y &= 1 \\ x + y &= 3 \end{aligned}$ (b) $\begin{aligned} x - y &= 2 \\ 2x - 2y &= 4 \end{aligned}$ (c) $\begin{aligned} x - y &= 1 \\ x - y &= 3 \end{aligned}$

풀이 (a) 두 식을 합하여 $2x = 4$를 얻는다. 따라서 $x = 2$이고 이것을 이용하여 $y = 1$임을 안다. $[2,\ 1]$이 실제로 두 일차방정식의 해라는 것을 간단한 점검으로 확인한다. 이것이 유일한 해라는 것을 그림 2.1(a)에서 보듯이 $[2,\ 1]$이 일차방정식이 $x - y = 1$과 $x + y = 3$인 직선이 교차하는 유일한 점 $(2,\ 1)$에 대응하는 것을 관찰에 의해 알 수 있다.

(b) 이 연립일차방정식에서 두 번째 식이 첫 번째 식의 2배이므로, 해는 첫 번째 식의 해와 같다. 즉, 직선 $x - y = 2$ 위의 점에 대응하는 모든 값이다. 이는 매개변수를 사용하여 $[2 + t,\ t]$로 나타낼 수 있다. 그러므로 이 연립일차방정식은 무수히 많은 해를 가진다[그림 2.1(b)].

(c) 두 수 x와 y의 차이가 동시에 1과 3이 될 수 없다. 그러므로 이 연립일차방정식은 해가 없다. 대수적 접근으로, 첫 번째 식에서 두 번째 식을 빼면 잘못

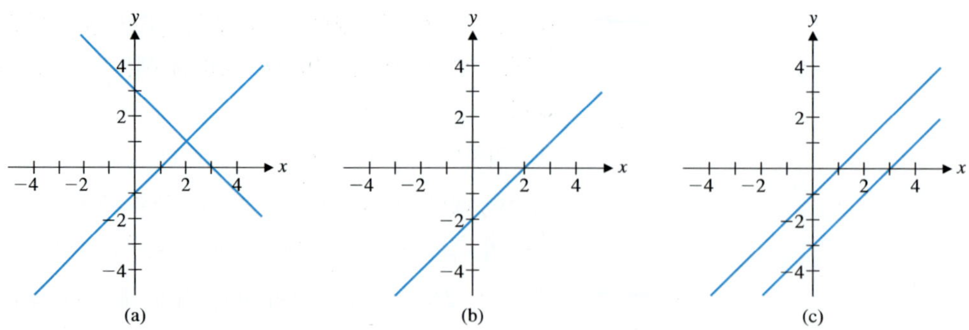

그림 2.1

된 결론 $0 = -2$에 이른다. 이와 같은 경우는 그림 2.1(c)에서 보듯이, 일차 방정식에 대한 두 직선은 평행하다.

연립일차방정식이 적어도 하나의 해를 가지면 모순이 없다고 하고, 연립일차방정식이 해를 가지지 않으면 **불능**(inconsistent)이라고 한다. 예제 2.4는 비록 단순하지만 실수 계수의 연립일차방정식의 해의 개수에 대한 세 가지의 가능성을 설명한다. 뒤에서 실수 계수의 어떤 연립일차방정식도 이 세 가지 가능성이 성립한다는 것을 증명할 것이다.

실수 계수의 연립일차방정식은 다음 세 가지 경우 중의 하나이다.

(a) 유일한 해를 가진다.
(b) 무수히 많은 해를 가진다.
(c) 해가 없다.

연립일차방정식의 해법

두 연립일차방정식이 같은 해집합을 가질 때 **동치**(equivalent)라고 한다. 예를 들면

$$\begin{aligned} x - y &= 1 \\ x + y &= 3 \end{aligned} \quad \text{와} \quad \begin{aligned} x - y &= 1 \\ y &= 1 \end{aligned}$$

은 동치이다. 왜냐하면, 두 연립방정식은 모두 유일한 해 $[2, 1]$을 갖기 때문이다.

연립일차방정식을 풀기 위한 접근 방법은 주어진 연립방정식을 풀기 쉬운 동치인 연립방정식으로 바꾸는 것이다. 위의 두 번째 예의 (두 번째 방정식의 미지수가 첫 번째 방정식의 미지수보다 하나 적은) 삼각형 형태가 우리가 목표로 삼는 것이다.

예제 2.5 연립일차방정식

$$\begin{aligned} x - y - z &= 2 \\ y + 3z &= 5 \\ 5z &= 10 \end{aligned}$$

을 풀어라.

풀이 마지막 일차방정식에서 시작하여 역으로 계산하여, $z = 2$, $y = 5 - 3(2) = -1$과 $x = 2 + (-1) + 2 = 3$을 구한다. 그래서 유일한 해는 $[3, -1, 2]$이다.

예제 2.5에서 연립방정식을 푸는 과정을 **후진대입법**(back substitution)이라 한다.

이제, 주어진 연립일차방정식을 후진대입법으로 쉽게 풀 수 있는 동치인 연립일차방정식으로 변환하는 일반적인 방법에 대해 알아보자. 이 과정은 다음 절에서 더욱 상세하게 다룰 것이다. 지금은 하나의 예를 들어 간단히 살펴본다.

예제 2.6 연립일차방정식

$$\begin{aligned} x - \ \ y - \ \ z &= 2 \\ 3x - 3y + 2z &= 16 \\ 2x - \ \ y + \ \ z &= 9 \end{aligned}$$

를 풀어라.

풀이 이 연립일차방정식을 예제 2.5의 삼각꼴의 연립일차방정식으로 변환하기 위하여, 먼저 두 번째와 세 번째 식에서 미지수 x를 소거한다. 두 번째와 세 번째 식에서 첫 번째 식의 적당한 상수 배를 빼는 방법을 사용한다. 이제부터는 미지수가 아니고 계수를 활용하려고 한다. 주어진 연립일차방정식의 계수들과 상수항을 행렬

$$\left[\begin{array}{rrr|r} 1 & -1 & -1 & 2 \\ 3 & -3 & 2 & 16 \\ 2 & -1 & 1 & 9 \end{array}\right]$$

로 나타낼 수 있다. 여기서 앞의 세 개의 열은 순서에 맞춰 각 미지수의 계수이고 마지막 열은 상수항이다. 수직 막대기호는 방정식에서 등호 기호를 대신한다. 이 행렬을 연립일차방정식의 **첨가 계수행렬**(augmented matrix)이라 한다. 주어진 연립일차방정식을 삼각꼴 연립일차방정식으로 변환하는 데는 여러 가지 방법이 있다. 여기서 이용하려는 단계는 다음 절에서 설명하는 좀 더 일반적인 방법과 밀접하다. 우리는 주어진 연립일차방정식과 이에 대응하는 첨가 계수행렬에 동시에 일련의 작업을 시행하려고 한다. 두 번째 식과 세 번째 식에서 x를 소거하면서 시작해보자.

행렬(matrix)이란 단어는 라틴어 mater로부터 유래하는데 의미는 '어머니'다. 접미사 -ix가 추가되어 자궁(womb)이라는 의미인데, 태아를 둘러싼 자궁과 마찬가지로 괄호가 행렬의 원소를 둘러싼다. 자궁이 아기를 생기게 하듯이 행렬도 선형변환이라는 어떤 형태의 함수가 된다. m개의 행과 n개의 열을 가지는 행렬을 $m \times n$ 행렬(m *by* n 행렬로 읽는다)이라 한다. matrix의 복수는 'matrices'이다.

$$\begin{aligned} x - \ \ y - \ \ z &= 2 \\ 3x - 3y + 2z &= 16 \\ 2x - \ \ y + \ \ z &= 9 \end{aligned} \qquad \left[\begin{array}{rrr|r} 1 & -1 & -1 & 2 \\ 3 & -3 & 2 & 16 \\ 2 & -1 & 1 & 9 \end{array}\right]$$

두 번째 방정식에서 첫 번째 방정식을 3배하여 뺀다. / 두 번째 행에서 첫 번째 행을 3배하여 뺀다.

$$\begin{aligned} x - \ \ y - \ \ z &= 2 \\ 5z &= 10 \\ 2x - \ \ y + \ \ z &= 9 \end{aligned} \qquad \left[\begin{array}{rrr|r} 1 & -1 & -1 & 2 \\ 0 & 0 & 5 & 10 \\ 2 & -1 & 1 & 9 \end{array}\right]$$

세 번째 방정식에서 첫 번째 방정식을 2배하여 뺀다. / 세 번째 행에서 첫 번째 행을 2배하여 뺀다.

$$\begin{aligned} x - y - z &= 2 \\ 5z &= 10 \\ y + 3z &= 5 \end{aligned} \qquad \left[\begin{array}{ccc|c} 1 & -1 & -1 & 2 \\ 0 & 0 & 5 & 10 \\ 0 & 1 & 3 & 5 \end{array}\right]$$

두 번째 식과 세 번째 식을 교환한다. 2행과 3행을 교환한다.

$$\begin{aligned} x - y - z &= 2 \\ y + 3z &= 5 \\ 5z &= 10 \end{aligned} \qquad \left[\begin{array}{ccc|c} 1 & -1 & -1 & 2 \\ 0 & 1 & 3 & 5 \\ 0 & 0 & 5 & 10 \end{array}\right]$$

이것이 예제 2.5에서 후진대입법으로 풀었던 그 연립일차방정식이다. 여기서, 해가 $[3, -1, 2]$였다는 것을 알고 있다. 이것이 역시 이 예제의 해이다. 왜 그럴까? 위의 계산이 주어진 연립일차방정식의 어떤 해가 마지막 연립일차방정식의 해도 된다는 것을 보여준다. 우리가 방금 시행했던 단계를 역으로 수행할 수 있으므로, 마지막 연립일차방정식으로부터 원래 연립일차방정식으로 복구할 수 있다. (어떻게?) 따라서 마지막 연립일차방정식의 해는 처음 주어진 연립일차방정식의 해와 같다. 그러므로 처음 주어진 연립일차방정식과 마지막 연립일차방정식은 동치이다. 중간단계에서 얻어지는 연립일차방정식도 모두 동치이다. 더욱이 방정식 대신에 행렬로 작업하는 것이 좋다. 왜냐하면, 후진대입법을 시행하기 전에 미지수를 다시 끼워 넣는 것은 쉬운 일이기 때문이다.

주의 특히 연립일차방정식의 규모가 크거나 실생활의 응용에서 자주 있듯이 계수들이 깔끔하지 않을 때는 행렬 처리 능력을 가진 계산기나 컴퓨터 대수시스템(CAS)이 연립일차방정식을 풀이하는 데 용이하다. 그렇더라도 그 방법에 익숙하게 될 때까지 연필과 종이로 많은 연습을 해야 한다. 계산기나 CAS가 필요하더라도 하기 전에 먼저 손으로 어떻게 계산할 것인가에 대하여 생각하여야 한다. 답을 구한 후에도 그것이 타당한가를 생각하여라. 과학기술이 항상 손으로 계산하는 것보다 빠르고 더 쉽다고 잘못 생각하지 않도록 하여라. 때때로 전혀 답을 주지 않을지도 모른다! 계산기와 컴퓨터에 사용되는 부동소수점 연산과 관련된 반올림 오차는 심각한 문제를 일으킬 수 있고, 또 어떤 문제에 대해서는 아주 잘못된 답으로 유도할 수 있다. 이러한 문제에 대하여 일별하기 위하여 '탐구: 컴퓨터가 내게 한 거짓말'을 보아라.

2.1 연습문제

※ [1-6] 다음의 어느 방정식이 미지수가 x, y와 z인 일차방정식인가? 만약 아니라면, 그 이유를 설명하여라.

1. $x - \pi y + \sqrt[3]{5}\,z = 0$
2. $x^2 + y^2 + z^2 = 1$
3. $x^{-1} + 7y + z = \sin\left(\frac{\pi}{9}\right)$
4. $2x - xy - 5z = 0$
5. $3\cos x - 4y + z = \sqrt{3}$
6. $(\cos 3)x - 4y + z = \sqrt{3}$

※ [7-10] 주어진 방정식과 같은 해집합을 가지는 일차방정식을 구하여라. 필요하다면 미지수에 대한 제한조건을 사용하여라.

7. $2x + y = 7 - 3y$
8. $\dfrac{x^2 - y^2}{x - y} = 1$
9. $\dfrac{1}{x} + \dfrac{1}{y} = \dfrac{4}{xy}$
10. $\log_{10} x - \log_{10} y = 2$

※ [11-14] 다음 각 방정식의 해집합을 구하여라.

11. $3x-6y=0$

12. $2x_1+3x_2=5$

13. $x+2y+3z=4$

14. $4x_1+3x_2+2x_3=1$

※ [15-18] 주어진 연립일차방정식에 대응하는 그래프를 그려라. 각 연립일차방정식이 유일한 해를 갖는지 혹은 무수히 많은 해를 갖는지 혹은 해를 가지지 않는지를 기하학적으로 판정하고, 각 연립방정식을 대수적으로 풀어서 확인하여라.

15. $$\begin{aligned} x+y&=0\\ 2x+y&=3 \end{aligned}$$

16. $$\begin{aligned} x-2y&=7\\ 3x+y&=7 \end{aligned}$$

17. $$\begin{aligned} 3x-6y&=3\\ -x+2y&=1 \end{aligned}$$

18. $$\begin{aligned} 0.10x-0.05y&=0.20\\ -0.06x+0.03y&=-0.12 \end{aligned}$$

※ [19-24] 다음 연립일차방정식을 후진대입법으로 풀어라.

19. $$\begin{aligned} x-2y&=1\\ y&=3 \end{aligned}$$

20. $$\begin{aligned} 2u-3v&=5\\ 2v&=6 \end{aligned}$$

21. $$\begin{aligned} x-y+z&=0\\ 2y-z&=1\\ 3z&=-1 \end{aligned}$$

22. $$\begin{aligned} x_1+2x_2+3x_3&=0\\ -5x_2+2x_3&=0\\ 4x_3&=0 \end{aligned}$$

23. $$\begin{aligned} x_1+x_2-x_3-x_4&=1\\ x_2+x_3+x_4&=0\\ x_3-x_4&=0\\ x_4&=1 \end{aligned}$$

24. $$\begin{aligned} x-3y+z&=5\\ y-2z&=-1 \end{aligned}$$

※ [25-26] 연립일차방정식은 전진대입법을 써서 쉽게 풀 수 있도록 하삼각꼴로 나타낸다. (3장에서 전진대입법을 다시 만나게 된다.) 다음 연립일차방정식을 풀어라.

25. $$\begin{aligned} x&=2\\ 2x+y&=-3\\ -3x-4y+z&=-10 \end{aligned}$$

26. $$\begin{aligned} x_1&=-1\\ -\tfrac{1}{2}x_1+x_2&=5\\ \tfrac{3}{2}x_1+2x_2+x_3&=7 \end{aligned}$$

※ [27-30] 다음 연립일차방정식의 첨가 계수행렬을 구하여라.

27. $$\begin{aligned} x-y&=0\\ 2x+y&=3 \end{aligned}$$

28. $$\begin{aligned} 2x_1+3x_2-x_3&=1\\ x_1+x_3&=0\\ -x_1+2x_2-2x_3&=0 \end{aligned}$$

29. $$\begin{aligned} x+5y&=-1\\ -x+y&=-5\\ 2x+4y&=4 \end{aligned}$$

30. $$\begin{aligned} a-2b+d&=2\\ -a+b-c-3d&=1 \end{aligned}$$

※ [31-32] 주어진 행렬을 첨가 계수행렬로 가지는 연립일차방정식을 구하여라.

31. $$\left[\begin{array}{ccc|c} 0 & 1 & 1 & 1\\ 1 & -1 & 0 & 1\\ 2 & -1 & 1 & 1 \end{array}\right]$$

32. $$\left[\begin{array}{ccccc|c} 1 & -1 & 0 & 3 & 1 & 2\\ 1 & 1 & 2 & 1 & -1 & 4\\ 0 & 1 & 0 & 2 & 3 & 0 \end{array}\right]$$

※ [33-38] 다음에 주어진 연습문제의 연립일차방정식을 풀어라.

33. 연습문제 27

34. 연습문제 28

35. 연습문제 29

36. 연습문제 30

37. 연습문제 31

38. 연습문제 32

39. (a) 미지수를 x와 y로 하고 해집합이 매개변수 방정식 $x=t$, $y=3-2t$로 주어지는 두 개의 일차방정식으로 이루어진 연립일차방정식을 구하여라.

(b) (a)의 연립일차방정식에 대하여 매개변수를 s로 하고 $y=s$인 다른 매개변수 해를 구하여라.

40. (a) 미지수를 x_1, x_2, x_3로 하고 해집합이 매개변수 방정식 $x_1=t$, $x_2=1+t$, $x_3=2-t$로 주어지는 두 개의 일차방정식으로 이루어진 연립일차방정식을 구하여라.

(b) (a)의 연립일차방정식에 대하여 매개변수를 s로 하고 $x_3=s$인 다른 매개변수 해를 구하여라.

※ [41-44] 다음 각 연립방정식은 일차가 아니다. 각 연립방정식이 일차가 되도록 미지수를 치환하여라. 그리고 이것을 이용하여 주어진 연립방정식을 풀어라.

41. $$\begin{aligned} \frac{2}{x}+\frac{3}{y}&=0\\ \frac{3}{x}+\frac{4}{y}&=1 \end{aligned}$$

42. $$\begin{aligned} x^2+2y^2&=6\\ x^2-y^2&=3 \end{aligned}$$

43. $$\begin{aligned} \tan x-2\sin y&=2\\ \tan x-\sin y+\cos z&=2\\ \sin y-\cos z&=-1 \end{aligned}$$

44. $$\begin{aligned} -2^a+2(3^b)&=1\\ 3(2^a)-4(3^b)&=1 \end{aligned}$$

2.2 연립일차방정식의 직접 풀이법

이 절에서는 연립일차방정식의 해를 구하기 위해 널리 쓰이는 체계적인 절차를 다룬다. 이 절차는 주어진 연립일차방정식을 후진대입법으로 풀 수 있는 형태로 만들기 위하여 연립일차방정식의 첨가 계수행렬을 간단히 만드는 착상에 근거하고 있다. 그 방법은 해가 존재한다면 유한번의 단계를 거쳐 해를 바로 이끌어 내는 의미에서 직접적인 풀이방법이다. 2.5절에서는 완전히 다른 방법으로 해를 구하는 간접적인 풀이방법을 다룬다.

행렬과 사다리꼴

연립일차방정식과 관련된 두 개의 중요한 행렬이 있다. **계수행렬**(coefficient matrix)은 미지수들의 계수로 이루어진 행렬이고 이미 예제 2.6에서 다루었던 **첨가 계수행렬**(augmented matrix)은 상수항을 계수행렬에 첨가한 행렬이다. 예로서, 연립일차방정식

$$\begin{aligned} 2x + y - z &= 3 \\ x \qquad + 5z &= 1 \\ -x + 3y - 2z &= 0 \end{aligned}$$

의 계수행렬은

$$\begin{bmatrix} 2 & 1 & -1 \\ 1 & 0 & 5 \\ -1 & 3 & -2 \end{bmatrix}$$

이고, 첨가 계수행렬은

$$\left[\begin{array}{rrr|r} 2 & 1 & -1 & 3 \\ 1 & 0 & 5 & 1 \\ -1 & 3 & -2 & 0 \end{array}\right]$$

두 번째 식에서의 y와 같이 미지수가 없으면, 행렬에서는 계수를 0으로 나타냄을 주의하여라. 연립일차방정식의 계수행렬을 A로, 상수항의 열벡터를 $\boldsymbol{b}$로 나타내면, 첨가 계수행렬의 형태는 $[A|\mathbf{b}]$이다.

연립일차방정식을 풀 때, 계수행렬을 예제 2.6에서와 같이 항상 삼각꼴의 행렬로 변형할 수 있는 것은 아니다. 그러나 최종 행렬의 0이 아닌 성분에 대하여 계단꼴을 이루게 할 수 있다.

echelon이라는 영어단어는 '사다리(ladder)' 또는 '계단(stairs)'이라는 의미를 갖는 라틴어인 scala에서 유래한다. 사다리(ladder)에 대한 프랑스어 'échelle' 역시 같은 라틴어에서 왔다. 사다리꼴의 행렬(a matrix in echelon form)은 계단 형태로 배치된다.

정의 다음 성질을 만족하는 행렬을 **행사다리꼴**(row echelon form)이라 한다.

1. 모든 성분이 0인 행은 아래쪽에 있다.
2. 적어도 한 성분이 0이 아닌 행에서, 처음으로 0이 아닌 성분, 즉 **선행성분**(leading entry)은 아래 행에 있는 선행성분의 왼쪽 열에 위치한다.

이러한 성질은 선행성분이 계단꼴을 형성함을 의미한다. 특히, 선행성분을 포함하는 열에서는 선행성분 아래 성분은 다음 예에서 보듯이 모두 0이다.

예제 2.7 다음의 행렬들은 행사다리꼴이다.

$$\begin{bmatrix} 2 & 4 & 1 \\ 0 & -1 & 2 \\ 0 & 0 & 0 \end{bmatrix} \quad \begin{bmatrix} 1 & 0 & 1 \\ 0 & 1 & 5 \\ 0 & 0 & 4 \end{bmatrix} \quad \begin{bmatrix} 1 & 1 & 2 & 1 \\ 0 & 0 & 1 & 3 \\ 0 & 0 & 0 & 0 \end{bmatrix} \quad \begin{bmatrix} 0 & 2 & 0 & 1 & -1 & 3 \\ 0 & 0 & -1 & 1 & 2 & 2 \\ 0 & 0 & 0 & 0 & 4 & 0 \\ 0 & 0 & 0 & 0 & 0 & 5 \end{bmatrix}$$

행사다리꼴 행렬은 실제로 어떤 연립일차방정식의 첨가 계수행렬인데, 이 연립일차방정식은 후진대입법으로 아주 간단히 해를 구할 수 있는 방정식이다.

예제 2.8 예제 2.7에 있는 각 행렬이 어떤 연립일차방정식의 첨가 계수행렬이라 하자. 각각에 대응되는 연립일차방정식을 나타내고, 이들의 해를 구하여라.

풀이 먼저, 첨가 계수행렬의 마지막 열은 상수항의 벡터임을 상기하자. 첫 번째 행렬은 연립일차방정식

$$\begin{aligned} 2x_1 + 4x_2 &= 1 \\ -x_2 &= 2 \end{aligned}$$

에 대응하는 첨가 계수행렬이다. 마지막 식 $0=0$, 또는 $0x_1 + 0x_2 = 0$는 나타내지 않았는데, 이는 x_1과 x_2의 어떤 값에 대해서도 성립한다. 후진대입법으로 $x_2 = -2$이고 $2x_1 = 1 - 4(-2) = 9$이므로, $x_1 = \frac{9}{2}$이다. 따라서 해는 $\left[\frac{9}{2}, -2\right]$이다.

두 번째 행렬은 연립일차방정식

$$\begin{aligned} x_1 \quad\quad &= 1 \\ x_2 &= 5 \\ 0 &= 4 \end{aligned}$$

에 대응하는 첨가 계수행렬이다. 마지막 식은 $0x_1 + 0x_2 = 4$를 나타내는데, 이는 해를 가지지 않음을 의미한다. 그러므로 이 연립방정식은 해가 없다. 같은 방법으로, 네 번째 행렬에 대응하는 연립일차방정식도 해를 가지지 않는다. 세 번째 행렬에 대응하는 연립일차방정식은

$$\begin{aligned} x_1 + x_2 + 2x_3 &= 1 \\ x_3 &= 3 \end{aligned}$$

이다. 따라서 $x_1 = 1 - 2(3) - x_2 = -5 - x_2$를 만족하는 무수히 많은 해가 존재하는데, x_2를 임의의 값 t로 하여 해 $[-5-t, t, 3]$를 얻는다.

기본 행변환

지금부터 주어진 행렬을 행사다리꼴로 변형시키는 과정을 살펴보자. 연립일차방정식을 동치인 연립일차방정식으로 변형시키는 과정에 대응하는 연산을 기본 행변환이라 부른다.

정의 행렬에 실행하는 다음의 연산을 **기본 행변환**(elementary row operation)이라 한다.

1. 두 행을 교환한다.
2. 한 행에 0이 아닌 상수배한다.
3. 한 행을 상수배하여 다른 행에 더한다.

위의 정의에는 한 행을 0이 아닌 상수로 나누기도 포함된다. 왜냐하면, 예를 들어 2로 나누기는 $\frac{1}{2}$을 곱하기와 같기 때문이다. 비슷한 방법으로, 한 행을 상수배하여 다른 행에서 빼기는 한 행을 음수배하여 다른 행에 더하기와 같다.

앞으로 세 가지 기본 행변환에 대해, 다음과 같이 속기의 표기를 사용하기로 한다.

1. $R_i \leftrightarrow R_j$는 i행과 j행의 교환을 의미한다.
2. kR_i는 i행에 k배함을 의미한다.
3. $R_i + kR_j$는 j행을 k배하여 i행에 더하여 그 결과로 i행을 바꾸는 것을 의미한다.

한 행렬을 행사다리꼴로 변형시키기 위해 기본 행변환을 적용하는 과정을 **행줄임**(row reduction)이라 하는데, 이는 행렬을 행사다리꼴로 고치는 데 사용된다.

예제 2.9 다음 행렬을 행사다리꼴로 고쳐라.

$$\begin{bmatrix} 1 & 2 & -4 & -4 & 5 \\ 2 & 4 & 0 & 0 & 2 \\ 2 & 3 & 2 & 1 & 5 \\ -1 & 1 & 3 & 6 & 5 \end{bmatrix}$$

풀이 열별로 왼쪽에서 오른쪽으로, 위에서 아래로 실행한다. 열에서 선행성분을 만들고 이것을 이용하여 그 아래 성분들을 모두 0으로 만드는 것이 전략이다. 선행성분이 되도록 선택된 성분을 **피보트**(pivot)라 하고, 이 과정의 단계를 **피보팅**(pivoting)이라 한다. 꼭 필요한 것은 아니지만, 선행성분을 1로 하기 위하여 두 번째 기본 행변환을 적용하는 것이 종종 편리하다.

먼저, 첫 번째 행에 있는 선행성분 1 아래의 첫 번째 열의 성분을 0으로 변형시켜보자.

$$\begin{bmatrix} 1 & 2 & -4 & -4 & 5 \\ 2 & 4 & 0 & 0 & 2 \\ 2 & 3 & 2 & 1 & 5 \\ -1 & 1 & 3 & 6 & 5 \end{bmatrix} \xrightarrow[R_4+R_1]{\substack{R_2-2R_1 \\ R_3-2R_1}} \begin{bmatrix} 1 & 2 & -4 & -4 & 5 \\ 0 & 0 & 8 & 8 & -8 \\ 0 & -1 & 10 & 9 & -5 \\ 0 & 3 & -1 & 2 & 10 \end{bmatrix}$$

첫 번째 열은 원하는 대로 되었다. 다음에는 행사다리꼴의 계단 모양으로 변형시키기 위해 두 번째 행에서 선행성분을 정하여야 한다. 이 경우에는 2행과 3행을 교환한다. (2행에 3행 또는 4행을 더하여도 된다.)

$$\xrightarrow{R_2 \leftrightarrow R_3} \begin{bmatrix} 1 & 2 & -4 & -4 & 5 \\ 0 & -1 & 10 & 9 & -5 \\ 0 & 0 & 8 & 8 & -8 \\ 0 & 3 & -1 & 2 & 10 \end{bmatrix}$$

여기서 피보트 성분은 -1이다. 2행에 있는 선행성분 -1을 이용하여 2열의 아래 성분을 모두 0으로 만든다.

$$\xrightarrow{R_4+3R_2} \begin{bmatrix} 1 & 2 & -4 & -4 & 5 \\ 0 & -1 & 10 & 9 & -5 \\ 0 & 0 & 8 & 8 & -8 \\ 0 & 0 & 29 & 29 & -5 \end{bmatrix}$$

2열의 변형도 마무리되었다. 3열에는 이미 피보트 성분 8이 있고 그 아래 성분을 0으로 만들어야 한다. 3열을 8로 나누면 좀 더 계산이 편리하다.

$$\xrightarrow{\frac{1}{8}R_3} \begin{bmatrix} 1 & 2 & -4 & -4 & 5 \\ 0 & -1 & 10 & 9 & -5 \\ 0 & 0 & 1 & 1 & -1 \\ 0 & 0 & 29 & 29 & -5 \end{bmatrix}$$

3열에 있는 선행성분 1을 이용하여 그 아래를 0으로 만들면, 다음의 행사다리꼴 행렬을 얻는다.

$$\xrightarrow{R_4-29R_3} \begin{bmatrix} 1 & 2 & -4 & -4 & 5 \\ 0 & -1 & 10 & 9 & -5 \\ 0 & 0 & 1 & 1 & -1 \\ 0 & 0 & 0 & 0 & 24 \end{bmatrix}$$

주의

- 한 행렬의 행사다리꼴은 유일하지 않다. (예제 2.9에 있는 행렬의 또 다른 행사다리꼴을 찾아보아라.)
- 각 행에 있는 선행성분을 이용하여 그 아래의 성분을 모두 0으로 만든다.
- 피보트 성분은 선행성분에 의해 마지막으로 만들어진 처음의 자리에 있는 성분일 필요는 없다. 예제 2.9에서, 피보트 성분은 1, -1, 8, 24이지만, 처음 행렬의 피보트 성분은 계단의 자리에 있는 1, 4, 2, 5이다.
- 피보트 성분을 정하고, 열에서 선행성분 아래의 성분을 모두 0으로 만든 후, 이 열은 변하지 않는다. 다시 말하면, 행사다리꼴은 왼쪽에서 오른쪽으로, 그리고 위에서 아래로의 순으로 만들어진다.

기본 행변환은 가역적이다. 즉, 원래 상태로 되돌릴 수 있다. 그러므로 만약 어떤 행변환이 행렬 A를 행렬 B로 바꾸었다면, 행렬 B를 행렬 A로 바꾸는 어떤 행변환이 있다(연습문제 15와 16).

정의 두 행렬 A와 B에 대하여, A를 B로 바꾸는 일련의 기본 행변환이 있으면, A와 B는 **행동치**(row equivalent)라 한다.

예제 2.9에서 다음 두 행렬

$$\begin{bmatrix} 1 & 2 & -4 & -4 & 5 \\ 2 & 4 & 0 & 0 & 2 \\ 2 & 3 & 2 & 1 & 5 \\ -1 & 1 & 3 & 6 & 5 \end{bmatrix}, \quad \begin{bmatrix} 1 & 2 & -4 & -4 & 5 \\ 0 & -1 & 10 & 9 & -5 \\ 0 & 0 & 1 & 1 & -1 \\ 0 & 0 & 0 & 0 & 24 \end{bmatrix}$$

는 행동치이다. 일반적으로, 두 행렬이 행동치인지 아닌지를 어떻게 설명할 수 있을까?

정리 2.1 두 행렬 A와 B가 행동치일 필요충분조건은 두 행렬을 같은 행사다리꼴로 행줄임할 수 있는 것이다.

증명 만약 A와 B가 행동치라면, 행변환으로 같은 행사다리꼴로 고칠 수 있다. 역으로, 만약 A와 B가 같은 행사다리꼴 R로 행줄임 할 수 있다면, 기본 행변환으로 A를 R로 그리고 B를 R로 변환시킬 수 있다. 후자의 행변환을 거꾸로 행하여 R을 B로 변환시킬 수 있어서 $A \to R \to B$로 하는 일련의 행변환으로 A와 B는 행동치임을 알 수 있다.

주의 실제로 R이 조금 뒤에 정의할 A와 B의 기약 행사다리꼴이면, 정리 2.1을 더욱 쉽게 사용할 수 있다. 연습문제 17과 18을 보아라.

가우스 소거법

연립일차방정식의 첨가 계수행렬에 행줄임을 적용하여, 후진대입법으로 풀 수 있는 동치인 연립일차방정식을 만들 수 있다. 이러한 과정을 **가우스 소거법**(Gaussian elimination)이라 한다.

가우스 소거법

1. 연립일차방정식의 첨가 계수행렬을 적는다.
2. 첨가 계수행렬을 행사다리꼴로 바꾸기 위하여 기본 행변환을 시행한다.
3. 후진대입법을 이용하여, 행사다리꼴 행렬에 대응되는 동치인 연립일차방정식을 푼다.

주의 손으로 계산할 때, 가우스 소거법의 제2단계에서 꽤 많은 선택이 있다. 다음과 같은 유용한 가이드라인이 있다.

(a) 적어도 한 성분이 0이 아닌 가장 왼쪽의 열을 찾는다.

(b) 이 열의 맨 위에 선행성분이 오도록 만든다. (보통 이것을 선행성분 1로 만드는 것이 가장 편리하다. 연습문제 22 참조)

(c) 이 선행성분을 이용하여 그 아래 성분을 모두 0으로 만든다.

(d) 이 선행성분을 포함하는 행을 가리고 나머지 부분 행렬에 (a) 단계로 되돌아가서 같은 과정을 반복한다. 전체행렬이 행사다리꼴이 되면 마친다.

예제 2.10 다음 연립일차방정식을 풀어라.

$$\begin{aligned} 2x_2 + 3x_3 &= 8 \\ 2x_1 + 3x_2 + x_3 &= 5 \\ x_1 - x_2 - 2x_3 &= -5 \end{aligned}$$

풀이 이 연립일차방정식의 첨가 계수행렬은

$$\left[\begin{array}{ccc|c} 0 & 2 & 3 & 8 \\ 2 & 3 & 1 & 5 \\ 1 & -1 & -2 & -5 \end{array}\right]$$

이다. 이 행렬을 가우스 소거법의 2단계인 행사다리꼴로 고치기 위해 가이드라인에 따라 진행한다. 적어도 한 성분이 0이 아닌 첫 번째 열은 1열이다. 이 열의 맨 위에 선행성분 1이 오도록 1행과 3행을 교환하는 것이 가장 좋은 방법이다.

$$\left[\begin{array}{ccc|c} 0 & 2 & 3 & 8 \\ 2 & 3 & 1 & 5 \\ 1 & -1 & -2 & -5 \end{array}\right] \xrightarrow{R_1 \leftrightarrow R_3} \left[\begin{array}{ccc|c} 1 & -1 & -2 & -5 \\ 2 & 3 & 1 & 5 \\ 0 & 2 & 3 & 8 \end{array}\right]$$

선행성분 1을 이용하여 첫 번째 열의 두 번째 성분을 0으로 만든다.

$$\xrightarrow{R_2 - 2R_1} \left[\begin{array}{ccc|c} 1 & -1 & 2 & -5 \\ 0 & 5 & 5 & 15 \\ 0 & 2 & 3 & 8 \end{array}\right]$$

다음으로, 첫 번째 행을 가리고 두 번째 열에 대하여 같은 방법을 적용한다. 두 번째 열의 2행에 $1/5$을 곱하여 선행성분을 1로 만든다.

$$\xrightarrow{\frac{1}{5}R_2} \left[\begin{array}{ccc|c} 1 & -1 & -2 & -5 \\ 0 & 1 & 1 & 3 \\ 0 & 2 & 3 & 8 \end{array}\right]$$

그리고 2열의 맨 아래 성분을 0으로 만들어야 한다.

$$\xrightarrow{R_3 - 2R_2} \left[\begin{array}{ccc|c} 1 & -1 & -2 & -5 \\ 0 & 1 & 1 & 3 \\ 0 & 0 & 1 & 2 \end{array}\right]$$

이제, 첨가 계수행렬이 행사다리꼴로 변환되었으므로, 3단계로 진행한다. 이에 대

응되는 연립일차방정식은

$$\begin{aligned} x_1 - x_2 - 2x_3 &= -5 \\ x_2 + x_3 &= 3 \\ x_3 &= 2 \end{aligned}$$

이고 후진대입법을 사용하면 $x_3 = 2$, $x_2 = 3 - x_3 = 3 - 2 = 1$이고 $x_1 = -5 + x_2 + 2x_3 = -5 + 1 + 4 = 0$이다. 벡터 모양으로 해를 나타내면

$$\begin{bmatrix} 0 \\ 1 \\ 2 \end{bmatrix}$$

앞으로 연립일차방정식의 벡터 해를 열벡터로 나타낸다. 그 이유는 3장에 가면 명백해진다.

Bettmann/Corbis

가우스(Carl Friedrich Gauss, 1777–1855)는 아르키메데스(Archimedes), 뉴턴(Newton)과 더불어 역사상 가장 위대한 세 명의 수학자 중 한 사람으로 알려져 있다. 그는 훌륭한 업적으로 종종 '수학의 왕자'로 불리기도 한다. 어린 천재 가우스는 일설에 의하면, 말을 하기도 전에 산술을 할 수 있었다고 한다. 세 살 때, 가우스는 아버지가 근무한 회사 급료지불부의 잘못된 계산을 고쳐주었으며, 어린 학생 시절에는 자연수 1에서부터 n까지의 합이 $n(n+1)/2$임을 발견하였다. 19세 때, 직선 자와 컴퍼스만으로 정17각형을 작도할 수 있었으며, 21세 때는 그의 박사논문에서, 실수 혹은 복소수 계수의 n차 방정식은 중복도를 허용하여 정확히 n개의 근을 갖는다는 대수학의 기본정리를 증명하였다. 가우스가 1801년에 출판한 **《산술에 관한 논고》**(Disquisitiones Arithmeticae)는 일반적으로 현대 수론의 기초로 여겨진다. 그러나 그는 수학뿐만 아니라 통계학, 물리학, 천문학 그리고 측량술 등 거의 모든 분야에 많은 공헌을 하였다. 가우스는 그가 발견한 것들을 모두 출판하지는 않았는데 아마도 그 자신의 업적에 대해 너무 비판적이기 때문일 것이다. 그는 또한 가르치는 것을 좋아하지 않았고, 다른 수학자들에게 비판적이었는데 이는 아마도 다른 수학자들이 발견하기 전에 결과들을 그가 발견했지만 발표하지 않았기 때문이었다. 가우스 소거법이라 불리는 방법이 기원전 3세기에 중국에 알려졌는데 가우스라는 이름이 실린 것은 그의 논문에서 어떤 소행성의 궤도를 표현하는 연립일차방정식을 이 방법으로 해결한 것이 발견되었기 때문이다.

예제 2.11 다음 연립일차방정식을 풀어라.

$$\begin{aligned} w - x - y + 2z &= 1 \\ 2w - 2x - y + 3z &= 3 \\ -w + x - y &= -3 \end{aligned}$$

풀이 첨가 계수행렬은

$$\left[\begin{array}{rrrr|r} 1 & -1 & -1 & 2 & 1 \\ 2 & -2 & -1 & 3 & 3 \\ -1 & 1 & -1 & 0 & -3 \end{array}\right]$$

이고 다음과 같이 행줄임 할 수 있다.

$$\left[\begin{array}{rrrr|r} 1 & -1 & -1 & 2 & 1 \\ 2 & -2 & -1 & 3 & 3 \\ -1 & 1 & -1 & 0 & -3 \end{array}\right] \xrightarrow[R_3+R_1]{R_2-2R_1} \left[\begin{array}{rrrr|r} 1 & -1 & -1 & 2 & 1 \\ 0 & 0 & 1 & -1 & 1 \\ 0 & 0 & -2 & 2 & -2 \end{array}\right]$$

$$\xrightarrow{R_3+2R_2} \left[\begin{array}{rrrr|r} 1 & -1 & -1 & 2 & 1 \\ 0 & 0 & 1 & -1 & 1 \\ 0 & 0 & 0 & 0 & 0 \end{array}\right]$$

이에 대응되는 연립일차방정식은

$$\begin{aligned} w - x - y + 2z &= 1 \\ y - z &= 1 \end{aligned}$$

이고 무수히 많은 해를 갖는다. 여기서, 해를 구하기 위하여 매개변수를 대응시키는 방법을 생각해보자. 선행성분에 대응하는 **선행변수**(leading variable)를 다른 **자유변수**(free variable)의 항으로 나타내어 후진대입법을 이용한다.

이 경우 선행변수는 w와 y이고 자유변수는 x와 z이다. 그러므로 $y = 1 + z$이고 이것으로부터

$$\begin{aligned} w &= 1 + x + y - 2z \\ &= 1 + x + (1 + z) - 2z \\ &= 2 + x - z \end{aligned}$$

를 얻는다. 만약 매개변수 $x = s$와 $z = t$로 대응시키면, 구하려는 해는

$$\begin{bmatrix} w \\ x \\ y \\ z \end{bmatrix} = \begin{bmatrix} 2+s-t \\ s \\ 1+t \\ t \end{bmatrix} = \begin{bmatrix} 2 \\ 0 \\ 1 \\ 0 \end{bmatrix} + s\begin{bmatrix} 1 \\ 1 \\ 0 \\ 0 \end{bmatrix} + t\begin{bmatrix} -1 \\ 0 \\ 1 \\ 1 \end{bmatrix}$$

예제 2.11은 매우 중요한 성질을 강조한다. 해를 가지는 연립일차방정식에서, 자유변수는 선행변수가 아닌 미지수이다. 선행변수의 수는 계수행렬의 행사다리꼴에서 적어도 한 성분이 0이 아닌 행의 수이므로, 후진대입법을 이용하여 해를 구하기 전에 자유변수의 수를 예측할 수 있다. 우리는 3장에서 한 행렬의 행사다리꼴이 유일하지는 않더라도 주어진 행렬의 모든 행사다리꼴에서 적어도 한 성분이 0이 아닌 행의 수는 같다는 것을 증명할 것이다. 그래서 이 수에 이름을 붙이는 것은 의미가 있다.

정의 행렬의 행사다리꼴에서 적어도 한 성분이 0이 아닌 행의 수를 그 행렬의 **계수**(rank)라 한다.

한 행렬 A의 계수를 $\text{rank}(A)$로 나타낸다. 예제 2.10에서 계수행렬의 계수는 3이고, 예제 2.11에서 계수행렬의 계수는 2이다. 지금까지의 관찰에 의해 다음 정리가 옳다고 할 수 있는데, 좀 더 일반적인 증명은 3장과 6장에서 보일 것이다.

정리 2.2

계수정리

A를 n개의 미지수를 가지는 연립일차방정식의 계수행렬이라 하자. 만약 이 연립일차방정식이 해를 가지면, 자유변수의 수는 $n-\text{rank}(A)$이다.

그러므로 예제 2.10에서의 자유변수의 수는 $3-3=0$이고, 예제 2.11에서의 자유변수의 수는 $4-2=2$이다.

예제 2.12

다음 연립일차방정식을 풀어라.

$$\begin{aligned} x_1 - x_2 + 2x_3 &= 3 \\ x_1 + 2x_2 - x_3 &= -3 \\ 2x_2 - 2x_3 &= 1 \end{aligned}$$

풀이 첨가 계수행렬에서 아래와 같이 행변환을 시행하면

$$\left[\begin{array}{ccc|c} 1 & -1 & 2 & 3 \\ 1 & 2 & -1 & -3 \\ 0 & 2 & -2 & 1 \end{array}\right] \xrightarrow{R_2-R_1} \left[\begin{array}{ccc|c} 1 & -1 & 2 & 3 \\ 0 & 3 & -3 & -6 \\ 0 & 2 & -2 & 1 \end{array}\right]$$

$$\xrightarrow{\frac{1}{3}R_2} \left[\begin{array}{ccc|c} 1 & -1 & 2 & 3 \\ 0 & 1 & -1 & -2 \\ 0 & 2 & -2 & 1 \end{array}\right]$$

$$\xrightarrow{R_3-2R_2} \left[\begin{array}{ccc|c} 1 & -1 & 2 & 3 \\ 0 & 1 & -1 & -2 \\ 0 & 0 & 0 & 5 \end{array}\right]$$

를 얻는다. 여기서 마지막 행은 불가능한 방정식 $0=5$를 유도한다. (세 번째 기본 행변환으로 $R_3-\frac{2}{3}R_2$을 시행할 수 있는데, 다른 행사다리꼴을 갖지만 이 역시도 같은 모순을 유도한다.) 그러므로 이 연립일차방정식은 해를 갖지 않는다.

가우스-조르당 소거법

조르당(Wilhelm Jordan, 1842–1899)은 독일의 측지학 교수로서 연립일차방정식을 해결하는 데 있어서 여기에 언급된 방법에 근접한 후진대입법의 체계적인 방법에 공헌하였다.

수정된 가우스 소거법은 후진대입법의 상황을 아주 단순화하고 또 무수히 많은 해를 가지는 연립일차방정식을 직접 손으로 풀이할 때 많은 도움을 준다. **가우스-조르당 소거법**(Gauss-Jordan elimination)으로 알려진 이 다른 방법은 첨가 계수행렬에 좀 더 많은 기본 행변환을 필요로 한다.

정의 다음의 성질을 만족하는 행렬을 **기약 행사다리꼴**(reduced row echelon form) 행렬이라 한다.

1. 행사다리꼴이다.
2. 적어도 한 성분이 0이 아닌 행의 선행성분은 1이다.
3. 선행성분 1을 포함하는 열에서 선행성분을 제외한 모든 성분은 0이다.

다음은 기약 행사다리꼴 행렬이다.

$$\begin{bmatrix} 1 & 2 & 0 & 0 & -3 & 1 & 0 \\ 0 & 0 & 1 & 0 & 4 & -1 & 0 \\ 0 & 0 & 0 & 1 & 3 & -2 & 0 \\ 0 & 0 & 0 & 0 & 0 & 0 & 1 \\ 0 & 0 & 0 & 0 & 0 & 0 & 0 \end{bmatrix}$$

행렬의 기약 행사다리꼴이 유일한 것에 대한 짧은 증명은 1984년 3월에 간행된 〈Mathematics Magazine〉(vol. 57, no. 2, pp.93–94)에 있는 Thomas Yuster의 논문 〈The Reduced Row Echelon Form of a Matrix Is Unique: A Simple Proof〉를 참고하여라.

2×2 행렬에 대하여 가능한 기약 행사다리꼴은

$$\begin{bmatrix} 1 & 0 \\ 0 & 1 \end{bmatrix}, \quad \begin{bmatrix} 1 & * \\ 0 & 0 \end{bmatrix}, \quad \begin{bmatrix} 0 & 1 \\ 0 & 0 \end{bmatrix}, \quad \begin{bmatrix} 0 & 0 \\ 0 & 0 \end{bmatrix}$$

이다. 여기서 *는 임의의 수이다. 행렬을 행사다리꼴로 고친 후, 기본 행변환으로 기약 행사다리꼴로 고칠 수 있음은 분명하다. 직관으로는 그럴 것 같더라도, 한 행렬의 기약 행사다리꼴이 행사다리꼴과는 달리 유일하다는 것은 자명하지 않다.

가우스-조르당 소거법에서는 가우스 소거법과 같은 방법으로 시행하지만 첨가 계수행렬을 기약 행사다리꼴로 바꾸어야 한다.

가우스-조르당 소거법

1. 연립일차방정식의 첨가 계수행렬을 구한다.
2. 기본 행변환을 이용하여 첨가 계수행렬을 기약 행사다리꼴로 고친다.
3. 선행변수들에 대한 결과의 연립방정식이 해를 가지는 경우, 자유변수들에 대응하는 매개변수에 관하여 해를 나타낸다.

예제 2.13 예제 2.11의 연립일차방정식을 가우스-조르당 소거법으로 풀어라.

풀이 예제 2.11에서와 같이, 행사다리꼴이 되도록 고친다.

$$\left[\begin{array}{cccc|c} 1 & -1 & -1 & 2 & 1 \\ 0 & 0 & 1 & -1 & 1 \\ 0 & 0 & 0 & 0 & 0 \end{array}\right]$$

이제, 2행의 선행성분 1 위의 성분인 세 번째 열의 성분 -1을 0으로 만들어야 한다. 1행에 2행을 더하여

$$\left[\begin{array}{cccc|c} 1 & -1 & 0 & 1 & 2 \\ 0 & 0 & 1 & -1 & 1 \\ 0 & 0 & 0 & 0 & 0 \end{array}\right]$$

를 얻은 다음, 주어진 연립방정식을

$$\begin{aligned} w - x \quad\;\; + z &= 2 \\ y - z &= 1 \end{aligned}$$

로 바꾼다. 여기서, 선행변수를 자유변수의 항으로 나타내면

$$w = 2 + x - z, \quad y = 1 + z$$

이다. 따라서 매개변수 $x = s$ 와 $z = t$ 를 대입하면, 구하려는 해는

$$\begin{bmatrix} w \\ x \\ y \\ z \end{bmatrix} = \begin{bmatrix} 2+s-t \\ s \\ 1+t \\ t \end{bmatrix}$$

주의 계산적 관점에서 볼 때, 먼저 행렬을 행사다리꼴로 고치고, 선행성분을 1로 하여 이 선행성분 1의 위쪽의 성분을 오른쪽에서부터 왼쪽으로 하여 0으로 만드는 것이 계산을 적게 하는 의미에서 좀 더 효과적이다. 그렇지만 손으로 계산할 때는 독자의 방식대로 왼쪽에서 오른쪽으로 적용하고 또 그 순서로 선행성분 1을 만들고 선행성분이 있는 열의 원소를 0으로 만드는 것이 쉬울 수 있다.

이러한 관점을 이끌어내는 기하학으로 돌아가 보자. 미지수가 2개인 연립일차방정식을 $\mathbb{R}^2$에서 직선으로 대응시키듯이, 미지수가 3개인 연립일차방정식을 $\mathbb{R}^3$에서 평면에 대응시킨다. 사실, 직선이나 평면에 관한 많은 질문에 대해서는 적당한 연립일차방정식을 풀이함으로써 답할 수 있다.

예제 2.14 두 평면 $x + 2y - z = 3$ 과 $2x + 3y + z = 1$ 의 교선을 구하여라.

풀이 먼저, 두 평면의 법선 벡터 $[1, 2, -1]$과 $[2, 3, 1]$이 평행하지 않으므로, 교선이 있음을 알 수 있다. 두 평면의 교선에 놓인 점들은 연립일차방정식

$$\begin{aligned} x + 2y - z &= 3 \\ 2x + 3y + z &= 1 \end{aligned}$$

의 해집합에 있는 점들로 대응된다. 첨가 계수행렬에 가우스-조르당 소거법을 적용하여

$$\left[\begin{array}{ccc|c} 1 & 2 & -1 & 3 \\ 2 & 3 & 1 & 1 \end{array}\right] \xrightarrow{R_2 - 2R_1} \left[\begin{array}{ccc|c} 1 & 2 & -1 & 3 \\ 0 & -1 & 3 & -5 \end{array}\right]$$

$$\xrightarrow[-R_2]{R_1 + 2R_2} \left[\begin{array}{ccc|c} 1 & 0 & 5 & -7 \\ 0 & 1 & -3 & 5 \end{array}\right]$$

를 얻는다. 이를 미지수로 바꾸어

$$\begin{aligned} x + \quad 5z &= -7 \\ y - 3z &= 5 \end{aligned}$$

를 얻는다. 자유변수 z를 매개변수 t라 두어, 두 평면의 교선의 매개변수 방정식

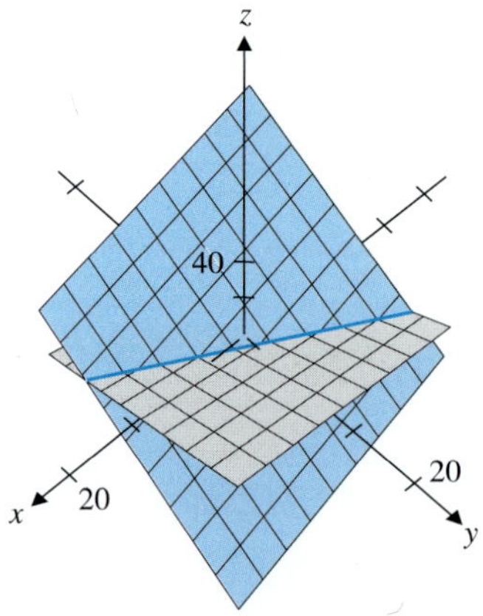

그림 2.2 두 평면의 교차

$$\begin{aligned} x &= -7-5t \\ y &= 5+3t \\ z &= t \end{aligned}$$

를 얻는다. 구하려는 방정식을 벡터형으로 나타내면

$$\begin{bmatrix} x \\ y \\ z \end{bmatrix} = \begin{bmatrix} -7 \\ 5 \\ 0 \end{bmatrix} + t \begin{bmatrix} -5 \\ 3 \\ 1 \end{bmatrix}$$

이다(그림 2.2 참조).

예제 2.15

$\mathbf{p} = \begin{bmatrix} 1 \\ 0 \\ -1 \end{bmatrix}$, $\mathbf{q} = \begin{bmatrix} 0 \\ 2 \\ 1 \end{bmatrix}$, $\mathbf{u} = \begin{bmatrix} 1 \\ 1 \\ 1 \end{bmatrix}$ 그리고 $\mathbf{v} = \begin{bmatrix} 3 \\ -1 \\ -1 \end{bmatrix}$라 할 때, 두 직선 $\mathbf{x} = \mathbf{p} + t\mathbf{u}$와 $\mathbf{x} = \mathbf{q} + t\mathbf{v}$가 만나는지, 만나지 않는지를 판정하고, 만약 만난다면, 그 교점을 구하여라.

풀이 이 두 직선의 방정식에서 t가 매개변수로 사용되었지만, 직선이 독립적이므로 그 매개변수도 독립적이다. 그래서 첫 번째 직선의 방정식에서 다른 매개변수 s를 사용하면, 그 방정식은 $\mathbf{x} = \mathbf{p} + s\mathbf{u}$가 된다. 만약 두 직선이 만난다면, 두 식을 동시에 만족하는 $\mathbf{x} = \begin{bmatrix} x \\ y \\ z \end{bmatrix}$를 찾아야 한다. 즉, $\mathbf{x} = \mathbf{p} + s\mathbf{u} = \mathbf{q} + t\mathbf{v}$ 또는 $s\mathbf{u} - t\mathbf{v} = \mathbf{q} - \mathbf{p}$를 만족하여야 한다.

주어진 $\mathbf{p}$, $\mathbf{q}$, $\mathbf{u}$와 $\mathbf{v}$를 대입하여 다음의 연립일차방정식을 얻는다.

$$\begin{aligned} s - 3t &= -1 \\ s + \quad t &= 2 \\ s + \quad t &= 2 \end{aligned}$$

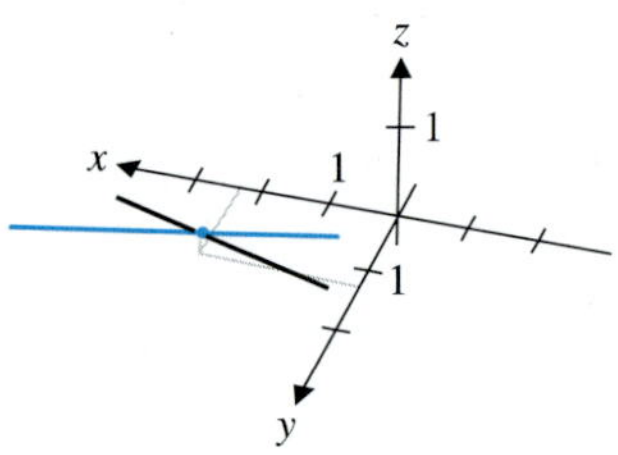

그림 2.3 만나는 두 직선

이 식으로부터 해 $s = \frac{5}{4}$, $t = \frac{3}{4}$를 구할 수 있다. 그러므로 교점은

$$\begin{bmatrix} x \\ y \\ z \end{bmatrix} = \begin{bmatrix} 1 \\ 0 \\ -1 \end{bmatrix} + \frac{5}{4}\begin{bmatrix} 1 \\ 1 \\ 1 \end{bmatrix} = \begin{bmatrix} \frac{9}{4} \\ \frac{5}{4} \\ \frac{1}{4} \end{bmatrix}$$

이다. 그림 2.3을 참조하여라. (다른 방정식에 $t = \frac{3}{4}$을 대입하여도 같은 교점을 얻을 수 있음을 확인해 보아라.)

주의 $\mathbb{R}^3$의 서로 다른 두 직선은 한 점에서 교차하거나, 평행하거나 또는 그렇지 않을 수도 있다. 만나지도 않고 평행하지도 않는 직선을 꼬인 위치의 직선이라 한다.

동차 연립일차방정식

모든 연립일차방정식은 해가 없거나, 유일한 해를 가지거나 또는 무수히 많은 해를 가진다. 그 중에는 항상 적어도 하나의 해를 가지는 연립일차방정식의 한 유형이 있다.

정의 각 방정식의 상수항이 0인 연립일차방정식을 **동차**(homogeneous)라 한다.

바꾸어 말하면, 동차 연립일차방정식은 첨가 계수행렬의 모양이 $[A \mid 0]$이다. 다음은 동차 연립일차방정식의 한 예이다.

$$\begin{aligned} 2x + 3y - \ z &= 0 \\ -x + 5y + 2z &= 0 \end{aligned}$$

동차 연립일차방정식은 유일한 해(즉, 0 또는 자명해)를 가지거나 또는 무수히 많은 해를 가지는 두 경우 중의 하나이다. 다음 정리는 미지수의 수가 방정식의 수보다 많으면, 후자의 경우에 해당됨을 말해 준다.

정리 2.3 만약 $[A \mid 0]$이 n개의 미지수를 가진 m개의 일차방정식으로 이루어진 동차 연립일차방정식의 첨가 계수행렬이고 $m < n$이면, 이 연립일차방정식은 무수히 많은 해를 가진다.

증명 동차 연립일차방정식이므로, 자명해를 가지고 $\operatorname{rank}(A) \le m$이다. 그래서 계수정리에 의해

$$\text{자유변수의 수} = n - \operatorname{rank}(A) \ge n - m > 0$$

이다. 따라서 적어도 하나의 자유변수가 존재하므로 무수히 많은 해를 가진다.

주의 정리 2.3에서 $m \ge n$인 경우에 대한 언급은 없다. 이 경우에 연습문제 44에서, 유일한 해를 가지거나 무수히 많은 해를 가지는 동차 연립일차방정식의 예를 들어보라고 묻는다.

$\mathbb{Z}_p$ 위의 연립일차방정식

우리가 다룬 모든 연립일차방정식은 실수 범위였고, 따라서 해는 $\mathbb{R}^n$의 벡터로 나타내었다. 지금까지 $\mathbb{Z}_p$와 같은 다른 수 체계가 어떻게 나타날 수 있는가 살펴보았다. p가 소수일 때, $\mathbb{Z}_p$는 여러 가지 면에서 실수의 경우와 유사하다. 특히 더하고, 빼고, 곱하고, 0이 아닌 수로 나눌 수도 있다. 그러므로 미지수와 계수가 $\mathbb{Z}_p$의 수일 때의 연립일차방정식을 풀 수 있다. 이런 경우를 $\mathbb{Z}_p$ 위의 연립일차방정

식 풀이라고 한다.

예를 들어, $x_1+x_2+x_3=1$은 $\mathbb{Z}_2$ 위의 연립일차방정식으로 볼 때, 정확히 다음의 4개의 해를 가진다.

$$\begin{bmatrix} x_1 \\ x_2 \\ x_3 \end{bmatrix}=\begin{bmatrix} 1 \\ 0 \\ 0 \end{bmatrix},\quad \begin{bmatrix} x_1 \\ x_2 \\ x_3 \end{bmatrix}=\begin{bmatrix} 0 \\ 1 \\ 0 \end{bmatrix},\quad \begin{bmatrix} x_1 \\ x_2 \\ x_3 \end{bmatrix}=\begin{bmatrix} 0 \\ 0 \\ 1 \end{bmatrix},\quad \begin{bmatrix} x_1 \\ x_2 \\ x_3 \end{bmatrix}=\begin{bmatrix} 1 \\ 1 \\ 1 \end{bmatrix}$$

마지막 해는 $\mathbb{Z}_2$ 위에서 $1+1+1=1$이므로 생긴다.

$x_1+x_2+x_3=1$을 $\mathbb{Z}_3$ 위의 연립일차방정식으로 볼 때, 해 $\begin{bmatrix} x_1 \\ x_2 \\ x_3 \end{bmatrix}$는

$$\begin{bmatrix} 1 \\ 0 \\ 0 \end{bmatrix},\ \begin{bmatrix} 0 \\ 1 \\ 0 \end{bmatrix},\ \begin{bmatrix} 0 \\ 0 \\ 1 \end{bmatrix},\ \begin{bmatrix} 2 \\ 2 \\ 0 \end{bmatrix},\ \begin{bmatrix} 0 \\ 2 \\ 2 \end{bmatrix},\ \begin{bmatrix} 2 \\ 0 \\ 2 \end{bmatrix},\ \begin{bmatrix} 1 \\ 1 \\ 2 \end{bmatrix},\ \begin{bmatrix} 1 \\ 2 \\ 1 \end{bmatrix},\ \begin{bmatrix} 2 \\ 1 \\ 1 \end{bmatrix}$$

임을 확인하여 보아라.

그러나 시행착오를 이용하여 $\mathbb{Z}_p$ 위의 연립일차방정식의 풀이를 할 필요가 없다. 첨가 계수행렬의 행줄임을 실수에서와 같이 $\mathbb{Z}_p$에서도 적용할 수 있다.

예제 2.16 다음의 $\mathbb{Z}_3$ 위의 연립일차방정식을 풀어라.

$$\begin{aligned} x_1 + 2x_2 + x_3 &= 0 \\ x_1 + x_3 &= 2 \\ x_2 + 2x_3 &= 1 \end{aligned}$$

풀이 이와 같은 예에서는 뺄셈과 나눗셈이 필요하지 않다. 왜냐하면, 덧셈과 곱셈을 이용하여 뺄셈과 나눗셈을 이용한 효과를 얻을 수 있기 때문이다. 이 효과는 p가 소수일 때, $\mathbb{Z}_p$ 위에서 풀이할 때 한한다. 이 절의 마지막에 있는 연습문제 60과 1.1절에 있는 연습문제 57을 참조하여라.

이 연립일차방정식의 첨가 계수행렬을 모듈로 3에 대한 계산을 시행하여 행을 변형해 보자.

$$\left[\begin{array}{ccc|c} 1 & 2 & 1 & 0 \\ 1 & 0 & 1 & 2 \\ 0 & 1 & 2 & 1 \end{array}\right] \xrightarrow{R_2+2R_1} \left[\begin{array}{ccc|c} 1 & 2 & 1 & 0 \\ 0 & 1 & 0 & 2 \\ 0 & 1 & 2 & 1 \end{array}\right]$$
$$\xrightarrow[R_3+2R_2]{R_1+R_2} \left[\begin{array}{ccc|c} 1 & 0 & 1 & 2 \\ 0 & 1 & 0 & 2 \\ 0 & 0 & 2 & 2 \end{array}\right]$$
$$\xrightarrow[2R_3]{R_1+R_3} \left[\begin{array}{ccc|c} 1 & 0 & 0 & 1 \\ 0 & 1 & 0 & 2 \\ 0 & 0 & 1 & 1 \end{array}\right]$$

그러므로 해는 $x_1=1,\ x_2=2,\ x_3=1$이다.

예제 2.17 다음의 $\mathbb{Z}_2$ 위의 연립일차방정식을 풀어라.

$$\begin{aligned} x_1 + x_2 + x_3 + x_4 &= 1 \\ x_1 + x_2 \qquad\qquad &= 1 \\ x_2 + x_3 \qquad &= 0 \\ x_3 + x_4 &= 0 \\ x_1 \qquad\qquad + x_4 &= 1 \end{aligned}$$

풀이 다음과 같이 첨가 계수행렬의 행을 변형해 보자.

$$\left[\begin{array}{cccc|c} 1&1&1&1&1 \\ 1&1&0&0&1 \\ 0&1&1&0&0 \\ 0&0&1&1&0 \\ 1&0&0&1&1 \end{array}\right] \xrightarrow[R_5+R_1]{R_2+R_1} \left[\begin{array}{cccc|c} 1&1&1&1&1 \\ 0&0&1&1&0 \\ 0&1&1&0&0 \\ 0&0&1&1&0 \\ 0&1&1&0&0 \end{array}\right]$$

$$\xrightarrow[\substack{R_1+R_2 \\ R_5+R_2}]{R_2\leftrightarrow R_3} \left[\begin{array}{cccc|c} 1&0&0&1&1 \\ 0&1&1&0&0 \\ 0&0&1&1&0 \\ 0&0&1&1&0 \\ 0&0&0&0&0 \end{array}\right]$$

$$\xrightarrow[R_4+R_3]{R_2+R_3} \left[\begin{array}{cccc|c} 1&0&0&1&1 \\ 0&1&0&1&0 \\ 0&0&1&1&0 \\ 0&0&0&0&0 \\ 0&0&0&0&0 \end{array}\right]$$

그러므로 다음 식을 얻는다.

$$\begin{aligned} x_1 \qquad\quad + x_4 &= 1 \\ x_2 \quad + x_4 &= 0 \\ x_3 + x_4 &= 0 \end{aligned}$$

자유변수 $x_4 = t$ 로 두면

$$\begin{bmatrix} x_1 \\ x_2 \\ x_3 \\ x_4 \end{bmatrix} = \begin{bmatrix} 1+t \\ t \\ t \\ t \end{bmatrix} = \begin{bmatrix} 1 \\ 0 \\ 0 \\ 0 \end{bmatrix} + t\begin{bmatrix} 1 \\ 1 \\ 1 \\ 1 \end{bmatrix}$$

이 되고 t 는 0과 1 두 값을 취할 수 있으므로, 정확히 두 개의 해

$$\begin{bmatrix} 1 \\ 0 \\ 0 \\ 0 \end{bmatrix}, \quad \begin{bmatrix} 0 \\ 1 \\ 1 \\ 1 \end{bmatrix}$$

을 가진다.

주의 $\mathbb{Z}_p$ 위의 연립일차방정식에는 무수히 많은 해가 존재할 수 없다. 왜 그런가? 둘 이상의 해가 존재한다면, 해의 개수는 유한이고 또한 자유변수와 모듈로 p 에 관한 함수이다(연습문제 59 참조).

2.2 연습문제

※ [1-8] 주어진 행렬이 행사다리꼴인지 아닌지를 판정하여라. 만약 행사다리꼴이면, 기약 행사다리꼴이 되는지도 말하여라.

1. $\begin{bmatrix} 1 & 0 & 1 \\ 0 & 0 & 3 \\ 0 & 1 & 0 \end{bmatrix}$

2. $\begin{bmatrix} 7 & 0 & 1 & 0 \\ 0 & 1 & -1 & 4 \\ 0 & 0 & 0 & 0 \end{bmatrix}$

3. $\begin{bmatrix} 0 & 1 & 3 & 0 \\ 0 & 0 & 0 & 1 \end{bmatrix}$

4. $\begin{bmatrix} 0 & 0 & 0 \\ 0 & 0 & 0 \\ 0 & 0 & 0 \end{bmatrix}$

5. $\begin{bmatrix} 1 & 0 & 3 & -4 & 0 \\ 0 & 0 & 0 & 0 & 0 \\ 0 & 1 & 5 & 0 & 1 \end{bmatrix}$

6. $\begin{bmatrix} 0 & 0 & 1 \\ 0 & 1 & 0 \\ 1 & 0 & 0 \end{bmatrix}$

7. $\begin{bmatrix} 1 & 2 & 3 \\ 1 & 0 & 0 \\ 0 & 1 & 1 \\ 0 & 0 & 1 \end{bmatrix}$

8. $\begin{bmatrix} 2 & 1 & 3 & 5 \\ 0 & 0 & 1 & -1 \\ 0 & 0 & 0 & 3 \\ 0 & 0 & 0 & 0 \end{bmatrix}$

※ [9-14] 주어진 행렬에 기본 행변환을 시행하여 (a) 행사다리꼴과 (b) 기약 행사다리꼴로 고쳐라.

9. $\begin{bmatrix} 0 & 0 & 1 \\ 0 & 1 & 1 \\ 1 & 1 & 1 \end{bmatrix}$

10. $\begin{bmatrix} 4 & 3 \\ 2 & 1 \end{bmatrix}$

11. $\begin{bmatrix} 3 & 5 \\ 5 & -2 \\ 2 & 4 \end{bmatrix}$

12. $\begin{bmatrix} 2 & -4 & -2 & 6 \\ 3 & 1 & 6 & 6 \end{bmatrix}$

13. $\begin{bmatrix} 3 & -2 & -1 \\ 2 & -1 & -1 \\ 4 & -3 & -1 \end{bmatrix}$

14. $\begin{bmatrix} -2 & -4 & 7 \\ -3 & -6 & 10 \\ 1 & 2 & -3 \end{bmatrix}$

15. 예제 2.9에서 이용한 기본 행변환을 역으로 시행하여

$$\begin{bmatrix} 1 & 2 & -4 & -4 & 5 \\ 0 & -1 & 10 & 9 & -5 \\ 0 & 0 & 1 & 1 & -1 \\ 0 & 0 & 0 & 0 & 24 \end{bmatrix} \text{를} \begin{bmatrix} 1 & 2 & -4 & -4 & 5 \\ 2 & 4 & 0 & 0 & 2 \\ 2 & 3 & 2 & 1 & 5 \\ -1 & 1 & 3 & 6 & 5 \end{bmatrix}$$

로 고칠 수 있음을 보여라.

16. 일반적으로, 세 가지 기본 행변환 $R_i \leftrightarrow R_j$, kR_i와 $R_i + kR_j$의 각각을 원래 상태로 만드는 기본 행변환은 무엇인가?

※ [17-18] 다음에 주어진 두 행렬이 행동치임을 보이고 A를 B로 변환시키는 일련의 기본 행변환을 찾아라.

17. $A = \begin{bmatrix} 1 & 2 \\ 3 & 4 \end{bmatrix}$, $B = \begin{bmatrix} 3 & -1 \\ 1 & 0 \end{bmatrix}$

18. $A = \begin{bmatrix} 2 & 0 & -1 \\ 1 & 1 & 0 \\ -1 & 1 & 1 \end{bmatrix}$, $B = \begin{bmatrix} 3 & 1 & -1 \\ 3 & 5 & 1 \\ 2 & 2 & 0 \end{bmatrix}$

19. 적어도 두 개의 행을 가지는 행렬은 모든 성분이 0인 행을 가지는 행렬과 행동치임을 증명하는 다음 내용에서 무엇이 잘못되었는가?

$R_2 + R_1$을 시행하고 또 $R_1 + R_2$를 시행한다. 그러면 1행과 2행이 동일하다. $R_2 - R_1$을 시행하여 두 번째 행의 모든 성분이 0인 행을 만든다.

20. 적어도 두 개의 행을 가지는 행렬에서, 다음과 같은 일련의 기본 행변환을 시행할 때, 얻어지는 결과는 무엇인가?

$$R_2 + R_1,\ R_1 - R_2,\ R_2 + R_1,\ -R_1$$

21. 학생들 중에는 가끔 행렬의 성분을 0으로 만들기 위해서 다음과 같은 계산을 하기도 한다.

$$\begin{bmatrix} 3 & 1 \\ 2 & 4 \end{bmatrix} \xrightarrow{3R_2 - 2R_1} \begin{bmatrix} 3 & 1 \\ 0 & 10 \end{bmatrix}$$

그렇지만 $3R_2 - 2R_1$은 기본 행변환이 아니다. 왜 그런가? 같은 결과를 얻기 위해서 기본 행변환을 이용하는 방법을 보여라.

22. 행렬 $A = \begin{bmatrix} 3 & 2 \\ 1 & 4 \end{bmatrix}$를 생각해보자. 첫 번째 열의 맨 위에 선행성분 1을 만들 수 있는 세 가지 기본 행변환 중의 하나를 보여라. 어느 방법이 좋은가?

23. 연습문제 1-8에 있는 각 행렬의 계수는 얼마인가?

24. 3×3 행렬에서 가능한 기약 행사다리꼴은 무엇인가?

※ [25-34] 다음에 주어진 연립일차방정식을 가우스 소거법과 가우스-조르당 소거법 중 한 가지를 이용하여 풀어라.

25. $\begin{aligned} x_1 + 2x_2 - 3x_3 &= 9 \\ 2x_1 - x_2 + x_3 &= 0 \\ 4x_1 - x_2 + x_3 &= 4 \end{aligned}$

26. $\begin{aligned} x - y + z &= 0 \\ -x + 3y + z &= 5 \\ 3x + y + 7z &= 2 \end{aligned}$

27. $\begin{aligned} x_1 - 3x_2 - 2x_3 &= 0 \\ -x_1 + 2x_2 + x_3 &= 0 \\ 2x_1 + 4x_2 + 6x_3 &= 0 \end{aligned}$

28. $\begin{aligned} 2w + 3x - y + 4z &= 1 \\ 3w - x + \quad + z &= 1 \\ 3w - 4x + y - z &= 2 \end{aligned}$

29. $\begin{aligned} 2r + s &= 3 \\ 4r + s &= 7 \\ 2r + 5s &= -1 \end{aligned}$

30. $$\begin{aligned} -x_1+3x_2-2x_3+4x_4 &= 0 \\ 2x_1-6x_2+x_3-2x_4 &= -3 \\ x_1-3x_2+4x_3-8x_4 &= 2 \end{aligned}$$

31. $$\begin{aligned} \tfrac{1}{2}x_1+x_2-x_3-6x_4 \qquad &= 2 \\ \tfrac{1}{6}x_1+\tfrac{1}{2}x_2 \qquad -3x_4+x_5 &= -1 \\ \tfrac{1}{3}x_1 \qquad -2x_3 \qquad -4x_5 &= 8 \end{aligned}$$

32. $$\begin{aligned} \sqrt{2}\,x+y+2z &= 1 \\ \sqrt{2}\,y-3z &= -\sqrt{2} \\ -y+\sqrt{2}\,z &= 1 \end{aligned}$$

33. $$\begin{aligned} w+x+2y+z &= 1 \\ w-x-y+z &= 0 \\ x+y &= -1 \\ w+x+z &= 2 \end{aligned}$$

34. $$\begin{aligned} a+b+c+d &= 4 \\ a+2b+3c+4d &= 10 \\ a+3b+6c+10d &= 20 \\ a+4b+10c+20d &= 35 \end{aligned}$$

※ [35-38] 다음에 주어진 첨가 계수행렬을 가지는 연립일차방정식이 유일한 해를 가지는지, 무수히 많은 해를 가지는지 또는 해를 가지지 않는지를 계산하지 않고 관찰로 판정하여라.

35. $\left[\begin{array}{ccc|c} 0 & 0 & 1 & 2 \\ 0 & 1 & 3 & 1 \\ 1 & 0 & 1 & 1 \end{array}\right]$

36. $\left[\begin{array}{cccc|c} 3 & -2 & 0 & 1 & 1 \\ 1 & 2 & -3 & 1 & -1 \\ 2 & 4 & -6 & 2 & 0 \end{array}\right]$

37. $\left[\begin{array}{cccc|c} 1 & 2 & 3 & 4 & 0 \\ 5 & 6 & 7 & 8 & 0 \\ 9 & 10 & 11 & 12 & 0 \end{array}\right]$

38. $\left[\begin{array}{ccccc|c} 1 & 2 & 3 & 4 & 5 & 6 \\ 6 & 5 & 4 & 3 & 2 & 1 \\ 7 & 7 & 7 & 7 & 7 & 7 \end{array}\right]$

39. 만약 $ad-bc \neq 0$ 이면, 연립일차방정식

$$\begin{aligned} ax+by &= r \\ cx+dy &= s \end{aligned}$$

는 유일한 해를 가짐을 보여라.

※ [40-43] 다음의 연립일차방정식에서 (a) 해를 가지지 않는, (b) 유일한 해를 가지는, (c) 무수히 많은 해를 가지는 경우의 k 의 값은 얼마인가?

40. $$\begin{aligned} kx+2y &= 3 \\ 2x-4y &= -6 \end{aligned}$$

41. $$\begin{aligned} x+ky &= 1 \\ kx+y &= 1 \end{aligned}$$

42. $$\begin{aligned} x-2y+3z &= 2 \\ x+y+z &= k \\ 2x-y+4z &= k^2 \end{aligned}$$

43. $$\begin{aligned} x+y+kz &= 1 \\ x+ky+z &= 1 \\ kx+y+z &= -2 \end{aligned}$$

44. 미지수의 개수가 n 이고 방정식의 개수가 m 인 동차 연립일차방정식으로서, $m=n$ 과 $m>n$ 의 경우 (a) 무수히 많은 해를 가지는, (b) 유일한 해를 가지는 예를 들어라.

※ [45-46] 다음에 주어진 두 평면의 교선을 구하여라.

45. $3x+2y+z=-1$, $2x-y+4z=5$

46. $4x+y+z=0$, $2x-y+3z=2$

47. (a) 공통 교선을 가지는 세 평면의 예를 들어라(그림 2.4).

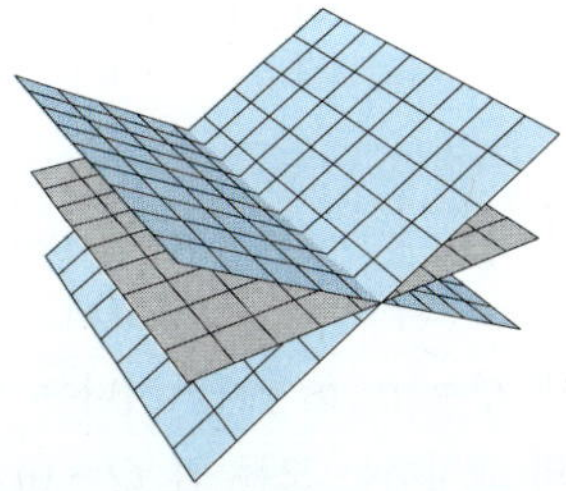

그림 2.4

(b) 두 평면들은 교차하고 세 평면의 공통 교선이 없는 세 평면의 예를 들어라(그림 2.5).

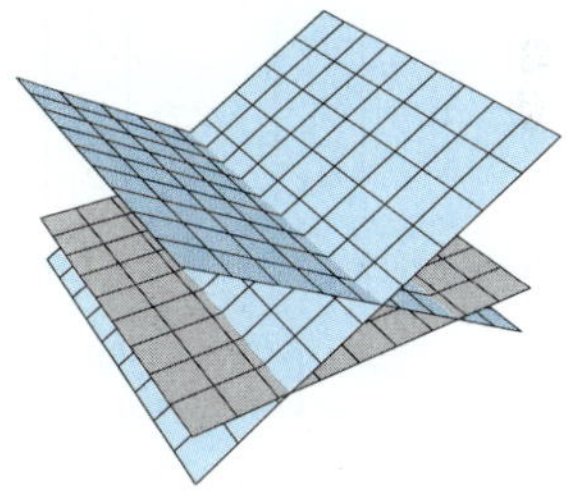

그림 2.5

(c) 두 평면만 평행한 세 평면의 예를 들어라(그림 2.6).

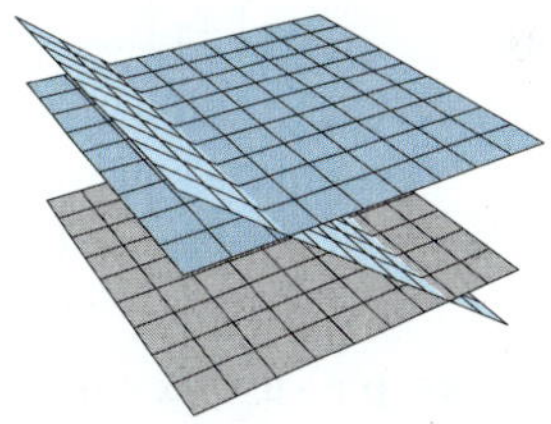

그림 2.6

(d) 한 점에서만 교차하는 세 평면의 예를 들어라(그림 2.7).

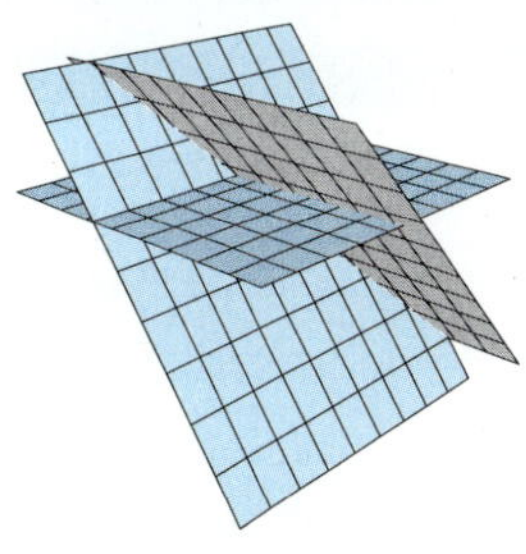

그림 2.7

※ [48–49] 직선 $\mathbf{x}=\mathbf{p}+s\mathbf{u}$와 $\mathbf{x}=\mathbf{q}+t\mathbf{v}$가 만나는지, 그렇지 않는지를 판정하고, 만약 만난다면 그 교점을 구하여라.

48. $\mathbf{p}=\begin{bmatrix}-1\\2\\1\end{bmatrix}$, $\mathbf{q}=\begin{bmatrix}2\\2\\0\end{bmatrix}$, $\mathbf{u}=\begin{bmatrix}1\\2\\-1\end{bmatrix}$, $\mathbf{v}=\begin{bmatrix}-1\\1\\0\end{bmatrix}$

49. $\mathbf{p}=\begin{bmatrix}3\\1\\0\end{bmatrix}$, $\mathbf{q}=\begin{bmatrix}-1\\1\\-1\end{bmatrix}$, $\mathbf{u}=\begin{bmatrix}1\\0\\1\end{bmatrix}$, $\mathbf{v}=\begin{bmatrix}2\\3\\1\end{bmatrix}$

50. $\mathbf{p}=\begin{bmatrix}1\\2\\3\end{bmatrix}$, $\mathbf{u}=\begin{bmatrix}1\\1\\-1\end{bmatrix}$, $\mathbf{v}=\begin{bmatrix}2\\1\\0\end{bmatrix}$이라 하자. 벡터 $\mathbf{v}$ 방향이고 $Q=(a,\ b,\ c)$를 지나는 직선이 직선 $\mathbf{x}=\mathbf{p}+s\mathbf{u}$와 교차하는 모든 점 $Q=(a,\ b,\ c)$를 나타내어라.

51. 벡터 $\mathbf{u}$와 $\mathbf{v}$의 벡터적 $\mathbf{u}\times\mathbf{v}$는 $\mathbf{u}$와 $\mathbf{v}$에 모두 수직인 벡터임을 상기하자. 만약

$$\mathbf{u}=\begin{bmatrix}u_1\\u_2\\u_3\end{bmatrix},\quad \mathbf{v}=\begin{bmatrix}v_1\\v_2\\v_3\end{bmatrix}$$

이면, 동시에 $\mathbf{u}\cdot\mathbf{x}=0$와 $\mathbf{v}\cdot\mathbf{x}=0$를 만족하고

$$\mathbf{u}\times\mathbf{v}=\begin{bmatrix}u_2v_3-u_3v_2\\u_3v_1-u_1v_3\\u_1v_2-u_2v_1\end{bmatrix}$$

의 상수배로 표현되는 무수히 많은 벡터

$$\mathbf{x}=\begin{bmatrix}x_1\\x_2\\x_3\end{bmatrix}$$

가 존재함을 보여라.

52. $\mathbf{p}=\begin{bmatrix}1\\1\\0\end{bmatrix}$, $\mathbf{q}=\begin{bmatrix}0\\1\\-1\end{bmatrix}$, $\mathbf{u}=\begin{bmatrix}2\\-3\\1\end{bmatrix}$, $\mathbf{v}=\begin{bmatrix}0\\6\\-1\end{bmatrix}$이라 하자. 직선 $\mathbf{x}=\mathbf{p}+s\mathbf{u}$와 $\mathbf{x}=\mathbf{q}+t\mathbf{v}$는 꼬인 위치의 직선임을 보여라. 그리고 각 직선을 포함하고 평행한 두 평면의 벡터방정식을 구하여라.

※ [53–58] 주어진 $\mathbb{Z}_p$ 위에서 다음 연립일차방정식을 풀어라.

53. $\mathbb{Z}_3$ 위에서 $\begin{aligned}x+2y&=1\\x+\ y&=2\end{aligned}$

54. $\mathbb{Z}_2$ 위에서 $\begin{aligned}x+y\quad\ &=1\\y+z&=0\\x\quad\ +z&=1\end{aligned}$

55. $\mathbb{Z}_3$ 위에서 $\begin{aligned}x+y\quad\ &=1\\y+z&=0\\x\quad\ +z&=1\end{aligned}$

56. $\mathbb{Z}_5$ 위에서 $\begin{aligned}3x+2y&=1\\x+4y&=1\end{aligned}$

57. $\mathbb{Z}_7$ 위에서 $\begin{aligned}3x+2y&=1\\x+4y&=1\end{aligned}$

58. $\mathbb{Z}_5$ 위에서 $\begin{aligned}x_1\qquad\qquad\quad +4x_4&=1\\x_1+2x_2+4x_3\qquad\ &=3\\2x_1+2x_2\qquad\ +\ x_4&=1\\x_1\qquad +3x_3\qquad\ &=2\end{aligned}$

59. 아래의 계수정리의 따름정리를 증명하여라.

A를 $\mathbb{Z}_p$의 원소를 성분으로 하는 $m\times n$ 행렬이라 하자. 계수행렬을 A로 하는 어떤 연립일차방정식도 $\mathbb{Z}_p$ 위에서 정확하게 $p^{n-rank(A)}$개의 해를 가진다.

60. p가 소수가 아니면, $\mathbb{Z}_p$ 위에서 연립일차방정식 또는 방정식을 풀이할 때 특별한 주의가 필요하다. 가우스 소거법을 이용하여, 다음 연립일차방정식을 $\mathbb{Z}_6$ 위에서 풀어라. 어떤 혼란이 나타나는가?

$$\begin{aligned}2x+3y&=4\\4x+3y&=2\end{aligned}$$

쓰기과제

가우스 소거법의 역사

이 절의 가우스의 전기에 대한 개요에서 주목했던 것처럼, 가우스 소거법으로 알려진 방법을 가우스가 실제로 '발명'하지는 않았다. 그것은 기원전 3세기쯤에 어떤 형태로 알려졌으며, 유럽과 아시아의 전역에 걸쳐 문명의 수학적 기술 속에 나타난다.

연립일차방정식을 풀기 위한 소거법의 역사에 관한 보고서를 작성하여라. 이 역사 속에서 가우스는 실제로 어떤 역할을 하였으며, 왜 그의 이름이 이 방법에 붙여졌나?

1. S. Athloen and R. McLaughlin, Gauss-Jordan reduction: A brief history, *American Mathematical Monthly* 94 (1987), pp. 130–142.
2. Joseph F. Grcar, Mathematicians of Gaussian Elimination, *Notices of the AMS*, Vol. 58, No. 6 (2011), pp. 782–792. (Available online at http://www.ams.org/notices/201106/index.html)
3. Roger Hart, *The Chinese Roots of Linear Algebra* (Baltinore: Johns Hopkins University Press, 2011).
4. Victor J. Katz, *A History of Mathematics: An Introduction* (Third Edition) (Reading, MA: Addison Wesley Longman, 2008).

탐구

CAS 컴퓨터가 내게 한 거짓말

컴퓨터와 계산기는 부동소수점 형태로 실수를 저장한다. 예를 들어, 2001은 0.2001×10^4로, -0.00063은 -0.63×10^{-3}으로 저장된다. 일반적으로 어떤 수의 부동소수점 형태는 $\pm M\times10^k$이다. 여기서, k는 정수이고 가수 M은 소수로 $0.1\le M<1$인 실수이다.

가수에 저장될 수 있는 소수 자리의 최대 수는 컴퓨터, 계산기, 또는 컴퓨터 대수시스템에 따라 달라진다. 만약 저장될 수 있는 소수 자리의 최댓값이 d이면, 유효숫자가 d라고 한다. 대개 계산기는 유효숫자를 8개 또는 12개로 저장한다. 컴퓨터는 더 많이 저장할 수 있으나 여전히 제한을 받는다. 저장되지 않은 자릿수는 생략되거나(이 경우 절단(truncated)되었다고 함), 유효숫자 d인 수로 반올림하여 사용된다.

예를 들어, $\pi\approx3.141592654$이고 π의 부동소수점 형태는 0.3141592654×10^1이다. 다섯 개의 유효숫자로 절단하는 컴퓨터에서 π는 0.31415×10^1로 저장되고 3.1415로 표시될 것이다. 다섯 개의 유효숫자로 반올림하는 컴퓨터에서 π는 0.31416×10^1로 저장되고 3.1416으로 표시될 것이다. 반올림을 하는 컴퓨터에서 유효자리에 포함되지 않는 수가 5 하나라면, 유효자리의 끝수가 짝수가 되도록 반올림하게 된다. 예를 들면, 유효숫자의 자릿수가 2일 때, 0.735는 0.74로, 0.725는 0.72로 반올림한다.

버림 또는 반올림을 할 때 마무리 오차가 생기는데 이 오차는 계산에 중대한 영향을 끼칠 수 있다. 연산이 많아질수록 많은 오차가 쌓인다. 불행하게도, 이 오차에 대해 우리가 할 수 있는 것은 아무것도 없다. 다음의 간단한 연립일차방정식을 통하여 이 현상에 대해 살펴보자.

1. 다음 연립일차방정식을 정확하게 풀어라. 즉, 계산기를 이용하는 경우 유리수로 표시하여라.

$$\begin{aligned} x+\quad y&=0\\ x+\tfrac{801}{800}y&=1\end{aligned}$$

2. 소수로 나타내면 $\frac{801}{800} = 1.00125$이므로, 5자리 유효숫자로 반올림하면 위 연립일차방정식은

$$\begin{aligned} x + y &= 0 \\ x + 1.0012y &= 1 \end{aligned}$$

이다. 계산기나 CAS를 이용하여, 5자리 유효숫자로 결과를 반올림하여 이 연립일차방정식을 풀어라.

3. 먼저 4자리 유효숫자로 반올림하여 풀기와 3자리 유효숫자로 반올림하여 풀기로 두 번 더 풀어보아라. 무슨 일이 생기는가?

4. 분명히, 매우 작은 마무리 오차(0.00125 이하)가 해에서는 매우 큰 오차를 가지는 결과를 초래할 수 있다. 기하학적으로 이유를 설명하여라. 문제 1–3에서 풀었던 여러 가지 연립일차방정식의 그래프에 대해 생각해 보아라.

이와 같은 종류의 연립일차방정식을 **불량조건**(ill-conditioned)의 연립일차방정식이라 한다. 이런 것들은 궁극적으로 마무리 오차에 민감하기 때문이며 이러한 경우의 문제는 흔하지 않다. 불량조건의 연립방정식에 대해서는 3장과 7장에서 다시 다룰 것이다. 실험을 하기 위해 여기에 다른 예가 있다.

$$\begin{aligned} 4.552x + 7.083y &= 1.931 \\ 1.731x + 2.693y &= 2.001 \end{aligned}$$

무슨 일이 생기는가를 보기 위해 먼저 8자리 유효숫자로 시작하여 여러 가지 유효숫자로 계산해 보아라.

부분 피보팅

'탐구: 컴퓨터가 내게 한 거짓말'에서 불량조건의 연립일차방정식은 반올림 오차가 일어날 때, 문제를 야기할 수 있음을 보았다. 이번 탐구에서는 또 다른, 반올림 오차에 민감한 예를 알 수 있고 계수에서 조그만 차이가 해에서는 커다란 착오로 이어짐을 볼 수 있다. 다행히도, 불량조건을 갖는 문제와는 다르게 이러한 문제를 제거하거나 최소화할 수 있는 방법이 있다.

1. (a) x에 대한 일차방정식 $0.00021x = 1$을 풀어라.

   (b) 독자의 계산기가 4개의 유효숫자만을 다룬다고 하자. 그러면 이 방정식은 반올림되어 $0.0002x = 1$이 될 것이다. 이 방정식을 풀어라.

   (a)와 (b)에서 답의 차이는 주어진 방정식의 해에서 오차 0.00001의 영향으로 생각될 수 있다.

2. 지금 이 개념을 연립일차방정식으로 확장해 보자.

(a) 가우스 소거법으로 연립일차방정식

$$\begin{aligned} 0.400x + 99.6y &= 100 \\ 75.3x - 45.3y &= 30.0 \end{aligned}$$

를 3개의 유효숫자를 사용하여 풀어라. 피보트 성분을 0.400으로 하고 3개의 유효숫자를 사용하여 시작하여라. 그러면 해로서 $x=-1.00$와 $y=1.01$을 얻을 것이다. 이것은 x의 값이 200%나 되는 큰 오차다. 이렇게 야기된 원인을 찾을 수 있을까?

(b) 이번에는 (a)의 식에서 두 식의 위치를 바꾸어(또는 첨가 계수행렬에서 1행과 2행을 교환하여) 피보트 성분을 75.3으로 하여 풀어라. 그리고 3개의 유효숫자로 하여라. 이때, 해는 얼마인가?

이 이야기의 본질은 가우스 소거법이나 가우스-조르당 소거법을 이용하여 연립일차방정식에 대한 수치해를 구할 때, 피보트 성분을 주의해서 택하여야 한다는 것이다. 특별히 각 피보팅 단계에서, 열에 있는 모든 가능한 피보트 성분 중에 절댓값이 가장 큰 성분을 택한다. 행 교환을 하여 이 성분을 올바른 위치에 가져오고 이것을 이용하여 열에서 아래에 있는 열의 성분을 0으로 만든다. 이러한 방법을 **부분 피보팅**(partial pivoting)이라 한다.

3. 다음의 연립일차방정식을 먼저 부분 피보팅을 하지 않고, 다음에는 부분 피보팅을 하고 가우스 소거법으로 풀어라.

(a) $$\begin{aligned} 0.001x + 0.995y &= 1.00 \\ -10.2x + 1.00y &= -50.0 \end{aligned}$$

(b) $$\begin{aligned} 10x - 7y \quad &= 7 \\ -3x + 2.09y + 6z &= 3.91 \\ 5x - y + 5z &= 6 \end{aligned}$$

정답: (a) $\begin{bmatrix} x \\ y \end{bmatrix} = \begin{bmatrix} 5.00 \\ 1.00 \end{bmatrix}$ (b) $\begin{bmatrix} x \\ y \\ z \end{bmatrix} = \begin{bmatrix} 0.00 \\ -1.00 \\ 1.00 \end{bmatrix}$

연산횟수의 셈: 알고리즘 분석에 대한 소개

가우스 소거법이나 가우스-조르당 소거법이 특수한 임무를 수행하기 위해 고안된 체계적 과정(이 경우는 연립일차방정식의 첨가 계수행렬의 행줄임)인 **알고리즘**의 예이다. 알고리즘은 특히 컴퓨터 수행에 잘 어울리지만 모든 알고리즘이 같게 이루어지지는 않는다. 컴퓨터 체계의 속도, 메모리 그리고 다른 속성은 별문제로 하고, 어떤 알고리즘은 다른 알고리즘보다 속도가 더 빠르다. 알고리즘(시행 효과의 측정, 합리적 단계의 횟수로써 임무를 수행하는 능력)의 소위 복잡성의 척도는 입

알콰리즈미(Abu Ja'far Muhammad ibn Musaal-Khwarizmi, c. 780-850)는 그의 책 《복원과 대비의 계산》(*Hisab al-jabr w'al muqabalah*)에서 힌두교와 아랍숫자의 기본산법과 규칙의 사용을 서술한 수학자이다. 책 제목의 둘째 낱말은 대수의 영어 표현인 Algebra의 기원이며 알고리즘은 알콰리즈미의 이름에서 비롯하였다.

력된 변수의 수의 함수로써 수행하는 기본연산의 횟수이다. 연립일차방정식을 풀기 위한 두 개의 알고리즘인 가우스 소거법과 가우스-조르당 소거법의 경우에서 이 명제를 시험해보자. 목적을 달성하기 위한 기본연산은 곱셈과 나눗셈이다. 여기서 모든 다른 연산은 좀 더 빠르게 수행되고 무시될 수 있다고 가정한다. 또한, 계수행렬이 정사각행렬인 경우의 연립일차방정식을 생각한다. 그래서 계수행렬이 $n \times n$이면 입력된 변수의 수는 n이다. 그러므로 우리가 해야 될 일은 가우스 소거법과 가우스-조르당 소거법으로 수행되는 연산의 횟수를 알아보는 것이다. 더욱이 일어날 수 있는 특별한 경우에 관해서는 걱정할 필요가 없으나, 알고리즘을 수행할 때 기본연산의 횟수가 많아지는 최악의 경우는 고려하여야 한다. 최악의 경우는 컴퓨터가 알고리즘(만약 우리가 컴퓨터가 한 연산을 수행하는 데 소요되는 시간을 알 때)을 수행할 때 걸리는 시간으로 추정하기 때문에, 알고리즘으로 수행되는 연산의 횟수를 $T(n)$으로 나타낸다. 우리의 관심거리는 아주 큰 n의 값에 대한 $T(n)$이다. 그래서 다른 알고리즘들에 대해 이 함숫값을 비교하여 실행하는 데 적은 시간이 소요되는 것을 결정할 수 있다.

1. 첨가 계수행렬

$$[A \mid \mathbf{b}] = \left[\begin{array}{rrr|r} 2 & 4 & 6 & 8 \\ 3 & 9 & 6 & 12 \\ -1 & 1 & -1 & 1 \end{array}\right]$$

을 생각하자. $[A \mid \mathbf{b}]$를 행사다리꼴

$$\left[\begin{array}{rrr|r} 1 & 2 & 3 & 4 \\ 0 & 1 & -1 & 0 \\ 0 & 0 & 1 & 1 \end{array}\right]$$

로 바꾸는 데 필요한 연산의 횟수를 세어라. 연산은 곱셈이나 나눗셈을 의미한다. 지금 가우스 소거법의 완전한 후진대입법에 필요한 연산의 횟수를 세어라. 그리고 총 연산의 횟수를 기록하여라.

2. 가우스-조르당 소거법을 수행하기 위해, 즉 $[A \mid \mathbf{b}]$를 행줄임하여 기약 행사다리꼴

$$\left[\begin{array}{rrr|r} 1 & 0 & 0 & -1 \\ 0 & 1 & 0 & 1 \\ 0 & 0 & 1 & 1 \end{array}\right]$$

로 고치기 위해 필요한 연산의 횟수를 세어라. 여기서, 각 열의 0은 그 열에 선행계수 1이 만들어진 직후 도입되었다. 답이 두 알고리즘의 상대적 효과에 관하여 무엇을 시사하는가?

지금 일반적이고 체계적인 방법으로 알고리즘에 대한 분석을 시도하려고 한다. n개의 미지수와 n개의 식을 가지는 연립일차방정식의 첨가 계수행렬

$[A\,|\,\mathbf{b}]$가 있다고 하자. 이때, $[A\,|\,\mathbf{b}]$는 $n\times(n+1)$ 행렬이다.

$$[A\,|\,\mathbf{b}]=\left[\begin{array}{cccc|c} a_{11} & a_{12} & \cdots & a_{1n} & b_1 \\ a_{21} & a_{22} & \cdots & a_{2n} & b_2 \\ \vdots & \vdots & \ddots & \vdots & \vdots \\ a_{n1} & a_{n2} & \cdots & a_{nn} & b_n \end{array}\right]$$

행교환이 결코 필요없다고 가정한다. 즉, 피보트 성분을 그 값으로 나누어 선행성분 1로 항상 만들 수 있다고 하자.

3. (a) 첫 번째 선행성분 1을 만들기 위한 연산의 횟수는 n 임을 보여라.

$$\left[\begin{array}{cccc|c} a_{11} & a_{12} & \cdots & a_{1n} & b_1 \\ a_{21} & a_{22} & \cdots & a_{2n} & b_2 \\ \vdots & \vdots & \ddots & \vdots & \vdots \\ a_{n1} & a_{n2} & \cdots & a_{nn} & b_n \end{array}\right] \longrightarrow \left[\begin{array}{cccc|c} 1 & * & \cdots & * & * \\ a_{21} & a_{22} & \cdots & a_{2n} & b_2 \\ \vdots & \vdots & \ddots & \vdots & \vdots \\ a_{n1} & a_{n2} & \cdots & a_{nn} & b_n \end{array}\right]$$

(왜 선행성분 1을 만드는 데는 연산의 횟수를 셀 필요가 없는가?) 1열에서 첫 번째 0을 얻기 위해 필요한 연산의 횟수는 n 임을 보여라.

$$\left[\begin{array}{cccc|c} 1 & * & \cdots & * & * \\ 0 & * & \cdots & * & * \\ \vdots & \vdots & \ddots & \vdots & \vdots \\ a_{n1} & a_{n2} & \cdots & a_{nn} & b_n \end{array}\right]$$

(왜 0 자신을 만드는 데는 연산의 횟수를 셀 필요가 없는가?) 첫 번째 열을 정리하면

$$\left[\begin{array}{cccc|c} 1 & * & \cdots & * & * \\ 0 & * & \cdots & * & * \\ \vdots & \vdots & \ddots & \vdots & \vdots \\ 0 & * & \cdots & * & * \end{array}\right]$$

이 된다. 이렇게 되기까지의 총 연산의 횟수는 $n+(n-1)n$ 임을 보여라.

(b) 행사다리꼴

$$\left[\begin{array}{cccc|c} 1 & * & \cdots & * & * \\ 0 & 1 & \cdots & * & * \\ \vdots & \vdots & \ddots & \vdots & \vdots \\ 0 & 0 & \cdots & 1 & * \end{array}\right]$$

에 도달할 때까지 필요한 총 연산의 횟수는

$$[n+(n-1)n]+[(n-1)+(n-2)(n-1)] \\ +[(n-2)+(n-3)(n-2)]+\cdots+[2+1\cdot 2]+1$$

임을 보여라. 이것을 정리하면, $n^2+(n-1)^2+\cdots+2^2+1^2$이다.

(c) 후진대입법을 마무리하기 위한 연산의 횟수는

$$1+2+\cdots+(n-1)$$

임을 보여라.

(d) (2.4절의 연습문제 51과 52 참조) 합에 대한 공식을 이용하여 (b)와 (c)에서의 합을 구하여 가우스 소거법으로 수행된 총 연산의 횟수 $T(n)$이

$$T(n) = \tfrac{1}{3}n^3 + n^2 - \tfrac{1}{3}n$$

이 됨을 보여라. 변수의 아주 큰 값에 대하여 모든 다항식은 첫항에 의해 좌우되므로, 큰 값 n에 대해 $T(n) \approx \tfrac{1}{3}n^3$임을 안다.

4. 앞에서와 같이 선행성분 1의 위와 아래를 0으로 만들면, 가우스-조르당 소거법으로 수행된 총 연산의 횟수 $T(n) \approx \tfrac{1}{2}n^3$임을 보여라. 이는 아주 큰 연립일차방정식에 대해서는 가우스 소거법의 버전이 가우스-조르당 소거법의 버전보다 빠르다는 것을 보여준다.

2.3 생성원 집합과 일차독립

우리의 삼학의 세 가지 길 중에서 두 번째는 벡터의 일차결합과 관련된다. 우리는 연립일차방정식의 풀이가 한 벡터가 다른 어떤 벡터들의 일차결합이 되는가를 알아보는 것과 같음을 알았다. 이 절에서 우리는 이 개념을 더 상세하게 다루고자 한다. 이것이 결국 다음 장에서 계속해서 다룰 매우 중요한 개념을 이끈다.

벡터의 생성원 집합

이제, 1.1절에서 제기했던 질문인 주어진 한 벡터가 언제 다른 주어진 벡터들의 일차결합인가에 대한 답을 쉽게 구할 수 있다.

예제 2.18

(a) 벡터 $\begin{bmatrix}1\\2\\3\end{bmatrix}$은 벡터 $\begin{bmatrix}1\\0\\3\end{bmatrix}$와 $\begin{bmatrix}-1\\1\\-3\end{bmatrix}$의 일차결합인가?

(b) 벡터 $\begin{bmatrix}2\\3\\4\end{bmatrix}$는 벡터 $\begin{bmatrix}1\\0\\3\end{bmatrix}$와 $\begin{bmatrix}-1\\1\\-3\end{bmatrix}$의 일차결합인가?

풀이 (a) $x\begin{bmatrix}1\\0\\3\end{bmatrix}+y\begin{bmatrix}-1\\1\\-3\end{bmatrix}=\begin{bmatrix}1\\2\\3\end{bmatrix}$을 만족하는 스칼라 x와 y를 구하자. 이 식을 전개하여

$$\begin{aligned} x - \ \ y &= 1 \\ y &= 2 \\ 3x - 3y &= 3 \end{aligned}$$

인 연립일차방정식을 얻는다. 첨가 계수행렬은

$$\left[\begin{array}{rr|r} 1 & -1 & 1 \\ 0 & 1 & 2 \\ 3 & -3 & 3 \end{array}\right]$$

이다. 여기서 첨가 계수행렬의 열이 주어진 벡터들임을 살펴보고 벡터들의 순서를 주목하여라. 특히 어느 것이 상수항 벡터인가 보라. 이 행렬의 기약 행사다리꼴을 구하면

$$\left[\begin{array}{rr|r} 1 & 0 & 3 \\ 0 & 1 & 2 \\ 0 & 0 & 0 \end{array}\right]$$

이다. 따라서 해는 $x=3$, $y=2$이고, 대응하는 일차결합은 다음과 같다.

$$3\begin{bmatrix}1\\0\\3\end{bmatrix}+2\begin{bmatrix}-1\\1\\-3\end{bmatrix}=\begin{bmatrix}1\\2\\3\end{bmatrix}$$

(b) (a)의 방법으로 첨가 계수행렬이

$$\left[\begin{array}{rr|r} 1 & -1 & 2 \\ 0 & 1 & 3 \\ 3 & -3 & 4 \end{array}\right]$$

이고, 기약 행사다리꼴이

$$\left[\begin{array}{rr|r} 1 & 0 & 5 \\ 0 & 1 & 3 \\ 0 & 0 & -2 \end{array}\right]$$

인 연립일차방정식을 얻는다. 이 기약 행사다리꼴은 주어진 연립일차방정식이 불능임을 나타낸다. 따라서 벡터 $\begin{bmatrix} 2 \\ 3 \\ 4 \end{bmatrix}$는 벡터 $\begin{bmatrix} 1 \\ 0 \\ 3 \end{bmatrix}$과 $\begin{bmatrix} -1 \\ 1 \\ -3 \end{bmatrix}$의 일차결합이 아니다.

생성원 집합의 개념은 연립일차방정식의 해와 밀접한 관련이 있다. 예제 2.18을 되돌아보자. 첨가 계수행렬을 $[A \mid \mathbf{b}]$로 하는 연립일차방정식은 $\mathbf{b}$가 A의 열들의 일차결합일 때 해를 가짐을 보았다. 즉, 다음의 정리로 요약된다.

정리 2.4 첨가 계수행렬이 $[A \mid \mathbf{b}]$인 연립일차방정식이 해를 가질 필요충분조건은 $\mathbf{b}$가 A의 열들의 일차결합이다.

예제 2.4를 정리 2.4에 비추어 다시 해석해 보자.

(a) 연립일차방정식

$$\begin{aligned} x - y &= 1 \\ x + y &= 3 \end{aligned}$$

은 유일한 해 $x = 2$, $y = 1$을 가진다. 그러므로

$$2\begin{bmatrix} 1 \\ 1 \end{bmatrix} + \begin{bmatrix} -1 \\ 1 \end{bmatrix} = \begin{bmatrix} 1 \\ 3 \end{bmatrix}$$

이다[그림 2.8(a) 참조].

(b) 연립일차방정식

$$\begin{aligned} x - y &= 2 \\ 2x - 2y &= 4 \end{aligned}$$

는 $x = 2 + t$, $y = t$ 형태의 무수히 많은 해를 가진다. 이것은 임의의 t의 값에 대하여

$$(2+t)\begin{bmatrix} 1 \\ 2 \end{bmatrix} + t\begin{bmatrix} -1 \\ -2 \end{bmatrix} = \begin{bmatrix} 2 \\ 4 \end{bmatrix}$$

임을 의미한다. 기하학적으로, 벡터 $\begin{bmatrix} 1 \\ 2 \end{bmatrix}$, $\begin{bmatrix} -1 \\ -2 \end{bmatrix}$, $\begin{bmatrix} 2 \\ 4 \end{bmatrix}$는 평행하고 원점을 지나는 동일 직선 위에 있다[그림 2.8(b) 참조].

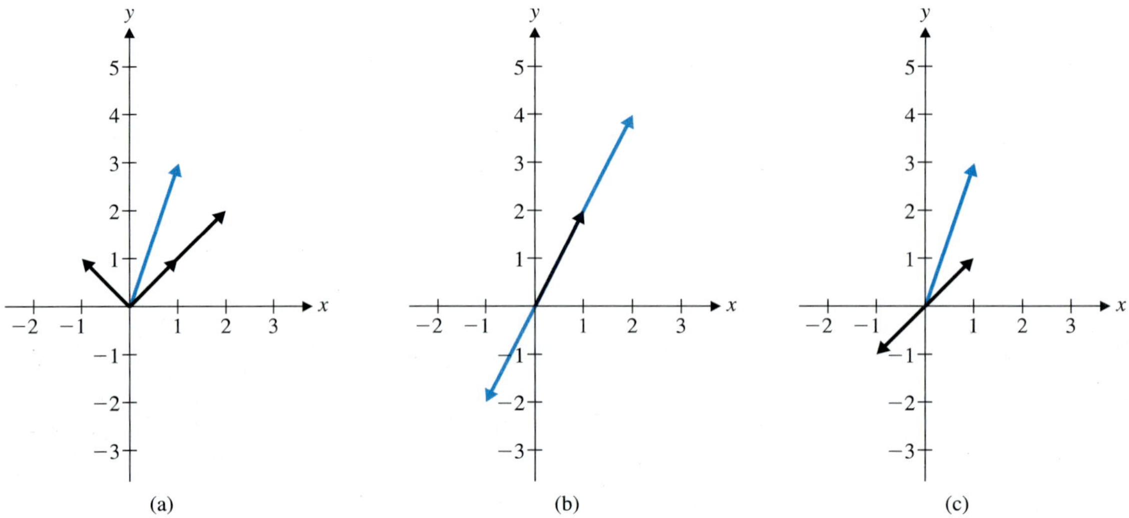

그림 2.8

(c) 연립일차방정식

$$\begin{aligned} x - y &= 1 \\ x - y &= 3 \end{aligned}$$

은 해를 가지지 않는다. 그래서

$$x\begin{bmatrix} 1 \\ 1 \end{bmatrix} + y\begin{bmatrix} -1 \\ -1 \end{bmatrix} = \begin{bmatrix} 1 \\ 3 \end{bmatrix}$$

을 만족하는 x 와 y 는 없다. 이 경우, $\begin{bmatrix} 1 \\ 1 \end{bmatrix}$과 $\begin{bmatrix} -1 \\ -1 \end{bmatrix}$은 평행하지만, $\begin{bmatrix} 1 \\ 3 \end{bmatrix}$은 원점을 지나는 동일 직선 위에 있지 않다[그림 2.8(c) 참조].

우리는 주어진 벡터들의 모든 일차결합들의 집합에 종종 관심을 갖는다.

정의 $S = \{\mathbf{v}_1, \mathbf{v}_2, \cdots, \mathbf{v}_k\}$를 $\mathbb{R}^n$의 벡터들의 집합이라 하자. 이때, $\mathbf{v}_1, \mathbf{v}_2, \cdots, \mathbf{v}_k$의 모든 일차결합들의 집합을 $\mathbf{v}_1, \mathbf{v}_2, \cdots, \mathbf{v}_k$의 **생성**(span)이라 하고, $\text{span}(S)$ 또는 $\text{span}(\mathbf{v}_1, \mathbf{v}_2, \cdots, \mathbf{v}_k)$으로 나타낸다. 만약 $\text{span}(S) = \mathbb{R}^n$이면, S를 $\mathbb{R}^n$에 대한 **생성원 집합**(spanning set)이라 한다.

예제 2.19

$\mathbb{R}^2 = \text{span}\left(\begin{bmatrix} 2 \\ -1 \end{bmatrix}, \begin{bmatrix} 1 \\ 3 \end{bmatrix}\right)$임을 보여라.

풀이 임의의 벡터 $\begin{bmatrix} a \\ b \end{bmatrix}$가 $\begin{bmatrix} 2 \\ -1 \end{bmatrix}$과 $\begin{bmatrix} 1 \\ 3 \end{bmatrix}$의 일차결합으로 나타남을 보여야 한다. 즉, 방정식 $x\begin{bmatrix} 2 \\ -1 \end{bmatrix} + y\begin{bmatrix} 1 \\ 3 \end{bmatrix} = \begin{bmatrix} a \\ b \end{bmatrix}$가 a와 b의 값에 상관없이 항상 x와 y가 a와 b의 항으로 풀림을 보여야 한다. 첨가 계수행렬은 $\left[\begin{array}{cc|c} 2 & 1 & a \\ -1 & 3 & b \end{array}\right]$이고 행

을 변환시키는 과정은

$$\left[\begin{array}{rr|r} 2 & 1 & a \\ -1 & 3 & b \end{array}\right] \xrightarrow{R_1 \leftrightarrow R_2} \left[\begin{array}{rr|r} -1 & 3 & b \\ 2 & 1 & a \end{array}\right] \xrightarrow{R_2+2R_1} \left[\begin{array}{rr|c} -1 & 3 & b \\ 0 & 7 & a+2b \end{array}\right]$$

이다. 여기서, 우리는 연립일차방정식이 유일한 해를 가짐을 알 수 있다. 계속하여 변환과정을 진행하면

$$\xrightarrow{\frac{1}{7}R_2} \left[\begin{array}{rr|c} -1 & 3 & b \\ 0 & 1 & (a+2b)/7 \end{array}\right] \xrightarrow{R_1-3R_2} \left[\begin{array}{rr|c} -1 & 0 & (b-3a)/7 \\ 0 & 1 & (a+2b)/7 \end{array}\right]$$

이므로, $x=(3a-b)/7$ 이고 $y=(a+2b)/7$ 임을 알 수 있다. 따라서 a와 b의 어떤 값을 택하더라도

$$\left(\frac{3a-b}{7}\right)\begin{bmatrix} 2 \\ -1 \end{bmatrix} + \left(\frac{a+2b}{7}\right)\begin{bmatrix} 1 \\ 3 \end{bmatrix} = \begin{bmatrix} a \\ b \end{bmatrix}$$

이다.(확인하여 보아라.)

주의 $\mathbb{R}^2=\text{span}\left(\begin{bmatrix} 2 \\ -1 \end{bmatrix}, \begin{bmatrix} 1 \\ 3 \end{bmatrix}, \begin{bmatrix} 5 \\ 7 \end{bmatrix}\right)$도 사실이다. 만약 $\begin{bmatrix} a \\ b \end{bmatrix}$가 주어지면, $x\begin{bmatrix} 2 \\ -1 \end{bmatrix}+y\begin{bmatrix} 1 \\ 3 \end{bmatrix}=\begin{bmatrix} a \\ b \end{bmatrix}$인 x와 y를 찾을 수 있다. 그리고 $x\begin{bmatrix} 2 \\ -1 \end{bmatrix}+y\begin{bmatrix} 1 \\ 3 \end{bmatrix}+0\begin{bmatrix} 5 \\ 7 \end{bmatrix}=\begin{bmatrix} a \\ b \end{bmatrix}$도 성립한다. 사실, $\mathbb{R}^2$에 대한 생성원 집합을 포함하는 어떤 벡터들의 집합도 역시 $\mathbb{R}^2$에 대한 생성원 집합이다(연습문제 20 참조).

다음 예제는 쉽지만 중요한 경우의 생성원 집합이다. 앞으로 이 예제와 같은 유형을 자주 접하게 될 것이다.

예제 2.20

$\mathbf{e}_1$, $\mathbf{e}_2$와 $\mathbf{e}_3$를 $\mathbb{R}^3$의 기본 단위벡터라 하면, 임의의 벡터 $\begin{bmatrix} x \\ y \\ z \end{bmatrix}$는

$$\begin{bmatrix} x \\ y \\ z \end{bmatrix} = x\begin{bmatrix} 1 \\ 0 \\ 0 \end{bmatrix} + y\begin{bmatrix} 0 \\ 1 \\ 0 \end{bmatrix} + z\begin{bmatrix} 0 \\ 0 \\ 1 \end{bmatrix} = x\mathbf{e}_1 + y\mathbf{e}_2 + z\mathbf{e}_3$$

로 나타낼 수 있다. 그러므로 $\mathbb{R}^3=\text{span}(\mathbf{e}_1, \mathbf{e}_2, \mathbf{e}_3)$이다.

어려움 없이 $\mathbb{R}^n=\text{span}(\mathbf{e}_1, \mathbf{e}_2, \cdots, \mathbf{e}_n)$임을 알 수 있을 것이다.

$\mathbb{R}^n$에 있는 벡터들의 생성이 $\mathbb{R}^n$ 전체가 아닐 때, 벡터들의 생성의 표현에 대한 의문이 있을 수 있다.

예제 2.21

$\begin{bmatrix} 1 \\ 0 \\ 3 \end{bmatrix}$와 $\begin{bmatrix} -1 \\ 1 \\ -3 \end{bmatrix}$의 생성을 구하여라(예제 2.18 참조).

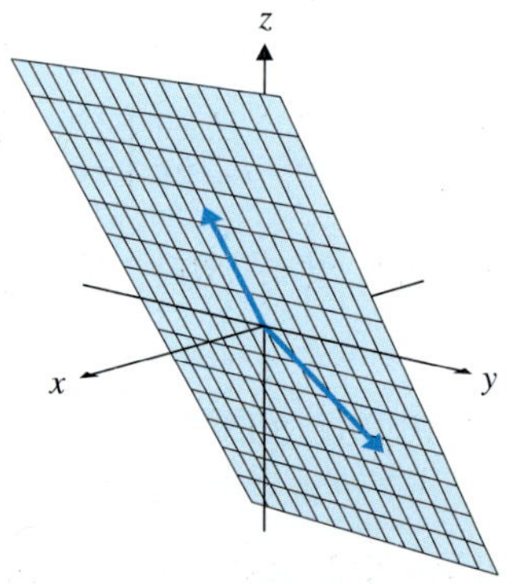

그림 2.9 평행하지 않는 두 벡터는 평면을 생성한다.

풀이 기하학적으로 $\begin{bmatrix} 1 \\ 0 \\ 3 \end{bmatrix}$와 $\begin{bmatrix} -1 \\ 1 \\ -3 \end{bmatrix}$의 모든 일차결합의 집합은 방향벡터로서 $\begin{bmatrix} 1 \\ 0 \\ 3 \end{bmatrix}$와 $\begin{bmatrix} -1 \\ 1 \\ -3 \end{bmatrix}$를 포함하고 원점을 지나는 평면임을 알 수 있다(그림 2.9). 이 평면의 벡터방정식은 $\begin{bmatrix} x \\ y \\ z \end{bmatrix} = s\begin{bmatrix} 1 \\ 0 \\ 3 \end{bmatrix} + t\begin{bmatrix} -1 \\ 1 \\ -3 \end{bmatrix}$이고, 이는 $\begin{bmatrix} x \\ y \\ z \end{bmatrix}$가 $\begin{bmatrix} 1 \\ 0 \\ 3 \end{bmatrix}$와 $\begin{bmatrix} -1 \\ 1 \\ -3 \end{bmatrix}$에 의해 생성된다는 것을 다른 방법으로 나타내는 것이다.

이 평면의 일반방정식을 구해보자. 여러 가지 진행 방법이 있다. 그 중 하나는 방정식 $ax + by + cz = 0$가 방향벡터에 의하여 결정된 점 $(1, 0, 3)$와 $(-1, 1, -3)$를 만족한다는 사실을 이용하는 것이다. 이 벡터를 대입하면 a, b, c에 관한 연립일차방정식을 얻는다(연습문제 17 참조).

또 다른 방법은 벡터방정식

$$\begin{aligned} s - t &= x \\ t &= y \\ 3s - 3t &= z \end{aligned}$$

로 만들어지는 연립일차방정식을 이용하는 것이다. 이 행렬의 첨가 계수행렬을 변환하여

$$\left[\begin{array}{rr|c} 1 & -1 & x \\ 0 & 1 & y \\ 3 & -3 & z \end{array}\right] \xrightarrow{R_3 - 3R_1} \left[\begin{array}{rr|c} 1 & -1 & x \\ 0 & 1 & y \\ 0 & 0 & z - 3x \end{array}\right]$$

를 얻는다. 지금 우리는 가정에서 $\begin{bmatrix} x \\ y \\ z \end{bmatrix}$가 $\begin{bmatrix} 1 \\ 0 \\ 3 \end{bmatrix}$와 $\begin{bmatrix} -1 \\ 1 \\ -3 \end{bmatrix}$의 생성에 속하기 때문에, 연립일차방정식이 해를 가짐을 안다. 따라서 우리가 구하고자 하는 일반적인 방정식은 $z - 3x = 0$이어야 한다.

주의 이 예제에서 평면의 법선벡터는 벡터적

$$\begin{bmatrix} 1 \\ 0 \\ 3 \end{bmatrix} \times \begin{bmatrix} -1 \\ 1 \\ -3 \end{bmatrix} = \begin{bmatrix} -3 \\ 0 \\ 1 \end{bmatrix}$$

로도 주어질 수 있다.

일차독립

예제 2.18에서 $3\begin{bmatrix} 1 \\ 0 \\ 3 \end{bmatrix} + 2\begin{bmatrix} -1 \\ 1 \\ -3 \end{bmatrix} = \begin{bmatrix} 1 \\ 2 \\ 3 \end{bmatrix}$임을 보았다. 이 방정식을 $3\mathbf{u} + 2\mathbf{v} = \mathbf{w}$로 줄이자. 벡터 $\mathbf{w}$는 $\mathbf{u}$와 $\mathbf{v}$의 일차결합이라는 의미에서 $\mathbf{u}$와 $\mathbf{v}$에 종속된다. 벡터들의 집합에서 한 벡터를 나머지 벡터들의 일차결합으로 나타낼 수 있을 때, 이

집합을 **일차종속**(linearly dependent)이라 한다. 또한, $\mathbf{u}=-\frac{2}{3}\mathbf{v}+\frac{1}{3}\mathbf{w}$와 $\mathbf{v}=-\frac{3}{2}\mathbf{u}+\frac{1}{2}\mathbf{w}$으로도 나타낼 수 있음에 주목하자. 한 벡터를 나머지 벡터들로 표현하는 문제에 접근하기 위하여 다음과 같이 정의한다.

정의 벡터 $\mathbf{v}_1, \mathbf{v}_2, \cdots, \mathbf{v}_k$에 대하여 만약 $c_1\mathbf{v}_1+c_2\mathbf{v}_2+\cdots+c_k\mathbf{v}_k=\mathbf{0}$이 성립하는 적어도 하나는 0이 아닌 스칼라 $c_1, c_2, \cdots, c_k$가 존재하면, 이 벡터들의 집합을 **일차종속**(linearly dependent)이라 한다. 벡터들의 집합이 일차종속이 아닐 때 **일차독립**(linearly independent)이라고 한다.

주의

- 일차종속의 정의에서 스칼라 $c_1, c_2, \cdots, c_k$ 중의 적어도 하나는 0이 아니어야 한다는 조건은 그 중에서 일부는 0이 될 수도 있다는 것이다. 앞의 예제에서 $3\mathbf{u}+2\mathbf{v}=\mathbf{w}$이기 때문에, $\mathbf{u}, \mathbf{v}$와 $\mathbf{w}$는 일차종속이다. 한편

$$\begin{bmatrix}2\\6\end{bmatrix}-2\begin{bmatrix}1\\3\end{bmatrix}+0\begin{bmatrix}4\\1\end{bmatrix}=\begin{bmatrix}0\\0\end{bmatrix}$$

  이므로, $\begin{bmatrix}2\\6\end{bmatrix}, \begin{bmatrix}1\\3\end{bmatrix}, \begin{bmatrix}4\\1\end{bmatrix}$은 일차종속이다. 왜냐하면, 1, -2, 0 중에서 적어도 하나는 (실제는 둘이) 0이 아니기 때문이다. 실제로는 처음 두 벡터 중 한 벡터가 나머지의 스칼라배라는 사실로부터 종속임이 증명됨을 주목하여라(연습문제 44 참조).
- 임의의 벡터 $\mathbf{v}_1, \mathbf{v}_2, \cdots, \mathbf{v}_k$에 대하여 $0\mathbf{v}_1+0\mathbf{v}_2+\cdots+0\mathbf{v}_k=\mathbf{0}$이기 때문에, 일차종속은 필수적으로 영벡터를 $\mathbf{v}_1, \mathbf{v}_2, \cdots, \mathbf{v}_k$의 자명하지 않는 일차결합으로 표현할 수 있음을 내포하고 있다. 그러므로 일차독립은 영벡터를 $\mathbf{v}_1, \mathbf{v}_2, \cdots, \mathbf{v}_k$의 일차결합으로 나타내는 방법이 단지 자명한 일차결합뿐임을 의미한다. 즉,

$$c_1\mathbf{v}_1+c_2\mathbf{v}_2+\cdots+c_k\mathbf{v}_k=\mathbf{0}\text{이면, } c_1=0,\ c_2=0,\ \cdots,\ c_k=0\text{이다.}$$

일차종속의 직관적인 개념과 형식적인 정의 사이의 관계는 다음의 정리로 주어진다. 다행히도 두 개념들은 동치이다.

정리 2.5 $\mathbb{R}^n$의 벡터 $\mathbf{v}_1, \mathbf{v}_2, \cdots, \mathbf{v}_m$이 일차종속일 필요충분조건은 적어도 한 벡터가 나머지 벡터들의 일차결합으로 표현되는 것이다.

증명 만약 한 벡터 $\mathbf{v}_1$이 나머지 벡터의 일차결합이라면, $\mathbf{v}_1=c_2\mathbf{v}_2+\cdots+c_m\mathbf{v}_m$이 되는 스칼라 $c_2, \cdots, c_m$이 존재한다. 이를 재배열하면 $\mathbf{v}_1-c_2\mathbf{v}_2-\cdots-c_m\mathbf{v}_m=\mathbf{0}$이 되는데, 이는 $\mathbf{v}_1, \mathbf{v}_2, \cdots, \mathbf{v}_m$이 일차종속임을 의미한다. 왜냐하면, 스칼라 중 적어도 하나가 0이 아니기 때문이다. (즉, $\mathbf{v}_1$의 계수가 1이다.)

역으로, $\mathbf{v}_1, \mathbf{v}_2, \cdots, \mathbf{v}_m$이 일차종속이라면, $c_1\mathbf{v}_1+c_2\mathbf{v}_2+\cdots+c_k\mathbf{v}_k=\mathbf{0}$이

되는 적어도 하나는 0이 아닌 스칼라 $c_1, c_2, \cdots, c_m$ 이 존재한다. 여기서, $c_1 \neq 0$ 이라고 가정하면,

$$c_1\mathbf{v}_1 = -c_2\mathbf{v}_2 - \cdots - c_m\mathbf{v}_m$$

이고, 양변에 $1/c_1$을 곱하여 $\mathbf{v}_1$을 나머지 벡터들의 일차결합인

$$\mathbf{v}_1 = -\left(\tfrac{c_2}{c_1}\right)\mathbf{v}_2 - \cdots - \left(\tfrac{c_m}{c_1}\right)\mathbf{v}_m$$

으로 나타낼 수 있다.

주의 이 증명이 어떤 면에서는 기만하는 것처럼 보일 수도 있다. 결국, $\mathbf{v}_1$이 나머지 벡터들의 일차결합이고 $c_1 \neq 0$라고 확신할 수는 없다. 그렇더라도 다른 어떤 벡터 $\mathbf{v}_i$, 또는 다른 스칼라 c_j에 대하여도 유사하다. 물건에 표찰을 다시 붙일 수 있듯이 위의 증명에는 문제가 없다. 이와 같은 상황에서 수학자들은 "일반성을 잃지 않고 $\mathbf{v}_1$이 나머지 벡터들의 일차결합이라 가정해도 좋다"라 하고, 앞에서와 같이 증명을 진행한다.

예제 2.22

영벡터를 포함하는 벡터의 집합은 일차종속이다. 왜냐하면, $\mathbf{0}, \mathbf{v}_2, \cdots, \mathbf{v}_m$이 $\mathbb{R}^n$의 벡터이면, $c_1 = 1$이고 $c_2 = c_3 = \cdots = c_m = 0$라 두어 $c_1\mathbf{0} + c_2\mathbf{v}_2 + \cdots + c_m\mathbf{v}_m = \mathbf{0}$인 자명하지 않는 일차결합을 구할 수 있기 때문이다.

예제 2.23

다음의 벡터들의 집합이 일차독립인지 아닌지를 판정하여라.

(a) $\begin{bmatrix}1\\4\end{bmatrix}, \begin{bmatrix}-1\\2\end{bmatrix}$ (b) $\begin{bmatrix}1\\1\\0\end{bmatrix}, \begin{bmatrix}0\\1\\1\end{bmatrix}, \begin{bmatrix}1\\0\\1\end{bmatrix}$

(c) $\begin{bmatrix}1\\-1\\0\end{bmatrix}, \begin{bmatrix}0\\1\\-1\end{bmatrix}, \begin{bmatrix}-1\\0\\1\end{bmatrix}$ (d) $\begin{bmatrix}1\\2\\0\end{bmatrix}, \begin{bmatrix}1\\1\\-1\end{bmatrix}, \begin{bmatrix}1\\4\\2\end{bmatrix}$

풀이 이와 같은 형태의 질문에 답할 때는, 관찰에 의해 한 벡터가 나머지 벡터들의 일차결합인지 아닌지를 보는 것이 좋은 생각이다. 작은 생각이 많은 계산을 대신할 수 있다.

(a) 한 벡터가 다른 벡터의 스칼라배이면 두 개의 벡터는 일차종속이다. 이 두 벡터에서는 한 벡터가 다른 벡터의 스칼라배가 아니므로, 일차독립이다.

(b) 여기서는 분명한 종속관계가 쉽게 보이지 않는다. 그래서

$$c_1\begin{bmatrix}1\\1\\0\end{bmatrix} + c_2\begin{bmatrix}0\\1\\1\end{bmatrix} + c_3\begin{bmatrix}1\\0\\1\end{bmatrix} = \begin{bmatrix}0\\0\\0\end{bmatrix}$$

를 만족하는 스칼라 c_1, c_2, c_3를 구하자. 대응되는 연립일차방정식은

$$\begin{aligned} c_1 + \qquad c_3 &= 0 \\ c_1 + c_2 \qquad &= 0 \\ c_2 + c_3 &= 0 \end{aligned}$$

이고, 첨가 계수행렬은

$$\left[\begin{array}{ccc|c} 1 & 0 & 1 & 0 \\ 1 & 1 & 0 & 0 \\ 0 & 1 & 1 & 0 \end{array}\right]$$

이다. 계수행렬의 열이 문제에 주어진 벡터임을 다시 확인한다.

기약 행사다리꼴은

$$\left[\begin{array}{ccc|c} 1 & 0 & 0 & 0 \\ 0 & 1 & 0 & 0 \\ 0 & 0 & 1 & 0 \end{array}\right]$$

이므로, $c_1 = 0$, $c_2 = 0$, $c_3 = 0$이다. 따라서 주어진 벡터들은 일차독립이다.

(c) 조금만 생각하면

$$\begin{bmatrix} 1 \\ -1 \\ 0 \end{bmatrix} + \begin{bmatrix} 0 \\ 1 \\ -1 \end{bmatrix} + \begin{bmatrix} -1 \\ 0 \\ 1 \end{bmatrix} = \begin{bmatrix} 0 \\ 0 \\ 0 \end{bmatrix}$$

임을 알 수 있다. 그래서 세 벡터는 일차종속이다. (b)에서와 같이 연립일차방정식을 세우고 이것을 대수적으로 확인하여라.

(d) 관찰로는 쉽게 알 수 없으므로, 첨가 계수행렬이 주어진 벡터를 열로 가지는 동차 연립일차방정식을 행줄임하자.

$$\left[\begin{array}{ccc|c} 1 & 1 & 1 & 0 \\ 2 & 1 & 4 & 0 \\ 0 & -1 & 2 & 0 \end{array}\right] \xrightarrow{R_2 - 2R_1} \left[\begin{array}{ccc|c} 1 & 1 & 1 & 0 \\ 0 & -1 & 2 & 0 \\ 0 & -1 & 2 & 0 \end{array}\right] \xrightarrow[\substack{R_3 - R_2 \\ -R_2}]{R_1 + R_2} \left[\begin{array}{ccc|c} 1 & 0 & 3 & 0 \\ 0 & 1 & -2 & 0 \\ 0 & 0 & 0 & 0 \end{array}\right]$$

만약 스칼라를 c_1, c_2, c_3 라 하면

$$\begin{aligned} c_1 + \qquad 3c_3 &= 0 \\ c_2 - 2c_3 &= 0 \end{aligned}$$

이므로, 여기서 우리는 연립일차방정식이 무수히 많은 해를 가짐을 안다. 특별히, 자명하지 않는 해가 있다. 따라서 주어진 벡터들은 일차종속이다.

만약 계속 풀이를 진행하면, 이 해를 정확하게 $c_1 = -3c_3$와 $c_2 = 2c_3$로 나타낼 수 있다. 그러므로 $c_3 \neq 0$에 대하여, 일차종속인 관계

$$-3c_3\begin{bmatrix} 1 \\ 2 \\ 0 \end{bmatrix} + 2c_3\begin{bmatrix} 1 \\ 1 \\ -1 \end{bmatrix} + c_3\begin{bmatrix} 1 \\ 4 \\ 2 \end{bmatrix} = \begin{bmatrix} 0 \\ 0 \\ 0 \end{bmatrix}$$

를 얻는다.

이제, 일차독립성을 검정하는 이 과정을 정리로 요약한다.

정리 2.6

$\mathbf{v}_1,\ \mathbf{v}_2,\ \cdots,\ \mathbf{v}_m$을 $\mathbb{R}^n$의 (열)벡터라 하고 A가 이 벡터를 열로 가지는 $n\times m$행렬 $[\mathbf{v}_1\ \ \mathbf{v}_2\ \ \cdots\ \ \mathbf{v}_m]$라 하자. 그러면 $\mathbf{v}_1,\ \mathbf{v}_2,\ \cdots,\ \mathbf{v}_m$이 일차종속일 필요충분조건은 첨가 계수행렬이 $[A\,|\,\mathbf{0}]$인 동차 연립일차방정식이 자명하지 않는 해를 가지는 것이다.

증명 $\mathbf{v}_1,\ \mathbf{v}_2,\ \cdots,\ \mathbf{v}_m$이 일차종속일 필요충분조건은 $c_1\mathbf{v}_1+c_2\mathbf{v}_2+\cdots+c_m\mathbf{v}_m=\mathbf{0}$이 되는 적어도 하나는 0이 아닌 스칼라 $c_1, c_2, \cdots, c_m$이 존재한다. 정리 2.4에 의하여, 이것은 영벡터가 아닌 벡터 $\begin{bmatrix} c_1 \\ c_2 \\ \vdots \\ c_m \end{bmatrix}$이 첨가 계수행렬을 $[\mathbf{v}_1\ \ \mathbf{v}_2\ \ \cdots\ \ \mathbf{v}_m\ |\ \mathbf{0}]$로 가지는 동차 연립일차방정식의 해라는 의미와 동치이다.

예제 2.24

$\mathbb{R}^3$에서 기본 단위벡터 $\mathbf{e}_1,\ \mathbf{e}_2,\ \mathbf{e}_3$는 일차독립이다. 왜냐하면, 첨가 계수행렬을 $[\mathbf{e}_1\ \ \mathbf{e}_2\ \ \mathbf{e}_3\ |\ \mathbf{0}]$로 가지는 연립일차방정식이 이미 기약 행사다리꼴

$$\left[\begin{array}{ccc|c} 1 & 0 & 0 & 0 \\ 0 & 1 & 0 & 0 \\ 0 & 0 & 1 & 0 \end{array}\right]$$

이고, 자명해만 가진다. 일반적으로, $\mathbf{e}_1,\ \mathbf{e}_2,\ \cdots,\ \mathbf{e}_n$이 $\mathbb{R}^n$에서 일차독립이라는 것을 알 수 있다.

행렬에 기본 행변환을 시행하여 행들의 일차결합을 구성한다. 이 사실을 이용하여 벡터의 일차독립성을 검정하는 다른 방법을 제안한다.

예제 2.25

예제 2.23(d)의 세 벡터를 다음과 같이 행벡터로 보자.

$$[1, 2, 0],\ [1, 1, -1],\ [1, 4, 2]$$

이 벡터들을 행으로 하는 행렬을 구성하고 행사다리꼴로 고치자. 행을 변환할 때마다 프라임 부호를 추가하여 새로운 행을 표시한다.

$$\begin{bmatrix} 1 & 2 & 0 \\ 1 & 1 & -1 \\ 1 & 4 & 2 \end{bmatrix} \xrightarrow[R'_3=R_3-R_1]{R'_2=R_2-R_1} \begin{bmatrix} 1 & 2 & 0 \\ 0 & -1 & -1 \\ 0 & 2 & 2 \end{bmatrix}$$

$$\xrightarrow{R''_3=R'_3+2R'_2} \begin{bmatrix} 1 & 2 & 0 \\ 0 & -1 & -1 \\ 0 & 0 & 0 \end{bmatrix}$$

이것으로부터

$$0 = R_3'' = R_3' + 2R_2' = (R_3 - R_1) + 2(R_2 - R_1) = -3R_1 + 2R_2 + R_3$$

이므로, 주어진 벡터의 항으로 나타내면R_3''

$$-3[1, 2, 0] + 2[1, 1, -1] + [1, 4, 2] = [0, 0, 0]$$

이다. 이는 예제 2.23(d)의 해에서 $c_3 = 1$인 경우에 대응됨을 주목하여라.

그러므로 만약 기본 행변환을 이용하여 성분이 모두 0인 행으로 변환할 수 있으면 행렬의 행들은 일차종속이다. 이것을 다음과 같이 요약한다.

정리 2.7 $\mathbf{v}_1, \mathbf{v}_2, \cdots, \mathbf{v}_m$을 $\mathbb{R}^n$의 (행)벡터라 하고 A가 이 벡터를 행으로 가지는 $m \times n$ 행렬 $\begin{bmatrix} \mathbf{v}_1 \\ \mathbf{v}_2 \\ \vdots \\ \mathbf{v}_m \end{bmatrix}$라 하자. 그러면 $\mathbf{v}_1, \mathbf{v}_2, \cdots, \mathbf{v}_m$이 일차종속일 필요충분조건은 $\text{rank}(A) < m$이다.

증명 $\mathbf{v}_1, \mathbf{v}_2, \cdots, \mathbf{v}_m$이 일차종속이면, 정리 2.2에 의해서 적어도 한 벡터는 나머지 벡터들의 일차결합으로 나타낼 수 있다. 필요하다면 벡터들의 라벨을 다시 붙여, $\mathbf{v}_m = c_1\mathbf{v}_1 + c_2\mathbf{v}_2 + \cdots + c_{m-1}\mathbf{v}_{m-1}$로 나타낼 수 있다. 그러면 A에 기본 행변환 $R_m - c_1R_1$, $R_m - c_2R_2$, $\cdots$, $R_m - c_{m-1}R_{m-1}$을 적용하여 m행을 0으로 만든다. 그러므로 $\text{rank}(A) < m$이다.

역으로, $\text{rank}(A) < m$이라 하면, 한 행의 모든 원소를 모두 0으로 만드는 일련의 행변환이 존재한다. 예제 2.25에서 이용했던 비슷한 논리를 연속 대입하여 $\mathbf{0}$가 $\mathbf{v}_1, \mathbf{v}_2, \cdots, \mathbf{v}_m$의 자명하지 않는 결합이 되는 것을 보일 수 있다. 따라서 $\mathbf{v}_1, \mathbf{v}_2, \cdots, \mathbf{v}_m$은 일차종속이다.

상황에 따라서는, 벡터들의 집합이 아무런 추론과정 없이 바로 일차종속임을 알 수 있다. 그런 경우 중의 하나는 예제 2.22에서와 같이 영벡터를 포함하는 집합일 때이다. 또 하나는, 일차독립이기에는 '너무 많은' 벡터들이 있을 때이다. 다음 정리는 이런 경우를 요약한다. (6장에서 이 결과의 좀 더 명확한 버전을 보게 될 것이다.)

정리 2.8 만약 $m > n$이면, m개의 $\mathbb{R}^n$의 벡터는 일차종속이다.

증명 $\mathbf{v}_1, \mathbf{v}_2, \cdots, \mathbf{v}_m$을 $\mathbb{R}^n$의 (열)벡터라 하고 A는 이 벡터들을 열로 갖는 $n \times m$행렬 $[\mathbf{v}_1\ \mathbf{v}_2\ \cdots\ \mathbf{v}_m]$라 하자. 정리 2.6에 의해서 $\mathbf{v}_1, \mathbf{v}_2, \cdots, \mathbf{v}_m$이 일차종속일 필요충분조건은 첨가 계수행렬을 $[A\,|\,\mathbf{0}]$로 가지는 동차 연립일차방정식이

자명하지 않는 해를 가진다. 그런데 정리 2.3에 따르면 이 경우는 A의 열의 수가 행의 수보다 많을 경우이다. 지금이 그런 경우이다. 왜냐하면, 열의 수 m이 행의 수 n보다 크기 때문이다.

예제 2.26

$\begin{bmatrix}1\\3\end{bmatrix}$, $\begin{bmatrix}2\\4\end{bmatrix}$, $\begin{bmatrix}3\\1\end{bmatrix}$은 일차종속이다. 왜냐하면, $\mathbb{R}^2$에서 일차독립이 되려면 두 벡터보다 많을 수 없다. 실제로, 이 세 벡터 사이에 일차종속인 관계를 밝히려면, 주어진 벡터들로 구성된 계수행렬을 갖는 동차 연립일차방정식을 풀어야 함을 주목하여라.

2.3 연습문제

※ [1–6] 벡터 $\mathbf{v}$가 나머지 벡터들의 일차결합인가를 결정하여라.

1. $\mathbf{v}=\begin{bmatrix}1\\2\end{bmatrix}$, $\mathbf{u}_1=\begin{bmatrix}1\\-1\end{bmatrix}$, $\mathbf{u}_2=\begin{bmatrix}2\\-1\end{bmatrix}$

2. $\mathbf{v}=\begin{bmatrix}2\\1\end{bmatrix}$, $\mathbf{u}_1=\begin{bmatrix}4\\-2\end{bmatrix}$, $\mathbf{u}_2=\begin{bmatrix}-2\\1\end{bmatrix}$

3. $\mathbf{v}=\begin{bmatrix}1\\2\\3\end{bmatrix}$, $\mathbf{u}_1=\begin{bmatrix}1\\1\\0\end{bmatrix}$, $\mathbf{u}_2=\begin{bmatrix}0\\1\\1\end{bmatrix}$

4. $\mathbf{v}=\begin{bmatrix}3\\2\\-1\end{bmatrix}$, $\mathbf{u}_1=\begin{bmatrix}1\\1\\0\end{bmatrix}$, $\mathbf{u}_2=\begin{bmatrix}0\\1\\1\end{bmatrix}$

5. $\mathbf{v}=\begin{bmatrix}1\\2\\3\end{bmatrix}$, $\mathbf{u}_1=\begin{bmatrix}1\\1\\0\end{bmatrix}$, $\mathbf{u}_2=\begin{bmatrix}0\\1\\1\end{bmatrix}$, $\mathbf{u}_3=\begin{bmatrix}1\\0\\1\end{bmatrix}$

CAS 6. $\mathbf{v}=\begin{bmatrix}3.2\\2.0\\-2.6\end{bmatrix}$, $\mathbf{u}_1=\begin{bmatrix}1.0\\0.4\\4.8\end{bmatrix}$, $\mathbf{u}_2=\begin{bmatrix}3.4\\1.4\\-6.4\end{bmatrix}$, $\mathbf{u}_3=\begin{bmatrix}-1.2\\0.2\\-1.0\end{bmatrix}$

※ [7–8] 벡터 $\mathbf{b}$가 행렬 A의 열들의 생성에 속하는가를 판정하여라.

7. $A=\begin{bmatrix}1&2\\3&4\end{bmatrix}$, $\mathbf{b}=\begin{bmatrix}5\\6\end{bmatrix}$

8. $A=\begin{bmatrix}1&2&3\\5&6&7\\9&10&11\end{bmatrix}$, $\mathbf{b}=\begin{bmatrix}4\\8\\12\end{bmatrix}$

9. $\mathbb{R}^2=\mathrm{span}\left(\begin{bmatrix}1\\1\end{bmatrix}, \begin{bmatrix}1\\-1\end{bmatrix}\right)$임을 보여라.

10. $\mathbb{R}^2=\mathrm{span}\left(\begin{bmatrix}3\\-2\end{bmatrix}, \begin{bmatrix}0\\1\end{bmatrix}\right)$임을 보여라.

11. $\mathbb{R}^3=\mathrm{span}\left(\begin{bmatrix}1\\0\\1\end{bmatrix}, \begin{bmatrix}1\\1\\0\end{bmatrix}, \begin{bmatrix}0\\1\\1\end{bmatrix}\right)$임을 보여라.

12. $\mathbb{R}^3=\mathrm{span}\left(\begin{bmatrix}1\\1\\0\end{bmatrix}, \begin{bmatrix}1\\2\\3\end{bmatrix}, \begin{bmatrix}2\\1\\-1\end{bmatrix}\right)$임을 보여라.

※ [13–16] 주어진 벡터의 생성을 (a) 기하학적으로 (b) 대수적으로 설명하여라.

13. $\begin{bmatrix}2\\-4\end{bmatrix}$, $\begin{bmatrix}-1\\2\end{bmatrix}$

14. $\begin{bmatrix}0\\0\end{bmatrix}$, $\begin{bmatrix}3\\4\end{bmatrix}$

15. $\begin{bmatrix}1\\2\\0\end{bmatrix}$, $\begin{bmatrix}3\\2\\-1\end{bmatrix}$

16. $\begin{bmatrix}1\\0\\-1\end{bmatrix}$, $\begin{bmatrix}-1\\1\\0\end{bmatrix}$, $\begin{bmatrix}0\\-1\\1\end{bmatrix}$

17. 점 $(1, 0, 3)$, $(-1, 1, -3)$와 원점을 포함하는 평면의 일반방정식은 $ax+by+cz=0$의 형태이다. 평면의 방정식을 구하여라.

18. $\mathbf{u}$, $\mathbf{v}$와 $\mathbf{w}$는 모두 $\mathrm{span}(\mathbf{u}, \mathbf{v}, \mathbf{w})$에 있음을 증명하여라.

19. $\mathbf{u}$, $\mathbf{v}$와 $\mathbf{w}$는 모두 $\mathrm{span}(\mathbf{u}, \mathbf{u}+\mathbf{v}, \mathbf{u}+\mathbf{v}+\mathbf{w})$에 있음을 증명하여라.

20. (a) $\mathbb{R}^n$의 벡터 $\mathbf{u}_1, \cdots, \mathbf{u}_m$에 대하여, $S=\{\mathbf{u}_1, \cdots, \mathbf{u}_k\}$, $T=\{\mathbf{u}_1, \cdots, \mathbf{u}_k, \mathbf{u}_{k+1}, \cdots, \mathbf{u}_m\}$이라 하면

span(S) ⊆ span(T) 임을 증명하여라. [힌트: 이 질문을 일차결합의 관점으로 바꾸어 생각하여라.]

(b) 만약 $\mathbb{R}^n$=span(S)이면, 역시 $\mathbb{R}^n$=span(T)임을 추론하여라.

21. (a) 벡터 $\mathbf{w}$가 $\mathbf{u}_1, \cdots, \mathbf{u}_k$의 일차결합이고, 각 벡터 $\mathbf{u}_i$가 벡터 $\mathbf{v}_1, \cdots, \mathbf{v}_m$의 일차결합이라 하자. 그러면 $\mathbf{w}$가 $\mathbf{v}_1, \cdots, \mathbf{v}_m$의 일차결합이고 span$(\mathbf{u}_1, \cdots, \mathbf{u}_k)$ ⊆ span$(\mathbf{v}_1, \cdots, \mathbf{v}_m)$임을 증명하여라.

(b) (a)에 추가하여, 각 벡터 $\mathbf{v}_j$도 $\mathbf{u}_1, \cdots, \mathbf{u}_k$의 일차결합이면 span$(\mathbf{u}_1, \cdots, \mathbf{u}_k)$=span$(\mathbf{v}_1, \cdots, \mathbf{v}_m)$임을 증명하여라.

(c) (b)의 결과를 이용하여

$$\mathbb{R}^3=\text{span}\left(\begin{bmatrix}1\\0\\0\end{bmatrix}, \begin{bmatrix}1\\1\\0\end{bmatrix}, \begin{bmatrix}1\\1\\1\end{bmatrix}\right)$$

임을 증명하여라. [힌트: $\mathbb{R}^3$=span$(\mathbf{e}_1, \mathbf{e}_2, \mathbf{e}_3)$임을 이용한다.]

※ [22-31] 예제 2.23의 방법과 정리 2.6을 이용하여 다음 벡터들의 집합이 일차독립인지를 직관으로 판정하고 이유를 서술하여라. 일차종속이면 벡터 사이의 종속관계를 나타내어라.

22. $\begin{bmatrix}2\\-1\\3\end{bmatrix}, \begin{bmatrix}-1\\2\\3\end{bmatrix}$

23. $\begin{bmatrix}1\\1\\1\end{bmatrix}, \begin{bmatrix}1\\2\\3\end{bmatrix}, \begin{bmatrix}1\\-1\\2\end{bmatrix}$

24. $\begin{bmatrix}2\\2\\1\end{bmatrix}, \begin{bmatrix}3\\1\\2\end{bmatrix}, \begin{bmatrix}1\\-5\\2\end{bmatrix}$

25. $\begin{bmatrix}0\\1\\2\end{bmatrix}, \begin{bmatrix}2\\1\\3\end{bmatrix}, \begin{bmatrix}2\\0\\1\end{bmatrix}$

26. $\begin{bmatrix}-2\\3\\7\end{bmatrix}, \begin{bmatrix}4\\-1\\5\end{bmatrix}, \begin{bmatrix}3\\1\\3\end{bmatrix}, \begin{bmatrix}5\\0\\2\end{bmatrix}$

27. $\begin{bmatrix}3\\4\\5\end{bmatrix}, \begin{bmatrix}6\\7\\8\end{bmatrix}, \begin{bmatrix}0\\0\\0\end{bmatrix}$

28. $\begin{bmatrix}-1\\1\\2\\1\end{bmatrix}, \begin{bmatrix}3\\2\\2\\4\end{bmatrix}, \begin{bmatrix}2\\3\\1\\-1\end{bmatrix}$

29. $\begin{bmatrix}1\\-1\\1\\0\end{bmatrix}, \begin{bmatrix}-1\\1\\0\\1\end{bmatrix}, \begin{bmatrix}1\\0\\1\\-1\end{bmatrix}, \begin{bmatrix}0\\1\\-1\\1\end{bmatrix}$

30. $\begin{bmatrix}0\\0\\0\\1\end{bmatrix}, \begin{bmatrix}0\\0\\2\\1\end{bmatrix}, \begin{bmatrix}0\\3\\2\\1\end{bmatrix}, \begin{bmatrix}4\\3\\2\\1\end{bmatrix}$

31. $\begin{bmatrix}3\\-1\\1\\-1\end{bmatrix}, \begin{bmatrix}-1\\3\\1\\-1\end{bmatrix}, \begin{bmatrix}1\\1\\3\\1\end{bmatrix}, \begin{bmatrix}-1\\-1\\1\\3\end{bmatrix}$

※ [32-41] 연습문제로 주어진 벡터들의 집합이 일차독립인지를, 벡터를 행벡터로 바꾸고 예제 2.25의 방법과 정리 2.7을 이용하여 판정하여라. 일차종속이면 벡터 사이의 종속관계를 나타내어라.

32. 연습문제 22

33. 연습문제 23

34. 연습문제 24

35. 연습문제 25

36. 연습문제 26

37. 연습문제 27

38. 연습문제 28

39. 연습문제 29

40. 연습문제 30

41. 연습문제 31

42. (a) 만약 $n \times n$ 행렬 A의 열이 $\mathbb{R}^n$에 있는 벡터로서 일차독립이라면, A의 계수는 얼마인가? 설명하여라.

(b) 만약 $n \times n$ 행렬 A의 행이 $\mathbb{R}^n$에 있는 벡터로서 일차독립이라면, A의 계수는 얼마인가? 설명하여라.

43. (a) 만약 벡터 $\mathbf{u}$, $\mathbf{v}$와 $\mathbf{w}$가 일차독립이라면, $\mathbf{u}+\mathbf{v}$, $\mathbf{v}+\mathbf{w}$와 $\mathbf{u}+\mathbf{w}$도 역시 일차독립인가?

(b) 만약 벡터 $\mathbf{u}$, $\mathbf{v}$와 $\mathbf{w}$가 일차독립이라면, $\mathbf{u}-\mathbf{v}$, $\mathbf{v}-\mathbf{w}$와 $\mathbf{u}-\mathbf{w}$도 역시 일차독립인가?

44. 두 벡터가 일차종속일 필요충분조건은 한 벡터가 다른 벡터의 스칼라배임을 증명하여라. [힌트: 한 벡터가 $\mathbf{0}$일 때의 경우와 분리하여 생각하여라.]

45. 정리 2.8의 증명을 행벡터로 증명하여라.

46. 일차독립인 벡터집합의 모든 부분집합은 일차독립임을 증명하여라.

47. $S=\{\mathbf{v}_1, \mathbf{v}_2, \cdots, \mathbf{v}_k, \mathbf{v}\}$가 $\mathbb{R}^n$의 벡터들의 집합이고, $\mathbf{v}$가 $\mathbf{v}_1, \mathbf{v}_2, \cdots, \mathbf{v}_k$의 일차결합이라 하자. 만약 $S'=\{\mathbf{v}_1, \mathbf{v}_2, \cdots, \mathbf{v}_k\}$라면, span$(S)$=span$(S')$임을 증명하여라. [힌트: 여기서 연습문제 21(b)가 유용하다.]

48. $\{\mathbf{v}_1, \mathbf{v}_2, \cdots, \mathbf{v}_k\}$가 $\mathbb{R}^n$에서 일차독립인 벡터들의 집합이고 $\mathbf{v}$가 $\mathbb{R}^n$에 있는 벡터라 하자. $\mathbf{v}=c_1\mathbf{v}_1+c_2\mathbf{v}_2+\cdots+c_k\mathbf{v}_k$, $c_1 \neq 0$라 하면, $\{\mathbf{v}, \mathbf{v}_2, \cdots, \mathbf{v}_k\}$가 일차독립임을 증명하여라.

2.4 응용

연립일차방정식의 응용은 너무 다양하여 그것을 하나의 절에서 충분하게 다루기는 어렵다. 이 절에서는 몇 가지 응용을 소개하여, 그들이 나타나는 다양한 설정을 설명하도록 한다.

재료의 배분

많은 연립일차방정식의 응용은 어떤 제약조건 아래 제한된 재료의 배분에 관한 것이다.

예제 2.27 한 생물학자가 I종, II종과 III종으로 구별되는 세 종류의 박테리아들을 시험관에 넣었다. 여기서 박테리아는 세 가지의 다른 영양물(A, B, C)로 배양된다. 매일 2300개의 A, 800개의 B와 1500개의 C를 시험관에 넣는다. 한 마리의 박테리아가 매일 소비하는 각 영양물의 수는 표 2.2에서 보는 것과 같다. 이때, 시험관에서 영양물을 모두 소비하고 또 공존하려면 각 종의 박테리아 수는 얼마이어야 하는가?

표 2.2

	I 종 박테리아	II 종 박테리아	III 종 박테리아
A영양물	2	2	4
B영양물	1	2	0
C영양물	1	3	1

풀이 x_1, x_2, x_3를 각각 I종, II종, III종의 박테리아 수라고 하자. I종 박테리아 한 마리가 매일 2개의 A를 소비하므로, I종 박테리아는 매일 $2x_1$개의 A를 소비한다. 같은 방법으로, II종 박테리아와 III종 박테리아는 매일 각각 $2x_2$와 $4x_3$개의 A를 소비한다. 세 종류의 박테리아가 2300개의 A를 모두 소비하여야 하므로

$$2x_1 + 2x_2 + 4x_3 = 2300$$

인 방정식을 가진다. 마찬가지로, 영양물 B와 C의 소비에 대응하는 방정식

$$\begin{aligned} x_1 + 2x_2 \qquad &= \ \ 800 \\ x_1 + 3x_2 + x_3 &= 1500 \end{aligned}$$

을 얻는다. 그러므로 미지수가 3개이고 일차방정식이 3개인 다음과 같은 연립일차방정식을 얻는다. 대응하는 첨가 계수행렬의 행을 변환하여

$$\begin{bmatrix} 2 & 2 & 4 & | & 2300 \\ 1 & 2 & 0 & | & 800 \\ 1 & 3 & 1 & | & 1500 \end{bmatrix} \rightarrow \begin{bmatrix} 1 & 0 & 0 & | & 100 \\ 0 & 1 & 0 & | & 350 \\ 0 & 0 & 1 & | & 350 \end{bmatrix}$$

이 된다. 그러므로 연립일차방정식의 해는 $x_1 = 100$, $x_2 = 350$, $x_3 = 350$ 이다. 따라서 영양물이 모두 소모되기를 바란다면, 생물학자는 시험관에 I종 박테리아 100마리와 II종, III종 박테리아를 각각 350마리를 넣어야 한다.

예제 2.28 표 2.3의 영양물의 1일 소비량 자료를 이용하여, 예제 2.27을 되풀이 하여라. 이때, 매일 시험관 속에 영양물 A는 1500개, B는 3000개, C는 4500개가 넣어진다고 한다.

표 2.3

	I종 박테리아	II종 박테리아	III종 박테리아
A영양물	1	1	1
B영양물	1	2	3
C영양물	1	3	5

풀이 x_1, x_2, x_3를 각 종의 박테리아 수라고 하자. 여기서, 얻어지는 연립일차방정식의 첨가 계수행렬과 대응되는 기약 행사다리꼴은

$$\begin{bmatrix} 1 & 1 & 1 & | & 1500 \\ 1 & 2 & 3 & | & 3000 \\ 1 & 3 & 5 & | & 4500 \end{bmatrix} \rightarrow \begin{bmatrix} 1 & 0 & -1 & | & 0 \\ 0 & 1 & 2 & | & 1500 \\ 0 & 0 & 0 & | & 0 \end{bmatrix}$$

이고, 이에 대응되는 연립일차방정식은

$$\begin{aligned} x_1 \quad - x_3 &= 0 \\ x_2 + 2x_3 &= 1500 \end{aligned}$$

이므로, 이 경우는 두 개 이상의 해를 가짐을 알 수 있다. $x_3 = t$로 두면, $x_1 = t$, $x_2 = 1500 - 2t$, $x_3 = t$를 얻는다. 적용된 문제에서 해를 올바르게 해석하는 데 주의를 하지 않으면 안 된다. 분명, 박테리아 수는 음수가 될 수 없다. 그러므로 $t \geq 0$이고 $1500 - 2t \geq 0$이어야 한다. 두 번째 부등식이 $t \leq 750$을 의미하므로, 결과적으로 $0 \leq t \leq 750$이다. 따라서 부등식을 만족하는 t의 값은 정확히 751개가 있다. 그러므로 751개 해는

$$\begin{bmatrix} x_1 \\ x_2 \\ x_3 \end{bmatrix} = \begin{bmatrix} t \\ 1500 - 2t \\ t \end{bmatrix} = \begin{bmatrix} 0 \\ 1500 \\ 0 \end{bmatrix} + t\begin{bmatrix} 1 \\ -2 \\ 1 \end{bmatrix}$$

의 형태이고, $0 \leq t \leq 750$이다. 그래서 수학적으로 이 연립방정식은 무수히 많은 해를 가지더라도, 실제로는 유한개이다.

화학방정식의 균형화

화학반응이 일어날 때, 분자(반응물)는 새로운 분자(생성물)로 화합한다. **균형 화학방정식**은 반응에서 반응물과 생성물의 비례 수를 알려주는 대수적 방정식이고, 식의 양변에서 각 형태의 원자 수가 같다. 방정식은 통상적으로 왼쪽에 반응물, 오른쪽에 생성물 그리고 반응의 방향을 보이기 위해 그 사이에 화살표를 표시한다.

예를 들어, 수소(H_2)와 산소(O_2)가 결합하여 물(H_2O)이 되는 반응에 대한 균형 화학방정식은

$$2H_2 + O_2 \rightarrow 2H_2O$$

이고, 두 개의 수소 분자와 한 개의 산소 분자가 결합하여 두 개의 물 분자가 되는 것을 보인다. 이 방정식이 균형을 이룸을 잘 보아라. 왜냐하면, 양변에 4개의 수소 원자와 2개의 산소 원자가 있다. 이 반응에 대한 균형 화학방정식이 결코 유일하지 않음을 주의하여라. 왜냐하면, 균형 화학방정식의 양수 배도 또한 균형 화학방정식이 된다. 예를 들어, $6H_2 + 3O_2 \rightarrow 6H_2O$도 균형 화학방정식이다. 따라서 대개는 주어진 반응에 대해 가장 단순한 균형 화학방정식을 찾는다. 간단한 예에서 시행착오가 자주 일어나는데, 화학방정식의 균형화 과정은 실제로 동차 연립일차방정식 풀이를 수반한다. 그래서 어림짐작으로 하는 일을 막기 위해 개발된 기술을 이용할 수 있다.

예제 2.29 산소에서 암모니아(NH_3)의 연소는 질소(N_2)와 물을 생산한다. 이 반응에 대한 균형 화학방정식을 구하여라.

풀이 암모니아, 산소, 질소와 물의 분자의 수를 각각 w, x, y와 z라 두고

$$w\,NH_3 + x\,O_2 \rightarrow y\,N_2 + z\,H_2O$$

형태의 방정식을 구하려고 한다. 반응물과 생성물의 질소, 수소와 산소 원자의 수를 비교하여, 다음 3개의 일차방정식을 얻는다.

$$\begin{aligned} \text{질소:}\ & w = 2y \\ \text{수소:}\ & 3w = 2z \\ \text{산소:}\ & 2x = z \end{aligned}$$

이 방정식을 기본형으로 나타내어, 미지수가 4개이고 식이 3개인 동차 연립일차방정식을 만든다. 정리 2.3은 이러한 연립일차방정식이 무수히 많은 자명하지 않는 해를 가짐을 보장한다. 대응되는 첨가 계수행렬을 가우스-조르당 소거법을 이용하여 변환하면

$$\begin{aligned} w \quad\quad - 2y \quad\quad &= 0 \\ 3w \quad\quad\quad\quad - 2z &= 0 \\ 2x \quad\quad - \ z &= 0 \end{aligned} \rightarrow \left[\begin{array}{cccc|c} 1 & 0 & -2 & 0 & 0 \\ 3 & 0 & 0 & -2 & 0 \\ 0 & 2 & 0 & -1 & 0 \end{array}\right] \rightarrow \left[\begin{array}{cccc|c} 1 & 0 & 0 & -\frac{2}{3} & 0 \\ 0 & 1 & 0 & -\frac{1}{2} & 0 \\ 0 & 0 & 1 & -\frac{1}{3} & 0 \end{array}\right]$$

를 얻는다. 따라서 $w=\frac{2}{3}z$, $x=\frac{1}{2}z$, $y=\frac{1}{3}z$ 이다. 네 미지수 모두를 정수 값으로 만드는 가장 작은 양의 정수 값 z는 세 유리수 $\frac{2}{3}$, $\frac{1}{2}$, $\frac{1}{3}$의 가장 작은 공통분모인 6이다. 그래서 $w=4$, $x=3$, $y=2$, $z=6$ 이다. 그러므로 균형 화학방정식은

$$4NH_3 + 3O_2 \rightarrow 2N_2 + 6H_2O$$

네트워크 분석

많은 실제 상황이 네트워크로 주어진다. 교통망, 통신망과 경제 네트워크 등 우리는 주로 네트워크를 통해 가능한 흐름에 관심을 갖고 있다. 예를 들어, 도로를 통한 차량의 흐름, 자료 네트워크를 통한 정보의 흐름 그리고 경제 네트워크를 통한 상품과 서비스의 흐름 등이 그 좋은 예이다.

여기에서 **네트워크**를 유한개의 **마디점**(**접합점**, **정점**)들과 그들을 이어주는 일련의 방향을 갖는 **가지**(또는 **호**)들로 생각한다. 각 가지에는 수용 가능한 **유량**을 꼬리표로 표시한다. 일방통행만 가능한 교통망을 상상해 보라. 이러한 네트워크는 기본적으로 **유량 보존의 법칙**에 따라 그 흐름이 결정된다.

> 각 마디점에서 들어오는 유량과 나가는 유량은 같다.

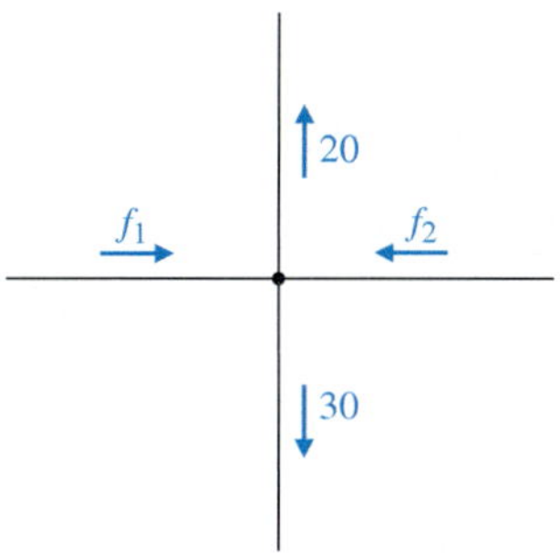

그림 2.10 마디점에서의 유량: $f_1+f_2=50$

그림 2.10과 같이 어떤 네트워크에서 하나의 마디점에서 들어오는 가지와 나가는 가지가 각각 두 개씩 있다고 하자. 그러면 유량 보존의 법칙에 따라 들어오는 전체 유량 f_1+f_2와 나가는 전체 유량 50은 같아야 한다. 따라서 이 마디점에서는 일차방정식 $f_1+f_2=50$을 얻을 수 있다.

비슷한 방법으로 모든 마디점에 대하여 일차방정식을 구성하여 전체 네트워크의 유량을 분석할 수 있다.

예제 2.30 그림 2.11에서의 수도관의 네트워크를 통하는 가능한 유량을 기술하여라.

풀이 각 마디점에서 보존량을 나타내는 일차방정식을 기록한다. (여기서 유량은 분당 리터로 측정된다.) 그리고 그것을 왼쪽에 미지수, 오른쪽에 상수를 나타내는 방정식으로 다시 나타내어 연립일차방정식의 표준형을 얻는다.

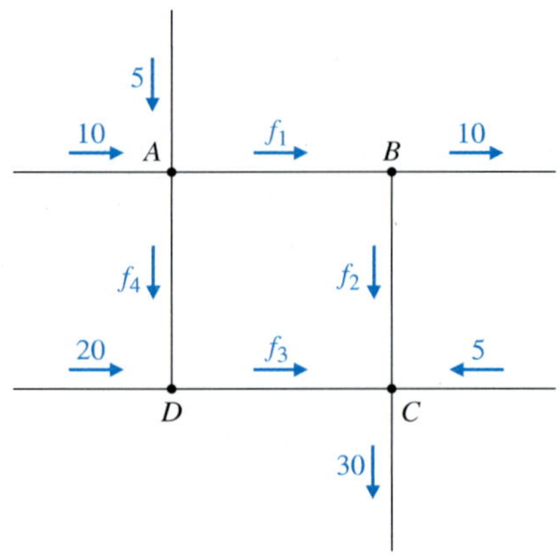

그림 2.11

$$\begin{array}{llcl}
\text{마디점 } A\text{: } 15 = f_1 + f_4 & & f_1 \qquad\quad + f_4 = 15 \\
\text{마디점 } B\text{: } f_1 = f_2 + 10 & \rightarrow & f_1 - f_2 \qquad\quad = 10 \\
\text{마디점 } C\text{: } f_2 + f_3 + 5 = 30 & & f_2 + f_3 \qquad = 25 \\
\text{마디점 } D\text{: } f_4 + 20 = f_3 & & f_3 - f_4 = 20
\end{array}$$

가우스-조르당 소거법을 이용하여 첨가 계수행렬을 기약 행사다리꼴로 변형시키면

$$\left[\begin{array}{cccc|c} 1 & 0 & 0 & 1 & 15 \\ 1 & -1 & 0 & 0 & 10 \\ 0 & 1 & 1 & 0 & 25 \\ 0 & 0 & 1 & -1 & 20 \end{array}\right] \rightarrow \left[\begin{array}{cccc|c} 1 & 0 & 0 & 1 & 15 \\ 0 & 1 & 0 & 1 & 5 \\ 0 & 0 & 1 & -1 & 20 \\ 0 & 0 & 0 & 0 & 0 \end{array}\right]$$

이다. 여기서, 하나의 자유변수 f_4가 있어서 무수히 많은 해가 존재함을 안다. $f_4 = t$라 두고 선행변수를 f_4의 항으로 나타내면

$$\begin{aligned} f_1 &= 15 - t \\ f_2 &= \ \ 5 - t \\ f_3 &= 20 + t \\ f_4 &= \qquad t \end{aligned}$$

이다. 이 식으로부터 모든 가능한 유량을 알 수 있고 네트워크를 분석할 수 있다. 예를 들어, 만약 $t = 5$ L/min가 되도록 가지 AD를 제어하면, 다른 유량 $f_1 = 10$, $f_2 = 0$, $f_3 = 25$임을 안다. 또한, 각 가지의 가능한 최대 및 최소의 유량을 알 수 있다. 첫 번째와 두 번째 식에서 $t \le 15$(그렇지 않으면 f_1이 음이 될 수 있음)이고, $t \le 5$(그렇지 않으면 f_2가 음이 될 수 있음)인 것을 안다. 이 두 부등식에서 두 번째 것이 첫 번째 것보다 더 제한적이므로, 두 번째 것을 이용하지 않으면 안 된다. 세 번째 식은 매개변수 t에 더 이상의 제한을 부여하지 않으므로, 결과적으로 $0 \le t \le 5$임을 알 수 있다. 이 결과와 네 일차방정식을 결합하여

$$10 \le f_1 \le 15$$
$$0 \le f_2 \le 5$$
$$20 \le f_3 \le 25$$
$$0 \le f_4 \le 5$$

가 된다. 이것이 이 네트워크에서의 가능한 유량을 나타낸다.

전기회로망

전기회로망이란 특별한 형태의 네트워크로 배터리와 같은 전력원과 전구나 전동기 등의 전기 기구들이 서로 연결된 것을 말한다. 전력원이 전압차를 이용하여 전기회로망에 전류를 흘려보내면 전류는 저항으로 인식되는 다양한 전기 기구를 만나게 되는데 전류가 각 전기 기구를 통과하기 위해서는 상당한 전압이 필요하다.

전기의 기본법칙인 옴(Ohm)의 법칙은 저항이 R인 저항기를 통해 전류 I가 흐르는 데 정확히 얼마의 전압 E가 필요한지를 말해준다.

옴의 법칙

전압 = 저항 × 전류 또는 $E = RI$

전압은 볼트, 저항은 옴, 전류는 암페어가 그 단위이다. 따라서 이들 단위에 관하여 옴의 법칙은 '볼트 = 옴×암페어'이다. 그리고 전압강하란 전류가 저항기를 통과할 때를 말한다.

전류는 배터리의 양극으로 흘러나와 하나 또는 그 이상의 닫힌 회로를 거쳐 음극으로 흘러 들어간다. 전기회로망에서 배터리는 ─┤├─로 나타내고 (여기서 양극은 긴 수직막대기 쪽임) 저항은 ─\/\/\/─로 나타낸다. 우리에게 키르히호프의 법칙으로 알려진 다음의 두 법칙은 전기회로망에 적용된다. 첫 번째 것은 각 마디에서 유량 보존의 법칙이고, 두 번째 것은 각 회로 주위의 전압의 균형법칙이다.

키르히호프의 법칙

전류법칙(마디점): 어떤 마디점으로 흘러들어가는 전류의 합은 그 마디에서 흘러나오는 전류의 합과 같다.

전압법칙(회로): 어떤 회로 주위의 전압강하의 합은 그 회로 주위의 전체 전압과 같다.

그림 2.12는 키르히호프의 법칙의 예이다. (a)에서 전류법칙으로 $I_1 = I_2 + I_3$가 되고 (b)에서 $4I = 10$이 된다. 여기서 저항기에서 전압강하 $4I$를 계산하기 위해 옴의 법칙을 이용하였다. 키르히호프의 법칙을 이용하여, 주어진 전기회로망에서 전류를 구하기 위한 연립일차방정식을 구성할 수 있다.

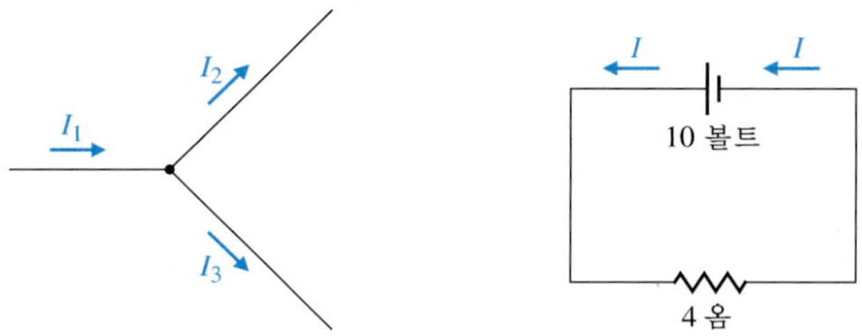

(a) $I_1 = I_2 + I_3$ (b) $4I = 10$

그림 2.12

예제 2.31 그림 2.13의 전기회로망에서 전류 I_1, I_2, I_3를 구하여라.

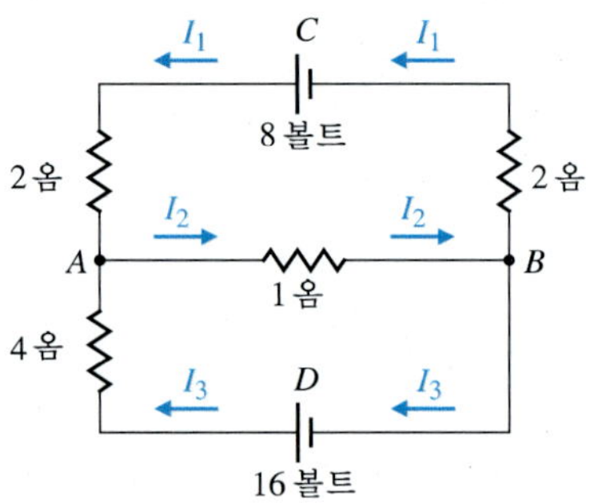

그림 2.13

풀이 이 전기회로망에는 두 개의 배터리와 네 개의 저항이 있다. 전류 I_1는 윗가지 BCA를 통해 흐르고, 전류 I_2는 중간 가지 AB를 가로질러 흐르고, 전류 I_3는 아래 가지 BDA를 통해 흐른다.

마디점 A에서, 전류법칙에 따라 $I_1 + I_3 = I_2$, 즉 $I_1 - I_2 + I_3 = 0$이다. 마디점 B에서도 같은 식이 얻어진다.

다음으로, 각 회로에 전압법칙을 적용해보자. 회로 $CABC$에서 각 저항장치에서의 전압강하는 $2I_1$, I_2, $2I_1$이므로, 방정식

$$4I_1 + I_2 = 8$$

을 얻는다. 같은 방법으로, 회로 $DABD$에서는

$$I_2 + 4I_3 = 16$$

이 성립한다. 실제로 흐름에 반하여 흐르면, 세 번째 회로 $CADBC$가 존재함을 주목하여라. 이 경우 음수로 역 경로상의 전압과 저항으로 취급하여야 한다. 따라서 $2I_1 + 2I_1 - 4I_3 = 8 - 16 = -8$, 즉 $4I_1 - 4I_3 = -8$이고, 이는 다른 두 회로에 대한 전압방정식의 차와 같다. 그러므로 새로운 정보로 도움이 되지 않는다.

결과적으로 우리는 미지수가 3개이고 세 개의 일차방정식으로 구성된 다음의 연립일차방정식을 얻는다.

$$\begin{aligned} I_1 - I_2 + I_3 &= 0 \\ 4I_1 + I_2 \qquad &= 8 \\ I_2 + 4I_3 &= 16 \end{aligned}$$

가우스-조르당 소거법을 사용하면

$$\left[\begin{array}{ccc|c} 1 & -1 & 1 & 0 \\ 4 & 1 & 0 & 8 \\ 0 & 1 & 4 & 16 \end{array}\right] \longrightarrow \left[\begin{array}{ccc|c} 1 & 0 & 0 & 1 \\ 0 & 1 & 0 & 4 \\ 0 & 0 & 1 & 3 \end{array}\right]$$

이므로, 전류 $I_1 = 1$암페어, $I_2 = 4$암페어, $I_3 = 3$암페어이다.

주의 일부 전기회로망에서 전류가 유리수 값을 가질 수도 있고 또는 음수 값을 가질 수도 있다. 회로망에서 음수인 전류값은 단지 대응하는 가지에서 전류가 반대 방향으로 흐르는 것을 의미한다.

CAS

예제 2.32 그림 2.14의 회로망은 단 하나의 전원과 다섯 개의 저항기를 가지고 있다. 전류 I, I_1, $\cdots$, I_5를 구하여라. 이는 **휘트스톤 브릿지 회로**(Wheatstone bridge circuit)로 알려진 전기공학의 한 예이다.

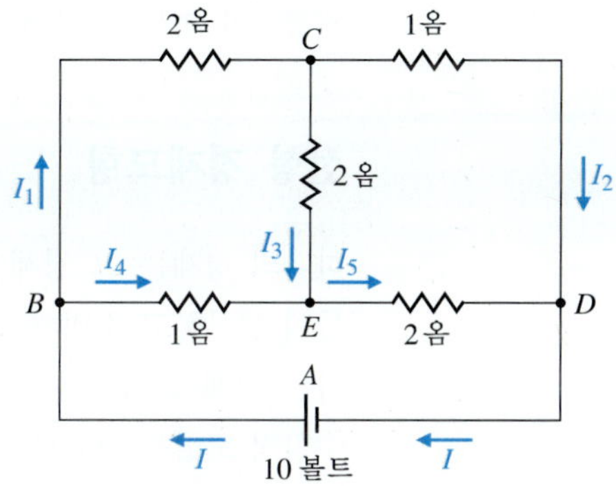

그림 2.14 브릿지 회로

풀이 네 개의 마디점에서, 키르히호프의 전류법칙에 따라 다음 식을 얻는다.

$$\text{마디점 } B:\ I - I_1 - I_4 = 0$$
$$\text{마디점 } C:\ I_1 - I_2 - I_3 = 0$$
$$\text{마디점 } D:\ I - I_2 - I_5 = 0$$
$$\text{마디점 } E:\ I_3 + I_4 - I_5 = 0$$

또한, 세 개의 기본회로에서 전압법칙에 따라 다음의 식이 주어진다.

$$\text{회로 } ABEDA:\ I_4 + 2I_5 = 10$$
$$\text{회로 } BCEB:\ 2I_1 + 2I_3 - I_4 = 0$$
$$\text{회로 } CDEC:\ I_2 - 2I_5 - 2I_3 = 0$$

가지 DAB에는 저항이 없고 그래서 강하도 없음을 주목하여라. 그러므로 회로 $ABEDA$에 대한 방정식에서 I의 항은 없다.

따라서 6개의 미지수를 갖는 7개의 일차방정식으로 구성된 연립일차방정식을 갖는다. 첨가 계수행렬에 기본 행변환을 적용하면

$$\left[\begin{array}{cccccc|c} 1 & -1 & 0 & 0 & -1 & 0 & 0 \\ 0 & 1 & -1 & -1 & 0 & 0 & 0 \\ 1 & 0 & -1 & 0 & 0 & -1 & 0 \\ 0 & 0 & 0 & 1 & 1 & -1 & 0 \\ 0 & 0 & 0 & 0 & 1 & 2 & 10 \\ 0 & 2 & 0 & 2 & -1 & 0 & 0 \\ 0 & 0 & 1 & -2 & 0 & -2 & 0 \end{array}\right] \rightarrow \left[\begin{array}{cccccc|c} 1 & 0 & 0 & 0 & 0 & 0 & 7 \\ 0 & 1 & 0 & 0 & 0 & 0 & 3 \\ 0 & 0 & 1 & 0 & 0 & 0 & 4 \\ 0 & 0 & 0 & 1 & 0 & 0 & -1 \\ 0 & 0 & 0 & 0 & 1 & 0 & 4 \\ 0 & 0 & 0 & 0 & 0 & 1 & 3 \\ 0 & 0 & 0 & 0 & 0 & 0 & 0 \end{array}\right]$$

가 된다. (계산기나 CAS를 이용하여 이 계산을 확인하여라.) 그러므로 구하려는 해는 암페어 단위로 $I=7$, $I_1=I_5=3$, $I_2=I_4=4$, $I_3=-1$이다. 여기서, 음수 값의 의미는 가지 CE를 통하는 전류가 그림에서 표시된 방향과 반대 방향으로 흐르는 것을 의미한다.

주의 이 예제에서는 전원이 단 하나뿐이다. 그래서 10볼트의 배터리 한 개에서 회로망을 통해 7암페어의 전류를 보낸다. 따라서 이 값을 옴의 법칙 $E=RI$에 대입하면 $10=7R$, 즉 $R=\frac{10}{7}$이다. 그러므로 전체 회로망에는 $\frac{10}{7}$ 옴인 단 하나의 저항기가 있는 것처럼 보인다. 이 값을 **유효저항**(R_{eff})이라 한다.

선형 경제모형

하나의 경제는 그 경제의 다양한 분야들 사이의 여러 상호 연관성과 다양한 분야들이 생산하고 소비하는 제품들과 서비스들을 가지는 매우 복잡한 체계이다. 희망하는 경제적 목표를 충족하면서 최적 가격과 생산 수준을 결정하는 것은 복잡한 수학적 모형을 필요로 한다. 선형대수학은 그러한 경제적 모형을 발전시키고 분석하는 데 있어서 매우 효과적인 도구임이 입증되었다.

이 절에서는 1930년대 하버드 경제학자 바실리 레온티예프(Wassily Leontief)의 연구에 기초한 두 모형을 소개한다. 종종 **투입산출 분석**(input-output analysis)으로 언급되는 그의 방법은 오늘날 수리경제학에서 표준 도구이고, 경제 계획과 예측을 위해 도시, 기업 및 국가가 사용한다.

간단한 예제로부터 시작하자.

예제 2.33 어떤 지역의 경제는 세 가지 산업 또는 분야(서비스, 전기, 석유생산)로 구성된다. 간단하게 하기 위해서, 각 산업은 주어진 연도에 하나의 원자재(상품 또는 서비스)를 생산하고, **소득**(income, **산출**(output))은 이 원자재의 판매로 생긴다고 가정하자. 각 산업은 산출을 창출하기 위해서 자신을 포함한 다른 산업에서 원자재를 구입한다. 어떤 원자재도 그 지역 밖에서 구입되지 않고, 어떤 산출도 그 지역 밖에서 팔리지 않는다. 더 나아가서 각 산업에 대해 생산과 소비가 정확히 일치한다(산출은 투입과 같고, 소득은 비용은 같다)고 가정하자. 이런 의미에서, 이것은 **균형**(equilibrium)이 이루어져 있는 **자급자족 경제**(closed economy)이다. 표 2.4는 각 산업이 각 산업의 산출을 얼마나 소비하는지를 요약하고 있다.

표 2.4

		생산(산출)		
		서비스	전기	석유
소비 (투입)	서비스	1/4	1/3	1/2
	전기	1/4	1/3	1/4
	석유	1/2	1/3	1/4

Bettmann/CORBIS

레온티예프(Wassily Leontief, 1906-1999)는 러시아의 상트페테르부르크에서 태어났다. 레닌그라드 대학에서 공부하였고 베를린 대학에서 박사 학위를 받았다. 1931년에 미국으로 이주하였고, 하버드 대학과 나중에 뉴욕 대학에서 가르쳤다. 1932년에 미국 경제의 투입 산출 분석을 하는 기념비적인 일을 위한 자료 수집을 시작해서 그 결과들을 1941년에 발표하였다. 그는 역시 자신의 모형의 대규모 연립일차방정식을 푸는데 필요한 컴퓨터의 초기 이용자였다. 그는 1973년에 그의 선구적인 업적으로 노벨 경제학상을 받았다.

이 표의 첫 번째 열로부터 서비스 산업은 서비스 산출의 1/4, 전기 산업은 서비스 산출의 1/4, 석유 산업은 서비스 산출의 1/2을 사용하는 것을 알 수 있다. 다른 두 열에 대해서도 비슷하게 이해한다. 각 열의 합이 1이 됨을 주목하자. 이는 각 산업의 산출물의 모두가 사용됨을 나타낸다.

x_1, x_2, x_3는 각각 서비스, 전기, 석유 산업의 연간 산출(소득)을 나타내고, 단위는 백만 달러이다. 소비는 비용에 대응하므로, 서비스 산업은 서비스에 $\frac{1}{4}x_1$, 전기에 $\frac{1}{3}x_2$, 석유에 $\frac{1}{2}x_3$을 소비한다. 이것은 서비스 산업의 총 연간 비용이 $\frac{1}{4}x_1+\frac{1}{3}x_2+\frac{1}{2}x_3$이라는 것을 의미한다. 경제가 균형이 이루어져 있으므로, 서비스 산업의 비용은 서비스 산업의 연간 소득 x_1과 같아야 한다. 이는 다음 방정식들 가운데 첫 번째 방정식이 되고, 다른 두 방정식들도 전기와 석유 산업의 비용을 분석하여 얻어진다.

$$\begin{aligned} \text{서비스}: \quad & \tfrac{1}{4}x_1+\tfrac{1}{3}x_2+\tfrac{1}{2}x_3=x_1 \\ \text{전기}: \quad & \tfrac{1}{4}x_1+\tfrac{1}{3}x_2+\tfrac{1}{4}x_3=x_2 \\ \text{석유}: \quad & \tfrac{1}{2}x_1+\tfrac{1}{3}x_2+\tfrac{1}{4}x_3=x_3 \end{aligned}$$

각각의 식을 다시 정렬하여, 동차 연립일차방정식을 얻고 나서 이를 푼다.

$$\begin{aligned} -\tfrac{3}{4}x_1+\tfrac{1}{3}x_2+\tfrac{1}{2}x_3&=0 \\ \tfrac{1}{4}x_1-\tfrac{2}{3}x_2+\tfrac{1}{4}x_3&=0 \\ \tfrac{1}{2}x_1+\tfrac{1}{3}x_2-\tfrac{3}{4}x_3&=0 \end{aligned} \rightarrow \left[\begin{array}{ccc|c} -\frac{3}{4} & \frac{1}{3} & \frac{1}{2} & 0 \\ \frac{1}{4} & -\frac{2}{3} & \frac{1}{4} & 0 \\ \frac{1}{2} & \frac{1}{3} & -\frac{3}{4} & 0 \end{array}\right] \rightarrow \left[\begin{array}{ccc|c} 1 & 0 & -1 & 0 \\ 0 & 1 & -\frac{3}{4} & 0 \\ 0 & 0 & 0 & 0 \end{array}\right]$$

$x_3=t$로 두면, $x_1=t$, $x_2=\frac{3}{4}t$를 얻는다. 따라서 경제가 균형이 이루어져 있기 위해서는 서비스, 전기, 석유의 상대적인 산출이 $x_1: x_2: x_3=4: 3: 4$의 비율이어야 한다.

주의

- 이 예제는 보통 **레온티예프 자급자족 모형**(Leontief closed model)으로 불리는 경제를 설명한다.
- 산출은 소득에 대응하므로 x_1, x_2, x_3를 세 가지 원자재의 가격으로 생각할 수 있다.

생산된 원자재에 대해서 내부뿐만 아니라 외부의 수요가 있는 경제인 **개방형 경제**(open economy)를 수용하기 위하여 예제 2.33에 있는 모형을 이제 수정하자. 당연히 이런 경제를 **레온티예프 개방형 모형**(Leontief open model)이라 부른다.

예제 2.34

표 2.5에 주어진 소비를 가지는 예제 2.33의 세 가지 산업을 생각하자. 서비스 산업에 의해서 생산된 원자재의 20%는 서비스 산업, 40%는 전기 산업, 10%는 석유 산업이 소비함을 알 수 있다. 따라서 서비스 산업 산출의 70%만이 이 경제에서 소비된다. 이러한 계산은 서비스 산업에 대해서 투입(비용) 대비 산출(수입)의 초과가 있음을 의미한다. 서비스 산업은 **생산적**(productive)이라 말한다. 마찬

가지로 석유 산업은 생산적이지만, 전기 산업은 **비생산적**(nonproductive)이다. (이것은 첫 번째와 세 번째 열의 합이 1보다 작지만 두 번째 열의 합이 1이라는 사실에 반영된다.) 초과 산출은 외부의 수요를 만족하도록 사용될 수도 있다.

표 2.5

		생산(산출)		
		서비스	전기	석유
소비 (투입)	서비스	0.20	0.50	0.10
	전기	0.40	0.20	0.20
	석유	0.10	0.30	0.30

예를 들어, 서비스, 전기, 석유 산업으로부터 각각 연간 10, 10, 30의 외부 수요가 있다고 가정하자. 단위는 백만 달러이다. 비용(내부의 수요와 외부의 수요)을 소득(산출)과 같게 두어 다음 방정식들을 얻는다.

	산출	내부 수요	외부 수요
서비스	x_1	$= 0.2x_1 + 0.5x_2 + 0.1x_3$	$+10$
전기	x_2	$= 0.4x_1 + 0.2x_2 + 0.2x_3$	$+10$
석유	x_3	$= 0.1x_1 + 0.3x_2 + 0.3x_3$	$+30$

식을 다시 정렬하여 다음 연립일차방정식과 첨가행렬을 얻는다.

$$\begin{aligned} 0.8x_1 - 0.5x_2 - 0.1x_3 &= 10 \\ -0.4x_1 + 0.8x_2 - 0.2x_3 &= 10 \\ -0.1x_1 - 0.3x_2 + 0.7x_3 &= 30 \end{aligned} \quad \rightarrow \quad \left[\begin{array}{rrr|r} 0.8 & -0.5 & -0.1 & 10 \\ -0.4 & 0.8 & -0.2 & 10 \\ -0.1 & -0.3 & 0.7 & 30 \end{array}\right]$$

CAS 행줄임을 하면

$$\left[\begin{array}{ccc|c} 1 & 0 & 0 & 61.74 \\ 0 & 1 & 0 & 63.04 \\ 0 & 0 & 1 & 78.70 \end{array}\right]$$

이고, 이로부터 원자재들에 대한 내부와 외부의 수요를 충족하기 위하여 서비스, 전기, 석유산업은 각각 61.74, 63.04, 78.70(백만 달러)의 연간 생산을 해야 함을 알 수 있다.

3.7절에서 이러한 모형들은 다시 다룰 것이다.

유한 선형게임

단지 유한개의 상태를 갖는 물리적 시스템을 고려해야 하는 상황이 많이 있다. 때때로 이 상태들은 한 번에 유한개의 결과가 나오는 어떤 과정의 적용으로 바뀔 수 있다. 예를 들면, 백열전구는 켜지거나 꺼질 수 있고, 스위치는 백열전구를 켜진 상태에서 꺼진 상태로 또는 그 반대로 바꿀 수 있다. 컴퓨터 과학에서 나오는 디지털 시스템들이 종종 이러한 형태이다. 좀 더 흔하게는 많은 컴퓨터 게임이 퍼즐

형태로 되어 있는데 거기에는 요구하는 결과를 만들기 위해 여러 가지 스위치로 조종해야 하는 어떤 장치가 있어야 한다. 그런 상황에서 유한성은 산술적 모듈을 이용하여 분석하는 데 적합하고, 종종 $\mathbb{Z}_p$ 위의 연립일차방정식이 그 역할을 한다. 이런 형태의 상황을 포함하는 문제를 **유한 선형게임**이라 한다.

예제 2.35 한 행으로 나열된 다섯 개의 전구가 다섯 개의 스위치에 의해 조절된다고 하자. 각 스위치는 그 스위치 바로 위에 있는 전구의 상태(켜짐과 꺼짐)를 바꾸고 또한 왼쪽과 오른쪽에 바로 인접해 있는 전구의 상태도 바꾼다. 예를 들어, 그림 2.15(a)에서처럼 첫 번째와 세 번째 전구가 켜져 있는데 스위치 A를 누르면 이 장치에서 상태는 그림 2.15(b)처럼 바뀐다. 다음 스위치 C를 누르면, 결과는 그림 2.15(c)처럼 된다고 한다.

처음에 모든 전구가 꺼져있다고 가정하자. 어떻게 스위치를 누르면, 첫째, 셋째 그리고 다섯째 전구만 켜질 수 있을까? 어떻게 스위치를 누르면, 첫째 전구만 켜질 수 있을까?

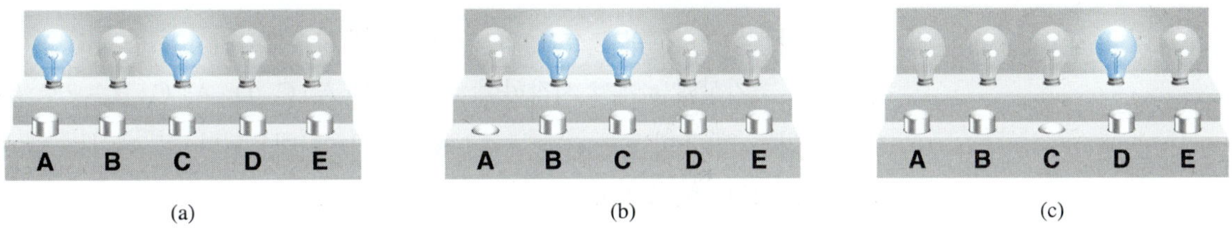

그림 2.15

풀이 켜짐/커짐 상태는 두 개의 표시가 도움을 줄 것이므로, $\mathbb{Z}_2$에서 적용할 수 있음을 암시한다. 따라서 다섯 개의 전구의 상태를 $\mathbb{Z}_2^5$에 있는 벡터로 나타낸다. 여기서 0은 꺼진 상태를, 1은 켜진 상태를 나타낸다. 예를 들면, 벡터

$$\begin{bmatrix} 0 \\ 1 \\ 1 \\ 0 \\ 0 \end{bmatrix}$$

는 그림 2.15(b)의 상태에 대응한다.

그러므로 각 스위치의 작동은 $\mathbb{Z}_2^5$에 있는 벡터로 나타낼 수 있다. 한 스위치가 전구의 상태를 바꾸면 대응되는 성분이 1이고, 그렇지 않으면 0이다. 이런 방법으로 다섯 개의 스위치의 작동은

$$\mathbf{a}=\begin{bmatrix} 1 \\ 1 \\ 0 \\ 0 \\ 0 \end{bmatrix}, \ \mathbf{b}=\begin{bmatrix} 1 \\ 1 \\ 1 \\ 0 \\ 0 \end{bmatrix}, \ \mathbf{c}=\begin{bmatrix} 0 \\ 1 \\ 1 \\ 1 \\ 0 \end{bmatrix}, \ \mathbf{d}=\begin{bmatrix} 0 \\ 0 \\ 1 \\ 1 \\ 1 \end{bmatrix}, \ \mathbf{e}=\begin{bmatrix} 0 \\ 0 \\ 0 \\ 1 \\ 1 \end{bmatrix}$$

로 주어진다. 그림 2.15(a)의 초기상태

$$\mathbf{s}=\begin{bmatrix}1\\0\\1\\0\\0\end{bmatrix}$$

는

$$\mathbf{a}=\begin{bmatrix}1\\1\\0\\0\\0\end{bmatrix}$$

에 의해서 다음과 같이 $\mathbb{Z}_2^5$에서 벡터 합이 된다.

$$\mathbf{s}+\mathbf{a}=\begin{bmatrix}0\\1\\1\\0\\0\end{bmatrix}$$

이 결과가 그림 2.15(b)와 일치하는지 살펴보아라.

초기상태 $\mathbf{s}$에서 시작하여, 스위치를 A, C, D, A, C, B순으로 누른다고 하자. 이는 벡터 합 $\mathbf{s}+\mathbf{a}+\mathbf{c}+\mathbf{d}+\mathbf{a}+\mathbf{c}+\mathbf{b}$에 대응된다. $\mathbb{Z}_2^5$에서는 합에 대하여 교환법칙이 성립하므로

$$\begin{aligned}\mathbf{s}+\mathbf{a}+\mathbf{c}+\mathbf{d}+\mathbf{a}+\mathbf{c}+\mathbf{b}&=\mathbf{s}+2\mathbf{a}+\mathbf{b}+2\mathbf{c}+\mathbf{d}\\&=\mathbf{s}+\mathbf{b}+\mathbf{d}\end{aligned}$$

이다. 여기서, $\mathbb{Z}_2$에서는 $2=0$이라는 사실을 이용하였다. 그러므로 순서에 상관없이 단지 B와 D만 누른 결과와 같은 결과가 나타날 것이다. 따라서 이 예제에서는 어떤 스위치라도 두 번 이상 누를 필요가 없다.

이제, 초기상태 $\mathbf{s}$로부터 목표상태 $\mathbf{t}$에 도달할 수 있는가를 알아보기 위해서는

$$\mathbf{s}+x_1\mathbf{a}+x_2\mathbf{b}+\cdots+x_5\mathbf{e}=\mathbf{t}$$

가 되게 하는 $\mathbb{Z}_2$의 원소 $x_1, \cdots, x_5$가 존재하는지를 조사하여야 한다. 바꾸어 말하면, 벡터방정식

$$x_1\mathbf{a}+x_2\mathbf{b}+\cdots+x_5\mathbf{e}=\mathbf{t}-\mathbf{s}=\mathbf{t}+\mathbf{s}$$

에 대응하는 $\mathbb{Z}_2$ 위의 연립일차방정식을 풀어야 한다. 예제의 질문에서 $\mathbf{s}=\mathbf{0}$이고, 첫 질문의 목표상태는

$$\mathbf{t}=\begin{bmatrix}1\\0\\1\\0\\1\end{bmatrix}$$

이다. 이에 대응하는 연립일차방정식의 첨가 계수행렬은

$$\left[\begin{array}{ccccc|c} 1&1&0&0&0&1\\ 1&1&1&0&0&0\\ 0&1&1&1&0&1\\ 0&0&1&1&1&0\\ 0&0&0&1&1&1 \end{array}\right]$$

이다. 이를 $\mathbb{Z}_2$ 위에서 행줄임 하여 기약 행사다리꼴

$$\left[\begin{array}{ccccc|c} 1&0&0&0&1&0\\ 0&1&0&0&1&1\\ 0&0&1&0&0&1\\ 0&0&0&1&1&1\\ 0&0&0&0&0&0 \end{array}\right]$$

를 얻는다. 여기서, x_5는 자유변수이므로, 각 미지수를 x_5의 항으로 나타내면

$$\begin{aligned} x_1 &= \phantom{1+{}} x_5 \\ x_2 &= 1 + x_5 \\ x_3 &= 1 \\ x_4 &= 1 + x_5 \end{aligned}$$

를 얻는다. 한편 x_5는 $\mathbb{Z}_2$ 위에서 0 또는 1이므로, 해는

$$\begin{bmatrix} x_1\\x_2\\x_3\\x_4\\x_5 \end{bmatrix} = \begin{bmatrix} 0\\1\\1\\1\\0 \end{bmatrix}, \quad \begin{bmatrix} x_1\\x_2\\x_3\\x_4\\x_5 \end{bmatrix} = \begin{bmatrix} 1\\0\\1\\0\\1 \end{bmatrix}$$

이다.

같은 방법으로, 두 번째 질문에 대한 목표상태는

$$\mathbf{t} = \begin{bmatrix} 1\\0\\0\\0\\0 \end{bmatrix}$$

이다. 이에 대응하는 연립일차방정식의 첨가 계수행렬을 행줄임 하여 다음과 같이 기약 행사다리꼴로 나타낼 수 있다.

$$\left[\begin{array}{ccccc|c} 1&1&0&0&0&1\\ 1&1&1&0&0&0\\ 0&1&1&1&0&0\\ 0&0&1&1&1&0\\ 0&0&0&1&1&0 \end{array}\right] \to \left[\begin{array}{ccccc|c} 1&0&0&0&1&0\\ 0&1&0&0&1&1\\ 0&0&1&0&0&1\\ 0&0&0&1&1&1\\ 0&0&0&0&0&1 \end{array}\right]$$

이 경우는 해가 없음을 보여준다. 즉, 모든 전구를 끄고 시작해서 첫 번째 전구만 켜지게 할 수는 없다.

예제 2.35는 선형대수의 위력을 보여준다. 우리가 비록 시행착오로 해가 없다

는 것을 알 수 있을지라도, 스위치를 누를 수 있는 모든 가능한 방법을 확인해 보는 것은 매우 지루한 일이다. 두 번 이상 스위치를 누를 필요가 없다는 사실조차 빠뜨릴 수도 있다.

예제 2.36 세 개의 전구가 한 행으로 연결되어 있는데 각각은 꺼져있거나, 연한 푸른색이거나 진한 푸른색이다. 각 전구 아래에는 세 개의 스위치 A, B, C가 있는데, 이들 각 스위치는 전구의 상태를 그림 2.16에서 보는 순서로 빛의 상태를 바꾼다. 스위치 A는 첫 번째와 두 번째의 전구의 상태를 바꾸고, 스위치 B는 세 개 모두의 상태를 바꾸고, 스위치 C는 두 번째와 세 번째의 전구의 상태를 바꾼다. 만약 처음에 모든 전구가 꺼져있다면, 어떻게 스위치를 눌러서 그림 2.17에서와 같이 첫 번째 전구는 꺼져있고 두 번째는 연한 푸른색, 세 번째는 진한 푸른색으로 할 수 있겠는가?

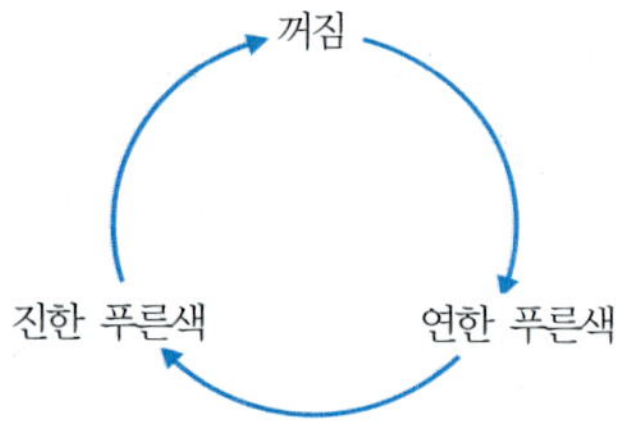

그림 2.16

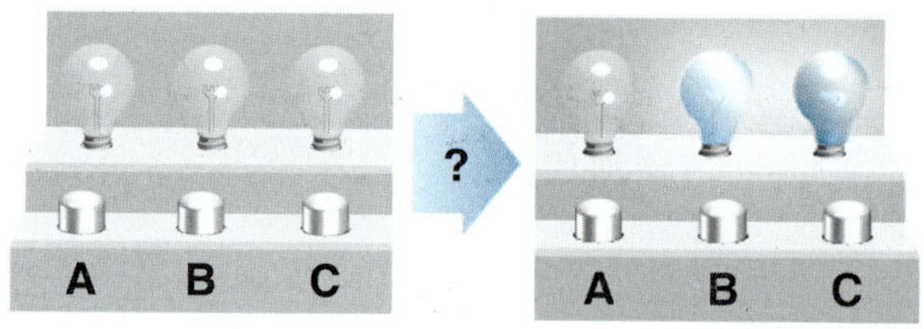

그림 2.17

풀이 예제 2.35에서는 $\mathbb{Z}_2$에서 생각하였으나, 여기서는 $\mathbb{Z}_3$에서 생각한다. 따라서 각 스위치는 $\mathbb{Z}_3^3$에서 다음의 벡터들

$$\mathbf{a}=\begin{bmatrix}1\\1\\0\end{bmatrix},\ \mathbf{b}=\begin{bmatrix}1\\1\\1\end{bmatrix},\ \mathbf{c}=\begin{bmatrix}0\\1\\1\end{bmatrix}$$

과 대응되고, 우리가 목표로 하는 마지막 상태의 벡터는 $\mathbf{t}=\begin{bmatrix}0\\1\\2\end{bmatrix}$이다. 여기서, 0은 꺼짐, 1은 연한 푸른색, 2는 진한 푸른색을 나타낸다. $\mathbb{Z}_3$에서

$$x_1\mathbf{a}+x_2\mathbf{b}+x_3\mathbf{c}=\mathbf{t}$$

를 만족하는 스칼라 x_1, x_2, x_3를 구하자. 여기서, x_i는 i번째 스위치가 눌린 횟수를 나타낸다. 이 방정식으로부터 첨가 계수행렬 $[\mathbf{a}\ \mathbf{b}\ \mathbf{c}\mid\mathbf{t}]$를 생각할 수 있고 $\mathbb{Z}_3$ 위에서 다음과 같이 기약 행사다리꼴로 행줄임 할 수 있다.

$$\left[\begin{array}{ccc|c}1&1&0&0\\1&1&1&1\\0&1&1&2\end{array}\right]\rightarrow\left[\begin{array}{ccc|c}1&0&0&2\\0&1&0&1\\0&0&1&1\end{array}\right]$$

따라서 유일한 해 $x_1=2$, $x_2=1$, $x_3=1$가 존재한다. 바꾸어 말하면, 스위치 A를 두 번, 나머지 두 스위치를 각각 한 번씩 눌러야 한다.

2.4 연습문제

재료의 배분

1. 예제 2.27에서, 매일 시험관 속에 영양물 A가 400개, B가 600개, C가 600개가 공급되고 매일 박테리아가 소비하는 영양물(1일당 개수)의 수는 표 2.6과 같다고 하자. 시험관에서 영양물을 모두 소비하고 또한 공존하려면, 박테리아 수는 각각 얼마이어야 하는가?

표 2.6

	I 종 박테리아	II 종 박테리아	III 종 박테리아
A영양물	1	2	0
B영양물	2	1	1
C영양물	1	1	2

2. 예제 2.27에서, 매일 시험관 속에 영양물 A가 400개, B가 500개, C가 600개가 공급되고 매일 박테리아가 소비하는 영양물(1일당 개수)의 수는 표 2.7과 같다고 하자. 시험관에서 영양물을 모두 소비하고 또한 공존하려면, 박테리아 수는 각각 얼마이어야 하는가?

표 2.7

	I 종 박테리아	II 종 박테리아	III 종 박테리아
A영양물	1	2	0
B영양물	2	1	3
C영양물	1	1	1

3. 플로리스트가 장미, 데이지, 국화가 들어가는 세 가지 크기의 꽃다발을 제작한다. 작은 크기의 꽃다발에는 장미 한 송이, 데이지 세 송이, 국화 세 송이가 들어가고, 중간 크기의 꽃다발에는 장미 두 송이, 데이지 네 송이, 국화 여섯 송이가 들어간다. 그리고 큰 크기의 꽃다발에는 장미 네 송이, 데이지 여덟 송이, 국화 여섯 송이가 들어간다고 한다. 어느 날, 플로리스트가 세 종류의 꽃다발 주문에 맞추기 위해 장미 24송이, 데이지 50송이, 국화 48송이가 소요되었다는 것을 알았다. 플로리스트가 만든 꽃다발의 종류는 각각 몇 개씩인가?

4. (a) 주머니 속에 5센트, 10센트, 25센트짜리 동전들이 들어있다고 하자. 동전의 개수는 모두 스무 개이고, 10센트짜리 동전의 수는 정확히 5센트짜리 동전의 2배이다. 그리고 각 동전의 합이 3달러이면, 각 동전의 개수는 각각 몇 개인가?

   (b) 5센트, 10센트, 25센트짜리 동전들의 개수의 합이 스무 개이고 금액이 정확하게 3달러인 모든 가능한 경우를 구하여라.

5. 한 커피 상인이 3종류의 혼합 커피를 팔고 있다. 가정용 혼합 커피 봉지에는 300그램의 콜롬비아산 원두와 200그램의 프랑스산 볶은 원두가 들어 있고, 특수한 혼합 커피 봉지에는 200그램의 콜롬비아산 원두와 200그램의 케냐산 원두와 100그램의 프랑스산 볶은 원두가 들어 있다. 또한, 미식가용 혼합 커피 봉지에는 100그램의 콜롬비아산 원두와 200그램의 케냐산 원두와 200그램의 프랑스산 볶은 원두가 들어 있다. 지금 상인이 30킬로그램의 콜롬비아산 원두와 15킬로그램의 케냐산 원두와 25킬로그램의 프랑스산 볶은 원두를 가지고 있다. 만약 이 상인이 모든 원두를 사용하여 3가지 혼합 커피 봉지를 각각 얼마나 많이 만들 수 있겠는가?

6. 연습문제 5를 고쳐, 가정용 혼합 커피 봉지에는 300그램의 콜럼비아산 원두와 50그램의 케냐산 원두와 150그램의 프랑스산 볶은 원두가 들어 있고, 미식가용 혼합 커피 봉지에는 100그램의 콜롬비아산 원두와 350그램의 케냐산 원두와 50그램의 프랑스산 볶은 원두가 들어 있다고 하자. 그리고 상인은 30킬로그램의 콜롬비아산 원두와 15킬로그램의 케냐산 원두와 15킬로그램의 프랑스산 볶은 원두를 가지고 있다고 한다. 가정용 혼합 커피 한 봉지 판매 시에는 50센트의 이익이 생기고, 특수한 혼합 커피 한 봉지 판매 시에는 1달러 50센트의 이익이 생기고, 미식가용 혼합 커피 한 봉지 판매 시에는 2달러의 이익이 생긴다고 하자. 이때, 상인이 모든 원두를 사용하여 최대의 이익을 얻으려면 3가지 혼합 커피 봉지를 각각 몇 개씩 준비해야 하는가? 또한, 최대 이익은 얼마인가?

화학방정식의 균형화

※ [7–14] 다음 각 반응에 대한 균형 화학방정식을 구하여라.

7. $FeS_2 + O_2 \rightarrow Fe_2O_3 + SO_2$

8. $CO_2 + H_2O \rightarrow C_6H_{12}O_6 + O_2$ (이 반응은 녹색식물이 광합성작용으로 탄산가스와 물을 포도당과 산소로

변화시킬 때 일어난다.)

9. $C_4H_{10} + O_2 \rightarrow CO_2 + H_2O$ (이 반응은 부탄 C_4H_{10}이 탄산가스와 물을 형성하기 위해 산소와 결합하여 탈 때 일어난다.)

10. $C_7H_6O_2 + O_2 \rightarrow H_2O + CO_2$

11. $C_5H_{11}OH + O_2 \rightarrow H_2O + CO_2$ (이것은 아밀 알코올의 연소를 나타내는 방정식이다.)

12. $HClO_4 + P_4O_{10} \rightarrow H_3PO_4 + Cl_2O_7$

13. $Na_2CO_3 + C + N_2 \rightarrow NaCN + CO$

CAS **14.** $C_2H_2Cl_4 + Ca(OH)_2 \rightarrow C_2HCl_3 + CaCl_2 + H_2O$

네트워크 분석

15. 그림 2.18은 분당 리터로 측정되는 유량의 수도관 네트워크를 보이고 있다.

(a) 가능한 유량을 알기 위한 연립일차방정식을 구성하고 풀어라.

(b) 만약 AB를 통과하는 유량을 5 L/min로 제한하면, 다른 두 개의 관을 통과하는 유량는 얼마인가?

(c) 각 관을 통과하는 가능한 최대의 유량과 최소의 유량은 얼마인가?

(d) 유량은 항상 양으로 가정하였다. 음의 유량을 허용한다면, 음의 유량의 의미는 무엇인가? 이 예에 대한 실례를 들어라.

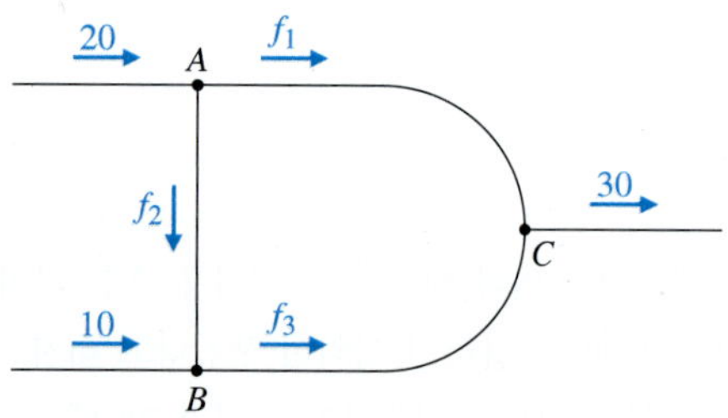

그림 2.18

16. 뉴욕시의 중심부는 일방통행로이고 각 교차점에서는 교통 통행량이 측정된다. 그림 2.19의 숫자는 영업시간 동안 교차점 A, B, C, D로 들어오고 나가는 분당 교통량의 평균 수치를 나타낸다.

(a) 가능한 교통량 $f_1, \cdots, f_4$를 알기 위한 연립일차방정식을 구성하고 풀어라.

(b) 도로 CD상에 교통이 제한되어 $f_4 = 10$이면, 다른 도로상의 평균 교통량는 얼마인가?

(c) 각 도로상의 가능한 통행량의 최대와 최소는 얼마인가?

(d) 만약 모든 통행의 방향이 반대로 된다면, 해는 어떻게 변하는가?

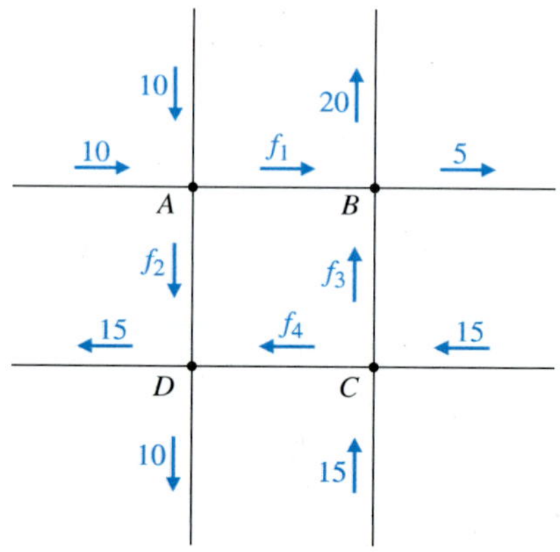

그림 2.19

17. 그림 2.20은 관개 수로망이다. 1일 유량은 1000 L로 측정되었다.

(a) 가능한 유량 $f_1, \cdots, f_5$를 알기 위한 연립일차방정식을 구성하고 풀어라.

(b) 수로 DC가 막혔다고 하자. 수로 DB를 통하는 유량 f_3의 범위는 얼마인가?

(c) 그림 2.20에서 수로 DB는 막힐 수 없다. (a)에서 구한 답으로 막힐 수 없음을 보여라.

(d) (a)에서 구한 답으로, 수로 DB를 통하는 최대, 최소 유량을 구하여라.

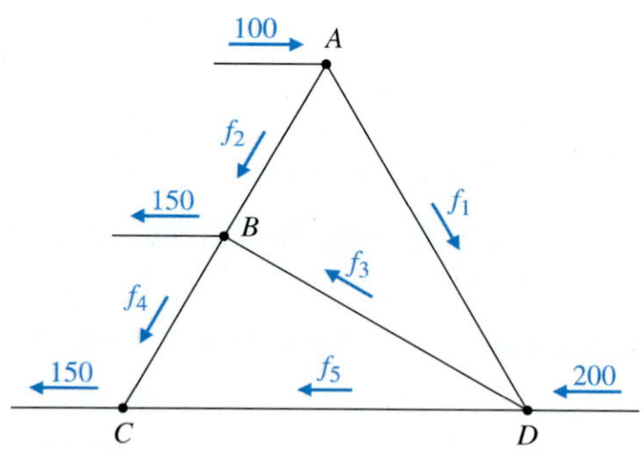

그림 2.20

18. (a) 그림 2.21의 네트워크에서 가능한 유량을 알기 위한 연립일차방정식을 구성하고 풀어라.

(b) $f_1 = 100$과 $f_6 = 150$이 가능한가? (먼저 (a)에서 구한 답을 참고하여 이 문제에 답하고, 다음 그림 2.21로 바로 답하여라.)

(c) 만약 $f_4 = 0$이면, 다른 각 가지에서의 유량의 범위는 얼마인가?

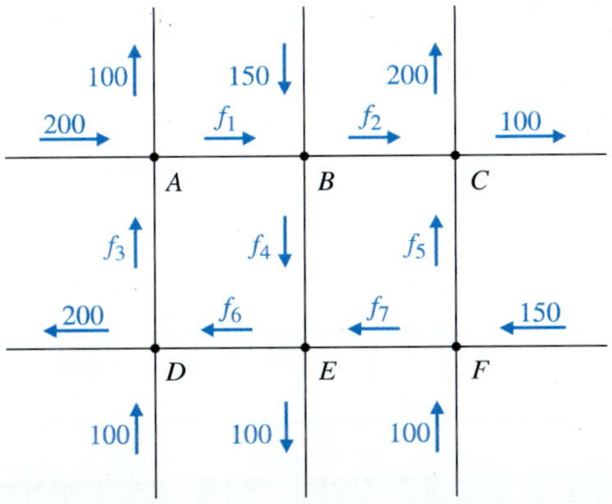

그림 2.21

전기회로망

※ [19–20] 다음 전기회로망의 전류를 구하여라.

19.

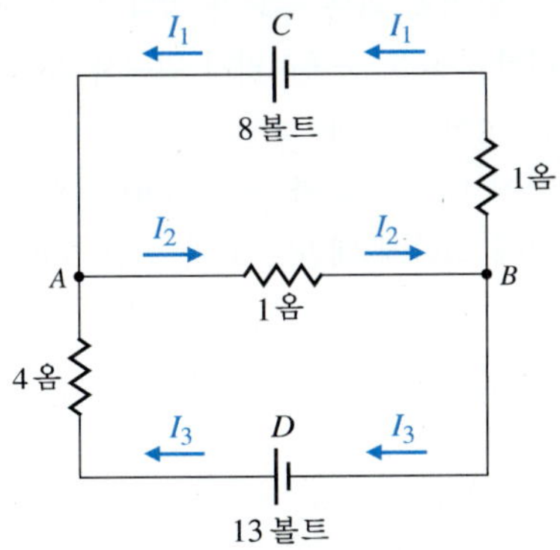

20.

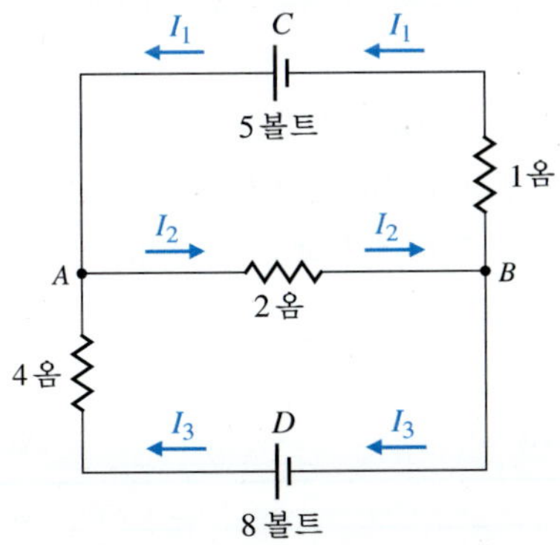

21. (a) 그림 2.22에 있는 브릿지 회로에서 전류 I, I_1, …, I_5를 구하여라.

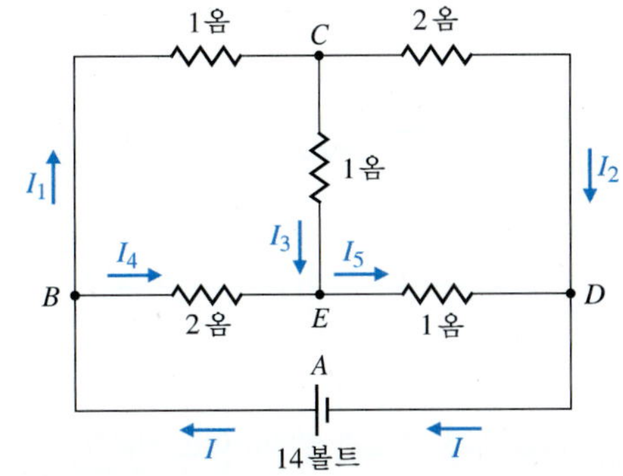

그림 2.22

(b) 이 회로망에서 유효저항을 구하여라.

(c) 가지 BC(다른 가지의 저항은 그대로 두고)의 저항을 바꾸어, 가지 CE를 통하는 전류가 0이 되도록 할 수 있는가?

22. 그림 2.23에 있는 회로망에서 (a)는 직렬로 이은 두 저항기를, (b)는 병렬로 이은 두 저항기를 보여 준다. 여기서 각 회로망의 유효저항에 대한 일반 공식을 구하고자 한다. 즉, $E = R_{\mathrm{eff}} I$ 인 R_{eff}를 구하려고 한다.

(a) 직렬로 이은 두 저항기를 가지는 회로망[그림 2.23(a)]의 유효저항 R_{eff}은

$$R_{\mathrm{eff}} = R_1 + R_2$$

로 주어짐을 보여라.

(b) 병렬로 이은 두 저항기를 가지는 회로망[그림 2.23(b)]의 유효저항 R_{eff}은

$$R_{\mathrm{eff}} = \frac{1}{\dfrac{1}{R_1} + \dfrac{1}{R_2}}$$

로 주어짐을 보여라.

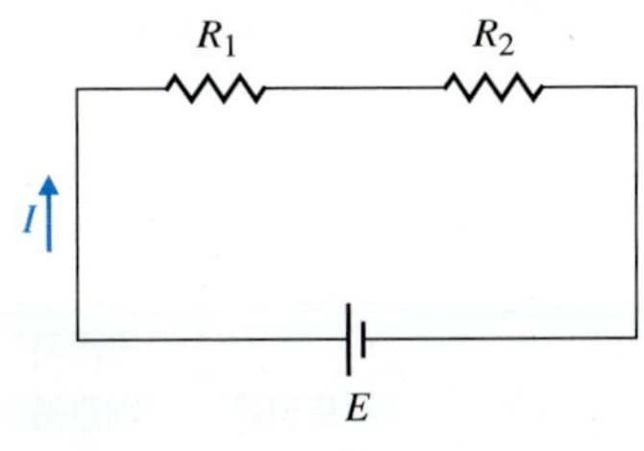

(a)

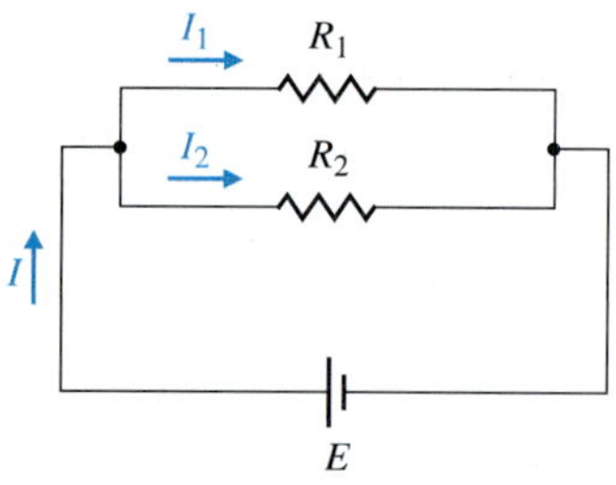

(b)

그림 2.23 직렬과 병렬로 이은 저항기

선형 경제모형

23. 두 개의 산업인 농업과 제조업만으로 이루어진 단순한 경제를 생각하자. 농업은 식품의 1/2과 가공품의 1/3을 소비한다. 제조업은 식품의 1/2과 가공품의 2/3를 소비한다. 경제가 자급자족이고 균형이 이루어져 있다고 가정할 때, 농업과 제조업 산업의 상대적인 산출들을 구하여라.

24. 석탄 산업과 철강 산업이 자급자족 경제를 형성한다고 가정하자. 석탄 산업이 생산하는 1달러는 석탄 0.30달러와 철강 0.70달러를 필요로 한다. 철강 산업이 생산하는 1달러는 석탄 0.80달러와 철강 0.20달러를 필요로 한다. 총 연간 생산이 2000만 달러라면 석탄과 철강의 연간 생산(산출)을 구하여라.

25. 도장공, 배관공, 전기기사는 표 2.8에 나타난 계획에 따라 각자는 일주일에 합쳐서 10시간 동안 자신과 나머지 두 사람을 위해서 일하기로 상호 합의하였다. 세금 용도로 각자는 자신의 서비스에 대한 가격을 설정해야 한다. 그들은 각자 동일한 결과가 나오도록, 즉 각자가 지불한 총액이 그들이 받은 금액과 같도록 하는 데 동의한다. 시급이 30달러와 60달러 사이의 정수라면 각자가 청구할 시급을 구하여라.

표 2.8

		공급자		
		도장공	배관공	전기기사
소비자	도장공	2	1	5
	배관공	4	5	1
	전기기사	4	4	4

26. 각자 채소밭을 가지고 있는 4명의 이웃들은 그들의 수확물을 함께 나누어 가지기로 동의하였다. 4명은 각각 콩(B), 상추(L), 토마토(T), 서양 호박(Z)을 재배할 것이다. 표 2.9는 각각의 이웃이 받을 각 농작물의 비율을 나타낸다. 각자는 이익도 손해도 보지 않고, 가장 값싼 농작물이 50달러라면, 4명이 각자의 농작물에 청구할 가격을 구하여라.

표 2.9

		생산자			
		B	L	T	Z
소비자	B	0	1/4	1/8	1/6
	L	1/2	1/4	1/4	1/6
	T	1/4	1/4	1/2	1/3
	Z	1/4	1/4	1/8	1/3

27. 석탄 산업과 철강 산업이 개방형 경제를 형성한다고 가정하자. 석탄 산업이 생산하는 1달러는 석탄 0.15달러와 철강 0.20달러를 필요로 한다. 철강 산업이 생산하는 1달러는 석탄 0.25달러와 철강 0.10달러를 필요로 한다. 연간 석탄 4500만 달러와 철강 1억 2400만 달러의 외부 수요가 있다고 가정하자.
   (a) 이러한 수요를 충족시키기 위해서 각 산업은 얼마만큼 생산해야 하는가?
   (b) 철강에 대한 수요가 연간 600만 달러 증가하는 동안에 석탄에 대한 수요가 연간 500만 달러 줄어든다면, 석탄 산업과 철강 산업은 그들의 생산을 어떻게 조정해야 하는가?

28. 고담시에서 행정부(A), 보건부(H), 교통부(T)는 서로 상호의존적이다. 부서들이 생산하는 1달러 가치의 서비스에 대해서 각 부는 표 2.10에 나타난 것처럼 다른 부와 자기 부가 생산하는 서비스의 일정 양을 사용한다. 1년 동안에 다른 도시의 부들은 100만 달러어치 행정부 서비스, 120만 달러어치 보건부 서비스, 80만 달러어치 교통부 서비스를 필요로 한다. 이러한 수요를 충족시키기 위하여 각 부가 생산하는 서비스들의 연간 달러 가치는 무엇인가?

표 2.10 (단위: 달러)

		부		
		A	H	T
구입	A	0.20	0.10	0.20
	H	0.10	0.10	0.20
	T	0.20	0.40	0.30

유한 선형게임

29. (a) 예제 2.35에서, 처음에는 모든 전구가 꺼져있다고 하자. 어떤 순서로 스위치를 누르면, 두 번째와 네 번째 전구만 켤 수 있는가?

(b) 어떻게 스위치를 누르면, 두 번째 전구만 켤 수 있는가?

30. (a) 예제 2.35에서, 처음에 네 번째 전구만 켜져 있고 나머지 전구는 모두 꺼져있다고 하자. 어떻게 스위치를 누르면, 두 번째와 네 번째 전구만 켤 수 있는가?

(b) 어떻게 스위치를 누르면, 두 번째 전구만 켤 수 있는가?

31. 예제 2.35에서, 모든 전구가 꺼져있는 상태에서 시작하여 구할 수 있는 전구의 모든 가능한 상태를 기술하여라.

32. (a) 예제 2.36에서, 처음에는 모든 전구가 꺼져있다고 하자. 어떻게 스위치를 누르면, 첫 번째 전구는 꺼지고, 두 번째 전구는 진한 푸른색 그리고 세 번째 전구는 연한 푸른색으로 할 수 있는가?

(b) 적당한 방법으로 스위치를 눌러 첫 번째 전구는 연한 푸른색, 두 번째 전구는 꺼지고, 세 번째 전구는 연한 푸른색으로 할 수 있음을 보여라.

(c) 세 전구가 어떤 상태로도 될 수 있음을 증명하여라.

33. 예제 2.35에서 전구는 꺼지거나 연한 푸른색 또는 진한 푸른색으로 켤 수 있다고 하자. (즉, 조정은 예제 2.35에서와 같고 색의 순환은 예제 2.36에서와 같다.) 처음에 모든 전구가 꺼진 상태에서 적당한 방법으로 스위치를 눌러 첫 번째 전구는 진한 푸른색, 두 번째 전구는 연한 푸른색, 세 번째 전구는 진한 푸른색, 네 번째는 연한 푸른색 그리고 마지막 다섯 번째는 진한 푸른색으로 할 수 있음을 보여라.

34. 연습문제 33에서 모든 전구가 꺼진 상태에서 시작하여 구할 수 있는 전구의 모든 가능한 상태를 기술하여라.

CAS **35.** 흑색 또는 백색인 9개의 정사각형이 3×3 격자 모양으로 나열되어 있다. 그림 2.24는 가능한 하나의 나열이다. 각 정사각형을 건드리면 자신은 물론 부근의 일부 정사각형도 흑색은 백색으로 그리고 백색은 흑색으로 바뀐다. 그림 2.25는 상태가 어떻게 변하는가를 보여준다. 원이 그려진 숫자의 정사각형을 건드리면 * 표시가 된 정사각형의 색이 바뀐다. 게임의 목적은 모든 정사각형을 흑색으로 바꾸는 것이다. 연습문제 35와 36은 쌍방향 CD-ROM 게임 'The Seventh Guest(Trilobyte Software/Virgin Games, 1992)'에서 찾을 수 있는 퍼즐에서 개작되었다.

(a) 처음 구성이 그림 2.24에서 보는 것과 같다면, 이 게임은 이길 수 있음을 보이고, 그 과정을 설명하여라.

(b) 처음 구성이 어떠하든지 간에 이 게임은 항상 이길 수 있음을 증명하여라.

그림 2.24 9개 정사각형 퍼즐

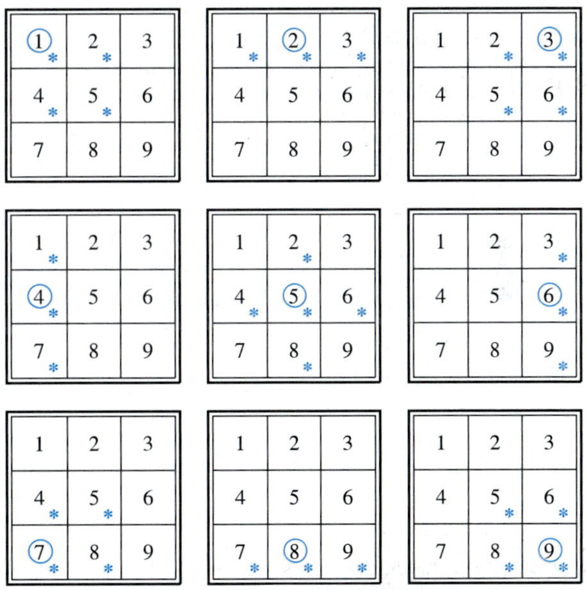

그림 2.25 9개 정사각형 퍼즐에 대한 상태 변화

CAS **36.** 9개 정사각형 퍼즐에 대한 한 변형을 살펴보자. 게임 방법은 연습문제 35와 같지만, 각 정사각형이 백색, 회색과 흑색이 될 수 있다. 각 정사각형은 백색→회색→흑색→백색으로 순환된다. 처음 구성이 그림 2.26과 같을 때, 어떻게 하면 모든 정사각형이 흑색으로 되어 이길 수 있는가를 보여라.

그림 2.26 더 많은 상태의 9개 정사각형 퍼즐

혼합문제

※ [37–53] 다음 질문에 답하기 위한 적절한 연립일차방정식을 구성하고 풀어라.

37. 현재 소미의 나이는 상구보다 세 배로 많다. 5년 후가 되면 소미의 나이는 상구 나이의 두 배가 된다. 지금 그들의 나이는 각각 얼마인가?

38. 영희와 철수 그리고 민수 세 사람이 나이의 합은 60이다. 영희의 나이는 철수의 나이보다 철수가 민수의 나이보다 많은 만큼 많다. 철수의 나이가 지금의 영희의 나이가 되면, 영희의 나이는 지금 민수 나이의 세 배가 된다. 지금 그들의 나이는 얼마인가?

※ 앞의 두 문제는 수학적 퍼즐을 다룬 일반적인 책에서 찾을 수 있는 전형적인 문제이며 그 기원은 아주 오래전이다. 기원전 300년경의 바빌로니아 점토평판에는 다음과 같은 문제가 있다.

39. 전체 면적이 1,800제곱 야드인 두 들판이 있다. 한 들판에서는 제곱 야드당 $\frac{2}{3}$부셸의 비율로 곡물이 생산되고 다른 들판에서는 제곱 야드당 $\frac{1}{2}$부셸의 비율로 곡물이 생산된다. 만약 전체 곡물의 산출량이 1,100부셸이라면 각 들판의 크기는 얼마인가?

※ 약 2,000년 전, 중국인들은 가우스 소거법을 포함하여 19세기까지 유럽에 잘 알려지지 않았던 연립일차방정식을 푸는 방법을 개발하였다. 가우스가 지금 우리가 가우스 소거법이라 부르는 방법을 개발했을 때, 가우스가 중국인의 방법을 알고 있었다는 증거는 없다. 그렇지만 중국인들이 비록 가우스 소거법의 정당함을 증명하지는 않았지만, 방법의 본질을 알고 있었음은 분명하다. 다음 문제는 기원전 200년경 한나라 시대에 쓰인 중국의 책 《구장산술》에서 발췌하였다.

40. 세 종류의 곡물이 있다. 첫 번째 곡물 세 꾸러미, 두 번째 곡물 두 꾸러미와 세 번째 곡물 한 꾸러미를 합하여 39말이다. 첫 번째 곡물 두 꾸러미, 두 번째 곡물 세 꾸러미 그리고 세 번째 곡물 한 꾸러미는 모두 34말이다. 그리고 첫 번째 곡물 한 꾸러미, 두 번째 곡물 두 꾸러미 그리고 세 번째 곡물 세 꾸러미는 모두 26말이다. 각 종류의 한 꾸러미 속에는 몇 말의 곡식이 담겨져 있는가?

41. 다음의 덧셈 표가 성립되는 가능한 값 a, b, c와 d를 기술하여라(연습문제 41–44는 Paul Glaister가 The Mathematics Teacher, 85 (1992), pp. 220–223에 쓴 논문 〈행렬이론의 응용〉에 근거한다.)

(a)

+	a	b
c	2	3
d	4	5

(b)

+	a	b
c	3	6
d	4	5

42. a, b, c와 d의 값을 구하여 덧셈표가 성립되도록 보장할 수 있는 w, x, y와 z에 대한 조건은 무엇인가?

+	a	b
c	w	x
d	y	z

43. 다음의 각 덧셈표가 성립하도록 가능한 a, b, c, d, e와 f의 값을 구하여라.

(a)

+	a	b	c
d	3	2	1
e	5	4	3
f	4	3	1

(b)

+	a	b	c
d	1	2	3
e	3	4	5
f	4	5	6

44. 연습문제 42를 일반화하여, 위에서와 같이 a, b, c, d, e와 f를 구하여 3×3 덧셈표가 성립되도록 보장할 수 있는 3×3 덧셈표의 원소들에 대한 조건을 구하여라.

45. 우리는 기하의 기초 이론으로 평면에서 임의의 서로 다른 두 점을 지나는 직선은 유일하게 존재한다는 것을 안다. 이보다는 덜 알려진 사실로 평면에서의 동일 직선 위에 있지 않는 임의의 세 점을 지나는 포물선도 유일하게 존재한다. 아래의 각 점들의 집합에 대해 주어진 점들을 지나고 $y = ax^2 + bx + c$ 모양의 방정식을 가지는 포물선을 구하여라. 그리고 구한 답의 정당성을 확인하기 위하여 구한 포물선의 그래프의 개형을 그려보아라.

(a) $(0, 1)$, $(-1, 4)$, $(2, 1)$

(b) $(-3, 1)$, $(-2, 2)$, $(-1, 5)$

46. 동일 직선 위에 있지 않는 임의의 세 점도 오직 한 원을 결정한다. 연습문제 45에 주어진 점들을 지나는

원의 방정식을 $x^2+y^2+ax+by+c=0$의 형태로 구하여라.

※ 공통분모로 바꾸어 유리함수를 합하는 과정은 유리수를 합하는 과정과 유사하다. 한 유리함수를 단순한 유리함수들의 합으로 고치는 역과정은 수학의 여러 분야에서 유용하다. 예를 들어, 미분적분에서 유리함수를 적분할 필요가 있을 때나, 이산수학에서 반복관계를 풀기 위해 생성함수를 사용할 때 등이다. 한 유리함수를 부분분수들의 합으로 분해하는 것은 하나의 연립일차방정식으로 연결된다. 연습문제 47–50에서, 주어진 형태의 부분분수 분해를 구하여라. 여기서 대문자는 상수를 나타낸다.

47. $\dfrac{3x+1}{x^2+2x-3}=\dfrac{A}{x-1}+\dfrac{B}{x+3}$

48. $\dfrac{x^2-3x+3}{x^3+2x^2+x}=\dfrac{A}{x}+\dfrac{B}{x+1}+\dfrac{C}{(x+1)^2}$

CAS 49. $\dfrac{x-1}{(x+1)(x^2+1)(x^2+4)}$
$=\dfrac{A}{x+1}+\dfrac{Bx+C}{x^2+1}+\dfrac{Dx+E}{x^2+4}$

CAS 50. $\dfrac{x^3+x+1}{x(x-1)(x^2+x+1)(x^2+1)^3}=\dfrac{A}{x}+\dfrac{B}{x-1}$
$+\dfrac{Cx+D}{x^2+x+1}+\dfrac{Ex+F}{x^2+1}+\dfrac{Gx+H}{(x^2+1)^2}+\dfrac{Ix+J}{(x^2+1)^3}$

※ 다음은 연속하는 자연수의 거듭제곱의 합에 대한 두 개의 유용한 공식이다.

$$1+2+\cdots+n=\frac{n(n+1)}{2}$$

$$1^2+2^2+\cdots+n^2=\frac{n(n+1)(2n+1)}{6}$$

임의의 $n\geq 1$(또는 $n\geq 0$)에 대한 이 공식의 정당성은 수학적 귀납법을 이용하여 확립할 수 있다. 이 공식의 의미를 파악하는 한 방법은 이 두 공식을 각각

$$\frac{1}{2}n^2+\frac{1}{2}n,\quad \frac{1}{3}n^3+\frac{1}{2}n^2+\frac{1}{6}n$$

으로 다시 나타낼 수 있음을 관찰하는 데 있다. 이는 먼저 n개 자연수의 p제곱의 합은 n을 미지수로 하는 $(p+1)$차의 다항식일 것이라는 추측을 하게 한다.

51. $1+2+\cdots+n=an^2+bn+c$라 가정하고, n 대신에 세 값을 대입하여 a, b, c를 구하여라. 그리고 이것에 의해서 a, b, c에 관한 연립일차방정식을 얻는다.

52. $1^2+2^2+\cdots+n^2=an^3+bn^2+cn+d$라 가정한 다음, a, b, c, d를 구하여라. [힌트: $n=0$도 합당하다. 이 경우 왼편은 무엇인가?]

53. $1^3+2^3+\cdots+n^3=(n(n+1)/2)^2$을 증명하여라.

비네트

위성위치확인시스템

위성위치확인시스템(The Global Positioning System, GPS)은 지리적인 위치를 결정하는 여러 경우의 상황에 이용된다. 군대, 측량사, 검사관, 항공로, 선박회사와 도보 여행자 모두 GPS를 이용한다. GPS 기술이 일반화되어 지금은 일부 자동차, 휴대폰과 여러 가지 손에 들고 다니는 장치들도 GPS를 갖추고 있다. GPS의 기본 개념은 3차원 삼각측량의 변형이다. 지구표면 위의 고정된 점의 위치는 다른 세 점으로부터 그 거리를 측정함으로 유일하게 결정된다. 결정되는 점은 GPS 수신기의 위치점이고, 다른 세 점은 인공위성이며 거리는 인공위성에서 수신기까지 라디오 신호음이 전해지는 시간을 이용하여 계산된다. 지구를 지구의 중심이 원점이고 양의 z축이 북극점을 지나며 지구에 관하여 고정된 xyz좌표계가 부여된 구라 생각하자. 좀 더 간편하게 생각하기 위하여, 지구의 반지름을 1이라 하면 지구표면은 방정식이 $x^2+y^2+z^2=1$인 단위구면이 된다. 시간은 100분의 1초 단위로 측정된다. GPS는 한 점에서 다른 점으로 라디오 신호음이 도달하는데 걸리는 시간을 알아서 거리를 구한다. 이렇게 하기 위해 광속을 알아야 하는데 광속은 0.47 (100분의 1초에 지구 반지름의 거리를 이동하는 속력)과 같다.

만약 여러분이 어떤 시각 t일 때, 지점 $(x,\ y,\ z)$에서 길을 잃은 도보 여행자라고 가정해보자. 그리고 현재 어디에 있는지도 모르고, 현재의 시각도 모른다. 그렇더라도 GPS가 구비된 장치를 가졌다면, GPS가 네 개의 위성으로부터 동시에 표 2.11에서 보는 것과 같이 그들의 위치와 시각을 알려주는 신호음을 수신한다. 거리는 지구 반지름 단위로, 시간은 지난 밤 자정에서 100분의 1초 단위로 측정된다.

이 내용은 칼먼(Dan Kalman)이 쓴 *The College Mathematics Journal*, 33 (2002), pp. 384–390에 게재된 논문 〈An Underdetermined Linear System for GPS〉에 근거하고 있다. 여기에 소개된 개념의 좀 더 상세한 내용을 알고 싶으면 G. Strang와 K. Borre가 저술한 Linear Algebra, Geodesy, and GPS (Welleseley-Cambridge Press, MA, 1997)를 참고하여라.

표 2.11 인공위성 자료

인공위성	위치	시간
1	(1.11, 2.55, 2.14)	1.29
2	(2.87, 0.00, 1.43)	1.31
3	(0.00, 1.08, 2.29)	2.75
4	(1.54, 1.01, 1.23)	4.06

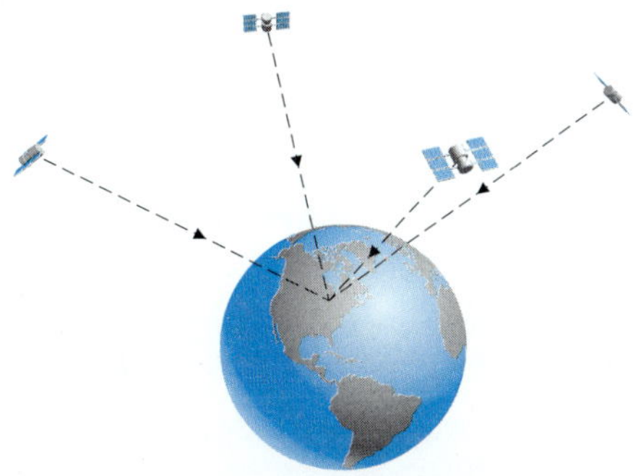

(x, y, z)를 여러분의 위치라 하고 t를 신호음이 도착한 시각이라 해보자. 목표는 x, y, z와 t를 아는 것이다. 인공위성 1까지의 거리는 다음과 같이 계산될 수 있다. 신호음은 시각 1.29에 보내졌고 시각 t에 도착했다. 따라서 걸린 시간은 $(t-1.29)\times\frac{1}{100}$초이다. 거리는 속도에 경과된 시간을 곱하여

$$d = 0.47(t - 1.29)$$

이다. d는 거리공식을 이용하여 (x, y, z)의 항과 위성들의 위치로 나타낼 수 있다.

$$d = \sqrt{(x-1.11)^2 + (y-2.55)^2 + (z-2.14)^2}$$

이를 d와 결합하여

$$(x-1.11)^2 + (y-2.55)^2 + (z-2.14)^2 = 0.47^2(t-1.29)^2 \qquad (1)$$

을 얻는다. 이것을 정리하면

$$2.22x + 5.10y + 4.28z - 0.57t = x^2 + y^2 + z^2 - 0.22t^2 + 11.95$$

이다. 마찬가지로 다른 세 위성에 대응하는 방정식을 유도할 수 있으며, x, y, z와 t에 관한 네 개의 방정식으로 된 연립방정식을 얻는다.

$$\begin{aligned}
2.22x + 5.10y + 4.28z - 0.57t &= x^2 + y^2 + z^2 - 0.22t^2 + 11.95 \\
5.74x \qquad\qquad + 2.86z - 0.58t &= x^2 + y^2 + z^2 - 0.22t^2 + 9.90 \\
2.16y + 4.58z - 1.21t &= x^2 + y^2 + z^2 - 0.22t^2 + 4.74 \\
3.08x + 2.02y + 2.46z - 1.79t &= x^2 + y^2 + z^2 - 0.22t^2 + 1.26
\end{aligned}$$

이들은 모두 일차방정식은 아니나 각 식에서 일차가 아닌 항들이 모두 같다. 따라서 두 번째 이후의 각 식에서 첫 번째 식을 빼면, 아래와 같은 연립일차방정식이 된다.

$$3.52x - 5.10y - 1.42z - 0.01t = -2.05$$
$$-2.22x - 2.94y + 0.30z - 0.64t = -7.21$$
$$0.86x - 3.08y - 1.82z - 1.22t = -10.69$$

첨가 계수행렬을 행줄임 하여

$$\left[\begin{array}{cccc|c} 3.52 & -5.10 & -1.42 & -0.01 & -2.05 \\ -2.22 & -2.94 & 0.30 & -0.64 & -7.21 \\ 0.86 & -3.08 & -1.82 & -1.22 & -10.69 \end{array}\right] \to \left[\begin{array}{cccc|c} 1 & 0 & 0 & 0.36 & 2.97 \\ 0 & 1 & 0 & 0.03 & 0.81 \\ 0 & 0 & 1 & 0.79 & 5.91 \end{array}\right]$$

임을 알고, 이로부터 t를 자유변수로 하여

$$\begin{aligned} x &= 2.97 - 0.36t \\ y &= 0.81 - 0.03t \\ z &= 5.91 - 0.79t \end{aligned} \qquad (2)$$

임을 안다. 이 식을 (1)에 대입하여

$$(2.97 - 0.36t - 1.11)^2 + (0.81 - 0.03t - 2.55)^2 + (5.91 - 0.79t - 2.14)^2 = 0.47^2(t - 1.29)^2$$

을 얻고, 이를 간단히 하면 이차방정식

$$0.54t^2 - 6.65t + 20.32 = 0$$

가 성립한다. 이는 두 개의 해

$$t = 6.74, \ t = 5.60$$

을 갖는다. 이것을 (2)에 대입하여 첫 번째 해 $t = 6.74$에 대응하는 $(x, y, z) = (0.55, 0.61, 0.56)$와 두 번째 해 $t = 5.60$에 대응하는 $(x, y, z) = (0.96, 0.65, 1.46)$를 구한다. 두 번째 해에 대응하는 (x, y, z)는 분명히 단위구(지구) 위의 점이 아니므로 제외한다. 첫 번째 해에 대응하는 (x, y, z)로 $x^2 + y^2 + z^2 = 0.99$이 만들어지는데 이는 받아들일 만한 반올림 오차 범위 이내이므로 만족할 만하다. 그래서 좌표 $(0.55, 0.61, 0.56)$를 여러분의 위치로 한다.

실제로, GPS는 계산상 함축적으로 더 많은 요인이 필요하다. 지구의 표면이 정확히 구면이 아니어서 최소제곱근사와 같은 기법을 이용하는 추가적인 정밀도 개선이 필요하다. 또한 GPS 계산의 결과는 직교좌표에서 그 상황에 적절한 위도와 경도가 포함된 좌표로 전환된다.

CAS 2.5 연립일차방정식의 반복 풀이법

연립일차방정식을 풀기 위해 기본 행변환을 이용하는, 직접적인 방법은 대부분의 경우 정확한 답을 이끌어내지만 반올림이나 앞에서 본 것처럼 다른 요인에 기인하는 오차가 생길 수 있다. 삼학의 세 번째 길은 아주 다른 길로 내려오게 한다. 이 절에서, 우리는 연립일차방정식의 해에 접근하는 일련의 벡터를 반복하여 연속적으로 생성해나가는 방법에 대해 알아본다. 많은 실례들(계수행렬이 0을 많이 포함하는)에서, 반복적인 방법은 직접적인 방법보다 빠르고 더 정확할 수 있다. 또한, 반복적인 방법은 반복하여 만들어 낸 근삿값이 충분히 정확하다면 언제든지 중단할 수 있다. 추가하여, 반복적인 방법은 종종 부정확이 이로울 수도 있다. 반올림 오차는 실제로 정답으로 수렴을 가속화할 수 있다.

연립일차방정식을 풀기 위해 두 가지 반복적 방법, **야코비 방법**(Jacobi's method)과 이보다 더 정교한 **가우스-자이델 방법**(Gauss-Seidel method)에 대해 공부한다. 모든 예제에서 연립일차방정식은 미지수의 수와 방정식의 수가 같고 유일한 해를 갖는 것으로 생각한다. 우리의 관심은 이 해를 반복적인 방법을 이용하여 구하는 데 있다.

예제 2.37 연립일차방정식

$$\begin{aligned} 7x_1 - x_2 &= 5 \\ 3x_1 - 5x_2 &= -7 \end{aligned}$$

을 생각해 보자. 야코비 방법은 첫 번째 식을 x_1에 대하여 풀고, 두 번째 식을 x_2에 대하여 푸는 것으로 시작하여

$$\begin{aligned} x_1 &= \frac{5+x_2}{7} \\ x_2 &= \frac{7+3x_1}{5} \end{aligned} \qquad (1)$$

을 얻는다. 해에 대한 **초기 근삿값**이 필요한데, 이 초기 근삿값은 무엇이든 문제가 되지 않는다. 그래서 $x_1 = 0$, $x_2 = 0$로 두어도 좋다. 이 값을 (1)식에 대입하여

$$\begin{aligned} x_1 &= \frac{5+0}{7} = \frac{5}{7} \approx 0.714 \\ x_2 &= \frac{7+3\cdot 0}{5} = \frac{7}{5} = 1.400 \end{aligned}$$

의 새로운 x_1과 x_2의 값을 얻는다. 다시 이 값을 (1)식에 대입하여

$$\begin{aligned} x_1 &= \frac{5+1.4}{7} \approx 0.914 \\ x_2 &= \frac{7+3\cdot\frac{5}{7}}{5} \approx 1.829 \end{aligned}$$

Courtesy of the Smithsonian Institution Libraries, Washington, D.C.

야코비(Carl Gustav Jacobi, 1804-1851)는 독일의 수학자로서 기하학, 수론, 해석학, 기계학, 유체역학을 포함하여 많은 수학과 물리학 분야에 중요한 공헌을 하였다. 그의 많은 업적이 응용수학에 있었음에도 불구하고 그 자신을 위해 수학을 하는 것이 중요하다고 생각했다. 훌륭한 스승인 그는 베를린과 쾨니히스베르크에 있는 대학에 몸을 담았다. 그리고 그는 유럽에서 가장 유명한 수학자 중의 한 사람이었다.

을 얻는다. (소수 이하 세 자리까지 구하였다.) 이 과정을 되풀이하여, 표 2.12에 주어진 일련의 근삿값을 만든다.

표 2.12

n	0	1	2	3	4	5	6
x_1	0	0.714	0.914	0.976	0.993	0.998	0.999
x_2	0	1.400	1.829	1.949	1.985	1.996	1.999

잇따른 벡터 $\begin{bmatrix} x_1 \\ x_2 \end{bmatrix}$를 **반복벡터**(iterate vector)라고 한다. 예를 들면, $n = 4$ 인 네 번째 반복벡터는 $\begin{bmatrix} 0.993 \\ 1.985 \end{bmatrix}$이다. 이 예제에서 반복벡터들은 $\begin{bmatrix} 1 \\ 2 \end{bmatrix}$에 근접함을 볼 수 있는데, 이것이 주어진 연립일차방정식의 정확한 해이다. 이 경우, 야코비 방법이 **수렴한다**(converge)고 한다.

야코비 방법은 연속하는 반복벡터들을 2변수 방식으로, 표 2.13에서와 같이 십자형 교차 형태로 계산한다.

표 2.13

n	0	1	2	3
x_1				
x_2				

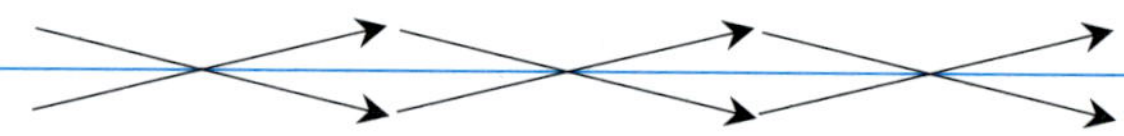

가우스–자이델 방법은 가우스(C. F. Gauss)와 자이델(Philipp Ludwig von Seidel, 1821–1896)의 이름을 따서 지어졌다. 자이델은 해석학, 확률론, 천문학과 광학을 공부하였다. 불행하게도, 시력 문제로 고통받았으며 젊은 나이에 은퇴하였다. 그가 표현한 지금의 가우스–자이델 방법이 소개된 논문은 1874년에 발행되었다. 아마도 가우스는 이 방법을 알지 못했던 것으로 보인다.

일반적인 경우로 야코비 방법을 생각하기 전에, 해에 빠르게 수렴하는 식의 변형을 살펴보자. 가우스–자이델 방법은 계산하자마자 각 새로운 값을 이용하는 것을 제외하고는 야코비 방법과 같다. 따라서 예제에서는 $x_1 = \dfrac{5+0}{7} = \dfrac{5}{7} \approx 0.714$로 계산을 시작하여 다음 x_2의 값을 얻는다.

$$x_2 = \frac{7 + 3 \cdot \frac{5}{7}}{5} \approx 1.829$$

다음 x_1을 계산하기 위해 이 x_2를 이용한다. 같은 방법으로 계속 진행한 결과의 반복벡터들은 표 2.14에 있다.

가우스–자이델 방법이 좀 더 빠르게 해에 수렴함을 알 수 있다. 이때, 반복벡터들은 표 2.15에서 보는 바와 같이 지그재그 형태로 계산된다.

표 2.14

n	0	1	2	3	4	5
x_1	0	0.714	0.976	0.998	1.000	1.000
x_2	0	1.829	1.985	1.999	2.000	2.000

표 2.15

n	0	1	2	3
x_1				
x_2				

아울러, 가우스-자이델 방법은 두 개의 미지수의 경우에 멋진 기하학적 설명을 곁들이고 있다. x_1과 x_2를 평면에서 점의 좌표로 생각하자. 출발점은 초기 근삿값에 대응하는 점 $(0,\ 0)$이다. 최초 계산에서 $x_1 = \frac{5}{7}$이므로, $\left(\frac{5}{7},\ 0\right) \approx (0.714,\ 0)$으로 이동한다. 그리고 $x_2 = \frac{64}{35} \approx 1.829$를 계산하여 점 $\left(\frac{5}{7},\ \frac{64}{35}\right) \approx (0.714, 1.829)$으로 이동한다. 이 과정을 계속 반복함으로써 가우스-자이델 방법을 이용한 계산은 점들을 나열하게 하는데 각 점은 앞의 점과 한 좌표성분만 다르게 된다. 두 주어진 방정식에 대응하는 직선 $7x_1 - x_2 = 5$와 $3x_1 - 5x_2 = -7$를 구성하면 그림 2.27에서와 같이 앞에서 계산된 점들이 교대로 두 직선에 떨어짐을 알고 더욱이 연립방정식의 해에 대응하는 두 직선의 교점으로 접근함을 안다. 이것이 수렴의 의미이다.

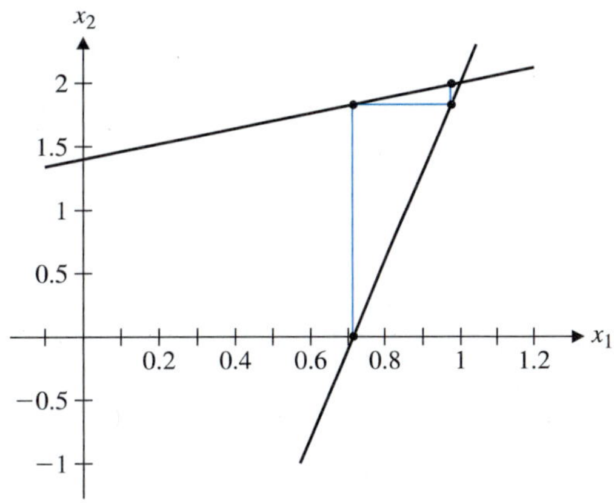

그림 2.27 수렴하는 반복벡터들

두 방법의 일반적인 경우는 비슷하다. n개의 미지수와 n개의 일차방정식으로 이루어진 연립일차방정식

$$\begin{aligned} a_{11}x_1 + a_{12}x_2 + \cdots + a_{1n}x_n &= b_1 \\ a_{21}x_1 + a_{22}x_2 + \cdots + a_{2n}x_n &= b_2 \\ &\vdots \\ a_{n1}x_1 + a_{n2}x_2 + \cdots + a_{nn}x_n &= b_n \end{aligned} \tag{2}$$

이 주어지면, 첫 번째 식에서 x_1에 대하여, 두 번째 식에서 x_2에 대하여, … 등으로 푼다. 초기 근삿값을 각 미지수에 대하여 나타낸 식에 대입해서 각 미지수를 반복적으로 수정한다. 야코비 방법은 $(k+1)$번째 반복벡터를 계산하기 위해 k번째 반복식에 미지수를 모두 이용하는 반면에, 가우스-자이델 방법은 매 계산에서 항

상 각 미지수의 최신 값을 이용한다. 나중에 나올 예제 2.39는 3변수 문제에서 가우스–자이델 방법의 실례를 설명한다.

현 시점에서 여러분은 이 반복법들에 대한 약간의 의문과 관심을 가질 것이다. 이 방법들은 항상 수렴하는가? 아니면, 언제 수렴하는가? 만약 수렴한다면, 반드시 해에 수렴하는가? 첫 번째 질문에 대한 답은 예제 2.38에서 보는 바와 같이 '아니오'이다.

예제 2.38 연립일차방정식

$$x_1 - x_2 = 1$$
$$2x_1 + x_2 = 5$$

에서 초기 근삿값을 $\begin{bmatrix}0\\0\end{bmatrix}$로 하여 가우스–자이델 방법을 적용하여라.

풀이 주어진 방정식들을 재배열하여

$$x_1 = 1 + x_2$$
$$x_2 = 5 - 2x_1$$

을 얻는다. 처음 몇 개의 반복벡터들이 표 2.16에 주어져 있다.

주어진 연립일차방정식의 실제 해는 $\begin{bmatrix}x_1\\x_2\end{bmatrix} = \begin{bmatrix}2\\1\end{bmatrix}$이다. 그런데 표 2.16에 있는 반복벡터들은 그림 2.28에서처럼 이 점으로 접근하지 않는다. 그림 2.28은 기하학적으로 분명한 **발산**(divergence)의 예를 보여준다.

표 2.16

n	0	1	2	3	4	5
x_1	0	1	4	−2	10	−14
x_2	0	3	−3	9	−15	33

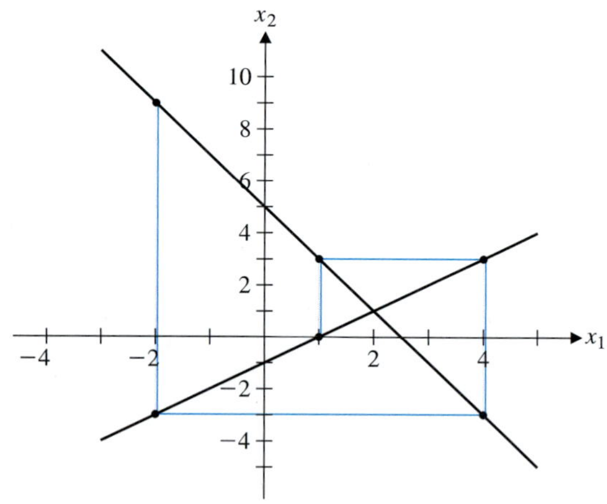

그림 2.28 발산하는 반복벡터들

그러면 이 반복법은 언제 수렴할까? 불행하게도 이 질문에 대한 답은 좀 더 미묘하다. 여기서는 증명없이 부분적인 답만을 제시한다.

A를 $n \times n$ 행렬이라 하자.

$$A = \begin{bmatrix} a_{11} & a_{12} & \cdots & a_{1n} \\ a_{21} & a_{22} & \cdots & a_{2n} \\ \vdots & \vdots & \ddots & \vdots \\ a_{n1} & a_{n2} & \cdots & a_{nn} \end{bmatrix}$$

A의 성분들이

$$\begin{gathered} |a_{11}| > |a_{12}| + |a_{13}| + \cdots + |a_{1n}| \\ |a_{22}| > |a_{21}| + |a_{23}| + \cdots + |a_{2n}| \\ \vdots \\ |a_{nn}| > |a_{n1}| + |a_{n2}| + \cdots + |a_{n,n-1}| \end{gathered}$$

을 만족하면, A를 **순 대각우세 행렬**(strictly diagonally dominant matrix)이라 한다. 즉, 각 대각성분 a_{11}, a_{22}, $\cdots$, a_{nn}의 절댓값이 그 행의 나머지 성분들의 절댓값의 합보다 큰 경우이다.

정리 2.9

미지수가 n개이고 n개의 일차방정식으로 구성된 연립일차방정식에서 계수행렬이 순 대각우세 행렬이면, 이 연립일차방정식은 유일한 해를 가지고 야코비 방법과 가우스-자이델 방법은 모두 해로 수렴한다.

주의 주의할 것은 이 정리의 역은 성립하지 않는다는 것이다. 연립일차방정식에서 계수행렬이 순 대각우세 행렬이 아니라고 반복법이 발산한다는 의미는 아니다. 수렴할 수도 있고 발산할 수도 있다(연습문제 15-19 참조). 실제로, 한 방법은 수렴하고 다른 방법은 발산하는 예가 있다. 그렇더라도 두 방법 중 하나가 수렴하면 그 방법은 해로 반드시 수렴한다. 어떤 다른 점으로 수렴할 수는 없다.

정리 2.10

만약, 미지수가 n개이고 n개의 일차방정식으로 구성된 연립일차방정식에 대하여 야코비 방법이나 가우스-자이델 방법이 수렴하면, 그 값은 연립일차방정식의 해에 반드시 수렴한다.

증명 여기서는 예제 2.37의 연립일차방정식을 이용하여 야코비 방법의 경우에 대한 증명의 아이디어를 개략적으로 설명한다. 일반적인 증명도 비슷하다. 수렴이란 어떤 계속되는 반복으로 반복벡터들의 값이 어떤 값에 점점 더 가깝게 접근하는 것을 의미하는데, 이는 표 2.17에서와 같이, x_1과 x_2가 각각 r과 s로 수렴하는 것을 의미한다.

표 2.17

n	$\cdots$	k	$k+1$	$k+2$	$\cdots$
x_1	$\cdots$	r	r	r	$\cdots$
x_2	$\cdots$	s	s	s	$\cdots$

$\begin{bmatrix} x_1 \\ x_2 \end{bmatrix} = \begin{bmatrix} r \\ s \end{bmatrix}$ 가 주어진 연립일차방정식의 해임을 증명해야 한다. 즉, $(k+1)$번째 반복에서 x_1과 x_2의 값이 k번째 반복에서의 값으로 유지되어야 한다. 계산에 따르면 $x_1 = (5+x_2)/7 = (5+s)/7$이고 $x_2 = (7+3x_1)/5 = (7+3r)/5$이다. 그러므로

$$\frac{5+s}{7} = r, \quad \frac{7+3r}{5} = s$$

이다. 이를 다시 정리하면

$$\begin{aligned} 7r - \quad s &= 5 \\ 3r - 5s &= -7 \end{aligned}$$

이므로, $x_1 = r$, $x_2 = s$가 주어진 예제 2.37의 연립일차방정식을 만족한다.

예제 2.39 그림 2.29에서와 같이 금속판의 세 변을 일정한 온도로 달구었다고 하자.

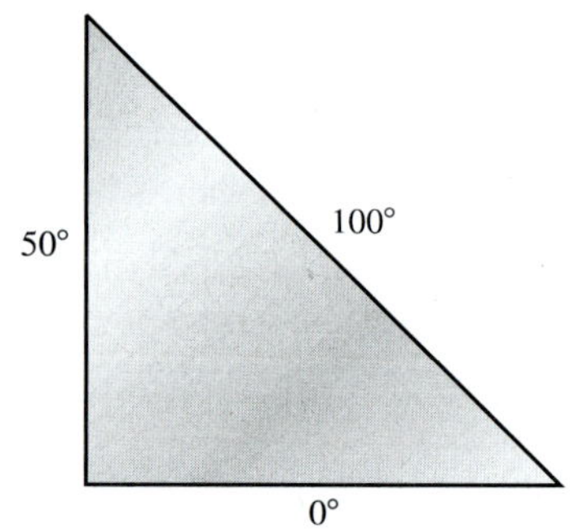

그림 2.29 가열된 금속판

시간이 충분히 지나면 금속판 내부 점에서의 온도는 평형상태에 다다를 것이다. 이때 다음 성질을 만족한다.

> 금속판 내부의 점 P에서의 온도는 금속판 안에서 P에 중심을 가지는 임의의 원의 둘레에서의 평균 온도이다(그림 2.30 참조).

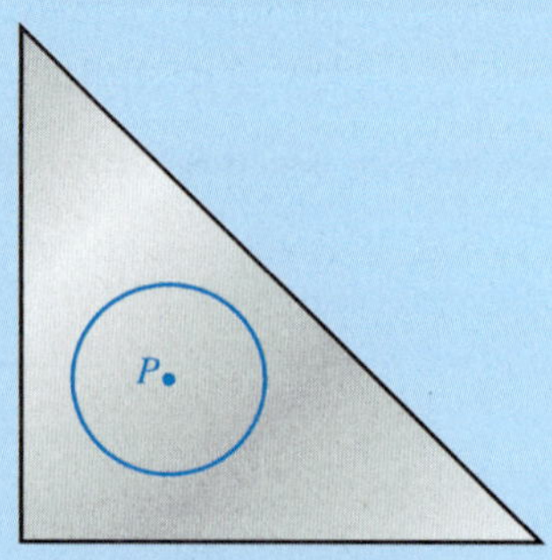

그림 2.30

실제 예에 이 성질을 적용하기 위해서는 미분적분학의 기법이 요구된다. 대안으로 그림 2.31에서와 같이 금속판에 유한개의 내부 점을 가지는 석쇠나 망을 씌워 비슷한 상황으로 만들 수 있다.

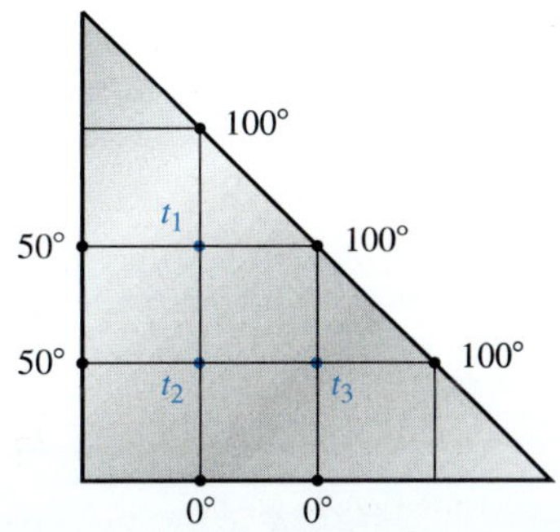

그림 2.31 가열된 금속판 문제의 분리버전

앞에서 설명한 평형온도를 결정하는 성질을 이산적(discrete)으로 근사하는 것은 아래와 같다.

> 내부의 각 점 P에서의 온도는 P에 인접한 점들의 평균온도이다.

그림 2.31에는 세 개의 내부 점이 있고 각 내부의 점들은 다른 네 개의 점에 인접해 있다. 내부의 점들의 평형온도를 그림에서와 같이 t_1, t_2, t_3라 하면, 평균온도 성질에 의해

$$\begin{aligned} t_1 &= \frac{100+100+t_2+50}{4} \\ t_2 &= \frac{t_1+t_3+0+50}{4} \\ t_3 &= \frac{100+100+0+t_2}{4} \end{aligned} \tag{3}$$

이고, 이를 정리하면

$$\begin{aligned} 4t_1 - t_2 \phantom{{}-t_3} &= 250 \\ -t_1 + 4t_2 - t_3 &= 50 \\ -t_2 + 4t_3 &= 200 \end{aligned}$$

이다.

이 연립일차방정식의 계수행렬은 순 대각우세 행렬이고, 또한 (3)식이 야코비 또는 가우스-자이델 방법을 필요로 하는 모양임을 주목하여라. $t_1 = 0$, $t_2 = 0$, $t_3 = 0$을 초기 근삿값으로 하여 가우스-자이델 방법은 다음과 같이 반복한다.

반복 1:

$$t_1 = \frac{100+100+0+50}{4} = 62.5$$

$$t_2 = \frac{62.5+0+0+50}{4} = 28.125$$

$$t_3 = \frac{100+100+0+28.125}{4} = 57.031$$

반복 2:

$$t_1 = \frac{100+100+28.125+50}{4} = 69.531$$

$$t_2 = \frac{69.531+57.031+0+50}{4} = 44.141$$

$$t_3 = \frac{100+100+0+44.141}{4} = 61.035$$

계속 반복시행하여, 반복벡터들을 표 2.18에 수록하였다. 유효 숫자를 다섯 개로 정확히 계산하고 모든 변수에서 연속하는 두 반복벡터들의 오차가 0.001일 때 멈춘다.

그래서 내부의 점에서 평형온도는(소수 이하 셋째 자리까지 정확하게) $t_1 = 74.108$, $t_2 = 46.430$, $t_3 = 61.607$이다. 더 많은 내부의 점을 가지는 좀 더 조밀한 격자를 이용하면, 금속판 내부의 여러 점에서 평형온도에 관한 좀 더 정밀한 정보를 얻을 수 있다.

표 2.18

n	0	1	2	3	⋯	7	8
t_1	0	62.500	69.531	73.535	⋯	74.107	74.107
t_2	0	28.125	44.141	46.143	⋯	46.429	46.429
t_3	0	57.031	61.035	61.536	⋯	61.607	61.607

2.5 연습문제

CAS ※ [1-6] 주어진 연립일차방정식에 야코비 방법을 적용하여라. 초기 근삿값을 영벡터로 하고, 각 미지수에서 두 연속하는 반복벡터가 유효숫자 네 개로 정확히 0.001 범위 내에서 일치할 때까지 진행하여라. 각각의 경우에 직접적인 방법으로 구한 정확한 답과 비교하여 보아라.

1. $7x_1 - x_2 = 6$
   $x_1 - 5x_2 = -4$

2. $2x_1 + x_2 = 5$
   $x_1 - x_2 = 1$

3. $4.5x_1 - 0.5x_2 = 1$
   $x_1 - 3.5x_2 = -1$

4. $20x_1 + x_2 - x_3 = 17$
   $x_1 - 10x_2 + x_3 = 13$
   $-x_1 + x_2 + 10x_3 = 18$

5. $3x_1 + x_2 = 1$
   $x_1 + 4x_2 + x_3 = 1$
   $x_2 + 3x_3 = 1$

6. $3x_1 - x_2 = 1$
   $-x_1 + 3x_2 - x_3 = 0$
   $-x_2 + 3x_3 - x_4 = 1$
   $-x_3 + 3x_4 = 1$

※ [7–12] 가우스-자이델 방법을 이용하여 주어진 연습문제를 반복시행하여라. 초기 근삿값을 영벡터로 하고, 각 미지수에서 두 연속하는 반복벡터가 유효숫자 네 개로 정확히 0.001 범위 내에서 일치할 때까지 진행하여라. 근삿값을 찾기 위하여 야코비 방법과 가우스-자이델 방법을 이용할 때, 요구되는 반복 횟수를 비교하여 보아라.

7. 연습문제 1 **8.** 연습문제 2

9. 연습문제 3 **10.** 연습문제 4

11. 연습문제 5 **12.** 연습문제 6

※ [13–14] 주어진 연립일차방정식에서 가우스-자이델 방법의 수렴성을 그림을 그려 설명하여라.

13. 연습문제 1 **14.** 연습문제 2

※ [15–16] 가우스-자이델 방법이 발산하는 것을 보이기 위해 초기 근삿값을 영벡터로 하여 처음 네 개의 반복벡터를 계산하여라. 그리고 계수행렬의 대각성분이 큰 값으로 주어지도록(행렬에서 대각성분이 아닌 성분은 모두 대각성분보다 작다) 방정식을 재배열할 수 있음을 보이고, 가우스-자이델 방법을 적용하여 정확히 0.001 오차범위 내에 들어가는 근삿값을 구하여라.

15.
$$\begin{aligned} x_1 - 2x_2 &= 3 \\ 3x_1 + 2x_2 &= 1 \end{aligned}$$

16.
$$\begin{aligned} x_1 - 4x_2 + 2x_3 &= 2 \\ 2x_2 + 4x_3 &= 1 \\ 6x_1 - x_2 - 2x_3 &= 1 \end{aligned}$$

17. 연습문제 15에서 가우스-자이델 방법의 발산성을 그림을 그려 설명하여라.

※ [18–19] 계수행렬의 대각성분이 큰 값으로 주어지지 않고, 또한 방정식을 재배열하여도 대각성분이 큰 값으로 주어지지 않는다고 하자. 그렇더라도 야코비 방법과 가우스-자이델 방법은 수렴한다. 가우스-자이델 방법을 적용하여, 초기 근삿값을 영벡터로 하여 정확히 0.01 오차범위 내에 들어가는 근삿값을 구하여, 이것이 사실임을 설명하여라.

18.
$$\begin{aligned} -4x_1 + 5x_2 &= 14 \\ x_1 - 3x_2 &= -7 \end{aligned}$$

19.
$$\begin{aligned} 5x_1 - 2x_2 + 3x_3 &= -8 \\ x_1 + 4x_2 - 4x_3 &= 102 \\ -2x_1 - 2x_2 + 4x_3 &= -90 \end{aligned}$$

20. 연습문제 18에서 정확히 0.001 오차범위 내에 들어가는 근삿값을 구하기 위해 반복법을 연속하여 시행하여라.

21. 연습문제 19에서 정확히 0.001 오차범위 내에 들어가는 근삿값을 구하기 위해 반복법을 연속하여 시행하여라.

※ [22–24] 다음 그림과 같이 금속판이 경계에 표시된 일정한 온도를 가진다고 하자. 주어진 내부의 각 점에서의 평형온도를 구하기 위해 연립일차방정식을 세우고, 야코비 방법이나 가우스-자이델 방법을 적용하여 구하여라. 정확히 0.001 오차범위 내에 들어가는 근삿값을 구하여라.

22.

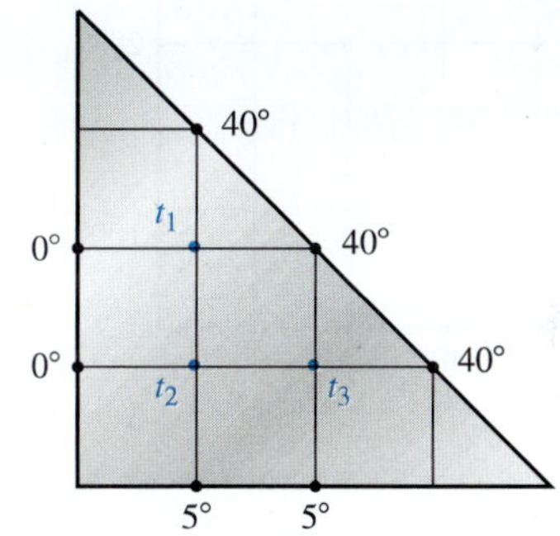

23.

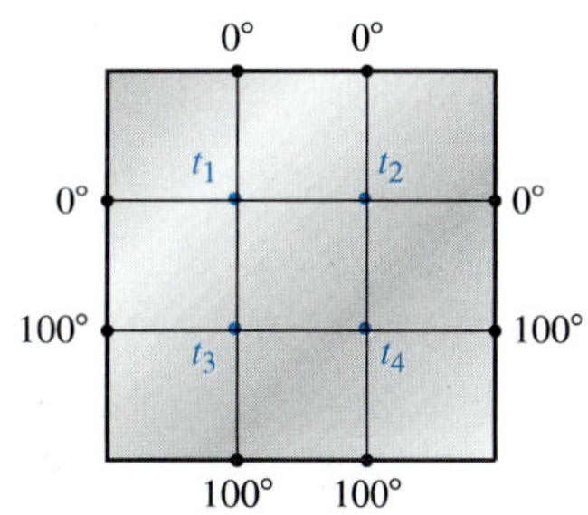

24.

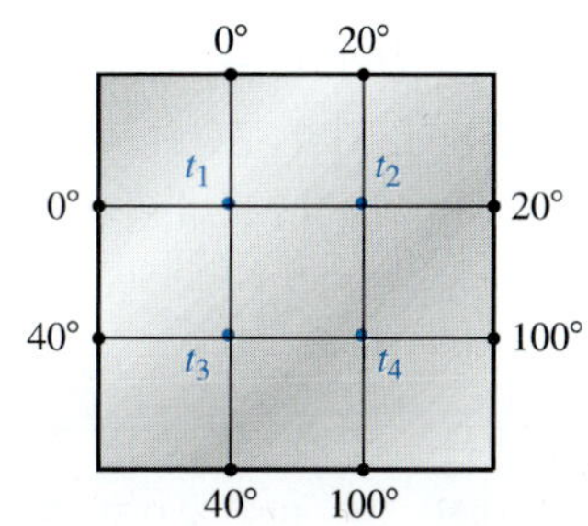

※ [25–26] 금속판 내부의 점에서 평형온도에 관한 더 정확한 정보를 얻기 위하여 연습문제 22와 24에서 이용한 격자를 세분한다. 야코비 방법이나 가우스-자이델 방법을 이용하여 정확히 0.001 오차범위 내에 들어가는 근삿값을 구하여라.

25.

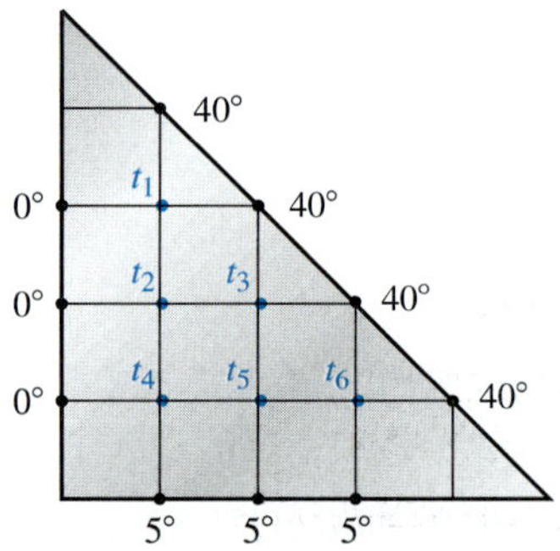

26.

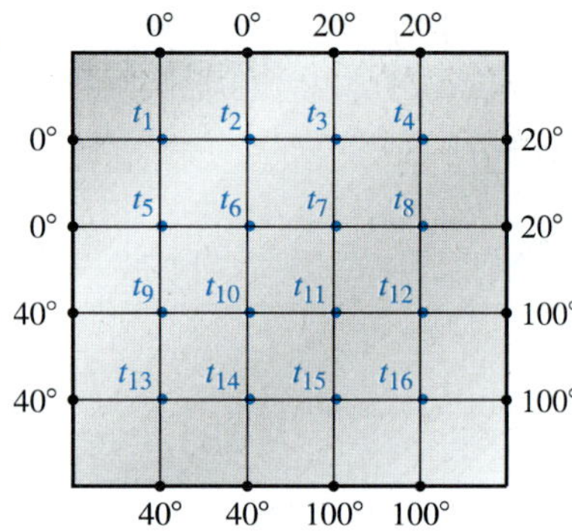

※ [27–28] 때때로 우리가 운이 좋으면, 반복적인 문제의 모양이 작은 통찰력을 이용하여 정확한 해를 구할 수 있음을 설명한다.

27. 한 단위의 좁은 종이 띠가 그 끝이 0과 1이 되도록 수직선을 따라 놓여 있다고 하자. 이 종이를 오른쪽 끝이 왼쪽 끝에 겹치도록 반으로 접는다. 따라서 그 끝은 0과 $\frac{1}{2}$이다. 다음으로 이것을 다시 반으로 접는데 이번에는 왼쪽 끝이 오른쪽 끝과 겹치도록 한다. 이때, 종이 띠의 끝은 $\frac{1}{4}$과 $\frac{1}{2}$이다. 그림 2.32가 이 과정을 보여준다. 종이를 계속 오른쪽 끝이 왼쪽 끝과 겹치도록, 또한 왼쪽 끝이 오른쪽 끝과 겹치도록 하여 교대로 반으로 접는다. 만약 무한히 계속 접을 수 있다면, 양 끝은 분명히 한 점으로 수렴할 것이다. 우리가 구하려는 것이 이 점이다.

(a) x_1을 종이의 왼쪽 끝에 대응하는 점이라 하고 x_2를 종이의 오른쪽 끝에 대응하는 점이라 하자. $[x_1, x_2]$에 대한 처음 6개 값으로 표를 만들고, x_1, x_2좌표축 위에 대응하는 점을 기입한다.

(b) $x_2 = ax_1 + b$과 $x_1 = cx_2 + d$ 모양의 두 일차방정식을 구하고 반복할 때마다 양 끝점에 대한 새로운 값을 결정한다. 대응되는 직선을 좌표축에 그리고 이 그림이 앞서 구한 연립일차방정식에 가우스–자이델 방법을 적용한 결과임을 보여라.

(c) 십진법 표현으로 고쳐, 양 끝점이 정확히 0.001오차범위 내로 수렴하는 점에 근접하도록 가우스–자이델 방법을 계속 적용하여라.

(d) 연립일차방정식의 정확한 해를 구하고 여러분의 답과 비교하여 보아라.

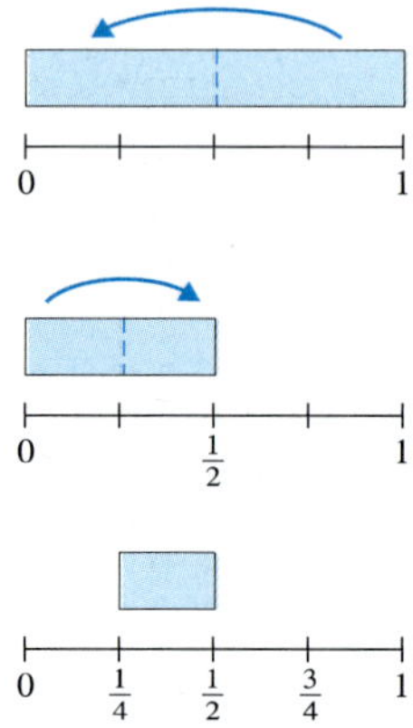

그림 2.32 종이 띠 접기

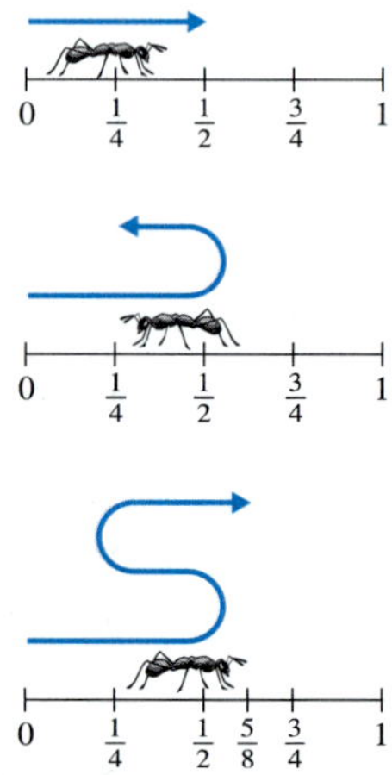

그림 2.33 개미의 걷기

28. 한 마리 개미가 수직선 위의 A점에 있다. B점을 향하여 가다가 중간점에서 A방향으로 되돌아간다. 그리고 A점을 향하여 가다가 중간점에서 다시 되돌아서서 B점을 향하여 간다고 하자. 0에 점 A가 있고 1에 점 B가 있다고 할 때, 이러한 계속적인 개미의 걷기는 일련의 선분들의 겹치기를 만든다. 이 선분들의 왼쪽 위치를 x_1으로 기록하고 오른쪽 위치를 x_2로 기록하자. 즉, $x_1 = 0$, $x_2 = \frac{1}{2}$으로 시작하여, 다시 $x_1 = \frac{1}{4}$, $x_2 = \frac{1}{2}$이 된다. 그림 2.33은 개미의 걷기를 보여 준다.

(a) $[x_1, x_2]$에 대한 처음 6개의 값으로 표를 만들고, x_1, x_2좌표축 위에 대응하는 점을 기입한다.

(b) $x_2 = ax_1 + b$과 $x_1 = cx_2 + d$ 모양의 두 일차방정식을 구하고 반복할 때마다 양 끝점에 대한 새로운 값을 결정한다. 대응되는 직선을 좌표축에 그리고 이 그림이 앞에서 구한 연립일차방정식에 가우스–자이델 방법을 적용한 결과임을 보여라. 여러분이 그린 그림은 그림 2.27과 유사할 것이다.

(c) 십진법 표현으로 고쳐, 양 끝점이 정확히 0.001오차범위 내로 수렴하는 점에 근접하도록 가우스–자이델 방법을 계속 적용하여라.

(d) 연립일차방정식의 정확한 해를 구하고, 여러분이 구한 답과 비교하여 보아라.

2장 복습문제

1. 다음 명제가 참인지 거짓인지를 판정하여라.
   (a) 모든 연립일차방정식은 해를 가진다.
   (b) 모든 동차 연립일차방정식은 해를 가진다.
   (c) 미지수의 수가 방정식의 수보다 많은 연립일차방정식은 무수히 많은 해를 가진다.
   (d) 방정식의 수가 미지수의 수보다 많은 연립일차방정식은 해를 가지지 않는다.
   (e) $A=[\mathbf{a}_1 \cdots \mathbf{a}_n]$일 때, $\mathbf{b}$가 $\text{span}(\mathbf{a}_1 \cdots \mathbf{a}_n)$에 포함되는지, 그렇지 않는지를 판정하는 것은 연립일차방정식 $[A|\mathbf{b}]$가 해를 갖는지, 그렇지 않는지를 판정하는 것과 동치이다.
   (f) $\mathbb{R}^3$에서 $\text{span}(\mathbf{u}, \mathbf{v})$는 항상 원점을 지나는 평면이다.
   (g) $\mathbb{R}^3$에서 영벡터가 아닌 두 벡터가 평행하지 않으면, 이들은 일차독립이다.
   (h) $\mathbb{R}^3$에서 한 벡터의 머리를 다른 벡터의 꼬리 쪽으로 그릴 수 있는 벡터들의 집합(한 벡터가 다른 벡터에 잇달아 있는 다각형의 모양)은 일차종속이다.
   (i) 어떤 두 벡터를 택하더라도 한 벡터가 나머지 벡터의 스칼라배로 나타낼 수 없는 벡터들의 집합은 일차독립이다.
   (j) 벡터의 성분의 수보다 많은 수의 벡터들의 집합은 일차종속이다.

2. 행렬 $\begin{bmatrix} 1 & -2 & 0 & 3 & 2 \\ 3 & -1 & 1 & 3 & 4 \\ 3 & 4 & 2 & -3 & 2 \\ 0 & -5 & -1 & 6 & 2 \end{bmatrix}$의 계수를 구하여라.

3. 다음 연립일차방정식을 풀어라.

$$\begin{aligned} x + y - 2z &= 4 \\ x + 3y - z &= 7 \\ 2x + y - 5z &= 7 \end{aligned}$$

4. 다음 연립일차방정식을 풀어라.

$$\begin{aligned} 3w + 8x - 18y + z &= 35 \\ w + 2x - 4y &= 11 \\ w + 3x - 7y + z &= 10 \end{aligned}$$

5. $\mathbb{Z}_7$ 위에서 다음 연립일차방정식을 풀어라.

$$\begin{aligned} 2x + 3y &= 4 \\ x + 2y &= 3 \end{aligned}$$

6. $\mathbb{Z}_5$ 위에서 다음 연립일차방정식을 풀어라.

$$\begin{aligned} 3x + 2y &= 1 \\ x + 4y &= 2 \end{aligned}$$

7. k의 값이 얼마일 때, 첨가 계수행렬 $\left[\begin{array}{cc|c} k & 2 & 1 \\ 1 & 2k & 1 \end{array}\right]$을 가지는 연립일차방정식은 해를 갖지 않는가?

8. 두 평면 $x+2y+3z=4$와 $5x+6y+7z=8$이 만나는 교선의 매개변수 방정식을 구하여라.

9. 다음 직선의 교점이 있으면, 그 점을 구하여라.

$$\begin{bmatrix} x \\ y \\ z \end{bmatrix} = \begin{bmatrix} 1 \\ 2 \\ 3 \end{bmatrix} + s\begin{bmatrix} 1 \\ -1 \\ 2 \end{bmatrix} \text{과 } \begin{bmatrix} x \\ y \\ z \end{bmatrix} = \begin{bmatrix} 5 \\ -2 \\ -4 \end{bmatrix} + t\begin{bmatrix} -1 \\ 1 \\ 1 \end{bmatrix}$$

10. $\begin{bmatrix} 3 \\ 5 \\ -1 \end{bmatrix}$은 $\begin{bmatrix} 1 \\ 1 \\ 3 \end{bmatrix}$과 $\begin{bmatrix} 1 \\ 2 \\ -2 \end{bmatrix}$의 생성에 포함되는지, 그렇지 않는지를 판정하여라.

11. $\begin{bmatrix} 1 \\ 1 \\ 1 \end{bmatrix}$과 $\begin{bmatrix} 3 \\ 2 \\ 1 \end{bmatrix}$에 의해서 생성되는 평면의 일반방정식을 구하여라.

12. $\begin{bmatrix} 2 \\ 1 \\ -3 \end{bmatrix}$, $\begin{bmatrix} 1 \\ -1 \\ -2 \end{bmatrix}$, $\begin{bmatrix} 3 \\ 9 \\ -2 \end{bmatrix}$가 일차독립인지, 아닌지를 판정하여라.

13. 다음에서 $\mathbb{R}^3=\text{span}(\mathbf{u}, \mathbf{v}, \mathbf{w})$인지를 판정하여라.
   (a) $\mathbf{u}=\begin{bmatrix} 1 \\ 1 \\ 0 \end{bmatrix}$, $\mathbf{v}=\begin{bmatrix} 1 \\ 0 \\ 1 \end{bmatrix}$, $\mathbf{w}=\begin{bmatrix} 0 \\ 1 \\ 1 \end{bmatrix}$
   (b) $\mathbf{u}=\begin{bmatrix} 1 \\ -1 \\ 0 \end{bmatrix}$, $\mathbf{v}=\begin{bmatrix} -1 \\ 0 \\ 1 \end{bmatrix}$, $\mathbf{w}=\begin{bmatrix} 0 \\ -1 \\ 1 \end{bmatrix}$

14. $\mathbf{a}_1$, $\mathbf{a}_2$, $\mathbf{a}_3$가 $\mathbb{R}^3$에서 일차독립인 벡터이고 $A=[\mathbf{a}_1\ \mathbf{a}_2\ \mathbf{a}_3]$일 때, 다음 명제 중에서 참인 것은?
   (a) A의 기약 행사다리꼴은 I_3이다.
   (b) A의 계수는 3이다.
   (c) 연립일차방정식 $[A|\mathbf{b}]$는 $\mathbb{R}^3$의 임의의 벡터 $\mathbf{b}$에 대하여 유일한 해를 가진다.
   (d) (a), (b), (c)는 모두 참이다.
   (e) (a)와 (b)는 참이고 (c)는 거짓이다.

15. $\mathbf{a}_1$, $\mathbf{a}_2$, $\mathbf{a}_3$가 $\mathbb{R}^3$에서 영벡터가 아닌 일차종속인 벡터이고 $A=[\mathbf{a}_1\ \mathbf{a}_2\ \mathbf{a}_3]$일 때, 가능한 A의 계수는 얼마인가?

16. 5×3 행렬의 최대 계수는 얼마인가? 그리고 5×3 행렬의 최소 계수는 얼마인가?

17. $\mathbf{u}$와 $\mathbf{v}$가 일차독립인 벡터라면, $\mathbf{u}+\mathbf{v}$와 $\mathbf{u}-\mathbf{v}$도 일차

독립임을 보여라.

18. 임의의 벡터 $\mathbf{u}$와 $\mathbf{v}$에서 $\text{span}(\mathbf{u}, \mathbf{v}) = \text{span}(\mathbf{u}, \mathbf{u}+\mathbf{v})$ 임을 보여라.

19. 첨가 계수행렬을 $[A \mid \mathbf{b}]$로 가지는 연립일차방정식이 해를 가지기 위해서는 A와 $[A \mid \mathbf{b}]$의 계수는 어떠하여야 하는가?

20. 행렬 $\begin{bmatrix} 1 & 1 & 1 \\ 2 & 3 & -1 \\ -1 & 4 & 1 \end{bmatrix}$과 $\begin{bmatrix} 1 & 0 & -1 \\ 1 & 1 & 1 \\ 0 & 1 & 3 \end{bmatrix}$는 행동치인가? 그 이유를 설명하여라.

3 행렬

3.0 도입: 작용으로서의 행렬

이 장에서는 행렬 그 자체에 대해 알아본다. 연립일차방정식을 포함한 계산에 대한 정보를 기록하고 간소화하기 위하여 첨가 계수행렬의 형태로 이미 행렬을 사용하였다. 이제, 행렬이 행렬대수의 규칙에 따라 계산할 수 있도록 하는 그 자체의 대수적인 성질을 가지고 있음을 알게 될 것이다. 더욱이, 행렬이 정보와 자료를 기록하는 정적인 대상이 아니라, 오히려 벡터를 다른 벡터로 변환하는 벡터에 '작용'하는 어떤 형태의 함수를 표현하는 것을 관찰하게 된다. 이러한 '행렬변환'은 선형대수의 연구에서 중요한 역할을 하고 있으며, 벡터와 연립일차방정식에 관하여 이미 배웠던 내용들에서 새로운 빛을 발하게 된다. 그리고 행렬은 첨가 계수행렬뿐만 아니라 다른 여러 가지 형태로 나타나기도 한다. 이 장의 끝부분에서는 행렬의 응용 몇 가지를 살펴본다.

이 절에서는 행렬이 벡터를 어떻게 변형시킬 수 있는지를 설명하기 위하여 몇 가지 간단한 예제를 생각한다. 이 과정에서 '행렬연산'에 관한 첫 번째 간단한 예를 얻는다.

방정식

$$\begin{aligned} y_1 &= x_1 + 2x_2 \\ y_2 &= \phantom{x_1 + {}} 3x_2 \end{aligned} \tag{1}$$

를 생각하자. 이 방정식은 벡터 $\mathbf{x}=\begin{bmatrix} x_1 \\ x_2 \end{bmatrix}$를 벡터 $\mathbf{y}=\begin{bmatrix} y_1 \\ y_2 \end{bmatrix}$로의 변환을 나타내는 것으로 간주할 수 있다. 우변의 계수행렬을 F로 나타내면 $F=\begin{bmatrix} 1 & 2 \\ 0 & 3 \end{bmatrix}$이므로, 이 변환은

$$\begin{bmatrix} y_1 \\ y_2 \end{bmatrix} = \begin{bmatrix} 1 & 2 \\ 0 & 3 \end{bmatrix} \begin{bmatrix} x_1 \\ x_2 \end{bmatrix}$$

또는 더욱 간결하게 $\mathbf{y} = F\mathbf{x}$로 나타낼 수 있다. [$\mathbf{x}$를 독립변수, $\mathbf{y}$를 종속변수로 하는 함수 F와 유사하다.]

따라서 $\mathbf{x} = \begin{bmatrix} -2 \\ 1 \end{bmatrix}$이면, 방정식 (1)은

$$\begin{aligned} y_1 &= -2 + 2 \cdot 1 = 0 \\ y_2 &= \qquad\ \ 3 \cdot 1 = 3, \end{aligned} \quad \text{즉 } \mathbf{y} = \begin{bmatrix} 0 \\ 3 \end{bmatrix}$$

이므로, 이 표현은

$$\begin{bmatrix} 0 \\ 3 \end{bmatrix} = \begin{bmatrix} 1 & 2 \\ 0 & 3 \end{bmatrix} \begin{bmatrix} -2 \\ 1 \end{bmatrix}$$

으로 나타낼 수 있다.

문제 1 다음의 벡터 $\mathbf{x}$에 대하여, $F\mathbf{x}$를 계산하여라.

(a) $\mathbf{x} = \begin{bmatrix} 1 \\ 1 \end{bmatrix}$ (b) $\mathbf{x} = \begin{bmatrix} 1 \\ -1 \end{bmatrix}$ (c) $\mathbf{x} = \begin{bmatrix} -1 \\ -1 \end{bmatrix}$ (d) $\mathbf{x} = \begin{bmatrix} -1 \\ 1 \end{bmatrix}$

문제 2 문제 1에서 4개의 벡터 $\mathbf{x}$의 종점은 x_1x_2평면에서의 정사각형의 네 꼭짓점에 위치한다. 이 정사각형을 그리고, 문제 1의 (a), (b), (c), (d)에 대응되는 꼭짓점을 각각 A, B, C와 D로 나타낸다. y_1과 y_2로 표시되는 별도의 좌표축 위에 문제 1에서 $F\mathbf{x}$로 정해지는 네 점을 그리고, 이 점들을 A', B', C', D'로 나타낸다. 선분 $\overline{AB}$가 선분 $\overline{A'B'}$으로 변형되었다고 가정하고, 사각형 $ABCD$의 나머지 세 변에 대해서도 비슷하게 변형되었다고 하자. 이때, $A'B'C'D'$가 나타내는 기하학적 모양은 무엇인가?

문제 3 사각형 $ABCD$의 중심은 원점 $\mathbf{0} = \begin{bmatrix} 0 \\ 0 \end{bmatrix}$이다. $A'B'C'D'$의 중심은 무엇인가?

이제, 벡터 $\mathbf{y} = \begin{bmatrix} y_1 \\ y_2 \end{bmatrix}$를 벡터 $\mathbf{z} = \begin{bmatrix} z_1 \\ z_2 \end{bmatrix}$로 변환하는 방정식

$$\begin{aligned} z_1 &= \quad y_1 - y_2 \\ z_2 &= -2y_1 \end{aligned} \tag{2}$$

을 생각하자. 이 변환을 $\mathbf{z} = G\mathbf{y}$로 간단히 나타낼 수 있고, 여기서

$$G = \begin{bmatrix} 1 & -1 \\ -2 & 0 \end{bmatrix}$$

이다.

문제 4 G가 모양 $A'B'C'D'$을 어떻게 변형시키는가를 구하고자 한다. 문제 1에서 계산한 4개의 벡터 $\mathbf{y}$ 각각에 대하여 $G\mathbf{y}$를 계산하여라. 즉, $\mathbf{z} = G(F\mathbf{x})$를 계산하여라. [이러한 표현은 이미 알고 있는 합성함수와 유사한 것으로 인

식한다.] 대응된 점들을 A'', B'', C'', D''로 명하고 z_1z_2좌표축 위에 모양 $A''B''C''D''$를 그려라.

문제 5 방정식 (1)을 방정식 (2)에 대입하여 z_1과 z_2에 대한 방정식을 x_1과 x_2에 관하여 얻는다. 이 방정식의 행렬을 H로 나타내면 $\mathbf{z}=H\mathbf{x}$이고, 또한 $\mathbf{z}=GF\mathbf{x}$이므로

$$H=GF$$

로 나타내는 것은 합리적이다. H의 성분이 F와 G의 성분과 어떻게 관련되는지를 알 수 있는가?

문제 6 이러한 과정을 다른 방법으로 생각해보자. 먼저, 사각형 $ABCD$를 G를 사용하여 모양 $A^*B^*C^*D^*$로 변형시킨 후, 이것을 F를 사용하여 $A^{**}B^{**}C^{**}D^{**}$로 변형시킨다. [여기서, '변수' $\mathbf{x}$, $\mathbf{y}$, $\mathbf{z}$는 신경 쓰지 않는다. 단지 A, B, C, D의 좌표를 방정식 (2)에 대입한 후 이것을 방정식 (1)에 대입한다.] $A^{**}B^{**}C^{**}D^{**}$와 $A''B''C''D''$는 같은가? 변환 F와 G의 실행 순서에 관하여 무엇을 말할 수 있는가?

문제 7 일반적인 행렬

$$F=\begin{bmatrix} f_{11} & f_{12} \\ f_{21} & f_{22} \end{bmatrix},\quad G=\begin{bmatrix} g_{11} & g_{12} \\ g_{21} & g_{22} \end{bmatrix},\quad H=\begin{bmatrix} h_{11} & h_{12} \\ h_{21} & h_{22} \end{bmatrix}$$

에 대하여 문제 5를 반복하여라. 즉, 방정식 (1)과 (2)가 F와 G에 의하여 정해지는 계수를 가지면, F와 G의 성분에 관하여 H의 성분을 구하여라. 이 결과는 '곱' $H=GF$에 대한 공식이 된다.

문제 8 다음 행렬에 대하여 문제 1–6을 반복하여라. 문제 7로부터의 공식은 대수적인 계산을 빠르게 해준다. 중요하다고 생각되는 유사성이나 차이점을 찾아라.

(a) $F=\begin{bmatrix} 0 & -1 \\ 1 & 0 \end{bmatrix},\ G=\begin{bmatrix} 2 & 0 \\ 0 & 3 \end{bmatrix}$ (b) $F=\begin{bmatrix} 1 & 1 \\ 1 & 2 \end{bmatrix},\ G=\begin{bmatrix} 2 & 1 \\ 1 & 1 \end{bmatrix}$

(c) $F=\begin{bmatrix} 1 & 1 \\ 1 & 2 \end{bmatrix},\ G=\begin{bmatrix} 2 & -1 \\ -1 & 1 \end{bmatrix}$ (d) $F=\begin{bmatrix} 1 & -2 \\ -2 & 4 \end{bmatrix},\ G=\begin{bmatrix} 2 & 1 \\ 1 & 1 \end{bmatrix}$

3.1 행렬의 연산

앞에서 이미 행렬에 대해 다루었지만 정식으로 정의를 소개하고 앞으로 참조할 몇 가지의 사실을 언급하며 시작한다.

정의 **행렬**(matrix)은 행렬의 **성분**(entry) 또는 **원소**(element)라고 하는 수들의 직사각형 형태의 배열이다.

수는 보통 실수의 집합 $\mathbb{R}$에서 택하게 되겠지만, 복소수 집합 $\mathbb{C}$ 또는 소수 p에 대해 $\mathbb{Z}_p$에서 택할 수도 있다.

다음은 행렬의 예이다.

$$\begin{bmatrix} 1 & 2 \\ 0 & 3 \end{bmatrix}, \begin{bmatrix} \sqrt{5} & -1 & 0 \\ 2 & \pi & \frac{1}{2} \end{bmatrix}, \begin{bmatrix} 2 \\ 4 \\ 17 \end{bmatrix}, \begin{bmatrix} 1 & 1 & 1 & 1 \end{bmatrix}, \begin{bmatrix} 5.1 & 1.2 & -1 \\ 6.9 & 0 & 4.4 \\ -7.3 & 9 & 8.5 \end{bmatrix}, [7]$$

행렬의 **크기**(size)는 그 행렬이 갖는 행과 열의 수로 나타낸다. 즉, m개의 행과 n개의 열을 갖는 행렬의 크기는 $m \times n$이라 하고 'm 곱 n'으로 읽는다. 따라서 위의 행렬들의 크기는 2×2, 2×3, 3×1, 1×4, 3×3 및 1×1이다. $1\times m$행렬은 **행행렬**(row matrix) 또는 **행벡터**(row vector)라 하고, $n\times1$ 행렬은 **열행렬**(column matrix) 또는 **열벡터**(column vector)라고 한다.

엄밀하게는 행행렬/열행렬과 벡터 사이에는 차이가 있지만 굳이 구별하지 않을 것이다. 그러나 행행렬/행벡터와 열행렬/열벡터는 다르게 취급할 것이다. 적어도 앞으로 보여줄 대수적 계산에서 이러한 구별이 중요하다.

행렬 A의 성분을 나타내기 위해서 두 개의 아래첨자를 사용한다. 행렬 A의 i행과 j열의 성분은 a_{ij}로 나타낸다. 즉

$$A = \begin{bmatrix} 3 & 9 & -1 \\ 0 & 5 & 4 \end{bmatrix}$$

이면 $a_{13} = -1$이고 $a_{22} = 5$이다. 간혹 A_{ij}라는 표현을 a_{ij}와 번갈아가며 사용하기도 한다. 그러므로 행렬 A를 간단히 $[a_{ij}]$ 또는 행렬의 크기를 명확히 하는 것이 중요하다면 $[a_{ij}]_{m\times n}$으로 나타낸다.

이에 따라 일반적인 $m\times n$ 행렬 A는

$$A = \begin{bmatrix} a_{11} & a_{12} & \cdots & a_{1n} \\ a_{21} & a_{22} & \cdots & a_{2n} \\ \vdots & \vdots & \ddots & \vdots \\ a_{m1} & a_{m2} & \cdots & a_{mn} \end{bmatrix}$$

의 형태를 갖는다. A의 열벡터가 $\mathbf{a}_1, \mathbf{a}_2, \cdots, \mathbf{a}_n$이면, 행렬 A는

$$A = [\mathbf{a}_1 \ \mathbf{a}_2 \ \cdots \ \mathbf{a}_n]$$

으로 나타낸다. A의 행벡터가 $A_1, A_2, \cdots, A_m$이면, 행렬 A는

$$A = \begin{bmatrix} A_1 \\ A_2 \\ \vdots \\ A_m \end{bmatrix}$$

으로 나타낸다. 행렬 A의 **대각성분**(diagonal entry)은 $a_{11}, a_{22}, a_{33}, \cdots$이고, A의 행과 열의 수가 같으면 A는 **정사각행렬**(square matrix)이라 한다. 그리고 대각성분을 제외한 모든 성분이 0인 정사각행렬은 **대각행렬**(diagonal matrix)이라 하고, 대각성분이 모두 같은 대각행렬은 **스칼라 행렬**(scalar matrix)이라 한다. 특별히, 대각성분이 모두 1인 스칼라 행렬은 **단위행렬**(identity matrix)이라 한다.

예를 들어

$$A=\begin{bmatrix} 2 & 5 & 0 \\ -1 & 4 & 1 \end{bmatrix},\quad B=\begin{bmatrix} 3 & 1 \\ 4 & 5 \end{bmatrix},\quad C=\begin{bmatrix} 3 & 0 & 0 \\ 0 & 6 & 0 \\ 0 & 0 & 2 \end{bmatrix} \text{와} \quad D=\begin{bmatrix} 1 & 0 & 0 \\ 0 & 1 & 0 \\ 0 & 0 & 1 \end{bmatrix}$$

이라 하자. A의 대각성분은 2와 4이지만, 정사각행렬은 아니다. B는 대각성분이 3과 5이고 크기가 2×2인 정사각행렬이다. C는 대각행렬이고, D는 3×3 단위행렬이다. $n\times n$ 단위행렬은 I_n 또는 그 크기를 안다면 간단히 I로 나타낸다.

행렬은 벡터의 일반화로 생각할 수 있으므로(실제로 행렬은 행벡터와 열벡터로 구성된 것으로 생각할 수 있다), 벡터에 대한 많은 용어의 정의나 연산이 행렬에 대해서도 그대로 적용된다.

서로 크기가 같고 대응되는 성분이 모두 같은 두 행렬은 **같다**(equal)라고 한다. 즉, $A=[a_{ij}]_{m\times n}$이고 $B=[b_{ij}]_{r\times s}$이면, $A=B$이기 위한 필요충분조건은 $m=r,\ n=s$이고 모든 $i,\ j$에 대하여 $a_{ij}=b_{ij}$이다.

예제 3.1 행렬

$$A=\begin{bmatrix} a & b \\ c & d \end{bmatrix},\quad B=\begin{bmatrix} 2 & 0 \\ 5 & 3 \end{bmatrix},\quad C=\begin{bmatrix} 2 & 0 & x \\ 5 & 3 & y \end{bmatrix}$$

를 생각하자. A와 B는 x와 y의 값에 상관없이 C와 같지 않다. 그 이유는 A와 B는 2×2행렬이고 C는 2×3행렬이기 때문이다. 그러나 $A=B$이기 위한 필요충분조건은 $a=2,\ b=0,\ c=5,\ d=3$이다.

예제 3.2 행렬

$$R=[1\ 4\ 3],\quad C=\begin{bmatrix} 1 \\ 4 \\ 3 \end{bmatrix}$$

를 생각하자. R과 C가 순서대로 같은 성분을 갖지만 R는 1×3이고 C는 3×1이므로 $R\neq C$이다. 따라서 행행렬/벡터와 열행렬/벡터의 구별은 중요하다.

행렬의 덧셈과 스칼라배

벡터 덧셈을 일반화하여 행렬 덧셈은 성분별 합으로 정의한다. $A=[a_{ij}]$와 $B=[b_{ij}]$가 $m\times n$행렬이면, 두 행렬의 **합** $A+B$는 대응된 성분을 더하여 얻어진 $m\times n$ 행렬이다. 즉

$$A+B=[a_{ij}+b_{ij}]$$

$A+B$의 각 열(또는 행)이 A와 B의 대응된 열(또는 행)의 합임을 명시함으로써 벡터 덧셈의 관점에서 $A+B$를 정의할 수 있다. A와 B의 크기가 서로 다르면 $A+B$는 정의되지 않는다.

예제 3.3

$$A=\begin{bmatrix}1 & 4 & 0\\ -2 & 6 & 5\end{bmatrix},\quad B=\begin{bmatrix}-3 & 1 & -1\\ 3 & 0 & 2\end{bmatrix}\text{와 } C=\begin{bmatrix}4 & 3\\ 2 & 1\end{bmatrix}$$

라 하면

$$A+B=\begin{bmatrix}-2 & 5 & -1\\ 1 & 6 & 7\end{bmatrix}$$

이지만 $A+C$와 $B+C$는 정의되지 않는다.

스칼라배의 성분별 정의는 자연스럽다. A가 $m\times n$행렬이고 c가 스칼라이면 **스칼라배** cA는 A의 각 성분에 c를 곱하여 얻어진 $m\times n$행렬이다. 좀 더 명확하게는

$$cA=c[a_{ij}]=[ca_{ij}]$$

이다. 벡터의 관점에서 cA의 각 열(또는 행)은 c와 A의 대응하는 열(또는 행)의 곱으로 주어진다.

예제 3.4

예제 3.3의 행렬 A에 대하여

$$2A=\begin{bmatrix}2 & 8 & 0\\ -4 & 12 & 10\end{bmatrix},\quad \tfrac{1}{2}A=\begin{bmatrix}\frac{1}{2} & 2 & 0\\ -1 & 3 & \frac{5}{2}\end{bmatrix}\text{와 } (-1)A=\begin{bmatrix}-1 & -4 & 0\\ 2 & -6 & -5\end{bmatrix}$$

행렬 $(-1)A$는 $-A$로 나타내고 이를 A의 **음**(negative)이라고 한다. 벡터에서와 같이 두 행렬의 **차**를 정의하기 위해서 이 사실을 사용한다. A와 B가 같은 크기의 행렬이면

$$A-B=A+(-B)$$

이다.

예제 3.5 예제 3.3의 행렬 A와 B에 대하여

$$A-B=\begin{bmatrix} 1 & 4 & 0 \\ -2 & 6 & 5 \end{bmatrix}-\begin{bmatrix} -3 & 1 & -1 \\ 3 & 0 & 2 \end{bmatrix}=\begin{bmatrix} 4 & 3 & 1 \\ -5 & 6 & 3 \end{bmatrix}$$

모든 성분이 0인 행렬을 **영행렬**(zero matrix)이라 하고 O 또는 $O_{m\times n}$으로 표시한다. A가 임의의 행렬이고 O가 같은 크기의 영행렬이면

$$A+O=A=O+A$$

이고

$$A-A=O=-A+A$$

이다.

행렬의 곱셈

3.0절의 소개에서 함수의 합성에 해당하는 행렬의 '곱'이 있음을 설명하였다. 이제 이에 대해 좀 더 정확하게 알아보자. 제시하고자 하는 정의는 3.0절의 문제 5와 7의 내용을 일반화한다. 행렬 덧셈과 스칼라배의 정의와 다르게, 두 행렬의 곱의 정의는 성분별 정의는 아니다. 물론, 행렬의 곱을 성분별 형태로 정의하지 못할 이유는 없지만, 그러한 정의는 거의 응용이 되지도 않으며 지금 정의하려고 하는 것보다 자연스럽지 못하다.

정의 A가 $m\times n$행렬이고 B가 $n\times r$행렬이면 **곱**(product) $C=AB$는 $m\times r$행렬이고 곱의 $(i,\ j)$ 성분은 다음과 같이 계산된다.

$$c_{ij}=a_{i1}b_{1j}+a_{i2}b_{2j}+\cdots+a_{in}b_{nj}$$

주의

- A와 B의 크기가 같을 필요가 없음에 주의한다. 그러나 A의 열의 개수와 B의 행의 개수가 같아야 한다. A, B와 AB의 크기를 차례로 써보면 이 요구조건이 만족되는지를 바로 알 수 있다. 더욱이 다음에서 보는 것처럼, AB의 행의 개수는 A의 행의 개수와 같고 AB의 열의 개수는 B의 열의 개수와 같으므로 실제 계산을 하기 이전에 곱의 크기를 알 수 있다.

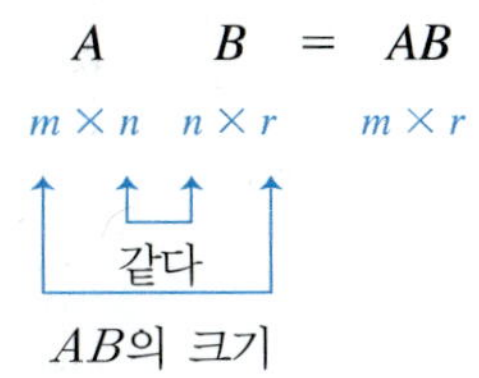

- 곱의 성분에 대한 공식은 스칼라적과 유사하게 보이고 실제로도 그렇다. 행렬 AB의 $(i,\ j)$성분은 A의 i번째 행과 B의 j번째 열의 스칼라적이다. 즉

$$\begin{bmatrix} a_{11} & a_{12} & \cdots & a_{1n} \\ \vdots & \vdots & & \vdots \\ a_{i1} & a_{i2} & \cdots & a_{in} \\ \vdots & \vdots & & \vdots \\ a_{m1} & a_{m2} & \cdots & a_{mn} \end{bmatrix} \begin{bmatrix} b_{11} & \cdots & b_{1j} & \cdots & b_{1r} \\ b_{21} & \cdots & b_{2j} & \cdots & b_{2r} \\ \vdots & & \vdots & & \vdots \\ b_{n1} & \cdots & b_{nj} & \cdots & b_{nr} \end{bmatrix}$$

표현 $c_{ij} = a_{i1}b_{1j} + a_{i2}b_{2j} + \cdots + a_{in}b_{nj}$에서 각 ab항에 있는 '바깥쪽 아래첨자'는 항상 i와 j인 반면에 '안쪽 아래첨자'는 항상 1부터 n까지 일치하고 증가한다. 합의 기호를 사용하여 c_{ij}를 나타내면

$$c_{ij} = \sum_{k=1}^{n} a_{ik}b_{kj}$$

이다.

예제 3.6

$$A = \begin{bmatrix} 1 & 3 & -1 \\ -2 & -1 & 1 \end{bmatrix},\quad B = \begin{bmatrix} -4 & 0 & 3 & -1 \\ 5 & -2 & -1 & 1 \\ -1 & 2 & 0 & 6 \end{bmatrix}$$

일 때, AB를 계산하라.

풀이 A가 2×3이고 B가 3×4이므로, 곱 AB는 정의되고 2×4행렬이 된다. 곱 $C = AB$의 첫 번째 행은 A의 첫 번째 행과 B의 열을 순서대로 스칼라적을 취함으로써 얻는다. 즉

$$\begin{aligned} c_{11} &= 1(-4) + 3(5) + (-1)(-1) = 12 \\ c_{12} &= 1(0) + 3(-2) + (-1)(2) = -8 \\ c_{13} &= 1(3) + 3(-1) + (-1)(0) = 0 \\ c_{14} &= 1(-1) + 3(1) + (-1)(6) = -4 \end{aligned}$$

C의 두 번째 행은 A의 두 번째 행과 B의 열을 순서대로 스칼라적을 취함으로써 계산된다. 즉

$$\begin{aligned} c_{21} &= (-2)(-4) + (-1)(5) + (1)(-1) = 2 \\ c_{22} &= (-2)(0) + (-1)(-2) + (1)(2) = 4 \\ c_{23} &= (-2)(3) + (-1)(-1) + (1)(0) = -5 \\ c_{24} &= (-2)(-1) + (-1)(1) + (1)(6) = 7 \end{aligned}$$

따라서 두 행렬의 곱은

$$AB = \begin{bmatrix} 12 & -8 & 0 & -4 \\ 2 & 4 & -5 & 7 \end{bmatrix}$$

예제 3.7 영희와 철수는 다음 주에 사과, 오렌지와 자몽 몇 개를 다른 양으로 사려고 한다. 표 3.1은 두 사람이 사고자 하는 과일의 목록이다. 근처에는 두 개의 과일 상점인 갑동이네와 을동이네가 있고 두 상점의 가격이 표 3.2에 있다. 영희와 철수가 두 상점에서 쇼핑을 하기 위해서는 각각 얼마의 비용이 드는가?

표 3.1

	사과	자몽	오렌지
영희	6	3	10
철수	4	8	5

표 3.2

	갑동이네 상점	을동이네 상점
사과	100원	150원
자몽	400원	300원
오렌지	100원	200원

풀이 영희가 갑동이네 상점에서 쇼핑한다면

$$6(100)+3(400)+10(100)=2{,}800\text{원}$$

를 소비한다. 영희가 을동이네 상점에서 쇼핑하면

$$6(150)+3(300)+10(200)=3{,}800\text{원}$$

를 소비한다. 철수는 갑동이네 상점에서

$$4(100)+8(400)+50(100)=4{,}100\text{원}$$

를 소비하고 을동이네 상점에서는

$$4(150)+8(300)+5(200)=4{,}000\text{원}$$

를 소비한다. 아마도 영희는 갑동이네 상점에서, 철수는 을동이네 상점에서 쇼핑을 하고자 할 것이다.

이러한 계산의 '스칼라적 형식'은 행렬의 곱이 여기에 적용됨을 보여준다. 주어진 정보를 요구행렬 D와 가격행렬 P로 나타내면

$$D=\begin{bmatrix}6 & 3 & 10\\ 4 & 8 & 5\end{bmatrix},\quad P=\begin{bmatrix}0.10 & 0.15\\ 0.40 & 0.30\\ 0.10 & 0.20\end{bmatrix}$$

이고, 위의 계산은 곱

$$DP=\begin{bmatrix}6 & 3 & 10\\ 8 & 8 & 5\end{bmatrix}\begin{bmatrix}0.10 & 0.15\\ 0.40 & 0.30\\ 0.10 & 0.20\end{bmatrix}=\begin{bmatrix}2.80 & 3.80\\ 4.10 & 4.00\end{bmatrix}$$

을 계산하는 것과 같다. 따라서 두 행렬의 곱 DP는 두 사람의 각 상점에서 과일을 구매하는 경우에 비용이 얼마나 드는지를 알려준다(표 3.3).

표 3.3

	갑동이네 상점	을동이네 상점
영희	2,800원	3,800원
철수	4,100원	4,000원

예제 3.8 연립일차방정식

$$\begin{aligned} x_1 - 2x_2 + 3x_3 &= 5 \\ -x_1 + 3x_2 + x_3 &= 1 \\ 2x_1 - x_2 + 4x_3 &= 14 \end{aligned} \qquad (1)$$

을 생각하자. 좌변은 행렬의 곱

$$\begin{bmatrix} 1 & -2 & 3 \\ -1 & 3 & 1 \\ 2 & -1 & 4 \end{bmatrix}\begin{bmatrix} x_1 \\ x_2 \\ x_3 \end{bmatrix}$$

와 같으므로, 연립일차방정식 (1)은

$$\begin{bmatrix} 1 & -2 & 3 \\ -1 & 3 & 1 \\ 2 & -1 & 4 \end{bmatrix}\begin{bmatrix} x_1 \\ x_2 \\ x_3 \end{bmatrix} = \begin{bmatrix} 5 \\ 1 \\ 14 \end{bmatrix}$$

으로 나타낼 수 있다. 즉, $A\mathbf{x}=\mathbf{b}$이다. 여기서, A는 계수행렬, $\mathbf{x}$는 미지수들의 (열)벡터이고 $\mathbf{b}$는 상수항의 (열)벡터이다.

모든 연립일차방정식을 $A\mathbf{x}=\mathbf{b}$의 형태로 나타낼 수 있음을 보이는 것은 어렵지 않다. 사실 연립일차방정식의 첨가 계수행렬에 대한 표현 $[A\,|\,\mathbf{b}]$는 행렬방정식 $A\mathbf{x}=\mathbf{b}$에 대한 간단한 표기이다. 이 형식이 연립일차방정식을 표현하는 데 아주 유용한 방법이 됨을 보이고, 자주 이것을 이용하게 될 것이다.

이 통찰을 정리 2.4와 결합하여, $A\mathbf{x}=\mathbf{b}$가 해를 가질 필요충분조건은 $\mathbf{b}$가 A의 열들의 일차결합임을 안다.

또한, 행렬 연산의 또 다른 유용한 점은 행렬과 단위벡터의 곱으로 그 행렬의 열 또는 행을 표현할 수 있다는 사실이다. 즉, 행렬과 기본 단위벡터와의 곱은 행렬의 열 또는 행을 '선택'하거나 '재생산'할 수 있도록 이용될 수 있다. $A=\begin{bmatrix} 4 & 2 & 1 \\ 0 & 5 & -1 \end{bmatrix}$이라 하고, 곱이 가능하도록 선택한 단위벡터 $\mathbf{e}_3$와 $\mathbf{e}_2$와의 곱 $A\mathbf{e}_3$와 $\mathbf{e}_2A$를 계산하면

$$A\mathbf{e}_3 = \begin{bmatrix} 4 & 2 & 1 \\ 0 & 5 & -1 \end{bmatrix}\begin{bmatrix} 0 \\ 0 \\ 1 \end{bmatrix} = \begin{bmatrix} 1 \\ -1 \end{bmatrix},\quad \mathbf{e}_2A = [0 \;\; 1]\begin{bmatrix} 4 & 2 & 1 \\ 0 & 5 & -1 \end{bmatrix} = [0 \;\; 5 \;\; -1]$$

이다. 따라서 $A\mathbf{e}_3$는 A의 세 번째 열이고, $\mathbf{e}_2A$는 A의 두 번째 행임을 유의하여라. 정리로서 다음의 결과를 얻는다.

정리 3.1 A가 $m\times n$행렬, $\mathbf{e}_i$가 $1\times m$ 기본 단위벡터이고 $\mathbf{e}_j$가 $n\times 1$ 기본 단위벡터라 하자. 이때

a. $\mathbf{e}_iA$는 A의 i번째 행이고

b. $A\mathbf{e}_j$는 A의 j번째 열이다.

증명 (b)는 여기서 증명하고 (a)는 연습문제 41로 남긴다. $\mathbf{a}_1$, ⋯, $\mathbf{a}_n$이 A의 열이면 곱 $A\mathbf{e}_j$는

$$A\mathbf{e}_j = 0\mathbf{a}_1 + 0\mathbf{a}_2 + \cdots + 1\mathbf{a}_j + \cdots + 0\mathbf{a}_n = \mathbf{a}_j$$

로 나타낼 수 있다. 또한, 직접계산에 의하여 (b)를 증명할 수 있다. 즉, $\mathbf{e}_j$에서 1은 j번째 성분이므로

$$A\mathbf{e}_j = \begin{bmatrix} a_{11} & \cdots & a_{1j} & \cdots & a_{1n} \\ a_{21} & \cdots & a_{2j} & \cdots & a_{2n} \\ \vdots & & \vdots & & \vdots \\ a_{m1} & \cdots & a_{mj} & \cdots & a_{mn} \end{bmatrix} \begin{bmatrix} 0 \\ \vdots \\ 1 \\ \vdots \\ 0 \end{bmatrix} = \begin{bmatrix} a_{1j} \\ a_{2j} \\ \vdots \\ a_{mj} \end{bmatrix}$$

이다.

행렬의 분할

행렬을 더 작은 **부분행렬**로 분할하여 생각하는 것이 편리할 때가 있다. 수직선과 수평선을 행렬에 넣어 행렬을 **블록**으로 **분할**할 수 있다. 특히, 어떤 응용에서 일어나는 행렬들을 분할하는 자연스런 방법이 있다. 예를 들어, 행렬

$$A = \begin{bmatrix} 1 & 0 & 0 & 2 & -1 \\ 0 & 1 & 0 & 1 & 3 \\ 0 & 0 & 1 & 4 & 0 \\ 0 & 0 & 0 & 1 & 7 \\ 0 & 0 & 0 & 7 & 2 \end{bmatrix}$$

를 생각하자. A를

$$\left[\begin{array}{ccc|cc} 1 & 0 & 0 & 2 & -1 \\ 0 & 1 & 0 & 1 & 3 \\ 0 & 0 & 1 & 4 & 0 \\ \hline 0 & 0 & 0 & 1 & 7 \\ 0 & 0 & 0 & 7 & 2 \end{array}\right] = \begin{bmatrix} I & B \\ O & C \end{bmatrix}$$

로 분할하는 것이 자연스럽게 보인다. 여기서, I는 3×3 단위행렬, B는 3×2 행렬, O는 2×3 영행렬이고 C는 2×2행렬이다. 여기서는 A를 각 성분이 행렬인 2×2행렬로 볼 수 있다.

행렬을 곱할 때, 분할된 행렬에서 곱하는 것이 유리할 때가 있다. 이것은 자주 기본적인 구조를 나타낼 뿐만 아니라 특히, 크기가 크고 영의 블록이 많은 행렬의 계산을 빠르게 한다. 분할된 행렬의 곱은 정상적인 행렬 곱과 유사하다.

분할된 행렬의 몇 가지 특별한 경우로부터 시작한다. 각 경우는 두 행렬의 곱을 다른 방법으로 보도록 한다.

A가 $m\times n$행렬이고 B가 $n\times r$행렬이면, 곱 AB는 존재한다. B를 열벡터로 분할하여 $B = [\mathbf{b}_1 \vdots \mathbf{b}_2 \vdots \cdots \vdots \mathbf{b}_r]$이면

$$AB = A[\mathbf{b}_1 \vdots \mathbf{b}_2 \vdots \cdots \vdots \mathbf{b}_r] = [A\mathbf{b}_1 \vdots A\mathbf{b}_2 \vdots \cdots \vdots A\mathbf{b}_r]$$

이다. 이 결과는 바로 행렬의 곱에 대한 정의의 결과이다. 우변의 형식을 곱의 **행렬-열 표현**(matrix-column representation)이라 한다.

예제 3.9

$A=\begin{bmatrix}1 & 3 & 2\\ 0 & -1 & 1\end{bmatrix}$, $B=\begin{bmatrix}4 & -1\\ 1 & 2\\ 3 & 0\end{bmatrix}$ 이면

$$A\mathbf{b}_1=\begin{bmatrix}1 & 3 & 2\\ 0 & -1 & 1\end{bmatrix}\begin{bmatrix}4\\ 1\\ 3\end{bmatrix}=\begin{bmatrix}13\\ 2\end{bmatrix} \text{이고 } A\mathbf{b}_2=\begin{bmatrix}1 & 3 & 2\\ 0 & -1 & 1\end{bmatrix}\begin{bmatrix}-1\\ 2\\ 0\end{bmatrix}=\begin{bmatrix}5\\ -2\end{bmatrix}$$

이다. 그러므로 $AB=[A\mathbf{b}_1 \,\vdots\, A\mathbf{b}_2]=\begin{bmatrix}13 & 5\\ 2 & -2\end{bmatrix}$ 이다. (보통의 행렬의 곱으로 확인하여라.)

주의 AB의 행렬-열 표현은 AB의 각 열이 B의 열의 성분을 계수로 하는 A의 열의 일차결합으로 나타낼 수 있음에 유의한다. 예를 들어

$$\begin{bmatrix}13\\ 2\end{bmatrix}=\begin{bmatrix}1 & 3 & 2\\ 0 & -1 & 1\end{bmatrix}\begin{bmatrix}4\\ 1\\ 3\end{bmatrix}=4\begin{bmatrix}1\\ 0\end{bmatrix}+\begin{bmatrix}3\\ -1\end{bmatrix}+3\begin{bmatrix}2\\ 1\end{bmatrix}$$

이다(연습문제 23과 26 참조).

A가 $m\times n$행렬이고 B가 $n\times r$행렬이면, 곱 AB는 존재한다. A를 행벡터로 분할하여

$$A=\begin{bmatrix}\mathbf{A}_1\\ \mathbf{A}_2\\ \vdots\\ \mathbf{A}_m\end{bmatrix}$$

이면

$$AB=\begin{bmatrix}\mathbf{A}_1\\ \mathbf{A}_2\\ \vdots\\ \mathbf{A}_m\end{bmatrix}B=\begin{bmatrix}\mathbf{A}_1B\\ \mathbf{A}_2B\\ \vdots\\ \mathbf{A}_mB\end{bmatrix}$$

이다. 이 또한, 행렬 곱의 정의에 따른 직접적인 결과와 같다. 우변의 형태를 곱의 **행-행렬 표현**(row-matrix representation)이라 한다.

예제 3.10

행-행렬 표현을 이용하여, 예제 3.9의 행렬에 대한 AB를 구하여라.

풀이 $\mathbf{A}_1B=[1\ 3\ 2]\begin{bmatrix}4 & -1\\ 1 & 2\\ 3 & 0\end{bmatrix}=[13\ 5]$, $\mathbf{A}_2B=[0\ -1\ \ 1]\begin{bmatrix}4 & -1\\ 1 & 2\\ 3 & 0\end{bmatrix}=$

$[2\ \ -2]$이다. 그러므로 앞에서와 같이

$$AB=\begin{bmatrix}\mathbf{A}_1B\\ \hdashline \mathbf{A}_2B\end{bmatrix}=\begin{bmatrix}13 & 5\\ \hdashline 2 & -2\end{bmatrix}$$

행렬의 곱 AB를 A를 행으로, B를 열로 분할하여 정의하는 경우 이 형태를 곱의 **행-열 표현**(row-column representation)이라 한다. 또한, A를 열, B를 행으로 분할할 수 있고 이 형식은 곱의 **열-행 표현**(column-row representation)이라 한다.

이 경우에

$$A=[\mathbf{a}_1 \mid \mathbf{a}_2 \mid \cdots \mid \mathbf{a}_n],\quad B=\begin{bmatrix}\mathbf{B}_1\\ \hdashline \mathbf{B}_2\\ \hdashline \vdots\\ \hdashline \mathbf{B}_n\end{bmatrix}$$

이면

$$AB=[\mathbf{a}_1 \mid \mathbf{a}_2 \mid \cdots \mid \mathbf{a}_n]\begin{bmatrix}\mathbf{B}_1\\ \hdashline \mathbf{B}_2\\ \hdashline \vdots\\ \hdashline \mathbf{B}_n\end{bmatrix}=\mathbf{a}_1\mathbf{B}_1+\mathbf{a}_2\mathbf{B}_2+\cdots+\mathbf{a}_n\mathbf{B}_n \tag{2}$$

이다. 이 합은 스칼라적의 전개와 공통점이 있으나, 각각의 항이 스칼라가 아닌 행렬이라는 차이점이 있다. 이 내용이 의미를 갖도록 해보자. 각 항 $\mathbf{a}_i\mathbf{B}_i$는 $m\times 1$과 $1\times r$행렬의 곱이므로 AB와 크기가 같은 $m\times r$행렬이다. 곱 $\mathbf{a}_i\mathbf{B}_i$를 **외적**(outer product), (2)는 AB의 **외적전개**(outer product expansion)라 한다.

예제 3.11 예제 3.9의 행렬에 대한 AB의 외적전개를 구하여라.

풀이 $A=[\mathbf{a}_1 \mid \mathbf{a}_2 \mid \mathbf{a}_3]=\begin{bmatrix}1 & 3 & 2\\ 0 & -1 & 1\end{bmatrix},\quad B=\begin{bmatrix}\mathbf{B}_1\\ \hdashline \mathbf{B}_2\\ \hdashline \mathbf{B}_3\end{bmatrix}=\begin{bmatrix}4 & -1\\ \hdashline 1 & 2\\ \hdashline 3 & 0\end{bmatrix}$

이므로, 외적은

$$\mathbf{a}_1\mathbf{B}_1=\begin{bmatrix}1\\0\end{bmatrix}[4\ \ -1]=\begin{bmatrix}4 & -1\\ 0 & 0\end{bmatrix},\quad \mathbf{a}_2\mathbf{B}_2=\begin{bmatrix}3\\-1\end{bmatrix}[1\ \ 2]=\begin{bmatrix}3 & 6\\ -1 & -2\end{bmatrix},$$

$$\mathbf{a}_3\mathbf{B}_3=\begin{bmatrix}2\\1\end{bmatrix}[3\ \ 0]=\begin{bmatrix}6 & 0\\ 3 & 0\end{bmatrix}$$

이다. 그러므로 AB의 외적전개는

$$\mathbf{a}_1\mathbf{B}_1+\mathbf{a}_2\mathbf{B}_2+\mathbf{a}_3\mathbf{B}_3=\begin{bmatrix}4 & -1\\ 0 & 0\end{bmatrix}+\begin{bmatrix}3 & 6\\ -1 & -2\end{bmatrix}+\begin{bmatrix}6 & 0\\ 3 & 0\end{bmatrix}=\begin{bmatrix}13 & 5\\ 2 & -2\end{bmatrix}=AB$$

5장과 7장에서 스펙트럼 정리, 특잇값 분해를 각각 논할 때, 외적전개를 이용하게 된다.

앞에서는 특별한 경우의 분할에 대해 살펴보았다. 수평선과 수직선을 도입하여 A를 블록이라고 하는 부분행렬로 세분화하면 행렬 A는 분할된다. 이 분할은 A를 성분이 블록인 행렬로 나타낸다. 예를 들어

$$A=\left[\begin{array}{ccc:cc} 1 & 0 & 0 & 2 & -1 \\ 0 & 1 & 0 & 1 & 3 \\ 0 & 0 & 1 & 4 & 0 \\ \hdashline 0 & 0 & 0 & 1 & 7 \\ 0 & 0 & 0 & 7 & 2 \end{array}\right], \quad B=\left[\begin{array}{cc:cc:c} 4 & 3 & 1 & 2 & 1 \\ -1 & 2 & 2 & 1 & 1 \\ 1 & -5 & 3 & 3 & 1 \\ \hdashline 1 & 0 & 0 & 0 & 2 \\ 0 & 1 & 0 & 0 & 3 \end{array}\right]$$

는 분할된 행렬이다. 이것들은 블록구조

$$A=\begin{bmatrix} A_{11} & A_{12} \\ A_{21} & A_{22} \end{bmatrix}, \quad B=\begin{bmatrix} B_{11} & B_{12} & B_{13} \\ B_{21} & B_{22} & B_{23} \end{bmatrix}$$

를 갖는다. 두 행렬이 크기가 같고 같은 방법으로 분할되면 블록과 블록을 더하고 스칼라에 의해 곱할 수 있음이 명백하다. 그러나 적당한 분할로써 행렬을 블록끼리 곱할 수 있다는 사실이 당연한 것은 아니다. 다음 예가 이 과정을 설명한다.

예제 3.12

앞서의 행렬 A와 B를 생각하자. 잠시 동안 이들의 성분이 행렬이라는 사실을 무시하면 A는 2×2행렬이고 B는 2×3행렬이 된다. 이들의 곱은

$$\begin{aligned} AB &= \begin{bmatrix} A_{11} & A_{12} \\ A_{21} & A_{22} \end{bmatrix}\begin{bmatrix} B_{11} & B_{12} & B_{13} \\ B_{21} & B_{22} & B_{23} \end{bmatrix} \\ &= \begin{bmatrix} A_{11}B_{11}+A_{12}B_{21} & A_{11}B_{12}+A_{12}B_{22} & A_{11}B_{13}+A_{12}B_{23} \\ A_{21}B_{11}+A_{22}B_{21} & A_{21}B_{12}+A_{22}B_{22} & A_{21}B_{13}+A_{22}B_{23} \end{bmatrix} \end{aligned}$$

으로 주어진 2×3행렬이 된다. 그러나 이 계산에서 모든 곱은 행렬의 곱이므로, 이들 모두가 정의되어야 한다. A의 블록 안에 열의 수(3과 2)는 B의 블록 안에 행의 수와 일치하므로, 이것이 실제 곱의 경우와 같음을 알 수 있다. 이때, 행렬 A와 B는 블록 곱에 대하여 적합하게 분할되어 있다고 한다.

계산을 마무리하면 분할된 행렬의 곱에서 AB를 얻는다. 즉

$$\begin{aligned} A_{11}B_{11}+A_{12}B_{21} = I_3B_{11}+A_{12}I_2 = B_{11}+A_{12} &= \begin{bmatrix} 4 & 3 \\ -1 & 2 \\ 1 & -5 \end{bmatrix} + \begin{bmatrix} 2 & -1 \\ 1 & 3 \\ 4 & 0 \end{bmatrix} \\ &= \begin{bmatrix} 6 & 2 \\ 0 & 5 \\ 5 & -5 \end{bmatrix} \end{aligned}$$

(블록 중에서 몇 개가 이 경우에서처럼 영행렬이거나 단위행렬이면, 이 계산은 아주 신속하게 이루어질 수 있다.) AB의 다른 다섯 개의 블록에 대한 계산들도 유사하다. 이 결과가

$$\left[\begin{array}{cc:cc:c} 6 & 2 & 1 & 2 & 2 \\ 0 & 5 & 2 & 1 & 12 \\ 5 & -5 & 3 & 3 & 9 \\ \hdashline 1 & 7 & 0 & 0 & 23 \\ 7 & 2 & 0 & 0 & 20 \end{array}\right]$$

임을 확인한다. (위의 왼쪽 코너에 있는 블록은 위 계산의 결과임을 살펴보아라.) 통상적인 방법에서는 A에 B를 곱하여 같은 결과를 얻음을 확인하여라.

행렬의 거듭제곱

A와 B가 $n \times n$행렬일 때, 이들의 곱 AB도 또한 $n \times n$행렬이다. $A = B$일 때, $A^2 = AA$로 정의하고 일반적으로 A^k을

$$A^k = \underbrace{AA \cdots A}_{k\text{개}}$$

로 정의하는 것은 의미가 있다. 여기서, k는 양의 정수이다. 따라서 $A^1 = A$이고 $A^0 = I_n$로 정의하는 것이 편리하다.

너무 많은 가정을 하기 전에, 행렬의 거듭제곱이 어느 정도까지 실수의 거듭제곱과 같은 역할을 하는지 살펴보자. 다음의 성질은 실수의 거듭제곱에 대응되는 유사한 행렬의 성질로서 정의로부터 바로 알 수 있다.

A가 정사각행렬이고 r과 s가 음이 아닌 정수이면

1. $A^r A^s = A^{r+s}$
2. $(A^r)^s = A^{rs}$

3.3절에서, 음의 정수 거듭제곱을 포함하도록 정의와 성질을 확장할 것이다.

예제 3.13

(a) $A = \begin{bmatrix} 1 & 1 \\ 1 & 1 \end{bmatrix}$이면

$$A^2 = \begin{bmatrix} 1 & 1 \\ 1 & 1 \end{bmatrix}\begin{bmatrix} 1 & 1 \\ 1 & 1 \end{bmatrix} = \begin{bmatrix} 2 & 2 \\ 2 & 2 \end{bmatrix}, \quad A^3 = A^2A = \begin{bmatrix} 2 & 2 \\ 2 & 2 \end{bmatrix}\begin{bmatrix} 1 & 1 \\ 1 & 1 \end{bmatrix} = \begin{bmatrix} 4 & 4 \\ 4 & 4 \end{bmatrix}$$

이고, 일반적으로 모든 $n \geq 1$에 대하여

$$A^n = \begin{bmatrix} 2^{n-1} & 2^{n-1} \\ 2^{n-1} & 2^{n-1} \end{bmatrix}$$

위의 명제는 수학적 귀납법에 의하여 증명될 수 있다. 기본 단계는 $n = 1$에 대하여 공식이 성립하는 것을 증명하는 것이다. 이 경우에는

$$A^1 = \begin{bmatrix} 2^{1-1} & 2^{1-1} \\ 2^{1-1} & 2^{1-1} \end{bmatrix} = \begin{bmatrix} 2^0 & 2^0 \\ 2^0 & 2^0 \end{bmatrix} = \begin{bmatrix} 1 & 1 \\ 1 & 1 \end{bmatrix} = A$$

이므로 성립한다.

귀납법의 가정으로 어떤 자연수 $k \geq 1$에 대하여

$$A^k = \begin{bmatrix} 2^{k-1} & 2^{k-1} \\ 2^{k-1} & 2^{k-1} \end{bmatrix}$$

라고 가정한다. 귀납법 단계는 공식이 $n = k+1$에 대하여 만족하는 것을 보이는 것이다. 행렬의 거듭제곱의 정의와 귀납법의 가정을 이용하여

$$\begin{aligned} A^{k+1} = A^k A &= \begin{bmatrix} 2^{k-1} & 2^{k-1} \\ 2^{k-1} & 2^{k-1} \end{bmatrix} \begin{bmatrix} 1 & 1 \\ 1 & 1 \end{bmatrix} \\ &= \begin{bmatrix} 2^{k-1}+2^{k-1} & 2^{k-1}+2^{k-1} \\ 2^{k-1}+2^{k-1} & 2^{k-1}+2^{k-1} \end{bmatrix} \\ &= \begin{bmatrix} 2^k & 2^k \\ 2^k & 2^k \end{bmatrix} \\ &= \begin{bmatrix} 2^{(k+1)-1} & 2^{(k+1)-1} \\ 2^{(k+1)-1} & 2^{(k+1)-1} \end{bmatrix} \end{aligned}$$

을 얻는다. 따라서 수학적 귀납법에 의하여 모든 $n \geq 1$에 대하여 공식이 성립한다.

(b) $B = \begin{bmatrix} 0 & -1 \\ 1 & 0 \end{bmatrix}$이면 $B^2 = \begin{bmatrix} 0 & -1 \\ 1 & 0 \end{bmatrix}\begin{bmatrix} 0 & -1 \\ 1 & 0 \end{bmatrix} = \begin{bmatrix} -1 & 0 \\ 0 & -1 \end{bmatrix}$이다. 계속하면

$$B^3 = B^2 B = \begin{bmatrix} -1 & 0 \\ 0 & -1 \end{bmatrix}\begin{bmatrix} 0 & -1 \\ 1 & 0 \end{bmatrix} = \begin{bmatrix} 0 & 1 \\ -1 & 0 \end{bmatrix}$$

이고

$$B^4 = B^3 B = \begin{bmatrix} 0 & 1 \\ -1 & 0 \end{bmatrix}\begin{bmatrix} 0 & -1 \\ 1 & 0 \end{bmatrix} = \begin{bmatrix} 1 & 0 \\ 0 & 1 \end{bmatrix}$$

이다. 따라서 $B^5 = B$이고 B의 거듭제곱은 4개의 사이클을 반복한다. 즉

$$\begin{bmatrix} 0 & -1 \\ 1 & 0 \end{bmatrix}, \begin{bmatrix} -1 & 0 \\ 0 & -1 \end{bmatrix}, \begin{bmatrix} 0 & 1 \\ -1 & 0 \end{bmatrix}, \begin{bmatrix} 1 & 0 \\ 0 & 1 \end{bmatrix}, \begin{bmatrix} 0 & -1 \\ 1 & 0 \end{bmatrix}, \cdots$$

전치행렬

지금까지 정의한 모든 행렬연산은 꼭 같지는 않지만 실수의 연산에 유사한 대응이 있다. 다음의 연산은 그러한 유사한 대응을 갖지 않는다.

정의 $m \times n$행렬 A의 **전치행렬**(transpose) A^T는 A의 행과 열을 바꿔서 얻어진 $n \times m$행렬이다. 즉, 모든 i에 대하여 A^T의 i번째 열은 A의 i번째 행이다.

예제 3.14

$A=\begin{bmatrix}1&3&2\\5&0&1\end{bmatrix}$, $B=\begin{bmatrix}a&b\\c&d\end{bmatrix}$, $C=[5\ -1\ 2]$라 하자. 이때, 이들의 전치행렬은

$$A^T=\begin{bmatrix}1&5\\3&0\\2&1\end{bmatrix},\ B^T=\begin{bmatrix}a&c\\b&d\end{bmatrix} \text{와 } C^T=\begin{bmatrix}5\\-1\\2\end{bmatrix}$$

전치는 가끔 두 벡터의 스칼라적에 대한 또 다른 정의를 행렬의 곱으로 나타낼 수 있도록 해준다.

$$\mathbf{u}=\begin{bmatrix}u_1\\u_2\\\vdots\\u_n\end{bmatrix},\ \mathbf{v}=\begin{bmatrix}v_1\\v_2\\\vdots\\v_n\end{bmatrix}$$

이면

$$\begin{aligned}\mathbf{u}\cdot\mathbf{v}&=u_1v_1+u_2v_2+\cdots+u_nv_n\\&=[u_1\ u_2\ \cdots\ u_n]\begin{bmatrix}v_1\\v_2\\\vdots\\v_n\end{bmatrix}\\&=\mathbf{u}^T\mathbf{v}\end{aligned}$$

전치행렬의 유용한 또 다른 정의는 성분으로 나타낼 수 있다. 즉, 모든 i와 j에 대하여 다음을 의미한다.

$$(A^T)_{ij}=A_{ji}$$

바꿔 말하면, A^T의 i행과 j열의 성분은 A의 j행과 i열의 성분과 같다.

그리고 전치행렬은 정사각행렬의 매우 중요한 형태인 대칭행렬을 정의하는 데 사용된다.

정의 정사각행렬 A가 $A^T=A$, 즉 A가 그 자신의 전치행렬과 같으면 **대칭행렬**(symmetric matrix)이라고 한다.

예제 3.15

$A=\begin{bmatrix}1&3&2\\3&5&0\\2&0&4\end{bmatrix}$, $B=\begin{bmatrix}1&2\\-1&3\end{bmatrix}$이면, A는 $A^T=A$이므로 대칭행렬이지만, B는 $B^T=\begin{bmatrix}1&-1\\2&3\end{bmatrix}\neq B$이므로 대칭행렬이 아니다.

대칭행렬은 주대각선을 가로질러 그것이 그 자신의 '거울에 비친 상'과 같은 성

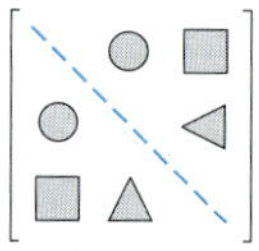

그림 3.1 대칭행렬

질을 가지고 있다. 그림 3.1은 3×3 행렬에 대한 이러한 성질을 설명한다. 대응된 모양이 같은 성분들을 나타내고, 대각성분(점선 위의 것)은 임의이다.

대칭행렬의 성분별 정의는 유용하다. 그것은 간단히 '반사' 성질의 대수적인 표현이다.

> 정사각행렬 A가 대칭일 필요충분조건은 모든 i와 j에 대하여 $A_{ij}=A_{ji}$이다.

3.1 연습문제

$$A=\begin{bmatrix}3 & 0\\ -1 & 5\end{bmatrix},\ B=\begin{bmatrix}4 & -2 & 1\\ 0 & 2 & 3\end{bmatrix},\ C=\begin{bmatrix}1 & 2\\ 3 & 4\\ 5 & 6\end{bmatrix},$$

$$D=\begin{bmatrix}0 & -3\\ -2 & 1\end{bmatrix},\ E=[4\ \ 2],\ F=\begin{bmatrix}-1\\ 2\end{bmatrix}$$ 이라 하자.

※ [1–16] 다음의 행렬들을 구하여라.

1. $A+2D$
2. $3D-2A$
3. $B-C$
4. $C-B^T$
5. AB
6. BD
7. $D+BC$
8. BB^T
9. $E(AF)$
10. $F(DF)$
11. FE
12. EF
13. $B^TC^T-(CB)^T$
14. $DA-AD$
15. A^3
16. $(I_2-D)^2$

17. $A^2=O$을 만족하는 영이 아닌 2×2 행렬 A의 예를 들어라.
18. $A=\begin{bmatrix}2 & 1\\ 6 & 3\end{bmatrix}$이라 하자. $AB=AC$이지만 $B\neq C$인 2×2 행렬 B와 C를 구하여라.
19. 어떤 공장에서 α, β, γ의 세 제품을 제조하여 보관하기 위해 그것들을 두 창고로 운반한다. 각 창고에 운반된 각 제품의 단위 개수는 행렬

$$A=\begin{bmatrix}200 & 75\\ 150 & 100\\ 100 & 125\end{bmatrix}$$

로 주어진다. 여기서, a_{ij}는 창고 j로 보내진 제품 i의 단위 개수이고 제품들은 알파벳 순서로 분류된다. 트럭을 이용한 각 제품의 개당 운반비용은 제품 α 1.50달러, 제품 β 1.00달러, 제품 γ 2.00달러이다. 기차를 이용한 각 제품의 개당 운반비용은 제품 α 1.75달러, 제품 β 1.50달러, 제품 γ 1.00달러이다. 이들 비용을 행렬 B로 나타내고 행렬의 곱을 이용하여 트럭과 기차를 이용하여 두 창고 각각에 제품을 운반할 때, 트럭과 기차에 드는 운반비용을 어떻게 비교할 수 있는지 보여라.
20. 연습문제 19를 참조하여, 상점으로 제품을 배달하는 단위 비용은 각 제품이 같지만 거리 때문에 창고에 따라 다르다. 창고 1로부터의 개당 배달 비용은 0.75달러이고, 창고 2로부터의 개당 배달 비용은 1.00달러이다. s이들 비용을 행렬 C로 나타내고 행렬의 곱을 이용하여 각 제품을 배달하는 데 소요되는 총 비용을 구하여라.

※ [21–22] 주어진 일차방정식을 $A\mathbf{x}=\mathbf{b}$ 형태의 행렬방정식으로 나타내어라.

21.
$$\begin{aligned}x_1-2x_2+3x_3&=0\\ 2x_1+\ x_2-5x_3&=4\end{aligned}$$

22.
$$\begin{aligned}-x_1+2x_3&=\ \ 1\\ x_1-x_2&=-2\\ x_2+\ x_3&=-1\end{aligned}$$

※ [23–28] $A=\begin{bmatrix}1 & 0 & -2\\ -3 & 1 & 1\\ 2 & 0 & -1\end{bmatrix}$, $B=\begin{bmatrix}2 & 3 & 0\\ 1 & -1 & 1\\ -1 & 6 & 4\end{bmatrix}$라 하자.

23. 곱셈의 열표현을 이용하여, AB의 각 열을 A의 열들의 일차결합으로 나타내어라.
24. 곱셈의 행표현을 이용하여, AB의 각 행을 B의 행들의 일차결합으로 나타내어라.
25. AB의 외적전개를 구하여라.
26. 곱셈의 열표현을 이용하여, BA의 각 열을 B의 열들의 일차결합으로 나타내어라.
27. 곱셈의 행표현을 이용하여, BA의 각 행을 A의 행들

의 일차결합으로 나타내어라.

28. BA의 외적전개를 구하여라.

※ [29-30] 행렬의 곱 AB가 가능하다고 가정하자.

29. B의 열들이 일차종속이면, AB의 열들도 일차종속임을 보여라.

30. A의 행들이 일차종속이면, AB의 행들도 일차종속임을 보여라.

※ [31-34] 블록 곱과 주어진 분할을 이용하여, AB를 구하여라.

31. $A=\left[\begin{array}{cc|cc} 1 & -1 & 0 & 0 \\ 0 & 1 & 0 & 0 \\ \hline 0 & 0 & 2 & 3 \end{array}\right]$, $B=\left[\begin{array}{cc|c} 2 & 3 & 0 \\ -1 & 1 & 0 \\ \hline 0 & 0 & 1 \\ 0 & 0 & 1 \end{array}\right]$

32. $A=\left[\begin{array}{cc|cc} 2 & 3 & 1 & 0 \\ 4 & 5 & 0 & 1 \end{array}\right]$, $B=\left[\begin{array}{c|cc} 0 & 1 & 0 \\ 0 & 0 & 1 \\ \hline 1 & 5 & 4 \\ -2 & 3 & 2 \end{array}\right]$

33. $A=\left[\begin{array}{cc|cc} 1 & 2 & 1 & 0 \\ 3 & 4 & 0 & 1 \\ \hline 1 & 0 & -1 & 1 \\ 0 & 1 & 1 & -1 \end{array}\right]$, $B=\left[\begin{array}{cc|cc} 1 & 0 & 0 & 1 \\ 0 & 1 & 1 & 0 \\ \hline 0 & 0 & 0 & -1 \\ 0 & 0 & 1 & 0 \end{array}\right]$

34. $A=\left[\begin{array}{ccc|c} 1 & 0 & 0 & 1 \\ 0 & 1 & 0 & 2 \\ 0 & 0 & 1 & 3 \\ \hline 0 & 0 & 0 & 4 \end{array}\right]$, $B=\left[\begin{array}{ccc|c} 1 & 2 & 3 & 1 \\ 0 & 1 & 4 & 1 \\ 0 & 0 & 1 & 1 \\ \hline 1 & 1 & 1 & -1 \end{array}\right]$

35. $A=\begin{bmatrix} 0 & 1 \\ -1 & 1 \end{bmatrix}$이라 하자.

(a) A^2, A^3, $\cdots$, A^7을 계산하여라.

(b) A^{2015}은 무엇인가? 그 이유는 무엇인가?

36. $B=\begin{bmatrix} \frac{1}{\sqrt{2}} & -\frac{1}{\sqrt{2}} \\ \frac{1}{\sqrt{2}} & \frac{1}{\sqrt{2}} \end{bmatrix}$이라 하자. B^{2015}을 구하고, 이유를 설명하여라.

37. $A=\begin{bmatrix} 1 & 1 \\ 0 & 1 \end{bmatrix}$이라 하자. $A^n\,(n \geq 1)$의 일반항을 구하고, 수학적 귀납법을 이용하여 확인하여라.

38. $A=\begin{bmatrix} \cos\theta & -\sin\theta \\ \sin\theta & \cos\theta \end{bmatrix}$라 하자.

(a) $A^2=\begin{bmatrix} \cos 2\theta & -\sin 2\theta \\ \sin 2\theta & \cos 2\theta \end{bmatrix}$임을 보여라.

(b) 수학적 귀납법을 이용하여, $n \geq 1$일 때

$$A^n=\begin{bmatrix} \cos n\theta & -\sin n\theta \\ \sin n\theta & \cos n\theta \end{bmatrix}$$

임을 보여라.

39. 주어진 조건을 만족하는 4×4행렬 $A=[a_{ij}]$를 구하여라.

(a) $a_{ij}=(-1)^{i+j}$ (b) $a_{ij}=j-i$

(c) $a_{ij}=(i-1)^j$ (d) $a_{ij}=\sin\left(\dfrac{(i+j-1)\pi}{4}\right)$

40. 주어진 조건을 만족하는 6×6행렬 $A=[a_{ij}]$을 구하여라.

(a) $a_{ij}=\begin{cases} i+j, & i \leq j \\ 0, & i > j \end{cases}$ (b) $a_{ij}=\begin{cases} 1, & |i-j| \leq 1 \\ 0, & |i-j| > 1 \end{cases}$

(c) $a_{ij}=\begin{cases} 1, & 6 \leq i+j \leq 8 \\ 0, & \text{그 외의 경우} \end{cases}$

41. 정리 3.1(a)를 증명하여라.

3.2 행렬대수

행렬의 연산은 벡터의 연산의 일반화로 생각할 수 있으며, 지금까지 벡터에 대해 이미 익숙해진 여러 개념을 행렬에 대해 확장할 수 있다. 특히, 일차결합, 생성원 집합과 일차독립은 어려움 없이 행렬에서도 생각할 수 있다.

그러나 행렬은 벡터가 갖고 있지 않은 행렬의 곱과 같은 다른 연산을 가지고 있다. 이 절에서는 행렬연산의 주요한 성질 중 몇 가지를 요약하고 증명하며, 행렬대수를 전개한다.

덧셈과 스칼라배의 성질

벡터에 대한 덧셈과 스칼라배의 모든 대수적인 성질(정리 1.1)은 행렬에서도 성립한다. 다음 정리에서 이 성질들을 요약한다.

정리 3.2

행렬의 덧셈과 스칼라배의 대수적 성질

A, B와 C를 크기가 같은 행렬이라 하고, c와 d를 스칼라라 하면

a. $A+B=B+A$ 교환법칙

b. $(A+B)+C=A+(B+C)$ 결합법칙

c. $A+O=A$

d. $A+(-A)=O$

e. $c(A+B)=cA+cB$ 분배법칙

f. $(c+d)A=cA+dA$ 분배법칙

g. $c(dA)=(cd)A$

h. $1A=A$

이 성질의 증명은 벡터의 성질에 대한 증명과 유사하며, 연습문제로 남긴다. 마찬가지로, 정리 1.1 다음에 언급된 내용이 여기서 똑같이 유효하며 행렬의 대수적 계산을 하기 위해서 이 성질들을 이용해도 아무 문제가 없다. 예제 1.5를 다시 살펴보고 이 절의 끝에서 연습문제 17과 18을 참조하여라.

결합법칙 때문에 스칼라배와 덧셈을 괄호 없이 결합하여도 된다. A, B와 C가 크기가 같은 행렬이면

$$(2A+3B)-C=2A+(3B-C)$$

이므로, 간단히 $2A+3B-C$로 나타낼 수 있다. 일반적으로 A_1, A_2, $\cdots$, A_k가 크기가 같은 행렬이고 c_1, c_2, $\cdots$, c_k가 스칼라이면, **일차결합**(linear combination)

$$c_1A_1+c_2A_2+\cdots+c_kA_k$$

를 만든다. 여기서 c_1, c_2, $\cdots$, c_k를 일차결합의 **계수**(coefficient)라고 한다. 이제, 행렬의 일차결합에 대한 문제를 풀어보자.

예제 3.16

$A_1=\begin{bmatrix}0 & 1\\-1 & 0\end{bmatrix}$, $A_2=\begin{bmatrix}1 & 0\\0 & 1\end{bmatrix}$, $A_3=\begin{bmatrix}1 & 1\\1 & 1\end{bmatrix}$이라 하자.

(a) $B=\begin{bmatrix}1 & 4\\2 & 1\end{bmatrix}$은 A_1, A_2, A_3의 일차결합인가?

(b) $C=\begin{bmatrix}1 & 2\\3 & 4\end{bmatrix}$가 A_1, A_2, A_3의 일차결합인가?

풀이 (a) $c_1A_1+c_2A_2+c_3A_3=B$를 만족하는 스칼라 c_1, c_2와 c_3를 구하고자

한다.

$$c_1\begin{bmatrix}0 & 1\\ -1 & 0\end{bmatrix}+c_2\begin{bmatrix}1 & 0\\ 0 & 1\end{bmatrix}+c_3\begin{bmatrix}1 & 1\\ 1 & 1\end{bmatrix}=\begin{bmatrix}1 & 4\\ 2 & 1\end{bmatrix}$$

이라 두면, 이 방정식의 좌변은

$$\begin{bmatrix}c_2+c_3 & c_1+c_3\\ -c_1+c_3 & c_2+c_3\end{bmatrix}$$

로 나타낼 수 있다. 행렬 B와 성분을 비교하면 4개의 일차방정식

$$\begin{aligned} c_2+c_3&=1\\ c_1\qquad+c_3&=4\\ -c_1\qquad+c_3&=2\\ c_2+c_3&=1 \end{aligned}$$

을 얻는다. 가우스-조르당 소거법에 의해 첨가 계수행렬은

$$\left[\begin{array}{ccc|c}0 & 1 & 1 & 1\\ 1 & 0 & 1 & 4\\ -1 & 0 & 1 & 2\\ 0 & 1 & 1 & 1\end{array}\right]\rightarrow\left[\begin{array}{ccc|c}1 & 0 & 0 & 1\\ 0 & 1 & 0 & -2\\ 0 & 0 & 1 & 3\\ 0 & 0 & 0 & 0\end{array}\right]$$

로 변형되므로, $c_1=1$, $c_2=-2$, $c_3=3$이다. 따라서 $A_1-2A_2+3A_3=B$이고 이것은 쉽게 확인해 볼 수 있다.

(b) 이번에는

$$c_1\begin{bmatrix}0 & 1\\ -1 & 0\end{bmatrix}+c_2\begin{bmatrix}1 & 0\\ 0 & 1\end{bmatrix}+c_3\begin{bmatrix}1 & 1\\ 1 & 1\end{bmatrix}=\begin{bmatrix}1 & 2\\ 3 & 4\end{bmatrix}$$

를 풀어보자. (a)에서와 같이 진행하면 연립일차방정식

$$\begin{aligned} c_2+c_3&=1\\ c_1\qquad+c_3&=2\\ -c_1\qquad+c_3&=3\\ c_2+c_3&=4 \end{aligned}$$

를 얻는다. 그리고 행줄임 하여 첨가 계수행렬은

$$\left[\begin{array}{ccc|c}0 & 1 & 1 & 1\\ 1 & 0 & 1 & 2\\ -1 & 0 & 1 & 3\\ 0 & 1 & 1 & 4\end{array}\right]\xrightarrow{R_4-R_1}\left[\begin{array}{ccc|c}0 & 1 & 1 & 1\\ 1 & 0 & 1 & 2\\ -1 & 0 & 1 & 3\\ 0 & 0 & 0 & 3\end{array}\right]$$

으로 변형된다. 마지막 행은 해가 없음을 의미한다. 그러므로 이 경우에는 C가 A_1, A_2, A_3의 일차결합이 아니다.

주의 첨가 계수행렬의 열은 주어진 행렬의 성분을 포함함을 관찰하여라. 왼쪽에서 오른쪽으로, 위에서 아래로 각 행렬의 성분을 읽는다면 첨가 계수행렬의 열에서 나타나는 성분들을 순서대로 얻는다. 예를 들어, A_1을 첨가 계수행렬의 첫 번째 열에 대응된 '0, 1, −1, 0'로 읽는다. 이것은 마치 주어진 행렬을 간단히

'똑바로 펴서' 열벡터로 만든 것과 같다. 따라서

$$\begin{bmatrix}1\\4\\2\\1\end{bmatrix} \text{이} \quad \begin{bmatrix}0\\1\\-1\\0\end{bmatrix}, \begin{bmatrix}1\\0\\0\\1\end{bmatrix}, \begin{bmatrix}1\\1\\1\\1\end{bmatrix}$$

의 일차결합이 되는지를 알아보려면 (a)에서와 같은 연립일차방정식을 풀면 된다. 앞으로 이런 유사한 현상을 반복적으로 보게 될 것이다. 6장에서 좀 더 상세하게 이것들을 탐구하게 될 것이다.

행렬집합의 **생성**(span)을 행렬들의 모든 일차결합의 집합으로 정의할 수 있다.

예제 3.17 예제 3.16에서의 행렬 A_1, A_2, A_3의 생성을 설명하여라.

풀이 이 예제를 풀이하는 한 가지 방법은 A_1, A_2와 A_3의 일차결합을 간단히 나타내는 것이다. 따라서

$$\begin{aligned} c_1A_1 + c_2A_2 + c_3A_3 &= c_1\begin{bmatrix}0 & 1\\-1 & 0\end{bmatrix} + c_2\begin{bmatrix}1 & 0\\0 & 1\end{bmatrix} + c_3\begin{bmatrix}1 & 1\\1 & 1\end{bmatrix} \\ &= \begin{bmatrix}c_2+c_3 & c_1+c_3\\-c_1+c_3 & c_2+c_3\end{bmatrix}\end{aligned}$$

이다. 그러나 행렬 $\begin{bmatrix}w & x\\y & z\end{bmatrix}$가 생성 $\text{span}(A_1, A_2, A_3)$에 속할 조건을 알고자 한다면, 위의 표현으로부터 스칼라 c_1, c_2, c_3에 대하여

$$\begin{bmatrix}c_2+c_3 & c_1+c_3\\-c_1+c_3 & c_2+c_3\end{bmatrix} = \begin{bmatrix}w & x\\y & z\end{bmatrix}$$

를 만족하여야 한다. 여기서, 왼쪽은 예제 3.16에서와 같지만 오른쪽은 일반적인 연립일차방정식을 얻는다. 이 연립방정식의 첨가 계수행렬은

$$\left[\begin{array}{ccc|c}0 & 1 & 1 & w\\1 & 0 & 1 & x\\-1 & 0 & 1 & y\\0 & 1 & 1 & z\end{array}\right]$$

이고, 행줄임에 의해 첨가 계수행렬은

$$\left[\begin{array}{ccc|c}0 & 1 & 1 & w\\1 & 0 & 1 & x\\-1 & 0 & 1 & y\\0 & 1 & 1 & z\end{array}\right] \longrightarrow \left[\begin{array}{ccc|c}1 & 0 & 0 & \frac{1}{2}x-\frac{1}{2}y\\0 & 1 & 0 & -\frac{1}{2}x-\frac{1}{2}y+w\\0 & 0 & 1 & \frac{1}{2}x+\frac{1}{2}y\\0 & 0 & 0 & w-z\end{array}\right]$$

로 변환된다. 따라서 해를 갖기 위해서는 $w-z=0$이어야만 한다. 따라서 A_1, A_2, A_3의 생성은 $w=z$인 모든 행렬 $\begin{bmatrix}w & x\\y & z\end{bmatrix}$로 구성된다. 즉, $\text{span}(A_1, A_2, A_3) = \left\{\begin{bmatrix}w & x\\y & w\end{bmatrix}\right\}$이다.

주의 예제 3.16을 풀이하기 전에 이를 알았다면 필요한 형태의 행렬($w=1$, $x=4$, $y=2$)을 가지므로 $B=\begin{bmatrix}1 & 4\\2 & 1\end{bmatrix}$이 A_1, A_2와 A_3의 일차결합이지만, $C=\begin{bmatrix}1 & 2\\3 & 4\end{bmatrix}$는 적절한($1 \neq 4$) 형태가 아니므로 A_1, A_2, A_3의 일차결합이 될 수 없음을 바로 알았을 것이다.

또한, 일차독립은 행렬에 대하여도 의미를 갖는다. 같은 크기의 행렬 A_1, A_2, $\cdots$, A_k가 방정식

$$c_1A_1 + c_2A_2 + \cdots + c_kA_k = O \tag{1}$$

의 유일한 해가 자명한 해 $c_1 = c_2 = \cdots = c_k = 0$이면 **일차독립**(linearly independent)이라 하고, (1)을 만족하는 자명하지 않는 해가 존재하면, A_1, A_2, $\cdots$, A_k는 **일차종속**(linearly dependent)이라 한다.

예제 3.18 예제 3.16에서의 행렬 A_1, A_2, A_3가 일차독립인지를 판정하여라.

풀이 방정식 $c_1A_1 + c_2A_2 + c_3A_3 = O$를 풀어보자. 이를 행렬로 나타내면

$$c_1\begin{bmatrix}0 & 1\\-1 & 0\end{bmatrix} + c_2\begin{bmatrix}1 & 0\\0 & 1\end{bmatrix} + c_3\begin{bmatrix}1 & 1\\1 & 1\end{bmatrix} = \begin{bmatrix}0 & 0\\0 & 0\end{bmatrix}$$

이다. 이때, 왼쪽이 예제 3.16과 3.17에서와 같은 동차 연립일차방정식을 얻는다. 첨가 계수행렬의 행은

$$\left[\begin{array}{ccc|c}0 & 1 & 1 & 0\\1 & 0 & 1 & 0\\-1 & 0 & 1 & 0\\0 & 1 & 1 & 0\end{array}\right] \to \left[\begin{array}{ccc|c}1 & 0 & 0 & 0\\0 & 1 & 0 & 0\\0 & 0 & 1 & 0\\0 & 0 & 0 & 0\end{array}\right]$$

로 변형된다. 따라서 $c_1 = c_2 = c_3 = 0$이므로, 행렬 A_1, A_2, A_3는 일차독립이다.

행렬 곱셈의 성질

행렬의 곱과 같은 새로운 연산을 접할 때, 새 연산에 대해서도 지금까지 알고 있는 많은 것이 성립할 것으로 생각하는 것에는 신중해야 한다. 행렬의 곱이 실수의 곱과 같은 성질을 가지면 물론 좋을 것이다. 비록 여러 가지 면에서 실수와 같은 성질을 가지고 있지만 몇 가지 중요한 차이가 있다.

예제 3.19 행렬 $A=\begin{bmatrix} 2 & 4 \\ -1 & -2 \end{bmatrix}$와 $B=\begin{bmatrix} 1 & 0 \\ 1 & 1 \end{bmatrix}$을 생각하자. 두 행렬의 곱은

$$AB=\begin{bmatrix} 2 & 4 \\ -1 & -2 \end{bmatrix}\begin{bmatrix} 1 & 0 \\ 1 & 1 \end{bmatrix}=\begin{bmatrix} 6 & 4 \\ -3 & -2 \end{bmatrix},\quad BA=\begin{bmatrix} 1 & 0 \\ 1 & 1 \end{bmatrix}\begin{bmatrix} 2 & 4 \\ -1 & -2 \end{bmatrix}=\begin{bmatrix} 2 & 4 \\ 1 & 2 \end{bmatrix}$$

이다. 따라서 $AB \neq BA$이므로 실수의 곱과는 다르게 행렬의 곱은 교환법칙이 성립하지 않는다.

$A^2=\begin{bmatrix} 0 & 0 \\ 0 & 0 \end{bmatrix}$임은 쉽게 확인할 수 있다. 따라서 행렬의 곱에 대해서는 $A^2=O$가 $A=O$임을 의미하지 않는다. (실수에서 방정식 $x^2=0$의 해는 유일하게 $x=0$을 갖는 것과는 다른 현상이다.)

다음의 정리는 행렬 곱셈의 주요 성질을 요약한 것이다.

정리 3.3 **행렬 곱셈의 성질**

A, B, C는 다음 연산이 가능한 행렬이고 k가 스칼라이면, 다음이 성립한다.

a. $A(BC)=(AB)C$ 결합법칙
b. $A(B+C)=AB+AC$ 좌분배법칙
c. $(A+B)C=AC+BC$ 우분배법칙
d. $k(AB)=(kA)B=A(kB)$
e. $I_mA=A=AI_n$, 여기서 A는 $m\times n$이다. 곱의 항등원

증명 (b)와 (e)의 두 번째 등호만 증명한다. 성질 (a)의 증명은 3.6절로 미룬다. 나머지 성질들은 연습문제로 남긴다.

(b) $A(B+C)=AB+AC$를 보이기 위해서는 A의 행을 $\mathbf{A}_i$, B와 C의 열을 각각 $\mathbf{b}_j$와 $\mathbf{c}_j$라 두면, $B+C$의 j번째 열은 $\mathbf{b}_j+\mathbf{c}_j$이다. 따라서

$$\begin{aligned}[A(B+C)]_{ij} &= \mathbf{A}_i\cdot(\mathbf{b}_j+\mathbf{c}_j) \\ &= \mathbf{A}_i\cdot\mathbf{b}_j+\mathbf{A}_i\cdot\mathbf{c}_j \\ &= (AB)_{ij}+(AC)_{ij} \\ &= (AB+AC)_{ij}\end{aligned}$$

이것이 모든 i와 j에 대하여 성립하므로, $A(B+C)=AB+AC$이다.

(e) $AI_n=A$임을 보이기 위해서 단위행렬 I_n을

$$I_n=[\mathbf{e}_1 \vdots \mathbf{e}_2 \vdots \cdots \vdots \mathbf{e}_n]$$

인 형태의 열로 분할할 수 있다. 여기서, $\mathbf{e}_i$는 기본 단위벡터이다. 그러므로 정리 3.1(b)에 의하여

$$
\begin{aligned}
AI_n &= [A\mathbf{e}_1 \vdots A\mathbf{e}_2 \vdots \cdots \vdots A\mathbf{e}_n] \\
&= [\mathbf{a}_1 \vdots \mathbf{a}_2 \vdots \cdots \vdots \mathbf{a}_n] \\
&= A
\end{aligned}
$$

행렬의 곱셈이 실수의 곱과 얼마나 유사한가를 알아보는데, 이 성질들을 사용할 수 있다.

예제 3.20 A와 B가 같은 크기의 정사각행렬이면 $(A+B)^2 = A^2 + 2AB + B^2$인가?

풀이 행렬 곱셈의 성질을 이용하면

$$
\begin{aligned}
(A+B)^2 &= (A+B)(A+B) \\
&= (A+B)A + (A+B)B & \text{좌분배법칙} \\
&= A^2 + BA + AB + B^2 & \text{우분배법칙}
\end{aligned}
$$

이다. 그러므로 $(A+B)^2 = A^2 + 2AB + B^2$일 필요충분조건은 $A^2 + BA + AB + B^2 = A^2 + 2AB + B^2$이다. 양변에서 A^2과 B^2을 빼면 $BA + AB = 2AB$이므로, $BA = AB$이다. 따라서 $(A+B)^2 = A^2 + 2AB + B^2$일 필요충분조건은 A와 B가 교환가능한 경우이다. (교환가능한 한 쌍의 행렬의 예를 들 수 있는가? 또 교환가능하지 않는 두 개의 행렬을 구할 수 있는가?)

전치행렬의 성질

정리 3.4

전치행렬의 성질

A와 B가 다음의 연산이 가능한 행렬이고 k가 스칼라이면, 다음이 성립한다.

a. $(A^T)^T = A$

b. $(A+B)^T = A^T + B^T$

c. $(kA)^T = k(A^T)$

d. $(AB)^T = B^T A^T$

e. 음이 아닌 모든 정수 r에 대하여 $(A^r)^T = (A^T)^r$

증명 성질 (a)-(c)는 직관에 의하여 명백하고 쉽게 증명할 수 있다(연습문제 30 참조). 성질 (e)는 수학적 귀납법으로 증명하기 좋은 문제이다(연습문제 31 참조). 여기서는 (d)를 증명해보자.

먼저, A를 $m \times n$행렬이고 B를 $n \times r$행렬이라 하면, B^T는 $r \times n$행렬이고 A^T는 $n \times m$행렬이다. 따라서 두 행렬의 곱 $B^T A^T$는 정의되고 $r \times m$행렬이다. AB가 $m \times r$행렬이므로 $(AB)^T$는 $r \times m$행렬이고, 그래서 $(AB)^T$와 $B^T A^T$는 같은 크기의 행렬이다. 이제, 그들에 대응되는 성분이 같음을 보이자.

행렬 X의 i번째 행을 $\text{row}_i(X)$로, j번째 열을 $\text{col}_j(X)$로 나타내면

$$
\begin{aligned}
[(AB)^T]_{ij} &= (AB)_{ji} \\
&= \mathrm{row}_j(A)\cdot \mathrm{col}_i(B) \\
&= \mathrm{col}_j(A^T)\cdot \mathrm{row}_i(B^T) \\
&= \mathrm{row}_i(B^T)\cdot \mathrm{col}_j(A^T) = [B^T A^T]_{ij}
\end{aligned}
$$

이다. 여기서, 행렬 곱셈의 정의, 전치행렬의 정의, 스칼라적이 교환가능이라는 사실을 이용하였다. i와 j가 임의이므로, 이 결과는 $(AB)^T = B^T A^T$임을 의미한다.

주의 정리 3.4의 성질 (b)와 (d)는 유한개의 행렬의 합과 곱으로 일반화할 수 있다. 즉, 연산이 가능한 행렬들에서

$$(A_1 + A_2 + \cdots + A_k)^T = A_1^T + A_2^T + \cdots + A_k^T$$
$$(A_1 A_2 \cdots A_k)^T = A_k^T \cdots A_2^T A_1^T$$

가 성립한다(연습문제 32와 33 참조).

예제 3.21

$A = \begin{bmatrix} 1 & 2 \\ 3 & 4 \end{bmatrix}$, $B = \begin{bmatrix} 4 & -1 & 0 \\ 2 & 3 & 1 \end{bmatrix}$이라 하면, $A^T = \begin{bmatrix} 1 & 3 \\ 2 & 4 \end{bmatrix}$이므로 $A + A^T = \begin{bmatrix} 2 & 5 \\ 5 & 8 \end{bmatrix}$는 대칭행렬이다.

$$B^T = \begin{bmatrix} 4 & 2 \\ -1 & 3 \\ 0 & 1 \end{bmatrix}$$

이므로

$$BB^T = \begin{bmatrix} 4 & -1 & 0 \\ 2 & 3 & 1 \end{bmatrix} \begin{bmatrix} 4 & 2 \\ -1 & 3 \\ 0 & 1 \end{bmatrix} = \begin{bmatrix} 17 & 5 \\ 5 & 14 \end{bmatrix}$$

이고

$$B^T B = \begin{bmatrix} 4 & 2 \\ -1 & 3 \\ 0 & 1 \end{bmatrix} \begin{bmatrix} 4 & -1 & 0 \\ 2 & 3 & 1 \end{bmatrix} = \begin{bmatrix} 20 & 2 & 2 \\ 2 & 10 & 3 \\ 2 & 3 & 1 \end{bmatrix}$$

이다. 따라서 B가 정사각행렬이 아님에도 불구하고 BB^T와 $B^T B$는 모두 대칭행렬이다. (AA^T와 $A^T A$도 역시 대칭행렬임을 확인하여라.)

다음 정리는 예제 3.21의 결과가 일반적으로 성립함을 보여준다.

정리 3.5

a. A가 정사각행렬이면, $A+A^T$는 대칭행렬이다.

b. 임의의 행렬 A에 대하여, AA^T와 A^TA는 대칭행렬이다.

증명 (a)는 증명하고 (b)는 연습문제 34로 남긴다. 전치행렬의 성질과 행렬 덧셈이 교환가능임을 이용하면

$$(A+A^T)^T = A^T + (A^T)^T = A^T + A = A + A^T$$

이다. 따라서 $A+A^T$는 그 자신의 전치행렬과 같으므로 정의에 의하여 대칭행렬이다.

3.2 연습문제

※ [1–4] 두 행렬 $A=\begin{bmatrix}1&2\\3&4\end{bmatrix}$, $B=\begin{bmatrix}-1&0\\1&1\end{bmatrix}$에 대하여, 다음 방정식을 X에 대하여 풀어라.

1. $X-2A+3B=O$
2. $2X=A-B$
3. $2(A+2B)=3X$
4. $2(A-B+X)=3(X-A)$

※ [5–8] 가능하다면, B를 다른 행렬들의 일차결합으로 나타내어라.

5. $B=\begin{bmatrix}2&5\\0&3\end{bmatrix}$, $A_1=\begin{bmatrix}1&2\\-1&1\end{bmatrix}$, $A_2=\begin{bmatrix}0&1\\2&1\end{bmatrix}$
6. $B=\begin{bmatrix}2&3\\-4&2\end{bmatrix}$, $A_1=\begin{bmatrix}1&0\\0&1\end{bmatrix}$, $A_2=\begin{bmatrix}0&-1\\1&0\end{bmatrix}$, $A_3=\begin{bmatrix}1&1\\0&1\end{bmatrix}$
7. $B=\begin{bmatrix}3&1&1\\0&1&0\end{bmatrix}$, $A_1=\begin{bmatrix}1&0&-1\\0&1&0\end{bmatrix}$, $A_2=\begin{bmatrix}-1&2&0\\0&1&0\end{bmatrix}$, $A_3=\begin{bmatrix}1&1&1\\0&0&0\end{bmatrix}$
8. $B=\begin{bmatrix}2&-2&3\\0&0&-2\\0&0&2\end{bmatrix}$, $A_1=\begin{bmatrix}1&0&0\\0&1&0\\0&0&1\end{bmatrix}$, $A_2=\begin{bmatrix}0&1&1\\0&0&1\\0&0&0\end{bmatrix}$, $A_3=\begin{bmatrix}-1&0&-1\\0&1&0\\0&0&-1\end{bmatrix}$, $A_4=\begin{bmatrix}1&-1&1\\0&-1&-1\\0&0&1\end{bmatrix}$

※ [9–12] 예제 3.17에서와 같이, 제시된 행렬들로 생성되는 행렬의 일반적인 형태를 구하여라.

9. 연습문제 5에서, span(A_1, A_2)
10. 연습문제 6에서, span(A_1, A_2, A_3)
11. 연습문제 7에서, span(A_1, A_2, A_3)
12. 연습문제 8에서, span(A_1, A_2, A_3, A_4)

※ [13–16] 다음에 주어진 행렬들이 일차독립인지, 일차종속인지를 결정하여라.

13. $\begin{bmatrix}1&2\\3&4\end{bmatrix}$, $\begin{bmatrix}4&3\\2&1\end{bmatrix}$
14. $\begin{bmatrix}1&2\\4&3\end{bmatrix}$, $\begin{bmatrix}2&1\\-1&0\end{bmatrix}$, $\begin{bmatrix}1&1\\1&1\end{bmatrix}$
15. $\begin{bmatrix}0&1\\5&2\\-1&0\end{bmatrix}$, $\begin{bmatrix}1&0\\2&3\\1&1\end{bmatrix}$, $\begin{bmatrix}-2&-1\\0&1\\0&2\end{bmatrix}$, $\begin{bmatrix}-1&-3\\1&9\\4&5\end{bmatrix}$
16. $\begin{bmatrix}1&-1&0\\0&2&0\\0&2&6\end{bmatrix}$, $\begin{bmatrix}2&1&0\\0&3&0\\0&4&9\end{bmatrix}$, $\begin{bmatrix}1&2&0\\0&1&0\\0&3&5\end{bmatrix}$, $\begin{bmatrix}-1&1&0\\0&-1&0\\0&0&-4\end{bmatrix}$

17. 정리 3.2(a)–(d)를 증명하여라.
18. 정리 3.2(e)–(h)를 증명하여라.
19. 정리 3.3(c)을 증명하여라.
20. 정리 3.3(d)을 증명하여라.
21. 교재에서 증명되지 않은 정리 3.3(e)의 나머지를 증명하여라.
22. 정사각행렬 A, B에 대하여, $AB=BA$일 필요충분조건이 $(A-B)(A+B)=A^2-B^2$임을 증명하여라.

※ [23-25] $B=\begin{bmatrix} a & b \\ c & d \end{bmatrix}$일 때, $AB=BA$이기 위한 a, b, c, d의 조건을 구하여라.

23. $A=\begin{bmatrix} 1 & 1 \\ 0 & 1 \end{bmatrix}$

24. $A=\begin{bmatrix} 1 & -1 \\ -1 & 1 \end{bmatrix}$

25. $A=\begin{bmatrix} 1 & 2 \\ 3 & 4 \end{bmatrix}$

26. $B=\begin{bmatrix} a & b \\ c & d \end{bmatrix}$가 $\begin{bmatrix} 1 & 0 \\ 0 & 0 \end{bmatrix}$ 및 $\begin{bmatrix} 0 & 0 \\ 0 & 1 \end{bmatrix}$와 곱셈에 대하여 교환 가능하도록 a, b, c, d의 조건을 구하여라.

27. $B=\begin{bmatrix} a & b \\ c & d \end{bmatrix}$가 모든 2×2행렬과 곱셈에 대하여 교환 가능하도록 a, b, c, d의 조건을 구하여라.

28. AB와 BA가 모두 정의되면, AB와 BA는 모두 정사각행렬임을 보여라.

대각성분 아래의 모든 성분들이 0인 정사각행렬을 **상삼각행렬**(upper triangular matrix)이라 한다. 따라서 상삼각행렬은

$$\begin{bmatrix} * & * & \cdots & * & * \\ 0 & * & \cdots & * & * \\ 0 & 0 & \ddots & \vdots & \vdots \\ \vdots & \vdots & & * & * \\ 0 & 0 & \cdots & 0 & * \end{bmatrix}$$

의 형태인데, 여기서, *로 표시된 성분들은 임의이다. 좀 더 형식화된 정의는 $A=[a_{ij}]$, $a_{ij}=0(i>j)$이다.

29. 두 상삼각행렬들의 곱도 상삼각행렬임을 보여라.

30. 정리 3.4(a)-(c)를 증명하여라.

31. 정리 3.4(e)를 증명하여라.

32. 수학적 귀납법을 이용하여, $n\geq1$일 때

$$(A_1+A_2+\cdots+A_n)^T=A_1^T+A_2^T+\cdots+A_n^T$$

임을 보여라.

33. 수학적 귀납법을 이용하여, $n\geq1$일 때

$$(A_1 A_2 \cdots A_n)^T=A_n^T \cdots A_2^T A_1^T$$

임을 보여라.

34. 정리 3.5(b)를 증명하여라.

35. (a) A, B가 $n\times n$ 대칭행렬이면, $A+B$도 $n\times n$ 대칭행렬임을 보여라.
(b) A가 $n\times n$ 대칭행렬이면, 임의의 스칼라 k에 대하여 kA도 $n\times n$ 대칭행렬임을 보여라.

36. (a) A, B가 $n\times n$ 대칭행렬이지만, AB는 대칭행렬이 아닌 예를 들어라.
(b) A, B가 $n\times n$ 대칭행렬일 때, AB가 대칭행렬이 되기 위한 필요충분조건이 $AB=BA$임을 보여라.

※ $A^T=-A$인 정사각행렬 A를 **교대행렬**(skew-symmetric matrix)이라 한다.

37. 다음의 행렬에서 교대행렬인 것은 무엇인가?
(a) $\begin{bmatrix} 1 & 2 \\ -2 & 3 \end{bmatrix}$ (b) $\begin{bmatrix} 0 & -1 \\ 1 & 0 \end{bmatrix}$
(c) $\begin{bmatrix} 0 & 3 & -1 \\ -3 & 0 & 2 \\ 1 & -2 & 0 \end{bmatrix}$ (d) $\begin{bmatrix} 0 & 1 & 2 \\ -1 & 0 & 5 \\ 2 & 5 & 0 \end{bmatrix}$

38. 교대행렬의 성분별 정의를 주어라.

39. 교대행렬의 대각성분은 모두 0이어야 함을 보여라.

40. A, B가 $n\times n$ 교대행렬이면, $A+B$도 $n\times n$ 교대행렬임을 보여라.

41. A, B가 2×2 교대행렬일 때, AB가 교대행렬이 되기 위한 조건은 무엇인가?

42. A가 $n\times n$행렬이면, $A-A^T$가 교대행렬임을 보여라.

43. (a) 임의의 정사각행렬 A는 대칭행렬과 교대행렬의 합으로 나타낼 수 있음을 보여라. [힌트: 정리 3.5와 연습문제 42를 참조하여라.]
(b) $A=\begin{bmatrix} 1 & 2 & 3 \\ 4 & 5 & 6 \\ 7 & 8 & 9 \end{bmatrix}$에 대하여, (a)의 결과를 보여라.

※ $n\times n$ 행렬 $A=[a_{ij}]$의 **대각합**(trace)은 모든 대각성분의 합이며 $\mathrm{tr}(A)$로 나타낸다. 즉,

$$\mathrm{tr}(A)=a_{11}+a_{22}+\cdots+a_{nn}$$

이다.

44. A, B가 $n\times n$행렬일 때, 대각합에 대한 다음 성질들을 증명하여라.
(a) $\mathrm{tr}(A+B)=\mathrm{tr}(A)+\mathrm{tr}(B)$
(b) $\mathrm{tr}(kA)=k\mathrm{tr}(A)$ (k는 스칼라)

45. A, B가 $n\times n$행렬일 때, $\mathrm{tr}(AB)=\mathrm{tr}(BA)$임을 보여라.

46. A가 임의의 행렬일 때, $\mathrm{tr}(AA^T)$와 동치인 것은 무엇인가?

47. $AB-BA=I_2$를 만족하는 2×2행렬은 존재하지 않음을 보여라.

3.3 역행렬

이 절에서는 연립일차방정식의 행렬에 의한 표현인 $A\mathbf{x}=\mathbf{b}$를 풀기 위하여 행렬 대수를 이용하는 방법을 찾아본다. 유사하게 일차방정식 $ax=b$를 생각하자. 여기서, a, b와 x는 실수이고 x에 대하여 풀어보고자 한다. 해가 $x=b/a$임을 빨리 계산할 수 있지만, 이것이 올바르기 위한 필요충분조건은 $a \neq 0$임을 생각해야 한다. $a \neq 0$라고 가정하고 다음의 일련의 단계를 거쳐 해를 얻는다.

$$ax=b \Rightarrow \frac{1}{a}(ax)=\frac{1}{a}(b) \Rightarrow \left(\frac{1}{a}(a)\right)x=\frac{b}{a} \Rightarrow 1\cdot x=\frac{b}{a} \Rightarrow x=\frac{b}{a}$$

(이 예는 머릿속에서 얼마나 많은 산술과 대수의 성질들을 당연한 것으로 여기는지를 보여준다.)

행렬방정식 $A\mathbf{x}=\mathbf{b}$에서 이 계산과정을 따라하려면 무엇이 필요한가? $A'A=I$인($1/a$에 해당하는) 행렬 A'을 구할 필요가 있다. 여기서 I는(실수에서 1에 해당하는) 단위행렬이다. 만약 그런 행렬이 존재한다면($a \neq 0$라는 조건에 해당하는), 다음의 일련의 계산을 할 수 있다.

$$A\mathbf{x}=\mathbf{b} \Rightarrow A'(A\mathbf{x})=A'\mathbf{b} \Rightarrow (A'A)\mathbf{x}=A'\mathbf{b} \Rightarrow I\mathbf{x}=A'\mathbf{b} \Rightarrow \mathbf{x}=A'\mathbf{b}$$

(이 단계들 각각은 왜 정당화되느냐?)

이 절의 목적은 이와 같은 행렬 A'을 구할 수 있을 때를 정확하게 결정하는 것이다. 사실, $A'A=I$뿐만 아니라, $AA'=I$임을 원한다. 이 조건은 A와 A'가 정사각행렬임을 요구한다. (그 이유는?)

정의 A가 $n \times n$행렬일 때, A의 **역행렬**(inverse matrix)은

$$AA'=I,\ A'A=I$$

를 만족하는 $n \times n$행렬 A'이다. 여기서, $I=I_n$은 $n \times n$ 단위행렬이다. 그리고 A의 역행렬 A'가 존재하면, A를 **가역**(invertible)이라고 한다.

예제 3.22

$A=\begin{bmatrix} 2 & 5 \\ 1 & 3 \end{bmatrix}$이면, $A'=\begin{bmatrix} 3 & -5 \\ -1 & 2 \end{bmatrix}$는 A의 역행렬이다. 왜냐하면

$$AA'=\begin{bmatrix} 2 & 5 \\ 1 & 3 \end{bmatrix}\begin{bmatrix} 3 & -5 \\ -1 & 2 \end{bmatrix}=\begin{bmatrix} 1 & 0 \\ 0 & 1 \end{bmatrix},\quad A'A=\begin{bmatrix} 3 & -5 \\ -1 & 2 \end{bmatrix}\begin{bmatrix} 2 & 5 \\ 1 & 3 \end{bmatrix}=\begin{bmatrix} 1 & 0 \\ 0 & 1 \end{bmatrix}$$

이기 때문이다.

예제 3.23 다음 행렬들은 가역이 아님을 보여라.

(a) $O=\begin{bmatrix}0 & 0\\0 & 0\end{bmatrix}$ (b) $B=\begin{bmatrix}1 & 2\\2 & 4\end{bmatrix}$

풀이 (a) 영행렬 O가 역행렬을 갖지 않음을 보이기는 쉽다. 만약 가역이라고 한다면 $OO'=I=O'O$인 행렬 O'이 존재하게 된다. 그러나 임의의 행렬과 영행렬의 곱은 영행렬이므로 OO'은 단위행렬 I와 결코 같을 수 없다. (이 증명은 행렬의 크기에 대한 언급이 없으므로, 일반적으로 $n\times n$행렬에 대하여 참임에 주목한다.)
(b) B가 역행렬 $B'=\begin{bmatrix}w & x\\y & z\end{bmatrix}$를 갖는다고 하자. 방정식 $BB'=I$는

$$\begin{bmatrix}1 & 2\\2 & 4\end{bmatrix}\begin{bmatrix}w & x\\y & z\end{bmatrix}=\begin{bmatrix}1 & 0\\0 & 1\end{bmatrix}$$

이고, 이로부터 연립방정식

$$\begin{aligned} w \quad\quad + 2y \quad\quad &= 1\\ x \quad\quad + 2z &= 0\\ 2w \quad\quad + 4y \quad\quad &= 0\\ 2x \quad\quad + 4z &= 1 \end{aligned}$$

을 얻는다. 첫 번째 방정식을 2배하여 세 번째 방정식에서 빼면 $0=-2$가 되고 이는 모순이다. 따라서 해가 존재하지 않는다. 따라서 역행렬 B'가 존재하지 않으므로 B는 가역이 아니다. (사실, 양쪽은 물론 한쪽에라도 역으로 작용하는 것이 없다.)

주의

- 행렬의 곱셈이 일반적으로 교환가능하지 않지만, 역행렬 A'가 존재한다면 $A'A=AA'$를 만족해야 한다.
- 위의 예제는 이 절에서 답하게 될 다음 두 가지 질문을 갖게 한다.
  (1) 행렬이 역행렬을 갖는 것을 어떻게 알 수 있는가?
  (2) 행렬이 역행렬을 갖는다면 그것을 어떻게 구할 수 있는가?
- 지금까지 행렬 A가 2개 이상의 역행렬을 가질 가능성을 배제하지 않았다. 다음의 정리는 이것이 일어날 수 없음을 보인다.

정리 3.6 A가 가역행렬이면, A의 역행렬은 유일하다.

증명 수학에서 단 하나가 존재하는 것을 보이는 표준방법은 2개 이상이 있을 수 없음을 보이는 것이다. A가 두 개의 역행렬 A'과 A''을 갖는다고 가정하면

$$AA'=I=A'A,\ AA''=I=A''A$$

이므로

$$A'=A'I=A'(AA'')=(A'A)A''=IA''=A''$$

이다. 따라서 $A' = A''$이고 역행렬은 유일하다.

이 정리로 인해 가역행렬의 꼭 하나의 역행렬을 언급할 수 있다. 지금부터, A가 가역행렬이면, A의 역행렬은 A^{-1}로 나타내고 'A inverse'라고 읽는다.

경고 $A^{-1} = \frac{1}{A}$로 나타내지 않는다! '행렬에 의한 나눗셈'과 같은 연산은 없다. 있다 하더라도 스칼라 1을 행렬 A로 어떻게 나눌 수 있겠는가? 행렬로 나누는 것에 설령 관심을 가진다고 하더라도 실제로 원하는 것은 역행렬에 의한 곱이다.

이 절의 시작부분에서 설정한 유사성을 다음 정리로 완성할 수 있다.

정리 3.7 A가 $n \times n$ 가역행렬이면 $A\mathbf{x} = \mathbf{b}$로 주어진 연립일차방정식은 $\mathbb{R}^n$의 임의의 $\mathbf{b}$에 대하여 유일한 해 $\mathbf{x} = A^{-1}\mathbf{b}$를 갖는다.

증명 정리 3.7은 근본적으로 이 절의 시작에서 했던 관찰을 공식화한다. 조금 더 조심스럽게 다시 논하여보자. $A\mathbf{x} = \mathbf{b}$가 해를 갖는지와 해가 유일한지를 증명하여야 한다. 수학에서는 이러한 증명을 '존재성과 유일성' 증명이라 한다.

해가 존재함을 실제로 보이기 위해서는 단지 $\mathbf{x} = A^{-1}\mathbf{b}$가 $A\mathbf{x} = \mathbf{b}$의 해가 됨을 보일 필요가 있다.

$$A(A^{-1}\mathbf{b}) = (AA^{-1})\mathbf{b} = I\mathbf{b} = \mathbf{b}$$

임을 확인한다. 따라서 $A^{-1}\mathbf{b}$가 방정식 $A\mathbf{x} = \mathbf{b}$를 만족하므로 적어도 하나의 해가 존재한다.

이 해가 유일함을 보이기 위해서 $\mathbf{y}$가 또 다른 해라고 가정하자. 이때, $A\mathbf{y} = \mathbf{b}$이고 이 방정식의 양변에 A^{-1}를 곱하면

$$A^{-1}(A\mathbf{y}) = A^{-1}\mathbf{b} \Rightarrow (A^{-1}A)\mathbf{y} = A^{-1}\mathbf{b} \Rightarrow I\mathbf{y} = A^{-1}\mathbf{b} \Rightarrow \mathbf{y} = A^{-1}\mathbf{b}$$

를 얻는다. 따라서 $\mathbf{y}$가 이전의 해와 같으므로, 해는 유일하다.

정리 3.6 앞에 있는 주의에서 제기된 질문으로 돌아가자. 행렬이 가역인지를 어떻게 알 수 있고, 또한 가역일 때 역행렬을 어떻게 구할 수 있는가? 일반적인 과정을 곧 제시할 것이지만 상황이 충분히 간단한 경우는 2×2 행렬이다.

정리 3.8 $A = \begin{bmatrix} a & b \\ c & d \end{bmatrix}$일 때, A가 가역일 필요충분조건은 $ad - bc \neq 0$이고, 이 경우에 A의 역행렬은

$$A^{-1} = \frac{1}{ad - bc}\begin{bmatrix} d & -b \\ -c & a \end{bmatrix}$$

이다. $ad-bc=0$이면 A는 가역이 아니다.

$ad-bc$를 A의 **행렬식**(determinant)이라 하고 $\det A$로 나타낸다. 역행렬이 존재할 때, $\begin{bmatrix} a & b \\ c & d \end{bmatrix}$의 역행렬은 대각성분의 위치를 바꾸고 다른 두 개의 성분은 부호를 바꾼 행렬에 $\dfrac{1}{\det A}$을 곱한 것이다. 또한, 정리 3.8로부터 2×2행렬 A가 가역일 필요충분조건은 $\det A \neq 0$이다. 행렬식은 모든 정사각행렬에 대하여 정의되고, 더 큰 정사각행렬의 역행렬에 대한 간단한 공식이 없지만 2×2행렬에 대한 결과는 여전히 참임을 4장에서 알게 된다.

증명 $\det A = ad-bc \neq 0$라 하자. 이때

$$\begin{bmatrix} a & b \\ c & d \end{bmatrix}\begin{bmatrix} d & -b \\ -c & a \end{bmatrix} = \begin{bmatrix} ad-bc & -ab+ba \\ cd-dc & -cb+da \end{bmatrix} = \begin{bmatrix} ad-bc & 0 \\ 0 & ad-bc \end{bmatrix} = \det A\begin{bmatrix} 1 & 0 \\ 0 & 1 \end{bmatrix}$$

이다. 같은 방법으로

$$\begin{bmatrix} d & -b \\ -c & a \end{bmatrix}\begin{bmatrix} a & b \\ c & d \end{bmatrix} = \det A\begin{bmatrix} 1 & 0 \\ 0 & 1 \end{bmatrix}$$

이다. 따라서 $\det A \neq 0$이므로, 각 방정식의 양변에 $\dfrac{1}{\det A}$을 곱하면

$$\begin{bmatrix} a & b \\ c & d \end{bmatrix}\left(\frac{1}{\det A}\begin{bmatrix} d & -b \\ -c & a \end{bmatrix}\right) = \begin{bmatrix} 1 & 0 \\ 0 & 1 \end{bmatrix}$$

과

$$\left(\frac{1}{\det A}\begin{bmatrix} d & -b \\ -c & a \end{bmatrix}\right)\begin{bmatrix} a & b \\ c & d \end{bmatrix} = \begin{bmatrix} 1 & 0 \\ 0 & 1 \end{bmatrix}$$

을 얻는다. 여기서, 우리는 정리 3.3의 성질 (d)를 이용하였다. 행렬

$$\frac{1}{\det A}\begin{bmatrix} d & -b \\ -c & a \end{bmatrix}$$

는 역행렬의 정의를 만족하므로, A는 가역행렬이다. A의 역행렬은 유일하므로 정리 3.6에 의하여 다음을 얻는다.

$$A^{-1} = \frac{1}{\det A}\begin{bmatrix} d & -b \\ -c & a \end{bmatrix}$$

역으로, $ad-bc=0$라고 가정하자. $a\neq 0$인 경우와 $a=0$인 경우로 나누어 생각한다. $a\neq 0$이면 $d=\dfrac{bc}{a}$이므로

$$A = \begin{bmatrix} a & b \\ c & d \end{bmatrix} = \begin{bmatrix} a & b \\ ac/a & bc/a \end{bmatrix} = \begin{bmatrix} a & b \\ ka & kb \end{bmatrix}$$

로 나타낼 수 있다. 여기서 $k=\dfrac{c}{a}$이다. 즉, A의 두 번째 행은 첫 번째 행의 배수이다. 예제 3.23(b)에서처럼, A가 역행렬 $\begin{bmatrix} w & x \\ y & z \end{bmatrix}$를 갖는다면

$$\begin{bmatrix} a & b \\ ka & kb \end{bmatrix}\begin{bmatrix} w & x \\ y & z \end{bmatrix} = \begin{bmatrix} 1 & 0 \\ 0 & 1 \end{bmatrix}$$

이고, 대응되는 연립일차방정식

$$\begin{aligned} aw \quad\quad + by \quad\quad &= 1 \\ ax \quad\quad + bz &= 0 \\ kaw \quad\quad + kby \quad\quad &= 0 \\ kax \quad\quad + kbz &= 1 \end{aligned}$$

은 해를 갖지 않음을 알 수 있다. (그 이유는?)

$a=0$이면 $ad-bc=0$은 $bc=0$을 의미하므로, $b=0$ 또는 $c=0$이다. 따라서 A는

$$\begin{bmatrix} 0 & 0 \\ c & d \end{bmatrix} \text{ 또는 } \begin{bmatrix} 0 & b \\ 0 & d \end{bmatrix}$$

의 형태이다. 첫 번째 경우는 $\begin{bmatrix} 0 & 0 \\ c & d \end{bmatrix}\begin{bmatrix} w & x \\ y & z \end{bmatrix} = \begin{bmatrix} 0 & 0 \\ * & * \end{bmatrix} \neq \begin{bmatrix} 1 & 0 \\ 0 & 1 \end{bmatrix}$이고, 두 번째 경우도 같은 방법으로 역행렬을 가질 수 없음을 보일 수 있다.

결과적으로 $ad-bc=0$이면 A는 가역행렬이 아니다.

예제 3.24

$A=\begin{bmatrix} 1 & 2 \\ 3 & 4 \end{bmatrix}$와 $B=\begin{bmatrix} 12 & -15 \\ 4 & -5 \end{bmatrix}$의 역행렬이 존재하면, 역행렬을 구하라.

풀이 $\det A = 1(4)-2(3) = -2 \neq 0$이므로 A는 가역행렬이고,

$$A^{-1} = \frac{1}{-2}\begin{bmatrix} 4 & -2 \\ -3 & 1 \end{bmatrix} = \begin{bmatrix} -2 & 1 \\ \frac{3}{2} & -\frac{1}{2} \end{bmatrix}$$

이다. (이를 확인하여라.)

한편, $\det B = 12(-5)-(-15)(4) = 0$이므로, B는 가역행렬이 아니다.

예제 3.25

계수행렬의 역행렬을 이용하여 연립일차방정식

$$\begin{aligned} x + 2y &= 3 \\ 3x + 4y &= -2 \end{aligned}$$

를 풀어라.

풀이 주어진 연립일차방정식의 계수행렬은 행렬 $A=\begin{bmatrix} 1 & 2 \\ 3 & 4 \end{bmatrix}$이고 이것의 역행렬은 예제 3.24에서 구하였다. 정리 3.7에 의하여 $A\mathbf{x}=\mathbf{b}$는 유일한 해 $\mathbf{x}=A^{-1}\mathbf{b}$를 가지므로 주어진 연립방정식의 해는

$$\mathbf{x} = \begin{bmatrix} -2 & 1 \\ \frac{3}{2} & -\frac{1}{2} \end{bmatrix}\begin{bmatrix} 3 \\ -2 \end{bmatrix} = \begin{bmatrix} -8 \\ \frac{11}{2} \end{bmatrix}$$

주의 연립일차방정식 $A\mathbf{x}=\mathbf{b}$를 $\mathbf{x}=A^{-1}\mathbf{b}$로 해를 구하는 것은 좋은 방법인 것처럼 보인다. 그러나 불행하게도 2×2 계수행렬과 어떤 특수한 형태의 행렬을 제외하고는 직접 해를 구하기 위해 가우스 또는 가우스-조르당 소거법을 이용하는 것이 대부분 빠르다(연습문제 13 참조). 더욱이, 예제 3.25의 방법은 계수행렬이 정사각행렬이고 가역행렬일 때만 적용할 수 있지만, 소거법은 항상 적용할 수 있다.

가역행렬의 성질

다음의 정리는 가역행렬에 대한 가장 중요한 성질의 몇 가지를 나타낸다.

정리 3.9

a. A가 가역행렬이면, A^{-1}도 가역행렬이고

$$(A^{-1})^{-1}=A$$

b. A가 가역행렬이고 c가 0이 아닌 스칼라이면, cA도 가역행렬이고

$$(cA)^{-1}=\frac{1}{c}A^{-1}$$

c. A와 B가 같은 크기의 가역행렬이면, AB도 가역행렬이고

$$(AB)^{-1}=B^{-1}A^{-1}$$

d. A가 가역행렬이면, A^T도 가역행렬이고

$$(A^T)^{-1}=(A^{-1})^T$$

e. A가 가역행렬이면, 음이 아닌 모든 정수 n에 대하여 A^n도 가역행렬이고

$$(A^n)^{-1}=(A^{-1})^n$$

증명 성질 (a), (c)와 (e)는 증명하고, 성질 (b)와 (d)는 연습문제 14와 15에 남긴다.

(a) A^{-1}가 가역행렬임을 보이기 위해서는

$$A^{-1}X=I=XA^{-1}$$

를 만족하는 행렬 X가 존재함을 보여야 한다. A는 확실히 X의 자리에서 이 방정식을 만족하므로, A^{-1}는 가역행렬이고 A는 A^{-1}의 역행렬이다. 역행렬이 유일하므로, $(A^{-1})^{-1}=A$임을 의미한다.

(c) 여기서도

$$(AB)X=I=X(AB)$$

를 만족하는 행렬 X가 존재함을 보여야 한다. 이는 X 대신 $B^{-1}A^{-1}$를 대입하면 해결된다.

$$(AB)(B^{-1}A^{-1}) = A(BB^{-1})A^{-1} = AIA^{-1} = AA^{-1} = I$$

임을 확인한다. 이와 같은 방법으로 $(B^{-1}A^{-1})(AB) = I$임을 알 수 있다. 따라서 AB는 가역행렬이고 그 역행렬은 $B^{-1}A^{-1}$이다.

(e) 예를 들어, $n = 2$인 경우에

$$A^2(A^{-1})^2 = AAA^{-1}A^{-1} = AIA^{-1} = AA^{-1} = I$$

이고, 같은 방법으로 $(A^{-1})^2A^2 = I$ 이다. 따라서 $(A^{-1})^2$은 A^2의 역행렬이다. 이를 임의의 정수 값 n에 대하여 성립함을 보이는 것은 어렵지 않다. 수학적 귀납법을 이용하자.

기본 단계는 $n = 0$일 때, 이 경우에서는 A^0은 가역행렬이고

$$(A^0)^{-1} = (A^{-1})^0$$

임을 증명하여야 한다. 이것은 I가 가역행렬이고 $I^{-1} = I$임을 보이는 것과 같고, 이것은 명백히 참이다(연습문제 16 참조).

이제, 이 결과가 $n = k$일 때 성립한다고 가정하자. 여기서, k는 음이 아닌 정수이다. 즉, 귀납법적 가정은 A^k이 가역행렬이고

$$(A^k)^{-1} = (A^{-1})^k$$

임을 의미한다.

귀납법 단계에서는 A^{k+1}이 가역행렬이고 $(A^{k+1})^{-1} = (A^{-1})^{k+1}$임을 증명하여야 한다. A와 A^k가 모두 가역행렬이므로, (c)로부터 $A^{k+1} = A^kA$는 가역행렬임을 안다. 더욱이

$$\begin{aligned}(A^{-1})^{k+1} &= (A^{-1})^kA^{-1} \\ &= (A^k)^{-1}A^{-1} && \text{귀납법의 가정} \\ &= (AA^k)^{-1} && \text{성질 (c)} \\ &= (A^{k+1})^{-1}\end{aligned}$$

이므로, 음이 아닌 모든 정수 n에 대하여 A^n은 가역행렬이고 수학적 귀납법에 의하여 $(A^n)^{-1} = (A^{-1})^n$이다.

주의

- 정리 3.9의 모든 성질들이 유용하지만, (c)는 더욱 강조되는 성질이다. 이는 역행렬에 있어서 아주 중요한 대수적 성질이며, 틀리기 쉬운 성질 중의 하나이다. 연습문제 17에서 $(AB)^{-1} \neq A^{-1}B^{-1}$인 것을 보이는 반례를 찾도록 요구한다. 신발을 신기 전에 양말을 신지만 순서를 바꿔서 벗기 때문에, 성질 $(AB)^{-1} = B^{-1}A^{-1}$는 가끔 양말과 신발의 규칙이라고 한다.
- 성질 (c)는 유한개의 가역행렬의 곱에 대해 일반화된다. 즉, A_1, A_2, $\cdots$, A_n

가 같은 크기의 가역행렬이면, $A_1A_2 \cdots A_n$은 가역행렬이고

$$(A_1A_2 \cdots A_n)^{-1} = A_n^{-1} \cdots A_2^{-1}A_1^{-1}$$

이다(연습문제 18 참조). 따라서 다음을 주장할 수 있다.

가역행렬의 곱의 역행렬은 이들 각각의 역행렬을 역순으로 곱한 것이다.

- 실수에 대하여 $\frac{1}{a+b} \neq \frac{1}{a} + \frac{1}{b}$인 것처럼, 두 정사각행렬에서 $(A+B)^{-1} = A^{-1} + B^{-1}$임을 기대하지 않는다. (사실, 이는 일반적으로 참이 아니다. 연습문제 19 참조) 실제로, 특수한 행렬을 제외하고는 $(A+B)^{-1}$에 대한 공식은 없다.
- 성질 (e)는 가역행렬의 음의 정수 거듭제곱을 정의하도록 해 준다.

정의 A가 가역행렬이고 n이 양의 정수이면, A^{-n}은

$$A^{-n} = (A^{-1})^n = (A^n)^{-1}$$

로 정의한다

이 정의로 지수의 거듭제곱에 대한 공식 $A^rA^s = A^{r+s}$와 $(A^r)^s = A^{rs}$는 A가 가역행렬이면 모든 정수 r과 s에 대하여 성립함을 보일 수 있다.

행렬의 대수적 성질 중 한 가지 이용은 행렬을 포함하는 방정식을 풀 때 도움이 된다. 다음 예제는 이 과정을 설명한다. 곱에서는 행렬의 순서에 특히 유의하여야 한다.

예제 3.26 X에 대한 다음 행렬의 방정식을 풀어보아라. (방정식에 포함된 행렬은 표시된 모든 연산이 정의된다고 가정한다.)

$$A^{-1}(BX)^{-1} = (A^{-1}B^3)^2$$

풀이 풀이를 위한 많은 방법들이 있다. 하나의 방법으로

$$\begin{aligned}
A^{-1}(BX)^{-1} = (A^{-1}B^3)^2 &\Rightarrow ((BX)A)^{-1} = (A^{-1}B^3)^2 \\
&\Rightarrow [((BX)A)^{-1}]^{-1} = [(A^{-1}B^3)^2]^{-1} \\
&\Rightarrow (BX)A = [(A^{-1}B^3)(A^{-1}B^3)]^{-1} \\
&\Rightarrow (BX)A = B^{-3}(A^{-1})^{-1}B^{-3}(A^{-1})^{-1} \\
&\Rightarrow BXA = B^{-3}AB^{-3}A \\
&\Rightarrow B^{-1}BXAA^{-1} = B^{-1}B^{-3}AB^{-3}AA^{-1}
\end{aligned}$$

$$\Rightarrow IXI = B^{-4}AB^{-3}I$$
$$\Rightarrow X = B^{-4}AB^{-3}$$

이다. (각 단계의 정당함을 설명할 수 있는가?) 정리 3.9(c)와 $(A^{-1}B^3)^2$의 전개의 조심스런 이용을 주목하여라. 또한, 괄호의 위치 또는 소거를 간단히 하기 위하여 행렬 곱셈의 결합법칙을 자유롭게 사용하였다.

기본행렬

행렬의 행줄임에 대한 다른 시각으로 행렬 곱셈을 이용하고자 한다. 이 과정에서 가역행렬의 본성에 대한 많은 새롭고 중요한 인식을 얻게 된다.

$$E = \begin{bmatrix} 1 & 0 & 0 \\ 0 & 0 & 1 \\ 0 & 1 & 0 \end{bmatrix}, \quad A = \begin{bmatrix} 5 & 7 \\ -1 & 0 \\ 8 & 3 \end{bmatrix}$$

이면

$$EA = \begin{bmatrix} 5 & 7 \\ 8 & 3 \\ -1 & 0 \end{bmatrix}$$

이다. 즉, A의 왼쪽에 E를 곱하면 A의 두 번째 행과 세 번째 행을 교환한 것과 같은 결과를 가져온다. E에 관한 의미는 무엇인가? 이것은 단순히 단위행렬 I_3에 동일한 기본 행변환 $R_2 \leftrightarrow R_3$를 적용하여 얻은 행렬이다.

정의 **기본행렬**(elementary matrix)은 단위행렬에 한 번의 기본 행변환을 적용하여 얻을 수 있는 행렬이다.

기본 행변환에는 세 가지 형태가 있으므로 기본행렬에도 이들에 대응되는 세 가지 형태가 있다.

예제 3.27

$$E_1 = \begin{bmatrix} 1 & 0 & 0 & 0 \\ 0 & 3 & 0 & 0 \\ 0 & 0 & 1 & 0 \\ 0 & 0 & 0 & 1 \end{bmatrix}, \quad E_2 = \begin{bmatrix} 0 & 0 & 1 & 0 \\ 0 & 1 & 0 & 0 \\ 1 & 0 & 0 & 0 \\ 0 & 0 & 0 & 1 \end{bmatrix}, \quad E_3 = \begin{bmatrix} 1 & 0 & 0 & 0 \\ 0 & 1 & 0 & 0 \\ 0 & 0 & 1 & 0 \\ 0 & -2 & 0 & 1 \end{bmatrix}$$ 라 하자.

이 행렬들 각각은 한 번의 기본 행변환을 적용함으로써 단위행렬 I_4로부터 얻어진다. 행렬 E_1은 $3R_2$, E_2는 $R_1 \leftrightarrow R_3$, E_3는 $R_4 - 2R_2$에 대응된다. 이러한 기본행렬을 $4 \times n$행렬의 왼쪽에 곱하면 대응된 기본 행변환이 행렬에 그대로 적용됨을 관찰하여라. 예를 들어

$$A=\begin{bmatrix} a_{11} & a_{12} & a_{13} \\ a_{21} & a_{22} & a_{23} \\ a_{31} & a_{32} & a_{33} \\ a_{41} & a_{42} & a_{43} \end{bmatrix}$$

이면

$$E_1A=\begin{bmatrix} a_{11} & a_{12} & a_{13} \\ 3a_{21} & 3a_{22} & 3a_{23} \\ a_{31} & a_{32} & a_{33} \\ a_{41} & a_{42} & a_{43} \end{bmatrix},\quad E_2A=\begin{bmatrix} a_{31} & a_{32} & a_{33} \\ a_{21} & a_{22} & a_{23} \\ a_{11} & a_{12} & a_{13} \\ a_{41} & a_{42} & a_{43} \end{bmatrix},$$

$$E_3A=\begin{bmatrix} a_{11} & a_{12} & a_{13} \\ a_{21} & a_{22} & a_{23} \\ a_{31} & a_{32} & a_{33} \\ a_{41}-2a_{21} & a_{42}-2a_{22} & a_{43}-2a_{23} \end{bmatrix}$$

예제 3.27과 연습문제 24-30에서 모든 기본 행변환은 행렬에 적당한 기본행렬을 왼쪽에 곱하여 얻을 수 있음을 알 수 있다. 이를 정리하면 다음과 같다. 증명은 생략한다.

정리 3.10 E가 I_n에 한 번의 기본 행변환을 적용하여 얻은 기본행렬이라 하자. 동일한 기본 행변환을 $n\times r$행렬 A에 적용하면, 그 결과는 행렬 EA와 같다.

주의 계산의 관점에서 기본 행변환을 시행하기 위해 기본행렬을 이용하는 것은 좋은 생각이 아니다. 그러나 기본행렬은 가역행렬과 연립일차방정식의 해에 대한 가치 있는 인식을 줄 수 있다.

모든 기본 행변환은 '원상복귀' 또는 '반대로' 될 수 있음을 이미 관찰하였다. 기본행렬에 적용되는 이러한 관찰은 그것들이 가역임을 보여준다.

예제 3.28

$$E_1=\begin{bmatrix} 1 & 0 & 0 \\ 0 & 0 & 1 \\ 0 & 1 & 0 \end{bmatrix},\quad E_2=\begin{bmatrix} 1 & 0 & 0 \\ 0 & 4 & 0 \\ 0 & 0 & 1 \end{bmatrix},\quad E_3=\begin{bmatrix} 1 & 0 & 0 \\ 0 & 1 & 0 \\ -2 & 0 & 1 \end{bmatrix}$$

이라 하자. 이때, E_1은 $R_2\leftrightarrow R_3$에 대응하고, 이것은 다시 $R_2\leftrightarrow R_3$를 함으로써 원상복귀된다. 따라서 $E_1^{-1}=E_1$이다. 행렬 E_2는 $4R_2$로부터 오고, 이것은 $\frac{1}{4}R_2$를 적용함으로써 원상복귀된다. 따라서

$$E_2^{-1}=\begin{bmatrix} 1 & 0 & 0 \\ 0 & \frac{1}{4} & 0 \\ 0 & 0 & 1 \end{bmatrix}$$

이고, 이것은 쉽게 확인할 수 있다. 마지막으로, E_3는 기본 행변환 $R_3 - 2R_1$에 대응되고, 이는 기본 행변환 $R_3 + 2R_1$에 의하여 원상복귀될 수 있으므로

$$E_3^{-1} = \begin{bmatrix} 1 & 0 & 0 \\ 0 & 1 & 0 \\ 2 & 0 & 1 \end{bmatrix}$$

이다. 이 행렬과 E_3의 곱이 I임을 확인하여 보아라.

각 기본행렬이 가역일 뿐만 아니라 이들의 역행렬도 역시 같은 형태의 기본행렬이 된다. 이를 다음과 같이 정리한다.

정리 3.11 각 기본행렬은 가역이고, 이들의 역행렬도 같은 형태의 기본행렬이다.

가역행렬의 기본정리

이제, 이 책의 주요 결과의 하나인 행렬이 가역이 되는 것과 동치인 성질들을 증명할 시점에 있다. 어떤 의미에서는 선형대수의 많은 부분이 이러한 특성의 전개나 그들의 응용에서 이 정리와 관련되어 있다.

이어지는 장들에서 기본정리가 계속 추가되므로 첫 번째 기본정리로 정리 3.12를 소개한다.

정리 3.12 **가역행렬의 기본정리: 버전 I**

A가 $n \times n$행렬일 때, 다음 명제들은 동치이다.

a. A는 가역행렬이다.

b. $\mathbb{R}^n$의 임의의 $\mathbf{b}$에 대하여, $A\mathbf{x} = \mathbf{b}$는 유일한 해를 갖는다.

c. $A\mathbf{x} = \mathbf{0}$의 해는 자명해뿐이다.

d. A의 기약 행사다리꼴은 I_n이다.

e. A는 기본행렬들의 곱이다.

증명 다음 일련의 순환명제

$$\text{(a)} \Rightarrow \text{(b)} \Rightarrow \text{(c)} \Rightarrow \text{(d)} \Rightarrow \text{(e)} \Rightarrow \text{(a)}$$

를 증명함으로써, 이 정리를 증명해보자.

(a) ⇒ (b) A가 가역행렬이면, $A\mathbf{x} = \mathbf{b}$는 $\mathbb{R}^n$의 임의의 $\mathbf{b}$에 대하여 유일한 해 $\mathbf{x} = A^{-1}\mathbf{b}$를 가짐을 알고 있다(정리 3.7).

(b) ⇒ (c) $\mathbb{R}^n$의 임의의 $\mathbf{b}$에 대하여 $A\mathbf{x} = \mathbf{b}$가 유일한 해를 갖는다고 가정하자. 이는 $A\mathbf{x} = \mathbf{0}$가 유일한 해를 가짐을 의미한다. 한편, 동차 연립일차방정식 $A\mathbf{x} = \mathbf{0}$는 항상 해 $\mathbf{x} = \mathbf{0}$을 가지므로, 이 경우 $\mathbf{x} = \mathbf{0}$는 유일한 해가 되어야 한다.

(c) ⇒ (d) $A\mathbf{x}=\mathbf{0}$의 해가 자명해뿐이라고 하자. 이에 대응되는 연립방정식은

$$\begin{aligned} a_{11}x_1+a_{12}x_2+\ \cdots\ +a_{1n}x_n&=0\\ a_{21}x_1+a_{22}x_2+\ \cdots\ +a_{2n}x_n&=0\\ &\vdots\\ a_{n1}x_1+a_{n2}x_2+\cdots\ +a_{nn}x_n&=0 \end{aligned}$$

이고, 이 연립방정식의 해를

$$\begin{aligned} x_1 \qquad\qquad\qquad &=0\\ x_2 \qquad\quad &=0\\ \ddots \qquad &\\ x_n &=0 \end{aligned}$$

로 적어보자. 즉, 연립방정식의 첨가 계수행렬에 적용된 가우스-조르당 소거법은

$$[A\,|\,\mathbf{0}]=\left[\begin{array}{cccc|c} a_{11} & a_{12} & \cdots & a_{1n} & 0\\ a_{21} & a_{22} & \cdots & a_{2n} & 0\\ \vdots & \vdots & \ddots & \vdots & \vdots\\ a_{n1} & a_{n2} & \cdots & a_{nn} & 0 \end{array}\right] \to \left[\begin{array}{cccc|c} 1 & 0 & \cdots & 0 & 0\\ 0 & 1 & \cdots & 0 & 0\\ \vdots & \vdots & \ddots & \vdots & \vdots\\ 0 & 0 & \cdots & 1 & 0 \end{array}\right]=[I_n\,|\,\mathbf{0}]$$

의 결과를 가져와야만 하므로 A의 기약 행사다리꼴은 I_n이다.

(d) ⇒ (e) A의 기약 행사다리꼴을 I_n이라고 가정하면, A에 유한번의 기본 행변환을 적용하여 I_n으로 변형시킬 수 있다. 정리 3.10에 의하여 이러한 기본 행변환들 각각은 왼쪽에 적당한 기본행렬을 곱하여 얻을 수 있다. 이들에 대응되는 일련의 기본행렬들을 순서에 따라 E_1, E_2, $\cdots$, E_k라 두면

$$E_k\cdots\ E_2E_1A=I_n$$

을 만족한다. 정리 3.11에 의하면 이 기본행렬들은 모두 가역이다. 따라서

$$A=(E_k\cdots E_2E_1)^{-1}I_n=(E_k\cdots E_2E_1)^{-1}=E_1^{-1}E_2^{-1}\cdots\ E_k^{-1}$$

가 성립한다. 정리 3.11에 의하여 각 E_i^{-1}도 역시 기본행렬이므로 A를 기본행렬들의 곱으로 나타낼 수 있다.

(e) ⇒ (a) A가 기본행렬들의 곱이면, 기본행렬들이 가역이고 가역행렬들의 곱도 역시 가역이므로 A는 가역행렬이다.

예제 3.29

가능하다면 $A=\begin{bmatrix}2&3\\1&3\end{bmatrix}$를 기본행렬들의 곱으로 나타내어라.

풀이 A를 다음과 같이 행변환을 해보자.

$$A=\begin{bmatrix}2&3\\1&3\end{bmatrix}\xrightarrow{R_1\leftrightarrow R_2}\begin{bmatrix}1&3\\2&3\end{bmatrix}\xrightarrow{R_2-2R_1}\begin{bmatrix}1&3\\0&-3\end{bmatrix}$$

$$\xrightarrow{R_1+R_2}\begin{bmatrix}1&0\\0&-3\end{bmatrix}\xrightarrow{-\frac{1}{3}R_2}\begin{bmatrix}1&0\\0&1\end{bmatrix}=I_2$$

A의 기약 행사다리꼴이 단위행렬이므로, A는 가역행렬이고 기본행렬들의 곱으로 나타낼 수 있다. 즉, $E_4E_3E_2E_1A=I$ 이고, 여기서

$$E_1=\begin{bmatrix}0&1\\1&0\end{bmatrix},\ E_2=\begin{bmatrix}1&0\\-2&1\end{bmatrix},\ E_3=\begin{bmatrix}1&1\\0&1\end{bmatrix},\ E_4=\begin{bmatrix}1&0\\0&-\frac{1}{3}\end{bmatrix}$$

은 A를 I로 변형하기 위해 사용된 4개의 기본 행변환에 대응되는 기본행렬이다. 따라서

$$A=(E_4E_3E_2E_1)^{-1}=E_1^{-1}E_2^{-1}E_3^{-1}E_4^{-1}=\begin{bmatrix}0&1\\1&0\end{bmatrix}\begin{bmatrix}1&0\\2&1\end{bmatrix}\begin{bmatrix}1&-1\\0&1\end{bmatrix}\begin{bmatrix}1&0\\0&-3\end{bmatrix}$$

주의 A를 I로 바꾸는 일련의 기본 행변환이 유일하지 않으므로 A를 기본행렬들의 곱으로 표현하는 것도 유일하지 않다. (A를 기본행렬들의 곱으로 나타내는 다른 방법도 생각해 보아라.)

기본정리는 매우 강력하다. 기본정리의 역할을 강조하기 위하여, 다음 두 가지 기본정리의 결과들을 생각해보자. 첫 번째는 $AB=I$와 $BA=I$를 동시에 만족하는 행렬 B가 존재하는 경우에 행렬 A를 가역행렬이라고 정의하였지만, 실제로는 이 방정식 중의 하나만 확인하면 된다. 따라서 계산의 양을 반으로 줄일 수 있다.

정리 3.13 A가 정사각행렬이라 하자. B가 $AB=I$ 또는 $BA=I$ 인 정사각행렬이라 하면, A는 가역행렬이고 $B=A^{-1}$이다.

증명 $BA=I$라고 하자. 동차 연립일차방정식 $A\mathbf{x}=\mathbf{0}$의 양변의 왼쪽에 B를 곱하면 $BA\mathbf{x}=B\mathbf{0}$이다. 이는 $\mathbf{x}=I\mathbf{x}=\mathbf{0}$을 의미한다. 따라서 $A\mathbf{x}=\mathbf{0}$으로 표현되는 연립방정식은 유일한 해 $\mathbf{x}=\mathbf{0}$를 갖는다. 기본정리에서 (c)와 (a)의 동치성으로부터 A가 가역임을 안다. 즉, A^{-1}가 존재하고 $AA^{-1}=I=A^{-1}A$를 만족한다.

이제 $BA=I$의 양변의 오른쪽에 A^{-1}를 곱하면

$$BAA^{-1}=IA^{-1}\Rightarrow BI=A^{-1}\Rightarrow B=A^{-1}$$

를 얻는다. $AB=I$인 경우의 증명은 연습문제 41로 남긴다.

기본정리의 두 번째 결과는 역행렬을 구하는 효과적인 방법에 대한 원리이다.

정리 3.14 A가 정사각행렬이라 하자. 일련의 기본 행변환이 A를 단위행렬 I로 변형시키면 동일한 일련의 기본 행변환은 I를 A^{-1}로 바꾼다.

증명 A가 I와 행동치이면, 일련의 기본행렬들 E_1, E_2, $\cdots$, E_k를 A의 왼쪽에 곱하여 단위행렬 I를 얻을 수 있다. 즉, $E_k \cdots E_2 E_1 A = I$이다. 이때, $B = E_k \cdots E_2 E_1$으로 두면 $BA = I$가 성립한다. 따라서 정리 3.13에 의하여 A는 가역행렬이고 $A^{-1} = B$이다. 이제, I에 동일한 일련의 기본 행변환을 적용하는 것은 I 왼쪽에 $E_k \cdots E_2 E_1 = B$를 곱하는 것과 같다. 이 결과는

$$E_k \cdots E_2 E_1 I = BI = B = A^{-1}$$

를 의미한다. 그러므로 동일한 일련의 기본 행변환에 의하여 I는 A^{-1}로 변형된다.

역행렬 계산을 위한 가우스-조르당 방법

A와 I로 첨가행렬 $[A|I]$를 만들어 동시에 행변환을 실행해보자. 정리 3.14는 A가 I와 행동치이면 기본 행변환은

$$[A|I] \to [I|A^{-1}]$$

로 변형한다. A가 I로 변형될 수 없으면, 기본정리에 의해 A는 가역행렬이 아니다.

앞의 과정은 단순히 첨가 계수행렬 $n \times (n+1)$ 대신에 $n \times 2n$행렬에 실행된 가우스-조르당 소거법이다. 이 과정을 보는 또 다른 방법은 $n \times n$행렬 X에 대한 행렬방정식 $AX = I_n$에서 A^{-1}를 구하는 문제로 보는 것이다. X의 열을 $\mathbf{x}_1$, $\mathbf{x}_2$, $\cdots$, $\mathbf{x}_n$으로 나타내면, 이 행렬방정식은 한 번에 하나씩 X의 열에 대하여 푸는 것과 동치이다. I_n의 열이 기본 단위벡터 $\mathbf{e}_1$, $\cdots$, $\mathbf{e}_n$이므로 계수행렬 A를 갖는 n개의 연립일차방정식

$$A\mathbf{x}_1 = \mathbf{e}_1,\ \cdots,\ A\mathbf{x}_n = \mathbf{e}_n$$

을 갖는다.

동일한 일련의 행변환이 A를 각각의 경우에서 기약 행사다리꼴로 변형시킬 필요가 있으므로, 이 연립방정식에 대한 첨가 계수행렬들 $[A|\mathbf{e}_1]$, $\cdots$, $[A|\mathbf{e}_n]$은

$$[A|\mathbf{e}_1 \vdots \mathbf{e}_2 \vdots \cdots \vdots \mathbf{e}_n] = [A|I_n]$$

으로 결합될 수 있다. 이제, A를 I_n으로 변형시키기 위해 행변환을 적용하고, 이것이 성공적이면 동시에 A^{-1}의 열에 대하여 풀어 I_n이 A^{-1}로 변형된다.

다음 세 개의 예제에서, 가우스-조르당 소거법을 사용하여 역행렬을 구해보자.

예제 3.30

만약 역행렬이 존재하면, $A=\begin{bmatrix}1 & 2 & -1\\ 2 & 2 & 4\\ 1 & 3 & -3\end{bmatrix}$의 역행렬을 구하여라.

풀이 가우스-조르당 소거법에 의해

$$[A|I]=\left[\begin{array}{ccc|ccc}1 & 2 & -1 & 1 & 0 & 0\\ 2 & 2 & 4 & 0 & 1 & 0\\ 1 & 3 & -3 & 0 & 0 & 1\end{array}\right]$$

$$\xrightarrow[R_3-R_1]{R_2-2R_1}\left[\begin{array}{ccc|ccc}1 & 2 & -1 & 1 & 0 & 0\\ 0 & -2 & 6 & -2 & 1 & 0\\ 0 & 1 & -2 & -1 & 0 & 1\end{array}\right]$$

$$\xrightarrow{(-\frac{1}{2})R_2}\left[\begin{array}{ccc|ccc}1 & 2 & -1 & 1 & 0 & 0\\ 0 & 1 & -3 & 1 & -\frac{1}{2} & 0\\ 0 & 1 & -2 & -1 & 0 & 1\end{array}\right]$$

$$\xrightarrow{R_3-R_2}\left[\begin{array}{ccc|ccc}1 & 2 & -1 & 1 & 0 & 0\\ 0 & 1 & -3 & 1 & -\frac{1}{2} & 0\\ 0 & 0 & 1 & -2 & \frac{1}{2} & 1\end{array}\right]$$

$$\xrightarrow[R_2+3R_3]{R_1+R_3}\left[\begin{array}{ccc|ccc}1 & 2 & 0 & -1 & \frac{1}{2} & 1\\ 0 & 1 & 0 & -5 & 1 & 3\\ 0 & 0 & 1 & -2 & \frac{1}{2} & 1\end{array}\right]$$

$$\xrightarrow{R_1-2R_2}\left[\begin{array}{ccc|ccc}1 & 0 & 0 & 9 & -\frac{3}{2} & -5\\ 0 & 1 & 0 & -5 & 1 & 3\\ 0 & 0 & 1 & -2 & \frac{1}{2} & 1\end{array}\right]$$

과 같이 변형시킬 수 있다. 따라서

$$A^{-1}=\begin{bmatrix}9 & -\frac{3}{2} & -5\\ -5 & 1 & 3\\ -2 & \frac{1}{2} & 1\end{bmatrix}$$

이다. (직접 행렬곱에 의하여 $AA^{-1}=I$임을 항상 확인하여라. 정리 3.13에 의하여 $A^{-1}A=I$임을 확인할 필요는 없다.)

주의 먼저 왼쪽에서 오른쪽으로, 위에서 아래로 선행성분 1 아래는 모두 0으로 만든 다음 오른쪽에서 왼쪽으로, 아래에서 위로 선행성분 1 위에는 모두 0으로 만드는 가우스-조르당 소거법을 이용하였다. 이러한 변형은 2장에서 지적한 것처럼 계산을 절약해주지만, 변형을 계속해 나가면서 각 열에서 모두 0을 만드는 것이 좀 더 쉽게 생각될 수 있다. 물론 결과는 같다.

예제 3.31

역행렬이 존재하면, $A=\begin{bmatrix}2 & 1 & -4\\ -4 & -1 & 6\\ -2 & 2 & -2\end{bmatrix}$의 역행렬을 구하여라.

풀이 단위행렬 I를 A에 첨가시킨 $[A|I]$를 $[I|A^{-1}]$로 변형시킬 수 있는지 알아보자.

$$[A\,|\,I] = \left[\begin{array}{rrr|rrr} 2 & 1 & -4 & 1 & 0 & 0 \\ -4 & -1 & 6 & 0 & 1 & 0 \\ -2 & 2 & -2 & 0 & 0 & 1 \end{array}\right]$$

$$\xrightarrow[R_3+R_1]{R_2+2R_1} \left[\begin{array}{rrr|rrr} 2 & 1 & -4 & 1 & 0 & 0 \\ 0 & 1 & -2 & 2 & 1 & 0 \\ 0 & 3 & -6 & 1 & 0 & 1 \end{array}\right]$$

$$\xrightarrow{R_3-3R_2} \left[\begin{array}{rrr|rrr} 2 & 1 & -4 & 1 & 0 & 0 \\ 0 & 1 & -2 & 2 & 1 & 0 \\ 0 & 0 & 0 & -5 & -3 & 1 \end{array}\right]$$

여기서, 첨가 계수행렬의 왼쪽에 모든 성분이 0인 행이 있으므로, A를 I로 변형시킬 수 없음을 알 수 있다. 따라서 A는 가역행렬이 아니다.

다음 예제는 소수 p에 대하여 $\mathbb{Z}_p$ 위에서도 같은 방법을 적용할 수 있음을 보여준다.

예제 3.32

$\mathbb{Z}_3$ 위에서 역행렬이 존재하면, $A = \begin{bmatrix} 2 & 2 \\ 2 & 0 \end{bmatrix}$의 역행렬을 구하라.

풀이 1 모든 계산이 $\mathbb{Z}_3$에서 이루어짐을 생각하면서 가우스–조르당 소거법을 이용한다.

$$[A\,|\,I] = \left[\begin{array}{rr|rr} 2 & 2 & 1 & 0 \\ 2 & 0 & 0 & 1 \end{array}\right]$$

$$\xrightarrow{2R_1} \left[\begin{array}{rr|rr} 1 & 1 & 2 & 0 \\ 2 & 0 & 0 & 1 \end{array}\right]$$

$$\xrightarrow{R_2+R_1} \left[\begin{array}{rr|rr} 1 & 1 & 2 & 0 \\ 0 & 1 & 2 & 1 \end{array}\right]$$

$$\xrightarrow{R_1+2R_2} \left[\begin{array}{rr|rr} 1 & 0 & 0 & 2 \\ 0 & 1 & 2 & 1 \end{array}\right]$$

따라서 $A^{-1} = \begin{bmatrix} 0 & 2 \\ 2 & 1 \end{bmatrix}$이고, $\mathbb{Z}_3$ 위에서 $AA^{-1} = I$ 임을 확인하는 것은 어렵지 않다.

풀이 2 A가 2×2행렬이므로 정리 3.8에 주어진 공식을 이용하여 A^{-1}을 계산할 수 있다. A의 행렬식은 $\mathbb{Z}_3$에서

$$\det A = 2(0) - 2(2) = -1 = 2$$

이다. 따라서 A^{-1}가 존재한다. 공식에서 분수 $1/\det A$은 $\mathbb{Z}_3$에서 분수가 없으므로, 곱의 역을 이용해야 한다.

$1/\det A = 1/2$ 대신에 2^{-1}을 이용한다. 즉, $\mathbb{Z}_3$에서 방정식 $2x = 1$을 만족하는 수 x를 구한다. $\mathbb{Z}_3$에서 $2(2) = 1$이므로 $2^{-1} = 2$이다. 따라서 A^{-1}를 구하는 공식에서

$$A^{-1}=2^{-1}\begin{bmatrix}0 & -2\\ -2 & 2\end{bmatrix}=2\begin{bmatrix}0 & 1\\ 1 & 2\end{bmatrix}=\begin{bmatrix}0 & 2\\ 2 & 1\end{bmatrix}$$

이고, 이는 앞에서의 해와 일치한다.

3.3 연습문제

※ [1–10] 정리 3.8을 이용하여 다음 행렬들의 역행렬을 구하여라.

1. $\begin{bmatrix}4 & 7\\ 1 & 2\end{bmatrix}$

2. $\begin{bmatrix}4 & -2\\ 2 & 0\end{bmatrix}$

3. $\begin{bmatrix}3 & 4\\ 6 & 8\end{bmatrix}$

4. $\begin{bmatrix}0 & 1\\ -1 & 0\end{bmatrix}$

5. $\begin{bmatrix}\frac{3}{4} & \frac{3}{5}\\ \frac{5}{6} & \frac{2}{3}\end{bmatrix}$

6. $\begin{bmatrix}1/\sqrt{2} & 1/\sqrt{2}\\ -1/\sqrt{2} & 1/\sqrt{2}\end{bmatrix}$

7. $\begin{bmatrix}-1.5 & -4.2\\ 0.5 & 2.4\end{bmatrix}$

8. $\begin{bmatrix}3.55 & 0.25\\ 8.52 & 0.60\end{bmatrix}$

9. $\begin{bmatrix}a & -b\\ b & a\end{bmatrix}$

10. $\begin{bmatrix}1/a & 1/b\\ 1/c & 1/d\end{bmatrix}$, 여기서 a, b, c, d는 모두 0이 아니다.

※ [11–12] 예제 3.25의 방법을 이용하여 다음 연립방정식의 해를 구하여라.

11. $\begin{aligned}2x+\ \ y&=-1\\ 5x+3y&=\ \ 2\end{aligned}$

12. $\begin{aligned}x_1-x_2&=1\\ 2x_1+x_2&=2\end{aligned}$

13. $A=\begin{bmatrix}1 & 2\\ 2 & 6\end{bmatrix}$, $\mathbf{b}_1=\begin{bmatrix}3\\ 5\end{bmatrix}$, $\mathbf{b}_2=\begin{bmatrix}-1\\ 2\end{bmatrix}$, $\mathbf{b}_3=\begin{bmatrix}2\\ 0\end{bmatrix}$이라 하자.
   (a) A^{-1}을 구하고, 이를 이용하여 $A\mathbf{x}=\mathbf{b}_1$, $A\mathbf{x}=\mathbf{b}_2$, $A\mathbf{x}=\mathbf{b}_3$의 해를 구하여라.
   (b) 가우스–조르당 소거법을 이용하여 첨가행렬 $[A \mid \mathbf{b}_1\ \mathbf{b}_2\ \mathbf{b}_3]$를 행줄임 하여 세 방정식을 동시에 풀어라.
   (c) (a)와 (b)에서 적용한 각 곱들의 전체 수를 세어라. 2×2행렬의 예에서조차도 이 방법이 더 작은 연산을 사용함을 알 수 있을 것이다. 좀 더 큰 식에 대하여, 그 차이는 훨씬 더 명확해지는데, 이것은 이 방법을 이용하여 연립일차방정식을 푸는 데 컴퓨터를 이용하지 않는 이유를 설명해 준다.

14. 정리 3.9(b)를 증명하여라.

15. 정리 3.9(d)를 증명하여라.

16. $n\times n$ 단위행렬 I_n은 가역이고 $I_n^{-1}=I_n$임을 보여라.

17. (a) 반례를 들어, 일반적으로 $(AB)^{-1}\neq A^{-1}B^{-1}$임을 보여라.
   (b) $(AB)^{-1}=A^{-1}B^{-1}$가 성립하도록 하는 A와 B의 조건은 무엇인가? 주장을 증명하여라.

18. 수학적 귀납법을 이용하여, A_1, A_2, $\cdots$, A_n이 같은 크기의 가역행렬들이면, 곱 $A_1A_2\cdots A_n$도 가역이고, $(A_1A_2\cdots A_n)^{-1}=A_n^{-1}\cdots A_2^{-1}A_1^{-1}$임을 보여라.

19. 반례를 들어, 일반적으로 $(A+B)^{-1}\neq A^{-1}+B^{-1}$임을 보여라.

※ [20–23] 다음에 주어진 행렬방정식을 X에 관하여 풀어라. 가능하면 간단하게 답하여라. 모든 행렬들은 가역이라고 가정한다.

20. $XA^2=A^{-1}$

21. $AXB=(BA)^2$

22. $(A^{-1}X)^{-1}=A(B^{-2}A)^{-1}$

23. $ABXA^{-1}B^{-1}=I+A$

※ [24–30] $A=\begin{bmatrix}1 & 2 & -1\\ 1 & 1 & 1\\ 1 & -1 & 0\end{bmatrix}$, $B=\begin{bmatrix}1 & -1 & 0\\ 1 & 1 & 1\\ 1 & 2 & -1\end{bmatrix}$,

$C=\begin{bmatrix}1 & 2 & -1\\ 1 & 1 & 1\\ 2 & 1 & -1\end{bmatrix}$, $D=\begin{bmatrix}1 & 2 & -1\\ -3 & -1 & 3\\ 2 & 1 & -1\end{bmatrix}$이라 하자.

다음의 각 경우에, 주어진 방정식을 만족하는 기본행렬 E을 구하여라.

24. $EA=B$

25. $EB=A$

26. $EA=C$

27. $EC=A$

28. $EC=D$

29. $ED=C$

30. $EA=D$를 만족하는 기본행렬 E가 존재하는가? 이유를 말하여라.

※ [31–38] 다음에 주어진 기본행렬의 역행렬을 구하여라.

31. $\begin{bmatrix}3 & 0\\ 0 & 1\end{bmatrix}$

32. $\begin{bmatrix}1 & 2\\ 0 & 1\end{bmatrix}$

33. $\begin{bmatrix}0 & 1\\ 1 & 0\end{bmatrix}$

34. $\begin{bmatrix}1 & 0\\ -\frac{1}{2} & 1\end{bmatrix}$

35. $\begin{bmatrix}1&0&0\\0&1&-2\\0&0&1\end{bmatrix}$

36. $\begin{bmatrix}0&0&1\\0&1&0\\1&0&0\end{bmatrix}$

37. $\begin{bmatrix}1&0&0\\0&c&0\\0&0&1\end{bmatrix}$, $c\neq 0$

38. $\begin{bmatrix}1&0&0\\0&1&c\\0&0&1\end{bmatrix}$, $c\neq 0$

※ [39-40] $E_k\cdots E_2E_1A=I$를 만족하는 기본행렬들의 수열 E_1, E_2, $\cdots$, E_k을 구하여라. A와 A^{-1} 모두 기본행렬들의 곱으로 나타낼 수 있음을 이용하여라.

39. $A=\begin{bmatrix}1&0\\-1&-2\end{bmatrix}$

40. $A=\begin{bmatrix}2&4\\1&1\end{bmatrix}$

41. $AB=I$인 경우에 대하여 정리 3.13을 증명하여라.

42. (a) A가 가역행렬, $AB=O$이면, $B=O$임을 보여라.
   (b) A가 가역행렬이 아니면 (a)의 결과가 성립하지 않는 반례를 들어라.

43. (a) A가 가역행렬이고 $BA=CA$이면, $B=C$임을 보여라.
   (b) A가 가역행렬이 아니면 (a)의 결과가 성립하지 않는 반례를 들어라.

44. $A^2=A$인 정사각행렬 A를 **멱등행렬**(idempotent matrix)이라 한다.
   (a) 세 개의 2×2 멱등행렬을 구하여라.
   (b) 가역행렬이면서 $n\times n$ 멱등행렬은 단위행렬뿐임을 보여라.

45. A가 $A^2-2A+I=O$을 만족하는 정사각행렬이면, $A^{-1}=2I-A$임을 보여라.

46. 대칭행렬이 가역이면 그 역행렬도 대칭행렬임을 보여라.

47. A와 B가 정사각행렬이고 AB가 가역행렬이면, A와 B도 가역행렬임을 보여라.

※ [48-63] 가우스-조르당 방법을 이용하여 다음에 주어진 행렬들의 역행렬을 구하여라.

48. $\begin{bmatrix}1&5\\1&4\end{bmatrix}$

49. $\begin{bmatrix}-2&4\\3&-1\end{bmatrix}$

50. $\begin{bmatrix}4&-2\\2&0\end{bmatrix}$

51. $\begin{bmatrix}1&a\\-a&1\end{bmatrix}$

52. $\begin{bmatrix}2&3&0\\1&-2&-1\\2&0&-1\end{bmatrix}$

53. $\begin{bmatrix}1&-1&2\\3&1&2\\2&3&-1\end{bmatrix}$

54. $\begin{bmatrix}1&1&0\\1&0&1\\0&1&1\end{bmatrix}$

55. $\begin{bmatrix}a&0&0\\1&a&0\\0&1&a\end{bmatrix}$

56. $\begin{bmatrix}0&a&0\\b&0&c\\0&d&0\end{bmatrix}$

57. $\begin{bmatrix}0&-1&1&0\\2&1&0&2\\1&-1&3&0\\0&1&1&-1\end{bmatrix}$

58. $\begin{bmatrix}\sqrt{2}&0&2\sqrt{2}&0\\-4\sqrt{2}&\sqrt{2}&0&0\\0&0&1&0\\0&0&3&1\end{bmatrix}$

59. $\begin{bmatrix}1&0&0&0\\0&1&0&0\\0&0&1&0\\a&b&c&d\end{bmatrix}$

60. $\mathbb{Z}_2$에서 $\begin{bmatrix}0&1\\1&1\end{bmatrix}$

61. $\mathbb{Z}_5$에서 $\begin{bmatrix}4&2\\3&4\end{bmatrix}$

62. $\mathbb{Z}_3$에서 $\begin{bmatrix}2&1&0\\1&1&2\\0&2&1\end{bmatrix}$

63. $\mathbb{Z}_7$에서 $\begin{bmatrix}1&5&0\\1&2&4\\3&6&1\end{bmatrix}$

※ [64-68] 때때로 큰 정사각행렬을 분할하여 좀 더 쉽게 역행렬을 계산할 수 있는데, 특히 그 블록이 특별한 형태를 가질 때 그렇다. 블록 곱셈을 이용하여 주어진 행렬이 역행렬임을 확인하여라. 필요하다면 모든 역행렬이 존재함을 가정하여라.

64. $\begin{bmatrix}A&B\\O&D\end{bmatrix}^{-1}=\begin{bmatrix}A^{-1}&-A^{-1}BD^{-1}\\O&D^{-1}\end{bmatrix}$

65. $\begin{bmatrix}O&B\\C&I\end{bmatrix}^{-1}=\begin{bmatrix}-(BC)^{-1}&(BC)^{-1}B\\C(BC)^{-1}&I-C(BC)^{-1}B\end{bmatrix}$

66. $\begin{bmatrix}I&B\\C&I\end{bmatrix}^{-1}=\begin{bmatrix}(I-BC)^{-1}&-(I-BC)^{-1}B\\-C(I-BC)^{-1}&I+C(I-BC)^{-1}B\end{bmatrix}$

67. $\begin{bmatrix}O&B\\C&D\end{bmatrix}^{-1}=$

$$\begin{bmatrix}-(BD^{-1}C)^{-1}&(BD^{-1}C)^{-1}BD^{-1}\\D^{-1}C(BD^{-1}C)^{-1}&D^{-1}-D^{-1}C(BD^{-1}C)^{-1}BD^{-1}\end{bmatrix}$$

68. $\begin{bmatrix}A&B\\C&D\end{bmatrix}^{-1}=\begin{bmatrix}P&Q\\R&S\end{bmatrix}$, 여기서 $P=(A-BD^{-1}C)^{-1}$, $Q=-PBD^{-1}$, $R=-D^{-1}CP$, $S=D^{-1}+D^{-1}CPBD^{-1}$

※ [69-72] 다음 행렬을 연습문제 64-68의 공식 중의 하나를 이용할 수 있도록 분할하고, 그 공식을 이용하여 역행렬을 계산하여라.

69. $\begin{bmatrix}1&0&0&0\\0&1&0&0\\2&3&1&0\\1&2&0&1\end{bmatrix}$

70. 연습문제 58의 행렬

71. $\begin{bmatrix}0&0&1&1\\0&0&1&0\\0&-1&1&0\\1&1&0&1\end{bmatrix}$

72. $\begin{bmatrix}0&1&1\\1&3&1\\-1&5&2\end{bmatrix}$

3.4 LU 분해

자연수를 다른 자연수의 곱으로 분해하는 것이 자연스러운 것처럼 행렬을 다른 행렬의 곱으로 분해하는 것이 때로는 유용하다. 하나의 행렬을 두 개나 여러 개의 행렬의 곱으로 표현하는 것을 **행렬분해**(matrix factorization)라고 한다. 예를 들면

$$\begin{bmatrix} 3 & -1 \\ 9 & -5 \end{bmatrix} = \begin{bmatrix} 1 & 0 \\ 3 & 1 \end{bmatrix} \begin{bmatrix} 3 & -1 \\ 0 & -2 \end{bmatrix}$$

는 행렬분해이다.

다른 분해보다 매우 유용하게 사용되는 특별한 분해가 있다. 이 절에서는 가우스 소거법으로 연립방정식의 해를 구할 때 나타나고, 특히 컴퓨터 실행에 매우 적합한 행렬분해를 소개한다. 이어지는 장에서는 다른 형태의 유용한 행렬분해를 접하게 될 것이다.

$A\mathbf{x} = \mathbf{b}$ 꼴의 연립방정식을 생각하자. 여기서, A는 $n \times n$ 행렬이다. 우리의 목표는 가우스 소거법으로 A를 행렬의 곱으로 분해하여 주어진 연립방정식(동일한 계수행렬을 갖는 여러 개의 연립방정식)을 효율적으로 풀 수 있음을 보이는 것이다.

다음 예제는 기본적인 이론을 설명해 준다.

예제 3.33

$A = \begin{bmatrix} 2 & 1 & 3 \\ 4 & -1 & 3 \\ -2 & 5 & 5 \end{bmatrix}$ 라고 하자. A를 행줄임 하여

$$A = \begin{bmatrix} 2 & 1 & 3 \\ 4 & -1 & 3 \\ -2 & 5 & 5 \end{bmatrix} \xrightarrow[R_3 + R_1]{R_2 - 2R_1} \begin{bmatrix} 2 & 1 & 3 \\ 0 & -3 & -3 \\ 0 & 6 & 8 \end{bmatrix} \xrightarrow{R_3 + 2R_2} \begin{bmatrix} 2 & 1 & 3 \\ 0 & -3 & -3 \\ 0 & 0 & 2 \end{bmatrix} = U \quad (1)$$

를 얻는다. 이러한 행줄임을 수행하는 기본행렬 E_1, E_2, E_3는

$$E_1 = \begin{bmatrix} 1 & 0 & 0 \\ -2 & 1 & 0 \\ 0 & 0 & 1 \end{bmatrix}, \quad E_2 = \begin{bmatrix} 1 & 0 & 0 \\ 0 & 1 & 0 \\ 1 & 0 & 1 \end{bmatrix}, \quad E_3 = \begin{bmatrix} 1 & 0 & 0 \\ 0 & 1 & 0 \\ 0 & 2 & 1 \end{bmatrix}$$

이다. 따라서

$$E_3 E_2 E_1 A = U$$

이고, 이를 A에 대하여 풀면

$$A = E_1^{-1} E_2^{-1} E_3^{-1} U = \begin{bmatrix} 1 & 0 & 0 \\ 2 & 1 & 0 \\ 0 & 0 & 1 \end{bmatrix} \begin{bmatrix} 1 & 0 & 0 \\ 0 & 1 & 0 \\ -1 & 0 & 1 \end{bmatrix} \begin{bmatrix} 1 & 0 & 0 \\ 0 & 1 & 0 \\ 0 & -2 & 1 \end{bmatrix} U$$

$$= \begin{bmatrix} 1 & 0 & 0 \\ 2 & 1 & 0 \\ -1 & -2 & 1 \end{bmatrix} U = LU$$

이다. 그러므로 $A = LU$로 분해할 수 있다. 여기서, U는 상삼각행렬(3.2절)이고 L은 단위하삼각행렬이다. 즉, L은 대각성분이 1이고 위의 성분이 모두 0인 다음과 같은 형태의 행렬이다.

$$L = \begin{bmatrix} 1 & 0 & \cdots & 0 \\ * & 1 & \cdots & 0 \\ \vdots & \vdots & \ddots & \vdots \\ * & * & \cdots & 1 \end{bmatrix}$$

National Portrait Gallery, London

***LU* 분해**는 영국의 위대한 수학자 튜링(Alan M. Turing, 1912–1954)의 논문 〈Rounding-off Errors in Matrix Processes〉(*Quarterly Journal of Mechanics and Applied Mathematics*, 1(1948), pp. 287–308)에서 소개되었다. 2차 세계대전 기간에 튜링은 독일의 'Enigma' 코드를 해결하는 데 큰 도움을 주었다. 그는 디지털 컴퓨터와 현대 인공지능 분야의 발전에 이론적인 토대가 되고 있는 수리논리 분야에서 최고의 전문가였다. 그가 1950년에 제안했던 '튜링 테스트'는 컴퓨터가 '영리하다'고 생각할 수 있는가라는 질문을 제기하는 데 표준지표의 하나로 현재도 사용되고 있다.

앞의 예제는 다음 정의로 이어진다.

정의 A가 정사각행렬이라고 하자. L은 단위하삼각행렬이고 U는 상삼각행렬인 분해 $A = LU$를 A의 LU **분해**(LU factorization)라고 한다.

주의

- 예제 3.33에서 사용한 A의 행줄임에는 어떠한 행교환도 필요하지 않기 때문에 A는 LU 분해를 갖는다. 그러므로 행줄임에 적용되는 모든 기본행렬은 단위하삼각행렬이다. 단위하삼각행렬들의 역행렬과 곱은 다시 단위하삼각행렬이므로 (연습문제 29, 30 참조) L은 단위하삼각행렬이 된다.

  어떤 단계에서 피보트 성분의 위치에 영이 나타나면, 영 아닌 원소를 얻기 위해 행교환을 한다. 이것은 L이 더 이상 단위하삼각행렬이 되지 못하게 한다. 이러한 경우에 대해서는 다음에서 더 많이 논의할 것이다. (행교환이 반드시 필요한 행렬을 찾을 수 있는가?)
- LU 분해의 개념은 행렬 U를 단지 행사다리꼴만 요구한다면 정사각행렬이 아닌 행렬에도 일반화할 수 있다(연습문제 13, 14 참조).
- 어떤 책에서는 정사각행렬의 LU 분해를 L이 하삼각행렬이고 U는 상삼각행렬인 임의의 분해 $A = LU$로 정의하기도 한다.

다음 정리는 위의 첫 번째 주의에서 바로 얻을 수 있다.

정리 3.15 A가 어떤 행교환도 하지 않고 행사다리꼴로 변형될 수 있는 정사각행렬이면, A는 LU 분해를 갖는다.

LU 분해가 왜 유용한가를 알아보기 위해서 연립일차방정식 $A\mathbf{x} = \mathbf{b}$를 생각해 보자. 여기서, 계수행렬은 LU 분해 $A = LU$를 갖는다. $A\mathbf{x} = \mathbf{b}$는 $LU\mathbf{x} = \mathbf{b}$ 또는 $L(U\mathbf{x}) = \mathbf{b}$로 나타낼 수 있다. 만일 $\mathbf{y} = U\mathbf{x}$로 두면, 다음의 두 단계로 $\mathbf{x}$를

구할 수 있다.

1. 전진대입법으로 $L\mathbf{y}=\mathbf{b}$를 $\mathbf{y}$에 대하여 푼다(2.1절 연습문제 25, 26 참조).
2. 후진대입법으로 $U\mathbf{x}=\mathbf{y}$를 $\mathbf{x}$에 대하여 푼다.

이들 일차방정식의 계수행렬 L과 U는 삼각행렬이므로 방정식을 쉽게 풀 수 있다. 다음의 예제는 이 방법을 설명한다.

예제 3.34

$A=\begin{bmatrix} 2 & 1 & 3 \\ 4 & -1 & 3 \\ -2 & 5 & 5 \end{bmatrix}$, $\mathbf{b}=\begin{bmatrix} 1 \\ -4 \\ 9 \end{bmatrix}$ 일 때, A의 LU 분해를 이용하여 $A\mathbf{x}=\mathbf{b}$를 풀어보아라.

풀이 예제 3.33에서

$$A=\begin{bmatrix} 1 & 0 & 0 \\ 2 & 1 & 0 \\ -1 & -2 & 1 \end{bmatrix}\begin{bmatrix} 2 & 1 & 3 \\ 0 & -3 & -3 \\ 0 & 0 & 2 \end{bmatrix}=LU$$

로 분해된다. $A\mathbf{x}=\mathbf{b}$를 풀기 위하여 우선 $\mathbf{y}=\begin{bmatrix} y_1 \\ y_2 \\ y_3 \end{bmatrix}$에 대해 $L\mathbf{y}=\mathbf{b}$를 풀어보자.

이것은 연립일차방정식

$$\begin{aligned} y_1 \qquad\qquad &= 1 \\ 2y_1 + y_2 \qquad &= -4 \\ -y_1 - 2y_2 + y_3 &= 9 \end{aligned}$$

의 해를 구하는 것과 같다. 전진대입법을 이용하면

$$y_1=1,\ y_2=-4-2y_1=-6,\ y_3=9+y_1+2y_2=-2$$

이므로, $\mathbf{y}=\begin{bmatrix} 1 \\ -6 \\ -2 \end{bmatrix}$이고 $\mathbf{x}=\begin{bmatrix} x_1 \\ x_2 \\ x_3 \end{bmatrix}$에 대해 $U\mathbf{x}=\mathbf{y}$를 푼다. 이때, 연립일차방정식은

$$\begin{aligned} 2x_1 + x_2 + 3x_3 &= 1 \\ -3x_2 - 3x_3 &= -6 \\ 2x_3 &= -2 \end{aligned}$$

이고 후진대입법을 이용하면

$$\begin{aligned} x_3 &= -1 \\ -3x_2 &= -6+3x_3=-9, \quad x_2=3 \\ 2x_1 &= 1-x_2-3x_3=1, \quad x_1=\tfrac{1}{2} \end{aligned}$$

이다. 그러므로 $A\mathbf{x}=\mathbf{b}$의 해는 $\mathbf{x}=\begin{bmatrix} \frac{1}{2} \\ 3 \\ -1 \end{bmatrix}$이다.

LU 분해를 구하는 쉬운 방법

예제 3.33에서는 행렬 L을 기본행렬의 곱으로 구하였다. 다행히도 L은 기본행렬을 모두 계산할 필요없이 행줄임 과정으로부터 직접 계산할 수 있다. A는 행교환을 하지 않고 행사다리꼴로 유도될 수 있다고 가정하였다. 만일 이러한 경우라면 행줄임 과정은 $R_i - kR_j$ 형태의 기본 행변환을 사용하여 행해질 수 있다. (왜 0 아닌 상수로 행을 곱하는 나머지 기본 행변환을 사용할 필요가 없는가?) 변환 $R_i - kR_j$에서 스칼라 k를 **승수**(multiplier)라고 한다.

예제 3.33에서 사용된 기본 행변환은 순서대로

$$R_2 - 2R_1 \qquad (\text{승수} = 2)$$
$$R_3 + R_1 = R_3 - (-1)R_1 \qquad (\text{승수} = -1)$$
$$R_3 + 2R_2 = R_3 - (-2)R_2 \qquad (\text{승수} = -2)$$

이다. 승수는 L의 대각성분 아래의 성분이다! 실제로

$$L = \begin{bmatrix} 1 & 0 & 0 \\ 2 & 1 & 0 \\ -1 & -2 & 1 \end{bmatrix}$$

이고 $L_{21} = 2$, $L_{31} = -1$, $L_{32} = -2$이다. 기본 행변환 $R_i - kR_j$는 L의 $(i,\ j)$ 성분에 위치한 승수 k를 갖는다.

예제 3.35 $A = \begin{bmatrix} 3 & 1 & 3 & -4 \\ 6 & 4 & 8 & -10 \\ 3 & 2 & 5 & -1 \\ -9 & 5 & -2 & -4 \end{bmatrix}$의 LU 분해를 구하여라.

풀이

$$A = \begin{bmatrix} 3 & 1 & 3 & -4 \\ 6 & 4 & 8 & -10 \\ 3 & 2 & 5 & -1 \\ -9 & 5 & -2 & -4 \end{bmatrix} \xrightarrow[R_4 - (-3)R_1]{\substack{R_2 - 2R_1 \\ R_3 - R_1}} \begin{bmatrix} 3 & 1 & 3 & -4 \\ 0 & 2 & 2 & -2 \\ 0 & 1 & 2 & 3 \\ 0 & 8 & 7 & -16 \end{bmatrix}$$

$$\xrightarrow[R_4 - 4R_2]{R_3 - \frac{1}{2}R_2} \begin{bmatrix} 3 & 1 & 3 & -4 \\ 0 & 2 & 2 & -2 \\ 0 & 0 & 1 & 4 \\ 0 & 0 & -1 & -8 \end{bmatrix}$$

$$\xrightarrow{R_4 - (-1)R_3} \begin{bmatrix} 3 & 1 & 3 & -4 \\ 0 & 2 & 2 & -2 \\ 0 & 0 & 1 & 4 \\ 0 & 0 & 0 & -4 \end{bmatrix} = U$$

처음 3개의 승수는 2, 1과 -3이고 이들은 L의 첫 번째 열의 성분이다. 따라서

$$L = \begin{bmatrix} 1 & 0 & 0 & 0 \\ 2 & 1 & 0 & 0 \\ 1 & * & 1 & 0 \\ -3 & * & * & 1 \end{bmatrix}$$

이다. 다음 두 개의 승수는 1/2과 4이므로, L의 두 번째 열을 채울 수 있다.

$$L=\begin{bmatrix} 1 & 0 & 0 & 0 \\ 2 & 1 & 0 & 0 \\ 1 & \frac{1}{2} & 1 & 0 \\ -3 & 4 & * & 1 \end{bmatrix}$$

L에서 마지막 *를 대신할 마지막 승수는 -1이므로

$$L=\begin{bmatrix} 1 & 0 & 0 & 0 \\ 2 & 1 & 0 & 0 \\ 1 & \frac{1}{2} & 1 & 0 \\ -3 & 4 & -1 & 1 \end{bmatrix}$$

이다. 그러므로 A의 LU 분해는

$$A=\begin{bmatrix} 3 & 1 & 3 & -4 \\ 6 & 4 & 8 & -10 \\ 3 & 2 & 5 & -1 \\ -9 & 5 & -2 & -4 \end{bmatrix}=\begin{bmatrix} 1 & 0 & 0 & 0 \\ 2 & 1 & 0 & 0 \\ 1 & \frac{1}{2} & 1 & 0 \\ -3 & 4 & -1 & 1 \end{bmatrix}\begin{bmatrix} 3 & 1 & 3 & -4 \\ 0 & 2 & 2 & -2 \\ 0 & 0 & 1 & 4 \\ 0 & 0 & 0 & -4 \end{bmatrix}=LU$$

주의

- 이 방법을 사용할 때 기본 행변환 $R_i - kR_j$는 각 열 내에서 (피보트 성분으로 대각성분을 사용해서) 위로부터 아래로 그리고 왼쪽 열에서 오른쪽 열로 행해져야 한다. 이러한 규칙을 따르지 않으면 잘못될 수 있는데, 다음 행줄임 과정을 생각하면 된다.

$$A=\begin{bmatrix} 1 & 2 & 2 \\ 1 & 1 & 1 \\ 2 & 2 & 1 \end{bmatrix}\xrightarrow{R_3-2R_2}\begin{bmatrix} 1 & 2 & 2 \\ 1 & 1 & 1 \\ 0 & 0 & -1 \end{bmatrix}\xrightarrow{R_2-R_1}\begin{bmatrix} 1 & 2 & 2 \\ 0 & -1 & -1 \\ 0 & 0 & -1 \end{bmatrix}=U$$

L에서 승수의 위치는 $L_{32}=2$, $L_{21}=1$이므로

$$L=\begin{bmatrix} 1 & 0 & 0 \\ 1 & 1 & 0 \\ 0 & 2 & 1 \end{bmatrix}$$

이다. 그러나 $A \neq LU$이다. (이를 확인해보고 올바른 A의 LU 분해를 구하여라.)

- L을 만드는 다른 방법은 행줄임 과정의 중간단계에서 얻어지는 행렬로부터 승수를 직접 얻는다는 사실을 이용하는 것이다. 예제 3.33에서 행줄임 과정에서 나타나는 행렬의 피보트 성분과 대응되는 열을 관찰하여라.

$$A=\begin{bmatrix} 2 & 1 & 3 \\ 4 & -1 & 3 \\ -2 & 5 & 5 \end{bmatrix}\to A_1=\begin{bmatrix} 2 & 1 & 3 \\ 0 & -3 & -3 \\ 0 & 6 & 8 \end{bmatrix}\to\begin{bmatrix} 2 & 1 & 3 \\ 0 & -3 & -3 \\ 0 & 0 & 2 \end{bmatrix}=U$$

첫 번째 피보트 성분은 2인데, 이것은 A의 첫 번째 열에서 나타난다. 대각성분 또는 그 아래에 있는 열벡터의 성분을 피보트 성분으로 나누면

$$\frac{1}{2}\begin{bmatrix} 2 \\ 4 \\ -2 \end{bmatrix}=\begin{bmatrix} 1 \\ 2 \\ -1 \end{bmatrix}$$

이다. 다음 피보트 성분은 -3인데 이것은 A_1의 두 번째 열에서 나타난다. 대각성분 또는 그 아래에 있는 이들 열벡터의 성분을 피보트 성분으로 나누면

$$\frac{1}{(-3)}\begin{bmatrix} -3 \\ 6 \end{bmatrix} = \begin{bmatrix} 1 \\ -2 \end{bmatrix}$$

이다. (우리가 사용할 필요는 없는) 마지막 피보트 성분은 2인데, 이것은 U의 세 번째 열에 있다. 대각성분 또는 그 아래에 있는 이들 열벡터의 성분을 피보트 성분으로 나누면

$$\frac{1}{2}\begin{bmatrix} \\ 2 \end{bmatrix} = \begin{bmatrix} \\ 1 \end{bmatrix}$$

이다. 여기서 구한 3개의 열벡터를 행렬로 나타내면

$$\begin{bmatrix} 1 & & \\ 2 & 1 & \\ -1 & -2 & 1 \end{bmatrix}$$

인데 이는 대각성분 위의 모든 성분이 0으로 채워진 L과 같다.

2장에서 행렬의 행사다리꼴은 유일하지 않다는 사실을 알았다. 그러나 가역행렬 A가 LU 분해 $A=LU$를 갖는다면 이 분해는 유일하다.

정리 3.16 A가 LU 분해를 갖는 가역행렬이면, L과 U는 유일하다.

증명 $A=LU$와 $A=L_1U_1$가 두 LU 분해라고 하자. 여기서, L와 L_1은 단위하삼각행렬이고 U와 U_1은 상삼각행렬이다. 사실 U와 U_1은 A의 두 개의 행사다리꼴이다.

연습문제 30에 의해 L_1은 가역행렬이다. 또한, A가 가역행렬이므로 가역행렬의 기본정리에 의해 기약 행사다리꼴은 단위행렬 I이다. 그러므로 U는 I로 기약행렬로 변형되고, 따라서 U는 가역행렬이다.

$L_1^{-1}(LU)U^{-1}=L_1^{-1}(L_1U_1)U^{-1}$이고 $(L_1^{-1}L)(UU^{-1})=(L_1^{-1}L_1)(U_1U^{-1})$

이므로

$$(L_1^{-1}L)I=I(U_1U^{-1}),\ 즉\ L_1^{-1}L=U_1U^{-1}$$

가 성립한다. 그러나 $L_1^{-1}L$은 연습문제 29에 의해 단위하삼각행렬이고, U_1U^{-1}은 상삼각행렬이다. 또한, $L_1^{-1}L=U_1U^{-1}$는 단위하삼각행렬이고 상삼각행렬이다. 이러한 행렬은 단위행렬밖에는 없다. 따라서 $L_1^{-1}L=I$이고 $U_1U^{-1}=I$이므로, $L=L_1$이고 $U=U_1$이다. 그러므로 A의 LU 분해는 유일하다.

P^TLU 분해

가우스 소거법을 적용할 때, 행교환이 가능한 경우를 다루기 위해 LU 분해를 변형하는 문제에 대하여 생각해보자. 행렬

$$A=\begin{bmatrix} 1 & 2 & -1 \\ 3 & 6 & 2 \\ -1 & 1 & 4 \end{bmatrix}$$

를 생각하자. 행줄임 과정을 적용하면

$$A \to B=\begin{bmatrix} 1 & 2 & -1 \\ 0 & 0 & 5 \\ 0 & 3 & 3 \end{bmatrix}$$

인데 이는 상삼각행렬이 아니다. 그러나 B의 2행과 3행을 교환하면 상삼각행렬

$$U=\begin{bmatrix} 1 & 2 & -1 \\ 0 & 3 & 3 \\ 0 & 0 & 5 \end{bmatrix}$$

를 얻는다. 이와는 다르게 처음부터 A의 2행과 3행을 바꿀 수 있다. 이를 위해 P를 2행과 3행을 교환한 기본행렬

$$\begin{bmatrix} 1 & 0 & 0 \\ 0 & 0 & 1 \\ 0 & 1 & 0 \end{bmatrix}$$

라고 하고, PA를 U로 변형시키는 기본행렬의 곱을 E라고 하자. 즉, $E^{-1}=L$은 단위하삼각행렬이다. 그러므로 $EPA=U$이고 $A=(EP)^{-1}U=P^{-1}E^{-1}U=P^{-1}LU$이다.

한편, 이 경우는 한 번의 행교환만을 다루었다. 일반적으로 P는 순서에 따른 모든 행교환 행렬 P_1, P_2, $\cdots$, P_k의 곱 $P=P_k \cdots P_2P_1$이 될 것이다. 이러한 행렬 P를 **치환행렬**(permutation matrix)이라고 부른다. 치환행렬은 어떤 순서로 단위행렬의 행을 교환할 때 얻어진다. 예를 들어, 다음은 치환행렬들이다.

$$\begin{bmatrix} 0 & 1 \\ 1 & 0 \end{bmatrix}, \quad \begin{bmatrix} 0 & 0 & 1 \\ 1 & 0 & 0 \\ 0 & 1 & 0 \end{bmatrix}, \quad \begin{bmatrix} 0 & 1 & 0 & 0 \\ 0 & 0 & 0 & 1 \\ 1 & 0 & 0 & 0 \\ 0 & 0 & 1 & 0 \end{bmatrix}$$

다행히도 치환행렬의 역행렬은 구하기 쉽다. 실제로, 어떠한 계산도 필요하지 않다.

정리 3.17 P가 치환행렬이면, $P^{-1}=P^T$이다.

증명 $P^TP=I$임을 보이면 된다. 그러나 P^T의 i번째 행은 P의 i번째 열과 같고 P는 치환행렬이므로 이들은 동일한 기본 단위벡터 e와 같다. 그러므로

$$(P^TP)_{ii} = (P^T\text{의 } i\text{번째 행})(P\text{의 } i\text{번째 열}) = \mathbf{e}^T\mathbf{e} = \mathbf{e}\cdot\mathbf{e} = 1$$

이다. 이 사실은 P^TP의 대각성분이 모두 1임을 의미한다. 한편, $j \neq i$이면 P의 j번째 열은 $\mathbf{e}$와는 다른 기본 단위벡터이다. 이것을 $\mathbf{e}'$라고 하자. P^TP의 대각성분이 아닌 성분은

$$(P^TP)_{ij} = (P^T\text{의 } i\text{번째 행})(P\text{의 } j\text{번째 열}) = \mathbf{e}^T\mathbf{e}' = \mathbf{e}\cdot\mathbf{e}' = 0$$

이므로, P^TP는 단위행렬이다.

일반적으로, 행렬 A는 $A = P^{-1}LU = P^TLU$로 분해할 수 있다.

정의 A가 정사각행렬이라고 하자. P가 치환행렬, L은 단위하삼각행렬, U는 상삼각행렬일 때, $A = P^TLU$로의 A의 분해를 A의 **P^TLU 분해**(P^TLU factorization)라고 한다.

예제 3.36

$A = \begin{bmatrix} 0 & 0 & 6 \\ 1 & 2 & 3 \\ 2 & 1 & 4 \end{bmatrix}$의 P^TLU 분해를 구하여라.

풀이 먼저, A를 행사다리꼴로 만든다. 적어도 한 번의 행교환이 필요하다.

$$A = \begin{bmatrix} 0 & 0 & 6 \\ 1 & 2 & 3 \\ 2 & 1 & 4 \end{bmatrix} \xrightarrow{R_1 \leftrightarrow R_2} \begin{bmatrix} 1 & 2 & 3 \\ 0 & 0 & 6 \\ 2 & 1 & 4 \end{bmatrix} \xrightarrow{R_3 - 2R_1} \begin{bmatrix} 1 & 2 & 3 \\ 0 & 0 & 6 \\ 0 & -3 & -2 \end{bmatrix}$$
$$\xrightarrow{R_2 \leftrightarrow R_3} \begin{bmatrix} 1 & 2 & 3 \\ 0 & -3 & -2 \\ 0 & 0 & 6 \end{bmatrix}$$

여기서 우리는 두 번의 행교환($R_1 \leftrightarrow R_2$, $R_2 \leftrightarrow R_3$)을 시행하였다. 그러므로 구하는 치환행렬은

$$P = P_2P_1 = \begin{bmatrix} 1 & 0 & 0 \\ 0 & 0 & 1 \\ 0 & 1 & 0 \end{bmatrix}\begin{bmatrix} 0 & 1 & 0 \\ 1 & 0 & 0 \\ 0 & 0 & 1 \end{bmatrix} = \begin{bmatrix} 0 & 1 & 0 \\ 0 & 0 & 1 \\ 1 & 0 & 0 \end{bmatrix}$$

이고, PA의 LU 분해를 구한다.

$$PA = \begin{bmatrix} 0 & 1 & 0 \\ 0 & 0 & 1 \\ 1 & 0 & 0 \end{bmatrix}\begin{bmatrix} 0 & 0 & 6 \\ 1 & 2 & 3 \\ 2 & 1 & 4 \end{bmatrix} = \begin{bmatrix} 1 & 2 & 3 \\ 2 & 1 & 4 \\ 0 & 0 & 6 \end{bmatrix} \xrightarrow{R_2 - 2R_1} \begin{bmatrix} 1 & 2 & 3 \\ 0 & -3 & -2 \\ 0 & 0 & 6 \end{bmatrix} = U$$

이므로, $L_{21} = 2$이고

$$A = P^T LU = \begin{bmatrix} 0 & 0 & 1 \\ 1 & 0 & 0 \\ 0 & 1 & 0 \end{bmatrix} \begin{bmatrix} 1 & 0 & 0 \\ 2 & 1 & 0 \\ 0 & 0 & 1 \end{bmatrix} \begin{bmatrix} 1 & 2 & 3 \\ 0 & -3 & -2 \\ 0 & 0 & 6 \end{bmatrix}$$

위의 내용을 정리하여 다음을 얻을 수 있다.

정리 3.18 모든 정사각행렬은 P^TLU 분해를 갖는다.

주의 가역행렬일지라도 P^TLU 분해는 유일하지 않다. 예제 3.36에서는 다른 P를 만들도록 한 번의 행교환 $R_1 \leftrightarrow R_3$이 이루어졌다. 그러나 P가 결정되면 L과 U는 유일하다.

계산적인 고려

A가 $n \times n$행렬이면, A의 LU 분해를 사용하여 연립일차방정식 $A\mathbf{x} = \mathbf{b}$를 푸는 데 필요한 연산(곱셈과 나눗셈)의 총 개수는 $T(n) \approx n^3/3$인데, 이는 가우스 소거법에서 필요한 연산의 횟수와 같다(2장의 '연산횟수의 셈' 참조). 이것은 놀라운 것이 아니다. 전반 소거부분에서 약 $n^3/3$단계에 LU 분해가 되고, 반면에 전진대입법과 후진대입법을 위해 약 $n^2/2$단계가 필요하다. n의 값이 클 경우에는 $n^3/3$ 항이 지배적이다. 이러한 점에서 가우스 소거법과 LU 분해는 동등하다.

그러나 LU 분해는 다른 장점을 가지고 있다.

- 저장공간의 관점에서 살펴보면, 계산이 됨에 따라 A의 성분을 L과 U의 성분으로 덮어쓸 수 있기 때문에, LU 분해는 매우 간결하다. 예제 3.33에서

$$A = \begin{bmatrix} 2 & 1 & 3 \\ 4 & -1 & 3 \\ -2 & 5 & 5 \end{bmatrix} = \begin{bmatrix} 1 & 0 & 0 \\ 2 & 1 & 0 \\ -1 & -2 & 1 \end{bmatrix} \begin{bmatrix} 2 & 1 & 3 \\ 0 & -3 & -3 \\ 0 & 0 & 2 \end{bmatrix} = LU$$

  이었다. 이것은 (1, 1), (1, 2), (1, 3), (2, 1), (3, 1), (2, 2), (2, 3), (3, 2), (3, 3)의 순서로 성분을 놓으면

$$\begin{bmatrix} 2 & 1 & 3 \\ 2 & -3 & -3 \\ -1 & -2 & 2 \end{bmatrix}$$

  으로 저장될 수 있다. 달리 말하면 A의 대각성분 아래의 성분은 대응되는 승수에 의해 대체된다.
- A의 LU 분해가 구해지면, 이것은 우리가 원했던 것처럼 $A\mathbf{x} = \mathbf{b}$ 형태의 많은 연립일차방정식을 푸는 데 사용될 수 있다. 단지 벡터 $\mathbf{b}$를 변화시켜 매번 예제 3.34의 방법을 적용하기만 하면 된다.
- 어떤 특수한 형태의 행렬, 특히 대각선에 집중되지 않고 많은 0을 갖는 행렬에

대해 LU 분해의 계산을 단순화하는 방법들이 있다. 이 경우에 $A\mathbf{x}=\mathbf{b}$를 푸는 데 이 방법은 가우스 소거법보다 더 빠르다.

- 가역행렬 A에 대해 필요하다면 A의 LU 분해는 A^{-1}을 구하는 데 사용될 수 있다. 더욱이 이 방법은 동시에 A^{-1}의 분해를 얻는 방법으로도 행해질 수 있다(연습문제 15–18 참조).

주의 LU 분해를 수행할 수 있는 (MATLAB 같은) 컴퓨터 프로그램에서는 직접 계산한 결과와 컴퓨터로 계산된 결과 사이에 약간의 차이가 있을 수 있다. 그 이유는 오차를 줄이기 위해 컴퓨터 프로그램은 자동으로 부분 피보팅을 수행하기 때문이다. (2장에서 '부분 피보팅'을 보라.) 튜링의 논문에서 이러한 오차에 대한 광범위한 논의가 이루어지고 있다.

이 절에서는 유용한 행렬분해의 하나를 소개하였는데, 다음 장에서는 다른 유용한 분해들을 다룰 것이다.

3.4 연습문제

※ [1–6] A의 LU 분해를 이용하여, 방정식 $A\mathbf{x}=\mathbf{b}$의 해를 구하여라.

1. $A=\begin{bmatrix}-2&1\\2&5\end{bmatrix}=\begin{bmatrix}1&0\\-1&1\end{bmatrix}\begin{bmatrix}-2&1\\0&6\end{bmatrix}$, $\mathbf{b}=\begin{bmatrix}5\\1\end{bmatrix}$

2. $A=\begin{bmatrix}4&-2\\2&3\end{bmatrix}=\begin{bmatrix}1&0\\\frac{1}{2}&1\end{bmatrix}\begin{bmatrix}4&-2\\0&4\end{bmatrix}$, $\mathbf{b}=\begin{bmatrix}0\\8\end{bmatrix}$

3. $A=\begin{bmatrix}2&1&-2\\-2&3&-4\\4&-3&0\end{bmatrix}=\begin{bmatrix}1&0&0\\-1&1&0\\2&-\frac{5}{4}&1\end{bmatrix}\begin{bmatrix}2&1&-2\\0&4&-6\\0&0&-\frac{7}{2}\end{bmatrix}$,
$\mathbf{b}=\begin{bmatrix}-3\\1\\0\end{bmatrix}$

4. $A=\begin{bmatrix}2&-4&0\\3&-1&4\\-1&2&2\end{bmatrix}=\begin{bmatrix}1&0&0\\\frac{3}{2}&1&0\\-\frac{1}{2}&0&1\end{bmatrix}\begin{bmatrix}2&-4&0\\0&5&4\\0&0&2\end{bmatrix}$,
$\mathbf{b}=\begin{bmatrix}2\\0\\-5\end{bmatrix}$

5. $A=\begin{bmatrix}2&-1&0&0\\6&-4&5&-3\\8&-4&1&0\\4&-1&0&7\end{bmatrix}$
$=\begin{bmatrix}1&0&0&0\\3&1&0&0\\4&0&1&0\\2&-1&5&1\end{bmatrix}\begin{bmatrix}2&-1&0&0\\0&-1&5&-3\\0&0&1&0\\0&0&0&4\end{bmatrix}$, $\mathbf{b}=\begin{bmatrix}1\\2\\2\\1\end{bmatrix}$

6. $A=\begin{bmatrix}1&4&3&0\\-2&-5&-1&2\\3&6&-3&-4\\-5&-8&9&9\end{bmatrix}$
$=\begin{bmatrix}1&0&0&0\\-2&1&0&0\\3&-2&1&0\\-5&4&-2&1\end{bmatrix}\begin{bmatrix}1&4&3&0\\0&3&5&2\\0&0&-2&0\\0&0&0&1\end{bmatrix}$, $\mathbf{b}=\begin{bmatrix}1\\-3\\-1\\0\end{bmatrix}$

※ [7–12] 다음에 주어진 행렬의 LU 분해를 구하여라.

7. $\begin{bmatrix}1&2\\-3&-1\end{bmatrix}$

8. $\begin{bmatrix}2&-4\\3&1\end{bmatrix}$

9. $\begin{bmatrix}1&2&3\\4&5&6\\8&7&9\end{bmatrix}$

10. $\begin{bmatrix}2&2&-1\\4&0&4\\3&4&4\end{bmatrix}$

11. $\begin{bmatrix}1&2&3&-1\\2&6&3&0\\0&6&-6&7\\-1&-2&-9&0\end{bmatrix}$

12. $\begin{bmatrix}2&2&2&1\\-2&4&-1&2\\4&4&7&3\\6&9&5&8\end{bmatrix}$

※ [13–14] 단순히 U가 행사다리꼴 행렬이 되도록 하여 LU 분해의 정의를 정사각행렬이 아닌 행렬로까지 일반화하여라. 이 일반화를 이용하여, 다음 행렬의 LU 분해를 구하여라.

13. $\begin{bmatrix} 1 & 0 & 1 & -2 \\ 0 & 3 & 3 & 1 \\ 0 & 0 & 0 & 5 \end{bmatrix}$

14. $\begin{bmatrix} 1 & 2 & 0 & -1 & 1 \\ -2 & -7 & 3 & 8 & -2 \\ 1 & 1 & 3 & 5 & 2 \\ 0 & 3 & -3 & -6 & 0 \end{bmatrix}$

※ [15–16] LU 분해 $A=LU$를 갖는 가역행렬 A에 대하여, L과 U는 모두 가역이고 $A^{-1}=U^{-1}L^{-1}$이다. 주어진 행렬에 대한 L^{-1}, U^{-1}, A^{-1}을 구하여라.

15. 연습문제 1의 A

16. 연습문제 4의 A

※ 역행렬은 예제 3.34의 방법을 이용하여 여러 개의 연립방정식의 해를 구하여 계산할 수 있다. $n \times n$행렬 A에 대하여, A의 역행렬을 구하기 위해서 $AX=I_n$을 $n \times n$행렬 X에 대하여 풀 필요가 있다. 이 방정식을 $A[\mathbf{x}_1\ \mathbf{x}_2\ \cdots\ \mathbf{x}_n]=[\mathbf{e}_1\ \mathbf{e}_2\ \cdots\ \mathbf{e}_n]$으로 나타내고, AX에 대한 행렬의 열표현을 이용하여, n개의 연립일차방정식 $A\mathbf{x}_1=\mathbf{e}_1$, $A\mathbf{x}_2=\mathbf{e}_2$, $\cdots$, $A\mathbf{x}_n=\mathbf{e}_n$의 해를 구한다. 더욱이, 이들 연립방정식 각각의 해를 구하기 위해 분해 $A=LU$을 이용할 수 있다.

※ [17–18] 위의 개념만을 이용하여 A^{-1}을 구하여라. 연습문제 15, 16의 방법과 비교하여라.

17. 연습문제 1의 A

18. 연습문제 4의 A

※ [19–22] 다음에 주어진 치환행렬을 기본행렬들의 곱으로 나타내어라.

19. $\begin{bmatrix} 0 & 0 & 1 \\ 1 & 0 & 0 \\ 0 & 1 & 0 \end{bmatrix}$

20. $\begin{bmatrix} 0 & 0 & 0 & 1 \\ 0 & 0 & 1 & 0 \\ 0 & 1 & 0 & 0 \\ 1 & 0 & 0 & 0 \end{bmatrix}$

21. $\begin{bmatrix} 0 & 1 & 0 & 0 \\ 0 & 0 & 0 & 1 \\ 1 & 0 & 0 & 0 \\ 0 & 0 & 1 & 0 \end{bmatrix}$

22. $\begin{bmatrix} 0 & 0 & 1 & 0 & 0 \\ 1 & 0 & 0 & 0 & 0 \\ 0 & 0 & 0 & 1 & 0 \\ 0 & 0 & 0 & 0 & 1 \\ 0 & 1 & 0 & 0 & 0 \end{bmatrix}$

※ [23–25] 다음에 주어진 행렬 A의 P^TLU 분해를 구하여라.

23. $A=\begin{bmatrix} 0 & 1 & 4 \\ -1 & 2 & 1 \\ 1 & 3 & 3 \end{bmatrix}$

24. $A=\begin{bmatrix} 0 & 0 & 1 & 2 \\ -1 & 1 & 3 & 2 \\ 0 & 2 & 1 & 1 \\ 1 & 1 & -1 & 0 \end{bmatrix}$

25. $A=\begin{bmatrix} 0 & -1 & 1 & 3 \\ -1 & 1 & 1 & 2 \\ 0 & 1 & -1 & 1 \\ 0 & 0 & 1 & 1 \end{bmatrix}$

26. 정확히 $n!$개의 $n \times n$ 치환행렬이 존재함을 보여라.

※ [27–28] 다음에 주어진 분해 $A=P^TLU$을 이용하여 연립방정식 $A\mathbf{x}=\mathbf{b}$의 해를 구하여라. $PP^T=I$이므로, $P^TLU\mathbf{x}=\mathbf{b}$는 $LU\mathbf{x}=P\mathbf{b}$로 다시 나타낼 수 있다. 그러면 이 연립방정식은 예제 3.34의 방법을 이용하여 해를 구할 수 있다.

27. $A=\begin{bmatrix} 0 & 1 & -1 \\ 2 & 3 & 2 \\ 1 & 1 & -1 \end{bmatrix}=\begin{bmatrix} 0 & 1 & 0 \\ 1 & 0 & 0 \\ 0 & 0 & 1 \end{bmatrix}\begin{bmatrix} 1 & 0 & 0 \\ 0 & 1 & 0 \\ \frac{1}{2} & -\frac{1}{2} & 1 \end{bmatrix}\begin{bmatrix} 2 & 3 & 2 \\ 0 & 1 & -1 \\ 0 & 0 & -\frac{5}{2} \end{bmatrix}$

$=P^TLU$, $\mathbf{b}=\begin{bmatrix} 1 \\ 1 \\ 5 \end{bmatrix}$

28. $A=\begin{bmatrix} 8 & 3 & 5 \\ 4 & 1 & 2 \\ 4 & 0 & 3 \end{bmatrix}=\begin{bmatrix} 0 & 1 & 0 \\ 0 & 0 & 1 \\ 1 & 0 & 0 \end{bmatrix}\begin{bmatrix} 1 & 0 & 0 \\ 1 & 1 & 0 \\ 2 & -1 & 1 \end{bmatrix}\begin{bmatrix} 4 & 1 & 2 \\ 0 & -1 & 1 \\ 0 & 0 & 2 \end{bmatrix}$

$=P^TLU$, $\mathbf{b}=\begin{bmatrix} 16 \\ -4 \\ 4 \end{bmatrix}$

29. 단위하삼각행렬들의 곱도 단위하삼각행렬임을 보여라.

30. 모든 단위하삼각행렬은 가역이고, 그것의 역행렬도 역시 단위하삼각행렬임을 보여라.

※ [31–32] 정사각행렬 A의 ***LDU* 분해**는 $A=LDU$인데, 여기서 L은 단위하삼각행렬이고, D는 대각행렬이며, U는 단위상삼각행렬(대각성분이 1인 상삼각행렬)이다. A의 LDU 분해를 구하여라.

31. 연습문제 1의 A

32. 연습문제 4의 A

33. A가 대칭행렬이고 가역이며 LDU 분해를 가지면, $U=L^T$임을 보여라.

34. A가 대칭행렬이고 가역이며 $A=LDL^T$(L은 단위하삼각행렬이고, D는 대각행렬)이면, 이 분해는 유일함을 보여라. 즉, $A=L_1D_1L_1^T$(L_1은 단위하삼각행렬이고, D_1는 대각행렬)이라 하면, $L=L_1$이고 $D=D_1$임을 증명하여라.

3.5 부분공간, 기저, 차원과 계수

이 절에서는 이 책 전체에서 가장 중요한 내용을 소개할 것이다. 우리는 기하학과 대수학 사이에 상호작용이 있다는 사실을 알고 있다. 우리는 종종 기하학적인 직관과 추론을 사용하여 대수적인 결과를 얻고, 대수학적 힘을 통하여 본래의 기하학적 설정을 훨씬 뛰어난 발견으로 확장할 수 있다.

이 절에서 다룰 모든 개념을 이미 벡터를 공부하면서 비공식적으로 살펴보았다. 핵심개념에 대해 엄밀한 정의를 함으로써 좀 더 형식적으로 이론을 다룰 것이다. 우리가 알고 있는 바와 같이 부분공간은 원점을 통과하는 직선과 평면이라는 기하학적인 예의 대수적 일반화이다. 부분공간에 대한 기저의 기본개념은 이런 직선과 평면에 대한 방향벡터의 개념에서 비롯된다. 기저의 개념은 우리가 직관적으로 알고 있는 기하학적 개념과 일치하는 차원의 정확한 정의를 가능하게 한다. 이 차원의 정의는 다른 설정에서도 일반화할 수 있을 만큼 여전히 융통성이 있다.

이러한 개념들은 행렬과 연립일차방정식의 해에 관해 알고 있는 내용에 더 빛을 발할 것이다. 6장에서 이들 기본적인 개념에 대해 더 자세히 살펴볼 것이다. 이 절은 '맛보기' 절로 생각하면 된다.

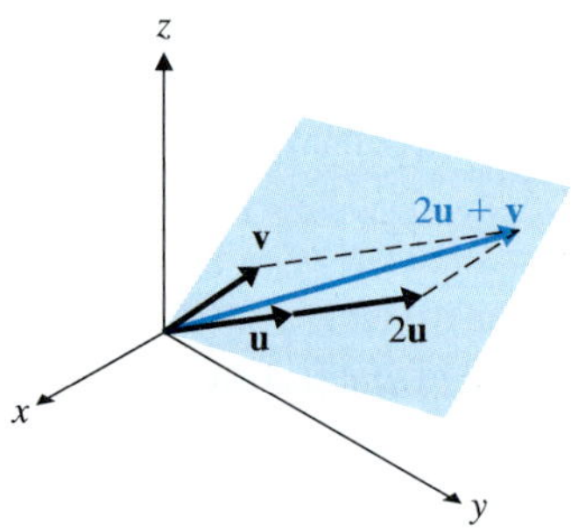

그림 3.2

$\mathbb{R}^3$에서 원점을 통과하는 평면은 $\mathbb{R}^2$의 복사판처럼 보인다. 직관적으로 그들은 모두 '2차원'이라는 데 동의한다. $\mathbb{R}^2$에서 벡터를 가지고 행해질 수 있는 모든 계산은 원점을 통과하는 평면에서도 행해질 수 있다. 특히, 그러한 평면에서 벡터의 덧셈과 스칼라배(일반적으로 일차결합)를 할 수 있고 이 결과는 같은 평면 안의 다른 벡터가 된다. $\mathbb{R}^2$와 같이 원점을 통과하는 평면은 덧셈과 스칼라배에 대해 닫혀있다(그림 3.2 참조).

그런데 이 벡터들은 2차원인가 아니면 3차원인가? 그들은 $\mathbb{R}^3$ 안에 있고 3개의 성분을 가지므로 3차원이라고 주장할 수 있다. 반면, 그들은 두 벡터의 일차결합으로 표현될 수 있으므로, 그 벡터들은 2차원 평면에 있는 2차원 대상이다. 부분공간의 개념은 이 수수께끼를 해결하는 열쇠가 된다.

정의 $\mathbb{R}^n$의 **부분공간**(subspace)은 다음을 만족하는 $\mathbb{R}^n$ 안의 벡터의 모임 S이다.

1. 영벡터 $\mathbf{0}$는 S에 속한다.
2. $\mathbf{u}$와 $\mathbf{v}$가 S에 속하면, $\mathbf{u}+\mathbf{v}$도 S에 속한다. 즉, S는 덧셈에 대해 닫혀있다.
3. $\mathbf{u}$가 S에 속하고 c가 스칼라이면, $c\mathbf{u}$도 S에 속한다. 즉, S는 스칼라배에 대해 닫혀있다.

성질 (2), (3)을 이용하면, S는 일차결합에 관해 닫혀있음을 알 수 있다. 만일 $\mathbf{u}_1$, $\mathbf{u}_2$, $\cdots$, $\mathbf{u}_k$가 S에 속하고 c_1, c_2, $\cdots$, c_k가 스칼라이면

$$c_1\mathbf{u}_1 + c_2\mathbf{u}_2 + \cdots + c_k\mathbf{u}_k$$

도 S에 속한다.

예제 3.37

$\mathbb{R}^3$에서 원점을 지나는 직선과 평면은 $\mathbb{R}^3$의 부분공간이다. 기하학적으로 성질 (1)–(3)은 명백하다. 우리는 원점을 지나는 평면의 경우에 대수적인 증명을 할 것이다. 직선의 경우는 연습문제 9에서 증명할 것이다.

$\mathscr{P}$를 방향벡터로 $\mathbf{v}_1$, $\mathbf{v}_2$를 갖고 원점을 지나는 평면이라 하면, $\mathscr{P} = \text{span}(\mathbf{v}_1, \mathbf{v}_2)$이다. 또한, $\mathbf{0} = 0\mathbf{v}_1 + 0\mathbf{v}_2$이므로 영벡터 $\mathbf{0}$는 $\mathscr{P}$에 속한다. 한편

$$\mathbf{u} = c_1\mathbf{v}_1 + c_2\mathbf{v}_2, \quad \mathbf{v} = d_1\mathbf{v}_1 + d_2\mathbf{v}_2$$

가 $\mathscr{P}$에 속하는 임의의 두 벡터라고 하면

$$\mathbf{u} + \mathbf{v} = (c_1\mathbf{v}_1 + c_2\mathbf{v}_2) + (d_1\mathbf{v}_1 + d_2\mathbf{v}_2) = (c_1 + d_1)\mathbf{v}_1 + (c_2 + d_2)\mathbf{v}_2$$

이므로, $\mathbf{u} + \mathbf{v}$는 $\mathbf{v}_1$, $\mathbf{v}_2$의 일차결합이다. 따라서 $\mathbf{u} + \mathbf{v}$는 $\mathscr{P}$에 속하는 벡터이다.

한편, 임의의 스칼라 c에 대하여

$$c\mathbf{u} = c(c_1\mathbf{v}_1 + c_2\mathbf{v}_2) = (cc_1)\mathbf{v}_1 + (cc_2)\mathbf{v}_2$$

이므로, $c\mathbf{u}$는 $\mathbf{v}_1$, $\mathbf{v}_2$의 일차결합이다. 따라서 $c\mathbf{u}$는 $\mathscr{P}$에 속하는 벡터이다. 그러므로 $\mathscr{P}$는 성질 (1)–(3)을 만족하므로, $\mathbb{R}^3$의 부분공간이다.

예제 3.37을 주의 깊게 살펴보면 $\mathbf{v}_1$, $\mathbf{v}_2$가 $\mathbb{R}^3$의 벡터라는 사실은 성질들을 증명하는 데 큰 역할을 하지는 않았다. 그러므로 우리가 사용한 대수적인 방법은 $\mathbb{R}^3$ 외에도 일반화될 것이고 기하학적으로 시각화될 수 없는 상황에도 적용될 것이다. 더욱이 예제 3.37의 방법은 좀 더 일반적인 상황의 본보기가 될 것이다. $\mathbb{R}^n$의 임의의 벡터들의 생성으로 예제 3.37을 일반화시킬 때 그 결과는 정리로 내세울 수 있을 만큼 매우 중요하다.

정리 3.19

$\mathbf{v}_1$, $\mathbf{v}_2$, $\cdots$, $\mathbf{v}_k$가 $\mathbb{R}^n$의 벡터이면, $\text{span}(\mathbf{v}_1, \mathbf{v}_2, \cdots, \mathbf{v}_k)$는 $\mathbb{R}^n$의 부분공간이다.

증명 $S = \text{span}(\mathbf{v}_1, \mathbf{v}_2, \cdots, \mathbf{v}_k)$이라고 하자. 부분공간 정의의 성질 (1)을 증명하기 위해 $\mathbf{0} = 0\mathbf{v}_1 + 0\mathbf{v}_2 + \cdots 0\mathbf{v}_k$이므로, 영벡터 $\mathbf{0}$는 S의 원소이다. 한편

$$\mathbf{u} = c_1\mathbf{v}_1 + c_2\mathbf{v}_2 + \cdots + c_k\mathbf{v}_k, \quad \mathbf{v} = d_1\mathbf{v}_1 + d_2\mathbf{v}_2 + \cdots + d_k\mathbf{v}_k$$

가 S에 속하는 두 벡터이면

$$\begin{aligned}\mathbf{u}+\mathbf{v} &= (c_1\mathbf{v}_1 + c_2\mathbf{v}_2 + \cdots + c_k\mathbf{v}_k) + (d_1\mathbf{v}_1 + d_2\mathbf{v}_2 + \cdots + d_k\mathbf{v}_k) \\ &= (c_1+d_1)\mathbf{v}_1 + (c_2+d_2)\mathbf{v}_2 + \cdots + (c_k+d_k)\mathbf{v}_k\end{aligned}$$

이므로, $\mathbf{u}+\mathbf{v}$는 $\mathbf{v}_1$, $\mathbf{v}_2$, $\cdots$, $\mathbf{v}_k$의 일차결합이고 S의 원소이다. 따라서 (2)가 증명된다.

(3)을 증명하기 위해 c를 임의의 스칼라라고 하면

$$\begin{aligned}c\mathbf{u} &= c(c_1\mathbf{v}_1 + c_2\mathbf{v}_2 + \cdots + c_k\mathbf{v}_k) \\ &= (cc_1)\mathbf{v}_1 + (cc_2)\mathbf{v}_2 + \cdots + (cc_k)\mathbf{v}_k\end{aligned}$$

이므로, $c\mathbf{u}$는 $\mathbf{v}_1$, $\mathbf{v}_2$, $\cdots$, $\mathbf{v}_k$의 일차결합이고 S의 원소이다. 그러므로 S는 성질 (1)−(3)을 만족하므로, $\mathbb{R}^n$의 부분공간이다.

span($\mathbf{v}_1$, $\mathbf{v}_2$, $\cdots$, $\mathbf{v}_k$)를 $\mathbf{v}_1$, $\mathbf{v}_2$, $\cdots$, $\mathbf{v}_k$에 의해 **생성된 부분공간**(spanned subspace)이라고 부른다.

예제 3.38

$x = 3y$, $z = -2y$를 만족하는 모든 벡터 $\begin{bmatrix} x \\ y \\ z \end{bmatrix}$의 집합은 $\mathbb{R}^3$의 부분공간임을 보여라.

풀이 두 조건을 $\begin{bmatrix} x \\ y \\ z \end{bmatrix}$에 대입하면

$$\begin{bmatrix} 3y \\ y \\ -2y \end{bmatrix} = y\begin{bmatrix} 3 \\ 1 \\ -2 \end{bmatrix}$$

이다. y는 임의이므로 주어진 벡터의 집합은 span$\left(\begin{bmatrix} 3 \\ 1 \\ -2 \end{bmatrix}\right)$이고 정리 3.19에 의해 $\mathbb{R}^3$의 부분공간이다.

기하학적으로 예제 3.38에서 벡터의 집합은 방향벡터 $\begin{bmatrix} 3 \\ 1 \\ -2 \end{bmatrix}$을 갖는 $\mathbb{R}^3$의 원점을 지나는 직선을 의미한다.

예제 3.39

$x = 3y+1$, $z = -2y$를 만족하는 모든 벡터 $\begin{bmatrix} x \\ y \\ z \end{bmatrix}$의 집합은 $\mathbb{R}^3$의 부분공간이 되는지를 판정하여라.

풀이 예제의 모든 벡터는 $\begin{bmatrix} 3y+1 \\ y \\ -2y \end{bmatrix}$ 형태이고, 영벡터는 이러한 형태가 아니다. (왜?) 따라서 성질 (1)이 성립하지 않으므로 $\mathbb{R}^3$의 부분공간이 될 수 없다.

예제 3.40

$y=x^2$를 만족하는 모든 벡터 $\begin{bmatrix} x \\ y \end{bmatrix}$의 집합은 $\mathbb{R}^2$의 부분공간이 되는지를 판정하여라.

풀이 이것은 $\begin{bmatrix} x \\ x^2 \end{bmatrix}$ 형태의 벡터이고, 이들로 이루어진 집합을 S라고 하면, $\mathbf{0}=\begin{bmatrix} 0 \\ 0 \end{bmatrix}$는 S에 속한다. 따라서 부분공간의 조건 (1)은 성립한다. $\mathbf{u}=\begin{bmatrix} x_1 \\ x_1^2 \end{bmatrix}$, $\mathbf{v}=\begin{bmatrix} x_2 \\ x_2^2 \end{bmatrix}$가 S의 임의의 원소라고 하면, $x_1^2+x_2^2 \neq (x_1+x_2)^2$이므로

$$\mathbf{u}+\mathbf{v}=\begin{bmatrix} x_1+x_2 \\ x_1^2+x_2^2 \end{bmatrix}$$

은 일반적으로 S의 원소가 아니다. 반례를 위해

$$\mathbf{u}=\begin{bmatrix} 1 \\ 1 \end{bmatrix},\quad \mathbf{v}=\begin{bmatrix} 2 \\ 4 \end{bmatrix}$$

를 택하면, $\mathbf{u}$, $\mathbf{v}$는 S의 원소이지만 $5 \neq 3^2$이므로, $\mathbf{u}+\mathbf{v}=\begin{bmatrix} 3 \\ 5 \end{bmatrix}$은 S의 원소가 아니다. 따라서 성질 (2)가 성립하지 않으므로 S는 $\mathbb{R}^2$의 부분공간이 아니다.

주의 집합 S가 $\mathbb{R}^n$의 부분공간이 되기 위해서는 일반적으로 성질 (1)–(3)이 성립한다는 사실을 증명해야 한다. 그러나 S가 $\mathbb{R}^n$의 부분공간이 되지 않는다는 것은 세 가지 성질 중의 적어도 하나가 성립하지 않음을 의미한다. 가장 쉬운 과정은 성질이 성립하지 않는 것을 설명하는 하나의 특수한 반례를 구하는 것이다. 그렇게 한다면 다른 성질은 생각할 필요가 없어진다.

행렬과 관련된 부분공간

부분공간의 많은 예들은 행렬과 관련하여 나온다. 우리는 이미 2장에서 이러한 중요한 예들을 많이 보았다. 우리는 부분공간의 개념을 가지고 다시 이들을 살펴볼 것이다.

정의 A가 $m\times n$행렬이라고 하자.

1. A의 **행공간**(row space)은 A의 행에 의해 생성된 $\mathbb{R}^n$의 부분공간 $\text{row}(A)$이다.
2. A의 **열공간**(column space)은 A의 열에 의해 생성된 $\mathbb{R}^m$의 부분공간 $\text{col}(A)$이다.

예제 3.41 행렬

$$A=\begin{bmatrix}1 & -1\\ 0 & 1\\ 3 & -3\end{bmatrix}$$

에 대하여

(a) $\mathbf{b}=\begin{bmatrix}1\\2\\3\end{bmatrix}$는 A의 열공간의 원소인지 판정하여라.

(b) $\mathbf{w}=[4\ \ 5]$는 A의 행공간의 원소인지 판정하여라.

(c) $\text{row}(A)$와 $\text{col}(A)$를 나타내어라.

풀이 (a) 정리 2.4와 앞에서의 논의에 의해 $\mathbf{b}$가 A의 열들의 일차결합이기 위한 필요충분조건은 연립일차방정식 $A\mathbf{x}=\mathbf{b}$가 적어도 하나의 해를 갖는 것이다. 첨가 계수행렬을 다음과 같이 행줄임 한다.

$$\left[\begin{array}{cc|c}1 & -1 & 1\\ 0 & 1 & 2\\ 3 & -3 & 3\end{array}\right]\longrightarrow\left[\begin{array}{cc|c}1 & 0 & 3\\ 0 & 1 & 2\\ 0 & 0 & 0\end{array}\right]$$

그러므로 주어진 방정식은 적어도 하나의 해를 갖는다. (실제로는 유일한 해를 갖는다.) 따라서 $\mathbf{b}$는 $\text{col}(A)$의 원소이다. (이 예제는 예제 2.18을 이 절의 용어를 사용하여 나타낸 것이다.)

(b) 2.3절에서 보았던 것처럼 기본 행변환을 하면 행렬의 행의 일차결합을 얻는다. 즉, 그들은 행렬의 행공간의 벡터를 만든다. 만일 벡터 $\mathbf{w}$가 $\text{row}(A)$의 원소이면 $\mathbf{w}$는 A의 행의 일차결합이다. 그래서 $\left[\dfrac{A}{\mathbf{w}}\right]$처럼 A에 $\mathbf{w}$를 첨가하면 R_i+kR_j $(i>j)$형태의 기본 행변환만을 사용하여 이 첨가행렬을 $\left[\dfrac{A'}{\mathbf{0}}\right]$형태로 유도하기 위해 기본 행변환을 적용하는 것이 가능할 것이다.

이 예제에서 우리는

$$\left[\frac{A}{\mathbf{w}}\right]=\left[\begin{array}{cc}1 & -1\\ 0 & 1\\ 3 & -3\\ \hline 4 & 5\end{array}\right]\xrightarrow[R_4-4R_1]{R_3-3R_1}\left[\begin{array}{cc}1 & -1\\ 0 & 1\\ 0 & 0\\ \hline 0 & 9\end{array}\right]\xrightarrow{R_4-9R_2}\left[\begin{array}{cc}1 & -1\\ 0 & 1\\ 0 & 0\\ \hline 0 & 0\end{array}\right]$$

를 얻었다. 따라서 $\mathbf{w}$는 A의 행들의 일차결합이다. (사실, 이들 계산은 $\mathbf{w}=4[1\ \ -1]+9[0\ \ 1]$임을 보여준다.) 그러므로 $\mathbf{w}$는 $\text{row}(A)$의 원소이다.

(c) 임의의 벡터 $\mathbf{w}=[x\ \ y]$에 대해 첨가행렬 $\left[\frac{A}{\mathbf{w}}\right]$는

$$\begin{bmatrix} 1 & 0 \\ 0 & 1 \\ 0 & 0 \\ \hline 0 & 0 \end{bmatrix}$$

로 된다는 것은 쉽게 알 수 있다. 그러므로 $\mathbb{R}^2$ 안의 모든 벡터는 row(A)의 원소이고 row$(A)=\mathbb{R}^2$이다.

col(A)를 구하는 것은 예제 2.21의 풀이 과정과 동일한데, 이것은 방정식 $3x-z=0$를 갖는 원점을 지나는 $\mathbb{R}^3$의 평면과 일치한다는 것을 결정하였다. (이러한 형태의 질문에 답하는 다른 방법을 곧 알게 될 것이다.)

주의 A의 행에 관한 어떤 의문은 A^T의 열에 관한 대응되는 의문과 같다는 것을 관찰함으로써 (b)와 (c)의 첫 부분에 답을 하였다. 예를 들어, $\mathbf{w}$가 row(A)의 원소이기 위한 필요충분조건은 $\mathbf{w}^T$가 col(A^T)의 원소인 것이다. 이것이 성립하기 위한 필요충분조건은 $A^T\mathbf{x}=\mathbf{w}^T$가 적어도 하나의 해를 갖는 것이다. 우리는 앞으로 (a)처럼 진행할 수 있다(연습문제 21-24).

기본 행변환과 행공간 사이의 관계에 관해 이야기했던 것은 다음 정리로 요약된다.

정리 3.20 B가 행렬 A와 행동치인 임의의 행렬이면, row$(B)=$row(A)이다.

증명 일련의 행변환에 의해 행렬 A는 B로 바뀔 수 있다. 결론적으로 B의 행은 A의 행의 일차결합이다. 그러므로 B의 행의 일차결합은 A의 행의 일차결합이다(2.3절의 연습문제 21). 따라서 row$(B)\subseteq$row(A)이다.

한편, 이들 행변환을 거꾸로 하면 B는 A로 변한다. 그러므로 위의 논의는 row$(A)\subseteq$row(B)이다. 이들을 결합하면 row$(A)=$row(B)이다.

주어진 동차 연립일차방정식의 모든 해들의 집합은 주요한 부분공간이다. 이는 쉽게 증명할 수 있다.

정리 3.21 A가 $m\times n$행렬이고 N이 동차 연립일차방정식 $A\mathbf{x}=\mathbf{0}$의 해집합이면, N은 $\mathbb{R}^n$의 부분공간이다.

증명 [$A\mathbf{x}$가 정의되고 $\mathbf{0}=\mathbf{0}_m$이 $\mathbb{R}^m$의 영벡터가 되기 위해 $\mathbf{x}$는 $\mathbb{R}^n$에서 열벡터가 되어야 한다.] $A\mathbf{0}_n=\mathbf{0}_m$이므로 $\mathbf{0}_n$은 N의 원소이다. $\mathbf{u}$, $\mathbf{v}$가 N의 임의의 원소이면, $A\mathbf{u}=\mathbf{0}$, $A\mathbf{v}=\mathbf{0}$이다. 따라서

$$A(\mathbf{u}+\mathbf{v}) = A\mathbf{u}+A\mathbf{v} = \mathbf{0}+\mathbf{0} = \mathbf{0}$$

이므로, $\mathbf{u}+\mathbf{v}$는 N의 원소이다. 마지막으로, 임의의 스칼라 c에 대해

$$A(c\mathbf{u}) = c(A\mathbf{u}) = c\mathbf{0} = \mathbf{0}$$

이고 $c\mathbf{u}$는 N의 원소이다. 그러므로 N은 $\mathbb{R}^n$의 부분공간이다.

정의 A가 $m \times n$행렬이라고 하자. 동차 연립일차방정식 $A\mathbf{x} = \mathbf{0}$의 해로 구성된 $\mathbb{R}^n$의 부분공간을 A의 **영공간**(null space)이라고 하고 null(A)로 표시한다.

행렬의 영공간이 부분공간이라는 사실은 직관적이나 예제들에서 보았던 연립일차방정식의 해에 관해 우리가 이해해야 할 것들을 증명하도록 한다. 이들은 해가 존재하지 않거나, 유일한 해를 갖거나 무수히 많은 해를 갖는다.

정리 3.22 A를 성분이 실수인 행렬이라고 하자. 연립일차방정식 $A\mathbf{x} = \mathbf{b}$에 대해 다음 성질 중 하나가 성립한다.

a. 해가 존재하지 않는다.
b. 유일한 해가 존재한다.
c. 무수히 많은 해가 존재한다.

언뜻 보기에 우리가 이 정리를 어떻게 증명해 나갈지 분명하지 않은 것처럼 보인다. 그러나 잠시 생각해보면 우리가 증명해야 할 것은 만일 (a)와 (b)가 성립하지 않으면 (c)가 성립한다는 것이다. 즉, 하나의 해보다 많은 해가 존재한다면 두 개 또는 유한개의 해가 될 수 없고 무수히 많은 해가 존재해야만 한다.

증명 $A\mathbf{x} = \mathbf{b}$가 해가 존재하지 않거나 하나의 해만 존재한다면, 증명은 끝난다. $A\mathbf{x} = \mathbf{b}$에서 적어도 다른 두 개의 해 $\mathbf{x}_1$, $\mathbf{x}_2$가 존재한다고 가정하자. 이때, $\mathbf{x}_1 \neq \mathbf{x}_2$에 대해

$$A\mathbf{x}_1 = \mathbf{b}, \quad A\mathbf{x}_2 = \mathbf{b}$$

이므로

$$A(\mathbf{x}_1 - \mathbf{x}_2) = A\mathbf{x}_1 - A\mathbf{x}_2 = \mathbf{b} - \mathbf{b} = \mathbf{0}$$

이다. 여기서, $\mathbf{x}_0 = \mathbf{x}_1 - \mathbf{x}_2$라고 두면, $\mathbf{x}_0 \neq \mathbf{0}$이고 $A\mathbf{x}_0 = \mathbf{0}$이다. 그러므로 A의 영공간은 자명하지 않고 null(A)는 스칼라배에 관해 닫혀있으며 모든 스칼라 c에 대해 $c\mathbf{x}_0$은 null(A)의 원소이다. 결론적으로, (A의 영공간은 적어도 $c\mathbf{x}_0$ 형태의 모든 벡터를 포함하고, 이들이 무수히 많이 존재하므로) A의 영공간은 무수

히 많은 벡터를 포함한다.

한편, c가 실수일 때 $\mathbf{x}_1 + c\mathbf{x}_0$ 형태의 무수히 많은 벡터를 생각하면

$$A(\mathbf{x}_1 + c\mathbf{x}_0) = A\mathbf{x}_1 + cA\mathbf{x}_0 = \mathbf{b} + c\mathbf{0} = \mathbf{b}$$

이므로, $A\mathbf{x} = \mathbf{b}$는 무수히 많은 해를 갖는다.

기저

부분공간은 $\mathbb{R}^3$에서 원점을 지나는 평면의 일반화라는 직관적인 사고로부터 더 많은 내용을 얻을 수 있다. 원점을 지나는 평면은 그 평면에 평행하면서 서로 평행하지 않는 두 벡터에 의해 생성된다. 대수적인 용어로, 그러한 두 벡터는 평면을 생성하고 일차독립이다. 두 벡터보다 더 적은 개수로는 그런 역할을 할 수 없고 더 많은 벡터도 필요하지 않다. 이것이 부분공간에 대한 기저의 이론이다.

정의 $\mathbb{R}^n$의 부분공간 S에 대하여, S에 속하는 벡터들이

1. S를 생성하고
2. 일차독립

이면, 이 벡터들의 집합을 부분공간 S에 대한 **기저**(basis)라고 한다.

예제 3.42 2.3절에서 $\mathbb{R}^n$의 기본 단위벡터 $\mathbf{e}_1, \mathbf{e}_2, \cdots, \mathbf{e}_n$은 일차독립이고 $\mathbb{R}^n$을 생성한다는 것을 알았다. 따라서 이들은 $\mathbb{R}^n$에 대한 기저인데 이것을 **표준기저**(standard basis)라고 한다.

예제 3.43 예제 2.19에서 $\mathbb{R}^2 = \text{span}\left(\begin{bmatrix} 2 \\ -1 \end{bmatrix}, \begin{bmatrix} 1 \\ 3 \end{bmatrix}\right)$임을 보았다. 또한, $\begin{bmatrix} 2 \\ -1 \end{bmatrix}$와 $\begin{bmatrix} 1 \\ 3 \end{bmatrix}$은 일차독립이므로, 이 두 벡터는 $\mathbb{R}^2$에 대한 기저이다.

부분공간은 하나 이상의 기저를 가질 수 있다. 예를 들어, $\mathbb{R}^2$는 표준기저 $\left\{\begin{bmatrix} 1 \\ 0 \end{bmatrix}, \begin{bmatrix} 0 \\ 1 \end{bmatrix}\right\}$와 기저 $\left\{\begin{bmatrix} 2 \\ -1 \end{bmatrix}, \begin{bmatrix} 1 \\ 3 \end{bmatrix}\right\}$을 갖는다. 그러나 주어진 부분공간에 대한 기저가 되는 벡터의 개수는 항상 같다는 것을 증명할 것이다.

예제 3.44

$$\mathbf{u} = \begin{bmatrix} 3 \\ -1 \\ 5 \end{bmatrix}, \quad \mathbf{v} = \begin{bmatrix} 2 \\ 1 \\ 3 \end{bmatrix}, \quad \mathbf{w} = \begin{bmatrix} 0 \\ -5 \\ 1 \end{bmatrix}$$

일 때, $S = \text{span}(\mathbf{u}, \mathbf{v}, \mathbf{w})$에 대한 기저를 구하여라.

풀이 벡터 $\mathbf{u}$, $\mathbf{v}$, $\mathbf{w}$는 S를 생성하므로, 이들이 일차독립이면 S에 대한 기저가 된다. 그러나 $\mathbf{w}=2\mathbf{u}-3\mathbf{v}$이므로 이들은 일차독립이 아니다. $\mathbf{u}$, $\mathbf{v}$, $\mathbf{w}$를 포함하는 임의의 일차결합은 $\mathbf{u}$, $\mathbf{v}$만을 포함하도록 다시 나타낼 수 있으므로 $\mathbf{w}$를 무시할 수 있다(2.3절 연습문제 47 참조). 이것은 $S=\text{span}(\mathbf{u}, \mathbf{v}, \mathbf{w})=\text{span}(\mathbf{u}, \mathbf{v})$임을 의미하며 $\mathbf{u}$, $\mathbf{v}$가 일차독립이기 때문에(왜?) 이들은 S에 대한 기저이다. 즉, 기하학적으로 $\mathbf{u}$, $\mathbf{v}$, $\mathbf{w}$는 같은 평면에 있음을 의미하며, $\mathbf{u}$, $\mathbf{v}$는 이 평면에 대한 방향벡터가 될 수 있음을 알 수 있다.

예제 3.45

$$A=\begin{bmatrix} 1 & 1 & 3 & 1 & 6 \\ 2 & -1 & 0 & 1 & -1 \\ -3 & 2 & 1 & -2 & 1 \\ 4 & 1 & 6 & 1 & 3 \end{bmatrix}$$

의 행공간에 대한 기저를 구하여라.

풀이 A의 기약 행사다리꼴은

$$R=\begin{bmatrix} 1 & 0 & 1 & 0 & -1 \\ 0 & 1 & 2 & 0 & 3 \\ 0 & 0 & 0 & 1 & 4 \\ 0 & 0 & 0 & 0 & 0 \end{bmatrix}$$

이다. 그리고 정리 3.20에 의해 $\text{row}(A)=\text{row}(R)$이므로, R의 행공간에 대한 기저를 구하면 된다. 그러나 $\text{row}(R)$은 영이 아닌 행에 의해 생성되고 계단모양에 의해 R의 처음 세 행은 일차독립이다. 이는 연습문제 33을 증명하여 확인할 필요가 있다. 그러므로 A의 행공간에 대한 기저는

$$\{[1\ 0\ 1\ 0\ -1],\ [0\ 1\ 2\ 0\ 3],\ [0\ 0\ 0\ 1\ 4]\}$$

주어진 벡터의 집합에 의해 생성된 부분공간에 대한 기저를 구하기 위해서는 예제 3.45의 방법을 사용할 수 있다.

예제 3.46 예제 3.45의 방법을 사용하여, 예제 3.44를 풀어라.

풀이 $\mathbf{u}$, $\mathbf{v}$, $\mathbf{w}$를 전치하여 행벡터를 얻고 이들 벡터를 행으로 갖는 행렬을 만든다.

$$B=\begin{bmatrix} 3 & -1 & 5 \\ 2 & 1 & 3 \\ 0 & -5 & 1 \end{bmatrix}$$

예제 3.45에서와 같이 기약 행사다리꼴

$$\begin{bmatrix} 1 & 0 & \frac{8}{5} \\ 0 & 1 & -\frac{1}{5} \\ 0 & 0 & 0 \end{bmatrix}$$

를 구하고, 행공간에 대한 기저로써 영이 아닌 행벡터를 사용한다. 열벡터로 시작하였으므로 다시 전치시키면, span($\mathbf{u}$, $\mathbf{v}$, $\mathbf{w}$)에 대한 기저는

$$\left\{ \begin{bmatrix} 1 \\ 0 \\ \frac{8}{5} \end{bmatrix}, \begin{bmatrix} 0 \\ 1 \\ -\frac{1}{5} \end{bmatrix} \right\}$$

주의

- 사실, 항상 기약 행사다리꼴을 구할 필요는 없다. 행사다리꼴이면 충분하다. 만일 U가 A의 행사다리꼴이면, U의 영이 아닌 행벡터는 row(A)에 대한 기저이다(연습문제 33 참조). 이 접근법은 분수를 피할 수 있는 장점이 있다. 예제 3.46에서 B를 행줄임 하여

$$U = \begin{bmatrix} 3 & -1 & 5 \\ 0 & -5 & 1 \\ 0 & 0 & 0 \end{bmatrix}$$

  를 얻고, 여기서

$$\left\{ \begin{bmatrix} 3 \\ -1 \\ 5 \end{bmatrix}, \begin{bmatrix} 0 \\ -5 \\ 1 \end{bmatrix} \right\}$$

  는 span($\mathbf{u}$, $\mathbf{v}$, $\mathbf{w}$)에 대한 기저이다.
- 예제 3.44, 예제 3.46과 앞의 주의에서 사용된 방법으로 다른 기저를 얻을 수 있다.

행렬 A의 열공간에 대한 기저를 구하는 문제로 되돌아 가보자. 하나의 방법은 행렬을 전치시키는 것이다. A의 열벡터는 A^T의 행벡터가 되고 row(A^T)에 대한 기저를 구하기 위해 예제 3.45의 방법을 적용할 수 있다. 이들 벡터를 전치시키면 col(A)에 대한 기저를 얻을 수 있다(연습문제 21–24 참조). 그러나 이 접근법은 A^T에 새로운 행변환을 수행할 필요가 있다.

대신에, 우리가 이미 계산한 A의 기약 행사다리꼴을 사용할 수 있는 방법이 좋다. 행렬과 벡터의 곱 $A\mathbf{x}$는 $\mathbf{x}$의 성분을 계수로 갖는 A의 열의 일차결합에 대응된다. 그러므로 $A\mathbf{x}=\mathbf{0}$의 영이 아닌 해는 A의 열들 사이에서 종속관계를 표현한다. 기본 행변환은 해집합에 영향을 미치지 않기 때문에 만일 A가 R과 행동치이면 A의 열은 R의 열과 같은 종속관계를 갖는다. 이 중요한 관찰 결과는 우리가 col(A)의 기저를 구하기 위해 사용한 기법에 대한 바탕이다.

예제 3.47 예제 3.45의 행렬

$$A = \begin{bmatrix} 1 & 1 & 3 & 1 & 6 \\ 2 & -1 & 0 & 1 & -1 \\ -3 & 2 & 1 & -2 & 1 \\ 4 & 1 & 6 & 1 & 3 \end{bmatrix}$$

의 열공간에 대한 기저를 구하여라.

풀이 A의 열벡터를 $\mathbf{a}_i$, 기약 행사다리꼴

$$R=\begin{bmatrix}1&0&1&0&-1\\0&1&2&0&3\\0&0&0&1&4\\0&0&0&0&0\end{bmatrix}$$

의 열벡터를 $\mathbf{r}_i$라고 하면, $\mathbf{r}_3=\mathbf{r}_1+2\mathbf{r}_2$, $\mathbf{r}_5=-\mathbf{r}_1+3\mathbf{r}_2+4\mathbf{r}_4$임을 쉽게 알 수 있다. 예측한 바와 같이 A의 대응되는 열벡터는 같은 종속관계를 만족한다. 따라서 $\mathbf{r}_3$, $\mathbf{r}_5$는 $\mathrm{col}(R)$에 어떤 역할도 하지 못한다. 나머지 열벡터 $\mathbf{r}_1$, $\mathbf{r}_2$, $\mathbf{r}_4$는 기본 단위벡터이므로 일차독립이다. 그러므로 A의 열벡터에 대해 대응되는 명제도 성립한다.

그러므로 A의 열벡터들 사이에서 종속벡터($\mathbf{a}_3$와 $\mathbf{a}_5$)를 소거하면 나머지 벡터들은 일차독립이 될 것이고 $\mathrm{col}(A)$에 대한 기저가 된다. 이들 기저를 구하는 가장 빠른 방법은 무엇인가? R의 선행성분 1을 포함하는 열에 대응하는 A의 열을 사용하여라. $\mathrm{col}(A)$에 대한 기저는

$$\{\mathbf{a}_1,\ \mathbf{a}_2,\ \mathbf{a}_4\}=\left\{\begin{bmatrix}1\\2\\-3\\4\end{bmatrix},\begin{bmatrix}1\\-1\\2\\1\end{bmatrix},\begin{bmatrix}1\\1\\-2\\1\end{bmatrix}\right\}$$

경고 기본 행변환은 열공간을 변화시킨다. 예제에서 $\mathrm{col}(R)$의 모든 벡터는 0인 네 번째 성분을 갖는데 $\mathrm{col}(A)$는 그렇지 않으므로 $\mathrm{col}(A)\neq\mathrm{col}(R)$이다. 따라서 $\mathrm{col}(A)$의 기저에 대한 열벡터를 얻기 위해 원래의 행렬 A로 되돌아가야 한다. 구체적인 예로써, 예제 3.47의 $\mathbf{r}_1$, $\mathbf{r}_2$, $\mathbf{r}_4$는 A의 열공간에 대한 기저가 되지 않는다.

예제 3.48

예제 3.47의 행렬 A의 영공간에 대한 기저를 구하여라.

풀이 용어를 제외하고 실제로 새로운 것은 아무것도 없다. 동차 연립일차방정식 $A\mathbf{x}=\mathbf{0}$의 해를 구하고 설명하면 된다. A의 기약 행사다리꼴 R을 이미 계산하였고 가우스-조르당 소거법에서 남은 것은 자유변수에 관하여 선행변수를 구하는 것이다. 마지막 첨가 계수행렬은

$$[R|\mathbf{0}]=\left[\begin{array}{ccccc|c}1&0&1&0&-1&0\\0&1&2&0&3&0\\0&0&0&1&4&0\\0&0&0&0&0&0\end{array}\right]$$

이다. 만일

$$\mathbf{x} = \begin{bmatrix} x_1 \\ x_2 \\ x_3 \\ x_4 \\ x_5 \end{bmatrix}$$

이면, 선행성분 1은 1, 2, 4열에 있으므로 자유변수 x_3, x_5로 x_1, x_2, x_4를 나타내면, $x_1 = -x_3 + x_5$, $x_2 = -2x_3 - 3x_5$, $x_4 = -4x_5$이다. $x_3 = s$, $x_5 = t$라고 두면

$$\mathbf{x} = \begin{bmatrix} x_1 \\ x_2 \\ x_3 \\ x_4 \\ x_5 \end{bmatrix} = \begin{bmatrix} -s+t \\ -2s-3t \\ s \\ -4t \\ t \end{bmatrix} = s\begin{bmatrix} -1 \\ -2 \\ 1 \\ 0 \\ 0 \end{bmatrix} + t\begin{bmatrix} 1 \\ -3 \\ 0 \\ -4 \\ 1 \end{bmatrix} = s\mathbf{u} + t\mathbf{v}$$

이다. 그러므로 $\mathbf{u}$, $\mathbf{v}$는 null(A)를 생성하고 일차독립이므로, null(A)에 대한 기저이다.

다음은 행렬 A의 행공간과 열공간 그리고 영공간에 대한 기저를 구하는 효율적인 과정을 요약한 것이다.

1. A의 기약 행사다리꼴 R을 구한다.
2. row(A)에 대한 기저를 구하기 위해 (선행성분 1을 포함하는) R의 영이 아닌 행벡터를 이용한다.
3. col(A)에 대한 기저를 구하기 위해 선행성분 1(피보트 열)을 포함하는 R의 열에 대응하는 A의 열벡터를 이용한다.
4. $R\mathbf{x} = \mathbf{0}$의 선행변수를 자유변수에 관하여 구한다. 즉, 자유변수를 매개변수로 놓고 $\mathbf{x}$에 역대입하여 그 결과를 f개의 벡터의 일차결합으로 표현한다. 여기서 f는 자유변수의 개수이다. 이들 f개의 벡터들은 null(A)의 기저를 이룬다.

만일 영공간을 구할 필요가 없다면 행공간과 열공간에 대한 기저를 구하기 위하여 A를 단지 행사다리꼴로 변형시키는 것이 더 빠르다. 위의 2, 3단계는 ('선행성분 1'을 '피보트 성분'으로 대신하여) 여전히 성립한다.

차원과 계수

한 부분공간이 여러 가지 다른 기저를 가지더라도, 각 기저는 같은 개수의 벡터를 갖는다는 사실을 알고 있다. 이 기본적인 사실은 이 책에서 매우 중요한 역할을 한다.

정리 3.23 **기저정리**

S가 $\mathbb{R}^n$의 부분공간이라고 하자. 그러면 S에 대한 임의의 두 기저는 같은 수의 벡터를 갖는다.

증명 $\mathcal{B}=\{\mathbf{u}_1, \mathbf{u}_2, \cdots, \mathbf{u}_r\}$, $\mathcal{C}=\{\mathbf{v}_1, \mathbf{v}_2, \cdots, \mathbf{v}_s\}$가 S에 대한 기저라고 하자. 우리는 $r=s$임을 보이면 된다. 즉, $r<s$ 또는 $r>s$가 어느 경우에도 가능하지 않다고 보일 것이다.

$r<s$라고 가정하고, $\mathcal{C}$가 일차종속임을 보일 것이다.

$$c_1\mathbf{v}_1+c_2\mathbf{v}_2+\cdots+c_s\mathbf{v}_s=\mathbf{0} \tag{1}$$

이라고 하자. 한편, $\mathcal{B}$는 S에 대한 기저이므로, 각 $\mathbf{v}_i$는 $\mathbf{u}_j$의 일차결합

$$\begin{aligned}\mathbf{v}_1&=a_{11}\mathbf{u}_1+a_{12}\mathbf{u}_2+\cdots+a_{1r}\mathbf{u}_r\\ \mathbf{v}_2&=a_{21}\mathbf{u}_1+a_{22}\mathbf{u}_2+\cdots+a_{2r}\mathbf{u}_r\\ &\vdots\\ \mathbf{v}_s&=a_{s1}\mathbf{u}_1+a_{s2}\mathbf{u}_2+\cdots+a_{sr}\mathbf{u}_r\end{aligned} \tag{2}$$

으로 나타낼 수 있다. 방정식 (2)를 (1)에 대입하면

$$c_1(a_{11}\mathbf{u}_1+\cdots+a_{1r}\mathbf{u}_r)+c_2(a_{21}\mathbf{u}_1+\cdots+a_{2r}\mathbf{u}_r) \\ +\cdots+c_s(a_{s1}\mathbf{u}_1+\cdots+a_{sr}\mathbf{u}_r)=\mathbf{0}$$

이다. 이를 다시 정리하면

$$(c_1a_{11}+c_2a_{21}+\cdots+c_sa_{s1})\mathbf{u}_1+(c_1a_{12}+c_2a_{22}+\cdots+c_sa_{s2})\mathbf{u}_2 \\ +\cdots+(c_1a_{1r}+c_2a_{2r}+\cdots+c_sa_{sr})\mathbf{u}_r=\mathbf{0}$$

이다. 한편 $\mathcal{B}$는 기저이므로 $\mathbf{u}_j$는 일차독립이고, 그래서 위의 괄호 안의 표현은 모두 0이 되어야 한다. 즉

$$\begin{aligned}c_1a_{11}+c_2a_{21}+\cdots+c_sa_{s1}&=0\\ c_1a_{12}+c_2a_{22}+\cdots+c_sa_{s2}&=0\\ &\vdots\\ c_1a_{1r}+c_2a_{2r}+\cdots+c_sa_{sr}&=0\end{aligned}$$

를 만족하여야 한다. 이 식은 r개 미지수 c_1, c_2, $\cdots$, c_r을 갖는 동차 연립일차방정식이다. 가정에서 $r<s$이므로 정리 2.3에 의해 동차 연립일차방정식은 무수히 많은 해를 갖는다. 특히, 방정식 (1)에서 자명하지 않은 종속관계를 갖게 하는 자명하지 않은 해가 존재한다. 따라서 $\mathcal{C}$는 일차종속인 벡터의 집합이다. 이 사실은 $\mathcal{C}$가 기저라는 사실, 즉 일차독립이라는 사실에 모순이다. 그러므로 $r<s$는 될 수 없으며 마찬가지로 ($\mathcal{B}$와 $\mathcal{C}$의 역할을 바꾸면) $r>s$인 경우도 모순이다. 따라서 $r=s$이다.

주어진 부분공간에 대한 모든 기저는 같은 수의 벡터를 가져야 하므로 이 숫자에 대한 다음의 정의를 할 수 있다.

정의 S가 $\mathbb{R}^n$의 부분공간일 때, S에 대한 한 기저에 속하는 벡터의 개수를 S의 **차원**(dimension)이라고 하고 $\dim S$라고 표기한다.

주의 영벡터 $\mathbf{0}$는 그 자체만으로 $\mathbb{R}^n$의 부분공간을 이룬다. 영벡터를 포함하는 임의의 집합은 일차종속이므로, $\{\mathbf{0}\}$은 기저가 될 수 없다. 따라서 $\{\mathbf{0}\}$은 기저를 가질 수 없다. $\dim\{\mathbf{0}\}=0$으로 정의한다.

예제 3.49

$\mathbb{R}^n$에 대한 표준기저는 n개의 벡터를 가지므로 $\dim \mathbb{R}^n=n$이다. $n \le 3$인 경우에는 직관적으로 알고 있는 차원과 일치한다.

예제 3.50

예제 3.45부터 3.48에서 $\text{row}(A)$와 $\text{col}(A)$는 세 개의 벡터로 된 기저를 가지며, $\text{null}(A)$는 두 개 벡터의 기저를 가진다. 그러므로

$$\dim(\text{row}(A))=3,\ \dim(\text{col}(A))=3,\ \dim(\text{null}(A))=2$$

이다.

단 하나의 예제만으로 이론을 추측하는 것은 충분치 않다. 그러나 예제 3.50에서의 행공간과 열공간이 같은 차원을 갖는다는 사실은 우연이 아니다. $\dim(\text{col}(A))$와 $\dim(\text{null}(A))$의 합은 A의 열의 수인 5가 된다는 사실 또한 우연이 아니다. 우리는 이러한 관계를 일반적으로 증명할 것이다.

정리 3.24 행렬 A의 행공간과 열공간은 같은 차원을 갖는다.

증명 R가 A의 기약 행사다리꼴이면, 정리 3.20에 의해 $\text{row}(A)=\text{row}(R)$이고 다음을 만족한다.

$$\begin{aligned}\dim(\text{row}(A))&=\dim(\text{row}(R))\\&=R\text{의 영 아닌 행의 수}\\&=R\text{의 선행성분 1의 수}\end{aligned}$$

이 수를 r이라고 하자.

한편, $\text{col}(A)\neq\text{col}(R)$이지만 A와 R의 열은 동일한 종속관계를 갖는다. 그러므로 $\dim(\text{col}(A))=\dim(\text{col}(R))$이다. r개의 선행성분 1이 있으므로, R은 r개의 열이 기본 단위벡터 $\mathbf{e}_1,\ \mathbf{e}_2,\ \cdots,\ \mathbf{e}_r$이다. A와 R이 $m\times n$행렬이면 이들은 $\mathbb{R}^m$의

벡터가 될 것이다. 이들 r개의 벡터는 일차독립이고 R의 나머지 열은 이들의 일차결합이다. 그러므로 $\dim(\mathrm{col}(R))=r$이고 $\dim(\mathrm{row}(A))=r=\dim(\mathrm{col}(A))$이다.

행렬의 **계수**는 **프로베니우스**(Georg Frobenius, 1849–1917)에 의해 1878년 처음 정의되었다. 그러나 그는 행렬식을 이용하여 정의하였는데, 우리는 여기서 그렇게 하지는 않았다. (4장을 보라.) 프로베니우스는 베를린 대학교에서 박사학위를 받고 학생을 가르친 독일 수학자이다. 그의 업적 중에 가장 많이 알려진 부분은 군론인데 그는 군표현론에 대하여 행렬이론을 사용하였다.

정의 행공간과 열공간의 차원을 행렬 A의 **계수**(rank)라고 하고, $\mathrm{rank}(A)$로 표기한다.

주의

- 앞의 정의는 2장에서 소개되었던 계수의 비형식적인 정의와 일치한다. 새로운 정의의 장점은 더 유연하다는 것이다.
- 행렬의 계수는 행렬의 행벡터들 사이와 열벡터들 사이의 일차종속관계에 관한 정보를 제공해 준다. 특히, 일차독립인 행과 열의 수를 알려준다. 이 수는 서로 같다.

A의 행벡터는 A^T의 열벡터이므로 정리 3.24에 의해 다음 보조정리를 얻는다.

정리 3.25 임의의 행렬 A에 대해서

$$\mathrm{rank}(A^T)=\mathrm{rank}(A)$$

증명

$$\begin{aligned}\mathrm{rank}(A^T)&=\dim(\mathrm{col}(A^T))\\&=\dim(\mathrm{row}(A))\\&=\mathrm{rank}(A)\end{aligned}$$

정의 영공간의 차원을 행렬 A의 **퇴화차수**(nullity)라고 하고, $\mathrm{nullity}(A)$라고 표기한다.

다시 말하면, $\mathrm{nullity}(A)$는 $A\mathbf{x}=\mathbf{0}$의 해공간의 차원이며 해에서 자유변수의 수와 같다. 새 정의를 써서 계수정리(정리 2.2)를 다시 표현할 수 있다.

정리 3.26 **계수정리**

A가 $m\times n$행렬이면

$$\mathrm{rank}(A)+\mathrm{nullity}(A)=n$$

증명 R이 A의 기약 행사다리꼴이라고 하고 $\mathrm{rank}(A)=r$이라고 하자. 이때, R은 r개의 선행성분 1을 가지므로, $A\mathbf{x}=\mathbf{0}$에서 r개의 선행변수와 $(n-r)$개의 자유변수가 존재한다. 한편, $\dim(\mathrm{null}(A))=n-r$이므로

$$\begin{aligned}\text{rank}(A)+\text{nullity}(A)&=r+(n-r)\\&=n\end{aligned}$$

이다.

행렬 A의 영공간의 차원을 알고자 할 때, $A\mathbf{x}=\mathbf{0}$의 해를 알 필요는 없다. 이러한 상황에서 계수정리는 유용하며 다음 예제에서 이를 설명해 준다.

예제 3.51 다음 각 행렬의 영공간의 차원을 구하여라.

$$M=\begin{bmatrix}2&3\\1&5\\4&7\\3&6\end{bmatrix},\quad N=\begin{bmatrix}2&1&-2&-1\\4&4&-3&1\\2&7&1&8\end{bmatrix}$$

풀이 행렬 M의 두 열은 일차독립이므로 $\text{rank}(M)=2$이다. 그러므로 계수정리에 의해 $\text{nullity}(M)=2-\text{rank}(M)=2-2=0$이다.

N의 행들 사이에는 명백한 종속관계는 없다. 그래서 N에 기본 행변환을 시행하면

$$\begin{bmatrix}2&1&-2&-1\\0&2&1&3\\0&0&0&0\end{bmatrix}$$

이고, 이는 두 개의 영 아닌 행을 가지므로, $\text{rank}(N)=2$이다. 따라서 $\text{nullity}(N)=4-\text{rank}(N)=4-2=2$이다.

이 절에서 얻은 결과로부터 가역행렬의 기본정리(정리 3.12)의 확장이 가능하다.

정리 3.27 **가역행렬의 기본정리: 버전 II**

A가 $n\times n$행렬이라고 하자. 다음 명제들은 동치이다.

a. A는 가역이다.
b. $\mathbb{R}^n$의 모든 $\mathbf{b}$에 대하여, $A\mathbf{x}=\mathbf{b}$는 유일한 해를 갖는다.
c. $A\mathbf{x}=\mathbf{0}$의 해는 자명해뿐이다.
d. A의 기약 행사다리꼴은 I_n이다.
e. A는 기본행렬의 곱으로 표현된다.
f. $\text{rank}(A)=n$
g. $\text{nullity}(A)=0$
h. A의 열벡터들은 일차독립이다.
i. A의 열벡터들은 $\mathbb{R}^n$을 생성한다.
j. A의 열벡터들은 $\mathbb{R}^n$에 대한 기저이다.

k. A의 행벡터들은 일차독립이다.

l. A의 행벡터들은 $\mathbb{R}^n$을 생성한다.

m. A의 행벡터들은 $\mathbb{R}^n$에 대한 기저이다.

National Portrait Gallery, London

행렬의 영공간의 차원은 **실베스터**(James Joseph Sylvester, 1814~1887)에 의해 1884년에 정의되었다. 그는 특히 어떤 형태의 변환에도 변하지 않는 행렬의 성질인 불변량에 관심이 있었다. 그는 영국에서 태어나 런던수학회의 2대 회장이 되었다. 1878년에 볼티모어의 존스홉킨스(Johns Hopkins) 대학에서 강의하는 동안 미국의 첫 번째 수학 논문집인 *American Journal of Mathematics*를 창간하였다.

증명 (a)–(e)가 동치임은 정리 3.12에서 이미 증명하였다. (f)–(m)이 앞의 5개 명제와 동치임을 보이면 된다.

(f) $\Leftrightarrow$ (g) A가 $n \times n$행렬일 때, $\text{rank}(A) + \text{nullity}(A) = n$이므로 계수정리에 의해 $\text{rank}(A) = n$일 필요충분조건은 $\text{nullity}(A) = 0$이다.

(f)$\Rightarrow$(d)$\Rightarrow$(c)$\Rightarrow$(h) $\text{rank}(A) = n$이면 A의 기약 행사다리꼴은 n개의 선행성분 1을 갖게 되고 그래서 I_n이 된다. (d)$\Rightarrow$(c)로부터 $A\mathbf{x} = \mathbf{0}$는 자명한 해만을 갖는다는 사실을 알았다. $A\mathbf{x}$는 A의 열벡터들의 일차결합이므로, 이는 A의 열벡터들이 일차독립임을 의미한다.

(h)$\Rightarrow$(i) A의 열벡터들이 일차독립이면 $A\mathbf{x} = \mathbf{0}$는 자명해만을 갖는다. 그러므로 (c) $\Rightarrow$(b)에 의해 $\mathbb{R}^n$의 모든 $\mathbf{b}$에 대해 $A\mathbf{x} = \mathbf{b}$는 유일한 해를 갖는다. 이는 $\mathbb{R}^n$의 모든 $\mathbf{b}$는 A의 열벡터들의 일차결합으로 표현될 수 있음을 의미하며 (i)가 성립한다.

(i)$\Rightarrow$(j) A의 열벡터가 $\mathbb{R}^n$을 생성한다면, 정의에 의해 $\text{col}(A) = \mathbb{R}^n$이므로 $\text{rank}(A) = \dim(\text{col}(A)) = n$이다. 이것은 (f)이며 (f)$\Rightarrow$(h)는 이미 증명되었다. A의 열벡터들이 일차독립이고 가정에 의해 $\mathbb{R}^n$을 생성하므로, $\mathbb{R}^n$에 대한 기저가 된다.

(j)$\Rightarrow$(f) A의 열벡터들이 $\mathbb{R}^n$에 대한 기저가 된다면 이들은 일차독립이다. A의 기약 행사다리꼴은 n개의 선행성분 1을 포함하므로 $\text{rank}(A) = n$이다.

위의 논의에 의해 (f)$\Rightarrow$(d)$\Rightarrow$(c)$\Rightarrow$(h)$\Rightarrow$(i)$\Rightarrow$(j)$\Rightarrow$(f)$\Leftrightarrow$(g)이다. 한편, 정리 3.25에 의해 $\text{rank}(A^T) = \text{rank}(A)$이므로, 앞서 증명했던 것들은 A^T의 열벡터에 대해서도 대응되는 결과를 얻을 수 있다. 이들은 A의 행벡터들에 관한 결과이며, 동치관계로 (k), (l), (m)이 성립하고 모든 증명이 끝난다.

기본정리는 흥미로울 뿐만 아니라, 노력을 줄여준다. 기본정리는 두 정사각행렬이 역행렬인 관계에 있는지를 조사하는 데 노력을 반으로 줄여준다. 또한, 어떤 벡터집합이 $\mathbb{R}^n$에 대한 기저가 됨을 보이는 것도 단순화할 수 있다. 실제로, $\mathbb{R}^n$의 n개의 벡터들의 집합이 일차독립 또는 생성원 집합의 필수요건 중 하나만 만족하면 이 집합은 $\mathbb{R}^n$에 대한 기저가 된다. 다음 예제는 계산이 얼마나 줄어지는지를 보여준다.

예제 3.52 벡터

$$\begin{bmatrix} 1 \\ 2 \\ 3 \end{bmatrix}, \quad \begin{bmatrix} -1 \\ 0 \\ 1 \end{bmatrix}, \quad \begin{bmatrix} 4 \\ 9 \\ 7 \end{bmatrix}$$

이 $\mathbb{R}^3$에 대한 기저가 됨을 보여라.

풀이 기본정리에 의하면 이들 벡터가 $\mathbb{R}^3$에 대한 기저가 되기 위한 필요충분조건은 이들 벡터를 열(또는 행)로 갖는 행렬이 계수 3을 갖는 것이다. 이를 결정하기 위해 행줄임을 충분히 시행한다.

$$A=\begin{bmatrix}1 & -1 & 4\\2 & 0 & 9\\3 & 1 & 7\end{bmatrix}\to\begin{bmatrix}1 & -1 & 4\\0 & 2 & 1\\0 & 0 & -7\end{bmatrix}$$

따라서 A는 계수 3을 갖고 (f)와 (j)가 동치이므로 주어진 벡터는 $\mathbb{R}^3$에 대한 기저이다.

다음 정리는 계수정리와 기본정리의 응용이다. 이 결과는 5장과 7장에서 사용하게 될 것이다.

정리 3.28

A가 $m\times n$행렬이라고 하자. 이때

a. $\text{rank}(A^TA)=\text{rank}(A)$

b. $n\times n$ 행렬 A^TA가 가역이기 위한 필요충분조건은 $\text{rank}(A)=n$이다.

증명

(a) A^TA는 $n\times n$이므로, 이 행렬의 크기는 A의 열의 수와 같다. 계수정리에 의해

$$\text{rank}(A)+\text{nullity}(A)=n=\text{rank}(A^TA)+\text{nullity}(A^TA)$$

이므로, $\text{rank}(A)=\text{rank}(A^TA)$임을 보이기 위해 $\text{nullity}(A)=\text{nullity}(A^TA)$임을 증명하면 된다. 즉, A와 A^TA의 영공간이 같음을 보이면 된다.

우선 $\mathbf{x}$가 $A\mathbf{x}=\mathbf{0}$를 만족하는 $\text{null}(A)$의 원소라고 하자. $A^TA\mathbf{x}=A^T\mathbf{0}=\mathbf{0}$이므로, $\mathbf{x}$는 $\text{null}(A^TA)$의 원소이다. 역으로, $\mathbf{x}$가 $\text{null}(A^TA)$의 원소라고 하면, $A^TA\mathbf{x}=\mathbf{0}$이고 $\mathbf{x}^TA^TA\mathbf{x}=\mathbf{x}^T\mathbf{0}=0$이다. 그러나

$$(A\mathbf{x})\cdot(A\mathbf{x})=(A\mathbf{x})^T(A\mathbf{x})=\mathbf{x}^TA^TA\mathbf{x}=0$$

이므로 정리 1.2(d)에 의해 $A\mathbf{x}=\mathbf{0}$이다. 그러므로 $\mathbf{x}$는 $\text{null}(A)$의 원소이고 $\text{null}(A)=\text{null}(A^TA)$이다.

(b) 기본정리에 의해 $n\times n$행렬 A^TA가 가역일 필요충분조건은 $\text{rank}(A^TA)=n$이므로, (a)에 의해 이것이 성립할 필요충분조건은 $\text{rank}(A)=n$이다.

좌표

이 절의 처음 질문 중 하나로 돌아가자. 원점을 지나는 평면에 속하는 $\mathbb{R}^3$의 벡터

들은 어떻게 설명할 수 있을까? 이들은 2차원인가? 또는 3차원인가? 기저와 차원의 개념은 이런 것들을 분명하게 해준다.

원점을 지나는 평면은 두 개의 방향벡터가 기저를 이루는 $\mathbb{R}^3$의 2차원 부분공간이다. 기저벡터는 $\mathbb{R}^2$의 '복사판'으로 평면을 보게 하는 그 평면/부분공간의 좌표축에 위치한다. 이러한 접근방법을 설명하기 이전에 이 방법으로 얻어지는 '좌표'는 유일함을 보장하는 정리가 필요하다.

정리 3.29 S는 $\mathbb{R}^n$의 부분공간이고, $\mathcal{B}=\{\mathbf{v}_1, \mathbf{v}_2, \cdots, \mathbf{v}_k\}$는 S에 대한 기저라고 하자. S의 임의의 벡터 $\mathbf{v}$에 대해, $\mathcal{B}$에 속하는 기저벡터의 일차결합

$$\mathbf{v}=c_1\mathbf{v}_1+c_2\mathbf{v}_2+\cdots+c_k\mathbf{v}_k$$

으로 $\mathbf{v}$를 표현하는 방법은 유일하다.

증명 $\mathcal{B}$는 기저이므로, S를 생성하고 따라서 $\mathbf{v}_1, \mathbf{v}_2, \cdots, \mathbf{v}_k$의 일차결합으로 $\mathbf{v}$를 표현하는 방법은 적어도 한 가지가 있다. 이들 일차결합 중 하나를

$$\mathbf{v}=c_1\mathbf{v}_1+c_2\mathbf{v}_2+\cdots+c_k\mathbf{v}_k$$

라고 하자. 우리의 목표는 $\mathbf{v}_1, \mathbf{v}_2, \cdots, \mathbf{v}_k$의 일차결합으로 $\mathbf{v}$를 표현하는 방법은 유일하다는 것을 보이는 것이다. 이를 위해

$$\mathbf{v}=d_1\mathbf{v}_1+d_2\mathbf{v}_2+\cdots+d_k\mathbf{v}_k$$

라고 두면

$$c_1\mathbf{v}_1+c_2\mathbf{v}_2+\cdots+c_k\mathbf{v}_k=d_1\mathbf{v}_1+d_2\mathbf{v}_2+\cdots+d_k\mathbf{v}_k$$

이고, 벡터 대수의 성질을 이용하여 재배열하면

$$(c_1-d_1)\mathbf{v}_1+(c_2-d_2)\mathbf{v}_2+\cdots+(c_k-d_k)\mathbf{v}_k=\mathbf{0}$$

이다. 한편, $\mathcal{B}$는 기저이므로 $\mathbf{v}_1, \mathbf{v}_2, \cdots, \mathbf{v}_k$는 일차독립이다. 그러므로

$$(c_1-d_1)=(c_2-d_2)=\cdots=(c_k-d_k)=0$$

이다. 다르게 말하면 $c_1=d_1, c_2=d_2, \cdots, c_k=d_k$이므로, 두 개의 일차결합은 동일함을 알 수 있다. 따라서 $\mathcal{B}$에 속하는 벡터 $\mathbf{v}$를 기저벡터의 일차결합으로 표현하는 방법은 유일하다.

정의 S는 $\mathbb{R}^n$의 부분공간이고 $\mathcal{B}=\{\mathbf{v}_1, \mathbf{v}_2, \cdots, \mathbf{v}_k\}$를 S에 대한 기저라고 하자. $\mathbf{v}$가 S에 속하는 벡터이고 $\mathbf{v}=c_1\mathbf{v}_1+c_2\mathbf{v}_2+\cdots+c_k\mathbf{v}_k$일 때, $c_1, c_2, \cdots, c_k$를 $\mathcal{B}$에 관한 $\mathbf{v}$의 **좌표**(coordinate)라고 하며 열벡터

$$[\mathbf{v}]_{\mathcal{B}} = \begin{bmatrix} c_1 \\ c_2 \\ \vdots \\ c_k \end{bmatrix}$$

를 $\mathcal{B}$에 관한 $\mathbf{v}$의 **좌표벡터**(coordinate vector)라고 한다.

예제 3.53

$\mathcal{E}=\{\mathbf{e}_1, \mathbf{e}_2, \mathbf{e}_3\}$가 $\mathbb{R}^3$에 대한 표준기저라고 하자. $\mathcal{E}$에 관한

$$\mathbf{v} = \begin{bmatrix} 2 \\ 7 \\ 4 \end{bmatrix}$$

의 좌표벡터를 구하여라.

풀이 $\mathbf{v}=2\mathbf{e}_1+7\mathbf{e}_2+4\mathbf{e}_3$이므로

$$[\mathbf{v}]_{\mathcal{E}} = \begin{bmatrix} 2 \\ 7 \\ 4 \end{bmatrix}$$

표준기저에 관한 $\mathbb{R}^n$의 모든 (열)벡터의 좌표벡터는 벡터 그 자신이다.

예제 3.54

예제 3.44에서 $\mathbf{u}=\begin{bmatrix} 3 \\ -1 \\ 5 \end{bmatrix}$, $\mathbf{v}=\begin{bmatrix} 2 \\ 1 \\ 3 \end{bmatrix}$, $\mathbf{w}=\begin{bmatrix} 0 \\ -5 \\ 1 \end{bmatrix}$은 원점을 지나는 한 평면 S에 속하는 세 개의 벡터이고 $\mathcal{B}=\{\mathbf{u}, \mathbf{v}\}$는 S에 대한 기저임을 보았다. $\mathbf{w}=2\mathbf{u}-3\mathbf{v}$이므로

$$[\mathbf{w}]_{\mathcal{B}} = \begin{bmatrix} 2 \\ -3 \end{bmatrix}$$

이다. 그림 3.3을 참조하여라.

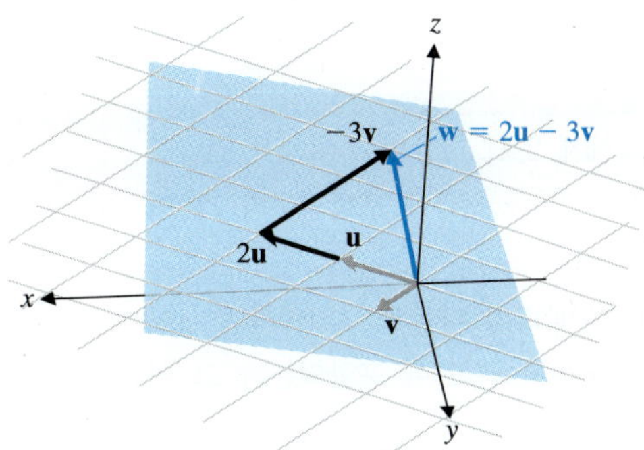

그림 3.3 기저에 관한 벡터의 좌표

3.5 연습문제

※ [1-4] S는 다음에 주어진 각 성질을 만족하는 $\mathbb{R}^2$의 벡터 $\begin{bmatrix} x \\ y \end{bmatrix}$들의 집합이다. 각 경우에 있어서, S가 $\mathbb{R}^2$의 부분공간임을 증명하거나 그렇지 않으면 반례를 들어라.

1. $x=0$
2. $x \geq 0,\ y \geq 0$
3. $y=2x$
4. $xy \geq 0$

※ [5-8] S는 다음에 주어진 각 성질을 만족하는 $\mathbb{R}^3$의 벡터 $\begin{bmatrix} x \\ y \\ z \end{bmatrix}$들의 집합이다. 각 경우에 있어서, S가 $\mathbb{R}^3$의 부분공간임을 증명하거나 그렇지 않으면 반례를 들어라.

5. $x=y=z$
6. $z=2x,\ y=0$
7. $x-y+z=1$
8. $|x-y|=|y-z|$

9. $\mathbb{R}^3$에서 원점을 지나는 모든 직선은 $\mathbb{R}^3$의 부분공간임을 보여라.
10. S가 x축 또는 y축 위에 있는 $\mathbb{R}^2$의 모든 점들의 집합이라 가정하자. 즉, S는 두 축들의 합집합이다. 이 때, S는 $\mathbb{R}^2$의 부분공간인가? 이유를 말하여라.

※ [11-12] 예제 3.41에서와 같이, $\mathbf{b}$가 $\text{col}(A)$에 포함되는지 그리고 $\mathbf{w}$가 $\text{row}(A)$에 포함되는지 그 여부를 말하여라.

11. $A=\begin{bmatrix} 1 & 0 & -1 \\ 1 & 1 & 1 \end{bmatrix}$, $\mathbf{b}=\begin{bmatrix} 3 \\ 2 \end{bmatrix}$, $\mathbf{w}=[-1\ \ 1\ \ 1]$
12. $A=\begin{bmatrix} 1 & 1 & -3 \\ 0 & 2 & 1 \\ 1 & -1 & -4 \end{bmatrix}$, $\mathbf{b}=\begin{bmatrix} 1 \\ 1 \\ 0 \end{bmatrix}$, $\mathbf{w}=[2\ 4\ -5]$

13. 연습문제 11에서, 예제 3.41 다음의 주의에서 언급한 방법을 이용하여 $\mathbf{w}$가 $\text{row}(A)$에 포함되는지 그 여부를 말하여라.
14. 연습문제 12에서, 예제 3.41 다음의 주의에서 언급한 방법을 이용하여 $\mathbf{w}$가 $\text{row}(A)$에 포함되는지 그 여부를 말하여라.
15. A가 연습문제 11에 있는 행렬일 때, $\mathbf{v}=\begin{bmatrix} -1 \\ 3 \\ -1 \end{bmatrix}$은 $\text{null}(A)$에 포함되는가?
16. A가 연습문제 12에 있는 행렬일 때, $\mathbf{v}=\begin{bmatrix} 7 \\ -1 \\ 2 \end{bmatrix}$는 $\text{null}(A)$에 포함되는가?

※ [17-20] 다음에 주어진 각 행렬 A에 대하여 $\text{row}(A)$, $\text{col}(A)$, $\text{null}(A)$의 기저를 구하여라.

17. $A=\begin{bmatrix} 1 & 0 & -1 \\ 1 & 1 & 1 \end{bmatrix}$
18. $A=\begin{bmatrix} 1 & 1 & -3 \\ 0 & 2 & 1 \\ 1 & -1 & -4 \end{bmatrix}$
19. $A=\begin{bmatrix} 1 & 1 & 0 & 1 \\ 0 & 1 & -1 & 1 \\ 0 & 1 & -1 & -1 \end{bmatrix}$
20. $A=\begin{bmatrix} 2 & -4 & 0 & 2 & 1 \\ -1 & 2 & 1 & 2 & 3 \\ 1 & -2 & 1 & 4 & 4 \end{bmatrix}$

※ [21-24] A^T를 이용하여 다음 연습문제에서 $\text{row}(A)$와 $\text{col}(A)$에 대한 기저를 구하여라.

21. 연습문제 17
22. 연습문제 18
23. 연습문제 19
24. 연습문제 20

25. 비록 표현은 다르지만 연습문제 17과 21에 대한 여러분의 대답이 둘 다 옳은 이유를 설명하여라.
26. 비록 표현은 다르지만 연습문제 18과 22에 대한 여러분의 대답이 둘 다 옳은 이유를 설명하여라.

※ [27-30] 다음에 주어진 벡터들의 생성에 대한 기저를 구하여라.

27. $\begin{bmatrix} 1 \\ -1 \\ 0 \end{bmatrix}, \begin{bmatrix} -1 \\ 0 \\ 1 \end{bmatrix}, \begin{bmatrix} 0 \\ 1 \\ -1 \end{bmatrix}$
28. $\begin{bmatrix} 1 \\ -1 \\ 1 \end{bmatrix}, \begin{bmatrix} 1 \\ 2 \\ 0 \end{bmatrix}, \begin{bmatrix} 0 \\ 1 \\ 1 \end{bmatrix}, \begin{bmatrix} 2 \\ 1 \\ 2 \end{bmatrix}$
29. $[2\ \ -3\ \ 1]$, $[1\ \ -1\ \ 0]$, $[4\ \ -4\ \ 1]$
30. $[0\ \ 1\ \ -2\ \ 1]$, $[3\ \ 1\ \ -1\ \ 0]$, $[2\ \ 1\ \ 5\ \ 1]$

※ [31-32] 다음의 연습문제에 있는 벡터들 중에서 벡터들의 생성에 대한 기저를 구하여라.

31. 연습문제 29
32. 연습문제 30
33. R이 사다리꼴 행렬이면, $\text{row}(R)$에 대한 기저는 R의

영이 아닌 행들로 구성됨을 보여라.

34. A의 열들이 일차독립이면, 그들은 col(A)에 대한 기저가 됨을 증명하여라.

※ [35-38] 다음 연습문제에 있는 행렬들의 계수와 영공간의 차원을 구하여라.

35. 연습문제 17

36. 연습문제 18

37. 연습문제 19

38. 연습문제 20

39. A가 3×5행렬이면, A의 열들이 일차종속이어야만 하는 이유를 설명하여라.

40. A가 4×2행렬이면, A의 행들이 일차종속이어야만 하는 이유를 설명하여라.

41. A가 3×5행렬일 때, nullity(A)의 값으로 가능한 것은 무엇인가?

42. A가 4×2행렬일 때, nullity(A)의 값으로 가능한 것은 무엇인가?

※ [43-44] a가 변함에 따른 rank(A)의 값으로 가능한 모든 값을 구하여라.

43. $A=\begin{bmatrix}1 & 2 & a\\ -2 & 4a & 2\\ a & -2 & 1\end{bmatrix}$

44. $A=\begin{bmatrix}a & 2 & -1\\ 3 & 3 & -2\\ -2 & -1 & a\end{bmatrix}$

※ [45-50] 다음의 주어진 벡터를 열벡터로 갖는 행렬을 생각하여 물음에 답하여라.

45. $\begin{bmatrix}1\\1\\0\end{bmatrix}, \begin{bmatrix}1\\0\\1\end{bmatrix}, \begin{bmatrix}0\\1\\1\end{bmatrix}$은 $\mathbb{R}^3$의 기저가 되는가?

46. $\begin{bmatrix}1\\-1\\3\end{bmatrix}, \begin{bmatrix}-1\\5\\1\end{bmatrix}, \begin{bmatrix}1\\-3\\1\end{bmatrix}$은 $\mathbb{R}^3$의 기저가 되는가?

47. $\begin{bmatrix}1\\1\\1\\0\end{bmatrix}, \begin{bmatrix}1\\1\\0\\1\end{bmatrix}, \begin{bmatrix}1\\0\\1\\1\end{bmatrix}, \begin{bmatrix}0\\1\\1\\1\end{bmatrix}$은 $\mathbb{R}^4$의 기저가 되는가?

48. $\begin{bmatrix}1\\-1\\0\\0\end{bmatrix}, \begin{bmatrix}0\\1\\0\\-1\end{bmatrix}, \begin{bmatrix}0\\0\\-1\\1\end{bmatrix}, \begin{bmatrix}-1\\0\\1\\0\end{bmatrix}$는 $\mathbb{R}^4$의 기저가 되는가?

49. $\begin{bmatrix}1\\1\\0\end{bmatrix}, \begin{bmatrix}0\\1\\1\end{bmatrix}, \begin{bmatrix}1\\0\\1\end{bmatrix}$은 $\mathbb{Z}_2{}^3$의 기저가 되는가?

50. $\begin{bmatrix}1\\1\\0\end{bmatrix}, \begin{bmatrix}0\\1\\1\end{bmatrix}, \begin{bmatrix}1\\0\\1\end{bmatrix}$은 $\mathbb{Z}_3{}^3$의 기저가 되는가?

※ [51-52] $\mathbf{w}$가 span($\mathcal{B}$)에 속함을 보이고, 좌표벡터 $[\mathbf{w}]_{\mathcal{B}}$를 구하여라.

51. $\mathcal{B}=\left\{\begin{bmatrix}1\\2\\0\end{bmatrix}, \begin{bmatrix}1\\0\\-1\end{bmatrix}\right\}$, $\mathbf{w}=\begin{bmatrix}1\\6\\2\end{bmatrix}$

52. $\mathcal{B}=\left\{\begin{bmatrix}3\\1\\4\end{bmatrix}, \begin{bmatrix}5\\1\\6\end{bmatrix}\right\}$, $\mathbf{w}=\begin{bmatrix}1\\3\\4\end{bmatrix}$

※ [53-56] 다음의 $\mathbb{Z}_p$에서 주어진 행렬의 계수와 영공간의 차원을 계산하여라.

53. $\mathbb{Z}_2$에서 $\begin{bmatrix}1 & 1 & 0\\ 0 & 1 & 1\\ 1 & 0 & 1\end{bmatrix}$

54. $\mathbb{Z}_3$에서 $\begin{bmatrix}1 & 1 & 2\\ 2 & 1 & 2\\ 2 & 0 & 0\end{bmatrix}$

55. $\mathbb{Z}_5$에서 $\begin{bmatrix}1 & 3 & 1 & 4\\ 2 & 3 & 0 & 1\\ 1 & 0 & 4 & 0\end{bmatrix}$

56. $\mathbb{Z}_7$에서 $\begin{bmatrix}2 & 4 & 0 & 0 & 1\\ 6 & 3 & 5 & 1 & 0\\ 1 & 0 & 2 & 2 & 5\\ 1 & 1 & 1 & 1 & 1\end{bmatrix}$

57. A가 $m\times n$행렬일 때, null(A)의 모든 벡터는 row(A)의 모든 벡터와 수직임을 보여라.

58. A와 B가 계수가 n인 $n\times n$행렬이면, AB의 계수도 n임을 보여라.

59. (a) rank(AB) $\le$ rank(B)임을 보여라. [힌트: 3.1절의 연습문제 29를 참조하여라.]

(b) rank(AB) $<$ rank(B)인 예를 들어라.

60. (a) rank(AB) $\le$ rank(A)임을 보여라. [힌트: 3.1절의 연습문제 30을 참조하거나 전치와 연습문제 59(a)를 이용하여라.]

(b) rank(AB) $<$ rank(B)인 예를 들어라.

61. (a) U가 가역행렬이면, rank(UA) $=$ rank(A)임을 보여라. [힌트: $A=U^{-1}(UA)$]

(b) V가 가역행렬이면, rank(AV) $=$ rank(A)임을 보여라.

62. $m\times n$행렬 A가 계수 1을 갖기 위한 필요충분조건은 A가 $\mathbb{R}^m$의 벡터 $\mathbf{u}$와 $\mathbb{R}^n$의 벡터 $\mathbf{v}$의 외적 $\mathbf{u}\mathbf{v}^T$로 표현되는 것임을 보여라.

63. $m\times n$행렬 A가 계수 r을 가지면, A는 각각 계수 1을 갖는 r개의 행렬들의 합으로 표현될 수 있음을 보여라. [힌트: 연습문제 62에서 사용한 방법으로 구하여라.]

64. $m\times n$행렬 A와 B에 대하여,

$$\text{rank}(A+B)\le\text{rank}(A)+\text{rank}(B)$$

임을 보여라.

65. A를 $A^2=O$를 만족하는 $n\times n$행렬이라 하자. $\text{rank}(A)\le n/2$임을 보여라.
[힌트: $\text{col}(A)\subseteq\text{null}(A)$임을 보이고, 계수정리를 이용하여라.]

66. A를 $n\times n$ 교대행렬이라 하자. [3.2절의 연습문제 37 앞 참조]
(a) $\mathbb{R}^n$에 있는 모든 $\mathbf{x}$에 대하여 $\mathbf{x}^TA\mathbf{x}=0$임을 보여라.
(b) $I+A$가 가역행렬임을 보여라.
[힌트: $\text{null}(I+A)=\{\mathbf{0}\}$을 보여라.]

3.6 선형변환의 소개

행렬은 $\mathbf{w}=T(\mathbf{v})$ 형태의 '함수'처럼 작용하여 벡터를 변환하는 데 사용될 수 있음을 보았다. 여기서, 독립변수 $\mathbf{v}$와 종속변수 $\mathbf{w}$는 벡터이다.

이러한 개념을 더욱 명확하게 하고, 그러한 행렬의 변환의 여러 가지 예를 살펴봄으로서 앞으로 나타날 강력한 개념인 선형변환의 개념에 이르게 될 것이다. 먼저, 함수에 관련되는 몇 가지 기본적인 개념을 살펴보자. 실수를 실수로 변환하는 형태의 함수 $f:\mathbb{R}\to\mathbb{R}$에 여러분은 매우 익숙할 것이다. 여기에서 새로운 것은 벡터가 관련되며, 우리는 덧셈과 스칼라배의 벡터 연산에 '호환 가능한' 함수에 관심을 가지고 있다는 사실이다.

예를 들어보자.

$$A=\begin{bmatrix}1&0\\2&-1\\3&4\end{bmatrix},\quad \mathbf{v}=\begin{bmatrix}1\\-1\end{bmatrix}$$

이라 하면

$$A\mathbf{v}=\begin{bmatrix}1&0\\2&-1\\3&4\end{bmatrix}\begin{bmatrix}1\\-1\end{bmatrix}=\begin{bmatrix}1\\3\\-1\end{bmatrix}$$

이다. 이것은 A가 $\mathbf{v}$를 $\mathbf{w}=\begin{bmatrix}1\\3\\-1\end{bmatrix}$로 변환시킨다는 것을 보여준다.

이러한 변환을 더 일반적으로 설명할 수 있다. 행렬방정식

$$\begin{bmatrix}1&0\\2&-1\\3&4\end{bmatrix}\begin{bmatrix}x\\y\end{bmatrix}=\begin{bmatrix}x\\2x-y\\3x+4y\end{bmatrix}$$

는 A를 통해 $\mathbb{R}^2$에 속하는 임의의 벡터 $\begin{bmatrix}x\\y\end{bmatrix}$가 $\mathbb{R}^3$에 속하는 벡터 $\begin{bmatrix}x\\2x-y\\3x+4y\end{bmatrix}$로 어떻게 변환하는가를 보여준다. 이 변환을 T_A로 표시하고

$$T_A\left(\begin{bmatrix} x \\ y \end{bmatrix}\right) = \begin{bmatrix} x \\ 2x-y \\ 3x+4y \end{bmatrix}$$

로 나타낸다. 엄밀하게는 문제가 있을지라도, 이와 같은 정의에서는 편의상 괄호를 생략하는 것이 관례이다. 즉

$$T_A\begin{bmatrix} x \\ y \end{bmatrix} = \begin{bmatrix} x \\ 2x-y \\ 3x+4y \end{bmatrix}$$

이다.

이 예제를 살펴보면 어떤 새로운 용어를 생각할 수 있다. $\mathbb{R}^n$에서 $\mathbb{R}^m$으로의 **변환**(transformation) T는 $\mathbb{R}^n$에 속하는 각각의 벡터 $\mathbf{v}$를 $\mathbb{R}^m$에 속하는 유일한 벡터 $T(\mathbf{v})$에 대응하는 규칙이다. T의 **정의역**(domain)은 $\mathbb{R}^n$이고 T의 **공역**(codomain)은 $\mathbb{R}^m$이다. 이를 $T:\mathbb{R}^n \to \mathbb{R}^m$으로 나타낸다. T의 정의역의 벡터 $\mathbf{v}$에 대해 공역의 벡터 $T(\mathbf{v})$를 T 아래에서 $\mathbf{v}$의 **상**(image)이라고 한다. 그리고 $\mathbf{v}$가 T의 정의역에 있을 때, 가능한 모든 상 $T(\mathbf{v})$의 집합을 T의 **치역**(range)이라고 한다.

위 예제에서 T_A의 정의역은 $\mathbb{R}^2$이고 공역은 $\mathbb{R}^3$이므로 $T_A:\mathbb{R}^2 \to \mathbb{R}^3$로 표현한다. $\mathbf{v} = \begin{bmatrix} 1 \\ -1 \end{bmatrix}$의 상은 $\mathbf{w} = T_A(\mathbf{v}) = \begin{bmatrix} 1 \\ 3 \\ -1 \end{bmatrix}$이다. T_A의 치역은 무엇인가? 치역은

$$T_A\begin{bmatrix} x \\ y \end{bmatrix} = \begin{bmatrix} x \\ 2x-y \\ 3x+4y \end{bmatrix} = x\begin{bmatrix} 1 \\ 2 \\ 3 \end{bmatrix} + y\begin{bmatrix} 0 \\ -1 \\ 4 \end{bmatrix}$$

의 형태이며, 공역 $\mathbb{R}^3$에 속하는 벡터로 이루어지는데, 이는 A의 열벡터 $\begin{bmatrix} 1 \\ 2 \\ 3 \end{bmatrix}$과 $\begin{bmatrix} 0 \\ -1 \\ 4 \end{bmatrix}$의 모든 일차결합의 집합을 의미한다. 달리 말하면, T의 치역은 A의 열공간이다. 이것에 대해서는 다음에 더 상세히 다룰 것이다. 기하학적으로 T_A의 치역은 A의 열벡터에 의해 주어진 방향벡터를 갖는 $\mathbb{R}^3$의 원점을 지나는 평면을 의미한다. T_A의 치역은 T_A의 공역에 속한다.

선형변환

위의 T_A는 선형변환이라고 불리는 좀 더 일반적인 변환의 특수한 경우이다. 우리는 6장에서 일반적인 정의를 생각할 것이다. 이 정의의 본질은 덧셈과 스칼라배의 벡터 연산을 '보존하는' 변환을 의미한다.

정의

1. $\mathbb{R}^n$에 속하는 임의의 $\mathbf{u}$, $\mathbf{v}$에 대하여 $T(\mathbf{u}+\mathbf{v}) = T(\mathbf{u}) + T(\mathbf{v})$이고
2. $\mathbb{R}^n$에 속하는 임의의 $\mathbf{u}$와 스칼라 c에 대하여 $T(c\mathbf{u}) = cT(\mathbf{v})$이면, 변환 $T : \mathbb{R}^n \to \mathbb{R}^m$을 **선형변환**(linear transformation)이라고 한다.

예제 3.55

$$T\begin{bmatrix} x \\ y \end{bmatrix} = \begin{bmatrix} x \\ 2x - y \\ 3x + 4y \end{bmatrix}$$

로 정의되는 변환 $T : \mathbb{R}^2 \to \mathbb{R}^3$를 다시 생각하자. T가 선형변환인지를 조사해보자. (1)이 성립하는지 보이기 위해

$$\mathbf{u} = \begin{bmatrix} x_1 \\ y_1 \end{bmatrix}, \quad \mathbf{v} = \begin{bmatrix} x_2 \\ y_2 \end{bmatrix}$$

라 두면

$$\begin{aligned} T(\mathbf{u}+\mathbf{v}) &= T\left(\begin{bmatrix} x_1 \\ y_1 \end{bmatrix} + \begin{bmatrix} x_2 \\ y_2 \end{bmatrix}\right) = T\left(\begin{bmatrix} x_1 + x_2 \\ y_1 + y_2 \end{bmatrix}\right) = \begin{bmatrix} x_1 + x_2 \\ 2(x_1 + x_2) - (y_1 + y_2) \\ 3(x_1 + x_2) + 4(y_1 + y_2) \end{bmatrix} \\ &= \begin{bmatrix} x_1 + x_2 \\ 2x_1 + 2x_2 - y_1 - y_2 \\ 3x_1 + 3x_2 + 4y_1 + 4y_2 \end{bmatrix} = \begin{bmatrix} x_1 + x_2 \\ (2x_1 - y_1) + (2x_2 - y_2) \\ (3x_1 + 4y_1) + (3x_2 + 4y_2) \end{bmatrix} \\ &= \begin{bmatrix} x_1 \\ 2x_1 - y_1 \\ 3x_1 + 4y_1 \end{bmatrix} + \begin{bmatrix} x_2 \\ 2x_2 - y_2 \\ 3x_2 + 4y_2 \end{bmatrix} = T\begin{bmatrix} x_1 \\ y_1 \end{bmatrix} + T\begin{bmatrix} x_2 \\ y_2 \end{bmatrix} = T(\mathbf{u}) + T(\mathbf{v}) \end{aligned}$$

(2)가 성립하는지 보이기 위해 $\mathbf{v} = \begin{bmatrix} x \\ y \end{bmatrix}$이고 c는 스칼라라고 하면

$$\begin{aligned} T(c\mathbf{v}) &= T\left(c\begin{bmatrix} x \\ y \end{bmatrix}\right) = T\left(\begin{bmatrix} cx \\ cy \end{bmatrix}\right) \\ &= \begin{bmatrix} cx \\ 2(cx) - (cy) \\ 3(cx) + 4(cy) \end{bmatrix} = \begin{bmatrix} cx \\ c(2x - y) \\ c(3x + 4y) \end{bmatrix} \\ &= c\begin{bmatrix} x \\ 2x - y \\ 3x + 4y \end{bmatrix} = cT\begin{bmatrix} x \\ y \end{bmatrix} = cT(\mathbf{v}) \end{aligned}$$

이다. 그러므로 T는 선형변환이다.

주의 선형변환의 정의는 (1)과 (2)를 결합하여 아래와 같이 요약할 수 있다.

$\mathbb{R}^n$에 속하는 임의의 $\mathbf{v}_1$, $\mathbf{v}_2$와 스칼라 c_1, c_2에 대하여

$$T(c_1\mathbf{v}_1 + c_2\mathbf{v}_2) = c_1 T(\mathbf{v}_1) + c_2 T(\mathbf{v}_2)$$

이면, $T: \mathbb{R}^n \to \mathbb{R}^m$은 선형변환이다.

위의 조건이 원래의 정의와 동치라는 것을 연습문제 53에서 보여라. 실제에서, 이 동치 조건식은 쓰는 것을 줄여준다.

예제 3.55의 선형변환은 원래 행렬변환에서 나온 것이지만, 이 예제에서 주어진 T의 정의로부터 행렬 A를 구하는 것은 간단하다.

$$T\begin{bmatrix} x \\ y \end{bmatrix} = \begin{bmatrix} x \\ 2x - y \\ 3x + 4y \end{bmatrix} = x\begin{bmatrix} 1 \\ 2 \\ 3 \end{bmatrix} + y\begin{bmatrix} 0 \\ -1 \\ 4 \end{bmatrix} = \begin{bmatrix} 1 & 0 \\ 2 & -1 \\ 3 & 4 \end{bmatrix}\begin{bmatrix} x \\ y \end{bmatrix}$$

이므로 $T = T_A$이다. 여기서, $A = \begin{bmatrix} 1 & 0 \\ 2 & -1 \\ 3 & 4 \end{bmatrix}$이다.

다음 정리에서 보듯이 모든 행렬변환은 선형변환이므로, 변환이 행렬변환임을 인식하는 것은 매우 중요하다.

정리 3.30 A가 $m \times n$행렬이라고 하자.

$$T_A(\mathbf{x}) = A\mathbf{x}, \quad \mathbf{x} \in \mathbb{R}^n$$

로 정의되는 행렬변환 $T_A: \mathbb{R}^n \to \mathbb{R}^m$은 선형변환이다.

증명 $\mathbf{u}$, $\mathbf{v}$는 $\mathbb{R}^n$에 속하는 임의의 벡터이고 c가 스칼라이면

$$T_A(\mathbf{u}+\mathbf{v}) = A(\mathbf{u}+\mathbf{v}) = A\mathbf{u} + A\mathbf{v} = T_A(\mathbf{u}) + T_A(\mathbf{v})$$

이고

$$T_A(c\mathbf{v}) = A(c\mathbf{v}) = c(A\mathbf{v}) = cT_A(\mathbf{v})$$

이다. 그러므로 T_A는 선형변환이다.

예제 3.56 $F: \mathbb{R}^2 \to \mathbb{R}^2$가 각 점을 x축에 대칭인 점으로 보내는 변환이면, F는 선형변환임을 보여라.

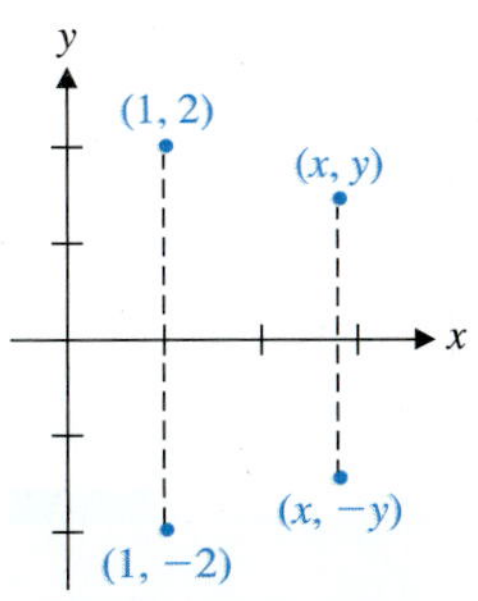

그림 3.4 x축 대칭

풀이 그림 3.4로부터 F는 점 (x, y)를 점 $(x, -y)$로 보내는 변환이다. 이 경우

$$F\begin{bmatrix} x \\ y \end{bmatrix} = \begin{bmatrix} x \\ -y \end{bmatrix}$$

이고 예제 3.55에서와 같이 F가 선형이 되는지 조사해야 한다. 이 경우는

$$\begin{bmatrix} x \\ -y \end{bmatrix} = x\begin{bmatrix} 1 \\ 0 \end{bmatrix} + y\begin{bmatrix} 0 \\ -1 \end{bmatrix} = \begin{bmatrix} 1 & 0 \\ 0 & -1 \end{bmatrix}\begin{bmatrix} x \\ y \end{bmatrix}$$

로 조사하는 것이 더 빠르다. 즉, 이 경우 $F\begin{bmatrix} x \\ y \end{bmatrix} = A\begin{bmatrix} x \\ y \end{bmatrix}$이다. 여기서 $A = \begin{bmatrix} 1 & 0 \\ 0 & -1 \end{bmatrix}$이다. 따라서 F는 행렬변환이고, 정리 3.30에 의해 F는 선형변환이다.

예제 3.57 $R:\mathbb{R}^2 \to \mathbb{R}^2$는 각 점을 원점에 관하여 반시계방향으로 90° 회전시키는 변환이라고 하자. 이때, R이 선형변환임을 보여라.

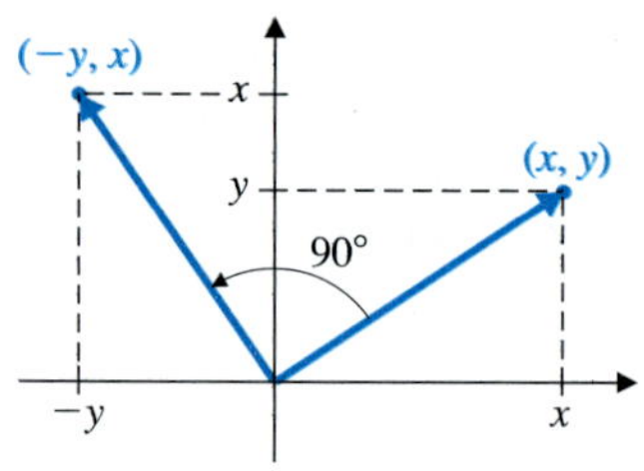

그림 3.5 90° 회전

풀이 그림 3.5로부터 R은 점 (x, y)를 $(-y, x)$로 보내는 변환이다. 그러므로

$$R\begin{bmatrix} x \\ y \end{bmatrix} = \begin{bmatrix} -y \\ x \end{bmatrix} = x\begin{bmatrix} 0 \\ 1 \end{bmatrix} + y\begin{bmatrix} -1 \\ 0 \end{bmatrix} = \begin{bmatrix} 0 & -1 \\ 1 & 0 \end{bmatrix}\begin{bmatrix} x \\ y \end{bmatrix}$$

이고 R은 행렬변환이고 따라서 선형변환이다.

만일, 하나의 행렬에 표준기저 벡터를 곱하면 행렬의 열벡터를 얻게 된다. 예를 들어

$$\begin{bmatrix} a & b \\ c & d \\ e & f \end{bmatrix}\begin{bmatrix} 1 \\ 0 \end{bmatrix} = \begin{bmatrix} a \\ c \\ e \end{bmatrix}, \quad \begin{bmatrix} a & b \\ c & d \\ e & f \end{bmatrix}\begin{bmatrix} 0 \\ 1 \end{bmatrix} = \begin{bmatrix} b \\ d \\ f \end{bmatrix}$$

이다. 우리는 이 사실을 이용하여 $\mathbb{R}^n$에서 $\mathbb{R}^m$으로의 모든 선형변환은 행렬변환이 됨을 보일 수 있다.

정리 3.31

$T:\mathbb{R}^n \to \mathbb{R}^m$이 선형변환이면, T는 행렬변환이다. 다시 말하면 $m \times n$행렬

$$A = [\, T(\mathbf{e}_1) \,\vdots\, T(\mathbf{e}_2) \,\vdots\, \cdots \,\vdots\, T(\mathbf{e}_n) \,]$$

에 대하여, $T = T_A$를 만족한다.

증명 $\mathbf{e}_1, \mathbf{e}_2, \cdots, \mathbf{e}_n$이 $\mathbb{R}^n$의 표준기저 벡터일 때, $\mathbf{x}$가 $\mathbb{R}^n$의 임의의 벡터이면, $\mathbf{x} = x_1\mathbf{e}_1 + x_2\mathbf{e}_2 + \cdots + x_n\mathbf{e}_n$으로 표현된다. 여기서, x_i는 $\mathbf{x}$의 성분이다. 또한, $T(\mathbf{e}_1), T(\mathbf{e}_2), \cdots, T(\mathbf{e}_n)$은 $\mathbb{R}^m$의 (열)벡터들이다. $A = [\, T(\mathbf{e}_1) \,\vdots\, T(\mathbf{e}_2) \,\vdots\, \cdots \,\vdots\, T(\mathbf{e}_n) \,]$를 이들 벡터를 열벡터로 갖는 $m \times n$행렬이라 두면

$$\begin{aligned} T(\mathbf{x}) &= T(x_1\mathbf{e}_1 + x_2\mathbf{e}_2 + \cdots + x_n\mathbf{e}_n) \\ &= x_1 T(\mathbf{e}_1) + x_2 T(\mathbf{e}_2) + \cdots + x_n T(\mathbf{e}_n) \\ &= [\, T(\mathbf{e}_1) \,\vdots\, T(\mathbf{e}_2) \,\vdots\, \cdots \,\vdots\, T(\mathbf{e}_n) \,]\begin{bmatrix} x_1 \\ x_2 \\ \vdots \\ x_n \end{bmatrix} = A\mathbf{x} \end{aligned}$$

이다.

정리 3.31에서 행렬 A를 선형변환 T의 **표준행렬**(standard matrix)이라고 부른다.

예제 3.58 원점에 관해 반시계방향으로 θ만큼 벡터를 회전하는 것은 $\mathbb{R}^2$에서 $\mathbb{R}^2$으로의 선형변환이 됨을 보이고, 그 표준행렬을 구하여라.

풀이 R_θ가 이러한 회전이라고 할 때, R_θ가 선형변환임을 보이기 위하여 먼저 기하학적으로 살펴보자. $\mathbf{u}$, $\mathbf{v}$가 $\mathbb{R}^2$의 벡터이고 이들이 평행하지 않다면 그림 3.6(a)에서 보듯이 평행사변형 법칙에 의해 $\mathbf{u}+\mathbf{v}$를 얻는다. R_θ를 변환하면, 그림 3.6(b)에서와 같이 평행사변형 전체는 각 θ만큼 회전한다. 그러나 평행사변형 법칙에 의해 이 평행사변형의 대각선은 $R_\theta(\mathbf{u})+R_\theta(\mathbf{v})$가 되어야만 한다. 그러므로 $R_\theta(\mathbf{u}+\mathbf{v})=R_\theta(\mathbf{u})+R_\theta(\mathbf{v})$이다. (만약 $\mathbf{u}$, $\mathbf{v}$가 평행이면 어떻게 될까?)

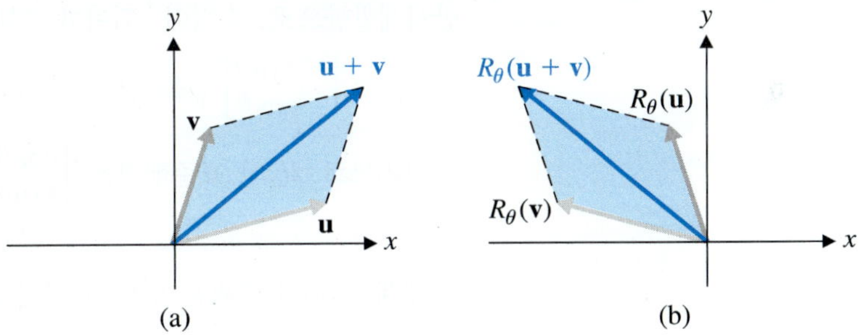

그림 3.6

같은 방법으로 $\mathbf{v}$와 $c\mathbf{v}$에 R_θ를 적용하면 그림 3.7에서와 같이 $R_\theta(\mathbf{v})$와 $R_\theta(c\mathbf{v})$를 얻는다. 회전은 길이에 영향을 주지 않으므로, $R_\theta(c\mathbf{v})=cR_\theta(\mathbf{v})$이다. ($0<c<1$, $-1<c<0$와 $c<-1$인 각 경우에 대하여, 그림을 그려보아라.)

그러므로 R_θ는 선형변환이다. 정리 3.31에 의해 $\mathbb{R}^2$의 표준기저 벡터 $\mathbf{e}_1$, $\mathbf{e}_2$에 이를 적용하여 행렬을 구할 수 있다. 그림 3.8에서 보듯이 $R_\theta\begin{bmatrix}1\\0\end{bmatrix}=\begin{bmatrix}\cos\theta\\ \sin\theta\end{bmatrix}$이다.

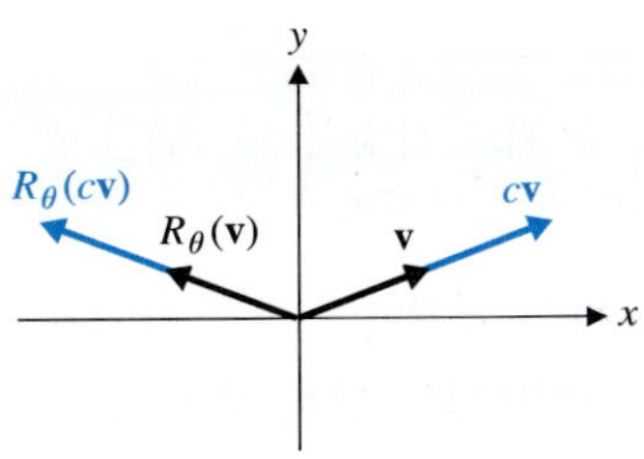

그림 3.7

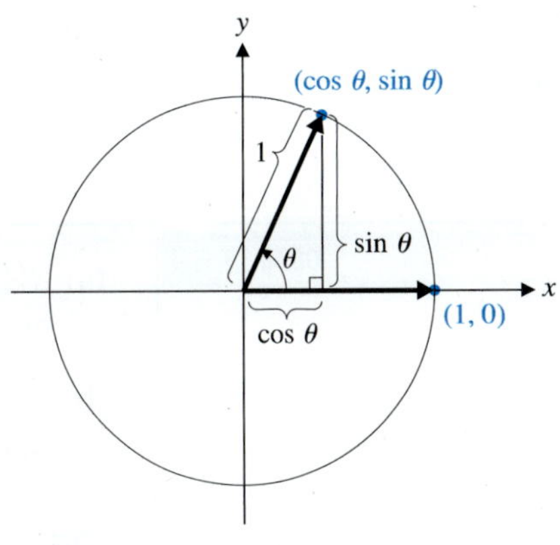

그림 3.8 $R_\theta(\mathbf{e}_1)$

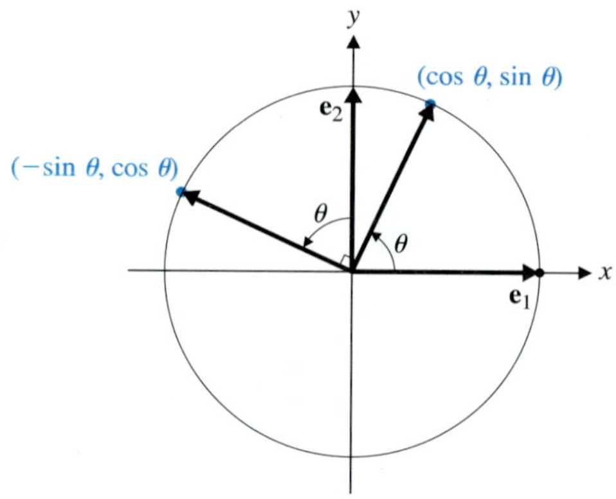

그림 3.9 $R_\theta(\mathbf{e}_2)$

같은 방법으로 $R_\theta\begin{bmatrix}0\\1\end{bmatrix}$을 구할 수 있다. 그러나 이것은 $R_\theta\begin{bmatrix}0\\1\end{bmatrix}$은 $R_\theta\begin{bmatrix}1\\0\end{bmatrix}$에 반시계방향으로 수직이 되어야 한다는 사실을 이용하면 예제 3.57에 의해 $R_\theta\begin{bmatrix}0\\1\end{bmatrix}=\begin{bmatrix}-\sin\theta\\ \cos\theta\end{bmatrix}$임을 쉽게 알 수 있다(그림 3.9).

그러므로 R_θ의 표준행렬은 $\begin{bmatrix}\cos\theta & -\sin\theta\\ \sin\theta & \cos\theta\end{bmatrix}$이다.

예제 3.58의 결과는 임의의 회전에 대한 결과를 계산하는 데 사용될 수 있다. 예를 들어, 원점에 관하여 60°로 점 (2, −1)을 회전시킨다고 하자. 통상적으로 양의 각은 반시계방향으로의 회전이고 음의 각은 시계방향의 회전을 의미한다. $\cos 60° = 1/2$이고 $\sin 60° = \sqrt{3}/2$이므로

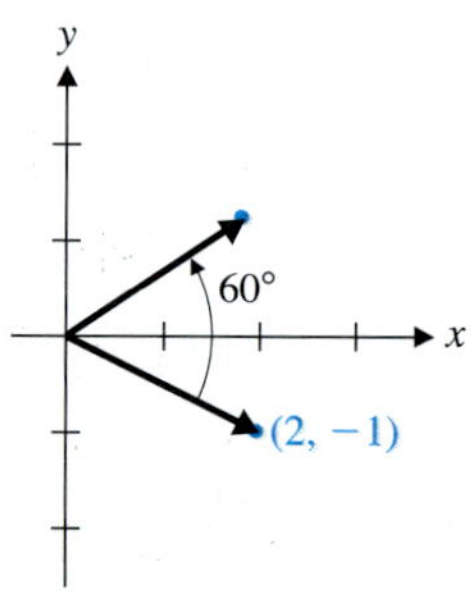

그림 3.10 60° 회전

$$R_{60}\begin{bmatrix}2\\-1\end{bmatrix}=\begin{bmatrix}\cos 60° & -\sin 60°\\ \sin 60° & \cos 60°\end{bmatrix}\begin{bmatrix}2\\-1\end{bmatrix}=\begin{bmatrix}1/2 & -\sqrt{3}/2\\ \sqrt{3}/2 & 1/2\end{bmatrix}\begin{bmatrix}2\\-1\end{bmatrix}$$
$$=\begin{bmatrix}(2+\sqrt{3})/2\\ (2\sqrt{3}-1)/2\end{bmatrix}$$

이다. 따라서 그림 3.10에서 보는 바와 같이 이 회전에 의한 점 (2, −1)의 상은 $((2+\sqrt{3})/2,\ (2\sqrt{3}-1)/2) \approx (1.87,\ 1.23)$이다.

예제 3.59

(a) 점을 x축 위로 사영시키는 변환 $P:\mathbb{R}^2\to\mathbb{R}^2$는 선형변환이 됨을 보이고, 그 표준행렬을 구하여라.

(b) ℓ이 $\mathbb{R}^2$에서 원점을 지나는 직선일 때, 점을 ℓ로 사영시키는 변환 $P_\ell:\mathbb{R}^2\to\mathbb{R}^2$는 선형변환이 됨을 보이고, 그 표준행렬을 구하여라.

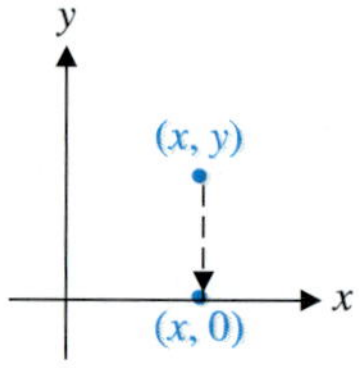

그림 3.11 사영

풀이 (a) 그림 3.11에서와 같이 P는 점 $(x,\ y)$를 $(x,\ 0)$로 보낸다. 따라서

$$P\begin{bmatrix}x\\y\end{bmatrix}=\begin{bmatrix}x\\0\end{bmatrix}=x\begin{bmatrix}1\\0\end{bmatrix}+y\begin{bmatrix}0\\0\end{bmatrix}=\begin{bmatrix}1&0\\0&0\end{bmatrix}\begin{bmatrix}x\\y\end{bmatrix}$$

이고, P는 표준행렬 $\begin{bmatrix}1 & 0\\0 & 0\end{bmatrix}$을 갖는 행렬변환이다. 그러므로 선형변환이다.

(b) 직선 ℓ의 방향벡터를 $\mathbf{d}$라 하고, $\mathbf{v}$가 임의의 벡터라고 하자. 이때, P_ℓ은 $\mathbf{d}$ 위로 $\mathbf{v}$의 사영인 $\mathrm{proj}_{\mathbf{d}}(\mathbf{v})$이다. 이는 1.2절에서

$$\mathrm{proj}_{\mathbf{d}}(\mathbf{v})=\left(\frac{\mathbf{d}\cdot\mathbf{v}}{\mathbf{d}\cdot\mathbf{d}}\right)\mathbf{d}$$

로 주어짐을 알고 있다. 따라서

$$\begin{aligned}P_\ell(\mathbf{u}+\mathbf{v})&=\left(\frac{\mathbf{d}\cdot(\mathbf{u}+\mathbf{v})}{\mathbf{d}\cdot\mathbf{d}}\right)\mathbf{d}\\&=\left(\frac{\mathbf{d}\cdot\mathbf{u}+\mathbf{d}\cdot\mathbf{v}}{\mathbf{d}\cdot\mathbf{d}}\right)\mathbf{d}\\&=\left(\frac{\mathbf{d}\cdot\mathbf{u}}{\mathbf{d}\cdot\mathbf{d}}+\frac{\mathbf{d}\cdot\mathbf{v}}{\mathbf{d}\cdot\mathbf{d}}\right)\mathbf{d}\\&=\left(\frac{\mathbf{d}\cdot\mathbf{u}}{\mathbf{d}\cdot\mathbf{d}}\right)\mathbf{d}+\left(\frac{\mathbf{d}\cdot\mathbf{v}}{\mathbf{d}\cdot\mathbf{d}}\right)\mathbf{d}=P_\ell(\mathbf{u})+P_\ell(\mathbf{v})\end{aligned}$$

가 성립한다. 마찬가지로 임의의 스칼라 c에 대해 $P_\ell(c\mathbf{v})=cP_\ell(\mathbf{v})$이다(연습문제 52). 그러므로 P_ℓ은 선형변환이다.

P_ℓ의 표준행렬을 구하기 위해 정리 3.31을 적용한다. $\mathbf{d}=\begin{bmatrix}d_1\\d_2\end{bmatrix}$라 두면

$$P_\ell(\mathbf{e}_1)=\left(\frac{\mathbf{d}\cdot\mathbf{e}_1}{\mathbf{d}\cdot\mathbf{d}}\right)\mathbf{d}=\frac{d_1}{d_1^2+d_2^2}\begin{bmatrix}d_1\\d_2\end{bmatrix}=\frac{1}{d_1^2+d_2^2}\begin{bmatrix}d_1^2\\d_1d_2\end{bmatrix}$$

$$P_\ell(\mathbf{e}_2)=\left(\frac{\mathbf{d}\cdot\mathbf{e}_2}{\mathbf{d}\cdot\mathbf{d}}\right)\mathbf{d}=\frac{d_2}{d_1^2+d_2^2}\begin{bmatrix}d_1\\d_2\end{bmatrix}=\frac{1}{d_1^2+d_2^2}\begin{bmatrix}d_1d_2\\d_2^2\end{bmatrix}$$

이므로, 이 사영의 표준행렬은

$$A=\frac{1}{d_1^2+d_2^2}\begin{bmatrix}d_1^2 & d_1d_2\\d_1d_2 & d_2^2\end{bmatrix}=\begin{bmatrix}d_1^2/(d_1^2+d_2^2) & d_1d_2/(d_1^2+d_2^2)\\d_1d_2/(d_1^2+d_2^2) & d_2^2/(d_1^2+d_2^2)\end{bmatrix}$$

이다.

검산을 위해 (a)에서 x축에 대한 방향벡터로서 $\mathbf{d}=\mathbf{e}_1$을 택하면, $d_1=1$, $d_2=0$이고 $A=\begin{bmatrix}1 & 0\\0 & 0\end{bmatrix}$를 얻는다.

선형변환의 합성

$T:\mathbb{R}^m\to\mathbb{R}^n$과 $S:\mathbb{R}^n\to\mathbb{R}^p$가 선형변환이면 두 변환의 **합성**을 $S\circ T$로 나타낸다. $S\circ T$가 의미를 갖도록 하기 위해서는 T의 공역과 S의 정의역이 일치되어야 하며, 합성변환 $S\circ T$는 T의 정의역에서 S의 공역으로의 사상이다. 그림 3.12는 이러한 합성이 어떻게 행하여지는지를 그림으로 보여준다. 변환의 합성에 대한 형

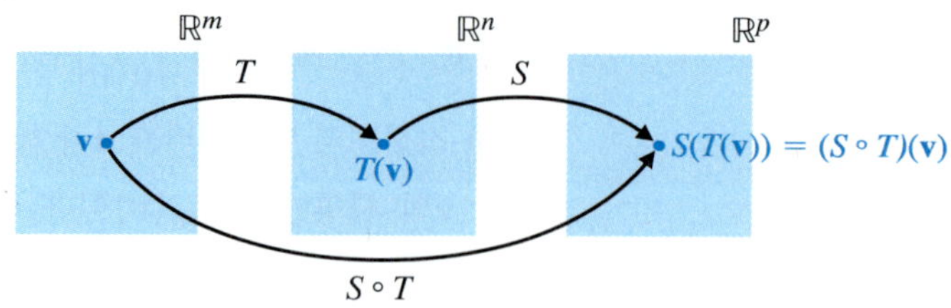

그림 3.12 변환의 합성

식적인 정의는 이 그림으로부터 직접 얻을 수 있으며, 일반적인 함수의 합성에 대한 정의와 같다.

$$(S \circ T)(\mathbf{v}) = S(T(\mathbf{v}))$$

물론, 우리는 $S \circ T$가 선형변환이 되기를 원하는데 다행히 이것은 성립한다. 이에 대한 증명은 6장에서 할 것이다. 그러나 당분간은 선형변환과 행렬변환을 같은 것으로 가정하였으므로, $S \circ T$가 행렬변환임을 보이는 것으로 충분하다. 선형변환 T의 표준행렬을 $[T]$로 나타내기로 한다.

정리 3.32

$T : \mathbb{R}^m \to \mathbb{R}^n$, $S : \mathbb{R}^n \to \mathbb{R}^p$가 선형변환이면, $S \circ T : \mathbb{R}^m \to \mathbb{R}^p$도 선형변환이다. 더욱이 이들의 표준행렬은

$$[S \circ T] = [S][T]$$

로 표현된다.

증명 $[S] = A$, $[T] = B$라고 하자. 이때, A는 $p \times n$, B는 $n \times m$행렬이다. $\mathbf{v}$가 $\mathbb{R}^m$의 한 벡터이면

$$(S \circ T)(\mathbf{v}) = S(T(\mathbf{v})) = S(B\mathbf{v}) = A(B\mathbf{v}) = (AB)\mathbf{v}$$

이다. 그러므로 $S \circ T$의 결과는 AB에 벡터를 곱하는 것이고, 이로부터 $S \circ T$는 $[S \circ T] = [S][T]$가 성립하는 행렬변환, 즉 선형변환이다.

이를 한마디로 표현하면 '합성변환의 행렬은 행렬의 곱'이라는 것이다.

예제 3.60

예제 3.55의 선형변환 $T : \mathbb{R}^2 \to \mathbb{R}^3$

$$T\begin{bmatrix} x_1 \\ x_2 \end{bmatrix} = \begin{bmatrix} x_1 \\ 2x_1 - x_2 \\ 3x_1 + 4x_2 \end{bmatrix}$$

와

$$S\begin{bmatrix} y_1 \\ y_2 \\ y_3 \end{bmatrix} = \begin{bmatrix} 2y_1 + y_3 \\ 3y_2 - y_3 \\ y_1 - y_2 \\ y_1 + y_2 + y_3 \end{bmatrix}$$

로 주어진 선형변환 $S : \mathbb{R}^3 \to \mathbb{R}^4$를 생각하자. 이때, $S \circ T : \mathbb{R}^2 \to \mathbb{R}^4$를 구하여라.

풀이 두 선형변환의 표준행렬은

$$[S] = \begin{bmatrix} 2 & 0 & 1 \\ 0 & 3 & -1 \\ 1 & -1 & 0 \\ 1 & 1 & 1 \end{bmatrix}, \quad [T] = \begin{bmatrix} 1 & 0 \\ 2 & -1 \\ 3 & 4 \end{bmatrix}$$

이고, 정리 3.32에 의해

$$[S \circ T] = [S][T] = \begin{bmatrix} 2 & 0 & 1 \\ 0 & 3 & -1 \\ 1 & -1 & 0 \\ 1 & 1 & 1 \end{bmatrix} \begin{bmatrix} 1 & 0 \\ 2 & -1 \\ 3 & 4 \end{bmatrix} = \begin{bmatrix} 5 & 4 \\ 3 & -7 \\ -1 & 1 \\ 6 & 3 \end{bmatrix}$$

이므로

$$(S \circ T)\begin{bmatrix} x_1 \\ x_2 \end{bmatrix} = \begin{bmatrix} 5 & 4 \\ 3 & -7 \\ -1 & 1 \\ 6 & 3 \end{bmatrix} \begin{bmatrix} x_1 \\ x_2 \end{bmatrix} = \begin{bmatrix} 5x_1 + 4x_2 \\ 3x_1 - 7x_2 \\ -x_1 + x_2 \\ 6x_1 + 3x_2 \end{bmatrix}$$

예제 3.61 한 점을 원점에 관하여 반시계방향으로 90° 회전한 후, x축으로 대칭이동한 변환의 표준행렬을 구하여라.

풀이 회전변환 R과 대칭변환 F는 예제 3.57과 3.56에서 살펴보았다. 여기서, 표준행렬은 $[R] = \begin{bmatrix} 0 & -1 \\ 1 & 0 \end{bmatrix}$, $[F] = \begin{bmatrix} 1 & 0 \\ 0 & -1 \end{bmatrix}$이다. 합성변환 $F \circ R$에 대한 행렬은

$$[F \circ R] = [F][R] = \begin{bmatrix} 1 & 0 \\ 0 & -1 \end{bmatrix} \begin{bmatrix} 0 & -1 \\ 1 & 0 \end{bmatrix} = \begin{bmatrix} 0 & -1 \\ -1 & 0 \end{bmatrix}$$

이다. (표준기저 벡터 $\mathbf{e}_1$, $\mathbf{e}_2$에 대한 $F \circ R$의 작용결과를 생각하여 이 결과가 옳음을 확인하여라. 변환의 순서의 중요성에 주의하여라. R이 F보다 먼저 적용되지만 $F \circ R$로 표기한다. 이 경우에는 $R \circ F$도 의미를 갖는다. $R \circ F = F \circ R$이 성립하는가?)

선형변환의 역변환

원점에 관해 시계방향으로 90° 회전한 후 다시 반시계방향으로 90° 회전한 결과

를 생각해보자. 이 경우 $\mathbb{R}^2$의 모든 점들은 전혀 변하지 않는다. 이들 변환을 R_{90}와 R_{-90}로 표시한다면(음의 각은 시계방향을 의미), $\mathbb{R}^2$의 모든 벡터 $\mathbf{v}$에 대해 $(R_{90} \circ R_{-90})(\mathbf{v}) = \mathbf{v}$이다. 이 경우, 순서를 바꾸어 시행하더라도 결과는 같다. 즉, $\mathbb{R}^2$의 모든 $\mathbf{v}$에 대해 $(R_{-90} \circ R_{90})(\mathbf{v}) = \mathbf{v}$이다.

그러므로 $R_{90} \circ R_{-90}$와 $R_{-90} \circ R_{90}$는 $\mathbb{R}^2$의 모든 벡터가 전혀 변하지 않는 선형변환이다. 이러한 변환을 **항등변환**(identity transformation)이라고 부른다. 일반적으로 임의의 $\mathbb{R}^n$에 대하여 이러한 변환은 하나 존재한다. 차원이 필요한 경우, $\mathbb{R}^n$의 모든 $\mathbf{v}$에 대해서 $I(\mathbf{v}) = \mathbf{v}$를 만족하는 $I : \mathbb{R}^n \to \mathbb{R}^n$을 I_n으로 나타낸다.

이 표기를 이용하면 $R_{90} \circ R_{-90} = I = R_{-90} \circ R_{90}$이다. 이러한 방법으로 서로 연관된 변환의 짝을 **역변환**이라고 부른다.

정의 S와 T가 $\mathbb{R}^n$에서 $\mathbb{R}^n$으로의 선형변환이라고 하자. $S \circ T = I_n$과 $T \circ S = I_n$이 성립하면 S와 T는 **역변환**(inverse transformation)이라고 한다.

주의 이 정의는 S와 T에 관해서 서로 대칭적이므로, S는 T의 역변환이고 T는 S의 역변환이라고 한다. 또한, S와 T는 **가역**(invertible)이라고 한다.

행렬에 관하여 표현하면, S와 T가 역변환일 경우 $[S][T] = [S \circ T] = [I] = I$이다. 여기서, I는 단위행렬이다. (왜 항등변환의 표준행렬은 단위행렬이 되는가?) 또한, $[T][S] = [T \circ S] = [I] = I$이 성립한다. 이것은 $[S]$와 $[T]$가 서로 역행렬임을 알려준다. 그리고 선형변환 T가 가역이면, 표준행렬 $[T]$도 가역이고, 역행렬은 유일하므로 T의 역변환도 유일하다. 따라서 T의 역변환을 T^{-1}로 표현할 수 있으며, 위의 식을 $[T][T^{-1}] = I = [T^{-1}][T]$로 표현할 수 있다. 이것은 T^{-1}의 행렬이 $[T]$의 역행렬이라는 것을 보여주며 다음 정리를 증명한다.

정리 3.33 $T : \mathbb{R}^n \to \mathbb{R}^n$이 가역인 선형변환이라고 하자. 이때, 표준행렬 $[T]$는 가역행렬이고

$$[T^{-1}] = [T]^{-1}$$

이다.

주의 이는 '역변환의 표준행렬은 표준행렬의 역행렬'임을 의미한다.

예제 3.62 $\mathbb{R}^2$에서 원점에 관해 시계방향으로 $60°$ 회전하는 변환의 표준행렬을 구하여라.

풀이 원점에 관해 반시계방향으로 $60°$ 회전하는 변환의 행렬은

$$[R_{60}] = \begin{bmatrix} 1/2 & -\sqrt{3}/2 \\ \sqrt{3}/2 & 1/2 \end{bmatrix}$$

임을 앞에서 계산하였다. 한편, 시계방향으로 60° 회전하는 것은 반시계방향으로 60° 회전하는 변환의 역변환이므로 정리 3.33에 의해

$$[R_{-60}] = [(R_{60})^{-1}] = \begin{bmatrix} 1/2 & -\sqrt{3}/2 \\ \sqrt{3}/2 & 1/2 \end{bmatrix}^{-1} = \begin{bmatrix} 1/2 & \sqrt{3}/2 \\ -\sqrt{3}/2 & 1/2 \end{bmatrix}$$

이다. (역행렬 계산에서 가장 빠른 방법은 정리 3.8을 이용하는 것이다.)

예제 3.63 x축 위로의 사영이 가역변환인지를 조사하고, 가역변환이면 역변환을 구하여라.

풀이 이러한 사영변환 P의 표준행렬은 $\begin{bmatrix} 1 & 0 \\ 0 & 0 \end{bmatrix}$인데, 이는 행렬식이 0이므로 가역이 아니다. 따라서 P는 가역변환이 아니다.

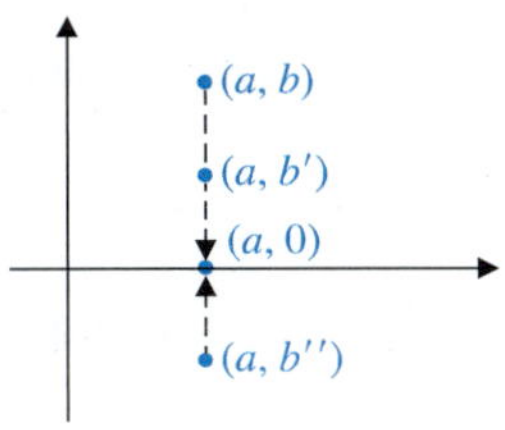

그림 3.13 사영은 가역변환이 아님

주의 그림 3.13은 예제 3.63의 P가 왜 가역변환이 아닌지를 보여준다. 가역이 되기 위해서는 P에 대해 우리가 시작한 점 (a, b)로 '원상복귀'의 방법이 있어야 한다. 그러나 이러한 가상의 '역변환'에 대한 $(a, 0)$의 상으로 무수히 많은 후보들이 있다. 우리는 어떤 것을 사용할 것인가? b가 무엇인지 알 수 있는 방법이 없을 때, 이것이 정의가 될 수 없으므로 P^{-1}는 $(a, 0)$를 (a, b)로 보내야 한다고 당연하게 이야기할 수는 없기 때문이다(연습문제 42 참조).

결합법칙

3.2절 정리 3.3(a)에서 행렬곱셈에 대한 결합법칙 $A(BC) = (AB)C$를 설명하였다. (그때 그것을 증명해보지 않았다면 지금 해보아라. 2×2행렬에 대해서만 제한하더라도, 원소별 증명에 수반되는 기호의 복잡성을 느낄 것이다.)

우리가 이를 증명하는 데 이용할 방법은 선형변환이다. 모든 $m \times n$행렬 A는 선형변환 $T_A : \mathbb{R}^n \to \mathbb{R}^m$에 대응되고, 역으로 모든 선형변환 $T : \mathbb{R}^n \to \mathbb{R}^m$은 대응되는 $m \times n$행렬 $[T]$를 가진다는 것을 알고 있다. 이들 두 대응은 역으로 서로 연관되어 있다. 즉, 주어진 A에 대해서 $[T_A] = A$이고, 주어진 T에 대해서 $T_{[T]} = T$이다.

$R = T_A$, $S = T_B$, $T = T_C$라고 하자. 정리 3.32에 의해

$$A(BC) = (AB)C \quad \Leftrightarrow \quad R \circ (S \circ T) = (R \circ S) \circ T$$

이다. 여기서, 후자의 등식을 증명해보자. $\mathbf{x}$가 T의 정의역에 속하는 임의의 원소라고 하자. $R \circ (S \circ T) = (R \circ S) \circ T$임을 보이기 위해 $\mathbf{x}$에 대해 같은 변환의 값을 갖는다는 사실을 보이면 된다. 합성변환의 정의를 반복적으로 적용하면

$$
\begin{aligned}
(R\circ(S\circ T))(\mathbf{x}) &= R((S\circ T)(\mathbf{x}))\\
&= R(S(T(\mathbf{x})))\\
&= (R\circ S)(T(\mathbf{x})) = ((R\circ S)\circ T)(\mathbf{x})
\end{aligned}
$$

이다. (합성의 정의를 네 번 어떻게 사용하였는지 조사해 보아라.)

이 절에서는 선형변환을 소개하였다. 6장에서 이들 변환에 대해 더 자세하고 일반적인 고찰을 하게 될 것이다. 다음의 연습문제는 이러한 중요한 개념에 대한 어떤 추가적인 탐구를 포함한다.

3.6 연습문제

1. $T_A:\mathbb{R}^2\to\mathbb{R}^2$를 $A=\begin{bmatrix}2 & -1\\3 & 4\end{bmatrix}$에 대응하는 행렬변환이라 하자. $\mathbf{u}=\begin{bmatrix}1\\2\end{bmatrix}$이고 $\mathbf{v}=\begin{bmatrix}3\\-2\end{bmatrix}$일 때, $T_A(\mathbf{u})$와 $T_A(\mathbf{v})$를 구하여라.

2. $T_A:\mathbb{R}^2\to\mathbb{R}^3$를 $A=\begin{bmatrix}3 & -1\\1 & 2\\1 & 4\end{bmatrix}$에 대응하는 행렬변환이라 하자. $\mathbf{u}=\begin{bmatrix}1\\2\end{bmatrix}$이고 $\mathbf{v}=\begin{bmatrix}3\\-2\end{bmatrix}$일 때, $T_A(\mathbf{u})$와 $T_A(\mathbf{v})$를 구하여라.

※ [3–6] 정의 또는 예제 3.55 다음의 주의를 이용하여 다음에 주어진 변환이 선형변환임을 보여라.

3. $T\begin{bmatrix}x\\y\end{bmatrix}=\begin{bmatrix}x+y\\x-y\end{bmatrix}$

4. $T\begin{bmatrix}x\\y\end{bmatrix}=\begin{bmatrix}-y\\x+2y\\3x-4y\end{bmatrix}$

5. $T\begin{bmatrix}x\\y\\z\end{bmatrix}=\begin{bmatrix}x-y+z\\2x+y-3z\end{bmatrix}$

6. $T\begin{bmatrix}x\\y\\z\end{bmatrix}=\begin{bmatrix}x+z\\y+z\\x+y\end{bmatrix}$

※ [7–10] 반례를 들어 다음에 주어진 변환이 선형변환이 아님을 보여라.

7. $T\begin{bmatrix}x\\y\end{bmatrix}=\begin{bmatrix}y\\x^2\end{bmatrix}$

8. $T\begin{bmatrix}x\\y\end{bmatrix}=\begin{bmatrix}|x|\\|y|\end{bmatrix}$

9. $T\begin{bmatrix}x\\y\end{bmatrix}=\begin{bmatrix}xy\\x+y\end{bmatrix}$

10. $T\begin{bmatrix}x\\y\end{bmatrix}=\begin{bmatrix}x+1\\y-1\end{bmatrix}$

※ [11–14] 다음에 주어진 연습문제에 있는 선형변환의 표준행렬을 구하여라.

11. 연습문제 3
12. 연습문제 4
13. 연습문제 5
14. 연습문제 6

※ [15–18] 다음에 주어진 $\mathbb{R}^2$에서 $\mathbb{R}^2$로의 변환이 행렬변환임을 보임으로써 선형변환임을 보여라.

15. F는 벡터를 y축에 관하여 대칭시킨다.
16. R은 벡터를 원점에 대하여 반시계방향으로 45° 회전한다.
17. D는 벡터를 x축으로 2만큼, y축으로 3만큼 늘인다.
18. P는 벡터를 직선 $y=x$ 위로 사영한다.

19. 세 가지 형태의 기본행렬들은 다음 다섯 가지 형태의 2×2행렬 중 하나로 나타난다.

$$\begin{bmatrix}k & 0\\0 & 1\end{bmatrix},\ \begin{bmatrix}1 & 0\\0 & k\end{bmatrix},\ \begin{bmatrix}0 & 1\\1 & 0\end{bmatrix},\ \begin{bmatrix}1 & k\\0 & 1\end{bmatrix},\ \begin{bmatrix}1 & 0\\k & 1\end{bmatrix}$$

이 기본행렬들에 대응하는 $\mathbb{R}^2$에서 $\mathbb{R}^2$로의 행렬변환의 결과를 기하학적으로 설명하여라.

※ [20–25] 다음에 주어진 $\mathbb{R}^2$에서 $\mathbb{R}^2$로의 선형변환의 표준행렬을 구하여라.

20. 원점에 대하여 반시계방향으로 120° 회전
21. 원점에 대하여 시계방향으로 30° 회전
22. 직선 $y=2x$ 위로의 사영
23. 직선 $y=-x$ 위로의 사영
24. 직선 $y=x$에 관하여 대칭
25. 직선 $y=-x$에 관하여 대칭

26. ℓ은 $\mathbb{R}^2$에서 원점을 지나는 직선이고, P_ℓ은 벡터를 ℓ 위로 사영하는 선형변환이며, F_ℓ은 벡터를 ℓ에 관하여 대칭시키는 변환이라 하자.
    (a) F_ℓ이 선형임을 그림으로 보여라.

(b) 그림 3.14는 평행사변형의 대각선이 다른 대각선을 이등분한다는 사실을 이용하여, F_ℓ의 행렬을 구하는 방법을 보여주고 있다. $F_\ell(\mathbf{x})=2P_\ell(\mathbf{x})-\mathbf{x}$ 임을 보이고, 이 결과를 이용하여 F_ℓ의 표준행렬이

$$\frac{1}{d_1^2+d_2^2}\begin{bmatrix} d_1^2-d_2^2 & 2d_1d_2 \\ 2d_1d_2 & -d_1^2+d_2^2 \end{bmatrix}$$

임을 보여라. 여기서, ℓ의 방향벡터는 $\mathbf{d}=\begin{bmatrix} d_1 \\ d_2 \end{bmatrix}$이다.

(c) ℓ과 양의 x축 사이의 각을 θ라 하면, F_ℓ의 행렬은

$$\begin{bmatrix} \cos 2\theta & \sin 2\theta \\ \sin 2\theta & -\cos 2\theta \end{bmatrix}$$

임을 보여라.

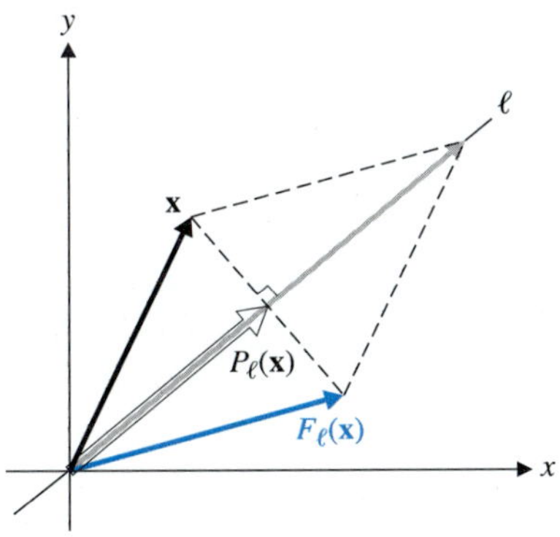

그림 3.14

※ [27-28] 연습문제 26의 (b) 또는 (c)를 적용하여 다음 변환의 표준행렬을 구하여라.

27. 직선 $y=2x$에 관하여 대칭

28. 직선 $y=\sqrt{3}\,x$에 관하여 대칭

29. 예제 3.60에서 직접 대입하여, $S\circ T$의 공식을 확인하여라.

※ [30-35] (a) 직접 대입하고 (b) $[S][T]$의 행렬 곱셈을 이용하여 $S\circ T$의 행렬을 구하여 정리 3.32를 확인하여라.

30. $T\begin{bmatrix} x_1 \\ x_2 \end{bmatrix}=\begin{bmatrix} x_1-x_2 \\ x_1+x_2 \end{bmatrix}$, $S\begin{bmatrix} y_1 \\ y_2 \end{bmatrix}=\begin{bmatrix} 2y_1 \\ -y_2 \end{bmatrix}$

31. $T\begin{bmatrix} x_1 \\ x_2 \end{bmatrix}=\begin{bmatrix} x_1+2x_2 \\ -3x_1+x_2 \end{bmatrix}$, $S\begin{bmatrix} y_1 \\ y_2 \end{bmatrix}=\begin{bmatrix} y_1+3y_2 \\ y_1-y_2 \end{bmatrix}$

32. $T\begin{bmatrix} x_1 \\ x_2 \end{bmatrix}=\begin{bmatrix} x_2 \\ -x_1 \end{bmatrix}$, $S\begin{bmatrix} y_1 \\ y_2 \end{bmatrix}=\begin{bmatrix} y_1+3y_2 \\ 2y_1+y_2 \\ y_1-y_2 \end{bmatrix}$

33. $T\begin{bmatrix} x_1 \\ x_2 \\ x_3 \end{bmatrix}=\begin{bmatrix} x_1+x_2-x_3 \\ 2x_1-x_2+x_3 \end{bmatrix}$, $S\begin{bmatrix} y_1 \\ y_2 \end{bmatrix}=\begin{bmatrix} 4y_1-2y_2 \\ -y_1+y_2 \end{bmatrix}$

34. $T\begin{bmatrix} x_1 \\ x_2 \\ x_3 \end{bmatrix}=\begin{bmatrix} x_1+2x_2 \\ 2x_2-x_3 \end{bmatrix}$, $S\begin{bmatrix} y_1 \\ y_2 \end{bmatrix}=\begin{bmatrix} y_1-y_2 \\ y_1+y_2 \\ -y_1+y_2 \end{bmatrix}$

35. $T\begin{bmatrix} x_1 \\ x_2 \\ x_3 \end{bmatrix}=\begin{bmatrix} x_1+x_2 \\ x_2+x_3 \\ x_1+x_3 \end{bmatrix}$, $S\begin{bmatrix} y_1 \\ y_2 \\ y_3 \end{bmatrix}=\begin{bmatrix} y_1-y_2 \\ y_2-y_3 \\ -y_1+y_3 \end{bmatrix}$

※ [36-39] 다음 $\mathbb{R}^2$에서 $\mathbb{R}^2$로의 합성변환의 표준행렬을 구하여라.

36. 반시계방향으로 60° 회전한 후, 직선 $y=x$에 관하여 대칭시킨다.

37. y축에 관하여 대칭시킨 후, 시계방향으로 30° 회전시킨다.

38. 시계방향으로 45° 회전시킨 후, y축 위로 사영하고, 다시 시계방향으로 45° 회전시킨다.

39. 직선 $y=x$에 관하여 대칭시킨 후, 반시계방향으로 30° 회전시키고, 다시 직선 $y=-x$에 관하여 대칭시킨다.

※ [40-43] 행렬을 이용하여 $\mathbb{R}^2$에서 $\mathbb{R}^2$로의 변환에 대하여 다음에 주어진 명제를 증명하여라.

40. R_θ를 원점에 대하여 θ만큼 회전한 것으로 정의하면, $R_\alpha\circ R_\beta=R_{\alpha+\beta}$이다.

41. θ를 원점을 지나는 직선 ℓ과 m 사이의 각이라 하면, $F_m\circ F_\ell=R_{+2\theta}$이다(연습문제 26 참조).

42. (a) P가 사영이면, $P\circ P=P$이다.

(b) 사영변환의 행렬은 결코 가역이 될 수 없다.

43. ℓ, m, n이 원점을 지나는 직선이면, $F_n\circ F_m\circ F_\ell$은 원점을 지나는 직선에 대칭이다.

44. T를 $\mathbb{R}^2$에서 $\mathbb{R}^2$(또는 $\mathbb{R}^3$에서 $\mathbb{R}^3$)로의 선형변환이라 하자. 이때, T는 직선을 직선 또는 점으로 대응시킴을 보여라. [힌트: 직선의 방정식의 벡터형식을 이용하여라.]

45. T를 $\mathbb{R}^2$에서 $\mathbb{R}^2$로의(또는 $\mathbb{R}^3$에서 $\mathbb{R}^3$) 선형변환이라

하자. T는 평행한 직선을 평행선이나 한 직선, 여러 개의 점 또는 한 점으로 대응시킴을 보여라.

※ [46–51] $ABCD$가 꼭짓점이 $(-1, 1)$, $(1, 1)$, $(1, -1)$, $(-1, -1)$인 정사각형이라 하자. 연습문제 44와 45의 결과를 이용하여, 다음에 주어진 변환에 의한 $ABCD$의 상을 구하고 그림으로 나타내어라.

46. 연습문제 3의 T

47. 연습문제 17의 D

48. 연습문제 18의 P

49. 연습문제 22의 사영

50. 연습문제 31의 T

51. 연습문제 37의 변환

52. 임의의 스칼라 c에 대하여, $P_\ell(c\mathbf{v})=cP_\ell(\mathbf{v})$임을 보여라(예제 3.59(b) 참조).

53. $\mathbb{R}^n$의 임의의 벡터 $\mathbf{v}_1$, $\mathbf{v}_2$와 스칼라 c_1, c_2에 대하여 $T:\mathbb{R}^n\to\mathbb{R}^m$가 선형변환이기 위한 필요충분조건은

$$T(c_1\mathbf{v}_1+c_2\mathbf{v}_2)=c_1T(\mathbf{v}_1)+c_2T(\mathbf{v}_2)$$

임을 보여라.

54. 선형변환 $T:\mathbb{R}^n\to\mathbb{R}^m$의 치역은 그것의 행렬 $[T]$의 열공간임을 보여라.

55. A가 가역인 2×2행렬이면, 연습문제 19의 선형변환 T_A에 대해서 주장할 수 있는 가역행렬의 기본정리는 무엇인가?

비네트

로봇공학

1981년에 위성원격조정기(SRMS)라고 불리는 장치를 장착한 미국 우주왕복선 콜롬비아가 발사되었다. 캐나담(Canadarm)으로 알려진 이 로봇 팔은 강하지만 정교하고 정확한 우주선의 탑재량의 조작을 제공함으로써, 우주왕복선의 순차적인 모든 임무에 핵심적인 도구임이 입증되었다(그림 3.15).

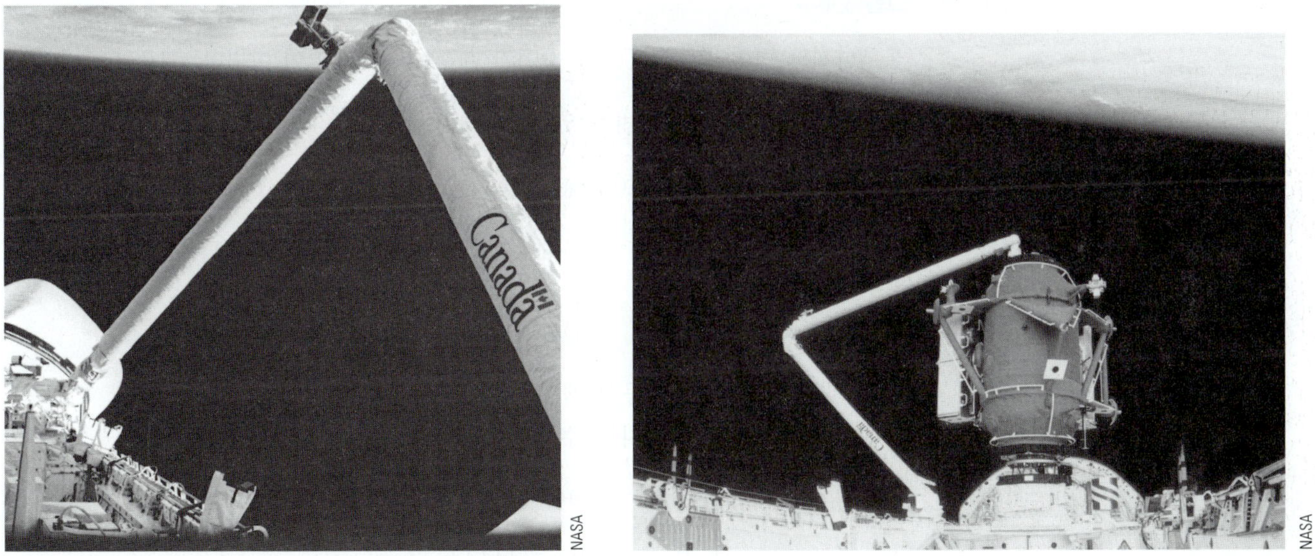

그림 3.15 캐나담

캐나담은 인공위성을 적당한 궤도에 설치하고 수리가 필요한 고장 난 인공위성을 회수하는 데 사용되었으며 왕복선 자체의 위급한 수리를 하기도 했다. 그 중에서도 특히 로봇 팔은 허블(Hubble) 우주 망원경의 성공적인 수리에 도움이 되었다. 1998년 이래로 캐나담은 국제 우주정거장의 조립에 매우 중요한 역할을 하였다.

로봇 팔은 회전할 수 있는 이음매(joint)에 연결된 일정한 길이의 연동장치(link)들로 구성되어 있다. 각각의 연동장치는 공간에서 회전하거나, 또는 다른 이음매의 영향으로 자신과 평행하게 자리를 이동하거나, 회전과 평행이동의 조합에 의하여 움직일 수 있다. 우리가 로봇 팔에 대한 수학적인 모형을 설계할 수 있기 전에 우리는 어떻게 회전과 평행이동이 결합적으로 작동하는지를 이해할 필요가 있다. 상황을 간단히 하기 위하여 로봇 팔이 $\mathbb{R}^2$에 있다고 가정하자.

3.6절에서, 원점을 중심으로 각 θ만큼의 회전 R은 행렬 $\begin{bmatrix} \cos\theta & -\sin\theta \\ \sin\theta & \cos\theta \end{bmatrix}$을 갖는 선형변환임을 살펴보았다(그림 3.16(a)). 만일 $\mathbf{v} = \begin{bmatrix} a \\ b \end{bmatrix}$이면, $\mathbf{v}$만큼 평행이동하는 변환은

$$T(\mathbf{x}) = \mathbf{x} + \mathbf{v}, \text{ 또는 } T\begin{bmatrix} x \\ y \end{bmatrix} = \begin{bmatrix} x+a \\ y+b \end{bmatrix}$$

이다(그림 3.16(b)).

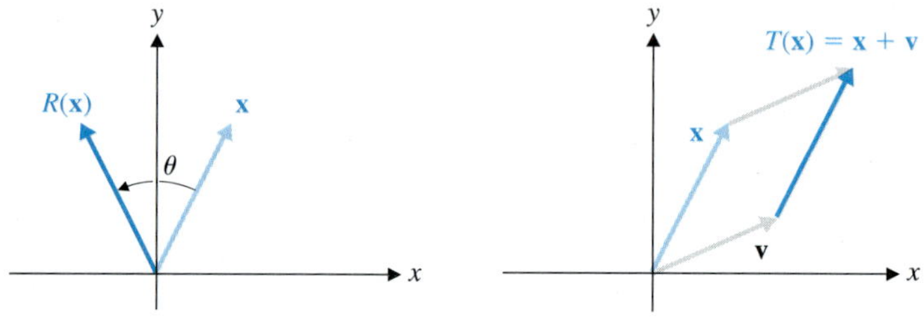

(a) 회전 (b) 평행이동

그림 3.16

불행하게도 평행이동은 $T(\mathbf{0}) \neq \mathbf{0}$이기 때문에 선형변환이 아니다. 그럼에도 우리는 이 문제를 극복할 방법이 있다. 벡터 $\mathbf{x} = \begin{bmatrix} x \\ y \end{bmatrix}$를 $\mathbb{R}^3$의 벡터 $\begin{bmatrix} x \\ y \\ 1 \end{bmatrix}$로 나타낼 수 있다. 이것을 **동차좌표**(homogeneous coordinates)로 $\mathbf{x}$를 나타낸다고 한다. 그러면 행렬의 곱

$$\begin{bmatrix} 1 & 0 & a \\ 0 & 1 & b \\ 0 & 0 & 1 \end{bmatrix} \begin{bmatrix} x \\ y \\ 1 \end{bmatrix} = \begin{bmatrix} x+a \\ y+b \\ 1 \end{bmatrix}$$

은 동차좌표에서 평행이동된 벡터 $T(\mathbf{x})$를 나타낸다.

동차좌표에서 회전도 다룰 수 있다. 행렬의 곱

$$\begin{bmatrix} \cos\theta & -\sin\theta & 0 \\ \sin\theta & \cos\theta & 0 \\ 0 & 0 & 1 \end{bmatrix} \begin{bmatrix} x \\ y \\ 1 \end{bmatrix} = \begin{bmatrix} x\cos\theta - y\sin\theta \\ x\sin\theta + y\cos\theta \\ 1 \end{bmatrix}$$

은 동차좌표에서 회전된 벡터 $R(\mathbf{x})$를 나타낸다. 회전 R을 적용한 후, 평행이동 T를 적용한 합성함수 $T \circ R$은 행렬의 곱

$$\begin{bmatrix} 1 & 0 & a \\ 0 & 1 & b \\ 0 & 0 & 1 \end{bmatrix} \begin{bmatrix} \cos\theta & -\sin\theta & 0 \\ \sin\theta & \cos\theta & 0 \\ 0 & 0 & 1 \end{bmatrix} = \begin{bmatrix} \cos\theta & -\sin\theta & a \\ \sin\theta & \cos\theta & b \\ 0 & 0 & 1 \end{bmatrix}$$

로 나타내어진다. $R \circ T \neq T \circ R$임을 유의하여라.

로봇 팔의 모형을 만들기 위하여 각각의 연동장치에 (프레임(frame)이라 불리는) 고유의 좌표계를 설정하고 한 개의 연동장치가 그것에 직접 연결된 다른 연동장치에 관하여 어떻게 움직이는지를 조사해 보자. 정확하게 연동장치 A_i에 대하

여 좌표축은 x_i와 y_i로 하고 여기서 x_i축은 연동장치와 일렬이 되도록 한다. A_i의 길이는 a_i로 하며 x_i와 x_{i-1} 사이의 각은 θ_i라 한다. A_i와 A_{i-1} 사이의 이음매는 A_i에 대해서는 점 (0, 0)에 있고 A_{i-1}에 관해서는 $(a_{i-1}, 0)$이 된다. 그러므로 A_{i-1}에 관해 A_i에 대한 좌표계는 θ_i만큼 회전된 후, $\begin{bmatrix} a_{i-1} \\ 0 \end{bmatrix}$만큼 평행이동된다(그림 3.17). 이 변환은 동차좌표에서 행렬

$$T_i = \begin{bmatrix} \cos\theta_i & -\sin\theta_i & a_{i-1} \\ \sin\theta_i & \cos\theta_i & 0 \\ 0 & 0 & 1 \end{bmatrix}$$

로 표현된다.

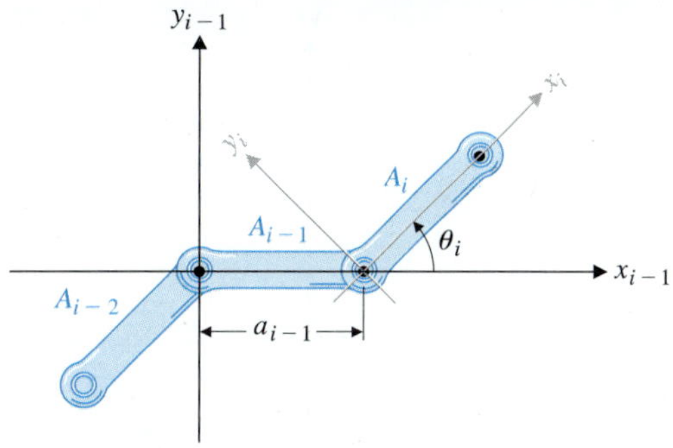

그림 3.17

특별한 예로 그림 3.18(a)를 보자. 그림은 A_1이 초기위치에 있고 다른 두 연동장치의 각각은 앞의 연동장치에서 45° 회전한 3개의 연동장치로 구성된 로봇 팔을 보여준다. 각각의 연동장치의 길이가 2단위라 하자. 그림 3.18(b)는 A_3가 초기 프레임에 있음을 나타낸다.

$$T_3 = \begin{bmatrix} \cos 45 & -\sin 45 & 2 \\ \sin 45 & \cos 45 & 0 \\ 0 & 0 & 1 \end{bmatrix} = \begin{bmatrix} 1/\sqrt{2} & -1/\sqrt{2} & 2 \\ 1/\sqrt{2} & 1/\sqrt{2} & 0 \\ 0 & 0 & 1 \end{bmatrix}$$

은 45°의 회전을 한 후, 2 단위만큼 평행이동을 시킨다. 그림 3.18(c)에서 나타내는 것과 같이, 이것은 A_3를 A_2의 프레임에 대하여 적당한 위치에 놓는다. 다음의 변환

$$T_2 = \begin{bmatrix} \cos 45 & -\sin 45 & 2 \\ \sin 45 & \cos 45 & 0 \\ 0 & 0 & 1 \end{bmatrix} = \begin{bmatrix} 1/\sqrt{2} & -1/\sqrt{2} & 2 \\ 1/\sqrt{2} & 1/\sqrt{2} & 0 \\ 0 & 0 & 1 \end{bmatrix}$$

을 이전의 결과에 적용하자. 이것은 그림 3.18(d)와 같이 A_3와 A_2 모두를 A_1에 대하여 올바른 위치로 옮긴다. 보통은 세 번째 변환 T_1(회전)을 이전의 결과에 적용하지만, A_1이 초기위치에 있으므로 T_1은 단위행렬이 된다. 일반적으로 길이와

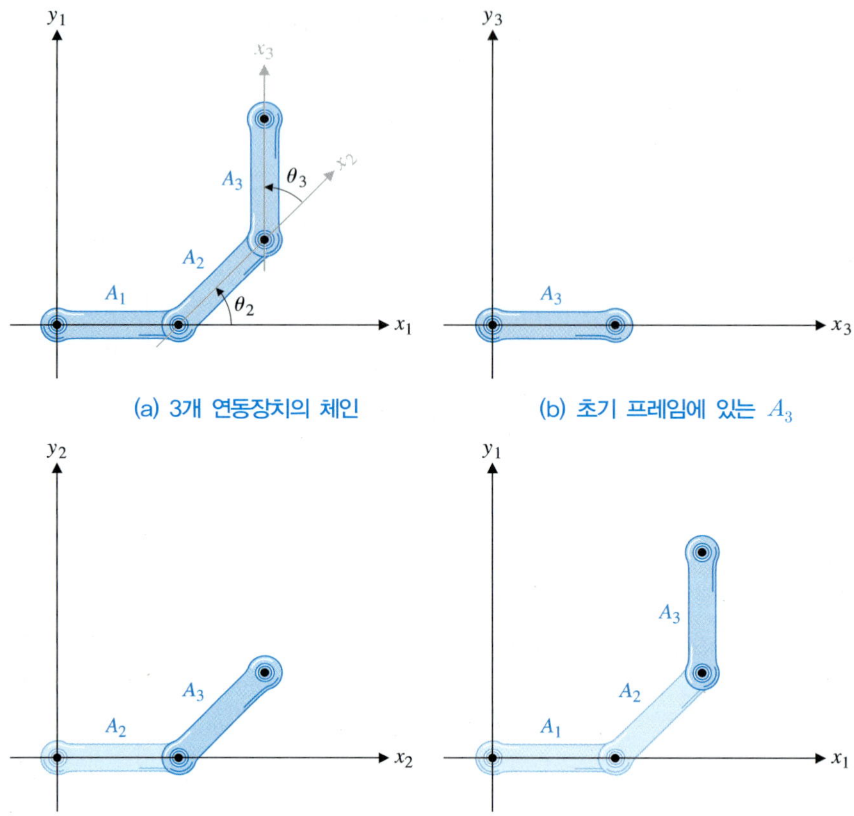

(a) 3개 연동장치의 체인 (b) 초기 프레임에 있는 A_3

(c) T_3가 A_3를 A_2의 초기 프레임에 놓음 (d) T_2T_3가 A_3를 A_1의 초기 프레임에 놓음

그림 3.18

각의 변수로 체로 우리는 길이와 각의 변수로 주어진 로봇 팔의 끝('손')의 좌표 — 이것은 **전방운동학**(forward kinematics)으로 알려진 — 를 알기를 원한다. 위의 계산들을 수행하고 그림 3.18을 참조하여, 점 (2, 0)에 T_3와 T_2를 작용한 후 그 점이 어디에 있는지를 결정해야 할 필요가 있다. 즉 로봇 팔의 손은

$$T_2T_3\begin{bmatrix}2\\0\\1\end{bmatrix}=\begin{bmatrix}1/\sqrt{2} & -1/\sqrt{2} & 2\\ 1/\sqrt{2} & 1/\sqrt{2} & 0\\ 0 & 0 & 1\end{bmatrix}^2\begin{bmatrix}2\\0\\1\end{bmatrix}=\begin{bmatrix}0 & -1 & 2+\sqrt{2}\\ 1 & 0 & \sqrt{2}\\ 0 & 0 & 1\end{bmatrix}\begin{bmatrix}2\\0\\1\end{bmatrix}$$
$$=\begin{bmatrix}2+\sqrt{2}\\2+\sqrt{2}\\1\end{bmatrix}$$

에 있다. 이는 점 $(2+\sqrt{2},\ 2+\sqrt{2})$를 동차좌표에서 나타낸 것이다. 이것이 정답인 것은 그림 3.18(a)로부터 쉽게 확인할 수 있다.

$\mathbb{R}^3$에서는 자유도가 더 많아 미지수가 더 많지만, 이 예에서 사용한 방법은 3차원 공간에서 로봇 팔의 모형에 활용된다. 동차좌표의 방법은 다른 응용, 특히 컴퓨터 그래픽에서도 유용하게 사용된다.

3.7 응용

마르코프 연쇄

마르코프(Andrei A. Markov, 1856~1922)는 러시아의 수학자로 상트 페테르부르크(St. Petersburg) 대학에서 공부하고 가르쳤다. 그는 정수론, 해석학 그리고 그가 확률이론에 적용했던 최근에 발전된 분야인 연분수의 이론에 관심을 가졌다. 또한, 마르코프는 시에도 흥미를 가졌으며 그가 마르코프 연쇄를 이용한 것 중의 하나는 시와 문학작품들의 문장 패턴 분석이었다.

시장조사팀이 치약에 대한 소비자의 선호도를 알아보기 위하여 다음의 조사를 하려고 한다. 소비자 샘플은 200명으로 구성하고 각 소비자는 몇 개월의 기간 동안 두 제품의 치약을 사용한다. 조사 결과에 근거하여 조사팀은 치약의 선호도에 대하여 다음과 같은 통계를 얻었다.

어떤 달에 A브랜드를 사용한 사람의 70%는 그 다음 달에도 같은 제품을 사용했으나 30%는 B브랜드로 바꾸었다. 반면, B브랜드를 사용한 사람의 80%는 다음 달에도 같은 제품을 사용했으나 20%는 A브랜드로 바꾸었다. 이것은 백분율을 소수로 바꾸어, 그림 3.19와 같이 요약되며 우리는 이를 확률로 생각할 것이다.

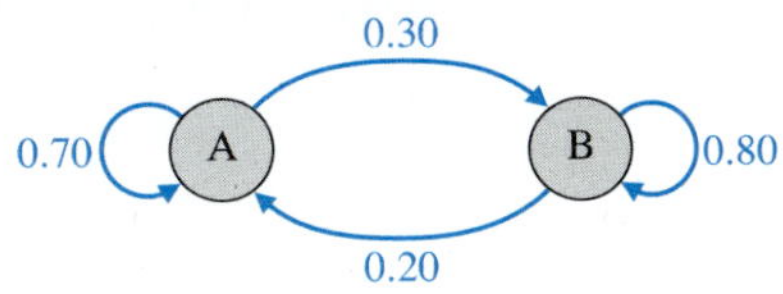

그림 3.19

그림 3.19는 (유한) **마르코프 연쇄**(Markov chain)의 간단한 예이다. 이것은 유한 개의 **상태**(state)들로 구성되어 서서히 변화하는 과정을 나타낸다. 각각의 단계에서 또는 시점에서, 그 과정은 상태들 중 어떤 하나에 놓여 있으며 다음 단계에서 진행은 현재 상태로 남아 있거나 다른 상태 중 하나로 바뀔 수 있다. 그 과정이 다음 단계에서 변한 상태와 그것이 일어날 확률은 과정의 과거 내력이 아니라 오직 현재 상태에만 영향을 받는다. 이런 확률을 추이확률이라 부르며 이는 상수로 가정한다. (즉, 상태 i에서 상태 j로 움직일 확률은 항상 같다.)

예제 3.64

앞에서 언급한 치약 선호도 조사에서는 A브랜드와 B브랜드를 사용하는 두 종류의 상태만 있고 추이확률은 그림 3.19와 같다. 조사가 시작되었을 때, 120명이 A브랜드를 사용하고 80명이 B브랜드를 사용하고 있다고 가정하자. 한 달 후, 각각의 브랜드를 사용하고 있는 사람은 몇 명이 되겠는가?

풀이 한 달 후 A브랜드를 사용하는 사람 수는 처음부터 A브랜드를 사용한 사람의 70%와 B브랜드를 사용했던 사람의 20%를 더한 값이 된다.

$$0.70(120) + 0.20(80) = 100$$

같은 방법으로 한 달 후 B브랜드를 사용하는 사람 수는 B브랜드로 바꾼 사람과 B브랜드를 계속 사용하는 사람을 합하면 된다.

$$0.30(120)+0.80(80)=100$$

이들 두 방정식을 다음과 같이 하나의 행렬방정식으로 요약할 수 있다.

$$\begin{bmatrix} 0.70 & 0.20 \\ 0.30 & 0.80 \end{bmatrix}\begin{bmatrix} 120 \\ 80 \end{bmatrix}=\begin{bmatrix} 100 \\ 100 \end{bmatrix}$$

이 행렬을 P라 하고 벡터 $\mathbf{x}_0=\begin{bmatrix} 120 \\ 80 \end{bmatrix}$과 $\mathbf{x}_1=\begin{bmatrix} 100 \\ 100 \end{bmatrix}$라 하자. 각각의 벡터의 성분은 A브랜드와 B브랜드의 사용자 수이다. 위에서 개월 수는 벡터에서 첨자로 표시하였다. 따라서 $\mathbf{x}_1=P\mathbf{x}_0$가 된다.

이러한 표기법을 계속하여, $\mathbf{x}_k$를 k개월 후에 각각의 치약을 사용하는 사람 수로 나타낸 벡터라 하자. 2개월이 경과한 후 각각의 브랜드를 사용한 사람 수를 계산하기 위하여 $\mathbf{x}_0$ 대신에 $\mathbf{x}_1$으로 시작하여 앞에서와 같은 방법을 적용하면

$$\mathbf{x}_2=P\mathbf{x}_1=\begin{bmatrix} 0.70 & 0.20 \\ 0.30 & 0.80 \end{bmatrix}\begin{bmatrix} 100 \\ 100 \end{bmatrix}=\begin{bmatrix} 90 \\ 110 \end{bmatrix}$$

로부터, A브랜드의 사용자는 90명이고 B브랜드의 사용자는 110명임을 알 수 있다.

예제 3.64에서 벡터 $\mathbf{x}_k$를 마르코프 연쇄의 **상태벡터**(state vector)라 부르고 행렬 P는 **추이행렬**(transition matrix)이라고 한다. 또한 위 예제에서 마르코프 연쇄가 다음 관계식을 만족함을 보였다.

$$\mathbf{x}_{k+1}=P\mathbf{x}_k,\ k=0,\ 1,\ 2,\ \cdots$$

이 결과로부터 $\mathbf{x}_0$와 P를 알고 있으면, 임의의 상태벡터를 반복적으로 계산할 수 있다. 즉, 마르코프 연쇄는 추이확률과 초기상태벡터에 의하여 완전히 결정된다.

주의

- 예제 3.64에서 치약의 실제 사용자 수보다는 각각 브랜드 사용자의 비를 계산하기 위해서 데이터를 백분율 또는 총 인원 수인 200으로 나눈 분수로 바꿀 수 있다. 즉 처음 A브랜드–B브랜드의 분할이 60%–40%라는 사실을 반영하는

$$\mathbf{x}_0=\begin{bmatrix} \frac{120}{200} \\ \frac{80}{200} \end{bmatrix}=\begin{bmatrix} 0.60 \\ 0.40 \end{bmatrix}$$

  으로 시작한다. 이로부터 (위에서 계산했던 50–50의 분할과 일치하는) $\mathbf{x}_1$으로 간주할 $P\mathbf{x}_0=\begin{bmatrix} 0.50 \\ 0.50 \end{bmatrix}$을 얻는다. 음이 아닌 성분들로 합이 1인 이와 같은 벡터들은 **확률벡터**(probability vector)라 한다.
- 추이확률이 추이행렬 P 안에서 어떻게 배열되는지 관찰해 보면 열은 현재의 상태를, 행은 다음 상태를 표시하는 것을 알 수 있다.

$$\begin{array}{c} \text{현재} \\ \text{다음} \begin{array}{c} \\ A \\ B \end{array} \!\!\begin{array}{cc} A & B \\ \left[\begin{array}{cc} 0.70 & 0.20 \\ 0.30 & 0.80 \end{array}\right] \end{array} \end{array}$$

또한 P의 각 열은 확률벡터임을 알 수 있다. 이러한 성질을 가지고 있는 정사각 행렬을 **확률행렬**(stochastic matrix)이라 한다.

확률적(stochastic)이라는 단어는 '겨냥할 수 있는'(또는 추측)이라는 의미인 그리스어의 형용사 stokhastikos로부터 유래되었다. 이 말은 어떤 일이 발생할 가능성을 예측하는 확률의 의미뿐만 아니라 확률의 법칙에 의해 적용된 모든 것에 사용되어 왔다. 확률론에서 '확률과정'은 마르코프 연쇄의 일반화된 형식이다.

다른 방법으로, 마르코프 연쇄의 특징을 알아보자.

$$\mathbf{x}_2 = P\mathbf{x}_1 = P(P\mathbf{x}_0) = P^2\mathbf{x}_0$$

으로 나타낼 수 있으므로, 일반적으로

$$\mathbf{x}_k = P^k\mathbf{x}_0,\ \ k = 0,\ 1,\ 2,\ \cdots$$

이다.

위에서 얻는 추이행렬의 거듭제곱에 대해 조사해보자. 예제 3.64에서는

$$P^2 = \begin{bmatrix} 0.70 & 0.20 \\ 0.30 & 0.80 \end{bmatrix}\begin{bmatrix} 0.70 & 0.20 \\ 0.30 & 0.80 \end{bmatrix} = \begin{bmatrix} 0.55 & 0.30 \\ 0.45 & 0.70 \end{bmatrix}$$

이다. 이 행렬의 각 성분들은 무엇을 나타내는가? 먼저, P^2의 열의 합이 1이기 때문에 P^2은 확률행렬이다. 그렇다면 P^2도 또한 어떤 종류의 추이행렬이 되는가? 이 행렬의 한 성분, 예를 들어 $(P^2)_{21} = 0.45$를 살펴보자. 그림 3.20의 수형도는 이 성분이 어디서 왔는지를 명확히 보여준다.

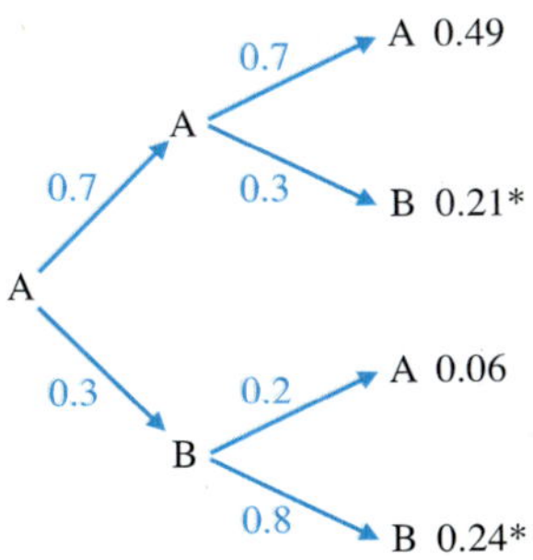

그림 3.20

2개월 동안 발생할 수 있는 네 가지의 가능한 상태변화가 있고 이들은 수형도에서 길이 2인 네 개의 가지(또는 길)와 일치한다. 처음 A브랜드를 사용한 사람은 2개월 후 두 가지 다른 방법으로(그림에서 *로 표시) B브랜드를 사용하게 된다. 한 달 후에도 A브랜드를 사용하지만 그 후 $0.7(0.3) = 0.21$의 확률로 B브랜드로 바꾸거나 또는 한 달 후 B브랜드로 바꾸어서 $0.3(0.8) = 0.24$의 확률로 계속 B브랜드를 사용할 수 있다. 이들 확률의 합은 0.45가 되며 정확히 $(P^2)_{21}$의 값이다.

$(P^2)_{21} = 0.45$는 두 개의 추이에서 상태 1(A브랜드)에서 상태 2(B브랜드)로 바뀐 확률을 나타낸다. 이 논리는 다음과 같이 일반화할 수 있다.

> $(P^k)_{ij}$는 k개의 추이에서 상태 j에서 상태 i로 변한 확률이다.

예제 3.64에서 결과적으로 치약 사용자의 분포는 어떻게 되겠는가? 상태벡터로서 확률벡터를 가지고 계산을 하자. 반올림하여 소수점 아래 세 자리까지 계산을 계속하면

$$\mathbf{x}_0=\begin{bmatrix}0.60\\0.40\end{bmatrix},\ \mathbf{x}_1=\begin{bmatrix}0.50\\0.50\end{bmatrix},\ \mathbf{x}_2=P\mathbf{x}_1=\begin{bmatrix}0.70 & 0.20\\0.30 & 0.80\end{bmatrix}\begin{bmatrix}0.50\\0.50\end{bmatrix}=\begin{bmatrix}0.45\\0.55\end{bmatrix},$$

$$\mathbf{x}_3=P\mathbf{x}_2=\begin{bmatrix}0.70 & 0.20\\0.30 & 0.80\end{bmatrix}\begin{bmatrix}0.45\\0.55\end{bmatrix}=\begin{bmatrix}0.425\\0.575\end{bmatrix},\ \mathbf{x}_4=\begin{bmatrix}0.412\\0.588\end{bmatrix},\ \mathbf{x}_5=\begin{bmatrix}0.406\\0.594\end{bmatrix},$$

$$\mathbf{x}_6=\begin{bmatrix}0.403\\0.597\end{bmatrix},\ \mathbf{x}_7=\begin{bmatrix}0.402\\0.598\end{bmatrix},\ \mathbf{x}_8=\begin{bmatrix}0.401\\0.599\end{bmatrix},\ \mathbf{x}_9=\begin{bmatrix}0.400\\0.600\end{bmatrix},\ \mathbf{x}_{10}=\begin{bmatrix}0.400\\0.600\end{bmatrix}$$

임을 알 수 있다. 이것은 상태벡터가 벡터 $\begin{bmatrix}0.4\\0.6\end{bmatrix}$으로 수렴함을 나타내고, 결국에는 치약 사용자의 40%는 A브랜드를 사용하고 60%는 B브랜드를 사용하게 됨을 의미한다. 일단 이 분포가 정해지면 이것은 변하지 않음을 다음과 같이 쉽게 확인할 수 있다.

$$\begin{bmatrix}0.70 & 0.20\\0.30 & 0.80\end{bmatrix}\begin{bmatrix}0.4\\0.6\end{bmatrix}=\begin{bmatrix}0.4\\0.6\end{bmatrix}$$

$P\mathbf{x}=\mathbf{x}$의 성질을 가지는 상태벡터 $\mathbf{x}$를 **안정상태벡터**(steady state vector)라 한다. 4장에서 모든 마르코프 연쇄가 유일한 안정상태벡터를 가짐을 보일 것이다. 지금은 이것을 받아들이고 이러한 벡터를 반복 계산 없이 구할 수 있는 방법을 알아보자.

행렬방정식 $P\mathbf{x}=\mathbf{x}$를 $P\mathbf{x}=I\mathbf{x}$라 표현하면, $\mathbf{x}$는 행렬방정식 $(I-P)\mathbf{x}=\mathbf{0}$를 만족시킨다. 이는 계수행렬이 $I-P$인 동차 연립일차방정식으로 첨가 계수행렬은 $[I-P\,|\,\mathbf{0}]$이다. 예제 3.64에서

$$[I-P\,|\,\mathbf{0}]=\left[\begin{array}{cc|c}1-0.70 & -0.20 & 0\\-0.30 & 1-0.80 & 0\end{array}\right]=\left[\begin{array}{cc|c}0.30 & -0.20 & 0\\-0.30 & 0.20 & 0\end{array}\right]$$

이며, 이 첨가 계수행렬은

$$\left[\begin{array}{cc|c}1 & -\frac{2}{3} & 0\\0 & 0 & 0\end{array}\right]$$

의 기약 행사다리꼴 행렬로 변환된다. 만일 안정상태벡터가 $\mathbf{x}=\begin{bmatrix}x_1\\x_2\end{bmatrix}$이면, x_2는 자유변수이고 매개변수 해는

$$x_1=\tfrac{2}{3}t,\ x_2=t$$

이다. 이때, $\mathbf{x}$를 확률벡터가 되도록 하려면

$$1=x_1+x_2=\tfrac{2}{3}t+t=\tfrac{5}{3}t$$

를 만족해야 하므로, $x_2=t=\frac{3}{5}=0.6$이고 $x_1=\frac{2}{5}=0.4$이다. 따라서 $\mathbf{x}=\begin{bmatrix}0.4\\0.6\end{bmatrix}$이고, 위의 반복 계산에서 얻은 것과 일치한다. 만일 실제 분포로 이루어지도록 $\mathbf{x}$를 구하려면, 이 예제에서는 $x_1+x_2=200$이므로 $\mathbf{x}=\begin{bmatrix}80\\120\end{bmatrix}$이다.

예제 3.65 심리학자가 쥐를 그림 3.21과 같은 세 개의 방이 있는 우리에 넣었다. 이 쥐는 종이 울릴 때마다 임의의 문을 선택하여 그 문을 통하여 다음 방으로 움직이도록 훈련이 되어있다.

(a) 만일 이 쥐가 처음 방 1에 있다고 할 때 종이 두 번 울린 후 방 2에 있게 될 확률은 얼마인가? 종이 세 번 울린 후는 어떠한가?

(b) 결국은 쥐가 각각의 방에서 지내는 시간의 비율은 얼마인가?

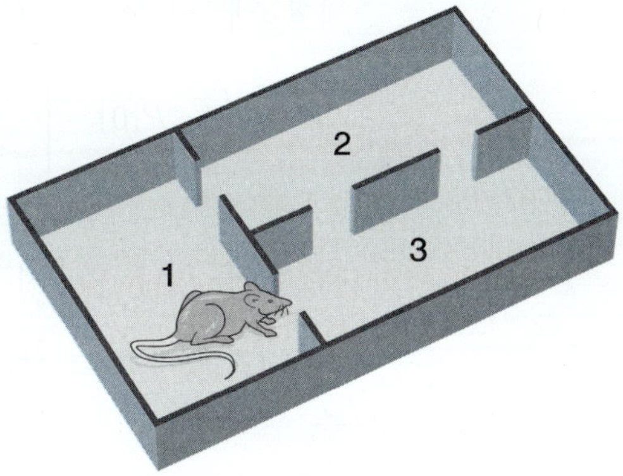

그림 3.21

풀이 $P=[p_{ij}]$를 주어진 마르코프 연쇄에 대한 추이행렬이라 하면

$$p_{21}=p_{31}=\frac{1}{2},\ p_{12}=p_{13}=\frac{1}{3},\ p_{32}=p_{23}=\frac{2}{3} \text{이고 } p_{11}=p_{22}=p_{33}=0$$

이다. (p_{ij}는 j에서 i로 이동한 확률이다.) 따라서

$$P=\begin{bmatrix} 0 & 1/3 & 1/3 \\ 1/2 & 0 & 2/3 \\ 1/2 & 2/3 & 0 \end{bmatrix}$$

이고, 초기상태벡터는

$$\mathbf{x}_0=\begin{bmatrix} 1 \\ 0 \\ 0 \end{bmatrix}$$

이다.

(a) 종이 한 번 친 후에는

$$\mathbf{x}_1=P\mathbf{x}_0=\begin{bmatrix} 0 & 1/3 & 1/3 \\ 1/2 & 0 & 2/3 \\ 1/2 & 2/3 & 0 \end{bmatrix}\begin{bmatrix} 1 \\ 0 \\ 0 \end{bmatrix}=\begin{bmatrix} 0 \\ 1/2 \\ 1/2 \end{bmatrix}=\begin{bmatrix} 0 \\ 0.5 \\ 0.5 \end{bmatrix}$$

이다. 반올림하여 소수점 셋째 자리까지 구하면

$$\mathbf{x}_2=P\mathbf{x}_1=\begin{bmatrix} 0 & 1/3 & 1/3 \\ 1/2 & 0 & 2/3 \\ 1/2 & 2/3 & 0 \end{bmatrix}\begin{bmatrix} 0 \\ 1/2 \\ 1/2 \end{bmatrix}=\begin{bmatrix} 1/3 \\ 1/3 \\ 1/3 \end{bmatrix}\approx\begin{bmatrix} 0.333 \\ 0.333 \\ 0.333 \end{bmatrix}$$

이고

$$\mathbf{x}_3 = P\mathbf{x}_2 = \begin{bmatrix} 0 & 1/3 & 1/3 \\ 1/2 & 0 & 2/3 \\ 1/2 & 2/3 & 0 \end{bmatrix} \begin{bmatrix} 1/3 \\ 1/3 \\ 1/3 \end{bmatrix} = \begin{bmatrix} 2/9 \\ 7/18 \\ 7/18 \end{bmatrix} \approx \begin{bmatrix} 0.222 \\ 0.389 \\ 0.389 \end{bmatrix}$$

이다. 그리므로 종이 두 번 친 후에 쥐가 칸막이 2에 있을 확률은 $\frac{1}{3} \approx 0.333$이고, 종이 세 번 친 후에 쥐가 칸막이 2에 있을 확률은 $\frac{7}{18} \approx 0.389$이다. 또한, 이 문제는 $(P^2)_{21}$과 $(P^3)_{21}$을 계산하여 답할 수 있다.

(b) 이 문제는 안정상태벡터 $\mathbf{x}$를 구하여 풀 수 있다. 앞에서 살펴본 바와 같이, 안정상태벡터 $\mathbf{x}$는 $I-P$의 영공간에 있으므로, 연립방정식을 풀기 위하여

$$[I-P|\mathbf{0}] = \left[\begin{array}{ccc|c} 1 & -1/3 & -1/3 & 0 \\ -1/2 & 1 & -2/3 & 0 \\ -1/2 & -2/3 & 1 & 0 \end{array}\right] \to \left[\begin{array}{ccc|c} 1 & 0 & -2/3 & 0 \\ 0 & 1 & -1 & 0 \\ 0 & 0 & 0 & 0 \end{array}\right]$$

의 계산을 한다. 따라서 $\mathbf{x} = \begin{bmatrix} x_1 \\ x_2 \\ x_3 \end{bmatrix}$라 하면, $x_3 = t$는 임의의 값이고 $x_1 = \frac{2}{3}t$, $x_2 = t$가 된다. $\mathbf{x}$는 확률벡터이므로, $1 = x_1 + x_2 + x_3 = \frac{8}{3}t$에서 $t = \frac{8}{3}$이다. 즉,

$$\mathbf{x} = \begin{bmatrix} 1/4 \\ 3/8 \\ 3/8 \end{bmatrix}$$

이고, 이로부터 쥐가 방 1에서는 $\frac{1}{4}$, 다른 2개의 방에서는 각각 $\frac{3}{8}$ 시간을 보냄을 알 수 있다.

선형경제모형

2.4절에서의 경제모형들을 다시 살펴보고, 이러한 모형들을 행렬을 이용하여 재구성해 보자. 예제 2.33은 레온티예프 자급자족 모형을 설명한다. 풀어야 할 연립일차방정식은

$$\begin{aligned} \frac{1}{4}x_1 + \frac{1}{3}x_2 + \frac{1}{2}x_3 &= x_1 \\ \frac{1}{4}x_1 + \frac{1}{3}x_2 + \frac{1}{4}x_3 &= x_2 \\ \frac{1}{2}x_1 + \frac{1}{3}x_2 + \frac{1}{4}x_3 &= x_3 \end{aligned}$$

이었다. 이것은 행렬 방정식 $E\mathbf{x} = \mathbf{x}$로 나타낼 수 있고, 여기서

$$E = \begin{bmatrix} 1/4 & 1/3 & 1/2 \\ 1/4 & 1/3 & 1/4 \\ 1/2 & 1/3 & 1/4 \end{bmatrix}, \quad \mathbf{x} = \begin{bmatrix} x_1 \\ x_2 \\ x_3 \end{bmatrix}$$

이며, 행렬 E를 **교환행렬**(exchange matrix), 벡터 $\mathbf{x}$를 **가격벡터**(price vector)라 부른다. 일반적으로, $E = [e_{ij}]$라면 e_{ij}는 산업 i가 소비하는 산업 j의 생산

품의 양(혹은 퍼센트)를 나타내고, x_i는 산업 i의 생산품의 가격을 나타낸다.

자급자족 경제에 있어서 행렬 E의 각 열의 합은 1이다. 행렬 E의 각 원소는 역시 음이 아니므로, 행렬 E는 확률행렬이고 방정식

$$E\mathbf{x} = \mathbf{x} \tag{1}$$

의 해를 찾는 문제는 마르코프 연쇄의 안정상태벡터를 찾는 문제와 같다. 따라서 $E\mathbf{x} = \mathbf{x}$를 만족하는 가격벡터 $\mathbf{x}$를 찾기 위해서 동치인 동차 연립일차방정식 $(I-E)\mathbf{x} = 0$을 푼다. 무수히 많은 해가 항상 있을 것이고, 이 중 가격들이 음이 아니고 최소한 하나의 가격은 양수인 해를 찾을 것이다.

레온티예프 개방형 모형은 더욱 흥미롭다. 예제 2.34에서 연립방정식

$$\begin{aligned} x_1 &= 0.2x_1 + 0.5x_2 + 0.1x_3 + 10 \\ x_2 &= 0.4x_1 + 0.2x_2 + 0.2x_3 + 10 \\ x_3 &= 0.1x_1 + 0.3x_2 + 0.3x_3 + 30 \end{aligned}$$

을 풀 필요가 있었다. 행렬 형태로는

$$\mathbf{x} = C\mathbf{x} + \mathbf{d} \quad \text{또는} \quad (I-C)\mathbf{x} = \mathbf{d} \tag{2}$$

이다. 여기서

$$C = \begin{bmatrix} 0.2 & 0.5 & 0.1 \\ 0.4 & 0.2 & 0.2 \\ 0.1 & 0.3 & 0.3 \end{bmatrix}, \quad \mathbf{x} = \begin{bmatrix} x_1 \\ x_2 \\ x_3 \end{bmatrix}, \quad \mathbf{d} = \begin{bmatrix} 10 \\ 10 \\ 30 \end{bmatrix}$$

행렬 C는 **소비행렬**(consumption matrix), $\mathbf{x}$는 **생산벡터**(production vector), $\mathbf{d}$는 **수요벡터**(demand vector)로 불린다. 일반적으로, $C = [c_{ij}]$, $\mathbf{x} = [x_i]$, $\mathbf{d} = [d_i]$라면 c_{ij}는 산업 j의 1달러 가치 생산품을 만드는 데 필요한 산업 i의 생산품의 달러 가치를 나타내고, d_i는 산업 i의 생산품에 대한 외부 수요의 달러 가치이다. 여기서도 최소한 하나의 성분은 양수이면서 음이 아닌 성분들을 가지는 생산벡터 $\mathbf{x}$를 찾는 것이 중요하며, 그러한 벡터 $\mathbf{x}$는 **적합한 해**(feasible solution)라고 불린다.

예제 3.66

다음 소비행렬들로 결정되는 레온티예프 개방형 모형에 대한 해가 존재하는지를 결정하여라.

(a) $C = \begin{bmatrix} 1/4 & 1/3 \\ 1/2 & 1/3 \end{bmatrix}$ (b) $C = \begin{bmatrix} 1/2 & 1/2 \\ 1/2 & 2/3 \end{bmatrix}$

풀이 (a) $I - C = \begin{bmatrix} 1 & 0 \\ 0 & 1 \end{bmatrix} - \begin{bmatrix} 1/4 & 1/3 \\ 1/2 & 1/3 \end{bmatrix} = \begin{bmatrix} 3/4 & -1/3 \\ -1/2 & 2/3 \end{bmatrix}$

이므로 방정식 $(I-C)\mathbf{x} = \mathbf{d}$는

$$\begin{bmatrix} 3/4 & -1/3 \\ -1/2 & 2/3 \end{bmatrix} \begin{bmatrix} x_1 \\ x_2 \end{bmatrix} = \begin{bmatrix} d_1 \\ d_2 \end{bmatrix}$$

가 된다. 실제는 해를 결정하기 위하여 대응하는 첨가계수행렬을 행줄임 한다. 그러나 이 경우에 있어서는 계수행렬 $I-C$가 가역이라는 것을 알고서 정리 3.7을 적용하는 것이 유익하다. 계산하면

$$\begin{bmatrix} x_1 \\ x_2 \end{bmatrix} = \begin{bmatrix} 3/4 & -1/3 \\ -1/2 & 2/3 \end{bmatrix}^{-1} \begin{bmatrix} d_1 \\ d_2 \end{bmatrix} = \begin{bmatrix} 2 & 1 \\ 3/2 & 9/4 \end{bmatrix} \begin{bmatrix} d_1 \\ d_2 \end{bmatrix}$$

이다. d_1, d_2와 $(I-C)^{-1}$의 모든 성분이 음이 아니므로, x_1과 x_2도 음이 아니다. 따라서 임의의 영이 아닌 수요벡터에 대해서 적합한 해를 찾을 수 있다.

(b) 이 경우에 있어서

$$I-C = \begin{bmatrix} 1/2 & -1/2 \\ -1/2 & 2/3 \end{bmatrix} \text{이고} \qquad (I-C)^{-1} = \begin{bmatrix} -4 & -6 \\ -6 & -6 \end{bmatrix}$$

이므로

$$\mathbf{x} = (I-C)^{-1}\mathbf{d} = \begin{bmatrix} -4 & -6 \\ -6 & -6 \end{bmatrix} \mathbf{d}$$

이다. $(I-C)^{-1}$의 모든 성분이 음이므로, 임의의 영이 아닌 수요벡터에 대해서 적합한 해를 만들어 낼 수 없다.

예제 3.66은 다음 정의의 동기를 준다. (두 $m \times n$행렬 $A = [a_{ij}]$와 $B = [b_{ij}]$에 대해서, 만일 모든 i와 j에 대해 $a_{ij} \geq b_{ij}$라면 $A \geq B$로 쓴다. 유사하게, $A > B$, $A \leq B$ 등을 정의한다. 행렬 A가 $A \geq O$라면 'A는 음이 아니다'라고 하고, $A > O$라면 'A는 양이다'라고 한다.)

정의 소비행렬 C에 대해 $I-C$가 가역이고 $(I-C)^{-1} \geq O$이면, C는 **생산적**(productive)이라고 한다.

우리는 이제 소비행렬이 생산적임을 결정하는 3가지 결과를 제시할 것이다.

정리 3.34 C가 소비행렬이라 하자. C가 생산적이 되기 위한 필요충분조건은 $\mathbf{x} > C\mathbf{x}$를 만족하는 생산벡터 $\mathbf{x} \geq \mathbf{0}$가 존재하는 것이다.

증명 C가 생산적이라고 가정하자. 그러면 $I-C$가 가역이고 $(I-C)^{-1} \geq O$이다.

$$\mathbf{j} = \begin{bmatrix} 1 \\ 1 \\ \vdots \\ 1 \end{bmatrix}$$

라 두면, $\mathbf{x} = (I-C)^{-1}\mathbf{j} \geq \mathbf{0}$이고 $(I-C)\mathbf{x} = \mathbf{j} > \mathbf{0}$이다. 따라서 $\mathbf{x} - C\mathbf{x} > \mathbf{0}$, 즉 $\mathbf{x} > C\mathbf{x}$이다.

역으로, $\mathbf{x} > C\mathbf{x}$를 만족하는 벡터 $\mathbf{x} \geq 0$가 존재한다고 가정하자. $C \geq O$이고 $C \neq O$이므로, 연습문제 35에 의해서 $\mathbf{x} > 0$이다. 또한 $C\mathbf{x} < \lambda\mathbf{x}$를 만족하는 $0 < \lambda < 1$인 실수 λ가 존재한다. 그러면

$$C^2\mathbf{x} = C(C\mathbf{x}) \leq C(\lambda\mathbf{x}) = \lambda(C\mathbf{x}) < \lambda(\lambda\mathbf{x}) = \lambda^2\mathbf{x}$$

이다. 귀납법에 의해서, 모든 음이 아닌 정수 n에 대해서 $0 \leq C^n\mathbf{x} < \lambda^n\mathbf{x}$임을 보일 수 있다. (귀납적 증명을 자세하게 적어 보아라.) $0 < \lambda < 1$이므로 n이 점점 커짐에 따라 λ^n은 0에 접근한다. 그래서 $n \to \infty$에 따라 $\lambda^n\mathbf{x} \to 0$이므로 $C^n\mathbf{x} \to 0$이다. $\mathbf{x} > 0$이므로, $n \to \infty$에 따라 $C^n \to O$이어야 한다.

이제 행렬 방정식

$$(I - C)(I + C + C^2 + \cdots + C^{n-1}) = I - C^n$$

을 고려하자. $n \to \infty$에 따라 $C^n \to O$이므로

$$(I - C)(I + C + C^2 + \cdots) = I - O = I$$

이다. 그러므로 $I - C$는 무한 행렬급수 $I + C + C^2 + \cdots$를 역행렬로 갖는 가역행렬이다. 이 무한급수에서 모든 항들이 음이 아니므로

$$(I - C)^{-1} = I + C + C^2 + \cdots \geq O$$

이다. 따라서 C는 생산적이다.

주의

- 무한급수 $I + C + C^2 + \cdots$는 기하급수 $1 + x + x^2 + \cdots$의 행렬에 대한 유사개념이다. $|x| < 1$인 x에 대해서 $1 + x + x^2 + \cdots = 1/(1-x)$라는 사실도 위의 결과와 유사하다.
- 벡터 $C\mathbf{x}$는 각 산업이 소비하는 양들을 나타내므로, 부등식 $\mathbf{x} > C\mathbf{x}$는 각 산업에 대해서 각 산업이 소비하는 양보다 많이 산출하는 생산 수준이 있다는 것을 의미한다.
- 정리 3.34의 증명의 첫 부분에 대한 다른 접근법으로 4.6절의 연습문제 42를 참조하여라.

따름정리 3.35 C를 소비행렬이라 하자. 만일 C의 각 행의 합이 1보다 작으면, C는 생산적이다.

따름정리(corollary)는 보상으로 주어지는 화환을 나타내는 라틴어 corollarium으로부터 유래한다. 그러므로 따름정리는 정리로부터 나오는 약간의 추가적인 결과이다.

증명 만일

$$\mathbf{x} = \begin{bmatrix} 1 \\ 1 \\ \vdots \\ 1 \end{bmatrix}$$

라면, $C\mathbf{x}$는 C의 각 행의 합들로 이루어진 벡터이다. 만일 C의 각 행의 합이 1보다 작다면, 조건 $\mathbf{x} > C\mathbf{x}$가 만족된다. 따라서 C는 생산적이다.

따름정리 3.36 C를 소비행렬이라 하자. 만일 C의 각 열의 합이 1보다 작으면, C는 생산적이다.

증명 만일 C의 각 열의 합이 1보다 작으면, C^T의 각 행의 합이 1보다 작다. 이 때문에, 따름정리 3.35에 의해서 C^T는 생산적이다. 그러므로 정리 3.9(d)와 정리 3.4에 의해서

$$((I-C)^{-1})^T = ((I-C)^T)^{-1} = (I^T - C^T)^{-1} = (I-C^T)^{-1} \geq O$$

결과적으로 $(I-C)^{-1} \geq O$이고, 따라서 C는 생산적이다.

소비행렬의 정의로부터 j번째 열의 합은 산업 j의 1달러 가치 산출을 생산하는 데 요구되는 모든 투입들의 총 달러 가치이다. 즉 산업 j의 소득은 경비를 초과한다. 그와 같은 산업은 **수익성이 있다**(profitable)고 말한다. 그러므로 따름정리 3.36은 '모든 산업이 수익성이 있으면 소비행렬은 생산적이다'라고 바꾸어 말할 수 있다.

개체수의 증가

레슬리(P. H. Leslie)의 *On the Use of Matrices in Certain Population Mathematics*(Biometrika, **33**(1945), pp. 183–212)

개체수의 증가에서 가장 보편적인 모형 중 하나는 1945년에 처음으로 레슬리가 소개한 행렬을 근거로 한 모형이다. **레슬리 모형**(Leslie model)은 추정된 최대 수명을 갖는 개체수 중 암컷의 비율의 증가를 나타낸다. 암컷을 같은 연수대의 연령군으로 나눈다. 이 모형은 각 군의 평균 출생률과 생존율에 대한 데이터를 이용하여 개체수의 증가율을 결정한다.

예제 3.67 독일 딱정벌레 중의 어떤 종인 폴마르–바서만(Vollmar–Wasserman) 딱정벌레(또는 간단히 VW 딱정벌레)는 오래 살아야 3년을 산다. 우리는 암컷 VW 딱정벌레를 각각 1년의 간격으로 발육기(0–1년), 청년기(1–2년) 및 성년기(2–3년)의 3개의 연령군으로 나눈다. 발육기의 딱정벌레는 알을 낳지 않고 청년기의 딱정벌레 각각은 평균 4마리의 암컷 딱정벌레를 낳고 성년기의 딱정벌레 각각은 평균 3마리의 암컷 딱정벌레를 낳는다.

발육기 딱정벌레의 생존율은 50%(즉 발육기의 딱정벌레가 살아서 청년기의 딱정벌레가 되는 확률은 0.5)이고 청년기의 생존율은 25%이다. 100마리의 암컷 VW 딱정벌레(40마리의 발육기, 40마리의 청년기, 20마리의 성년기의 딱정벌레)가 처음 있다고 가정하고, 5년 후의 각각의 개체수를 예측하여라.

풀이 1년 후 발육기의 딱정벌레는 그 해 동안

$$40 \times 4 + 20 \times 3 = 220$$

마리가 생길 것이다. 청년기의 딱정벌레 수는 단지 생존한 발육기의 딱정벌레의 수인

$$40 \times 0.5 = 20$$

이다. 마찬가지로, 성년기의 딱정벌레 수는 생존한 청년기의 딱정벌레 수인

$$40 \times 0.25 = 10$$

이므로, 위의 계산을 다음과 같이 하나의 행렬방정식으로 나타낼 수 있다.

$$\begin{bmatrix} 0 & 4 & 3 \\ 0.5 & 0 & 0 \\ 0 & 0.25 & 0 \end{bmatrix}\begin{bmatrix} 40 \\ 40 \\ 20 \end{bmatrix} = \begin{bmatrix} 220 \\ 20 \\ 10 \end{bmatrix}$$

또는, $L\mathbf{x}_0 = \mathbf{x}_1$이다. 여기서, $\mathbf{x}_0 = \begin{bmatrix} 40 \\ 40 \\ 20 \end{bmatrix}$은 초기 개체분포벡터이고 $\mathbf{x}_1 = \begin{bmatrix} 220 \\ 20 \\ 10 \end{bmatrix}$은 1년 후 분포벡터이다. 방정식의 구조가 정확하게 마르코프 연쇄인 $\mathbf{x}_{k+1} = L\mathbf{x}_k (k = 0,\ 1,\ 2,\ \cdots)$와 같으므로 반복적으로 연속하는 개체분포벡터를 계산할 수 있다. 이는 또한 마르코프 연쇄와 같이 $\mathbf{x}_k = L^k\mathbf{x}_0 (k = 0,\ 1,\ 2,\ \cdots)$이 되지만, 우리는 이 방법을 여기서는 사용하지 않을 것이다.

다음의 계산으로부터,

$$\mathbf{x}_2 = L\mathbf{x}_1 = \begin{bmatrix} 0 & 4 & 3 \\ 0.5 & 0 & 0 \\ 0 & 0.25 & 0 \end{bmatrix}\begin{bmatrix} 220 \\ 20 \\ 10 \end{bmatrix} = \begin{bmatrix} 110 \\ 110 \\ 5 \end{bmatrix}$$

$$\mathbf{x}_3 = L\mathbf{x}_2 = \begin{bmatrix} 0 & 4 & 3 \\ 0.5 & 0 & 0 \\ 0 & 0.25 & 0 \end{bmatrix}\begin{bmatrix} 110 \\ 110 \\ 5 \end{bmatrix} = \begin{bmatrix} 455 \\ 55 \\ 27.5 \end{bmatrix}$$

$$\mathbf{x}_4 = L\mathbf{x}_3 = \begin{bmatrix} 0 & 4 & 3 \\ 0.5 & 0 & 0 \\ 0 & 0.25 & 0 \end{bmatrix}\begin{bmatrix} 455 \\ 55 \\ 27.5 \end{bmatrix} = \begin{bmatrix} 302.5 \\ 227.5 \\ 13.75 \end{bmatrix}$$

$$\mathbf{x}_5 = L\mathbf{x}_4 = \begin{bmatrix} 0 & 4 & 3 \\ 0.5 & 0 & 0 \\ 0 & 0.25 & 0 \end{bmatrix}\begin{bmatrix} 302.5 \\ 227.5 \\ 13.75 \end{bmatrix} = \begin{bmatrix} 951.2 \\ 151.2 \\ 56.88 \end{bmatrix}$$

이 모형은 5년 후, 약 951마리의 발육기, 151마리의 청년기, 57마리의 성년기의 VW 딱정벌레 암컷이 생존함을 예측할 수 있다. (각 단계에서 가장 가까운 정수로 반올림해야 한다고 주장할 수도 있다. 예를 들면, 3번째 단계에서 28마리의 성년기 딱정벌레이다. 계산의 결과는 어차피 근삿값이고, 반올림을 하지 않으면 계산기를 사용하는 것이 훨씬 쉽기 때문에 반올림을 하지 않기로 한다.)

예제 3.67의 행렬 L을 **레슬리 행렬**(Leslie matrix)이라 부른다. 일반적으로, 만일 같은 기간의 n개의 연령군의 개체수가 있다면, L은 다음과 같은 구조를 가지는 $n \times n$ 행렬이 될 것이다.

$$L = \begin{bmatrix} b_1 & b_2 & b_3 & \cdots & b_{n-1} & b_n \\ s_1 & 0 & 0 & \cdots & 0 & 0 \\ 0 & s_2 & 0 & \cdots & 0 & 0 \\ 0 & 0 & s_3 & \cdots & 0 & 0 \\ \vdots & \vdots & \vdots & \ddots & \vdots & \vdots \\ 0 & 0 & 0 & \cdots & s_{n-1} & 0 \end{bmatrix}$$

여기서, b_1, b_2, $\cdots$는 출생 매개변수로 각 b_i는 i 연령군에서 각 암컷이 생산한 암컷의 수의 평균이고 s_1, s_2, $\cdots$는 생존율로 각 s_i는 i 연령군의 암컷들이 $i+1$ 연령군으로 생존할 확률이다.

앞의 계산에서 무엇을 알 수 있는가? 비록 1년에서 2년 사이에는 250마리에서 225마리로 감소하는 것처럼 약간의 변동은 있지만, 전반적으로는 딱정벌레의 개체수는 증가한다. 그림 3.22는 3개의 연령군 각각의 개체수의 변화를 보여주며 변동과 더불어 개체수의 증가를 명백하게 보여준다.

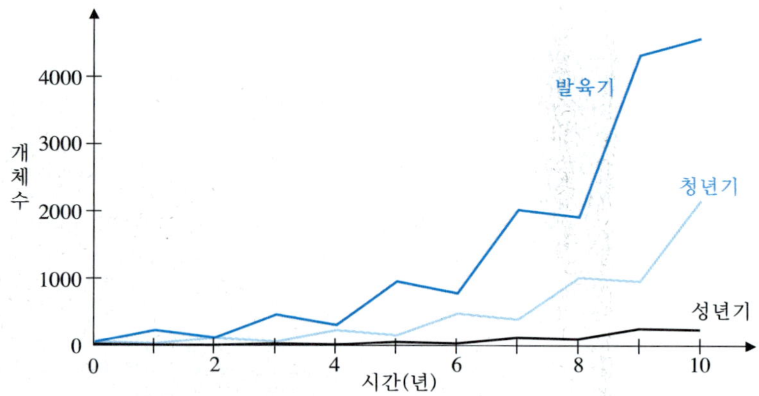

그림 3.22

실제 개체수 대신에 각각의 연령군에서 상대적 개체수를 그림으로 그려보면 다른 그래프가 나온다. 이를 위하여 매해 연령군 각각의 개체수의 비율을 계산하여야 한다. 즉, 각각의 분포벡터를 성분의 합으로 나누어야 한다. 예를 들면, 1년 후에는

$$\frac{1}{250}\mathbf{x}_1 = \frac{1}{250}\begin{bmatrix} 220 \\ 20 \\ 10 \end{bmatrix} = \begin{bmatrix} 0.88 \\ 0.08 \\ 0.04 \end{bmatrix}$$

이고 이는 전체 개체수의 88%는 발육기, 8%는 청년기, 4%는 성년기의 딱정벌레로 구성되어 있음을 알려준다. 만일 오랜 기간 동안 이런 형태의 데이터를 그래프로 나타내면, 각 단계에서의 개체수의 비율이 안정상태로 접근하는 그림 3.23과 같은 그래프를 얻을 것이다. 이 예제에서의 안정상태의 벡터는

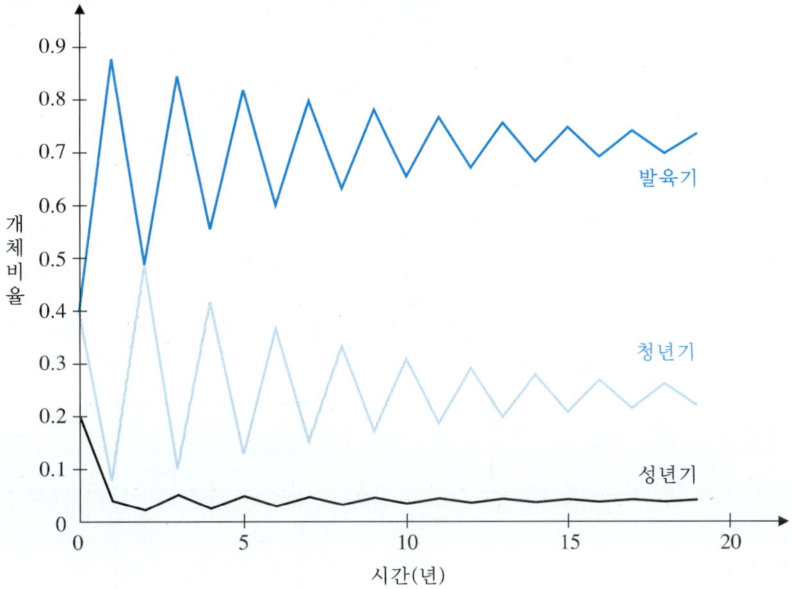

그림 3.23

$$\begin{bmatrix} 0.72 \\ 0.24 \\ 0.04 \end{bmatrix}$$

가 된다. 즉, 결국에는 개체수의 72%가 발육기, 24%가 청년기, 4%가 성년기일 것이다. 다시 말하면, 개체수는 18:6:1의 비율로 3개의 연령군으로 분포된다. 4장에서 이 비율을 정확하게 결정하는 방법에 대해 알아볼 것이다.

꼭짓점(vertex)이란 용어는 '구부러지기 위한(to turn)'을 의미하는 라틴어의 동사 vertere에서 유래되었다. 그래프에서 꼭짓점은 한 변에서 다른 변으로 '구부러진' 지점인 모퉁이가 된다.

그래프와 유향그래프

유한 개의 사물들 간의 상호관계를 모형화하는 것은 여러 가지 상황에서 중요하다. 예를 들면, 마을을 연결하는 도로들, 도시를 연결하는 항공로, 인공위성을 연결하는 통신망 등의 여러 가지 형태의 연락망 또는 사회에서의 친목관계, 생태계에서의 포식동물과 먹이관계, 스포츠에서 우월관계 등의 단체나 개인들 간의 관계를 기술하고자 할 경우이다. 그래프는 연락망과 같은 관계를 모형화하기에 적합하며 행렬은 이러한 연구에 유용한 도구가 된다.

그래프(graph)는 **꼭짓점**이라고 부르는 유한개의 점과 두 개의 꼭짓점(서로 다를 필요는 없음)을 연결하는 **변**들의 유한집합으로 구성되어 있다. 한 변의 양 끝점이 되는 두 꼭짓점은 인접한다고 한다. 그림 3.24는 같은 그래프가 두 개의 다른 방법으로 그려진 예를 보여준다. 그래프에서 각 변은 인접하는 점의 관계와 동일하므로 두 그래프는 '같은 것'이다.

그래프의 핵심적인 정보는 행렬로 표시될 수 있으며 그래프에 대한 문제에 답하기 위해 행렬대수를 사용할 수 있다. 특히, 그래프가 클 경우 이와 같은 행렬에 관한 계산을 컴퓨터를 사용하여 빨리할 수 있다.

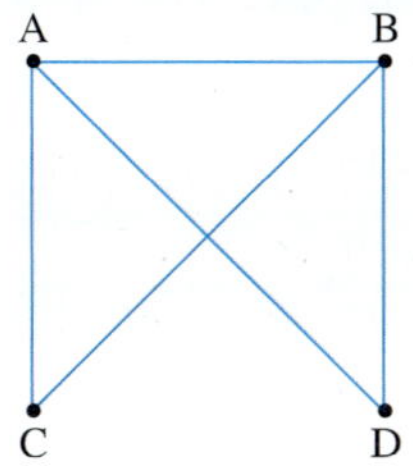

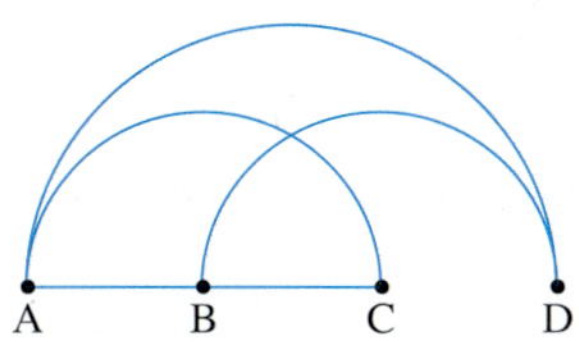

그림 3.24 같은 그래프의 두 가지 표현

정의 G가 n개의 꼭짓점을 가지는 그래프이면, 그것의 **인접행렬**(adjacency matrix)은

$$a_{ij} = \begin{cases} 1, & \text{꼭짓점 } i\text{와 } j \text{ 사이에 변이 있는 경우} \\ 0, & \text{그 외의 경우} \end{cases}$$

를 성분으로 하는 $n \times n$ 행렬 A[또는 $A(G)$]를 의미한다.

그림 3.25는 그래프와 그 인접행렬을 보여준다.

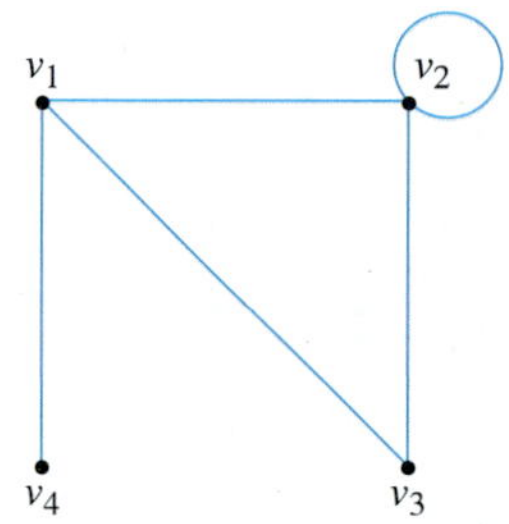

$$A = \begin{bmatrix} 0 & 1 & 1 & 1 \\ 1 & 1 & 1 & 0 \\ 1 & 1 & 0 & 0 \\ 1 & 0 & 0 & 0 \end{bmatrix}$$

그림 3.25 그래프와 인접행렬 A

주의 그래프의 인접행렬은 반드시 대칭행렬임을 알 수 있다. (왜 그런가?) 또한, 꼭짓점 i에서 고리모양이 아니면 A의 대각성분 a_{ii}는 0이다. 어떤 상황에서는 그래프가 한 쌍의 꼭짓점 사이에 두 개 이상의 변을 가질 수 있다. 이런 경우에는 a_{ij}의 값을 꼭짓점 i와 j 사이의 변의 개수로 하여 인접행렬을 정의할 수 있다.

그래프에서의 **경로**(path)는 한 개의 꼭짓점에서 다른 점으로 연속적으로 옮길 수 있는 변들의 순서로 정의된다. 경로의 **길이**(length)는 경로에 포함된 변의 개수이고 k개의 변이 포함된 경로를 **k-경로**(k-path)라 부른다. 예를 들면, 그림 3.25의 그래프에서 $v_1v_3v_2v_1$은 3-경로이고 $v_4v_1v_2v_2v_1v_3$는 5-경로이다. 첫 번째 것은 v_1에서 시작하여 v_1에서 끝나므로 닫혀있으며, 이러한 경로를 **회로**(circuit)라 한다. 두 번째는 v_1과 v_2 사이의 변을 두 번 사용한다. 같은 변을 두 번 이상 사용하지 않은 경로를 **단순경로**(simple path)라 한다.

그래프의 인접행렬의 거듭제곱은 그래프에서 다양한 길이의 경로에 대한 정보를 제공해 준다. 그림 3.25의 인접행렬의 제곱을 살펴보자.

$$A^2 = \begin{bmatrix} 3 & 2 & 1 & 0 \\ 2 & 3 & 2 & 1 \\ 1 & 2 & 2 & 1 \\ 0 & 1 & 1 & 1 \end{bmatrix}$$

에서 A^2의 성분들은 무엇을 나타내는가? (2, 3)성분을 보자. 행렬 곱셈의 정의로부터

$$(A^2)_{23} = a_{21}a_{13} + a_{22}a_{23} + a_{23}a_{33} + a_{24}a_{43}$$

임을 알고 있다. 이 표현이 0이 아닌 수가 되기 위한 유일한 방법은 $a_{2k}a_{k3}$의 값들 중 적어도 하나가 0이 되지 않아야 한다. $a_{2k}a_{k3}$이 0이 아니기 위한 필요충분조건은 v_2와 v_k 사이에 변이 존재함과 동시에 v_k와 v_3 사이에 변이 존재함을 의미하는 a_{2k}와 a_{k3} 모두 0이 아니어야 한다. 이 경우 꼭짓점 2와 꼭짓점 3(꼭짓점 k를 거쳐) 사이에 2-경로가 있게 된다. 그림 3.25의 예에서 이는 $k=1$과 $k=2$에서 발생하며

$$\begin{aligned}(A^2)_{23} &= a_{21}a_{13}+a_{22}a_{23}+a_{23}a_{33}+a_{24}a_{43}\\ &= 1\cdot 1+1\cdot 1+1\cdot 0+0\cdot 0\\ &= 2\end{aligned}$$

이므로, 꼭짓점 2와 3 사이에 2-경로가 2개가 있다는 것을 알려준다. (A^2의 나머지 성분도 그래프에서 2-경로를 정확하게 주는지 확인하여라.) 위의 논리는 다음 결과로 일반화할 수 있다. 증명은 연습문제 74로 남긴다.

> 만일 A가 그래프 G의 인접행렬이면 A^k의 (i, j)성분은 꼭짓점 i와 j 사이의 k-경로의 수와 같다.

예제 3.68 그림 3.25에서 v_1과 v_2 사이의 3-경로는 몇 개인가?

풀이 A^2의 1행과 A의 2열의 내적인 A^3의 (1, 2)성분을 계산하면,

$$(A^3)_{12} = 3\cdot 1+2\cdot 1+1\cdot 1+0\cdot 0 = 6$$

이므로, 꼭짓점 1과 2 사이의 3-경로는 6개임을 알 수 있다.

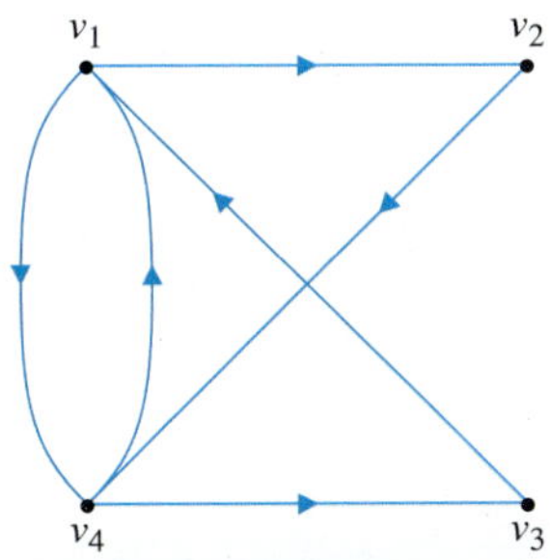

그림 3.26 유향그래프

그래프에 의하여 모형화할 수 있는 많은 응용에서 꼭짓점을 연결하는 변에 방향을 주어서 그래프를 구성한다. 예를 들면, 유향변(방향이 있는 변)은 도로망을 설계한 그래프에서의 일방통행 또는 생태계를 모형화한 그래프에서의 포식동물-먹이사슬 관계를 나타내기 위하여 사용할 수 있다. 유향변이 있는 그래프를 **유향그래프**(digraph)라 한다. 그림 3.26은 이에 대한 한 예를 보여준다.

인접행렬의 정의를 간단히 바꾸어 유향그래프에도 사용할 수 있다.

정의 G가 n개의 꼭짓점을 갖는 유향그래프이면, 그것의 **인접행렬**(adjacency matrix)은

$$a_{ij} = \begin{cases} 1, & \text{꼭짓점 } i\text{에서 } j\text{로 향하는 변이 있는 경우} \\ 0, & \text{그 외의 경우} \end{cases}$$

를 성분으로 하는 $n\times n$ 행렬 A[또는 $A(G)$]를 의미한다.

이에 따르면, 그림 3.26의 유향그래프에 대한 인접행렬은

$$A = \begin{bmatrix} 0 & 1 & 0 & 1 \\ 0 & 0 & 0 & 1 \\ 1 & 0 & 0 & 0 \\ 1 & 0 & 1 & 0 \end{bmatrix}$$

이다. 유향그래프의 인접행렬은 일반적으로 대칭행렬이 아니다. (언제 대칭행렬인가?) 꼭짓점 간의 유향 k−경로의 개수를 A^k를 계산하여 구할 수 있다(연습문제 74 참조). 다음 예는 이 개념에 대한 응용이다.

예제 3.69

5명의 테니스 선수(조코비치, 페더러, 나달, 로딕, 사핀) 각각이 다른 모든 선수와 경기하는 방식인 라운드-로빈 토너먼트(round-robin tournament)로 경기를 한다. 그림 3.27의 유향그래프는 그 경기 결과를 나타낸다. 여기서, 꼭짓점 i에서 꼭짓점 j로의 유향변은 선수 i가 선수 j를 이겼음을 의미한다. 각 쌍의 꼭짓점 사이에 오직 한 개의 유향변이 있는 유향그래프를 **토너먼트**라고 한다. 그림 3.27에서 꼭짓점의 순서(그러므로 A의 행과 열)를 알파벳 순서로 결정한다면 다음 인접행렬

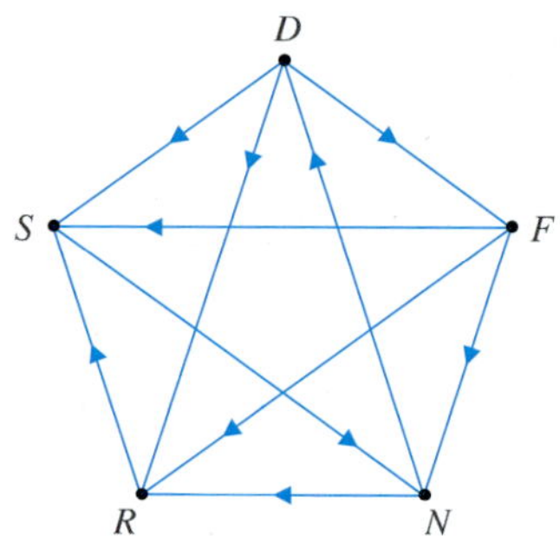

그림 3.27 토너먼트

$$A = \begin{bmatrix} 0 & 1 & 0 & 1 & 1 \\ 0 & 0 & 1 & 1 & 1 \\ 1 & 0 & 0 & 1 & 0 \\ 0 & 0 & 0 & 0 & 1 \\ 0 & 0 & 1 & 0 & 0 \end{bmatrix}$$

를 얻는다. 따라서 페더러는 2행과 2열에 대응한다.

우리가 이 경기의 결과를 근거로 다섯 명의 순위를 매기려 한다고 하자. 이를 위한 한 가지 방법은 각 선수들의 이긴 경기의 개수를 세는 것이다. 각 선수들의 이긴 경기 수는 해당하는 행의 성분들의 합이 됨을 주목하여라. 각 행의 성분들의 합을 모두 포함하는 벡터는 $\mathbf{j}$가

$$\mathbf{j} = \begin{bmatrix} 1 \\ 1 \\ 1 \\ 1 \\ 1 \end{bmatrix}$$

일 때, 곱 $A\mathbf{j}$로 계산된다. 즉

$$A\mathbf{j} = \begin{bmatrix} 0 & 1 & 0 & 1 & 1 \\ 0 & 0 & 1 & 1 & 1 \\ 1 & 0 & 0 & 1 & 0 \\ 0 & 0 & 0 & 0 & 1 \\ 0 & 0 & 1 & 0 & 0 \end{bmatrix} \begin{bmatrix} 1 \\ 1 \\ 1 \\ 1 \\ 1 \end{bmatrix} = \begin{bmatrix} 3 \\ 3 \\ 2 \\ 1 \\ 1 \end{bmatrix}$$

이므로, 다음과 같이 순위가 결정된다.

1순위: 조코비치, 페더러 (비김)
2순위: 나달
3순위: 로딕, 사핀 (비김)

그러면 이 순위에서 비긴 선수들은 실력이 같은가? 조코비치는 페더러를 이겼기에 그가 1등이라 주장할 수 있다. 로딕도 사핀과 비긴 것을 반박하기 위해 같은 주장을 할 수 있다. 그러나 사핀은 조코비치와 로딕을 이긴 나달을 이겼기 때문에 '간접' 승리를 했다고 주장할 수 있다. 더구나 로딕은 사핀을 이겼으므로 한 번의 간접 승리가 있음을 주장할 수도 있다.

한 선수가 결과적으로 비긴 다른 선수 모두를 이기지 못했기 때문에, 간접승리에 대한 견해가 더 유용해 보인다. 게다가, 간접승리는 유향그래프의 2-경로와 일치하므로 인접행렬을 거듭제곱하여 계산할 수 있다. 각 선수의 승리와 간접승리 모두를 계산하기 위해서는

$$(A+A^2)\mathbf{j}=\left(\begin{bmatrix}0&1&0&1&1\\0&0&1&1&1\\1&0&0&1&0\\0&0&0&0&1\\0&0&1&0&0\end{bmatrix}+\begin{bmatrix}0&0&2&1&2\\1&0&1&1&1\\0&1&0&1&2\\0&0&1&0&0\\1&0&0&1&0\end{bmatrix}\right)\begin{bmatrix}1\\1\\1\\1\\1\end{bmatrix}$$

$$=\begin{bmatrix}0&1&2&2&3\\1&0&2&2&2\\1&1&0&2&2\\0&0&1&0&1\\1&0&1&1&0\end{bmatrix}\begin{bmatrix}1\\1\\1\\1\\1\end{bmatrix}=\begin{bmatrix}8\\7\\6\\2\\3\end{bmatrix}$$

으로 주어진 행렬 $A+A^2$의 행의 합이 필요하다. 따라서 조코비치, 페더러, 나달, 사핀, 로딕의 순으로 순위를 매길 것이다. 그러나 이러한 접근에서 일반적으로 비김이 전혀 없다고 보장할 수 없다.

3.7 연습문제

마르코프 연쇄

※ [1–4] $P=\begin{bmatrix}0.5&0.3\\0.5&0.7\end{bmatrix}$을 두 가지 상태의 마르코프 연쇄에 대한 추이행렬이라 하고, $\mathbf{x}_0=\begin{bmatrix}0.5\\0.5\end{bmatrix}$를 개체수에 대한 초기상태벡터라 하자. 이때, 다음 물음에 답하여라.

1. $\mathbf{x}_1$과 $\mathbf{x}_2$를 구하여라.
2. 두 단계 후 상태 2에서의 상태 1의 개체수의 비율은 얼마인가?
3. 두 단계 후 상태 2에서의 상태 2의 개체수의 비율은 얼마인가?
4. 안정상태벡터를 구하여라.

※ [5–8] $P=\begin{bmatrix}\frac{1}{2}&\frac{1}{3}&\frac{1}{3}\\0&\frac{1}{3}&\frac{2}{3}\\\frac{1}{2}&\frac{1}{3}&0\end{bmatrix}$를 세 가지 상태의 마르코프 연쇄에 대한 추이행렬이라 하고, $\mathbf{x}_0=\begin{bmatrix}120\\180\\90\end{bmatrix}$를 개체수에 대한 초기상태벡터라 하자. 이때, 다음에 답하여라.

5. $\mathbf{x}_1$과 $\mathbf{x}_2$를 구하여라.
6. 두 단계 후 상태 1에서의 상태 1의 개체수의 비율은 얼

마인가?

7. 두 단계 후 상태 3에서의 상태 2의 개체수의 비율은 얼마인가?

8. 안정상태벡터를 구하여라.

9. 특정 지역의 날씨가 마르코프 연쇄에 따라 변한다고 가정하자. 특별히 내일 비가 올 확률은 오늘 비가 오면 0.662이고 오늘 비가 안 오면 0.250이라 가정하자. 그러면 내일 비가 안 오는 확률은 오늘 비가 안 오면 0.750이고 오늘 비가 오면 0.338이다. [이 문제는 27년간 텔아비브(Tel Aviv)의 강수에 대한 실제 연구에 근거한다. *Quarterly Journal of the Royal Meteorological society, 88* (1962, pp. 90–95)에 실린 가브리엘(K. R. Gabriel)과 노이만(J. Neumann)의 "A Markov Chain Model for Daily Rainfall Occurrence at Tel Aviv"을 보라.]
   (a) 이 마르코프 연쇄에 대한 추이행렬을 구하여라.
   (b) 만일 월요일에 비가 안 왔을 때, 수요일에 비가 올 확률은 얼마인가?
   (c) 오랜 기간 후에 비가 오는 날과 비가 오지 않는 날의 분포는 어떠한가?

10. 부모와 관련하여 자식의 키에 관한 자료가 있다. 큰 키의 부모가 큰 키, 중간 키 또는 작은 키의 자식을 가질 확률은 각각 0.6, 0.2, 0.2이고, 중간 키의 부모가 큰 키, 중간 키 또는 작은 키의 자식을 가질 확률은 각각 0.1, 0.7, 0.2이고, 작은 키의 부모가 큰 키, 중간 키 또는 작은 키의 자식을 가질 확률은 각각 0.2, 0.4, 0.4라고 하자.
   (a) 이 마르코프 연쇄에 대한 추이행렬을 구하여라.
   (b) 키가 작은 사람에게 키가 큰 손자가 생길 확률은 얼마인가?
   (c) 만일 현재인구의 20%는 키가 크고, 50%는 중간 키, 30%는 작은 키라고 하면, 삼세대에서의 분포는 어떠한가?
   (d) (c)의 자료가 시간이 흐르면서 변하지 않는다면 오랜 시간 후 큰 키, 중간 키 및 작은 키의 인구 비율은 얼마인가?

11. 1940년에서 1947년까지의 미국 남서쪽의 잣 농장에 관한 연구는 잣 생산이 마르코프 연쇄를 따른다고 강조하였다. [D. L. Clarke 편집의 *Models in Archaeology* (London: Methuen, 1972)에 실린 토마스(D. H. Thomas)의 〈A Computer Simulation Model of Great Basin Shoshonean Subsistence and Settlement Patterns〉를 보라.] 이 자료에 따르면, 한 해의 수확이 좋으면 다음 해에 수확이 좋을, 괜찮을, 나쁠 확률은 각각 0.08, 0.07, 0.85이고, 수확이 괜찮으면 다음 해에 수확이 좋을, 괜찮을, 나쁠 확률은 각각 0.09, 0.11, 0.80이다. 그리고 한 해의 수확이 나쁘면 다음 해에 수확이 좋을, 괜찮을, 나쁠 확률은 각각 0.11, 0.05, 0.84이다.
   (a) 이 마르코프 연쇄에 대한 추이행렬을 구하여라.
   (b) 만일 1940년의 잣 수확이 좋았을 때, 1941년에서 1945년까지 수확이 좋을 확률을 구하여라.
   (c) 오랜 기간 후, 잣 수확이 좋을, 괜찮을, 나쁠 확률은 각각 얼마인가?

12. 로봇은 그림 3.28과 같이 미로를 왔다 갔다 하도록 프로그램 되어있고, 각각의 교차점에서 임의로 갈 방향을 선택하게 된다.

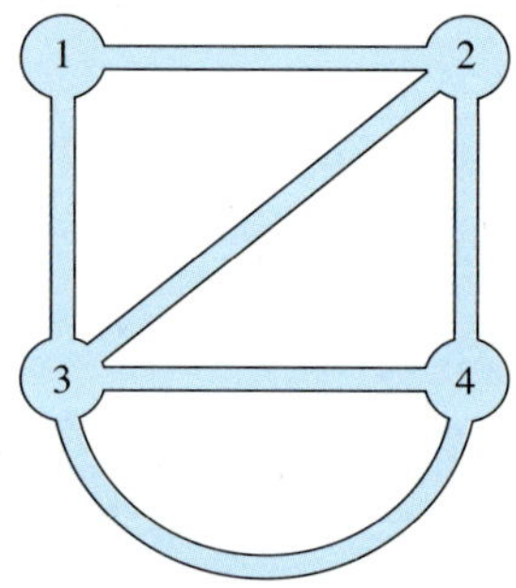

그림 3.28

   (a) 이 상태를 설계한 마르코프 연쇄에 대한 추이행렬을 구하여라.
   (b) 각각의 교차점에서 15개의 로봇이 출발하였다고 하자. 로봇의 안정상태분포를 구하여라. 이때, 각각의 로봇이 두 인접한 교차점 사이를 움직이는 데 걸리는 시간은 같다고 가정한다.

13. $\mathbf{j}$를 1로만 이루어진 행벡터라 하자. 음이 아닌 행렬 P가 확률행렬이기 위한 필요충분조건은 $\mathbf{j}P=\mathbf{j}$임을 증명하여라.

14. (a) 두 개의 2×2 확률행렬의 곱도 확률행렬임을 보여라.
   (b) 두 개의 $n\times n$ 확률행렬의 곱도 확률행렬임을 보여라.
   (c) 2×2 확률행렬 P가 가역이면 P^{-1}도 확률행렬임을 보여라.

※ 마르코프 연쇄에서 상태 i에서 상태 j로 이동하는 데 걸리는 단계(또는 기대)의 평균값을 알아보고자 한다. 다음의 계산으로 이 문제를 해결할 수 있음을 보일 수 있다. 새로운 행렬 Q를 만들기 위하여 추이행렬 P에서 j행과 j열을 제거하자. P에서처럼 Q의 행과 열에 라벨을 붙인다. 상태 i에서 상태 j로 가는 단계의 기댓값은 $(I-Q)^{-1}$의 i열의 성분의 합으로 주어진다.

15. 연습문제 9에서 만일 월요일에 비가 안 오면 비가 올 때까지 날짜의 기댓값은 얼마인가?

16. 연습문제 10에서 키 작은 사람에게 키 큰 후손이 생길 세대의 기댓값은 얼마인가?

17. 연습문제 11에서 잣 수확이 한 해에는 괜찮았다면 좋은 수확이 걷어질 때까지의 년수의 기댓값은 얼마인가?

18. 연습문제 12에서 다른 교차점의 각각에서 시작할 때 로봇이 교차점 4에 도착할 때까지 움직임의 횟수의 기댓값은 얼마인가?

선형경제모형

※ [19–26] 행렬들 중에서 교환행렬들인 것을 결정하여라. 교환행렬인 행렬들에 대해서, 식 (1)을 만족하는 음이 아닌 가격벡터를 구하여라.

19. $\begin{bmatrix} 1/2 & 1/4 \\ 1/2 & 3/4 \end{bmatrix}$

20. $\begin{bmatrix} 1/3 & 2/3 \\ 1/2 & 1/2 \end{bmatrix}$

21. $\begin{bmatrix} 0.4 & 0.7 \\ 0.6 & 0.4 \end{bmatrix}$

22. $\begin{bmatrix} 0.1 & 0.6 \\ 0.9 & 0.4 \end{bmatrix}$

23. $\begin{bmatrix} 1/3 & 0 & 0 \\ 1/3 & 3/2 & 0 \\ 1/3 & -1/2 & 1 \end{bmatrix}$

24. $\begin{bmatrix} 1/2 & 1 & 0 \\ 0 & 0 & 1/3 \\ 1/2 & 0 & 2/3 \end{bmatrix}$

25. $\begin{bmatrix} 0.3 & 0 & 0.2 \\ 0.3 & 0.5 & 0.3 \\ 0.4 & 0.5 & 0.5 \end{bmatrix}$

26. $\begin{bmatrix} 0.50 & 0.70 & 0.35 \\ 0.25 & 0.30 & 0.25 \\ 0.25 & 0 & 0.40 \end{bmatrix}$

※ [27–30] 주어진 소비행렬이 생산적인지를 결정하여라.

27. $\begin{bmatrix} 0.2 & 0.3 \\ 0.5 & 0.6 \end{bmatrix}$

28. $\begin{bmatrix} 0.20 & 0.10 & 0.10 \\ 0.30 & 0.15 & 0.45 \\ 0.15 & 0.30 & 0.50 \end{bmatrix}$

29. $\begin{bmatrix} 0.35 & 0.25 & 0 \\ 0.15 & 0.55 & 0.35 \\ 0.45 & 0.30 & 0.60 \end{bmatrix}$

30. $\begin{bmatrix} 0.2 & 0.4 & 0.1 & 0.4 \\ 0.3 & 0.2 & 0.2 & 0.1 \\ 0 & 0.4 & 0.5 & 0.3 \\ 0.5 & 0 & 0.2 & 0.2 \end{bmatrix}$

※ [31–34] 소비행렬 C와 수요벡터 $\mathbf{d}$가 주어졌다. 각 경우에 있어서, 식 (2)를 만족하는 적합한 생산벡터 $\mathbf{x}$를 구하여라.

31. $C=\begin{bmatrix} 1/2 & 1/4 \\ 1/2 & 1/2 \end{bmatrix}$, $\mathbf{d}=\begin{bmatrix} 1 \\ 3 \end{bmatrix}$

32. $C=\begin{bmatrix} 0.1 & 0.4 \\ 0.3 & 0.2 \end{bmatrix}$, $\mathbf{d}=\begin{bmatrix} 2 \\ 1 \end{bmatrix}$

33. $C=\begin{bmatrix} 0.5 & 0.2 & 0.1 \\ 0 & 0.4 & 0.2 \\ 0 & 0 & 0.5 \end{bmatrix}$, $\mathbf{d}=\begin{bmatrix} 3 \\ 2 \\ 4 \end{bmatrix}$

CAS 34. $C=\begin{bmatrix} 0.1 & 0.4 & 0.1 \\ 0 & 0.2 & 0.2 \\ 0.3 & 0.2 & 0.3 \end{bmatrix}$, $\mathbf{d}=\begin{bmatrix} 1.1 \\ 3.5 \\ 2.0 \end{bmatrix}$

35. A는 $n\times n$행렬이고 $A\geq O$라고 두자. $\mathbf{x}\geq \mathbf{0}$인 어떤 $\mathbf{x}\in\mathbb{R}^n$에 대해서 $A\mathbf{x}<\mathbf{x}$라고 가정하자. 이때, $\mathbf{x}>\mathbf{0}$임을 증명하여라.

36. A, B, C, D는 $n\times n$행렬들이고, $\mathbf{x}$, $\mathbf{y}$는 $\mathbb{R}^n$에 속하는 벡터들이라고 두자. 다음 부등식들을 증명하여라.
   (a) $A\geq B\geq O$이고 $C\geq D\geq O$이면 $AC\geq BD\geq O$이다.
   (b) $A>B$이고 $\mathbf{x}\geq\mathbf{0}$, $\mathbf{x}\neq\mathbf{0}$이면 $A\mathbf{x}>B\mathbf{x}$이다.

개체수의 증가

37. 두 연령대의 개체수의 레슬리 행렬을

$$L=\begin{bmatrix} 2 & 5 \\ 0.6 & 0 \end{bmatrix}$$

라 하자. 초기 개체수 벡터가 $\mathbf{x}_0=\begin{bmatrix} 10 \\ 5 \end{bmatrix}$이라 할 때, $\mathbf{x}_1$, $\mathbf{x}_2$와 $\mathbf{x}_3$를 구하여라.

38. 세 연령대의 개체수의 레슬리 행렬을

$$L=\begin{bmatrix} 0 & 1 & 2 \\ 0.2 & 0 & 0 \\ 0 & 0.5 & 0 \end{bmatrix}$$

라 하자. 초기 개체수 벡터가 $\mathbf{x}_0=\begin{bmatrix} 10 \\ 4 \\ 3 \end{bmatrix}$이라 할 때, $\mathbf{x}_1$, $\mathbf{x}_2$와 $\mathbf{x}_3$를 구하여라.

39. 세 연령대의 개체수의 레슬리 행렬을

$$L=\begin{bmatrix} 1 & 1 & 3 \\ 0.7 & 0 & 0 \\ 0 & 0.5 & 0 \end{bmatrix}$$

라 하자. 초기 개체수 벡터가 $\mathbf{x}_0=\begin{bmatrix} 100 \\ 100 \\ 100 \end{bmatrix}$이라 할 때, $\mathbf{x}_1$, $\mathbf{x}_2$와 $\mathbf{x}_3$를 구하여라.

40. 네 연령대의 개체 수의 레슬리 행렬이

$$L = \begin{bmatrix} 0 & 1 & 2 & 5 \\ 0.5 & 0 & 0 & 0 \\ 0 & 0.7 & 0 & 0 \\ 0 & 0 & 0.3 & 0 \end{bmatrix}$$ 라고 하자. 초기 개체수 벡터가

$$\mathbf{x}_0 = \begin{bmatrix} 10 \\ 10 \\ 10 \\ 10 \end{bmatrix}$$ 이라 할 때, $\mathbf{x}_1$, $\mathbf{x}_2$와 $\mathbf{x}_3$를 구하여라.

41. 1년 동안 두 연령군의 어떤 종은 1군에서 2군까지의 생존율이 80%이다. 실험에 의한 결과는 암컷 각각이 1년에 평균 5마리의 암컷을 낳는다고 한다. 따라서 두 개의 가능한 레슬리 행렬은 다음과 같다.

$$L_1 = \begin{bmatrix} 0 & 5 \\ 0.8 & 0 \end{bmatrix}, \quad L_2 = \begin{bmatrix} 4 & 1 \\ 0.8 & 0 \end{bmatrix}$$

(a) $\mathbf{x}_0 = \begin{bmatrix} 10 \\ 10 \end{bmatrix}$ 으로 시작하여, $\mathbf{x}_1, \cdots, \mathbf{x}_{10}$ 각각을 구하여라.

(b) 각각의 경우에서 시간에 따른 연령군 각각의 상대적 개수를 그려라(그림 3.23). 그래프가 의미하는 것은 무엇인가?

42. VW 딱정벌레에 대한 레슬리 행렬이 $L = \begin{bmatrix} 0 & 0 & 20 \\ 0.1 & 0 & 0 \\ 0 & 0.5 & 0 \end{bmatrix}$ 라고 하자. 임의의 $\mathbf{x}_0$에서 시작하여, 이 개체수의 움직임을 결정하여라.

43. VW 딱정벌레에 대한 레슬리 행렬이 $L = \begin{bmatrix} 0 & 0 & 20 \\ s & 0 & 0 \\ 0 & 0.5 & 0 \end{bmatrix}$ 라고 하자. 청년기의 딱정벌레의 생존율 s의 변동에 따른 결과를 조사하여라.

CAS **44.** 산림순록은 캐나다의 서쪽과 미국의 북서쪽 지역에서 주로 발견되며, 암컷의 평균 수명은 약 14년이다. 각 연령대의 출생률과 생존율은 표 3.4에서와 같이 순록의 암컷은 처음 2년간은 출산을 하지 않고 중년기 동안 매년 한 마리의 새끼를 낳는다. 어린 새끼의 사망률은 아주 높다.

© Howard Sandler/Shutterstock.com

표 3.4

나이(년)	출생률	생존율
0–2	0.0	0.3
2–4	0.4	0.7
4–6	1.8	0.9
6–8	1.8	0.9
8–10	1.8	0.9
10–12	1.6	0.6
12–14	0.6	0.0

1990년에 앨버타의 재스퍼 국립공원에 있는 산림순록의 수는 표 3.5에서와 같다. 컴퓨터를 사용하여 계산하여서 1992년과 1994년의 순록의 개체수를 예측하여라. 그리고 2010년과 2020년의 개체수를 예측하여라. 어떤 결과를 얻는가?

표 3.5 1990, 재스퍼 국립공원의 산림순록의 개체수

나이(년)	수
0–2	10
2–4	2
4–6	8
6–8	5
8–10	12
10–12	0
12–14	1

출처 : World Wildlife Fund, 캐나다

그래프와 유향그래프

※ [45–48] 다음에 주어진 그래프의 인접행렬을 구하여라.

45.

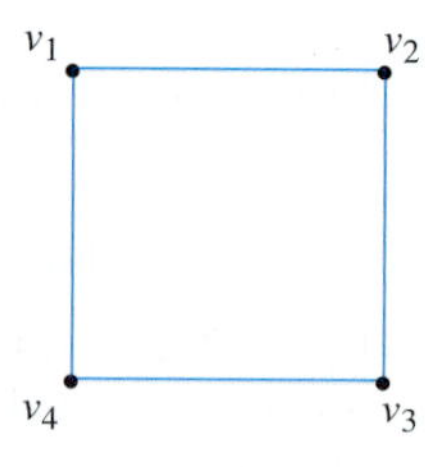

46.

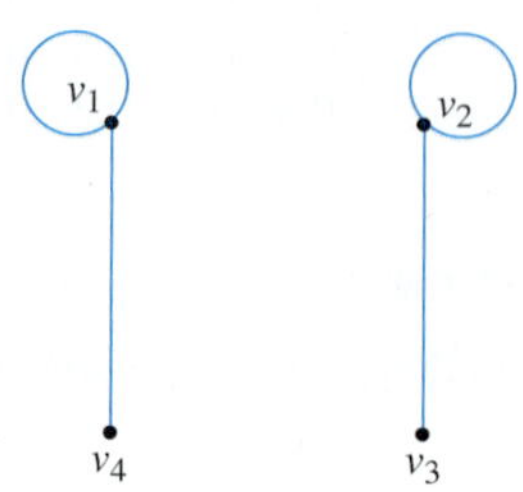

47.

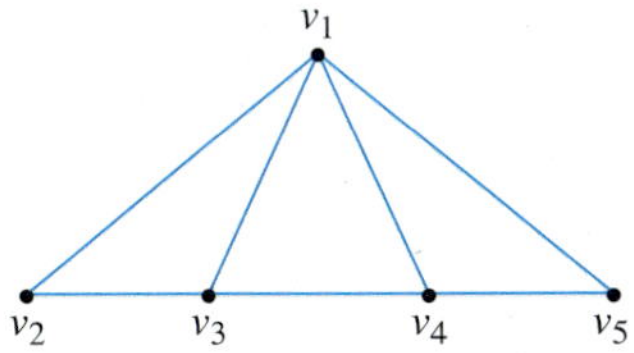

48.

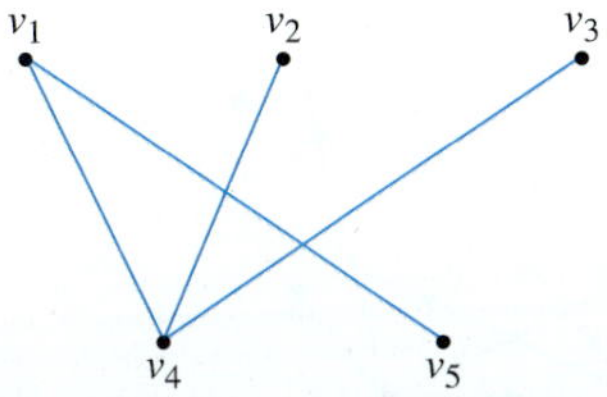

※ [49–52] 다음에 주어진 인접행렬을 가지는 그래프를 그려라.

49. $\begin{bmatrix} 0 & 1 & 1 & 1 \\ 1 & 0 & 0 & 0 \\ 1 & 0 & 0 & 0 \\ 1 & 0 & 0 & 0 \end{bmatrix}$

50. $\begin{bmatrix} 0 & 1 & 0 & 1 \\ 1 & 1 & 1 & 1 \\ 0 & 1 & 0 & 1 \\ 1 & 1 & 1 & 0 \end{bmatrix}$

51. $\begin{bmatrix} 0 & 0 & 1 & 1 & 0 \\ 0 & 0 & 0 & 1 & 1 \\ 1 & 0 & 0 & 0 & 1 \\ 1 & 1 & 0 & 0 & 0 \\ 0 & 1 & 1 & 0 & 0 \end{bmatrix}$

52. $\begin{bmatrix} 0 & 0 & 0 & 1 & 1 \\ 0 & 0 & 0 & 1 & 1 \\ 0 & 0 & 0 & 1 & 1 \\ 1 & 1 & 1 & 0 & 0 \\ 1 & 1 & 1 & 0 & 0 \end{bmatrix}$

※ [53–56] 다음 유향그래프의 인접행렬을 구하여라.

53.

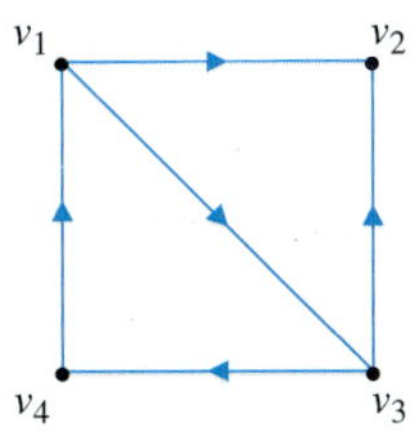

54.

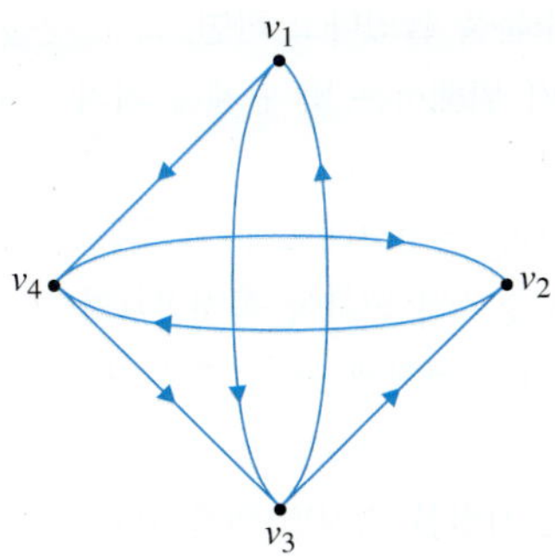

55.

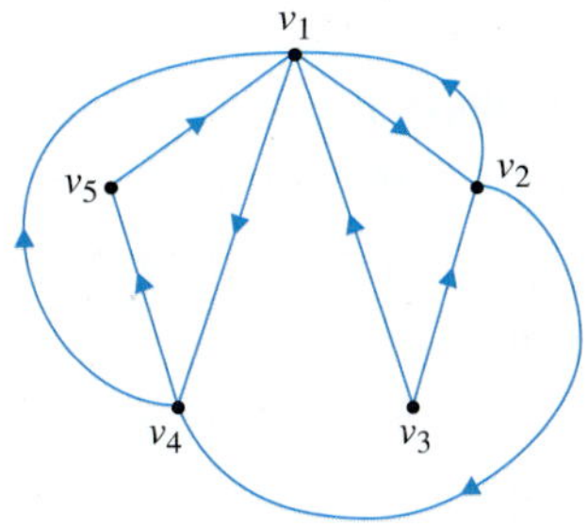

56.

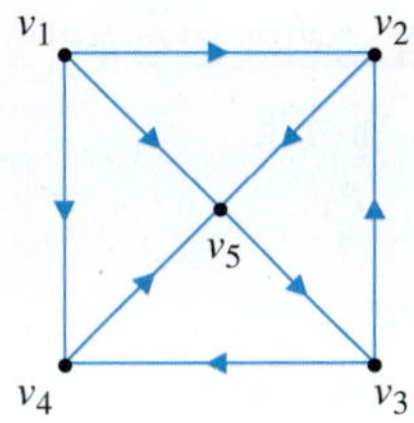

※ [57–60] 다음에 주어진 인접행렬을 가지는 유향그래프를 그려라.

57. $\begin{bmatrix} 0 & 1 & 0 & 0 \\ 1 & 0 & 0 & 1 \\ 0 & 1 & 0 & 0 \\ 1 & 0 & 1 & 1 \end{bmatrix}$

58. $\begin{bmatrix} 0 & 1 & 0 & 0 \\ 0 & 0 & 0 & 1 \\ 1 & 0 & 0 & 0 \\ 0 & 0 & 1 & 0 \end{bmatrix}$

59. $\begin{bmatrix} 0 & 0 & 1 & 0 & 1 \\ 1 & 0 & 0 & 1 & 0 \\ 0 & 0 & 0 & 0 & 1 \\ 1 & 0 & 1 & 0 & 0 \\ 0 & 1 & 0 & 1 & 0 \end{bmatrix}$

60. $\begin{bmatrix} 0 & 1 & 0 & 0 & 1 \\ 0 & 0 & 0 & 1 & 0 \\ 1 & 0 & 0 & 1 & 1 \\ 1 & 0 & 1 & 0 & 0 \\ 1 & 1 & 0 & 0 & 0 \end{bmatrix}$

※ [61–68] 주어진 꼭짓점 사이의 명시된 길이의 경로 수를 구하기 위하여, 인접행렬의 거듭제곱을 사용하여라.

61. 연습문제 50, 길이 2, v_1과 v_2

62. 연습문제 52, 길이 2, v_1과 v_2

63. 연습문제 50, 길이 3, v_1과 v_3

64. 연습문제 52, 길이 4, v_2와 v_2

65. 연습문제 57, 길이 2, v_1에서 v_3로

66. 연습문제 57, 길이 3, v_4에서 v_1로

67. 연습문제 60, 길이 3, v_4에서 v_1로

68. 연습문제 60, 길이 4, v_1에서 v_4로

69. A를 그래프 G의 인접행렬이라 하자.

(a) 만일 A의 i행이 모두 0이면, 이는 그래프 G에

대하여 무엇을 의미하는가?

(b) 만일 A의 j열이 모두 0이면, 이는 그래프 G에 대하여 무엇을 의미하는가?

70. A를 유향그래프 D의 인접행렬이라 하자.

(a) 만일 A^2의 i행이 모두 0이면, 이는 D에 대하여 무엇을 의미하는가?

(b) 만일 A^2의 j열이 모두 0이면, 이는 D에 대하여 무엇을 의미하는가?

71. 그림 3.29는 6명의 선수 P_1에서 P_6 간의 토너먼트에 관한 유향그래프이다. 인접행렬을 이용하여, 승리로만, 그리고 예제 3.69에서처럼 승리와 간접승리를 조합한 개념으로 선수의 순위를 매겨라.

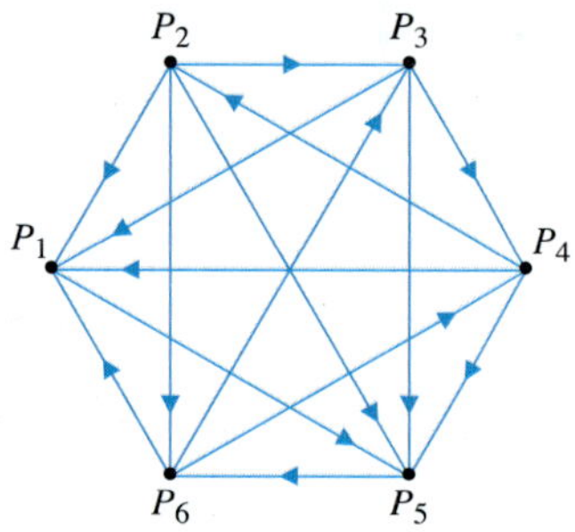

그림 3.29

72. 그림 3.30은 소규모 생태계의 먹이사슬을 표현한 유향그래프이다. a에서 b까지의 유향변은 a가 b를 먹이로 한다는 것을 나타낸다. 이 유향그래프에 관한 인접행렬 A를 만들어서 이를 이용하여 다음 문제에 답하여라.

(a) 어느 종이 가장 직접적인 먹이 공급원인가? A는 이것을 어떻게 보여주는가?

(b) 어느 종이 대다수의 다른 종에 대하여 직접 먹이 공급원인가? A는 이것을 어떻게 보여주는가?

(c) 만일 a가 b를 먹고 b가 c를 먹는다면, a는 c를 간접적인 먹이 공급원으로 가진다고 한다. 어떤 종이 가장 많은 간접적인 먹이 공급원을 가지는지를 구하기 위하여 우리는 A를 어떻게 이용하는가? 직접적 그리고 간접적인 먹이 공급원을 합하여 어느 종이 가장 많이 가지는가?

(d) 이 먹이사슬에서 오염물질이 식물을 죽였다고 가정하고 우리는 이 변화가 생태계에 미친 영향을 알고자 한다. A에서 식물과 관련된 행과 열을 없앤 새로운 인접행렬을 A^*로 하자. (a)에서 (c)까지 되풀이하여 이 변화에 어떤 종이 가장 많이 그리고 가장 적게 영향을 받는지를 구하여라.

(e) 오랜 기간이 지난 후에 이 오염의 결과는 무엇인가? 어떤 행렬 계산으로 이 결과를 보여줄 수 있는가?

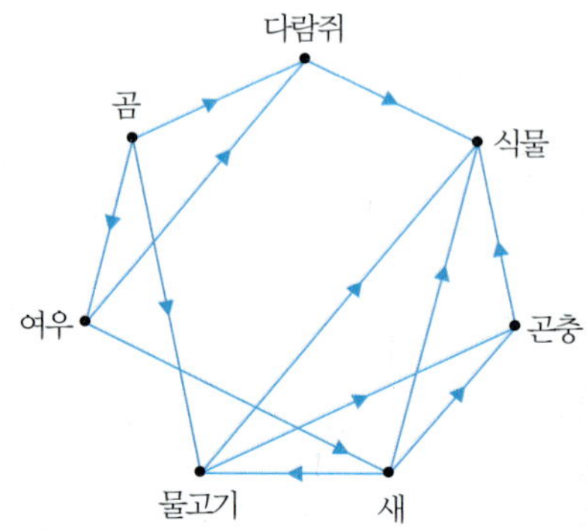

그림 3.30

73. 다섯 명이 서로 이메일을 주고받는다고 하자. 이들 중 한 명은 소문을 들을 때마다 그 소문을 이메일로 표 3.6에서와 같이 그 집단의 다른 사람에게 이메일을 보낸다.

표 3.6

보내는 사람	받는 사람
Ann	Carla, Ehaz
Bert	Carla, Dana
Carla	Ehaz
Dana	Ann, Carla
Ehaz	Bert

(a) 이 '소문 네트워크'를 설계하는 유향그래프를 그리고 인접행렬 A를 구하여라.

(b) 한 사람이 그의 명단의 모든 사람에게 이메일을 보내는 횟수를 단계라 정의하자. 만일 Bert가 소문을 들었다고 하면, 그 소문을 모든 사람이 알기 위해서는 몇 단계를 거쳐야 하는가? 어떤 행렬계산으로 이것을 알 수 있는가?

(c) 만일 Ann이 소문을 들었다고 하면, 그 소문을 모든 사람이 알기 위해서는 몇 단계를 거쳐야 하는가? 어떤 행렬계산으로 이것을 알 수 있는가?

(d) 일반적으로 A가 유향그래프의 인접행렬이라면, (어떤 길이의) 경로에 의하여 꼭짓점 i가 꼭짓점 j로 연결되는지를 어떻게 알 수 있는가?

[이 연습문제에서의 소문 네트워크는 어떤 두 사람이 많아야 6명의 아는 사람을 거치면 연결되었다고 주장

하는 '여섯 단계의 분리'라는 개념을 생각나게 한다. '케빈 베이컨의 여섯 단계'라는 게임에서는 모든 배우는 배우 케빈 베이컨(Kevin Bacon)과 위에서의 설명과 같이 연결되었다고 단언한다.]

74. A를 그래프 G의 인접행렬이라 하자.

(a) 귀납법에 의하여 모든 $n \geq 1$에 대하여, A^n의 (i, j)성분이 꼭짓점 i와 j 사이의 $n-$경로의 수와 일치함을 증명하여라.

(b) 만일 G가 유향그래프라면 (a)의 문장과 증명을 어떻게 수정하여야 하는가?

75. 만일 A가 유향그래프 G의 인접행렬이라면 $i \neq j$일 때, AA^T의 (i, j)성분은 무엇을 나타내는가?

※ [76–79] 만일 그래프의 꼭짓점들이 두 집합 U와 V로 나뉘어 모든 변의 한 끝은 U에, 다른 한 끝은 V에 있다면 **이분그래프**(bipartite)라고 한다. 예를 들면, 연습문제 48의 그래프는 $U = \{v_1, v_2, v_3\}$과 $V = \{v_4, v_5\}$인 이분그래프이다. 다음에 주어진 인접행렬의 그래프가 이분그래프인지 알아보아라.

76. 연습문제 49의 인접행렬

77. 연습문제 52의 인접행렬

78. 연습문제 51의 인접행렬

79. $\begin{bmatrix} 0 & 0 & 1 & 0 & 1 & 1 \\ 0 & 0 & 1 & 0 & 1 & 1 \\ 1 & 1 & 0 & 1 & 0 & 0 \\ 0 & 0 & 1 & 0 & 1 & 1 \\ 1 & 1 & 0 & 1 & 0 & 0 \\ 1 & 1 & 0 & 1 & 0 & 0 \end{bmatrix}$

80. (a) 그래프가 이분그래프이기 위한 필요충분조건은 인접행렬이

$$A = \left[\begin{array}{c:c} O & B \\ \hdashline B^T & O \end{array}\right]$$

로 분해되도록 그래프의 꼭짓점들에 라벨을 붙일 수 있는 것임을 증명하여라.

(b) (a)의 결과를 활용하여 이분그래프는 홀수 길이의 순환이 없음을 증명하여라.

3장 복습문제

1. 다음 명제가 참인지 거짓인지를 판정하여라.

(a) 모든 행렬 A에 대하여 AA^T와 A^TA가 정의된다.

(b) A와 B가 $AB=O$이고 $A \neq O$이면, $B=O$이다.

(c) A, B와 X가 가역행렬이고 $XA=B$이면 $X=A^{-1}B$이다.

(d) 기본행렬의 역행렬도 기본행렬이다.

(e) 기본행렬의 전치행렬도 기본행렬이다.

(f) 두 기본행렬의 곱도 기본행렬이다.

(g) 만일 A가 $m \times n$ 행렬이면, A의 영공간은 $\mathbb{R}^n$의 부분공간이다.

(h) $\mathbb{R}^3$의 모든 평면은 $\mathbb{R}^3$의 2차원인 부분공간이다.

(i) $T(\mathbf{x}) = -\mathbf{x}$로 정의된 변환 $T: \mathbb{R}^2 \to \mathbb{R}^2$는 선형변환이다.

(j) 만일 $T: \mathbb{R}^4 \to \mathbb{R}^5$가 선형변환이면, T의 정의역 안의 모든 $\mathbf{x}$에 대하여, $T(\mathbf{x}) = A\mathbf{x}$를 만족하는 4×5행렬 A가 존재한다.

※ [2–7] $A=\begin{bmatrix}1 & 2\\ 3 & 5\end{bmatrix}$이고 $B=\begin{bmatrix}2 & 0 & -1\\ 3 & -3 & 4\end{bmatrix}$라 하자. 연산이 가능하다면 제시된 행렬을 계산하여라.

2. A^2B

3. A^2B^2

4. $B^TA^{-1}B$

5. $(BB^T)^{-1}$

6. $(B^TB)^{-1}$

7. AA^T의 외적전개

8. 행렬 A가 $A^{-1}=\begin{bmatrix}\frac{1}{2} & -1\\ -\frac{3}{2} & 4\end{bmatrix}$일 때, A를 구하여라.

9. $A=\begin{bmatrix}1 & 0 & -1\\ 2 & 3 & -1\\ 0 & 1 & 1\end{bmatrix}$이고 X가 $AX=\begin{bmatrix}-1 & -3\\ 5 & 0\\ 3 & -2\end{bmatrix}$을 만족할 때, X를 구하여라.

10. 가능하다면 행렬 $A=\begin{bmatrix}1 & 2\\ 4 & 6\end{bmatrix}$을 기본행렬의 곱으로 표현하여라.

11. A가 $A^3=O$인 정사각행렬이면, $(I-A)^{-1}=I+A+A^2$임을 보여라.

12. $A=\begin{bmatrix}1 & 1 & 1\\ 3 & 1 & 1\\ 2 & -1 & 1\end{bmatrix}$의 LU 분해를 구하여라.

13. $A=\begin{bmatrix}2 & -4 & 5 & 8 & 5\\ 1 & -2 & 2 & 3 & 1\\ 4 & -8 & 3 & 2 & 6\end{bmatrix}$의 행공간, 열공간 그리고 영공간의 기저를 구하여라.

14. 행렬 A와 B가 행동치라 하자. 이들은 같은 행공간을 가지는가? 또한, A와 B는 같은 열공간을 가지는가?

15. A가 가역행렬이면, A와 A^T는 같은 영공간을 가지는 이유를 설명하여라. 만일 A가 가역행렬이 아니어도 이는 성립하는가? 설명하여라.

16. 각 행의 합이 영이 되는 정사각행렬 A는 가역행렬이 아님을 설명하여라.

17. $m \times n$행렬 A의 열들이 일차독립이면, A^TA는 가역행렬인 이유를 설명하여라. AA^T도 가역행렬인가?

18. $T\begin{bmatrix}1\\ 1\end{bmatrix}=\begin{bmatrix}2\\ 3\end{bmatrix}$와 $T\begin{bmatrix}1\\ -1\end{bmatrix}=\begin{bmatrix}0\\ 5\end{bmatrix}$를 만족하는 선형변환 $T: \mathbb{R}^2 \to \mathbb{R}^2$를 구하여라.

19. 직선 $y=-2x$ 위로 사영한 후 원점을 중심으로 반시계방향으로 $45°$ 회전하는 것과 일치하는 선형변환 $T: \mathbb{R}^2 \to \mathbb{R}^2$의 표준행렬을 구하여라.

20. $T: \mathbb{R}^n \to \mathbb{R}^n$이 선형변환이라 하고, 벡터 $\mathbf{v}$가 $T(\mathbf{v}) \neq \mathbf{0}$이지만 $T^2(\mathbf{v})=\mathbf{0}$(여기서, $T^2=T \circ T$)를 만족한다고 하자. 이때, $\mathbf{v}$와 $T(\mathbf{v})$는 일차독립임을 증명하여라.

4 고윳값과 고유벡터

Proper, latent, characteristic, eigen, secular 등의 형용사들과 근, 수, 값 등과 같은 명사들과의 조합의 대부분은 고유의 값을 나타내기 위해 문헌에서 사용되어 왔다.

– 할모스(Paul R. Halmos), ≪Finite Dimensional Vector Spaces(2판)≫ (Van Nostrand, 1958, p.102)

4.0 도입: 그래프 위의 동역학계

CAS

3장에서 우리는 행렬의 거듭제곱이 종종 흥미로운 결과를 만들어 내는 것을 보았다. 마르코프 연쇄와 개체수 증가에 관한 레슬리 모형은 어떤 특정한 상황에서 안정상태를 이룬다. 이 장의 목표 중 하나는 이러한 현상에 대한 이해이다. 먼저 행렬을 사용하는 또 하나의 반복과정인 동역학계에 대해 살펴볼 것이다. (다음 문제들에서, 계산을 쉽게 하기 위하여 CAS나 행렬계산 능력을 가진 계산기를 사용하는 것이 도움이 될 것이다.)

우리가 살펴볼 예는(3.7절 참조) 그래프와 관련이 있다. 임의의 꼭짓점이 다른 모든 꼭짓점들과 인접하는 그래프를 **완전그래프**(complete graph)라고 한다. n개의 꼭짓점을 갖는 완전그래프를 K_n으로 나타낸다. 그림 4.1은 K_4를 보여준다.

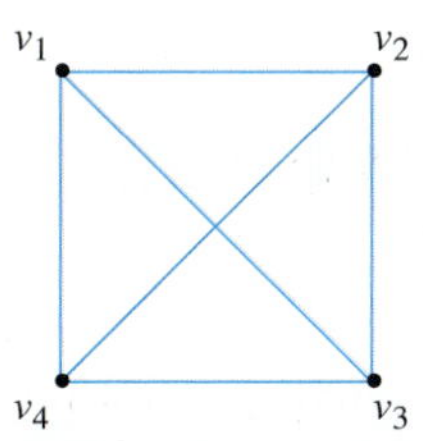

그림 4.1 K_4

문제 1 각 성분이 음이 아닌 $\mathbb{R}^4$의 벡터 $\mathbf{x}$를 선택하고, v_1은 x_1, v_2는 x_2 등과 같이 K_4의 각 꼭짓점에 $\mathbf{x}$의 한 성분씩 차례로 라벨을 붙이자. K_4의 인접행렬 A를 계산하고, 그래프의 각 꼭짓점에 대응하는 $A\mathbf{x}$의 성분으로 새롭게 라벨을 붙인다. 여러 벡터 $\mathbf{x}$에 대해 같은 방식으로 시행해보고, 이전의 라벨에서 새로운 라벨이 어떻게 결정되는지를 그래프로 설명하여라.

문제 2 이제, 문제 1의 과정을 반복해보자. 즉, 주어진 벡터 $\mathbf{x}$에 대하여 위에서 기술한 바와 같이 라벨을 붙이고, A를 계속 적용하여 하나의 패턴이 나타날 때까지 이 과정을 반복하여 보자. 벡터 자체의 성분이 점점 큰 숫자가 될 수 있기 때문에, 각 반복과정 후에 각 성분 중에서 가장 큰 수로 각 성분을 나누어 크기를 조절한다. 만약 계산결과의 벡터가

$$\begin{bmatrix} 4 \\ 2 \\ 1 \\ 1 \end{bmatrix}$$

이면

$$\frac{1}{4}\begin{bmatrix} 4 \\ 2 \\ 1 \\ 1 \end{bmatrix} = \begin{bmatrix} 1 \\ 0.5 \\ 0.25 \\ 0.25 \end{bmatrix}$$

로 그 벡터를 바꾸어 준다. 이렇게 함으로써, 각 벡터의 가장 큰 성분은 1이 된다. 이 과정을 K_3, K_4, K_5에 대해 시도해보아라. 적어도 10번의 반복을 시도해보고, 소수 둘째 자리까지 구하여라. 어떤 현상이 일어나는가?

문제 3 어느 경우나 계산된 벡터가 어떤 특정한 벡터(안정상태 라벨)로 접근함을 알 수 있다. 이 안정상태벡터로 완전그래프의 꼭짓점에 라벨을 붙이고, (크기조정 과정 없이) 인접행렬 A를 한 번 더 적용해보아라. 새로운 라벨과 원래의 라벨은 어떤 관련이 있는가?

문제 4 일반적으로 K_n의 경우에 대해 예측해보자. 안정상태의 라벨은 무엇인가? 안정상태벡터로 K_n에 라벨을 붙이고 크기조정 과정 없이 인접행렬 A를 적용하면 어떻게 될까?

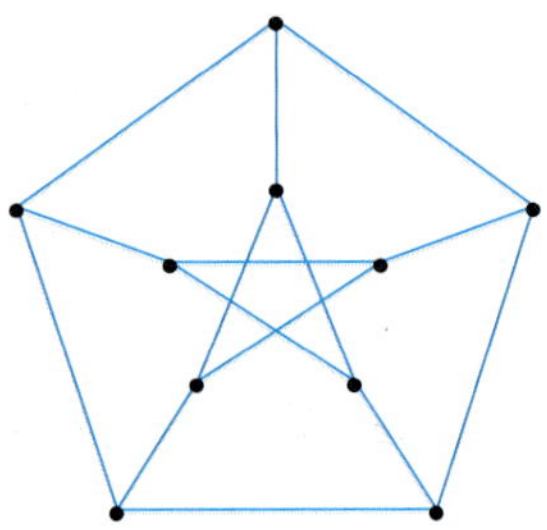

그림 4.2

문제 5 그림 4.2는 **피터슨 그래프**(Petersen graph)를 나타낸다. 이 그래프에 문제 1에서 3까지의 과정을 반복해보자.

이제부터, 다른 종류의 그래프에 이 과정을 적용하여도 동일한 현상이 일어나는지를 알아보기 위해 이 과정에 대해서 좀 더 알아볼 것이다. n개의 꼭짓점들이 순환하는 방식으로 인접하여 배열되어 있는 그래프 C_n을 **사이클**(cycle)이라 한다. 예를 들어, 그림 4.3은 C_5의 그래프를 나타내고 있다.

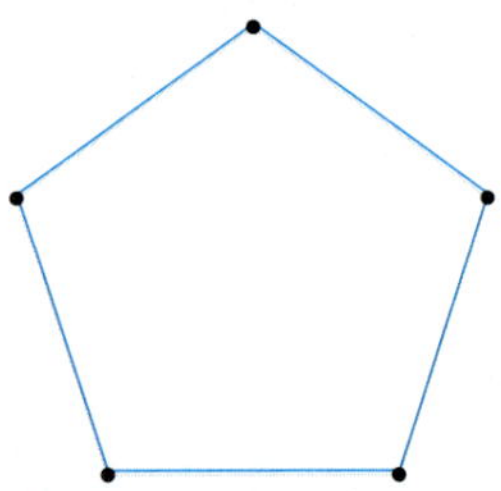

그림 4.3

문제 6 문제 1부터 3까지의 과정을 n이 홀수인 사이클 C_n에 반복하여 적용해보자. 그러고 나서 일반적인 경우에 대해 예측해보자.

문제 7 문제 6의 과정을 n이 짝수일 때에도 시도해보자. 어떻게 되는가?

꼭짓점 집합이 U와 V로 분할되어 있고, U의 모든 꼭짓점들이 V의 모든 꼭짓점들과 인접하는 이분그래프를 **완전이분그래프**(complete bipartite graph)라 한다. 또한, U와 V가 각각 n개의 꼭짓점을 가지고 있다면, 그래프는 $K_{n,n}$으로 표시된다. 예를 들어, 그림 4.4의 그래프는 $K_{3,3}$를 나타낸 것이다.

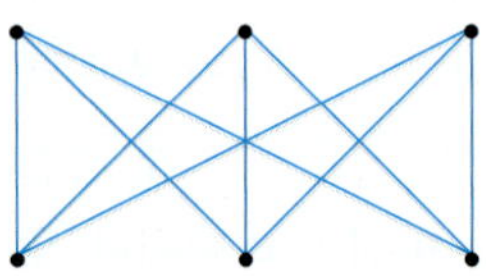

그림 4.4

문제 8 여러 가지 n의 값에 대하여, 완전이분그래프 $K_{n,n}$에 문제 1부터 문제 3까지의 과정을 적용해보아라. 어떤 일이 일어나는가?

앞에서 관찰한 것들을 이 장의 마지막에 설명할 수 있을 것이다.

4.1 고윳값과 고유벡터의 소개

3장에서 개체수 증가에 대한 마르코프 연쇄와 레슬리 모형의 2가지 응용 모형의 상황에서 안정상태벡터의 개념을 살펴보았다. 추이행렬 P를 갖는 마르코프 연쇄에 대해 안정상태벡터 $\mathbf{x}$는 $P\mathbf{x}=\mathbf{x}$를 만족하는 성질을 가진다. 레슬리 행렬 L에 대해 안정상태벡터는 $L\mathbf{x}=r\mathbf{x}$를 만족하는 개체수 벡터 $\mathbf{x}$를 말한다. 여기에서 r은 안정상태의 개체수 증가율을 말한다. 예를 들면

$$\begin{bmatrix}0.7 & 0.2\\0.3 & 0.8\end{bmatrix}\begin{bmatrix}0.4\\0.6\end{bmatrix}=\begin{bmatrix}0.4\\0.6\end{bmatrix},\quad \begin{bmatrix}0 & 4 & 3\\0.5 & 0 & 0\\0 & 0.25 & 0\end{bmatrix}\begin{bmatrix}18\\6\\1\end{bmatrix}=1.5\begin{bmatrix}18\\6\\1\end{bmatrix}$$

독일어 형용사 eigen은 '고유의' 또는 '특성의'라는 뜻을 가지고 있다. 고윳값과 고유벡터는 그들이 행렬의 본성에 관한 정보를 가지고 있다는 의미로 행렬의 고유한 성질이다. 문자 λ는 영어 알파벳 L에 해당되는 그리스 문자이고, 고윳값을 나타내는 문자이다. 왜냐하면, 고윳값은 한때 보이지 않는(latent) 값이라고 알려져 있었다. 접두어 eigen은 '아이-건'이라고 발음한다.

이 장에서는 이런 현상들에 대하여 좀 더 일반적으로 조사한다. 즉, 정사각행렬 A에 대하여, $A\mathbf{x}$가 $\mathbf{x}$의 스칼라배가 되는 $\mathbf{0}$이 아닌 벡터 $\mathbf{x}$의 존재 여부에 대해 묻고 있다. 이것이 바로 고윳값 문제이고, 선형대수학에서 가장 중요한 문제 중의 하나이다. 고윳값 문제는 수학은 물론, 다른 분야에도 폭넓게 응용된다.

정의 A가 $n\times n$행렬이고 λ가 스칼라일 때, $A\mathbf{x}=\lambda\mathbf{x}$를 만족하는 $\mathbf{0}$이 아닌 벡터 $\mathbf{x}$가 존재하면, λ를 행렬 A의 **고윳값**(eigenvalue)이라 한다. 이때, 벡터 $\mathbf{x}$는 고윳값 λ에 대응하는 **고유벡터**(eigenvector)라고 한다.

예제 4.1

벡터 $\mathbf{x}=\begin{bmatrix}1\\1\end{bmatrix}$가 행렬 $A=\begin{bmatrix}3 & 1\\1 & 3\end{bmatrix}$의 고유벡터임을 보이고, 대응하는 고윳값을 구하여라.

풀이 계산에 따르면

$$A\mathbf{x}=\begin{bmatrix}3 & 1\\1 & 3\end{bmatrix}\begin{bmatrix}1\\1\end{bmatrix}=\begin{bmatrix}4\\4\end{bmatrix}=4\begin{bmatrix}1\\1\end{bmatrix}=4\mathbf{x}$$

이므로, $\mathbf{x}$는 고윳값 4에 대응하는 A의 고유벡터이다.

예제 4.2

5가 행렬 $A=\begin{bmatrix}1 & 2\\4 & 3\end{bmatrix}$의 고윳값임을 보이고, 이 고윳값에 대응하는 모든 고유벡터를 구하여라.

풀이 $A\mathbf{x}=5\mathbf{x}$를 만족하는 $\mathbf{0}$ 아닌 벡터 $\mathbf{x}$를 구해야 한다. 이는 행렬방정식 $(A-5I)\mathbf{x}=\mathbf{0}$와 동치이고, 우리는 $A-5I$의 영공간을 계산하면 된다.

$$A-5I=\begin{bmatrix}1 & 2\\4 & 3\end{bmatrix}-\begin{bmatrix}5 & 0\\0 & 5\end{bmatrix}=\begin{bmatrix}-4 & 2\\4 & -2\end{bmatrix}$$

이 행렬의 열벡터가 일차종속이므로, 가역행렬의 기본정리에 의해 이 행렬의 영공간은 $\mathbf{0}$ 아닌 해도 가짐을 알 수 있다. 따라서 $A\mathbf{x}=5\mathbf{x}$는 자명하지 않은 해를 가지고 5는 A의 고윳값이 된다. 이제 $A-5I$의 영공간을 구해보자.

$$[A-5I \mid \mathbf{0}]=\left[\begin{array}{cc|c}-4 & 2 & 0 \\ 4 & -2 & 0\end{array}\right] \rightarrow \left[\begin{array}{cc|c}1 & -1/2 & 0 \\ 0 & 0 & 0\end{array}\right]$$

에서 $\mathbf{x}=\begin{bmatrix}x_1 \\ x_2\end{bmatrix}$가 고윳값 5에 대응하는 고유벡터이면, $x_1-\frac{1}{2}x_2=0$를 만족하여야 하므로, 고유벡터의 형태는

$$\mathbf{x}=\begin{bmatrix}1/2x_2 \\ x_2\end{bmatrix}$$

이어야 한다. 즉, 고유벡터는 $\begin{bmatrix}\frac{1}{2} \\ 1\end{bmatrix}$의 0 아닌 스칼라배이다. (또는 $\begin{bmatrix}1 \\ 2\end{bmatrix}$의 0 아닌 스칼라배이다.)

$n\times n$행렬 A의 고윳값 λ에 대응되는 고유벡터들의 집합은 $A-\lambda I$의 영공간에 있는 $\mathbf{0}$ 아닌 벡터들의 집합이 된다. 이로부터 이 고유벡터들과 $\mathbb{R}^n$의 영벡터의 집합은 $A-\lambda I$의 영공간임을 알 수 있다.

정의 A를 $n\times n$행렬이라 하고 λ를 A의 고윳값이라 하자. 영벡터와 함께 λ에 대응하는 모든 고유벡터들의 집합을 λ의 **고유공간**(eigenspace)이라 하고, E_λ로 적는다.

예제 4.2에서 $E_5=\left\{t\begin{bmatrix}1 \\ 2\end{bmatrix}\right\}$가 5의 고유공간이다.

예제 4.3

$\lambda=6$이 행렬 $A=\begin{bmatrix}7 & 1 & -2 \\ -3 & 3 & 6 \\ 2 & 2 & 2\end{bmatrix}$의 한 고윳값임을 보이고, 그 고유공간에 대한 기저를 구하여라.

풀이 예제 4.2에서와 같이, $A-6I$의 영공간을 구하자. 행줄임하여

$$A-6I=\begin{bmatrix}1 & 1 & -2 \\ -3 & -3 & 6 \\ 2 & 2 & -4\end{bmatrix} \rightarrow \begin{bmatrix}1 & 1 & -2 \\ 0 & 0 & 0 \\ 0 & 0 & 0\end{bmatrix}$$

에서 $A-6I$의 영공간은 $\mathbf{0}$ 아닌 벡터도 가짐을 알 수 있다. 따라서 6은 A의 고윳값이고, 이에 대응하는 고유벡터는 $x_1+x_2-2x_3=0$ 또는 $x_1=-x_2+2x_3$를 만족하여야 하므로 그 고유공간은 다음과 같다.

$$E_6 = \left\{ \begin{bmatrix} -x_2 + 2x_3 \\ x_2 \\ x_3 \end{bmatrix} \right\} = \left\{ x_2 \begin{bmatrix} -1 \\ 1 \\ 0 \end{bmatrix} + x_3 \begin{bmatrix} 2 \\ 0 \\ 1 \end{bmatrix} \right\} = \mathrm{span}\left(\begin{bmatrix} -1 \\ 1 \\ 0 \end{bmatrix}, \begin{bmatrix} 2 \\ 0 \\ 1 \end{bmatrix} \right)$$

$\mathbb{R}^2$에서는, 고유벡터 개념의 기하학적 의미를 알 수 있다. 방정식 $A\mathbf{x} = \lambda\mathbf{x}$는 벡터 $A\mathbf{x}$와 $\mathbf{x}$가 평행한 벡터임을 말해준다. 따라서 $\mathbf{x}$가 A의 고유벡터라는 것과 A가 $\mathbf{x}$를 그와 평행인 벡터로 변환하는 것은 필요충분조건이다. [또한, A에 대응하는 행렬변환 T_A에 대해 $T_A(\mathbf{x})$는 $\mathbf{x}$와 평행하다는 것과 동치이다.]

예제 4.4

행렬 $A = \begin{bmatrix} 1 & 0 \\ 0 & -1 \end{bmatrix}$의 고유벡터와 고윳값을 기하학적으로 구하여라.

풀이 우리는 행렬 A가 x축에 대한 대칭변환 F의 행렬임을 알고 있다(예제 3.56 참조). F에 의해 자신과 평행한 벡터로 변환되는 벡터는 반대방향의 벡터로 변환되는 벡터들(고윳값 −1)인 y축에 평행한 벡터들과, 자기 자신으로 변환되는 벡터들(고윳값 1)로 x축에 평행한 벡터들뿐이다. 따라서 A의 고윳값은 $\lambda = -1$, $\lambda = 1$이고, 대응하는 고유공간들은 각각 다음과 같다.

$$E_{-1} = \mathrm{span}\left(\begin{bmatrix} 0 \\ 1 \end{bmatrix} \right), \quad E_1 = \mathrm{span}\left(\begin{bmatrix} 1 \\ 0 \end{bmatrix} \right)$$

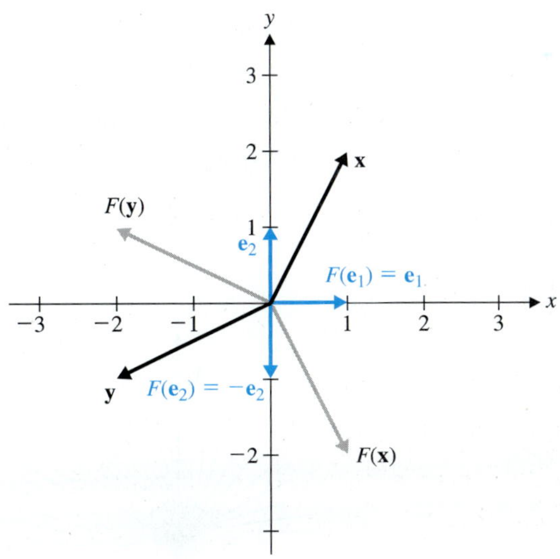

그림 4.5 대칭변환에 대한 고유벡터

고유벡터를 기하학적으로 생각하는 또 다른 방법은 $\mathbf{x}$와 $A\mathbf{x}$를 머리에 꼬리를 잇는 형태로 그려보는 것이다. 이때, $\mathbf{x}$가 A의 고유벡터라는 것과 $\mathbf{x}$와 $A\mathbf{x}$가 하나의 직선에 위치한다는 것은 동치이다. 그림 4.6에서 보면 $\mathbf{x}$는 A의 고유벡터이지만 $\mathbf{y}$는 고유벡터가 아니다.

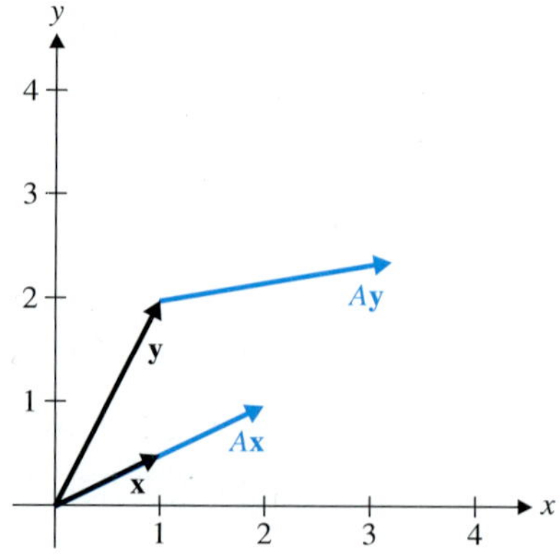

그림 4.6

만약 $\mathbf{x}$가 고윳값 λ에 대응하는 A의 고유벡터이면, $\mathbf{x}$에 0 아닌 임의의 스칼라를 곱한 것도 λ에 대응하는 A의 고유벡터이다. 따라서 우리가 기하학적으로 고유벡터를 구하고자 한다면, 단위벡터에 A를 곱한 것이 어떻게 되는지를 생각하면 된다. 그림 4.7(a)는 단위벡터를 예제 4.1의 행렬 $A = \begin{bmatrix} 3 & 1 \\ 1 & 3 \end{bmatrix}$로 변환하였을 때 어떻게 되는지를 보여주고, 그림 4.6에서처럼 그 결과를 머리에 꼬리를 잇는 방식으로 그려보았다. 여기서, 우리는 벡터 $\mathbf{x} = \begin{bmatrix} 1/\sqrt{2} \\ 1/\sqrt{2} \end{bmatrix}$이 고유벡터임과 제2사분면에도 서로 다른 고유벡터가 있음을 알 수 있다. 실제로, 이 경우는 $\begin{bmatrix} -1/\sqrt{2} \\ 1/\sqrt{2} \end{bmatrix}$임을 알 수 있다.

그림 4.7(b)에서는 행렬 $A = \begin{bmatrix} 1 & 1 \\ -1 & 1 \end{bmatrix}$에 대하여 그 결과를 알아볼 수 있는데, 여기서는 고유벡터가 하나도 없다.

우리는 일단 고윳값을 알고 있으면 그에 대응하는 고유벡터를 구하는 방법을 알고 있고, 그에 대한 기하학적 의미도 알고 있다. 하지만 한 가지 의문이 남아있다. 첫째로 주어진 행렬의 고윳값을 어떻게 찾을 수 있을까 하는 것이다. 그 열쇠는 λ가 A의 고윳값이라는 것과 $A - \lambda I$의 영공간이 자명하지 않다는 것이 동치

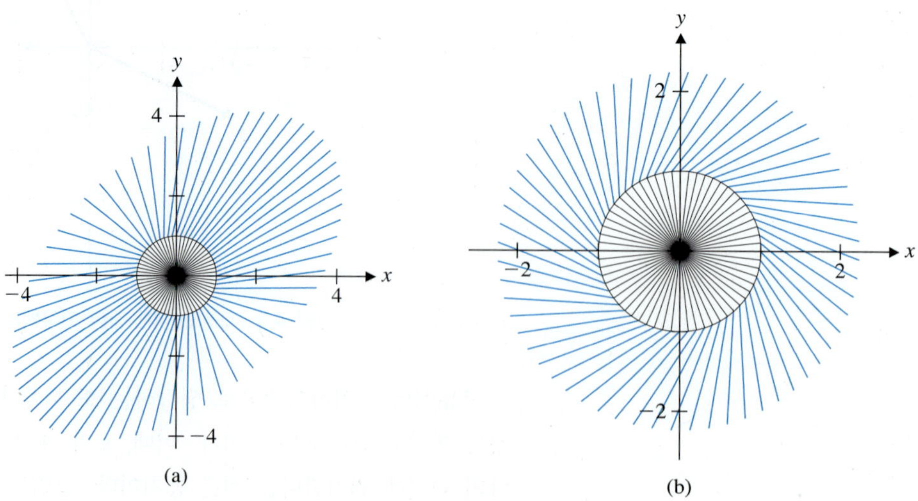

그림 4.7

라는 것이다.

3.3절에서 2×2행렬 $A=\begin{bmatrix} a & b \\ c & d \end{bmatrix}$의 행렬식 $\det A = ad-bc$에서 A가 가역인 것과 $\det A \neq 0$가 서로 동치라는 것을 알았다. 더 나아가, 가역행렬의 기본정리는 행렬이 자명하지 않은 영공간을 가지는 것, 가역행렬이 아니라는 것, 행렬식이 0이라는 것의 세 가지가 동치인 것을 보여준다. 이로부터, 우리는 적어도 2×2 행렬에 대해 λ가 A의 고윳값이라는 것과 $\det(A-\lambda I)=0$이라는 것이 동치임을 알 수 있다. 이것이 고윳값의 성질인데, 곧 임의의 정사각행렬에 대해 일반화될 것이다. 다만, 잠깐 동안 2×2행렬에 대하여 그것을 어떻게 사용할 수 있는지 알아보자.

예제 4.5

예제 4.1의 행렬 $A=\begin{bmatrix} 3 & 1 \\ 1 & 3 \end{bmatrix}$에 대하여 모든 고윳값과 그에 대응되는 고유벡터를 구하여라.

풀이 방정식 $\det(A-\lambda I)=0$를 만족하는 λ를 먼저 구하자.

$$\det(A-\lambda I)=\det\begin{bmatrix} 3-\lambda & 1 \\ 1 & 3-\lambda \end{bmatrix}=(3-\lambda)(3-\lambda)-1=\lambda^2-6\lambda+8$$

이므로, 이차방정식 $\lambda^2-6\lambda+8=0$를 풀면 $\lambda=4$, $\lambda=2$이므로, 이들이 A의 고윳값이다.

$\lambda=4$에 대응하는 고유벡터를 구하려면 $A-4I$의 영공간을 계산하면 된다.

$$[A-4I\,|\,\mathbf{0}]=\left[\begin{array}{rr|r} -1 & 1 & 0 \\ 1 & -1 & 0 \end{array}\right]\rightarrow\left[\begin{array}{rr|r} 1 & -1 & 0 \\ 0 & 0 & 0 \end{array}\right]$$

이므로, $\mathbf{x}=\begin{bmatrix} x_1 \\ x_2 \end{bmatrix}$가 고윳값 4에 대응하는 고유벡터가 되려면 $x_1-x_2=0$를 만족하여야 한다. 그러므로 고유공간 $E_4=\left\{\begin{bmatrix} x_2 \\ x_2 \end{bmatrix}\right\}=\left\{x_2\begin{bmatrix} 1 \\ 1 \end{bmatrix}\right\}=\text{span}\left(\begin{bmatrix} 1 \\ 1 \end{bmatrix}\right)$이다.

이와 같은 방법으로, $\lambda=2$에 대해

$$[A-2I\,|\,\mathbf{0}]=\left[\begin{array}{rr|r} 1 & 1 & 0 \\ 1 & 1 & 0 \end{array}\right]\rightarrow\left[\begin{array}{rr|r} 1 & 1 & 0 \\ 0 & 0 & 0 \end{array}\right]$$

이므로, $\mathbf{y}=\begin{bmatrix} y_1 \\ y_2 \end{bmatrix}$가 고윳값 2에 대응하는 고유벡터가 되려면, $y_1+y_2=0$를 만족하여야 한다. 따라서 고유공간은 $E_2=\left\{\begin{bmatrix} -y_2 \\ y_2 \end{bmatrix}\right\}=\left\{y_2\begin{bmatrix} -1 \\ 1 \end{bmatrix}\right\}=\text{span}\left(\begin{bmatrix} -1 \\ 1 \end{bmatrix}\right)$이다.

그림 4.8은 행렬 A와 고유벡터를 곱했을 때, 고유벡터가 어떻게 변환되는지를 기하학적으로 보여준다. 고유공간 E_4의 고유벡터 $\mathbf{x}$는 $4\mathbf{x}$로 변환되고, 고유공간 E_2의 고유벡터 $\mathbf{y}$는 $2\mathbf{y}$로 변환된다. 그림 4.7(a)에서와 같이 행렬 A의 고유벡터는 행렬 A를 곱했을 때 자신의 스칼라배로 변환되는 $\mathbb{R}^2$에 있는 벡터

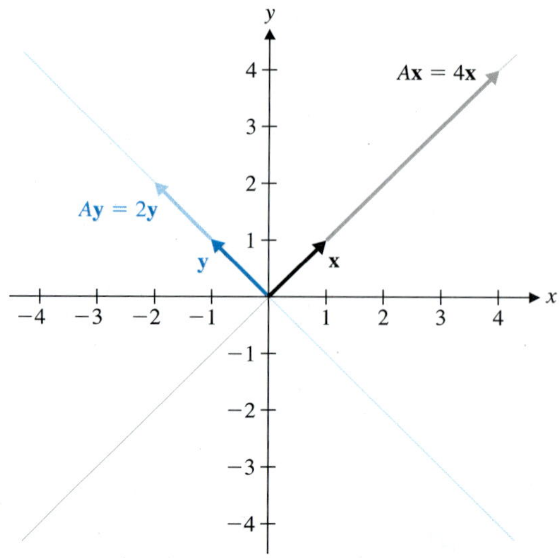

그림 4.8

들이다.

주의 예제 4.5의 이차방정식과 같은 실수 계수 다항방정식도 실근을 갖지 않고, 복소근을 가질 수도 있다. 또한, p가 소수인 경우, $\mathbb{Z}_p$의 수를 성분으로 가지는 행렬의 고윳값과 고유벡터를 구할 수 있다. 그러므로 행렬의 고윳값을 계산하기 전에 우리가 구하려는 범위를 명시하는 것이 중요하다. 그러나 별도로 명시하지 않았다면, 성분이 모두 실수인 행렬의 고윳값은 실수만 생각할 것이다.

예제 4.6

예제 4.5의 행렬을 $\mathbb{Z}_3$ 위의 행렬로 생각하고 $\mathbb{Z}_3$에서의 고윳값을 구하여라.

풀이 이차방정식 $\lambda^2 - 6\lambda + 8 = 0$는 모듈로 3에 관해서는 $\lambda^2 + 2 = 0$이다. 이 방정식은 $\lambda^2 = -2 = 1$과 같고, $\mathbb{Z}_3$에서의 고윳값은 $\lambda = 1$, $\lambda = -1 = 2$이다. (모듈로 3에 관하여 행렬 A에서 얻은 행렬 $\begin{bmatrix} 0 & 1 \\ 1 & 0 \end{bmatrix}$로 이 계산과정을 거쳤을 때도 같은 결과가 나오는지 확인해보라.)

예제 4.7

행렬 $A = \begin{bmatrix} 0 & -1 \\ 1 & 0 \end{bmatrix}$의 고윳값을 (a) 실수 $\mathbb{R}$의 범위에서와 (b) 복소수 $\mathbb{C}$의 범위에서 구하여라.

풀이 다음 방정식을 풀어야만 한다.

$$0 = \det(A - \lambda I) = \det\begin{bmatrix} -\lambda & -1 \\ 1 & -\lambda \end{bmatrix} = \lambda^2 + 1$$

(a) 실수 $\mathbb{R}$의 범위에서는 해가 존재하지 않으므로, 실수인 A의 고윳값은 존재하지 않는다.

a + bi

(b) 복소수 $\mathbb{C}$의 범위에서의 A의 고윳값은 $\lambda = i$, $\lambda = -i$이다.

다음 절에서는 2×2행렬에서 $n\times n$행렬로 행렬식의 개념을 확장하여, 임의의 정사각행렬에 대한 고윳값을 구할 수 있도록 할 것이다.

4.1 연습문제

※ [1-6] 다음에 주어진 $\mathbf{v}$가 행렬 A의 고유벡터임을 보이고, 대응하는 고윳값을 구하여라.

1. $A=\begin{bmatrix}0&3\\3&0\end{bmatrix}$, $\mathbf{v}=\begin{bmatrix}1\\1\end{bmatrix}$

2. $A=\begin{bmatrix}1&2\\2&1\end{bmatrix}$, $\mathbf{v}=\begin{bmatrix}3\\-3\end{bmatrix}$

3. $A=\begin{bmatrix}-1&1\\6&0\end{bmatrix}$, $\mathbf{v}=\begin{bmatrix}1\\-2\end{bmatrix}$

4. $A=\begin{bmatrix}4&-2\\5&-7\end{bmatrix}$, $\mathbf{v}=\begin{bmatrix}4\\2\end{bmatrix}$

5. $A=\begin{bmatrix}3&0&0\\0&1&-2\\1&0&1\end{bmatrix}$, $\mathbf{v}=\begin{bmatrix}2\\-1\\1\end{bmatrix}$

6. $A=\begin{bmatrix}0&1&-1\\1&1&1\\1&2&0\end{bmatrix}$, $\mathbf{v}=\begin{bmatrix}-2\\1\\1\end{bmatrix}$

※ [7-12] 다음에 주어진 λ의 값이 행렬 A의 고윳값임을 보이고, 이 고윳값에 대응하는 고유벡터를 구하여라.

7. $A=\begin{bmatrix}2&2\\2&-1\end{bmatrix}$, $\lambda=3$

8. $A=\begin{bmatrix}2&3\\3&2\end{bmatrix}$, $\lambda=-1$

9. $A=\begin{bmatrix}0&4\\-1&5\end{bmatrix}$, $\lambda=1$

10. $A=\begin{bmatrix}4&-2\\5&-7\end{bmatrix}$, $\lambda=-6$

11. $A=\begin{bmatrix}1&0&2\\-1&1&1\\2&0&1\end{bmatrix}$, $\lambda=-1$

12. $A=\begin{bmatrix}3&1&-1\\1&1&1\\4&2&0\end{bmatrix}$, $\lambda=2$

※ [13-18] 기하학적으로 다음에 주어진 행렬 A의 고윳값과 고유벡터를 구하여라.

13. $A=\begin{bmatrix}-1&0\\0&1\end{bmatrix}$ (y축에 대칭)

14. $A=\begin{bmatrix}0&1\\1&0\end{bmatrix}$ ($y=x$에 대칭)

15. $A=\begin{bmatrix}1&0\\0&0\end{bmatrix}$ (x축 위로의 정사영)

16. $A=\begin{bmatrix}\frac{16}{25}&\frac{12}{25}\\\frac{12}{25}&\frac{9}{25}\end{bmatrix}$ (방향벡터 $\begin{bmatrix}\frac{4}{5}\\\frac{3}{5}\end{bmatrix}$를 갖는 원점을 지나는 직선 위로의 사영)

17. $A=\begin{bmatrix}2&0\\0&3\end{bmatrix}$ (x축으로 2배 늘리고, y축으로 3배 늘린 행렬)

18. $A=\begin{bmatrix}0&-1\\1&0\end{bmatrix}$ (원점을 중심으로 반시계 방향으로 90° 만큼 회전)

※ [19-22] $\mathbb{R}^2$에 있는 단위벡터 $\mathbf{x}$에 대하여 2×2행렬 A의 상 $A\mathbf{x}$를 그림 4.7에서와 같이 자세히 그려 놓았다. 각 고유그림을 보고 A의 고윳값과 고유벡터를 구하여라.

19.

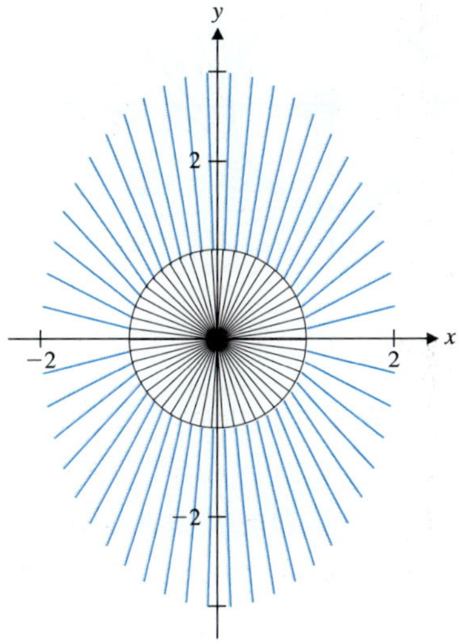

20.

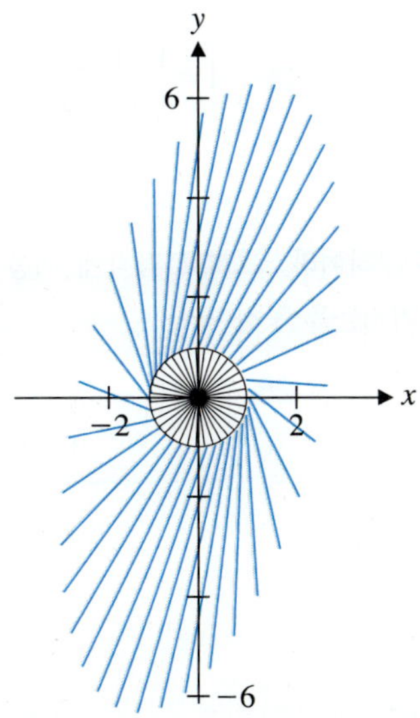

21.

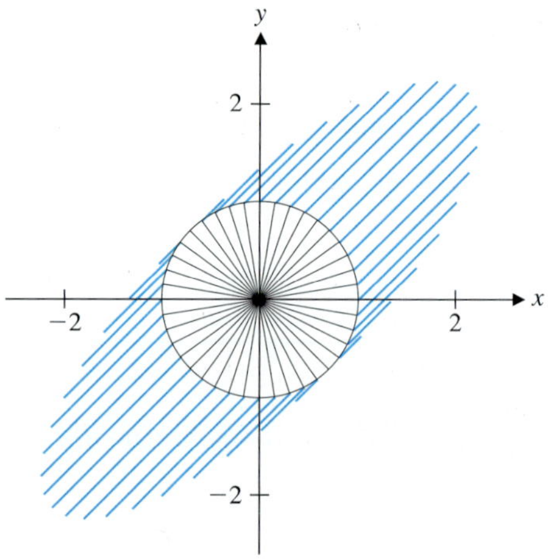

22.

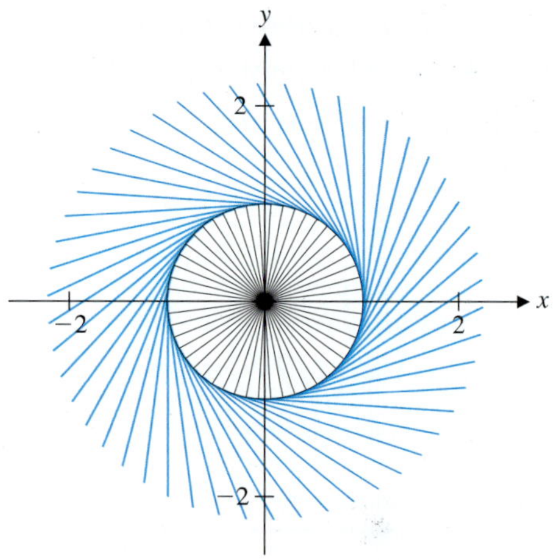

※ [23–26] 예제 4.5의 방법을 사용하여 행렬 A의 고윳값을 구하고, 각각의 대응하는 고유공간에 대한 기저를 구하여라. 고유공간을 그리고, 그림 4.8과 같이 A에 고유벡터를 곱한 결과를 그려보아라.

23. $A=\begin{bmatrix}4&-1\\2&1\end{bmatrix}$ 24. $A=\begin{bmatrix}2&4\\6&0\end{bmatrix}$

25. $A=\begin{bmatrix}2&5\\0&2\end{bmatrix}$ 26. $A=\begin{bmatrix}1&2\\-2&3\end{bmatrix}$

a + bi ※ [27–30] 복소수 $\mathbb{C}$의 범위에서 다음에 주어진 행렬 A의 고윳값을 모두 구하여라. 그리고 각각에 대응하는 고유공간에 대한 기저들을 구하여라.

27. $A=\begin{bmatrix}1&1\\-1&1\end{bmatrix}$ 28. $A=\begin{bmatrix}2&-3\\1&0\end{bmatrix}$

29. $A=\begin{bmatrix}1&i\\i&1\end{bmatrix}$ 30. $A=\begin{bmatrix}0&1+i\\1-i&1\end{bmatrix}$

※ [31–34] 다음에 주어진 $\mathbb{Z}_p$의 범위에서 행렬 A의 고윳값을 구하여라.

31. $A=\begin{bmatrix}1&0\\1&2\end{bmatrix}$, $\mathbb{Z}_3$ 32. $A=\begin{bmatrix}2&1\\1&2\end{bmatrix}$, $\mathbb{Z}_3$

33. $A=\begin{bmatrix}3&1\\4&0\end{bmatrix}$, $\mathbb{Z}_5$ 34. $A=\begin{bmatrix}1&4\\4&0\end{bmatrix}$, $\mathbb{Z}_5$

35. (a) 2×2행렬 $A=\begin{bmatrix}a&b\\c&d\end{bmatrix}$의 고윳값이 이차방정식

$$\lambda^2-\mathrm{tr}(A)\lambda+\det A=0$$

의 근임을 증명하여라. 여기서 $\mathrm{tr}(A)$는 행렬 A의 대각합이다.

(b) (a)에서 행렬 A의 고윳값이

$$\lambda=\frac{1}{2}\left(a+d\pm\sqrt{(a-d)^2+4ac}\right)$$

임을 증명하여라.

(c) (a)에서 구한 행렬 A의 행렬식과 대각합이 다음과 같음을 증명하여라.

$$\mathrm{tr}(A)=\lambda_1+\lambda_2,\quad \det(A)=\lambda_1\lambda_2$$

단, λ_1, λ_2는 행렬 A의 고윳값이다.

36. 연습문제 35의 행렬 A에 대하여, 다음 문장이 제시하는 내용에 따라 행렬 A의 a, b, c, d의 조건을 구하여라.

(a) 서로 다른 두 실수 고윳값

(b) 한 개의 실수 고윳값

(c) 실수 고윳값이 존재하지 않는 경우

37. 상삼각행렬 $A=\begin{bmatrix}a&b\\0&d\end{bmatrix}$의 고윳값이 $\lambda=a$, $\lambda=d$임을 보이고, 각 고윳값에 대응되는 고유벡터를 구하여라.

a + bi 38. a, b를 실수라 하자. 복소수 위에서 다음 행렬 A의 고윳값과 그에 대응되는 고유벡터를 구하여라.

$$A=\begin{bmatrix}a&b\\-b&a\end{bmatrix}$$

4.2 행렬식

오늘날 선형대수에서 행렬식보다 행렬을 먼저 배우지만, 역사적으로는 행렬식이 행렬보다 앞선다. 행렬식은 많은 실용 문제의 해결에 있어서 행렬과는 독립적으로 도입되었으며, 행렬이 그 자체로서 가치 있는 것으로 생각하기 거의 두 세기 이전에, 행렬식에 관한 이론이 발달되었다.

2×2행렬 $A=\begin{bmatrix} a_{11} & a_{12} \\ a_{21} & a_{22} \end{bmatrix}$의 행렬식은 $\det A = a_{11}a_{22}-a_{12}a_{21}$임을 기억하자. 역행렬 계산에서 이러한 행렬식의 표현을 만나게 된다. 특히, 다음 관계식을 발견할 수 있다.

$$\begin{bmatrix} a_{11} & a_{12} \\ a_{21} & a_{22} \end{bmatrix}^{-1} = \frac{1}{a_{11}a_{22}-a_{12}a_{21}}\begin{bmatrix} a_{22} & -a_{12} \\ -a_{21} & a_{11} \end{bmatrix}$$

또한, 종종 A의 행렬식은 $|A|$로 표시되며, 그래서 2×2행렬 $A=\begin{bmatrix} a_{11} & a_{12} \\ a_{21} & a_{22} \end{bmatrix}$에 대하여, $|A|=\begin{vmatrix} a_{11} & a_{12} \\ a_{21} & a_{22} \end{vmatrix}=a_{11}a_{22}-a_{12}a_{21}$으로 나타낸다.

주의 이 행렬식에 대한 기호는 절댓값 기호를 떠올리게 한다. 행렬식 기호 $\begin{vmatrix} a_{11} & a_{12} \\ a_{21} & a_{22} \end{vmatrix}$를 행렬 그 자체의 기호 $\begin{bmatrix} a_{11} & a_{12} \\ a_{21} & a_{22} \end{bmatrix}$로 잘못 생각하기 쉽다. 이러한 것들을 혼동해서는 안 된다. 다행히 문맥으로부터 어떤 것이 의도되었는지 분명할 것이다.

1×1행렬 $A=[a]$에 대하여 $\det A=|a|=a$로 정의한다. (특히, 여기서 $|a|$의 기호가 a의 절댓값을 뜻하지 않음에 주의해야 한다.) 그러면 3×3행렬의 행렬식을 어떻게 정의해야 할까? CAS를 이용하여 행렬 $A=\begin{bmatrix} a & b & c \\ d & e & f \\ g & h & i \end{bmatrix}$의 역행렬을 구하면, 다음과 같은 답을 얻을 것이다.

$$A^{-1}=\frac{1}{\Delta}\begin{bmatrix} ei-fh & ch-bi & bf-ce \\ fg-di & ai-cg & cd-af \\ dh-eg & bg-ah & ae-bd \end{bmatrix},$$
$$\Delta = aei-afh-bdi+bfg+cdh-ceg$$

여기서, 우리는 다음이 성립함을 관찰할 수 있다.

$$\begin{aligned}\Delta &= aei-afh-bdi+bfg+cdh-ceg \\ &= a(ei-fh)-b(di-fg)+c(dh-eg) \\ &= a\begin{vmatrix} e & f \\ h & i \end{vmatrix} - b\begin{vmatrix} d & f \\ g & i \end{vmatrix} + c\begin{vmatrix} d & e \\ g & h \end{vmatrix}\end{aligned}$$

A^{-1}의 행렬부분의 성분을 살펴보면, 행렬 A의 2×2 부분행렬들의 행렬식들임을 알 수 있다. 실제로 이것은 참이고, 3×3행렬의 행렬식에 대한 정의의 기초가

된다. 3×3행렬식은 2×2행렬들의 행렬식들을 통해 귀납적 방법으로 다음과 같이 정의한다.

정의

3×3행렬 $A=\begin{bmatrix} a_{11} & a_{12} & a_{13} \\ a_{21} & a_{22} & a_{23} \\ a_{31} & a_{32} & a_{33} \end{bmatrix}$에 대하여, A의 **행렬식**(determinant)을 다음과 같이 정의한다.

$$\det A=|A|=a_{11}\begin{vmatrix} a_{22} & a_{23} \\ a_{32} & a_{33} \end{vmatrix}-a_{12}\begin{vmatrix} a_{21} & a_{23} \\ a_{31} & a_{33} \end{vmatrix}+a_{13}\begin{vmatrix} a_{21} & a_{22} \\ a_{31} & a_{32} \end{vmatrix} \quad (1)$$

정의의 각 2×2행렬식은 행렬 A에서 해당되는 성분의 행과 열을 제외하고 얻은 행렬의 행렬식임을 알 수 있다. 예를 들어, a_{11}에 곱해지는 행렬식은 행렬 A의 첫 번째 행과 첫 번째 열을 제외한 부분행렬의 행렬식이다. 또한, (1)의 식에서 $+$, $-$ 기호가 교대로 나온다는 것에 유의하여야 한다. 행렬 A의 i번째 행과 j번째 열을 제외한 부분행렬을 A_{ij}로 나타내면, (1)식을 다음과 같이 간단하게 쓸 수 있다.

$$\begin{aligned}\det A&=a_{11}\det A_{11}-a_{12}\det A_{12}+a_{13}\det A_{13}\\&=\sum_{j=1}^{3}(-1)^{1+j}a_{1j}\det A_{1j}\end{aligned}$$

정사각행렬 A에 대하여, $\det A_{ij}$를 A의 $(i,\ j)$ **소행렬식**(minor)이라고 부른다.

예제 4.8

행렬 $A=\begin{bmatrix} 5 & -3 & 2 \\ 1 & 0 & 2 \\ 2 & -1 & 3 \end{bmatrix}$의 행렬식을 구하여라.

풀이 행렬식의 정의에 의해

$$\begin{aligned}\det A&=5\begin{vmatrix} 0 & 2 \\ -1 & 3 \end{vmatrix}-(-3)\begin{vmatrix} 1 & 2 \\ 2 & 3 \end{vmatrix}+2\begin{vmatrix} 1 & 0 \\ 2 & -1 \end{vmatrix}\\&=5(0-(-2))+3(3-4)+2(-1-0)\\&=5(2)+3(-1)+2(-1)=5\end{aligned}$$

이다. 약간의 연습으로 2×2행렬식을 암산으로 쉽게 구할 수 있으면, 식의 두 번째 줄은 불필요할 것이다.

3×3행렬의 행렬식을 계산하는 또 다른 방법은 2×2행렬의 행렬식을 구하는 것과 유사하게 구할 수 있다. 행렬 A의 첫 번째와 두 번째 열을 행렬 A의 오른

쪽에 쓰고, 다음과 같이 6개의 대각선에 해당되는 원소들에 대한 곱을 한 다음, 아래쪽으로 향하는 대각성분들의 곱에는 '+'기호를 붙이고, 위쪽으로 향하는 대각선 원소들 곱에는 '−'기호를 붙인다.

$$\begin{array}{ccc|cc} & & & - \quad - & - \\ a_{11} & a_{12} & a_{13} & a_{11} & a_{12} \\ a_{21} & a_{22} & a_{23} & a_{21} & a_{22} \\ a_{31} & a_{32} & a_{33} & a_{31} & a_{32} \\ & & & + \quad + & + \end{array} \tag{2}$$

이 방법으로 다음의 결과를 얻는다.

$$a_{11}a_{22}a_{33} + a_{12}a_{23}a_{31} + a_{13}a_{21}a_{32} - a_{31}a_{22}a_{13} - a_{32}a_{23}a_{11} - a_{33}a_{21}a_{12}$$

연습문제 19에서 이 방법의 결과가 3×3 행렬식에 대한 식 (1)의 결과와 일치하는지를 확인하여라.

예제 4.9 (2)번 방법을 사용하여 예제 4.8에 있는 행렬의 행렬식을 구하여라.

풀이 A의 처음 두 열을 A의 행렬 오른쪽 옆에 붙이고, 나와 있는 숫자들을 여섯 개의 대각성분들에 맞춰 곱한다.

$$\begin{array}{ccc|cc} & & & 0 \quad -10 & -9 \\ 5 & -3 & 2 & 5 & -3 \\ 1 & 0 & 2 & 1 & 0 \\ 2 & -1 & 3 & 2 & -1 \\ & & & 0 \quad -12 & -2 \end{array}$$

아래에 있는 3개의 숫자를 더한 값에서 위에 있는 세 수를 빼면, 다음과 같이 앞에서와 같은 결과를 얻는다.

$$\det A = 0 + (-12) + (-2) - 0 - (-10) - (-9) = 5$$

주의 우리는 임의의 정사각행렬의 행렬식에 관해 정의하려고 한다. 그러나 이는 예제 4.9에 있는 행렬의 행렬식을 구하는 방법과 비슷하지 않다. 그 방법은 3×3 행렬에만 유효하다.

$n \times n$ 행렬의 행렬식

3×3 행렬의 행렬식 정의를 다음과 같이 자연스럽게 확장해보자.

정의 $n \geq 2$일 때, $A = [a_{ij}]$를 $n \times n$ 행렬이라 하자. 행렬 A의 **행렬식**(determinant)은

$$\begin{aligned} \det A = |A| &= a_{11} \det A_{11} - a_{12} \det A_{12} + \cdots + (-1)^{1+n} a_{1n} \det A_{1n} \\ &= \sum_{j=1}^{n} (-1)^{1+j} a_{1j} \det A_{1j} \end{aligned} \tag{3}$$

로 정의한다.

이는 + 또는 − 부호를 갖는 소행렬식 결합으로 나타내면 편리하다. 여기서, A의 (i, j) **여인수**(cofactor)를 다음과 같이 정의한다.

$$C_{ij} = (-1)^{i+j}\det A_{ij}$$

이 기호를 이용하면, 정의 (3)은 다음과 같이 표현된다.

$$\det A = \sum_{j=1}^{n} a_{1j} C_{1j} \tag{4}$$

연습문제 20에서 위의 정의로부터 2×2행렬의 행렬식에 대한 공식을 제대로 얻을 수 있는지 확인하게 될 것이다.

정의 (4)를 첫 번째 행에 대한 **여인수 전개**(cofactor expansion)라 한다. 놀랍게도 다른 어떤 행이나 열을 따라 여인수 전개를 하더라도 같은 결과를 얻을 수 있다. 이 사실을 정리로 요약하고, 증명은 다소 길기 때문에 이 절의 마지막에서 소개한다.

정리 4.1 **라플라스 전개 정리**

$n \geq 2$일 때, $n\times n$행렬 $A = [a_{ij}]$의 행렬식은 다음과 같이 임의의 i 행과 j열에 대하여 계산할 수 있다.

$$\det A = a_{i1}C_{i1} + a_{i2}C_{i2} + \cdots + a_{in}C_{in} = \sum_{j=1}^{n} a_{ij}C_{ij} \quad (i \text{ 행 전개}) \tag{5}$$

$$\det A = a_{1j}C_{1j} + a_{2j}C_{2j} + \cdots + a_{nj}C_{nj} = \sum_{i=1}^{n} a_{ij}C_{ij} \quad (j \text{열 전개}) \tag{6}$$

$C_{ij} = (-1)^{i+j}\det A_{ij}$이므로, 각 여인수는 해당 소행렬식에 +, − 기호를 덧붙인 것이고, 부호는 $(-1)^{i+j}$로 주어진다. 부호가 +인지 −인지를 판정하는 빠른 방법은 다음의 체스판처럼 표시되어 있는 부호를 기억해두는 것이다.

$$\begin{bmatrix} + & - & + & \cdots \\ - & + & - & \cdots \\ + & - & + & \cdots \\ - & + & - & \cdots \\ \vdots & \vdots & \vdots & \ddots \end{bmatrix}$$

예제 4.10

행렬 $A = \begin{bmatrix} 5 & -3 & 2 \\ 1 & 0 & 2 \\ 2 & -1 & 3 \end{bmatrix}$의 행렬식을 (a) 세 번째 행에 대한 여인수 전개와, (b) 두 번째 열에 대한 여인수 전개로 구하여라.

라플라스(Pierre Simon Laplace, 1749~1827)는 프랑스 노르망디에서 태어났으며, 학교에서 수학적 재능을 인정받기 전까지는 성직자가 되길 원했다. 라플라스는 미적분학, 확률론, 천문학 등에 많은 기여를 하였다. 그는 왕실 포병 부대에서 나폴레옹의 검사관을 지냈으며, 나폴레옹이 권력을 잡고 있을 때 짧게나마 내무부 장관으로 재직하였고, 후에는 상원의장을 지냈다. 라플라스는 1806년에 백작 직위를, 1817년에는 후작직위를 수여받았다.

풀이 (a)

$$\begin{aligned}\det A &= a_{31}C_{31} + a_{32}C_{32} + a_{33}C_{33}\\ &= 2\begin{vmatrix}-3 & 2\\ 0 & 2\end{vmatrix} - (-1)\begin{vmatrix}5 & 2\\ 1 & 2\end{vmatrix} + 3\begin{vmatrix}5 & -3\\ 1 & 0\end{vmatrix}\\ &= 2(-6)+8+3(3)\\ &= 5\end{aligned}$$

(b)

$$\begin{aligned}\det A &= a_{12}C_{12} + a_{22}C_{22} + a_{32}C_{32}\\ &= -(-3)\begin{vmatrix}1 & 2\\ 2 & 3\end{vmatrix} + 0\begin{vmatrix}5 & 2\\ 2 & 3\end{vmatrix} - (-1)\begin{vmatrix}5 & 2\\ 1 & 2\end{vmatrix}\\ &= 3(-1)+0+8\\ &= 5\end{aligned}$$

예제 4.10에서 (b)가 (a)보다 계산과정이 약간 수월하다는 사실에 주목할 필요가 있는데, 이는 두 번째 열 a_{22}에 숫자 0이 있어 C_{22}는 계산할 필요가 없기 때문이다. 따라서 라플라스 전개 정리는 행과 열에 0을 많이 포함하고 있는 행렬의 행렬식을 계산하는 데 매우 유용하다. 왜냐하면, 0을 많이 포함하고 있는 행이나 열에 대한 여인수 전개가 계산과정을 최소화할 수 있기 때문이다.

예제 4.11

행렬 $A = \begin{bmatrix}2 & -3 & 0 & 1\\ 5 & 4 & 2 & 0\\ 1 & -1 & 0 & 3\\ -2 & 1 & 0 & 0\end{bmatrix}$의 행렬식을 구하여라.

풀이 먼저, 3번째 열에 0 아닌 숫자가 하나밖에 없으므로, 이 열에 관해 여인수 전개해보자. 이때, a_{23}의 성분 2의 부호가 '−'임에 주의해야 한다.

따라서

$$\begin{aligned}\det A &= a_{13}C_{13} + a_{23}C_{23} + a_{33}C_{33} + a_{43}C_{43}\\ &= 0(C_{13}) + 2C_{23} + 0(C_{33}) + 0(C_{43})\\ &= -2\begin{vmatrix}2 & -3 & 1\\ 1 & -1 & 3\\ -2 & 1 & 0\end{vmatrix}.\end{aligned}$$

계속하여 위에서 구해진 행렬의 3번째 행에 대한 여인수 전개를 하면, 다음을 얻을 수 있다.

$$\begin{aligned}\det A &= -2\left(-2\begin{vmatrix}-3 & 1\\ -1 & 3\end{vmatrix} - \begin{vmatrix}2 & 1\\ 1 & 3\end{vmatrix}\right)\\ &= -2(-2(-8)-5)\\ &= -2(11) = -22\end{aligned}$$

라플라스 전개식은 삼각행렬에 아주 유용하게 사용된다.

예제 4.12 다음 행렬의 행렬식을 구하여라.

$$A=\begin{bmatrix}2 & -3 & 1 & 0 & 4\\ 0 & 3 & 2 & 5 & 7\\ 0 & 0 & 1 & 6 & 0\\ 0 & 0 & 0 & 5 & 2\\ 0 & 0 & 0 & 0 & -1\end{bmatrix}$$

풀이 첫 번째 열에 대해 여인수 전개하면 다음을 얻을 수 있다.

$$\det A=2\begin{vmatrix}3 & 2 & 5 & 7\\ 0 & 1 & 6 & 0\\ 0 & 0 & 5 & 2\\ 0 & 0 & 0 & -1\end{vmatrix}$$

성분 0에 대응된 여인수들은 생략되었다. 이제, 첫 번째 열에 대해 다시 여인수 전개하면

$$\det A=2\cdot 3\begin{vmatrix}1 & 6 & 0\\ 0 & 5 & 2\\ 0 & 0 & -1\end{vmatrix}$$

이다. 계속하여 첫 번째 열에 대해 여인수 전개하면, 다음과 같이 행렬식을 구할 수 있다.

$$\det A=2\cdot 3\cdot 1\begin{vmatrix}5 & 2\\ 0 & -1\end{vmatrix}=2\cdot 3\cdot 1\cdot(5(-1)-2\cdot 0)$$
$$=2\cdot 3\cdot 1\cdot 5\cdot(-1)=-30$$

예제 4.12는 삼각행렬의 행렬식이 각 대각성분의 곱임을 보여준다. 이 사실에 대한 증명은 연습문제 21에서 다루기로 한다. 이 결과를 정리로 나타내보면 다음과 같다.

정리 4.2 삼각행렬의 행렬식은 행렬의 모든 대각성분들의 곱이다. 즉, $A=[a_{ij}]$가 $n\times n$ 삼각행렬이면, 다음이 성립한다.

$$\det A=a_{11}a_{22}\cdots a_{nn}$$

주의 일반적으로, 여인수 전개에 의해 행렬식을 구하는 것은 효율적이지 못하다. 예를 들어, 3×3행렬의 행렬식은 $6=3!$개의 항을 가지고 있고, 값을 구하기 위해서는 각 항에서 두 번의 곱과 5번의 덧셈 또는 뺄셈을 해야만 한다. $n\times n$행렬의 행렬식은 $n!$개의 항을 가지고 있고, 각 항은 $(n-1)$번의 곱셈이 필요하고, 각각에 $(n!-1)$번의 덧셈 또는 뺄셈을 하여야만 한다. 따라서 행렬식을 구하기 위한 연산의 총수는

$$T(n) = (n-1)n! + n! - 1 > n!$$

이 된다.

아무리 빠른 슈퍼컴퓨터라도 상당히 큰 행렬에 대한 행렬식을 여인수 전개로는 계산할 수 없다. 50×50행렬의 행렬식을 계산할 필요가 있다고 가정하자. (50×50행렬보다 훨씬 큰 행렬들이 인터넷으로 전송되었거나 디지털카메라로 찍은 디지털 이미지들에서 얻은 데이터를 저장하는 데 사용된다.) 이 행렬식을 직접 계산하려면 일반적으로 $50! \approx 3 \times 10^{64}$번 이상의 연산이 필요할 것이다. 만약 컴퓨터가 1초에 10^{12}번의 연산을 처리할 수 있다면, 이 계산은 약 3×10^{52}초가 걸릴 것이므로 이는 약 10^{45}년에 해당된다. 실제로, 천문학자들이 우주의 나이를 최소 10^{10}년으로 추정한다는 사실을 고려해보면, 매우 빠른 슈퍼컴퓨터라 할지라도, 50×50행렬의 행렬식을 여인수 전개로 구하려면 우주 나이의 10^{30}배 보다 더 걸릴 것이다. 다행히도 여인수 전개보다 행렬식을 계산하는데 더욱 효율적인 방법이 있다. 이를 위해 먼저 행렬식의 성질을 살펴보자.

행렬식의 성질

가장 효율적인 행렬식의 계산 방법은 행줄임을 이용하는 것이다. 그러나 모든 기본 행변환에 대하여 행렬의 행렬식이 변하지 않는 것은 아니다. 다음 정리는 행줄임을 행렬식을 계산하는데 효율적으로 사용하기 위해서 이해하여야 할 주요 성질들을 요약한 것이다.

정리 4.3

$A = [a_{ij}]$를 정사각행렬이라 하자.

a. 행렬 A에 0행(또는 열)이 있다면, $\det A = 0$이다.

b. 행렬 A의 두 행(또는 열)을 바꿔서 행렬 B를 얻었다면, $\det B = -\det A$이다.

c. 행렬 A의 두 행(또는 열)이 같으면, $\det A = 0$이다.

d. 행렬 A의 한 행(또는 열)을 k배하여 행렬 B를 얻었다면, $\det B = k \det A$이다.

e. 행렬 C의 i번째 행(또는 열)이 A의 i번째 행(또는 열)과 B의 i번째 행(또는 열)의 합이고, 나머지 부분에서 세 행렬 A, B, C가 같다면, $\det C = \det A + \det B$이다.

f. 행렬 A의 한 행(또는 열)의 스칼라배를 A의 다른 행(또는 열)에 더하여 B를 얻었다면, $\det B = \det A$이다.

증명 (b)는 이 절의 끝부분에 있는 보조정리 4.14에서 증명할 것이다. (a)와 (f)는 연습문제로 남긴다. 우리는 행에 관하여 나머지 성질들을 증명할 것이다. 열에 대한 해당 증명은 유사하다.

(c) 행렬 A에 2개의 같은 행이 있다면, 두 행을 교환하여 행렬 B를 얻을 수 있

다. $B=A$가 되고, $\det B=\det A$이다. 한편, (b)에 의하여, $\det B=-\det A$이다. 따라서 $\det A=-\det A$이므로 $\det A=0$이다.

(d) 행렬 A의 i번째 행을 k배하여 B가 되었다고 하자. 즉, $j=1, 2, \cdots, n$에 대하여, $b_{ij}=ka_{ij}$이다. 행렬 A와 B의 i번째 행들의 성분들에 대한 여인수 C_{ij}가 동일하기 때문에 B의 i번째 행에 대한 여인수 전개는 다음과 같다.

$$\det B=\sum_{j=1}^{n} b_{ij}C_{ij}=\sum_{j=1}^{n} ka_{ij}C_{ij}=k\sum_{j=1}^{n} a_{ij}C_{ij}=k\det A$$

(e) (d)에서와 같이 행렬 A, B, C의 i번째 행에 있는 성분들의 여인수들은 모두 동일하다. 게다가 $j=1, 2, \cdots, n$에 대하여, $c_{ij}=a_{ij}+b_{ij}$이다. 따라서 행렬 C의 i번째 행에 대한 여인수 전개는 다음과 같다.

$$\det C=\sum_{j=1}^{n} c_{ij}C_{ij}=\sum_{j=1}^{n}(a_{ij}+b_{ij})C_{ij}=\sum_{j=1}^{n} a_{ij}C_{ij}+\sum_{j=1}^{n} b_{ij}C_{ij}=\det A+\det B$$

성질 (b), (d), (f)는 기본 행변환에 관한 것임을 주목하자. 정사각행렬의 사다리꼴은 삼각행렬이므로, 행렬식을 효율적으로 계산하기 위해서 정리 4.2와 위 성질들을 결합하여 적용할 수 있다. 다음 예제들은 행줄임을 이용하여 행렬식을 계산하는 방법을 설명해준다.

예제 4.13 다음의 행렬 A에 대하여, $\det A$를 구하여라.

(a) $A=\begin{bmatrix} 2 & 3 & -1 \\ 0 & 5 & 3 \\ -4 & -6 & 2 \end{bmatrix}$ (b) $A=\begin{bmatrix} 0 & 2 & -4 & 5 \\ 3 & 0 & -3 & 6 \\ 2 & 4 & 5 & 7 \\ 5 & -1 & -3 & 1 \end{bmatrix}$

풀이 정리 (f)와 (a)를 이용하면

$$\det A=\begin{vmatrix} 2 & 3 & -1 \\ 0 & 5 & 3 \\ -4 & -6 & 2 \end{vmatrix} \overset{R_3+2R_1}{=} \begin{vmatrix} 2 & 3 & -1 \\ 0 & 5 & 3 \\ 0 & 0 & 0 \end{vmatrix}=0$$

(b) 행렬 A를 사다리꼴로 만들면 다음과 같다.

$$\det A=\begin{vmatrix} 0 & 2 & -4 & 5 \\ 3 & 0 & -3 & 6 \\ 2 & 4 & 5 & 7 \\ 5 & -1 & -3 & 1 \end{vmatrix} \overset{R_1\leftrightarrow R_2}{=} -\begin{vmatrix} 3 & 0 & -3 & 6 \\ 0 & 2 & -4 & 5 \\ 2 & 4 & 5 & 7 \\ 5 & -1 & -3 & 1 \end{vmatrix} \overset{R_1/3}{=} -3\begin{vmatrix} 1 & 0 & -1 & 2 \\ 0 & 2 & -4 & 5 \\ 2 & 4 & 5 & 7 \\ 5 & -1 & -3 & 1 \end{vmatrix}$$

$$\overset{\substack{R_3-2R_1 \\ R_4-5R_1}}{=} -3\begin{vmatrix} 1 & 0 & -1 & 2 \\ 0 & 2 & -4 & 5 \\ 0 & 4 & 7 & 3 \\ 0 & -1 & 2 & -9 \end{vmatrix} \overset{R_2\leftrightarrow R_4}{=} -(-3)\begin{vmatrix} 1 & 0 & -1 & 2 \\ 0 & -1 & 2 & -9 \\ 0 & 4 & 7 & 3 \\ 0 & 2 & -4 & 5 \end{vmatrix}$$

$$\overset{\substack{R_3+4R_2 \\ R_4+2R_2}}{=} 3\begin{vmatrix} 1 & 0 & -1 & 2 \\ 0 & -1 & 2 & -9 \\ 0 & 0 & 15 & -33 \\ 0 & 0 & 0 & -13 \end{vmatrix}$$

$$= 3 \cdot 1 \cdot (-1) \cdot 15 \cdot (-13) = 585$$

주의 정리 4.3에 의하면, 행렬식을 계산하는 데 있어서 기본 열변환도 사용할 수 있고, 기본 행변환과 기본 열변환을 적절히 혼합하여 사용하여도 좋다. 예를 들어, 예제 4.13(a)에서 보면, 행렬 왼쪽 위를 선행 1로 만들기 위해 열 1에 열 3을 더하여 계산을 시작할 수 있다. 사실상 위 예제에서 우리가 사용했던 방법도 빠르지만, 다른 예제에서는 기본 열변환이 행렬식 계산을 빠르게 할 수도 있다.

기본행렬의 행렬식

3.3절에서 살펴보았던 것으로, 기본행렬은 단위행렬에 꼭 한 번의 기본 행변환을 적용하여 얻은 것임을 기억하자. 정리 4.3에서의 행렬 A를 $A = I_n$이라 두면, 다음 정리를 얻을 수 있다.

정리 4.4

E를 $n \times n$ 기본행렬이라 하자.

a. 행렬 E가 I_n의 서로 다른 두 행을 바꿔놓은 행렬이면 $\det E = -1$이다.

b. 행렬 E가 I_n의 한 행을 k배하여 얻은 행렬이면, $\det E = k$이다.

c. 행렬 E가 I_n의 한 행을 상수배하여 다른 행에 더한 행렬이면, $\det E = 1$ 이다.

증명 $\det I_n = 1$이므로, 정리 4.3의 (b), (d), (f)를 적용하면, 정리 4.4를 쉽게 증명할 수 있다.

보조정리(lemma)라는 단어는 그리스어 중 '기회를 잡다'라는 뜻의 동사 lambanein으로부터 유래되었다. 수학에서 보조정리는 대개 더 중요한 정리를 증명하기 위하여 사용하는 도움정리를 말한다.

행렬 B의 왼쪽에 기본행렬을 곱하는 것은 행렬 B에 기본행렬에 대응하는 기본 행변환을 하는 것과 같다는 것을 기억하자. 따라서 정리 4.3의 (b), (d), (f)를 다음의 보조정리와 같이 나타낼 수 있다. 증명은 간단하므로 연습문제 43에 남긴다.

보조정리 4.5

B는 $n \times n$행렬이고 E가 $n \times n$ 기본행렬이면, 다음이 성립한다.

$$\det(EB) = (\det E)(\det B)$$

이 절의 가장 주요한 정리인 다음 정리는 행렬식의 관점에서 행렬의 가역성을 특성화하는 것으로, 보조정리 4.5를 이용하여 증명할 수 있다.

정리 4.6

정사각행렬 A가 역행렬을 가질 필요충분조건은 $\det A \neq 0$이다.

증명 A를 $n\times n$행렬이라 하고 R을 A의 기약 행사다리꼴이라 하자. 우선 $\det A \neq 0$와 $\det R \neq 0$이 동치임을 증명할 것이다. $E_1, E_2, \cdots, E_r$을 A에서 R로 바꾸는 기본 행변환 과정에 대응되는 기본행렬들이라 하자. 그러면

$$E_r \cdots E_2 E_1 A = R$$

가 된다. 양변에 det를 취하고, 계속적으로 보조정리 4.5를 적용하면 다음을 얻는다.

$$(\det E_r)\cdots(\det E_2)(\det E_1)(\det A) = \det R$$

한편, 정리 4.4로부터 모든 기본행렬들의 행렬식은 0이 아님을 알고 있으므로, $\det A \neq 0$과 $\det R \neq 0$은 동치이다.

이제, A가 가역행렬이라고 가정하자. 가역행렬의 기본정리에 의하여, $R = I_n$이므로 $\det R = 1 \neq 0$이다. 따라서 $\det A$ 또한 0이 아니다. 역으로, $\det A \neq 0$이라 하면 $\det R \neq 0$이고, 정리 4.3(a)에 의하여 R은 모든 성분이 0인 행을 포함할 수 없다. 따라서 R은 I_n이 되고, 기본정리에 의하여 A는 가역행렬이다.

행렬식과 행렬 계산

이제, 행렬식과 행렬의 기본연산들이 어떤 관계가 있는지 살펴보자. 구체적으로, $\det A$, $\det B$에 관하여 $\det(kA)$, $\det(A+B)$, $\det(AB)$, $\det(A^{-1})$, $\det(A^T)$의 공식을 찾아보자.

정리 4.3 (d)는 $\det(kA) = k\det A$를 의미하는 것이 아니다. 행렬의 스칼라배와 행렬식 사이의 올바른 관계는 다음 정리에 잘 나타나 있다.

정리 4.7 A가 $n\times n$행렬이면 다음이 성립한다.

$$\det(kA) = k^n \det A$$

이 정리에 대한 증명은 연습문제 44에서 할 수 있을 것이다.

$\det(A+B)$에 대한 간단한 공식은 존재하지 않으며, 일반적으로 $\det(A+B) = \det A + \det B$를 만족하지 않는다. 행렬의 곱에 대해서는 유사한 결과를 얻을 수 있는데, 코시는 다음의 유용한 공식을 구하였다.

© Bettmann/CORBIS

코시(Augustin Louis Cauchy, 1789~1857)는 파리에서 태어나 공학을 공부하였지만, 건강이 나빠 수학으로 연구 분야를 전환했다. 많은 업적을 남긴 탁월한 이 수학자는 매우 어려운 문제들에 대한 700편 이상의 논문을 발표하였다. 그의 이름은 미분방정식, 무한급수, 확률론, 대수학, 물리학 등의 많은 정리들과 정의에서 찾을 수 있다. 그는 미적분학에 엄밀성을 도입했고 해석학이라는 수학 분야의 기초를 닦았다. 정치적으로 보수주의자였던 코시는 왕정주의자였고, 1830년에 찰스 10세를 따라 유배 길에 올랐다. 1838년 다시 프랑스로 돌아왔지만 소르본 대학이 새로운 왕에 대한 충성 서약을 하라는 요구를 철회하기 전에는 교수직으로 돌아가지 않았다.

정리 4.8 A, B가 $n\times n$행렬이면, 다음 식이 성립한다.

$$\det(AB)=(\det A)(\det B)$$

증명 A가 가역행렬인 경우와 그렇지 않은 경우로 나누어 생각해보자.

만약 A가 가역행렬이라면, 가역행렬의 기본정리에 의하여 A는 기본행렬의 곱으로 나타낼 수 있다. 따라서 $A=E_1E_2\cdots E_k$라 두면

$$AB=E_1E_2\cdots E_kB$$

이고, 보조정리 4.5를 k번 적용하면

$$\det(AB)=\det(E_1E_2\cdots E_kB)=(\det E_1)(\det E_2)\cdots(\det E_k)(\det B)$$

가 성립한다. 여기서 다시 보조정리 4.5를 계속 적용하면

$$\det(AB)=\det(E_1E_2\cdots E_k)\det B=(\det A)(\det B)$$

가 성립한다.

반면에, A가 가역행렬이 아니라고 하면, 3.3절의 연습문제 47에 의해서 AB 또한 가역행렬이 아니다. 따라서 정리 4.6에 의해 $\det A=0$이고 $\det AB=0$이다. 따라서 $\det(AB)=(\det A)(\det B)=0$이다.

예제 4.14 정리 4.8을 행렬 $A=\begin{bmatrix}2&1\\2&3\end{bmatrix}$, $B=\begin{bmatrix}5&1\\2&1\end{bmatrix}$에 적용하면

$$AB=\begin{bmatrix}12&3\\16&5\end{bmatrix}$$

이고, $\det A=4$, $\det B=3$, $\det(AB)=12=4\cdot 3=(\det A)(\det B)$이다.

다음 정리는 가역행렬의 행렬식과 그 역행렬의 행렬식의 관계를 설명한다.

정리 4.9

A가 가역행렬이라 하면, $\det(A^{-1}) = \dfrac{1}{\det A}$이다.

증명 A가 가역행렬이므로, $AA^{-1} = I$이고 $\det(AA^{-1}) = \det I = 1$이다. 따라서 정리 4.8에 의해 $(\det A)(\det A^{-1}) = 1$이고 $\det A \neq 0$이므로, 정리를 얻는다.

예제 4.15

예제 4.14의 행렬 A에 대해서 정리 4.9가 성립하는지 확인하여라.

풀이 $A^{-1} = \dfrac{1}{4}\begin{bmatrix} 3 & -1 \\ -2 & 2 \end{bmatrix} = \begin{bmatrix} 3/4 & -1/4 \\ -1/2 & 1/2 \end{bmatrix}$이고

$$\det A^{-1} = \left(\frac{3}{4}\right)\left(\frac{1}{2}\right) - \left(-\frac{1}{4}\right)\left(-\frac{1}{2}\right) = \frac{3}{8} - \frac{1}{8} = \frac{1}{4} = \frac{1}{\det A}$$

주의 정리 4.9는 행렬의 역행렬이 존재할 때 역행렬을 구하지 않고도 역행렬의 행렬식을 쉽게 구할 수 있음을 보여준다. 즉, 정사각행렬 A에서 $\det A \neq 0$이면 A가 가역행렬임을 알 수 있고, A^{-1}을 계산하지 않고서도 그 행렬식을 $\det A^{-1} = \dfrac{1}{\det A}$에서 구할 수 있다.

이제, 행렬 A의 행렬식과 관련하여 전치행렬 A^T의 행렬식에 대하여 알아보자. A^T의 행은 A의 열이 되므로, 라플라스 전개 정리를 적용하여 첫 번째 행에 대하여 A^T를 여인수 전개하는 것은 첫 번째 열에 대하여 A를 여인수 전개한 것과 같다. 따라서 우리는 다음의 결과를 얻는다.

정리 4.10

임의의 정사각행렬 A에 대하여, 다음이 성립한다.

$$\det A = \det A^T$$

크래머(Gabriel Cramer, 1704~1752)는 스위스 수학자로 그의 이름이 붙은 법칙은 논문 〈대수곡선에 대한 해석학개론(Introduction to the Analysis of Algebraic Curves)〉에서 1750년에 소개되었다. 그러나 이미 1730년에 매클로린(Colin Maclaurin, 1698~1746)을 포함한 다른 수학자들에 의해서 이 법칙에 대한 특수한 경우들이 알려졌다. 매클로린은 '뉴턴의 후계자'로 영국의 위대한 수학자이다.

크래머 법칙과 수반행렬

이 절에서는, 연립일차방정식의 해와 역행렬에 관련된, 행렬식에 대한 유용한 공식 두 개를 이끌어낼 것이다. 첫 번째 공식은 **크래머 법칙**(Cramer's rule)으로, 행렬식을 이용하여 n개의 미지수를 가지는 n개로 구성된 연립일차방정식의 해를 구하는 공식이다. 이 공식의 결과는 2×2 연립일차방정식 외에는 별로 쓰임이

없지만 이론적으로는 매우 중요하다.

이 결과와 그 증명을 하기 위해서는 새로운 몇 가지 기호들이 필요하다. $n \times n$ 행렬 A와 $\mathbb{R}^n$의 벡터 $\mathbf{b}$에 대하여, $A_i(\mathbf{b})$를 A의 i번째 열을 $\mathbf{b}$로 바꾸어 얻은 행렬이라 하자. 즉

$$A_i(\mathbf{b}) = [\mathbf{a}_1 \cdots \underset{\uparrow\, i\text{번째 열}}{\mathbf{b}} \cdots \mathbf{a}_n]$$

정리 4.11 **크래머 법칙**

A를 $n \times n$ 가역행렬이라 하고 $\mathbf{b}$를 $\mathbb{R}^n$의 벡터라 하면, $A\mathbf{x} = \mathbf{b}$의 유일한 해 $\mathbf{x}$는 다음과 같다.

$$x_i = \frac{\det(A_i(\mathbf{b}))}{\det A}, \quad i = 1, 2, \cdots, n$$

증명 단위행렬 $I = I_n$의 열들은 기본 단위벡터 $\mathbf{e}_1, \mathbf{e}_2, \cdots, \mathbf{e}_n$이다. $A\mathbf{x} = \mathbf{b}$라 하면

$$\begin{aligned} AI_i(\mathbf{x}) &= A[\mathbf{e}_1 \cdots \mathbf{x} \cdots \mathbf{e}_n] = [A\mathbf{e}_1 \cdots A\mathbf{x} \cdots A\mathbf{e}_n] \\ &= [\mathbf{a}_1 \cdots \mathbf{b} \cdots \mathbf{a}_n] = A_i(\mathbf{b}) \end{aligned}$$

이다. 따라서 정리 4.8에 의해

$$(\det A)(\det I_i(\mathbf{x})) = \det(AI_i(\mathbf{x})) = \det(A_i(\mathbf{b}))$$

가 된다. 그리고

$$\det I_i(\mathbf{x}) = \begin{vmatrix} 1 & 0 & \cdots & x_1 & \cdots & 0 & 0 \\ 0 & 1 & \cdots & x_2 & \cdots & 0 & 0 \\ \vdots & \vdots & \ddots & \vdots & & \vdots & \vdots \\ 0 & 0 & \cdots & x_i & \cdots & 0 & 0 \\ \vdots & \vdots & & \vdots & \ddots & \vdots & \vdots \\ 0 & 0 & \cdots & x_{n-1} & \cdots & 1 & 0 \\ 0 & 0 & \cdots & x_n & \cdots & 0 & 1 \end{vmatrix} = x_i$$

이고, 이 식은 i번째 행에 따라 행렬식을 여인수 전개한 것을 보여준다. 따라서 $(\det A)x_i = \det(A_i(\mathbf{b}))$이고, $\det A$로 나누면 결과를 얻을 수 있다.

예제 4.16 크래머 법칙을 이용하여, 다음 연립일차방정식을 풀어라.

$$\begin{aligned} x_1 + 2x_2 &= 2 \\ -x_1 + 4x_2 &= 1 \end{aligned}$$

풀이 행렬식을 계산해보면

$$\det A = \begin{vmatrix} 1 & 2 \\ -1 & 4 \end{vmatrix} = 6,\ \det(A_1(\mathbf{b})) = \begin{vmatrix} 2 & 2 \\ 1 & 4 \end{vmatrix} = 6,\ \det(A_2(\mathbf{b})) = \begin{vmatrix} 1 & 2 \\ -1 & 1 \end{vmatrix} = 3$$

이므로, 크래머 법칙에 의해

$$x_1 = \frac{\det(A_1(\mathbf{b}))}{\det A} = \frac{6}{6} = 1,\ x_2 = \frac{\det(A_2(\mathbf{b}))}{\det A} = \frac{3}{6} = \frac{1}{2}$$

주의 크래머 법칙은 많은 행렬식의 계산을 포함하고 있기 때문에 작은 크기의 연립일차방정식을 제외하고는 비효율적이다. 가장 효율적인 방법을 사용하더라도 이러한 행렬식들 중 단지 하나를 계산하는 데 들이는 수고가 가우스 소거법을 사용하여 직접 방정식을 푸는 것 보다 더 크다.

이 절의 마지막 결과는 행렬식을 써서 행렬의 역행렬을 구하는 공식이다. 이 공식은 이 장의 처음에 증명 없이 주어진 3×3행렬의 역행렬을 구하는 공식으로부터 짐작할 수 있다.

이제, 완전한 공식을 얻어 보자. 만약 A가 가역인 $n \times n$행렬이라면, 그 역행렬은 방정식 $AX = I$를 만족하는 유일한 해가 된다. 한번에 X의 한 열씩 구하기 위해서 $\mathbf{x}_j$를 X의 j번째 열로 다음과 같이 놓아보자.

$$\mathbf{x}_j = \begin{bmatrix} x_{1j} \\ \vdots \\ x_{ij} \\ \vdots \\ x_{nj} \end{bmatrix}$$

따라서 $A\mathbf{x}_j = \mathbf{e}_j$이고, 크래머 법칙에 따라

$$x_{ij} = \frac{\det(A_i(\mathbf{e}_j))}{\det A}$$

가 성립한다. 그런데

$$\det(A_i(\mathbf{e}_j)) = \begin{vmatrix} a_{11} & a_{12} & \cdots & 0 & \cdots & a_{1n} \\ a_{21} & a_{22} & \cdots & 0 & \cdots & a_{2n} \\ \vdots & \vdots & \ddots & \vdots & ⋰ & \vdots \\ a_{j1} & a_{j2} & \cdots & 1 & \cdots & a_{jn} \\ \vdots & \vdots & ⋰ & \vdots & \ddots & \vdots \\ a_{n1} & a_{n2} & \cdots & 0 & \cdots & a_{nn} \end{vmatrix} = (-1)^{j+i}\det A_{ji} = C_{ji}$$

(i번째 열: 0, 0, …, 1, …, 0이 있는 열)

이고, 이는 A의 (j, i) 여인수이다. 이로부터

$$x_{ij} = \left(\frac{1}{\det A}\right)C_{ji},\ \ A^{-1} = X = \left(\frac{1}{\det A}\right)[C_{ji}] = \left(\frac{1}{\det A}\right)[C_{ij}]^T$$

가 된다. 다시 말하면, A의 역행렬은 A의 여인수 행렬의 전치행렬을 A의 행렬식으로 나눈 행렬이다.

행렬

$$[C_{ji}] = [C_{ij}]^T = \begin{bmatrix} C_{11} & C_{21} & \cdots & C_{n1} \\ C_{12} & C_{22} & \cdots & C_{n2} \\ \vdots & \vdots & \ddots & \vdots \\ C_{1n} & C_{2n} & \cdots & C_{nn} \end{bmatrix}$$

을 A의 **수반행렬**(adjoint 또는 adjugate)이라 하고 $\operatorname{adj} A$로 표기한다. 위에서 증명한 결과는 다음과 같이 정리할 수 있다.

정리 4.12 A가 가역인 $n \times n$행렬이면, 다음이 성립한다.

$$A^{-1} = \frac{1}{\det A} \operatorname{adj} A$$

예제 4.17 수반행렬을 사용하여, 다음 행렬의 역행렬을 구하여라.

$$A = \begin{bmatrix} 1 & 2 & -1 \\ 2 & 2 & 4 \\ 1 & 3 & -3 \end{bmatrix}$$

풀이 $\det A = -2$이고, 9개의 여인수들을 모두 구하면

$$C_{11} = +\begin{vmatrix} 2 & 4 \\ 3 & -3 \end{vmatrix} = -18 \quad C_{12} = -\begin{vmatrix} 2 & 4 \\ 1 & -3 \end{vmatrix} = 10 \quad C_{13} = +\begin{vmatrix} 2 & 2 \\ 1 & 3 \end{vmatrix} = 4$$

$$C_{21} = -\begin{vmatrix} 2 & -1 \\ 3 & -3 \end{vmatrix} = 3 \quad C_{22} = +\begin{vmatrix} 1 & -1 \\ 1 & -3 \end{vmatrix} = -2 \quad C_{23} = -\begin{vmatrix} 1 & 2 \\ 1 & 3 \end{vmatrix} = -1$$

$$C_{31} = +\begin{vmatrix} 2 & -1 \\ 2 & 4 \end{vmatrix} = 10 \quad C_{32} = -\begin{vmatrix} 1 & -1 \\ 2 & 4 \end{vmatrix} = -6 \quad C_{33} = +\begin{vmatrix} 1 & 2 \\ 2 & 2 \end{vmatrix} = -2$$

가 된다. 수반행렬은 여인수들의 행렬의 전치행렬로

$$\operatorname{adj} A = \begin{bmatrix} -18 & 10 & 4 \\ 3 & -2 & -1 \\ 10 & -6 & -2 \end{bmatrix}^T = \begin{bmatrix} -18 & 3 & 10 \\ 10 & -2 & -6 \\ 4 & -1 & -2 \end{bmatrix}$$

이므로, 역행렬은

$$A^{-1} = \frac{1}{\det A} \operatorname{adj} A = -\frac{1}{2} \begin{bmatrix} -18 & 3 & 10 \\ 10 & -2 & -6 \\ 4 & -1 & -2 \end{bmatrix} = \begin{bmatrix} 9 & -\frac{3}{2} & -5 \\ -5 & 1 & 3 \\ -2 & \frac{1}{2} & 1 \end{bmatrix}$$

이다. 이는 더 적은 노력으로 예제 3.30에서 구한 것과 같다.

라플라스 전개 정리의 증명

라플라스 전개 정리에 대한 짧고 쉬운 증명은 없다. 다음에 주어지는 증명은 비교적 간단한 편이다. 우리는 몇 개의 단계로 나누어 증명하는데, 그 첫 번째 단계에서 행렬의 첫 번째 행에 대한 여인수 전개가 첫 번째 열에 대한 여인수 전개와 같음을 증명할 것이다.

보조정리 4.13 A가 $n \times n$행렬이면,

$$a_{11}C_{11} + a_{12}C_{12} + \cdots + a_{1n}C_{1n} = \det A = a_{11}C_{11} + a_{21}C_{21} + \cdots + a_{n1}C_{n1} \quad (7)$$

증명 이 보조정리는 n에 대한 귀납적 방법으로 증명할 것이다. $n=1$일 때는 자명하다. 이제, $(n-1)\times(n-1)$행렬에 대해 보조정리가 옳다고 가정하자. 여인수의 정의에 의해, a_{11}을 포함하는 모든 항들은 $a_{11}C_{11}$으로 표현된다. 따라서 a_{11}을 포함하는 항들은 무시해도 된다.

식 (7)의 오른쪽의 i번째 항은 $a_{i1}C_{i1} = a_{i1}(-1)^{i+1}\det A_{i1}$이다. 이제, $\det A_{i1}$을 첫 번째 행에 대해 전개하자.

$$\begin{vmatrix} a_{12} & a_{13} & \cdots & a_{1j} & \cdots & a_{1n} \\ \vdots & \vdots & \ddots & \vdots & \iddots & \vdots \\ a_{i-1,2} & a_{i-1,3} & \cdots & a_{i-1,j} & \cdots & a_{i-1,n} \\ a_{i+1,2} & a_{i+1,3} & \cdots & a_{i+1,j} & \cdots & a_{i+1,n} \\ \vdots & \vdots & \iddots & \vdots & \ddots & \vdots \\ a_{n2} & a_{n3} & \cdots & a_{nj} & \cdots & a_{nn} \end{vmatrix}$$

$\det A_{i1}$의 여인수 전개의 j번째 항은 $a_{1j}(-1)^{1+j-1}\det A_{1i,1j}$이다. 여기서, $A_{kl,rs}$는 행렬 A에서 k, l번째 행과 r, s번째 열을 제외한 부분행렬이다. 이들을 종합하면, 식 (7)의 오른쪽에서 $a_{i1}a_{1j}$를 포함한 항은 다음과 같이 주어진다.

$$a_{i1}(-1)^{i+1}a_{1j}(-1)^{1+j-1}\det A_{1i,1j} = (-1)^{i+j+1}a_{i1}a_{1j}\det A_{1i,1j}$$

그러면 식 (7)의 왼쪽에서 $a_{i1}a_{1j}$를 포함하는 항이 무엇일까? 성분 a_{1j}는 j번째 항 $a_{1j}C_{1j} = a_{1j}(-1)^{1+j}\det A_{1j}$에 나타난다. 수학적 귀납법의 가정에 의해, $\det A_{1j}$를 첫 번째 열에 대해 전개하자.

$$\begin{vmatrix} a_{21} & \cdots & a_{2,j-1} & a_{2,j+1} & \cdots & a_{2n} \\ a_{31} & \cdots & a_{3,j-1} & a_{3,j+1} & \vdots & a_{3n} \\ \vdots & \ddots & \vdots & \vdots & \iddots & \vdots \\ a_{i1} & \vdots & a_{i,j-1} & a_{i,j+1} & \cdots & a_{in} \\ \vdots & \iddots & \iddots & \vdots & \ddots & \vdots \\ a_{n1} & \vdots & a_{n,j-1} & a_{n,j+1} & \cdots & a_{nn} \end{vmatrix}$$

$\det A_{1j}$의 여인수 전개식의 i번째 항은 $a_{i1}(-1)^{(i-1)+1}\det A_{1i,1j}$이고, 식 (7)의 왼쪽에서 $a_{i1}a_{1j}$를 포함하는 항은 다음과 같다.

$$a_{1j}(-1)^{1+j}a_{i1}(-1)^{(i-1)+1}\det A_{1i,1j} = (-1)^{i+j+1}a_{i1}a_{1j}\det A_{1i,1j}$$

이는 식 (7)의 왼쪽과 오른쪽이 같음을 보여준다.

다음으로 정리 4.3의 (b)를 증명하여보자.

보조정리 4.14 A를 $n\times n$행렬이라 하고, B를 A의 두 행(또는 열)을 교환하여 만들어진 행렬이라 하자. 그러면 $\det B=-\det A$이다.

증명 n에 관하여 수학적 귀납법을 사용하여 증명해보자. $n=2$일 때는 결과를 쉽게 확인할 수 있고, $(n-1)\times(n-1)$행렬에 대해 보조정리가 사실이라고 가정하고, $n\times n$행렬일 때도 사실임을 증명하면 된다. 먼저, 인접하는 두 행, 즉 r행과 $r+1$행을 교환하였을 때 이 사실을 증명해보자.

보조정리 4.13에 의해, 첫 번째 열에 대한 여인수 전개식을 이용하여 $\det B$를 구할 수 있다. 이 전개식에서 i번째 항은 $(-1)^{1+i}b_{i1}\det B_{i1}$이다. 만약에 $i\neq r$이고 $i\neq r+1$이라고 한다면, $b_{i1}=a_{i1}$이고, B_{i1}는 바뀐 두 행만 제외하고는 A_{i1}과 동일한 $(n-1)\times(n-1)$ 부분행렬이 된다.

$$\begin{vmatrix} a_{11} & a_{12} & \cdots & a_{1n} \\ \vdots & \vdots & & \vdots \\ a_{i1} & a_{i2} & \cdots & a_{in} \\ \vdots & \vdots & & \vdots \\ a_{r+1,1} & a_{r+1,2} & \cdots & a_{r+1,n} \\ a_{r1} & a_{r2} & \cdots & a_{rn} \\ \vdots & \vdots & & \vdots \\ a_{n1} & a_{n2} & \cdots & a_{nn} \end{vmatrix}$$

따라서 수학적 귀납법 가정에 의해, $i\neq r$이고 $i\neq r+1$에 대하여 $\det B_{i1}=-\det A_{i1}$이 성립한다.

만약 $i=r$이면, $b_{i1}=a_{r+1,1}$이 $B_{i1}=A_{r+1,1}$이 된다.

$$i\text{번째 행}\rightarrow\begin{vmatrix} a_{11} & a_{12} & \cdots & a_{1n} \\ \vdots & \vdots & & \vdots \\ a_{r+1,1} & a_{r+1,2} & \cdots & a_{r+1,n} \\ a_{r1} & a_{r2} & \cdots & a_{rn} \\ \vdots & \vdots & & \vdots \\ a_{n1} & a_{n2} & \cdots & a_{nn} \end{vmatrix}$$

그러므로 $\det B$의 r번째 항은 다음과 같다.

$$\begin{aligned}(-1)^{r+1}b_{r1}\det B_{r1} &= (-1)^{r+1}a_{r+1,1}\det A_{r+1,1} \\ &= -(-1)^{(r+1)+1}a_{r+1,1}\det A_{r+1,1}\end{aligned}$$

이와 마찬가지로, 만약 $i=r+1$이면 $b_{i1}=a_{r1}$, $B_{i1}=A_{r1}$이고 $\det B$의 $(r+1)$번째 항은 다음과 같다.

$$(-1)^{(r+1)+1}b_{r+1,1}\det B_{r+1,1}=(-1)^{r}a_{r1}\det A_{r1}=-(-1)^{r+1}\det A_{r1}$$

다른 말로 하면, $\det B$를 첫 번째 열에 대해 여인수 전개한 식에 있는 r번째와 $(r+1)$번째 항들은 $\det A$의 첫 번째 열에 대해 여인수 전개한 식에 있는 $(r+1)$번째와 r번째 항들에 마이너스 기호를 붙인 것이다.

$\det B$에 이러한 결과들을 적용하고 보조정리 4.13을 다시 사용하면 다음 식을 얻을 수 있다.

$$\begin{aligned}\det B &= \sum_{i=1}^{n}(-1)^{i+1}b_{i1}\det B_{i1}\\ &= \sum_{\substack{i=1\\ i\neq r,r+1}}^{n}(-1)^{i+1}b_{i1}\det B_{i1}+(-1)^{r+1}b_{r1}\det B_{r1}\\ &\quad +(-1)^{(r+1)+1}b_{r+1,1}\det B_{r+1,1}\\ &= \sum_{\substack{i=1\\ i\neq r,r+1}}^{n}(-1)^{i+1}a_{i1}(-\det A_{i1})-(-1)^{(r+1)+1}a_{r+1,1}\det A_{r+1,1}\\ &\quad -(-1)^{r+1}a_{r1}\det A_{r1}\\ &= -\sum_{i=1}^{n}(-1)^{i+1}a_{i1}\det A_{i1}\\ &= -\det A\end{aligned}$$

이것은 $n\times n$행렬의 인접한 두 행을 바꾼 경우에 보조정리를 증명한 것이다. 임의의 두 행을 교환했을 때, 보조정리가 성립하는 것을 보기 위해서는 다음과 같이 $r<s$인 r번째 행과 s번째 행을 원래 행렬에서 인접한 두 행을 $2(s-r)-1$번 교환한 것으로 생각할 수 있다(연습문제 67 참조). 이때, 교환의 개수는 홀수이고 각각의 교환은 행렬식의 부호를 바꾸므로, 전체적으로 부호가 바뀐다.

열의 교환에 대한 증명도 첫 번째 열을 따라 전개하는 대신에 첫 번째 행을 따라 전개하여 이와 유사하게 할 수 있다.

이제, 라플라스 전개 정리를 증명할 수 있다.

정리 4.1의 증명 인접하는 행을 $(i-1)$번 교환하여 행렬 A의 i번째 행을 첫 번째 행으로 옮겨 얻어진 행렬을 B라고 하자. 보조정리 4.14에 의해, $\det B=(-1)^{i-1}\det A$이다. 이때, 임의의 $j=1, 2, \cdots, n$에 대하여, $b_{1j}=a_{ij}$, $B_{1j}=A_{ij}$이고 B이고 의 행렬식은 다음과 같다.

$$\det B=\begin{vmatrix} a_{i1} & \cdots & a_{ij} & \cdots & a_{in}\\ a_{11} & \cdots & a_{1j} & \cdots & a_{1n}\\ \vdots & & \vdots & & \vdots\\ a_{i-1,1} & \cdots & a_{i-1,j} & \cdots & a_{i-1,n}\\ a_{i+1,1} & \cdots & a_{i+1,j} & \cdots & a_{i+1,n}\\ \vdots & & \vdots & & \vdots\\ a_{n1} & \cdots & a_{nj} & \cdots & a_{nn}\end{vmatrix}$$

따라서

$$\det A = (-1)^{i-1}\det B = (-1)^{i-1}\sum_{j=1}^{n}(-1)^{1+j}b_{1j}\det B_{1j}$$
$$= (-1)^{i-1}\sum_{j=1}^{n}(-1)^{1+j}a_{ij}\det A_{ij} = \sum_{j=1}^{n}(-1)^{i+j}a_{ij}\det A_{ij}$$

이고, 이 식은 A의 i번째 행에 대한 여인수 전개와 같다.

보조정리 4.13을 이용하여 행에 관한 전개식 대신 열에 관한 전개식을 사용하면 열에 관한 증명도 이와 유사하다(연습문제 68).

행렬식에 관한 간단한 역사

독학을 한 신동 **세키 코와**(Takakazu Seki Kōwa, 1642 ~1708)는 사무라이 전사 집안의 후예였다. 그는 행렬식을 발견하였을 뿐 아니라 디오판틴 방정식, 마방진, 베르누이 수(베르누이에 앞서서) 등에 대해 논문을 남겼고 미적분학 분야에서도 많은 업적들을 남겼다.

이 절의 시작부분에서 언급하였듯이, 행렬식의 역사는 행렬의 역사보다 더 오래되었다. 실제로, 행렬식은 세키(Seki)에 의해 1683년에 라이프니츠(Leibniz)에 의해 1693년에 독립적으로 소개되었다. 1748년에는 매클로린(Maclaurin)의 대수학에 대한 논문 〈*Treatise on Algebra*〉에는 4×4행렬까지 크래머의 법칙을 다룬 행렬식에 대한 내용이 포함되어 있다. 1750년에 크래머는 스스로 그의 법칙에 대한 일반적인 경우를 증명하였고, 곡선의 맞춤 문제에 응용하였으며, 1772년에 라플라스가 전개식 이론에 대해 증명하였다.

행렬식이라는 용어는 1801년 가우스(Gauss)가 처음으로 사용하였다. 코시(Cauchy)는 1812년에 처음으로 현대적인 의미의 행렬식을 사용하였다. 사실상, 코시는 우리가 이미 언급한 바 있는 몇몇 중요한 결과—행렬식의 곱셈 법칙, 특성다항식, 대각화 가능 행렬의 개념—들을 포함한 행렬식의 초기 이론에 대한 대부분의 발전에 기여하였다. 또한, 야코비(Jacobi)는 다변수 함수와 관련된 행렬식을 연구하였다. 이는 1841년 이후에 대중화되었으며, 실베스터(Sylvester)는 이러한 유형의 행렬식을 야코비안이라 불렀다.

© CORBIS

라이프니츠(Gottfried Wilhelm von Leibniz, 1646–1716)는 독일 라이프치히에서 태어났으며, 법률, 신학, 철학, 수학을 공부하였다. 그는 뉴턴과는 독립적으로 미분과 적분계산에서 중요한 개념을 발전시킨 가장 잘 알려져 있는 사람일 것이다. 그는 행렬식의 개념을 발전시켰고, 다른 사람들이 크래머 법칙과 라플라스 전개 정리를 그들이 발견한 것이라 하기 전에 이미 알고 있었으며, 이차형식에 대한 연구를 통해 행렬 이론에 대한 기반을 다져놓았다. 라이프니츠는 또한 산술의 이진체계를 가장 먼저 발전시킨 사람이다. 그는 좋은 기호의 중요성을 믿었고 미분과 적분에 쓰이는 익숙한 기호와 함께, 오늘날 우리가 사용하고 있는 기호와 근본적으로 같은, 연립일차방정식의 계수들에 대한 아래첨자 형태의 기호를 소개하였다.

19세기 후반까지, 1867년에 출판된 도지슨(Dodgson)의 책 《*An Elementary Treatise on Determinants*》과 20세기 초반에 출판된 뮤어(Thomas Muir)의 기념비적인 5권의 책을 포함하여 책 전체가 행렬식에 관한 내용들이 나올 정도로 행렬식의 이론이 발전하였다. 행렬식의 역사는 매력적인 반면, 오늘날 행렬식은 실용적 측면보다는 이론적으로 의미가 있다. 크래머 법칙은 연립일차방정식을 푸는 데 비효율적인 방법이며, 고윳값을 계산하는 데 행렬식을 이용하는 것을 수치적인 방법으로 대체되었다. 그러나 (4.1절과 4.3절에서처럼) 행렬식은 특성다항식을 도입하기 위해 여전히 사용되고 있다.

4.2 연습문제

※ [1-6] 다음 행렬의 첫 번째 행과 첫 번째 열에 대한 여인수 전개식으로 행렬식의 값을 구하여라.

1. $\begin{vmatrix} 1 & 0 & 3 \\ 5 & 1 & 1 \\ 0 & 1 & 2 \end{vmatrix}$

2. $\begin{vmatrix} 0 & 1 & -1 \\ 2 & 3 & -2 \\ -1 & 3 & 0 \end{vmatrix}$

3. $\begin{vmatrix} 1 & -1 & 0 \\ -1 & 0 & 1 \\ 0 & 1 & -1 \end{vmatrix}$

4. $\begin{vmatrix} 1 & 1 & 0 \\ 1 & 0 & 1 \\ 0 & 1 & 1 \end{vmatrix}$

5. $\begin{vmatrix} 1 & 2 & 3 \\ 2 & 3 & 1 \\ 3 & 1 & 2 \end{vmatrix}$

6. $\begin{vmatrix} 1 & 2 & 3 \\ 4 & 5 & 6 \\ 7 & 8 & 9 \end{vmatrix}$

※ [7-15] 적합한 행과 열에 대해 여인수 전개식을 사용하여 행렬식을 구하여라.

7. $\begin{vmatrix} 5 & 2 & 2 \\ -1 & 1 & 2 \\ 3 & 0 & 0 \end{vmatrix}$

8. $\begin{vmatrix} 1 & 1 & -1 \\ 2 & 0 & 1 \\ 3 & -2 & 1 \end{vmatrix}$

9. $\begin{vmatrix} -4 & 1 & 3 \\ 2 & -2 & 4 \\ 1 & -1 & 0 \end{vmatrix}$

10. $\begin{vmatrix} \cos\theta & \sin\theta & \tan\theta \\ 0 & \cos\theta & -\sin\theta \\ 0 & \sin\theta & \cos\theta \end{vmatrix}$

11. $\begin{vmatrix} a & b & 0 \\ 0 & a & b \\ a & 0 & b \end{vmatrix}$

12. $\begin{vmatrix} 0 & a & 0 \\ b & c & d \\ 0 & e & 0 \end{vmatrix}$

13. $\begin{vmatrix} 1 & -1 & 0 & 3 \\ 2 & 5 & 2 & 6 \\ 0 & 1 & 0 & 0 \\ 1 & 4 & 2 & 1 \end{vmatrix}$

14. $\begin{vmatrix} 2 & 0 & 3 & -1 \\ 1 & 0 & 2 & 2 \\ 0 & -1 & 1 & 4 \\ 2 & 0 & 1 & -3 \end{vmatrix}$

15. $\begin{vmatrix} 0 & 0 & 0 & a \\ 0 & 0 & b & c \\ 0 & d & e & f \\ g & h & i & j \end{vmatrix}$

※ [16-18] 예제 4.9의 방법을 이용하여 다음에 제시된 3×3행렬의 행렬식을 구하여라.

16. 연습문제 6의 행렬식
17. 연습문제 8의 행렬식
18. 연습문제 11의 행렬식

19. 식 (2)에 제시된 방법이 3×3행렬에 대해서는 (1)과 일치하는 것을 보여라.
20. $n=2$일 때, 정의 (4)가 2×2행렬식의 정의와 맞는지 확인해보아라.
21. 정리 4.2를 증명하여라. [힌트: 수학적 귀납법 이용]

※ [22-25] 기본 행변환이나 기본 열변환과 정리 4.3을 사용하여 행렬을 행사다리꼴 형태로 변형하여 주어진 행렬식을 구하여라.

22. 연습문제 1의 행렬식
23. 연습문제 9의 행렬식
24. 연습문제 13의 행렬식
25. 연습문제 14의 행렬식

※ [26-34] 다음 행렬식을 행렬식의 성질들을 이용하여 구하고, 해당 성질들을 사용한 이유를 설명하여라.

26. $\begin{vmatrix} 1 & 1 & 1 \\ 3 & 0 & -2 \\ 2 & 2 & 2 \end{vmatrix}$

27. $\begin{vmatrix} 3 & 1 & 0 \\ 0 & -2 & 5 \\ 0 & 0 & 4 \end{vmatrix}$

28. $\begin{vmatrix} 0 & 0 & 1 \\ 0 & 5 & 2 \\ 3 & -1 & 4 \end{vmatrix}$

29. $\begin{vmatrix} 2 & 3 & -4 \\ 1 & -3 & -2 \\ -1 & 5 & 2 \end{vmatrix}$

30. $\begin{vmatrix} 1 & 2 & 3 \\ 0 & 4 & 1 \\ 1 & 6 & 4 \end{vmatrix}$

31. $\begin{vmatrix} 4 & 1 & 3 \\ -2 & 0 & -2 \\ 5 & 4 & 1 \end{vmatrix}$

32. $\begin{vmatrix} 1 & 0 & 0 & 0 \\ 0 & 0 & 1 & 0 \\ 0 & 1 & 0 & 0 \\ 0 & 0 & 0 & 1 \end{vmatrix}$

33. $\begin{vmatrix} 0 & 2 & 0 & 0 \\ -3 & 0 & 0 & 0 \\ 0 & 0 & 0 & 4 \\ 0 & 0 & 1 & 0 \end{vmatrix}$

34. $\begin{vmatrix} 1 & 0 & 1 & 0 \\ 0 & 1 & 0 & 1 \\ 1 & 1 & 0 & 0 \\ 0 & 0 & 1 & 1 \end{vmatrix}$

※ [35–40] $\begin{vmatrix} a & b & c \\ d & e & f \\ g & h & i \end{vmatrix} = 4$를 가정하고, 다음 행렬식을 구하여라.

35. $\begin{vmatrix} 2a & 2b & 2c \\ d & e & f \\ g & h & i \end{vmatrix}$

36. $\begin{vmatrix} 2a & b/3 & -c \\ 2d & e/3 & -f \\ 2g & h/3 & -i \end{vmatrix}$

37. $\begin{vmatrix} d & e & f \\ a & b & c \\ g & h & i \end{vmatrix}$

38. $\begin{vmatrix} a-c & b & c \\ d-f & e & f \\ g-i & h & i \end{vmatrix}$

39. $\begin{vmatrix} 2c & b & a \\ 2f & e & d \\ 2i & h & g \end{vmatrix}$

40. $\begin{vmatrix} a+2g & b+2h & c+2i \\ 3d+2g & 3e+2h & 3f+2i \\ g & h & i \end{vmatrix}$

41. 정리 4.3(a)를 증명하여라.

42. 정리 4.3(f)를 증명하여라.

43. 보조정리 4.5를 증명하여라.

44. 정리 4.7을 증명하여라.

※ [45–46] 정리 4.6을 이용하여 행렬 A가 역행렬을 가지는 모든 k의 값들을 구하여라.

45. $A = \begin{bmatrix} k & -k & 3 \\ 0 & k+1 & 1 \\ k & -8 & k-1 \end{bmatrix}$

46. $A = \begin{bmatrix} k & k & 0 \\ k^2 & 2 & k \\ 0 & k & k \end{bmatrix}$

※ [47–52] A, B를 각각 $\det A = 3$이고 $\det B = -2$인 $n \times n$행렬이라 할 때, 다음 행렬식을 구하여라.

47. $\det(AB)$

48. $\det(A^2)$

49. $\det(B^{-1}A)$

50. $\det(2A)$

51. $\det(3B^T)$

52. $\det(AA^T)$

※ [53–56] A와 B를 $n \times n$행렬이라 하자.

53. $\det(AB) = \det(BA)$임을 증명하여라.

54. B가 가역행렬이라면 $\det(B^{-1}AB) = \det(A)$임을 증명하여라.

55. 만약 A가 멱등행렬(즉, $A^2 = A$)이라면, $\det(A)$에 가능한 모든 값을 구하여라.

56. 만약 $m > 1$에 대해 $A^m = O$이라면 정사각행렬 A를 **거듭제곱이 0인 행렬**(nilpotent matrix)이라 한다. (nilpotent는 라틴어 nil이라는 단어에서 유래되었는데, 그 뜻은 '아무것도 없음, 즉 0'을 뜻하고, potere라는 단어는 '힘을 가지고 있다'는 뜻을 갖고 있다. 따라서 이 행렬은 거듭제곱을 계속하였을 때 아무것도 없는 행렬, 즉 영행렬이 되는 행렬이다.) 만약 A가 거듭제곱이 O인 행렬일 때, $\det A$의 값이 될 수 있는 모든 값을 구하여라.

※ [57–60] 다음에 주어진 연립일차방정식을 크래머 법칙을 사용하여 풀어라.

57. $\begin{aligned} x+y&=1 \\ x-y&=2 \end{aligned}$

58. $\begin{aligned} 2x-y&=5 \\ x+3y&=-1 \end{aligned}$

59. $\begin{aligned} 2x+y+3z&=1 \\ y+z&=1 \\ z&=1 \end{aligned}$

60. $\begin{aligned} x+y-z&=1 \\ x+y+z&=2 \\ x-y\quad&=3 \end{aligned}$

※ [61–64] 정리 4.12를 이용하여 주어진 연립일차방정식에서 계수행렬의 역행렬을 구하여라.

61. 문제 57

62. 문제 58

63. 문제 59

64. 문제 60

65. A가 가역인 $n \times n$행렬이면, $\text{adj}A$도 가역이고

$$(\text{adj } A)^{-1} = \frac{1}{\det A} A = \text{adj}\,(A^{-1})$$

임을 보여라.

66. A가 $n \times n$행렬이면

$$\det(\text{adj } A) = (\det A)^{n-1}$$

임을 증명하여라.

67. $r < s$일 때 행렬의 r행과 s행은 행렬의 인접한 두 행을 $2(s-r)-1$번 교환해서 교환될 수 있음을 확인하여라.

68. j번째 열에 대해 라플라스 전개 정리를 증명하여라.

69. A는 정사각행렬이고 다음과 같이 부분행렬로 분할되어 있다.

$$A = \left[\begin{array}{c|c} P & Q \\ \hline O & S \end{array}\right]$$

여기서, P와 S는 정사각행렬이다. 이러한 행렬을 **블록 (상)삼각형렬**이라고 부른다. 이때

$$\det A = (\det P)(\det S)$$

임을 증명하여라. [힌트 : P의 행의 수에 대한 수학적 귀납법을 사용하여라.]

70. (a) 다음과 같이 행렬 A가 부분행렬로 분할되어 있다.

$$A = \begin{bmatrix} P & Q \\ R & S \end{bmatrix}$$

여기에서 P, Q, R, S는 모두 정사각행렬이다. 다음이 성립하지 않는 예를 들어라.

$$\det A = (\det P)(\det S) - (\det Q)(\det R)$$

(b) (a)에서와 같이 행렬 A가 부분행렬로 분할되어 있고, 그 중에서 P가 가역행렬이라고 하자. 그리고 $B = \begin{bmatrix} P^{-1} & O \\ -RP^{-1} & I \end{bmatrix}$일 때, $\det(BA)$를 문제 69를 이용하여 구하고 이 결과를 이용하여 다음을 보여라.

$$\det A = \det P \det(S - RP^{-1}Q)$$

[행렬 $S - RP^{-1}Q$를 슈어(Issai Schur, 1875–1941)에 의해 A에서 P의 **슈어 여행렬**(Schur complement)이라 불렀다. 그는 벨로루시에서 태어났지만 생애의 대부분을 독일에서 지냈다. 그는 군표현론의 기초를 닦은 사람으로 널리 알려져 있지만, 정수론, 해석학뿐만 아니라 다른 분야에까지 업적을 남겼다.]

(c) 행렬 A가 (a)처럼 부분행렬로 구성되어 있고, P는 가역행렬이고, $PR = RP$라 하자. 다음을 증명하여라.

$$\det A = \det(PS - RQ)$$

쓰기과제

행렬과 행렬식, 어느 것이 먼저인가?

오늘날 행렬과 행렬식을 가르치는 방법은—행렬을 행렬식보다 먼저 가르치는—이 개념들이 역사적으로 발전되어 온 방법과 전혀 닮지 않았다. 4.2절의 끝에 행렬식의 간단한 역사가 있다.

행렬과 행렬식의 역사에 관한 보고서를 작성하여라. 각 발전단계에서 기호들은 어떻게 사용되었는가? 관련된 핵심 수학자들은 누구이며 그들의 업적은 무엇인가?

1. Florian Cajori, *A History of Mathematical Notations* (New York: Dover, 1993).
2. Howard Eves, *An Introduction to the History of Mathematics* (Sixth Edition) (Philadelphia: Saunders College Publishing, 1990).
3. Victor J. Katz, *A History of Mathematics: An Introduction* (Third Edition) (Reading, MA: Addison Wesley Longman, 2008).
4. Eberhard Knobloch, Determinants, in Ivor Grattan-Guinness, ed., *Companion Encyclopedia of the History and Philosophy of the Mathematical Sciences* (London: Routledge, 2013).

비네트

루이스 캐럴의 압축법

© Bettmann/Corbis

도지슨(Charles Lutwidge Dodgson, 1832~1898)은 루이스 캐럴(Lewis Carroll)이라는 필명으로 널리 알려져 있고, 그의 대표 작품은《이상한 나라의 앨리스》와《거울 나라의 앨리스》이다. 그는 또한 몇 권의 수학책과 논리퍼즐책을 저술하였다.

이 내용은 'Math Horizons'(November 2006, pp. 12-15)에 발표된 Adrian Rice와 Eve Torrence의 논문 〈행렬식 계산을 위한 루이스 캐럴의 압축법〉에 기초한다. 압축법에 대한 자세한 것은 David M. Bressoud의 다음 논문을 참고하여라. 〈Proofs and Confirmations: The Story of the Alternating Sign Matrix Conjecture〉, MAA Spectrum Series (Cambridge University Press, 1999)

루이스 캐럴(Lewis Carroll)이라는 필명으로 더 잘 알려진 도지슨은 1866년 그의 유일한 수학 연구논문을 발표하였다. 그 논문에서 그는 '압축법'이라 이름붙인 행렬식을 계산하는 '새로운 간단한 방법'을 기술하였다. 비록 행렬식을 계산하는 수치적 방법 때문에 오늘날 잘 알려지지 않고 쓸모없이 되었지만 압축법은 손으로 계산하는 데 매우 유익한 방법이다. 계산기나 컴퓨터 대수시스템이 없던 때에는 많은 학생들이 선택했던 방법이었다. 이 방법은 단지 2×2행렬을 계산할 수 있는 능력만 필요하다.

먼저, 다음 용어의 정의가 필요하다.

정의 A는 $n\times n$행렬이고 $n\geq 3$일 때, A의 첫 행, 마지막 행, 첫 열, 마지막 열을 제거하여 얻은 $(n-2)\times(n-2)$행렬을 A의 **내부**(interior)라 하고 $\operatorname{int}(A)$로 나타낸다.

다음 5×5 행렬에 대하여 압축법을 설명해보자.

$$A=\begin{bmatrix} 2 & 3 & -1 & 2 & 0 \\ 1 & 2 & 3 & 1 & -4 \\ 2 & -1 & 2 & 1 & 1 \\ 3 & 1 & -1 & 2 & -2 \\ -4 & 1 & 0 & 1 & 2 \end{bmatrix}$$

맨 처음, A_0를 모든 성분이 1인 6×6행렬로 두고 시작한다. 다음은 $A_1=A$라 둔다. A_0를 피라미드의 기초로 생각하고, A_1이 A_0 위에 한 가운데 놓여 있는 것으로 생각하자. 이런 방식으로 크기가 점점 작아지는 층을 계속 쌓아 꼭대기 층이 1×1행렬이 포함될 때까지 피라미드를 만들려고 한다. 이 1×1 행렬이 $\det A$를 포함할 것이다(그림 4.9 참조).

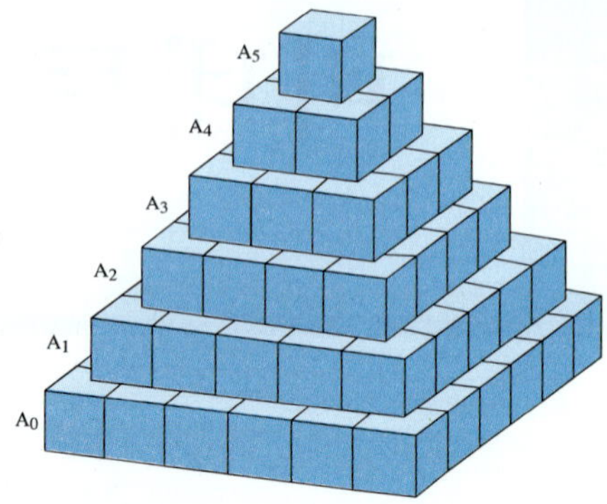

그림 4.9

다음 A_1을 A_1의 2×2 부분행렬들을 성분으로 하는 4×4 행렬 A_2'로 '압축'한다.

$$A_2' = \begin{bmatrix} \begin{vmatrix} 2 & 3 \\ 1 & 2 \end{vmatrix} & \begin{vmatrix} 3 & -1 \\ 2 & 3 \end{vmatrix} & \begin{vmatrix} -1 & 2 \\ 3 & 1 \end{vmatrix} & \begin{vmatrix} 2 & 0 \\ 1 & -4 \end{vmatrix} \\ \begin{vmatrix} 1 & 2 \\ 2 & -1 \end{vmatrix} & \begin{vmatrix} 2 & 3 \\ -1 & 2 \end{vmatrix} & \begin{vmatrix} 3 & 1 \\ 2 & 1 \end{vmatrix} & \begin{vmatrix} 1 & -4 \\ 1 & 1 \end{vmatrix} \\ \begin{vmatrix} 2 & -1 \\ 3 & 1 \end{vmatrix} & \begin{vmatrix} -1 & 2 \\ 1 & -1 \end{vmatrix} & \begin{vmatrix} 2 & 1 \\ -1 & 2 \end{vmatrix} & \begin{vmatrix} 1 & 1 \\ 2 & -2 \end{vmatrix} \\ \begin{vmatrix} 3 & 1 \\ -4 & 1 \end{vmatrix} & \begin{vmatrix} 1 & -1 \\ 1 & 0 \end{vmatrix} & \begin{vmatrix} -1 & 2 \\ 0 & 1 \end{vmatrix} & \begin{vmatrix} 2 & -2 \\ 1 & 2 \end{vmatrix} \end{bmatrix}$$

$$= \begin{bmatrix} 1 & 11 & -7 & -8 \\ -5 & 7 & 1 & 5 \\ 5 & -1 & 5 & -4 \\ 7 & 1 & -1 & 6 \end{bmatrix}$$

이제 A_2'의 각 성분을 $\mathrm{int}(A_0)$의 대응하는 성분으로 나누어 행렬 A_2를 얻는다. A_0의 성분은 모두 1이므로 이것은 $A_2 = A_2'$임을 의미한다.

같은 방법으로 A_2의 2×2 부분행렬들로부터 A_3'를 구한 다음, A_3'의 각 성분을 $\mathrm{int}(A_1)$의 대응하는 성분으로 나눈다. 이 과정을 계속하여 다음을 얻는다.

$$A_3' = \begin{bmatrix} \begin{vmatrix} 1 & 11 \\ -5 & 7 \end{vmatrix} & \begin{vmatrix} 11 & -7 \\ 7 & 1 \end{vmatrix} & \begin{vmatrix} -7 & -8 \\ 1 & 5 \end{vmatrix} \\ \begin{vmatrix} -5 & 7 \\ 5 & -1 \end{vmatrix} & \begin{vmatrix} 7 & 1 \\ -1 & 5 \end{vmatrix} & \begin{vmatrix} 1 & 5 \\ 5 & -4 \end{vmatrix} \\ \begin{vmatrix} 5 & -1 \\ 7 & 1 \end{vmatrix} & \begin{vmatrix} -1 & 5 \\ 1 & -1 \end{vmatrix} & \begin{vmatrix} 5 & -4 \\ -1 & 6 \end{vmatrix} \end{bmatrix} = \begin{bmatrix} 62 & 60 & -27 \\ -30 & 36 & -29 \\ 12 & -4 & 26 \end{bmatrix},$$

$$A_3 = \begin{bmatrix} 62/2 & 60/3 & -27/1 \\ -30/-1 & 36/2 & -29/1 \\ 12/1 & -4/-1 & 26/2 \end{bmatrix} = \begin{bmatrix} 31 & 20 & -27 \\ 30 & 18 & -29 \\ 12 & 4 & 13 \end{bmatrix},$$

$$A_4' = \begin{bmatrix} \begin{vmatrix} 31 & 20 \\ 30 & 18 \end{vmatrix} & \begin{vmatrix} 20 & -27 \\ 18 & -29 \end{vmatrix} \\ \begin{vmatrix} 30 & 18 \\ 12 & 4 \end{vmatrix} & \begin{vmatrix} 18 & -29 \\ 4 & 13 \end{vmatrix} \end{bmatrix} = \begin{bmatrix} -42 & -94 \\ -96 & 350 \end{bmatrix},$$

$$A_4 = \begin{bmatrix} -42/7 & -94/1 \\ -96/-1 & 350/5 \end{bmatrix} = \begin{bmatrix} -6 & -94 \\ 96 & 70 \end{bmatrix},$$

$$A_5{}' = \left[\begin{vmatrix} -6 & -94 \\ 96 & 70 \end{vmatrix} \right] = [\,8604\,],$$

$$A_5 = [\,8604/18\,] = [\,478\,]$$

결과적으로 $\det A = 478$ 이고 이것은 다른 방법으로 구한 것과 같다. 일반적으로, $n \times n$행렬 A에 대하여, 압축법을 적용하면 $\det A$를 포함하는 1×1행렬 A_n을 얻을 수 있다.

어느 A_i의 내부가 0을 포함하면 A_{i+2}를 얻기 위해 영으로 나누어야 하므로 분명히 이 방법은 쓸모가 없어진다. 하지만 기본 행변환과 기본 열변환을 적절히 이용하여 영이 나오는 것을 피할 수 있으므로 적용할 수 있다.

탐구

행렬식의 기하학적 응용

이번 탐구에서는 행렬식의 기하학에 대한 응용들을 살펴볼 것이다. 특별히 행렬식은 넓이와 부피의 공식에 매우 밀접한 관련이 있으며, 직선, 평면, 특정한 곡선들의 방정식을 만들어내는데 사용됨을 보게 될 것이다. 이러한 발상의 대부분은 행렬식이 그 자체가 하나의 분야로 발전되고 있을 때 등장했다.

벡터적(외적, 벡터곱)

1장의 탐구에서 두 공간벡터 $\mathbf{u}=\begin{bmatrix}u_1\\u_2\\u_3\end{bmatrix}$, $\mathbf{v}=\begin{bmatrix}v_1\\v_2\\v_3\end{bmatrix}$의 벡터적 $\mathbf{u}\times\mathbf{v}$를 다음과 같이 정의하였다.

$$\mathbf{u}\times\mathbf{v}=\begin{bmatrix}u_2v_3-u_3v_2\\u_3v_1-u_1v_3\\u_1v_2-u_2v_1\end{bmatrix}$$

$\mathbf{e}_1$, $\mathbf{e}_2$, $\mathbf{e}_3$가 표준기저벡터일 때, 이 벡터적을

$$(u_2v_3-u_3v_2)\mathbf{e}_1-(u_1v_3-u_3v_1)\mathbf{e}_2+(u_1v_2-u_2v_1)\mathbf{e}_3$$

로 나타낼 수 있다. 따라서 첫 번째 열에 대해 여인수 전개하면, 위의 식은

$$\mathbf{u}\times\mathbf{v}=\det\begin{bmatrix}\mathbf{e}_1 & u_1 & v_1\\\mathbf{e}_2 & u_2 & v_2\\\mathbf{e}_3 & u_3 & v_3\end{bmatrix}$$

와 같은 형태로 나타낼 수 있다. (물론 $\mathbf{e}_1$, $\mathbf{e}_2$, $\mathbf{e}_3$가 스칼라가 아니라 벡터이기 때문에 이것은 진정한 행렬식은 아니다. 그러나 이것은 벡터적의 정의를 기억하는 데 유용한 방법이다. 또한, 이로부터 벡터적의 성질을 확인하는 데 행렬식의 성질들을 이용할 수 있게 해준다.)

이제, 1장의 연습문제를 다시 살펴보자.

1. 벡터적의 행렬식 형태를 이용하여, 다음에서 $\mathbf{u}\times\mathbf{v}$를 구하여라.

(a) $\mathbf{u}=\begin{bmatrix}0\\1\\1\end{bmatrix}$, $\mathbf{v}=\begin{bmatrix}3\\-1\\2\end{bmatrix}$ (b) $\mathbf{u}=\begin{bmatrix}3\\-1\\2\end{bmatrix}$, $\mathbf{v}=\begin{bmatrix}0\\1\\1\end{bmatrix}$

(c) $\mathbf{u}=\begin{bmatrix}-1\\2\\3\end{bmatrix}$, $\mathbf{v}=\begin{bmatrix}2\\-4\\-6\end{bmatrix}$ (d) $\mathbf{u}=\begin{bmatrix}1\\1\\1\end{bmatrix}$, $\mathbf{v}=\begin{bmatrix}1\\2\\3\end{bmatrix}$

2. $\mathbf{u}=\begin{bmatrix}u_1\\u_2\\u_3\end{bmatrix}$, $\mathbf{v}=\begin{bmatrix}v_1\\v_2\\v_3\end{bmatrix}$, $\mathbf{w}=\begin{bmatrix}w_1\\w_2\\w_3\end{bmatrix}$에 대하여, 다음을 보여라.

$$\mathbf{u}\cdot(\mathbf{v}\times\mathbf{w})=\det\begin{bmatrix}u_1 & v_1 & w_1\\u_2 & v_2 & w_2\\u_3 & v_3 & w_3\end{bmatrix}$$

3. 행렬식의 성질들(과 필요하다면 위의 문제 2)을 이용하여, 아래 주어진 벡터적의 성질들을 증명하여라.

(a) $\mathbf{v}\times\mathbf{u}=-(\mathbf{u}\times\mathbf{v})$ (b) $\mathbf{u}\times\mathbf{0}=\mathbf{0}$

(c) $\mathbf{u}\times\mathbf{u}=\mathbf{0}$ (d) $\mathbf{u}\times k\mathbf{v}=k(\mathbf{u}\times\mathbf{v})$

(e) $\mathbf{u}\times(\mathbf{v}+\mathbf{w})=(\mathbf{u}\times\mathbf{v})+(\mathbf{u}\times\mathbf{w})$

(f) $\mathbf{u}\cdot(\mathbf{u}\times\mathbf{v})=0$, $\mathbf{v}\cdot(\mathbf{u}\times\mathbf{v})=0$

(g) $\mathbf{u}\cdot(\mathbf{v}\times\mathbf{w})=(\mathbf{u}\times\mathbf{v})\cdot\mathbf{w}$ (**스칼라 삼중적 항등식**)

넓이와 부피

다음으로, 2×2행렬과 3×3행렬의 행렬식에 대한 기하학적 해석에 대해서 알아보자. $\mathbb{R}^3$에 속하는 벡터 $\mathbf{u}$와 $\mathbf{v}$에 대하여, 이 두 벡터에 의해 결정되는 평행사변형의 넓이는 $\mathcal{A}=\|\mathbf{u}\times\mathbf{v}\|$로 주어진다(1장 탐구: 벡터적 참조).

4. $\mathbf{u}=\begin{bmatrix}u_1\\u_2\end{bmatrix}$, $\mathbf{v}=\begin{bmatrix}v_1\\v_2\end{bmatrix}$라 하자. 이 두 벡터 $\mathbf{u}$와 $\mathbf{v}$에 의해 결정되는 평행사변형의 넓이는 다음과 같음을 보여라.

$$\mathcal{A}=\left|\det\begin{bmatrix}u_1 & v_1\\u_2 & v_2\end{bmatrix}\right|$$

[힌트: $\mathbf{u}$와 $\mathbf{v}$를 $\begin{bmatrix}u_1\\u_2\\0\end{bmatrix}$, $\begin{bmatrix}v_1\\v_2\\0\end{bmatrix}$로 둔다.]

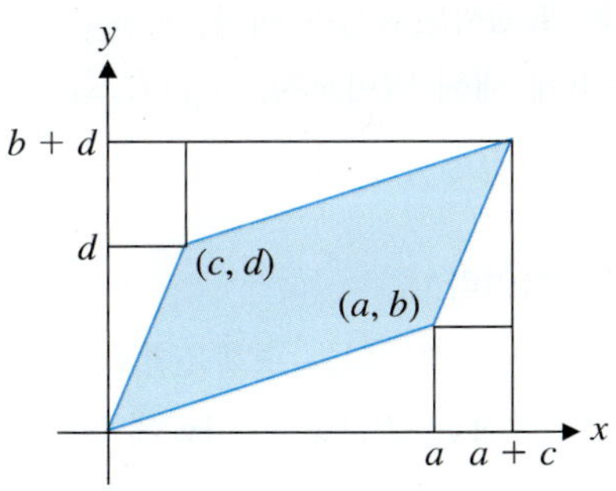

그림 4.10

5. 그림 4.10을 이용하여, 문제 4의 넓이 공식을 기하학적으로 유도하여라.
[힌트: 평행사변형이 남을 때까지 큰 직사각형으로부터 넓이를 뺀다.]
이 경우, 어느 부분에서 절댓값의 부호가 생겨나는가?

6. 다음의 $\mathbf{u}$와 $\mathbf{v}$에 의해 결정되는 평행사변형의 넓이를 구하여라.

(a) $\mathbf{u}=\begin{bmatrix}2\\3\end{bmatrix}$, $\mathbf{v}=\begin{bmatrix}-1\\4\end{bmatrix}$ (b) $\mathbf{u}=\begin{bmatrix}3\\4\end{bmatrix}$, $\mathbf{v}=\begin{bmatrix}5\\5\end{bmatrix}$

문제 4-6을 일반화하면, **평행육면체**(parallelepiped)를 떠올릴 수 있다. 평행육면체는 그림 4.11에서와 같이 경사진 벽돌 모양으로 6개의 면을 가지고 있고, 마주 보고 있는 면들이 서로 평행이고 합동이다. 이 입체의 부피는 밑넓이에 높이를 곱한 값이다.

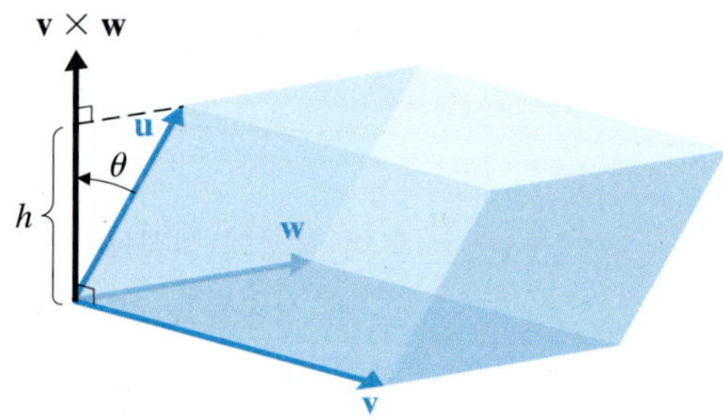

그림 4.11

7. 세 공간벡터 $\mathbf{u}$, $\mathbf{v}$, $\mathbf{w}$에 의해 결정되는 평행육면체의 부피 $\mathcal{V}$는 $\mathbf{u}$, $\mathbf{v}$, $\mathbf{w}$를 열로 모아놓은 3×3행렬 $[\mathbf{u}\ \mathbf{v}\ \mathbf{w}]$의 행렬식의 절댓값이 됨을 증명하여라. [힌트: 그림 4.11에서 높이 h는 $\mathbf{u}$와 $\mathbf{v}\times\mathbf{w}$ 사이의 각 θ를 이용하여 $h=\|\mathbf{u}\|\cos\theta$로 표현할 수 있다. 이 사실을 이용하여 $\mathcal{V}=|\mathbf{u}\cdot(\mathbf{v}\times\mathbf{w})|$임을 보이고 문제 2의 결과를 적용하여라.]

8. 그림 4.12에서 $\mathbf{u}$, $\mathbf{v}$, $\mathbf{w}$에 의해서 결정되는 사면체의 부피 $\mathcal{V}$는 다음과 같음을 보여라.

$$\mathcal{V}=\frac{1}{6}|\mathbf{u}\cdot(\mathbf{v}\times\mathbf{w})|$$

[힌트: 구하려는 입체의 부피 $\mathcal{V}$는 $\mathcal{V}=\dfrac{1}{3}$(밑넓이)·(높이)임을 이용하여라.]

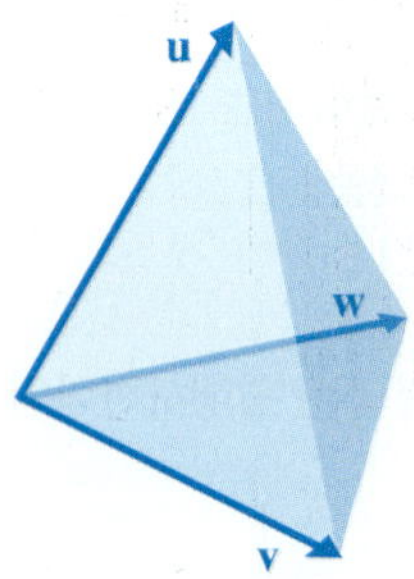

그림 4.12

이제, 변환이라는 관점에서 이들의 기하학적인 해석을 살펴보자. A를 2×2 행렬이라 하고, P를 벡터 $\mathbf{u}$와 $\mathbf{v}$에 의해 결정되는 평행사변형이라 하자. 행렬변환 T_A가 평행사변형 P의 넓이를 어떻게 바꾸는지에 대해 알아보자. $T_A(P)$를 $T_A(\mathbf{u})=A\mathbf{u}$, $T_A(\mathbf{v})=A\mathbf{v}$에 의해 결정되는 평행사변형이라 하자.

9. $T_A(P)$의 넓이는 $|\det A|\cdot(P$의 넓이$)$임을 증명하여라.

10. A를 3×3행렬이라 하고 P를 벡터 $\mathbf{u}$, $\mathbf{v}$, $\mathbf{w}$에 의해 결정되는 평행육면체라 하자. 그리고 $T_A(P)$를 $T_A(\mathbf{u})=A\mathbf{u}$, $T_A(\mathbf{v})=A\mathbf{v}$, $T_A(\mathbf{w})=A\mathbf{w}$에 의해 결정되는 평행육면체라 하면, $T_A(P)$의 부피는 $|\det A|\cdot(P$의 부피$)$임을

증명하여라.

앞의 문제들은 한 행렬의 대응하는 행렬변환에 의해 변환되는 도형들의 넓이나 부피에 행렬식이 어떤 역할을 하는지 설명한다. (비록 특정한 형태의 도형들에 대해서만 고려하였으나, 이 결과는 일반적인 도형에 적용가능하여 논리적으로 엄밀하게 증명할 수 있다.)

직선과 평면

서로 다른 두 점 (x_1, y_1), (x_2, y_2)가 한 평면 위에 있다고 하자. 이 두 점을 지나는 직선은 유일하게 존재하고, 직선의 방정식은 다음과 같은 형태를 갖는다.

$$ax + by + c = 0$$

이 직선 위에 주어진 두 점이 있다면, 이 점들의 좌표들은 다음 방정식을 만족한다.

$$\begin{aligned} ax_1 + by_1 + c = 0 \\ ax_2 + by_2 + c = 0 \end{aligned}$$

위의 세 방정식들은 미지수 a, b, c에 대한 연립일차방정식으로 간주할 수 있다. 이 연립일차방정식은 자명하지 않은 해를 가지므로, 즉 직선이 존재하므로, 다음의 계수행렬은 가역행렬의 기본정리에 의해 역행렬이 존재하지 않는다.

$$\begin{bmatrix} x & y & 1 \\ x_1 & y_1 & 1 \\ x_2 & y_2 & 1 \end{bmatrix}$$

따라서 정리 4.6에 의해 행렬식은 0이어야 한다. 이 행렬식을 전개하면 직선의 방정식을 얻을 수 있다.

> 두 점 (x_1, y_1), (x_2, y_2)를 지나는 직선의 방정식은 다음과 같다.
>
> $$\begin{vmatrix} x & y & 1 \\ x_1 & y_1 & 1 \\ x_2 & y_2 & 1 \end{vmatrix} = 0$$

11. 위의 방법을 이용하여, 다음 두 점을 지나는 직선의 방정식을 구하여라.
    (a) $(2, 3)$과 $(-1, 0)$ (b) $(1, 2)$와 $(4, 3)$
12. 세 점 (x_1, y_1), (x_2, y_2), (x_3, y_3)가 같은 직선 위에 있다는 것과 $\begin{vmatrix} x_1 & y_1 & 1 \\ x_2 & y_2 & 1 \\ x_3 & y_3 & 1 \end{vmatrix} = 0$는 동치임을 증명하여라.

13. 같은 직선 위에 있지 않는 세 점 (x_1, y_1, z_1), (x_2, y_2, z_2), (x_3, y_3, z_3)를 지나는 평면의 방정식은 다음과 같음을 보여라.

$$\begin{vmatrix} x & y & z & 1 \\ x_1 & y_1 & z_1 & 1 \\ x_2 & y_2 & z_2 & 1 \\ x_3 & y_3 & z_3 & 1 \end{vmatrix} = 0$$

세 점이 같은 직선 위에 있을 때는 어떻게 되는가? [힌트: 행줄임으로 행렬식을 계산했을 때, 나타나는 변화를 설명해보아라.]

14. 네 점 (x_1, y_1, z_1), (x_2, y_2, z_2), (x_3, y_3, z_3), (x_4, y_4, z_4)가 같은 평면 위에 있다는 것은

$$\begin{vmatrix} x_1 & y_1 & z_1 & 1 \\ x_2 & y_2 & z_2 & 1 \\ x_3 & y_3 & z_3 & 1 \\ x_4 & y_4 & z_4 & 1 \end{vmatrix} = 0$$

와 동치임을 증명하여라.

곡선 맞춤

실험에서 얻어지는 데이터들이 평면 위에서 점 (x, y) 형태로 나타난다고 할 때, 이 두 변수 x, y의 관계를 알고 싶다고 하자. 즉 이 점들을 모두 지나는 그래프를 나타내는 함수를 구하고자 한다. 우리가 원하는 것은 종종 근사적으로 나타나지만, 어떤 경우에는 정확한 결과를 얻을 수도 있다.

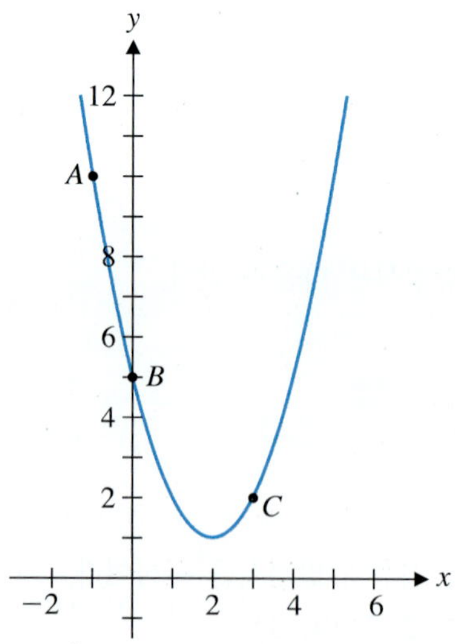

그림 4.13

15. 그림 4.13에서, 점 $A(-1, 10)$, $B(0, 5)$, $C(3, 2)$를 지나는 포물선을 찾을 수 있을까? 이러한 포물선의 방정식의 형태는 $y = a + bx + cx^2$이다. 주어진 점들을 이 방정식에 대입하여 a, b, c를 미지수로 갖는 세 개의 일차방정식을 얻는다. 이 연립일차방정식을 풀어보지 않고서도 정리 4.6을 사용하여 이 연립일차방정식이 유일한 해를 가져야만 한다는 것을 논하여라. 또, 연립일차방정식을 풀어 그림 4.13의 포물선 식을 구하여라.

16. 문제 15의 방법을 이용하여, 다음 세 점을 지나는 차수가 2차 이하인 다항식을 구하여라.

(a) $A(1, -1)$, $B(2, 4)$, $C(3, 3)$

(b) $A(-1, -3)$, $B(1, -1)$, $C(3, 1)$

17. 문제 15와 16을 일반화하기 위해서, a_1, a_2, a_3를 서로 다른 실수라고 가정해 보자. 임의의 실수 b_1, b_2, b_3에 대해 세 점 (a_1, b_1), (a_2, b_2), (a_3, b_3)를 지나는 $y = a + bx + cx^2$꼴의 이차함수가 꼭 한 개 존재함을 보이고자 한다. 다음과 같이 관련 연립일차방정식의 계수행렬의 행렬식이 0이 아님을 보임으로써 이것을 증명하여라.

$$\begin{vmatrix} 1 & a_1 & a_1^2 \\ 1 & a_2 & a_2^2 \\ 1 & a_3 & a_3^2 \end{vmatrix} = (a_2 - a_1)(a_3 - a_1)(a_3 - a_2)$$

18. a_1, a_2, a_3, a_4가 서로 다른 실수일 때, 다음을 보여라.

$$\begin{vmatrix} 1 & a_1 & a_1^2 & a_1^3 \\ 1 & a_2 & a_2^2 & a_2^3 \\ 1 & a_3 & a_3^2 & a_3^3 \\ 1 & a_4 & a_4^2 & a_4^3 \end{vmatrix} = (a_2 - a_1)(a_3 - a_1)(a_4 - a_1)(a_3 - a_2)(a_4 - a_2)(a_4 - a_3) \neq 0$$

임의의 실수 b_1, b_2, b_3, b_4에 대하여, 이 결과를 사용하여 네 점 (a_1, b_1), (a_2, b_2), (a_3, b_3), (a_4, b_4)를 지나는 $y = a + bx + cx^2 + dx^3$꼴의 삼차함수가 꼭 한 개 존재함을 (a, b, c, d를 구체적으로 구하지 말고) 증명하여라.

19. a_1, a_2, $\cdots$, a_n이 n개의 실수일 때, 다음을 증명하여라.

$$\begin{vmatrix} 1 & a_1 & a_1^2 & \cdots & a_1^{n-1} \\ 1 & a_2 & a_2^2 & \cdots & a_2^{n-1} \\ 1 & a_3 & a_3^2 & \cdots & a_3^{n-1} \\ \vdots & \vdots & \vdots & \ddots & \vdots \\ 1 & a_n & a_n^2 & \cdots & a_n^{n-1} \end{vmatrix} = \prod_{1 \leq i < j \leq n} (a_j - a_i)$$

여기에서 $\prod_{1 \leq i < j \leq n} (a_j - a_i)$는 $1 \leq i < j \leq n$인 $(a_j - a_i)$의 형태의 모든 항들을 곱한 것을 의미한다. [이러한 형태의 행렬 또는 그 전치행렬의 행렬식을 **반데르몽드 행렬식**(Vandermonde determinant)이라 한다. 이는 프랑스의 수학자 반데르몽드(A. T. Vandermonde, 1735~1796)의 이름을 따서 붙여졌다.]

평면 위에 있는 서로 다른 x좌표를 가지는 n개의 점들에 대해 그래프가 주어진 n개의 점들을 지나는 $(n-1)$차 다항식이 유일하게 존재함을 보여라.

4.3 행렬의 고윳값과 고유벡터

지금까지 $n \times n$행렬의 행렬식을 정의하였으므로, 일반적인 상황에서 고윳값과 고유벡터에 대한 논의를 계속할 수 있다. λ가 A의 고윳값인 것과 $A-\lambda I$가 가역행렬이 아님이 동치임을 4.1절에서 살펴보았다. 정리 4.6에 의해서, 이것은 $\det(A-\lambda I)=0$과 동치이다.

> 정사각행렬 A의 고윳값은 다음 방정식을 만족하는 해 λ이다.
>
> $$\det(A-\lambda I)=0$$

$\det(A-\lambda I)$를 전개하여, A의 **특성다항식**(characteristic polynomial)이라 불리는 λ에 관한 다항식을 얻는다. 그리고 방정식 $\det(A-\lambda I)=0$는 A의 **특성방정식**(characteristic equation)이라 부른다. 예를 들어, 만약 $A=\begin{bmatrix} a & b \\ c & d \end{bmatrix}$이면 A의 특성다항식은 다음과 같다.

$$\begin{aligned}\det(A-\lambda I) &= \begin{vmatrix} a-\lambda & b \\ c & d-\lambda \end{vmatrix} = (a-\lambda)(d-\lambda)-bc \\ &= \lambda^2-(a+d)\lambda+(ad-bc)\end{aligned}$$

A가 $n \times n$행렬이면, 그것의 특성다항식의 차수는 n이다. 대수학의 기본정리에 의해서, 실수 또는 복소수 계수를 갖는 n차 다항식은 최대 n개의 서로 다른 근을 갖는다. 이 사실을 특성다항식에 적용하면, 실수나 복소수를 성분으로 하는 $n \times n$행렬은 최대 n개의 서로 다른 고윳값을 가짐을 알 수 있다.

이제, 행렬의 고윳값들과 고유벡터(또는 고유공간)를 구하는 과정을 요약해보자.

> A가 $n \times n$행렬이라 하자.
>
> 1. A의 특성다항식 $\det(A-\lambda I)$를 계산한다.
> 2. λ에 관한 특성방정식 $\det(A-\lambda I)=0$를 풀어서 고윳값을 구한다.
> 3. 각 고윳값 λ에 대한 행렬 $A-\lambda I$의 영공간을 구한다. 이것이 고유공간 E_λ이고, 이중에서 영이 아닌 벡터가 λ에 대응하는 A의 고유벡터이다.
> 4. 각 고유공간의 기저를 구한다.

예제 4.18 다음 행렬 A의 모든 고윳값과 각각에 대응하는 고유공간을 구하여라.

$$A=\begin{bmatrix} 0 & 1 & 0 \\ 0 & 0 & 1 \\ 2 & -5 & 4 \end{bmatrix}$$

풀이 위에서 요약된 과정을 따라 풀어보자. 먼저, 특성다항식은 다음과 같다.

$$\begin{aligned}\det(A-\lambda I) &= \begin{vmatrix} -\lambda & 1 & 0 \\ 0 & -\lambda & 1 \\ 2 & -5 & 4-\lambda \end{vmatrix} \\ &= -\lambda\begin{vmatrix} -\lambda & 1 \\ -5 & 4-\lambda \end{vmatrix} - \begin{vmatrix} 0 & 1 \\ 2 & 4-\lambda \end{vmatrix} \\ &= -\lambda(\lambda^2-4\lambda+5)-(-2) \\ &= -\lambda^3+4\lambda^2-5\lambda+2 \end{aligned}$$

고윳값을 구하기 위해서 λ에 대한 특성방정식 $\det(A-\lambda I)=0$를 풀어야 한다. 특성다항식은 $-(\lambda-1)^2(\lambda-2)$로 인수분해되므로, 특성방정식은 $-(\lambda-1)^2(\lambda-2)=0$이고, 따라서 $\lambda=1$, $\lambda=2$가 구하려는 고윳값이다. 이때, $\lambda=1$은 중근이므로 $\lambda_1=\lambda_2=1$, $\lambda_3=2$라 두고, $A-\lambda I$의 영공간을 구하자.

$$A-1I = \begin{bmatrix} -1 & 1 & 0 \\ 0 & -1 & 1 \\ 2 & -5 & 4-1 \end{bmatrix} = \begin{bmatrix} -1 & 1 & 0 \\ 0 & -1 & 1 \\ 2 & -5 & 3 \end{bmatrix}$$

이를 행줄임 하면 다음과 같다.

$$[A-I\,|\,0] = \left[\begin{array}{ccc|c} -1 & 1 & 0 & 0 \\ 0 & -1 & 1 & 0 \\ 2 & -5 & 3 & 0 \end{array}\right] \rightarrow \left[\begin{array}{ccc|c} 1 & 0 & -1 & 0 \\ 0 & 1 & -1 & 0 \\ 0 & 0 & 0 & 0 \end{array}\right]$$

(계산하기 전에 이미, 우리는 적어도 하나의 행이 영임을 알 수 있었다. 왜 그런가?) 벡터 $\mathbf{x}=\begin{bmatrix} x_1 \\ x_2 \\ x_3 \end{bmatrix}$가 고유공간 E_1에 속하려면 $x_1-x_3=0$와 $x_2-x_3=0$를 만족하여야 한다. 자유변수 $x_3=t$라 두면, $x_1=x_2=t$이므로, 고유공간 E_1은 다음과 같이 나타낼 수 있다.

$$E_1 = \left\{\begin{bmatrix} t \\ t \\ t \end{bmatrix}\right\} = \left\{t\begin{bmatrix} 1 \\ 1 \\ 1 \end{bmatrix}\right\} = \text{span}\left(\begin{bmatrix} 1 \\ 1 \\ 1 \end{bmatrix}\right)$$

$\lambda_3=2$에 대응하는 고유벡터를 구하기 위해서는 행줄임을 이용해서 $A-2I$의 영공간을 구하여야 한다.

$$[A-2I\,|\,0] = \left[\begin{array}{ccc|c} -2 & 1 & 0 & 0 \\ 0 & -2 & 1 & 0 \\ 2 & -5 & 2 & 0 \end{array}\right] \rightarrow \left[\begin{array}{ccc|c} 1 & 0 & -1/4 & 0 \\ 0 & 1 & -1/2 & 0 \\ 0 & 0 & 0 & 0 \end{array}\right]$$

따라서 $\mathbf{x}=\begin{bmatrix} x_1 \\ x_2 \\ x_3 \end{bmatrix}$가 고유공간 E_2에 속하려면, $x_1=\frac{1}{4}x_3$와 $x_2=\frac{1}{2}x_3$를 만족하여야 한다. 여기서 자유변수 $x_3=t$라 하면, 다음을 얻는다.

$$E_2 = \left\{ \begin{bmatrix} 1/4t \\ 1/2t \\ t \end{bmatrix} \right\} = \left\{ t \begin{bmatrix} 1/4 \\ 1/2 \\ 1 \end{bmatrix} \right\} = \text{span}\left(\begin{bmatrix} 1/4 \\ 1/2 \\ 1 \end{bmatrix} \right) = \text{span}\left(\begin{bmatrix} 1 \\ 2 \\ 4 \end{bmatrix} \right)$$

기저에서 분모의 최소공배수를 곱하여 분모를 없앴다. (이는 왜 허용되는가?)

주의 예제 4.18의 행렬 A는 3×3행렬이지만 오직 2개의 서로 다른 고윳값을 가짐을 보았다. 그러나 중복도만큼 계산한다면 A는 정확히 3개의 고윳값을 가진다. 이는 대수학의 기본정리에서 보장되는 것이다. 고윳값의 **대수적 중복도**(algebraic multiplicity)를 특성방정식에서 근의 중복도로 정의한다. 따라서 $\lambda = 1$은 대수적 중복도가 2이고 $\lambda = 2$는 대수적 중복도가 1이다.

다음으로, 각 고유공간은 단 하나의 벡터로 구성된 기저를 가짐을 알았다. 다시 말하면, $\dim E_1 = \dim E_2 = 1$이다. 고윳값 λ의 **기하적 중복도**(geometric multiplicity)는 그것의 고유공간의 차원인 $\dim E_\lambda$로 정의한다. 이들 두 중복도의 비교는 중요하다.

예제 4.19 다음 행렬 A의 고윳값과 대응하는 고유공간을 구하여라.

$$A = \begin{bmatrix} -1 & 0 & 1 \\ 3 & 0 & -3 \\ 1 & 0 & -1 \end{bmatrix}$$

풀이 행렬 A의 특성방정식은 다음과 같다.

$$0 = \det(A - \lambda I) = \begin{vmatrix} -1-\lambda & 0 & 1 \\ 3 & -\lambda & -3 \\ 1 & 0 & -1-\lambda \end{vmatrix} = -\lambda \begin{vmatrix} -1-\lambda & 1 \\ 1 & -1-\lambda \end{vmatrix}$$

$$= -\lambda(\lambda^2 + 2\lambda) = -\lambda^2(\lambda + 2)$$

따라서 고윳값은 $\lambda_1 = \lambda_2 = 0$이고 $\lambda_3 = -2$이다. 그러므로 고윳값 0은 대수적 중복도가 2이고, 고윳값 -2는 대수적 중복도가 1이다.

$\lambda_1 = \lambda_2 = 0$에 대응하는 고유공간을 구해보자.

$$[A - 0I \mid 0] = [A \mid 0] = \left[\begin{array}{ccc|c} -1 & 0 & 1 & 0 \\ 3 & 0 & -3 & 0 \\ 1 & 0 & -1 & 0 \end{array}\right] \to \left[\begin{array}{ccc|c} 1 & 0 & -1 & 0 \\ 0 & 0 & 0 & 0 \\ 0 & 0 & 0 & 0 \end{array}\right]$$

로부터, E_0에 있는 고유벡터 $\mathbf{x} = \begin{bmatrix} x_1 \\ x_2 \\ x_3 \end{bmatrix}$는 $x_1 = x_3$를 만족하여야 한다. 그러므로 x_2와 x_3가 둘 다 자유변수이므로, $x_2 = s$, $x_3 = t$라 두면 다음을 얻는다.

$$E_0 = \left\{ \begin{bmatrix} t \\ s \\ t \end{bmatrix} \right\} = \left\{ s \begin{bmatrix} 0 \\ 1 \\ 0 \end{bmatrix} + t \begin{bmatrix} 1 \\ 0 \\ 1 \end{bmatrix} \right\} = \text{span}\left(\begin{bmatrix} 0 \\ 1 \\ 0 \end{bmatrix}, \begin{bmatrix} 1 \\ 0 \\ 1 \end{bmatrix} \right)$$

$\lambda_3 = -2$에 대하여

$$[A-(-2)I\,|\,0]=[A+2I\,|\,0]=\left[\begin{array}{ccc|c}1&0&1&0\\3&2&-3&0\\1&0&1&0\end{array}\right]\rightarrow\left[\begin{array}{ccc|c}1&0&1&0\\0&1&-3&0\\0&0&0&0\end{array}\right]$$

로부터, $x_3=t$는 자유변수이고 $x_1=-x_3=-t$, $x_2=3x_3=3t$이므로

$$E_{-2}=\left\{\begin{bmatrix}-t\\3t\\t\end{bmatrix}\right\}=\left\{t\begin{bmatrix}-1\\3\\1\end{bmatrix}\right\}=\operatorname{span}\left(\begin{bmatrix}-1\\3\\1\end{bmatrix}\right)$$

이다.

$\lambda_1=\lambda_2=0$는 기하적 중복도가 2이고 $\lambda_3=-2$는 기하적 중복도가 1이다. 따라서 각 고윳값에 대한 대수적 중복도와 기하적 중복도는 일치한다.

어떤 경우에서는 행렬의 고윳값을 쉽게 구할 수 있다. 만약 A가 삼각행렬이면, $A-\lambda I$ 또한 삼각행렬이고 정리 4.2에 의해 $\det(A-\lambda I)$는 모든 대각성분들의 곱이므로, 삼각행렬의 특성방정식은 다음과 같음을 알 수 있다.

$$(a_{11}-\lambda)(a_{22}-\lambda)\cdots(a_{nn}-\lambda)=0$$

즉, 삼각행렬 A의 고윳값은 $\lambda_1=a_{11}$, $\lambda_2=a_{22}$, $\cdots$, $\lambda_n=a_{nn}$임을 쉽게 알 수 있다. 우리는 이를 다음 정리로 요약하고, 예제를 통하여 설명해보자.

정리 4.15 삼각행렬의 고윳값은 모든 대각성분들이다.

예제 4.20 다음 행렬

$$A=\begin{bmatrix}2&0&0&0\\-1&1&0&0\\3&0&3&0\\5&7&4&-2\end{bmatrix}$$

의 고윳값은 정리 4.15에 의하여 $\lambda_1=2$, $\lambda_2=1$, $\lambda_3=3$, $\lambda_4=-2$이다. 실제로, 특성다항식은 $(2-\lambda)(1-\lambda)(3-\lambda)(-2-\lambda)$이다.

대각행렬은 정리 4.15의 특별한 경우이다. 사실, 대각행렬은 상삼각행렬이면서 동시에 하삼각행렬이다.

고윳값은 행렬의 성질에 대한 중요한 정보를 많이 가지고 있다. 행렬의 고윳값을 알고 있으면 다른 것을 구하지 않더라도 다음 정리와 같은 여러 가지 추론을 할 수 있다.

정리 4.16 정사각행렬 A가 가역이라는 것은 0가 A의 고윳값이 아니라는 것과 동치이다.

증명 A가 정사각행렬이면, 정리 4.6에 의해, A가 가역인 것은 $\det A \neq 0$와 동치이고, $\det A \neq 0$는 $\det(A - 0I) \neq 0$와 같다. 이것은 0이 A의 특성방정식의 근이 아님을 의미한다. (즉, 0은 A의 고윳값이 아니다.)

우리는 이제 역행렬의 기본정리를 확장하여, 이 장에서 증명한 결과를 포함하여 다음과 같이 정리할 수 있다.

정리 4.17 **가역행렬의 기본정리 : 버전 3**

A가 $n \times n$행렬이면, 다음 명제들은 서로 동치이다.

a. A는 가역행렬이다.

b. $A\mathbf{x} = \mathbf{b}$는 $\mathbb{R}^n$의 임의의 $\mathbf{b}$에 대하여 유일한 해를 가진다.

c. $A\mathbf{x} = \mathbf{0}$의 해는 자명해뿐이다.

d. A의 기약 행사다리꼴은 I_n이다.

e. A는 기본행렬들의 곱이다.

f. $\operatorname{rank}(A) = n$

g. $\operatorname{nullity}(A) = 0$

h. A의 열벡터들은 일차독립이다.

I. A의 열벡터들은 $\mathbb{R}^n$을 생성한다.

j. A의 열벡터들은 $\mathbb{R}^n$의 기저를 이룬다.

k. A의 행벡터들은 일차독립이다.

l. A의 행벡터들은 $\mathbb{R}^n$을 생성한다.

m. A의 행벡터들은 $\mathbb{R}^n$의 기저를 이룬다.

n. $\det A \neq 0$

o. 0은 A의 고윳값이 아니다.

증명 (a) ⇔ (n)는 정리 4.6이고, 정리 4.16에서 (a) ⇔ (o)를 증명하였다.

행렬의 거듭제곱과 역행렬의 고윳값에 대한 다음의 유용한 정리가 있다.

정리 4.18 λ가 행렬 A의 고윳값이고, $\mathbf{x}$는 λ에 대응하는 고유벡터라고 하자.

a. 임의의 양의 정수 n에 대하여, λ^n은 A^n의 고윳값이고, $\mathbf{x}$는 λ^n에 대응하는 고유벡터이다.

b. A가 가역이면 $1/\lambda$는 A^{-1}의 고윳값이고, $\mathbf{x}$는 그에 대응하는 고유벡터이다.

c. A가 가역이면, 임의의 정수 n에 대하여 λ^n은 A^n의 고윳값이고, $\mathbf{x}$는 λ^n에 대응하는 고유벡터이다.

증명 $A\mathbf{x}=\lambda\mathbf{x}$임을 아래에서 사용할 것이다.

(a) n에 대한 수학적 귀납법을 사용하자. $n=1$인 경우는 성립하므로, $n=k$일 때 결과가 참이라고 가정하자. 즉, 양의 정수 k에 대하여 $A^k\mathbf{x}=\lambda^k\mathbf{x}$임을 가정하자. 이제, $n=k+1$에 대하여 성립함을 증명하여야 한다. 가정에 의하여

$$A^{k+1}\mathbf{x}=A(A^k\mathbf{x})=A(\lambda^k\mathbf{x})$$

이므로, 정리 3.3의 성질 (d)를 이용하여 다음을 얻는다.

$$A(\lambda^k\mathbf{x})=\lambda^k(A\mathbf{x})=\lambda^k(\lambda\mathbf{x})=\lambda^{k+1}\mathbf{x}$$

그러므로 $A^{k+1}\mathbf{x}=\lambda^{k+1}\mathbf{x}$이고, 귀납법에 의해, $n\geq 1$인 모든 정수에 대하여 성립한다.

(b) 연습문제 13에서 증명하여라.

(c) 연습문제 14에서 증명하여라.

다음의 예제는 이 정리의 응용을 보여준다.

예제 4.21 다음 행렬의 곱을 구하여라.

$$\begin{bmatrix}0 & 1\\ 2 & 1\end{bmatrix}^{10}\begin{bmatrix}5\\ 1\end{bmatrix}$$

풀이 $A=\begin{bmatrix}0 & 1\\ 2 & 1\end{bmatrix}$, $\mathbf{x}=\begin{bmatrix}5\\ 1\end{bmatrix}$이라 두고, $A^{10}\mathbf{x}$를 구하면 된다. A의 고윳값은 $\lambda_1=-1$, $\lambda_2=2$이고, 그들에 대응하는 고유벡터는 각각 $\mathbf{v}_1=\begin{bmatrix}1\\ -1\end{bmatrix}$, $\mathbf{v}_2=\begin{bmatrix}1\\ 2\end{bmatrix}$이다. 즉

$$A\mathbf{v}_1=-\mathbf{v}_1,\ A\mathbf{v}_2=2\mathbf{v}_2$$

(위 내용을 확인하여라.) 한편, $\{\mathbf{v}_1, \mathbf{v}_2\}$가 $\mathbb{R}^2$의 기저를 형성하므로, $\mathbf{x}$를 $\mathbf{v}_1$과 $\mathbf{v}_2$의 일차결합으로 나타낼 수 있다. 실제로, $\mathbf{x}=3\mathbf{v}_1+2\mathbf{v}_2$임은 쉽게 확인할 수 있다.

그러므로 정리 4.18(a)를 이용하여 다음을 얻는다.

$$\begin{aligned}A^{10}\mathbf{x}&=A^{10}(3\mathbf{v}_1+2\mathbf{v}_2)=3(A^{10}\mathbf{v}_1)+2(A^{10}\mathbf{v}_2)\\&=3(\lambda_1^{10})\mathbf{v}_1+2(\lambda_2^{10})\mathbf{v}_2\\&=3(-1)^{10}\begin{bmatrix}1\\ -1\end{bmatrix}+2(2^{10})\begin{bmatrix}1\\ 2\end{bmatrix}=\begin{bmatrix}3+2^{11}\\ -3+2^{12}\end{bmatrix}=\begin{bmatrix}2051\\ 4093\end{bmatrix}\end{aligned}$$

이것은 A^{10}을 먼저 계산하는 것보다 수월하다. 실제로, 행렬의 곱이 전혀 없다!

예제 4.21은 일반적인 경우로 확장된다. 다음 정리의 증명은 연습문제 42로 남

긴다.

정리 4.19

$n\times n$행렬 A의 고윳값 λ_1, λ_2, $\cdots$, λ_m에 대응하는 각 고유벡터를 $\mathbf{v}_1$, $\mathbf{v}_2$, $\cdots$, $\mathbf{v}_m$이라 가정하자. 만약 $\mathbb{R}^n$에 속하는 벡터 $\mathbf{x}$가 이들 고유벡터들의 일차결합으로 다음과 같이 표현된다고 하면,

$$\mathbf{x}=c_1\mathbf{v}_1+c_2\mathbf{v}_2+\cdots+c_m\mathbf{v}_m$$

임의의 정수 k에 대하여 다음의 식이 성립한다.

$$A^k\mathbf{x}=c_1\lambda_1^k\mathbf{v}_1+c_2\lambda_2^k\mathbf{v}_2+\cdots+c_m\lambda_m^k\mathbf{v}_m$$

경고 여기서 주의할 것은 두 번째 문장에서의 '만약'이다. 모든 벡터 $\mathbf{x}$에 대하여 이러한 일차결합이 가능하다고 장담할 수는 없다. 최상의 가능한 상황은 $\mathbb{R}^n$의 기저가 A의 고유벡터들로 이루어지는 것이다. 다음 절에서 이 가능성에 관해서 탐구할 것이다. 이를 위해 먼저 우리는 서로 다른 고윳값에 대응하는 고유벡터들은 일차독립이라는 다음 정리를 얻을 수 있다.

정리 4.20

A가 $n\times n$행렬일 때, A의 서로 다른 고윳값 λ_1, λ_2, $\cdots$, λ_m에 대응하는 고유벡터 $\mathbf{v}_1$, $\mathbf{v}_2$, $\cdots$, $\mathbf{v}_m$은 일차독립이다.

증명 증명은 $\mathbf{v}_1$, $\mathbf{v}_2$, $\cdots$, $\mathbf{v}_m$이 일차종속이라 가정하여, 모순됨을 보일 것이다.

만약 $\mathbf{v}_1$, $\mathbf{v}_2$, $\cdots$, $\mathbf{v}_m$이 일차종속이면, 이 벡터들 중의 하나는 반드시 앞선 다른 벡터들의 일차결합으로 표현되어야 한다. $\mathbf{v}_{k+1}$을 앞선 다른 벡터들의 일차결합으로 표현되는 벡터 $\mathbf{v}_i$들 중에서 가장 먼저 나오는 벡터라고 가정하자. 즉, $\mathbf{v}_1$, $\mathbf{v}_2$, $\cdots$, $\mathbf{v}_k$는 일차독립이고 다음을 만족하는 스칼라 c_1, c_2, $\cdots$, c_k가 존재한다고 하자.

$$\mathbf{v}_{k+1}=c_1\mathbf{v}_1+c_2\mathbf{v}_2+\cdots+c_k\mathbf{v}_k \tag{1}$$

식 (1)의 양변에 A를 곱하고, 좌변에 각 i에 대하여 $A\mathbf{v}_i=\lambda_i\mathbf{v}_i$임을 이용하면

$$\begin{aligned}\lambda_{k+1}\mathbf{v}_{k+1}=A\mathbf{v}_{k+1}&=A(c_1\mathbf{v}_1+c_2\mathbf{v}_2+\cdots+c_k\mathbf{v}_k)\\&=c_1A\mathbf{v}_1+c_2A\mathbf{v}_2+\cdots+c_kA\mathbf{v}_k\\&=c_1\lambda_1\mathbf{v}_1+c_2\lambda_2\mathbf{v}_2+\cdots+c_k\lambda_k\mathbf{v}_k\end{aligned} \tag{2}$$

로 나타낼 수 있다. 다음에는 λ_{k+1}을 식 (1)의 양변에 곱하면

$$\lambda_{k+1}\mathbf{v}_{k+1}=c_1\lambda_{k+1}\mathbf{v}_1+c_2\lambda_{k+1}\mathbf{v}_2+\cdots+c_k\lambda_{k+1}\mathbf{v}_k \tag{3}$$

이므로, 식 (2)에서 식 (3)을 빼면

$$\mathbf{0}=c_1(\lambda_1-\lambda_{k+1})\mathbf{v}_1+c_2(\lambda_2-\lambda_{k+1})\mathbf{v}_2+\cdots+c_k(\lambda_k-\lambda_{k+1})\mathbf{v}_k$$

를 얻는다. 한편, $\mathbf{v}_1$, $\mathbf{v}_2$, $\cdots$, $\mathbf{v}_k$가 일차독립이기 때문에

$$c_1(\lambda_1-\lambda_{k+1})=c_2(\lambda_2-\lambda_{k+1})=\cdots=c_k(\lambda_k-\lambda_{k+1})=0$$

이다. 또한, 각 고윳값 λ_i가 서로 다르기 때문에 $c_1=c_2=\cdots=c_k=0$이다. 따라서 식 (1)로부터 다음 식을 얻는다.

$$\mathbf{v}_{k+1}=c_1\mathbf{v}_1+c_2\mathbf{v}_2+\cdots+c_k\mathbf{v}_k=0\mathbf{v}_1+0\mathbf{v}_2+\cdots+0\mathbf{v}_k=\mathbf{0}$$

고유벡터 $\mathbf{v}_{k+1}$은 $\mathbf{0}$이 될 수 없기 때문에 이는 모순이다. 따라서 $\mathbf{v}_1$, $\mathbf{v}_2$, $\cdots$, $\mathbf{v}_m$은 일차독립이다.

4.3 연습문제

※ [1–12] 다음의 행렬 A에 대하여 (a) A의 특성다항식, (b) A의 고윳값, (c) A의 각 고유공간에 대한 기저, (d) 각 고윳값들의 대수적 중복도와 기하적 중복도를 구하여라.

1. $A=\begin{bmatrix}1&3\\-2&6\end{bmatrix}$

2. $A=\begin{bmatrix}2&1\\-1&0\end{bmatrix}$

3. $A=\begin{bmatrix}1&1&0\\0&-2&1\\0&0&3\end{bmatrix}$

4. $A=\begin{bmatrix}1&0&1\\0&1&1\\1&1&0\end{bmatrix}$

5. $A=\begin{bmatrix}1&2&0\\-1&-1&1\\0&1&1\end{bmatrix}$

6. $A=\begin{bmatrix}1&0&2\\3&-1&3\\2&0&1\end{bmatrix}$

7. $A=\begin{bmatrix}4&0&1\\2&3&2\\-1&0&2\end{bmatrix}$

8. $A=\begin{bmatrix}1&-1&-1\\0&2&0\\-1&-1&1\end{bmatrix}$

9. $A=\begin{bmatrix}3&1&0&0\\-1&1&0&0\\0&0&1&4\\0&0&1&1\end{bmatrix}$

10. $A=\begin{bmatrix}2&1&1&0\\0&1&4&5\\0&0&3&1\\0&0&0&2\end{bmatrix}$

11. $A=\begin{bmatrix}1&0&0&0\\0&1&0&0\\1&1&3&0\\-2&1&2&-1\end{bmatrix}$

12. $A=\begin{bmatrix}4&0&1&0\\0&4&1&1\\0&0&1&2\\0&0&3&0\end{bmatrix}$

13. 정리 4.18(b)를 증명하여라.

14. 정리 4.18(c)를 증명하여라. [힌트: (a)와 (b)의 증명을 결합하고 정리 3.9에 대한 네 번째 주의를 참조하여라.]

※ [15–16] 고윳값이 $\lambda_1=\frac{1}{2}$, $\lambda_2=2$이고, 그들에 대응하는 고유벡터가 각각 $\mathbf{v}_1=\begin{bmatrix}1\\-1\end{bmatrix}$, $\mathbf{v}_2=\begin{bmatrix}1\\1\end{bmatrix}$인 2×2행렬을 A라 하자. 벡터 $\mathbf{x}=\begin{bmatrix}5\\1\end{bmatrix}$에 대하여, 다음 물음에 답하여라.

15. $A^{10}\mathbf{x}$를 구하여라.

16. $A^k\mathbf{x}$를 구하여라. k가 커짐에 따라 어떻게 되는가?

※ [17–18] 고윳값 $\lambda_1=-\frac{1}{3}$, $\lambda_2=\frac{1}{3}$, $\lambda_3=1$에 대응하는 고유벡터 $\mathbf{v}_1=\begin{bmatrix}1\\0\\0\end{bmatrix}$, $\mathbf{v}_2=\begin{bmatrix}1\\1\\0\end{bmatrix}$, $\mathbf{v}_3=\begin{bmatrix}1\\1\\1\end{bmatrix}$을 가지는 3×3행렬 A와 벡터 $\mathbf{x}=\begin{bmatrix}2\\1\\2\end{bmatrix}$에 대하여, 다음 물음에 답하여라.

17. $A^{20}\mathbf{x}$를 구하여라.

18. $A^k\mathbf{x}$를 구하여라. k가 커짐에 따라 어떻게 되는가?

19. (a) 정사각행렬 A에 대하여 A^T와 A는 같은 특성다항식을 가지고, 그래서 같은 고윳값을 가짐을 보여라.
    (b) A^T와 A가 서로 다른 고유공간을 가지는 2×2행렬의 예를 들어라.

20. A가 거듭제곱이 O인 행렬이면(즉, $A^m=O$, $m>0$), $\lambda=0$는 A의 유일한 고윳값임을 보여라.

21. A가 멱등행렬이면(즉, $A^2=A$), $\lambda=0$와 $\lambda=1$이 오직 가능한 A의 고윳값임을 보여라.

22. $\mathbf{v}$가 고윳값 λ에 대한 A의 고유벡터이고 c는 스칼라일 때, $\mathbf{v}$가 고윳값 $\lambda-c$에 대한 $A-cI$의 고유벡터임을 보여라.

23. (a) 다음 행렬 A의 고윳값과 고유벡터를 구하여라.

$$A=\begin{bmatrix}3&2\\5&0\end{bmatrix}$$

    (b) 정리 4.18과 연습문제 22를 이용하여 A^{-1}, $A-2I$와 $A+2I$의 고윳값과 고유공간을 구하여라.

24. A와 B가 각각 고윳값 λ와 μ를 가지는 $n\times n$행렬이라 하자.

(a) $\lambda+\mu$가 $A+B$의 고윳값이 되지 않는 예를 들어라.

(b) $\lambda\mu$가 AB의 고윳값이 되지 않는 예를 들어라.

(c) λ와 μ가 같은 고유벡터에 대응한다고 하자. 이 경우에 $\lambda+\mu$는 $A+B$의 한 고윳값이고 $\lambda\mu$는 AB의 한 고윳값임을 보여라.

25. A와 B가 행동치 행렬이라면 그들은 같은 고윳값을 가지는가? 참이 이를 증명하고, 거짓이면 반례를 들어 보아라.

※ 다음 다항식

$$p(x)=x^n+a_{n-1}x^{n-1}+\cdots+a_1x+a_0$$

에서 $p(x)$의 **동반행렬**(companion matrix)은 다음과 같이 정의한다.

$$C(p)=\begin{bmatrix}-a_{n-1} & -a_{n-2} & \cdots & -a_1 & -a_0\\ 1 & 0 & \cdots & 0 & 0\\ 0 & 1 & \ddots & \vdots & \vdots\\ 0 & 0 & \cdots & 0 & 0\\ 0 & 0 & \cdots & 1 & 0\end{bmatrix} \qquad (4)$$

26. $p(x)=x^2-7x+12$의 동반행렬을 구하고, $C(p)$의 특성다항식을 구하여라.

27. $p(x)=x^3+3x^2-4x+12$의 동반행렬을 구하고, $C(p)$의 특성다항식을 구하여라.

28. (a) $p(x)=x^2+ax+b$의 동반행렬 $C(p)$의 특성다항식은 $\lambda^2+a\lambda+b$임을 보여라.

(b) 만약 (a)에서 λ가 동반행렬 $C(p)$의 고윳값이면, $\begin{bmatrix}\lambda\\1\end{bmatrix}$은 λ에 대응하는 $C(p)$의 고유벡터임을 보여라.

29. (a) $p(x)=x^3+ax^2+bx+c$의 동반행렬 $C(p)$의 특성다항식은 $-(\lambda^3+a\lambda^2+b\lambda+c)$임을 보여라.

(b) 만약 (a)에서 λ가 동반행렬 $C(p)$의 고윳값이면, $\begin{bmatrix}\lambda^2\\\lambda\\1\end{bmatrix}$은 λ에 대응하는 $C(p)$의 고유벡터임을 보여라.

30. 고윳값 2와 5를 가지는 삼각행렬이 아닌 2×2행렬을 만들어 보아라. [힌트: 연습문제 28을 이용하여라.]

31. 고윳값 -2, 1과 3를 가지는 삼각행렬이 아닌 3×3행렬을 만들어 보아라. [힌트: 연습문제 29를 이용하여라.]

32. (a) 수학적 귀납법을 이용하여, $n\ge 2$에 대해 $p(x)=x^n+a_{n-1}x^{n-1}+\cdots+a_1x+a_0$의 동반행렬 $C(p)$가 특성다항식 $(-1)^np(\lambda)$를 가짐을 보여라. [힌트: 마지막 열에 의한 여인수 전개를 하여라. 다항식 $q(x)=(p(x)-a_0)/x$를 도입하면 유용할 것이다.]

(b) λ가 식 (4)에서의 동반행렬 $C(p)$의 고윳값이면, λ에 대응하는 고유벡터는 다음과 같이 주어짐을 보여라.

$$\begin{bmatrix}\lambda^{n-1}\\\lambda^{n-2}\\\vdots\\\lambda\\1\end{bmatrix}$$

※ 만약 $p(x)=x^n+a_{n-1}x^{n-1}+\cdots+a_1x+a_0$이고 A가 정사각행렬이면, 정사각행렬 $p(A)$는 다음과 같이 정의할 수 있다.

$$p(A)=A^n+a_{n-1}A^{n-1}+\cdots+a_1A+a_0I$$

고급 선형대수에는 만약 $c_A(\lambda)$가 행렬 A의 특성다항식이면, $c_A(A)=O$이라는 중요한 정리가 있다. 이는 후에 케일리(Arthur Cayley, 1821~1895)와 해밀턴(Sir William Rowan Hamilton)의 이름을 딴 유명한 **케일리–해밀턴 정리**(Cayley–Hamilton Theorem)이다. 케일리는 1858년에 이 정리를 증명하였으며, 해밀턴은 독자적으로 복소수의 일반화인 사원수(quaternions)를 연구하면서 이것을 발견하였다.

Bettmann/ CORBIS

33. $A=\begin{bmatrix}1 & -1\\2 & 3\end{bmatrix}$에 대하여 케일리–해밀턴 정리를 증명하여라. 즉, A의 특성다항식 $c_A(\lambda)$를 구하고, $c_A(A)=O$임을 보여라.

34. $A=\begin{bmatrix}1 & 1 & 0\\1 & 0 & 1\\0 & 1 & 1\end{bmatrix}$에 대하여 케일리–해밀턴 정리를 증명하여라.

※ 케일리-해밀턴 정리는 행렬의 거듭제곱과 역행렬의 계산을 익숙하게 해준다. 예를 들어, A가 특성다항식 $c_A(\lambda) = \lambda^2 + a\lambda + b$를 가지는 2×2행렬이면, $A^2 + aA + bI = O$이다. 따라서

$$\begin{aligned} A^2 &= -aA - bI, \\ A^3 = AA^2 &= A(-aA - bI) \\ &= -aA^2 - bA \\ &= -a(-aA - bI) - bA \\ &= (a^2 - b)A + abI \end{aligned}$$

이다. 이 방법을 계속함으로써 I와 A의 일차결합으로 A의 임의의 양의 거듭제곱을 나타낼 수 있음을 쉽게 보일 수 있다. $A^2 + aA + bI = O$로부터 우리는 $A(A + aI) = -bI$를 얻고 그래서 $b \neq 0$이면 다음을 구할 수 있다.

$$A^{-1} = -\frac{1}{b}A - \frac{a}{b}I$$

35. 연습문제 33의 행렬 A에 대해서 케일리-해밀턴 정리를 이용하여, A^2, A^3와 A^4를 I와 A의 일차결합으로 표현하여라.

36. 연습문제 34의 행렬 A에 대해 케일리-해밀턴 정리를 이용하여, A^3와 A^4를 I, A와 A^2의 일차결합으로 표현하여라.

37. 연습문제 33의 행렬 A에 대해 케일리-해밀턴 정리를 이용하여, A^{-1}와 A^{-2}을 I와 A의 일차결합으로 표현하여라.

38. 연습문제 34의 행렬 A에 대해 케일리-해밀턴 정리를 이용하여, A^{-1}와 A^{-2}을 I, A와 A^2의 일차결합으로 표현하여라.

39. P와 S가 정사각행렬일 때 만약 정사각행렬 A가 다음과 같이 분할될 수 있다면

$$A = \left[\begin{array}{c:c} P & Q \\ \hdashline O & S \end{array}\right]$$

A의 특성다항식은 $c_A(\lambda) = c_P(\lambda)\, c_S(\lambda)$임을 보여라. [힌트: 4.2절의 연습문제 69를 이용하여라.]

40. $\lambda_1, \lambda_2, \cdots, \lambda_n$이 (중복 허용) $n\times n$행렬 A의 모든 고윳값이라 할 때, 다음을 증명하여라.

$$\det(A) = \lambda_1\lambda_2 \cdots \lambda_n,$$
$$\operatorname{tr}(A) = \lambda_1 + \lambda_2 + \cdots + \lambda_n$$

[힌트: A의 특성다항식은 다음과 같이 인수분해된다.

$$\det(A - \lambda I) = (-1)^n(\lambda - \lambda_1)(\lambda - \lambda_2)\cdots(\lambda - \lambda_n)$$

이 등식의 양변에서 상수항과 λ^{n-1}의 계수를 구하여라.]

41. A와 B가 $n\times n$행렬이라 하자. $A+B$의 모든 고윳값의 합이 A와 B 각각의 모든 고윳값의 합과 같음을 증명하여라. 또한, AB의 모든 고윳값의 곱이 A와 B 각각의 모든 고윳값의 곱과 같음도 증명하여라. (이 문제를 연습문제 24와 비교해보아라.)

42. 정리 4.19를 증명하여라.

쓰기과제

고윳값의 역사

선형대수의 많은 내용들이 그렇듯이 오늘날 고윳값의 개념을 가르치는 방법은 역사적 발전에 대응하지 않는다. 고윳값은 행렬의 개념이 명확한 형태로 나오기도 전에 연립미분방정식의 문제에서 생겨났다.

고윳값의 발전의 역사에 관한 보고서를 작성하여라. 고윳값이 나타나게 되는 기원이 되는 수학 문제들의 형태를 기술하여라. 이 문제들과 관련된 핵심 수학자들 중에는 어떤 사람들이 있는가? 고윳값에 대한 용어는 시대에 따라 어떻게 변화하여 왔는가?

1. Thomas Hawkins, Cauchy and the Spectral Theory of Matrices, *Historia Mathematica 2* (1975), pp. 1–29.
2. Victor J. Katz, *A History of Mathematics: An Introduction* (Third Edition) (Reading, MA: Addison Wesley Longman, 2008).
3. Morris Kline, *Mathematical Thought from Ancient to Modern Times* (Oxford: Oxford University Press, 1972).

4.4 닮음과 대각화

4.3절에서 보았듯이 삼각행렬과 대각행렬은 그들의 고윳값을 뚜렷이 보여준다는 점에서 좋은 행렬이다. 따라서 주어진 정사각행렬을 같은 고윳값을 갖는 삼각행렬 또는 대각행렬과 관련지을 수 있다면 좋을 것이다. 물론, 이미 가우스 소거법이라는 정사각행렬을 삼각행렬로 바꾸는 과정을 알고 있다. 그러나 이 과정은 행렬의 고윳값을 보존하지는 않는다. 이 절에서 고윳값을 보존하는 다른 종류의 행렬의 변환에 대해 생각해 보고자 한다.

닮은 행렬

정의 A와 B가 $n\times n$행렬이라 하자. 만약 $P^{-1}AP=B$인 가역행렬 P가 존재하면, A와 B는 **닮은 행렬**(similar matrix)이라고 한다. 만약 A와 B가 닮은 행렬이면, $A\sim B$라고 표기한다.

주의

- 만약 $A\sim B$이면, $A=PBP^{-1}$ 또는 $AP=PB$로 나타낼 수 있다.
- '작거나 같은'이 정수들의 관계인 것처럼 닮음은 정사각행렬들의 한 관계이다. 정의에는 암시된 순서가 있다. $a\leq b$라고 해서 $b\leq a$가 아니듯이 $A\sim B$라고 해서 $B\sim A$라고 단정해서는 안 된다. (사실, 이것은 정의로부터 바로 알 수 있는 것은 아니지만 다음 정리에서 성립하는 것을 증명할 것이다.)
- 행렬 P는 A와 B에 의존한다. 주어진 닮은 행렬 A와 B에 대해 P가 유일하게 결정되는 것은 아니다. 이것을 알기 위해 간단히 $A=B=I$라 두면, 임의의 가역행렬 P에 대해 $P^{-1}IP=I$이므로, $I\sim I$이다.

예제 4.22

$A=\begin{bmatrix}1&2\\0&-1\end{bmatrix}$, $B=\begin{bmatrix}1&0\\-2&-1\end{bmatrix}$이라 두면, $A\sim B$이다. 왜냐하면

$$\begin{bmatrix}1&2\\0&-1\end{bmatrix}\begin{bmatrix}1&-1\\1&1\end{bmatrix}=\begin{bmatrix}3&1\\-1&-1\end{bmatrix}=\begin{bmatrix}1&-1\\1&1\end{bmatrix}\begin{bmatrix}1&0\\-2&-1\end{bmatrix}$$

이기 때문이다. 즉, $P=\begin{bmatrix}1&-1\\1&1\end{bmatrix}$에 대해 $AP=PB$이다. 굳이 P^{-1}를 계산할 필요가 없음을 주의하여라.

정리 4.21 A, B, C가 $n\times n$행렬이라 하자.

a. $A\sim A$이다.

b. $A\sim B$이면, $B\sim A$이다.

c. $A\sim B$이고 $B\sim C$이면, $A\sim C$이다.

증명 (a) 이는 $I^{-1}AI=A$로부터 쉽게 증명된다.

(b) $A\sim B$이면 가역행렬 P에 대해서 $P^{-1}AP=B$를 만족한다. 위의 첫 번째 주의에서 기술한 바와 같이 이것은 $PBP^{-1}=A$와 동치이다. 따라서 $Q=P^{-1}$라 두면 $Q^{-1}BQ=(P^{-1})^{-1}BP^{-1}=PBP^{-1}=A$이므로, 정의에 의해서 $B\sim A$이다.

(c) 성질 (c)의 증명은 연습문제 30으로 남긴다.

주의 정리 4.21의 세 가지 성질을 만족하는 임의의 관계를 **동치관계**(equivalence relation)라고 부른다. 동치관계는 수학에서 자주 나타나는데, 한 동치관계에 의해 관계가 있는 대상은 중요한 성질들을 공유한다.

정리 4.22 A와 B가 $A\sim B$인 $n\times n$행렬이라 하자.

a. $\det A=\det B$

b. A가 가역행렬인 것은 B가 가역행렬인 것과 동치이다.

c. A와 B는 같은 계수를 가진다.

d. A와 B는 같은 특성다항식을 가진다.

e. A와 B는 같은 고윳값을 가진다.

f. $m\geq 0$인 임의의 정수 m에 대하여 $A^m\sim B^m$이다.

g. A가 가역이면 임의의 정수 m에 대하여 $A^m\sim B^m$이다.

증명 (a)와 (d)는 증명하고 나머지 성질들은 연습문제로 남겨둔다. $A\sim B$이면, 적당한 가역행렬 P에 대하여 $P^{-1}AP=B$를 만족한다.

(a) 양변의 행렬식을 구하면, 다음과 같다.

$$\begin{aligned}\det B&=\det\left(P^{-1}AP\right)=\left(\det P^{-1}\right)(\det A)(\det P)\\&=\left(\frac{1}{\det P}\right)(\det A)(\det P)=\det A\end{aligned}$$

(d) B의 특성다항식은 다음과 같다.

$$\begin{aligned}\det(B-\lambda I)&=\det\left(P^{-1}AP-\lambda I\right)\\&=\det\left(P^{-1}AP-\lambda P^{-1}IP\right)\\&=\det\left(P^{-1}AP-P^{-1}(\lambda I)P\right)\\&=\det\left(P^{-1}(A-\lambda I)P\right)=\det(A-\lambda I)\end{aligned}$$

따라서 B와 A의 특성다항식은 같다.

주의 두 행렬이 (a)에서 (e)까지의 모든 성질들을 공유하더라도 닮은 행렬이 아닐 수도 있다. 예를 들어, $A=\begin{bmatrix}1&0\\0&1\end{bmatrix}$, $B=\begin{bmatrix}1&1\\0&1\end{bmatrix}$은 둘 다 행렬식의 값이 1, 계수가 2이고, 가역행렬이며, 특성다항식이 $(1-\lambda)^2$이고 고윳값들은 $\lambda_1=\lambda_2=1$이다. 그러나 A와 B는 닮은 행렬이 아니다. 왜냐하면, 어떠한 가역행렬 P에 대해서도 $P^{-1}AP=P^{-1}IP=I\neq B$이기 때문이다.

정리 4.22는 두 행렬이 닮은 행렬이 아님을 보이는 데 유용하다. 왜냐하면, (a)에서 (e)까지의 성질 중 어느 것이라도 성립하지 않으면, A와 B는 닮은 행렬이 아니기 때문이다.

예제 4.23

(a) $A=\begin{bmatrix}1&2\\2&1\end{bmatrix}$과 $B=\begin{bmatrix}2&1\\1&2\end{bmatrix}$는 닮은 행렬이 아니다. 왜냐하면, $\det A=-3$이지만 $\det B=3$이기 때문이다.

(b) $A=\begin{bmatrix}1&3\\2&2\end{bmatrix}$와 $B=\begin{bmatrix}1&1\\3&-1\end{bmatrix}$은 닮은 행렬이 아니다. 왜냐하면, A의 특성다항식은 $\lambda^2-3\lambda-4$인 반면, B의 특성다항식은 λ^2-4이다. 그러나 A와 B의 행렬식과 계수는 같다.

대각화

우리가 원하는 가장 좋은 상황은 정사각행렬이 대각행렬과 닮음일 때이다. 그러나 주어진 행렬이 대각화 가능한가는 행렬의 고윳값과 고유벡터에 밀접히 관련되어 있다.

정의 $n\times n$행렬 A가 **대각화 가능**(diagonalizable)하다는 것은 A가 대각행렬 D와 닮음일 때를 말한다. 즉, $P^{-1}AP=D$를 만족하는 $n\times n$ 가역행렬 P가 존재하는 경우이다.

예제 4.24

$A=\begin{bmatrix}1&3\\2&2\end{bmatrix}$는 대각화 가능하다. 왜냐하면, $P=\begin{bmatrix}1&3\\1&-2\end{bmatrix}$와 $D=\begin{bmatrix}4&0\\0&-1\end{bmatrix}$이면, $P^{-1}AP=D$이기 때문이다.

예제 4.24는 어떻게 행렬 P와 D를 구할 수 있는가라는 문제를 제기하게 한다.

행렬 D의 대각성분 4와 -1은 행렬 A의 고윳값들이다. 왜냐하면, 이들은 예제 4.23(b)에서 구한 특성다항식의 해이기 때문이다. 행렬 P가 어디에서 왔느냐는 쉽지 않다. 그러나 뒤에서 알게 되겠지만, 행렬 P의 성분들은 행렬 A의 고유벡터들로부터 얻어진다. 다음의 정리는 이러한 관계를 분명하게 보여준다.

정리 4.23 $n\times n$행렬 A가 대각화 가능하다는 것은 A가 n개의 일차독립인 고유벡터를 가진다는 것과 동치이다.

다시 말하면, $P^{-1}AP=D$를 만족하는 가역행렬 P와 대각행렬 D가 존재하는 것은 P의 열벡터들은 A의 n개의 일차독립인 고유벡터들이고, D의 대각성분들은 같은 순서로 P의 열벡터에 대응하는 A의 고윳값들이라는 것과 동치이다.

증명 먼저, A가 $P^{-1}AP=D$ 또는 $AP=PD$를 만족하는 대각행렬 D와 닮은 행렬이라고 가정하자. P의 열벡터들을 $\mathbf{p}_1,\ \mathbf{p}_2,\ \cdots,\ \mathbf{p}_n$, D의 대각성분을 $\lambda_1,\ \lambda_2,\ \cdots,\ \lambda_n$이라 두면

$$A[\mathbf{p}_1\ \mathbf{p}_2\ \cdots\ \mathbf{p}_n]=[\mathbf{p}_1\ \mathbf{p}_2\ \cdots\ \mathbf{p}_n]\begin{bmatrix}\lambda_1 & 0 & \cdots & 0\\ 0 & \lambda_2 & \cdots & 0\\ \vdots & \vdots & \ddots & \vdots\\ 0 & 0 & \cdots & \lambda_n\end{bmatrix} \tag{1}$$

또는

$$[A\mathbf{p}_1\ \ A\mathbf{p}_2\ \cdots\ A\mathbf{p}_n]=[\lambda_1\mathbf{p}_1\ \ \lambda_2\mathbf{p}_2\ \cdots\ \lambda_n\mathbf{p}_n] \tag{2}$$

을 만족한다. 여기에서 우변은 행렬의 곱 PD의 열-행 표현이다. 각 열벡터가 모두 같아야 하므로

$$A\mathbf{p}_1=\lambda_1\mathbf{p}_1,\ A\mathbf{p}_2=\lambda_2\mathbf{p}_2,\ \cdots,\ A\mathbf{p}_n=\lambda_n\mathbf{p}_n$$

이 성립한다. 따라서 P의 열벡터들은 A의 고유벡터들이고, 대응하는 각 고윳값들이 같은 순서로 D의 대각성분임을 알 수 있다. P가 가역행렬이므로 가역행렬의 기본정리에 의해서 P의 열벡터들은 일차독립이다.

역으로, A가 n개의 일차독립인 고유벡터 $\mathbf{p}_1,\ \mathbf{p}_2,\ \cdots,\ \mathbf{p}_n$를 갖고 대응하는 고윳값을 차례로 $\lambda_1,\ \lambda_2,\ \cdots,\ \lambda_n$라 하면,

$$A\mathbf{p}_1=\lambda_1\mathbf{p}_1,\ A\mathbf{p}_2=\lambda_2\mathbf{p}_2,\ \cdots,\ A\mathbf{p}_n=\lambda_n\mathbf{p}_n$$

이다. 이는 식 (2)가 식 (1)과 동치임을 보여준다. 따라서 P가 열벡터 $\mathbf{p}_1,\ \mathbf{p}_2,\ \cdots,\ \mathbf{p}_n$을 가지는 $n\times n$행렬이면, 식 (1)로부터 $AP=PD$이다. 한편, P의 열벡터들은 일차독립이기 때문에 가역행렬의 기본정리에 의해서 P는 가역행렬이다. 그러므로 $P^{-1}AP=D$, 즉 A는 대각화 가능하다.

예제 4.25

다음 행렬 A가 대각화 가능하면 A를 대각화하는 행렬 P를 구하여라.

$$A=\begin{bmatrix}0 & 1 & 0\\ 0 & 0 & 1\\ 2 & -5 & 4\end{bmatrix}$$

풀이 주어진 행렬 A가 고윳값 $\lambda_1=\lambda_2=1$, $\lambda_3=2$를 갖는다는 것을 예제 4.18에서 구하였다. 그리고 각 고윳값에 대응하는 고유공간은 다음의 기저들을 가진다.

$\lambda_1=\lambda_2=1$에 대응하는 고유공간 E_1은 $\begin{bmatrix}1\\1\\1\end{bmatrix}$을 기저로 가진다.

$\lambda_3=2$에 대응하는 고유공간 E_2는 $\begin{bmatrix}1\\2\\4\end{bmatrix}$를 기저로 가진다.

한편, 다른 모든 고유벡터들은 이 두 기저벡터 중 하나의 배수이기 때문에, 세 개의 일차독립인 고유벡터가 존재하지 않는다. 따라서 정리 4.23에 의해서 A는 대각화 가능하지 않다.

예제 4.26

다음 행렬 A가 대각화 가능하면, A를 대각화하는 행렬 P를 구하여라.

$$A=\begin{bmatrix}-1 & 0 & 1\\ 3 & 0 & -3\\ 1 & 0 & -1\end{bmatrix}$$

풀이 이 행렬은 예제 4.19에서의 행렬이다. A의 고윳값은 $\lambda_1=\lambda_2=0$, $\lambda_3=-2$이고, 각 고유공간에 대한 기저들을 다음과 같다.

$\lambda_1=\lambda_2=0$에 대응하는 고유공간 E_0는 기저 $\mathbf{p}_1=\begin{bmatrix}0\\1\\0\end{bmatrix}$와 $\mathbf{p}_2=\begin{bmatrix}1\\0\\1\end{bmatrix}$을 가진다.

$\lambda_3=-2$에 대응하는 고유공간 E_{-2}는 기저 $\mathbf{p}_3=\begin{bmatrix}-1\\3\\1\end{bmatrix}$을 가진다.

이 세 벡터가 일차독립임은 쉽게 확인할 수 있다. 따라서 P를 다음과 같이 두면

$$P=[\mathbf{p}_1\ \ \mathbf{p}_2\ \ \mathbf{p}_3]=\begin{bmatrix}0 & 1 & -1\\ 1 & 0 & 3\\ 0 & 1 & 1\end{bmatrix}$$

P는 가역행렬이고

$$P^{-1}AP=\begin{bmatrix}0 & 0 & 0\\ 0 & 0 & 0\\ 0 & 0 & -2\end{bmatrix}=D$$

를 만족한다. (이를 확인하기 위해서는 동치인 등식 $AP=PD$를 확인하는 것이 더 편리하다.)

주의

- 고유벡터들이 충분히 많이 있을 때, 그들을 P의 열벡터로 임의의 순서로 나열할 수 있다. 이때, 고윳값들은 P의 열벡터들에 대응하는 같은 순서에 의해 D의 대각성분들로 나열되어야 한다. 예를 들어, 다음과 같이 행렬 P를 선택하였다면

$$P=[\mathbf{p}_1 \ \ \mathbf{p}_3 \ \ \mathbf{p}_2]=\begin{bmatrix} 0 & -1 & 1 \\ 1 & 3 & 0 \\ 0 & 1 & 1 \end{bmatrix}$$

D는 다음과 같아야 한다.

$$D=P^{-1}AP=\begin{bmatrix} 0 & 0 & 0 \\ 0 & -2 & 0 \\ 0 & 0 & 0 \end{bmatrix}$$

- 예제 4.26에서 고유벡터 $\mathbf{p}_1$, $\mathbf{p}_2$, $\mathbf{p}_3$가 일차독립인지를 확인하는 것이 필요하다. 이러한 확인은 꼭 필요한가? $\{\mathbf{p}_1, \mathbf{p}_2\}$는 E_0의 기저이므로 $\{\mathbf{p}_1, \mathbf{p}_2\}$는 일차독립이다. 정리 4.20에 의해서 $\{\mathbf{p}_1, \mathbf{p}_3\}$와 $\{\mathbf{p}_2, \mathbf{p}_3\}$가 독립임도 알고 있다. 그러나 이로부터 $\{\mathbf{p}_1, \mathbf{p}_2, \mathbf{p}_3\}$가 일차독립인지는 알 수 없다. 그러나 다음 정리로부터 다른 고유공간들의 기저들이 결합될 때, 일차독립성의 보존을 보장할 수 있다.

정리 4.24 $n\times n$행렬 A에 대하여, λ_1, λ_2, $\cdots$, λ_k가 A의 서로 다른 고윳값이라고 하자. 각 $\mathcal{B}_i$가 고유공간 E_{λ_i}의 기저이면, $\mathcal{B}=\mathcal{B}_1\cup\mathcal{B}_2\cup\cdots\cup\mathcal{B}_k$는 일차독립이다.

증명 임의의 $i=1, \cdots, k$에 대하여 $\mathcal{B}_i=\{\mathbf{v}_{i1}, \mathbf{v}_{i2}, \cdots, \mathbf{v}_{in_i}\}$라 할 때, $\mathcal{B}=\{\mathbf{v}_{11}, \mathbf{v}_{12}, \cdots, \mathbf{v}_{1n_1}, \mathbf{v}_{21}, \mathbf{v}_{22}, \cdots, \mathbf{v}_{2n_2}, \cdots, \mathbf{v}_{k1}, \mathbf{v}_{k2}, \cdots, \mathbf{v}_{kn_k}\}$가 일차독립임을 보여야 한다.

$$\begin{aligned}(c_{11}\mathbf{v}_{11}+\cdots+c_{1n_1}\mathbf{v}_{1n_1})+(c_{21}\mathbf{v}_{21}+\cdots+c_{2n_2}\mathbf{v}_{2n_2})+\cdots \\ +(c_{k1}\mathbf{v}_{k1}+\cdots+c_{kn_k}\mathbf{v}_{kn_k})=\mathbf{0}\end{aligned} \tag{3}$$

라 하고, 각 괄호의 합을 $\mathbf{x}_1$, $\mathbf{x}_2$, $\cdots$, $\mathbf{x}_k$로 나타내면 식 (3)은 다음과 같이 나타낼 수 있다.

$$\mathbf{x}_1+\mathbf{x}_2+\cdots+\mathbf{x}_k=\mathbf{0} \tag{4}$$

여기서, 각 $\mathbf{x}_i$는 E_{λ_i}에 속하고 λ_i에 대응하는 고유벡터이거나 또는 $\mathbf{0}$이다. 한편, 고윳값 λ_i가 서로 다르기 때문에 $\mathbf{x}_i$들이 고유벡터이면 정리 4.20에 의해서 이들은 일차독립이다. 하지만 식 (4)는 일차종속 관계를 나타낸다. 이는 모순이므로, 식 (3)의 모든 계수는 0이다. 따라서 $\mathcal{B}$는 일차독립이다.

정리 4.25 A가 n개의 서로 다른 고윳값을 가지는 $n\times n$행렬이면, A는 대각화 가능하다.

증명 $\mathbf{v}_1$, $\mathbf{v}_2$, $\cdots$, $\mathbf{v}_n$이 A의 n개의 서로 다른 고윳값에 대응하는 고유벡터들이라 하자. 정리 4.20에 의해서 $\mathbf{v}_1$, $\mathbf{v}_2$, $\cdots$, $\mathbf{v}_n$는 일차독립이고, 정리 4.23에 의해서 A는 대각화 가능하다.

예제 4.27 행렬

$$A=\begin{bmatrix}2 & -3 & 7\\ 0 & 5 & 1\\ 0 & 0 & -1\end{bmatrix}$$

은 정리 4.15에 의해서 고윳값 $\lambda_1=2$, $\lambda_2=5$와 $\lambda_3=-1$을 가진다. 이들은 3×3행렬의 서로 다른 3개의 고윳값이므로 정리 4.25에 의해서 A는 대각화 가능하다. 이때, $P^{-1}AP$가 대각행렬인 행렬 P를 구하려면 예제 4.19와 예제 4.26에서와 같이 고유공간들의 기저들을 구하여야 한다.

이 절의 마지막 정리는 예제 4.18에 이어 소개되었던 중복도의 두 개념에 의해 대각화 가능 행렬을 규정하는 중요한 결과이다. 예제 4.26과 같이 n보다 적은 개수의 고윳값들을 가질 때에도 $n\times n$행렬이 대각화 가능하기 위한 정확한 조건들을 제시한다. 먼저, 다음의 보조정리를 증명할 것이다.

보조정리 4.26 A가 $n\times n$행렬이면, 각 고윳값들의 기하적 중복도는 대수적 중복도보다 작거나 같다.

증명 λ_1이 기하적 중복도 p를 가지는 A의 고윳값이라 하자. 즉, $\dim E_{\lambda_1}=p$라 두고, $\mathcal{B}_1=\{\mathbf{v}_1, \mathbf{v}_2, \cdots, \mathbf{v}_p\}$를 E_{λ_1}의 한 기저라고 하자. Q는 $n\times n$ 가역행렬로서 다음과 같이 처음 p개의 열벡터로 $\mathbf{v}_1$, $\mathbf{v}_2$, $\cdots$, $\mathbf{v}_p$를 가진다고 하자.

$$Q=\begin{bmatrix}\mathbf{v}_1 & \cdots & \mathbf{v}_p & \mathbf{v}_{p+1} & \cdots & \mathbf{v}_n\end{bmatrix}$$

이를 분할행렬

$$Q=[\,U \;\vdots\; V\,]$$

로 나타내고, Q^{-1}을 어떤 $p\times n$행렬 C에 대하여

$$Q^{-1}=\begin{bmatrix}C\\ \hdashline D\end{bmatrix}$$

라 하자. 한편, U의 열벡터들은 λ_1에 대응하는 고유벡터들이기 때문에 $AU=\lambda_1 U$를 만족한다. 또한

$$\left[\begin{array}{c:c} I_p & O \\ \hdashline O & I_{n-p} \end{array}\right] = I_n = Q^{-1}Q = \left[\begin{array}{c} C \\ \hdashline D \end{array}\right][\,U \mid V\,] = \left[\begin{array}{c:c} CU & CV \\ \hdashline DU & DV \end{array}\right]$$

이므로, $CU = I_p$, $CV = O$, $DU = O$와 $DV = I_{n-p}$이 된다. 따라서

$$Q^{-1}AQ = \left[\begin{array}{c} C \\ \hdashline D \end{array}\right]A[\,U \mid V\,] = \left[\begin{array}{c:c} CAU & CAV \\ \hdashline DAU & DAV \end{array}\right] = \left[\begin{array}{c:c} \lambda_1 CU & CAV \\ \hdashline \lambda_1 DU & DAV \end{array}\right] = \left[\begin{array}{c:c} \lambda_1 I_p & CAV \\ \hdashline O & DAV \end{array}\right]$$

이고, 4.2절의 연습문제 69에 의해서 다음이 성립한다.

$$\det(Q^{-1}AQ - \lambda I) = (\lambda_1 - \lambda)^p \det(DAV - \lambda I) \tag{5}$$

또한 정리 4.22(d)에 의해서, $\det(Q^{-1}AQ - \lambda I)$는 A의 특성다항식과 같은 $Q^{-1}AQ$의 특성다항식이다. 그러므로 식 (5)는 λ_1의 대수적 중복도는 기하적 중복도인 p보다 크거나 같음을 보여준다.

정리 4.27

대각화 정리

A가 서로 다른 고윳값 $\lambda_1, \lambda_2, \cdots, \lambda_k$를 가지는 $n \times n$행렬이라 하면 다음은 동치이다.

a. A는 대각화 가능하다.

b. A의 고유공간의 기저들의 합집합 $\mathcal{B}$(정리 4.24 참조)는 n개의 벡터를 포함한다.

c. 각 고윳값들의 대수적 중복도는 그것의 기하적 중복도와 같다.

증명 (a) $\Rightarrow$ (b) A가 대각화 가능하면, 정리 4.23에 의해서 n개의 일차독립인 고유벡터를 가진다. n_i개의 고유벡터들이 고윳값 λ_i에 대응한다면 $\mathcal{B}_i$는 적어도 n_i개의 벡터를 가진다. (n_i개의 벡터가 일차독립이므로, 이들이 E_{λ_i}를 생성하지 못하면 E_{λ_i}의 기저가 되지 못하기 때문이다.) 따라서 $\mathcal{B}$는 적어도 n개의 벡터를 포함한다. 그러나 정리 4.24에 의해서 $\mathcal{B}$는 $\mathbb{R}^n$에서 일차독립인 집합이므로, 그것은 정확히 n개의 벡터를 포함하여야 한다.

(b) $\Rightarrow$ (c) λ_i의 기하적 중복도를 $d_i = \dim E_{\lambda_i}$라 하고, λ_i의 대수적 중복도를 m_i라 하자. 보조정리 4.26에 의해서 $d_i \le m_i$를 만족한다. 이제, (b)가 성립한다고 가정하면, 다음을 얻는다.

$$n = d_1 + d_2 + \cdots + d_k \le m_1 + m_2 + \cdots + m_k$$

한편, A의 고윳값들의 대수적 중복도들의 합이 A의 특성다항식의 차수인 n이기 때문에 $m_1 + m_2 + \cdots + m_k = n$이다. 따라서 $d_1 + d_2 + \cdots + d_k = m_1 + m_2 + \cdots + m_k$이므로, 다음이 성립한다.

$$(m_1 - d_1) + (m_2 - d_2) + \cdots + (m_k - d_k) = 0 \tag{6}$$

다시 보조정리 4.26에서 임의의 $i=1, \cdots, k$에 대하여 $m_i-d_i \geq 0$이므로, 식 (6)에서 $m_i=d_i$임을 알 수 있다.

(c) ⇒ (a) A의 각 고윳값 λ_i에 대하여 대수적 중복도 m_i와 기하적 중복도 d_i가 같으면, $\mathcal{B}$는 $d_1+d_2+\cdots+d_k=m_1+m_2+\cdots+m_k=n$개의 벡터를 가지고 정리 4.24에 의해서 이들은 일차독립이다. 그러므로, 정리 4.23에 의해서 이들은 n개의 A의 일차독립인 고유벡터이므로, A는 대각화 가능하다.

예제 4.28

(a) 예제 4.18에서 행렬 $A=\begin{bmatrix} 0 & 1 & 0 \\ 0 & 0 & 1 \\ 2 & -5 & 4 \end{bmatrix}$는 고윳값 $\lambda_1=\lambda_2=1$과 $\lambda_3=2$를 가짐을 알고 있다. 고윳값 $\lambda_1=\lambda_2=1$은 대수적 중복도가 2이고 기하적 중복도는 1이기 때문에, 대각화 정리에 의해서 A는 대각화 가능하지 않다(예제 4.25 참조).

(b) 예제 4.19에서 행렬 $A=\begin{bmatrix} -1 & 0 & 1 \\ 3 & 0 & -3 \\ 1 & 0 & -1 \end{bmatrix}$은 두 개의 서로 다른 고윳값 $\lambda_1=\lambda_2=0$와 $\lambda_3=-2$를 가짐을 알고 있다. 고윳값 0는 대수적, 기하적 중복도가 모두 2이고, 고윳값 -2는 대수적, 기하적 중복도가 모두 1이다. 그러므로 대각화 정리에 의해서 이 행렬은 대각화 가능하다. (이는 예제 4.26에서 구한 것과 일치한다.)

이 절의 마지막으로, 대각화를 이용한 행렬의 거듭제곱의 계산을 소개한다.

예제 4.29

$A=\begin{bmatrix} 0 & 1 \\ 2 & 1 \end{bmatrix}$일 때, A^{10}을 구하여라.

풀이 예제 4.21로부터 우리는 이 행렬이 고윳값 $\lambda_1=-1$과 $\lambda_2=2$를 가지고 각각에 대응하는 일차독립인 고유벡터 $\mathbf{v}_1=\begin{bmatrix} 1 \\ -1 \end{bmatrix}$과 $\mathbf{v}_2=\begin{bmatrix} 1 \\ 2 \end{bmatrix}$를 가지는 것을 알고 있다. 따라서 A는 대각화 가능하고 $P^{-1}AP=D$를 만족한다. 여기서, P와 D는 다음과 같다.

$$P=[\mathbf{v}_1 \ \ \mathbf{v}_2]=\begin{bmatrix} 1 & 1 \\ -1 & 2 \end{bmatrix},\quad D=\begin{bmatrix} -1 & 0 \\ 0 & 2 \end{bmatrix}$$

이 식을 A에 대하여 풀면 $A=PDP^{-1}$이고, 정리 4.22(f)에 의해서 모든 $n \geq 1$에 대해서, $A^n=PD^nP^{-1}$가 성립한다.

$$D^n=\begin{bmatrix} -1 & 0 \\ 0 & 2 \end{bmatrix}^n=\begin{bmatrix} (-1)^n & 0 \\ 0 & 2^n \end{bmatrix}$$

이므로, 다음을 얻는다.

$$A^n = PD^nP^{-1} = \begin{bmatrix} 1 & 1 \\ -1 & 2 \end{bmatrix}\begin{bmatrix} (-1)^n & 0 \\ 0 & 2^n \end{bmatrix}\begin{bmatrix} 1 & 1 \\ -1 & 2 \end{bmatrix}^{-1}$$
$$= \begin{bmatrix} 1 & 1 \\ -1 & 2 \end{bmatrix}\begin{bmatrix} (-1)^n & 0 \\ 0 & 2^n \end{bmatrix}\begin{bmatrix} \frac{2}{3} & -\frac{1}{3} \\ \frac{1}{3} & \frac{1}{3} \end{bmatrix}$$
$$= \begin{bmatrix} \dfrac{2(-1)^n + 2^n}{3} & \dfrac{(-1)^{n+1} + 2^n}{3} \\ \dfrac{2(-1)^{n+1} + 2^{n+1}}{3} & \dfrac{(-1)^{n+2} + 2^{n+1}}{3} \end{bmatrix}$$

이는 우리가 구하려는 A^{10}보다 더 일반화된 식이다. 따라서

$$A^{10} = \begin{bmatrix} \dfrac{2(-1)^{10} + 2^{10}}{3} & \dfrac{(-1)^{11} + 2^{10}}{3} \\ \dfrac{2(-1)^{11} + 2^{11}}{3} & \dfrac{(-1)^{12} + 2^{11}}{3} \end{bmatrix} = \begin{bmatrix} 342 & 341 \\ 682 & 683 \end{bmatrix}$$

4.4 연습문제

※ [1–4] 다음에 주어진 A와 B가 닮은 행렬이 아님을 보여라.

1. $A=\begin{bmatrix} 4 & 1 \\ 3 & 1 \end{bmatrix}$, $B=\begin{bmatrix} 1 & 0 \\ 0 & 1 \end{bmatrix}$

2. $A=\begin{bmatrix} 2 & 1 \\ -4 & 6 \end{bmatrix}$, $B=\begin{bmatrix} 3 & -1 \\ -5 & 7 \end{bmatrix}$

3. $A=\begin{bmatrix} 2 & 1 & 4 \\ 0 & 2 & 3 \\ 0 & 0 & 4 \end{bmatrix}$, $B=\begin{bmatrix} 1 & 0 & 0 \\ -1 & 4 & 0 \\ 2 & 3 & 4 \end{bmatrix}$

4. $A=\begin{bmatrix} 1 & 2 & 0 \\ 0 & 1 & -1 \\ 0 & -1 & 1 \end{bmatrix}$, $B=\begin{bmatrix} 2 & 1 & 1 \\ 0 & 1 & 0 \\ 2 & 0 & 1 \end{bmatrix}$

※ [5–7] 행렬 A의 대각화가 $P^{-1}AP=D$의 형태로 주어져 있다. A의 고윳값과 그에 대응하는 고유공간의 기저를 나열하여라.

5. $\begin{bmatrix} 2 & -1 \\ -1 & 1 \end{bmatrix}\begin{bmatrix} 5 & -1 \\ 2 & 2 \end{bmatrix}\begin{bmatrix} 1 & 1 \\ 1 & 2 \end{bmatrix}=\begin{bmatrix} 4 & 0 \\ 0 & 3 \end{bmatrix}$

6. $\begin{bmatrix} \frac{1}{6} & \frac{1}{6} & \frac{1}{6} \\ \frac{1}{2} & -\frac{1}{2} & -\frac{1}{2} \\ \frac{1}{3} & \frac{1}{3} & -\frac{1}{3} \end{bmatrix}\begin{bmatrix} 1 & 1 & 1 \\ 0 & 0 & 1 \\ 1 & 1 & 0 \end{bmatrix}\begin{bmatrix} 3 & 1 & 0 \\ 1 & -1 & 1 \\ 2 & 0 & -1 \end{bmatrix}=\begin{bmatrix} 2 & 0 & 0 \\ 0 & 0 & 0 \\ 0 & 0 & -1 \end{bmatrix}$

7. $\begin{bmatrix} -\frac{1}{8} & \frac{1}{8} & \frac{1}{8} \\ -\frac{1}{4} & \frac{3}{4} & -\frac{1}{4} \\ \frac{5}{8} & -\frac{3}{8} & -\frac{3}{8} \end{bmatrix}\begin{bmatrix} 1 & 3 & 3 \\ 2 & 0 & 2 \\ 3 & 3 & 1 \end{bmatrix}\begin{bmatrix} 3 & 0 & 1 \\ 2 & 1 & 0 \\ 3 & -1 & -1 \end{bmatrix}=\begin{bmatrix} 6 & 0 & 0 \\ 0 & -2 & 0 \\ 0 & 0 & -2 \end{bmatrix}$

※ [8–15] 다음 행렬 A가 대각화 가능한지 판정하고, 만약 대각화 가능하면 $P^{-1}AP=D$를 만족하는 가역행렬 P와 대각행렬 D를 구하여라.

8. $A=\begin{bmatrix} 5 & 2 \\ 2 & 5 \end{bmatrix}$

9. $A=\begin{bmatrix} -3 & 4 \\ -1 & 1 \end{bmatrix}$

10. $A=\begin{bmatrix} 3 & 1 & 0 \\ 0 & 3 & 1 \\ 0 & 0 & 3 \end{bmatrix}$

11. $A=\begin{bmatrix} 1 & 0 & 1 \\ 0 & 1 & 1 \\ 1 & 1 & 0 \end{bmatrix}$

12. $A=\begin{bmatrix} 1 & 0 & 0 \\ 2 & 2 & 1 \\ 3 & 0 & 1 \end{bmatrix}$

13. $A=\begin{bmatrix} 1 & 2 & 1 \\ -1 & 0 & 1 \\ 1 & 1 & 0 \end{bmatrix}$

14. $A=\begin{bmatrix} 2 & 0 & 0 & 2 \\ 0 & 3 & 2 & 1 \\ 0 & 0 & 3 & 0 \\ 0 & 0 & 0 & 1 \end{bmatrix}$

15. $A=\begin{bmatrix} 2 & 0 & 0 & 4 \\ 0 & 2 & 0 & 0 \\ 0 & 0 & -2 & 0 \\ 0 & 0 & 0 & -2 \end{bmatrix}$

※ [16–23] 예제 4.29의 방법을 이용하여, 다음에 주어진 행렬의 거듭제곱을 구하여라.

16. $\begin{bmatrix} -4 & 6 \\ -3 & 5 \end{bmatrix}^9$

17. $\begin{bmatrix} -1 & 6 \\ 1 & 0 \end{bmatrix}^{10}$

18. $\begin{bmatrix} 4 & -3 \\ -1 & 2 \end{bmatrix}^{-6}$

19. $\begin{bmatrix} 0 & 3 \\ 1 & 2 \end{bmatrix}^k$

20. $\begin{bmatrix} 2 & 1 & 2 \\ 2 & 1 & 2 \\ 2 & 1 & 2 \end{bmatrix}^8$

21. $\begin{bmatrix} 1 & 1 & 1 \\ 0 & -1 & 0 \\ 0 & 0 & -1 \end{bmatrix}^{2015}$

22. $\begin{bmatrix} 2 & 0 & 1 \\ 1 & 1 & 1 \\ 1 & 0 & 2 \end{bmatrix}^k$

23. $\begin{bmatrix} 1 & 1 & 0 \\ 2 & -2 & 2 \\ 0 & 1 & 1 \end{bmatrix}^k$

※ [24–29] 다음에 주어진 행렬 A가 대각화 가능하도록

하는 k의 실숫값을 모두 구하여라.

24. $A=\begin{bmatrix}1 & 1\\ 0 & k\end{bmatrix}$

25. $A=\begin{bmatrix}1 & k\\ 0 & 1\end{bmatrix}$

26. $A=\begin{bmatrix}k & 1\\ 1 & 0\end{bmatrix}$

27. $A=\begin{bmatrix}1 & 0 & k\\ 0 & 1 & 0\\ 0 & 0 & 1\end{bmatrix}$

28. $A=\begin{bmatrix}1 & k & 0\\ 0 & 2 & 0\\ 0 & 0 & 1\end{bmatrix}$

29. $A=\begin{bmatrix}1 & 1 & k\\ 1 & 1 & k\\ 1 & 1 & k\end{bmatrix}$

30. 정리 4.21(c)를 증명하여라.

31. 정리 4.22(b)를 증명하여라.

32. 정리 4.22(c)를 증명하여라.

33. 정리 4.22(e)를 증명하여라.

34. 정리 4.22(f)를 증명하여라.

35. 정리 4.22(g)를 증명하여라.

36. A와 B가 가역행렬이면 AB와 BA는 닮은 행렬임을 보여라.

37. A와 B가 닮은 행렬이면, $\mathrm{tr}(A)=\mathrm{tr}(B)$임을 보여라. [힌트: 3.2절의 연습문제 45를 이용하여라.]

※ [38–41] 일반적으로, 두 행렬의 닮음을 보이는 것은 쉽지 않다. 그러나 두 행렬이 대각화 가능한 행렬이면, 닮은 행렬인지 아닌지 판정하는 것은 쉬워진다. A와 B가 동일한 대각행렬과 닮은 행렬임을 보임으로써 그들이 닮은 행렬임을 보여라. 그리고 $P^{-1}AP=B$를 만족하는 가역행렬 P를 구하여라.

38. $A=\begin{bmatrix}3 & 1\\ 0 & -1\end{bmatrix}$, $B=\begin{bmatrix}1 & 2\\ 2 & 1\end{bmatrix}$

39. $A=\begin{bmatrix}5 & -3\\ 4 & -2\end{bmatrix}$, $B=\begin{bmatrix}-1 & 1\\ -6 & 4\end{bmatrix}$

40. $A=\begin{bmatrix}2 & 1 & 0\\ 0 & -2 & 1\\ 0 & 0 & 1\end{bmatrix}$, $B=\begin{bmatrix}3 & 2 & -5\\ 1 & 2 & -1\\ 2 & 2 & -4\end{bmatrix}$

41. $A=\begin{bmatrix}1 & 0 & 2\\ 1 & -1 & 1\\ 2 & 0 & 1\end{bmatrix}$, $B=\begin{bmatrix}-3 & -2 & 0\\ 6 & 5 & 0\\ 4 & 4 & -1\end{bmatrix}$

42. A와 B가 닮은 행렬이면, A^T와 B^T도 닮은 행렬임을 증명하여라.

43. A가 대각화 가능하면, A^T 또한 대각화 가능함을 증명하여라.

44. A가 가역행렬일 때, A가 대각화 가능하면 A^{-1}도 대각화 가능함을 증명하여라.

45. A가 오직 하나의 고윳값 λ를 가지는 대각화 가능 행렬이면, A는 $A=\lambda I$의 형태임을 증명하여라. 이러한 행렬을 **스칼라 행렬**(scalar matrix)이라 부른다.

46. A와 B가 각각 n개의 서로 다른 고윳값을 가지는 $n\times n$행렬이라 하자. A와 B가 같은 고유벡터를 가지는 것과 $AB=BA$가 동치임을 증명하여라.

47. A와 B가 닮은 행렬이면 A와 B의 각 고윳값의 대수적 중복도는 같음을 증명하여라.

48. A와 B가 닮은 행렬이면 A와 B의 각 고윳값의 기하적 중복도는 같음을 증명하여라. [힌트: $B=P^{-1}AP$이면, B의 모든 고유벡터는 A의 고유벡터 $\mathbf{v}$에 대해 $P^{-1}\mathbf{v}$ 형태임을 보여라.]

49. 행렬 A의 모든 고윳값은 0 또는 1이고 행렬 A가 대각화 가능하면, A는 멱등행렬, 즉 $A^2=A$임을 보여라.

50. A가 거듭제곱이 O인 행렬, 즉 어떤 $m>1$에 대하여 $A^m=O$이면서 대각화 가능하면, A는 영행렬임을 증명하여라.

51. 6×6행렬 A의 특성다항식이

$$C_A(\lambda)=(1+\lambda)(1-\lambda)^2(2-\lambda)^3$$

라 하자.

(a) $\mathbb{R}^6$에서 $A\mathbf{v}_1=\mathbf{v}_1$, $A\mathbf{v}_2=\mathbf{v}_2$와 $A\mathbf{v}_3=\mathbf{v}_3$인 3개의 일차독립인 벡터 $\mathbf{v}_1$, $\mathbf{v}_2$, $\mathbf{v}_3$를 구하는 것이 불가능함을 보여라.

(b) A가 대각화 가능하면, 고유공간 E_{-1}, E_1과 E_2의 차원은 얼마인가?

52. $A=\begin{bmatrix}a & b\\ c & d\end{bmatrix}$일 때

(a) $(a-d)^2+4bc>0$이면 A는 대각화 가능하고, $(a-d)^2+4bc<0$이면 대각화 가능하지 않음을 증명하여라.

(b) $(a-d)^2+4bc=0$인 경우에, 대각화 가능한 행렬과 가능하지 않는 행렬의 예를 구하여라.

4.5 고윳값 계산을 위한 반복법

현시점에서, 우리가 행렬의 고윳값을 구할 수 있는 유일한 방법은 특성방정식을 푸는 것이다. 그러나 이 방법에는 몇몇 예를 제외하고는 실제로 사용하기 어려운 여러 가지 문제점이 있다. 첫 번째 문제는 큰 행렬의 행렬식을 구하는 것은 많은 시간이 소모된다는 것이고, 두 번째 문제로는 특성방정식이 다항방정식이고, 5차 이상의 다항방정식을 풀이하는 공식이 없다는 것이다. 그러므로 거의 모든 실제문제에서 고윳값은 근삿값으로 구하려고 한다. 불행히도, 다항방정식의 근을 근삿값으로 구하는 방법은 반올림 오차에 매우 민감하여 신뢰하기 어렵다.

1824년에 노르웨이 수학자 **아벨**(Niels Henrik Abel, 1802~1829)은 일반적인 5차 다항방정식은 근호로 구할 수 없음을 증명하였다. 즉, 계수들에 사칙연산과 n 제곱근을 적용하는 근의 공식은 존재하지 않는다. 그러나 프랑스 수학자 **갈루아**(Evariste Galois, 1811~1832)는 1830년에 발견하여 1846년에 유작으로 발표된 논문에서, 근호로 풀 수 있는 임의의 다항방정식에 대한 조건을 확립하는 더 완전한 정리를 증명하였다. 갈루아의 업적은 군론이라는 대수학의 한 분야를 이루었다. 그의 다항방정식으로의 접근은 갈루아 이론로 알려져 있다.

따라서 우리는 특성다항식 전체를 우회하고 다른 접근을 택하고자 한다. 즉, 먼저 고유벡터를 근사적으로 구한 다음 이 고유벡터를 이용하여 대응하는 고윳값을 구하는 것이다. 이 절에서, 우리는 간단한 반복 기법을 기초로 한 고윳값 계산법을 탐구할 것이다.

거듭제곱법

거듭제곱법은 다른 모든 고윳값보다 절댓값이 큰 고윳값, 즉 **우세 고윳값**(dominant eigenvalue)을 갖는 $n\times n$ 행렬에 적용한다. 예를 들어, 만약 행렬이 고윳값 -4, -3, 1과 3을 가지면 $4=|-4|>|-3|\geq|3|\geq|1|$이므로, -4가 우세 고윳값이다. 그러나 고윳값 -4, -3, 3과 4를 가지는 행렬은 우세 고윳값이 없다.

거듭제곱법은 λ_1로 수렴하는 스칼라의 수열과 대응하는 **우세 고유벡터** $\mathbf{v}_1$으로 수렴하는 벡터의 나열을 만드는 반복적인 과정이다. 간단하게 우리는 행렬 A가 대각화 가능하다고 가정한다. 다음은 거듭제곱법을 도입하기 위한 기초적인 정리이다.

정리 4.28

A를 우세 고윳값 λ_1를 가지는 $n\times n$ 대각화 가능 행렬이라 하자. $\vec{0}$이 아닌 벡터 $\vec{\mathbf{x}}_0$가 존재하여 다음과 같이 정의된 벡터열 $\vec{\mathbf{x}}_k$가 A의 우세 고유벡터로 수렴한다.

$$\mathbf{x}_1=A\mathbf{x}_0,\ \mathbf{x}_2=A\mathbf{x}_1,\ \mathbf{x}_3=A\mathbf{x}_2,\ \cdots,\ \mathbf{x}_k=A\mathbf{x}_{k-1},\ \cdots$$

증명 A의 고윳값이 다음과 같이 나열되어 있다고 하자.

$$|\lambda_1|>|\lambda_2|\geq|\lambda_3|\geq\cdots\geq|\lambda_n|$$

$\mathbf{v}_1$, $\mathbf{v}_2$, $\cdots$, $\mathbf{v}_n$이 각 λ_i에 대응하는 고유벡터라 하면, $\mathbf{v}_1$, $\mathbf{v}_2$, $\cdots$, $\mathbf{v}_n$은 일차독립이므로 이들은 $\mathbb{R}^n$의 기저를 형성한다. 따라서 우리는 $\mathbf{x}_0$를 다음과 같이 이들

고유벡터의 일차결합으로 나타낼 수 있다.

$$\mathbf{x}_0 = c_1\mathbf{v}_1 + c_2\mathbf{v}_2 + \cdots + c_n\mathbf{v}_n$$

한편, $\mathbf{x}_1 = A\mathbf{x}_0$, $\mathbf{x}_2 = A\mathbf{x}_1 = A(A\mathbf{x}_0) = A^2\mathbf{x}_0$, $\mathbf{x}_3 = A\mathbf{x}_2 = A(A^2\mathbf{x}_0) = A^3\mathbf{x}_0$와 일반적으로 $\mathbf{x}_k = A^k\mathbf{x}_0 (k \geq 1)$로 타나낼 수 있으므로, 예제 4.21에서와 같이

$$\begin{aligned} A^k\mathbf{x}_0 &= c_1\lambda_1^k\mathbf{v}_1 + c_2\lambda_2^k\mathbf{v}_2 + \cdots + c_n\lambda_n^k\mathbf{v}_n \\ &= \lambda_1^k\left(c_1\mathbf{v}_1 + c_2\left(\frac{\lambda_2}{\lambda_1}\right)^k\mathbf{v}_2 + \cdots + c_n\left(\frac{\lambda_n}{\lambda_1}\right)^k\mathbf{v}_n\right) \end{aligned} \tag{1}$$

로 표현된다. 여기서, λ_1은 우세 고윳값이므로 $\lambda_1 \neq 0$이다.

λ_1이 우세 고윳값이라는 것은 분수 λ_2/λ_1, λ_3/λ_1, $\cdots$, λ_n/λ_1의 절댓값이 모두 1보다 작다는 것을 의미하므로

$$\left(\frac{\lambda_2}{\lambda_1}\right)^k,\ \left(\frac{\lambda_3}{\lambda_1}\right)^k,\ \cdots,\ \left(\frac{\lambda_n}{\lambda_1}\right)^k$$

는 $k \to \infty$이면 모두 0이 된다. 따라서

$$\mathbf{x}_k = A^k\mathbf{x}_0 \to \lambda_1^k c_1\mathbf{v}_1,\quad k \to \infty \tag{2}$$

이 성립한다. 한편, $\lambda_1 \neq 0$이고 $\mathbf{v}_1 \neq \mathbf{0}$이므로, $c_1 \neq 0$이면 $\mathbf{x}_k$는 (λ_1에 대응하는 한 고유벡터인) $\mathbf{v}_1$의 0이 아닌 스칼라배에 수렴한다. (이것이 초기벡터 $\mathbf{x}_0$에 대한 전제조건으로 우세 고유벡터 $\mathbf{v}_1$의 방향으로 0이 아닌 성분을 가지면 충분하다.)

예제 4.30

정리 4.28의 방법을 이용하여 $A = \begin{bmatrix} 1 & 1 \\ 2 & 0 \end{bmatrix}$의 우세 고유벡터의 근삿값을 구하여라.

풀이 초기벡터로 $\mathbf{x}_0 = \begin{bmatrix} 1 \\ 0 \end{bmatrix}$로 택하면

$$\mathbf{x}_1 = A\mathbf{x}_0 = \begin{bmatrix} 1 & 1 \\ 2 & 0 \end{bmatrix}\begin{bmatrix} 1 \\ 0 \end{bmatrix} = \begin{bmatrix} 1 \\ 2 \end{bmatrix}$$
$$\mathbf{x}_2 = A\mathbf{x}_1 = \begin{bmatrix} 1 & 1 \\ 2 & 0 \end{bmatrix}\begin{bmatrix} 1 \\ 2 \end{bmatrix} = \begin{bmatrix} 3 \\ 2 \end{bmatrix}$$

이다. 우리는 표 4.1에서 $\mathbf{x}_k$의 값을 구하기 위해 이 방법을 계속한다.

표 4.1

k	0	1	2	3	4	5	6	7	8
$\mathbf{x}_k$	$\begin{bmatrix} 1 \\ 0 \end{bmatrix}$	$\begin{bmatrix} 1 \\ 2 \end{bmatrix}$	$\begin{bmatrix} 3 \\ 2 \end{bmatrix}$	$\begin{bmatrix} 5 \\ 6 \end{bmatrix}$	$\begin{bmatrix} 11 \\ 10 \end{bmatrix}$	$\begin{bmatrix} 21 \\ 22 \end{bmatrix}$	$\begin{bmatrix} 43 \\ 42 \end{bmatrix}$	$\begin{bmatrix} 85 \\ 86 \end{bmatrix}$	$\begin{bmatrix} 171 \\ 170 \end{bmatrix}$
r_k	–	0.50	1.50	0.83	1.10	0.95	1.02	0.99	1.01
l_k	–	1.00	3.00	1.67	2.20	1.91	2.05	1.98	2.01

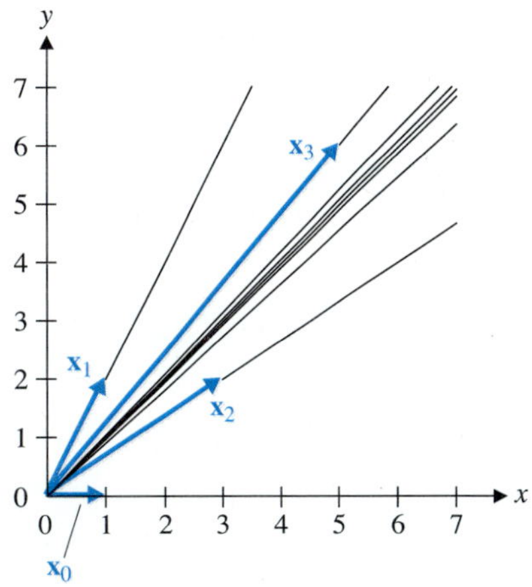

그림 4.14

그림 4.14는 기하학적으로 어떻게 변화되는지를 보여준다. 우리는 우세 고유벡터에 대한 고유공간의 차원이 1이 될 것임을 안다(연습문제 46 참조). 따라서 그것은 $\mathbb{R}^2$의 원점을 지나는 직선이다. 처음 몇 번의 반복과정에서 $\mathbf{x}_k$는 그들이 결정하는 방향을 따르는 것을 보여준다. 이들은 반복을 통해 방향벡터가 $\begin{bmatrix}1\\1\end{bmatrix}$인 직선으로 수렴하는 모양을 나타낸다. 이것이 우리가 구하려는 우세 고유벡터임을 확인하기 위해서는 $\mathbf{x}_k$의 첫째와 둘째 성분의 비 r_k가 k가 증가함에 따라 1에 아주 가까워짐을 확인하기만 하면 된다. 표 4.1의 두 번째 줄이 이들 값을 보여주고 있으며, r_k가 1에 접근하는 것을 분명히 확인할 수 있다. 우리는 A의 우세 고유벡터가 $\begin{bmatrix}1\\1\end{bmatrix}$임을 추론할 수 있다.

우세 고유벡터를 구하였을 때, 그에 대응하는 우세 고윳값은 어떻게 구할 수 있을까? 한 접근방법은 만약 $\mathbf{x}_k$가 A의 우세 고윳값 λ_1에 대응하는 우세 고유벡터에 접근하면, 다음이 성립함을 관찰하는 것이다.

$$\mathbf{x}_{k+1} = A\mathbf{x}_k \approx \lambda_1 \mathbf{x}_k$$

$\mathbf{x}_{k+1}$과 $\mathbf{x}_k$의 첫째 성분의 비 l_k는 k가 증가함에 따라 λ_1에 접근한다. 표 4.1에서 l_k가 우세 고윳값인 2로 접근함을 볼 수 있다.

예제 4.30의 방법에는 반복과정의 $\mathbf{x}_k$의 성분이 아주 빠르게 커지고 아주 큰 오차 반올림이 생길 수 있다는 결점이 있다. 이러한 결점을 피하기 위하여 각 반복과정에서 어떤 스칼라를 곱하여 성분의 크기를 줄일 수 있다. 이 반복과정의 $\mathbf{x}_k$의 스칼라배는 우세 고유벡터로 수렴할 것이기 때문에 이 접근은 받아들일 수 있다. 이것을 완성하는 여러 가지 방법이 있는데 하나는 각 $\mathbf{x}_k$를 $\|\mathbf{x}_k\|$로 나누어서 정규화하는 것이고, 다른 더 쉬운 방법은 각 $\mathbf{x}_k$를 절댓값이 최대인 성분으로 나누어 가장 큰 성분을 1이 되게 하는 것이다. 이 방법은 **크기조정**(scaling)이라고

부른다. 그러므로 만약 m_k가 절댓값이 최대인 $\mathbf{x}_k$의 성분이라면, $\mathbf{x}_k$ 대신에 $\mathbf{y}_k = (1/m_k)\mathbf{x}_k$로 둘 것이다.

우리는 이 접근을 예제 4.30의 계산을 가지고 설명할 수 있다. $m_0 = 1$이기 때문에 $\mathbf{x}_0$는 다음과 같이 그대로 $\mathbf{y}_0$로 둔다.

$$\mathbf{y}_0 = \mathbf{x}_0 = \begin{bmatrix} 1 \\ 0 \end{bmatrix}$$

앞에서와 같이 $\mathbf{x}_1 = \begin{bmatrix} 1 \\ 2 \end{bmatrix}$이고, $m_1 = 2$로 크기를 조정하여

$$\mathbf{y}_2 = \left(\frac{1}{2}\right)\mathbf{x}_1 = \left(\frac{1}{2}\right)\begin{bmatrix} 1 \\ 2 \end{bmatrix} = \begin{bmatrix} 0.5 \\ 1 \end{bmatrix}$$

을 얻는다. 다음으로, 계산을 바꾸어

$$\mathbf{x}_2 = A\mathbf{y}_1 = \begin{bmatrix} 1 & 1 \\ 2 & 0 \end{bmatrix}\begin{bmatrix} 0.5 \\ 1 \end{bmatrix} = \begin{bmatrix} 1.5 \\ 1 \end{bmatrix}$$

이므로, $m_2 = 1.5$로 크기조정하여 다음을 얻는다.

$$\mathbf{y}_2 = \left(\frac{1}{1.5}\right)\begin{bmatrix} 1.5 \\ 1 \end{bmatrix} = \begin{bmatrix} 1 \\ 0.67 \end{bmatrix}$$

다음의 계산들은 표 4.2에 요약하였다.

벡터 $\mathbf{y}_k$의 열이 우세 고유벡터 $\begin{bmatrix} 1 \\ 1 \end{bmatrix}$에 수렴하는 것을 분명하게 알 수 있다. 게다가, 스칼라 m_k의 열은 대응하는 고윳값 $\lambda_1 = 2$에 수렴한다.

표 4.2

k	0	1	2	3	4	5	6	7	8
$\mathbf{x}_k$	$\begin{bmatrix} 1 \\ 0 \end{bmatrix}$	$\begin{bmatrix} 1 \\ 2 \end{bmatrix}$	$\begin{bmatrix} 1.5 \\ 1 \end{bmatrix}$	$\begin{bmatrix} 1.67 \\ 2 \end{bmatrix}$	$\begin{bmatrix} 1.83 \\ 1.67 \end{bmatrix}$	$\begin{bmatrix} 1.91 \\ 2 \end{bmatrix}$	$\begin{bmatrix} 1.95 \\ 1.91 \end{bmatrix}$	$\begin{bmatrix} 1.98 \\ 2 \end{bmatrix}$	$\begin{bmatrix} 1.99 \\ 1.98 \end{bmatrix}$
$\mathbf{y}_k$	$\begin{bmatrix} 1 \\ 0 \end{bmatrix}$	$\begin{bmatrix} 0.5 \\ 1 \end{bmatrix}$	$\begin{bmatrix} 1 \\ 0.67 \end{bmatrix}$	$\begin{bmatrix} 0.83 \\ 1 \end{bmatrix}$	$\begin{bmatrix} 1 \\ 0.91 \end{bmatrix}$	$\begin{bmatrix} 0.95 \\ 1 \end{bmatrix}$	$\begin{bmatrix} 1 \\ 0.98 \end{bmatrix}$	$\begin{bmatrix} 0.99 \\ 1 \end{bmatrix}$	$\begin{bmatrix} 1 \\ 0.99 \end{bmatrix}$
m_k	1	2	1.5	2	1.83	2	1.95	2	1.99

거듭제곱법(power method)이라 불리는 이 방법을 요약하면 다음과 같다.

거듭제곱법

A가 대응하는 우세 고윳값 λ_1을 가지는 대각화 가능한 $n \times n$행렬이라 하자.

1. $\mathbf{x}_0 = \mathbf{y}_0$는 가장 큰 성분이 1인 $\mathbb{R}^n$의 임의의 초기벡터라 하자.
2. $k = 1, 2, \cdots$에 대해서 다음 단계를 반복하자.
   (a) $\mathbf{x}_k = A\mathbf{y}_{k-1}$을 계산하자.
   (b) m_k를 절댓값이 최대인 $\mathbf{x}_k$의 성분이라 하자.
   (c) $\mathbf{y}_k = (1/m_k)\mathbf{x}_k$로 두자.

대부분의 $\mathbf{x}_0$의 선택에 대해서 m_k는 우세 고윳값 λ_1으로 수렴하고, $\mathbf{y}_k$는 우세 고유벡터로 수렴한다.

예제 4.31 거듭제곱법을 이용하여 다음 행렬 A의 우세 고윳값과 우세 고유벡터의 근삿값을 구하여라.

$$A = \begin{bmatrix} 0 & 5 & -6 \\ -4 & 12 & -12 \\ -2 & -2 & 10 \end{bmatrix}$$

풀이 초기벡터로 $\mathbf{x}_0$를 다음과 같이 택하고, 계산 결과를 표 4.3에 요약한다.

$$\mathbf{x}_0 = \begin{bmatrix} 1 \\ 1 \\ 1 \end{bmatrix}$$

벡터 $\mathbf{y}_k$는 $\begin{bmatrix} 0.50 \\ 1 \\ -0.50 \end{bmatrix}$에 수렴하고, 스칼라 m_k는 16에 수렴하는 것을 알 수 있다. 이것은 그들이 각각 A의 우세 고유벡터와 우세 고윳값임을 의미한다.

표 4.3

k	0	1	2	3	4	5	6	7
$\mathbf{x}_k$	$\begin{bmatrix} 1 \\ 1 \\ 1 \end{bmatrix}$	$\begin{bmatrix} -1 \\ -4 \\ 6 \end{bmatrix}$	$\begin{bmatrix} -9.33 \\ -19.33 \\ 11.67 \end{bmatrix}$	$\begin{bmatrix} 8.62 \\ 17.31 \\ -9.00 \end{bmatrix}$	$\begin{bmatrix} 8.12 \\ 16.25 \\ -8.20 \end{bmatrix}$	$\begin{bmatrix} 8.03 \\ 16.05 \\ -8.04 \end{bmatrix}$	$\begin{bmatrix} 8.01 \\ 16.01 \\ -8.01 \end{bmatrix}$	$\begin{bmatrix} 8.00 \\ 16.00 \\ -8.00 \end{bmatrix}$
$\mathbf{y}_k$	$\begin{bmatrix} 1 \\ 1 \\ 1 \end{bmatrix}$	$\begin{bmatrix} -0.17 \\ -0.67 \\ 1 \end{bmatrix}$	$\begin{bmatrix} 0.48 \\ 1 \\ -0.60 \end{bmatrix}$	$\begin{bmatrix} 0.50 \\ 1 \\ -0.52 \end{bmatrix}$	$\begin{bmatrix} 0.50 \\ 1 \\ -0.50 \end{bmatrix}$	$\begin{bmatrix} 0.50 \\ 1 \\ -0.50 \end{bmatrix}$	$\begin{bmatrix} 0.50 \\ 1 \\ -0.50 \end{bmatrix}$	$\begin{bmatrix} 0.50 \\ 1 \\ -0.50 \end{bmatrix}$
m_k	1	6	−19.33	17.31	16.25	16.05	16.01	16.00

주의

- 초기벡터 $\mathbf{x}_0$가 우세 고유벡터 $\mathbf{v}_1$ 방향으로 0성분을 가지면, 즉 정리 4.28의 증명에서 $c=0$이면, 거듭제곱법은 우세 고유벡터로 수렴하지 않을 것이다. 하지만 그 다음의 반복과정들의 계산을 하는 동안 어떤 시점에서 반올림 오차가 $\mathbf{v}_1$ 방향으로 0이 아닌 성분을 가지는 $\mathbf{x}_k$를 생산할 가능성이 매우 높다. 그러면 거듭제곱법은 $\mathbf{v}_1$의 스칼라배로 수렴하게 될 것이다. (이것은 확실히 반올림 오차가 도움이 되는 한 예이다.)
- 거듭제곱법은 특정한 조건 아래에서 반복되는 우세 고윳값이 있을 때나 행렬이 대각화 가능하지 않을 때에도 여전히 사용할 수 있다. 자세한 것은 수치해석학 분야의 대부분의 최신 교재에 소개되어 있다(연습문제 21–24).
- 어떤 행렬에 대해 거듭제곱법은 우세 고유벡터로 빠르게 수렴한다. 반면 다른 것들은 아주 천천히 수렴할 것이다. 한편, $|\lambda_2/\lambda_1| \ge |\lambda_3/\lambda_1| \ge \cdots \ge |\lambda_n/\lambda_1|$이

므로, $|\lambda_2/\lambda_1|$가 0에 가까우면, $(\lambda_2/\lambda_1)^k$, $\cdots$, $(\lambda_n/\lambda_1)^k$은 모두 빠르게 0으로 접근할 것이다. 식 (2)는 $\mathbf{x}_k = A^k\mathbf{x}_0$가 아주 빠르게 $\lambda_1^k c_1\mathbf{v}_1$로 접근할 것이라는 것을 보여준다.

예제 4.31을 생각해보자. 고윳값이 16, 4와 2이므로, $\lambda_2/\lambda_1 = 4/16 = 0.25$이고, $0.25^7 \approx 0.00006$이다. 즉, 일곱 번의 반복에 의해 소수 넷째 자리에 가까운 정확도를 가진다. 이것이 정확하게 우리가 보였던 것이다.

- 거듭제곱법과 관련하여 행렬의 우세 고윳값 λ_1을 추측하는 다른 방법이 있다. 먼저, $A\mathbf{x} = \lambda_1\mathbf{x}$라고 하면

$$\frac{(A\mathbf{x})\cdot\mathbf{x}}{\mathbf{x}\cdot\mathbf{x}} = \frac{(\lambda_1\mathbf{x})\cdot\mathbf{x}}{\mathbf{x}\cdot\mathbf{x}} = \frac{\lambda_1(\mathbf{x}\cdot\mathbf{x})}{\mathbf{x}\cdot\mathbf{x}} = \lambda_1$$

이다. $R(\mathbf{x}) = ((A\mathbf{x})\cdot\mathbf{x})/(\mathbf{x}\cdot\mathbf{x})$의 표현을 **레일리 몫**(Rayleigh quotient)이라 부른다. 계속하여 $\mathbf{x}_k$를 계산하면 잇따라 레일리 몫 $R(\mathbf{x}_k)$은 λ_1에 접근할 것이다. 실제로, 대칭행렬에 대해서 레일리 몫의 방법은 인수 크기조정 방법에 비해 대략 두 배 정도 빠르다(연습문제 17-20).

레일리(Baron Rayleigh, John William Strutt, 1842-1919)는 청각과 시각분야에 중요한 기여를 한 영국 물리학자이다. 1871년에 그는 왜 하늘이 파란지에 대한 옳은 설명을 처음으로 제시하였고, 1895에는 비활성 기체 아르곤을 발견하였다. 그는 이 발견으로 1904년에 노벨 상을 받았다. 레일리는 1905년에서 1908년까지 영국 왕립협회(Royal Society)의 회장을 역임하였으며, 1908년에 케임브리지 대학의 총장이 되었다. 그는 1873년의 진동체계에 대한 논문과 뒤에 '소리의 정리'라는 그의 책에서 레일리 몫을 사용하였다.

이동 거듭제곱법과 역거듭제곱법

거듭제곱법은 행렬의 우세 고윳값을 근사적으로 구하는 데 도움이 된다. 하지만 우리가 다른 고윳값을 구하려고 하면 어떻게 해야 할까? 다행히도, 응용할 수 있는 몇 가지의 거듭제곱법의 변형이 있다.

이동 거듭제곱법(shifted power method)은 만약 λ가 A의 고윳값이면 임의의 스칼라 α에 대해 $\lambda-\alpha$가 $A-\alpha I$의 고윳값임을 이용한다(4.3절의 연습문제 22). 그러므로 λ_1이 A의 우세 고윳값이면 $A-\lambda_1 I$의 고윳값들은 0, $\lambda_2-\lambda_1$, $\lambda_3-\lambda_1$, $\cdots$, $\lambda_n-\lambda_1$일 것이다. 이때, $\lambda_2-\lambda_1$을 구하기 위해 거듭제곱법을 적용할 수 있고 이 값으로부터 λ_2를 구할 수 있다. 이러한 과정의 반복으로 모든 고윳값을 구할 수 있다.

예제 4.32

예제 4.30으로부터, 이동 거듭제곱법을 이용하여 $A = \begin{bmatrix} 1 & 1 \\ 2 & 0 \end{bmatrix}$의 두 번째 고윳값을 구하여라.

풀이 예제 4.30에서, 우리는 $\lambda_1 = 2$를 구하였다. λ_2를 구하기 위해서, 다음 행렬에 거듭제곱법을 적용하자.

$$A - 2I = \begin{bmatrix} -1 & 1 \\ 2 & -2 \end{bmatrix}$$

표 4.4

k	0	1	2	3	4
$\mathbf{x}_k$	$\begin{bmatrix}1\\0\end{bmatrix}$	$\begin{bmatrix}-1\\2\end{bmatrix}$	$\begin{bmatrix}1.5\\-3\end{bmatrix}$	$\begin{bmatrix}1.5\\-3\end{bmatrix}$	$\begin{bmatrix}1.5\\-3\end{bmatrix}$
$\mathbf{y}_k$	$\begin{bmatrix}1\\0\end{bmatrix}$	$\begin{bmatrix}-0.5\\1\end{bmatrix}$	$\begin{bmatrix}-0.5\\1\end{bmatrix}$	$\begin{bmatrix}-0.5\\1\end{bmatrix}$	$\begin{bmatrix}-0.5\\1\end{bmatrix}$
m_k	1	2	-3	-3	-3

여기서, $\mathbf{x}_0=\begin{bmatrix}1\\0\end{bmatrix}$을 택하지만 다른 선택도 가능하다. 계산 결과는 표 4.4로 간단히 표현된다.

$\mathbf{x}_0$의 선택에서 단지 두 번의 반복으로 고윳값 -3을 얻는다. 따라서 $\lambda_2-\lambda_1=-3$이고 $\lambda_2=\lambda_1-3=2-3=-1$은 A의 두 번째 고윳값이다.

정리 4.18의 성질 (b)로부터 만약 A가 고윳값 λ를 가지는 가역행렬이면 A^{-1}는 고윳값 $1/\lambda$을 가지는 것을 알고 있다. 따라서 A^{-1}에 거듭제곱법을 적용한다면, 그것의 우세 고윳값은 가장 작은 A의 고윳값의 역수일 것이다. 이러한 **역거듭제곱법**(inverse power method)을 사용하기 위해서, 우리는 2(a)단계에서 $\mathbf{x}_k=A^{-1}\mathbf{y}_{k-1}$을 계산하는 것을 제외하고 거듭제곱법과 같은 단계를 따른다. 실제에서는 A^{-1}을 명확하게 구하는 대신에, 가우스 소거법을 이용하여 $\mathbf{x}_k$에 관한 동치방정식 $A\mathbf{x}_k=\mathbf{y}_{k-1}$을 풀이한다.

예제 4.33

예제 4.30으로부터 역거듭제곱법을 이용하여, $A=\begin{bmatrix}1&1\\2&0\end{bmatrix}$의 두 번째 고윳값을 구하여라.

풀이 예제 4.30에서와 같이 $\mathbf{x}_0=\mathbf{y}_0=\begin{bmatrix}1\\0\end{bmatrix}$로 시작하자. $A\mathbf{x}_1=\mathbf{y}_0$를 풀기 위해 행줄임법을 이용한다.

$$[A\,|\,\mathbf{y}_0]=\left[\begin{array}{cc|c}1&1&1\\2&0&0\end{array}\right]\longrightarrow\left[\begin{array}{cc|c}1&0&0\\0&1&1\end{array}\right]$$

따라서 $\mathbf{x}_1=\begin{bmatrix}0\\1\end{bmatrix}$이고, $\mathbf{y}_1=\begin{bmatrix}0\\1\end{bmatrix}$이다. 그러면 다음과 같이 $A\mathbf{x}_2=\mathbf{y}_1$로부터 $\mathbf{x}_2$를 얻는다.

$$[A\,|\,\mathbf{y}_1]=\left[\begin{array}{cc|c}1&1&0\\2&0&1\end{array}\right]\longrightarrow\left[\begin{array}{cc|c}1&0&0.5\\0&1&-0.5\end{array}\right]$$

그러므로 $\mathbf{x}_2=\begin{bmatrix}0.5\\-0.5\end{bmatrix}$이고, 크기조정을 통해 $\mathbf{y}_2=\begin{bmatrix}1\\-1\end{bmatrix}$을 얻는다. 이와 같이 계속하면 표 4.5에서와 같이 값 m_k는 -1에 수렴한다. 따라서 A의 가장 작은

표 4.5

k	0	1	2	3	4	5	6	7	8	9
$\mathbf{x}_k$	$\begin{bmatrix}1\\0\end{bmatrix}$	$\begin{bmatrix}0\\1\end{bmatrix}$	$\begin{bmatrix}0.5\\-0.5\end{bmatrix}$	$\begin{bmatrix}-0.5\\1.5\end{bmatrix}$	$\begin{bmatrix}0.5\\-0.83\end{bmatrix}$	$\begin{bmatrix}0.5\\-1.1\end{bmatrix}$	$\begin{bmatrix}0.5\\-0.95\end{bmatrix}$	$\begin{bmatrix}0.5\\-1.02\end{bmatrix}$	$\begin{bmatrix}0.5\\-0.99\end{bmatrix}$	$\begin{bmatrix}0.5\\-1.01\end{bmatrix}$
$\mathbf{y}_k$	$\begin{bmatrix}1\\0\end{bmatrix}$	$\begin{bmatrix}0\\1\end{bmatrix}$	$\begin{bmatrix}1\\-1\end{bmatrix}$	$\begin{bmatrix}-0.33\\1\end{bmatrix}$	$\begin{bmatrix}-0.6\\1\end{bmatrix}$	$\begin{bmatrix}-0.45\\1\end{bmatrix}$	$\begin{bmatrix}-0.52\\1\end{bmatrix}$	$\begin{bmatrix}-0.49\\1\end{bmatrix}$	$\begin{bmatrix}-0.51\\1\end{bmatrix}$	$\begin{bmatrix}-0.50\\1\end{bmatrix}$
m_k	1	1	0.5	1.5	-0.83	-1.1	-0.95	-1.02	-0.99	-1.01

고윳값은 -1의 역수인 -1이다. 이것은 우리가 예제 4.32에서 구한 것과 같다.

이동 역거듭제곱법

가장 유용하게 사용할 수 있는 거듭제곱법의 변형은 앞에서 언급된 두 방법을 결합하는 것이다. 그것은 고윳값에 가까운 값이 주어졌을 때 그 값에 가까운 고윳값의 근삿값을 구하는 데 사용된다. 다시 말하면, 스칼라 α가 주어지면 **이동 역거듭제곱법**(shifted inverse power method)으로 α와 가장 가까운 A의 고윳값 λ를 구할 수 있다.

만약 λ가 A의 고윳값이고 $\alpha \neq \lambda$일 때, α가 A의 고윳값이 아니고 $1/(\lambda-\alpha)$가 $(A-\alpha I)^{-1}$의 고윳값이면 $A-\alpha I$는 가역이다(연습문제 45 참조). α가 λ와 가까워지면 $1/(\lambda-\alpha)$는 $(A-\alpha I)^{-1}$의 우세 고윳값이 될 것이다. 사실, α가 λ와 매우 가까워지면 $1/(\lambda-\alpha)$는 다음의 고윳값보다 훨씬 더 커진다. 그래서 (예제 4.31 다음의 세 번째 주의에서와 같이) 수렴은 매우 빨라질 것이다.

예제 4.34 다음 행렬에 대하여, 5에 가까운 고윳값의 근삿값을 이동 역거듭제곱법을 이용하여 구하여라.

$$A=\begin{bmatrix}0 & 5 & -6\\ -4 & 12 & -12\\ -2 & -2 & 10\end{bmatrix}$$

풀이 행렬을 이동하여 다음을 얻는다.

$$A-5I=\begin{bmatrix}-5 & 5 & -6\\ -4 & 7 & -12\\ -2 & -2 & 5\end{bmatrix}$$

이제, 다음 벡터로 역거듭제곱법을 적용하자.

$$\mathbf{x}_0=\mathbf{y}_0=\begin{bmatrix}1\\1\\1\end{bmatrix}$$

$(A-5I)\mathbf{x}_1=\mathbf{y}_0$를 $\mathbf{x}_1$에 대해서 풀어보면

표 4.6

k	0	1	2	3	4	5	6	7
$\mathbf{x}_k$	$\begin{bmatrix}1\\1\\1\end{bmatrix}$	$\begin{bmatrix}-0.61\\-0.88\\-0.39\end{bmatrix}$	$\begin{bmatrix}-0.41\\-0.69\\-0.35\end{bmatrix}$	$\begin{bmatrix}-0.47\\-0.89\\-0.44\end{bmatrix}$	$\begin{bmatrix}-0.49\\-0.95\\-0.48\end{bmatrix}$	$\begin{bmatrix}-0.50\\-0.98\\-0.49\end{bmatrix}$	$\begin{bmatrix}-0.50\\-0.99\\-0.50\end{bmatrix}$	$\begin{bmatrix}-0.50\\-1.00\\-0.50\end{bmatrix}$
$\mathbf{y}_k$	$\begin{bmatrix}1\\1\\1\end{bmatrix}$	$\begin{bmatrix}0.69\\1.00\\0.45\end{bmatrix}$	$\begin{bmatrix}0.59\\1.00\\0.51\end{bmatrix}$	$\begin{bmatrix}0.53\\1.00\\0.50\end{bmatrix}$	$\begin{bmatrix}0.51\\1.00\\0.50\end{bmatrix}$	$\begin{bmatrix}0.50\\1.00\\0.50\end{bmatrix}$	$\begin{bmatrix}0.50\\1.00\\0.50\end{bmatrix}$	$\begin{bmatrix}0.50\\1.00\\0.50\end{bmatrix}$
m_k	1	-0.88	-0.69	-0.89	-0.95	-0.98	-0.99	-1.00

$$[A-5I\,|\,\mathbf{y}_0] = \left[\begin{array}{ccc|c} -5 & 5 & -6 & 1 \\ -4 & 7 & -12 & 1 \\ -2 & -2 & 5 & 1 \end{array}\right] \longrightarrow \left[\begin{array}{ccc|c} 1 & 0 & 0 & -0.61 \\ 0 & 1 & 0 & -0.88 \\ 0 & 0 & 1 & -0.39 \end{array}\right]$$

이므로 다음을 알 수 있다.

$$\mathbf{x}_1 = \begin{bmatrix}-0.61\\-0.88\\-0.39\end{bmatrix},\ m_1 = -0.88,\ \mathbf{y}_1 = \frac{1}{m_1}\mathbf{x}_1 = -\frac{1}{0.88}\begin{bmatrix}-0.61\\-0.88\\-0.39\end{bmatrix} = \begin{bmatrix}0.69\\1\\0.45\end{bmatrix}$$

이 방법을 계속하면 표 4.6을 얻는다. 따라서 5에 가까운 A의 고윳값은 근사적으로 $5+(1/m_7) \approx 5+1/(-1)=4$이다.

거듭제곱법과 그 변형은 단지 고윳값을 구하는 근사적 방법을 나타낸다. 5장에서는 행렬의 QR 분해를 기초로 한 다른 방법을 논의하게 될 것이다.

게르시고린 정리

a + bi

우리는 러시아 수학자 **게르시고린**(S. Gerschgorin, 1901–1933)이 1931년에 서술한 이 정리의 덕을 보고 있다. 그것은 〈*American Mathmatical Monthly*〉에 타우스키-토드(Olga Taussky–Todd)가 글을 게재하기 이전인 1949년까지는 많은 주목을 받지 못했다.

이 절에서, 우리는 행렬의 고윳값의 근사를 위해 거듭제곱법의 몇 가지 변형을 다룰 것이다. 모든 이들 방법은 반복적이고, 수렴하는 속도는 초기벡터의 선택에 의존한다. 주어진 행렬의 고윳값의 위치에 대한 '내부 정보'를 가진다면, 우리는 적절한 초기벡터의 선택을 할 수 있고 반복과정의 수렴속도를 올릴 수도 있다.

다행히도 임의의 행렬의 고윳값의 위치를 어림하는 방법이 있다. **게르시고린 원판 정리**(Gerschgorin's Disk Theorem)는 실수 또는 복소수를 성분으로 하는 $n\times n$행렬의 고윳값은 복소평면에서 n개의 원판의 합집합 내부에 모두 있음을 보여준다.

정의 $A=[a_{ij}]$가 실수 또는 복소수를 성분으로 하는 $n\times n$행렬이고, r_i는 A의 i번째 행에서 대각성분이 아닌 성분들의 절댓값의 합이라고 하자. 즉 $r_i = \sum_{j\neq i} |a_{ij}|$. 이때, i번째 **게르시고린 원판**(Gerschgorin disk)은 복소평면에서 a_{ii}를 중심으로 하고 반지름이 r_i인 원판 D_i이다. 즉, D_i는 다음과 같이 나타낼 수 있다.

$$D_i = \{z\in\mathbb{C} : |z-a_{ii}| \le r_i\}$$

Archives, California Institute of Technology

타우스키-토드(Olga Taussky-Todd, 1906-1995)는 오스트리아-헝가리 왕국의 올무츠(현재 체코의 Olmuac)에서 태어났다. 그녀는 1930년에 비엔나 대학에서 수론으로 박사학위를 받았으며, 제2차 세계대전 중에는 런던의 국립물리실험실에서 일하기도 했다. 거기서 초음속 항공기 날개의 불규칙 진동에 대한 문제를 연구했다. 그 문제는 미분방정식을 포함하였지만 항공기 안전은 관련 행렬의 고윳값에 달려있었다. 타우스키-토드는 졸업논문에서 다룬 게르시고린 정리를 기억하고, 불규칙 진동 문제와 관련된 고윳값을 간단하게 계산하는 방법을 구하였다.

1947년 미국으로 건너간 타우스키-토드는 10년 후, 칼텍에서 지정한 첫 여성과학자가 되었다. 그녀는 200편 이상을 출판하였고 다수의 상을 받았다. 그녀는 수학분야에서 행렬 정리로 알려진 부분의 발전에 크게 기여하였다.

예제 4.35 다음 행렬의 게르시고린 원판과 고윳값을 그려보아라.

(a) $A = \begin{bmatrix} 2 & 1 \\ 2 & -3 \end{bmatrix}$ (b) $A = \begin{bmatrix} 1 & -3 \\ 2 & 3 \end{bmatrix}$

풀이 (a) 두 게르시고린 원판은 각각 중심이 2와 -3이고, 반지름이 1과 2이다. A의 특성다항식은 $\lambda^2 + \lambda - 8$이므로, 고윳값은

$$\lambda = \left(-1 \pm \sqrt{1^2 - 4(-8)}\right)/2 \approx 2.37,\ -3.37$$

이고, 그림 4.15는 두 고윳값이 두 게르시고린 원판 내부에 포함되어 있음을 보여준다.

(b) 두 게르시고린 원판은 각각 중심이 1과 3이고, 반지름이 $|-3| = 3$과 2인 원판이다. A의 특성다항식은 $\lambda^2 - 4\lambda + 9$이므로, 고윳값은 다음과 같다.

$$\lambda = \left(4 \pm \sqrt{(-4)^2 - 4(9)}\right)/2 = 2 \pm i\sqrt{5} \approx 2 + 2.23i,\ 2 - 2.23i$$

그림 4.16은 게르시고린 원판과 관련된 고윳값의 위치를 보여준다.

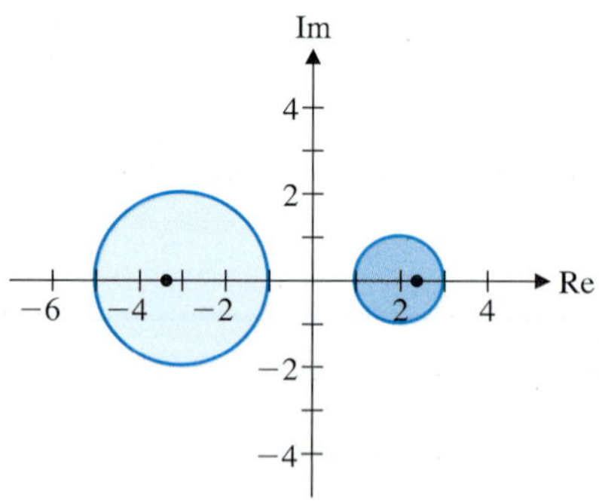

그림 4.15

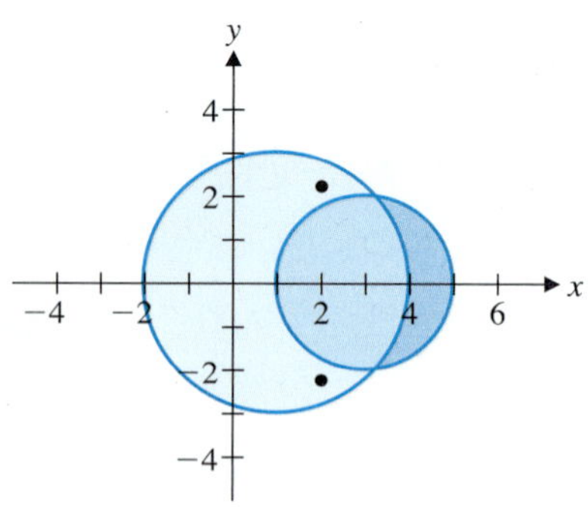

그림 4.16

예제 4.35에서 살펴본 바와 같이, 행렬의 고윳값은 그것의 게르시고린의 원판 내부에 있다. 다음 정리는 이것을 증명한다.

정리 4.29 **게르시고린 원판 정리**

실수 또는 복소수를 성분으로 하는 $n \times n$행렬의 모든 고윳값은 게르시고린 원판 내부에 있다.

증명 λ가 고유벡터 $\mathbf{x}$에 대응하는 주어진 행렬 A의 고윳값이라 하자. 이때, 고유벡터 $\mathbf{x}$의 절댓값이 가장 큰 성분을 x_i라 하면, $\mathbf{x}_i \neq 0$이다. $A\mathbf{x} = \lambda\mathbf{x}$의 i번째 행은

$$[a_{i1}\ a_{i2}\ \cdots\ a_{in}]\begin{bmatrix} x_1 \\ x_2 \\ \vdots \\ x_n \end{bmatrix} = \lambda x_i, \quad \sum_{j=1}^{n} a_{ij}x_j = \lambda x_i$$

이다. 이를 다시 정리하면 다음을 얻는다.

$$(\lambda - a_{ii})x_i = \sum_{j \neq i} a_{ij}x_j, \quad \lambda - a_{ii} = \frac{\sum_{j \neq i} a_{ij}x_j}{x_i}$$

양변에 절댓값을 취하고 절댓값의 성질을 이용하면, 다음을 얻는다.

$$|\lambda - a_{ii}| = \left|\frac{\sum_{j \neq i} a_{ij}x_j}{x_i}\right| = \frac{\left|\sum_{j \neq i} a_{ij}x_j\right|}{|x_i|} \leq \frac{\sum_{j \neq i} |a_{ij}x_j|}{|x_i|} = \frac{\sum_{j \neq i} |a_{ij}||x_j|}{|x_i|} \leq \sum_{j \neq i} |a_{ij}| = r_i$$

여기서, $i \neq j$에 대해서 $|x_j| \leq |x_i|$임을 이용하였다.

이는 고윳값 λ가 중심이 a_{ii}이고 반지름이 r_i인 게르시고린 원판 내부에 있음을 보여준다.

주의

- 반지름을 A의 i번째 **열**에서 대각성분이 아닌 성분들의 절댓값의 합으로 하는 게르시고린 원판에 대한 앞의 정리에 대응하는 버전이 있다.
- k개의 게르시고린 원판이 나머지 다른 원판과 만나지 않으면, 정확히 k개의 고윳값이 이 k개의 원판의 합집합 속에 포함된다. 특히, 하나의 원판이 다른 원판들과 만나지 않으면 그것은 행렬의 단 하나의 고윳값을 포함한다. 예제 4.35(a)는 이것을 보여준다.
- 예제 4.35(a)에서 0는 게르시고린 원판에 포함되지 않는다. 즉, 0는 A의 고윳값이 아니다. 따라서 더 이상의 계산을 하지 않아도 우리는 정리 4.16에 의해서 행렬 A가 가역임을 알 수 있다. 게르시고린 원판은 행렬의 원소로부터 직접 결정될 수 있기 때문에 이 결과는 행렬의 크기가 큰 경우에 실제로 유용하다.

예제 4.36

행렬 $A = \begin{bmatrix} 2 & 1 & 0 \\ 1/2 & 6 & 1/2 \\ 2 & 0 & 8 \end{bmatrix}$을 생각해보자. 게르시고린 정리는 A의 고윳값은 각각

중심이 2, 6과 8이고 반지름이 1, 1과 2인 세 개의 원판 내부에 포함됨을 알게 해준다. 그림 4.17(a)에서 첫 번째 원판은 다른 두 개와 만나지 않기 때문에 정리 4.29 다음의 두 번째 주의에 의해서 이것은 단 하나의 고윳값을 포함한다. A의 특성다항식은 실수 계수를 가지기 때문에 그것이 복소근을 가지면, 그들은 켤레근이 된다. 따라서 1과 3 사이에 유일한 실수 고윳값이 있고, 다른 두 원판의 합집합에는 실수부가 5와 10 사이에 있는 두 개의 복소수 고윳값이 있다.

한편, 정리 4.29 다음의 첫 번째 주의는 A의 세 개의 고윳값이 각각 중심이 2, 6과 8이고 반지름이 $\frac{5}{2}$, 1과 $\frac{1}{2}$인 원판의 내부에 있음을 말해준다(그림 4.17(b)). 이 원판들은 서로 만나지 않으므로, 각각 하나씩의 실수 고윳값을 포함한다. 이 결과를 조합하면 A는 세 개의 고윳값을 각 구간 [1, 3], [5, 7]과 [7.5, 8.5]에서 각 하나씩 가지는 것을 추론할 수 있다. (이것을 증명하기 위하여 A의 고윳값을 직접 계산해보아라.)

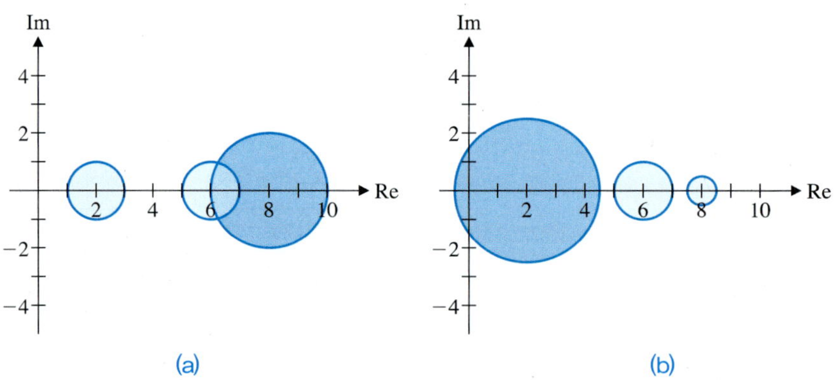

그림 4.17

4.5 연습문제

※ [1–4] 행렬 A는 예제 4.30에서와 같이 만들어진 반복벡터 $\mathbf{x}_5$를 따라 주어져 있다.

(a) 처음 성분이 1인 우세 고유벡터와 그에 대응하는 우세 고윳값의 근삿값을 구하기 위해 이 정보를 이용하여라. (소수 셋째 자리까지 정확하게 구하여라.)

(b) (a)에서 구한 고윳값의 근삿값과 실제의 우세 고유벡터를 비교하여라.

1. $A=\begin{bmatrix}1 & 2\\5 & 4\end{bmatrix}$, $\mathbf{x}_5=\begin{bmatrix}4443\\11109\end{bmatrix}$

2. $A=\begin{bmatrix}7 & 4\\-3 & -1\end{bmatrix}$, $\mathbf{x}_5=\begin{bmatrix}7811\\-3904\end{bmatrix}$

3. $A=\begin{bmatrix}2 & 1\\1 & 1\end{bmatrix}$, $\mathbf{x}_5=\begin{bmatrix}144\\89\end{bmatrix}$

4. $A=\begin{bmatrix}1.5 & 0.5\\2.0 & 3.0\end{bmatrix}$, $\mathbf{x}_5=\begin{bmatrix}60.625\\239.500\end{bmatrix}$

※ [5–8] 행렬 A는 예제 4.31에서와 같이 거듭제곱법을 이용하여 만들어진 반복벡터 $\mathbf{x}_k$와 함께 주어져 있다.

(a) m_k와 $\mathbf{y}_k$에 대응하는 것을 계산함으로써 우세 고윳값과 고유벡터를 근사하여라.

(b) $A\mathbf{y}_k$와 $m_k\mathbf{y}_k$를 비교함으로써 A의 고윳값과 고유벡터를 근사하는 것을 증명하여라.

5. $A=\begin{bmatrix}2 & -3\\-3 & 10\end{bmatrix}$, $\mathbf{x}_5=\begin{bmatrix}-3.667\\11.001\end{bmatrix}$

6. $A=\begin{bmatrix}5 & 2\\2 & -2\end{bmatrix}$, $\mathbf{x}_{10}=\begin{bmatrix}5.530\\1.470\end{bmatrix}$

7. $A=\begin{bmatrix} 4 & 0 & 6 \\ -1 & 3 & 1 \\ 6 & 0 & 4 \end{bmatrix}$, $\mathbf{x}_8=\begin{bmatrix} 10.000 \\ 0.001 \\ 10.000 \end{bmatrix}$

8. $A=\begin{bmatrix} 1 & 2 & -2 \\ 1 & 1 & -3 \\ 0 & -1 & 1 \end{bmatrix}$, $\mathbf{x}_{10}=\begin{bmatrix} 3.415 \\ 2.914 \\ -1.207 \end{bmatrix}$

※ [9–14] A의 우세 고윳값과 고유벡터를 어림잡기 위하여 거듭제곱법을 이용하여라. 주어진 초기벡터 $\mathbf{x}_0$, 주어진 반복 수 k와 소수 셋째 자리까지의 정확도를 이용하여라.

9. $A=\begin{bmatrix} 14 & 12 \\ 5 & 3 \end{bmatrix}$, $\mathbf{x}_0=\begin{bmatrix} 1 \\ 1 \end{bmatrix}$, $k=5$

10. $A=\begin{bmatrix} -6 & 4 \\ 8 & -2 \end{bmatrix}$, $\mathbf{x}_0=\begin{bmatrix} 1 \\ 0 \end{bmatrix}$, $k=6$

11. $A=\begin{bmatrix} 7 & 2 \\ 2 & 3 \end{bmatrix}$, $\mathbf{x}_0=\begin{bmatrix} 1 \\ 0 \end{bmatrix}$, $k=6$

12. $A=\begin{bmatrix} 3.5 & 1.5 \\ 1.5 & -0.5 \end{bmatrix}$, $\mathbf{x}_0=\begin{bmatrix} 1 \\ 0 \end{bmatrix}$, $k=6$

13. $A=\begin{bmatrix} 9 & 4 & 8 \\ 4 & 15 & -4 \\ 8 & -4 & 9 \end{bmatrix}$, $\mathbf{x}_0=\begin{bmatrix} 1 \\ 1 \\ 1 \end{bmatrix}$, $k=5$

14. $A=\begin{bmatrix} 3 & 1 & 0 \\ 1 & 3 & 1 \\ 0 & 1 & 3 \end{bmatrix}$, $\mathbf{x}_0=\begin{bmatrix} 1 \\ 1 \\ 1 \end{bmatrix}$, $k=6$

※ [15–16] 소수 둘째 자리의 정확성으로 A의 우세 고윳값과 고유벡터를 근사하기 위해 거듭제곱법을 이용하여라. 예제 4.31 직후의 첫 번째 주의를 염두하여 초기벡터를 선택하고 소수 둘째 자리의 자릿수가 바뀌는 것을 멈출 때까지 그 방법을 적용시켜라.

15. $A=\begin{bmatrix} 4 & 1 & 3 \\ 0 & 2 & 0 \\ 1 & 1 & 2 \end{bmatrix}$

16. $A=\begin{bmatrix} 12 & 6 & -6 \\ 2 & 0 & -2 \\ -6 & 6 & 12 \end{bmatrix}$

※ [17–20] 레일리 몫 방법이 원래의 거듭제곱법보다 더 빠르게 우세 고윳값을 어떻게 근사하는지를 보이기 위해서, 주어진 연습문제에서 행렬 A의 연속하는 레일리 몫 $R(\mathbf{x}_i)$, $i=1, \cdots, k$를 구하여라.

17. 연습문제 11

18. 연습문제 12

19. 연습문제 13

20. 연습문제 14

※ [21–24] 다음 행렬은 대각화 가능하지 않거나 우세 고윳값을 갖지 않는다. 각 경우에 8번의 반복시행하여, 주어진 초기벡터 $\mathbf{x}_0$를 가지고 거듭제곱법을 적용하여라. 정확한 고윳값과 고유벡터를 계산하여 비교하여 보아라.

21. $A=\begin{bmatrix} 4 & 1 \\ 0 & 4 \end{bmatrix}$, $\mathbf{x}_0=\begin{bmatrix} 1 \\ 1 \end{bmatrix}$

22. $A=\begin{bmatrix} 3 & 1 \\ -1 & 1 \end{bmatrix}$, $\mathbf{x}_0=\begin{bmatrix} 1 \\ 1 \end{bmatrix}$

23. $A=\begin{bmatrix} 4 & 0 & 1 \\ 0 & 4 & 0 \\ 0 & 0 & 1 \end{bmatrix}$, $\mathbf{x}_0=\begin{bmatrix} 1 \\ 1 \\ 1 \end{bmatrix}$

24. $A=\begin{bmatrix} 0 & 0 & 0 \\ 0 & 5 & 1 \\ 0 & 0 & 5 \end{bmatrix}$, $\mathbf{x}_0=\begin{bmatrix} 1 \\ 1 \\ 1 \end{bmatrix}$

※ [25–28] 거듭제곱법은 우세 고윳값과 고유벡터로 수렴하지 않는다. 주어진 초기벡터 $\mathbf{x}_0$를 이용하여 이것을 증명하여라. 정확한 고윳값과 고유벡터를 구하여 비교하여 보아라.

25. $A=\begin{bmatrix} -1 & 2 \\ -1 & 1 \end{bmatrix}$, $\mathbf{x}_0=\begin{bmatrix} 1 \\ 1 \end{bmatrix}$

25. $A=\begin{bmatrix} 2 & 1 \\ -2 & 5 \end{bmatrix}$, $\mathbf{x}_0=\begin{bmatrix} 1 \\ 1 \end{bmatrix}$

27. $A=\begin{bmatrix} -5 & 1 & 7 \\ 0 & 4 & 0 \\ 7 & 1 & -5 \end{bmatrix}$, $\mathbf{x}_0=\begin{bmatrix} 1 \\ 1 \\ 1 \end{bmatrix}$

28. $A=\begin{bmatrix} 1 & -1 & 0 \\ 1 & 1 & 0 \\ 1 & -1 & 1 \end{bmatrix}$, $\mathbf{x}_0=\begin{bmatrix} 1 \\ 1 \\ 1 \end{bmatrix}$

※ [29–32] 다음에 주어진 연습문제에서 행렬 A의 두 번째 고윳값을 근사하는 이동 거듭제곱법을 적용하여라. 주어진 초기벡터 $\mathbf{x}_0$, 주어진 반복 수 k와 소수 셋째 자리까지의 정확도를 이용하여라.

29. 연습문제 9

30. 연습문제 10

31. 연습문제 13

32. 연습문제 14

※ [33–36] 다음에 주어진 연습문제의 행렬 A에 대해 크기가 가장 작은 고윳값을 근사하기 위해 역거듭제곱법을 적용하여라. 주어진 초기벡터 $\mathbf{x}_0$, k번의 반복과 소수 셋째 자리까지의 정확도를 이용하여라.

33. 연습문제 9

34. 연습문제 10

35. 연습문제 7, $\mathbf{x}_0=\begin{bmatrix} 1 \\ 1 \\ -1 \end{bmatrix}$, $k=5$

36. 연습문제 14

※ [37–40] 주어진 연습문제의 행렬 A에 대하여, α에 근접하는 고윳값을 근사하기 위해서 이동 역거듭제곱법을 사용하여라.

37. 연습문제 9, $\alpha=0$

38. 연습문제 12, $\alpha=0$

39. 연습문제 7, $\alpha=5$

40. 연습문제 13, $\alpha=-2$

※ [41–44] 4.3절의 연습문제 32는 모든 다항식은 자신의 동반행렬의 (음 또는 양의) 특성다항식임을 밝힌다. 따라서 다항식 p의 근은 $C(p)$의 고윳값이므로, 정확한 결과가 쉽게 가능하지 않을 때 임의의 다항식의 근을 근사하기 위해서 이 절의 방법을 사용할 수 있다. 소수 셋째 자리까지 α에 근접하는 p의 근을 근사하기 위해서 p의 동반행렬 $C(p)$에 이동 역거듭제곱법을 적용하여라.

41. $p(x)=x^2+2x-2$, $\alpha=0$

42. $p(x)=x^2-x-3$, $\alpha=2$

43. $p(x)=x^3-2x^2+1$, $\alpha=0$

44. $p(x)=x^3-5x^2+x+1$, $\alpha=5$

45. λ가 대응하는 고유벡터 $\mathbf{x}$를 가진 A의 고윳값이라 하자. 만약 $\alpha\neq\lambda$이고 α가 A의 고윳값이 아니면, $1/(\lambda-\alpha)$가 대응하는 고유벡터 $\mathbf{x}$를 가지는 $(A-\alpha I)^{-1}$의 고윳값임을 보여라. 왜 $A-\alpha I$가 가역이여야만 하는가?

46. A가 우세 고윳값 λ_1를 가지면, 고유공간 E_{λ_1}은 1차원임을 증명하여라.

a + bi ※ [47–50] 다음에 주어진 각 행렬에 대한 게르시고린 원판을 그려라.

47. $\begin{bmatrix} 1 & 1 & 0 \\ 1/2 & 4 & 1/2 \\ 1 & 0 & 5 \end{bmatrix}$

48. $\begin{bmatrix} 2 & -i & 0 \\ 1 & 2i & 1+i \\ 0 & 1 & -2i \end{bmatrix}$

49. $\begin{bmatrix} 4-3i & i & 2 & -2 \\ i & -1+i & 0 & 0 \\ 1+i & -i & 5+6i & 2i \\ 1 & -2i & 2i & -5-5i \end{bmatrix}$

50. $\begin{bmatrix} 2 & 1/2 & 0 & 0 \\ 1/4 & 4 & 1/4 & 0 \\ 0 & 1/6 & 6 & 1/6 \\ 0 & 0 & 1/8 & 8 \end{bmatrix}$

51. 각 대각성분의 절댓값이 그 행에서 나머지 원소의 절댓값의 합보다 큰 정사각행렬은 순대각우세 행렬이라고 한다(2.5절 참조). 순대각우세 행렬은 반드시 가역임을 증명하기 위하여 게르시고린 원판 정리를 이용하여라. [힌트 : 정리 4.29 다음의 세 번째 주의를 보라.]

52. A가 $n\times n$행렬이면, $\|A\|$를 A의 각 행의 절댓값의 합의 최댓값이라 하자. 즉 $\|A\|=\max_{1\le i\le n}\left(\sum_{j=1}^{n}|a_{ij}|\right)$(7.2절 참조). 만약 λ가 A의 고윳값이면, $|\lambda|\le\|A\|$임을 증명하여라.

53. λ가 확률행렬(3.7절 참조) A의 고윳값이라 하면, $|\lambda|\le 1$임을 증명하여라. [힌트: A^T에 대해 연습문제 52를 적용하여라.]

54. $A=\begin{bmatrix} 0 & 1 & 0 & 0 \\ 2 & 5 & 0 & 0 \\ 1/2 & 0 & 3 & 1/2 \\ 0 & 0 & 3/4 & 7 \end{bmatrix}$의 고윳값은 모두 실수이고, 이 고윳값들은 각각 실직선 위의 닫힌 구간 내부에 위치함을 증명하여라.

4.6 응용과 페론-프로베니우스 정리

이 절에서는 고윳값과 고유벡터에 대한 몇 가지 응용을 살펴볼 것인데, 우선 이전에 다루었던 응용을 다시 검토하자.

마르코프 연쇄

3.7절에서 마르코프 연쇄를 소개하고 그들과 연관되어 있는 추이행렬에 관한 결과를 만들었다. 특히, 우리는 P가 마르코프 연쇄의 추이행렬이면, P가 변함없는 상태벡터 $\mathbf{x}$를 가짐을 보았다. 즉, $P\mathbf{x}=\mathbf{x}$인 벡터 $\mathbf{x}$가 존재한다. 이것은 P가 고윳값으로 1을 가진다는 것과 같은 의미이다. 우리는 이제 이 사실을 증명하는 위치에 있다.

정리 4.30 P가 $n\times n$ 마르코프 연쇄의 추이행렬이면, 1은 P의 고윳값이다.

증명 모든 추이행렬은 확률행렬임을 기억하자. 즉, 추이행렬의 각 열들의 합은 1이 된다. 따라서 만약 $\mathbf{j}$가 n개의 1로 이루어진 행벡터이면, $\mathbf{j}P=\mathbf{j}$이다. (3.7절의 연습문제 13이 성립한다.) 그러므로 변환을 통해 우리는 다음을 얻는다.

$$P^T\mathbf{j}^T=(\mathbf{j}P)^T=\mathbf{j}^T$$

이는 $\mathbf{j}^T$가 고윳값 1에 대응하는 P^T의 고유벡터임을 보여준다. 따라서 4.3절의 연습문제 19에 의해서, P와 P^T는 같은 고윳값을 가지고, 또한 1은 P의 고윳값이 된다.

실제로, 더 많은 사실들이 있다. 대부분의 추이행렬에 대해서, 모든 고윳값 λ는 $|\lambda|\le 1$을 만족하고, 고윳값 1은 우세 고윳값이다. 즉, 만약 $\lambda\neq 1$이면, $|\lambda|<1$이다. 우리는 다음의 두 정의가 필요하다. 모든 성분이 양수인 행렬을 **양행렬**(positive matrix), 적당한 거듭제곱이 양행렬인 정사각행렬을 **고른 행렬**(regular matrix)이라 부른다. $A=\begin{bmatrix}3&1\\2&2\end{bmatrix}$은 양행렬이지만, $B=\begin{bmatrix}3&1\\2&0\end{bmatrix}$은 아니다. 하지만 $B^2=\begin{bmatrix}11&3\\6&2\end{bmatrix}$이기 때문에 B는 고른 행렬이다.

정리 4.31 P가 고윳값 λ를 가지는 $n\times n$ 추이행렬이라 하자.

a. $|\lambda|\le 1$

b. P가 고른 행렬이고 $\lambda\neq 1$이면, $|\lambda|<1$이다.

증명 정리 4.30에서와 같이, 이 정리를 증명하기 위한 묘안은 P^T가 P와 같은 고윳값을 갖는다는 사실을 이용하는 것이다.

(a) $\mathbf{x}$가 고윳값 λ에 대응하는 P^T의 고유벡터라 하고, x_k를 가장 큰 절댓값 m을 가지는 $\mathbf{x}$의 성분이라 하자. 그러면 $|x_i| \le |x_k| = m$, $i=1, 2, \cdots, n$이다. 등식 $P^T\mathbf{x} = \lambda\mathbf{x}$의 k번째 성분을 비교하여 우리는 다음을 얻는다.

$$p_{1k}x_1 + p_{2k}x_2 + \cdots + p_{nk}x_n = \lambda x_k$$

따라서 양변에 절댓값을 취하면

$$\begin{aligned} |\lambda|m = |\lambda||x_k| = |\lambda x_k| &= |p_{1k}x_1 + p_{2k}x_2 + \cdots + p_{nk}x_n| \\ &\le |p_{1k}x_1| + |p_{2k}x_2| + \cdots + |p_{nk}x_n \\ &= p_{1k}|x_1| + p_{2k}|x_2| + \cdots + p_{nk}|x_n| \\ &\le p_{1k}m + p_{2k}m + \cdots + p_{nk}m \\ &= (p_{1k} + p_{2k} + \cdots + p_{nk})m = m \end{aligned} \qquad (1)$$

을 얻는다. 첫 번째 부등식은 $\mathbb{R}$에서의 삼각부등식에서, 마지막 등식은 P^T의 행이 P의 열이므로 P^T의 행들은 합이 1이라는 사실로부터 나온다. 그러므로 $|\lambda|m \le m$에서 m으로 나누면 $|\lambda| \le 1$을 얻는다.

(b) 동치명제인 만약 $|\lambda| = 1$이면, $\lambda = 1$임을 보일 것이다. 먼저, P 또는 P^T가 양행렬인 경우에 대해 증명해보자. 만약 $|\lambda| = 1$이면, 식 (1)의 모든 부등호는 실제로 등호이다. 특별히

$$p_{1k}|x_1| + p_{2k}|x_2| + \cdots + p_{nk}|x_n| = p_{1k}m + p_{2k}m + \cdots + p_{nk}m$$

이고, 이와 동등하게

$$p_{1k}(m - |x_1|) + p_{2k}(m - |x_2|) + \cdots + p_{nk}(m - |x_n|) = 0 \qquad (2)$$

가 성립한다. 한편, P가 양행렬이므로 $i=1, 2, \cdots, n$에 대하여 $P_{ik} > 0$이다. 그러므로 식 (2)에서 $i=1, 2, \cdots, n$에 대하여 $|x_i| = m$이어야 한다. 게다가 $\mathbb{R}$에 대한 삼각부등식에서 등호가 성립하는 것은 더해지는 모든 수가 항상 양이거나 항상 음인 것과 동치이다. 다시 말해서, $p_{ik}x_i$가 모두 같은 부호를 가져야 한다. 이로부터 다음을 얻는다.

$$\mathbf{x} = \begin{bmatrix} m \\ m \\ \vdots \\ m \end{bmatrix} = m\mathbf{j}^T \text{ 또는 } \mathbf{x} = \begin{bmatrix} -m \\ -m \\ \vdots \\ -m \end{bmatrix} = -m\mathbf{j}^T$$

정리 4.30에서처럼 $\mathbf{j}$는 n개의 1로 이루어진 행벡터이므로, 어느 경우이건 λ에 대응하는 P^T의 고유공간은 $E_\lambda = \text{span}(\mathbf{j}^T)$이다.

정리 4.30의 증명을 이용하여 $\mathbf{j}^T = P^T\mathbf{j}^T = \lambda\mathbf{j}^T$임을 알고, 성분을 비교하면 $\lambda = 1$임을 알 수 있다. 이로써 P가 양행렬인 경우는 증명이 되었다.

다음으로 P가 고른 행렬이면, P의 적당한 거듭제곱 P^k은 양행렬이다. 이로 인해 P^{k+1} 또한 반드시 양행렬이다(왜 그럴까?). 정리 4.18에 의해서 λ^k와 λ^{k+1}은 각각 P^k와 P^{k+1}의 고윳값이므로, $\lambda^k=\lambda^{k+1}=1$이어야 한다. 따라서 $\lambda^k(\lambda-1)=0$이고, 만약 $|\lambda|=1$이면 $\lambda=0$은 불가능하므로 $\lambda=1$이다.

이제, 우리는 3장에서 관찰한 마르코프 연쇄의 몇 가지 양상을 설명할 수 있다. 예제 3.64에서, 추이행렬

$$P=\begin{bmatrix}0.7 & 0.2\\0.3 & 0.8\end{bmatrix}$$

과 초기상태벡터 $\mathbf{x}_0=\begin{bmatrix}0.6\\0.4\end{bmatrix}$에 대하여, 상태벡터 $\mathbf{x}_k$가 P에 대한 안정상태벡터 $\mathbf{x}=\begin{bmatrix}0.4\\0.6\end{bmatrix}$에 수렴함을 보았다. (즉, $P\mathbf{x}=\mathbf{x}$이다.) 고른 마르코프 연쇄에 대해, 이것이 항상 성립함을 증명할 것이다. 상태벡터 $\mathbf{x}_k$가 $\mathbf{x}_k=P^k\mathbf{x}_0$임을 상기하고, P가 커짐에 따라 거듭제곱 P^k가 어떻게 되는지를 알아보자.

예제 4.37

추이행렬 $P=\begin{bmatrix}0.7 & 0.2\\0.3 & 0.8\end{bmatrix}$은 다음의 특성방정식을 갖는다.

$$0=\det(P-\lambda I)=\begin{vmatrix}0.7-\lambda & 0.2\\0.3 & 0.8-\lambda\end{vmatrix}=\lambda^2-1.5\lambda+0.5=(\lambda-1)(\lambda-0.5)$$

따라서 고윳값은 $\lambda_1=1$과 $\lambda_2=0.5$이다. (정리 4.30과 4.31에 의해 한 고윳값은 1이고 다른 고윳값의 절댓값이 1보다 작음을 이미 알고 있다. 하지만 우리는 여전히 λ_2를 계산할 필요가 있다.) 이들 고윳값에 대응하는 고유공간은 다음과 같다.

$$E_1=\text{span}\left(\begin{bmatrix}2\\3\end{bmatrix}\right),\quad E_{0.5}=\text{span}\left(\begin{bmatrix}1\\-1\end{bmatrix}\right)$$

그래서 $Q=\begin{bmatrix}2 & 1\\3 & -1\end{bmatrix}$을 택하면, $Q^{-1}PQ=\begin{bmatrix}1 & 0\\0 & 0.5\end{bmatrix}=D$가 성립한다. 따라서 4.4절의 예제 4.29에서 사용한 방법으로부터 다음을 얻는다.

$$P^k=QD^kQ^{-1}=\begin{bmatrix}2 & 1\\3 & -1\end{bmatrix}\begin{bmatrix}1^k & 0\\0 & (0.5)^k\end{bmatrix}\begin{bmatrix}2 & 1\\3 & -1\end{bmatrix}^{-1}$$

만약 $k\to\infty$이면, $(0.5)^k\to 0$이므로

$$D^k\to\begin{bmatrix}1 & 0\\0 & 0\end{bmatrix},\quad P^k\to\begin{bmatrix}2 & 1\\3 & -1\end{bmatrix}\begin{bmatrix}1 & 0\\0 & 0\end{bmatrix}\begin{bmatrix}2 & 1\\3 & -1\end{bmatrix}^{-1}=\begin{bmatrix}0.4 & 0.4\\0.6 & 0.6\end{bmatrix}$$

이다. 이제, $\mathbf{x}_0=\begin{bmatrix}a\\b\end{bmatrix}$를 임의의 초기 확률벡터(즉 $a+b=1$)라 하면

$$\mathbf{x}_k=P^k\mathbf{x}_0\to\begin{bmatrix}0.4 & 0.4\\0.6 & 0.6\end{bmatrix}\begin{bmatrix}a\\b\end{bmatrix}=\begin{bmatrix}0.4a+0.4b\\0.6a+0.6b\end{bmatrix}=\begin{bmatrix}0.4\\0.6\end{bmatrix}$$

이다. 이는 예제 3.64에서 보았던 것을 설명할 뿐만 아니라, 어떤 $\mathbf{x}_0$를 선택하더라도 상태벡터 $\mathbf{x}_k$는 안정상태벡터 $\mathbf{x}=\begin{bmatrix}0.4\\0.6\end{bmatrix}$에 수렴함을 알려준다.

예제 4.37이 특별한 것은 아니다. 다음 정리는 이러한 현상이 고른 추이행렬에서 항상 일어남을 보인다. 정리를 증명하기 전에 다음의 보조정리가 필요하다.

보조정리 4.32 P가 $n\times n$ 고른 추이행렬이라 하자. P가 대각화 가능하면, 우세 고윳값 $\lambda_1=1$은 대수적 중복도 1을 갖는다.

증명 P와 P^T의 고윳값은 항상 같으므로, 정리 4.31(b)의 증명으로부터 $\lambda_1=1$은 P^T의 고윳값으로 기하적 중복도 1을 갖는다. 한편, P가 대각화 가능하기 때문에 4.4절의 연습문제 43에 의해서, P^T도 대각화 가능하다. 그러므로 고윳값 $\lambda_1=1$은 대각화 정리에 의해서 대수적 중복도 1을 가진다.

정리 4.33 P가 $n\times n$ 고른 추이행렬이라 하자. $k\to\infty$ 일 때, P^k는 각 열이 동일한 벡터 $\mathbf{x}$인 $n\times n$행렬 L로 접근한다. 이 벡터 $\mathbf{x}$는 P의 안정상태 확률벡터이다.

케메니(J. G. Kemeny)와 스넬(J. L. Snell)의 《유한 마르코프 연쇄(Finite Markov Chains)》(New York: Springer-Verlag, 1976)를 보라.

증명 증명을 간단히 하기 위해서, P가 대각화 가능한 경우만을 생각할 것이다. 그러나 이 정리는 이런 가정이 없이도 성립한다.

다음의 D에 대하여, $Q^{-1}PQ=D$ 또는 이와 동치인 $P=QDQ^{-1}$로 P를 대각화하자.

$$D=\begin{bmatrix}\lambda_1 & 0 & \cdots & 0\\ 0 & \lambda_2 & \cdots & 0\\ \vdots & \vdots & \ddots & \vdots\\ 0 & 0 & \cdots & \lambda_n\end{bmatrix}$$

정리 4.30과 4.31로부터, 각 고윳값 λ_i는 1이거나 $|\lambda_i|<1$임을 알고 있다. 따라서 $k\to\infty$ 일 때, $i=1, 2, \cdots, n$에 대해서 λ_i^k는 1 또는 0으로 접근한다. 이는 D^k가 대각성분인 1 또는 0인 대각행렬 D^*로 접근하도록 한다. 그러므로 $P^k=QD^kQ^{-1}$는 $\lim_{k\to\infty}P^k=L$라 두면 $L=QD^*Q^{-1}$로 접근한다. 이때

우리는 극한의 개념을 좀 덜 엄밀하게 취급하고 있다. 그럼에도 불구하고 이 단계는 직관적으로 분명하다. 엄밀한 증명은 미적분학에서 다루는 극한의 성질에 따른다. 행렬 극한을 논의하다 곁길로 새는 대신 그 증명을 생략할 것이다.

$$PL=P\lim_{k\to\infty}P^k=\lim_{k\to\infty}PP^k=\lim_{k\to\infty}P^{k+1}=L$$

이므로, L의 각 열은 $\lambda_1=1$에 대응하는 P의 고유벡터이다. 이 각 열이 확률벡터임을 보이기 위하여, $\mathbf{j}$가 n개의 1로 이루어진 행벡터이면 3.7절의 연습문제 14에 의해서 P^k가 확률행렬이므로,

$$\mathbf{j}L = \mathbf{j}\lim_{k\to\infty} P^k = \lim_{k\to\infty} \mathbf{j}P^k = \lim_{k\to\infty} \mathbf{j} = \mathbf{j}$$

3.7절의 연습문제 13은 L이 확률행렬임을 보여준다.

이제, L의 열이 모두 동일함을 보여야 한다. L의 i번째 열은 $L\mathbf{e}_i$이다. 여기서 $\mathbf{e}_i$는 i번째 표준기저벡터이다. $\mathbf{v}_1$, $\mathbf{v}_2$, $\cdots$, $\mathbf{v}_n$이 $\lambda_1 = 1$에 대응하는 $\mathbf{v}_1$을 가지고 $\mathbb{R}^n$의 기저를 이루는 P의 고유벡터들이라 하자. 스칼라 c_1, c_2, $\cdots$, c_n에 대해서

$$\mathbf{e}_i = c_1\mathbf{v}_1 + c_2\mathbf{v}_2 + \cdots + c_n\mathbf{v}_n$$

라 두면, 정리 4.19 다음의 설명에 의해서

$$P^k\mathbf{e}_i = c_1 1^k \mathbf{v}_1 + c_2\lambda_2^k\mathbf{v}_2 + \cdots + c_n\lambda_n^k\mathbf{v}_n$$

이다. 보조정리 4.32에 의해서, $j \neq 1$이면 $\lambda_j \neq 1$이고, 정리 4.31(b)에 의해서 $j \neq 1$이면 $|\lambda_j| < 1$이다. 따라서 $j \neq 1$일 때, $k\to\infty$이면 $\lambda_j^k \to 0$이다. 이로써 다음이 성립한다.

$$L\mathbf{e}_i = \lim_{k\to\infty} P^k\mathbf{e}_i = c_1\mathbf{v}_1$$

다시 말해서, L의 i번째 열벡터는 $\lambda_1 = 1$에 대응하는 고유벡터이다. 하지만 우리는 L의 열이 확률벡터임을 보였으므로, $L\mathbf{e}_i$는 성분의 합이 1인 $\mathbf{v}_1$의 유일한 스칼라배인 $\mathbf{x}$이다. 이것이 L의 각 열에 대해서 사실이므로, L의 모든 열은 이 벡터 $\mathbf{x}$와 항상 같다.

주의 L이 확률행렬이기 때문에, 우리는 그것을 마르코프 연쇄의 **장기적 추이행렬**로 해석할 수 있다. 즉, 변화가 무한히 계속되었을 때, L_{ij}은 상태 j에서 상태 i로의 확률을 말한다. L의 모든 열이 동일하다는 사실은 다음 예제에서 보여주듯이 초기상태가 문제되지 않는다는 것을 말한다.

예제 4.38

예제 3.65에서의 박스 안의 쥐를 생각해보자. 추이행렬은

$$P = \begin{bmatrix} 0 & 1/3 & 1/3 \\ 1/2 & 0 & 2/3 \\ 1/2 & 2/3 & 0 \end{bmatrix}$$

이었고, 안정상태 확률벡터는 다음과 같이 정해졌다.

$$\mathbf{x} = \begin{bmatrix} 1/4 \\ 3/8 \\ 3/8 \end{bmatrix}$$

따라서 P의 거듭제곱은 다음 행렬에 가까워진다.

$$L=\begin{bmatrix}1/4 & 1/4 & 1/4\\ 3/8 & 3/8 & 3/8\\ 3/8 & 3/8 & 3/8\end{bmatrix}=\begin{bmatrix}0.250 & 0.250 & 0.250\\ 0.375 & 0.375 & 0.375\\ 0.375 & 0.375 & 0.375\end{bmatrix}$$

이로부터 쥐가 주어진 시간의 25%를 구역 1에서 보내고 다른 두 개의 구역에서 각각 37.5%를 보낸다는 것을 알 수 있다.

우리는 안정상태벡터 $\mathbf{x}$가 초기상태에 독립적인 것을 증명하면서 고른 마르코프 연쇄에 대한 논의를 마치려고 한다.

정리 4.34 정리 4.33에서처럼 P를 안정상태 확률벡터 $\mathbf{x}$를 가지는 고른 $n\times n$ 추이행렬이라 하자. 그러면 임의의 초기 확률벡터 $\mathbf{x}_0$에 대해서, 반복되는 $\mathbf{x}_k$의 수열은 $\mathbf{x}$로 접근한다.

증명 초기 확률벡터

$$\mathbf{x}_0=\begin{bmatrix}x_1\\ x_2\\ \vdots\\ x_n\end{bmatrix}$$

에서 $x_1+x_2+\cdots+x_n=1$이라 하자. $\mathbf{x}_k=P^k\mathbf{x}_0$이므로, $\lim_{k\to\infty}P^k\mathbf{x}_0=\mathbf{x}$임을 보이자. 정리 4.33에 의해서, 긴 범위의 추이행렬은 $L=[\mathbf{x}\ \ \mathbf{x}\ \ \cdots\ \ \mathbf{x}]$이고 $\lim_{k\to\infty}P^k=L$이다. 그러므로

$$\begin{aligned}\lim_{k\to\infty}P^k\mathbf{x}_0&=\left(\lim_{k\to\infty}P^k\right)\mathbf{x}_0=L\mathbf{x}_0\\ &=[\mathbf{x}\ \ \mathbf{x}\ \ \cdots\ \ \mathbf{x}]\begin{bmatrix}x_1\\ x_2\\ \vdots\\ x_n\end{bmatrix}\\ &=x_1\mathbf{x}+x_2\mathbf{x}+\cdots+x_n\mathbf{x}\\ &=(x_1+x_2+\cdots+x_n)\mathbf{x}=\mathbf{x}\end{aligned}$$

개체수 증가

3.7절에서 처음으로 다루었던 개체수 증가의 레슬리 모형으로 돌아가 보자. 그 절의 예제 3.67에서, 다음 레슬리 행렬

$$L=\begin{bmatrix}0 & 4 & 3\\ 0.5 & 0 & 0\\ 0 & 0.25 & 0\end{bmatrix}$$

에 대하여 개체수 벡터의 반복이 다음 벡터의 스칼라배에 접근하였다.

$$\mathbf{x} = \begin{bmatrix} 18 \\ 6 \\ 1 \end{bmatrix}$$

다시 말해서, 이 개체수의 세 연령대는 18 : 6 : 1의 비율로 끝난다. 게다가 이 비율에 도달하면 그 다음 해의 비율이

$$L\mathbf{x} = \begin{bmatrix} 0 & 4 & 3 \\ 0.5 & 0 & 0 \\ 0 & 0.25 & 0 \end{bmatrix} \begin{bmatrix} 18 \\ 6 \\ 1 \end{bmatrix} = \begin{bmatrix} 27 \\ 9 \\ 1.5 \end{bmatrix} = 1.5\mathbf{x}$$

로 주어지고, 성분은 여전히 27 : 9 : 1.5 = 18 : 6 : 1 비율이기 때문에 안정상태이다. 여기서, 1.5는 안정상태에 이르렀을 때, 개체수의 증가율을 나타낸다.

우리는 이제 $\mathbf{x}$가 고윳값 $\lambda = 1.5$에 대응하는 L의 고유벡터임을 알 수 있다. 따라서 안정상태 증가율은 L의 양의 고윳값이고, 이 고윳값에 대응하는 고유벡터는 안정상태에 도달했을 때 각 세대의 상대적 크기를 나타낸다.

예제 4.39 위의 레슬리 행렬 L에 대해서, 안정상태 증가율과 세대 사이에 대응하는 비율을 구하여라.

풀이 L의 양의 고윳값과 대응하는 고유벡터를 구하여야 한다. L의 특성다항식

$$\det(L - \lambda I) = \begin{vmatrix} -\lambda & 4 & 3 \\ 0.5 & -\lambda & 0 \\ 0 & 0.25 & -\lambda \end{vmatrix} = -\lambda^3 + 2\lambda + 0.375$$

에서 $-\lambda^3 + 2\lambda + 0.375 = 0$와 동치인 $8\lambda^3 - 16\lambda - 3 = 0$을 풀어야 한다. 인수분해를 하여 다음을 얻는다.

$$(2\lambda - 3)(4\lambda^2 + 6\lambda + 1) = 0$$

두 번째 인수에서는 $(-3 + \sqrt{5})/4 \approx -0.19$와 $(-3 - \sqrt{5})/4 \approx -1.31$을 고윳값으로 가지므로, 양의 고윳값은 오직 $\lambda = \frac{3}{2} = 1.5$이다. 이에 대응하는 고유벡터는 $L - 1.5I$의 영공간에 있다. 행줄임 하면

$$[L - 1.5I \mid \mathbf{0}] = \left[\begin{array}{ccc|c} -1.5 & 4 & 3 & 0 \\ 0.5 & -1.5 & 0 & 0 \\ 0 & 0.25 & -1.5 & 0 \end{array}\right] \to \left[\begin{array}{ccc|c} 1 & 0 & -18 & 0 \\ 0 & 1 & -6 & 0 \\ 0 & 0 & 0 & 0 \end{array}\right]$$

따라서 $\mathbf{x} = \begin{bmatrix} x_1 \\ x_2 \\ x_3 \end{bmatrix}$가 $\lambda = 1.5$에 대응하는 고유벡터이면, 그것은 $x_1 = 18x_3$와 $x_2 = 6x_3$를 만족한다. 즉

$$E_{1.5} = \left\{ \begin{bmatrix} 18x_3 \\ 6x_3 \\ x_3 \end{bmatrix} \right\} = \text{span}\left(\begin{bmatrix} 18 \\ 6 \\ 1 \end{bmatrix} \right)$$

이다. 안정상태 증가율은 1.5이고, 이 비율에 도달되었을 때 앞에서 보았듯이 각 세대의 구성비는 18 : 6 : 1이다.

예제 4.39에서는 안정상태 증가율의 후보로서 L의 유일한 양의 고윳값이 유일하였다. 하지만 만일 L의 양의 고윳값 개수가 0 또는 둘 이상이라면 어떻게 해야 할까? 또한 운이 좋았던 것은 대응하는 고유벡터의 모든 성분이 양이어서 그것을 개체수의 크기와 연결할 수 있었다. 이 상황이 우연이 아님을 즉, 모든 레슬리 행렬은 정확히 하나의 양의 고윳값과 양의 성분만으로 이루어진 대응하는 고유벡터를 가짐을 증명할 수 있다.

다음과 같은 레슬리 행렬의 형태를 상기해보자.

$$L = \begin{bmatrix} b_1 & b_2 & b_3 & \cdots & b_{n-1} & b_n \\ s_1 & 0 & 0 & \cdots & 0 & 0 \\ 0 & s_2 & 0 & \cdots & 0 & 0 \\ 0 & 0 & s_3 & \cdots & 0 & 0 \\ \vdots & \vdots & \vdots & \ddots & \vdots & \vdots \\ 0 & 0 & 0 & \cdots & s_{n-1} & 0 \end{bmatrix} \tag{3}$$

원소 s_j가 생존할 확률을 나타내므로, 그들이 모두 영이 아니라고 가정하자. (그렇지 않으면, 개체수는 빠른 속도로 소멸한다.) 또한, 출생 매개변수 b_i 중에 적어도 하나가 0이 아니라고 가정한다. (그렇지 않으면, 출생이 없을 것이고, 개체수는 소멸할 것이다.) 이 상설 가정을 가지고 다음의 정리로 위에서의 주장을 증명할 수 있다.

정리 4.35 임의의 레슬리 행렬은 꼭 하나의 양의 고윳값을 갖고, 모든 성분이 양수인 대응하는 고유벡터를 갖는다.

증명 L을 식 (3)과 같이 두면, L의 특성다항식은

$$\begin{aligned} c_L(\lambda) &= \det(L - \lambda I) \\ &= (-1)^n\left(\lambda^n - b_1\lambda^{n-1} - b_2 s_1 \lambda^{n-2} - b_3 s_1 s_2 \lambda^{n-3} - \cdots - b_n s_1 s_2 \cdots s_{n-1}\right) \\ &= (-1)^n f(\lambda) \end{aligned}$$

이므로(연습문제 15에서 이를 증명하도록 한다.) L의 고윳값은 $f(\lambda)$의 근과 같다. 출생 매개변수 b_i 중에는 적어도 하나가 양수이고, 모든 생존 확률 s_j는 양이므로, $f(\lambda)$의 계수는 정확히 한 번 부호가 바뀐다. 그러므로 데카르트의 부호 규칙에 의해서 $f(\lambda)$는 정확히 하나의 양의 근을 가진다. 그것을 λ_1라고 하자.

직접 계산으로, λ_1에 대응하는 교유벡터가 다음과 같음을 확인할 수 있다.

$$\mathbf{x}_1 = \begin{bmatrix} 1 \\ s_1/\lambda_1 \\ s_1s_2/\lambda_1^2 \\ s_1s_2s_3/\lambda_1^3 \\ \vdots \\ s_1s_2s_3\cdots s_{n-1}/\lambda_1^{n-1} \end{bmatrix}$$

(이는 연습문제 18에서 증명하도록 한다.) 여기서, $\mathbf{x}_1$의 모든 성분은 양임을 알 수 있다.

두 개의 연속하는 출생 매개변수 b_i와 b_{i+1}이 양이라는 조건을 추가하면 유일한 L의 양의 고윳값 λ_1이 우세 고윳값임을 알 수 있다(즉 L의 다른 고유값 λ는 $|\lambda| < \lambda_1$을 만족한다. 이것을 증명하는 것은 이 책의 범위를 벗어나지만 복소수에 익숙한 독자를 위해 연습문제 27에 부분적인 증명의 개요를 적어두었다). 이것은 왜 우리가 개체수 벡터를 반복할 때 안정상태벡터로 수렴하게 되는지를 설명한다. 바로 거듭제곱법 덕분이다.

페론-프로베니우스 정리

전술한 마르코프 연쇄와 레슬리 행렬의 응용에서, 우리의 관심은 양수인 우세 고윳값이었다. 게다가, 모든 성분이 양수인 대응하는 고유벡터가 있었다. 사실은 우리가 다루어 온 많은 행렬들을 포함하는 어떤 큰 범주의 행렬들에 대해 이러한 성질이 있음을 보장해 주는 주목할 만한 정리가 있다. 이 정리의 첫 버전은 양행렬에 대한 것이다.

페론(Oskar Perron, 1880~1975)은 해석학, 미분방정식, 대수학, 기하학 및 수론을 포함한 많은 분야에서 업적을 남긴 독일 수학자이다. 페론의 정리는 1907년 연분수에 대한 논문에서 발표되었다.

우선, 몇 개의 용어와 기호를 필요로 한다. 모든 성분이 양수인 벡터를 양의 벡터라고 하자. 그리고 두 개의 $m\times n$행렬 $A=[a_{ij}]$와 $B=[b_{ij}]$에 대하여, 모든 i와 j에 대해 $a_{ij}\geq b_{ij}$이면 $A \geq B$라고 나타낼 것이다. 유사한 정의를 $A > B$, $A \leq B$ 등에도 적용한다. 그러므로 양의 벡터 $\mathbf{x}$는 $\mathbf{x} > \mathbf{0}$을 만족한다. 또한, $|A| = [|a_{ij}|]$를 A의 성분의 절댓값으로 이루어진 행렬로 정의하자.

정리 4.36 **페론의 정리**

A를 양의 $n\times n$행렬이라 하면, A는 다음 성질을 만족하는 실수인 고윳값 λ_1을 가진다.

a. $\lambda_1 > 0$

b. λ_1은 대응하는 양의 고유벡터를 가진다.

c. λ가 A의 임의의 다른 고윳값이면, $|\lambda| \leq \lambda_1$이다.

직관적으로, 처음 두 조건이 왜 참인지 알 수 있다. 2×2 양행렬 A의 경우를 생각해보자. 모든 성분이 양수이기 때문에 대응하는 행렬변환은 제 1사분면을 당연

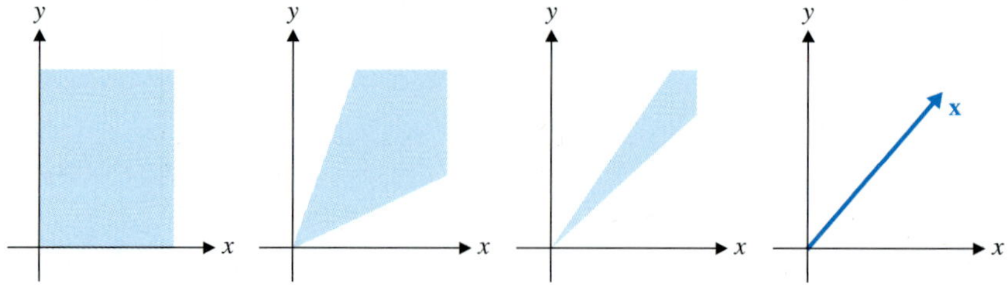

그림 4.18

히 그 자신으로 변환한다. 그 상을 계속해서 A에 의해 변환하면, 그것은 필수적으로 제 1사분면의 어떤 반직선으로 수렴할 것이다(그림 4.18). A는 그 반직선을 고정된 채로 남겨두기 때문에, 이 반직선의 방향벡터 $\vec{\mathbf{x}}$는 양의 벡터로서 A에 의해 자신의 양의 스칼라배(λ_1라 하자)로 변환될 것이다. 달리 말하면, 양인 벡터 $\mathbf{x}$와 양수 λ_1에 대해서 $A\mathbf{x}=\lambda_1\mathbf{x}$이다.

증명 어떤 영이 아닌 벡터 $\mathbf{x}$와 스칼라 λ에 대해서, $A\mathbf{x} \ge \lambda\mathbf{x}$라 하면, 모든 $k>0$에 대해 $A(k\mathbf{x})\ge\lambda(k\mathbf{x})$이다. 그러므로 우리는 단위벡터 $\mathbf{x}$에 대해 생각하면 충분하다. 제7장에서 A는 모든 단위벡터들의 집합(단위구면)을 '일반화된 타원면'으로 변환시키는 것을 보게 될 것이다. 그래서 이 단위구면 위의 음이 아닌 적당한 벡터 $\vec{\mathbf{x}}$에 대하여 $A\mathbf{x}\ge\lambda\mathbf{x}$를 만족하는 최댓값 λ가 존재한다(그림 4.19 참조). 이 수를 λ_1로, 그에 대응하는 단위벡터를 $\mathbf{x}_1$로 나타내자.

이제 $A\mathbf{x}_1=\lambda_1\mathbf{x}_1$임을 보이자. 만약 그렇지 않다면, $A\mathbf{x}_1>\lambda_1\mathbf{x}_1$이고 다시 A를 적용하여 다음을 얻는다.

$$A(A\mathbf{x}_1)>A(\lambda_1\mathbf{x}_1)=\lambda_1(A\mathbf{x}_1)$$

A가 양 행렬이기 때문에 부등식이 유지된다(연습문제 40과 3.7절 연습문제 36 참조). 하지만 $\mathbf{y}=(1/\|A\mathbf{x}_1\|)A\mathbf{x}_1$은 $A\mathbf{y}>\lambda_1\mathbf{y}$를 만족하는 단위벡터이다. 그래서 $A\mathbf{y}\ge\lambda_2\mathbf{y}$인 어떤 $\lambda_2>\lambda_1$가 존재한다. 이것은 λ_1이 이러한 성질은 가지는 최댓값이라는 사실에 모순이다. 그러므로 반드시 $A\mathbf{x}_1=\lambda_1\mathbf{x}_1$이어야 한다. 즉, λ_1은 A의 고윳값이다.

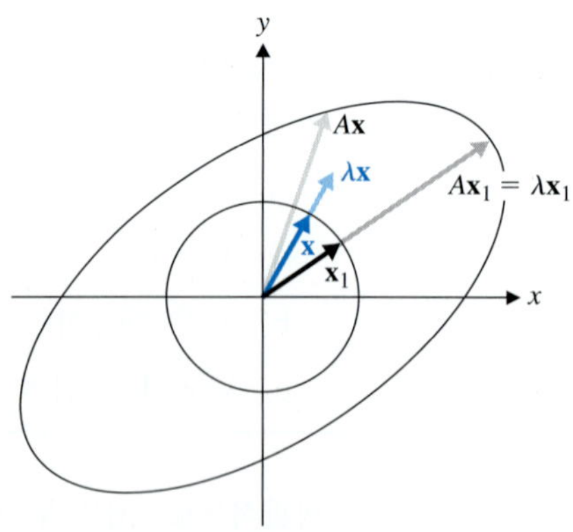

그림 4.19

이제, A는 양행렬이고 $\mathbf{x}_1$는 양의 벡터이므로, $\lambda_1 \mathbf{x}_1 = A\mathbf{x}_1 > \mathbf{0}$이다. 이는 $\lambda_1 > 0$, $\mathbf{x}_1 > \mathbf{0}$을 의미하고, 이것으로 (a)와 (b)가 증명되었다.

(c)를 증명하기 위해서, λ를 대응하는 고유벡터로 $\mathbf{z}$를 갖는, A의 임의의 다른 (실수 또는 복소수) 고윳값이라 하면, $A\mathbf{z} = \lambda\mathbf{z}$이다. 그리고 절댓값을 취하면 다음을 얻는다.

$$A|\mathbf{z}| = |A||\mathbf{z}| \geq |A\mathbf{z}| = |\lambda\mathbf{z}| = |\lambda||\mathbf{z}| \tag{4}$$

가운데 부등호는 삼각부등식에 의한 것이다. (연습문제 40 참조) $|\mathbf{z}| > \mathbf{0}$이기 때문에 $|\mathbf{z}|$ 방향으로의 단위벡터 $\mathbf{u}$ 또한 양이고, $A\mathbf{u} \geq |\lambda|\mathbf{u}$를 만족시킨다. 이 증명의 첫 부분의 λ_1의 최댓값 조건으로부터 $|\lambda| \leq \lambda_1$이다.

실제로, 이 정리에서 λ_1은 우세 고윳값이다. 즉, 임의의 $\lambda \neq \lambda_1$에 대해서 $|\lambda| < \lambda_1$이다. 그것은 또한 λ_1이 대수적 중복도 1과 기하적 중복도 1을 갖는 경우이다. 우리는 이 사실들을 증명하지 않을 것이다.

페론의 정리는 양행렬에서 음이 아닌 행렬로 일반화할 수 있다. 프로베니우스는 그 일반화를 1912년에 하였다. 그 결과는 행렬에서의 기술적 조건을 필요로 한다. 정사각행렬 A를 행들의 어떤 치환과 열들의 같은 치환으로 다음과 같은 분할 형태로 바꿀 수 있으면 A를 **가약행렬**(reducible matrix)이라고 한다.

$$\begin{bmatrix} B & C \\ O & D \end{bmatrix}$$

여기서, B와 D는 정사각행렬이다. 동치로서, 다음을 만족하는 치환행렬 P가 있다면 A는 가약행렬이다.

$$PAP^T = \begin{bmatrix} B & C \\ O & D \end{bmatrix}$$

예를 들어, 다음 행렬은 가약이다.

$$A = \begin{bmatrix} 2 & 0 & 0 & 1 & 3 \\ 4 & 2 & 1 & 5 & 5 \\ 1 & 2 & 7 & 3 & 0 \\ 6 & 0 & 0 & 2 & 1 \\ 1 & 0 & 0 & 7 & 2 \end{bmatrix}$$

왜냐하면, 제1행과 제3행, 제1열과 제3열을 바꾸면 다음을 만들기 때문이다.

$$\left[\begin{array}{cc:ccc} 7 & 2 & 1 & 3 & 0 \\ 1 & 2 & 4 & 5 & 5 \\ \hdashline 0 & 0 & 2 & 1 & 3 \\ 0 & 0 & 6 & 2 & 1 \\ 0 & 0 & 1 & 7 & 2 \end{array}\right]$$

여기서 치환행렬 P는 다음과 같다.

$$P=\begin{bmatrix}0&0&1&0&0\\0&1&0&0&0\\1&0&0&0&0\\0&0&0&1&0\\0&0&0&0&1\end{bmatrix}$$

가약이 아닌 정사각행렬 A는 **기약행렬**(irreducible matrix)이라 불린다. 만약 어떤 k에 대해서 $A^k > O$이면, A는 **원시행렬**(primitive matrix)이라고 불린다. 예를 들어, 모든 고른 마르코프 연쇄는 정의에 의해서 원시 추이행렬을 가진다. 모든 원시행렬이 기약이라는 것을 보이는 것은 어렵지 않다.

정리 4.37 **페론-프로베니우스 정리**

A가 음이 아닌 $n\times n$ 기약행렬이면, A는 다음 성질을 만족하는 실수인 고윳값 λ_1을 가진다.

a. $\lambda_1 > 0$

b. λ_1은 대응하는 양의 고유벡터를 가진다.

c. λ가 A의 임의의 다른 고윳값이면, $|\lambda| \le \lambda_1$이다. 만약 A가 원시행렬이면, 이 부등식에서 등호는 성립하지 않는다.

d. λ가 $|\lambda| = \lambda_1$인 A의 고윳값이면, λ는 방정식 $\lambda^n - \lambda_1^n = 0$의 (복소수) 근이다.

e. λ_1은 대수적 중복도 1을 갖는다.

호른(R. A. Horn)과 존슨(C. R. Johnson)의 《행렬 해석(*Martrix Analysis*)》을 보라(케임브리지, 영국: 케임브리지 대학 출판부, 1985).

관심을 가진 독자는 음이 아닌 행렬이나 행렬해석에 관한 많은 책에서 페론-프로베니우스 정리의 증명을 찾을 수 있다. 고윳값 λ_1은 종종 A의 **페론 근**(Perron root)이라고 하고 그에 대응하는 (필연적으로 유일한) 확률벡터는 A의 **페론 고유벡터**(Perron eigenvector)라고 한다.

선형점화관계

피보나치 수(Fibonacci numbers)는 수열 0, 1, 1, 2, 3, 5, 8, 13, 21, ⋯ 의 수이다. 처음 두 항에 이어서, 새로운 항은 그 앞의 두 항의 합으로부터 얻어진다. 만약 우리가 n번째 피보나치 수를 f_n으로 나타내면, 이 수열은 $f_0=0$, $f_1=1$, 그리고 $n\ge 2$에 대해서는 다음과 같이 정의된다.

$$f_n = f_{n-1} + f_{n-2}$$

이 마지막 방정식은 선형점화관계의 한 예이다. 우리는 피보나치 수로 다시 돌아갈 것이지만, 먼저 좀 더 일반적인 선형점화관계를 생각해보고자 한다.

Bettmann/CORBIS

레오나르도(Leonardo of Pisa, 1170~1250)는 '보나치오(Bonaccio)의 아들'이라는 의미의 그의 별명인 피보나치로 더 잘 알려져있다. 그는 《산반서(*Liber abaci*)》와 《제곱근서(*Liber quadratorum*)》를 포함하여 중요한 많은 책을 저술하였다. 피보나치 수열은 《산반서》 속의 다음 문제를 풀이하면서 나타났다. "어떤 사람이 토끼 한 쌍을 모든 면이 벽으로 둘러쌓인 곳에 가져왔다. 태어난 지 둘째 달부터 매달 새로운 한 쌍의 새끼를 낳는다고 하면, 이 토끼들은 얼마나 많은 쌍의 토끼를 가질까?" 프랑스 수학자 뤼카(Edouard Lucas, 1842~1891)는 이 수열의 각 항을 피보나치 수라고 이름 지었다.

정의 $(x_n)=(x_0, x_1, x_2, \cdots)$이 다음과 같이 정의된 수열이라 하자.

1. $x_0=a_0$, $x_1=a_1$, $\cdots$, $x_{k-1}=a_{k-1}$, 여기서, a_0, a_1, $\cdots$, a_{k-1}은 스칼라이다.
2. 모든 $n \geq k$에 대해서, $x_n = c_1x_{n-1}+c_2x_{n-2}+\cdots+c_kx_{n-k}$이고 c_1, c_2, $\cdots$, c_k는 스칼라이다.

만약 $c_k \neq 0$이면, (2)에서의 방정식은 k차의 **선형점화관계**(linear recurrence relation)라 불린다. (1)에서의 식들은 점화식의 **초기조건**(initial conditions)이라 부른다.

그러므로 피보나치 수는 2차의 선형점화관계를 만족한다.

주의

- 점화관계에서 n번째 항을 정의하기 위해 $(n-k)$번째 항이 필요하고, 그 이전의 항은 필요없다면, 점화관계는 차수 k를 갖는다.
- 초기조건의 개수는 점화관계의 차수와 같다.
- 수열의 첫째 항을 x_0로 둘 필요는 없다. x_1나 어디에서라도 시작할 수 있다.
- 계수 c_i를 상수가 아닌 함수로 두고, 여분의 계수를 허용하여 좀 더 일반화된 선형점화관계를 만들 수도 있다. 예로서, 다음도 점화식이 될 수 있다.

$$x_n = 2x_{n-1} - n^2x_{n-2} + \frac{1}{n}x_{n-3} + n$$

그러나 여기서는 그러한 점화식을 다루지 않을 것이다.

예제 4.40 초기조건 $x_1=1$, $x_2=5$와 $n \geq 3$에 대하여 점화관계 $x_n = 5x_{n-1} - 6x_{n-2}$로 정의된 수열 (x_n)를 생각하자. 이 수열의 처음 5개의 항을 적어보아라.

풀이 처음 두 개의 항은 알고 있으므로, 다음 세 개의 항을 계산하기 위해서 점화관계를 이용한다.

$$\begin{aligned} x_3 &= 5x_2 - 6x_1 = 5 \cdot 5 - 6 \cdot 1 = 19 \\ x_4 &= 5x_3 - 6x_2 = 5 \cdot 19 - 6 \cdot 5 = 65 \\ x_5 &= 5x_4 - 6x_3 = 5 \cdot 65 - 6 \cdot 19 = 211 \end{aligned}$$

따라서 주어진 수열은 1, 5, 19, 65, 211, …으로 시작한다.

예제 4.40에서 수열의 100번째 항에 관심이 있다면, 점화관계를 98번 적용해야 하므로 접근이 다소 지루할 것이다. 우리가 n에 관한 함수로서 x_n에 대한 명시적인 공식을 구할 수 있다면 좋을 것이다. 점화관계식을 풀이하여 그러한 명시적인 공식을 구해보자. 예제 4.40으로부터 수열에 관한 과정을 설명할 것이다.

먼저, 행렬방정식으로 점화관계를 나타내어 보자.

$$A = \begin{bmatrix} 5 & -6 \\ 1 & 0 \end{bmatrix}$$

라 하고, $n \geq 2$에 대해서 $\mathbf{x}_n = \begin{bmatrix} x_n \\ x_{n-1} \end{bmatrix}$이라 두면

$$\mathbf{x}_2 = \begin{bmatrix} x_2 \\ x_1 \end{bmatrix} = \begin{bmatrix} 5 \\ 1 \end{bmatrix}, \ \mathbf{x}_3 = \begin{bmatrix} x_3 \\ x_2 \end{bmatrix} = \begin{bmatrix} 19 \\ 5 \end{bmatrix}, \ \mathbf{x}_4 = \begin{bmatrix} x_4 \\ x_3 \end{bmatrix} = \begin{bmatrix} 65 \\ 19 \end{bmatrix}$$

등임을 알 수 있다. $n \geq 2$에 대해서

$$A\mathbf{x}_{n-1} = \begin{bmatrix} 5 & -6 \\ 1 & 0 \end{bmatrix} \begin{bmatrix} x_{n-1} \\ x_{n-2} \end{bmatrix} = \begin{bmatrix} 5x_{n-1} - 6x_{n-2} \\ x_{n-1} \end{bmatrix} = \begin{bmatrix} x_n \\ x_{n-1} \end{bmatrix} = \mathbf{x}_n$$

이 성립한다. 이것은 우리가 마르코프 연쇄와 레슬리 행렬에서 보았던 식과 같은 부류인 것을 알 것이다. 이런 경우에, 우리는 다음과 같이 나타낼 수 있다.

$$\mathbf{x}_n = A\mathbf{x}_{n-1} = A^2\mathbf{x}_{n-2} = \cdots = A^{n-2}\mathbf{x}_2$$

이제, A의 거듭제곱을 계산하기 위해서 예제 4.29의 기법을 사용하자.

A의 특성방정식은

$$\lambda^2 - 5\lambda + 6 = 0$$

이므로, 고윳값은 $\lambda_1 = 3$과 $\lambda_2 = 2$이다. 이들에 대응하는 고유공간은

$$E_3 = \text{span}\left(\begin{bmatrix} 3 \\ 1 \end{bmatrix}\right), \ E_2 = \text{span}\left(\begin{bmatrix} 2 \\ 1 \end{bmatrix}\right)$$

이므로 $P = \begin{bmatrix} 3 & 2 \\ 1 & 1 \end{bmatrix}$으로 두면, $P^{-1}AP = D = \begin{bmatrix} 3 & 0 \\ 0 & 2 \end{bmatrix}$가 성립한다. 따라서 $A = PDP^{-1}$이고

$$A^k = PD^kP^{-1} = \begin{bmatrix} 3 & 2 \\ 1 & 1 \end{bmatrix} \begin{bmatrix} 3^k & 0 \\ 0 & 2^k \end{bmatrix} \begin{bmatrix} 3 & 2 \\ 1 & 1 \end{bmatrix}^{-1}$$

$$= \begin{bmatrix} 3 & 2 \\ 1 & 1 \end{bmatrix} \begin{bmatrix} 3^k & 0 \\ 0 & 2^k \end{bmatrix} \begin{bmatrix} 1 & -2 \\ -1 & 3 \end{bmatrix}$$

$$= \begin{bmatrix} 3^{k+1} - 2^{k+1} & -2(3^{k+1}) + 3(2^{k+1}) \\ 3^k - 2^k & -2(3^k) + 3(2^k) \end{bmatrix}$$

가 성립한다. 그러므로 다음을 얻을 수 있다.

$$\begin{bmatrix} x_n \\ x_{n-1} \end{bmatrix} = \mathbf{x}_n = A^{n-2}\mathbf{x}_2 = \begin{bmatrix} 3^{n-1} - 2^{n-1} & -2(3^{n-1}) + 3(2^{n-1}) \\ 3^{n-2} - 2^{n-2} & -2(3^{n-2}) + 3(2^{n-2}) \end{bmatrix} \begin{bmatrix} 5 \\ 1 \end{bmatrix}$$

$$= \begin{bmatrix} 3^n - 2^n \\ 3^{n-1} - 2^{n-1} \end{bmatrix}$$

이로부터 $x_n = 3^n - 2^n$ 임을 알 수 있다. (이를 확인하기 위하여, $n = 1, 2, \cdots, 5$ 를 점화관계식에 대입하여 보아라.)

x_n이 고윳값들의 거듭제곱의 일차결합으로 주어짐을 주목하자. 고윳값들이 다르기만 하면 필연적으로 그러하다[정리 4.38(a)가 구체화하는 것처럼]. 이러한 관찰을 통하여 우리의 계산과정을 줄일 수 있다. 여기에서 고윳값 $\lambda_1 = 3$와 $\lambda_2 = 2$를 구하였을 때, 나중에 결정될 c_1과 c_2를 이용하여 다음과 같이 나타낼 수 있다.

$$x_n = c_1 3^n + c_2 2^n$$

한편, 초기조건을 이용하면 $n = 1$일 때

$$1 = x_1 = c_1 3^1 + c_2 2^1 = 3c_1 + 2c_2$$

이고, $n = 2$일 때

$$5 = x_2 = c_1 3^1 + c_2 2^2 = 9c_1 + 4c_2$$

이므로, c_1과 c_2에 대한 다음 연립방정식

$$\begin{aligned} 3c_1 + 2c_2 &= 1 \\ 9c_1 + 4c_2 &= 5 \end{aligned}$$

를 풀면, $c_1 = 1$과 $c_2 = -1$을 얻는다. 따라서 앞에서와 같이 $x_n = 3^n - 2^n$ 임을 알 수 있다.

이것이 실제로 사용할 방법이다. 피보나치 수에 대한 명시적인 공식을 얻기 위해 이를 어떻게 이용하는지 알아보자.

예제 4.41 피보나치 점화식 $f_0 = 0$, $f_1 = 1$과 $f_n = f_{n-1} + f_{n-2}$, $n \geq 2$를 풀어보아라.

풀이 점화식을 $f_n - f_{n-1} - f_{n-2} = 0$로 나타내면, 특성방정식은 $\lambda^2 - \lambda - 1 = 0$이다. 따라서 고윳값

$$\lambda_1 = \frac{1 + \sqrt{5}}{2}, \quad \lambda_2 = \frac{1 - \sqrt{5}}{2}$$

비네(Jacques Binet, 1786~1856)는 행렬이론, 수론, 물리학과 천문학에 공헌하였다. 그는 1812년에 행렬의 곱의 규칙을 발견했다. 피보나치 수를 위한 비네의 식은 사실 1765년에 발표한 오일러의 발견이지만 1843년 비네가 발표하기 전까지는 잊혀져 있었다. 코시처럼 비네는 왕정주의자였고, 1830년 찰스 10세가 퇴위할 때, 그는 대학에서의 지위를 잃었다. 비네는 1843년 왕립과학아카데미에 당선된 것을 포함하여, 그의 업적으로 많은 명예를 얻었다.

를 얻는다. 한편, 위의 논의로부터 점화관계의 답은 적당한 상수 c_1과 c_2에 대해서, 다음과 같은 형태를 가진다.

$$f_n = c_1\lambda_1^n + c_2\lambda_2^n = c_1\left(\frac{1+\sqrt{5}}{2}\right)^n + c_2\left(\frac{1-\sqrt{5}}{2}\right)^n$$

여기에 초기조건을 적용하면

$$0 = f_0 = c_1\lambda_1^0 + c_2\lambda_2^0 = c_1 + c_2$$

$$1 = f_1 = c_1\lambda_1^1 + c_2\lambda_2^1 = c_1\left(\frac{1+\sqrt{5}}{2}\right) + c_2\left(\frac{1-\sqrt{5}}{2}\right)$$

를 만족하여야 하므로, 이 연립방정식을 c_1과 c_2에 대하여 풀면, $c_1 = 1/\sqrt{5}$와 $c_2 = -1/\sqrt{5}$를 얻는다. 따라서 n번째 피보나치 수에 대한 명시적인 공식은 다음과 같다.

$$f_n = \frac{1}{\sqrt{5}}\left(\frac{1+\sqrt{5}}{2}\right)^n - \frac{1}{\sqrt{5}}\left(\frac{1-\sqrt{5}}{2}\right)^n \tag{5}$$

피보나치 수가 모두 정수임에도 불구하고, 무리수 $\sqrt{5}$가 포함된 식 (5)는 주목할만하다. 정숫값 f_n을 남기기 위해 $\sqrt{5}$의 항이 어떻게 없어지는지를 보기 위해 몇 개의 n값을 넣어보아라. 식 (5)는 **비네의 공식**(Binet's formula)으로 알려져 있다.

위에서 소개한 방법은 2차 선형점화관계 중 그 고윳값들이 모두 다른 경우에는 항상 쓸 수 있다. 중복된 고윳값이 있을 때는 대각화 방법을 사용할 수 없으므로, 풀이 방법은 수정되어야 한다. 다음 정리는 두 상황을 요약한 것이다.

정리 4.38

$x_n = ax_{n-1} + bx_{n-2}$는 수열 (x_n)이 만족하는 점화관계이고, λ_1과 λ_2는 특성방정식 $\lambda^2 - a\lambda - b = 0$의 고윳값이라 하자.

a. 만약 $\lambda_1 \neq \lambda_2$이면, 어떤 스칼라 c_1와 c_2에 대해서 $x_n = c_1\lambda_1^n + c_2\lambda_2^n$이다.

b. 만약 $\lambda_1 = \lambda_2 = \lambda$이면, 어떤 스칼라 c_1와 c_2에 대해서 $x_n = c_1\lambda^n + c_2 n\lambda^n$이다.

각 경우에서, c_1와 c_2는 초기조건을 이용해서 결정될 수 있다.

증명 (a) 위의 논의를 일반화하기 위해서, 점화관계를 $\mathbf{x}_n = A\mathbf{x}_{n-1}$으로 나타낼 수 있다. 여기서

$$\mathbf{x}_n = \begin{bmatrix} x_n \\ x_{n-1} \end{bmatrix}, \quad A = \begin{bmatrix} a & b \\ 1 & 0 \end{bmatrix}$$

한편, A가 서로 다른 고윳값을 가지기 때문에, A는 대각화될 수 있다. 나머지

상세한 증명은 연습문제 53으로 남겨둔다.

(b) $\lambda^2 - a\lambda - b = 0$일 때, $x_n = c_1\lambda^n + c_2 n\lambda^n$가 점화관계 $x_n = ax_{n-1} + bx_{n-2}$ 또는 동치인

$$x_n - ax_{n-1} - bx_{n-2} = 0 \tag{6}$$

를 만족하는 것을 보일 것이다.

$$x_{n-1} = c_1\lambda^{n-1} + c_2(n-1)\lambda^{n-1}, \quad x_{n-2} = c_1\lambda^{n-2} + c_2(n-2)\lambda^{n-2}$$

이므로, 이를 식 (6)에 대입하면

$$\begin{aligned} x_n - ax_{n-1} - bx_{n-2} &= \left(c_1\lambda^n + c_2 n\lambda^n\right) - a\left(c_1\lambda^{n-1} + c_2(n-1)\lambda^{n-1}\right) \\ &\quad - b\left(c_1\lambda^{n-2} + c_2(n-2)\lambda^{n-2}\right) \\ &= c_1\left(\lambda^n - a\lambda^{n-1} - b\lambda^{n-2}\right) + c_2\left(n\lambda^n - a(n-1)\lambda^{n-1}\right. \\ &\quad \left. - b(n-2)\lambda^{n-2}\right) \\ &= c_1\lambda^{n-2}\left(\lambda^2 - a\lambda - b\right) + c_2 n\lambda^{n-2}\left(\lambda^2 - a\lambda - b\right) \\ &\quad + c_2\lambda^{n-2}(a\lambda + 2b) \\ &= c_1\lambda^{n-2}(0) + c_2 n\lambda^{n-2}(0) + c_2\lambda^{n-2}(a\lambda + 2b) \\ &= c_2\lambda^{n-2}(a\lambda + 2b) \end{aligned}$$

이다. 하지만 λ가 $\lambda^2 - a\lambda - b = 0$의 중근이므로, 이차방정식의 근의 공식을 이용하면 $a^2 + 4b = 0$와 $\lambda = a/2$를 얻는다. 따라서 $a\lambda + 2b = a^2/2 + 2b = -4b/2 + 2b = 0$이다. 그러므로

$$x_n - ax_{n-1} - bx_{n-2} = c_2\lambda^{n-2}(0) = 0$$

초기조건이 $x_0 = r$과 $x_1 = s$라 가정하면, (a)와 (b) 어느 경우에서도 c_1와 c_2에 대한 유일한 해가 있다(연습문제 54).

예제 4.42 점화관계 $x_0 = 1$, $x_1 = 6$와 $n \geq 2$에 대해서 $x_n = 6x_{n-1} - 9x_{n-2}$를 풀어보아라.

풀이 특성방정식 $\lambda^2 - 6\lambda + 9 = 0$에서 고윳값은 $\lambda = 3$을 중근으로 갖는다. 정리 4.38(b)에 의해서 $x_n = c_1 3^n + c_2 n 3^n = (c_1 + c_2 n)3^n$의 형태를 가진다. $1 = x_0 = c_1$이고 $6 = x_1 = (c_1 + c_2)3$이므로, $c_2 = 1$이다. 따라서 구하려는 해는

$$x_n = (1 + n)3^n$$

정리 4.38에 쓰인 방법을 고차의 점화관계에도 쓸 수 있는데 그 일반적인 결과를 다음 정리에서 증명없이 소개한다.

정리 4.39

수열 (x_n)이 m차 점화관계 $x_n = a_{m-1}x_{n-1} + a_{m-2}x_{n-2} + \cdots + a_0 x_{n-m}$를 만족하고, 이로부터 정의된 특성다항식

$$\lambda^m - a_{m-1}\lambda^{m-1} - a_{m-2}\lambda^{m-2} - \cdots - a_0$$

이 $m_1 + m_2 + \cdots + m_k = m$에 대해서 다음과 같이 인수분해된다고 가정하자.

$$(\lambda - \lambda_1)^{m_1}(\lambda - \lambda_2)^{m_2} \cdots (\lambda - \lambda_k)^{m_k}$$

그러면 x_n는 다음과 같은 형태를 가진다.

$$x_n = \left(c_{11}\lambda_1^n + c_{12}n\lambda_1^n + c_{13}n^2\lambda_1^n + \cdots + c_{1m_1}n^{m_1-1}\lambda_1^n\right) + \cdots + \left(c_{k1}\lambda_k^n + c_{k2}n\lambda_k^n + c_{k3}n^2\lambda_k^n + \cdots + c_{km_k}n^{m_k-1}\lambda_k^n\right)$$

연립선형미분방정식

미적분학에서, 만약 $x = x(t)$가 $x' = kx$ (k는 상수) 형태의 미분방정식을 만족하는 미분가능 함수이면, 일반해는 $x = Ce^{kt}$ (C는 상수)임을 알고 있다. 초기조건 $x(0) = x_0$가 주어지면, 일반해에 $t = 0$을 대입하여 $C = x_0$를 구할 수 있다. 따라서 초기조건을 만족하는 미분방정식의 유일한 해는 다음과 같다.

$$x = x_0 e^{kt}$$

t에 관한 n개의 미분가능 함수 $x_1, x_2, \cdots, x_n$이 다음의 **연립미분방정식**을 만족한다고 하자.

$$\begin{aligned} x_1' &= a_{11}x_1 + a_{12}x_2 + \cdots + a_{1n}x_n \\ x_2' &= a_{21}x_1 + a_{22}x_2 + \cdots + a_{2n}x_n \\ &\vdots \\ x_n' &= a_{n1}x_1 + a_{n2}x_2 + \cdots + a_{nn}x_n \end{aligned}$$

이는 $\mathbf{x}' = A\mathbf{x}$의 행렬 형태로 나타낼 수 있다. 여기서

$$\mathbf{x}(t) = \begin{bmatrix} x_1(t) \\ x_2(t) \\ \vdots \\ x_n(t) \end{bmatrix},\quad \mathbf{x}'(t) = \begin{bmatrix} x_1'(t) \\ x_2'(t) \\ \vdots \\ x_n'(t) \end{bmatrix},\quad A = \begin{bmatrix} a_{11} & a_{12} & \cdots & a_{1n} \\ a_{21} & a_{22} & \cdots & a_{2n} \\ \vdots & \vdots & \ddots & \vdots \\ a_{n1} & a_{n2} & \cdots & a_{nn} \end{bmatrix}$$

따라서 해를 구하기 위하여, 행렬 방법을 이용할 수 있다.

먼저, 다음 연립미분방정식의 해를 구한다고 하자.

$$\begin{aligned} x_1' &= 2x_1 \\ x_2' &= 5x_2 \end{aligned}$$

각 방정식은 앞에서와 같이 별도로 풀 수 있다. 즉, 상수 C_1과 C_2에 대하여

$$x_1 = C_1e^{2t}$$
$$x_2 = C_2e^{5t}$$

이다. 주어진 행렬방정식 $\mathbf{x}' = A\mathbf{x}$는 다음의 계수행렬을 갖는다.

$$A = \begin{bmatrix} 2 & 0 \\ 0 & 5 \end{bmatrix}$$

그리고 고윳값 2와 5는 해의 지수함수 e^{2t}와 e^{5t}에 나타남을 알 수 있다. 따라서 임의의 연립방정식을 풀이할 때, 가능하다면 계수행렬을 대각화하는 것으로 시작하라고 권한다.

예제 4.43 다음 연립미분방정식을 풀어보아라.

$$\begin{aligned} x_1' &= \ \ x_1 + 2x_2 \\ x_2' &= 3x_1 + 2x_2 \end{aligned}$$

풀이 여기서, 계수행렬은 $A = \begin{bmatrix} 1 & 2 \\ 3 & 2 \end{bmatrix}$이고, A의 고윳값 $\lambda_1 = 4$와 $\lambda_2 = -1$에 대응하는 고유벡터는 각각 $\mathbf{v}_1 = \begin{bmatrix} 2 \\ 3 \end{bmatrix}$과 $\mathbf{v}_2 = \begin{bmatrix} -1 \\ 1 \end{bmatrix}$이다. 따라서 A는 대각화 가능하고, 대각화하는 행렬 P는

$$P = [\mathbf{v}_1 \quad \mathbf{v}_2] = \begin{bmatrix} 2 & -1 \\ 3 & 1 \end{bmatrix}$$

이고

$$P^{-1}AP = \begin{bmatrix} 4 & 0 \\ 0 & -1 \end{bmatrix} = D$$

가 성립한다. $\mathbf{x} = P\mathbf{y}$ (즉, $\mathbf{x}' = P\mathbf{y}'$)라 두고, 이 결과를 원래의 방정식 $\mathbf{x}' = A\mathbf{x}$에 대입하면 $P\mathbf{y}' = AP\mathbf{y}$ 또는 동치인 $\mathbf{y}' = P^{-1}AP\mathbf{y} = D\mathbf{y}$를 얻는다. 이것은 연립일차방정식

$$\begin{aligned} y_1' &= 4y_1 \\ y_2' &= -y_2 \end{aligned}$$

이고, 일반해는

$$\begin{aligned} y_1 &= C_1e^{4t} \\ y_2 &= C_2e^{-t} \end{aligned} \quad \text{또는} \quad \mathbf{y} = \begin{bmatrix} C_1e^{4t} \\ C_2e^{-t} \end{bmatrix}$$

이때, $\mathbf{x}$를 구하면

$$\mathbf{x} = P\mathbf{y} = \begin{bmatrix} 2 & -1 \\ 3 & 1 \end{bmatrix} \begin{bmatrix} C_1e^{4t} \\ C_2e^{-t} \end{bmatrix} = \begin{bmatrix} 2C_1e^{4t} - C_2e^{-t} \\ 3C_1e^{4t} + C_2e^{-t} \end{bmatrix}$$

이므로, $x_1 = 2C_1e^{4t} - C_2e^{-t}$이고 $x_2 = 3C_1e^{4t} + C_2e^{-t}$임을 알 수 있다. (이 값이 주어진 연립방정식을 만족시키는지 확인하여라.)

주의 예제 4.43의 해를 다음과 같이 표현할 수 있는지 살펴보아라.

$$\mathbf{x} = C_1e^{4t}\begin{bmatrix}2\\3\end{bmatrix} + C_2e^{-t}\begin{bmatrix}-1\\1\end{bmatrix} = C_1e^{4t}\mathbf{v}_1 + C_2e^{-t}\mathbf{v}_2$$

이 기법은 계수행렬이 대각화 가능한 $n \times n$ 연립방정식에 쉽게 일반화할 수 있다. 다음 정리는 이러한 내용을 요약한 것으로, 증명은 연습문제로 남긴다.

정리 4.40

A가 대각화 가능한 $n \times n$행렬이고 $P = [\mathbf{v}_1\ \mathbf{v}_2\ \cdots\ \mathbf{v}_n]$은 다음을 만족한다고 하자.

$$P^{-1}AP = \begin{bmatrix}\lambda_1 & 0 & \cdots & 0\\ 0 & \lambda_2 & \cdots & 0\\ \vdots & \vdots & \ddots & \vdots\\ 0 & 0 & \cdots & \lambda_n\end{bmatrix}$$

이때, 연립방정식 $\mathbf{x}' = A\mathbf{x}$의 일반해는 다음과 같다.

$$\mathbf{x} = C_1e^{\lambda_1 t}\mathbf{v}_1 + C_2e^{\lambda_1 t}\mathbf{v}_2 + \cdots + C_ne^{\lambda_n t}\mathbf{v}_n$$

다음 예제는 하나의 생태계에서 두 가지 종이 공존하는 생물학적 모형을 포함한다. 각 종의 증가율은 두 종 모두의 개체수에 의존한다고 보는 것이 옳을 것이다. 물론, 증가를 좌우하는 다른 요인도 있지만, 이들을 배제함으로써 우리의 모형을 간단히 할 것이다.

만약 $x_1(t)$와 $x_2(t)$가 시각 t에서 두 종의 개체수를 나타낸다면, $x_1'(t)$와 $x_2'(t)$는 시각 t에서 그들의 증가율이다. 따라서 이 모형은 주어진 조건에 의존하는 계수 a, b, c와 d에 대해 다음 형태를 갖는다.

$$\begin{aligned} x_1'(t) &= ax_1(t) + bx_2(t)\\ x_2'(t) &= cx_1(t) + dx_2(t)\end{aligned}$$

예제 4.44

너구리와 다람쥐는 같은 생태계에 살고 있으며, 서로 음식, 물과 공간을 차지하기 위해 경쟁한다. t년의 너구리와 다람쥐의 개체수가 각각 $r(t)$와 $s(t)$로 주어졌다고 하자. 다람쥐가 없으면 너구리의 증가율은 $r'(t) = 2.5r(t)$이지만, 다람쥐가 있으면 너구리의 증가율은 $r'(t) = 2.5r(t) - s(t)$로 낮아진다. 유사하게 다람쥐의 개체수도 너구리에 의해 영향을 받는다. 너구리가 없으면 다람쥐의 증가율은 $s'(t) = 2.5s(t)$이고, 너구리와 생태계를 나누어 쓸 때의 다람쥐 증가율은 $s'(t) = -0.25r(t) + 2.5s(t)$이다. 초기에 주어진 생태계에 60마리의 너구리와 60

마리의 다람쥐가 있다고 가정하자. 이들 개체수에는 어떤 변화가 일어날지 설명하여라.

풀이 예제의 가정은 다음과 같이 주어진 조건에서 행렬방정식 $\mathbf{x}' = A\mathbf{x}$를 만족한다.

$$\mathbf{x} = \mathbf{x}(t) = \begin{bmatrix} r(t) \\ s(t) \end{bmatrix}, \quad A = \begin{bmatrix} 2.5 & -1.0 \\ -0.25 & 2.5 \end{bmatrix}$$

A의 고윳값은 $\lambda_1 = 3$와 $\lambda_2 = 2$이고, 이들에 대응하는 고유벡터는 각각 $\mathbf{v}_1 = \begin{bmatrix} -2 \\ 1 \end{bmatrix}$과 $\mathbf{v}_2 = \begin{bmatrix} 2 \\ 1 \end{bmatrix}$이다. 따라서 정리 4.40에 의해서, 연립방정식의 일반해는 다음과 같이 주어진다.

$$\mathbf{x}(t) = C_1 e^{3t}\mathbf{v}_1 + C_2 e^{2t}\mathbf{v}_2 = C_1 e^{3t}\begin{bmatrix} -2 \\ 1 \end{bmatrix} + C_2 e^{2t}\begin{bmatrix} 2 \\ 1 \end{bmatrix} \tag{7}$$

초기 개체수를 나타내는 벡터는 $\mathbf{x}(0) = \begin{bmatrix} r(0) \\ s(0) \end{bmatrix} = \begin{bmatrix} 60 \\ 60 \end{bmatrix}$이고, 식 (7)에서 $t = 0$이라 두면

$$C_1 \begin{bmatrix} -2 \\ 1 \end{bmatrix} + C_2 \begin{bmatrix} 2 \\ 1 \end{bmatrix} = \begin{bmatrix} 60 \\ 60 \end{bmatrix}$$

이고, 이로부터 $C_1 = 15$와 $C_2 = 45$를 구한다. 따라서 $r(t) = -30e^{3t} + 90e^{2t}$와 $s(t) = 15e^{3t} + 45e^{2t}$이고, 다음을 얻는다.

$$\mathbf{x}(t) = 15e^{3t}\begin{bmatrix} -2 \\ 1 \end{bmatrix} + 45e^{2t}\begin{bmatrix} 2 \\ 1 \end{bmatrix}$$

그림 4.20은 이 두 함수의 그래프를 보여주며, 너구리는 1년이 조금 지나면 없어지는 것을 알 수 있다. (정확히 그것이 언제 없어지는지를 결정할 수 있는가?)

이제, 동물의 한 종이 다른 종의 먹이가 되는 경우를 살펴보자. 이러한 모형은 **포식자–먹이 모형**(predator–prey model)이라 불린다. 이번에도 주요한 특징을 설명하기 위해 모형을 과도할 정도로 단순히 할 것이다.

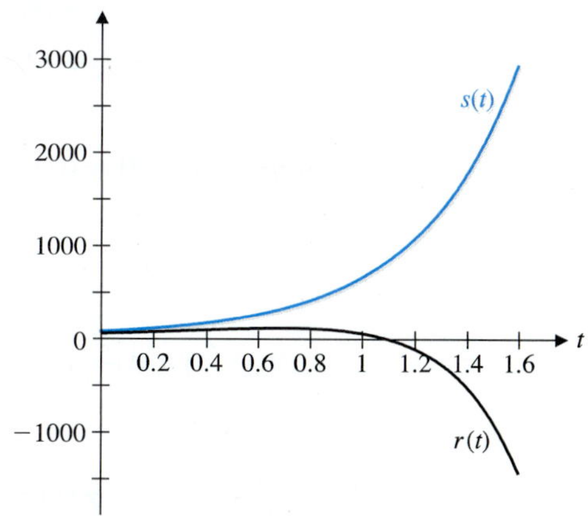

그림 4.20 너구리와 다람쥐의 개체수

a + bi

예제 4.45

울새와 벌레는 한 생태계에서 같이 서식하고 있다. 울새는 그들의 유일한 먹이감인 벌레를 먹는다. t년의 울새와 벌레의 개체수는 각각 $r(t)$와 $w(t)$이고, 둘의 개체수의 증가를 지배하는 연립방정식은 다음과 같다고 하자.

$$\begin{aligned} r'(t) &= w(t) - 12 \\ w'(t) &= -r(t) + 10 \end{aligned} \tag{8}$$

만약 초기에 6마리의 울새와 20마리의 벌레가 생태계를 차지하고 있다고 할 때, 시간이 지나면 두 개체수는 어떻게 변하는지 설명하여라.

풀이 이 예제에서 먼저 처리하여야 할 것은 두 방정식에서의 상수 -12와 10이다. 이는 변수를 교체하여 간단히 해결할 수 있다. 만약 $r(t) = x(t) + 10$과 $w(t) = y(t) + 12$라 두면, $r'(t) = x'(t)$와 $w'(t) = y'(t)$이다. 이를 식 (8)에 적용하면

$$\begin{aligned} x'(t) &= y(t) \\ y'(t) &= -x(t) \end{aligned} \tag{9}$$

를 얻는다. 식 (9)는 $A = \begin{bmatrix} 0 & 1 \\ -1 & 0 \end{bmatrix}$라 할 때, 행렬방정식 $\mathbf{x}' = A\mathbf{x}$로 나타낼 수 있다. 변수교체에 따른 새로운 초기조건은

$$x(0) = r(0) - 10 = 6 - 10 = -4, \quad y(0) = w(0) - 12 = 20 - 12 = 8$$

이므로

$$\mathbf{x}(0) = \begin{bmatrix} -4 \\ 8 \end{bmatrix}$$

이다. 직전의 예제에서와 같이 A의 고윳값과 고유벡터를 구하자. 특성다항식은 $\lambda^2 + 1$이고 실근을 가지지 않는다. 이 경우는 $\lambda_1 = i$와 $\lambda_2 = -i$인 복소근을 이용하여야 한다. 이들 고윳값에 대응하는 고유벡터 역시 복소수로, $\mathbf{v}_1 = \begin{bmatrix} 1 \\ i \end{bmatrix}$와 $\mathbf{v}_2 = \begin{bmatrix} 1 \\ -i \end{bmatrix}$이다. 따라서 정리 4.40에 의해 구하려는 일반해는 다음의 형태이다.

$$\mathbf{x}(t) = C_1 e^{it}\mathbf{v}_1 + C_2 e^{-it}\mathbf{v}_2 = C_1 e^{it}\begin{bmatrix} 1 \\ i \end{bmatrix} + C_2 e^{-it}\begin{bmatrix} 1 \\ -i \end{bmatrix}$$

또한, 초기조건 $\mathbf{x}(0) = \begin{bmatrix} -4 \\ 8 \end{bmatrix}$로부터, 다음을 얻는다.

$$C_1\begin{bmatrix} 1 \\ i \end{bmatrix} + C_2\begin{bmatrix} 1 \\ -i \end{bmatrix} = \begin{bmatrix} -4 \\ 8 \end{bmatrix}$$

그리고 이로부터 $C_1 = -2 - 4i$와 $C_2 = -2 + 4i$를 얻는다. 따라서 연립방정식 (9)의 해는

$$\mathbf{x}(t) = (-2 - 4i)e^{it}\begin{bmatrix} 1 \\ i \end{bmatrix} + (-2 + 4i)e^{-it}\begin{bmatrix} 1 \\ -i \end{bmatrix}$$

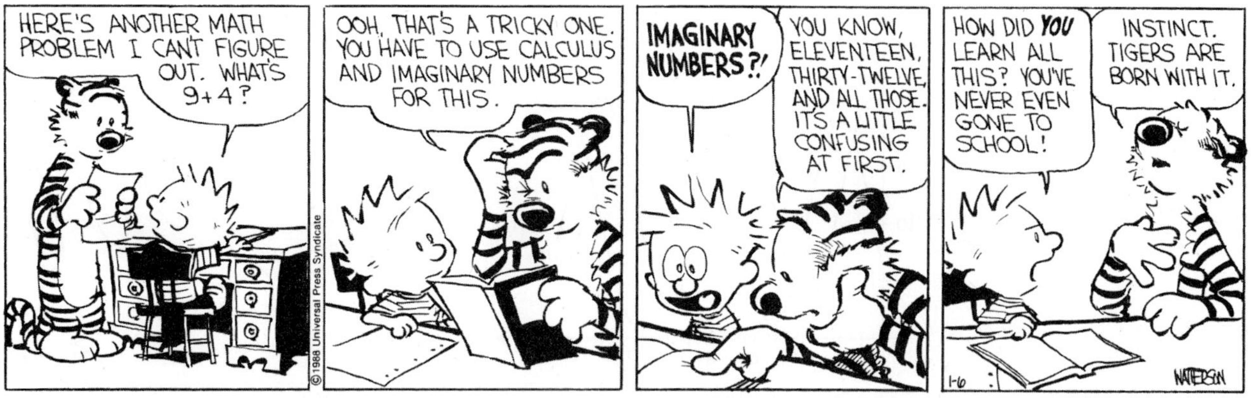

이다. 이 해를 얻기 위해 무엇을 하여야 할까? 비록 우리의 해가 복소수를 포함할지라도, 울새와 벌레는 실제 세상에 살고 있다! 겁먹지 말고, 다음의 오일러(Euler)의 식(부록 C)을 적용해보자.

$$e^{it} = \cos t + i\sin t$$

이로부터

$$e^{-it} = \cos(-t) + i\sin(-t) = \cos t - i\sin t$$

이므로

$$\begin{aligned}
\mathbf{x}(t) &= (-2-4i)(\cos t + i\sin t)\begin{bmatrix}1\\ i\end{bmatrix} + (-2+4i)(\cos t - i\sin t)\begin{bmatrix}1\\ -i\end{bmatrix} \\
&= \begin{bmatrix}(-2\cos t + 4\sin t) + i(-4\cos t - 2\sin t)\\ (4\cos t + 2\sin t) + i(-2\cos t + 4\sin t)\end{bmatrix} \\
&\quad + \begin{bmatrix}(-2\cos t + 4\sin t) + i(4\cos t + 2\sin t)\\ (4\cos t + 2\sin t) + i(2\cos t - 4\sin t)\end{bmatrix} \\
&= \begin{bmatrix}-4\cos t + 8\sin t\\ 8\cos t + 4\sin t\end{bmatrix}
\end{aligned}$$

를 얻는다. 따라서 $x(t) = -4\cos t + 8\sin t$와 $y(t) = 8\cos t + 4\sin t$임을 알 수 있다. 이 식으로부터 원래의 변수로 바꾸면 다음을 얻는다.

$$\begin{aligned}
r(t) &= x(t) + 10 = -4\cos t + 8\sin t + 10 \\
w(t) &= y(t) + 12 = 8\cos t + 4\sin t + 12
\end{aligned}$$

결국 우리가 구한 해는 실수이다! 그림 4.21에서 $r(t)$와 $w(t)$의 그래프는 두 종의 개체수가 주기적으로 진동하는 것을 보여준다. 울새의 수가 증가할수록, 벌레의 수는 감소하기 시작한다. 그러나 유일한 먹이가 줄어들면 울새의 개체수도 따라 감소한다. 포식자 울새가 사라짐에 따라, 벌레의 수는 다시 회복되고, 먹이가 증가함에 따라 울새의 개체수도 따라 증가하여 전체 과정이 다시 반복된다. 이 진동은 고윳값이 복소수인 예를 대표한다.

그림 4.22에서처럼 울새, 벌레 및 시간을 각기 다른 축에 두면, 두 종의 개체수의 순환적 성격을 분명하게 보여준다.

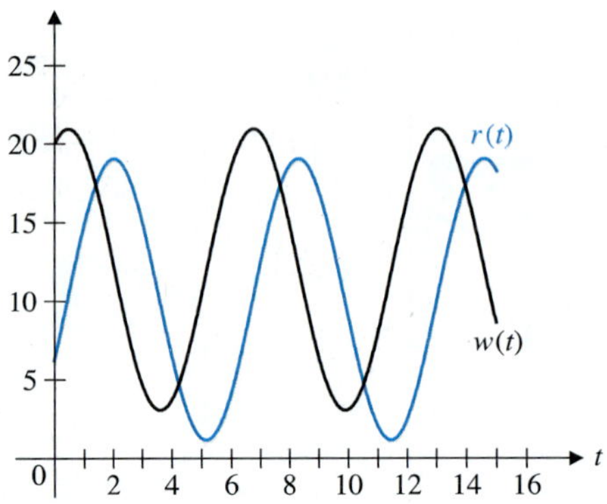

그림 4.21 울새와 벌레의 개체수

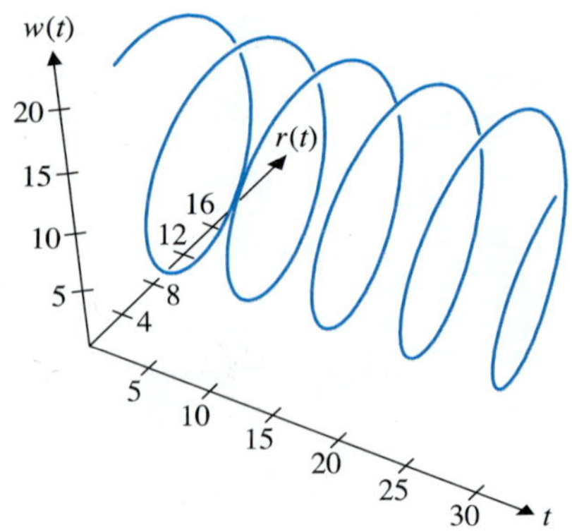

그림 4.22

우리가 앞에서 수행했던 것을 다른 관점에서 살펴보는 것으로 이 절을 마치겠다. 만약 $x = x(t)$가 t에 관해 미분가능한 함수이면 상미분방정식 $x' = ax$의 일반해는 $x = ce^{at}$이다. 여기서 c는 스칼라이다. 우리가 다룬 연립선형미분방정식은 $\mathbf{x}' = A\mathbf{x}$의 형태를 갖는다. 따라서 논리적인 추론 없이 단순히 생각한다면 일반해가 $\mathbf{x} = \mathbf{c}e^{At}$일 것이라고 생각하기 쉽다. 여기서 $\mathbf{c}$는 벡터이다. 그러나 이 식이 무슨 의미가 있는가? 식의 오른쪽은 수 e를 행렬로 거듭제곱한 것이다. 이것은 의미가 없어보이지만 그것이 의미를 갖도록 하는 방법이 있다.

e^A라는 표현을 먼저 살펴보자. 미적분학에서, 함수 e^x은 다음과 같이 모두 실수 x에 대해서 수렴하는 멱급수전개를 가짐을 알고 있다.

$$e^x = 1 + x + \frac{x^2}{2!} + \frac{x^3}{3!} + \cdots$$

이를 활용하여 e^A을 다음과 같이 정의한다.

$$e^A = I + A + \frac{A^2}{2!} + \frac{A^3}{3!} + \cdots$$

우변은 A의 거듭제곱의 항으로 정의되고, 그것은 임의의 실수 행렬 A에 대해서 수렴함을 알 수 있다. 이때, e^A은 A의 **행렬지수**(matrix exponential)라 한다. 그러나 e^A과 e^{At}를 어떻게 계산하여야 할 것인가? 대각행렬의 경우 계산은 수월하다.

예제 4.46

$D = \begin{bmatrix} 4 & 0 \\ 0 & -1 \end{bmatrix}$에 대하여 e^{Dt}를 계산하여라.

풀이 정의에 의해

$$e^{Dt} = I + Dt + \frac{(Dt)^2}{2!} + \frac{(Dt)^3}{3!} + \cdots$$

$$=\begin{bmatrix}1&0\\0&1\end{bmatrix}+\begin{bmatrix}4t&0\\0&-t\end{bmatrix}+\tfrac{1}{2!}\begin{bmatrix}(4t)^2&0\\0&(-t)^2\end{bmatrix}+\tfrac{1}{3!}\begin{bmatrix}(4t)^3&0\\0&(-t)^3\end{bmatrix}+\cdots$$

$$=\begin{bmatrix}1+(4t)+\tfrac{1}{2!}(4t)^2+\tfrac{1}{3!}(4t)^3+\cdots&0\\0&1+(-t)+\tfrac{1}{2!}(-t)^2+\tfrac{1}{3!}(-t)^3+\cdots\end{bmatrix}$$

$$=\begin{bmatrix}e^{4t}&0\\0&e^{-t}\end{bmatrix}$$

A가 대각화 가능한 경우에도 A의 행렬지수는 쉽게 구할 수 있다.

예제 4.47

$A=\begin{bmatrix}1&2\\3&2\end{bmatrix}$에 대하여, e^A를 계산하여라.

풀이 예제 4.43에서, A의 고윳값 $\lambda_1=4$와 $\lambda_2=-1$에 대응하는 각각의 고유벡터는 $\mathbf{v}_1=\begin{bmatrix}2\\3\end{bmatrix}$와 $\mathbf{v}_2=\begin{bmatrix}-1\\1\end{bmatrix}$임을 알고 있다. 따라서 대각화하는 행렬 $P=[\mathbf{v}_1\ \mathbf{v}_2]=\begin{bmatrix}2&-1\\3&1\end{bmatrix}$을 가지고, $P^{-1}AP=D=\begin{bmatrix}4&0\\0&-1\end{bmatrix}$을 얻는다. 한편, $A=PDP^{-1}$이므로, $A^k=PD^kP^{-1}$이다. 그러므로

$$\begin{aligned}e^A&=I+A+\frac{A^2}{2!}+\frac{A^3}{3!}+\cdots\\&=PIP^{-1}+PDP^{-1}+\frac{1}{2!}PD^2P^{-1}+\frac{1}{3!}PD^3P^{-1}+\cdots\\&=P\left(I+D+\frac{D^2}{2!}+\frac{D^3}{3!}+\cdots\right)P^{-1}\\&=Pe^DP^{-1}\\&=\begin{bmatrix}2&-1\\3&1\end{bmatrix}\begin{bmatrix}e^4&0\\0&e^{-1}\end{bmatrix}\begin{bmatrix}2&-1\\3&1\end{bmatrix}^{-1}\\&=\frac{1}{5}\begin{bmatrix}2e^4+3e^{-1}&2e^4-2e^{-1}\\3e^4-3e^{-1}&3e^4+2e^{-1}\end{bmatrix}\end{aligned}$$

정리 4.41

A가 고윳값 $\lambda_1, \lambda_2, \cdots, \lambda_n$을 가지는 $n\times n$ 대각화 가능한 행렬이라 하자. 그러면 연립방정식 $\mathbf{x}'=A\mathbf{x}$의 일반해는 $\mathbf{c}$가 임의의 상수벡터인 $\mathbf{x}=e^{At}\mathbf{c}$이다. 그리고 초기조건 $\mathbf{x}(0)$가 주어지면, $\mathbf{c}=\mathbf{x}(0)$이다.

증명 P가 A를 대각화하는 행렬이라면, $A=PDP^{-1}$이고 예제 4.47에서와 같이

$$e^{At}=Pe^{Dt}P^{-1}$$

이 성립한다. 이제, $\mathbf{x}=Pe^{Dt}P^{-1}\mathbf{c}$가 $\mathbf{x}'=A\mathbf{x}$를 만족함을 보이자. 여기서, e^{Dt}

을 제외하고는 모두 상수이다. 따라서

$$\mathbf{x}' = \frac{d\mathbf{x}}{dt} = \frac{d}{dt}\left(Pe^{Dt}P^{-1}\mathbf{c}\right) = P\frac{d}{dt}\left(e^{Dt}\right)P^{-1}\mathbf{c} \tag{10}$$

이다. 만약

$$D = \begin{bmatrix} \lambda_1 & 0 & \cdots & 0 \\ 0 & \lambda_2 & \cdots & 0 \\ \vdots & \vdots & \ddots & \vdots \\ 0 & 0 & \cdots & \lambda_n \end{bmatrix}$$

이면

$$e^{Dt} = \begin{bmatrix} e^{\lambda_1 t} & 0 & \cdots & 0 \\ 0 & e^{\lambda_2 t} & \cdots & 0 \\ \vdots & \vdots & \ddots & \vdots \\ 0 & 0 & \cdots & e^{\lambda_n t} \end{bmatrix}$$

이므로, 양변을 미분하여 다음을 얻는다.

$$\begin{aligned} \frac{d}{dt}\left(e^{Dt}\right) &= \begin{bmatrix} \frac{d}{dt}\left(e^{\lambda_1 t}\right) & 0 & \cdots & 0 \\ 0 & \frac{d}{dt}\left(e^{\lambda_2 t}\right) & \cdots & 0 \\ \vdots & \vdots & \ddots & \vdots \\ 0 & 0 & \cdots & \frac{d}{dt}\left(e^{\lambda_n t}\right) \end{bmatrix} \\ &= \begin{bmatrix} \lambda_1 e^{\lambda_1 t} & 0 & \cdots & 0 \\ 0 & \lambda_2 e^{\lambda_2 t} & \cdots & 0 \\ \vdots & \vdots & \ddots & \vdots \\ 0 & 0 & \cdots & \lambda_n e^{\lambda_n t} \end{bmatrix} \\ &= \begin{bmatrix} \lambda_1 & 0 & \cdots & 0 \\ 0 & \lambda_2 & \cdots & 0 \\ \vdots & \vdots & \ddots & \vdots \\ 0 & 0 & \cdots & \lambda_n \end{bmatrix} \begin{bmatrix} e^{\lambda_1 t} & 0 & \cdots & 0 \\ 0 & e^{\lambda_2 t} & \cdots & 0 \\ \vdots & \vdots & \ddots & \vdots \\ 0 & 0 & \cdots & e^{\lambda_n t} \end{bmatrix} \\ &= De^{Dt} \end{aligned}$$

이 결과를 식 (10)에 대입하여 다음의 원하는 답을 얻는다.

$$\begin{aligned} \mathbf{x}' &= PDe^{Dt}P^{-1}\mathbf{c} = PDP^{-1}Pe^{Dt}P^{-1}\mathbf{c} = \left(PDP^{-1}\right)\left(Pe^{Dt}P^{-1}\right)\mathbf{c} \\ &= Ae^{At}\mathbf{c} = A\mathbf{x} \end{aligned}$$

정리의 마지막 부분은, $e^{O} = I$(왜?)이므로, $\mathbf{x} = \mathbf{x}(t) = e^{At}\mathbf{c}$이면

$$\mathbf{x}(0) = e^{A \cdot 0}\mathbf{c} = e^{O}\mathbf{c} = I\mathbf{c} = \mathbf{c}$$

라는 사실로부터 쉽게 증명된다.

사실, 정리 4.41은 A가 대각화 가능하지 않더라도 성립하지만, 그것을 증명하지는 않을 것이다. 대각화 가능하지 않은 행렬에 대한 행렬지수의 계산은 좀 더 높은 수준의 선형대수 교재에서 알 수 있는 주제인 행렬의 조르당 표준형(Jordan normal form)을 필요로 한다.

프리드버그(S. H. Friedberg), 인젤(A. J. Insel), 스펜스(L. E. Spence)의 《선형대수(Linear Algebra)(*Englewood Cliffs*)》, NJ: Prentice-Hall, 1979)를 보아라.

a + bi 이산 선형동적시스템

개체수 증가에 대한 마르코프 연쇄와 레슬리 행렬은 **이산 선형동적시스템**의 예이다. 이들은 다음과 같은 형태의 행렬방정식으로 나타낼 수 있다.

$$\mathbf{x}_{k+1} = A\mathbf{x}_k$$

여기서, 벡터 $\mathbf{x}_k$는 '시간' k에서의 동적시스템의 상태를 알려주고, A는 정사각행렬이다. 앞에서 살펴본 바와 같이 이러한 동적시스템의 장기적인 양상은 행렬 A의 고윳값과 고유벡터에 관련되어 있다. 거듭제곱법은 고윳값과 고유벡터를 근사하기 위해 이런 동적시스템의 반복 성질을 활용하다. 그리고 페론-프로베니우스 정리는 계수행렬 A가 음이 아닌 이산 선형동적시스템의 장기적인 양상에 관한 특화된 정보를 제공해준다.

A가 2×2행렬일 때, 우리는 기하적으로 동적시스템의 변화를 설명할 수 있다. 방정식 $\mathbf{x}_{k+1} = A\mathbf{x}_k$는 실제로 무한개의 방정식을 나타낸다. 초기벡터 $\mathbf{x}_0$로부터 시작하면, 다음을 얻는다.

$$\mathbf{x}_1 = A\mathbf{x}_0$$
$$\mathbf{x}_2 = A\mathbf{x}_1$$
$$\mathbf{x}_3 = A\mathbf{x}_2$$
$$\vdots$$

이들로 이루어진 집합 $\{\mathbf{x}_0, \mathbf{x}_1, \mathbf{x}_2, \cdots\}$는 주어진 동적시스템의 **궤도**(trajectory)라 불린다. (그래프에서는 궤도에 있는 각 벡터를 그것의 종점과 동일시하여 점으로 그릴 수 있도록 할 것이다.) $\mathbf{x}_k = A^k\mathbf{x}_0$임을 주목하여라.

예제 4.48

$A = \begin{bmatrix} 0.5 & 0 \\ 0 & 0.8 \end{bmatrix}$이라 하자. 동적시스템 $\mathbf{x}_{k+1} = A\mathbf{x}_k$에 대해서, 다음의 초기벡터를 가지는 궤도에서 처음 5개의 점을 그려보아라.

(a) $\mathbf{x}_0 = \begin{bmatrix} 5 \\ 0 \end{bmatrix}$ (b) $\mathbf{x}_0 = \begin{bmatrix} 0 \\ -5 \end{bmatrix}$ (c) $\mathbf{x}_0 = \begin{bmatrix} 4 \\ 4 \end{bmatrix}$ (d) $\mathbf{x}_0 = \begin{bmatrix} -2 \\ 4 \end{bmatrix}$

풀이 (a) $\mathbf{x}_1 = A\mathbf{x}_0 = \begin{bmatrix} 2.5 \\ 0 \end{bmatrix}$, $\mathbf{x}_2 = A\mathbf{x}_1 = \begin{bmatrix} 1.25 \\ 0 \end{bmatrix}$, $\mathbf{x}_3 = A\mathbf{x}_2 = \begin{bmatrix} 0.625 \\ 0 \end{bmatrix}$, $\mathbf{x}_4 = A\mathbf{x}_3 = \begin{bmatrix} 0.3125 \\ 0 \end{bmatrix}$이므로, 이들은 그리면 그림 4.23과 같다. 각 점들은 궤도를 강조하기 위해 선으로 연결하였다. (b), (c)와 (d)에 대해서도 그림과 같이 그 궤도를 그릴 수 있다.

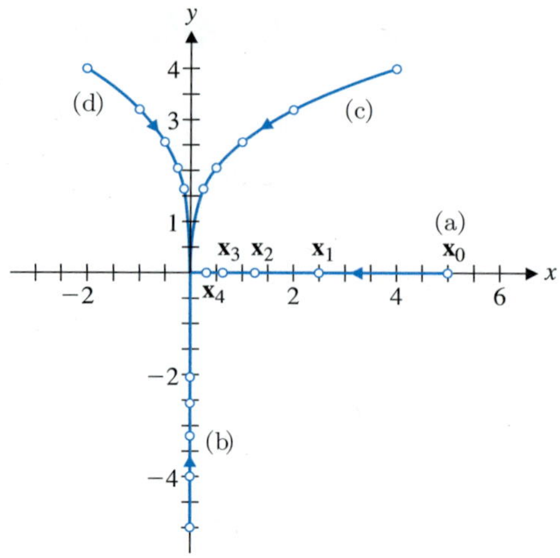

그림 4.23

예제 4.48에서의 모든 궤도는 **0**으로 수렴한다. 이 경우에 원점을 **흡입자**(attractor)라고 한다. 예제 4.48에서의 행렬 A의 고윳값은 0.5와 0.8이고, 각각 그들에 대응하는 고유벡터는 $\begin{bmatrix}1\\0\end{bmatrix}$와 $\begin{bmatrix}0\\1\end{bmatrix}$이다. 따라서 임의의 초기벡터

$$\mathbf{x}_0=\begin{bmatrix}c_1\\c_2\end{bmatrix}=c_1\begin{bmatrix}1\\0\end{bmatrix}+c_2\begin{bmatrix}0\\1\end{bmatrix}$$

에 대해서

$$\mathbf{x}_k=A^k\mathbf{x}_0=c_1(0.5)^k\begin{bmatrix}1\\0\end{bmatrix}+c_2(0.8)^k\begin{bmatrix}0\\1\end{bmatrix}$$

을 만족한다. $(0.5)^k$와 $(0.8)^k$는 둘 다 k가 커짐에 따라 0으로 접근하기 때문에, $\mathbf{x}_k$는 임의의 $\mathbf{x}_0$의 선택에 대해서도 **0**으로 접근한다. 게다가, 0.8은 A의 우세 고윳값이기 때문에, $\mathbf{x}_k$는 $c_2\neq 0$이면 고유벡터 $\begin{bmatrix}0\\1\end{bmatrix}$의 상수배로 접근한다. 다시 말해서, $c_2=0$인 x축에서 시작하는 경우를 제외하고 모든 궤도는 그림 4.23이 보여주는 것과 같이 y축으로 접근할 것이다.

예제 4.49

행렬 $A=\begin{bmatrix}0.65 & -0.15\\-0.15 & 0.65\end{bmatrix}$에 대응하는 동적시스템 $\mathbf{x}_{k+1}=A\mathbf{x}_k$의 변화를 설명하여라.

풀이 A의 고윳값은 0.5와 0.8이고, 그들 각각에 대응하는 고유벡터는 $\begin{bmatrix}1\\1\end{bmatrix}$과 $\begin{bmatrix}-1\\1\end{bmatrix}$이다. 따라서 초기벡터를 $\mathbf{x}_0=c_1\begin{bmatrix}1\\1\end{bmatrix}+c_2\begin{bmatrix}-1\\1\end{bmatrix}$이라 두면

$$\mathbf{x}_k = A^k \mathbf{x}_0 = c_1 (0.5)^k \begin{bmatrix} 1 \\ 1 \end{bmatrix} + c_2 (0.8)^k \begin{bmatrix} -1 \\ 1 \end{bmatrix}$$

이다. 이때 $\mathbf{x}_0$의 선택에 관계없이 $\mathbf{x}_k$가 $\mathbf{0}$에 접근하므로, 원점은 흡입자이다. 만약 $c_2 \neq 0$이면, 그 궤도는 방향벡터 $\begin{bmatrix} -1 \\ 1 \end{bmatrix}$을 가지고 원점을 지나는 직선에 접근한다. 이러한 궤도는 그림 4.24에서 볼 수 있다. $c_2 = 0$인 경우, 벡터 $\mathbf{x}_0$는 방향벡터가 $\begin{bmatrix} 1 \\ 1 \end{bmatrix}$이고 원점을 지나는 직선 위에 있으며, 이때 대응하는 궤도는 이 직선을 따라 원점으로 향한다.

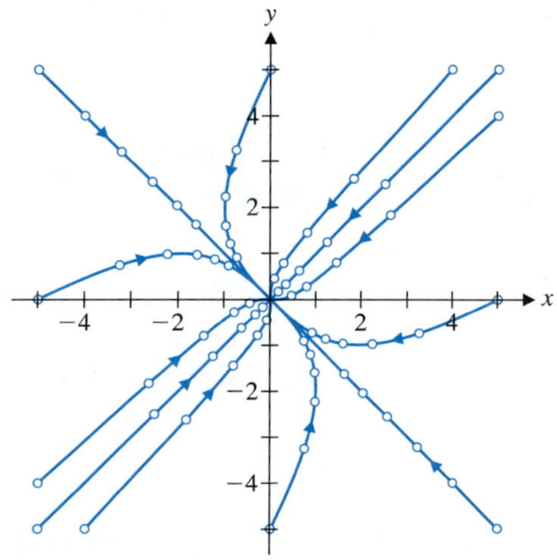

그림 4.24

예제 4.50 다음 행렬에 대응하는 동적시스템 $\mathbf{x}_{k+1} = A\mathbf{x}_k$의 변화를 설명하여라.

(a) $A = \begin{bmatrix} 4 & 1 \\ 1 & 4 \end{bmatrix}$ (b) $A = \begin{bmatrix} 1 & 0.5 \\ 0.5 & 1 \end{bmatrix}$

풀이 (a) 행렬 A의 고윳값은 5와 3이며, 그들 각각에 대응하는 고유벡터는 $\begin{bmatrix} 1 \\ 1 \end{bmatrix}$과 $\begin{bmatrix} -1 \\ 1 \end{bmatrix}$이다. 따라서 초기벡터를 $\mathbf{x}_0 = c_1 \begin{bmatrix} 1 \\ 1 \end{bmatrix} + c_2 \begin{bmatrix} -1 \\ 1 \end{bmatrix}$이라 두면

$$\mathbf{x}_k = A^k \mathbf{x}_0 = c_1 5^k \begin{bmatrix} 1 \\ 1 \end{bmatrix} + c_2 3^k \begin{bmatrix} -1 \\ 1 \end{bmatrix}$$

이 성립한다. 이때, k가 커짐에 따라, 5^k과 3^k 둘 다 커지므로, $\mathbf{x}_k$는 원점에서 멀어지려는 경향이 있다. 우세 고윳값 5에 대응하는 고유벡터는 $\begin{bmatrix} 1 \\ 1 \end{bmatrix}$이므로 $c_1 \neq 0$인 모든 궤도는 당연히 제 1 또는 3사분면에서 끝날 것이다. $c_1 = 0$이면 궤도는 방향벡터가 $\begin{bmatrix} -1 \\ 1 \end{bmatrix}$인 직선 $y = -x$ 위에서 시작하고 계속 머문다(그림 4.25(a) 참조).

(b) 행렬 A의 고윳값은 1.5와 0.5이고, 각각에 대응하는 고유벡터는 $\begin{bmatrix} 1 \\ 1 \end{bmatrix}$과 $\begin{bmatrix} -1 \\ 1 \end{bmatrix}$이다. 따라서 $\mathbf{x}_0 = c_1 \begin{bmatrix} 1 \\ 1 \end{bmatrix} + c_2 \begin{bmatrix} -1 \\ 1 \end{bmatrix}$이면

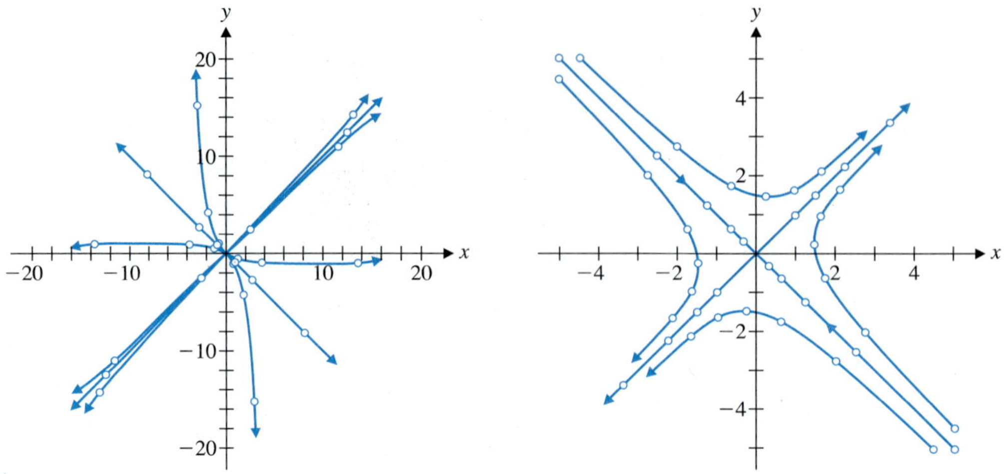

(a) (b)

그림 4.25

$$\mathbf{x}_k = c_1(1.5)^k\begin{bmatrix}1\\1\end{bmatrix} + c_2(0.5)^k\begin{bmatrix}-1\\1\end{bmatrix}$$

이 성립한다. 만약 $c_1 = 0$이면 $k \to \infty$ 일 때, $\mathbf{x}_k = c_2(0.5)^k\begin{bmatrix}-1\\1\end{bmatrix} \to \begin{bmatrix}0\\0\end{bmatrix}$이다. 그러나 $c_1 \neq 0$이면, $k \to \infty$ 일 때

$$\mathbf{x}_k = c_1(1.5)^k\begin{bmatrix}1\\1\end{bmatrix} + c_2(0.5)^k\begin{bmatrix}-1\\1\end{bmatrix} \approx c_1(1.5)^k\begin{bmatrix}1\\1\end{bmatrix}$$

이고, 그 궤도는 점근적으로 직선 $y = x$에 접근한다(그림 4.25(b)).

예제 4.50(a)에서 원점 근처에서 시작하는 모든 점은 두 고윳값이 모두 $|\lambda| > 1$이기 때문에 점점 그 크기가 커진다. 이때, **0**는 **반발자**(repeller)라 불린다. 예제 4.50(b)에서 원점이 어떤 방향에서는 점을 끌어당기고, 다른 방향에서는 쫓아버리기 때문에 **0**는 **안장점**(saddle point)이라 불린다. 이 경우에, 고윳값은 $|\lambda_1| < 1$이고 $|\lambda_2| > 1$이다.

다음의 예제는 2×2 실행렬의 고윳값이 복소수일 때, 어떤 일이 생기는지를 보여준다.

예제 4.51

다음 행렬에 대응하는 동적시스템 $\mathbf{x}_{k+1} = A\mathbf{x}_k$에 대하여, $\mathbf{x}_0 = \begin{bmatrix}4\\4\end{bmatrix}$로 시작하는 궤도를 그려보아라.

(a) $A = \begin{bmatrix}0.5 & -0.5\\0.5 & 0.5\end{bmatrix}$　　　(b) $A = \begin{bmatrix}0.2 & -1.2\\0.6 & 1.4\end{bmatrix}$

풀이 궤도는 그림 4.26(a)와 (b)에서 각각 보여진다. (a)는 원점으로 나선형을 그리는 궤도인 반면, (b)는 타원형 궤도로 나타난다.

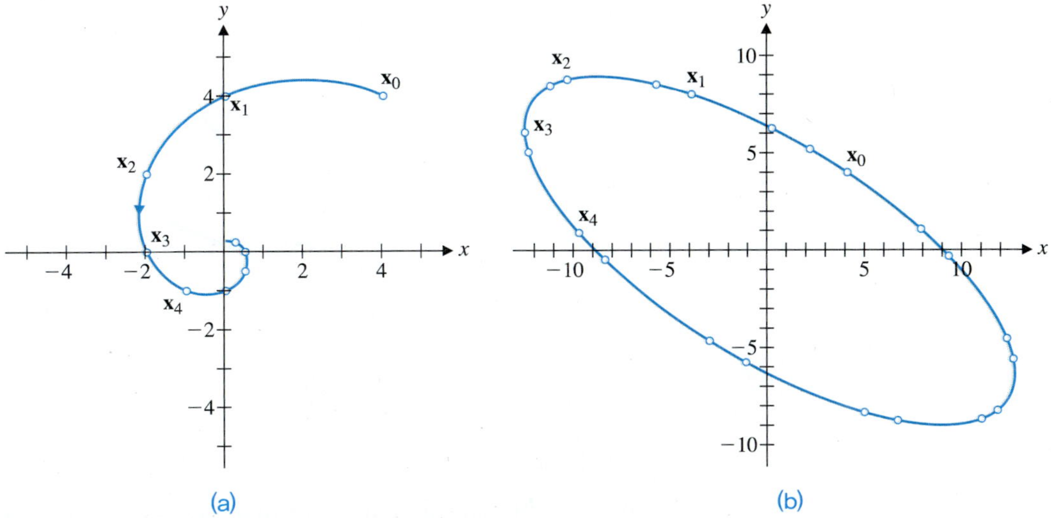

그림 4.26

다음 정리는 예제 4.51(a)의 나선형 궤도에 대해 설명한다.

정리 4.42

행렬 $A=\begin{bmatrix} a & -b \\ b & a \end{bmatrix}$의 고윳값은 $\lambda = a \pm bi$이다. a와 b가 동시에 0이 아니면, A는 다음과 같이 분해된다.

$$A=\begin{bmatrix} a & -b \\ b & a \end{bmatrix}=\begin{bmatrix} r & 0 \\ 0 & r \end{bmatrix}\begin{bmatrix} \cos\theta & -\sin\theta \\ \sin\theta & \cos\theta \end{bmatrix}$$

여기서, $r=|\lambda|=\sqrt{a^2+b^2}$이고, θ는 $a+bi$의 편각이다.

증명 A의 고윳값은 4.1절의 연습문제 35(b)에 의해서

$$\lambda=\frac{1}{2}\left(2a\pm\sqrt{4(-b^2)}\right)=\frac{1}{2}\left(2a\pm 2\sqrt{b^2}\sqrt{-1}\right)=a\pm|b|i=a\pm bi$$

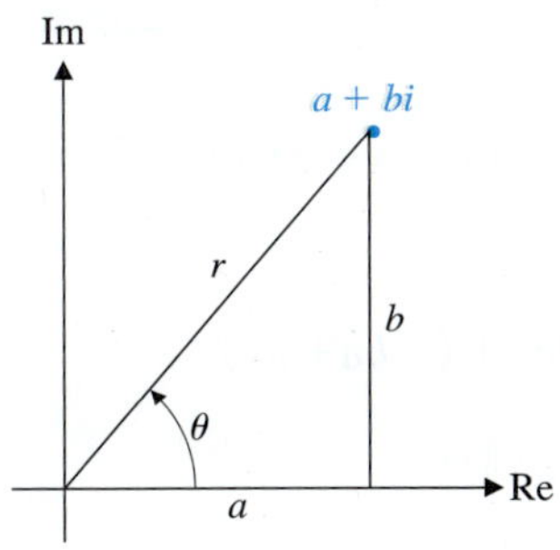
그림 4.27

이다. 그림 4.27은 $a+bi$, r과 θ를 보여준다. 이로부터, 다음을 얻는다.

$$A=\begin{bmatrix} a & -b \\ b & a \end{bmatrix}=r\begin{bmatrix} a/r & -b/r \\ b/r & a/r \end{bmatrix}=\begin{bmatrix} r & 0 \\ 0 & r \end{bmatrix}\begin{bmatrix} \cos\theta & -\sin\theta \\ \sin\theta & \cos\theta \end{bmatrix}$$

주의 기하학적으로, 정리 4.42는 $A=\begin{bmatrix} a & -b \\ b & a \end{bmatrix}\neq O$일 때, 선형변환 $T(\mathbf{x})=A\mathbf{x}$는 편각 θ만큼의 회전변환 $R=\begin{bmatrix} \cos\theta & -\sin\theta \\ \sin\theta & \cos\theta \end{bmatrix}$ 다음에 인수 r에 의한 크기조정 변환 $S=\begin{bmatrix} r & 0 \\ 0 & r \end{bmatrix}$를 합성한 것임을 보여준다(그림 4.28). 예제 4.51(a)에서, 고윳값은 $\lambda=0.5\pm0.5i$이고 $r=|\lambda|=\sqrt{2}/2\approx0.707<1$이다. 따라서 궤도는 $\mathbf{0}$를 향해서 나선형을 그린다.

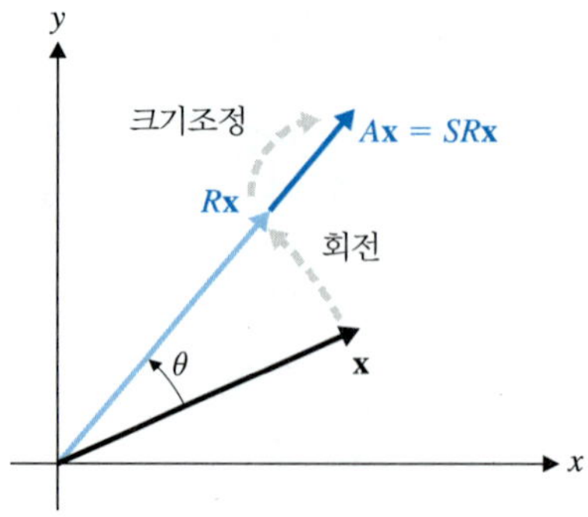

그림 4.28

다음 정리는 일반적으로 2×2 실행렬이 복소수 고윳값을 가지면, 주어진 행렬은 $\begin{bmatrix} a & -b \\ b & a \end{bmatrix}$ 형태의 행렬과 닮음임을 보여준다. 다음 복소벡터에 대해서

$$\mathbf{x}=\begin{bmatrix} z \\ w \end{bmatrix}=\begin{bmatrix} a+bi \\ c+di \end{bmatrix}=\begin{bmatrix} a \\ c \end{bmatrix}+\begin{bmatrix} b \\ d \end{bmatrix}i$$

$\mathbf{x}$의 실수 부분 $\mathrm{Re}\,\mathbf{x}$와 허수 부분 $\mathrm{Im}\,\mathbf{x}$를 다음으로 정의한다.

$$\mathrm{Re}\,\mathbf{x}=\begin{bmatrix} a \\ c \end{bmatrix}=\begin{bmatrix} \mathrm{Re}\,z \\ \mathrm{Re}\,w \end{bmatrix},\quad \mathrm{Im}\,\mathbf{x}=\begin{bmatrix} b \\ d \end{bmatrix}=\begin{bmatrix} \mathrm{Im}\,z \\ \mathrm{Im}\,w \end{bmatrix}$$

정리 4.43

2×2 실행렬 A의 고윳값 $\lambda=a-bi\ (b\neq 0)$에 대응하는 고유벡터를 $\mathbf{x}$라 하면, 행렬 $P=[\mathrm{Re}\,\mathbf{x}\quad \mathrm{Im}\,\mathbf{x}]$는 가역이고 다음을 만족한다.

$$A=P\begin{bmatrix} a & -b \\ b & a \end{bmatrix}P^{-1}$$

증명 $\mathbf{x}=\mathbf{u}+\mathbf{v}i$라 두면, $\mathrm{Re}\,\mathbf{x}=\mathbf{u}$, $\mathrm{Im}\,\mathbf{x}=\mathbf{v}$이다. $A\mathbf{x}=\lambda\mathbf{x}$로부터

$$\begin{aligned} A\mathbf{u}+A\mathbf{v}i=A\mathbf{x}=\lambda\mathbf{x}&=(a-bi)(\mathbf{u}+\mathbf{v}i) \\ &=a\mathbf{u}+a\mathbf{v}i-b\mathbf{u}i+b\mathbf{v}=(a\mathbf{u}+b\mathbf{v})+(-b\mathbf{u}+a\mathbf{v})i \end{aligned}$$

이므로, 각각의 실수 부분과 허수 부분이 같다는 사실에서

$$A\mathbf{u}=a\mathbf{u}+b\mathbf{v},\quad A\mathbf{v}=-b\mathbf{u}+a\mathbf{v}$$

이어야 한다. 이제 $P=[\mathbf{u}\quad \mathbf{v}]$이므로, 다음이 성립한다.

$$\begin{aligned} P\begin{bmatrix} a & -b \\ b & a \end{bmatrix}=[\mathbf{u}\quad \mathbf{v}]\begin{bmatrix} a & -b \\ b & a \end{bmatrix}&=[a\mathbf{u}+b\mathbf{v}\quad -b\mathbf{u}+a\mathbf{v}]=[A\mathbf{u}\quad A\mathbf{v}] \\ &=A[\mathbf{u}\quad \mathbf{v}] \\ &=AP \end{aligned}$$

P가 가역임을 보이는 것은 $\mathbf{u}$와 $\mathbf{v}$가 일차독립임을 보임으로 충분하다. 만약 $\mathbf{u}$와 $\mathbf{v}$가 일차독립이 아니면, $\mathbf{u}$와 $\mathbf{v}$가 모두 $\mathbf{0}$이 아니기 때문에 적당한 스칼라 k에

대해서 $\mathbf{v}=k\mathbf{u}$이다. 그러므로

$$\mathbf{x}=\mathbf{u}+\mathbf{v}i=\mathbf{u}+k\mathbf{u}i=(1+ki)\mathbf{u}$$

이다. 그리고 A는 실행렬이기 때문에, $A\mathbf{x}=\lambda\mathbf{x}$에서 다음을 유도한다.

$$A\overline{\mathbf{x}}=\overline{A}\overline{\mathbf{x}}=\overline{A\mathbf{x}}=\overline{\lambda\mathbf{x}}=\overline{\lambda}\overline{\mathbf{x}}$$

따라서 $\overline{\mathbf{x}}=\mathbf{u}-\mathbf{v}i$는 다른 고윳값 $\overline{\lambda}=a+bi$에 대응하는 고유벡터이다. 그러나 $\mathbf{u}$는 실수 벡터이기 때문에 다음이 성립한다.

$$\overline{\mathbf{x}}=\overline{(1+ki)\mathbf{u}}=(1-\overline{k}i)\mathbf{u}$$

그러므로 A의 고유벡터 $\mathbf{x}$와 $\overline{\mathbf{x}}$는 둘 다 $\mathbf{u}$의 영이 아닌 배수이고, 그래서 이들은 서로 다른 것의 배수이다. 정리 4.20에 의해서 서로 다른 고윳값에 대응하는 고유벡터는 반드시 일차독립이어야 하므로, 이는 모순이다. (정리 4.20은 실수에서뿐만 아니라 복소수 위에서도 타당하다.)

이 모순이 $\mathbf{u}$와 $\mathbf{v}$가 일차독립이고, 그래서 P가 가역임을 보여준다. 그리고 다음이 성립함도 안다.

$$A=P\begin{bmatrix} a & -b \\ b & a \end{bmatrix}P^{-1}$$

정리 4.43은 예제 4.51(b)에 대한 설명을 제공한다. $A=\begin{bmatrix} 0.2 & -1.2 \\ 0.6 & 1.4 \end{bmatrix}$의 고윳값은 $0.8\pm0.6i$이다. $\lambda=0.8-0.6i$에 대응하는 고유벡터는

$$\mathbf{x}=\begin{bmatrix} -1-i \\ 1 \end{bmatrix}=\begin{bmatrix} -1 \\ 1 \end{bmatrix}+\begin{bmatrix} -1 \\ 0 \end{bmatrix}i$$

이므로, 정리 4.43으로부터, $P=\begin{bmatrix} -1 & -1 \\ 1 & 0 \end{bmatrix}$과 $C=\begin{bmatrix} 0.8 & -0.6 \\ 0.6 & 0.8 \end{bmatrix}$에 대해서, 다음이 성립한다.

$$A=PCP^{-1},\quad P^{-1}AP=C$$

주어진 동적시스템 $\mathbf{x}_{k+1}=A\mathbf{x}_k$에 대하여, 다음과 같이 변수를 변형해보자.

$$\mathbf{x}_k=P\mathbf{y}_k \quad (\mathbf{y}_k=P^{-1}\mathbf{x}_k)$$

그러면

$$P\mathbf{y}_{k+1}=\mathbf{x}_{k+1}=A\mathbf{x}_k=AP\mathbf{y}_k$$

이고, 그래서 다음이 성립한다.

$$\mathbf{y}_{k+1}=\mathbf{x}_{k+1}=A\mathbf{x}_k=P^{-1}AP\mathbf{y}_k=C\mathbf{y}_k$$

이제 C는 A와 같은 고윳값을 가지고, $|0.8\pm0.6i|=1$이다. 그러므로 동적시스템 $\mathbf{y}_{k+1}=C\mathbf{y}_k$는 단순히 정리 4.42에 의해서 원점을 중심으로 하는 원에 속하는 궤

도의 모든 점을 회전시킨다.

예제 4.51(b)에서 동적시스템의 궤도를 구하기 위해서, 우리는 반복적으로 선형변환 $T(\mathbf{x}) = A\mathbf{x} = PCP^{-1}\mathbf{x}$를 적용한다. 이 변환은 ($\vec{\mathbf{x}}$에서 $\vec{\mathbf{y}}$로의) 변수변환, C에 의한 회전, ($\vec{\mathbf{y}}$에서 다시 $\vec{\mathbf{x}}$로의) 반대 방향의 변수변환으로 이어지는 합성으로 생각할 수 있다. 이 내용은 5.5절의 이차방정식의 그래프 그리기의 응용에서와 더 일반적으로는 6.3절의 '기저 변환'에서 다시 다룰 것이다. 5.5절의 연습문제 74에서, 여러분은 예제 4.51(b)의 궤도가 그림 4.26(b)에서와 같이 타원임을 보게 될 것이다.

이제 요약하자면, 만약 2×2 실행렬 A가 복소수 고윳값 $\lambda = a \pm bi$를 가지면 동적시스템 $\mathbf{x}_{k+1} = A\mathbf{x}_k$의 궤도는 $|\lambda| < 1$이면 안쪽으로 나선형(0은 **나선 흡입자**(spiral attractor))을 그리고, $|\lambda| > 1$이면 밖으로 나선형(0은 **나선 반발자**(spiral repeller))을 그리고, $|\lambda| = 1$이면 닫힌 궤도(0은 **궤도중심**(orbital center))를 그린다.

비네트

스포츠 팀의 순위 결정과 인터넷 검색

어떤 경쟁적인 스포츠 리그에서 선수나 팀의 순위를 매기는 것은 그리 간단하지 않다. 단순히 승패의 수만 세는 것은, 어떤 팀은 약한 팀들에 대해서는 더 많은 경기에서 승리하고, 반면에 다른 팀은 강한 팀들과의 경기에서 승리한 게임이 적은 경우를 간과하게 된다. 서로 경기를 치른 적이 없는 두 팀은 어떻게 비교할 수 있을까? 득점수도 고려해야 할까?

이러한 복잡성에도 불구하고, 스포츠 선수들과 팀들은 미디어를 통하여 흔하게 순위가 매겨진다. 예를 들어, 미국의 대학축구와 농구팀의 다양한 연간순위와 또한, 골프와 테니스 선수들의 순위가 국제적으로 매겨진다. 순위를 정하는 다양한 저작권이 보호되는 방법들이 있는데, 이 장에서의 아이디어를 이용하여 이러한 문제를 해결하는 방법을 살펴보자.

기초적인 아이디어를 예제 3.69에서 생각해보자. 5명의 테니스 선수들이 다른 선수들과 각각 한 번씩 시합을 갖는다고 하자. 다음의 유향그래프는 선수 i가 선수 j에게 승리한 경우, 꼭짓점 i에서 j방향으로의 유향선분의 형식으로 승리한 경기와 패배한 경기를 나타낸 것이다. 그리고 이에 대응하는 인접행렬 A는 선수 i가 선수 j에게 승리한 경우는 $a_{ij}=1$, 그렇지 않은 경우는 $a_{ij}=0$로 나타내었다.

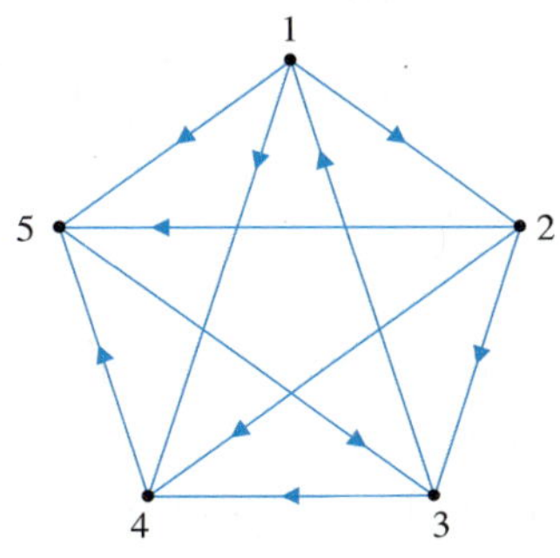

$$A=\begin{bmatrix}0&1&0&1&1\\0&0&1&1&1\\1&0&0&1&0\\0&0&0&0&1\\0&0&1&0&0\end{bmatrix}$$

선수 i가 선수 j보다 순위가 더 상위에 있으면 $r_i > r_j$로 표현하는 방법으로, 순위 r_i를 성분으로 하는 확률벡터를 순위벡터(ranking vector)로 다음과 같이 나타내면, $0 \le r_i \le 1$이고 $r_1+r_2+r_3+r_4+r_5=1$이다.

$$\mathbf{r} = \begin{bmatrix} r_1 \\ r_2 \\ r_3 \\ r_4 \\ r_5 \end{bmatrix}$$

더욱이, 선수 i의 순위를 i가 승리한 선수들 순위의 합에 비례하도록 나타내기로 하자. 예를 들어, 선수 1이 선수 2, 4, 5에게 승리한 경우, $r_1 = \alpha(r_2 + r_4 + r_5)$로 표시한다. 여기서, α는 비례상수이다. 이와 같은 방법으로, 모든 선수들에 대한 방정식을 구하면 다음과 같다.

$$\begin{aligned} r_1 &= \alpha(r_2 + r_4 + r_5) \\ r_2 &= \alpha(r_3 + r_4 + r_5) \\ r_3 &= \alpha(r_1 + r_4) \\ r_4 &= \alpha r_5 \\ r_5 &= \alpha r_3 \end{aligned}$$

이는 다음과 같은 행렬의 곱으로 표현할 수 있다.

$$\begin{bmatrix} r_1 \\ r_2 \\ r_3 \\ r_4 \\ r_5 \end{bmatrix} = \alpha \begin{bmatrix} 0 & 1 & 0 & 1 & 1 \\ 0 & 0 & 1 & 1 & 1 \\ 1 & 0 & 0 & 1 & 0 \\ 0 & 0 & 0 & 0 & 1 \\ 0 & 0 & 1 & 0 & 0 \end{bmatrix} \begin{bmatrix} r_1 \\ r_2 \\ r_3 \\ r_4 \\ r_5 \end{bmatrix} \quad \text{또는} \quad \mathbf{r} = \alpha A \mathbf{r}$$

이와 동치로, 순위벡터 $\mathbf{r}$에 대해서 $A\mathbf{r} = \dfrac{1}{\alpha}\mathbf{r}$을 만족해야 하므로, $\mathbf{r}$은 행렬 A의 한 고유벡터이다.

또한, 행렬 A는 음이 아닌 원시행렬이므로, 페론-프로베니우스 정리에 의해 유일한 순위벡터 $\mathbf{r}$이 존재한다. 이 예제에서 순위벡터를 구하면

$$\mathbf{r} = \begin{bmatrix} 0.29 \\ 0.27 \\ 0.22 \\ 0.08 \\ 0.14 \end{bmatrix}$$

이므로, 테니스 선수는 선수 1, 선수 2, 선수 3, 선수 5, 선수 4의 차례로 순위가 매겨진다.

행렬 A를 수정하여 앞에서 서술한 순위결정의 여러 가지 복잡성을 반영할 수도 있다. 여하튼, 이 간단한 예는 순위를 매기는 문제에서 한 유용한 접근방법임을 보여준다.

같은 아이디어를 통해서 우리는 구글과 같은 인터넷 검색엔진이 어떻게 작동하는지 이해할 수 있다. 이전의 검색엔진은 불규칙적으로 검색결과를 보여주기 때문에, 유용한 웹사이트가 종종 관계없는 웹사이트들과 함께 묻혀버리기도 하였다. 이와는 달리, 구글은 검색결과를 가장 관련성이 클 것 같은 순서에 따라 정렬한다. 따라서 수많은 웹사이트들에 대한 순위를 정할 방법이 필요하다.

서로 시합을 하는 팀들 대신에 이제 서로 연결된 웹사이트들이 있는 것이다. 웹사이트 i에서 j로 링크되는 상황을 꼭짓점 i에서 j로의 유향선분으로 유향그래프를 다시 그릴 수 있다. 그래서 스포츠 팀의 그래프에서는 유향선분이 들어오는 쪽이 나쁘지만(패배를 뜻하므로), 인터넷 그래프에서는 유향선분이 들어오는 쪽이 더 좋다(타사이트가 자신을 링크한 것이므로). 이러한 상황에서 웹사이트 i의 순위를 i에 링크하는 모든 웹사이트들의 순위의 합에 비례하도록 정하고자 한다. 따라서 우리는 앞에서 살펴본 테니스 선수의 순위결정과 같은 방법으로 인터넷 검색에서도 순위를 결정할 수 있다. 5개의 웹사이트를 표현하기 위하여 앞의 그래프를 사용하면, 예를 들어

$$r_4 = \alpha(r_1 + r_2 + r_3)$$

이다. 이 경우, 분포의 인접행렬의 전치행렬을 사용하는 것임을 알 수 있다. 그러므로 순위벡터 $\mathbf{r}$은 $A^T\mathbf{r} = \frac{1}{\alpha}\mathbf{r}$을 만족하여야 하고, 이는 A^T의 페론 고유벡터이다. 이 예에서

$$A^T = \begin{bmatrix} 0&0&1&0&0 \\ 1&0&0&0&0 \\ 0&1&0&0&1 \\ 1&1&1&0&0 \\ 1&1&0&1&0 \end{bmatrix}, \quad \mathbf{r} = \begin{bmatrix} 0.14 \\ 0.08 \\ 0.22 \\ 0.27 \\ 0.29 \end{bmatrix}$$

을 얻는다. 이것으로 5개의 웹사이트는 5, 4, 3, 1, 2의 순서로 정렬될 것이다.

구글은 실제로 여기에 기술된 방법의 변형을 사용하고 (4.5절의) 거듭제곱방법과 유사한 반복방법을 거쳐 순위벡터를 계산한다.

4.6 연습문제

마르코프 연쇄

※ [1–6] 다음의 확률행렬이 고른 행렬인지를 판정하여라.

1. $\begin{bmatrix} 0 & 1 \\ 1 & 0 \end{bmatrix}$

2. $\begin{bmatrix} 1 & 1/2 \\ 0 & 1/2 \end{bmatrix}$

3. $\begin{bmatrix} 1/3 & 1 \\ 2/3 & 0 \end{bmatrix}$

4. $\begin{bmatrix} 1/2 & 0 & 1 \\ 1/2 & 0 & 0 \\ 0 & 1 & 0 \end{bmatrix}$

5. $\begin{bmatrix} 0.1 & 0 & 0.5 \\ 0.5 & 1 & 0 \\ 0.4 & 0 & 0.5 \end{bmatrix}$

6. $\begin{bmatrix} 0.5 & 1 & 0 \\ 0.5 & 0 & 1 \\ 0 & 0 & 0 \end{bmatrix}$

※ [7–9] 다음의 행렬 P가 고른 행렬인 마르코프 연쇄에 의한 추이행렬일 때, 가장 긴 범위를 가지는 P의 추이행렬 L을 구하여라.

7. $P=\begin{bmatrix} 1/3 & 1/6 \\ 2/3 & 5/6 \end{bmatrix}$

8. $P=\begin{bmatrix} 1/2 & 1/3 & 1/6 \\ 1/2 & 1/2 & 1/3 \\ 0 & 1/6 & 1/2 \end{bmatrix}$

9. $P=\begin{bmatrix} 0.2 & 0.3 & 0.4 \\ 0.6 & 0.1 & 0.4 \\ 0.2 & 0.6 & 0.2 \end{bmatrix}$

10. 고른 마르코프 연쇄의 안정상태 확률벡터는 유일함을 증명하여라. [힌트: 정리 4.33 또는 정리 4.34를 이용]

개체수 증가

※ [11–14] 다음의 레슬리 행렬 L의 양의 고윳값과 그에 대응하는 양의 고유벡터를 구하여라.

11. $L=\begin{bmatrix} 0 & 2 \\ 0.5 & 0 \end{bmatrix}$

12. $L=\begin{bmatrix} 1 & 1.5 \\ 0.5 & 0 \end{bmatrix}$

13. $L=\begin{bmatrix} 0 & 7 & 4 \\ 0.5 & 0 & 0 \\ 0 & 0.5 & 0 \end{bmatrix}$

14. $L=\begin{bmatrix} 1 & 5 & 3 \\ 1/3 & 0 & 0 \\ 0 & 2/3 & 0 \end{bmatrix}$

15. 만약 레슬리 행렬이 유일한 양의 고윳값 λ_1을 가지면, $\lambda_1>1$, $\lambda_1<1$, $\lambda_1=1$에 따른 개체수는 무엇을 의미하는가?

16. 식 (3)에서 레슬리 행렬 L의 특성다항식은

$$c_L(\lambda)=(-1)^n(\lambda^n-b_1\lambda^{n-1}-b_2s_1\lambda^{n-2}-b_3s_1s_2\lambda^{n-3} - \cdots - b_ns_1s_2\cdots s_{n-1})$$

임을 증명하여라. [힌트: 수학적 귀납법과 $\det(L-\lambda I)$를 전개하여 마지막 열을 이용]

17. 생존율 s_i가 모두 0이 아닌 행렬

$$P=\begin{bmatrix} 1 & 0 & 0 & \cdots & 0 \\ 0 & s_1 & 0 & \cdots & 0 \\ 0 & 0 & s_1s_2 & \cdots & 0 \\ \vdots & \vdots & \vdots & \ddots & \vdots \\ 0 & 0 & 0 & \cdots & s_1s_2\cdots s_{n-1} \end{bmatrix}$$

에 대하여 $P^{-1}LP$를 계산하고, 이를 이용하여 L의 특성다항식을 구하여라. [힌트: 4.3절 연습문제 32 참조]

18. L의 한 고윳값 λ_1에 대응하는 고유벡터는

$$\mathbf{x}_1=\begin{bmatrix} 1 \\ s_1/\lambda_1 \\ s_1s_2/\lambda_1^2 \\ \vdots \\ s_1s_2\cdots s_{n-1}/\lambda_1^{n-1} \end{bmatrix}$$

임을 증명하여라. [힌트: 연습문제 17, 4.3절 연습문제 32, 4.4절 연습문제 48 참조]

CAS ※ [19–21] 다음에 주어진 연습문제의 레슬리 행렬 L을 갖는 개체수의 안정상태 증가율을 구하여라. 나이에 따른 대응분포를 구하기 위해서는 연습문제 18을 이용하여라.

19. 3.7절 연습문제 39

20. 3.7절 연습문제 40

21. 3.7절 연습문제 44

CAS 22. 많은 종류의 물개들이 영리를 목적으로 하는 사냥으로부터 고통을 받는다. 사냥꾼들은 물개의 가죽, 기름 및 고기를 얻기 위하여 그들을 죽이고 있다. 특히, 모피물개는 그 수가 현저히 줄어들어 멸종위기에 이르게 되었다. 물개 감소의 주요 원인으로는 남획에 의한 어장의 감소, 환경오염, 거주지의 불안전, 해군 철조망의 파편 및 양식장 주인으로부터의 살생 등을 들 수 있다. 표 4.7에서는 북부 모피물개의 출생률과 생존율을 2년 단위로 나누어 나타내었다. 이 자료는 A. E. York와 J. R. Hartley의 논문 〈*Pup Production Following Harvest of Female Northern Fur*

Seals〉(Canadian Journal of Fisheries and Aquatic Science, 38 (1981))의 84~90쪽을 참고하였다.

© iStockphoto.com/Irena Mamaeva

표 4.7

나이(년)	출생률	생존율
0–2	0.00	0.91
2–4	0.02	0.88
4–6	0.70	0.85
6–8	1.53	0.80
8–10	1.67	0.74
10–12	1.65	0.67
12–14	1.56	0.59
14–16	1.45	0.49
16–18	1.22	0.38
18–20	0.91	0.27
20–22	0.70	0.17
22–24	0.22	0.15
24–26	0.00	0.00

(a) 이 자료를 바탕으로 레슬리 행렬을 만들고, 양의 고윳값과 그에 대응하는 고유벡터를 구하여라.

(b) 오랜 세월이 지났을 때, 각 나이대의 물개들의 비율은 어떻게 되겠는가? 그리고 증가율은 얼마이겠는가?

※ 다음의 연습문제 23은 장기간에 걸친 개체수는 레슬리 행렬의 성분으로부터 곧바로 결정될 수 있음을 보여 준다.

23. 개체수의 순재생산율이 다음과 같이

$$r = b_1 + b_2 s_1 + b_3 s_1 s_2 + \cdots + b_n s_1 s_2 \cdots s_{n-1}$$

로 정의된다. 여기서, b_i와 s_j는 각각 개체수의 출생률과 생존율을 나타낸다.

(a) r이 일생동안 짝짓기를 하지 못하는 암컷들의 평균 개체수로 해석할 수 있는지를 설명하여라.

(b) $r = 1$일 필요충분조건은 $\lambda_1 = 1$임을 보여라. 이는 개체수의 증가율이 0임을 의미한다. [힌트:

$$g(\lambda) = \frac{b_1}{\lambda} + \frac{b_2 s_1}{\lambda^2} + \frac{b_3 s_1 s_2}{\lambda^3} + \cdots + \frac{b_n s_1 s_2 \cdots s_{n-1}}{\lambda^n}$$

이라 할 때, λ가 L의 고윳값일 필요충분조건이 $g(\lambda) = 1$임을 보여라.]

(c) λ_1이 유일한 양의 고윳값이라 가정하면, $r < 1$일 필요충분조건은 개체수가 감소하는 것이고, $r > 1$일 필요충분조건은 개체수가 증가하는 것임을 보여라.

※ 지속적인 수확정책은 한 연령집단의 길이를 의미하는 한 시간 구간 이후에는 정해진 수확비율에 의해 수확량이 개체수의 분포벡터 $\mathbf{x}$로 되돌아갈 수 있도록 하는 과정이다. 만약 h가 수확에 필요한 각 연령집단의 비율이면, 다음과 같이 수학적으로 수확과정을 나타낼 수 있다. 개체수 벡터 $\mathbf{x}$에서 시작하여 한 시간 구간 이후에 $L\mathbf{x}$를 수확하였다고 가정하자. 여기서 수확량 $hL\mathbf{x}$를 빼면

$$L\mathbf{x} - hL\mathbf{x} = (1-h)L\mathbf{x}$$

가 남는다. 따라서 수확량에 대한 지속성은 다음 식을 필요로 한다.

$$(1-h)L\mathbf{x} = \mathbf{x}$$

24. 만약 λ_1이 레슬리 행렬 L의 유일한 양의 고윳값이고, h가 지속적인 수확비율이라면, $h = 1 - \dfrac{1}{\lambda_1}$임을 증명하여라.

CAS **25.** (a) 3.7절의 연습문제 44의 순록에 대한 지속적인 수확비율을 구하여라.

(b) 3.7절의 연습문제 44의 자료를 이용하여, (a)의 결과에 따라 순록을 변형하여라. 한 시간 구간 이후의 개체수는 원래의 수준으로 되돌아감을 보여라.

26. 연습문제 22에서 물개의 지속적인 수확비율을 찾아라.

a + bi **27.** L이 유일한 양의 고윳값 λ_1을 갖는 레슬리 행렬이라

하자. 만약, λ가 다른 L의 고윳값이면, $|\lambda| \le \lambda_1$임을 보여라. [힌트: 연습문제 23(b)에서 $g(\lambda)=1$인 방정식에 $\lambda = r(\cos\theta + i\sin\theta)$를 대입하여라. 드무아브르의 정리를 사용하여 양변의 실수부를 택하고, 삼각부등식을 증명에 이용]

페론-프로베니우스 정리

※ [28-31] 주어진 행렬 A의 페론 근과 그에 대응하는 페론 고유벡터를 구하여라.

28. $A=\begin{bmatrix}2 & 0\\1 & 1\end{bmatrix}$

29. $A=\begin{bmatrix}1 & 3\\2 & 0\end{bmatrix}$

30. $A=\begin{bmatrix}0 & 1 & 1\\1 & 0 & 1\\1 & 1 & 0\end{bmatrix}$

31. $A=\begin{bmatrix}2 & 1 & 1\\1 & 1 & 0\\1 & 0 & 1\end{bmatrix}$

※ [32-35] 음이 아닌 $n\times n$행렬이 기약일 필요충분조건은 $(I+A)^{n-1} > O$임을 보일 수 있다. 이 판정법을 이용하여 다음의 행렬 A가 기약인지를 판정하여라. 만약 A가 기약행렬이라면, A를 $\left[\begin{array}{c:c}B & C\\ \hdashline O & D\end{array}\right]$의 형태로 나타낼 수 있는 행과 열의 치환을 찾아보아라.

32. $A=\begin{bmatrix}0&0&1&0\\0&0&0&1\\0&1&0&0\\1&0&0&0\end{bmatrix}$

33. $A=\begin{bmatrix}0&0&1&0\\0&0&1&1\\1&0&0&0\\1&1&0&0\end{bmatrix}$

34. $A=\begin{bmatrix}0&1&0&0&0\\0&0&1&0&1\\1&0&1&0&1\\0&0&1&1&0\\1&0&0&0&0\end{bmatrix}$

35. $A=\begin{bmatrix}0&1&0&0&0\\0&0&0&0&1\\1&0&0&0&1\\0&0&1&0&0\\0&0&0&1&1\end{bmatrix}$

36. (a) 행렬 A가 그래프 G의 인접행렬일 때, A가 기약일 필요충분조건은 G가 연결그래프임을 보여라. 여기서 **연결그래프**(connected graph)란 꼭짓점의 각 쌍에 대하여 그들 사이에는 경로가 항상 있다는 것이다.

(b) 4.0절의 그래프들은 기약 인접행렬을 가지는가? 원시 인접행렬을 가지는가?

37. G가 인접행렬을 A로 갖는 이분그래프라고 하자.

(a) A는 원시행렬이 아님을 보여라.

(b) 만약 λ가 A의 고윳값이면, $-\lambda$도 A의 고윳값임을 보여라.

38. 그래프가 k-**정칙**(k-regular)이라 함은 각 꼭짓점에서 k개의 변이 만날 때를 의미한다. G가 k-정칙그래프라 하자.

(a) $\lambda=k$는 G의 인접행렬 A의 한 고윳값임을 보여라. [힌트: 정리 4.30 참조]

(b) A가 원시행렬이면, A의 다른 고윳값들의 절댓값은 모두 k보다 작음을 보여라. [힌트: 정리 4.31 참조]

39. 연습문제 36-38과 4.5절의 관점에서, 4.0절에서의 여러분의 탐구결과를 설명하여라.

※ 연습문제 40에서 행렬 $A=[a_{ij}]$의 **절댓값**은 행렬 $|A|=[|a_{ij}|]$로 정의한다.

40. A, B는 $n\times n$행렬이고, $\mathbf{x}$는 $\mathbb{R}^n$의 벡터이고, c는 스칼라라고 하자. 이때, 다음 행렬방정식 또는 행렬부등식을 증명하여라.

(a) $|cA|=|c||A|$ (b) $|A+B| \le |A|+|B|$

(c) $|A\mathbf{x}| \le |A||\mathbf{x}|$ (d) $|AB| \le |A||B|$

41. 2×2행렬 $A=\begin{bmatrix}a_{11} & a_{12}\\a_{21} & a_{22}\end{bmatrix}$가 가약일 필요충분조건은 $a_{12}=0$ 또는 $a_{21}=0$임을 증명하여라.

42. A를 $I-A$가 가역이고 $(I-A)^{-1} \ge O$인 음이 아닌 기약행렬이라 하자. λ_1과 $\mathbf{v}_1$을 A의 페론 근과 페론 고유벡터라 하자.

(a) $0<\lambda_1<1$임을 보여라. [힌트: 4.3의 연습문제 22와 정리 4.18(b) 적용]

(b) (a)로부터 $\mathbf{v}_1 > A\mathbf{v}_1$임을 유도하여라.

선형점화관계

※ [43-46] 다음에 주어진 초기조건과 점화관계에 의해 정의되는 수열의 여섯 번째 항까지 구하여라.

43. $n \ge 1$에 대하여, $x_0=1,\ x_n=2x_{n-1}$

44. $n \ge 2$에 대하여, $a_1=128,\ a_n=a_{n-1}/2$

45. $n \ge 2$에 대하여, $y_0=0,\ y_1=1,\ y_n=y_{n-1}-y_{n-2}$

46. $n \ge 2$에 대하여, $b_0=1,\ b_1=1,\ b_n=2b_{n-1}+b_{n-2}$

※ [47-51] 다음에 주어진 초기조건과 점화관계를 이용하여 일반항을 구하여라.

47. $n \ge 2$에 대하여

$x_0=0,\ x_1=5,\ x_n=3x_{n-1}+4x_{n-2}$

48. $n \ge 2$에 대하여

$x_0=0,\ x_1=1,\ x_n=4x_{n-1}-3x_{n-2}$

49. $n \ge 3$에 대하여

$y_1 = 1,\ y_2 = 6,\ y_n = 4y_{n-1} - 4y_{n-2}$

50. $n \ge 2$에 대하여

$a_0 = 4,\ a_1 = 1,\ a_n = a_{n-1} - a_{n-2}/4$

51. $n \ge 2$에 대하여, $b_0 = 0,\ b_1 = 1,\ b_n = 2b_{n-1} + 2b_{n-2}$

52. 연습문제 45의 점화관계에서 답은 연습문제 45의 해답과 일치하는가?

53. 점화관계 $x_n = ax_{n-1} + bx_{n-2}$가 서로 다른 고윳값 λ_1, λ_2를 가지면, 일반항은 $x_n = c_1\lambda_1^n + c_2\lambda_2^n$의 형태로 나타남을 보임으로써, 정리 4.38(a)의 증명을 완성하여라.

54. 임의의 초기조건 $x_0 = r,\ x_1 = s$에 대하여, 스칼라 c_1, c_2는 정리 4.38(a)와 (b)에 의해 결정될 수 있음을 보여라.

55. 피보나치 점화관계 $f_n = f_{n-1} + f_{n-2}$는

$$\mathbf{x}_n = \begin{bmatrix} f_n \\ f_{n-1} \end{bmatrix}, \quad A = \begin{bmatrix} 1 & 1 \\ 1 & 0 \end{bmatrix}$$

에 대해서 행렬방정식 $\mathbf{x}_n = A\mathbf{x}_{n-1}$을 만족한다.

(a) $f_0 = 0,\ f_1 = 1$이 주어졌을 때, $n \ge 1$에 대하여 수학적 귀납법을 이용하여

$$A^n = \begin{bmatrix} f_{n+1} & f_n \\ f_n & f_{n-1} \end{bmatrix}$$

임을 증명하여라.

(b) (a)를 이용하여, $n \ge 1$에 대하여

$$f_{n+1}f_{n-1} - f_n^2 = (-1)^n$$

이 성립함을 증명하여라. [이는 천문학자인 카시니(Giovanni Domenico Cassini, 1625–1712)가 발견하였기 때문에 **카시니의 항등식**(Cassini's Identity)이라고 한다. 그는 이탈리아에서 태어났으나, 루이 14세의 부름으로 1669년에 프랑스로 갔으며, 파리천문대장을 역임하였다. 그는 프랑스 시민이 되었으며, 수학은 천문학을 제외한 그의 또 하나의 즐거움이었다. 카시니의 항등식은 1680년 파리에 있는 과학로열아카데미에 논문으로 발표되었다.]

(c) 8×8 격자무늬 판자는 그림 4.29(a)와 같이 절단할 수 있고, 그 조각들을 모아서 그림 4.29(b)에서와 같이 5×13 직사각형 모양으로 다시 만들 수 있다.

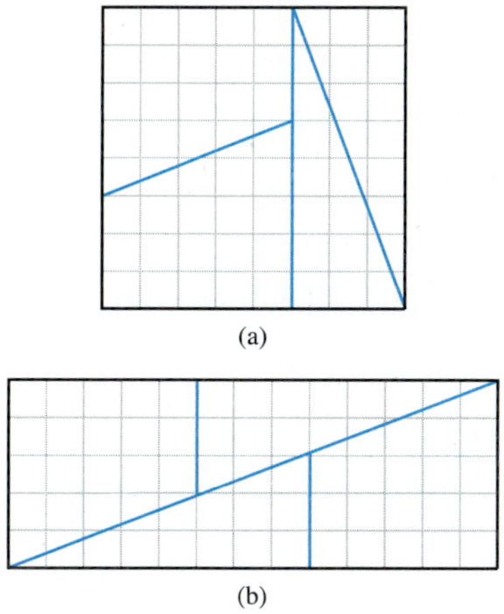

그림 4.29

정사각형은 64개의 작은 정사각형으로 이루어져 있지만, 직사각형은 65개의 정사각형으로 이루어져 있다. 여기서 남는 하나의 정사각형은 어디에서 나타난 것인가? [힌트: 피보나치 수열과 어떤 관계가 있을까?]

56. 그림 4.30에서 보는 바와 같이 3종류의 타일이 있는데, 두 종류는 1×2 타일이고 한 종류는 1×1이다.

그림 4.30

이 타일들로 $1 \times n$ 직사각형을 덮을 수 있는 다른 방법의 개수를 t_n이라 하자. 예를 들어, 그림 4.31에서와 같이 $t_3 = 5$이다.

(a) $t_1, \cdots, t_5$를 구하여라.

(t_0는 어떤 의미가 있겠는가?)

(b) t_n에 대한 2차 점화관계를 구축하여라.

(c) 초기조건 t_1, t_2를 이용하여, (b)의 점화관계를 풀어보아라. 여러분의 해답을 (a)의 데이터와 비교하여라.

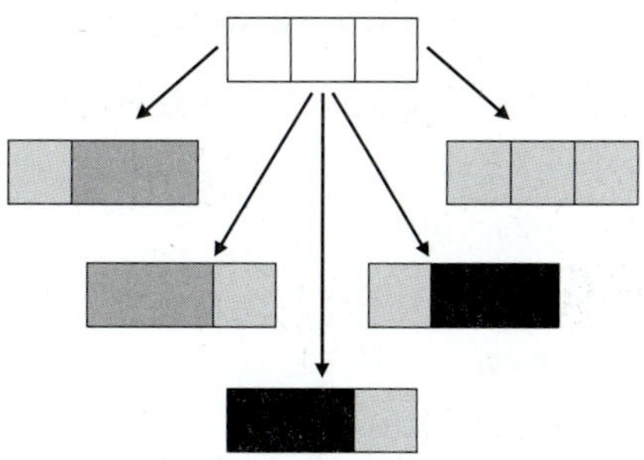

그림 4.31 1×3 직사각형을 타일로 덮는 5가지 방법

57. $2\times n$ 직사각형을 덮기 위하여, 1×2 도미노들을 이용하려고 한다. 1×2 도미노로 $2\times n$ 직사각형을 덮을 수 있는 다른 방법의 개수를 d_n이라 하면, 그림 4.32에서와 같이 $d_3=3$이다.

(a) $d_1, d_2, \cdots, d_5$를 구하여라.

(d_0는 어떤 의미가 있겠는가?)

(b) d_n에 대한 2차 점화관계를 구축하여라.

(c) 초기조건 d_1, d_2를 이용하여 (b)의 점화관계를 풀어보아라. 여러분의 해답을 (a)의 데이터와 비교하여라.

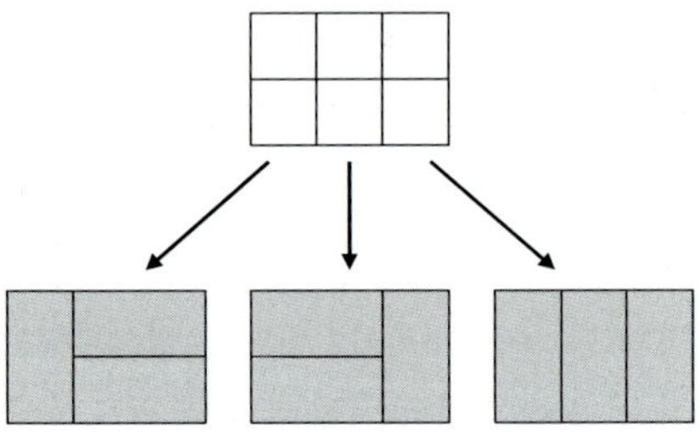

그림 4.32 1×2 도미노로 2×3 직사각형을 덮는 3가지 방법

58. 예제 4.41에서 고윳값 $\lambda_1=\dfrac{1+\sqrt{5}}{2}$와 $\lambda_2=\dfrac{1-\sqrt{5}}{2}$에 대응하는 각 고유벡터 $\mathbf{v}_1$과 $\mathbf{v}_2$를 구하여라. 그리고 $\mathbf{x}_k=\begin{bmatrix} f_k \\ f_{k-1}\end{bmatrix}$일 때, 4.5절의 공식 (2)를 증명하여라. 즉, 어떤 스칼라 c_1에 대하여 다음이 성립함을 증명하여라.

$$\lim_{k\to\infty}\frac{\mathbf{x}_k}{\lambda_1^k}=c_1\mathbf{v}_1$$

연립선형미분방정식

※ [59-64] 다음에 주어진 연립미분방정식의 일반해를 구하여라. 그리고 초기조건을 만족하는 특수해를 구하여라. 모든 함수들은 변수가 t인 함수로 생각하여라.

59. $x'=x+3y,\quad x(0)=0$
$y'=2x+2y,\quad y(0)=5$

60. $x'=2x-y,\quad x(0)=1$
$y'=-x+2y,\quad y(0)=1$

61. $x_1{}'=x_1+x_2,\quad x_1(0)=1$
$x_2{}'=x_1-x_2,\quad x_2(0)=0$

62. $y_1{}'=y_1-y_2,\quad y_1(0)=1$
$y_2{}'=y_1+y_2,\quad y_2(0)=1$

63. $x'=y-z,\quad x(0)=1$
$y'=x+z,\quad y(0)=0$
$z'=x+y,\quad z(0)=-1$

64. $x'=x+3z,\quad x(0)=2$
$y'=x-2y+z,\quad y(0)=3$
$z'=3x+z,\quad z(0)=4$

65. 과학실의 용기 안에 X와 Y라는 두 종류의 박테리아가 있다. 처음에 X 박테리아는 400마리, Y 박테리아는 500마리가 있었다. 두 박테리아는 경쟁적으로 먹이를 먹으며, 그 공간에는 어떠한 다른 요소도 없다고 한다. t일이 경과한 후, 그들의 숫자를 각각 $x=x(t)$, $y=(t)$라 할 때, 그 개체수의 증가율은 다음의 연립방정식으로 나타낼 수 있다.

$$\begin{aligned} x'&=1.2x-0.2y \\ y'&=-0.2x+1.5y \end{aligned}$$

(a) 이 연립미분방정식의 풀이에서 두 개체수에는 어떤 일이 발생하는지 설명하여라.

(b) $x(0)=a$, $y(0)=b$로 두 집단의 초기조건을 바꾼다면, 어떤 결과를 초래하는지 생각해보아라. 그리고 두 집단을 a와 b의 항으로 나타내면, 어떤 특징이 있는지 말하여라.

66. X와 Y의 두 종은 공생관계에 있다. 그들은 따로 살 수 없으며, 서로가 서로에게 종속되어 있다고 한다. 처음에 X는 15마리, Y는 10마리가 있었다고 하자. t개월 후의 이 두 집단의 크기를 각각 $x=x(t)$, $y=y(t)$라 하면, 두 개체수의 증가율은 다음의 연립방정식으로 주어진다.

$$\begin{aligned} x'&=-0.8x+0.4y \\ y'&=0.4x-0.2y \end{aligned}$$

이 두 집단의 개체수는 어떻게 변화할 것인지를 결정하여라.

※ [67-68] 한 생태계에 살고 있는 두 종 X, Y에 대하여, X가 Y를 잡아먹는다고 하자. 개체수의 크기는 각각 $x=x(t)$, $y=y(t)$로 표현되고, 각 개체수의 증가율은 연립미분방정식 $\mathbf{x}'=A\mathbf{x}+\mathbf{b}$에 의해서 결정된

다고 한다. 여기서, $\mathbf{x}=\begin{bmatrix} x \\ y \end{bmatrix}$이고 $\mathbf{b}$는 상수벡터이다. 다음에 주어진 A, $\mathbf{b}$와 초기조건 $\mathbf{x}(0)$에 대해서, 두 개체수에 대한 해를 구하여라. 먼저, $x=u+a$, $y=v+b$를 만족하는 적당한 상수 a와 b를 대입하여 식을 변환하면 주어진 연립방정식은 상수항이 없는 동치인 연립방정식이 됨을 보여라.

67. $A=\begin{bmatrix} 1 & 1 \\ -1 & 1 \end{bmatrix}$, $\mathbf{b}=\begin{bmatrix} -30 \\ -10 \end{bmatrix}$, $\mathbf{x}(0)=\begin{bmatrix} 20 \\ 30 \end{bmatrix}$

68. $A=\begin{bmatrix} -1 & 1 \\ -1 & -1 \end{bmatrix}$, $\mathbf{b}=\begin{bmatrix} 0 \\ 40 \end{bmatrix}$, $\mathbf{x}(0)=\begin{bmatrix} 10 \\ 30 \end{bmatrix}$

69. $x=x(t)$가 두 번 미분가능하고, 이계 미분방정식이 다음과 같이 주어졌다고 하자.

$$x''+ax'+bx=0 \tag{11}$$

(a) 변수를 $y=x'$, $z=x$로 바꾸면, (11)식은 y와 z에 대한 두 개의 방정식으로 구성되는 연립선형미분방정식으로 나타낼 수 있음을 보여라.

(b) (a)에서의 연립방정식의 특성방정식은 $\lambda^2+a\lambda+b=0$임을 보여라.

70. n계 선형미분방정식

$$x^{(n)}+a_{n-1}x^{(n-1)}+\cdots+a_1x'+a_0=0$$

을 다항식 $P(\lambda)=\lambda^n+a_{n-1}\lambda^{n-1}+\cdots+a_1\lambda+a_0$의 동반행렬 $C(P)$를 계수행렬로 갖는 연립선형미분방정식으로 변환하는 변수변환이 존재함을 보여라. [여기서, $x^{(k)}$는 x의 k계 도함수를 나타낸다. 동반행렬의 정의는 4.3절의 연습문제 26–32에 있다.]

※ [71–72] 연습문제 69를 이용하여, 다음에 주어진 미분방정식의 일반해를 구하여라.

71. $x''-5x'+6x=0$ **72.** $x''+4x'+3x=0$

※ [73–76] 정리 4.41을 이용하여, 다음 연립미분방정식을 풀어보아라.

73. 연습문제 59 **74.** 연습문제 60

75. 연습문제 63 **76.** 연습문제 64

이산 선형동적시스템

※ [77–84] 동적시스템 $\mathbf{x}_{k+1}=A\mathbf{x}_k$에 대해서, 다음 물음에 답하여라.

(a) $\mathbf{x}_0=\begin{bmatrix} 1 \\ 1 \end{bmatrix}$일 때, $\mathbf{x}_0$, $\mathbf{x}_1$, $\mathbf{x}_2$, $\mathbf{x}_3$을 계산하고, 그림으로 나타내어라.

(b) $\mathbf{x}_0=\begin{bmatrix} 1 \\ 0 \end{bmatrix}$일 때, $\mathbf{x}_0$, $\mathbf{x}_1$, $\mathbf{x}_2$, $\mathbf{x}_3$을 계산하고, 그림으로 나타내어라.

(c) 고윳값과 고유벡터를 이용하여, 원점을 당김, 반발, 안장점 또는 어느 것도 아님으로 분류하여라.

77. $A=\begin{bmatrix} 2 & 1 \\ 0 & 3 \end{bmatrix}$ **78.** $A=\begin{bmatrix} 0.5 & -0.5 \\ 0 & 0.5 \end{bmatrix}$

79. $A=\begin{bmatrix} 2 & -1 \\ -1 & 2 \end{bmatrix}$ **80.** $A=\begin{bmatrix} -4 & 2 \\ 1 & -3 \end{bmatrix}$

81. $A=\begin{bmatrix} 1.5 & -1 \\ -1 & 0 \end{bmatrix}$ **82.** $A=\begin{bmatrix} 0.1 & 0.9 \\ 0.5 & 0.5 \end{bmatrix}$

83. $A=\begin{bmatrix} 0.2 & 0.4 \\ -0.2 & 0.8 \end{bmatrix}$ **84.** $A=\begin{bmatrix} 0 & -1.5 \\ 1.2 & 3.6 \end{bmatrix}$

※ [85–88] 다음과 같이 $A=\begin{bmatrix} a & -b \\ b & a \end{bmatrix}$ 형태의 행렬이 주어져 있다. 이때, A는 r배의 확대 또는 축소를 나타내는 행렬과 각 θ만큼 회전한 행렬들의 곱으로 분해된다. 확대 및 축소를 나타내는 상수 r과 회전한 각도 θ를 구하여라. 초기조건 $\mathbf{x}_0=\begin{bmatrix} 1 \\ 1 \end{bmatrix}$을 갖는 동적시스템 $\mathbf{x}_{k+1}=A\mathbf{x}_k$의 궤도에서 처음 4개의 점을 그려보아라.

85. $A=\begin{bmatrix} 1 & -1 \\ 1 & 1 \end{bmatrix}$ **86.** $A=\begin{bmatrix} 0 & 0.5 \\ -0.5 & 0 \end{bmatrix}$

87. $A=\begin{bmatrix} 1 & \sqrt{3} \\ -\sqrt{3} & 1 \end{bmatrix}$

88. $A=\begin{bmatrix} -\sqrt{3}/2 & -1/2 \\ 1/2 & -\sqrt{3}/2 \end{bmatrix}$

※ [89–92] 가역행렬 P와 $A=PCP^{-1}$를 만족하는 $\begin{bmatrix} a & -b \\ b & a \end{bmatrix}$ 형태의 행렬 C를 구하여라. 초기조건이 $\mathbf{x}_0=\begin{bmatrix} 1 \\ 1 \end{bmatrix}$이고 $\mathbf{x}_{k+1}=A\mathbf{x}_k$로 주어진 동적시스템의 궤도에서 처음 6개의 점들을 그려보아라. 그리고 원점을 나선형 당김, 나선형 반발 또는 궤도중심으로 분류하여라.

89. $A=\begin{bmatrix} 0.1 & -0.2 \\ 0.1 & 0.3 \end{bmatrix}$ **90.** $A=\begin{bmatrix} 2 & 1 \\ -2 & 0 \end{bmatrix}$

91. $A=\begin{bmatrix} 1 & -1 \\ 1 & 0 \end{bmatrix}$ **92.** $A=\begin{bmatrix} 0 & -1 \\ 1 & \sqrt{3} \end{bmatrix}$

4장 복습문제

1. 다음 명제가 참인지 거짓인지를 판정하여라.
   (a) 모든 정사각행렬 A에 대해, $\det(-A) = -\det(A)$이다.
   (b) A와 B가 $n\times n$행렬이면 $\det(AB)=\det(BA)$이다.
   (c) A와 B가 $n\times n$행렬이고 그들의 열은 같지만 순서가 다르면, $\det B = -\det A$이다.
   (d) A가 가역행렬이면, $\det(A^{-1}) = \det(A^T)$이다.
   (e) 정사각행렬 A의 고윳값이 0뿐이면, A는 영행렬이다.
   (f) 두 고유벡터가 같은 고윳값에 대응되면, 그 고유벡터들은 일차종속이다.
   (g) $n\times n$행렬이 n개의 서로 다른 고윳값을 가지면, 그 행렬은 대각화 가능하다.
   (h) $n\times n$행렬이 대각화 가능하면, 그 행렬은 n개의 서로 다른 고윳값을 갖는다.
   (i) 닮은 행렬은 같은 고유벡터를 갖는다.
   (j) A와 B가 $n\times n$행렬이고 같은 행사다리꼴 형태로 분해되면, A와 B는 닮은 행렬이다.

2. 행렬 $A=\begin{bmatrix}1&3&5\\3&5&7\\7&9&11\end{bmatrix}$에 대하여
   (a) 행 또는 열에 대한 여인수 전개를 이용하여, $\det A$를 구하여라.
   (b) A를 삼각행렬 형태로 변형하여, $\det A$를 구하여라.

3. $\begin{vmatrix}a&b&c\\d&e&f\\g&h&i\end{vmatrix}=3$일 때, $\begin{vmatrix}3d&2e-4f&f\\3a&2b-4c&c\\3g&2h-4i&i\end{vmatrix}$를 구하여라.

4. 4×4행렬 A와 B에 대해서 $\det(A)=2$, $\det(B)=-\dfrac{1}{4}$라 하자. 다음과 같이 주어진 행렬 C의 행렬식을 구하여라.
   (a) $C=(AB)^{-1}$ (b) $C=A^2B(3A^T)$

5. A가 $n\times n$ 교대행렬이고 n이 홀수이면, $\det A=0$임을 증명하여라.

6. $\begin{vmatrix}1&-1&2\\1&1&k\\2&4&k^2\end{vmatrix}=0$를 만족하는 k의 모든 값을 구하여라.

※ [7–8] $\mathbf{x}$가 A의 고유벡터임을 보이고, 그에 대응하는 고윳값을 구하여라.

7. $\mathbf{x}=\begin{bmatrix}1\\2\end{bmatrix}$, $A=\begin{bmatrix}3&1\\4&3\end{bmatrix}$

8. $\mathbf{x}=\begin{bmatrix}3\\-1\\2\end{bmatrix}$, $A=\begin{bmatrix}13&-60&-45\\-5&18&15\\10&-40&-32\end{bmatrix}$

9. $A=\begin{bmatrix}-5&-6&3\\3&4&-3\\0&0&-2\end{bmatrix}$라 하자.
   (a) A의 특성다항식을 구하여라.
   (b) A의 모든 고윳값을 구하여라.
   (c) A의 각 고유공간의 기저를 구하여라.
   (d) A가 대각화 가능한지를 판정하여라. 만약 그렇지 않다면, 그 이유를 밝히고, 대각화 가능하면 $P^{-1}AP=D$를 만족하는 가역행렬 P와 대각행렬 D를 구하여라.

10. 3×3 대각화 가능 행렬 A의 고윳값이 -2, 3, 4일 때, $\det A$를 구하여라.

11. 2×2행렬 A의 고윳값이 $\lambda_1=\dfrac{1}{2}$, $\lambda_2=-1$이고 그들에 대응하는 고유벡터가 $\mathbf{v}_1=\begin{bmatrix}1\\1\end{bmatrix}$, $\mathbf{v}_2=\begin{bmatrix}1\\-1\end{bmatrix}$일 때, $A^{-5}\begin{bmatrix}3\\7\end{bmatrix}$을 구하여라.

12. A가 대각화 가능 행렬이고 모든 고윳값이 $|\lambda|<1$을 만족할 때, n이 커지면 A^n은 영행렬로 수렴함을 보여라.

※ [13–15] 다음에 주어진 행렬 A와 B가 닮은 행렬인지 그 이유와 함께 판정하여라. A와 B가 닮음 행렬이란 가역행렬 P가 존재하여 $P^{-1}AP=B$를 만족할 때이다.

13. $A=\begin{bmatrix}4&2\\3&1\end{bmatrix}$, $B=\begin{bmatrix}2&2\\3&2\end{bmatrix}$

14. $A=\begin{bmatrix}2&0\\0&3\end{bmatrix}$, $B=\begin{bmatrix}3&0\\0&2\end{bmatrix}$

15. $A=\begin{bmatrix}1&1&0\\0&1&1\\0&0&1\end{bmatrix}$, $B=\begin{bmatrix}1&1&0\\0&1&0\\0&0&1\end{bmatrix}$

16. $A=\begin{bmatrix}2&k\\1&0\end{bmatrix}$일 때, 다음을 만족하는 k의 값을 구하여라.
   (a) A의 고윳값은 3과 -1이다.
   (b) A는 대수적인 중복도가 2인 고윳값을 가진다.

(c) A가 실수 고윳값을 갖지 않는다.

17. $A^3 = A$일 때, A의 고윳값으로 가능한 것을 모두 구하여라.

18. 정사각행렬 A의 두 행이 같으면, A의 고윳값 중 하나는 왜 반드시 0이어야 하는가?

19. $\mathbf{x}$가 행렬 A의 고윳값 $\lambda = 3$에 대응하는 고유벡터일 때, $\mathbf{x}$는 또한 $A^2 - 5A + 2I$의 고유벡터임을 보여라. 그때 대응하는 고윳값은 무엇인가?

20. A와 B가 $P^{-1}AP = B$를 만족하는 닮은 행렬이고 $\mathbf{x}$가 A의 고유벡터이면, $P^{-1}\mathbf{x}$는 B의 한 고유벡터임을 보여라.

5 직교

5.0 도입: 벽 위의 그림자

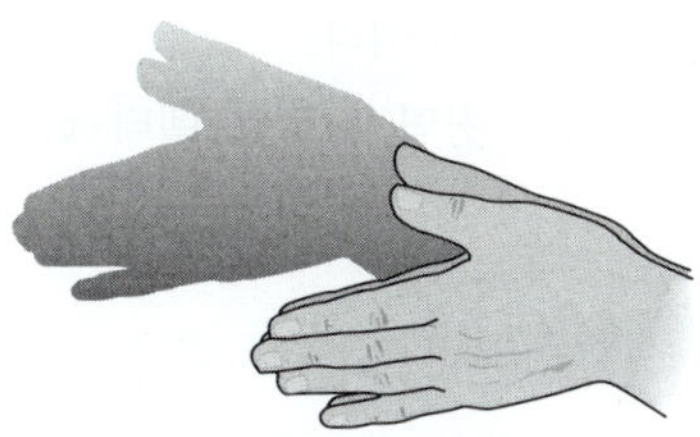

그림 5.1 벽 위의 그림자는 사영이다.

이 장에서는 1장과 3장에서 다룬 정사영의 개념을 확장해보자. 이전에서는 한 벡터 (또는 한 벡터에 의해서 생성된 일차원 부분공간) 위로의 사영만을 다루었다. 이 절에서는 $\mathbb{R}^3$에서 평면 위로의 사영에 대응하는 유사한 공식이 있는지 살펴보기로 하자. 예를 들어, 그림 5.1은 빛을 평행하게 비추었을 때, 벽에 생긴 그림자를 보여준다. 3차원 공간의 물체를 컴퓨터 모니터와 같은 2차원 스크린에 나타낼 때에도 비슷한 현상이 일어난다. 이 장의 뒷부분에서 이러한 개념을 일반화하여 생각해보려 한다.

먼저, 사영에 대하여 잘 알려진 사실을 정리해보자. $\mathbb{R}^2$에서 방향벡터 $\mathbf{d}=\begin{bmatrix} d_1 \\ d_2 \end{bmatrix}$와 평행하고 원점을 지나는 직선에 내린 사영의 표준행렬은 다음과 같이 주어짐을 3.6절에서 보였다.

$$P=\frac{1}{d_1^2+d_2^2}\begin{bmatrix} d_1^2 & d_1d_2 \\ d_1d_2 & d_2^2 \end{bmatrix}=\begin{bmatrix} d_1^2/(d_1^2+d_2^2) & d_1d_2/(d_1^2+d_2^2) \\ d_1d_2/(d_1^2+d_2^2) & d_2^2/(d_1^2+d_2^2) \end{bmatrix}$$

그러므로 이 직선에 내린 벡터 $\mathbf{v}$의 사영은 $P\mathbf{v}$이다.

문제 1 행렬 P는 다음과 같이 나타낼 수 있음을 보여라.

$$P=\begin{bmatrix} \cos^2\theta & \cos\theta\sin\theta \\ \cos\theta\sin\theta & \sin^2\theta \end{bmatrix}$$

(여기서 θ는 무엇을 의미하는가?)

문제 2 행렬 P는 다음과 같은 형태로 나타낼 수 있음을 보여라.

$$P = \mathbf{u}\mathbf{u}^T$$

여기서, $\mathbf{u}$는 $\mathbf{d}$ 방향의 단위벡터이다.

문제 3 문제 2를 이용하여, 다음의 각 단위 방향벡터에 대한 행렬 P를 구하고 벡터 $\mathbf{v} = \begin{bmatrix} 3 \\ -4 \end{bmatrix}$의 사영을 구하여라.

(a) $\mathbf{u} = \begin{bmatrix} 1/\sqrt{2} \\ -1/\sqrt{2} \end{bmatrix}$ (b) $\mathbf{u} = \begin{bmatrix} 4/5 \\ 3/5 \end{bmatrix}$ (c) $\mathbf{u} = \begin{bmatrix} -3/5 \\ 4/5 \end{bmatrix}$

문제 4 $P = \mathbf{u}\mathbf{u}^T$을 이용하여, (a) P가 대칭행렬임을 보여라. (b) P는 멱등행렬임을 보여라.

문제 5 2×2 사영행렬 P가 벡터들을 직선 위로 사영하면 그 직선이 왜 P의 열공간이 되는지 설명하여라.

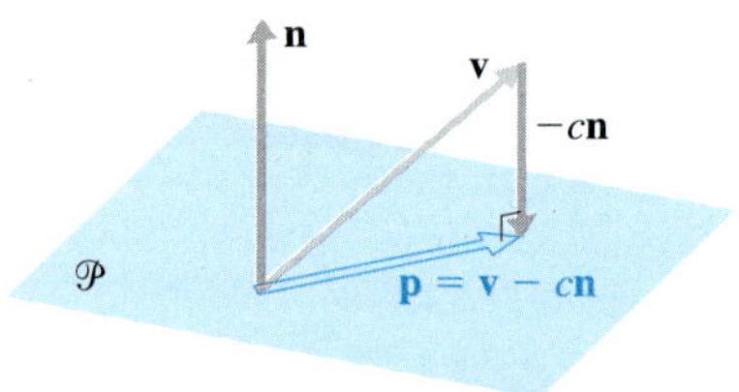

그림 5.2 평면 위로의 사영

이제, $\mathbb{R}^3$의 경우 원점을 지나는 평면 위로의 사영에 대하여 여러 가지 방법으로 살펴보기로 하자.

그 중 하나는 그림 5.2에서 설명된다. 원점을 지나는 평면 $\mathscr{P}$의 법선벡터를 $\mathbf{n}$이라 하자. 임의의 벡터 $\mathbf{v} \in \mathbb{R}^3$에 대하여 $\mathbf{p} = \text{proj}_{\mathscr{P}}(\mathbf{v})$는 $\mathscr{P}$에 있는 벡터이고 $\mathbf{v} - c\mathbf{n} = \mathbf{p}$인 상수 c가 존재한다.

문제 6 $\mathbf{n}$이 평면 $\mathscr{P}$의 모든 벡터와 수직이라는 사실을 이용하여, $\mathbf{p}$를 $\mathbf{v}$와 $\mathbf{n}$으로 표현하기 위하여 $\mathbf{v} - c\mathbf{n} = \mathbf{p}$를 만족하는 상수 c를 구하여라.

문제 7 문제 6을 이용하여, 다음 방정식으로 정의되는 평면 위로의 벡터 $\mathbf{v} = \begin{bmatrix} 1 \\ 0 \\ -2 \end{bmatrix}$의 사영을 구하여라.

(a) $x + y + z = 0$ (b) $x - 2z = 0$ (c) $2x - 3y + z = 0$

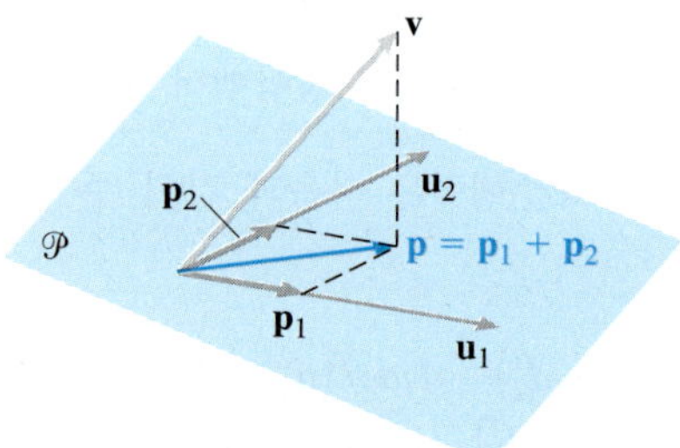

그림 5.3

평면 위로의 사영을 구하는 또 다른 방법은 그림 5.3에 설명되어 있다. 평면 $\mathscr{P}$ 위로의 사영은 $\mathscr{P}$의 방향벡터들에 내린 사영의 합으로 나타낼 수 있다. 이러한 작업은 방향벡터들이 수직인 단위벡터들일 때에만 가능하다. 그러므로 $\mathbf{u}_1$, $\mathbf{u}_2$를 다음 성질을 갖는 $\mathscr{P}$의 방향벡터라고 하자.

$$\|\mathbf{u}_1\| = \|\mathbf{u}_2\| = 1, \qquad \mathbf{u}_1 \cdot \mathbf{u}_2 = 0$$

문제 2에 의하면 $\mathbf{u}_1$과 $\mathbf{u}_2$에 내린 $\mathbf{v}$의 사영은 각각

$$\mathbf{p}_1 = \mathbf{u}_1\mathbf{u}_1^T\mathbf{v}, \qquad \mathbf{p}_2 = \mathbf{u}_2\mathbf{u}_2^T\mathbf{v}$$

이다. $\mathbf{p}_1 + \mathbf{p}_2$가 $\mathscr{P}$ 위로의 $\mathbf{v}$의 사영임을 보이려면, $\mathbf{v} - (\mathbf{p}_1 + \mathbf{p}_2)$가 $\mathscr{P}$에 수직임을 보여야 한다. 그러기 위해서는 $\mathbf{v} - (\mathbf{p}_1 + \mathbf{p}_2)$가 $\mathbf{u}_1$과 $\mathbf{u}_2$에 모두 수직임을 보이면 충분하다.

문제 8 $\mathbf{u}_1 \cdot (\mathbf{v} - (\mathbf{p}_1 + \mathbf{p}_2)) = 0$이고 $\mathbf{u}_2 \cdot (\mathbf{v} - (\mathbf{p}_1 + \mathbf{p}_2)) = 0$임을 보여라. [힌트: 스칼라적은 $\mathbf{x}^T\mathbf{y} = \mathbf{x} \cdot \mathbf{y}$이고, 또한 $\mathbf{u}_1$과 $\mathbf{u}_2$는 수직인 단위벡터임을 이용하여라.]

문제 8과 그 이전의 설명으로부터, $\mathbb{R}^3$의 수직인 단위벡터 $\mathbf{u}_1$과 $\mathbf{u}_2$에 의하여 생성된 부분공간 $\mathscr{P}$ 위로의 사영의 행렬은 다음과 같다.

$$P = \mathbf{u}_1\mathbf{u}_1^T + \mathbf{u}_2\mathbf{u}_2^T \tag{1}$$

문제 9 식 (1)에 주어진 P에 대한 식을 이용하여, 문제 7을 다시 풀어 보아라. 문제 7의 벡터 $\mathbf{v}$와 다음에 주어진 $\mathbf{u}_1$과 $\mathbf{u}_2$를 사용하여라. 우선, $\mathbf{u}_1$과 $\mathbf{u}_2$가 주어진 평면에서 서로 수직인 단위벡터임을 보여라.

(a) $x+y+z=0,\quad \mathbf{u}_1=\begin{bmatrix}-2/\sqrt{6}\\ 1/\sqrt{6}\\ 1/\sqrt{6}\end{bmatrix},\ \mathbf{u}_2=\begin{bmatrix}0\\ 1/\sqrt{2}\\ -1/\sqrt{2}\end{bmatrix}$

(b) $x-2z=0,\quad \mathbf{u}_1=\begin{bmatrix}2/\sqrt{5}\\ 0\\ 1\sqrt{5}\end{bmatrix},\ \mathbf{u}_2=\begin{bmatrix}0\\ 1\\ 0\end{bmatrix}$

(c) $2x-3y+z=0,\quad \mathbf{u}_1=\begin{bmatrix}1/\sqrt{3}\\ -1/\sqrt{3}\\ 1/\sqrt{3}\end{bmatrix},\ \mathbf{u}_2=\begin{bmatrix}2/\sqrt{6}\\ 1/\sqrt{6}\\ -1/\sqrt{6}\end{bmatrix}$

문제 10 식 (1)의 사영행렬은 문제 4의 성질 (a), (b)를 만족함을 보여라.

문제 11 $\mathbb{R}^3$의 한 평면 위로의 사영을 나타내는 행렬 P에 대하여

$$P = AA^T$$

을 만족하는 3×2행렬 A가 존재함을 보여라. [힌트: 식 (1)은 외적전개임을 보여라.]

문제 12 $\mathbb{R}^3$의 한 평면 위로의 사영을 나타내는 행렬 P에 대하여, $\mathrm{rank}(P)=2$임을 보여라.

이 장에서는 직교와 정사영의 개념에 대하여 자세히 다루고, 이 절에서 소개된 개념들을 일반화하고 중요한 응용문제들을 살펴보기로 한다.

5.1 $\mathbb{R}^n$에서의 직교

이 절에서는 $\mathbb{R}^n$의 두 벡터의 직교를 정의하고, 그 개념을 일반적인 벡터들의 집합으로 일반화한다. 가장 다루기 쉬운 표준기저 $\{\mathbf{e}_1, \mathbf{e}_2, \cdots, \mathbf{e}_n\}$에서 서로 다른 두 벡터는 항상 수직이고, 각 벡터는 모두 단위벡터인 두 성질을 갖는다. 첫 번째 성질을 갖는 기저를 직교기저라고 하고, 두 성질을 모두 갖는 기저를 정규직교 기저라고 한다.

벡터의 직교집합과 정규직교 집합

정의 $\mathbb{R}^n$의 벡터의 집합 $\{\mathbf{v}_1, \mathbf{v}_2, \cdots, \mathbf{v}_k\}$의 임의의 서로 다른 두 벡터가 항상 수직이면, 즉

$$\mathbf{v}_i \cdot \mathbf{v}_j = 0, \quad i \neq j \ (i, j = 1, 2, \cdots, k)$$

이면, **직교집합**(orthogonal set)이라고 한다.

$\mathbb{R}^n$의 표준기저 $\{\mathbf{e}_1, \mathbf{e}_2, \cdots, \mathbf{e}_n\}$은 직교집합이고 그 부분집합도 모두 직교집합이다. 다음 예제에서와 같이 그 이외에도 많은 경우들이 있다.

예제 5.1 다음의 $\{\mathbf{v}_1, \mathbf{v}_2, \mathbf{v}_3\}$는 $\mathbb{R}^3$에서 직교집합임을 보여라.

$$\mathbf{v}_1 = \begin{bmatrix} 2 \\ 1 \\ -1 \end{bmatrix}, \quad \mathbf{v}_2 = \begin{bmatrix} 0 \\ 1 \\ 1 \end{bmatrix}, \quad \mathbf{v}_3 = \begin{bmatrix} 1 \\ -1 \\ 1 \end{bmatrix}$$

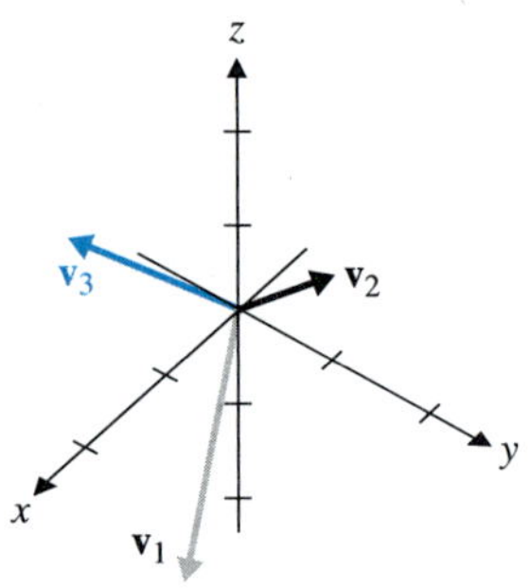

그림 5.4 직교벡터집합

풀이 이 집합의 어떤 두 벡터를 택하여도 서로 수직임을 보여야 한다.

$$\mathbf{v}_1 \cdot \mathbf{v}_2 = 2(0) + 1(1) + (-1)(1) = 0$$
$$\mathbf{v}_2 \cdot \mathbf{v}_3 = 0(1) + 1(-1) + (1)(1) = 0$$
$$\mathbf{v}_1 \cdot \mathbf{v}_3 = 2(1) + 1(-1) + (-1)(1) = 0$$

이므로, $\{\mathbf{v}_1, \mathbf{v}_2, \mathbf{v}_3\}$은 직교집합이다.

기하학적으로 예제 5.1의 벡터들은 그림 5.4에서 볼 수 있듯이 서로 수직이다.

벡터의 직교집합이 갖는 가장 큰 장점은 그들이 항상 일차독립이라는 것이다.

정리 5.1 $\mathbb{R}^n$의 영벡터가 아닌 벡터들의 집합 $\{\mathbf{v}_1, \mathbf{v}_2, \cdots, \mathbf{v}_k\}$가 직교집합이면, 이 벡터들은 일차독립이다.

증명 상수 $c_1, c_2, \cdots, c_k$에 대하여, $c_1\mathbf{v}_1 + \cdots + c_k\mathbf{v}_k = \mathbf{0}$라고 가정하면, 각 i에 대하여

$$(c_1\mathbf{v}_1 + \cdots + c_k\mathbf{v}_k) \cdot \mathbf{v}_i = \mathbf{0} \cdot \mathbf{v}_i = 0$$

또는, 다음과 같이 나타낼 수 있다.

$$c_1(\mathbf{v}_1 \cdot \mathbf{v}_i) + \cdots + c_i(\mathbf{v}_i \cdot \mathbf{v}_i) + \cdots + c_k(\mathbf{v}_k \cdot \mathbf{v}_i) = 0 \tag{1}$$

$\{\mathbf{v}_1, \mathbf{v}_2, \cdots, \mathbf{v}_k\}$가 직교집합이므로, 식 (1)에서 $\mathbf{v}_i \cdot \mathbf{v}_i$를 제외한 모든 스칼라적은 0이다. 따라서 식 (1)은 다음과 같이 나타낼 수 있다.

$$c_i(\mathbf{v}_i \cdot \mathbf{v}_i) = 0$$

그런데 가정에서 $\mathbf{v}_i \cdot \mathbf{v}_i \neq 0$이므로, $c_i = 0$이다. $i = 1, \cdots, k$에 대하여, 이 사실이 항상 성립하므로, $\{\mathbf{v}_1, \mathbf{v}_2, \cdots, \mathbf{v}_k\}$은 일차독립이다.

주의 정리 5.1에 의하여, 직교하는 벡터들의 집합은 항상 일차독립이다. 예를 들어, 예제 5.1의 세 벡터는 일차독립임을 바로 알 수 있다.

정의 W를 $\mathbb{R}^n$의 한 부분공간이라 하자. W의 기저이면서 직교하는 부분집합을 W의 **직교기저**(orthogonal basis)라고 한다.

예제 5.2

예제 5.1의 세 벡터

$$\mathbf{v}_1 = \begin{bmatrix} 2 \\ 1 \\ -1 \end{bmatrix}, \ \mathbf{v}_2 = \begin{bmatrix} 0 \\ 1 \\ 1 \end{bmatrix}, \ \mathbf{v}_3 = \begin{bmatrix} 1 \\ -1 \\ 1 \end{bmatrix}$$

은 서로 직교하고 따라서 일차독립이다. 가역행렬의 기본정리로부터, $\mathbb{R}^3$의 일차독립인 세 벡터는 $\mathbb{R}^3$의 기저가 되므로 $\{\mathbf{v}_1, \mathbf{v}_2, \mathbf{v}_3\}$는 $\mathbb{R}^3$의 직교기저이다.

주의 예제 5.2에서 직교벡터 $\mathbf{v}_1$과 $\mathbf{v}_2$만 주어졌다고 하자. $\{\mathbf{v}_1, \mathbf{v}_2, \mathbf{v}_3\}$가 $\mathbb{R}^3$의 직교기저가 되도록 $\mathbf{v}_3$를 정하려면 어떻게 해야 하는가? 이러한 $\mathbf{v}_3$를 구하는 하나의 방법은 두 벡터 $\mathbf{v}_1$과 $\mathbf{v}_2$의 벡터적이 $\mathbf{v}_1$과 $\mathbf{v}_2$에 모두 수직임을 이용하는 것이다(제1장 탐구의 외적 참조). 다시 말해서, $\mathbf{v}_3$를 $\mathbf{v}_1 \times \mathbf{v}_2$로 택한다.

$$\mathbf{v}_3 = \mathbf{v}_1 \times \mathbf{v}_2 = \begin{bmatrix} 2 \\ 1 \\ -1 \end{bmatrix} \times \begin{bmatrix} 0 \\ 1 \\ 1 \end{bmatrix} = \begin{bmatrix} 2 \\ -2 \\ 2 \end{bmatrix}$$

당연한 결과이지만, 이 벡터는 예제 5.2에 주어진 벡터 $\mathbf{v}_3$의 스칼라배이다.

예제 5.3

$\mathbb{R}^3$의 부분공간 W가 다음과 같이 주어졌을 때, W의 직교기저를 구하여라.

$$W = \left\{ \begin{bmatrix} x \\ y \\ z \end{bmatrix} : x - y + 2z = 0 \right\}$$

풀이 5.3절에서 이러한 종류의 문제를 해결하기 위한 일반적인 방법을 다룰 것이다. $\mathbb{R}^3$의 부분공간 W는 원점을 지나는 평면이다. 평면의 방정식 $x = y - 2z$

에서 W는 다음과 같은 형태의 벡터로 이루어진다.

$$\begin{bmatrix} y-2z \\ y \\ z \end{bmatrix} = y\begin{bmatrix} 1 \\ 1 \\ 0 \end{bmatrix} + z\begin{bmatrix} -2 \\ 0 \\ 1 \end{bmatrix}$$

그러므로 $\mathbf{u}=\begin{bmatrix} 1 \\ 1 \\ 0 \end{bmatrix}$와 $\mathbf{v}=\begin{bmatrix} -2 \\ 0 \\ 1 \end{bmatrix}$은 W의 기저이지만 직교하지는 않는다. 직교기저를 구하기 위해서는 두 벡터 중 하나와 수직인 W의 벡터를 구하면 된다. $\mathbf{w}=\begin{bmatrix} x \\ y \\ z \end{bmatrix}$를 $\mathbf{u}$와 수직인 W의 벡터라고 하면, $x-y+2z=0$를 만족하여야 하고, $\mathbf{u}\cdot\mathbf{w}=0$이므로 또 하나의 방정식 $x+y=0$을 얻는다. 따라서 연립일차방정식

$$\begin{aligned} x-y+2z &= 0 \\ x+y \quad\ &= 0 \end{aligned}$$

을 풀면 $x=-z$, $y=z$를 얻는다. 그러므로 벡터 $\mathbf{w}$는

$$\mathbf{w}=\begin{bmatrix} -z \\ z \\ z \end{bmatrix}$$

의 형태이다. 예를 들어, $\mathbf{w}=\begin{bmatrix} -1 \\ 1 \\ 1 \end{bmatrix}$은 $\mathbf{u}$와 수직이다. $\{\mathbf{u}, \mathbf{w}\}$가 W의 직교집합임은 간단하게 확인할 수 있다. 따라서 $\dim(W)=2$이므로, $\{\mathbf{u}, \mathbf{w}\}$은 W의 직교기저이다.

직교기저가 갖는 또 다른 장점은 직교기저에 대한 벡터의 좌표를 쉽게 구할 수 있다는 것이다. 다음 정리는 직교기저에 대한 벡터의 좌표를 구하는 방법을 보여 준다.

정리 5.2

$\{\mathbf{v}_1, \mathbf{v}_2, \cdots, \mathbf{v}_k\}$가 $\mathbb{R}^n$의 부분공간 W의 한 직교기저라고 하자. $\mathbf{w}$가 W의 임의의 벡터이면

$$\mathbf{w}=c_1\mathbf{v}_1+\cdots+c_k\mathbf{v}_k$$

를 만족하는 스칼라 $c_1, \cdots, c_k$가 각각 유일하게 존재한다. 이때, $i=1, \cdots, k$에 대하여

$$c_i=\frac{\mathbf{w}\cdot\mathbf{v}_i}{\mathbf{v}_i\cdot\mathbf{v}_i}$$

이다.

증명 $\{\mathbf{v}_1, \mathbf{v}_2, \cdots, \mathbf{v}_k\}$가 W의 기저이므로(정리 3.29로부터),

$$\mathbf{w} = c_1\mathbf{v}_1 + \cdots + c_k\mathbf{v}_k$$

를 만족하는 스칼라 c_1, $\cdots$, c_k가 각각 유일하게 존재한다. c_i를 구하기 위하여, $\mathbf{v}_i$와 스칼라적을 취하면 $i \neq j$일 때, $\mathbf{v}_i \cdot \mathbf{v}_j = 0$이므로

$$\begin{aligned}\mathbf{w} \cdot \mathbf{v}_i &= (c_1\mathbf{v}_1 + \cdots + c_k\mathbf{v}_k) \cdot \mathbf{v}_i \\ &= c_1(\mathbf{v}_1 \cdot \mathbf{v}_i) + \cdots + c_i(\mathbf{v}_i \cdot \mathbf{v}_i) + \cdots + c_k(\mathbf{v}_k \cdot \mathbf{v}_i) \\ &= c_i(\mathbf{v}_i \cdot \mathbf{v}_i)\end{aligned}$$

이다. 한편, $\mathbf{v}_i \cdot \mathbf{v}_i \neq 0$이므로, $\mathbf{v}_i \cdot \mathbf{v}_i$로 양변을 나누면 원하는 결과를 얻는다.

예제 5.4

예제 5.1과 예제 5.2의 직교기저 $\mathcal{B} = \{\mathbf{v}_1, \mathbf{v}_2, \mathbf{v}_3\}$에 대하여, 벡터 $\mathbf{w} = \begin{bmatrix}1\\2\\3\end{bmatrix}$의 좌표를 구하여라.

풀이 정리 5.2를 이용하여 계산하면

$$c_1 = \frac{\mathbf{w} \cdot \mathbf{v}_1}{\mathbf{v}_1 \cdot \mathbf{v}_1} = \frac{2+2-3}{4+1+1} = \frac{1}{6}$$

$$c_2 = \frac{\mathbf{w} \cdot \mathbf{v}_2}{\mathbf{v}_2 \cdot \mathbf{v}_2} = \frac{0+2+3}{0+1+1} = \frac{5}{2}$$

$$c_3 = \frac{\mathbf{w} \cdot \mathbf{v}_3}{\mathbf{v}_3 \cdot \mathbf{v}_3} = \frac{1-2+3}{1+1+1} = \frac{2}{3}$$

을 얻는다. 따라서

$$\mathbf{w} = c_1\mathbf{v}_1 + c_2\mathbf{v}_2 + c_3\mathbf{v}_3 = \tfrac{1}{6}\mathbf{v}_1 + \tfrac{5}{2}\mathbf{v}_2 + \tfrac{2}{3}\mathbf{v}_3$$

이다. 3.5절에서 소개한 표기법으로 나타내면 위의 식은 다음과 같이 나타낼 수 있다.

$$[\mathbf{w}]_{\mathcal{B}} = \begin{bmatrix}1/6\\5/2\\2/3\end{bmatrix}$$

벡터의 좌표를 직접 구하는 것과 예제 5.4의 방법을 비교해보면, 직교기저가 얼마나 효율적인 수단이 되는지 알 수 있다.

$\mathbb{R}^n$의 표준기저의 다른 성질은 표준기저의 각 벡터가 단위벡터라는 것이다. 이 성질과 직교의 성질을 결합하여 다음 정의를 얻는다.

정의 $\mathbb{R}^n$의 직교집합의 모든 벡터가 단위벡터이면 **정규직교 집합**(orthonormal set)이라 하고, $\mathbb{R}^n$의 부분공간 W의 정규직교 집합인 기저는 **정규직교기저**(orthonormal basis)라고 한다.

주의 $S=\{\mathbf{q}_1, \cdots, \mathbf{q}_k\}$가 정규직교 집합이면, 모든 $i \neq j$에 대하여 $\mathbf{q}_i \cdot \mathbf{q}_j = 0$이고 $\|\mathbf{q}_i\| = 1$이다. $\mathbf{q}_i$가 단위벡터라는 것은 $\mathbf{q}_i \cdot \mathbf{q}_i = 1$과 동치이다. 따라서 S가 정규직교 집합이면 다음과 같이 나타낼 수 있다.

$$\mathbf{q}_i \cdot \mathbf{q}_j = \begin{cases} 0, & i \neq j \\ 1, & i = j \end{cases}$$

예제 5.5

$$\mathbf{q}_1 = \begin{bmatrix} 1/\sqrt{3} \\ -1/\sqrt{3} \\ 1/\sqrt{3} \end{bmatrix}, \quad \mathbf{q}_2 = \begin{bmatrix} 1/\sqrt{6} \\ 2/\sqrt{6} \\ 1/\sqrt{6} \end{bmatrix}$$

일 때, $S=\{\mathbf{q}_1, \mathbf{q}_2\}$는 $\mathbb{R}^3$의 한 정규직교 집합임을 보여라.

풀이 직접 계산해보면

$$\begin{aligned} \mathbf{q}_1 \cdot \mathbf{q}_2 &= 1/\sqrt{18} - 2\sqrt{18} + 1/\sqrt{18} = 0 \\ \mathbf{q}_1 \cdot \mathbf{q}_1 &= 1/3 + 1/3 + 1/3 = 1 \\ \mathbf{q}_2 \cdot \mathbf{q}_2 &= 1/6 + 4/6 + 1/6 = 1 \end{aligned}$$

이다.

직교집합이 주어지면 이로부터 정규직교 집합을 구하는 것은 아주 간단하다. 단순히 각 벡터를 정규화하면 된다.

예제 5.6

예제 5.1의 벡터들로부터 $\mathbb{R}^3$의 정규직교기저를 구하여라.

풀이 $\{\mathbf{v}_1, \mathbf{v}_2, \mathbf{v}_3\}$가 직교기저임을 알고 있으므로, 이들은 다음과 같이 정규화하면 정규직교기저를 얻는다.

$$\mathbf{q}_1 = \frac{1}{\|\mathbf{v}_1\|}\mathbf{v}_1 = \frac{1}{\sqrt{6}}\begin{bmatrix} 2 \\ 1 \\ -1 \end{bmatrix} = \begin{bmatrix} 2/\sqrt{6} \\ 1/\sqrt{6} \\ -1/\sqrt{6} \end{bmatrix}$$

$$\mathbf{q}_2 = \frac{1}{\|\mathbf{v}_2\|}\mathbf{v}_2 = \frac{1}{\sqrt{2}}\begin{bmatrix} 0 \\ 1 \\ 1 \end{bmatrix} = \begin{bmatrix} 0 \\ 1/\sqrt{2} \\ 1/\sqrt{2} \end{bmatrix}$$

$$\mathbf{q}_3 = \frac{1}{\|\mathbf{v}_3\|}\mathbf{v}_3 = \frac{1}{\sqrt{3}}\begin{bmatrix}1\\-1\\1\end{bmatrix} = \begin{bmatrix}1/\sqrt{3}\\-1/\sqrt{3}\\1/\sqrt{3}\end{bmatrix}$$

이때, $\{\mathbf{q}_1, \mathbf{q}_2, \mathbf{q}_3\}$는 $\mathbb{R}^3$의 정규직교기저이다.

정리 5.3

$\{\mathbf{q}_1, \mathbf{q}_2, \cdots, \mathbf{q}_k\}$가 $\mathbb{R}^n$의 부분공간 W의 한 정규직교기저라고 하자. $\mathbf{w}$가 W의 임의의 벡터이면

$$\mathbf{w} = (\mathbf{w}\cdot\mathbf{q}_1)\mathbf{q}_1 + (\mathbf{w}\cdot\mathbf{q}_2)\mathbf{q}_2 + \cdots + (\mathbf{w}\cdot\mathbf{q}_k)\mathbf{q}_k$$

이고, 이러한 표현은 유일하다.

증명 정리 5.2와 $\mathbf{q}_i\cdot\mathbf{q}_i = 1$, $i=1, \cdots, k$라는 사실을 적용한다.

직교행렬

행렬의 열벡터들이 정규직교 집합이 되는 경우는 5.5절에서 볼 수 있듯이 응용문제에서 자주 발견된다. 이러한 행렬들은 여러 가지 매력적인 성질을 갖는다. 이제, 이런 성질들에 대하여 알아보기로 한다.

정리 5.4

$m\times n$행렬 Q의 열벡터들이 정규직교 집합일 필요충분조건은 $Q^TQ = I_n$이다.

증명 다음 식을 보이면 된다.

$$(Q^TQ)_{ij} = \begin{cases}0, & i\neq j\\ 1, & i=j\end{cases}$$

$\mathbf{q}_i$를 Q의 i번째 열벡터라고 하면, $\mathbf{q}_i$는 Q^T의 i번째 행벡터이다. Q^TQ의 (i, j) 원소는 Q^T의 i번째 행벡터와 Q의 j번째 열벡터의 스칼라적이므로 행렬의 곱의 정의로부터

$$(Q^TQ)_{ij} = \mathbf{q}_i\cdot\mathbf{q}_j \tag{2}$$

가 성립한다.

이제 Q의 열벡터들이 정규직교 집합인 것은

$$\mathbf{q}_i\cdot\mathbf{q}_j = \begin{cases}0, & i\neq j\\ 1, & i=j\end{cases}$$

와 동치이고, 이는 식 (2)에 의하여 다음 식과 동치이다.

$$(Q^TQ)_{ij} = \begin{cases}0, & i\neq j\\ 1, & i=j\end{cases}$$

따라서 증명이 완성된다.

정리 5.4에서의 행렬 Q가 정사각행렬이면 다음과 같이 정의한다.

정의 $n\times n$ 행렬 Q의 열벡터들이 정규직교 집합이면 Q를 **직교행렬**(orthogonal matrix)이라 한다.

직교행렬은 다음의 가장 중요한 성질은 갖는다.

정리 5.5 정사각행렬 Q가 직교행렬이 될 필요충분조건은 $Q^{-1}=Q^T$이다.

증명 정리 5.4에 의하면 정사각행렬 Q가 직교행렬인 것은 $Q^TQ=I$인 것과 동치이다. 정리 3.13에 의하면 이는 Q가 가역이고 $Q^{-1}=Q^T$인 것과 동치이다.

예제 5.7 다음 각 행렬이 직교행렬임을 보이고, 그 역행렬을 각각 구하여라.

$$A=\begin{bmatrix}0&1&0\\0&0&1\\1&0&0\end{bmatrix},\quad B=\begin{bmatrix}\cos\theta&-\sin\theta\\\sin\theta&\cos\theta\end{bmatrix}$$

풀이 A의 열벡터들은 $\mathbb{R}^3$의 표준기저벡터이고 따라서 정규직교기저이다. 그러므로 A는 직교행렬이고

$$A^{-1}=A^T=\begin{bmatrix}0&0&1\\1&0&0\\0&1&0\end{bmatrix}$$

이다. B에 대하여는 다음과 같이 직접 계산해보자.

$$\begin{aligned}B^TB&=\begin{bmatrix}\cos\theta&\sin\theta\\-\sin\theta&\cos\theta\end{bmatrix}\begin{bmatrix}\cos\theta&-\sin\theta\\\sin\theta&\cos\theta\end{bmatrix}\\&=\begin{bmatrix}\cos^2\theta+\sin^2\theta&-\cos\theta\sin\theta+\sin\theta\cos\theta\\-\sin\theta\cos\theta+\cos\theta\sin\theta&\sin^2\theta+\cos^2\theta\end{bmatrix}=\begin{bmatrix}1&0\\0&1\end{bmatrix}=I\end{aligned}$$

그러므로 B는 정리 5.5에 의하여 직교행렬이고

$$B^{-1}=B^T=\begin{bmatrix}\cos\theta&\sin\theta\\-\sin\theta&\cos\theta\end{bmatrix}$$

이다.

주의 예제 5.7의 행렬 A는 치환행렬의 예이다. 치환행렬은 단위행렬의 열벡터를 교환하여 얻어지는 행렬이다. 일반적으로 $n\times n$ 치환행렬은 직교행렬이다(연

isometry라는 단어는 'equal'을 뜻하는 isos와 'measure'를 뜻하는 metron이라는 그리스 어원에서 나와 '길이 보존'이란 뜻이다.

습문제 25 참조). 행렬 B는 $\mathbb{R}^2$에서 원점 주위로 θ만큼 회전하는 행렬을 나타낸다. 모든 회전은 길이를 보존하는 변환이다. 이를 기하학에서는 **등거리변환**(isometry)이라 한다. 다음 정리는 모든 직교행렬변환은 등거리변환임을 보여준다. 또한, 직교행렬은 스칼라적을 보존한다. 사실, 어떤 정사각행렬이 이러한 성질 중 하나라도 만족하면 직교행렬이다.

정리 5.6

$n \times n$행렬 Q에 대하여 다음 명제들은 동치이다.

a. Q는 직교행렬이다.

b. $\mathbb{R}^n$의 모든 $\mathbf{x}$에 대하여 $\|Q\mathbf{x}\| = \|\mathbf{x}\|$이다.

c. $\mathbb{R}^n$의 모든 $\mathbf{x}$, $\mathbf{y}$에 대하여, $Q\mathbf{x} \cdot Q\mathbf{y} = \mathbf{x} \cdot \mathbf{y}$이다.

증명 (a) ⇒ (c) ⇒ (b) ⇒ (a)의 순서로 증명을 하기로 한다. 증명에서 $\mathbf{x} \cdot \mathbf{y} = \mathbf{x}^T\mathbf{y}$라는 사실을 사용할 것이다.

(a) ⇒ (c) Q가 직교행렬이라고 하면, $Q^TQ = I$이고 다음을 만족한다.

$$Q\mathbf{x} \cdot Q\mathbf{y} = (Q\mathbf{x})^T Q\mathbf{y} = \mathbf{x}^T Q^T Q\mathbf{y} = \mathbf{x}^T I\mathbf{y} = \mathbf{x}^T\mathbf{y} = \mathbf{x} \cdot \mathbf{y}$$

(c) ⇒ (b) $\mathbb{R}^n$의 모든 $\mathbf{x}$, $\mathbf{y}$에 대하여 $Q\mathbf{x} \cdot Q\mathbf{y} = \mathbf{x} \cdot \mathbf{y}$라고 하면, $Q\mathbf{x} \cdot Q\mathbf{x} = \mathbf{x} \cdot \mathbf{x}$이므로 $\|Q\mathbf{x}\| = \sqrt{Q\mathbf{x} \cdot Q\mathbf{x}} = \sqrt{\mathbf{x} \cdot \mathbf{x}} = \|\mathbf{x}\|$이다.

(b) ⇒ (a) 1.2절의 연습문제 57과 성질 (b)를 이용하면 $\mathbb{R}^n$의 모든 $\mathbf{x}$, $\mathbf{y}$에 대하여

$$\begin{aligned}
\mathbf{x} \cdot \mathbf{y} &= \frac{1}{4}\left(\|\mathbf{x}+\mathbf{y}\|^2 - \|\mathbf{x}-\mathbf{y}\|^2\right) \\
&= \frac{1}{4}\left(\|Q(\mathbf{x}+\mathbf{y})\|^2 - \|Q(\mathbf{x}-\mathbf{y})\|^2\right) \\
&= \frac{1}{4}\left(\|Q\mathbf{x}+Q\mathbf{y}\|^2 - \|Q\mathbf{x}-Q\mathbf{y}\|^2\right) \\
&= Q\mathbf{x} \cdot Q\mathbf{y}
\end{aligned}$$

가 성립한다. [이는 (b) ⇒ (c)를 의미한다.]

$\mathbf{q}_i$가 행렬 Q의 i번째 열벡터이고 $\mathbf{e}_i$이 표준기저의 i번째 벡터라면 $\mathbf{q}_i = Q\mathbf{e}_i$이다. 따라서

$$\mathbf{q}_i \cdot \mathbf{q}_j = Q\mathbf{e}_i \cdot Q\mathbf{e}_j = \mathbf{e}_i \cdot \mathbf{e}_j = \begin{cases} 0, & i \neq j \\ 1, & i = j \end{cases}$$

이고 Q의 열벡터들은 정규직교 집합이 된다. 즉, Q는 직교행렬이다.

예제 5.7의 직교행렬 A와 B의 경우 이 행렬의 열벡터뿐만 아니라 행벡터들도 직교집합이다. 사실 다음 정리에서 볼 수 있듯이 모든 직교행렬은 이러한 성질을 갖는다.

정리 5.7

Q가 직교행렬이면, Q의 행벡터들은 정규직교 집합이다.

증명 정리 5.5로부터 $Q^{-1}=Q^T$임을 알고 있다. 그러므로

$$(Q^T)^{-1}=(Q^{-1})^{-1}=Q=(Q^T)^T$$

이고 Q^T는 직교행렬이다. 따라서 Q^T의 열벡터들은, 다시 말해서 Q의 행벡터들은 정규직교 집합이다.

다음의 정리는 직교행렬에 대한 또 다른 성질들을 설명한다.

정리 5.8

Q가 직교행렬이면

a. Q^{-1}은 직교행렬이다.

b. $\det Q=\pm 1$

c. λ가 Q의 고윳값이면, $|\lambda|=1$이다.

d. $n\times n$행렬 Q_1, Q_2가 직교행렬이면, Q_1Q_2도 직교행렬이다.

증명 (c)만 증명하고 나머지의 증명은 연습문제로 남긴다.

(c) λ를 Q의 고윳값, $\mathbf{v}$를 λ에 대응하는 고유벡터라고 하자. 그러면 $Q\mathbf{v}=\lambda\mathbf{v}$이고 정리 5.6(b)에 의하면

$$\|\mathbf{v}\|=\|Q\mathbf{v}\|=\|\lambda\mathbf{v}\|=|\lambda|\|\mathbf{v}\|$$

이다. $\|\mathbf{v}\|\neq 0$이므로 $|\lambda|=1$이다.

a + bi

주의 성질 (c)는 고윳값이 복소수일 때에도 성립한다. 행렬 $\begin{bmatrix}0&-1\\1&0\end{bmatrix}$는 직교행렬이고 고윳값 $\pm i$를 갖는데 고윳값의 절댓값은 모두 1이다.

5.1 연습문제

※ [1-6] 다음에 주어진 벡터들의 집합이 직교집합인지 판정하여라.

1. $\begin{bmatrix}-3\\1\\2\end{bmatrix},\ \begin{bmatrix}2\\4\\1\end{bmatrix},\ \begin{bmatrix}1\\-1\\2\end{bmatrix}$

2. $\begin{bmatrix}4\\2\\-5\end{bmatrix},\ \begin{bmatrix}-1\\2\\0\end{bmatrix},\ \begin{bmatrix}2\\1\\2\end{bmatrix}$

3. $\begin{bmatrix}3\\1\\-1\end{bmatrix},\ \begin{bmatrix}-1\\2\\1\end{bmatrix},\ \begin{bmatrix}2\\-2\\4\end{bmatrix}$

4. $\begin{bmatrix}5\\3\\1\end{bmatrix},\ \begin{bmatrix}1\\-2\\1\end{bmatrix},\ \begin{bmatrix}3\\1\\-1\end{bmatrix}$

5. $\begin{bmatrix}2\\3\\-1\\4\end{bmatrix},\ \begin{bmatrix}-2\\1\\-1\\0\end{bmatrix},\ \begin{bmatrix}-4\\-6\\2\\7\end{bmatrix}$

6. $\begin{bmatrix}1\\0\\-1\\1\end{bmatrix},\ \begin{bmatrix}-1\\0\\1\\2\end{bmatrix},\ \begin{bmatrix}1\\1\\1\\0\end{bmatrix},\ \begin{bmatrix}0\\-1\\1\\1\end{bmatrix}$

※ [7-10] 다음에 주어진 벡터들이 $\mathbb{R}^2$ 또는 $\mathbb{R}^3$의 직교기저가 됨을 보여라. 그리고 정리 5.2를 이용하여 $\mathbf{w}$를 이 기저벡터들의 일차결합으로 나타내어라. 또한, 이 기저 $\mathcal{B}=\{\mathbf{v}_1,\ \mathbf{v}_2\}$ 또는 $\mathcal{B}=\{\mathbf{v}_1,\ \mathbf{v}_2,\ \mathbf{v}_3\}$에 대하여, $\mathbf{w}$의 좌표벡터 $[\mathbf{w}]_{\mathcal{B}}$를 구하여라.

7. $\mathbf{v}_1=\begin{bmatrix}4\\-2\end{bmatrix},\ \mathbf{v}_2=\begin{bmatrix}1\\2\end{bmatrix};\ \mathbf{w}=\begin{bmatrix}1\\-3\end{bmatrix}$

8. $\mathbf{v}_1=\begin{bmatrix}1\\3\end{bmatrix},\ \mathbf{v}_2=\begin{bmatrix}-6\\2\end{bmatrix};\ \mathbf{w}=\begin{bmatrix}1\\1\end{bmatrix}$

9. $\mathbf{v}_1=\begin{bmatrix}1\\0\\-1\end{bmatrix},\ \mathbf{v}_2=\begin{bmatrix}1\\2\\1\end{bmatrix},\ \mathbf{v}_3=\begin{bmatrix}1\\-1\\1\end{bmatrix};\ \mathbf{w}=\begin{bmatrix}1\\1\\1\end{bmatrix}$

10. $\mathbf{v}_1=\begin{bmatrix}1\\1\\1\end{bmatrix},\ \mathbf{v}_2=\begin{bmatrix}1\\-1\\0\end{bmatrix},\ \mathbf{v}_3=\begin{bmatrix}1\\1\\-2\end{bmatrix};\ \mathbf{w}=\begin{bmatrix}1\\2\\3\end{bmatrix}$

※ [11-15] 다음에 주어진 직교집합이 정규직교 집합인지 판정하여라. 만약 정규직교 집합이 아니라면 정규화를 통하여 정규직교 집합을 구하여라.

11. $\begin{bmatrix} 3/5 \\ 4/5 \end{bmatrix}, \begin{bmatrix} -4/5 \\ 3/5 \end{bmatrix}$

12. $\begin{bmatrix} 1/2 \\ 1/2 \end{bmatrix}, \begin{bmatrix} 1/2 \\ -1/2 \end{bmatrix}$

13. $\begin{bmatrix} 1/3 \\ 2/3 \\ 2/3 \end{bmatrix}, \begin{bmatrix} 2/3 \\ -1/3 \\ 0 \end{bmatrix}, \begin{bmatrix} 1 \\ 2 \\ -5/2 \end{bmatrix}$

14. $\begin{bmatrix} 1/2 \\ 1/2 \\ -1/2 \\ 1/2 \end{bmatrix}, \begin{bmatrix} 0 \\ 1/3 \\ 2/3 \\ 1/3 \end{bmatrix}, \begin{bmatrix} 1/2 \\ -1/6 \\ 1/6 \\ -1/6 \end{bmatrix}$

15. $\begin{bmatrix} 1/2 \\ 1/2 \\ -1/2 \\ 1/2 \end{bmatrix}, \begin{bmatrix} 0 \\ \sqrt{6}/3 \\ 1/\sqrt{6} \\ -1/\sqrt{6} \end{bmatrix}, \begin{bmatrix} \sqrt{3}/2 \\ -\sqrt{3}/6 \\ \sqrt{3}/6 \\ -\sqrt{3}/6 \end{bmatrix}, \begin{bmatrix} 0 \\ 0 \\ 1/\sqrt{2} \\ 1/\sqrt{2} \end{bmatrix}$

※ [16-21] 다음에 주어진 행렬이 직교행렬인지 판정하고 직교행렬인 경우 역행렬을 구하여라.

16. $\begin{bmatrix} 0 & -1 \\ 1 & 0 \end{bmatrix}$

17. $\begin{bmatrix} 1/\sqrt{2} & 1/\sqrt{2} \\ -1/\sqrt{2} & 1/\sqrt{2} \end{bmatrix}$

18. $\begin{bmatrix} 1/3 & 1/2 & 1/5 \\ 1/3 & -1/2 & 1/5 \\ -1/3 & 0 & 2/5 \end{bmatrix}$

19. $\begin{bmatrix} \cos\theta\sin\theta & -\cos\theta & -\sin^2\theta \\ \cos^2\theta & \sin\theta & -\cos\theta\sin\theta \\ \sin\theta & 0 & \cos\theta \end{bmatrix}$

20. $\begin{bmatrix} 1/2 & -1/2 & 1/2 & 1/2 \\ 1/2 & 1/2 & 1/2 & -1/2 \\ -1/2 & 1/2 & 1/2 & 1/2 \\ 1/2 & 1/2 & -1/2 & 1/2 \end{bmatrix}$

21. $\begin{bmatrix} 1 & 0 & 0 & 1/\sqrt{6} \\ 0 & 2/3 & 1/\sqrt{2} & 1/\sqrt{6} \\ 0 & -2/3 & 1/\sqrt{2} & -1/\sqrt{6} \\ 0 & 1/3 & 0 & 1/\sqrt{2} \end{bmatrix}$

22. 정리 5.8(a)를 증명하여라.

23. 정리 5.8(b)를 증명하여라.

24. 정리 5.8(d)를 증명하여라.

25. 모든 치환행렬은 직교행렬임을 보여라.

26. Q가 직교행렬이면 Q의 행벡터의 위치를 바꾸어 얻어진 행렬도 역시 직교행렬임을 보여라.

27. 2×2행렬 Q가 직교행렬이고 $\mathbf{x}$, $\mathbf{y}$가 $\mathbb{R}^2$의 벡터라고 하자. $\mathbf{x}$와 $\mathbf{y}$ 사이의 각이 θ일 때 $Q\mathbf{x}$와 $Q\mathbf{y}$ 사이의 각도 θ임을 보여라. 이 문제는 직교행렬에 의하여 정의되는 선형변환은 $\mathbb{R}^2$에서 각을 보존한다는 것을 보여주는데 이는 일반적인 경우에도 성립한다.

28. (a) 2×2 직교행렬은 다음과 같은 형태임을 보여라.

$$\begin{bmatrix} a & -b \\ b & a \end{bmatrix}, \begin{bmatrix} a & b \\ b & -a \end{bmatrix}$$

여기서, $\begin{bmatrix} a \\ b \end{bmatrix}$는 단위벡터이다.

(b) (a)를 이용하여, 모든 2×2 직교행렬은 다음과 같이 나타낼 수 있음을 보여라.

$$\begin{bmatrix} \cos\theta & -\sin\theta \\ \sin\theta & \cos\theta \end{bmatrix}, \begin{bmatrix} \cos\theta & \sin\theta \\ \sin\theta & -\cos\theta \end{bmatrix}$$

여기서, $0 \le \theta < 2\pi$이다.

(c) 모든 2×2 직교행렬은 $\mathbb{R}^2$에서 회전변환 또는 대칭변환을 나타냄을 보여라.

(d) 모든 2×2 직교행렬 Q는 $\det Q=1$이면 $\mathbb{R}^2$에서 회전변환을 나타내고, $\det Q=-1$이면 $\mathbb{R}^2$에서 대칭변환을 나타냄을 보여라.

※ [29-32] 연습문제 28을 이용하여, 다음에 주어진 직교행렬이 회전변환을 나타내는지, 또는 대칭변환을 나타내는지 결정하여라. 만약 회전변환이면 회전각을 구하고 대칭변환이면 대칭선을 구하여라.

29. $\begin{bmatrix} 1/\sqrt{2} & -1/\sqrt{2} \\ 1/\sqrt{2} & 1/\sqrt{2} \end{bmatrix}$

30. $\begin{bmatrix} -1/2 & \sqrt{3}/2 \\ -\sqrt{3}/2 & -1/2 \end{bmatrix}$

31. $\begin{bmatrix} -1/2 & \sqrt{3}/2 \\ \sqrt{3}/2 & 1/2 \end{bmatrix}$

32. $\begin{bmatrix} -3/5 & -4/5 \\ -4/5 & 3/5 \end{bmatrix}$

33. A, B가 직교행렬이라고 하자.

(a) $A(A^T+B^T)B=A+B$임을 보여라.

(b) (a)를 이용하여 $\det A+\det B=0$이면, $A+B$는 가역이 아님을 보여라.

34. $\mathbf{x}$가 $\mathbb{R}^n$의 단위벡터일 때, $\mathbf{x}$를 다음과 같이 나타내자.

$$\mathbf{x}=\begin{bmatrix} x_1 \\ \hdashline x_2 \\ \vdots \\ x_n \end{bmatrix}=\begin{bmatrix} x_1 \\ \mathbf{y} \end{bmatrix}$$

그리고

$$Q=\left[\begin{array}{c:c} x_1 & \mathbf{y}^T \\ \hdashline \mathbf{y} & I-\left(\dfrac{1}{1-x_1}\right)\mathbf{y}\mathbf{y}^T \end{array}\right]$$

라고 할 때, Q는 직교행렬임을 보여라. 이 과정은 첫 번째 벡터 $\mathbf{x}$가 주어졌을 때, $\mathbb{R}^n$의 한 직교기저를 구하는 빠른 방법을 제공한다.

35. 만약 상삼각행렬이 직교행렬이면 이 행렬은 대각행렬이 됨을 보여라.

36. $n > m$이면, 모든 $\mathbf{x} \in \mathbb{R}^n$에 대하여 $\|A\mathbf{x}\| = \|\mathbf{x}\|$인 $m \times n$행렬은 존재하지 않음을 보여라.

37. $\mathcal{B} = \{\mathbf{v}_1, \cdots, \mathbf{v}_n\}$이 $\mathbb{R}^n$의 정규직교기저라고 하자.

(a) 임의의 $\mathbf{x}$, $\mathbf{y} \in \mathbb{R}^n$에 대하여, 다음 식이 성립함을 보여라.

$$\mathbf{x} \cdot \mathbf{y} = (\mathbf{x} \cdot \mathbf{v}_1)(\mathbf{y} \cdot \mathbf{v}_1) + (\mathbf{x} \cdot \mathbf{v}_2)(\mathbf{y} \cdot \mathbf{v}_2) + \cdots + (\mathbf{x} \cdot \mathbf{v}_n)(\mathbf{y} \cdot \mathbf{v}_n)$$

(이 식을 **파세발의 항등식**(Parseval's Identity)이라 한다.)

(b) $\mathbf{x} \cdot \mathbf{y}$와 $[\mathbf{x}]_{\mathcal{B}} \cdot [\mathbf{y}]_{\mathcal{B}}$ 사이의 관계에 대하여 파세발의 항등식에서 무엇을 말할 수 있는가?

5.2 직교여공간과 정사영

이 절에서는 1장에서 소개한 두 개념을 일반화하기로 한다. 평면의 법선벡터의 개념은 직교여공간으로, 한 벡터 위로의 벡터의 정사영은 부분공간 위로의 정사영의 개념으로 일반화할 것이다.

직교여공간

평면의 법선벡터 $\mathbf{n}$은 평면의 모든 벡터와 수직인 벡터이다. 원점을 지나는 평면은 $\mathbb{R}^3$의 부분공간이 되고 span($\mathbf{n}$)도 부분공간이 된다. 그러므로 부분공간의 모든 벡터가 다른 부분공간의 모든 벡터와 수직인 성질을 갖는 $\mathbb{R}^3$의 두 부분공간이 존재한다. 이것이 다음 정의의 배경이다.

정의 W가 $\mathbb{R}^n$의 부분공간이라고 하자. $\mathbb{R}^n$의 벡터 $\mathbf{v}$가 W의 모든 벡터와 수직이면 $\mathbf{v}$는 W에 **수직** 또는 **직교**(orthogonal)라고 한다. W와 수직인 벡터들의 집합을 W의 **직교여공간**(orthogonal complement)이라고 하고, 다음과 같이 $W^\perp$으로 나타낸다.

$$W^\perp = \{\mathbf{v} \in \mathbb{R}^n : \text{임의의 } \mathbf{w} \in W\text{에 대하여 } \mathbf{v} \cdot \mathbf{w} = 0\}$$

예제 5.8

W가 원점을 지나는 $\mathbb{R}^3$의 평면이고 ℓ이 원점을 지나고 W에 수직, 즉 W의 법선벡터와 평행한 직선이라고 하자. 그러면 ℓ의 모든 벡터는 W의 모든 벡터와 수직이다. 따라서 $\ell = W^\perp$이다. 또한, W는 정확히 ℓ의 모든 벡터 $\mathbf{v}$와 수직인 벡터 $\mathbf{w}$로 이루어진다. 그러므로 $W = \ell^\perp$이다. 그림 5.5는 이 상황을 설명해 준다. $W^\perp$는 'W 수직'이라고 읽는다.

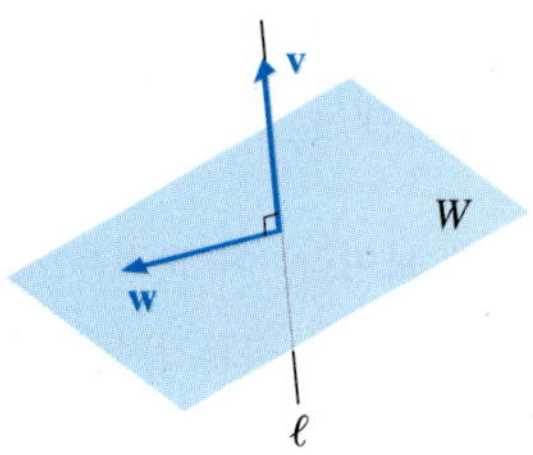

그림 5.5 $\ell = W^\perp$이고 $W = \ell^\perp$

예제 5.8에서 부분공간의 직교여공간 역시 부분공간이 되었다. 또한, 부분공간의 직교여공간의 직교여공간은 원래의 공간과 같다. 이러한 성질은 일반적으로 성립하는 것으로 정리 5.9의 (a), (b)에서 증명된다. 성질 (c), (d) 역시 유용한 성질이다.

정리 5.9

W가 $\mathbb{R}^n$의 부분공간이라고 하자.

a. $W^\perp$는 $\mathbb{R}^n$의 부분공간이다.

b. $(W^\perp)^\perp = W$

c. $W \cap W^\perp = \{\mathbf{0}\}$

d. $W = \mathrm{span}(\mathbf{w}_1, \cdots, \mathbf{w}_k)$일 때, $\mathbf{v}$가 $W^\perp$에 있을 필요충분조건은 모든 $i=1, \cdots, k$에 대하여 $\mathbf{v}\cdot\mathbf{w}_i = 0$이다.

증명 (a) 모든 $\mathbf{w} \in W$에 대하여 $\mathbf{0}\cdot\mathbf{w} = 0$이므로 $\mathbf{0} \in W^\perp$이다. $\mathbf{u}, \mathbf{v} \in W^\perp$이고 c가 임의의 상수라고 하자. 그러면

$$\mathbf{u}\cdot\mathbf{w} = \mathbf{v}\cdot\mathbf{w} = 0$$

이므로

$$(\mathbf{u}+\mathbf{v})\cdot\mathbf{w} = \mathbf{u}\cdot\mathbf{w} + \mathbf{v}\cdot\mathbf{w} = 0 + 0 = 0$$

이고, 따라서 $\mathbf{u}+\mathbf{v} \in W^\perp$이다.

또한

$$(c\mathbf{u})\cdot\mathbf{w} = c(\mathbf{u}\cdot\mathbf{w}) = c(0) = 0$$

이므로, $c\mathbf{u} \in W^\perp$이다. 따라서 $W^\perp$는 $\mathbb{R}^n$의 부분공간이다.

(b) 이 성질은 따름정리 5.12에서 증명한다.

(c) 증명은 연습문제 23으로 남겨 둔다.

(d) 증명은 연습문제 24로 남겨 둔다.

이제, $m \times n$행렬과 관련된 부분공간들의 기본적인 관계에 대해 알아보자.

정리 5.10

A가 $m \times n$행렬이라고 하자. 그러면 A의 행공간의 직교여공간은 A의 영공간이고, A의 열공간의 직교여공간은 A^T의 영공간이다.

$$(\mathrm{row}(A))^\perp = \mathrm{null}(A), \quad (\mathrm{col}(A))^\perp = \mathrm{null}(A^T)$$

증명 $\mathbf{x} \in \mathbb{R}^n$이라고 하자. $\mathbf{x} \in (\mathrm{row}(A))^\perp$인 것은 $\mathbf{x}$가 A의 모든 행벡터와 수직인 것과 동치이다. 그런데 이는 $A\mathbf{x} = \mathbf{0}$, 즉 $\mathbf{x} \in \mathrm{null}(A)$와 동치이다. 따라서 첫 번째 식이 증명되었다. 두 번째 식을 보이기 위해서는 단순히 A를 A^T로 치환하고 $\mathrm{row}(A^T) = \mathrm{col}(A)$임을 이용하면 된다.

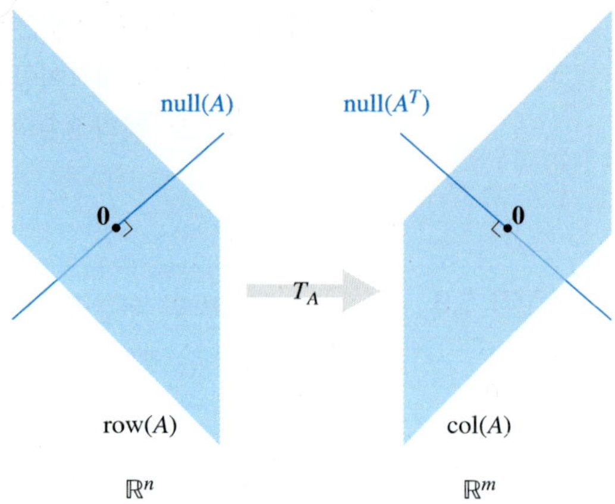

그림 5.6 네 개의 기본공간

그러므로 $m \times n$행렬에 대하여 네 개의 부분공간 row(A), null(A), col(A), null(A^T)을 정의할 수 있다. 처음 두 개의 부분공간은 $\mathbb{R}^n$에서 서로 직교여공간이고 마지막 두 개는 $\mathbb{R}^m$에서 서로 직교여공간이다. $m \times n$행렬 A는 $\mathbb{R}^n$에서 $\mathbb{R}^m$으로의 선형변환을 정의한다. 이 경우의 치역은 col(A)이다. 더군다나, 이 선형변환은 null(A)을 $\mathbf{0}$으로 보낸다. 그림 5.6은 이러한 사실을 보여준다. 이 네 개의 공간을 $m \times n$행렬 A의 **기본공간**(fundamental subspace)이라고 한다.

예제 5.9 행렬 A가 다음과 같이 주어졌을 때, 네 개의 기본공간에 대한 기저를 구하고 정리 5.10을 확인하여라.

$$A = \begin{bmatrix} 1 & 1 & 3 & 1 & 6 \\ 2 & -1 & 0 & 1 & -1 \\ -3 & 2 & 1 & -2 & 1 \\ 4 & 1 & 6 & 1 & 3 \end{bmatrix}$$

풀이 예제 3.45, 3.47, 3.48에서 A의 행공간과 열공간, 그리고 영공간에 대한 기저를 구하였고,

$$\mathbf{u}_1 = [1\ 0\ 1\ 0\ -1],\ \mathbf{u}_2 = [0\ 1\ 2\ 0\ 3],\ \mathbf{u}_3 = [0\ 0\ 0\ 1\ 4]$$

일 때, row(A) = span($\mathbf{u}_1, \mathbf{u}_2, \mathbf{u}_3$)임을 보았다. 또한

$$\mathbf{x}_1 = \begin{bmatrix} -1 \\ -2 \\ 1 \\ 0 \\ 0 \end{bmatrix},\ \mathbf{x}_2 = \begin{bmatrix} 1 \\ -3 \\ 0 \\ -4 \\ 1 \end{bmatrix}$$

일 때, null(A)=span($\mathbf{x}_1, \mathbf{x}_2$)이다. $(\text{row}(A))^\perp = \text{null}(A)$임을 보이기 위해서는 모든 $\mathbf{u}_i$가 각 $\mathbf{x}_j$와 수직임을 보이면 충분하다. (왜 그런가?) 이를 보이는 것은 연습문제로 남긴다.

$$\mathbf{a}_1 = \begin{bmatrix} 1 \\ 2 \\ -3 \\ 4 \end{bmatrix}, \ \mathbf{a}_2 = \begin{bmatrix} 1 \\ -1 \\ 2 \\ 1 \end{bmatrix}, \ \mathbf{a}_3 = \begin{bmatrix} 1 \\ 1 \\ -2 \\ 1 \end{bmatrix}$$

일 때, A의 열공간은 $\text{col}(A) = \text{span}(\mathbf{a}_1, \mathbf{a}_2, \mathbf{a}_3)$이다. 이제, A^T의 영공간을 구해보기로 하자. 행줄임에 의하여

$$[A^T \mid \mathbf{0}] = \left[\begin{array}{rrrr|r} 1 & 2 & -3 & 4 & 0 \\ 1 & -1 & 2 & 1 & 0 \\ 3 & 0 & 1 & 6 & 0 \\ 1 & 1 & -2 & 1 & 0 \\ 6 & -1 & 1 & 3 & 0 \end{array}\right] \to \left[\begin{array}{rrrr|r} 1 & 0 & 0 & 1 & 0 \\ 0 & 1 & 0 & 6 & 0 \\ 0 & 0 & 1 & 3 & 0 \\ 0 & 0 & 0 & 0 & 0 \\ 0 & 0 & 0 & 0 & 0 \end{array}\right]$$

이므로, 만약 $\mathbf{y}$가 A^T의 영공간에 속한다면 $y_1 = -y_4$, $y_2 = -6y_4$, $y_3 = -3y_4$이어야 한다. 따라서

$$\text{null}(A^T) = \left\{ \begin{bmatrix} -y_4 \\ -6y_4 \\ -3y_4 \\ y_4 \end{bmatrix} \right\} = \text{span}\left(\begin{bmatrix} -1 \\ -6 \\ -3 \\ 1 \end{bmatrix} \right)$$

이고, 이 벡터가 $\mathbf{a}_1$, $\mathbf{a}_2$, $\mathbf{a}_3$와 수직임은 간단하게 보일 수 있다.

예제 5.9에서 사용한 방법은 다른 상황에도 쉽게 적용할 수 있다.

예제 5.10 W가

$$\mathbf{w}_1 = \begin{bmatrix} 1 \\ -3 \\ 5 \\ 0 \\ 5 \end{bmatrix}, \ \mathbf{w}_2 = \begin{bmatrix} -1 \\ 1 \\ 2 \\ -2 \\ 3 \end{bmatrix}, \ \mathbf{w}_3 = \begin{bmatrix} 0 \\ -1 \\ 4 \\ -1 \\ 5 \end{bmatrix}$$

에 의하여 생성되는 $\mathbb{R}^5$의 부분공간이라고 하자. 이때, $W^\perp$의 기저를 구하여라.

풀이 $\mathbf{w}_1$, $\mathbf{w}_2$, $\mathbf{w}_3$에 의하여 생성되는 부분공간 W는 다음 행렬의 열공간과 같다.

$$A = \begin{bmatrix} 1 & -1 & 0 \\ -3 & 1 & -1 \\ 5 & 2 & 4 \\ 0 & -2 & -1 \\ 5 & 3 & 5 \end{bmatrix}$$

그러므로 정리 5.10에 의하면 $W^\perp = (\text{col}(A))^\perp = \text{null}(A^T)$이고, 예제 5.9와 같은 방법을 적용한다.

$$[A^T \mid \mathbf{0}] = \left[\begin{array}{rrrrr|r} 1 & -3 & 5 & 0 & 5 & 0 \\ -1 & 1 & 2 & -2 & 3 & 0 \\ 0 & -1 & 4 & -1 & 5 & 0 \end{array}\right] \to \left[\begin{array}{rrrrr|r} 1 & 0 & 0 & 3 & 4 & 0 \\ 0 & 1 & 0 & 1 & 3 & 0 \\ 0 & 0 & 1 & 0 & 2 & 0 \end{array}\right]$$

따라서 $\mathbf{y} \in W^{\perp}$인 것은 $y_1 = -3y_4 - 4y_5$, $y_2 = -y_4 - 3y_5$, $y_3 = -2y_5$인 것과 동치이다. 그러므로

$$W^{\perp} = \left\{ \begin{bmatrix} -3y_4 - 4y_5 \\ -y_4 - 3y_5 \\ -2y_5 \\ y_4 \\ y_5 \end{bmatrix} \right\} = \operatorname{span}\left(\begin{bmatrix} -3 \\ -1 \\ 0 \\ 1 \\ 0 \end{bmatrix}, \begin{bmatrix} -4 \\ -3 \\ -2 \\ 0 \\ 1 \end{bmatrix} \right)$$

이고, 이 두 벡터가 $W^{\perp}$의 기저가 된다.

정사영

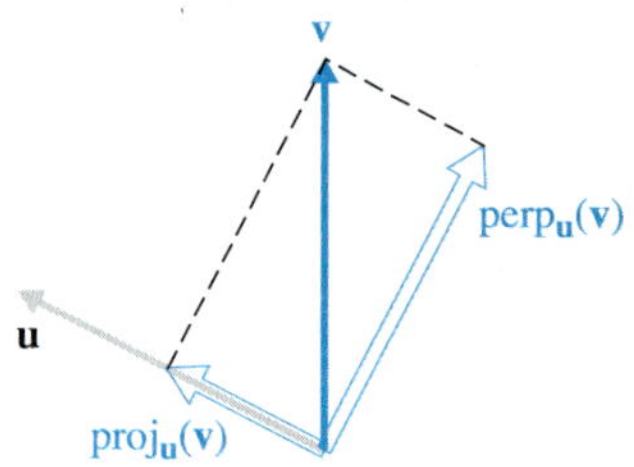

그림 5.7 $\mathbf{v} = \operatorname{proj}_{\mathbf{u}}(\mathbf{v}) + \operatorname{perp}_{\mathbf{u}}(\mathbf{v})$

$\mathbb{R}^2$에서 벡터 $\mathbf{v}$의 벡터 $\mathbf{u}$ 위로의 정사영은

$$\operatorname{proj}_{\mathbf{u}}(\mathbf{v}) = \left(\frac{\mathbf{u} \cdot \mathbf{v}}{\mathbf{u} \cdot \mathbf{u}} \right) \mathbf{u}$$

로 주어짐을 보았다. 더군다나 벡터 $\operatorname{perp}_{\mathbf{u}}(\mathbf{v}) = \mathbf{v} - \operatorname{proj}_{\mathbf{u}}(\mathbf{v})$는 $\operatorname{proj}_{\mathbf{u}}(\mathbf{v})$와 수직이고 벡터 $\mathbf{v}$는 그림 5.7에서와 같이 다음과 같이 분해하여 나타낼 수 있다.

$$\mathbf{v} = \operatorname{proj}_{\mathbf{u}}(\mathbf{v}) + \operatorname{perp}_{\mathbf{u}}(\mathbf{v})$$

만약 $W = \operatorname{span}(\mathbf{u})$라 두면, $\mathbf{w} = \operatorname{proj}_{\mathbf{u}}(\mathbf{v}) \in W$이고 $\mathbf{w}^{\perp} = \operatorname{perp}_{\mathbf{u}}(\mathbf{v}) \in W^{\perp}$이다. 그러므로 벡터 $\mathbf{v}$는 두 개의 벡터로 분해할 수 있는데 그 중 하나는 W에 속하고 다른 하나는 W에 수직인 벡터이므로 $\mathbf{v} = \mathbf{w} + \mathbf{w}^{\perp}$로 나타낼 수 있다. 이제, 이 개념을 $\mathbb{R}^n$으로 일반화하기로 한다.

정의 $\{\mathbf{u}_1, \cdots, \mathbf{u}_k\}$가 $\mathbb{R}^n$의 부분공간 W의 직교기저라고 하자. $\mathbb{R}^n$의 임의의 벡터 $\mathbf{v}$에 대하여 W 위로의 $\mathbf{v}$의 **정사영**(orthogonal projection)은 다음과 같이 정의한다.

$$\operatorname{proj}_W(\mathbf{v}) = \left(\frac{\mathbf{u}_1 \cdot \mathbf{v}}{\mathbf{u}_1 \cdot \mathbf{u}_1} \right) \mathbf{u}_1 + \cdots + \left(\frac{\mathbf{u}_k \cdot \mathbf{v}}{\mathbf{u}_k \cdot \mathbf{u}_k} \right) \mathbf{u}_k$$

그리고 W에 대한 $\mathbf{v}$의 **직교성분**(orthogonal component)은 다음과 같이 정의한다.

$$\operatorname{perp}_W(\mathbf{v}) = \mathbf{v} - \operatorname{proj}_W(\mathbf{v})$$

$\operatorname{proj}_W(\mathbf{v})$ 정의의 오른쪽에서 각 항은 한 벡터, 또는 그 벡터로 생성되는 부분공간 위로의 정사영이다. 그러므로 위의 정의에 쓰인 표현에 의하면 다음과 같이 나타낼 수 있다.

$$\operatorname{proj}_W(\mathbf{v}) = \operatorname{proj}_{\mathbf{u}_1}(\mathbf{v}) + \cdots + \operatorname{proj}_{\mathbf{u}_k}(\mathbf{v})$$

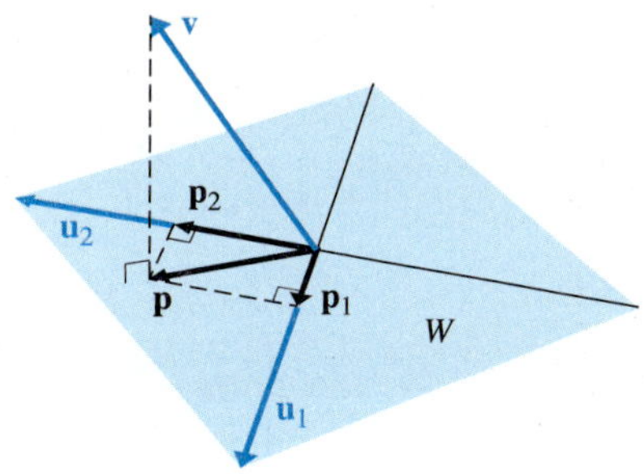

그림 5.8 $\mathbf{p}=\mathbf{p}_1+\mathbf{p}_2$

벡터 $\mathbf{u}_i$들은 서로 수직이므로 W 위로의 $\mathbf{v}$의 정사영은 서로 수직인 각 1차원 부분공간 위로의 정사영의 합이다. 그림 5.8은 $W=\text{span}(\mathbf{u}_1, \mathbf{u}_2)$, $\mathbf{p}=\text{proj}_W(\mathbf{v})$, $\mathbf{p}_1=\text{proj}_{\mathbf{u}_1}(\mathbf{v})$, $\mathbf{p}_2=\text{proj}_{\mathbf{u}_2}(\mathbf{v})$일 때의 상황을 보여준다.

$\text{proj}_W(\mathbf{v})$의 정의로 정리 5.2를 기하학적으로 해석하는 것이 가능하다. 지금 소개한 정의에 의하면 정리 5.2는 다음과 같다. 직교기저 $\{\mathbf{v}_1, \cdots, \mathbf{v}_k\}$를 갖는 $\mathbb{R}^n$의 부분공간 W에 대하여, $\mathbf{w}\in W$이면

$$\begin{aligned}\mathbf{w}&=\left(\frac{\mathbf{w}\cdot\mathbf{v}_1}{\mathbf{v}_1\cdot\mathbf{v}_1}\right)\mathbf{v}_1+\cdots+\left(\frac{\mathbf{w}\cdot\mathbf{v}_k}{\mathbf{v}_k\cdot\mathbf{v}_k}\right)\mathbf{v}_k\\&=\text{proj}_{\mathbf{v}_1}(\mathbf{w})+\cdots+\text{proj}_{\mathbf{v}_k}(\mathbf{w})\end{aligned}$$

이다. 그러므로 $\mathbf{w}$는 서로 수직인 W의 1차원 부분공간 위로의 정사영의 합으로 나타낼 수 있다.

위의 정의에서의 표현은 직교기저를 어떻게 선택하는가에 따라 달라질 것처럼 보인다. 다시 말해서 $\{\mathbf{u}_1', \cdots, \mathbf{u}_k'\}$가 W의 또 다른 기저라고 하면 이 기저에 대한 $\text{proj}_W(\mathbf{v})$와 $\text{perp}_W(\mathbf{v})$는 다르게 표현될 것처럼 보인다. 그러나 다행스럽게도 이 표현은 기저를 어떻게 선택하느냐에 상관없이 같은 표현을 갖는데 그 증명은 잠시 뒤로 미루기로 한다.

예제 5.11

W는 $\mathbb{R}^3$에서 식 $x-y+2z=0$으로 주어진 평면이고 $\mathbf{v}=\begin{bmatrix}3\\-1\\2\end{bmatrix}$라고 하자. 이때, W 위로의 $\mathbf{v}$의 정사영과 직교성분을 구하여라.

풀이 예제 5.3에서 W의 직교기저를 구하였다.

$$\mathbf{u}_1=\begin{bmatrix}1\\1\\0\end{bmatrix},\quad \mathbf{u}_2=\begin{bmatrix}-1\\1\\1\end{bmatrix}$$

라고 두면

$$\begin{aligned}&\mathbf{u}_1\cdot\mathbf{v}=2,\quad \mathbf{u}_2\cdot\mathbf{v}=-2\\&\mathbf{u}_1\cdot\mathbf{u}_1=2,\quad \mathbf{u}_2\cdot\mathbf{u}_2=3\end{aligned}$$

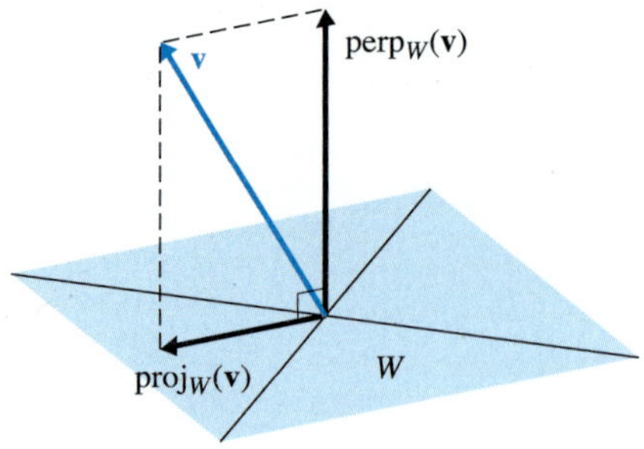

그림 5.9 $\mathbf{v} = \text{proj}_W(\mathbf{v}) + \text{perp}_W(\mathbf{v})$

이므로

$$\text{proj}_W(\mathbf{v}) = \left(\frac{\mathbf{u}_1 \cdot \mathbf{v}}{\mathbf{u}_1 \cdot \mathbf{u}_1}\right)\mathbf{u}_1 + \left(\frac{\mathbf{u}_2 \cdot \mathbf{v}}{\mathbf{u}_2 \cdot \mathbf{u}_2}\right)\mathbf{u}_2$$
$$= \frac{2}{2}\begin{bmatrix}1\\1\\0\end{bmatrix} - \frac{2}{3}\begin{bmatrix}-1\\1\\1\end{bmatrix} = \begin{bmatrix}5/3\\1/3\\-2/3\end{bmatrix}$$

이고

$$\text{perp}_W(\mathbf{v}) = \mathbf{v} - \text{proj}_W(\mathbf{v}) = \begin{bmatrix}3\\-1\\2\end{bmatrix} - \begin{bmatrix}5/3\\1/3\\-2/3\end{bmatrix} = \begin{bmatrix}4/3\\-4/3\\8/3\end{bmatrix}$$

이다.

$\text{proj}_W(\mathbf{v})$는 평면의 방정식을 만족하므로 W에 속한다. 또한, $\text{perp}_W(\mathbf{v})$는 W의 법선벡터 $\begin{bmatrix}1\\-1\\2\end{bmatrix}$의 스칼라배이므로 W와 수직이다(그림 5.9 참조).

다음 정리는 임의의 벡터는 항상 어떤 부분공간의 벡터와 그 직교여공간의 벡터의 합으로 나타낼 수 있음을 보여준다.

정리 5.11 **직교분해정리**

W는 $\mathbb{R}^n$의 부분공간이고 $\mathbf{v}$는 $\mathbb{R}^n$의 임의의 벡터라고 하자. 그러면

$$\mathbf{v} = \mathbf{w} + \mathbf{w}^{\perp}$$

이 성립하는 유일한 벡터 $\mathbf{w} \in W$, $\mathbf{w}^{\perp} \in W^{\perp}$가 존재한다.

증명 존재성과 유일성 두 가지를 모두 보여야 한다.

먼저, 존재성을 보이기 위해서 $\{\mathbf{u}_1, \cdots, \mathbf{u}_k\}$를 W의 한 직교기저라고 하자. $\mathbf{w} = \text{proj}_W(\mathbf{v})$, $\mathbf{w}^{\perp} = \text{perp}_W(\mathbf{v})$라고 하면

$$\mathbf{w} + \mathbf{w}^{\perp} = \text{proj}_W(\mathbf{v}) + \text{perp}_W(\mathbf{v}) = \text{proj}_W(\mathbf{v}) + (\mathbf{v} - \text{proj}_W(\mathbf{v})) = \mathbf{v}$$

가 성립한다. $\mathbf{w} = \text{proj}_W(\mathbf{v})$는 기저벡터 $\mathbf{u}_1, \cdots, \mathbf{u}_k$의 일차결합이므로 W에 속한다. $\mathbf{w}^{\perp} \in W^{\perp}$임을 보이기 위해서는 정리 5.9(d)의 결과에 의하여, $\mathbf{w}^{\perp}$가 각

i에 대하여 $\mathbf{u}_i$에 수직임을 보이면 된다. $i \neq j$이면 $\mathbf{u}_i \cdot \mathbf{u}_j = 0$이므로

$$\begin{aligned}
\mathbf{u}_i \cdot \mathbf{w}^{\perp} &= \mathbf{u}_i \cdot \operatorname{perp}_W(\mathbf{v}) \\
&= \mathbf{u}_i \cdot (\mathbf{v} - \operatorname{proj}_W(\mathbf{v})) \\
&= \mathbf{u}_i \cdot \left(\mathbf{v} - \left(\frac{\mathbf{u}_1 \cdot \mathbf{v}}{\mathbf{u}_1 \cdot \mathbf{u}_1}\right)\mathbf{u}_1 - \cdots - \left(\frac{\mathbf{u}_k \cdot \mathbf{v}}{\mathbf{u}_k \cdot \mathbf{u}_k}\right)\mathbf{u}_k\right) \\
&= \mathbf{u}_i \cdot \mathbf{v} - \left(\frac{\mathbf{u}_1 \cdot \mathbf{v}}{\mathbf{u}_1 \cdot \mathbf{u}_1}\right)(\mathbf{u}_i \cdot \mathbf{u}_1) - \cdots - \left(\frac{\mathbf{u}_i \cdot \mathbf{v}}{\mathbf{u}_i \cdot \mathbf{u}_i}\right)(\mathbf{u}_i \cdot \mathbf{u}_i) - \\
&\quad \cdots - \left(\frac{\mathbf{u}_k \cdot \mathbf{v}}{\mathbf{u}_k \cdot \mathbf{u}_k}\right) - (\mathbf{u}_i \cdot \mathbf{u}_k) \\
&= \mathbf{u}_i \cdot \mathbf{v} - 0 - \cdots - \left(\frac{\mathbf{u}_i \cdot \mathbf{v}}{\mathbf{u}_i \cdot \mathbf{u}_i}\right)(\mathbf{u}_i \cdot \mathbf{u}_i) - \cdots - 0 \\
&= \mathbf{u}_i \cdot \mathbf{v} - \mathbf{u}_i \cdot \mathbf{v} = 0
\end{aligned}$$

이다. 이 식에 의하여 $\mathbf{w}^{\perp} \in W^{\perp}$이고 존재성이 증명된다.

이제, 분해의 유일성을 보이기로 하자. $\mathbf{v} = \mathbf{w}_1 + \mathbf{w}_1^{\perp}$이 다른 분해라고 하면, $\mathbf{w} + \mathbf{w}^{\perp} = \mathbf{w}_1 + \mathbf{w}_1^{\perp}$이므로

$$\mathbf{w} - \mathbf{w}_1 = \mathbf{w}_1^{\perp} - \mathbf{w}^{\perp}$$

이다. 그런데 $\mathbf{w} - \mathbf{w}_1 \in W$, $\mathbf{w}_1^{\perp} - \mathbf{w}^{\perp} \in W^{\perp}$이고 $W \cap W^{\perp} = \{\mathbf{0}\}$이므로

$$\mathbf{w} - \mathbf{w}_1 = \mathbf{w}_1^{\perp} - \mathbf{w}^{\perp} = 0$$

이다. 따라서 $\mathbf{w}_1 = \mathbf{w}$, $\mathbf{w}_1^{\perp} = \mathbf{w}^{\perp}$이다.

예제 5.11은 직교분해정리가 어떻게 성립하는지를 보여준다. W가 방정식 $x - y + 2z = 0$로 주어진 $\mathbb{R}^3$의 부분공간일 때, W에 대한 $\mathbf{v} = \begin{bmatrix} 3 \\ -1 \\ 2 \end{bmatrix}$의 직교분해는 $\mathbf{v} = \mathbf{w} + \mathbf{w}^{\perp}$이다. 여기서

$$\mathbf{w} = \operatorname{proj}_W(\mathbf{v}) = \begin{bmatrix} 5/3 \\ 1/3 \\ -2/3 \end{bmatrix}, \quad \mathbf{w}^{\perp} = \operatorname{perp}_W(\mathbf{v}) = \begin{bmatrix} 4/3 \\ -4/3 \\ 8/3 \end{bmatrix}$$

이다.

직교분해의 유일성은 $\operatorname{proj}_W(\mathbf{v})$와 $\operatorname{perp}_W(\mathbf{v})$의 정의가 어떤 직교기저를 선택해도 동일함을 보장한다. 또한, 직교분해정리를 적용하면 정리 5.9의 성질 (b)를 증명할 수 있다. 따라서 이 성질을 직교분해정리의 따름정리로 다음과 같이 다시 기술하기로 한다.

따름정리 5.12

W가 $\mathbb{R}^n$의 부분공간이면, 다음이 성립한다.

$$(W^{\perp})^{\perp} = W$$

증명 $\mathbf{w} \in W$, $\mathbf{x} \in W^{\perp}$이면 $\mathbf{w} \cdot \mathbf{x} = 0$이다. 이는 $\mathbf{w} \in (W^{\perp})^{\perp}$을 의미한다. 따라서 $W \subseteq (W^{\perp})^{\perp}$이다. 이제, $\mathbf{v} \in (W^{\perp})^{\perp}$이라 하자. 정리 5.11에 의하면 유일한 $\mathbf{w} \in W$, $\mathbf{w}^{\perp} \in W^{\perp}$에 대하여 $\mathbf{v} = \mathbf{w} + \mathbf{w}^{\perp}$이 성립한다. 그러나

$$0 = \mathbf{v} \cdot \mathbf{w}^{\perp} = (\mathbf{w} + \mathbf{w}^{\perp}) \cdot \mathbf{w}^{\perp} = \mathbf{w} \cdot \mathbf{w}^{\perp} + \mathbf{w}^{\perp} \cdot \mathbf{w}^{\perp} = 0 + \mathbf{w}^{\perp} \cdot \mathbf{w}^{\perp} = \mathbf{w}^{\perp} \cdot \mathbf{w}^{\perp}$$

이므로 $\mathbf{w}^{\perp} = \mathbf{0}$이다. 그러므로 $\mathbf{v} = \mathbf{w} + \mathbf{w}^{\perp} = \mathbf{w}$이고, 따라서 $\mathbf{v} \in W$이다. 따라서 $(W^{\perp})^{\perp} = W$이다.

다음 정리는 W와 $W^{\perp}$의 차원에 대한 관계를 보여준다.

정리 5.13

W가 $\mathbb{R}^n$의 부분공간이면, 다음이 성립한다.

$$\dim W + \dim W^{\perp} = n$$

증명 $\{\mathbf{u}_1, \cdots, \mathbf{u}_k\}$가 W의 직교기저이고 $\{\mathbf{v}_1, \cdots, \mathbf{v}_\ell\}$가 $W^{\perp}$의 직교기저라고 하자. 그러면 $\dim W = k$, $\dim W^{\perp} = \ell$이다. $\mathcal{B} = \{\mathbf{u}_1, \cdots, \mathbf{u}_k, \mathbf{v}_1, \cdots, \mathbf{v}_\ell\}$이라고 하면 $\mathcal{B}$가 $\mathbb{R}^n$의 직교기저임을 보이도록 하자.

먼저, $\mathbf{u}_i \in W$, $\mathbf{v}_j \in W^{\perp}$이므로

$$\mathbf{u}_i \cdot \mathbf{v}_j = 0 \quad (i = 1, \cdots, k,\ j = 1, \cdots, \ell)$$

이다. 그러므로 $\mathcal{B}$는 직교집합이고 따라서 정리 5.1에 의하여 일차독립이다. 다음으로, $\mathbf{v} \in \mathbb{R}^n$이면 직교분해정리에 의하여 적당한 $\mathbf{w} \in W$, $\mathbf{w}^{\perp} \in W^{\perp}$에 대하여 $\mathbf{v} = \mathbf{w} + \mathbf{w}^{\perp}$이다. 한편, $\mathbf{w}$는 벡터 $\mathbf{u}_i$의 일차결합으로, $\mathbf{w}^{\perp}$는 $\mathbf{v}_j$의 일차결합으로 나타낼 수 있으므로 $\mathbf{v}$는 $\mathcal{B}$의 일차결합으로 나타낼 수 있다. 그러므로 $\mathcal{B}$는 $\mathbb{R}^n$을 생성하고 따라서 $\mathbb{R}^n$의 기저이다. 이는 $k + \ell = \dim \mathbb{R}^n$ 또는

$$\dim W + \dim W^{\perp} = n$$

임을 의미한다.

이 결과를 행렬의 기본공간에 적용하면 다음과 같이 계수정리(정리 3.26)의 증명을 간단히 얻을 수 있다. 이 결과를 다음의 따름정리로 다시 기술하기로 한다.

따름정리 5.14

계수정리

$m \times n$행렬 A에 대하여 다음이 성립한다.

$$\text{rank}(A) + \text{nullity}(A) = n$$

증명 정리 5.13에서 $W = \text{row}(A)$라고 하자. 그러면 정리 5.10에 의하여

$W^{\perp}=\text{null}(A)$이다. 따라서 $\dim W=\text{rank}(A)$, $\dim W^{\perp}=\text{nullity}(A)$이므로, 따름정리가 증명된다.

$W=\text{col}(A)$로 택하면(따라서 $W^{\perp}=\text{null}(A^T)$) 다음의 결과를 얻는다.

$$\text{rank}(A)+\text{nullity}(A^T)=m$$

5.1절과 5.2절에서 직교기저를 사용할 때의 장점에 대하여 언급하였다. 그러나 모든 부분공간이 직교기저를 갖는다는 것은 아직 보이지 않았고, 또한 예제 5.3과 같이 특별한 예제를 제외하고는 그러한 기저를 구하는 방법을 보이지도 않았다. 이러한 것들은 다음 절의 주제이다.

5.2 연습문제

※ [1–6] 다음에 주어진 W의 직교여공간 $W^{\perp}$을 구하고 $W^{\perp}$의 기저를 구하여라.

1. $W=\left\{\begin{bmatrix} x \\ y \end{bmatrix} : 2x-y=0\right\}$

2. $W=\left\{\begin{bmatrix} x \\ y \end{bmatrix} : 3x+4y=0\right\}$

3. $W=\left\{\begin{bmatrix} x \\ y \\ z \end{bmatrix} : x+y-z=0\right\}$

4. $W=\left\{\begin{bmatrix} x \\ y \\ z \end{bmatrix} : 2x-y+3z=0\right\}$

5. $W=\left\{\begin{bmatrix} x \\ y \\ z \end{bmatrix} : x=t,\ y=-t,\ z=3t\right\}$

6. $W=\left\{\begin{bmatrix} x \\ y \\ z \end{bmatrix} : x=\frac{1}{2}t,\ y=-\frac{1}{2}t,\ z=2t\right\}$

※ [7–8] 다음에 주어진 행렬 A의 행공간과 영공간의 기저를 각각 구하여라. 그리고 $\text{row}(A)$의 모든 벡터는 $\text{null}(A)$의 모든 벡터와 수직임을 확인하여라.

7. $A=\begin{bmatrix} 1 & -1 & 3 \\ 5 & 2 & 1 \\ 0 & 1 & -2 \\ -1 & -1 & 1 \end{bmatrix}$ 8. $A=\begin{bmatrix} 1 & 1 & -1 & 0 & 2 \\ -2 & 0 & 2 & 4 & 4 \\ 2 & 2 & -2 & 0 & 1 \\ -3 & -1 & 3 & 4 & 5 \end{bmatrix}$

※ [9–10] 주어진 연습문제에 대하여 A의 열공간의 기저와 A^T의 영공간의 기저를 구하여라. 그리고 $\text{col}(A)$의 모든 벡터는 $\text{null}(A^T)$의 모든 벡터와 수직임을 확인하여라.

9. 연습문제 7 10. 연습문제 8

※ [11–14] 다음에 주어진 벡터로 생성되는 부분공간을 W라고 할 때, $W^{\perp}$의 기저를 구하여라.

11. $\mathbf{w}_1=\begin{bmatrix} 2 \\ 1 \\ -2 \end{bmatrix}$, $\mathbf{w}_2=\begin{bmatrix} 4 \\ 0 \\ 1 \end{bmatrix}$

12. $\mathbf{w}_1=\begin{bmatrix} 1 \\ -1 \\ 3 \\ -2 \end{bmatrix}$, $\mathbf{w}_2=\begin{bmatrix} 0 \\ 1 \\ -2 \\ 1 \end{bmatrix}$

13. $\mathbf{w}_1=\begin{bmatrix} 2 \\ -1 \\ 6 \\ 3 \end{bmatrix}$, $\mathbf{w}_2=\begin{bmatrix} -1 \\ 2 \\ -3 \\ -2 \end{bmatrix}$, $\mathbf{w}_3=\begin{bmatrix} 2 \\ 5 \\ 6 \\ 1 \end{bmatrix}$

14. $\mathbf{w}_1=\begin{bmatrix} 4 \\ 6 \\ -1 \\ 1 \\ -1 \end{bmatrix}$, $\mathbf{w}_2=\begin{bmatrix} 1 \\ 2 \\ 0 \\ 1 \\ -3 \end{bmatrix}$, $\mathbf{w}_3=\begin{bmatrix} 2 \\ 2 \\ 2 \\ -1 \\ 2 \end{bmatrix}$

※ [15–18] 다음에 주어진 벡터 $\mathbf{u}_i$에 의하여 생성된 부분공간 W 위로의 $\mathbf{v}$의 정사영을 구하여라.

15. $\mathbf{v}=\begin{bmatrix} 7 \\ -4 \end{bmatrix}$, $\mathbf{u}_1=\begin{bmatrix} 1 \\ 1 \end{bmatrix}$

16. $\mathbf{v}=\begin{bmatrix} 3 \\ 1 \\ -2 \end{bmatrix}$, $\mathbf{u}_1=\begin{bmatrix} 1 \\ 1 \\ 1 \end{bmatrix}$, $\mathbf{u}_2=\begin{bmatrix} 1 \\ -1 \\ 0 \end{bmatrix}$

17. $\mathbf{v}=\begin{bmatrix} 1 \\ 2 \\ 3 \end{bmatrix}$, $\mathbf{u}_1=\begin{bmatrix} 2 \\ -2 \\ 1 \end{bmatrix}$, $\mathbf{u}_2=\begin{bmatrix} -1 \\ 1 \\ 4 \end{bmatrix}$

18. $\mathbf{v}=\begin{bmatrix}3\\-2\\4\\-3\end{bmatrix}$, $\mathbf{u}_1=\begin{bmatrix}1\\1\\0\\0\end{bmatrix}$, $\mathbf{u}_2=\begin{bmatrix}1\\-1\\-1\\1\end{bmatrix}$, $\mathbf{u}_3=\begin{bmatrix}0\\0\\1\\1\end{bmatrix}$

※ [19-22] 다음에 주어진 W에 대한 $\mathbf{v}$의 직교분해를 구하여라.

19. $\mathbf{v}=\begin{bmatrix}2\\-2\end{bmatrix}$, $W=\text{span}\left(\begin{bmatrix}1\\3\end{bmatrix}\right)$

20. $\mathbf{v}=\begin{bmatrix}3\\2\\-1\end{bmatrix}$, $W=\text{span}\left(\begin{bmatrix}1\\1\\1\end{bmatrix}\right)$

21. $\mathbf{v}=\begin{bmatrix}4\\-2\\3\end{bmatrix}$, $W=\text{span}\left(\begin{bmatrix}1\\2\\1\end{bmatrix}, \begin{bmatrix}1\\-1\\1\end{bmatrix}\right)$

22. $\mathbf{v}=\begin{bmatrix}2\\-1\\5\\6\end{bmatrix}$, $W=\text{span}\left(\begin{bmatrix}1\\1\\1\\0\end{bmatrix}, \begin{bmatrix}1\\0\\-1\\1\end{bmatrix}\right)$

23. 정리 5.9(c)를 증명하여라.

24. 정리 5.9(d)를 증명하여라.

25. W는 $\mathbb{R}^n$의 부분공간이고 $\mathbf{v}\in\mathbb{R}^n$이라고 하자. $\mathbf{w}'$가 $\mathbf{w}\in W$와 수직인 벡터이고 $\mathbf{v}=\mathbf{w}+\mathbf{w}'$이라면, $\mathbf{w}'$는 $W^{\perp}$의 벡터인가? 맞으면 이를 증명하고, 틀리면 반례를 들어라.

26. $\{\mathbf{v}_1, \cdots, \mathbf{v}_n\}$은 $\mathbb{R}^n$의 직교기저이고, $W=\text{span}(\mathbf{v}_1, \cdots, \mathbf{v}_k)$라고 하자. 그러면 $W^{\perp}=\text{span}(\mathbf{v}_{k+1}, \cdots, \mathbf{v}_n)$인가? 맞으면 이를 증명하고, 틀리면 반례를 들어라.

※ [27-29] W는 $\mathbb{R}^n$의 부분공간이고 $\mathbf{x}\in\mathbb{R}^n$이라 하자.

27. $\mathbf{x}\in W$와 $\text{proj}_W(\mathbf{x})=\mathbf{x}$는 필요충분조건임을 보여라.

28. $\mathbf{x}$가 W에 직교인 것과 $\text{proj}_W(\mathbf{x})=\mathbf{0}$인 것은 필요충분조건임을 보여라.

29. $\text{proj}_W(\text{proj}_W(\mathbf{x}))=\text{proj}_W(\mathbf{x})$임을 보여라.

30. $S=\{\mathbf{v}_1, \cdots, \mathbf{v}_k\}$가 $\mathbb{R}^n$의 정규직교 집합이고 $\mathbf{x}$는 $\mathbb{R}^n$의 벡터라고 하자.
   (a) 다음 부등식을 증명하여라.
   $$\|\mathbf{x}\|^2 \ge |\mathbf{x}\cdot\mathbf{v}_1|^2+|\mathbf{x}\cdot\mathbf{v}_2|^2+\cdots+|\mathbf{x}\cdot\mathbf{v}_k|^2$$
   (이를 **베셀의 부등식**(Bessel's Inequality)이라고 한다.)
   (b) 베셀의 부등식에서 등호가 성립하는 것과 $\mathbf{x}$가 $\text{span}(S)$에 속하는 것은 필요충분조건임을 보여라.

5.3 그램-슈미트 과정과 QR 분해

이 절에서는 $\mathbb{R}^n$의 임의의 부분공간에 대한 직교기저 또는 정규직교기저를 구하는 간단한 방법을 배우기로 한다. 이 방법에 의하여 행렬의 분해 중에서 가장 중요한 하나를 구할 수 있다.

그램-슈미트 과정

$\mathbb{R}^n$의 부분공간 W의 직교기저를 구하는 방법은 기본적으로 W의 임의의 기저 $\{\mathbf{x}_1, \cdots, \mathbf{x}_k\}$에서 시작하여 한 번에 하나씩 벡터를 직교화하는 것이다. 예제 5.3의 부분공간 W에 대하여 이 방법을 살펴보기로 한다.

예제 5.12 $W=\text{span}(\mathbf{x}_1, \mathbf{x}_2)$라고 하자. 여기서

$$\mathbf{x}_1 = \begin{bmatrix} 1 \\ 1 \\ 0 \end{bmatrix}, \quad \mathbf{x}_2 = \begin{bmatrix} -2 \\ 0 \\ 1 \end{bmatrix}$$

이다. W의 직교기저를 구하여라.

풀이 $\mathbf{x}_1$에서 시작하여 $\mathbf{x}_1$에 수직인 $\mathbf{x}_2$의 직교성분을 두 번째 벡터로 잡으면 직교기저가 된다(그림 5.10).

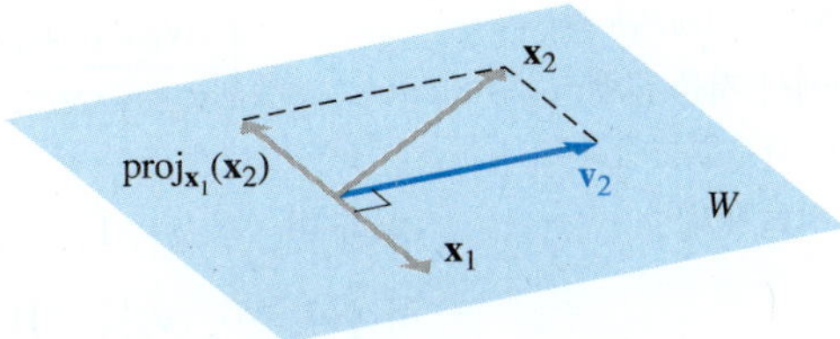

그림 5.10 $\mathbf{x}_1$에 수직인 벡터 $\mathbf{v}_2$ 구하기

$\mathbf{v}_1 = \mathbf{x}_1$이라 두면

$$\begin{aligned} \mathbf{v}_2 &= \text{perp}_{\mathbf{x}_1}(\mathbf{x}_2) = \mathbf{x}_2 - \text{proj}_{\mathbf{x}_1}(\mathbf{x}_2) \\ &= \mathbf{x}_2 - \left(\frac{\mathbf{x}_1 \cdot \mathbf{x}_2}{\mathbf{x}_1 \cdot \mathbf{x}_1}\right)\mathbf{x}_1 \\ &= \begin{bmatrix} -2 \\ 0 \\ 1 \end{bmatrix} - \left(\frac{-2}{2}\right)\begin{bmatrix} 1 \\ 1 \\ 0 \end{bmatrix} = \begin{bmatrix} -1 \\ 1 \\ 1 \end{bmatrix} \end{aligned}$$

이고 $\{\mathbf{v}_1, \mathbf{v}_2\}$는 W의 직교집합이다. 그러므로 $\{\mathbf{v}_1, \mathbf{v}_2\}$는 일차독립이고 $\dim W = 2$이므로 W의 기저가 된다.

주의 이 방법은 처음에 주어진 기저의 순서에 따라 결과가 달라진다. 예제 5.12에서 만약 $\mathbf{x}_1 = \begin{bmatrix} -2 \\ 0 \\ 1 \end{bmatrix}$, $\mathbf{x}_2 = \begin{bmatrix} 1 \\ 1 \\ 0 \end{bmatrix}$으로 놓으면 W의 직교기저는 앞에서 구한 것과는 다르다.

두 개보다 많은 벡터에 대한 일반화를 예제 5.12에서와 같이 시작한다. 그리고 이미 구한 직교벡터들 모두에 수직인 일련의 벡터들을 반복적으로 구한다. 이 방법을 **그램-슈미트 과정**(Gram-Schmidt Process)이라고 한다.

정리 5.15 **그램-슈미트 과정**

$\{\mathbf{x}_1, \cdots, \mathbf{x}_k\}$가 $\mathbb{R}^n$의 부분공간 W의 한 기저라 하자.

$\mathbf{v}_1 = \mathbf{x}_1, \qquad\qquad W_1 = \text{span}(\mathbf{x}_1)$

그램(Jörgen Pedersen Gram, 1850~1916)은 측량에 관심이 많은 덴마크의 보험계리사였다. 1883년 최소제곱에 대한 논문에서 그의 이름을 붙인 과정을 처음으로 발표하였다.

슈미트(Erhard Schmidt, 1876~1959)는 독일의 수학자로서 힐베르트(David Hilbert)의 제자이다. 그는 함수해석학이라 불리는 수학분야의 창시자 중의 한 사람으로 간주된다. 1907년 적분방정식에 대한 논문에서 처음 그램-슈미트 과정에 대하여 다루었는데 그램보다 더 자세하게 기술하였다.

$$\mathbf{v}_2 = \mathbf{x}_2 - \left(\frac{\mathbf{v}_1 \cdot \mathbf{x}_2}{\mathbf{v}_1 \cdot \mathbf{v}_1}\right)\mathbf{v}_1, \qquad W_2 = \mathrm{span}(\mathbf{x}_1, \mathbf{x}_2)$$

$$\mathbf{v}_3 = \mathbf{x}_3 - \left(\frac{\mathbf{v}_1 \cdot \mathbf{x}_3}{\mathbf{v}_1 \cdot \mathbf{v}_1}\right)\mathbf{v}_1 - \left(\frac{\mathbf{v}_2 \cdot \mathbf{x}_3}{\mathbf{v}_2 \cdot \mathbf{v}_2}\right)\mathbf{v}_2, \qquad W_3 = \mathrm{span}(\mathbf{x}_1, \mathbf{x}_2, \mathbf{x}_3)$$

$$\vdots$$

$$\mathbf{v}_k = \mathbf{x}_k - \left(\frac{\mathbf{v}_1 \cdot \mathbf{x}_k}{\mathbf{v}_1 \cdot \mathbf{v}_1}\right)\mathbf{v}_1 - \left(\frac{\mathbf{v}_2 \cdot \mathbf{x}_k}{\mathbf{v}_2 \cdot \mathbf{v}_2}\right)\mathbf{v}_2 - \cdots - \left(\frac{\mathbf{v}_{k-1} \cdot \mathbf{x}_k}{\mathbf{v}_{k-1} \cdot \mathbf{v}_{k-1}}\right)\mathbf{v}_{k-1}, \qquad W_k = \mathrm{span}(\mathbf{x}_1, \cdots, \mathbf{x}_k)$$

라 두면, 각 $i=1, \cdots, k$에 대하여 $\{\mathbf{v}_1, \cdots, \mathbf{v}_i\}$는 W_i의 직교기저이다. 특히 $\{\mathbf{v}_1, \cdots, \mathbf{v}_k\}$는 W의 직교기저이다.

정리 5.15는 $\mathbb{R}^n$의 모든 부분공간은 직교기저를 가지며 그러한 기저를 구하는 방법을 알려 준다.

증명 $i=1, \cdots, k$에 대하여, $\{\mathbf{v}_1, \cdots, \mathbf{v}_i\}$가 W_i의 직교기저임을 수학적 귀납법으로 보이기로 한다.

$\mathbf{v}_1 = \mathbf{x}_1$이므로 $\{\mathbf{v}_1\}$이 $W_1 = \mathrm{span}(\mathbf{x}_1)$의 (직교)기저임은 명백하다. 이제, $i < k$에 대하여 $\{\mathbf{x}_1, \cdots, \mathbf{v}_i\}$가 W_i의 직교기저라고 가정하자. 그러면

$$\mathbf{v}_{i+1} = \mathbf{x}_{i+1} - \left(\frac{\mathbf{v}_1 \cdot \mathbf{x}_{i+1}}{\mathbf{v}_1 \cdot \mathbf{v}_1}\right)\mathbf{v}_1 - \left(\frac{\mathbf{v}_2 \cdot \mathbf{x}_{i+1}}{\mathbf{v}_2 \cdot \mathbf{v}_2}\right)\mathbf{v}_2 - \cdots - \left(\frac{\mathbf{v}_i \cdot \mathbf{x}_{i+1}}{\mathbf{v}_i \cdot \mathbf{v}_i}\right)\mathbf{v}_i$$

이고, 가정에 의해 $\{\mathbf{v}_1, \cdots, \mathbf{v}_i\}$는 $\mathrm{span}(\mathbf{x}_1, \cdots, \mathbf{x}_i) = W_i$의 직교기저이므로

$$\mathbf{v}_{i+1} = \mathbf{x}_{i+1} - \mathrm{proj}_{W_i}(\mathbf{x}_{i+1}) = \mathrm{perp}_{W_i}(\mathbf{x}_{i+1})$$

이다. 따라서 직교분해정리에 의하여 $\mathbf{v}_{i+1}$은 W_i와 직교이다. 정의에 의해 $\mathbf{v}_1, \cdots, \mathbf{v}_i$는 $\mathbf{x}_1, \cdots, \mathbf{x}_i$의 일차결합이므로 W_i에 속한다. 그러므로 $\{\mathbf{v}_1, \cdots, \mathbf{v}_{i+1}\}$은 W_{i+1}의 직교집합이다.

더군다나 $\mathbf{v}_{i+1} \neq \mathbf{0}$이다. 왜냐하면, 만약 $\mathbf{v}_{i+1} = \mathbf{0}$이라면 $\mathbf{x}_{i+1} = \mathrm{proj}_{W_i}(\mathbf{x}_{i+1})$이다. 따라서 $\mathbf{x}_{i+1} \in W_i$가 되는데 $W_i = \mathrm{span}(\mathbf{x}_1, \cdots, \mathbf{x}_i)$이고 $\{\mathbf{x}_1, \cdots, \mathbf{x}_{i+1}\}$은 일차독립이므로 이는 불가능하다. 그러므로 $\{\mathbf{v}_1, \cdots, \mathbf{v}_{i+1}\}$은 $(i+1)$개의 W_{i+1}에 있는 일차독립인 벡터들의 집합이다. 결과적으로, $\dim W_{i+1} = i+1$이므로 $\{\mathbf{v}_1, \cdots, \mathbf{v}_{i+1}\}$은 W_{i+1}의 기저이다. 그러므로 증명이 완성된다.

W의 정규직교기저를 구하려면, 그램-슈미트 과정에서 얻어진 직교기저를 정규화하면 된다. 즉, 각 i에 대하여 $\mathbf{v}_i$를 단위벡터 $\mathbf{q}_i = (1/\|\mathbf{v}_i\|)\mathbf{v}_i$로 바꾸면 된다.

예제 5.13 그램-슈미트 과정을 적용하여, 부분공간 $W=\text{span}(\mathbf{x}_1, \mathbf{x}_2, \mathbf{x}_3)$의 정규직교기저를 구하여라. 여기서

$$\mathbf{x}_1=\begin{bmatrix}1\\-1\\-1\\1\end{bmatrix},\ \mathbf{x}_2=\begin{bmatrix}2\\1\\0\\1\end{bmatrix},\ \mathbf{x}_3=\begin{bmatrix}2\\2\\1\\2\end{bmatrix}$$

이다.

풀이 먼저, $\{\mathbf{x}_1, \mathbf{x}_2, \mathbf{x}_3\}$가 일차독립이므로 W의 기저가 됨을 주목하자. $\mathbf{v}_1=\mathbf{x}_1$으로 두고, $W_1=\text{span}(\mathbf{v}_1)$에 대한 $\mathbf{x}_2$의 수직성분을 다음과 같이 구하자.

$$\begin{aligned}\mathbf{v}_2=\text{perp}_{W_1}(\mathbf{x}_2)&=\mathbf{x}_2-\left(\frac{\mathbf{v}_1\cdot\mathbf{x}_2}{\mathbf{v}_1\cdot\mathbf{v}_1}\right)\mathbf{v}_1\\&=\begin{bmatrix}2\\1\\0\\1\end{bmatrix}-\left(\frac{2}{4}\right)\begin{bmatrix}1\\-1\\-1\\1\end{bmatrix}=\begin{bmatrix}3/2\\3/2\\1/2\\1/2\end{bmatrix}\end{aligned}$$

계산을 간단히 하기 위해서, $\mathbf{v}_2$를 간단한 정수성분을 갖도록

$$\mathbf{v}_2'=2\mathbf{v}_2=\begin{bmatrix}3\\3\\1\\1\end{bmatrix}$$

로 바꾸어 쓸 수 있다. 이제

$$W_2=\text{span}(\mathbf{x}_1, \mathbf{x}_2)=\text{span}(\mathbf{v}_1, \mathbf{v}_2)=\text{span}(\mathbf{v}_1, \mathbf{v}_2')$$

에 대한 $\mathbf{x}_3$의 직교성분을 직교기저 $\{\mathbf{v}_1, \mathbf{v}_2'\}$를 사용하여 구하자.

$$\begin{aligned}\mathbf{v}_3=\text{perp}_{W_2}(\mathbf{x}_3)&=\mathbf{x}_3-\left(\frac{\mathbf{v}_1\cdot\mathbf{x}_3}{\mathbf{v}_1\cdot\mathbf{v}_1}\right)\mathbf{v}_1-\left(\frac{\mathbf{v}_2'\cdot\mathbf{x}_3}{\mathbf{v}_2'\cdot\mathbf{v}_2'}\right)\mathbf{v}_2'\\&=\begin{bmatrix}2\\2\\1\\2\end{bmatrix}-\left(\frac{1}{4}\right)\begin{bmatrix}1\\-1\\-1\\1\end{bmatrix}-\left(\frac{15}{20}\right)\begin{bmatrix}3\\3\\1\\1\end{bmatrix}=\begin{bmatrix}-1/2\\0\\1/2\\1\end{bmatrix}\end{aligned}$$

다시 $\mathbf{v}_3'=2\mathbf{v}_3=\begin{bmatrix}-1\\0\\1\\2\end{bmatrix}$이라 두면, $\{\mathbf{v}_1, \mathbf{v}_2', \mathbf{v}_3'\}$는 W에 대한 직교기저가 된다. (이 벡터들이 직교집합임을 확인하여라.) 정규직교기저를 구하기 위해서 각 벡터들을 정규화하면 다음과 같다.

$$\mathbf{q}_1=\left(\frac{1}{\|\mathbf{v}_1\|}\right)\mathbf{v}_1=\left(\frac{1}{2}\right)\begin{bmatrix}1\\-1\\-1\\1\end{bmatrix}=\begin{bmatrix}1/2\\-1/2\\-1/2\\1/2\end{bmatrix}$$

$$\mathbf{q}_2=\left(\frac{1}{\|\mathbf{v}'_2\|}\right)\mathbf{v}'_2=\left(\frac{1}{2\sqrt{5}}\right)\begin{bmatrix}3\\3\\1\\1\end{bmatrix}=\begin{bmatrix}3/2\sqrt{5}\\3/2\sqrt{5}\\1/2\sqrt{5}\\1/2\sqrt{5}\end{bmatrix}=\begin{bmatrix}3\sqrt{5}/10\\3\sqrt{5}/10\\\sqrt{5}/10\\\sqrt{5}/10\end{bmatrix}$$

$$\mathbf{q}_3=\left(\frac{1}{\|\mathbf{v}'_3\|}\right)\mathbf{v}'_3=\left(\frac{1}{\sqrt{6}}\right)\begin{bmatrix}-1\\0\\1\\2\end{bmatrix}=\begin{bmatrix}-1/\sqrt{6}\\0\\1/\sqrt{6}\\2/\sqrt{6}\end{bmatrix}=\begin{bmatrix}-\sqrt{6}/6\\0\\\sqrt{6}/6\\\sqrt{6}/3\end{bmatrix}$$

따라서 $\{\mathbf{q}_1, \mathbf{q}_2, \mathbf{q}_3\}$는 W의 한 정규직교기저이다.

주어진 벡터를 포함하는 직교기저를 구하기 위해서 그램–슈미트 과정을 사용할 수도 있다. 다음 예제는 이러한 방법을 보여준다.

예제 5.14 다음 벡터를 포함하는 $\mathbb{R}^3$의 한 직교기저를 구하여라.

$$\mathbf{v}_1=\begin{bmatrix}1\\2\\3\end{bmatrix}$$

풀이 먼저, $\mathbf{v}_1$을 포함하는 $\mathbb{R}^3$의 임의의 기저를 생각해보자. 예를 들어, 만약

$$\mathbf{x}_2=\begin{bmatrix}0\\1\\0\end{bmatrix},\ \mathbf{x}_3=\begin{bmatrix}0\\0\\1\end{bmatrix}$$

라고 하면 $\{\mathbf{v}_1, \mathbf{x}_2, \mathbf{x}_3\}$는 $\mathbb{R}^3$의 한 기저이다. 그램–슈미트 과정을 이 기저에 적용하면

$$\mathbf{v}_2=\mathbf{x}_2-\left(\frac{\mathbf{v}_1\cdot\mathbf{x}_2}{\mathbf{v}_1\cdot\mathbf{v}_1}\right)\mathbf{v}_1=\begin{bmatrix}0\\1\\0\end{bmatrix}-\left(\frac{2}{14}\right)\begin{bmatrix}1\\2\\3\end{bmatrix}=\begin{bmatrix}-1/7\\5/7\\-3/7\end{bmatrix},\ \mathbf{v}'_2=\begin{bmatrix}-1\\5\\-3\end{bmatrix}$$

를 구하고, 마지막으로

$$\begin{aligned}\mathbf{v}_3&=\mathbf{x}_3-\left(\frac{\mathbf{v}_1\cdot\mathbf{x}_3}{\mathbf{v}_1\cdot\mathbf{v}_1}\right)\mathbf{v}_1-\left(\frac{\mathbf{v}'_2\cdot\mathbf{x}_3}{\mathbf{v}'_2\cdot\mathbf{v}'_2}\right)\mathbf{v}'_2\\&=\begin{bmatrix}0\\0\\1\end{bmatrix}-\left(\frac{3}{14}\right)\begin{bmatrix}1\\2\\3\end{bmatrix}-\left(\frac{-3}{35}\right)\begin{bmatrix}-1\\5\\-3\end{bmatrix}=\begin{bmatrix}-3/10\\0\\1/10\end{bmatrix},\\\mathbf{v}'_3&=\begin{bmatrix}-3\\0\\1\end{bmatrix}\end{aligned}$$

를 얻는다. 따라서 $\{\mathbf{v}_1, \mathbf{v}'_2, \mathbf{v}'_3\}$는 $\mathbf{v}_1$을 포함한 $\mathbb{R}^3$의 직교기저이다.

단위벡터가 주어진 경우에도 그 단위벡터를 포함하는 정규직교기저를 비슷한 방법으로 찾을 수 있다. 즉, 그 벡터를 포함하는 직교기저를 구한 후 정규화하면 된다.

주의 그램-슈미트 과정을 컴퓨터로 실행하면 대부분의 경우 반올림에 의한 오차가 발생한다. 이 오차에 의하여 벡터 $\mathbf{q}_i$들의 직교성이 성립하지 않을 수도 있다. 이러한 직교성의 훼손을 피하기 위한 여러 방안이 제시되고 있다. 벡터 $\mathbf{v}_i$를 마지막에 정규화하는 것보다는 계산과 함께 바로 정규화하여 $\mathbf{q}_i$를 구하고, 남은 벡터 $\mathbf{x}_j$를 $\mathbf{q}_i$들과 직교하도록 바꾸어 준다. 이러한 방법을 **수정된 그램-슈미트 과정**(Modified Gram-Schmidt Process)이라고 한다. 그러나 실제로는 정규직교기저를 구하기 위하여 QR 분해의 한 버전을 사용한다.

QR 분해

$m \times n$행렬 A가 일차독립인 열벡터를 갖는다고 하자. ($m \geq n$이다.) 이 열벡터에 그램-슈미트 과정을 적용하면 행렬 A를 두 행렬 Q와 R의 곱으로 나타낼 수 있다. 여기서, 행렬 Q의 열벡터들은 정규직교이고 R은 상삼각행렬이다. 이것을 **QR 분해**(QR factorization)라고 하는데, 이를 이용하여 고윳값의 근삿값을 구하는 것은 이 절의 마지막에서 다루기로 한다.

QR 분해를 구하는 방법을 살펴보기로 하자. $\mathbf{a}_1, \cdots, \mathbf{a}_n$이 일차독립인 A의 열벡터들이고, $\mathbf{q}_1, \cdots, \mathbf{q}_n$이 이들로부터 그램-슈미트 과정으로 구하여진 정규직교벡터들이라고 하자. 정리 5.15에 의하면, $i=1, \cdots, n$에 대하여

$$W_i = \text{span}(\mathbf{a}_1, \cdots, \mathbf{a}_i) = \text{span}(\mathbf{q}_1, \cdots, \mathbf{q}_i)$$

이다. 따라서 다음 식을 만족하는 상수 $r_{1i}, r_{2i}, \cdots, r_{ii}$가 존재한다.

$$\mathbf{a}_i = r_{1i}\mathbf{q}_1 + r_{2i}\mathbf{q}_2 + \cdots + r_{ii}\mathbf{q}_i, \qquad i=1, \cdots, n$$

다시 말해서

$$\begin{aligned} \mathbf{a}_1 &= r_{11}\mathbf{q}_1 \\ \mathbf{a}_2 &= r_{12}\mathbf{q}_1 + r_{22}\mathbf{q}_2 \\ &\ \ \vdots \\ \mathbf{a}_n &= r_{1n}\mathbf{q}_1 + r_{2n}\mathbf{q}_2 + \cdots + r_{nn}\mathbf{q}_n \end{aligned}$$

이고, 이는 다시 행렬을 이용하여 다음과 같이 나타낼 수 있다.

$$A = [\mathbf{a}_1 \ \mathbf{a}_2 \ \cdots \ \mathbf{a}_n] = [\mathbf{q}_1 \ \mathbf{q}_2 \ \cdots \ \mathbf{q}_n] \begin{bmatrix} r_{11} & r_{12} & \cdots & r_{1n} \\ 0 & r_{22} & \cdots & r_{2n} \\ \vdots & \vdots & \ddots & \vdots \\ 0 & 0 & \cdots & r_{nn} \end{bmatrix} = QR$$

여기서 Q의 열벡터들이 정규직교임은 분명하다. 이제, R의 각 대각성분들은 0이 아님은 다음과 같이 귀류법으로 보일 수 있다. 만약 $r_{ii}=0$이라면 $\mathbf{a}_i$는 $\mathbf{q}_1, \cdots, \mathbf{q}_{i-1}$의 일차결합으로 나타낼 수 있다. 그러나 $\mathbf{a}_1, \cdots, \mathbf{a}_i$는 일차독립이므로 이는 불가능하다. 따라서 $i=1, \cdots, n$에 대하여 $r_{ii} \neq 0$이다. R은 대각성분은 0이 아닌 상삼각행렬이므로 가역이다(연습문제 23).

그러므로 다음 정리를 얻는다.

정리 5.16 **QR 분해**

$m \times n$행렬 A가 일차독립인 열벡터들을 가지면, A는 두 행렬 Q와 R의 곱 $A=QR$으로 나타낼 수 있다. 여기서, 행렬 Q의 열벡터들은 정규직교이고 R은 가역인 상삼각행렬이다.

주의

- R의 대각성분을 모두 양수가 되도록 할 수 있다. 만약 $r_{ii}<0$이면 $\mathbf{q}_i$를 $-\mathbf{q}_i$로, r_{ii}를 $-r_{ii}$로 바꾸어 주면 된다.
- QR 분해에서 A의 열벡터가 일차독립이라는 조건은 필수적이다. 이를 알기 위하여 A가 정리 5.16에서와 같이 QR 분해를 갖는 $m \times n$행렬이라고 하자. R은 가역이므로 $Q=AR^{-1}$이다. 따라서 3.5절의 연습문제 61에 의하여 $\text{rank}(Q)=\text{rank}(A)$이다. 그러나 Q의 열벡터들이 정규직교이므로 일차독립이고 따라서 $\text{rank}(Q)=n$이다. 그러므로 $\text{rank}(A)=n$이고 A의 모든 열벡터는 일차독립이다.
- QR 분해는 약간 수정된 형태로 임의의 행렬에 대하여 확장하는 것이 가능하다. $m \times n$행렬 A에 대하여 $Q_{m-1} \cdots Q_2Q_1A$가 $m \times n$ 상삼각행렬 R이 되는 직교행렬 $Q_1, \cdots, Q_{m-1}$이 존재한다. 그러므로 $Q=(Q_{m-1} \cdots Q_2Q_1)^{-1}$라고 하면 Q는 직교행렬이고, $A=QR$이 성립한다. 이렇게 수정된 QR 분해를 탐구에서 살펴보기로 한다.

예제 5.15 다음 행렬의 QR 분해를 구하여라.

$$A=\begin{bmatrix} 1 & 2 & 2 \\ -1 & 1 & 2 \\ -1 & 0 & 1 \\ 1 & 1 & 2 \end{bmatrix}$$

풀이 A의 열벡터들은 예제 5.13의 벡터들이다. 그램-슈미트 과정으로 $\text{col}(A)$의 정규직교기저를 구하면 다음과 같다.

$$\mathbf{q}_1=\begin{bmatrix} 1/2 \\ -1/2 \\ -1/2 \\ 1/2 \end{bmatrix}, \quad \mathbf{q}_2=\begin{bmatrix} 3\sqrt{5}/10 \\ 3\sqrt{5}/10 \\ \sqrt{5}/10 \\ \sqrt{5}/10 \end{bmatrix}, \quad \mathbf{q}_3=\begin{bmatrix} -\sqrt{6}/6 \\ 0 \\ \sqrt{6}/6 \\ \sqrt{6}/3 \end{bmatrix}$$

그러므로

$$Q=[\mathbf{q}_1\ \ \mathbf{q}_2\ \ \mathbf{q}_3]=\begin{bmatrix} 1/2 & 3\sqrt{5}/10 & -\sqrt{6}/6 \\ -1/2 & 3\sqrt{5}/10 & 0 \\ -1/2 & \sqrt{5}/10 & \sqrt{6}/6 \\ 1/2 & \sqrt{5}/10 & \sqrt{6}/3 \end{bmatrix}$$

이다. 정리 5.16에 의하면 어떤 상삼각행렬 R에 대하여 $A=QR$이 성립한다. Q가 정규직교인 열벡터들을 가지므로, 다시 말해서, $Q^TQ=I$이므로

$$Q^TA=Q^TQR=IR=R$$

이 성립한다. 따라서 상삼각행렬 R은 다음과 같다.

$$R=Q^TA=\begin{bmatrix} 1/2 & -1/2 & -1/2 & 1/2 \\ 3\sqrt{5}/10 & 3\sqrt{5}/10 & \sqrt{5}/10 & \sqrt{5}/10 \\ -\sqrt{6}/6 & 0 & \sqrt{6}/6 & \sqrt{6}/3 \end{bmatrix}\begin{bmatrix} 1 & 2 & 2 \\ -1 & 1 & 2 \\ -1 & 0 & 1 \\ 1 & 1 & 2 \end{bmatrix}$$

$$=\begin{bmatrix} 2 & 1 & 1/2 \\ 0 & \sqrt{5} & 3\sqrt{5}/2 \\ 0 & 0 & \sqrt{6}/2 \end{bmatrix}$$

5.3 연습문제

※ [1–4] 다음에 주어진 벡터들은 $\mathbb{R}^2$ 또는 $\mathbb{R}^3$의 기저이다. 그램–슈미트 과정을 적용하여, 직교기저를 구하여라. 그리고 이 기저들을 정규화하여 정규직교기저를 구하여라.

1. $\mathbf{x}_1=\begin{bmatrix}1\\1\end{bmatrix}$, $\mathbf{x}_2=\begin{bmatrix}1\\2\end{bmatrix}$

2. $\mathbf{x}_1=\begin{bmatrix}3\\-3\end{bmatrix}$, $\mathbf{x}_2=\begin{bmatrix}3\\1\end{bmatrix}$

3. $\mathbf{x}_1=\begin{bmatrix}1\\-1\\-1\end{bmatrix}$, $\mathbf{x}_2=\begin{bmatrix}0\\3\\3\end{bmatrix}$, $\mathbf{x}_3=\begin{bmatrix}3\\2\\4\end{bmatrix}$

4. $\mathbf{x}_1=\begin{bmatrix}1\\1\\1\end{bmatrix}$, $\mathbf{x}_2=\begin{bmatrix}1\\1\\0\end{bmatrix}$, $\mathbf{x}_3=\begin{bmatrix}1\\0\\0\end{bmatrix}$

※ [5–6] 다음에 주어진 벡터들은 $\mathbb{R}^3$ 또는 $\mathbb{R}^4$의 부분공간 W의 기저이다. 그램–슈미트 과정을 적용하여, W의 직교기저를 구하여라.

5. $\mathbf{x}_1=\begin{bmatrix}1\\1\\0\end{bmatrix}$, $\mathbf{x}_2=\begin{bmatrix}3\\4\\2\end{bmatrix}$

6. $\mathbf{x}_1=\begin{bmatrix}2\\-1\\1\\2\end{bmatrix}$, $\mathbf{x}_2=\begin{bmatrix}3\\-1\\0\\4\end{bmatrix}$, $\mathbf{x}_3=\begin{bmatrix}1\\1\\1\\1\end{bmatrix}$

※ [7–8] 부분공간 W에 대한 $\mathbf{v}$의 직교분해를 구하여라.

7. $\mathbf{v}=\begin{bmatrix}4\\-4\\3\end{bmatrix}$, 연습문제 5에서의 W

8. $\mathbf{v}=\begin{bmatrix}1\\4\\0\\2\end{bmatrix}$, 연습문제 6에서의 W

※ [9–10] 다음에 주어진 행렬의 열공간에 대한 직교기저를 그램–슈미트 과정으로 구하여라.

9. $\begin{bmatrix}0&1&1\\1&0&1\\1&1&0\end{bmatrix}$

10. $\begin{bmatrix}1&1&1\\1&-1&2\\-1&1&0\\1&5&1\end{bmatrix}$

11. 벡터 $\begin{bmatrix}3\\1\\5\end{bmatrix}$를 포함하는 $\mathbb{R}^3$의 직교기저를 구하여라.

12. 다음 두 벡터를 포함하는 $\mathbb{R}^4$의 직교기저를 구하여라.

$$\begin{bmatrix}1\\2\\-1\\0\end{bmatrix},\ \begin{bmatrix}1\\0\\1\\3\end{bmatrix}$$

※ [13–14] 다음에 주어진 행렬 Q가 직교행렬이 되도록 Q의 빈 칸을 채워라.

13. $Q=\begin{bmatrix} 1/\sqrt{2} & 1/\sqrt{3} & * \\ 0 & 1/\sqrt{3} & * \\ -1/\sqrt{2} & 1/\sqrt{3} & * \end{bmatrix}$

14. $Q=\begin{bmatrix} 1/2 & 2/\sqrt{14} & * & * \\ 1/2 & 1/\sqrt{14} & * & * \\ 1/2 & 0 & * & * \\ 1/2 & -3/\sqrt{14} & * & * \end{bmatrix}$

※ [15–16] 다음에 주어진 행렬의 QR 분해를 구하여라.

15. 연습문제 9

16. 연습문제 10

※ [17–18] 다음에 주어진 Q의 열벡터들은 그램–슈미트 과정을 A의 열벡터에 적용하여 얻은 것이다. $A=QR$을 만족하는 상삼각행렬 R을 구하여라.

17. $A=\begin{bmatrix} 2 & 8 & 2 \\ 1 & 7 & -1 \\ -2 & -2 & 1 \end{bmatrix}$, $Q=\begin{bmatrix} 2/3 & 1/3 & 2/3 \\ 1/3 & 2/3 & -2/3 \\ -2/3 & 2/3 & 1/3 \end{bmatrix}$

18. $A=\begin{bmatrix} 1 & 3 \\ 2 & 4 \\ -1 & -1 \\ 0 & 1 \end{bmatrix}$, $Q=\begin{bmatrix} 1/\sqrt{6} & 1/\sqrt{3} \\ 2/\sqrt{6} & 0 \\ -1/\sqrt{6} & 1/\sqrt{3} \\ 0 & 1/\sqrt{3} \end{bmatrix}$

19. A가 직교행렬일 때, A의 QR 분해를 구하여라.

20. A가 가역행렬일 필요충분조건은 $A=QR$인 직교행렬 Q와 어떤 대각성분도 0이 아닌 상삼각행렬 R이 존재하는 것임을 증명하여라.

※ [21–22] 연습문제 20에서 사용한 방법을 이용하여, 주어진 행렬의 A^{-1}을 구하여라.

21. 연습문제 9

22. 연습문제 15

23. $m\times n$행렬 A의 열벡터들이 일차독립이라고 하자. 기본정리의 (c)를 이용하여 A의 QR 분해 $A=QR$에서 상삼각행렬 R은 가역행렬임을 보여라.

24. A가 일차독립인 열벡터를 갖는 $m\times n$행렬이라고 하자. QR 분해 $A=QR$에서 A와 Q의 열공간은 같음을 보여라.

탐구

수정된 QR 분해

A의 열벡터들이 일차독립이 아니면 지금까지의 그램-슈미트 과정은 적용할 수가 없고, 따라서 A의 일반화된 QR 분해로 발전시키는 데 사용할 수 없다. 이런 경우 사용할 수 있는 수정된 그램-슈미트 과정이 있지만, 여기서는 대신에 일련의 직교행렬을 사용하여, 한 번에 하나의 열벡터씩 A를 상삼각행렬로 바꾸는 방법을 살펴보기로 한다. 이 방법은 일련의 기본행렬을 사용하여 L을 얻는 LU 분해와 유사하게 대응된다.

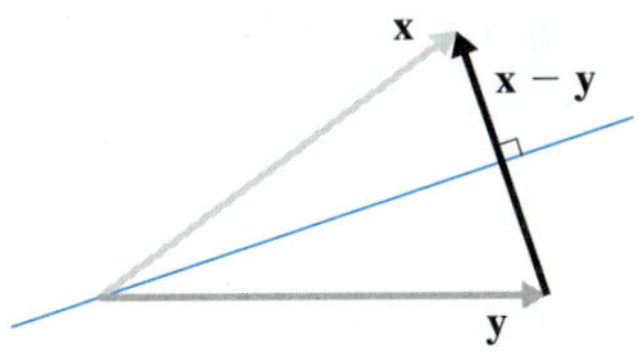

그림 5.11

먼저, LU 분해에서 기본행렬의 역할에 대응하는 직교행렬이 필요하다. 즉, A의 열벡터 $\mathbf{x}$를 R의 대응하는 열벡터 $\mathbf{y}$로 바꾸는 직교행렬 Q를 어떻게 만드는가를 알아야 한다. 정리 5.6에 의하면 $\|\mathbf{x}\| = \|Q\mathbf{x}\| = \|\mathbf{y}\|$이어야 한다. 그림 5.11은 어떤 식으로 논의를 진행할지를 보여준다. $\mathbf{x}$를 벡터 $\mathbf{x}-\mathbf{y}$와 수직인 직선에 대하여 대칭이동시키자. 만약

$$\mathbf{u} = \left(\frac{1}{\|\mathbf{x}-\mathbf{y}\|}\right)(\mathbf{x}-\mathbf{y}) = \begin{bmatrix} d_1 \\ d_2 \end{bmatrix}$$

라 두면, $\mathbf{u}$는 $\mathbf{x}-\mathbf{y}$ 방향의 단위벡터이고 $\mathbf{u}^{\perp} = \begin{bmatrix} -d_2 \\ d_1 \end{bmatrix}$는 $\mathbf{u}$에 수직이다. 따라서 3.6절의 연습문제 26을 사용하여 원점을 지나고 $\mathbf{u}^{\perp}$에 평행한 직선에 대한 대칭이동을 나타내는 표준행렬 Q를 구할 수 있다.

1. $Q = \begin{bmatrix} 1-2d_1^2 & -2d_1d_2 \\ -2d_1d_2 & 1-2d_2^2 \end{bmatrix} = I - 2\mathbf{u}\mathbf{u}^T$임을 보여라.
2. 다음과 같이 주어졌을 때, Q를 구하여라.

   (a) $\mathbf{u} = \begin{bmatrix} 3/5 \\ 4/5 \end{bmatrix}$ (b) $\mathbf{x} = \begin{bmatrix} 5 \\ 5 \end{bmatrix}$, $\mathbf{y} = \begin{bmatrix} 1 \\ 7 \end{bmatrix}$

다음과 같이 Q의 정의를 일반화하기로 하자. $\mathbf{u}$가 $\mathbb{R}^n$의 단위벡터라고 할 때 $n \times n$행렬 Q를

$$Q = I - 2\mathbf{u}\mathbf{u}^T$$

로 정의하자. 이러한 행렬을 **하우스홀더 행렬**(Householder matrix)이라고 한다.

Courtesy Oak Ridge National Lab

하우스홀더(Alston Householder, 1904~1993)는 수치선형대수 분야의 선구자 중 한 사람이다. 그는 연립일차방정식을 풀이하는 알고리즘을 체계적으로 다룬 최초의 수학자이다. 그의 이름을 딴 하우스홀더 변환을 정의하여 널리 쓰이게 하였으며, 선형대수에서 크기(norm)의 개념을 체계화한 인물이기도 하다. 1964년에 출판된 그의 저서 《*The Theory of Matrices in Numerical Analysis*》는 이 분야의 고전으로 간주된다.

3. 모든 하우스홀더 행렬 Q는 다음 성질을 만족함을 보여라.

   (a) Q는 대칭행렬이다. (b) Q는 직교행렬이다. (c) $Q^2 = I$

4. 단위벡터 $\mathbf{u}$에 대응하는 하우스홀더 행렬을 Q라고 할 때, 다음이 성립함을 보여라.

$$Q\mathbf{v} = \begin{cases} -\mathbf{v}, \text{ 만일 } \mathbf{v} = \text{span}(\mathbf{u}) \\ \mathbf{v}, \text{ 만일 } \mathbf{v} \cdot \mathbf{u} = 0 \end{cases}$$

5. $\mathbf{u} = \begin{bmatrix} 1 \\ -1 \\ 2 \end{bmatrix}$일 때, Q를 구하고 문제 3과 문제 4가 성립함을 확인하여라.

6. $\mathbf{x} \neq \mathbf{y}$이고 $\|\mathbf{x}\| = \|\mathbf{y}\|$일 때, $\mathbf{u} = (1/\|\mathbf{x} - \mathbf{y}\|)(\mathbf{x} - \mathbf{y})$라고 하자. $\mathbf{u}$에 대응하는 하우스홀더 행렬을 Q라고 하면 $Q\mathbf{x} = \mathbf{y}$임을 보여라. [힌트: 1.2절의 연습문제 51의 결과를 문제 4에 적용하여라.]

7. $\mathbf{x} = \begin{bmatrix} 1 \\ 2 \\ 2 \end{bmatrix}$, $\mathbf{y} = \begin{bmatrix} 3 \\ 0 \\ 0 \end{bmatrix}$에 대하여, 행렬 Q를 구하고 문제 6을 확인하여라.

이제, $m \times n$행렬 A에 대한 삼각화를 열을 기준으로 할 수 있다.

8. $\mathbf{x}$가 행렬 A의 첫 번째 열벡터이고

$$\mathbf{y} = \begin{bmatrix} \|\mathbf{x}\| \\ 0 \\ \vdots \\ 0 \end{bmatrix}$$

   라고 하자. Q_1이 문제 6에서 주어진 하우스홀더 행렬이면 $Q_1 A$는 다음과 같은 블록형태의 행렬로 표현할 수 있음을 보여라.

$$Q_1 A = \begin{bmatrix} * & * \\ \mathbf{0} & A_1 \end{bmatrix}$$

   여기서, A_1은 $(m-1) \times (n-1)$행렬이다.

행렬 A_1에 대하여 문제 8을 반복하면 하우스홀더 행렬 P_2는 $(m-2) \times (n-2)$행렬 A_2에 대하여

$$P_2 A_1 = \begin{bmatrix} * & * \\ \mathbf{0} & A_2 \end{bmatrix}$$

와 같이 나타낼 수 있다.

9. $Q_2 = \begin{bmatrix} 1 & 0 \\ 0 & P_2 \end{bmatrix}$라고 하자. Q_2는 직교행렬이고 다음 식이 성립함을 보여라.

$$Q_2 Q_1 A = \begin{bmatrix} * & * & * \\ 0 & * & * \\ 0 & 0 & A_2 \end{bmatrix}$$

10. 같은 방법으로, $Q_{m-1} \cdots Q_2 Q_1 A = R$이 상삼각행렬이 되는 직교행렬 Q_1, $\cdots$, Q_{m-1}을 구할 수 있음을 보여라.

11. 직교행렬 $Q = Q_1 Q_2 \cdots, Q_{m-1}$에 대하여 $A = QR$임을 보여라.

12. 지금 논의한 방법을 이용하여, 다음 행렬들의 QR 분해를 구하여라.

(a) $A = \begin{bmatrix} 3 & 9 & 1 \\ -4 & 3 & 2 \end{bmatrix}$ (b) $A = \begin{bmatrix} 1 & 3 & 3 & 2 \\ 2 & -4 & 1 & 1 \\ 2 & -5 & -1 & -2 \end{bmatrix}$

QR 알고리즘을 이용한 고윳값의 근삿값 구하기

G. H. Golub과 C. F. Van Loan가 지은 ≪Matrix computations, Baltimore: Johns Hopkins University Press, 1983≫을 참조하라.

행렬의 고윳값의 근삿값을 구하는 가장 좋은(그리고 가장 널리 쓰이는) 수치적인 방법은 QR 분해를 활용하는 것이다. 이 탐구에서는 QR **알고리즘**이라고 부르는 방법을 소개하고, 몇 개의 예제에 적용시켜 보려고 한다. 이 방법을 더 공부하고 싶은 학생은 수치선형대수에 관한 교재를 참고하기 바란다. 다음 문제들을 풀기 위해서는 CAS를 이용할 것을 권장한다.

정사각행렬 A가 주어졌을 때, 적당한 방법으로 $A = QR$로 분해하고 $A_1 = RQ$로 정의하자.

1. 먼저, A_1은 A와 닮은 행렬임을 보여라. 그리고 A_1은 A와 같은 고윳값을 가짐을 보여라.

2. $A = \begin{bmatrix} 1 & 0 \\ 1 & 3 \end{bmatrix}$일 때, A_1을 구하고 이것이 A와 같은 고윳값을 가짐을 보여라.

같은 방법으로 알고리즘을 계속하여, A_1을 $A_1 = Q_1 R_1$으로 분해하고 $A_2 = R_1 Q_1$으로 $A_2 = Q_2 R_2$로 분해하고 $A_3 = R_2 Q_2$로 두자. 즉, $k \geq 1$에 대하여 $A_k = Q_k R_k$로 분해하고 $A_{k+1} = R_k Q_k$로 둔다.

3. 모든 $k \geq 1$에 대하여, A_k는 A와 닮은 행렬임을 보여라.

4. 문제 2를 반복하여 A_2, A_3, A_4, 그리고 A_5를 소수점 이하 둘째 자리까지 구하여라. 무엇을 관찰할 수 있는가?

A의 모든 고윳값이 실수이고 절댓값이 모두 다르면, 행렬 A_k는 상삼각행렬 U로 수렴함을 보일 수 있다.

5. 행렬 U의 대각성분에 대하여 말할 수 있는 것은 무엇인가?
6. QR 분해를 이용하여, 다음 행렬의 고윳값의 근삿값을 구하여라. 소수점 이하 둘째 자리까지 구하고 최소한 다섯 번 이상 반복하여라.

   (a) $\begin{bmatrix} 2 & 3 \\ 2 & 1 \end{bmatrix}$ (b) $\begin{bmatrix} 1 & 1 \\ 2 & 1 \end{bmatrix}$

   (c) $\begin{bmatrix} 1 & 0 & -1 \\ 1 & 2 & 1 \\ -4 & 0 & 1 \end{bmatrix}$ (d) $\begin{bmatrix} 1 & 1 & -1 \\ 0 & 2 & 0 \\ -2 & 4 & 2 \end{bmatrix}$

7. 행렬 $A = \begin{bmatrix} 2 & 3 \\ -1 & -2 \end{bmatrix}$에 대하여 QR 알고리즘을 적용하여라. 어떤 현상이 일어나는가? 그 이유는 무엇인가?
8. 문제 7에서 행렬 A를 $B = A + 0.9I$로 바꾸어 고윳값을 구하여라. B에 QR 알고리즘을 적용하고, B의 고윳값에서 0.9를 빼서 고윳값을 원래의 값으로 환원시켜라. 이 방법으로 행렬 A의 고윳값을 근사적으로 구할 수 있음을 확인하여라.
9. $Q_0 = Q$, $R_0 = R$이라고 하면, 모든 $k \geq 1$에 대하여 다음 식이 성립함을 보여라.

$$Q_0 Q_1 \cdots Q_{k-1} A_k = A Q_0 Q_1 \cdots Q_{k-1}$$

   그리고

$$(Q_0 Q_1 \cdots Q_k)(R_k \cdots R_1 R_0) = A(Q_0 Q_1 \cdots Q_{k-1})(R_{k-1} \cdots R_1 R_0)$$

   임을 보여라. 마지막으로, $(Q_0 Q_1 \cdots Q_k)(R_k \cdots R_1 R_0)$이 A^{k+1}의 QR 분해임을 추론하여라.

5.4 대칭행렬의 직교대각화

우리는 4장에서 실수성분을 갖는 정사각행렬이라고 해서 항상 실수고윳값을 갖는 것이 아님을 알았다. 예를 들어, 행렬 $\begin{bmatrix} 0 & -1 \\ 1 & 0 \end{bmatrix}$은 복소고윳값 i와 $-i$를 갖는다. 또한, 모든 정사각행렬이 대각화가 가능한 것은 아님을 알았다. 그러나 모든 성분이 실수인 대칭행렬로 제한하면, 모든 상황은 극적으로 바뀐다. 실대칭행렬의 모든 고윳값은 실수이고, 또한 항상 대각화가 가능함을 이 절에서 살펴보려고 한다.

대칭행렬은 자기 자신과 전치행렬이 같은 행렬이다. 이제, 2×2 실대칭행렬을 어떻게 대각화하는지부터 살펴보자.

예제 5.16

가능하다면, 행렬 $A = \begin{bmatrix} 1 & 2 \\ 2 & -2 \end{bmatrix}$를 대각화하여라.

풀이 A의 특성다항식은 $\lambda^2 + \lambda - 6 = (\lambda + 3)(\lambda - 2)$이므로, 고윳값은 $\lambda_1 = -3$, $\lambda_2 = 2$이다. 이에 대응하는 고유벡터는 각각

$$\mathbf{v}_1 = \begin{bmatrix} 1 \\ -2 \end{bmatrix}, \quad \mathbf{v}_2 = \begin{bmatrix} 2 \\ 1 \end{bmatrix}$$

이다. 따라서 A는 대각화가 가능하고, $P = [\mathbf{v}_1, \ \mathbf{v}_2]$라고 하면 $P^{-1}AP = \begin{bmatrix} -3 & 0 \\ 0 & 2 \end{bmatrix} = D$임을 알 수 있다.

그러나 여기서 $\mathbf{v}_1$, $\mathbf{v}_2$가 서로 수직이므로 좀 더 좋은 결과를 도출해낼 수 있다. $\mathbf{v}_1$, $\mathbf{v}_2$를 정규화하면

$$\mathbf{u}_1 = \begin{bmatrix} 1/\sqrt{5} \\ -2/\sqrt{5} \end{bmatrix}, \quad \mathbf{u}_2 = \begin{bmatrix} 2/\sqrt{5} \\ 1/\sqrt{5} \end{bmatrix}$$

이므로

$$Q = [\mathbf{u}_1 \quad \mathbf{u}_2] = \begin{bmatrix} 1/\sqrt{5} & 2/\sqrt{5} \\ -2/\sqrt{5} & 1/\sqrt{5} \end{bmatrix}$$

이라 하면, $Q^{-1}AQ = D$가 성립한다. 그러나 이 경우 $\{\mathbf{u}_1, \ \mathbf{u}_2\}$는 정규직교집합이므로 Q는 직교행렬이 된다. 따라서 $Q^{-1} = Q^T$이고 $Q^TAQ = D$가 성립한다. ($Q^{-1} = Q^T$이므로 계산이 훨씬 간단함을 알 수 있다.)

예제 5.16은 아주 흥미롭고 중요한 내용을 포함하고 있다. 이 내용을 다음과 같이 정의하기로 한다.

정의 정사각행렬 A에 대하여 $Q^TAQ=D$를 만족하는 직교행렬 Q와 대각행렬 D가 존재하면, A를 **직교대각화 가능**(orthogonally diagonalizable)하다고 한다.

그렇다면 어떤 조건에서 행렬이 직교대각화 가능할까? 다음의 정리 5.17은 이에 대한 답을 제공한다.

정리 5.17 A가 직교대각화 가능하면 A는 대칭행렬이다.

증명 A가 직교대각화 가능하면 $Q^TAQ=D$인 직교행렬 Q와 대각행렬 D가 존재한다. $Q^{-1}=Q^T$이므로 $Q^TQ=I=QQ^T$이고 따라서

$$QDQ^T=QQ^TAQQ^T=IAI=A$$

이다. 그러나 모든 대각행렬은 대칭이므로

$$A^T=(QDQ^T)^T=(Q^T)^TD^TQ^T=QDQ^T=A$$

이다. 그러므로 A는 대칭이다.

주의 정리 5.17은 직교대각화 가능한 행렬은 대칭행렬에서만 찾을 수 있음을 의미한다. 이 정리가 모든 대칭행렬이 직교대각화 가능하다는 것을 의미하지는 않는다. 그러나 이것은 놀랍게도 실제로 참이다. 이 놀랄만한 결과의 증명이 이 절의 많은 부분을 차지할 것이다.

a + bi

다음에서 실대칭행렬은 복소고윳값을 갖지 않음을 보이고자 한다.

정리 5.18 A가 실대칭행렬이면, A의 고윳값은 모두 실수이다.

복소수 $z=a+bi$의 켤레복소수는 $\bar{z}=a-bi$이다. z가 실수임을 보이려면 $b=0$임을 보여야 한다. 이것을 보이는 방법 중에 하나는 $z=\bar{z}$임을 보이는 것이다.

복소수의 켤레복소수의 개념을 벡터나 행렬로 확대할 수 있다. 예를 들어, 행렬 $\overline{A}$는 (i, j) 성분이 행렬 A의 (i, j) 성분의 켤레복소수인 행렬이라 하자. 다시 말해서 $A=[a_{ij}]$라고 하면 $\overline{A}=[\overline{a}_{ij}]$이다. 켤레복소수에 대한 여러 법칙은 행렬에 대하여도 쉽게 적용할 수 있다. 특히, 행렬 곱이 가능한 행렬 A, B에 대하여, $\overline{AB}=\overline{A}\,\overline{B}$이다.

증명 λ가 A의 고윳값이고 $\mathbf{v}$가 λ에 대응하는 고유벡터라고 하자. 그러면 $\mathbf{v} \neq \mathbf{0}$이며 $A\mathbf{v} = \lambda\mathbf{v}$이고 양변에 켤레복소수를 취하면 $\overline{A\mathbf{v}} = \overline{\lambda\mathbf{v}}$이다. 한편, A는 실행렬이므로

$$A\overline{\mathbf{v}} = \overline{A}\,\overline{\mathbf{v}} = \overline{A\mathbf{v}} = \overline{\lambda\mathbf{v}} = \overline{\lambda}\,\overline{\mathbf{v}}$$

이다. 양변을 전치하고 A가 대칭행렬임을 이용하면

$$\overline{\mathbf{v}}^{\,T}A = \overline{\mathbf{v}}^{\,T}A^{T} = (A\overline{\mathbf{v}})^{T} = (\overline{\lambda}\overline{\mathbf{v}})^{T} = \overline{\lambda}\overline{\mathbf{v}}^{\,T}$$

이다. 그러므로

$$\lambda(\overline{\mathbf{v}}^{\,T}\mathbf{v}) = \overline{\mathbf{v}}^{\,T}(\lambda\mathbf{v}) = \overline{\mathbf{v}}^{\,T}(A\mathbf{v}) = (\overline{\mathbf{v}}^{\,T}A)\mathbf{v} = (\overline{\lambda}\overline{\mathbf{v}}^{\,T})\mathbf{v} = \overline{\lambda}(\overline{\mathbf{v}}^{\,T}\mathbf{v})$$

에서 $(\lambda - \overline{\lambda})(\overline{\mathbf{v}}^{\,T}\mathbf{v}) = 0$가 성립한다.

이제, $\mathbf{v} = \begin{bmatrix} a_1 + b_1 i \\ \vdots \\ a_n + b_n i \end{bmatrix}$이면, $\overline{\mathbf{v}} = \begin{bmatrix} a_1 - b_1 i \\ \vdots \\ a_n - b_n i \end{bmatrix}$이고 $\mathbf{v} \neq \mathbf{0}$이므로

$$\overline{\mathbf{v}}^{\,T}\mathbf{v} = (a_1^2 + b_1^2) + \cdots + (a_n^2 + b_n^2) \neq 0$$

이다. 따라서 $\lambda - \overline{\lambda} = 0$, 즉 $\lambda = \overline{\lambda}$이다. 다시 말해서 λ는 실수이다.

정리 4.20을 통하여 정사각행렬에서 다른 고윳값에 대응하는 고유벡터들은 일차독립임을 배웠다. 대칭행렬에 대하여는 좀 더 강한 결과인 고유벡터들은 서로 직교한다라는 사실이 성립한다.

정리 5.19 A가 대칭행렬이면 A의 서로 다른 고윳값에 대응하는 고유벡터들은 직교한다.

증명 $\mathbf{v}_1$, $\mathbf{v}_2$를 서로 다른 고윳값 $\lambda_1 \neq \lambda_2$에 대응하는 고유벡터라고 하자. 그러면 $A\mathbf{v}_1 = \lambda_1\mathbf{v}_1$, $A\mathbf{v}_2 = \lambda_2\mathbf{v}_2$이다. $A^T = A$이고, $\mathbf{x}$, $\mathbf{y} \in \mathbb{R}^n$에 대하여 $\mathbf{x}\cdot\mathbf{y} = \mathbf{x}^T\mathbf{y}$이므로

$$\begin{aligned}\lambda_1(\mathbf{v}_1\cdot\mathbf{v}_2) &= (\lambda_1\mathbf{v}_1)\cdot\mathbf{v}_2 = A\mathbf{v}_1\cdot\mathbf{v}_2 = (A\mathbf{v}_1)^T\mathbf{v}_2 \\ &= (\mathbf{v}_1^T A^T)\mathbf{v}_2 = (\mathbf{v}_1^T A)\mathbf{v}_2 = \mathbf{v}_1^T(A\mathbf{v}_2) \\ &= \mathbf{v}_1^T(\lambda_2\mathbf{v}_2) = \lambda_2(\mathbf{v}_1^T\mathbf{v}_2) = \lambda_2(\mathbf{v}_1\cdot\mathbf{v}_2)\end{aligned}$$

이다. 그러므로 $(\lambda_1 - \lambda_2)(\mathbf{v}_1\cdot\mathbf{v}_2) = 0$이고 $\lambda_1 - \lambda_2 \neq 0$이므로, $\mathbf{v}_1\cdot\mathbf{v}_2 = 0$이다. 따라서 원하는 결과를 얻는다.

예제 5.17 다음 행렬에 대하여, 정리 5.19의 결과를 확인하여라.

$$A=\begin{bmatrix}2&1&1\\1&2&1\\1&1&2\end{bmatrix}$$

풀이 A의 특성다항식은 $-\lambda^3+6\lambda^2-9\lambda+4=-(\lambda-4)(\lambda-1)^2$이므로, 두 개의 고윳값 $\lambda_1=4$, $\lambda_2=1$이 존재한다. 이들에 대응하는 고유공간은 각각

$$E_4=\text{span}\left(\begin{bmatrix}1\\1\\1\end{bmatrix}\right),\quad E_1=\text{span}\left(\begin{bmatrix}-1\\0\\1\end{bmatrix},\begin{bmatrix}-1\\1\\0\end{bmatrix}\right)$$

이다. 또한

$$\begin{bmatrix}1\\1\\1\end{bmatrix}\cdot\begin{bmatrix}-1\\0\\1\end{bmatrix}=0,\quad \begin{bmatrix}1\\1\\1\end{bmatrix}\cdot\begin{bmatrix}-1\\1\\0\end{bmatrix}=0$$

이므로 E_4의 모든 벡터는 E_1의 모든 벡터와 수직임을 알 수 있다.

주의 $\begin{bmatrix}-1\\0\\1\end{bmatrix}\cdot\begin{bmatrix}-1\\1\\0\end{bmatrix}=1$이므로, 같은 고윳값에 대응하는 고유벡터들은 직교일 필요는 없다.

이제, 이 절에서 가장 중요한 결과를 증명할 수 있다. 행렬의 고윳값의 집합을 행렬의 **스펙트럼**(spectrum)이라고 부르므로 이 정리는 스펙트럼 정리라고 한다. (복소성분을 갖는 행렬에 대하여도 같은 결과가 존재하므로, 정리 5.20을 실스펙트럼 정리라고 한다.)

정리 5.20

스펙트럼 정리

A가 $n\times n$ 실행렬에 대하여, A가 대칭행렬일 필요충분조건은 A가 직교대각화 가능한 것이다.

Spectrum은 'image(상)'을 의미하는 라틴어이다. 원자는 진동하면서 빛을 발산한다. 그리고 빛이 프리즘을 통과할 때 스펙트럼—무지개 빛깔의 띠—으로 확산된다. 진동수는 어떤 연산자의 고윳값에 해당하고 프리즘을 통하여 생기는 빛의 스펙트럼에서 밝은 선으로 나타난다. 그러므로 글자 그대로, 스펙트럼에서 원자의 고윳값을 볼 수 있다. 이러한 이유로 행렬의 고윳값의 집합을 스펙트럼이라고 부른다.

증명 정리 5.17에서 '직교대각화 가능한 행렬은 대칭행렬'임을 보였다. 역을 보이기 위해서, n에 대하여 수학적 귀납법을 사용하자. $n=1$이면 따로 보일 것이 없다. 이제, 실수 고윳값만을 갖는 $k\times k$ 실대칭행렬이 직교대각화 가능하다고 가정하자. $n=k+1$이고 A는 실수 고윳값을 갖는 $n\times n$ 실대칭행렬이라고 하자.

λ_1이 A의 고윳값이고 $\mathbf{v}_1$이 이에 대응하는 고유벡터라고 하자. 그러면 $\mathbf{v}_1$은 실벡터이고(왜 그런가?) $\mathbf{v}_1$은 단위벡터라고 가정할 수 있다. $\mathbf{v}_1$이 단위벡터가 아니면 정규화하여 단위벡터로 만들 수 있고, 이 단위벡터는 그래도 λ_1의 고유벡터이다. 그램-슈미트 과정을 사용하면, $\mathbf{v}_1$을 $\mathbb{R}^n$의 정규직교기저 $\{\mathbf{v}_1, \mathbf{v}_2, \cdots, \mathbf{v}_n\}$으로 확장할 수 있다. 이제, 행렬 Q_1를 다음과 같이 정의하자.

$$Q_1=[\mathbf{v}_1\ \ \mathbf{v}_2\ \ \cdots\ \ \mathbf{v}_n]$$

그러면 Q_1은 직교행렬이고, $\mathbf{v}_1^T(\lambda_1\mathbf{v}_1)=\lambda_1(\mathbf{v}_1^T\mathbf{v}_1)=\lambda_1(\mathbf{v}_1\cdot\mathbf{v}_1)=\lambda_1$이고 $i\neq 1$

에 대하여 $\mathbf{v}_i^T(\lambda_1\mathbf{v}_1)=\lambda_1(\mathbf{v}_i^T\mathbf{v}_1)=\lambda_1(\mathbf{v}_i \ \ \mathbf{v}_1)=0$이며 $\{\mathbf{v}_1, \cdots, \mathbf{v}_n\}$이 정규직교 기저이므로, 다음이 성립한다.

$$Q_1^T A Q_1=\begin{bmatrix}\mathbf{v}_1^T\\ \mathbf{v}_2^T\\ \vdots\\ \mathbf{v}_n^T\end{bmatrix} A[\mathbf{v}_1 \ \ \mathbf{v}_2 \ \cdots \ \mathbf{v}_n]=\begin{bmatrix}\mathbf{v}_1^T\\ \mathbf{v}_2^T\\ \vdots\\ \mathbf{v}_n^T\end{bmatrix}[A\mathbf{v}_1 \ \ A\mathbf{v}_2 \ \cdots \ A\mathbf{v}_n]$$

$$=\begin{bmatrix}\mathbf{v}_1^T\\ \mathbf{v}_2^T\\ \vdots\\ \mathbf{v}_n^T\end{bmatrix}[\lambda_1\mathbf{v}_1 \ \ A\mathbf{v}_2 \ \cdots \ A\mathbf{v}_n]$$

$$=\left[\begin{array}{c:c}\lambda_1 & * \\ \hdashline \mathbf{0} & A_1\end{array}\right]=B$$

그러나

$$B^T=\left(Q_1^T A Q_1\right)^T=Q_1^T A^T\left(Q_1^T\right)^T=Q_1^T A Q_1=B$$

이므로 B는 대칭이다. 그러므로 B는 다음과 같은 형태를 갖는다.

$$B=\left[\begin{array}{c:c}\lambda_1 & \mathbf{0} \\ \hdashline \mathbf{0} & A_1\end{array}\right]$$

여기서, A_1은 대칭행렬이다. 더군다나 B는 A와 닮은 행렬이고 정리 4.22에 의하여 B의 특성다항식은 A의 특성다항식과 같다. 4.3절의 연습문제 39에 의하면 A_1의 특성다항식은 A의 특성다항식의 인수가 된다. 이로부터 A_1의 고윳값은 모두 A의 고윳값이다. 따라서 A_1의 고윳값은 모두 실수이다. 또한, A_1의 모든 성분은 실수이다. A_1은 실수 고윳값을 갖는 $k\times k$ 실대칭행렬이다. 따라서 귀납법 가정에 의하면 $P_2^T A_1 P_2=D_1$인 직교행렬 P_2와 대각행렬 D_1이 존재한다. 이제

$$Q_2=\left[\begin{array}{c:c}1 & \mathbf{0} \\ \hdashline 0 & P_2\end{array}\right]$$

라 하면, Q_2는 $(k+1)\times(k+1)$ 직교행렬이고, 따라서 $Q=Q_1Q_2$도 직교행렬이다. 결과적으로

$$\begin{aligned}Q^T A Q&=(Q_1Q_2)^T A(Q_1Q_2)=\left(Q_2^T Q_1^T\right)A\left(Q_1Q_2\right)\\ &=Q_2^T\left(Q_1^T A Q_1\right)Q_2=Q_2^T B Q_2\\ &=\left[\begin{array}{c:c}1 & \mathbf{0} \\ \hdashline 0 & P_2^T\end{array}\right]\left[\begin{array}{c:c}\lambda_1 & \mathbf{0} \\ \hdashline 0 & A_1\end{array}\right]\left[\begin{array}{c:c}1 & \mathbf{0} \\ \hdashline 0 & P_2\end{array}\right]\\ &=\left[\begin{array}{c:c}\lambda_1 & \mathbf{0} \\ \hdashline 0 & P_2^T A_1 P_2\end{array}\right]\\ &=\left[\begin{array}{c:c}\lambda_1 & \mathbf{0} \\ \hdashline 0 & D_1\end{array}\right]\end{aligned}$$

이고, 이는 대각행렬이다. 이것으로 수학적 귀납법은 완성되고, 결론적으로 모든 $n \geq 1$에 대하여 실수 고윳값을 갖는 $n \times n$ 실대칭행렬은 직교대각화 가능하다.

예제 5.18 다음 행렬을 직교대각화하여라.

$$A = \begin{bmatrix} 2 & 1 & 1 \\ 1 & 2 & 1 \\ 1 & 1 & 2 \end{bmatrix}$$

풀이 이 행렬은 예제 5.17의 행렬과 같고 A의 고유공간은 다음과 같다.

$$E_4 = \text{span}\left(\begin{bmatrix} 1 \\ 1 \\ 1 \end{bmatrix} \right), \quad E_1 = \text{span}\left(\begin{bmatrix} -1 \\ 0 \\ 1 \end{bmatrix}, \begin{bmatrix} -1 \\ 1 \\ 0 \end{bmatrix} \right)$$

정규직교인 세 개의 고유벡터를 구하여야 한다. 먼저, 그램–슈미트 과정을

$$\begin{bmatrix} -1 \\ 0 \\ 1 \end{bmatrix}, \begin{bmatrix} -1 \\ 1 \\ 0 \end{bmatrix}$$

에 적용하면

$$\begin{bmatrix} -1 \\ 0 \\ 1 \end{bmatrix}, \begin{bmatrix} -1/2 \\ 1 \\ -1/2 \end{bmatrix}$$

를 얻는다. $\begin{bmatrix} -1 \\ 0 \\ 1 \end{bmatrix}$에 수직이 되도록 구하여진 새로운 벡터 또한 E_1에 속하고, 따라서 $\begin{bmatrix} 1 \\ 1 \\ 1 \end{bmatrix}$에도 수직이다. 그러므로 우리는 서로 수직인 세 개의 벡터를 구하였고, 이 벡터들을 정규화하여 Q의 열벡터로 놓으면

$$Q = \begin{bmatrix} 1/\sqrt{3} & -1/\sqrt{2} & -1/\sqrt{6} \\ 1/\sqrt{3} & 0 & 2/\sqrt{6} \\ 1/\sqrt{3} & 1/\sqrt{2} & -1/\sqrt{6} \end{bmatrix}$$

이고, 다음 식이 성립하는 것은 쉽게 확인이 가능하다.

$$Q^T A Q = \begin{bmatrix} 4 & 0 & 0 \\ 0 & 1 & 0 \\ 0 & 0 & 1 \end{bmatrix}$$

스펙트럼 정리에 의하면, 실대칭행렬 A는 직교행렬 Q와 대각행렬 D에 대하여 $A = QDQ^T$의 형태로 쓸 수 있다. D의 대각성분은 A의 고윳값이고 Q의 열벡터 $\mathbf{q}_1, \cdots, \mathbf{q}_n$은 정규직교벡터이다. 그러면 행렬의 곱셈에서

$$A = QDQ^T = [\mathbf{q}_1 \ \cdots \ \mathbf{q}_n]\begin{bmatrix}\lambda_1 & \cdots & 0\\ \vdots & \ddots & \vdots\\ 0 & \cdots & \lambda_n\end{bmatrix}\begin{bmatrix}\mathbf{q}_1^T\\ \vdots\\ \mathbf{q}_n^T\end{bmatrix}$$

$$= [\lambda_1\mathbf{q}_1 \ \cdots \ \lambda_n\mathbf{q}_n]\begin{bmatrix}\mathbf{q}_1^T\\ \vdots\\ \mathbf{q}_n^T\end{bmatrix}$$

$$= \lambda_1\mathbf{q}_1\mathbf{q}_1^T + \lambda_2\mathbf{q}_2\mathbf{q}_2^T + \cdots + \lambda_n\mathbf{q}_n\mathbf{q}_n^T$$

를 얻는다. 이러한 표현을 A의 **스펙트럼 분해**(spectral decomposition)라고 한다. 3.5절의 연습문제 62에 의하면 모든 $\lambda_i\mathbf{q}_i\mathbf{q}_i^T$은 계수가 1인 행렬이고 $\mathbf{q}_i\mathbf{q}_i^T$는 $\mathbf{q}_i$에 의하여 생성되는 부분공간에 대한 정사영을 나타내는 행렬이다(연습문제 25). 이러한 이유에서 스펙트럼 분해

$$A = \lambda_1\mathbf{q}_1\mathbf{q}_1^T + \lambda_2\mathbf{q}_2\mathbf{q}_2^T + \cdots + \lambda_n\mathbf{q}_n\mathbf{q}_n^T$$

은 **스펙트럼 정리의 정사영꼴**(projection form of the Spectral Theorem)이라고 부르기도 한다.

예제 5.19 예제 5.18의 행렬 A에 대하여, 스펙트럼 분해를 구하여라.

풀이 예제 5.18에서 다음을 구하였다.

$$\lambda_1 = 4, \qquad \lambda_2 = 1, \qquad \lambda_3 = 1$$

$$\mathbf{q}_1 = \begin{bmatrix}1/\sqrt{3}\\ 1/\sqrt{3}\\ 1/\sqrt{3}\end{bmatrix}, \quad \mathbf{q}_2 = \begin{bmatrix}-1/\sqrt{2}\\ 0\\ 1/\sqrt{2}\end{bmatrix}, \quad \mathbf{q}_3 = \begin{bmatrix}-1/\sqrt{6}\\ 2/\sqrt{6}\\ -1/\sqrt{6}\end{bmatrix}$$

그러므로

$$\mathbf{q}_1\mathbf{q}_1^T = \begin{bmatrix}1/\sqrt{3}\\ 1/\sqrt{3}\\ 1/\sqrt{3}\end{bmatrix}[1/\sqrt{3} \ \ 1/\sqrt{3} \ \ 1/\sqrt{3}] = \begin{bmatrix}1/3 & 1/3 & 1/3\\ 1/3 & 1/3 & 1/3\\ 1/3 & 1/3 & 1/3\end{bmatrix}$$

$$\mathbf{q}_2\mathbf{q}_2^T = \begin{bmatrix}-1/\sqrt{2}\\ 0\\ 1/\sqrt{2}\end{bmatrix}[-1/\sqrt{2} \ \ 0 \ \ 1/\sqrt{2}] = \begin{bmatrix}1/2 & 0 & -1/2\\ 0 & 0 & 0\\ -1/2 & 0 & 1/2\end{bmatrix}$$

$$\mathbf{q}_3\mathbf{q}_3^T = \begin{bmatrix}-1/\sqrt{6}\\ 2/\sqrt{6}\\ -1/\sqrt{6}\end{bmatrix}[-1/\sqrt{6} \ \ 2/\sqrt{6} \ \ -1/\sqrt{6}] = \begin{bmatrix}1/6 & -1/3 & 1/6\\ -1/3 & 2/3 & -1/3\\ 1/6 & -1/3 & 1/6\end{bmatrix}$$

이고

$$A = \lambda_1\mathbf{q}_1\mathbf{q}_1^T + \lambda_2\mathbf{q}_2\mathbf{q}_2^T + \lambda_3\mathbf{q}_3\mathbf{q}_3^T$$

$$= 4\begin{bmatrix}1/3 & 1/3 & 1/3\\ 1/3 & 1/3 & 1/3\\ 1/3 & 1/3 & 1/3\end{bmatrix} + \begin{bmatrix}1/2 & 0 & -1/2\\ 0 & 0 & 0\\ -1/2 & 0 & 1/2\end{bmatrix} + \begin{bmatrix}1/6 & -1/3 & 1/6\\ -1/3 & 2/3 & -1/3\\ 1/6 & -1/3 & 1/6\end{bmatrix}$$

이 성립함을 쉽게 확인할 수 있다.

이 예제에서 $\lambda_2=\lambda_3$이므로 $\lambda_2\mathbf{q}_2\mathbf{q}_2^T+\lambda_3\mathbf{q}_3\mathbf{q}_3^T$로부터

$$\begin{bmatrix} -2/3 & -1/3 & -1/3 \\ 1/3 & 2/3 & -1/3 \\ -1/3 & -1/3 & 2/3 \end{bmatrix}$$

를 얻는다. 계수가 2인 행렬 $\mathbf{q}_2\mathbf{q}_2^T+\mathbf{q}_3\mathbf{q}_3^T$는 $\mathbf{q}_2$와 $\mathbf{q}_3$에 의하여 생성되는 2차원 부분공간, 즉 평면에 대한 정사영을 나타내는 행렬이다.

스펙트럼 정리에 의하면 대칭행렬 A는 고윳값과 고유벡터를 이용하여 구체적으로 나타낼 수 있다. 또한, 주어진 고윳값과 (정규직교) 고유벡터를 갖는 행렬을 구하는 것도 가능하다.

예제 5.20 고윳값 $\lambda_1=3$, $\lambda_2=-2$와 그들에 대응하는 고유벡터가 각각

$$\mathbf{v}_1=\begin{bmatrix} 3 \\ 4 \end{bmatrix},\ \mathbf{v}_2=\begin{bmatrix} -4 \\ 3 \end{bmatrix}$$

인 2×2행렬을 구하여라.

풀이 우선 주어진 벡터들을 정규화하여 정규직교기저 $\{\mathbf{q}_1,\ \mathbf{q}_2\}$를 구하면

$$\mathbf{q}_1=\begin{bmatrix} 3/5 \\ 4/5 \end{bmatrix},\ \mathbf{q}_2=\begin{bmatrix} -4/5 \\ 3/5 \end{bmatrix}$$

이다. 이제 스펙트럼 분해가 다음과 같은 행렬 A를 구한다.

$$\begin{aligned} A &= \lambda_1\mathbf{q}_1\mathbf{q}_1^T+\lambda_2\mathbf{q}_2\mathbf{q}_2^T \\ &= 3\begin{bmatrix} 3/5 \\ 4/5 \end{bmatrix}[3/5 \quad 4/5]-2\begin{bmatrix} -4/5 \\ 3/5 \end{bmatrix}[-4/5 \quad 3/5] \\ &= 3\begin{bmatrix} 9/25 & 12/25 \\ 12/25 & 16/25 \end{bmatrix}-2\begin{bmatrix} 16/25 & -12/25 \\ -12/25 & 9/25 \end{bmatrix} \\ &= \begin{bmatrix} -1/5 & 12/5 \\ 12/5 & 6/5 \end{bmatrix} \end{aligned}$$

➡ A가 원하는 성질을 가진다는 것을 쉽게 확인할 수 있다.

5.4 연습문제

※ [1–10] 다음에 주어진 행렬에 대하여 $Q^TAQ=D$인 직교행렬 Q와 대각행렬 D를 구하여, 직교대각화하여라.

1. $A=\begin{bmatrix} 4 & 1 \\ 1 & 4 \end{bmatrix}$

2. $A=\begin{bmatrix} -1 & 3 \\ 3 & -1 \end{bmatrix}$

3. $A=\begin{bmatrix} 1 & \sqrt{2} \\ \sqrt{2} & 0 \end{bmatrix}$

4. $A=\begin{bmatrix} 9 & -2 \\ -2 & 6 \end{bmatrix}$

5. $A=\begin{bmatrix} 5 & 0 & 0 \\ 0 & 1 & 3 \\ 0 & 3 & 1 \end{bmatrix}$

6. $A=\begin{bmatrix} 2 & 3 & 0 \\ 3 & 2 & 4 \\ 0 & 4 & 2 \end{bmatrix}$

7. $A=\begin{bmatrix}1&0&-1\\0&1&0\\-1&0&1\end{bmatrix}$ 8. $A=\begin{bmatrix}1&2&2\\2&1&2\\2&2&1\end{bmatrix}$

9. $A=\begin{bmatrix}1&1&0&0\\1&1&0&0\\0&0&1&1\\0&0&1&1\end{bmatrix}$ 10. $A=\begin{bmatrix}2&0&0&1\\0&1&0&0\\0&0&1&0\\1&0&0&2\end{bmatrix}$

11. $b\neq0$일 때, 행렬 $A=\begin{bmatrix}a&b\\b&a\end{bmatrix}$를 직교대각화하여라.

12. $b\neq0$일 때, 행렬 $A=\begin{bmatrix}a&0&b\\0&a&0\\b&0&a\end{bmatrix}$를 직교대각화하여라.

13. A, B가 직교대각화 가능한 $n\times n$행렬이고 c는 임의의 상수라고 하자. 스펙트럼 정리를 이용하여 다음 행렬들이 직교대각화 가능함을 보여라.
(a) $A+B$ (b) cA (c) A^2

14. A가 직교대각화 가능한 가역행렬이면 A^{-1}도 직교대각화 가능함을 보여라.

15. A, B가 직교대각화 가능하고 $AB=BA$라고 하자. 그러면 AB는 직교대각화 가능함을 보여라.

16. A가 대칭행렬일 때, A의 모든 고윳값이 음이 아니기 위한 필요충분조건이 어떤 대칭행렬 B가 존재하여 $A=B^2$임을 보여라.

※ [17–20] 다음에 주어진 연습문제의 행렬에 대한 스펙트럼 분해를 구하여라.

17. 연습문제 1 18. 연습문제 2

19. 연습문제 7 20. 연습문제 8

※ [21–22] 다음에 주어진 고윳값 λ_1, λ_2와 이에 대응하는 고유벡터 $\mathbf{v}_1$, $\mathbf{v}_2$를 갖는 2×2 대칭행렬을 구하여라.

21. $\lambda_1=-1$, $\lambda_2=2$, $\mathbf{v}_1=\begin{bmatrix}1\\1\end{bmatrix}$, $\mathbf{v}_2=\begin{bmatrix}1\\-1\end{bmatrix}$

22. $\lambda_1=3$, $\lambda_2=-3$, $\mathbf{v}_1=\begin{bmatrix}1\\2\end{bmatrix}$, $\mathbf{v}_2=\begin{bmatrix}-2\\1\end{bmatrix}$

※ [23–24] 다음에 주어진 고윳값 λ_1, λ_2, λ_3와 그들에 대응하는 고유벡터 $\mathbf{v}_1$, $\mathbf{v}_2$, $\mathbf{v}_3$를 갖는 3×3 대칭행렬을 구하여라.

23. $\lambda_1=1$, $\lambda_2=2$, $\lambda_3=3$, $\mathbf{v}_1=\begin{bmatrix}1\\1\\0\end{bmatrix}$, $\mathbf{v}_2=\begin{bmatrix}1\\-1\\1\end{bmatrix}$, $\mathbf{v}_3=\begin{bmatrix}-1\\1\\2\end{bmatrix}$

24. $\lambda_1=1$, $\lambda_2=-4$, $\lambda_3=-4$, $\mathbf{v}_1=\begin{bmatrix}4\\5\\-1\end{bmatrix}$, $\mathbf{v}_2=\begin{bmatrix}-1\\1\\1\end{bmatrix}$, $\mathbf{v}_3=\begin{bmatrix}2\\-1\\3\end{bmatrix}$

25. $\mathbb{R}^n$의 한 단위벡터 $\mathbf{q}$에 의하여 생성되는 부분공간을 W라고 하자. W 위로의 벡터 $\mathbf{v}$의 정사영(1.2절과 5.2절에서 정의된)은 다음과 같이 주어짐을 보여라.

$$\text{proj}_W(\mathbf{v})=(\mathbf{q}\mathbf{q}^T)\mathbf{v}$$

또한, 이 정사영을 나타내는 행렬이 $\mathbf{q}\mathbf{q}^T$임을 보여라.
[힌트: $\mathbf{x}$, $\mathbf{y}\in\mathbb{R}^n$이면 $\mathbf{x}\cdot\mathbf{y}=\mathbf{x}^T\mathbf{y}$임을 이용]

26. $\{\mathbf{q}_1, \cdots, \mathbf{q}_k\}$가 $\mathbb{R}^n$의 정규직교집합이고 W가 이에 의하여 생성되는 부분공간이라고 하자.
(a) W 위로의 정사영을 나타내는 행렬이

$$P=\mathbf{q}_1\mathbf{q}_1^T+\cdots+\mathbf{q}_k\mathbf{q}_k^T$$

임을 보여라.
(b) (a)의 정사영행렬 P는 대칭행렬이고, $P^2=P$임을 보여라.
(c) $Q=[\mathbf{q}_1, \cdots, \mathbf{q}_k]$는 열벡터들이 W의 정규직교기저가 되는 $n\times k$행렬이라 할 때 $P=QQ^T$이고 할 때 $\text{rank}(P)=k$임을 보여라.

27. A가 모든 고윳값이 실수인 $n\times n$ 실행렬이라고 하면 $Q^TAQ=T$인 직교행렬 Q와 상삼각행렬 T가 존재함을 보여라. 이 결과를 **슈어의 삼각화정리**라고 한다. [힌트: 스펙트럼 정리의 증명 참고]

28. A가 거듭제곱이 O인 행렬이라고 하자(4.2절의 연습문제 56 참조). 이때 적당한 직교행렬 Q가 존재하며 Q^TAQ가 대각성분이 모두 0인 상삼각행렬임을 보여라.
[힌트: 연습문제 27을 활용]

5.5 응용

이차형식

다음과 같은 형태

$$ax^2 + by^2 + cxy$$

를 x와 y의 **이차형식**(quadratic form)이라고 한다. 마찬가지로

$$ax^2 + by^2 + cz^2 + dxy + exz + fyz$$

를 x, y, z의 이차형식이라고 한다. 즉, 이차형식은 각 항의 차수가 2인 다항식이다. 예를 들어, $5x^2 - 3y^2 + 2xy$는 이차형식이지만 $x^2 + y^2 + x$는 이차형식이 아니다.

이차형식은 다음과 같이 행렬을 이용하여 나타낼 수 있다.

$$ax^2 + by^2 + cxy = [x \ y] \begin{bmatrix} a & c/2 \\ c/2 & b \end{bmatrix} \begin{bmatrix} x \\ y \end{bmatrix}$$

그리고

$$ax^2 + by^2 + cz^2 + dxy + exz + fyz = [x \ y \ z] \begin{bmatrix} a & d/2 & e/2 \\ d/2 & b & f/2 \\ e/2 & f/2 & c \end{bmatrix} \begin{bmatrix} x \\ y \\ z \end{bmatrix}$$

두 식 모두 대칭행렬 A에 대하여, $\mathbf{x}^T A \mathbf{x}$의 형태이다. 이것으로부터 다음과 같은 정의를 얻는다.

정의 n개의 변수에 대한 **이차형식**은 다음과 같은 형태의 함수 $f : \mathbb{R}^n \to \mathbb{R}$이다.

$$f(\mathbf{x}) = \mathbf{x}^T A \mathbf{x}$$

여기서, $\mathbf{x} \in \mathbb{R}^n$, A는 $n \times n$ 대칭행렬이며 f의 **연관행렬**이라고 한다.

예제 5.21

연관행렬이 $A = \begin{bmatrix} 2 & -3 \\ -3 & 5 \end{bmatrix}$일 때, 이차형식은 무엇인가?

풀이 $\mathbf{x} = \begin{bmatrix} x_1 \\ x_2 \end{bmatrix}$일 때

$$f(\mathbf{x}) = \mathbf{x}^T A \mathbf{x} = [x_1 \ x_2] \begin{bmatrix} 2 & -3 \\ -3 & 5 \end{bmatrix} \begin{bmatrix} x_1 \\ x_2 \end{bmatrix} = 2x_1^2 + 5x_2^2 - 6x_1 x_2$$

A의 비대각 성분은 $a_{12}=a_{21}=-3$이므로 x_1x_2의 계수는 -6이다. 이러한 방법은 일반적으로 적용가능하다. $\mathbf{x}\in\mathbb{R}^n$일 때, 이차형식을 다음과 같은 식으로 표현할 수 있다.

$$\mathbf{x}^T A\mathbf{x}=a_{11}x_1^2+a_{22}x_2^2+\cdots+a_{nn}x_n^2+\sum_{i<j}2a_{ij}x_ix_j$$

따라서 $i\neq j$이면 x_ix_j의 계수는 $2a_{ij}$이다. $i\neq j$일 때 x_ix_j를 교차곱항이라 정의하자.

예제 5.22 다음 이차형식의 연관행렬을 구하여라.

$$f(x_1,\ x_2,\ x_3)=2x_1^2-x_2^2+5x_3^2+6x_1x_2-3x_1x_3$$

풀이 제곱항 x_i^2의 계수는 대각성분 a_{ii}이고, 교차곱항 x_ix_j의 계수는 a_{ij}와 a_{ji}의 합이므로

$$A=\begin{bmatrix} 2 & 3 & -3/2 \\ 3 & -1 & 0 \\ -3/2 & 0 & 5 \end{bmatrix}$$

이고, 따라서

$$f(x_1,\ x_2,\ x_3)=[x_1\ x_2\ x_3]\begin{bmatrix} 2 & 3 & -3/2 \\ 3 & -1 & 0 \\ -3/2 & 0 & 5 \end{bmatrix}\begin{bmatrix} x_1 \\ x_2 \\ x_3 \end{bmatrix}$$

임을 쉽게 확인할 수 있다.

두 개의 변수의 이차형식 $f(x,\ y)$의 경우 $z=f(x,\ y)$의 그래프는 $\mathbb{R}^3$에서 곡면이다. 그림 5.12에 몇 개의 예제가 주어져 있다.

x 또는 y를 상수로 고정하면 각각 yz평면 또는 xz평면과 평행한 평면에 의한 그래프 $z=f(x,\ y)$의 절단면임을 알 수 있다. 그림 5.12의 그래프에서 이러한 절단면을 쉽게 구할 수 있다. 예를 들어, 그림 5.12(a)에서 x 또는 y를 상수로 고정하여 생기는 절단면은 아래로 볼록한 포물선이고, 모든 x, y에 대하여 $f(x,\ y)\geq 0$이다. 그림 5.12(c)에서 x를 상수로 고정하면 위로 볼록한 포물선이 얻어지고, yx를 상수로 고정하면 아래로 볼록한 포물선이 얻어진다. 이때, 원점을 안장점이라고 한다.

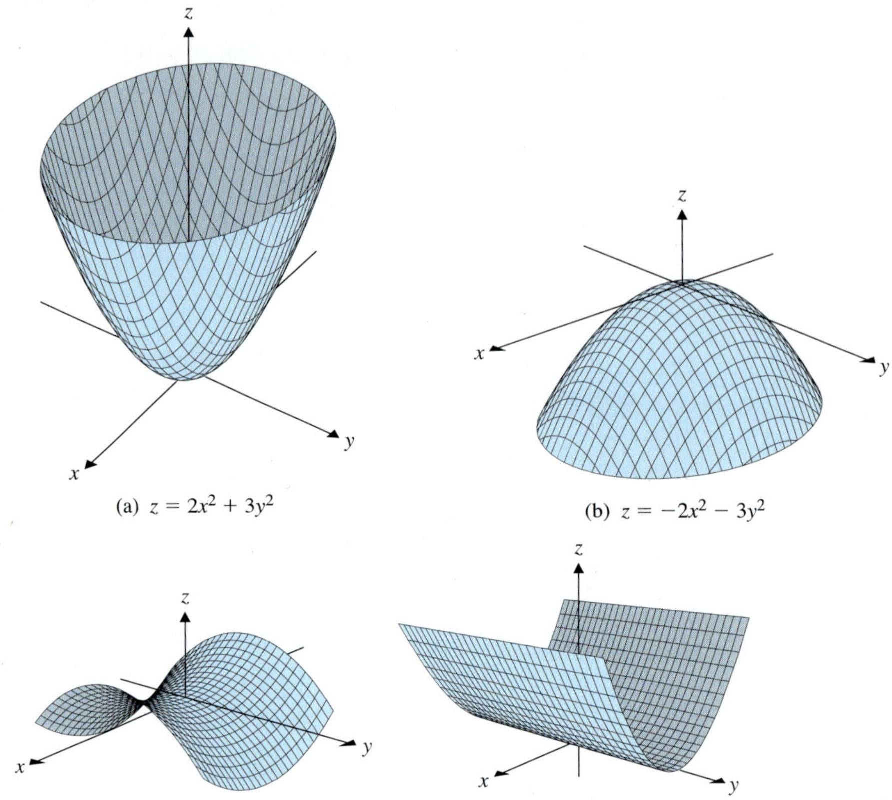

(a) $z = 2x^2 + 3y^2$

(b) $z = -2x^2 - 3y^2$

(c) $z = 2x^2 - 3y^2$

(d) $z = 2x^2$

그림 5.12 이차형식 $f(x,\ y)$의 그래프

이렇게 쉽게 알 수 있는 이유는 주어진 이차형식에 교차곱항 xy가 나타나지 않기 때문이다. 이런 이차형식의 연관행렬은 대각행렬이다. 예를 들어

$$2x^2 - 3y^2 = [x \ \ y]\begin{bmatrix} 2 & 0 \\ 0 & -3 \end{bmatrix}\begin{bmatrix} x \\ y \end{bmatrix}$$

이다. 일반적으로, 이차형식의 연관행렬은 대칭행렬이고, 5.4절에서 대칭행렬은 항상 대각화가 가능함을 알았다. 따라서, 이 사실을 이용하면 모든 이차형식은 적당한 변수변환을 통하여 교차곱항을 제거할 수 있다.

$n \times n$ 대칭행렬 A에 대하여, $f(\mathbf{x}) = \mathbf{x}^T A \mathbf{x}$가 n개 변수의 이차형식이라고 하자. 스펙트럼 정리에 의하여 A를 대각화하는 직교행렬 Q가 존재한다. 즉, $Q^T A Q = D$이고 D는 대각성분이 A의 고윳값인 대각행렬이다.

$$\mathbf{x} = Q\mathbf{y} \ \text{ 또는 } \ \mathbf{y} = Q^{-1}\mathbf{x} = Q^T\mathbf{x}$$

라 하고, 이차형식에 이 식을 대입하면

$$\begin{aligned} \mathbf{x}^T A \mathbf{x} &= (Q\mathbf{y})^T A (Q\mathbf{y}) \\ &= \mathbf{y}^T Q^T A Q \mathbf{y} \\ &= \mathbf{y}^T D \mathbf{y} \end{aligned}$$

이 되는데, 이는 D가 대각행렬이므로 교차곱항이 없다. 또한 A의 고윳값을 λ_1, $\cdots$, λ_n이라 하면

$$D=\begin{bmatrix} \lambda_1 & \cdots & 0 \\ \vdots & \ddots & \vdots \\ 0 & \cdots & \lambda_n \end{bmatrix}$$

이 성립하도록 Q를 선택할 수 있다. 만약 $\mathbf{y}=[y_1 \cdots y_n]^T$이라면, 이차형식은

$$\mathbf{y}^T D\mathbf{y}=\lambda_1 y_1^2+\cdots+\lambda_n y_n^2$$

가 된다. 이 과정을 **이차형식의 대각화**라고 한다. 지금까지의 논의는 주축정리라 불리는 다음 정리를 증명한 것이 된다.

정리 5.21

주축정리

모든 이차형식은 대각화가 가능하다. 특히, A가 이차형식 $\mathbf{x}^T A\mathbf{x}$에 연관된 $n\times n$ 대칭행렬이고 Q는 $Q^T AQ$가 대각행렬이 되는 직교행렬이라 할 때, $\mathbf{x}=Q\mathbf{y}$로 변환하면 이차형식 $\mathbf{x}^T A\mathbf{x}$는 이차형식 $\mathbf{y}^T D\mathbf{y}$로 변환되는데 이 이차형식은 교차곱항을 갖지 않는다. A의 고윳값이 λ_1, $\cdots$, λ_n이고 $\mathbf{y}=[y_1 \cdots y_n]^T$이면 다음 식이 성립한다.

$$\mathbf{x}^T A\mathbf{x}=\mathbf{y}^T D\mathbf{y}=\lambda_1 y_1^2+\cdots+\lambda_n y_n^2$$

예제 5.23

이차형식

$$f(x_1,\ x_2)=5x_1^2+4x_1x_2+2x_2^2$$

을 교차곱항이 없는 이차형식이 되도록 변수변환을 구하여라.

풀이 f의 행렬은

$$A=\begin{bmatrix} 5 & 2 \\ 2 & 2 \end{bmatrix}$$

이고 고윳값은 $\lambda_1=6$, $\lambda_2=1$이다. 각각의 고윳값에 대응하는 단위고유벡터는

$$\mathbf{q}_1=\begin{bmatrix} 2/\sqrt{5} \\ 1/\sqrt{5} \end{bmatrix},\ \mathbf{q}_2=\begin{bmatrix} 1/\sqrt{5} \\ -2/\sqrt{5} \end{bmatrix}$$

이다.

$$Q=\begin{bmatrix} 2/\sqrt{5} & 1/\sqrt{5} \\ 1/\sqrt{5} & -2/\sqrt{5} \end{bmatrix},\ D=\begin{bmatrix} 6 & 0 \\ 0 & 1 \end{bmatrix}$$

으로 놓으면, $Q^T AQ=D$이다. 그리고

$$\mathbf{x}=\begin{bmatrix}x_1\\x_2\end{bmatrix},\ \mathbf{y}=\begin{bmatrix}y_1\\y_2\end{bmatrix}$$

일 때, 변수변환 $\mathbf{x}=Q\mathbf{y}$는 f를 다음과 같이 바꾸어 준다.

$$f(\mathbf{y})=f(y_1,\ y_2)=[y_1\ \ y_2]\begin{bmatrix}6&0\\0&1\end{bmatrix}\begin{bmatrix}y_1\\y_2\end{bmatrix}=6y_1^2+y_2^2$$

원래의 이차형식 $\mathbf{x}^TA\mathbf{x}$와 주축정리에서 정의된 새로운 이차형식 $\mathbf{y}^TD\mathbf{y}$는 다음과 같은 의미에서 일치한다. 예제 5.23의 $\mathbf{x}=\begin{bmatrix}-1\\3\end{bmatrix}$에서 $f(\mathbf{x})=\mathbf{x}^TA\mathbf{x}$의 값을 구해보자.

$$f(-1,\ 3)=5(-1)^2+4(-1)(3)+2(3)^2=11$$

새로운 변수를 이용하여 나타내면

$$\begin{bmatrix}y_1\\y_2\end{bmatrix}=\mathbf{y}=Q^T\mathbf{x}=\begin{bmatrix}2/\sqrt{5}&1/\sqrt{5}\\1/\sqrt{5}&-2/\sqrt{5}\end{bmatrix}\begin{bmatrix}-1\\3\end{bmatrix}=\begin{bmatrix}1/\sqrt{5}\\-7/\sqrt{5}\end{bmatrix}$$

이므로

$$f(y_1,\ y_2)=6y_1^2+y_2^2=6\left(1/\sqrt{5}\right)^2+\left(-7/\sqrt{5}\right)^2=55/5=11$$

로 앞에서 구한 것과 같은 결과를 얻는다.

주축정리로부터 흥미롭고도 중요한 결과들을 얻을 수 있다. 그 중에서 다음의 두 가지만 살펴보기로 한다. 첫 번째 결과는 이차형식이 취할 수 있는 값들에 대한 것이다.

정의 이차형식 $f(\mathbf{x})=\mathbf{x}^TA\mathbf{x}$를 다음 중 하나로 분류한다.

1. 모든 $\mathbf{x}\neq\mathbf{0}$에 대하여, $f(\mathbf{x})>0$이면 f는 **양의 정부호**(positive definite)라고 한다.
2. 모든 $\mathbf{x}$에 대하여, $f(\mathbf{x})\geq 0$이면 f는 **양의 준정부호**(positive semidefinite)라고 한다.
3. 모든 $\mathbf{x}\neq\mathbf{0}$에 대하여, $f(\mathbf{x})<0$이면 f는 **음의 정부호**(negative definite)라고 한다.
4. 모든 $\mathbf{x}$에 대하여, $f(\mathbf{x})\leq 0$이면 f는 **음의 준정부호**(negative semidefinite)라고 한다.
5. $f(\mathbf{x})$가 양의 값과 음의 값을 모두 가지면, **부정부호**(indefinite)라고 한다.

연관되는 이차형식 $f(\mathbf{x})=\mathbf{x}^TA\mathbf{x}$의 부호에 따라 대칭행렬 A는 **양의 정부호, 양의 준정부호, 음의 정부호, 음의 준정부호, 부정부호**라고 한다.

그림 5.12에서 (a), (b), (c), 그리고 (d)는 각각 양의 정부호, 음의 정부호, 부정부호, 그리고 양의 준정부호이다. 주축정리에 의하면, 이차형식이 다음 성질 중

의 하나를 갖는다는 것을 알 수 있다.

정리 5.22

A가 $n \times n$ 대칭행렬이라고 하자. 이차형식 $f(\mathbf{x}) = \mathbf{x}^T A\mathbf{x}$는

a. 양의 정부호이다. $\Leftrightarrow$ A의 모든 고윳값은 양수이다.
b. 양의 준정부호이다. $\Leftrightarrow$ A의 모든 고윳값은 음수가 아니다.
c. 음의 정부호이다. $\Leftrightarrow$ A의 모든 고윳값은 음수이다.
d. 음의 준정부호이다. $\Leftrightarrow$ A의 모든 고윳값은 양수가 아니다.
e. 부정부호이다. $\Leftrightarrow$ A가 양의 고윳값과 음의 고윳값을 갖는다.

정리 5.22의 증명은 연습문제 27로 남겨둔다.

예제 5.24

$f(x, y, z) = 3x^2 + 3y^2 + 3z^2 - 2xy - 2xz - 2yz$가 양의 정부호인지, 음의 정부호인지, 부정부호인지 이 중 아무것도 아닌지 구별하여라.

풀이 f의 연관행렬이

$$\begin{bmatrix} 3 & -1 & -1 \\ -1 & 3 & -1 \\ -1 & -1 & 3 \end{bmatrix}$$

이고 이 행렬의 고윳값은 1, 4, 그리고 4이다. 따라서 고윳값이 모두 양수이므로 f는 양의 정부호인 이차형식이다.

이차형식 $f(\mathbf{x}) = \mathbf{x}^T A\mathbf{x}$가 양의 정부호이면, $f(\mathbf{0}) = 0$이므로 $f(\mathbf{x})$의 최솟값은 원점에서 0이다. 마찬가지로 음의 정부호인 이차형식은 원점에서 최댓값을 갖는다. 그러므로 정리 5.22에 의하면 특별한 형태의 최대, 최솟값 문제를 미분적분학을 이용하지 않고도 풀 수 있다. **제한된 조건에서의 최적화 문제**가 이러한 유형에 속한다.

어떤 제한된 조건 아래에서 이차형식의 최댓값 또는 최솟값을 구하는 문제는 때때로 중요하다. 이러한 문제는 수학뿐만 아니라 통계학, 물리학, 공학 또는 경제학에서도 자주 볼 수 있다. 이제, $\|\mathbf{x}\| = 1$인 조건에서 $f(\mathbf{x}) = \mathbf{x}^T A\mathbf{x}$의 최댓값 또는 최솟값을 구해보기로 하자. 두 변수의 이차형식인 경우 이 문제가 의미하는 바를 그래프로 그리는 것이 가능하다. $z = f(x, y)$의 그래프는 $\mathbb{R}^3$에서 곡면이고 제한조건 $\|\mathbf{x}\| = 1$은 xy평면에서 단위원이다. 그러므로 주어진 곡면 $z = f(x, y)$와 xy평면과 수직인 원주면에 동시에 포함되는 점들만 고려한다. 이러한 점들은 곡면에 놓인 곡선이 되며 이 곡선에서 가장 높은 점과 가장 낮은 점을 찾아야 한다. 그림 5.13은 예제 5.12(c)에 주어진 이차형식과 이에 해당하는 곡면에 대한 현상을 나타낸다.

이 경우 $f(x, y) = 2x^2 - 3y^2$의 최댓값과 최솟값은 각각 2와 -3(교선의 가

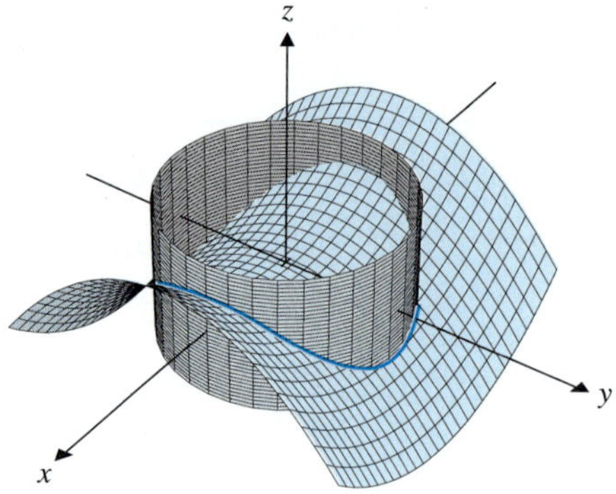

그림 5.13 $z=2x^2-3y^2$과 원주면 $x^2+y^2=1$의 교집합

장 높은 점과 가장 낮은 점)이다. 이는 연관행렬의 고윳값이다. 다음의 정리 5.23은 이러한 사실이 항상 성립함을 보여준다.

정리 5.23

$f(\mathbf{x})=\mathbf{x}^TA\mathbf{x}$가 $n\times n$ 대칭행렬 A에 의하여 정의되는 이차형식이라고 하자. A의 고윳값이 $\lambda_1\geq\lambda_2\geq\cdots\geq\lambda_n$이면, 제한조건 $\|\mathbf{x}\|=1$에 대하여 다음 사실들이 성립한다.

a. $\lambda_1\geq f(\mathbf{x})\geq\lambda_n$

b. $f(\mathbf{x})$의 최댓값은 λ_1이고 최댓값은 벡터 $\mathbf{x}$가 λ_1에 대응하는 단위고유벡터일 때 발생한다.

c. $f(\mathbf{x})$의 최솟값은 λ_n이고 최솟값은 벡터 $\mathbf{x}$가 λ_1에 대응하는 단위고유벡터일 때 발생한다.

증명 먼저, A를 직교대각화하는 것으로 시작하자. Q를 Q^TAQ가 대각행렬

$$D=\begin{bmatrix}\lambda_1 & \cdots & 0\\ \vdots & \ddots & \vdots\\ 0 & \cdots & \lambda_n\end{bmatrix}$$

이 되는 직교행렬이라고 하자. 그러면 주축정리에 의하면, 변수변환 $\mathbf{x}=Q\mathbf{y}$에 의하여 $\mathbf{x}^TA\mathbf{x}=\mathbf{y}^TD\mathbf{y}$가 성립한다. 이제, $Q^T=Q^{-1}$이므로 $\mathbf{y}=Q^T\mathbf{x}$이고

$$\mathbf{y}^T\mathbf{y}=(Q^T\mathbf{x})^T(Q^T\mathbf{x})=\mathbf{x}^T(Q^T)^TQ^T\mathbf{x}=\mathbf{x}^TQQ^T\mathbf{x}=\mathbf{x}^T\mathbf{x}$$

이다. 따라서 $\mathbf{x}\cdot\mathbf{x}=\mathbf{x}^T\mathbf{x}$임을 이용하면 $\|\mathbf{y}\|=\sqrt{\mathbf{y}^T\mathbf{y}}=\sqrt{\mathbf{x}^T\mathbf{x}}=\|\mathbf{x}\|=1$이다. 그러므로 $\mathbf{x}$가 단위벡터이면 $\mathbf{y}$도 단위벡터이고, $\mathbf{x}^TA\mathbf{x}$와 $\mathbf{y}^TD\mathbf{y}$는 같은 값을 갖는다.

(a) 성질 (a)를 보이기 위해서 다음 결과를 주목하자. $\mathbf{y}=[y_1\cdots y_n]^T$이면

$$\begin{aligned}f(\mathbf{x})&=\mathbf{x}^TA\mathbf{x}=\mathbf{y}^TD\mathbf{y}\\&=\lambda_1y_1^2+\lambda_2y_2^2+\cdots+\lambda_ny_n^2\\&\leq\lambda_1y_1^2+\lambda_1y_2^2+\cdots+\lambda_1y_n^2\end{aligned}$$

$$= \lambda_1 (y_1^2 + y_2^2 + \cdots + y_n^2)$$
$$= \lambda_1 \|\mathbf{y}\|^2$$
$$= \lambda_1$$

이다. 그러므로 $\|\mathbf{x}\| = 1$인 모든 $\mathbf{x}$에 대하여 $f(\mathbf{x}) \leq \lambda_1$이다. 같은 방법으로 $f(\mathbf{x}) \geq \lambda_n$임을 보일 수 있다(연습문제 37).

(b) $\mathbf{q}_1$이 λ_1에 대응하는 단위고유벡터라면 $A\mathbf{q}_1 = \lambda_1 \mathbf{q}_1$이고

$$f(\mathbf{q}_1) = \mathbf{q}_1^T A \mathbf{q}_1 = \mathbf{q}_1^T \lambda_1 \mathbf{q}_1 = \lambda_1 (\mathbf{q}_1^T \mathbf{q}_1) = \lambda_1$$

이다. 그러므로 이차형식은 λ_1의 값을 갖고 따라서 성질 (a)에 의하여 λ_1은 $f(\mathbf{x})$의 최댓값이 되고 최댓값은 $\mathbf{x} = \mathbf{q}_1$일 때 발생한다.

(c)의 증명은 연습문제 38로 남겨 둔다.

예제 5.25

제한조건 $x_1^2 + x_2^2 = 1$에서 이차형식 $f(x_1, x_2) = 5x_1^2 + 4x_1x_2 + 2x_2^2$의 최댓값과 최솟값을 구하고, 최댓값과 최솟값을 갖는 x_1과 x_2를 구하여라.

풀이 예제 5.23에서 f에 관련된 고윳값 $\lambda_1 = 6$, $\lambda_2 = 1$이고 대응하는 단위고유벡터가

$$\mathbf{q}_1 = \begin{bmatrix} 2/\sqrt{5} \\ 1/\sqrt{5} \end{bmatrix}, \quad \mathbf{q}_2 = \begin{bmatrix} 1/\sqrt{5} \\ -2/\sqrt{5} \end{bmatrix}$$

임을 보였다. 따라서 f의 최댓값은 $x_1 = 2/\sqrt{5}$, $x_2 = 1/\sqrt{5}$일 때 6이고 최솟값은 $x_1 = 1/\sqrt{5}$, $x_2 = -2/\sqrt{5}$일 때 1이다. ($-\mathbf{q}_1$과 $-\mathbf{q}_2$도 역시 λ_1과 λ_2에 대응하는 단위고유벡터이므로 이러한 극값은 반대방향에서도 발생하므로 각각 두 번씩 일어난다.)

이차방정식의 그래프

x, y의 이차방정식의 일반적인 형태는

$$ax^2 + by^2 + cxy + dx + ey + f = 0$$

으로 주어진다. 여기서 a, b, c 중에서 적어도 하나는 0이 아니다. 이러한 이차방정식의 그래프는 원뿔에 절단면을 취하여 얻을 수 있으므로 **원뿔곡선**(conic section)이라고 한다. 원뿔곡선 중에서 가장 중요한 곡선은 타원(원은 타원의 특별한 경우), 쌍곡선, 포물선이다. 이러한 곡선은 **정상 원뿔곡선**(nondegenerate conic)이라고 부른다. 그림 5.14에 이 곡선들의 모양이 주어져 있다.

원뿔곡선이 하나의 점이 되거나, 하나의 직선이 되거나 또는 한 쌍의 직선이 되

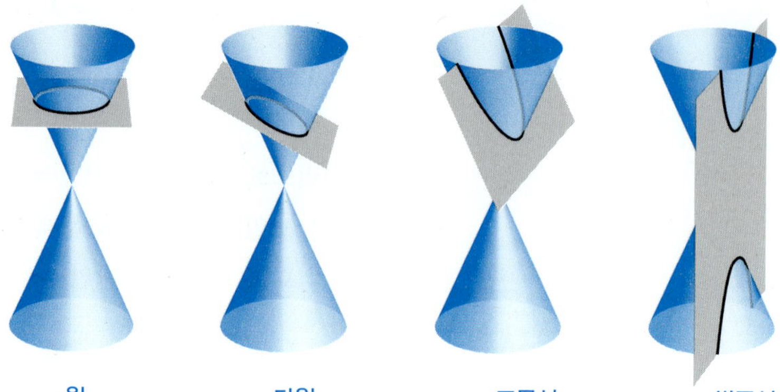

그림 5.14 정상 원뿔곡선

는 경우도 있다. 이러한 곡선들을 **퇴화 원뿔곡선**(degenerate conic)이라고 한다(연습문제 59–64 참조).

정상 원뿔곡선의 그래프는 그 방정식이 그림 5.15 중의 하나이면, 좌표축에 대하여 표준위치에 있다고 한다.

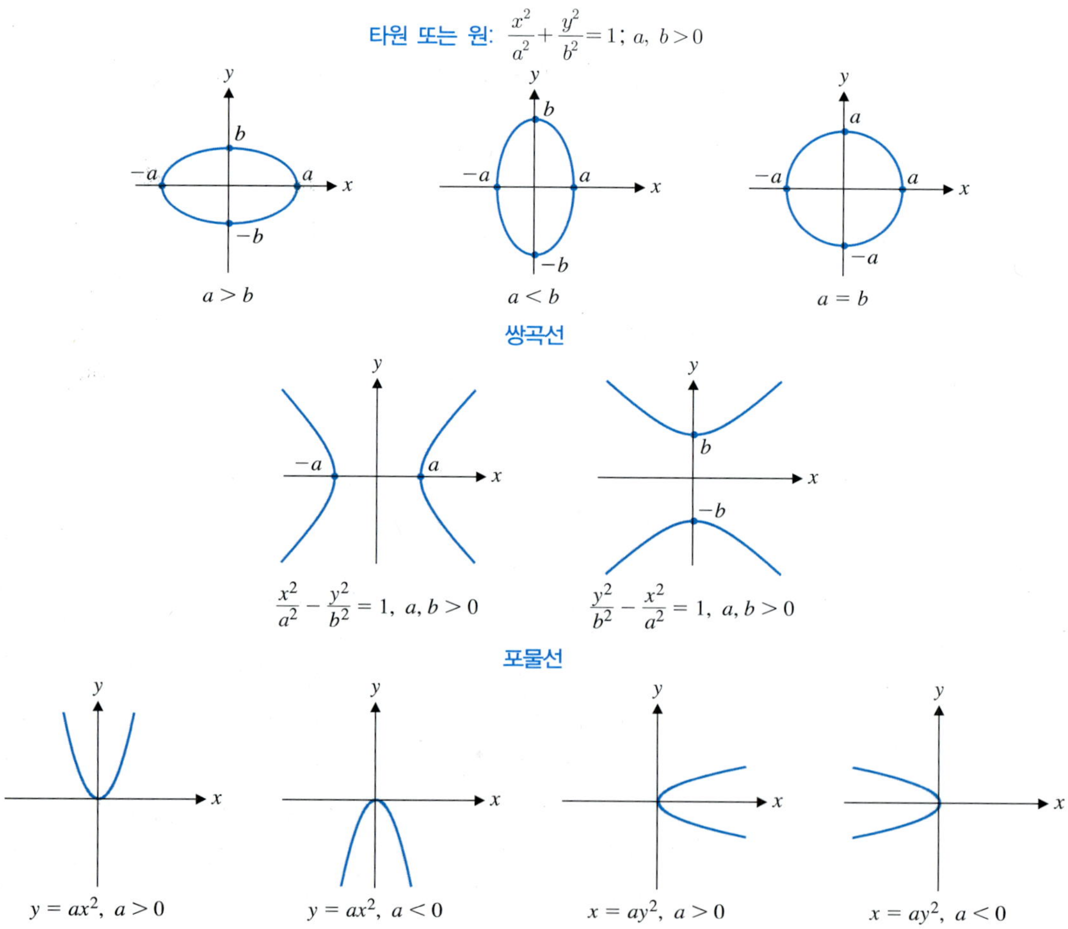

그림 5.15 표준위치에 있는 정상 원뿔곡선

예제 5.26 가능하다면 다음 이차방정식을 표준위치의 원뿔곡선으로 나타내고, 그래프가 무엇인지 판정하여라.

(a) $4x^2+9y^2=36$　　(b) $4x^2-9y^2+1=0$　　(c) $4x^2-9y=0$

풀이 (a) 방정식 $4x^2+9y^2=36$은 다음과 같이 나타낼 수 있다.

$$\frac{x^2}{9}+\frac{y^2}{4}=1$$

따라서 이 곡선은 $(\pm 3,\ 0)$에서 x축과 만나고 $(0,\ \pm 2)$에서 y축과 만나는 타원이다.

(b) 방정식 $4x^2-9y^2+1=0$은 다음과 같이 나타낼 수 있다

$$\frac{y^2}{\frac{1}{9}}-\frac{x^2}{\frac{1}{4}}=1$$

따라서 이 곡선은 $\left(0,\ \pm\frac{1}{3}\right)$에서 y축과 만나고, 위아래로 열린 쌍곡선이다.

(c) 방정식 $4x^2-9y=0$은 다음과 같이 나타낼 수 있다

$$y=\frac{4}{9}x^2$$

따라서 이 곡선은 위로 열린 포물선이다.

이차형식에 항이 너무 여러 개가 있으면 그림 5.15 중의 하나로 나타낼 수 없다. 따라서 그 그래프는 표준위치에 있지 않다. 교차곱항이 없는 경우, 원뿔곡선의 그래프는 평행이동에 의하여 표준위치의 그래프가 될 수 있다.

예제 5.27 다음 방정식으로 주어진 그래프는 무엇인지 판정하고 그래프를 그려라.

$$x^2+2y^2-6x+8y+9=0$$

풀이 x가 들어간 항과 y가 들어간 항을 따로 모아서 정리하면

$$(x^2-6x)+2(y^2+4y)=-9$$

이 된다. 이 식을 완전제곱꼴로 바꾸어 나타내면

$$(x-3)^2+2(y+2)^2=8$$

이다. 이제, $x'=x-3$, $y'=y+2$로 치환하면 위의 방정식은

$$(x')^2+2(y')^2=8,\ 즉\ \frac{(x')^2}{8}+\frac{(y')^2}{4}=1$$

로 나타낼 수 있다. 이것은 $x'y'$좌표평면에 대하여 표준위치에 있는 타원의 방정

식으로 x'축과는 $(\pm 2\sqrt{2},\ 0)$에서, y'축과는 $(0,\ \pm 2)$에서 만난다. $x'y'$좌표평면에서 원점은 $x=3$, $y=-2$에 있으므로, 이 포물선은 표준위치에서 오른쪽으로 3단위만큼, 그리고 2단위만큼 아래로 평행이동한 것이다. 그래프는 그림 5.16과 같다.

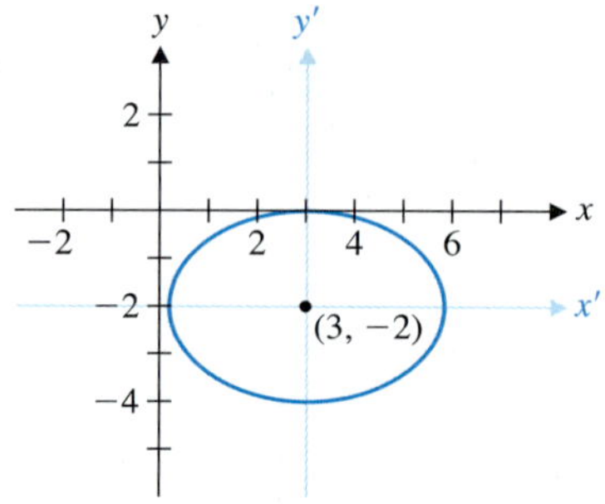

그림 5.16 평행이동한 타원

이차방정식이 교차곱항을 포함하는 경우의 그래프는 원뿔곡선을 회전한 것이 된다.

예제 5.28 다음의 방정식이 어떤 원뿔곡선인지 밝히고 그래프를 그려라.

$$5x^2+4xy+2y^2=6$$

풀이 방정식의 왼쪽은 이차형식이므로, 다음과 같이 행렬을 이용하여 $\mathbf{x}^T A\mathbf{x}=6$으로 나타낼 수 있다. 여기서

$$A=\begin{bmatrix}5 & 2\\ 2 & 2\end{bmatrix}$$

이다. 예제 5.23에서 A의 고윳값은 6과 1이고 Q를 대각화하는 직교행렬은

$$Q=\begin{bmatrix}2/\sqrt{5} & 1/\sqrt{5}\\ 1/\sqrt{5} & -2/\sqrt{5}\end{bmatrix}$$

임을 알았다. $\det Q=-1$임에 주목하자. 이 예제에서 두 열을 바꾸어 행렬의 행렬식이 1이 되도록 하자. 그러면 Q는 회전을 나타내는 행렬이 된다(5.1절 연습문제 28). 일반적으로, 행렬 Q의 행렬식이 항상 1이 되도록 직교행렬 Q의 열을 재배치하는 것이 가능하다. 이제

$$Q=\begin{bmatrix}1/\sqrt{5} & 2/\sqrt{5}\\ -2/\sqrt{5} & 1/\sqrt{5}\end{bmatrix}$$

라고 하자. 그러면

$$Q^TAQ=\begin{bmatrix}1 & 0\\ 0 & 6\end{bmatrix}=D$$

을 얻는다. 변수변환 $\mathbf{x} = Q\mathbf{x}'$은 주어진 방정식을 회전을 통하여 $(\mathbf{x}')D\mathbf{x}' = 6$ 꼴로 바꾸어 준다. 만약 $\mathbf{x}' = \begin{bmatrix} x' \\ y' \end{bmatrix}$이라면, 이 방정식은 단순히

$$(x')^2 + 6(y')^2 = 6, \text{ 즉 } \frac{(x')^2}{6} + (y')^2 = 1$$

이 되는데, 이는 $x'y'$좌표평면에서 타원을 나타낸다.

이 타원의 그래프를 그리기 위해서 새로운 좌표축에서 어떤 벡터가 $\mathbf{e}_1' = \begin{bmatrix} 1 \\ 0 \end{bmatrix}$, $\mathbf{e}_2' = \begin{bmatrix} 0 \\ 1 \end{bmatrix}$의 역할을 하는지 알아야 한다. (이 두 벡터는 x'축과 y'축의 위치를 찾아 준다.) $\mathbf{x} = Q\mathbf{x}'$이므로

$$Q\mathbf{e}_1' = \begin{bmatrix} 1/\sqrt{5} & 2/\sqrt{5} \\ -2/\sqrt{5} & 1/\sqrt{5} \end{bmatrix} \begin{bmatrix} 1 \\ 0 \end{bmatrix} = \begin{bmatrix} 1/\sqrt{5} \\ -2/\sqrt{5} \end{bmatrix}$$

이고

$$Q\mathbf{e}_2' = \begin{bmatrix} 1/\sqrt{5} & 2/\sqrt{5} \\ -2/\sqrt{5} & 1/\sqrt{5} \end{bmatrix} \begin{bmatrix} 0 \\ 1 \end{bmatrix} = \begin{bmatrix} 2/\sqrt{5} \\ 1/\sqrt{5} \end{bmatrix}$$

이다. 이는 단순히 Q의 첫 번째 열벡터 $\mathbf{q}_1$과 두 번째 열벡터 $\mathbf{q}_2$이고, 이는 또한 A의 고유벡터들이다! 이 벡터들이 정규직교벡터임은 변수변환이 회전이라는 사실과 정확하게 부합된다. 그래프는 그림 5.17과 같다.

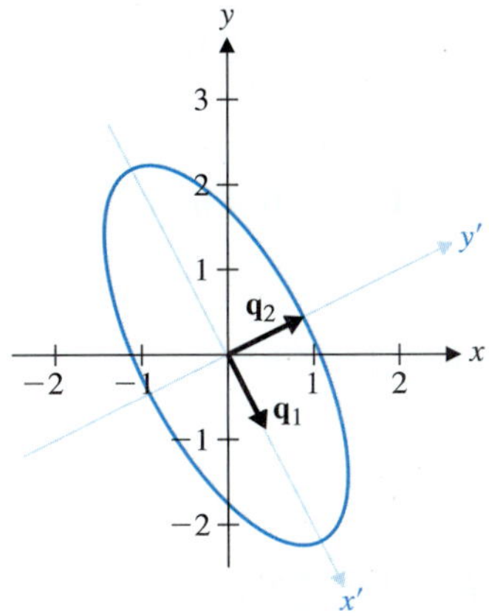

그림 5.17 회전된 타원

이제, 주축정리의 이름이 왜 그렇게 주어졌는지 알 수 있다. 만약 실대칭행렬 A가 이차형식의 계수행렬이라면 A의 고유벡터는 그래프의 주축 방향을 가리킨다.

예제 5.29의 경우처럼 원뿔곡선의 그래프가 표준위치에서 회전한 후 평행이동한 경우도 있을 수 있다.

예제 5.29 다음의 방정식이 어떤 원뿔곡선인지 밝히고, 그래프를 그려라.

$$5x^2 + 4xy + 2y^2 - \frac{28}{\sqrt{5}}x - \frac{4}{\sqrt{5}}y + 4 = 0$$

풀이 먼저, xy항을 소거하자. 행렬을 이용하여 주어진 식을 다시 나타내면 $\mathbf{x}^T A\mathbf{x} + B\mathbf{x} + 4 = 0$이다. 여기서

$$A = \begin{bmatrix} 5 & 2 \\ 2 & 2 \end{bmatrix}, \quad B = \begin{bmatrix} -\frac{28}{\sqrt{5}} & -\frac{4}{\sqrt{5}} \end{bmatrix}$$

이다. 따라서 예제 5.28과 마찬가지로 $\mathbf{x} = Q\mathbf{x}'$으로 놓으면, 이차형식 $\mathbf{x}^T A\mathbf{x}$는 대각화된다. 여기서

$$Q = \begin{bmatrix} 1/\sqrt{5} & 2/\sqrt{5} \\ -2/\sqrt{5} & 1/\sqrt{5} \end{bmatrix}$$

이다. 그러므로 예제 5.28에서와 같이

$$\mathbf{x}^T A\mathbf{x} = (\mathbf{x}')^T D\mathbf{x}' = (x')^2 + 6(y')^2$$

이다. 그런데

$$B\mathbf{x} = BQ\mathbf{x}' = \begin{bmatrix} -\dfrac{28}{\sqrt{5}} & -\dfrac{4}{\sqrt{5}} \end{bmatrix} \begin{bmatrix} 1/\sqrt{5} & 2/\sqrt{5} \\ -2/\sqrt{5} & 1/\sqrt{5} \end{bmatrix} \begin{bmatrix} x' \\ y' \end{bmatrix} = -4x' - 12y'$$

이므로, x'과 y'을 이용하여 나타내면 주어진 방정식은

$$(x')^2 + 6(y')^2 - 4x' - 12y' + 4 = 0$$

이 된다. 이 방정식을 표준위치로 가져 오기 위해서는 $x'y'$축을 평행이동하여야 한다. 예제 5.27에서와 같이 완전제곱꼴로 고치면

$$\big((x')^2 - 4x' + 4\big) + 6\big((y')^2 - 2y' + 1\big) = -4 + 4 + 6 = 6$$

에서

$$(x'-2)^2 + 6(y'-1)^2 = 6$$

을 얻는다. 이로부터, 평행이동 방정식은

$$x'' = x' - 2,\ \ y'' = y' - 1$$

임을 알 수 있다. $x''y''$좌표평면에서 방정식은 다음과 같이 주어진다.

$$(x'')^2 + 6(y'')^2 = 6$$

이 식은 (예제 5.28과 마찬가지로) 타원의 방정식이다. 그래프는 타원을 회전시킨 다음 평행이동하면 얻어진다. 그래프는 그림 5.18과 같다.

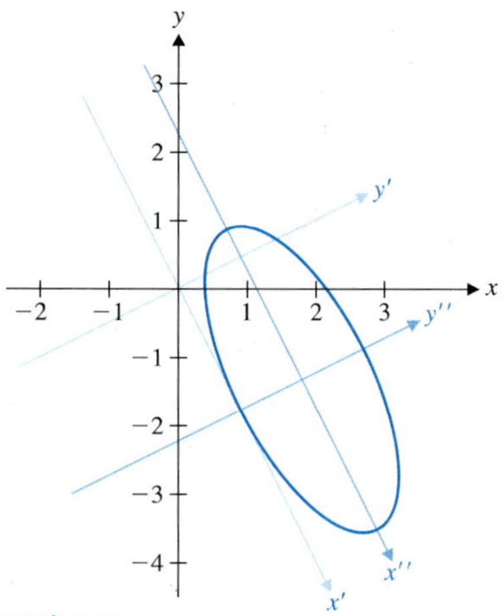

그림 5.18

세 변수 x, y, z의 이차방정식은 일반적으로 다음과 같이 주어진다.

$$ax^2 + by^2 + cz^2 + dxy + exz + fyz + gx + hy + iz + j = 0$$

여기서 a, b, $\cdots$, f 중에서 적어도 하나는 0이 아니다. 이러한 이차방정식의 그래프는 **이차곡면**(quadric surface)이라 한다. 이차곡면을 살펴보기 위해서도 역시 표준위치의 방정식으로 나타내는 것이 편리하다.

표준위치의 이차곡면이 그림 5.19에 주어져 있다. 다른 것들은 변수들을 변환하여 얻을 수 있다.

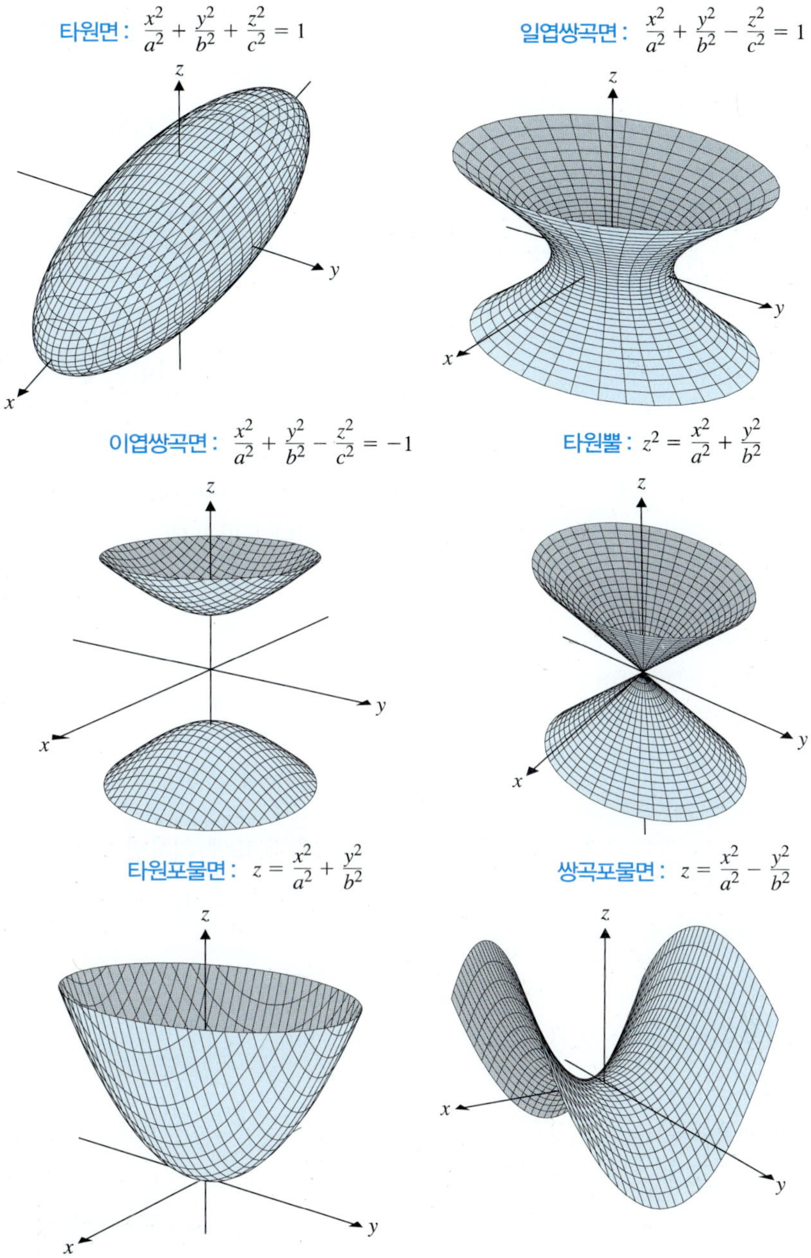

그림 5.19 이차곡면

예제 5.30 다음과 같이 주어진 방정식이 나타내는 이차곡면을 구하고, 그래프를 그려라.

$$5x^2 + 11y^2 + 2z^2 + 16xy + 20xz - 4yz = 36$$

풀이 주어진 방정식은 $\mathbf{x}^T A\mathbf{x} = 36$으로 나타낼 수 있다. 이때

$$A = \begin{bmatrix} 5 & 8 & 10 \\ 8 & 11 & -2 \\ 10 & -2 & 2 \end{bmatrix}$$

이다. A의 고윳값은 18, 9와 -9이고 대응하는 고유벡터는 각각

$$\begin{bmatrix}2\\2\\1\end{bmatrix},\ \begin{bmatrix}1\\-2\\2\end{bmatrix},\ \begin{bmatrix}2\\-1\\-2\end{bmatrix}$$

이다. 고유벡터를 정규화하면

$$\mathbf{q}_1=\begin{bmatrix}2/3\\2/3\\1/3\end{bmatrix},\ \mathbf{q}_2=\begin{bmatrix}1/3\\-2/3\\2/3\end{bmatrix},\ \mathbf{q}_3=\begin{bmatrix}2/3\\-1/3\\-2/3\end{bmatrix}$$

을 얻으므로, 직교행렬

$$Q=[\mathbf{q}_1\quad \mathbf{q}_2\quad \mathbf{q}_3]=\begin{bmatrix}2/3 & 1/3 & 2/3\\2/3 & -2/3 & -1/3\\1/3 & 2/3 & -2/3\end{bmatrix}$$

를 얻는다. $\det Q=1$이면 Q가 회전을 나타내는 행렬인데 실제로 $\det Q=1$이므로 Q는 회전을 나타내는 행렬이다. (만약 $\det Q=-1$이면, Q의 두 열벡터를 교환하면 된다.) 따라서

$$Q^TAQ=D=\begin{bmatrix}18 & 0 & 0\\0 & 9 & 0\\0 & 0 & -9\end{bmatrix}$$

이고, 변수변환 $\mathbf{x}=Q\mathbf{x}'$에 의하여 $\mathbf{x}^TA\mathbf{x}=(\mathbf{x}')D\mathbf{x}'=36$이 되므로

$$18(x')^2+9(y')^2-9(z')^2=36,\ 즉\ \frac{(x')^2}{2}+\frac{(y')^2}{4}-\frac{(z')^2}{4}=1$$

이다. 그림 5.19에 의하면 이 방정식은 일엽쌍곡면임을 알 수 있다. x', y', z'축은 각각 고유벡터 $\mathbf{q}_1$, $\mathbf{q}_2$, $\mathbf{q}_3$ 방향이다. 그래프는 그림 5.20과 같다.

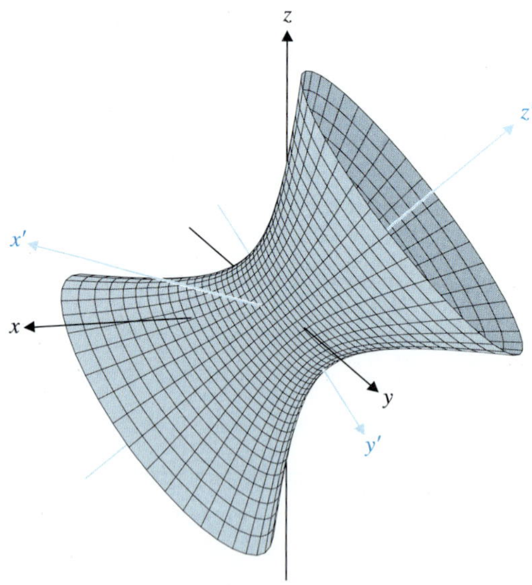

그림 5.20 표준위치가 아닌 일엽쌍곡면

예제 5.27과 예제 5.29에서처럼 완전제곱법을 이용하면, 표준위치에서 평행이동한 이차곡면을 구하고 그래프를 그리는 것이 가능하다. 이러한 문제는 연습문제로 남겨 둔다.

5.5 연습문제

이차형식

※ [1–6] 다음에 주어진 A와 $\mathbf{x}$에 대하여, 이차형식 $f(\mathbf{x})=\mathbf{x}^TA\mathbf{x}$를 구하여라.

1. $A=\begin{bmatrix}2&3\\3&4\end{bmatrix}$, $\mathbf{x}=\begin{bmatrix}x\\y\end{bmatrix}$

2. $A=\begin{bmatrix}5&1\\1&-1\end{bmatrix}$, $\mathbf{x}=\begin{bmatrix}x_1\\x_2\end{bmatrix}$

3. $A=\begin{bmatrix}3&-2\\-2&4\end{bmatrix}$, $\mathbf{x}=\begin{bmatrix}1\\6\end{bmatrix}$

4. $A=\begin{bmatrix}1&0&-3\\0&2&1\\-3&1&3\end{bmatrix}$, $\mathbf{x}=\begin{bmatrix}x\\y\\z\end{bmatrix}$

5. $A=\begin{bmatrix}1&0&-3\\0&2&1\\-3&1&3\end{bmatrix}$, $\mathbf{x}=\begin{bmatrix}2\\-1\\1\end{bmatrix}$

6. $A=\begin{bmatrix}2&2&0\\2&0&1\\0&1&1\end{bmatrix}$, $\mathbf{x}=\begin{bmatrix}1\\2\\3\end{bmatrix}$

※ [7–12] 다음에 주어진 이차형식에 연관된 대칭행렬 A를 구하여라.

7. $x_1^2+2x_2^2+6x_1x_2$
8. x_1x_2
9. $3x^2-3xy-y^2$
10. $x_1^2-x_3^2+8x_1x_2-6x_2x_3$
11. $5x_1^2-x_2^2+2x_3^2+2x_1x_2-4x_1x_3+4x_2x_3$
12. $2x^2-3y^2+z^2-4xz$

※ [13–18] 다음에 주어진 이차형식에 변수변환 $\mathbf{x}=Q\mathbf{y}$를 이용하여 교차곱항이 모두 없어지게 하는 직교행렬 Q를 구하여 대각화하여라. Q와 새로운 이차형식을 구하여라.

13. $2x_1^2+5x_2^2-4x_1x_2$
14. $x^2+8xy+y^2$
15. $7x_1^2+x_2^2+x_3^2+8x_1x_2+8x_1x_3-16x_2x_3$
16. $x_1^2+x_2^2+3x_3^2-4x_1x_2$
17. $x^2+z^2-2xy+2yz$
18. $2xy+2xz+2yz$

※ [19–26] 다음에 주어진 이차형식이 양의 정부호, 양의 준정부호, 음의 정부호, 음의 준정부호, 부정부호 중에서 무엇인지 판정하여라.

19. $x_1^2+2x_2^2$
20. $x_1^2+x_2^2-2x_1x_2$
21. $-2x^2-2y^2+2xy$
22. x^2+y^2+4xy
23. $2x_1^2+2x_2^2+2x_3^2+2x_1x_2+2x_1x_3+2x_2x_3$
24. $x_1^2+x_2^2+x_3^2+2x_1x_3$
25. $x_1^2+x_2^2-x_3^2+4x_1x_2$
26. $-x^2-y^2-z^2-2xy-2xz-2yz$

27. 정리 5.22를 증명하여라.

28. $A=\begin{bmatrix}a&b\\b&d\end{bmatrix}$가 2×2 대칭행렬이라고 하자. A가 양의 정부호일 필요충분조건은 $a>0$이고 $\det A>0$임을 보여라.

    [힌트: $ax^2+2bxy+y^2=a\left(x+\frac{b}{a}y\right)^2+\left(d-\frac{b^2}{a}\right)y^2$]

29. 가역행렬 B에 대하여 $A=B^TB$는 양의 정부호임을 보여라.

30. A가 양의 정부호인 대칭행렬이라고 하자. 가역행렬 B가 존재하여 $A=B^TB$임을 보여라. [힌트: 스펙트럼 정리를 이용하여 $A=QDQ^T$로 나타내어라. 그리고 D는 어떤 가역행렬 C에 대하여 $D=C^TC$로 나타낼 수 있음을 보여라.]

31. A, B가 양의 정부호인 $n\times n$ 대칭행렬이라고 하자. c가 양의 실수일 때, 다음 행렬이 양의 정부호임을 보여라.

    (a) cA (b) A^2

    (c) $A+B$ (d) A^{-1}(먼저 A가 가역임을 보임)

32. A가 양의 정부호인 대칭행렬이라고 하자. 양의 정부호인 대칭행렬 B가 존재하여 $A=B^2$임을 보여라. 이러한 행렬 B를 A의 **제곱근**(square root)이라고 한다.

※ [33–36] 제한조건 $\|\mathbf{x}\|=1$에서 다음에 주어진 이차형식 $f(\mathbf{x})$의 최댓값과 최솟값을 구하여라. 또한, 어떤 $\mathbf{x}$에 대하여 최댓값과 최솟값을 갖는지 결정하여라.

33. 연습문제 20
34. 연습문제 22
35. 연습문제 23
36. 연습문제 24

37. 정리 5.23(a)의 증명을 완성하여라.
38. 정리 5.23(c)를 증명하여라.

이차방정식의 그래프

※ [39–44] 다음에 주어진 방정식의 그래프가 무엇을 나타내는지 보여라.

39. $x^2+5y^2=25$

40. $x^2-y^2-4=0$

41. $x^2-y-1=0$

42. $2x^2+y^2-8=0$

43. $3x^2=y^2-1$

44. $x=-2y^2$

※ [45–50] 다음에 주어진 원뿔곡선이 표준위치가 되도록 좌표축을 평행이동하여라. 그래프가 무엇을 나타내는지 보이고, 평행이동된 좌표축에서 방정식을 구하여 그래프를 그려라.

45. $x^2+y^2-4x-4y+4=0$

46. $4x^2+2y^2-8x+12y+6=0$

47. $9x^2-4y^2-4y=37$

48. $x^2+10x-3y=-13$

49. $2y^2+4x+8y=0$

50. $2y^2-3x^2-18x-20y+11=0$

※ [51–54] 좌표축을 회전하여 원뿔곡선이 표준위치가 되도록 하여라. 그래프가 무엇을 나타내는지 보이고, 회전된 좌표축에서 방정식을 구하여 그래프를 그려라.

51. $x^2+xy+y^2=6$

52. $4x^2+10xy+4y^2=9$

53. $4x^2+6xy-4y^2=5$

54. $3x^2-2xy+3y^2=8$

※ [55–58] 다음에 주어진 방정식의 원뿔곡선이 무엇을 나타내는지 보이고, 방정식을 표준형으로 나타내어라.

55. $3x^2-4xy+3y^2-28\sqrt{2}x+22\sqrt{2}y+84=0$

56. $6x^2-4xy+9y^2-20x-10y-5=0$

57. $2xy+2\sqrt{2}x-1=0$

58. $x^2-2xy+y^2+4\sqrt{2}x-4=0$

※ 때때로 이차방정식의 그래프는 직선이거나, 한 쌍의 직선, 또는 한 점이 되기도 한다. 이러한 그래프는 **퇴화 원뿔곡선**이라고 한다. 또한, 주어진 방정식을 만족하는 점이 하나도 없는 경우도 있을 수 있다. 이런 경우는 **허 원뿔곡선**(imaginary conic)이라고 한다.

※ [59–64] 다음에 주어진 방정식이 퇴화 원뿔곡선인지 허 원뿔곡선인지 결정하고, 가능하면 그래프를 그려라.

59. $x^2-y^2=0$

60. $x^2+2y^2+2=0$

61. $3x^2+y^2=0$

62. $x^2+2xy+y^2=0$

63. $x^2-2xy+y^2+2\sqrt{2}x-2\sqrt{2}y=0$

64. $2x^2+2xy+2y^2+2\sqrt{2}x-2\sqrt{2}y+6=0$

65. A가 2×2 대칭행렬이고 k가 임의의 실수라고 하자. 이차방정식 $\mathbf{x}^T A\mathbf{x}=k$의 그래프에 대하여, 다음을 증명하여라.
   (a) $k\neq 0$이고 $\det A<0$이면, 쌍곡선이다.
   (b) $k\neq 0$이고 $\det A>0$이면, 타원, 원, 또는 허 원뿔곡선이다.
   (c) $k\neq 0$이고 $\det A=0$이면, 한 쌍의 직선 또는 허 원뿔곡선이다.
   (d) $k=0$이고 $\det A\neq 0$이면, 한 쌍의 직선 또는 한 점이다.
   (e) $k=0$이고 $\det A=0$이면, 하나의 직선이다.
   [힌트: 주축정리를 사용하여라.]

※ [66–73] 다음에 주어진 방정식의 이차곡면이 무엇을 나타내는지 보이고, 표준형태로 나타내어라.

66. $4x^2+4y^2+4z^2+4xy+4xz+4yz=8$

67. $x^2+y^2+z^2-4yz=1$

68. $-x^2-y^2-z^2+4xy+4xz+4yz=12$

69. $2xy+z=0$

70. $16x^2+100y^2+9z^2-24xz-60x-80z=0$

71. $x^2+y^2-2z^2+4xy-2xz+2yz-x+y+z=0$

72. $10x^2+25y^2+10z^2-40xz+20\sqrt{2}x+50y+20\sqrt{2}z=15$

73. $11x^2+11y^2+14z^2+2xy+8xz-8yz-12x+12y+12z=6$

74. A가 복소고윳값 $\lambda=a\pm bi$를 갖는 2×2 실행렬이라고 하자. 여기서 $b\neq 0$이고 $|\lambda|=1$이라고 할 때, 동력학계 $\mathbf{x}_{k+1}=A\mathbf{x}_k$의 궤적은 타원 위에 있음을 보여라.
[힌트: 정리 4.43에 의하면 $\lambda=a-bi$에 대응하는 고유벡터를 $\mathbf{v}$라고 하면 행렬 $P=[\mathrm{Re}\ \mathbf{v},\ \mathrm{Im}\ \mathbf{v}]$는 가역이고, $A=P\begin{bmatrix} a & -b \\ b & a \end{bmatrix}P^{-1}$이다. $B=(PP^T)^{-1}$이라 하면 $k>0$일 때 이차형식 $\mathbf{x}^T B\mathbf{x}=k$가 타원을 나타냄을 보이고, $\mathbf{x}$가 타원 위에 있으면 $A\mathbf{x}$도 타원 위에 있음을 보여라.]

5장 복습문제

1. 다음 명제가 참인지 거짓인지를 판정하여라.
   (a) 정규직교 벡터의 집합은 일차독립이다.
   (b) $\mathbb{R}^n$의 모든 부분공간($\neq\{\mathbf{0}\}$)은 직교기저를 갖는다.
   (c) A가 정규직교인 행벡터를 갖는 정사각행렬이면, A는 직교행렬이다.
   (d) 모든 직교행렬은 가역이다.
   (e) A가 $\det A=1$인 행렬이면, A는 직교행렬이다.
   (f) A가 $(\text{row}(A))^\perp=\mathbb{R}^n$인 $m\times n$행렬이면, A는 영행렬이다.
   (g) $\mathbb{R}^n$의 부분공간 W와 벡터 $\mathbf{v}\in\mathbb{R}^n$에 대하여, $\text{proj}_W(\mathbf{v})=\mathbf{0}$이면, $\mathbf{v}$는 영벡터이다.
   (h) A가 대칭인 직교행렬이면, $A^2=I$이다.
   (i) 직교대각화가 가능한 행렬은 가역이다.
   (j) 주어진 n개의 실수 $\lambda_1, \cdots, \lambda_n$에 대하여, $\lambda_1, \cdots, \lambda_n$을 고윳값으로 갖는 $n\times n$ 대칭행렬이 존재한다.

2. $\left\{\begin{bmatrix}1\\2\\3\end{bmatrix}, \begin{bmatrix}4\\1\\-2\end{bmatrix}, \begin{bmatrix}a\\b\\3\end{bmatrix}\right\}$이 직교집합이 되도록 하는 a, b를 모두 구하여라.

3. $\mathbb{R}^3$의 직교기저

$$\mathcal{B}=\left\{\begin{bmatrix}1\\0\\1\end{bmatrix}, \begin{bmatrix}1\\1\\-1\end{bmatrix}, \begin{bmatrix}-1\\2\\1\end{bmatrix}\right\}$$

에 대하여, $\mathbf{v}=\begin{bmatrix}7\\-3\\2\end{bmatrix}$의 좌표벡터 $[\mathbf{v}]_{\mathcal{B}}$를 구하여라.

4. $\mathbb{R}^2$의 정규직교기저 $\mathcal{B}=\{\mathbf{v}_1, \mathbf{v}_2\}$에 대한 $\mathbf{v}$의 좌표벡터가 $[\mathbf{v}]_{\mathcal{B}}=\begin{bmatrix}-3\\1/2\end{bmatrix}$이라 하자. $\mathbf{v}_1=\begin{bmatrix}3/5\\4/5\end{bmatrix}$일 때, $\mathbf{v}$로 가능한 벡터를 모두 구하여라.

5. $\begin{bmatrix}6/7 & 2/7 & 3/7\\ -1/\sqrt{5} & 0 & 2/\sqrt{5}\\ 4/7\sqrt{5} & -15/7\sqrt{5} & 2/7\sqrt{5}\end{bmatrix}$는 직교행렬임을 보여라.

6. $\begin{bmatrix}1/2 & a\\ b & c\end{bmatrix}$가 직교행렬이 되도록 하는 가능한 상수 a, b, c를 모두 구하여라.

7. Q가 $n\times n$ 직교행렬이고 $\{\mathbf{v}_1, \cdots, \mathbf{v}_k\}$가 $\mathbb{R}^n$의 정규직교집합이면, $\{Q\mathbf{v}_1, \cdots, Q\mathbf{v}_k\}$도 정규직교집합임을 보여라.

8. $\mathbb{R}^n$의 임의의 두 벡터 $\mathbf{x}$와 $\mathbf{y}$에 대하여 두 각 $\angle(Q\mathbf{x}, Q\mathbf{y})$와 $\angle(\mathbf{x}, \mathbf{y})$가 같으면 $n\times n$ 행렬 Q는 직교행렬임을 보여라.

※ [9-12] $W^\perp$의 기저를 구하여라.

9. W는 일반방정식 $2x-5y=0$로 주어지는 $\mathbb{R}^2$의 직선이다.

10. W는 매개방정식이 $x=t$, $y=2t$, $z=-t$로 주어지는 $\mathbb{R}^3$에서의 직선이다.

11. $W=\text{span}\left\{\begin{bmatrix}1\\-1\\4\end{bmatrix}, \begin{bmatrix}0\\1\\-3\end{bmatrix}\right\}$

12. $W=\text{span}\left\{\begin{bmatrix}1\\1\\1\\1\end{bmatrix}, \begin{bmatrix}1\\-1\\1\\2\end{bmatrix}\right\}$

13. 다음 행렬 A의 네 개의 기본공간에 대한 기저를 모두 구하여라.

$$A=\begin{bmatrix}1 & -1 & 2 & 1 & 3\\ -1 & 2 & -2 & 1 & -2\\ 2 & 1 & 4 & 8 & 9\\ 3 & -5 & 6 & -1 & 7\end{bmatrix}$$

14. $W=\text{span}\left\{\begin{bmatrix}0\\1\\1\\1\end{bmatrix}, \begin{bmatrix}1\\0\\1\\-1\end{bmatrix}, \begin{bmatrix}3\\1\\-2\\1\end{bmatrix}\right\}$에 대하여

$\mathbf{v}=\begin{bmatrix}1\\0\\-1\\2\end{bmatrix}$의 직교분해를 구하여라.

15. (a) 그램-슈미트 과정을

$$\mathbf{x}_1=\begin{bmatrix}1\\1\\1\\1\end{bmatrix}, \quad \mathbf{x}_2=\begin{bmatrix}1\\1\\1\\0\end{bmatrix}, \quad \mathbf{x}_3=\begin{bmatrix}0\\1\\1\\1\end{bmatrix}$$

에 적용하여, $W=\text{span}\{\mathbf{x}_1, \mathbf{x}_2, \mathbf{x}_3\}$의 직교기저를 구하여라.

(b) (a)의 결과를 이용하여, $A=\begin{bmatrix}1 & 1 & 0\\ 1 & 1 & 1\\ 1 & 1 & 1\\ 1 & 0 & 1\end{bmatrix}$의 QR 분

해를 구하여라.

16. 벡터 $\begin{bmatrix}1\\0\\2\\2\end{bmatrix}$와 $\begin{bmatrix}0\\1\\1\\-1\end{bmatrix}$을 포함하는 $\mathbb{R}^4$의 직교기저를 구하여라.

17. $\mathbb{R}^4$의 부분공간

$$W=\left\{\begin{bmatrix}x_1\\x_2\\x_3\\x_4\end{bmatrix} : x_1+x_2+x_3+x_4=0\right\}$$의 직교기저를 구하여라.

18. $A=\begin{bmatrix}2&1&-1\\1&2&1\\-1&1&2\end{bmatrix}$라고 하자.

(a) A를 직교대각화하여라.

(b) A의 스펙트럼 분해를 구하여라.

19. 고윳값 $\lambda_1=\lambda_2=1$, $\lambda_3=-2$이고, 고유공간이

$$E_1=\text{span}\left(\begin{bmatrix}1\\1\\0\end{bmatrix}, \begin{bmatrix}1\\1\\1\end{bmatrix}\right),\ E_{-2}=\text{span}\left(\begin{bmatrix}1\\-1\\0\end{bmatrix}\right)$$

인 대칭행렬을 구하여라.

20. $\{\mathbf{v}_1, \cdots, \mathbf{v}_n\}$이 $\mathbb{R}^n$의 정규직교기저이고

$$A=c_1\mathbf{v}_1\mathbf{v}_1^T+c_2\mathbf{v}_2\mathbf{v}_2^T+\cdots+c_n\mathbf{v}_n\mathbf{v}_n^T$$

이면, A는 고윳값이 c_1, c_2, $\cdots$, c_n이고 이에 대응하는 고유벡터가 각각 $\mathbf{v}_1$, $\mathbf{v}_2$, $\cdots$, $\mathbf{v}_n$인 대칭행렬임을 보여라.

6 벡터공간

6.0 도입: 피보나치 수열

4.6절에서 다음과 같은 피보나치 수열을 소개하였다.

$$0,\ 1,\ 1,\ 2,\ 3,\ 5,\ 8,\ 13,\ \cdots$$

이 수열은 음이 아닌 정수로 이루어지며 처음 두 항은 0, 1이고, 나머지 항은 바로 앞 두 항의 합으로 정의했다.

여기서 피보나치 수열의 항을 $f_0,\ f_1,\ f_2,\ \cdots$로 나타내면, 피보나치 수열은 다음과 같이 표현할 수 있다.

$$f_0 = 0,\ f_1 = 1,\ f_n = f_{n-1} + f_{n-2}\ (n \geq 2)$$

수열 $x_0,\ x_1,\ x_2,\ x_3, \cdots$을 벡터표현과 유사하게

$$\mathbf{x} = [x_0,\ x_1,\ x_2,\ x_3, \cdots)$$

로 나타내면, 피보나치 수열은

$$\mathbf{f} = [f_0,\ f_1,\ f_2,\ f_3,\ \cdots) = [0,\ 1,\ 1,\ 2,\ \cdots)$$

이다. 이제, 이러한 표기를 일반화하자.

정의 임의의 수열 $\mathbf{x} = [x_0,\ x_1,\ x_2,\ x_3,\ \cdots)$에 대하여 x_0와 x_1은 실수이고 $x_n = x_{n-1} + x_{n-2}\ (n \geq 2)$를 만족할 때, $\mathbf{x}$를 **피보나치형태의 수열**(Fibonacci-type sequence)이라 한다.

예를 들어, $[1, \sqrt{2}, 1+\sqrt{2}, 1+2\sqrt{2}, 2+3\sqrt{2}, \cdots)$은 피보나치형태의 수열이다.

문제 1 3개 이상의 피보나치형태의 수열의 처음 다섯 항을 만들어라.

벡터의 경우와 유사하게, 두 수열 $\mathbf{x}=[x_0, x_1, x_2, \cdots)$와 $\mathbf{y}=[y_0, y_1, y_2, \cdots)$의 합 $\mathbf{x}+\mathbf{y}$를 다음의 수열로 정의한다.

$$\mathbf{x}+\mathbf{y}=[x_0+y_0, x_1+y_1, x_2+y_2, \cdots)$$

수열 $\mathbf{x}=[x_0, x_1, x_2, \cdots)$와 스칼라 c에 대하여 스칼라배 $c\mathbf{x}$를 다음과 같이 정의한다.

$$c\mathbf{x}=[cx_0, cx_1, cx_2, \cdots)$$

문제 2 (a) 문제 1에서 만들어진 두 피보나치형태의 수열의 합으로 만들어진 수열도 피보나치형태의 수열이 되는지 확인하여라.
(b) 문제 1에서 만들어진 피보나치형태의 수열의 스칼라배로 만들어진 수열도 피보나치형태의 수열이 되는지 확인하여라.
문제 3 (a) 두 피보나치형태의 수열 $\mathbf{x}$, $\mathbf{y}$에 대하여, $\mathbf{x}+\mathbf{y}$가 피보나치형태의 수열임을 보여라.
(b) 피보나치형태의 수열 $\mathbf{x}$와 스칼라 c에 대하여, $c\mathbf{x}$가 피보나치형태의 수열임을 보여라.

지금부터 모든 피보나치형태의 수열의 집합을 Fib로 나타낸다. 문제 3에서 Fib는 $\mathbb{R}^n$에서와 같이 덧셈과 스칼라배에 대하여 닫혀있음을 보았다. 다음 문제들에서 Fib는 $\mathbb{R}^n$과 많은 공통점을 가지고 있다는 것을 알 수 있다.

문제 4 정리 1.1의 벡터들의 성질이 Fib에서도 성립하는지 살펴보아라. 어떤 피보나치형태의 수열이 $\mathbf{0}$의 역할을 하는가? 임의의 피보나치형태의 수열 $\mathbf{x}$에 대하여, $-\mathbf{x}$는 무엇이며 $-\mathbf{x}$ 역시 피보나치형태의 수열이 되는가?
문제 5 $\mathbb{R}^n$의 표준기저 벡터는 $\mathbf{e}_1$, $\mathbf{e}_2$, $\cdots$, $\mathbf{e}_n$이다. 피보나치 수열 $\mathbf{f}=[0, 1, 1, 2, \cdots)$은 처음 두 항이 0, 1이므로, $\mathbf{e}_2$에 대응하는 원소로 생각할 수 있다. 그렇다면, Fib에서 $\mathbf{e}_1$의 역할을 하는 피보나치형태의 수열 $\mathbf{e}$를 찾아보아라.
문제 6 $\mathbf{x}=[x_0, x_1, x_2, \cdots)$를 피보나치형태의 수열이라 하면, $\mathbf{x}$는 $\mathbf{e}$와 $\mathbf{f}$의 일차결합으로 나타낼 수 있음을 보여라.
문제 7 $\mathbf{e}$와 $\mathbf{f}$는 일차독립임을 보여라.
문제 8 문제 6, 7을 통하여 Fib의 '차원'을 무엇으로 정의하는 것이 바람직한가? 그 이유는 무엇인가?

문제 9 Fib는 등비수열을 포함하는가? 즉, 수열

$$[1,\ r,\ r^2,\ r^3,\ \cdots)$$

이 피보나치형태의 수열이기 위한 r의 값이 존재하는가?

문제 10 Fib의 기저 중에서 등비수열로 이루어진 것을 구하여라.

문제 11 문제 10을 이용하여, 다음의 비네의 공식(4.6절의 식 (5))을 유도하여라.

$$f_n = \frac{1}{\sqrt{5}}\left(\frac{1+\sqrt{5}}{2}\right)^n - \frac{1}{\sqrt{5}}\left(\frac{1-\sqrt{5}}{2}\right)^n$$

여기서, f_n은 피보나치 수열 $\mathbf{f} = [f_0,\ f_1,\ \cdots)$의 항이다. [힌트: $\mathbf{f}$를 문제 10에 주어진 기저로 표현하여라.]

다음의 피보나치형태의 수열

$$\mathbf{l} = [l_0,\ l_1,\ l_2,\ l_3,\ \cdots) = [2,\ 1,\ 3,\ 4,\ \cdots)$$

을 **루카스 수열**(Lucas sequence)이라 부른다.

문제 12 문제 10의 기저를 이용하여, 루카스 수열의 n번째 항 l_n을 비네의 공식 형태로 나타내어라.

문제 13 피보나치 수열과 루카스 수열은 1 이상의 n에 대하여 관계식 $f_{n-1} + f_{n+1} = l_n$을 만족함을 보여라. [힌트: 피보나치형태의 수열 $\mathbf{f}^- = [1,\ 1,\ 2,\ 3,\ \cdots)$와 $\mathbf{f}^+ = [1,\ 0,\ 1,\ 1,\ \cdots)$는 Fib의 기저를 이룬다. (이유는?)]

지금까지 모든 피보나치형태의 수열의 집합 Fib는 비록 벡터에 해당하는 것이 무한수열이긴 하지만 $\mathbb{R}^2$와 많은 점에서 유사한 움직임을 가지고 있음을 보았다. 이러한 유사성과 함께 이 장의 주제인 벡터공간의 일반적 개념에 이른다.

6.1 벡터공간과 부분공간

1장과 3장에서 벡터대수와 행렬대수에는 많은 유사점이 있음을 보았다. 특히, 두 벡터와 두 행렬을 각각 서로 더할 수 있고, 벡터와 행렬에 스칼라배를 할 수 있다. 그리고 두 연산, 덧셈과 스칼라배에서 얻어지는 성질들(정리 1.1과 정리 3.2)은 두 대수에서 같다. 이 절에서는 이러한 성질들을 이용하여 아주 다양한 예들의 형태에서 나오는 일반화된 '벡터'를 정의한다. 이러한 '벡터'에 관한 일반적인 정리를 증명함으로써 이러한 모든 예들에 관한 결과들의 증명이 동시에 이루어지게 된다. 이와 같이, $\mathbb{R}^n$과 같은 구체적인 설정에서 성질을 찾아내고 이를 추상화하여 일반적인 설정으로 확장하는 것이 대수학의 진정한 힘이다.

독일 수학자 **그라스만**(Hermann Grassmann, 1809–1877)은 (비록 그가 그렇게 부르지는 않았지만) 1844년 벡터공간의 개념을 맨 처음 소개한 것으로 일반적으로 인정받는다. 불행하게도 그의 연구는 읽기가 매우 어려웠고 당연한 주목을 받지도 못하였다. 그것을 공부한 한 사람은 이탈리아 수학자 **페아노**(Giuseppe Peano, 1858–1932)였다. 그의 1888년 책 《*Calcolo Geometrico*》에서 페아노는 그라스만의 이전의 연구를 명확히 해석하고 오늘날 우리가 알고 있는 것과 같은 벡터공간에 대한 공리계를 세웠다. 페아노의 책은 집합들에 대한 연산을 소개하여 획기적인 것이다. 그의 기호들은 다른 수학자들에 의하여 즉시 받아들여지지 않았지만 지금 우리가 쓰고 있는 것들이다. 페아노의 공리적 정의 역시 오랫동안 거의 영향력을 갖지 못하였다. 1918년 **베일**(Hermann Weyl, 1885–1955)이 그의 책 《Space, Time, Matter, 아인스타인의 일반상대성이론에 대한 소개》에서 그것을 다시 사용함으로써 인정을 받게 되었다.

정의 V를 덧셈과 스칼라배로 불리는 두 연산이 정의된 공집합이 아닌 집합이라 하자. V의 임의의 두 원소 $\mathbf{u}$, $\mathbf{v}$에 대하여, $\mathbf{u}$와 $\mathbf{v}$의 합은 $\mathbf{u}+\mathbf{v}$로 표시하고, V의 임의의 원소 $\mathbf{u}$와 스칼라 c에 대하여, c와 $\mathbf{u}$의 스칼라배는 $c\mathbf{u}$로 나타낸다. V의 임의의 원소 $\mathbf{u}$, $\mathbf{v}$, $\mathbf{w}$와 임의의 스칼라 c, d에 대하여, 다음 공리가 모두 만족될 때 V를 **벡터공간**(vector space)이라 하고 V에 속하는 원소를 **벡터**(vector)라고 한다.

1. $\mathbf{u}+\mathbf{v}$는 V에 속한다. (덧셈에 대한 닫힘성)
2. $\mathbf{u}+\mathbf{v}=\mathbf{v}+\mathbf{u}$ (교환법칙)
3. $(\mathbf{u}+\mathbf{v})+\mathbf{w}=\mathbf{u}+(\mathbf{v}+\mathbf{w})$ (결합법칙)
4. V에 **영벡터**(zero vector)라 불리는 원소 $\mathbf{0}$이 존재하여, V의 모든 원소 $\mathbf{u}$에 대하여 $\mathbf{u}+\mathbf{0}=\mathbf{u}$이다.
5. V의 임의의 원소 $\mathbf{u}$에 대하여, $\mathbf{u}+(-\mathbf{u})=\mathbf{0}$인 V의 원소 $-\mathbf{u}$가 존재한다.
6. $c\mathbf{u}$는 V에 속한다. (스칼라배에 대한 닫힘성)
7. $c(\mathbf{u}+\mathbf{v})=c\mathbf{u}+c\mathbf{v}$ (분배법칙)
8. $(c+d)\mathbf{u}=c\mathbf{u}+d\mathbf{u}$ (분배법칙)
9. $c(d\mathbf{u})=(cd)\mathbf{u}$
10. $1\mathbf{u}=\mathbf{u}$

주의

- 보통 스칼라는 실수를 의미한다. 따라서 V를 실벡터공간 또는 실수 위의 벡터공간이라 한다. 이 책 대부분의 경우에서 실벡터공간을 다루므로, 특별한 경우를 제외하고 간단히 벡터공간이라 한다. 즉, 단순히 벡터공간이라 함은 실수를 스칼라로 갖는 벡터공간이다. 복소수나 소수 p에 대하여 $\mathbb{Z}_p$의 원소를 스칼라로 사용할 수도 있다. 이 경우는 복소 벡터공간 또는 $\mathbb{Z}_p$ 위의 벡터공간이라고 말한다. 사실, 보통의 사칙연산이 가능한 수 체계에 포함된 수를 스칼라로 사용할 수 있다. 이러한 수 체계를 추상대수학에서는 **체**(field)라고 한다.
- 벡터공간의 정의에서 집합 V의 원소를 구체적으로 특정할 필요는 없다. 그리고 덧셈과 스칼라배 또한 구체적으로 지정할 필요가 없다. 이들은 때로는 우리가 잘 알고 있는 것일 수도 있지만, 꼭 그럴 필요가 없다. 예제 6.6과 연습문제 5–7을 보아라.

이제, 벡터공간의 예를 살펴보자. 각 경우에 집합과 연산을 구체적으로 말할 필요가 있다. 그리고 공리 1부터 공리 10까지를 만족하는지 확인하여야 한다. 공리 1과 6(연산의 닫힘성), 공리 4(영벡터의 존재성), 공리 5(역원의 존재성)에 주목할 필요가 있다.

예제 6.1

임의의 양의 정수 n에 대하여, $\mathbb{R}^n$은 보통의 덧셈과 스칼라배를 도입하면 벡터공간이다. 공리 1과 공리 6은 연산의 정의로부터 만족되고 나머지 공리는 정리 1.1로부터 성립한다.

예제 6.2

실수를 성분으로 갖는 모든 2×3행렬의 집합은 행렬의 덧셈과 행렬의 스칼라배의 연산을 도입하면 벡터공간이 된다. 여기서 벡터는 행렬이다. 우리가 아는 바와 같이 2×3행렬과 2×3행렬의 합은 2×3행렬이고 2×3행렬의 스칼라배도 2×3행렬이다. 따라서 두 연산에 관하여 닫혀있다. 나머지 공리는 정리 3.2로부터 확인된다. 특히, 영벡터 $\mathbf{0}$는 2×3 영행렬이고, 2×3행렬 A의 역원은 $-A$이다.

위와 같은 정의는 자연스럽게 일반화된다. 즉, 임의의 양의 정수 m, n에 대하여 실수를 성분으로 갖는 모든 $m\times n$행렬의 집합은 행렬의 덧셈과 행렬의 스칼라배의 연산을 도입할 때 벡터공간이 된다. 앞으로 이 벡터공간을 M_{mn}으로 나타낸다.

예제 6.3

$\mathscr{P}_2$를 2차 이하의 모든 실계수 다항식의 집합이라 하고, 덧셈과 스칼라배를 다음과 같이 보통의 방법으로 정의한다. 즉, $\mathscr{P}_2$의 임의의 두 다항식

$$p(x)=a_0+a_1x+a_2x^2,\ \ q(x)=b_0+b_1x+b_2x^2$$

에 대하여

$$p(x)+q(x)=(a_0+b_0)+(a_1+b_1)x+(a_2+b_2)x^2$$

으로, 그리고 임의의 스칼라 c에 대하여

$$cp(x)=ca_0+ca_1x+ca_2x^2$$

으로 정의한다. 정의로부터 벡터공간의 공리 1과 6은 만족된다.

여기서 모든 계수가 0인 영 다항식이 영벡터 $\mathbf{0}$이다. 또한, 임의의 다항식 $p(x)=a_0+a_1x+a_2x^2$의 역원은 $-p(x)=-a_0-a_1x-a_2x^2$이다. 이제, 공리 2만 증명하고 나머지는 연습문제 12로 남긴다. $\mathscr{P}_2$에 속하는 임의의 두 다항식 $p(x)$, $q(x)$에 대하여

$$\begin{aligned}p(x)+q(x)&=(a_0+a_1x+a_2x^2)+(b_0+b_1x+b_2x^2)\\&=(a_0+b_0)+(a_1+b_1)x+(a_2+b_2)x^2\\&=(b_0+a_0)+(b_1+a_1)x+(b_2+a_2)x^2\\&=(b_0+b_1x+b_2x^2)+(a_0+a_1x+a_2x^2)\\&=q(x)+p(x)\end{aligned}$$

여기서 세 번째 등식은 실수합은 교환이 가능하므로 성립한다.

일반적으로, 주어진 임의의 $n \geq 0$에 대하여, 차수가 n 이하인 모든 다항식의 집합인 $\mathscr{P}_n$은 벡터공간이 되며, 모든 다항식의 집합 $\mathscr{P}$도 벡터공간이 된다.

예제 6.4 실수 전체에서 정의되는 모든 실함수의 집합을 $\mathscr{F}$라 하고, $\mathscr{F}$의 임의의 두 함수 f, g와 임의의 스칼라 c에 대하여 $f+g$와 cf를 다음과 같이 정의한다.

$$(f+g)(x) = f(x) + g(x), \quad (cf)(x) = cf(x)$$

다시 말해, 함수 $f+g$의 x에서 값은 f와 g의 x에서의 값을 서로 더한 값으로 한다(그림 6.1(a)). 유사한 방법으로, cf의 x에서의 값은 f의 x에서의 값에 c를 곱한 값으로 정의한다(그림 6.1(b)). $\mathscr{F}$에서의 영벡터는 항등적으로 0인 상수함수 f_0, 즉 임의의 x에 대하여 $f_0(x) = 0$로 정의된 함수이다. 함수 f의 역원은 $(-f)(x) = -f(x)$로 정의되는 함수 $-f$이다(그림 6.1(c) 참조).

공리 1과 6은 자명하게 성립한다. 나머지 공리의 증명은 연습문제 13에 남긴다. 이로써 $\mathscr{F}$는 벡터공간이다.

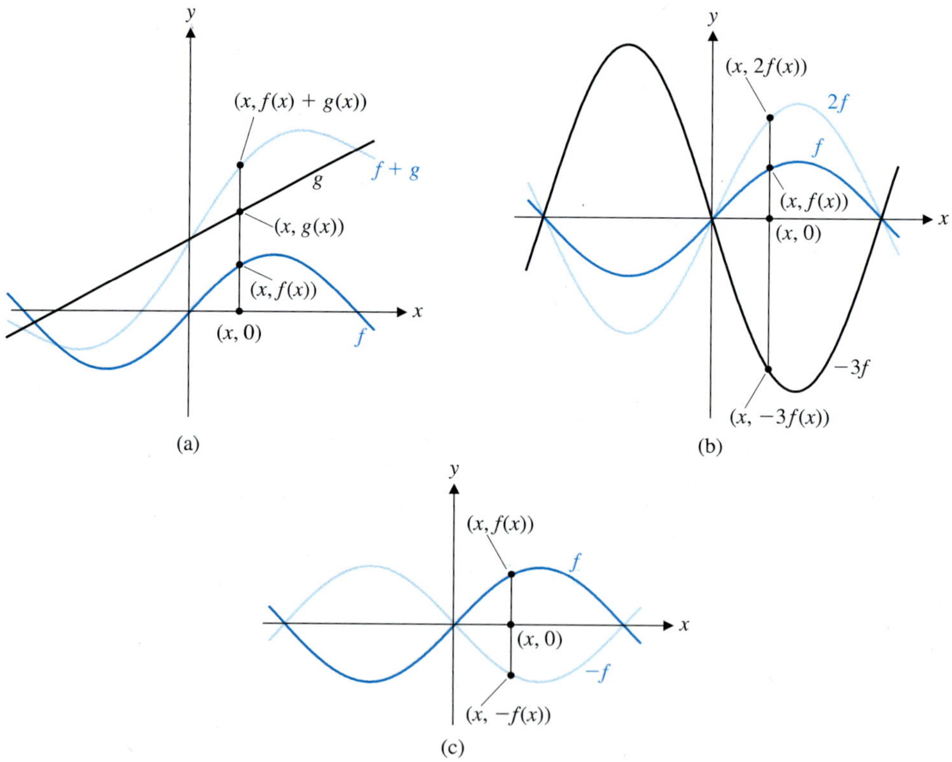

그림 6.1 (a) f, g와 $f+g$ (b) f, $2f$와 $-3f$ (c) f와 $-f$의 그래프

또한 예제 6.4에서 실수의 닫힌구간 $[a, b]$에서 정의된 함수들을 생각할 수 있다. 구간 $[a, b]$에서 정의된 실함수에 예제 6.4의 방법을 적용하면 벡터공간을 얻을 수 있다. 이 벡터공간을 $\mathscr{F}[a, b]$로 나타낸다.

예제 6.5

정수 집합은 보통의 연산에서 벡터공간이 아니다. 이를 보이기 위해서는 10가지의 공리 중 성립하지 않는 것이 있음을 보이자. 정수 집합의 경우 스칼라배에 대하여 닫혀있지 않다는 것을 알 수 있다. 예를 들어, 2의 $\frac{1}{3}$배인 $(\frac{1}{3})(2)=\frac{2}{3}$는 정수가 아니다. 따라서 $\mathbb{Z}$의 임의의 원소 x와 임의의 스칼라 c에 대하여, cx가 $\mathbb{Z}$에 속한다고 할 수 없다. 즉, 공리 6이 만족되지 않는다.

예제 6.6

집합 $V=\mathbb{R}^2$ 위에 보통의 덧셈을 생각하고 스칼라배는 다음과 같이 정의하자.

$$c\begin{bmatrix} x \\ y \end{bmatrix} = \begin{bmatrix} cx \\ 0 \end{bmatrix}$$

이 스칼라배에 대하여

$$1\begin{bmatrix} 2 \\ 3 \end{bmatrix} = \begin{bmatrix} 2 \\ 0 \end{bmatrix} \neq \begin{bmatrix} 2 \\ 3 \end{bmatrix}$$

이다. 이는 벡터공간의 공리 10을 만족하지 않음을 보여준다. [사실 나머지 9가지의 벡터공간 공리는 모두 만족된다. 따라서 덧셈과 스칼라배가 주어진 집합이 벡터공간임을 판별할 경우 공리를 차례차례 전부 조사하지 않고 특정한 공리를 먼저 조사하여 판별하는 것이 좋을 때도 있다.]

a + bi

예제 6.7

$\mathbb{C}^2$를 모든 복소수의 순서쌍들의 집합이라고 하고, 덧셈과 스칼라배를 $\mathbb{R}^2$에서와 같이 정의한다. 단, 여기서 스칼라는 복소수이다. 예를 들어

$$\begin{bmatrix} 1+i \\ 2-3i \end{bmatrix} + \begin{bmatrix} -3+2i \\ 4 \end{bmatrix} = \begin{bmatrix} -2+3i \\ 6-3i \end{bmatrix}$$

이고

$$(1-i)\begin{bmatrix} 1+i \\ 2-3i \end{bmatrix} = \begin{bmatrix} (1-i)(1+i) \\ (1-i)(2-3i) \end{bmatrix} = \begin{bmatrix} 2 \\ -1-5i \end{bmatrix}$$

이다. 복소수의 성질을 이용하면, 벡터공간의 공리 10가지가 모두 만족됨을 알 수 있다. 따라서 $\mathbb{C}^2$는 복소 벡터공간이다.

일반적으로, $n \geq 1$에 대하여 $\mathbb{C}^n$은 복소 벡터공간이다.

예제 6.8 p가 소수이고 $n \geq 1$일 때, 집합 $\mathbb{Z}_p^n$은 $\mathbb{Z}_p$ 위에서 벡터공간이다.

다른 예제들을 살펴보기 전에 벡터공간의 주요 성질을 포함하는 다음 정리를 살펴보자. 일반 벡터공간에 대한 다음 정리의 증명은 임의의 특수한 벡터공간에도 적용된다.

정리 6.1 벡터공간 V에 속하는 임의의 벡터 $\mathbf{u}$와 스칼라 c에 대하여

a. $0\mathbf{u}=\mathbf{0}$

b. $c\mathbf{0}=\mathbf{0}$

c. $(-1)\mathbf{u}=-\mathbf{u}$

d. 만약 $c\mathbf{u}=\mathbf{0}$이면, $c=0$ 또는 $\mathbf{u}=\mathbf{0}$이다.

증명 (b)와 (d)만 증명하고 나머지는 연습문제로 남겨둔다.

(b) 벡터공간의 공리 4와 7로부터

$$c\mathbf{0}=c(\mathbf{0}+\mathbf{0})=c\mathbf{0}+c\mathbf{0}$$

이다. 양변에 $c\mathbf{0}$의 역원 $-c\mathbf{0}$을 더하면

$$c\mathbf{0}+(-c\mathbf{0})=(c\mathbf{0}+c\mathbf{0})+(-c\mathbf{0})$$

를 얻는다. 따라서 다음이 성립한다.

$$\begin{aligned} \mathbf{0} &= c\mathbf{0}+(c\mathbf{0}+(-c\mathbf{0})) && \text{(공리 5와 3)} \\ &= c\mathbf{0}+\mathbf{0} && \text{(공리 5)} \\ &= c\mathbf{0} && \text{(공리 4)} \end{aligned}$$

(d) $c\mathbf{u}=\mathbf{0}$일 때, $c=0$또는 $\mathbf{u}=\mathbf{0}$임을 보이기 위하여 $c \neq 0$라고 가정하자. 그러면 역수 $1/c$이 존재하고

$$\begin{aligned} \mathbf{u} &= 1\mathbf{u} && \text{(공리 10)} \\ &= \left(\frac{1}{c}c\right)\mathbf{u} \\ &= \frac{1}{c}(c\mathbf{u}) && \text{(공리 9)} \\ &= \frac{1}{c}\mathbf{0} \\ &= \mathbf{0} && \text{(성질 (b))} \end{aligned}$$

이다.

앞으로 $\mathbf{u}+(-\mathbf{v})$를 간단히 $\mathbf{u}-\mathbf{v}$로 표기하고 벡터의 **뺄셈**(subtraction)으로 정의한다. 덧셈의 연산은 결합법칙을 만족하므로, 괄호 없이 세 벡터의 합을 $\mathbf{u}+\mathbf{v}+\mathbf{w}$로 나타낸다. 일반적으로

$$c_1\mathbf{u}_1 + c_2\mathbf{u}_2 + \cdots + c_n\mathbf{u}_n$$

을 벡터들의 **일차결합**(linear combination)이라 한다.

부분공간

우리는 $\mathbb{R}^n$에서 하나의 벡터공간이 다른 벡터공간 안에 부분공간의 개념으로 포함되어 있는 경우를 보았다. 예를 들어, 원점을 지나는 임의의 평면은 $\mathbb{R}^3$의 부분공간이다. 이제, 이러한 개념을 일반 벡터공간으로 확장해보자.

정의 벡터공간 V의 부분집합 W가 V에서 정의된 덧셈과 스칼라배의 연산에 관하여 벡터공간을 이룰 때, W를 V의 **부분공간**(subspace)이라 한다.

벡터공간 $\mathbb{R}^n$에서와 같이, 벡터공간의 부분집합이 부분공간을 이루는지는 10가지 공리 중에서 단지 2가지만 조사함으로써 알 수 있다. 다음 정리에서 이를 살펴보자.

정리 6.2 벡터공간 V의 공집합이 아닌 부분집합 W가 부분공간일 필요충분조건은 다음의 두 조건을 만족하는 것이다.

a. W의 임의의 벡터 $\mathbf{u}$, $\mathbf{v}$에 대하여, $\mathbf{u}+\mathbf{v}$가 W에 속한다.

b. W의 임의의 벡터 $\mathbf{u}$와 임의의 스칼라 c에 대하여, $c\mathbf{u}$가 W에 속한다.

증명 먼저, W를 V의 부분공간이라 하면, W는 벡터공리의 10가지 공리를 만족한다. 여기서 조건 (a)는 공리 1이고 조건 (b)는 공리 6이므로, 조건 (a)와 (b)가 만족된다.

역으로, W가 공집합이 아닌 V의 부분집합으로 조건 (a), (b)를 만족한다고 하자. 주어진 가정은 공리 1, 6이 만족됨을 의미한다. 공리 2, 3, 7, 8, 9, 10은 W에서 성립한다. 왜냐하면, 이들은 V의 모든 벡터에 대하여 성립하므로, 특히 W의 모든 원소에 대하여도 성립한다. 이제, 공리 4, 5만 확인하면 된다.

W가 공집합이 아니므로 적어도 하나의 벡터 $\mathbf{u}$를 포함한다. 조건 (b)와 정리 6.1(a)에 의해 $0\mathbf{u}=\mathbf{0}$는 W에 속한다. 이는 공리 4가 만족됨을 의미한다.

마지막으로, W의 임의의 벡터 $\mathbf{u}$에 대하여 $c=-1$이라 두면, 조건 (b)와 정리 6.1(c)에 의하여 $-\mathbf{u}=(-1)\mathbf{u}$도 W에 속한다.

주의 정리 6.2는 $\mathbb{R}^n$에서의 부분공간의 개념을 일반 공간의 개념으로 확장하였으므로, 3장에서의 $\mathbb{R}^n$의 모든 부분공간은 일반적인 의미에서도 $\mathbb{R}^n$의 부분공간이다. 특히, 원점을 지나는 모든 직선과 평면은 $\mathbb{R}^3$의 부분공간이다.

예제 6.9

n차 이하의 모든 다항식의 집합 $\mathscr{P}_n$은 벡터공간임을 보였다. 따라서 $\mathscr{P}_n$은 모든 다항식의 벡터공간 $\mathscr{P}$의 부분공간이다.

예제 6.10

모든 $n \times n$ 대칭행렬의 집합 W가 M_{nn}의 부분공간임을 보여라.

풀이 W가 공집합이 아님은 명백하다. 따라서, 정리 6.2의 조건 (a), (b)만 증명하면 된다. A와 B는 W의 임의의 두 원소이고, α는 스칼라라 하자. 그러면 $A^T = A$이고 $B^T = B$이다. 따라서

$$(A+B)^T = A^T + B^T = A + B$$

이다. 이는 $A+B$가 대칭행렬이고 W에 속함을 의미한다. 유사한 방법으로

$$(cA)^T = cA^T = cA$$

이다. 따라서 cA는 대칭행렬이고 W에 속한다. 그러므로 정리 6.2에 의해 W는 M_{nn}의 한 부분공간이다.

예제 6.11

$\mathbb{R}$에서 정의된 모든 연속인 실함수의 집합을 $\mathscr{C}$라 하고, $\mathbb{R}$에서 정의된 모든 미분가능한 실함수의 집합을 $\mathscr{D}$라 하자. 그러면 $\mathscr{C}$와 $\mathscr{D}$는 둘 다 $\mathbb{R}$에서 정의된 모든 실함수로 이루어진 벡터공간 $\mathscr{F}$의 부분공간임을 보여라.

풀이 미분적분학의 정리로부터 임의의 두 연속인 실함수 f, g와 스칼라 c에 대하여 $f+g$와 cf도 연속임을 알고 있다. 따라서 $\mathscr{C}$는 덧셈과 스칼라배에 대하여 닫혀있다. 이는 $\mathscr{C}$가 $\mathscr{F}$의 부분공간임을 의미한다. 또한, 임의의 두 미분가능한 실함수 f, g와 스칼라 c에 대하여, $f+g$와 cf도 미분가능한 실함수이다. 사실

$$(f+g)' = f' + g', \quad (cf)' = c(f')$$

이다. 따라서 $\mathscr{D}$는 덧셈과 스칼라배에 대하여 닫혀있다. 그러므로 $\mathscr{D}$는 $\mathscr{F}$의 부분공간이다.

미분적분학의 정리로부터 모든 미분가능한 함수는 연속이다. 결론적으로, $\mathscr{D}$는 $\mathscr{C}$의 부분집합이고, 따라서 $\mathscr{D}$는 $\mathscr{C}$의 부분공간이다. 또한, 모든 다항식은 미분가능하므로 $\mathscr{P}$는 $\mathscr{D}$의 부분집합이며 $\mathscr{D}$의 부분공간이다. 이들 벡터공간의 포함관계는 다음과 같다.

$$\mathscr{P} \subset \mathscr{D} \subset \mathscr{C} \subset \mathscr{F}$$

그림 6.2는 이들의 포함관계를 나타낸 것이다.

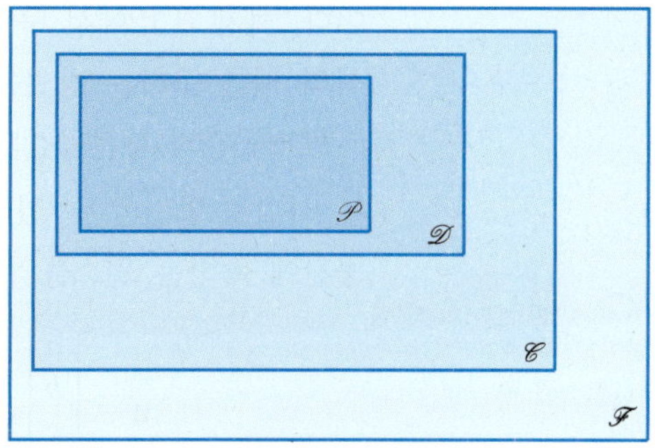

그림 6.2 $\mathscr{F}$의 부분공간들의 계층도

위에서 소개한 부분공간 이외에 다른 부분공간도 존재한다. 이들 부분공간의 예를 연습문제에서 살펴보자.

앞의 논의와 같이 닫힌구간 $[a, b]$에서 정의된 함수들로만 함수를 제한하면 $\mathscr{F}[a, b]$의 대응하는 부분공간들은 $\mathscr{C}[a, b]$, $\mathscr{D}[a, b]$, $\mathscr{P}[a, b]$이다.

예제 6.12 S를 다음의 미분방정식을 만족하는 모든 함수의 집합, 즉 S가 다음 미분방정식의 해집합이라면 S는 $\mathscr{F}$의 부분공간이다.

$$f'' + f = 0 \tag{1}$$

풀이 영함수는 식 (1)을 만족하므로, S에 속한다. 따라서 S는 공집합이 아니다. 또한, S에 속하는 임의의 함수 f, g에 대하여

$$\begin{aligned}(f+g)'' + (f+g) &= (f''+g'') + (f+g)\\ &= (f''+f) + (g''+g)\\ &= 0+0\\ &= 0\end{aligned}$$

이다. 따라서 $f+g$는 S에 속한다. 유사한 방법으로, 임의의 실수 c에 대하여 다음을 얻는다.

$$\begin{aligned}(cf)'' + cf &= cf'' + cf\\ &= c(f''+f)\\ &= c0\\ &= 0\end{aligned}$$

이는 cf가 S에 포함됨을 나타낸다.

이상에서 S는 덧셈과 스칼라배에 대하여 닫혀 있으므로, $\mathscr{F}$의 부분공간이다.

(1)의 미분방정식은 **동차 선형미분방정식**(homogeneous linear differential equation)의 예이다. 사실 동차 선형미분방정식의 해집합은 항상 $\mathscr{F}$의 부분공간

이다. 예제 6.12에서 구체적으로 방정식을 풀지 않았으나 6.7절에서 이러한 방정식의 해를 구하는 방법을 소개한다.

벡터공간과 부분공간의 학습을 통하여, 어떤 특정한 벡터공간들이 서로 닮았다는 사실을 발견할 수 있다. 예를 들어, $\mathbb{R}^4$, $\mathscr{P}_3$와 M_{22}를 들 수 있다. 이들 벡터공간에 속하는 원소들의 전형적인 형태는 각각 다음과 같다.

$$\mathbf{u} = \begin{bmatrix} a \\ b \\ c \\ d \end{bmatrix}, \quad p(x) = a + bx + cx^2 + dx^3, \quad A = \begin{bmatrix} a & b \\ c & d \end{bmatrix}$$

덧셈과 스칼라배에 관한 계산은 이 세 벡터공간에서 근본적으로 별 차이가 없다는 것을 아래 예제를 통하여 확인해보자.

예제 6.13

(a) 벡터공간 $\mathbb{R}^4$에서 다음과 같은 형태의 모든 벡터로 이루어진 집합이 부분공간임을 보여라.

$$\begin{bmatrix} a \\ b \\ -b \\ a \end{bmatrix}$$

(b) 벡터공간 $\mathscr{P}_3$에서 $a + bx - bx^2 + ax^3$ 형태의 모든 다항식으로 이루어진 집합이 부분공간임을 보여라.

(c) 벡터공간 M_{22}에서 $\begin{bmatrix} a & b \\ -b & a \end{bmatrix}$ 형태의 모든 행렬로 이루어진 집합이 부분공간임을 보여라.

풀이 (a) $a = b = 0$이라 두면, W는 영벡터 $\mathbf{0}$을 포함하고 있으므로 공집합이 아니다. W의 임의의 원소 $\mathbf{u}$, $\mathbf{v}$를

$$\mathbf{u} = \begin{bmatrix} a \\ b \\ -b \\ a \end{bmatrix}, \quad \mathbf{v} = \begin{bmatrix} c \\ d \\ -d \\ c \end{bmatrix}$$

라 하면, 두 원소의 합은

$$\mathbf{u} + \mathbf{v} = \begin{bmatrix} a+c \\ b+d \\ -b-d \\ a+c \end{bmatrix} = \begin{bmatrix} a+c \\ b+d \\ -(b+d) \\ a+c \end{bmatrix}$$

이다. 따라서 $\mathbf{u}+\mathbf{v}$는 W의 속하는 원소의 형태를 가지므로 W에 속한다. 또한, 임의의 스칼라 k에 대하여

$$k\mathbf{u} = \begin{bmatrix} ka \\ kb \\ -kb \\ ka \end{bmatrix}$$

이므로, $k\mathbf{u}$는 W에 속한다.

이상의 결과로부터 W는 공집합이 아닌 $\mathbb{R}^4$의 부분집합으로 덧셈과 스칼라배에 대하여 닫혀있다. 따라서 정리 6.2에 의해 W는 $\mathbb{R}^4$의 부분공간이다.

(b) $a=b=0$이라 두면, W는 영다항식 0를 포함하고 있으므로 공집합이 아니다. W의 임의의 원소 $p(x)$, $q(x)$를

$$p(x)=a+bx-bx^2+ax^3,\ q(x)=c+dx-dx^2+cx^3$$

라 하면, 두 원소의 합은

$$p(x)+q(x)=(a+c)+(b+d)x-(b+d)x^2+(a+c)x^3$$

이다. 따라서 $p(x)+q(x)$는 W에 속한다. 또한, 임의의 스칼라 k에 대하여

$$kp(x)=ka+kbx-kbx^2+kax^3$$

이므로, 따라서 $kp(x)$는 W에 속한다.

이상의 결과로부터 W는 공집합이 아닌 $\mathscr{P}_3$의 부분집합으로 덧셈과 스칼라배에 대하여 닫혀있다. 따라서 정리 6.2에 의해 W는 $\mathscr{P}_3$의 부분공간이다.

(c) $a=b=0$이라 두면, W는 영행렬 O를 포함하고 있으므로 공집합이 아니다. W의 임의의 원소 A, B를

$$A=\begin{bmatrix} a & b \\ -b & a \end{bmatrix},\ B=\begin{bmatrix} c & d \\ -d & c \end{bmatrix}$$

라 하면, 두 원소의 합은

$$A+B=\begin{bmatrix} a+c & b+d \\ -(b+d) & a+c \end{bmatrix}$$

이다. 따라서 $A+B$는 W에 속한다. 또한, 임의의 스칼라 k에 대하여

$$kA=\begin{bmatrix} ka & kb \\ -kb & ka \end{bmatrix}$$

이므로, kA는 W에 속한다.

이상의 결과로부터 W는 공집합이 아닌 M_{22}의 부분집합으로 덧셈과 스칼라배에 대하여 닫혀있다. 따라서 정리 6.2에 의해 W는 M_{22}의 부분공간이다.

예제 6.13은 겉으로는 공통점이 없어 보이는 벡터공간들이 서로 관련이 있음을 보여준다. 이는 벡터공간 $\mathbb{R}^n$에서의 성질을 다항식, 행렬, 또는 다른 원소들로 이루어진 벡터공간에 적용할 수 있음을 의미한다. 이러한 개념은 이 장에서 여러 번 나타나며 6.5절에서 더욱 명확히 할 것이다.

예제 6.14

벡터공간 V에 대하여 V는 명백히 V의 부분공간이다. 그리고 영벡터만을 포함하는 집합 $\{\mathbf{0}\}$도 **영 부분공간**(zero subspace)이라 불리는 V의 부분공간이다. 이 사실은 정리 6.2에 주어진 두 가지 닫힘 조건이 다음과 같이 성립한다. 임의의 스칼라 c에 대하여

$$\mathbf{0}+\mathbf{0}=\mathbf{0},\quad c\mathbf{0}=\mathbf{0}$$

이다. 두 부분공간 V와 $\{\mathbf{0}\}$를 V의 **자명한 부분공간**(trivial subspace)이라 부른다.

정리 6.2의 증명을 살펴보면, 다음과 같은 유용한 사실을 알 수 있다.

> W가 V의 부분공간이면, W는 V의 영벡터 $\mathbf{0}$를 포함한다.

이는 벡터공간 $\mathbb{R}^3$에서 직선과 평면이 부분공간일 필요충분조건이 영벡터 $\mathbf{0}$을 포함해야 한다는 사실과 일치한다. 모든 부분공간이 영벡터 $\mathbf{0}$를 반드시 포함해야 한다는 사실은 어떤 집합이 부분공간인지 아닌지를 판정하는 데 도움이 된다.

예제 6.15

W를 다음과 같은 형태를 갖는 모든 2×2행렬의 집합이라 하자.

$$\begin{bmatrix} a & a+1 \\ 0 & b \end{bmatrix}$$

이때, W는 M_{22}의 부분공간인가?

풀이 W에 속하는 모든 행렬은 (1, 2) 성분과 (1, 1) 성분의 차가 1인 성질을 가지고 있다. 그러나 영행렬

$$O=\begin{bmatrix} 0 & 0 \\ 0 & 0 \end{bmatrix}$$

는 이러한 성질을 만족하지 않는다. 따라서 영행렬이 W에 속하지 않으므로, W는 M_{22}의 부분공간이 아니다.

예제 6.16

W를 행렬식이 0인 모든 2×2행렬의 모임이라 할 때, W는 M_{22}의 부분공간인가?

풀이 먼저, 영행렬은 행렬식이 0이므로, W에 속함을 알 수 있다. 다음과 같은 두 행렬 A, B를 생각하자.

$$A=\begin{bmatrix} 1 & 0 \\ 0 & 0 \end{bmatrix},\ B=\begin{bmatrix} 0 & 0 \\ 0 & 1 \end{bmatrix}$$

여기서 $\det(A)=\det(B)=0$이므로, A와 B는 W에 속한다. 그러나

$$A+B=\begin{bmatrix}1 & 0\\ 0 & 1\end{bmatrix}$$

이고 $\det(A+B)=1\neq 0$이므로, $A+B$는 W에 속하지 않는다. 이는 W가 덧셈연산에 닫혀있지 않음을 보이므로, M_{22}의 부분공간이 아니다.

생성원 집합

벡터공간 $\mathbb{R}^n$에서의 생성원 집합의 개념을 일반 벡터공간으로 자연스럽게 확장할 수 있다.

정의 $S=\{\mathbf{v}_1, \mathbf{v}_2, \cdots, \mathbf{v}_k\}$를 벡터공간 V의 한 부분집합이라 할 때, 벡터 $\mathbf{v}_1, \mathbf{v}_2, \cdots, \mathbf{v}_k$의 일차결합으로 표시되는 모든 벡터의 집합을 $\text{span}(\mathbf{v}_1, \mathbf{v}_2, \cdots, \mathbf{v}_k)$ 또는 $\text{span}(S)$로 나타낸다. 만약 $V=\text{span}(S)$이면, S를 V의 **생성원 집합**(spanning set)이라 하고 S는 V를 **생성한다**고 한다.

예제 6.17 다항식 $1, x, x^2$이 $\mathscr{P}_2$를 생성함을 보여라.

풀이 임의의 다항식 $p(x)=a+bx+cx^2$은 $1, x, x^2$의 일차결합이다. 따라서 $\mathscr{P}_2=\text{span}(1, x, x^2)$이다.

예제 6.17을 일반화하면, $\mathscr{P}_n=\text{span}(1, x, x^2, \cdots, x^n)$임을 알 수 있다. 그러나 어떠한 유한집합도 모든 다항식으로 구성된 벡터공간 $\mathscr{P}$를 생성할 수는 없다(6.2절 연습문제 44). 그러나 무한 생성원 집합을 허용한다면 모든 x의 음이 아닌 거듭제곱의 집합은 $\mathscr{P}$를 생성한다. 즉, $\mathscr{P}=\text{span}(1, x, x^2, \cdots)$이다.

예제 6.18 $M_{23}=\text{span}(E_{11}, E_{12}, E_{13}, E_{21}, E_{22}, E_{23})$임을 보여라. 여기서

$$E_{11}=\begin{bmatrix}1&0&0\\0&0&0\end{bmatrix}\quad E_{12}=\begin{bmatrix}0&1&0\\0&0&0\end{bmatrix}\quad E_{13}=\begin{bmatrix}0&0&1\\0&0&0\end{bmatrix}$$
$$E_{21}=\begin{bmatrix}0&0&0\\1&0&0\end{bmatrix}\quad E_{22}=\begin{bmatrix}0&0&0\\0&1&0\end{bmatrix}\quad E_{13}=\begin{bmatrix}0&0&0\\0&0&1\end{bmatrix}$$

이다. (즉, E_{ij}는 i행 j열의 성분만 1이고 나머지는 모두 0인 행렬이다.)

풀이 일반적으로 다음 식이 성립한다.

$$\begin{bmatrix}a_{11}&a_{12}&a_{13}\\a_{21}&a_{22}&a_{23}\end{bmatrix}=a_{11}E_{11}+a_{12}E_{12}+a_{13}E_{13}+a_{21}E_{21}+a_{22}E_{22}+a_{23}E_{23}$$

위 예제를 일반화하면, 벡터공간 M_{mn}은 mn개의 행렬 E_{ij}로 생성됨을 알 수 있다. 여기서, $i=1,\ \cdots,\ m$이고 $i=1,\ \cdots,\ n$이다.

예제 6.19 벡터공간 $\mathscr{P}_2$에서 $r(x)=1-4x+6x^2$가 $\text{span}(p(x),\ q(x))$에 속하는지를 밝혀라. 여기서

$$p(x)=1-x+x^2,\ q(x)=2+x-3x^2$$

이다.

풀이 식 $cp(x)+dq(x)=r(x)$를 만족하는 스칼라 $c,\ d$를 찾아보자. 이는

$$c(1-x+x^2)+d(2+x-3x^2)=1-4x+6x^2$$

을 의미한다. 이 식을 x의 차수별로 정리하면

$$(c+2d)+(-c+d)x+(c-3d)x^2=1-4x+6x^2$$

이고, x의 차수별 양변의 계수를 비교하면 다음의 연립방정식을 얻는다.

$$\begin{aligned} c+2d &= 1 \\ -c+d &= -4 \\ c-3d &= 6 \end{aligned}$$

위 방정식을 풀면 $c=3, d=-1$이다. 따라서 $r(x)=3p(x)-q(x)$이며 $r(x)$는 $\text{span}(p(x),\ q(x))$에 속한다.

예제 6.20 벡터공간 $\mathscr{F}$에서 $\sin 2x$가 $\text{span}(\sin x,\ \cos x)$에 속하는지를 밝혀라.

풀이 식 $c\sin x+d\cos x=\sin 2x$를 만족하는 스칼라 $c,\ d$가 존재하는지를 밝히면 된다. 양변은 함수이므로, 모든 실수 x에 대하여 식을 만족하여야 한다. 특히, $x=0$이라 두면

$$c\sin 0+d\cos 0=\sin 0 \ \text{ 또는 } \ c(0)+d(1)=0$$

이다. 따라서 $d=0$이다. 같은 방법으로 $x=\pi/2$라 두면

$$c\sin(\pi/2)+d\cos(\pi/2)=\sin(\pi) \ \text{ 또는 } \ c(1)+d(0)=0$$

이므로 $c=0$이다. 이는 $\sin 2x=0(\sin x)+0(\cos x)=0$이고, 이는 모든 x에 대하여 $\sin 2x=0$을 의미한다. 그러나 적당한 x에 대하여 $\sin 2x\neq 0$이므로 $\sin 2x$는 $\text{span}(\sin x,\ \cos x)$에 속하지 않는다.

주의 사실 대수적으로 $\sin 2x$를 $\sin x$와 $\cos x$를 이용하여 나타낼 수 있다. 예를 들어, $\sin 2x=2\sin x\cos x$이다. 그러나 이 표현은 벡터의 일차결합이 아니다.

예제 6.21 벡터공간 M_{22}에서 span(A, B, C)를 구하여라. 여기서

$$A = \begin{bmatrix} 1 & 1 \\ 1 & 0 \end{bmatrix},\ B = \begin{bmatrix} 1 & 0 \\ 0 & 1 \end{bmatrix},\ C = \begin{bmatrix} 0 & 1 \\ 1 & 0 \end{bmatrix}$$

이다.

풀이 행렬 A, B, C의 모든 일차결합의 형태는

$$\begin{aligned} cA + dB + eC &= c\begin{bmatrix} 1 & 1 \\ 1 & 0 \end{bmatrix} + d\begin{bmatrix} 1 & 0 \\ 0 & 1 \end{bmatrix} + e\begin{bmatrix} 0 & 1 \\ 1 & 0 \end{bmatrix} \\ &= \begin{bmatrix} c+d & c+e \\ c+e & d \end{bmatrix} \end{aligned}$$

이므로 이 행렬은 대칭행렬이다. 따라서 span(A, B, C)는 2×2 대칭행렬로 이루어진 부분공간에 포함된다. 이제 임의의 2×2 대칭행렬이 span(A, B, C)에 속함을 보이자. 임의의 2×2 대칭행렬을 $\begin{bmatrix} x & y \\ y & z \end{bmatrix}$라 하고, 다음 식에서

$$\begin{bmatrix} x & y \\ y & z \end{bmatrix} = \begin{bmatrix} c+d & c+e \\ c+e & d \end{bmatrix}$$

좌우를 비교하여 c, d, e를 구하면, $c = x - z$, $d = z$이고 $e = -x + y + z$이다. 따라서

$$\begin{bmatrix} x & y \\ y & z \end{bmatrix} = (x - z)\begin{bmatrix} 1 & 1 \\ 1 & 0 \end{bmatrix} + z\begin{bmatrix} 1 & 0 \\ 0 & 1 \end{bmatrix} + (-x + y + z)\begin{bmatrix} 0 & 1 \\ 1 & 0 \end{bmatrix}$$

임을 의미한다. 결과적으로, span(A, B, C)는 모든 2×2 대칭행렬로 이루어진 부분공간과 같다.

$\mathbb{R}^n$에서와 같이, 생성원 집합에 의하여 생성된 벡터공간은 항상 생성원 집합을 포함하는 벡터공간의 부분공간이다. 정리 3.19를 일반화한 다음 정리에서 이를 좀 더 명확히 해보자.

정리 6.3 벡터공간 V에 속하는 벡터 $\mathbf{v}_1, \mathbf{v}_2, \cdots, \mathbf{v}_k$에 대하여, 다음이 성립한다.

a. span$(\mathbf{v}_1, \mathbf{v}_2, \cdots, \mathbf{v}_k)$는 V의 부분공간이다.

b. span$(\mathbf{v}_1, \mathbf{v}_2, \cdots, \mathbf{v}_k)$는 벡터 $\mathbf{v}_1, \mathbf{v}_2, \cdots, \mathbf{v}_k$를 포함하는 V의 부분공간 중 가장 작은 부분공간이다.

증명 (a) 증명은 정리 3.19의 증명에서 $\mathbb{R}^n$를 V로 바꾼 것과 동일하다.
(b) V의 부분공간이 $\mathbf{v}_1, \mathbf{v}_2, \cdots, \mathbf{v}_k$를 포함하면, span$(\mathbf{v}_1, \mathbf{v}_2, \cdots, \mathbf{v}_k)$을 포함함을 보이면 충분하다. W를 $\mathbf{v}_1, \mathbf{v}_2, \cdots, \mathbf{v}_k$를 포함하는 V의 부분공간이라 하자. 여기서, W는 덧셈과 스칼라배에 대하여 닫혀있으므로, $\mathbf{v}_1, \mathbf{v}_2, \cdots, \mathbf{v}_k$의 모든 일차결합 $c_1\mathbf{v}_1 + c_2\mathbf{v}_2 + \cdots + c_k\mathbf{v}_k$를 포함한다. 따라서 W는 span$(\mathbf{v}_1, \mathbf{v}_2, \cdots, \mathbf{v}_k)$를 포함한다.

6.1 연습문제

※ [1-11] 주어진 집합이 주어진 덧셈과 스칼라배에 대하여 벡터공간을 이루는지 결정하여라. 벡터공간을 이루지 않는다면, 만족되지 않는 공리를 모두 열거하여라.

1. 보통의 덧셈과 스칼라배가 정의된 집합

$$\left\{\begin{bmatrix} x \\ x \end{bmatrix} \in \mathbb{R}^2 : x \in \mathbb{R}\right\}$$

2. 보통의 덧셈과 스칼라배가 정의된 집합

$$\left\{\begin{bmatrix} x \\ y \end{bmatrix} \in \mathbb{R}^2 : x \geq 0,\ y \geq 0\right\}$$

3. 보통의 덧셈과 스칼라배가 정의된 집합

$$\left\{\begin{bmatrix} x \\ y \end{bmatrix} \in \mathbb{R}^2 : xy \geq 0\right\}$$

4. 보통의 덧셈과 스칼라배가 정의된 집합

$$\left\{\begin{bmatrix} x \\ y \end{bmatrix} \in \mathbb{R}^2 : x \geq y\right\}$$

5. 보통의 덧셈과 다음과 같이 스칼라배가 정의된 $\mathbb{R}^2$

$$c\begin{bmatrix} x \\ y \end{bmatrix} = \begin{bmatrix} cx \\ y \end{bmatrix}$$

6. 보통의 스칼라배와 다음과 같이 덧셈이 정의된 $\mathbb{R}^2$

$$\begin{bmatrix} x_1 \\ y_1 \end{bmatrix} + \begin{bmatrix} x_2 \\ y_2 \end{bmatrix} = \begin{bmatrix} x_1+x_2+1 \\ y_1+y_2+1 \end{bmatrix}$$

7. 다음과 같이 덧셈 $\oplus$와 스칼라배 $\cdot$이 정의된 모든 양의 실수들의 집합

$$x \oplus y = xy, \quad c \odot x = x^c$$

8. 보통의 덧셈과 곱셈이 정의된 유리수의 집합

9. 보통의 행렬의 덧셈과 스칼라배가 정의된 모든 2×2 상삼각행렬의 집합

10. 보통의 행렬의 덧셈과 스칼라배가 정의된 집합

$$\left\{\begin{bmatrix} a & b \\ c & d \end{bmatrix} : ad = 0\right\}$$

11. 보통의 행렬의 덧셈과 스칼라배가 정의된 모든 $n \times n$ 비대칭행렬의 집합(3.2절 연습문제)

12. $\mathscr{P}_2$가 벡터공간임을 보여라(예제 6.3).

13. $\mathscr{F}$가 벡터공간임을 보여라(예제 6.4).

a + bi ※ [14-17] 주어진 집합이 주어진 덧셈과 스칼라배에 대하여 복소 벡터공간을 이루는지 결정하여라. 벡터공간을 이루지 않는다면, 만족되지 않는 공리를 모두 열거하여라.

14. 보통의 덧셈과 스칼라배가 정의된 집합

$$\left\{\begin{bmatrix} z \\ \bar{z} \end{bmatrix} \in \mathbb{C}^2 : z \in \mathbb{C}\right\}$$

15. 보통의 행렬의 덧셈과 스칼라배를 갖는 모든 $m \times n$ 복소행렬의 집합 $M_{mn}(\mathbb{C})$

16. 보통의 덧셈과 다음과 같이 스칼라배가 정의된 $\mathbb{C}^2$

$$c\begin{bmatrix} z_1 \\ z_2 \end{bmatrix} = \begin{bmatrix} \bar{c}z_1 \\ \bar{c}z_2 \end{bmatrix}$$

17. 보통의 덧셈과 스칼라배가 정의된 집합 $\mathbb{R}^n$

※ [18-21] 다음의 각 문제에서 주어진 집합이 주어진 덧셈과 스칼라배에 대하여 $\mathbb{Z}_p$ 위에서 벡터공간을 이루는지 결정하여라. 벡터공간을 이루지 않는다면, 만족되지 않는 공리를 모두 열거하여라.

18. $\mathbb{Z}_2$ 위에서 보통의 덧셈과 스칼라배를 갖는 $\mathbb{Z}_2^n$의 벡터 중 좌표의 성분이 1인 좌표의 개수가 짝수인 모든 벡터의 집합

19. $\mathbb{Z}_2$ 위에서 보통의 덧셈과 스칼라배를 갖는 $\mathbb{Z}_2^n$의 벡터 중 좌표의 성분이 1인 좌표의 개수가 홀수인 모든 벡터의 집합

20. $\mathbb{Z}_p$ 위에서 행렬의 덧셈과 스칼라배를 갖는 $\mathbb{Z}_p$의 원소를 성분으로 갖는 모든 $m \times n$행렬의 집합 $M_{mn}(\mathbb{Z}_p)$

21. $\mathbb{Z}_3$위에서 보통의 덧셈과 스칼라배를 갖는 집합 $\mathbb{Z}_6$

22. 정리 6.1(a)를 증명하여라.

23. 정리 6.1(c)를 증명하여라.

※ [24-45] 정리 6.2를 사용하여, W가 V의 부분공간인지 조사하여라.

24. $V = \mathbb{R}^3$, $W = \left\{\begin{bmatrix} a \\ 0 \\ a \end{bmatrix}\right\}$

25. $V = \mathbb{R}^3$, $W = \left\{\begin{bmatrix} a \\ -a \\ 2a \end{bmatrix}\right\}$

26. $V = \mathbb{R}^3$, $W = \left\{\begin{bmatrix} a \\ b \\ a+b+1 \end{bmatrix}\right\}$

27. $V=\mathbb{R}^3$, $W=\left\{\begin{bmatrix} a \\ b \\ |a| \end{bmatrix}\right\}$

28. $V=M_{22}$, $W=\left\{\begin{bmatrix} a & b \\ b & 2a \end{bmatrix}\right\}$

29. $V=M_{22}$, $W=\left\{\begin{bmatrix} a & b \\ c & d \end{bmatrix} : ad \geq bc\right\}$

30. $V=M_{nn}$, $W=\{A \in M_{nn} : \det A = 1\}$

31. $V=M_{nn}$, W는 모든 $n\times n$ 대각행렬의 집합

32. $V=M_{nn}$, W는 모든 $n\times n$ 멱등행렬의 집합

33. $V=M_{nn}$, $W=\{A\in M_{nn} : AB=BA\}$. 여기서 B는 고정된 행렬

34. $V=\mathscr{P}_2$, $W=\{bx+cx^2\}$

35. $V=\mathscr{P}_2$, $W=\{a+bx+cx^2 : a+b+c=0\}$

36. $V=\mathscr{P}_2$, $W=\{a+bx+cx^2 : abc=0\}$

37. $V=\mathscr{P}$, W는 모든 3차 다항식의 집합

38. $V=\mathscr{F}$, $W=\{f\in\mathscr{F} : f(-x)=f(x)\}$

39. $V=\mathscr{F}$, $W=\{f\in\mathscr{F} : f(-x)=-f(x)\}$

40. $V=\mathscr{F}$, $W=\{f\in\mathscr{F} : f(0)=1\}$

41. $V=\mathscr{F}$, $W=\{f\in\mathscr{F} : f(0)=0\}$

$\frac{dy}{dx}$ 42. $V=\mathscr{F}$, W는 모든 미분가능한 함수의 집합

$\frac{dy}{dx}$ 43. $V=\mathscr{D}$, $W=\{f\in\mathscr{D} : f'(x)\geq 0\}$

$\frac{dy}{dx}$ 44. $V=\mathscr{F}$, $W=\mathscr{C}^{(2)}$는 제2계도함수가 연속인 모든 함수의 집합

$\frac{dy}{dx}$ 45. $V=\mathscr{F}$, $W=\left\{f\in\mathscr{F} : \lim_{x\to 0} f(x)=\infty\right\}$

46. U, W가 V의 부분공간일 때, $U\cap W$도 V의 부분공간임을 증명하여라.

47. U, W가 V의 부분공간일 때, $U\cup W$는 부분공간일 필요가 없음을 $V=\mathbb{R}^2$에서 반례를 찾아 증명하여라.

48. U, W가 V의 부분공간일 때, U와 W의 합 $U+W$를 다음과 같이 정의한다.

$$U+W=\{\mathbf{u}+\mathbf{w} : \mathbf{u}\in U, \ \mathbf{w}\in W\}$$

(a) $V=\mathbb{R}^3$이고 U는 x축, W는 y축일 때, $U+W$를 구하여라.

(b) U, W가 V의 부분공간일 때, $U+W$도 V의 부분공간임을 증명하여라.

49. U, V가 벡터공간일 때, U와 V의 **카테시안 곱** (Cartesian product) $U\times V$를 다음과 같이 정의한다.

$$U\times V=\{(\mathbf{u}, \mathbf{v}) : \mathbf{u}\in U, \ \mathbf{v}\in V\}$$

이때, $U\times V$가 벡터공간임을 증명하여라.

50. W가 V의 부분공간일 때, $\Delta=\{(\mathbf{w}, \mathbf{w}) : \mathbf{w}\in W\}$는 $V\times V$의 부분공간임을 증명하여라.

※ [51–52] $A=\begin{bmatrix} 1 & 1 \\ -1 & 1 \end{bmatrix}$이고 $B=\begin{bmatrix} 1 & -1 \\ 1 & 0 \end{bmatrix}$일 때, 다음에 주어진 C가 span(A, B)에 속하는지 결정하여라.

51. $C=\begin{bmatrix} 1 & 2 \\ 3 & 4 \end{bmatrix}$

52. $C=\begin{bmatrix} 3 & -5 \\ 5 & -1 \end{bmatrix}$

※ [53–54] $p(x)=1-2x$, $q(x)=x-x^2$, $r(x)=-2+3x+x^2$일 때, 다음에 주어진 $s(x)$가 span$(p(x), q(x), r(x))$에 속하는지 결정하여라.

53. $s(x)=3-5x-x^2$

54. $s(x)=1+x+x^2$

※ [55–58] $f(x)=\sin^2 x$, $g(x)=\cos^2 x$일 때 다음에 주어진 $h(x)$가 span$(f(x), g(x))$에 속하는지 결정하여라.

55. $h(x)=1$

56. $h(x)=\cos 2x$

57. $h(x)=\sin 2x$

58. $h(x)=\sin x$

59. $\begin{bmatrix} 1 & 1 \\ 0 & 1 \end{bmatrix}$, $\begin{bmatrix} 0 & 1 \\ 1 & 0 \end{bmatrix}$, $\begin{bmatrix} 1 & 0 \\ 1 & 1 \end{bmatrix}$, $\begin{bmatrix} 0 & -1 \\ 1 & 0 \end{bmatrix}$는 M_{22}를 생성하는가?

60. $\begin{bmatrix} 1 & 0 \\ 1 & 0 \end{bmatrix}$, $\begin{bmatrix} 1 & 1 \\ 1 & 0 \end{bmatrix}$, $\begin{bmatrix} 1 & 1 \\ 1 & 1 \end{bmatrix}$, $\begin{bmatrix} 0 & -1 \\ 1 & 0 \end{bmatrix}$는 M_{22}를 생성하는가?

61. $1+x$, $x+x^2$, $1+x^2$은 $\mathscr{P}_2$를 생성하는가?

62. $1+x+2x^2$, $2+x+2x^2$, $-1+x+2x^2$은 $\mathscr{P}_2$를 생성하는가?

63. 벡터공간은 오직 하나의 영벡터를 가짐을 증명하여라.

64. $\mathbf{v}$가 벡터공간 V의 원소일 때, $\mathbf{v}+\mathbf{v}'=\mathbf{0}$를 만족하는 $\mathbf{v}'$는 오직 하나밖에 없음을 보여라.

쓰기과제 벡터공간의 출현

452쪽의 옆 막대 글에서 지적하였듯이, 19세기 말 수학자 그라스만(Hermann Grassmann)과 페아노(Giuseppe Peano)는 벡터공간의 개념과 오늘날 사용되고 있는 벡터공간 공리들을 소개하는 데 도움이 되었다. 그라스만의 업적은 (뫼비우스의 띠(strip)로 유명한) 뫼비우스(August Ferdinand Möbius)에 의하여 1827년 창안된 방법인 중심좌표에서 시작되었다. 그러나 벡터공간 개념은 20세기 초반까지 널리 받아들여지지 않았다.

벡터공간의 발전의 역사에 관한 보고서를 작성하여라. 벡터공간의 개념의 기원과 그라스만과 페아노의 공헌에 대하여 논하여라. 왜 수학계에서 이러한 개념을 수용하는 데 오래 걸렸으며, 어떻게 받아들이게 되었는가?

1. Carl B. Boyer and Uta C. Merzbach, *A History of Mathematics* (Third Edition) (Hoboken, NJ: Wiley, 2011).
2. Jean-Luc, Dorier (1995), A General Outline of the Genesis of Vector Space Theory, *Historia Mathematica* 22 (1995), pp.227-261.
3. Victor J. Katz, *A History of Mathematics: An Introduction* (Third Edition) (Reading, MA: Addison Wesley Longman, 2008).

6.2 일차독립, 기저, 차원

이 장에서는 일차독립, 기저, 차원의 개념을 일반 벡터공간으로 확장하여 2.3절과 3.5절의 결과를 일반화한다. 대부분의 증명은 벡터공간 $\mathbb{R}^n$을 일반 벡터공간 V로 바꿈으로써 기존의 증명으로부터 자연스럽게 얻어진다.

일차독립

정의 벡터공간 V의 부분집합 $\{\mathbf{v}_1, \mathbf{v}_2, \cdots, \mathbf{v}_k\}$에 대하여, 적어도 하나 0이 아닌 스칼라 $c_1, c_2, \cdots, c_k$가 존재하여

$$c_1\mathbf{v}_1 + c_2\mathbf{v}_2 + \cdots + c_k\mathbf{v}_k = \mathbf{0}$$

을 만족할 때, $\{\mathbf{v}_1, \mathbf{v}_2, \cdots, \mathbf{v}_k\}$를 **일차종속**(linearly dependent)이라 한다. 또한, 일차종속이 아닌 V의 부분집합을 **일차독립**(linearly independent)이라 한다.

$\mathbb{R}^n$에서와 같이 벡터공간 V에서 $\{\mathbf{v}_1, \mathbf{v}_2, \cdots, \mathbf{v}_k\}$가 일차독립일 필요충분조건은

$$c_1\mathbf{v}_1 + c_2\mathbf{v}_2 + \cdots + c_k\mathbf{v}_k = \mathbf{0} \text{이면 } c_1 = 0,\ c_2 = 0,\ \cdots,\ c_k = 0 \text{이다.}$$

일차종속에 관한 다음의 유용한 정리를 소개한다.

정리 6.4 벡터공간 V의 부분집합 $S = \{\mathbf{v}_1, \mathbf{v}_2, \cdots, \mathbf{v}_k\}$가 일차종속일 필요충분조건은 S에 속하는 적어도 하나의 벡터가 S에 속하는 다른 벡터들의 일차결합으로 표현되는 것이다.

증명 정리 2.5의 증명과 동일하다.

다음은 정리 6.4의 특별한 경우이다. 임의의 두 개의 벡터로 이루어진 집합이 일차종속일 필요충분조건은 한 벡터가 다른 벡터의 스칼라배이다.

예제 6.22 벡터공간 $\mathscr{P}_2$에서

$$2(1 + x + x^2) - (1 - x + 3x^2) = 1 + 3x - x^2$$

이므로, 집합 $\{1 + x + x^2,\ 1 - x + 3x^2,\ 1 + 3x - x^2\}$은 일차종속이다.

예제 6.23 벡터공간 M_{22}에서 다음의 세 벡터 A, B, C를 생각하자.

$$A = \begin{bmatrix} 1 & 1 \\ 0 & 1 \end{bmatrix},\ B = \begin{bmatrix} 1 & -1 \\ 1 & 0 \end{bmatrix},\ C = \begin{bmatrix} 2 & 0 \\ 1 & 1 \end{bmatrix}$$

여기서, $A + B = C$이므로, 집합 $\{A, B, C\}$는 일차종속이다.

예제 6.24 벡터공간 $\mathscr{F}$에서

$$\cos 2x = \cos^2 x - \sin^2 x$$

이므로, 집합 $\{\sin^2 x, \cos^2 x, \cos 2x\}$는 일차종속이다.

예제 6.25 집합 $\{1, x, x^2, \cdots, x^n\}$은 벡터공간 $\mathscr{P}_n$에서 일차독립이다.

풀이 1 스칼라 $c_0, c_1, c_2, \cdots, c_n$에 대하여, 다음을 가정하자.

$$c_0 \cdot 1 + c_1 x + c_2 x^2 + \cdots + c_n x^n = 0$$

이는 다항식 $p(x)=c_0+c_1x+c_2x^2+\cdots+c_nx^n$이 모든 x값에 대하여, 0임을 의미한다. 즉, 임의의 x가 위 다항식의 해임을 뜻한다. 그러나 n차 다항식은 최대한 n개의 근을 가지므로, $p(x)$는 영 다항식이다. 이는 $c_0=c_1=c_2=\cdots=c_n=0$임을 의미한다. 따라서 $\{1,\ x,\ x^2,\ \cdots,\ x^n\}$은 일차독립이다.

풀이 2 풀이 1에서와 같이 다음을 가정하자.

$$p(x)=c_0+c_1x+c_2x^2+\cdots+c_nx^n=0$$

이 식이 모든 x에 대하여 참이므로, $x=0$을 대입하여 $c_0=0$을 구한다. 이는

$$c_1x+c_2x^2+\cdots+c_nx^n=0$$

임을 나타낸다. 이를 미분하면 다음을 얻는다.

$$c_1+2c_2x+3c_3x^2+\cdots+nc_nx^{n-1}=0$$

여기서, $x=0$를 대입하여 $c_1=0$을 얻는다. $2c_2x+3c_3x^2+\cdots+nc_nx^{n-1}=0$를 다시 미분하고, $x=0$을 대입하여, $c_2=0$를 구한다. 이와 같은 방법을 계속하면 $c_0=c_1=c_2=\cdots=c_n=0$이므로 $\{1,\ x,\ x^2,\ \cdots,\ x^n\}$은 일차독립임을 알 수 있다.

예제 6.26

$\mathscr{P}_2$에서 $\{1+x,\ x+x^2,\ 1+x^2\}$의 일차독립인지 결정하여라.

풀이 스칼라 $c_1,\ c_2,\ c_3$에 대하여

$$c_1(1+x)+c_2(x+x^2)+c_3(1+x^2)=0$$

라 하고, 이 식을 x의 차수별로 정리하면

$$(c_1+c_3)+(c_1+c_2)x+(c_2+c_3)x^2=0$$

이다. 이것으로부터 다음의 연립방정식을 얻는다.

$$\begin{aligned} c_1 + \ c_3 &= 0 \\ c_1 + c_2 &= 0 \\ c_2 + c_3 &= 0 \end{aligned}$$

이 연립방정식의 해는 $c_1=c_2=c_3=0$이다. 따라서 $\{1+x,\ x+x^2,\ 1+x^2\}$은 일차독립이다.

주의 예제 6.26과 예제 2.23(b)를 비교하여 보자. 두 예제의 연립방정식은 서로 같다. 이는 $\mathscr{P}_2$와 $\mathbb{R}^3$를 다음과 같이 대응한 것이다.

$$1+x \leftrightarrow \begin{bmatrix} 1 \\ 1 \\ 0 \end{bmatrix}, \quad x+x^2 \leftrightarrow \begin{bmatrix} 0 \\ 1 \\ 1 \end{bmatrix}, \quad 1+x^2 \leftrightarrow \begin{bmatrix} 1 \\ 0 \\ 1 \end{bmatrix}$$

그리고 이 대응이 우리가 풀어야 할 일차연립방정식의 계수행렬의 열과 같다. 따라서 집합 $\{1+x,\ x+x^2,\ 1+x^2\}$이 $\mathscr{P}_2$에서 일차독립임을 보이는 것은

$$\left\{ \begin{bmatrix} 1 \\ 1 \\ 0 \end{bmatrix}, \begin{bmatrix} 0 \\ 1 \\ 1 \end{bmatrix}, \begin{bmatrix} 1 \\ 0 \\ 1 \end{bmatrix} \right\}$$

이 $\mathbb{R}^3$에서 일차독립임을 보이는 것과 같다. 이는 역행렬의 기본정리에 의해 행렬 $\begin{bmatrix} 1 & 0 & 1 \\ 1 & 1 & 0 \\ 0 & 1 & 1 \end{bmatrix}$의 계수가 3이라는 사실을 보임으로써 해결된다.

예제 6.27

벡터공간 $\mathscr{F}$에서 집합 $\{\sin x,\ \cos x\}$의 일차독립 여부인지 결정하여라.

풀이 함수 $f(x)=\sin x$와 $g(x)=\cos x$가 일차종속일 필요충분조건은 이들 중 하나가 다른 하나의 스칼라배이다. 그러나 두 함수의 그래프를 살펴보면 이러한 현상이 일어날 수 없다. 구체적으로, 0이 아닌 스칼라 c에 대하여 $cf(x)=c\sin x$의 어떠한 근도 $g(x)=\cos x$의 근이 될 수 없다.

이러한 방법은 때에 따라 적합하지 않는 경우가 있다. 이제 일반적인 방법을 살펴보자. 스칼라 c, d에 대하여

$$c\sin x + d\cos x = 0$$

를 가정하자. 여기서 $x=0$라 두면 $d=0$이고, $x=\pi/2$라 두면 $c=0$이다. 따라서 $\{\sin x,\ \cos x\}$는 일차독립이다.

유한집합에 대하여 일차종속과 일차독립을 정의하였다. 다음 정의에서 이러한 개념을 무한집합으로 확장하여 보자.

> V의 부분집합 S가 일차종속인 유한부분집합을 가질 때, S를 **일차종속**(linearly dependent)이라고 한다. 그리고 일차종속이 아닌 V의 부분집합을 **일차독립**(linearly independent)이라고 한다.

위 정의는 유한집합에 대해서는 이미 정의한 것과 일치한다. 아래 예제는 일차독립인 무한집합의 예를 보여준다.

예제 6.28

벡터공간 $\mathscr{P}$에서 $S=\{1,\ x,\ x^2,\ \cdots\}$은 일차독립임을 보여라.

풀이 S가 일차종속인 유한부분집합 T를 포함한다고 가정하자. T가 포함하는 가장 높은 x의 거듭제곱을 x^m이라 하고, 가장 낮은 x의 거듭제곱을 x^n라 하자. 여기서 T가 일차종속이므로 최소한 하나는 0이 아닌 스칼라 c_n, c_{n+1}, $\cdots$, c_m이 존재하여

$$c_n x^n + c_{n+1} x^{n+1} + \cdots + c_m x^m = 0$$

를 만족한다. 그러나 예제 6.25에 사용된 방법을 적용하면 $c_n = c_{n+1} = \cdots = c_m = 0$를 얻는다. 이는 c_n, c_{n+1}, $\cdots$, c_m의 선택에 모순이다. 따라서 S는 일차종속인 유한부분집합을 포함하지 않으며 정의에 의해 S는 일차독립이다.

기저

기저의 중요한 개념을 일반 벡터공간으로 확장할 수 있다.

정의 벡터공간 V의 부분집합 $\mathcal{B}$가 다음 두 조건을 만족하면, $\mathcal{B}$를 V의 **기저**(basis)라 한다.

1. $\mathcal{B}$는 V를 생성한다.
2. $\mathcal{B}$는 일차독립이다.

예제 6.29

$\mathbf{e}_i$를 단위행렬의 i번째 열이라 하면, $\{\mathbf{e}_1, \mathbf{e}_2, \cdots, \mathbf{e}_n\}$은 $\mathbb{R}^n$의 기저이다. 이 기저를 $\mathbb{R}^n$의 **표준기저**(standard basis)라 한다.

예제 6.30

$\{1, x, x^2, \cdots, x^n\}$은 $\mathscr{P}_n$의 기저이다. 이 기저를 $\mathscr{P}_n$의 **표준기저**라 한다.

예제 6.31

집합 $\mathcal{E} = \{E_{11}, \cdots, E_{1n}, E_{21}, \cdots, E_{2n}, \cdots, E_{m1}, \cdots, E_{mn}\}$가 M_{mn}을 생성함을 보였다. 여기서 E_{ij}는 예제 6.18에서 정의하였다. 또한, $\mathcal{E}$가 일차독립임은 자명하다. 따라서 $\mathcal{E}$은 M_{mn}의 기저이다. 이 기저를 M_{mn}의 **표준기저**라 한다.

예제 6.32

$\mathcal{B} = \{1+x, x+x^2, 1+x^2\}$은 $\mathscr{P}_2$의 기저임을 보여라.

풀이 예제 6.26에서 $\mathcal{B}$는 일차독립이다. 이제, $\mathcal{B}$가 $\mathscr{P}_2$를 생성함을 보이자. 즉 $\mathscr{P}_2$에 속하는 임의의 다항식 $a + bx + cx^2$에 대하여, 다음 조건을 만족하는 스칼라가 c_1, c_2, c_3가 존재함을 보이면 된다.

$$c_1(1+x)+c_2(x+x^2)+c_3(1+x^2)=a+bx+cx^2$$

즉

$$(c_1+c_3)+(c_1+c_2)x+(c_2+c_3)x^2=a+bx+cx^2$$

이 식의 양변에서 x의 차수별 계수를 비교하면 다음의 연립일차방정식을 얻는다.

$$\begin{aligned} c_1 + \quad\ \ c_3 &= a \\ c_1 + c_2 \quad\ \ &= b \\ c_2 + c_3 &= c \end{aligned}$$

여기서, 계수행렬 $\begin{bmatrix} 1 & 0 & 1 \\ 1 & 1 & 0 \\ 0 & 1 & 1 \end{bmatrix}$의 계수가 3이므로, 역행렬이 존재하고 따라서 이 연립방정식은 해를 갖는다. 이로부터 $\mathcal{B}$가 $\mathscr{P}_2$의 기저임을 알 수 있다.

주의 예제 6.32의 중요한 부분을 차지하는 행렬 $\begin{bmatrix} 1 & 0 & 1 \\ 1 & 1 & 0 \\ 0 & 1 & 1 \end{bmatrix}$은 예제 6.26 다음의 주의에서 언급한 바와 같이 두 벡터공간 $\mathscr{P}_2$와 $\mathbb{R}^3$의 대응을 이용하면 곧바로 얻어진다.

예제 6.33 $\mathcal{B}=\{1,\ x,\ x^2,\ \cdots\}$은 $\mathscr{P}$의 기저임을 보여라.

풀이 예제 6.28에서 $\mathcal{B}$가 일차독립임을 보였다. 또한, 모든 다항식은 유한개의 x의 거듭제곱의 일차결합으로 표현되므로, $\mathcal{B}$는 $\mathscr{P}$를 생성한다. 따라서 $\mathcal{B}$는 $\mathscr{P}$의 기저이다.

예제 6.34 예제 6.13에 주어진 벡터공간의 기저를 구하여라.

(a) $W_1=\left\{\begin{bmatrix} a \\ b \\ -b \\ a \end{bmatrix}\right\}$ (b) $W_2=\{a+bx-bx^2+ax^3\}$ (c) $W_3=\left\{\begin{bmatrix} a & b \\ -b & a \end{bmatrix}\right\}$

풀이 세 예제들을 잘 살펴보면 유사성이 있으며, 사실 서로 구별할 필요가 없다. 6.5절에서 이러한 유사성의 개념을 좀 더 정확히 살펴본다.

(a)

$$\begin{bmatrix} a \\ b \\ -b \\ a \end{bmatrix}=a\begin{bmatrix} 1 \\ 0 \\ 0 \\ 1 \end{bmatrix}+b\begin{bmatrix} 0 \\ 1 \\ -1 \\ 0 \end{bmatrix}$$

이므로, $W_1=\mathrm{span}(\mathbf{u},\ \mathbf{v})$이다. 여기서

$$\mathbf{u}=\begin{bmatrix}1\\0\\0\\1\end{bmatrix},\quad \mathbf{v}=\begin{bmatrix}0\\1\\-1\\0\end{bmatrix}$$

이다. 또한, $\{\mathbf{u},\ \mathbf{v}\}$는 일차독립이므로, $\{\mathbf{u},\ \mathbf{v}\}$는 W_1의 기저이다.

(b) $a+bx-bx^2+ax^3=a(1+x^3)+b(x-x^2)$이므로, $W_2=\text{span}(u(x),\ v(x))$이다. 여기서

$$u(x)=1+x^3,\quad v(x)=x-x^2$$

이다. 또한, $\{u(x),\ v(x)\}$는 일차독립이므로, $\{u(x),\ v(x)\}$는 W_2의 기저이다.

(c)
$$\begin{bmatrix}a & b\\-b & a\end{bmatrix}=a\begin{bmatrix}1 & 0\\0 & 1\end{bmatrix}+b\begin{bmatrix}0 & 1\\-1 & 0\end{bmatrix}$$

이므로, $W_3=\text{span}(U,\ V)$이다. 여기서

$$U=\begin{bmatrix}1 & 0\\0 & 1\end{bmatrix},\quad V=\begin{bmatrix}0 & 1\\-1 & 0\end{bmatrix}$$

이다. 또한, $\{U,\ V\}$는 일차독립이므로, $\{U,\ V\}$는 W_3의 기저이다.

좌표

3.5절에서 $\mathbb{R}^n$의 부분공간의 기저에 대한 벡터의 좌표를 도입하였다. 이제 이 개념을 임의의 벡터공간으로 확장해보자.

정리 6.5 $\mathcal{B}$를 벡터공간 V의 기저라 하면, V의 임의의 벡터 $\mathbf{v}$는 $\mathcal{B}$의 원소들의 일차결합으로 유일하게 표현된다.

증명 정리 3.29의 증명과 같다. 일차결합이 유한개의 원소에 대한 성질이므로 $\mathcal{B}$가 무한집합인 경우도 이 정리는 성립한다.

정리 6.5의 역도 성립한다. 즉, $\mathcal{B}$가 V의 부분집합이고 V의 임의의 벡터 $\mathbf{v}$가 $\mathcal{B}$의 원소들의 일차결합으로 유일하게 표현되면, $\mathcal{B}$는 V의 기저이다(연습문제 30). 이러한 의미에서 유일한 표현 방법은 기저를 규정짓는다.

기저에 의한 벡터의 표현이 유일하므로 다음의 정의는 의미를 갖는다.

정의 $\mathcal{B}=\{\mathbf{v}_1, \mathbf{v}_2, \cdots, \mathbf{v}_n\}$를 벡터공간 V의 기저라 하고, V의 임의의 벡터 $\mathbf{v}$에 대하여 $\mathbf{v}=c_1\mathbf{v}_1+c_2\mathbf{v}_2+\cdots+c_n\mathbf{v}_n$이라 하자. 이때, 스칼라 $c_1, c_2, \cdots, c_n$을 $\mathcal{B}$에 대한 $\mathbf{v}$의 **좌표**(coordinate)라 하고, 열벡터

$$[\mathbf{v}]_{\mathcal{B}}=\begin{bmatrix} c_1 \\ c_2 \\ \vdots \\ c_n \end{bmatrix}$$

을 $\mathcal{B}$에 대한 $\mathbf{v}$의 **좌표벡터**(coordinate vector)라 한다.

V의 기저 $\mathcal{B}$가 n개의 원소를 가지면, $[\mathbf{v}]_{\mathcal{B}}$는 $\mathbb{R}^n$의 벡터임을 기억하여라.

예제 6.35 $\mathcal{B}=\{1, x, x^2\}$를 $\mathscr{P}_2$의 기저라 할 때, $\mathcal{B}$에 대한 $p(x)=2-3x+5x^2$의 좌표벡터 $[p(x)]_{\mathcal{B}}$를 구하여라.

풀이 다항식 $p(x)=2-3x+5x^2$은 $1, x, x^2$의 일차결합이므로, 구하려는 좌표벡터는 다음과 같다.

$$[p(x)]_{\mathcal{B}}=\begin{bmatrix} 2 \\ -3 \\ 5 \end{bmatrix}$$

이는 예제 6.26 다음의 주의에서 언급된 $\mathscr{P}_2$와 $\mathbb{R}^3$ 사이의 대응과 같다. 이를 일반화하면, 표준기저 $\mathcal{B}=\{1, x, x^2, \cdots, x^n\}$에 대한 $\mathscr{P}_n$의 임의의 다항식

$$p(x)=a_0+a_1x+a_2x^2+\ldots+a_nx^n$$

의 좌표벡터는

$$[p(x)]_{\mathcal{B}}=\begin{bmatrix} a_0 \\ a_1 \\ \vdots \\ a_n \end{bmatrix}$$

으로 $\mathbb{R}^{n+1}$의 벡터이다.

주의 기저 $\mathcal{B}$에 속해있는 벡터의 순서는 좌표벡터에 나타나는 좌표의 순서에 영향을 미친다. 예를 들어, 예제 6.35에서 표준기저에 속해있는 원소의 순서를 바꾼 기저 $\mathcal{B}'=\{x^2, x, 1\}$를 생각하면 $\mathcal{B}'$에 대한 $p(x)=2-3x+5x^2$의 좌표벡터는 다음과 같다.

$$[p(x)]_{\mathcal{B}'} = \begin{bmatrix} 5 \\ -3 \\ 2 \end{bmatrix}$$

예제 6.36

M_{22}의 표준기저 $\mathcal{B}=\{E_{11}, E_{12}, E_{21}, E_{22}\}$에 대한 행렬 $A=\begin{bmatrix} 2 & -1 \\ 4 & 3 \end{bmatrix}$의 좌표벡터 $[A]_{\mathcal{B}}$를 구하여라.

풀이 여기서

$$\begin{aligned} A = \begin{bmatrix} 2 & -1 \\ 4 & 3 \end{bmatrix} &= 2\begin{bmatrix} 1 & 0 \\ 0 & 0 \end{bmatrix} - \begin{bmatrix} 0 & 1 \\ 0 & 0 \end{bmatrix} + 4\begin{bmatrix} 0 & 0 \\ 1 & 0 \end{bmatrix} + 3\begin{bmatrix} 0 & 0 \\ 0 & 1 \end{bmatrix} \\ &= 2E_{11} - E_{12} + 4E_{21} + 3E_{22} \end{aligned}$$

이므로, 구하려는 좌표벡터는

$$[A]_{\mathcal{B}} = \begin{bmatrix} 2 \\ -1 \\ 4 \\ 3 \end{bmatrix}$$

이다. 이는 예제 6.13 앞에 언급된 M_{22}와 $\mathbb{R}^4$의 대응관계이다. 이 대응관계는 M_{mn}와 $\mathbb{R}^{mn}$의 대응관계로 쉽게 확장할 수 있다.

예제 6.37

$\mathscr{P}_2$의 기저 $\mathcal{C}=\{1+x,\ x+x^2,\ 1+x^2\}$에 대하여, 다항식 $p(x)=1+2x-x^2$의 좌표벡터 $[p(x)]_{\mathcal{C}}$를 구하여라.

풀이 이는 다음을 만족하는 스칼라 c_1, c_2, c_3를 구하는 문제이다.

$$c_1(1+x)+c_2(x+x^2)+c_3(1+x^2) = 1+2x-x^2$$

이를 정리하면

$$(c_1+c_3)+(c_1+c_2)x+(c_2+c_3)x^2 = 1+2x-x^2$$

을 얻는다. 예제 6.32에서와 같이 다음의 연립방정식을 풀면

$$\begin{aligned} c_1 + \quad\ \ c_3 &= 1 \\ c_1 + c_2 \quad\ \ &= 2 \\ c_2 + c_3 &= -1 \end{aligned}$$

$c_1=2$, $c_2=0$, $c_3=-1$이고 따라서 다음을 얻는다.

$$[p(x)]_{\mathcal{C}} = \begin{bmatrix} 2 \\ 0 \\ -1 \end{bmatrix}$$

[이는 $p(x) = 2(1+x) - (1+x^2)$를 의미하고, 간단히 확인할 수 있다.]

다음의 정리는 좌표벡터를 형성하는 과정이 벡터공간의 덧셈과 스칼라배의 연산과 양립할 수 있음을 보여준다.

정리 6.6 $\mathcal{B} = \{\mathbf{v}_1, \mathbf{v}_2, \cdots, \mathbf{v}_n\}$을 벡터공간 V의 기저라 하면, V에 속하는 임의의 벡터 $\mathbf{u}$, $\mathbf{v}$와 스칼라 c에 대하여 다음이 성립한다.

a. $[\mathbf{u}+\mathbf{v}]_{\mathcal{B}} = [\mathbf{u}]_{\mathcal{B}} + [\mathbf{v}]_{\mathcal{B}}$

b. $[c\mathbf{u}]_{\mathcal{B}} = c[\mathbf{u}]_{\mathcal{B}}$

증명 주어진 벡터 $\mathbf{u}$, $\mathbf{v}$는 기저벡터를 이용하여

$$\mathbf{u} = c_1\mathbf{v}_1 + c_2\mathbf{v}_2 + \cdots + c_n\mathbf{v}_n, \quad \mathbf{v} = d_1\mathbf{v}_1 + d_2\mathbf{v}_2 + \cdots + d_n\mathbf{v}_n$$

으로 표현할 수 있다. 그리고 벡터공간의 성질을 사용하면

$$\mathbf{u}+\mathbf{v} = (c_1+d_1)\mathbf{v}_1 + (c_2+d_2)\mathbf{v}_2 + \cdots + (c_n+d_n)\mathbf{v}_n$$

와

$$c\mathbf{u} = (cc_1)\mathbf{v}_1 + (cc_2)\mathbf{v}_2 + \ldots + (cc_n)\mathbf{v}_n$$

이 성립한다. 따라서 다음을 만족한다.

$$[\mathbf{u}+\mathbf{v}]_{\mathcal{B}} = \begin{bmatrix} c_1+d_1 \\ c_2+d_2 \\ \vdots \\ c_n+d_n \end{bmatrix} = \begin{bmatrix} c_1 \\ c_2 \\ \vdots \\ c_n \end{bmatrix} + \begin{bmatrix} d_1 \\ d_2 \\ \vdots \\ d_n \end{bmatrix} = [\mathbf{u}]_{\mathcal{B}} + [\mathbf{v}]_{\mathcal{B}}$$

이고

$$[c\mathbf{u}]_{\mathcal{B}} = \begin{bmatrix} cc_1 \\ cc_2 \\ \vdots \\ cc_n \end{bmatrix} = c\begin{bmatrix} c_1 \\ c_2 \\ \vdots \\ c_n \end{bmatrix} = c[\mathbf{u}]_{\mathcal{B}}$$

정리 6.6으로부터 좌표벡터는 다음과 같이 일차결합을 보존함을 알 수 있다.

$$[c_1\mathbf{u}_1 + \cdots + c_k\mathbf{u}_k]_{\mathcal{B}} = c_1[\mathbf{u}_1]_{\mathcal{B}} + \cdots + c_k[\mathbf{u}_k]_{\mathcal{B}} \tag{1}$$

연습문제 31에서 증명하여 보아라.

좌표벡터의 가장 유용한 점은 일반 벡터공간의 내용을 $\mathbb{R}^n$으로 옮겨 생각할 수 있다는 것이다. $\mathbb{R}^n$의 여러 성질은 1~3장에서 많이 밝혔으며, 이러한 개념은 6.3절과 6.6절에서 자세하게 살펴본다. 먼저, 다음의 유용한 정리를 살펴보자.

정리 6.7 $\mathcal{B}=\{\mathbf{v}_1, \mathbf{v}_2, \cdots, \mathbf{v}_n\}$을 벡터공간 V의 기저이고, $\mathbf{u}_1, \mathbf{u}_2, \cdots, \mathbf{u}_k$를 V의 벡터라 하자. 이때, $\{\mathbf{u}_1, \mathbf{u}_2, \cdots, \mathbf{u}_k\}$가 일차독립일 필요충분조건은 $\{[\mathbf{u}_1]_\mathcal{B}, \cdots, [\mathbf{u}_k]_\mathcal{B}\}$가 $\mathbb{R}^n$에서 일차독립인 것이다.

증명 먼저, $\{\mathbf{u}_1, \mathbf{u}_2, \cdots, \mathbf{u}_k\}$가 V에서 일차독립이라고 가정하자. 스칼라 $c_1, c_2, \cdots, c_k$에 대하여

$$c_1[\mathbf{u}_1]_\mathcal{B} + c_2[\mathbf{u}_2]_\mathcal{B} + \cdots + c_k[\mathbf{u}_k]_\mathcal{B} = \mathbf{0}$$

라 하면, 식 (1)에 의해

$$[c_1\mathbf{u}_1 + c_2\mathbf{u}_2 + \cdots + c_k\mathbf{u}_k]_\mathcal{B} = \mathbf{0}$$

이다. 따라서 $\mathcal{B}$에 대한 $c_1\mathbf{u}_1 + c_2\mathbf{u}_2 + \cdots + c_k\mathbf{u}_k$의 좌표는 모두 0이다. 즉

$$c_1\mathbf{u}_1 + c_2\mathbf{u}_2 + \cdots + c_k\mathbf{u}_k = 0\mathbf{v}_1 + 0\mathbf{v}_2 + \cdots + 0\mathbf{v}_k = \mathbf{0}$$

이다. 한편, $\{\mathbf{u}_1, \cdots, \mathbf{u}_k\}$가 일차독립이므로 $c_1 = c_2 = \cdots = c_k = 0$이다. 따라서 $\{[\mathbf{u}_1]_\mathcal{B}, \cdots, [\mathbf{u}_k]_\mathcal{B}\}$은 일차독립이다.

역에 대한 증명은 유사한 방법으로 할 수 있으며, 연습문제 32로 남긴다.

특별히 $\mathbf{u}_i = \mathbf{v}_i$이면

$$\mathbf{v}_i = 0 \cdot \mathbf{v}_1 + \cdots + 1 \cdot \mathbf{v}_i + \cdots + 0 \cdot \mathbf{v}_n$$

이므로 $[\mathbf{v}_i]_\mathcal{B} = \mathbf{e}_i$이다. 따라서 $\{[\mathbf{v}_1]_\mathcal{B}, \cdots, [\mathbf{v}_n]_\mathcal{B}\} = \{\mathbf{e}_1, \cdots, \mathbf{e}_n\}$은 $\mathbb{R}^n$의 표준기저이다.

차원

벡터공간의 차원은 $\mathbb{R}^n$의 부분공간의 차원의 정의와 같다. 즉, 벡터공간의 차원은 벡터공간의 기저에 속하는 원소의 수로 정의한다. 그러나 벡터공간은 많은 기저를 가지므로 이 정의가 의미가 있음을 보일 필요가 있다. 즉, 주어진 벡터공간의 모든 기저는 같은 수의 원소를 갖는다는 것을 보여야 한다.

다음의 정리 6.8(a)는 정리 2.8의 일반화이다.

정리 6.8 $\mathcal{B}=\{\mathbf{v}_1, \mathbf{v}_2, \cdots, \mathbf{v}_n\}$을 벡터공간의 V의 기저라 하면

a. n보다 많은 원소를 갖는 벡터집합은 일차종속이다.
b. n보다 적은 원소를 갖는 벡터집합은 V를 생성할 수 없다.

증명 (a) $\{\mathbf{u}_1, \mathbf{u}_2, \cdots, \mathbf{u}_m\}$을 V의 부분집합이라고 하고 $m > n$이라 하자. 그러면 $\{[\mathbf{u}_1]_{\mathcal{B}}, \cdots, [\mathbf{u}_m]_{\mathcal{B}}\}$는 $\mathbb{R}^n$의 원소로 이루어진 집합으로 원소의 개수가 n보다 크다. 따라서 정리 2.8에 의하여 일차종속이고, 정리 6.7에 의해 $\{\mathbf{u}_1, \mathbf{u}_2, \cdots, \mathbf{u}_m\}$은 일차종속이다.

(b) $\{\mathbf{u}_1, \mathbf{u}_2, \cdots, \mathbf{u}_m\}$을 V의 부분집합이라 하고 $m < n$이라 하자. 그러면 $S = \{[\mathbf{u}_1]_{\mathcal{B}}, \cdots, [\mathbf{u}_m]_{\mathcal{B}}\}$는 $\mathbb{R}^n$의 원소로 이루어진 집합으로 원소의 개수가 n보다 작다. $\text{span}\{\mathbf{u}_1, \mathbf{u}_2, \cdots, \mathbf{u}_m\} = V$일 필요충분조건은 $\text{span}(S) = \mathbb{R}^n$이다(연습문제 33). 그러나 $\text{span}(S)$는 $n \times m$행렬

$$A = [[\mathbf{u}_1]_{\mathcal{B}}, \cdots, [\mathbf{u}_m]_{\mathcal{B}}]$$

의 열공간이므로 $\dim(\text{span}(S)) = \dim(\text{col}(A)) \leq m < n$이다. 이는 S가 $\mathbb{R}^n$을 생성하지 못하고, 따라서 $\{\mathbf{u}_1, \mathbf{u}_2, \cdots, \mathbf{u}_m\}$이 V를 생성하지 못함을 의미한다.

이제, 정리 3.23을 확장해보자.

정리 6.9 **기저정리**

벡터공간 V가 n개의 벡터로 이루어진 기저를 가지면, V의 모든 기저는 정확히 n개의 벡터로 이루어진다.

정리 3.23의 증명과 같은 방법으로 증명할 수 있다. 그러나 정리 6.8을 이용하는 것이 간단하다.

증명 $\mathcal{B}$와 $\mathcal{B}'$를 각각 n개와 m개의 원소를 갖는 V의 기저라 하자. 정리 6.8에 의해서 $m \leq n$이다. 그렇지 않다면 $\mathcal{B}'$는 일차종속이다.

이제 $\mathcal{B}$와 $\mathcal{B}'$의 역할을 바꾸어서 정리 6.8을 이용하자. $\mathcal{B}'$는 m개의 벡터를 가지는 기저이므로 정리 6.8은 m개보다 많은 벡터를 가지는 집합은 일차종속임을 의미한다. 따라서 $\mathcal{B}$가 기저이므로 일차독립이기 때문에 $n \leq m$이다.

그러므로 $m \leq n$이고 $n \leq m$이므로 $n = m$이다.

기저정리에 의해, 주어진 유한차원 벡터공간의 모든 기저의 원소의 개수는 같다. 이는 다음의 정의를 가능하게 한다.

정의 벡터공간 V가 유한개의 벡터로 이루어진 기저를 가지면 **유한차원 벡터공간**(finite-dimensional vector space)이라 한다. 벡터공간 V의 **차원**(dimension)을 $\dim V$으로 나타내며 기저의 벡터의 수를 나타낸다. 영 벡터공간 $\{\mathbf{0}\}$의 차원은 0으로 정의한다. 유한차원 공간이 아닌 벡터공간을 **무한차원 벡터공간**(infinite-dimensional vector space)이라 한다.

예제 6.38 $\mathbb{R}^n$의 표준기저는 n개의 원소를 가지므로, $\dim \mathbb{R}^n = n$이다. 벡터공간 $\mathbb{R}^3$의 1차원 부분공간은 영벡터가 아닌 하나의 벡터로 생성된다. 따라서 원점을 지나는 한 직선이다. 그리고 2차원 부분공간은 두 개의 일차독립인 벡터에 의해서 생성되며, 원점을 지나는 한 평면이다. 일차독립인 세 개의 벡터는 기본정리에 의해 $\mathbb{R}^3$를 생성한다. 표 6.1은 $\mathbb{R}^3$의 부분공간을 차원에 따라 완전히 분류하였다.

표 6.1

dim V	V
3	$\mathbb{R}^3$
2	$\mathbf{0}$를 지나는 평면
1	$\mathbf{0}$를 지나는 직선
0	$\{\mathbf{0}\}$

예제 6.39 $\mathscr{P}_n$의 표준기저는 $n+1$개의 벡터를 포함한다(예제 6.30 참조). 따라서 $\dim \mathscr{P}_n = n+1$이다.

예제 6.40 M_{mn}의 표준기저는 mn개의 벡터를 포함한다(예제 6.31 참조). 따라서 $\dim M_{mn} = mn$이다.

예제 6.41 $\mathscr{P}$와 $\mathscr{F}$는 무한히 많은 원소를 포함한 일차독립집합 $\{1, x, x^2, \cdots\}$을 포함하고 있으므로, 무한차원 벡터공간이다(연습문제 44 참조).

예제 6.42 모든 2×2 대칭행렬로 이루어진 벡터공간 W의 차원을 구하여라(예제 6.10 참조).

풀이 2×2 대칭행렬은 다음과 같이 나타낼 수 있다.

$$\begin{bmatrix} a & b \\ b & c \end{bmatrix} = a\begin{bmatrix} 1 & 0 \\ 0 & 0 \end{bmatrix} + b\begin{bmatrix} 0 & 1 \\ 1 & 0 \end{bmatrix} + c\begin{bmatrix} 0 & 0 \\ 0 & 1 \end{bmatrix}$$

따라서 W는 다음의 집합 S에 의해 생성된다.

$$S = \left\{ \begin{bmatrix} 1 & 0 \\ 0 & 0 \end{bmatrix}, \begin{bmatrix} 0 & 1 \\ 1 & 0 \end{bmatrix}, \begin{bmatrix} 0 & 0 \\ 0 & 1 \end{bmatrix} \right\}$$

여기서 S가 일차독립이면, S는 W의 기저가 된다.

$$a\begin{bmatrix} 1 & 0 \\ 0 & 0 \end{bmatrix} + b\begin{bmatrix} 0 & 1 \\ 1 & 0 \end{bmatrix} + c\begin{bmatrix} 0 & 0 \\ 0 & 1 \end{bmatrix} = \begin{bmatrix} 0 & 0 \\ 0 & 0 \end{bmatrix}$$

라 두면

$$\begin{bmatrix} a & b \\ b & c \end{bmatrix} = \begin{bmatrix} 0 & 0 \\ 0 & 0 \end{bmatrix}$$

이고 $a = b = c = 0$이다. 따라서 S는 일차독립이고 W의 기저가 된다. 그러므로 $\dim W = 3$이다.

벡터공간의 차원은 '마법의 수'이다. 벡터공간의 차원을 알면 벡터공간의 많은 정보를 얻을 수 있고, 다음의 정리들과 예제에서 보는 바와 같이 어떤 종류의 계산에 필요한 일을 상당히 줄일 수 있다.

정리 6.10

V를 n차원 벡터공간이라 하면, 다음이 성립한다.

a. V의 원소로 이루어진 일차독립인 집합은 최대 n개의 원소를 포함한다.

b. V를 생성하는 집합은 적어도 n개의 원소를 포함한다.

c. 정확히 n개의 원소로 이루어진 일차독립인 집합은 V의 기저이다.

d. 정확히 n개의 원소로 이루어진 집합이 V를 생성하면, 이 집합은 V의 기저이다.

e. V의 원소로 이루어진 임의의 일차독립인 집합은 V의 기저로 확장될 수 있다.

f. V를 생성하는 집합은 V의 기저로 축소될 수 있다.

증명 성질 (a)와 (b)의 증명은 정리 6.8(a)와 (b)로부터 각각 얻어진다.

(c) S를 정확히 n개의 원소를 갖는 일차독립인 집합이라고 하자. 만약 S가 V을 생성하지 않는다면, S 원소의 일차결합으로 표시되지 않는 V의 원소 $\mathbf{v}$가 존재한다. 그러면 S의 원소와 $\mathbf{v}$로 이루어진 $n+1$개의 원소를 갖는 집합 S'는 일차독립이다(연습문제 54). 그러나 정리 6.8(a)에 의해 이것은 불가능하다. 따라서 S는 V를 생성하고 V의 기저이다.

(d) S를 정확히 n개 원소를 갖고 V를 생성하는 집합이라고 하자. 만약 S가 일차종속이라면, S의 한 원소 $\mathbf{v}$가 S의 다른 원소의 일차결합으로 표현된다. 이는 S에서 $\mathbf{v}$를 제외한 $n-1$개의 원소를 갖는 집합 S'가 여전히 V를 생성함을 의미한다(연습문제 55). 그러나 정리 6.8(b)에 의해 이것은 불가능하다. 따라서 S는 일차독립이고 V의 기저이다.

(e) S를 일차독립인 집합이라 하자. 만약 S가 V를 생성하면 S는 V의 기저이다. 만약 S가 V를 생성하지 않으면, S에 속하는 원소의 일차결합으로 표시되지 않는 V의 원소 $\mathbf{v}$가 존재한다. 이제, S의 원소와 $\mathbf{v}$로 이루어진 집합 S'를 생각하자. 만약 S'가 V를 생성하면 S'는 V의 기저이다. 만약 S'가 V를 생성하지 않으면 위와 같은 방법을 적용하여 더 많은 원소를 갖는 일차독립인 집합을 만들 수 있다. 이러한 과정은 정리 6.8(a)에 의해 유한 번 진행한 후 멈춰야 하며, 그때 S를 포함하고 V를 생성하는 일차독립인 집합 S^*를 얻는다. 즉, S^*는 S를 포함하는 V의 기저이다.

(f) 연습문제 56으로 남겨둔다.

많은 경우에서 주어진 집합의 일차독립 여부, 기저 여부 또는 전체공간의 생성 여부 등의 성질을 조사할 때, 정리 6.10을 이용하면 일을 많이 줄일 수 있음을 알 수 있다.

예제 6.43

다음의 S가 V의 기저인지를 밝혀라.

(a) $V=\mathscr{P}_2,\ S=\{1+x,\ 2-x+x^2,\ 3x-2x^2,\ -1+3x+x^2\}$

(b) $V=M_{22},\ S=\left\{\begin{bmatrix}1 & 0\\ 1 & 1\end{bmatrix}, \begin{bmatrix}0 & -1\\ 1 & 0\end{bmatrix}, \begin{bmatrix}1 & 1\\ 0 & -1\end{bmatrix}\right\}$

(c) $V=\mathscr{P}_2,\ S=\{1+x,\ x+x^2,\ 1+x^2\}$

풀이 (a) $\dim\ (\mathscr{P}_2)=3$이고 S는 4개의 원소를 포함하고 있으므로, 정리 6.10(a)에 의해 S는 일차종속이다. 따라서 S는 $\mathscr{P}_2$의 기저가 아니다.

(b) $\dim(M_{22})=4$이고 S는 3개의 원소를 포함하고 있으므로, 정리 6.10(b)에 의해 S는 M_{22}를 생성할 수 없다. 따라서 S는 M_{22}의 기저가 아니다.

(c) $\dim\ (\mathscr{P}_2)=3$이고 S는 3개의 원소를 포함하고 있다. 여기서 S가 일차독립이면 정리 6.10(c) 또는 (d)에 의해 S는 $\mathscr{P}_2$의 기저이다. 한편, 예제 6.26에서 S가 일차독립임을 보였다. 따라서 S는 $\mathscr{P}_2$의 기저이다. (예제 6.32와 같은 문제이다. 정리 6.10을 사용하면 아주 간단하게 풀이할 수 있다.)

예제 6.44

집합 $\{1+x,\ 1-x\}$를 $\mathscr{P}_2$의 기저로 확장하여라.

풀이 우선, $\{1+x,\ 1-x\}$가 일차독립임에 주목하라. 한편, $\dim\ (\mathscr{P}_2)=3$이므로 기존의 두 벡터의 일차결합으로 표시할 수 없는 벡터가 하나 더 필요하다. 정리 6.10(e)의 증명에 사용된 방법을 적용할 수 있다. 그러나 실제 계산에 있어서 다른 방법을 적용하는 것이 쉬운 경우가 있다.

먼저, 주어진 집합에 $\mathscr{P}_2$의 표준기저의 원소를 포함시켜 만든 집합 S를 생각하자. 즉

$$S=\{1+x,\ 1-x,\ 1,\ x,\ x^2\}$$

이다. 정리 6.10(a)에 의해 S는 일차종속이다. 따라서 S에서 표준기저에 속하는 두 개의 벡터를 제거하여야 한다. 어떤 원소를 제거하여야 할까? 여기서 $1=\frac{1}{2}(1+x)+\frac{1}{2}(1-x)$이므로, 1은 $1+x$와 $1-x$의 일차결합이다. 따라서 1을 제거해야 한다. 같은 방법으로, $x=\frac{1}{2}(1+x)-\frac{1}{2}(1-x)$이므로, x를 제거한다. 결과적으로, 일차독립인 집합 $\{1+x,\ 1-x,\ x^2\}$를 얻는다. 따라서 $\{1+x,$

$1-x,\ x^2\}$는 $\{1+x,\ 1-x\}$을 포함하는 $\mathscr{P}_2$의 한 기저이다.

예제 6.42에서 모든 2×2 대칭행렬의 집합인 W는 M_{22}의 부분공간이며 $\dim W = 3 \le 4 = \dim M_{22}$임을 보았다. 이는 다음 정리의 특별한 예이다.

정리 6.11 유한차원 벡터공간 V의 부분공간 W에 대하여, 다음이 성립한다.

a. W는 유한차원이고 $\dim W \le \dim V$이다.

b. $\dim W = \dim V$일 필요충분조건은 $W = V$이다.

증명 (a) $\dim V = n$이라 두자. 만약 $W=\{\mathbf{0}\}$이면, $\dim W = 0 \le n = \dim V$이다. 이제 $W \ne \{\mathbf{0}\}$이라 가정하자. W는 V의 부분집합이므로, V의 임의의 기저 $\mathcal{B}$는 W를 생성한다. 정리 6.10(f)에 의해 $\mathcal{B}$의 원소의 수를 줄여 W의 기저 $\mathcal{B}'$를 만들 수 있다. 여기서 $\mathcal{B}'$의 원소의 수가 n 이하이다. 따라서 W는 유한차원이고 $\dim(W) \le n = \dim V$이다.

(b) 만약 $W=V$이면 당연히 $\dim W = \dim V$이다. 반대로 $\dim W = \dim V = n$이라고 가정하자. 그러면 W의 임의의 기저 $\mathcal{B}$는 정확히 n개의 원소를 가지고 있다. 이는 $\mathcal{B}$가 n개의 원소를 갖는 V의 일차독립인 부분집합임을 의미한다. 정리 6.10(c)에 의해 $\mathcal{B}$는 V의 기저이다. 따라서 $V=\text{span}(\mathcal{B})=W$이다.

6.2 연습문제

※ [1–4] 벡터공간 M_{22}에서 다음에 주어진 집합의 일차독립 여부를 판정하여라. 만일 일차종속이면, 한 원소를 다른 원소의 일차결합으로 나타내어라.

1. $\left\{\begin{bmatrix}1 & 1\\ 0 & -1\end{bmatrix}, \begin{bmatrix}1 & -1\\ 1 & 0\end{bmatrix}, \begin{bmatrix}1 & 0\\ 3 & 2\end{bmatrix}\right\}$

2. $\left\{\begin{bmatrix}2 & -3\\ 4 & 2\end{bmatrix}, \begin{bmatrix}1 & -1\\ 3 & 3\end{bmatrix}, \begin{bmatrix}-1 & 3\\ 1 & 5\end{bmatrix}\right\}$

3. $\left\{\begin{bmatrix}-1 & 1\\ -2 & 2\end{bmatrix}, \begin{bmatrix}3 & 0\\ 1 & 1\end{bmatrix}, \begin{bmatrix}0 & 2\\ -3 & 1\end{bmatrix}, \begin{bmatrix}-1 & 0\\ -1 & 7\end{bmatrix}\right\}$

4. $\left\{\begin{bmatrix}1 & 1\\ 0 & 1\end{bmatrix}, \begin{bmatrix}1 & 0\\ 1 & 1\end{bmatrix}, \begin{bmatrix}0 & 1\\ 1 & 1\end{bmatrix}, \begin{bmatrix}1 & 1\\ 1 & 0\end{bmatrix}\right\}$

※ [5–9] 다음에 주어진 다항식의 집합이 명시된 벡터공간에서 일차독립인지를 판정하여라. 만일 일차종속이면, 한 원소를 다른 원소의 일차결합으로 나타내어라.

5. $\mathscr{P}_1$에서 $\{x,\ 1+x\}$

6. $\mathscr{P}_2$에서 $\{1+x,\ 1+x^2,\ 1-x+x^2\}$

7. $\mathscr{P}_2$에서 $\{x,\ 2x-x^2,\ 3x+2x^2\}$

8. $\mathscr{P}_3$에서 $\{2x,\ x-x^2,\ 1+x^3,\ 2-x^2+x^3\}$

9. $\mathscr{P}_3$에서
$\{1-2x,\ 3x+x^2-x^3,\ 1+x^2+2x^3,\ 3+2x+3x^3\}$

※ [10–14] 벡터공간 $\mathscr{F}$에서 다음에 주어진 집합의 일차독립 여부를 판정하여라. 만일 일차종속이면, 한 원소를 다른 원소의 일차결합으로 나타내어라.

10. $\{1,\ \sin x,\ \cos x\}$

11. $\{1,\ \sin^2 x,\ \cos^2 x\}$

12. $\{e^x,\ e^{-x}\}$

13. $\{1,\ \ln(2x),\ \ln(x^2)\}$

14. $\{\sin x,\ \sin 2x,\ \sin 3x\}$

15. 제1계도함수가 연속인 모든 함수로 이루어진 벡터공간 $\mathscr{C}^{(1)}$에 속하는 f와 g에 대하여, 행렬식

$$W(x)=\begin{vmatrix} f(x) & g(x)\\ f'(x) & g'(x)\end{vmatrix}$$

를 f와 g의 **론스키 행렬식**(Wronskian)이라 부른다. [이는 수리철학과 행렬식 이론을 연구한 폴란드계 프랑스인 론스키(Jósef Maria Hoëné-Wronski, 1776–

1853)의 이름을 따서 지어졌다.] 여기서, f와 g의 론스키 행렬식이 항등적으로 0이 아니면(즉 $W(x) \neq 0$인 x가 존재하면), f와 g가 일차독립임을 보여라.

16. 일반적으로, 벡터공간 $\mathscr{C}^{(n-1)}$에 속하는 $f_1, f_2, \cdots, f_n$의 론스키 행렬식은 행렬식

$$W(x) = \begin{vmatrix} f_1(x) & f_2(x) & \cdots & f_n(x) \\ f'_1(x) & f'_2(x) & \cdots & f'_n(x) \\ \vdots & \vdots & \ddots & \vdots \\ f_1^{(n-1)}(x) & f_2^{(n-1)}(x) & \cdots & f_n^{(n-1)}(x) \end{vmatrix}$$

이고 $W(x)$가 항등적으로 0이 아니면, $f_1, f_2, \cdots, f_n$은 일차독립이다. 이 론스키 판별법을 사용하여, 문제 10-14를 풀어보아라.

17. $\{\mathbf{u}, \mathbf{v}, \mathbf{w}\}$를 벡터공간 V의 일차독립인 부분집합이라 하자.

(a) $\{\mathbf{u}+\mathbf{v}, \mathbf{v}+\mathbf{w}, \mathbf{u}+\mathbf{w}\}$는 일차독립인가? 일차독립이면 증명하고, 그렇지 않으면 반례를 들어라.

(b) $\{\mathbf{u}-\mathbf{v}, \mathbf{v}-\mathbf{w}, \mathbf{u}-\mathbf{w}\}$는 일차독립인가? 일차독립이면 증명하고, 그렇지 않으면 반례를 들어라.

※ [18-25] 다음에 주어진 $\mathcal{B}$가 벡터공간 V의 기저인지 결정하여라.

18. $V = M_{22}$, $\mathcal{B} = \left\{ \begin{bmatrix} 1 & 0 \\ 0 & 1 \end{bmatrix}, \begin{bmatrix} 1 & 1 \\ 1 & 0 \end{bmatrix}, \begin{bmatrix} 1 & -1 \\ -1 & 1 \end{bmatrix} \right\}$

19. $V = M_{22}$, $\mathcal{B} = \left\{ \begin{bmatrix} 1 & 0 \\ 0 & 1 \end{bmatrix}, \begin{bmatrix} 0 & -1 \\ 1 & 0 \end{bmatrix}, \begin{bmatrix} 1 & 1 \\ 1 & 1 \end{bmatrix}, \begin{bmatrix} 1 & 1 \\ 1 & -1 \end{bmatrix} \right\}$

20. $V = M_{22}$,

$\mathcal{B} = \left\{ \begin{bmatrix} 1 & 0 \\ 0 & 1 \end{bmatrix}, \begin{bmatrix} 0 & 1 \\ 1 & 0 \end{bmatrix}, \begin{bmatrix} 1 & 1 \\ 0 & 1 \end{bmatrix}, \begin{bmatrix} 1 & 0 \\ 1 & 1 \end{bmatrix} \right\}$

21. $V = M_{22}$,

$\mathcal{B} = \left\{ \begin{bmatrix} 1 & 2 \\ 2 & 1 \end{bmatrix}, \begin{bmatrix} 2 & 1 \\ 1 & 2 \end{bmatrix}, \begin{bmatrix} 1 & 3 \\ -3 & 1 \end{bmatrix}, \begin{bmatrix} 2 & 3 \\ 3 & 1 \end{bmatrix}, \begin{bmatrix} 1 & 2 \\ 3 & 2 \end{bmatrix} \right\}$

22. $V = \mathscr{P}_2$, $\mathcal{B} = \{x, 1+x, x-x^2\}$

23. $V = \mathscr{P}_2$, $\mathcal{B} = \{1-x, 1-x^2, x-x^2\}$

24. $V = \mathscr{P}_2$, $\mathcal{B} = \{1, 1+2x+3x^2\}$

25. $V = \mathscr{P}_2$, $\mathcal{B} = \{1, 2-x, 3-x^2, x+2x^2\}$

26. 벡터공간 M_{22}의 기저 $\mathcal{B} = \{E_{22}, E_{21}, E_{12}, E_{11}\}$에 대한 $A = \begin{bmatrix} 1 & 2 \\ 3 & 4 \end{bmatrix}$의 좌표벡터를 구하여라.

27. 벡터공간 M_{22}의 기저 $\mathcal{B} = \left\{ \begin{bmatrix} 1 & 0 \\ 0 & 0 \end{bmatrix}, \begin{bmatrix} 1 & 1 \\ 0 & 0 \end{bmatrix}, \begin{bmatrix} 1 & 1 \\ 1 & 0 \end{bmatrix}, \begin{bmatrix} 1 & 1 \\ 1 & 1 \end{bmatrix} \right\}$에 대한 $A = \begin{bmatrix} 1 & 2 \\ 3 & 4 \end{bmatrix}$의 좌표벡터를 구하여라.

28. 벡터공간 $\mathscr{P}_2$의 기저 $\mathcal{B} = \{1+x, 1-x, x^2\}$에 대한 $p(x) = 1+2x+3x^2$의 좌표벡터를 구하여라.

29. 벡터공간 $\mathscr{P}_2$의 기저 $\mathcal{B} = \{1, 1+x, -1+x^2\}$에 대한 $p(x) = 2-x+3x^2$의 좌표벡터를 구하여라.

30. $\mathcal{B}$를 벡터공간 V의 부분집합이라 하자. 여기서 V의 모든 벡터가 $\mathcal{B}$에 있는 벡터의 일차결합으로 유일하게 표현되면, $\mathcal{B}$는 V의 기저임을 보여라.

31. $\mathcal{B}$가 벡터공간 V의 기저라 할 때, V의 임의의 벡터 $\mathbf{u}_1, \cdots, \mathbf{u}_k$와 스칼라 $c_1, c_2, \cdots, c_k$에 대하여 $[c_1\mathbf{u}_1 + \cdots + c_k\mathbf{u}_k]_\mathcal{B} = c_1[\mathbf{u}_1]_\mathcal{B} + \cdots + c_k[\mathbf{u}_k]_\mathcal{B}$임을 보여라.

32. $\{[\mathbf{u}_1]_\mathcal{B}, \cdots, [\mathbf{u}_k]_\mathcal{B}\}$가 $\mathbb{R}^n$에서 일차독립일 때, $\{\mathbf{u}_1, \cdots, \mathbf{u}_k\}$가 V에서 일차독립임을 보임으로써 정리 6.7의 증명을 완성하여라.

33. $\mathcal{B}$는 n차원 벡터공간 V의 기저이고, $\{\mathbf{u}_1, \cdots, \mathbf{u}_m\}$을 V의 부분집합이라 하자. 그리고 $S = \{[\mathbf{u}_1]_\mathcal{B}, \cdots, [\mathbf{u}_m]_\mathcal{B}\}$를 $\mathcal{B}$에 대한 $\{\mathbf{u}_1, \cdots, \mathbf{u}_m\}$의 좌표벡터의 집합이라고 하자. 이때, $\text{span}(\mathbf{u}_1, \cdots, \mathbf{u}_m) = V$일 필요충분조건은 $\text{span}(S) = \mathbb{R}^n$임을 증명하여라.

※ [34-39] 다음에 주어진 벡터공간 V의 기저와 차원을 구하여라.

34. $V = \{p(x) \in \mathscr{P}_2 : p(0) = 0\}$

35. $V = \{p(x) \in \mathscr{P}_2 : p(1) = 0\}$

36. $V = \{p(x) \in \mathscr{P}_2 : xp'(x) = p(x)\}$

37. $V = \{A \in M_{22} : A\text{는 상삼각행렬}\}$

38. $V = \{A \in M_{22} : A\text{는 비대칭행렬}\}$

39. $V = \{A \in M_{22} : AB = BA\}$, 단, $B = \begin{bmatrix} 1 & 1 \\ 0 & 1 \end{bmatrix}$

40. 모든 $n \times n$ 대칭행렬로 이루어진 벡터공간의 차원을 구하여라.

41. 모든 $n \times n$ 비대칭행렬로 이루어진 벡터공간의 차원을 구하여라.

42. U와 W를 유한차원 벡터공간 V의 부분공간이라 할 때, 다음의 **그라스만 항등식**(Grassmann's Identity)을 증명하여라.

$$\dim(U+W) = \dim U + \dim W - \dim(U \cap W)$$

[힌트: $U+W$는 6.1절 연습문제 48에서 정의하였다. $\mathcal{B} = \{\mathbf{v}_1, \cdots, \mathbf{v}_k\}$를 $U \cap W$의 기저라 하고, 이를

U의 기저 $\mathcal{C}$와 W의 기저 $\mathcal{D}$로 확장하여라. 또한, $\mathcal{C} \cup \mathcal{D}$가 $U+W$의 기저임을 보여라.]

43. U와 V를 유한차원 벡터공간이라 하자.
(a) $\dim(U \times V)$를 $\dim U$와 $\dim V$로 표현하여라 (6.1절 연습문제 49).
(b) V의 부분공간 W에 대하여 $\dim \Delta = \dim W$임을 보여라. 여기서 $\Delta = \{(\mathbf{w}, \mathbf{w}) : \mathbf{w} \in W\}$이다.

44. 벡터공간 $\mathscr{P}$가 무한차원 공간임을 보여라.
[힌트: 주어진 벡터공간이 유한개의 원소를 갖는 기저를 가진다고 가정하고, 이 기저로 표시할 수 없는 다항식을 찾는다.]

45. $\{1+x, 1+x+x^2\}$를 $\mathscr{P}_2$의 기저로 확장하여라.

46. $\left\{\begin{bmatrix} 0 & 1 \\ 0 & 1 \end{bmatrix}, \begin{bmatrix} 1 & 1 \\ 0 & 1 \end{bmatrix}\right\}$을 M_{22}의 기저로 확장하여라.

47. $\left\{\begin{bmatrix} 1 & 0 \\ 0 & 1 \end{bmatrix}, \begin{bmatrix} 0 & 1 \\ 1 & 0 \end{bmatrix}, \begin{bmatrix} 0 & -1 \\ 1 & 0 \end{bmatrix}\right\}$를 M_{22}의 기저로 확장하여라.

48. $\left\{\begin{bmatrix} 1 & 0 \\ 0 & 1 \end{bmatrix}, \begin{bmatrix} 0 & 1 \\ 1 & 0 \end{bmatrix}\right\}$을 모든 2×2 대칭행렬로 이루어진 벡터공간의 기저로 확장하여라.

49. 벡터공간 $\mathscr{P}_1$의 부분공간 $\text{span}(1, 1+x, 2x)$의 기저를 구하여라.

50. 벡터공간 $\mathscr{P}_2$의 부분공간 $\text{span}(1-2x, 2x-x^2, 1-x^2, 1+x^2)$의 기저를 구하여라.

51. 벡터공간 $\mathscr{P}_2$의 부분공간 $\text{span}(1-x, x-x^2, 1-x^2, 1-2x+x^2)$의 기저를 구하여라.

52. 벡터공간 M_{22}의 부분공간 $\text{span}\left(\begin{bmatrix} 1 & 0 \\ 0 & 1 \end{bmatrix}, \begin{bmatrix} 0 & 1 \\ 1 & 0 \end{bmatrix}, \begin{bmatrix} -1 & 1 \\ 1 & -1 \end{bmatrix}, \begin{bmatrix} 1 & -1 \\ -1 & 1 \end{bmatrix}\right)$의 기저를 구하여라.

53. 벡터공간 $\mathscr{F}$의 부분공간 $\text{span}(\sin^2 x, \cos^2 x, \cos 2x)$의 기저를 구하여라.

54. $S = \{\mathbf{v}_1, \mathbf{v}_2, \cdots, \mathbf{v}_n\}$을 V의 일차독립인 집합이라고 하자. 만일 $\mathbf{v}$가 $\text{span}(S)$에 속하지 않는 V의 원소이면, $S' = \{\mathbf{v}_1, \mathbf{v}_2, \cdots, \mathbf{v}_n, \mathbf{v}\}$도 일차독립임을 보여라.

55. $S = \{\mathbf{v}_1, \mathbf{v}_2, \cdots, \mathbf{v}_n\}$을 벡터공간 V의 생성원 집합이라고 하자. 만일 $\mathbf{v}_n$이 $\text{span}(\mathbf{v}_1, \cdots, \mathbf{v}_{n-1})$에 속하면, $S' = \{\mathbf{v}_1, \cdots, \mathbf{v}_{n-1}\}$도 V의 생성원 집합임을 보여라.

56. 정리 6.10(f)를 증명하여라.

57. $\{\mathbf{v}_1, \cdots, \mathbf{v}_n\}$이 V의 기저이면, 임의의 0 아닌 스칼라 $c_1, \cdots, c_n$에 대하여 $\{c_1\mathbf{v}_1, \cdots, c_n\mathbf{v}_n\}$도 V의 기저임을 보여라.

58. $\{\mathbf{v}_1, \cdots, \mathbf{v}_n\}$을 V의 기저라 하자. 이때, $\{\mathbf{v}_1, \mathbf{v}_1+\mathbf{v}_2, \mathbf{v}_1+\mathbf{v}_2+\mathbf{v}_3, \cdots, \mathbf{v}_1+\cdots+\mathbf{v}_n\}$도 역시 V의 기저임을 증명하여라.

※ $n+1$개의 서로 다른 실수 $a_0, a_1, \cdots, a_n$에 대하여, 다항식 $p_0(x), p_1(x), \cdots, p_n(x)$를 다음과 같이 정의한다.

$$p_i(x) = \frac{(x-a_0)\cdots(x-a_{i-1})(x-a_{i+1})\cdots(x-a_n)}{(a_i-a_0)\cdots(a_i-a_{i-1})(a_i-a_{i+1})\cdots(a_i-a_n)}$$

이 다항식을 $a_0, a_1, \cdots, a_n$에 대한 **라그랑주 다항식**(Lagrange polynomial)이라고 한다. [라그랑주(Joseph Louis Lagrange, 1736-1813)는 이탈리아에서 태어났다. 그러나 그의 생의 대부분을 독일과 프랑스에서 보냈다. 그는 수론, 대수학, 천문학, 역학, 그리고 변분법 등의 분야에 큰 공헌을 하였다. 1773년 그는 처음으로 행렬식의 부피에 의한 해석을 하였다(4장 참조)].

59. (a) $a_0 = 1, a_1 = 2, a_2 = 3$에 대한 라그랑주 다항식을 구하여라.
(b) 다음을 증명하여라.

$$p_i(a_j) = \begin{cases} 0, & i \neq j \\ 1, & i = j \end{cases}$$

60. (a) 벡터공간 $\mathscr{P}_n$에서 라그랑주 다항식의 집합 $\mathcal{B} = \{p_0(x), p_1(x), \cdots, p_n(x)\}$가 일차독립임을 보여라. [힌트: $c_0p_0(x)+\cdots+c_np_n(x)=0$이라 두고 연습문제 59(b)를 이용하여라.]
(b) $\mathcal{B}$가 $\mathscr{P}_n$의 기저임을 보여라.

61. $\mathscr{P}_n$의 임의의 원소 $q(x)$는 문제 60(b)에 의해, 적당한 스칼라 $c_0, c_1, \cdots, c_n$이 존재하여 다음과 같이 표현할 수 있다.

$$q(x) = c_0p_0(x) + \cdots + c_np_n(x) \qquad (1)$$

(a) 각 $i=0, \cdots, n$에 대하여 $c_i = q(a_i)$임을 보이고, $q(x) = q(a_0)p_0(x) + \cdots + q(a_n)p_n(x)$가 기저 $\mathcal{B}$에 대한 $q(x)$의 유일한 표현임을 보여라.
(b) 첫 번째 좌표가 서로 다른 $n+1$개의 점 $(a_0, c_0), (a_1, c_1), \cdots, (a_n, c_n)$에 대하여, (1)에서 정의된 함수 $q(x)$는 주어진 점을 모두 지나는 차수가 n 이하인 유일한 다항식임을 보여라. 이 식은 **라그랑주 보간공식**(Lagrange interpolation formula)

이라 불린다.

(c) 라그랑주 보간공식을 이용하여 다음의 점을 모두 지나는 2차 이하의 다항식을 구하여라.

(i) (1, 6), (2, −1), (3, −2)

(ii) (−1, 10), (0, 5), (3, 2)

62. 라그랑주 보간공식을 이용하여, $\mathscr{P}_n$에 속하는 다항식이 $n+1$개의 근을 가지면 그 다항식은 영다항식 임을 보여라.

63. $M_{nn}(\mathbb{Z}_p)$에 속하는 가역행렬의 수를 나타내는 식을 구하여라. [힌트: 이 문제는 $\mathbb{Z}_p^n$이 얼마나 많은 기저를 가지는가 하는 문제와 같다. $\mathbb{Z}_p^n$의 기저를 만드는 방법의 수를 구하여라.]

탐구

마방진

다음 쪽에 소개되는 동판화는 뒤러의 1514년 작품인 〈Melancholia I〉이다. 이 동판화 속에 나타난 많은 수학적 내용 중에 그림의 오른쪽 상단구석에 걸려있는 숫자판이 있다. 이러한 수의 배열을 마방진이라 한다. 사진의 숫자판은 다음과 같다.

$$\begin{bmatrix} 16 & 3 & 2 & 13 \\ 5 & 10 & 11 & 8 \\ 9 & 6 & 7 & 12 \\ 4 & 15 & 14 & 1 \end{bmatrix}$$

이 행렬의 각 행과 각 열 그리고 두 대각선의 위에 있는 수를 모두 더하면 같은 값 34를 갖는다. 그리고 사용된 수는 정수 1, 2, ⋯, 16이다. 동판화를 만든 연도를 기록하기 위하여, 15와 14를 마지막 행의 중간에 나란히 배열하였다. 이러한 사실을 바탕으로 좀 더 일반적인 다음 정의를 살펴보자.

정의 $n \times n$행렬 M의 각 행, 각 열 그리고 두 대각선의 위의 성분의 합이 같을 때, M을 **마방진**(magic square)이라 부른다. 그리고 공통으로 갖는 숫자의 합을 M의 **무게**(weight)라 하고 $\mathrm{wt}(M)$으로 나타낸다. 특히 수 $1, 2, \cdots, n^2$을 사용하여 만든 마방진을 **전통 마방진**(classical magic square)이라 부른다.

1. M이 $n \times n$ 전통 마방진일 때, 무게는 다음과 같다.

$$\mathrm{wt}(M) = \frac{n(n^2+1)}{2}$$

[힌트: 2.4절 연습문제 51]

2. 3×3 전통 마방진을 하나 찾아보아라. 또 다른 마방진도 찾아보아라. 그리고 두 마방진 사이에 어떤 관계가 있는지 조사하여라.

Burstein Collection/CORBIS

Burstein Collection/CORBIS

3. 모든 성분이 $\frac{1}{3}$인 3×3행렬은 무게 1인 마방진이다. 문제 2의 답을 이용하여 무게 1이고 모든 성분이 서로 다른 3×3 마방진을 찾아보아라. 그리고 임의의 실수 w를 무게로 갖는 성분이 모두 다른 3×3 마방진을 찾는 방법을 제시하여라.

Mag_n를 모든 $n\times n$ 마방진의 집합이라고 하고, Mag_n^0을 무게가 0인 모든 마방진의 모임이라 하자.

4. (a) Mag_3는 M_{33}의 부분공간임을 증명하여라.

(b) Mag_3^0는 Mag_3의 부분공간임을 증명하여라.

5. 문제 3과 4를 이용하여 다음을 증명하여라. M이 무게 w인 3×3 마방진이면 M을 다음과 같이 나타낼 수 있다.

$$M=M_0+kJ$$

여기서, M_0은 무게 0인 3×3 마방진, J는 모든 성분이 1인 3×3 마방진이고 k는 스칼라이다. 여기서 k는 어떤 값인가? [힌트: 적당한 k에 대하여 $M-kJ$가 Mag_3^0에 속함을 보여라.]

이제, 모든 3×3 마방진을 나타내는 방법을 찾아보자.

$$M=\begin{bmatrix} a & b & c \\ d & e & f \\ g & h & i \end{bmatrix}$$

을 무게 0인 마방진이라 하자. 그러면 각 행과 각 열 그리고 두 대각선의 합이 0이라는 조건으로부터 8개의 동차 연립일차방정식을 얻는다. 여기서 미지수는 a, b, $\cdots$, i라 하자.

6. 문제 5에서의 연립일차방정식을 쓰고 풀어보아라. [참고: 계산은 CAS를 사용하면 도움이 된다.]
7. Mag_3^0의 차원을 구하여라. 힌트: 필요하다면 대입하고 문제 6의 답을 사용하여 M을 다음과 같은 형태로 바꾸어라.

$$M=\begin{bmatrix} s & -s-t & t \\ -s+t & 0 & s-t \\ -t & s+t & -s \end{bmatrix}$$

8. Mag_3의 차원을 구하여라. [힌트: 문제 5와 7의 결과를 결합하여라.]
9. 무게 w을 갖는 3×3 마방진의 (2, 2) 성분이 $w/3$이라는 사실을 증명할 직접적인 방법을 찾을 수 있는가?
10. 문제 5에서의 전통 마방진으로부터 무게가 0인 마방진을 얻을 수 있다. M을 이와 같은 방법으로 얻는 무게 0인 마방진이라 하자. M을 문제 7에 주어진 형태로 나타내고 성분의 제곱의 합을 나타내는 방정식을 나타내어라. 이 방정식이 s, t를 변수로 갖는 원의 식임을 보이고, 원을 정확하게 그려보아라. 또한, 원 위에 정확히 8개의 정수 좌표 $(s,\ t)$가 있음을 증명하여라. 문제 8을 이용하여 이 8개의 점이 각각 하나의 전통적인 3×3 마방진을 유도함을 보이고, 이들 마방진 사이에는 어떠한 관계가 있는지 조사하여라.

6.3 기저변환

많은 응용에서 하나의 좌표계에 주어진 문제를 다른 새로운 좌표계의 문제로 변환함으로써 쉽게 문제를 해결할 수 있다. 이러한 변환은 보통 변수를 바꿈으로써 이루어지며 이 과정은 아마도 다른 수학과목에서 접한 경험이 있을 것이다. 선형대수에서 기저는 좌표벡터의 개념을 통하여 벡터공간에 대한 좌표계를 제공한다. 종종 특별한 문제는 그에 적합한 기저를 선택함으로써 아주 간단해진다. 예를 들어, 그림 6.3(a)가 보여주는 아연의 분자 구조를 생각해보자. 아연을 연구하는 과학자들은 원자 사이의 결합길이나 결합각도 등을 알기를 원한다. 그러나 이러한 분석은 좌표계를 도입하고 선형대수의 지식을 이용한다면 크게 도움을 받을 것이다. 표준기저와 이에 상응하는 xyz 직교좌표계가 항상 최고의 선택이 아니다. 그림 6.3(b)에 보는 바와 같이 아연 분자의 경우 아마도 표준기저보다는 그림에서 보여주는 벡터 $\mathbf{u}$, $\mathbf{v}$, $\mathbf{w}$가 아연 원자들의 결합축과 같은 방향을 가지고 있기 때문에 이들 벡터들로 이루어진 기저가 더 좋은 선택일 것이다.

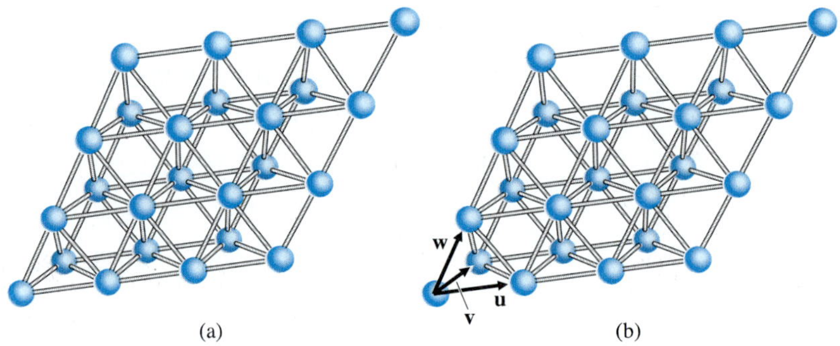

그림 6.3

기저변환 행렬

그림 6.4는 $\mathbb{R}^2$의 서로 다른 두 기저로부터 만들어진 두 좌표계를 보여준다. 6.4(a)는 기저 $\mathcal{B}=\{\mathbf{u}_1, \mathbf{u}_2\}$를 사용하여 얻어진 좌표계이고 그림 6.4(b)는 기저 $\mathcal{C}=\{\mathbf{v}_1, \mathbf{v}_2\}$를 사용하여 얻어진 좌표계이다. 여기서

$$\mathbf{u}_1=\begin{bmatrix}-1\\2\end{bmatrix},\ \mathbf{u}_2=\begin{bmatrix}2\\-1\end{bmatrix},\ \mathbf{v}_1=\begin{bmatrix}1\\0\end{bmatrix},\ \mathbf{v}_2=\begin{bmatrix}1\\1\end{bmatrix}$$

이다. 하나의 벡터 $\mathbf{x}$가 두 좌표계에 그려져 있으며, 그림으로부터 $\mathbf{x}$의 기저 $\mathcal{B}$와 $\mathcal{C}$에 대한 좌표벡터는 각각

$$[\mathbf{x}]_{\mathcal{B}}=\begin{bmatrix}1\\3\end{bmatrix},\ [\mathbf{x}]_{\mathcal{C}}=\begin{bmatrix}6\\-1\end{bmatrix}$$

이다. 두 좌표벡터 사이에는 직접적인 관계가 있다. 이 관계를 찾는 방법 중에 하나는 $[\mathbf{x}]_{\mathcal{B}}$를 이용하여 다음과 같이 $\mathbf{x}$를 구한다.

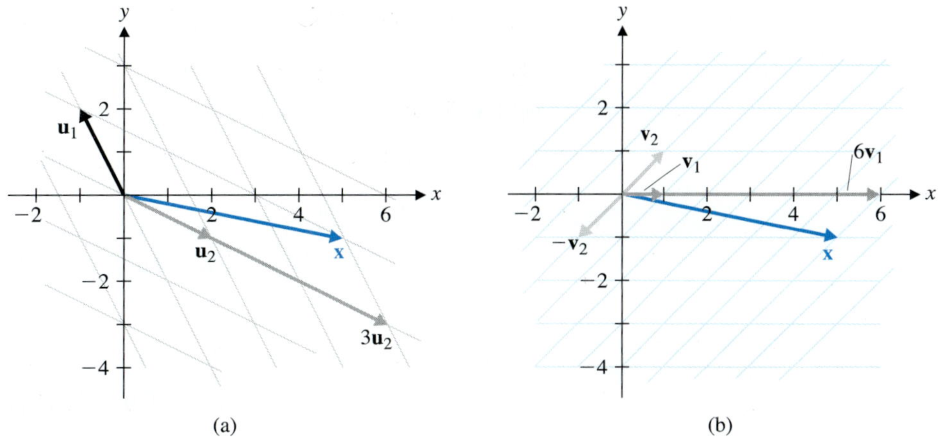

그림 6.4

$$\mathbf{x}=\mathbf{u}_1+3\mathbf{u}_2=\begin{bmatrix}-1\\2\end{bmatrix}+3\begin{bmatrix}2\\-1\end{bmatrix}=\begin{bmatrix}5\\-1\end{bmatrix}$$

그런 다음 $\mathbf{x}$를 $\mathbf{v}_1$과 $\mathbf{v}_2$의 일차결합으로 나타냄으로써 $[\mathbf{x}]_{\mathcal{C}}$를 구할 수 있다. 이러한 형태의 문제를 풀기 위한 좀 더 좋은 일반적인 방법이 있다. 다음 예제를 통하여 이 방법을 살펴보자.

예제 6.45

위에서 주어진 기저 $\mathcal{B}$, $\mathcal{C}$에 대하여, $[\mathbf{x}]_{\mathcal{B}}=\begin{bmatrix}1\\3\end{bmatrix}$일 때 $[\mathbf{x}]_{\mathcal{C}}$를 구하여라.

풀이 $\mathbf{x}=\mathbf{u}_1+3\mathbf{u}_2$이므로 $\mathbf{u}_1$과 $\mathbf{u}_2$를 $\mathbf{v}_1$과 $\mathbf{v}_2$를 사용하여 나타내면, $\mathbf{x}$의 $\mathcal{C}$에 대한 좌표를 구할 수 있다.

$$\mathbf{u}_1=\begin{bmatrix}-1\\2\end{bmatrix}=-3\begin{bmatrix}1\\0\end{bmatrix}+2\begin{bmatrix}1\\1\end{bmatrix}=-3\mathbf{v}_1+2\mathbf{v}_2$$

이고

$$\mathbf{u}_2=\begin{bmatrix}2\\-1\end{bmatrix}=3\begin{bmatrix}1\\0\end{bmatrix}-\begin{bmatrix}1\\1\end{bmatrix}=3\mathbf{v}_1-\mathbf{v}_2$$

이므로

$$\begin{aligned}\mathbf{x}&=\mathbf{u}_1+3\mathbf{u}_2\\&=(-3\mathbf{v}_1+2\mathbf{v}_2)+3(3\mathbf{v}_1-\mathbf{v}_2)\\&=6\mathbf{v}_1-\mathbf{v}_2\end{aligned}$$

로부터

$$[\mathbf{x}]_{\mathcal{C}}=\begin{bmatrix}6\\-1\end{bmatrix}$$

을 얻는다. 이는 그림 6.4(b)와 일치한다.

앞에서 소개한 방법은 예제 6.45 전에 사용한 방법보다 더 쉽다고 느껴지지는 않는다. 그러나 이 방법은 다음과 같은 큰 장점을 가지고 있다. 즉 $\mathbb{R}^2$의 임의의 벡터 $\mathbf{y}$에 대하여, $[\mathbf{y}]_\mathcal{B}$로부터 별도의 큰 어려움 없이 $[\mathbf{y}]_\mathcal{C}$를 구할 수 있다는 장점을 가지고 있다. 예제 6.45의 계산을 다른 관점에서 살펴보자. $\mathbf{x}=\mathbf{u}_1+3\mathbf{u}_2$이므로, 정리 6.6에 의해

$$[\mathbf{x}]_\mathcal{C}=[\mathbf{u}_1+3\mathbf{u}_2]_\mathcal{C}=[\mathbf{u}_1]_\mathcal{C}+3[\mathbf{u}_2]_\mathcal{C}$$

이다. 따라서

$$\begin{aligned}[\mathbf{x}]_\mathcal{C}&=[[\mathbf{u}_1]_\mathcal{C}\ [\mathbf{u}_2]_\mathcal{C}]\begin{bmatrix}1\\3\end{bmatrix}\\&=\begin{bmatrix}-3&3\\2&-1\end{bmatrix}\begin{bmatrix}1\\3\end{bmatrix}\\&=P[\mathbf{x}]_\mathcal{B}\end{aligned}$$

이다. 여기서, P는 $[\mathbf{u}_1]_\mathcal{C}$와 $[\mathbf{u}_2]_\mathcal{C}$를 열로 갖는 행렬이다. 이 과정을 일반화해보자.

정의 $\mathcal{B}=\{\mathbf{u}_1, \cdots, \mathbf{u}_n\}$과 $\mathcal{C}=\{\mathbf{v}_1, \cdots, \mathbf{v}_n\}$을 벡터공간 V의 기저라 하자. $\mathcal{B}$에 속하는 각 벡터에 대하여 $\mathcal{C}$에 대한 좌표벡터 $[\mathbf{u}_1]_\mathcal{C}, \cdots, [\mathbf{u}_n]_\mathcal{C}$를 열벡터로 갖는 $n\times n$ 행렬을 기저 $\mathcal{B}$에서 기저 $\mathcal{C}$로의 **기저변환 행렬**(change-of-basis matrix)이라고 $P_{\mathcal{C}\leftarrow\mathcal{B}}$로 나타낸다.

즉, $P_{\mathcal{C}\leftarrow\mathcal{B}}=[[\mathbf{u}_1]_\mathcal{C}\ [\mathbf{u}_2]_\mathcal{C}\ \cdots\ [\mathbf{u}_n]_\mathcal{C}]$

$\mathcal{B}$를 기존 기저로 $\mathcal{C}$를 새로운 기저로 생각할 수 있다. 그리고 행렬 $P_{\mathcal{C}\leftarrow\mathcal{B}}$의 열벡터는 기존 기저의 벡터를 새로운 기저의 벡터로 표현할 때 나타나는 좌표벡터이다. 다음의 정리 6.12는 예제 6.45가 일반적인 결과의 특수한 경우임을 보여준다.

정리 6.12 $\mathcal{B}=\{\mathbf{u}_1, \cdots, \mathbf{u}_n\}$과 $\mathcal{C}=\{\mathbf{v}_1, \cdots, \mathbf{v}_n\}$을 벡터공간 V의 기저라 하고 $P_{\mathcal{C}\leftarrow\mathcal{B}}$를 기저 $\mathcal{B}$에서 기저 $\mathcal{C}$로의 기저변환 행렬이라 하자. 그러면

a. V의 모든 벡터 $\mathbf{x}$에 대하여, $P_{\mathcal{C}\leftarrow\mathcal{B}}[\mathbf{x}]_\mathcal{B}=[\mathbf{x}]_\mathcal{C}$이다.

b. $P_{\mathcal{C}\leftarrow\mathcal{B}}$는 V의 모든 벡터 $\mathbf{x}$에 대하여, $P[\mathbf{x}]_\mathcal{B}=[\mathbf{x}]_\mathcal{C}$를 만족하는 유일한 행렬 P이다.

c. $P_{\mathcal{C}\leftarrow\mathcal{B}}$는 가역행렬이고 $(P_{\mathcal{C}\leftarrow\mathcal{B}})^{-1}=P_{\mathcal{B}\leftarrow\mathcal{C}}$이다.

증명 (a) V의 임의의 원소 $\mathbf{x}$에 대하여

$$[\mathbf{x}]_\mathcal{B}=\begin{bmatrix}c_1\\\vdots\\c_n\end{bmatrix}$$

이라 하자. 즉, $\mathbf{x}=c_1\mathbf{u}_1+\cdots+c_n\mathbf{u}_n$이라 두면, 다음이 성립한다.

$$\begin{aligned}[\mathbf{x}]_{\mathcal{C}} &= [c_1\mathbf{u}_1+\cdots+c_n\mathbf{u}_n]_{\mathcal{C}} \\ &= c_1[\mathbf{u}_1]_{\mathcal{C}}+\cdots+c_n[\mathbf{u}_n]_{\mathcal{C}} \\ &= [[\mathbf{u}_1]_{\mathcal{C}}\cdots[\mathbf{u}_n]_{\mathcal{C}}]\begin{bmatrix} c_1 \\ \vdots \\ c_n \end{bmatrix} \\ &= P_{\mathcal{C}\leftarrow\mathcal{B}}[\mathbf{x}]_{\mathcal{B}}\end{aligned}$$

(b) P가 V의 모든 원소 $\mathbf{x}$에 대하여, $P[\mathbf{x}]_{\mathcal{B}}=[\mathbf{x}]_{\mathcal{C}}$를 만족하는 $n\times n$행렬이라 하자. 여기서 $\mathbf{x}=\mathbf{u}_i$라 하면, $[\mathbf{x}]_{\mathcal{B}}=[\mathbf{u}_i]_{\mathcal{B}}=\mathbf{e}_i$이다. 따라서 P의 i번째 열은

$$\mathbf{p}_i=P\mathbf{e}_i=P[\mathbf{u}_i]_{\mathcal{B}}=[\mathbf{u}_i]_{\mathcal{C}}$$

이다. 이는 정의에 의해 $P_{\mathcal{C}\leftarrow\mathcal{B}}$의 i번째 열이다. 따라서 $P=P_{\mathcal{C}\leftarrow\mathcal{B}}$이다.

(c) $\{\mathbf{u}_1, \cdots, \mathbf{u}_n\}$이 V에서 일차독립이므로, 정리 6.7에 의해 $\{[\mathbf{u}_1]_{\mathcal{C}}, \cdots, [\mathbf{u}_n]_{\mathcal{C}}\}$는 $\mathbb{R}^n$에서 일차독립이다. 따라서 $P_{\mathcal{C}\leftarrow\mathcal{B}}=[[\mathbf{u}_1]_{\mathcal{C}}, \cdots, [\mathbf{u}_n]_{\mathcal{C}}]$은 기본정리에 의해 가역행렬이다.

V의 모든 벡터 $\mathbf{x}$에 대하여, $P_{\mathcal{C}\leftarrow\mathcal{B}}[\mathbf{x}]_{\mathcal{B}}=[\mathbf{x}]_{\mathcal{C}}$이므로 $[\mathbf{x}]_{\mathcal{B}}$에 관해 풀면

$$[\mathbf{x}]_{\mathcal{B}}=(P_{\mathcal{C}\leftarrow\mathcal{B}})^{-1}[\mathbf{x}]_{\mathcal{C}}$$

이다. 따라서 $(P_{\mathcal{C}\leftarrow\mathcal{B}})^{-1}$는 기저 $\mathcal{C}$에서 기저 $\mathcal{B}$로의 좌표변환 행렬이다. 성질 (b)에서 증명된 유일성에 의해 $(P_{\mathcal{C}\leftarrow\mathcal{B}})^{-1}=P_{\mathcal{B}\leftarrow\mathcal{C}}$이다.

주의

- 기저변환을 하나의 좌표계를 다른 좌표계로 변환시키는 $\mathbb{R}^n$에서 $\mathbb{R}^n$으로의 선형변환으로 생각하면 도움이 된다. $P_{\mathcal{C}\leftarrow\mathcal{B}}$에 해당하는 변환은 $[\mathbf{x}]_{\mathcal{B}}$를 입력받아 $[\mathbf{x}]_{\mathcal{C}}$로 출력한다. 그리고 $(P_{\mathcal{C}\leftarrow\mathcal{B}})^{-1}=P_{\mathcal{B}\leftarrow\mathcal{C}}$는 그 역이다. 그림 6.5는 이러한 과정을 그림으로 보여준다.

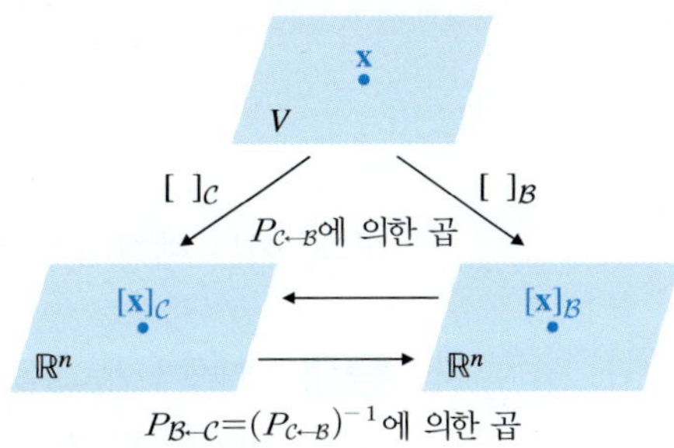

그림 6.5 기저변환

- 행렬 $P_{\mathcal{C}\leftarrow\mathcal{B}}$의 열은 한 기저에 속하는 벡터의 다른 기저에 의한 좌표벡터이다. 여기서 관계되는 두 기저의 역할을 분명히 하기 위하여 표시 $\mathcal{C}\leftarrow\mathcal{B}$을 '기저 $\mathcal{B}$의

기저 $\mathcal{C}$에 대한'으로 읽는다. 또한 $P_{\mathcal{C}\leftarrow\mathcal{B}}[\mathbf{x}]_{\mathcal{B}}$이 행렬 $P_{\mathcal{C}\leftarrow\mathcal{B}}$의 열의 일차결합이라는 사실을 상기하면 도움이 된다. 그러나 이 열의 일차결합이 $[\mathbf{x}]_{\mathcal{C}}$이므로, $P_{\mathcal{C}\leftarrow\mathcal{B}}$의 열은 기저 $\mathcal{C}$에 대한 좌표벡터들이다.

예제 6.46 $\mathscr{P}_2$의 두 기저 $\mathcal{B}=\{1,\ x,\ x^2\}$와 $\mathcal{C}=\{1+x,\ x+x^2,\ 1+x^2\}$에 대하여, 좌표변환 행렬 $P_{\mathcal{C}\leftarrow\mathcal{B}}$와 $P_{\mathcal{B}\leftarrow\mathcal{C}}$를 구하여라. 또한, 벡터 $p(x)=1+2x-x^2$의 $\mathcal{C}$에 대한 좌표벡터를 구하여라.

풀이 표준기저로 변환하는 것이 쉬우므로 먼저 $P_{\mathcal{B}\leftarrow\mathcal{C}}$을 구한다. 기저 $\mathcal{C}$의 $\mathcal{B}$에 의한 좌표벡터는

$$[1+x]_{\mathcal{B}}=\begin{bmatrix}1\\1\\0\end{bmatrix},\quad [x+x^2]_{\mathcal{B}}=\begin{bmatrix}0\\1\\1\end{bmatrix},\quad [1+x^2]_{\mathcal{B}}=\begin{bmatrix}1\\0\\1\end{bmatrix}$$

이다. 따라서

$$P_{\mathcal{B}\leftarrow\mathcal{C}}=\begin{bmatrix}1&0&1\\1&1&0\\0&1&1\end{bmatrix}$$

이다. $P_{\mathcal{C}\leftarrow\mathcal{B}}$를 구하기 위해서는 $\mathcal{B}$의 각 원소를 $\mathcal{C}$의 원소의 일차결합으로 표현해야 한다. 그러나 정리 6.12(C)에 의해서 $P_{\mathcal{C}\leftarrow\mathcal{B}}=(P_{\mathcal{B}\leftarrow\mathcal{C}})^{-1}$임을 이용하면 간단하다.

$$P_{\mathcal{C}\leftarrow\mathcal{B}}=(P_{\mathcal{B}\leftarrow\mathcal{C}})^{-1}=\begin{bmatrix}1/2&1/2&-1/2\\-1/2&1/2&1/2\\1/2&-1/2&1/2\end{bmatrix}$$

이므로

$$\begin{aligned}[p(x)]_{\mathcal{C}}&=P_{\mathcal{C}\leftarrow\mathcal{B}}[p(x)]_{\mathcal{B}}\\&=\begin{bmatrix}1/2&1/2&-1/2\\-1/2&1/2&1/2\\1/2&-1/2&1/2\end{bmatrix}\begin{bmatrix}1\\2\\-1\end{bmatrix}\\&=\begin{bmatrix}2\\0\\-1\end{bmatrix}\end{aligned}$$

이다. 이는 예제 6.37과 일치한다.

주의 우리가 $P_{\mathcal{C}\leftarrow\mathcal{B}}$을 구체적으로 구할 필요가 없는 경우, 가우스 소거법을 사용하여 $[p(x)]_{\mathcal{B}}$와 $P_{\mathcal{B}\leftarrow\mathcal{C}}$로부터 $[p(x)]_{\mathcal{C}}$를 구할 수 있다. 행줄임 과정은 다음과 같다.

$$\begin{aligned}[P_{\mathcal{B}\leftarrow\mathcal{C}}\mid[p(x)]_{\mathcal{B}}]\to[I\mid(P_{\mathcal{B}\leftarrow\mathcal{C}})^{-1}[p(x)]_{\mathcal{B}}]&=[I\mid P_{\mathcal{C}\leftarrow\mathcal{B}}[p(x)]_{\mathcal{B}}]\\&=[I\mid[p(x)]_{\mathcal{C}}]\end{aligned}$$

(다음 절의 가우스-조르당 소거법을 참조하여라.)

예제 6.46과 같은 문제는 잘 관찰할 필요가 있다. 사실 표준기저로의 변환은 쉽다. 만약 $\mathcal{E}$이 V의 표준기저이고 $\mathcal{B}$를 다른 기저라 하면, $P_{\mathcal{E}\leftarrow\mathcal{B}}$의 열들은 기저 $\mathcal{B}$의 $\mathcal{E}$에 대한 좌표벡터들이고, 이들은 보통 쉽게 구할 수 있다. 이 같은 현상을 다음 예제에서 다시 한번 살펴보자.

예제 6.47 벡터공간 M_{22}의 두 기저 $\mathcal{B}=\{E_{11}, E_{21}, E_{12}, E_{22}\}$와 $\mathcal{C}=\{A, B, C, D\}$를 생각하자. 여기서

$$A=\begin{bmatrix}1&0\\0&0\end{bmatrix},\ B=\begin{bmatrix}1&1\\0&0\end{bmatrix},\ C=\begin{bmatrix}1&1\\1&0\end{bmatrix},\ D=\begin{bmatrix}1&1\\1&1\end{bmatrix}$$

이다. 좌표변환 행렬 $P_{\mathcal{C}\leftarrow\mathcal{B}}$를 구하고, $X=\begin{bmatrix}1&2\\3&4\end{bmatrix}$에 대해 $[\mathbf{X}]_{\mathcal{C}}=P_{\mathcal{C}\leftarrow\mathcal{B}}[\mathbf{X}]_{\mathcal{B}}$를 확인하여라.

풀이 1 이 문제를 직접 풀기 위해서는 $\mathcal{B}$의 $\mathcal{C}$에 대한 좌표벡터를 구해야 한다. 즉, $\mathcal{B}$의 각 원소 X에 대하여 $X=aA+bB+cC+dD$를 만족하는 스칼라 a, b, c, d를 구해야 한다. 이 경우는 간단한 관찰로

$$E_{11}=A,\ E_{21}=-B+C,\ E_{12}=-A+B,\ E_{22}=-C+D$$

임을 알 수 있다. 따라서

$$[E_{11}]_{\mathcal{C}}=\begin{bmatrix}1\\0\\0\\0\end{bmatrix},\ [E_{21}]_{\mathcal{C}}=\begin{bmatrix}0\\-1\\1\\0\end{bmatrix},\ [E_{12}]_{\mathcal{C}}=\begin{bmatrix}-1\\1\\0\\0\end{bmatrix},\ [E_{22}]_{\mathcal{C}}=\begin{bmatrix}0\\0\\-1\\1\end{bmatrix}$$

이고

$$P_{\mathcal{C}\leftarrow\mathcal{B}}=[[E_{11}]_{\mathcal{C}}\ [E_{21}]_{\mathcal{C}}\ [E_{12}]_{\mathcal{C}}\ [E_{22}]_{\mathcal{C}}]=\begin{bmatrix}1&0&-1&0\\0&-1&1&0\\0&1&0&-1\\0&0&0&1\end{bmatrix}$$

이다. 만약 $X=\begin{bmatrix}1&2\\3&4\end{bmatrix}$이면

$$[X]_{\mathcal{B}}=\begin{bmatrix}1\\3\\2\\4\end{bmatrix}$$

이고

$$P_{\mathcal{C}\leftarrow\mathcal{B}}[X]_{\mathcal{B}}=\begin{bmatrix}1&0&-1&0\\0&-1&1&0\\0&1&0&-1\\0&0&0&1\end{bmatrix}\begin{bmatrix}1\\3\\2\\4\end{bmatrix}=\begin{bmatrix}-1\\-1\\-1\\4\end{bmatrix}$$

이다. 역으로, 이 좌표벡터가 나타내는 행렬을 구하여 보면

$$-A-B-C+4D = -\begin{bmatrix} 1 & 0 \\ 0 & 0 \end{bmatrix} - \begin{bmatrix} 1 & 1 \\ 0 & 0 \end{bmatrix} - \begin{bmatrix} 1 & 1 \\ 1 & 0 \end{bmatrix} + 4\begin{bmatrix} 1 & 1 \\ 1 & 1 \end{bmatrix}$$
$$= \begin{bmatrix} 1 & 2 \\ 3 & 4 \end{bmatrix} = X$$

이며, 이는 당연히 얻어져야 할 결과이다.

풀이 2 $P_{\mathcal{C}\leftarrow\mathcal{B}}$를 다른 방법으로 계산할 수 있다. $\mathcal{E}$이 M_{22}의 또 다른 기저이면, $P_{\mathcal{C}\leftarrow\mathcal{B}} = P_{\mathcal{C}\leftarrow\mathcal{E}}P_{\mathcal{E}\leftarrow\mathcal{B}} = (P_{\mathcal{E}\leftarrow\mathcal{C}})^{-1}P_{\mathcal{E}\leftarrow\mathcal{B}}$이다(연습문제 21 참조). 만약 $\mathcal{E}$이 표준기저이면, $P_{\mathcal{E}\leftarrow\mathcal{B}}$와 $P_{\mathcal{E}\leftarrow\mathcal{C}}$는 관찰로 찾을 수 있다.

$$P_{\mathcal{E}\leftarrow\mathcal{B}} = \begin{bmatrix} 1 & 0 & 0 & 0 \\ 0 & 0 & 1 & 0 \\ 0 & 1 & 0 & 0 \\ 0 & 0 & 0 & 1 \end{bmatrix}, \quad P_{\mathcal{E}\leftarrow\mathcal{C}} = \begin{bmatrix} 1 & 1 & 1 & 1 \\ 0 & 1 & 1 & 1 \\ 0 & 0 & 1 & 1 \\ 0 & 0 & 0 & 1 \end{bmatrix}$$

이다. 따라서

$$\begin{aligned} P_{\mathcal{C}\leftarrow\mathcal{B}} &= (P_{\mathcal{E}\leftarrow\mathcal{C}})^{-1}P_{\mathcal{E}\leftarrow\mathcal{B}} \\ &= \begin{bmatrix} 1 & 1 & 1 & 1 \\ 0 & 1 & 1 & 1 \\ 0 & 0 & 1 & 1 \\ 0 & 0 & 0 & 1 \end{bmatrix}^{-1} \begin{bmatrix} 1 & 0 & 0 & 0 \\ 0 & 0 & 1 & 0 \\ 0 & 1 & 0 & 0 \\ 0 & 0 & 0 & 1 \end{bmatrix} \\ &= \begin{bmatrix} 1 & -1 & 0 & 0 \\ 0 & 1 & -1 & 0 \\ 0 & 0 & 1 & -1 \\ 0 & 0 & 0 & 1 \end{bmatrix} \begin{bmatrix} 1 & 0 & 0 & 0 \\ 0 & 0 & 1 & 0 \\ 0 & 1 & 0 & 0 \\ 0 & 0 & 0 & 1 \end{bmatrix} \\ &= \begin{bmatrix} 1 & 0 & -1 & 0 \\ 0 & -1 & 1 & 0 \\ 0 & 1 & 0 & -1 \\ 0 & 0 & 0 & 1 \end{bmatrix} \end{aligned}$$

이고, 이는 첫 번째 풀이와 일치한다.

주의 둘째 방법은 일차결합에 관련된 문제를 해결할 필요가 없다는 데 장점이 있다. 그러나 역행렬을 구해야 하는 단점이 있다. 그러나 CAS를 이용하여 쉽게 역행렬을 구할 수 있으므로, 일반적으로 둘째 방법을 첫째 방법보다 선호한다. 그렇지만 어떤 경우는 첫째 방법이 더 쉬운 경우도 있다. 이제 아마도 가장 좋은 방법이라 생각될 셋째 방법을 소개하려고 한다.

기저변환 행렬을 구하기 위한 가우스-조르당 방법

표준기저로 변환하는 기저변환 행렬은 관찰에 의해 쉽게 구할 수 있다. 표준기저로부터 시작하는 기저변환 행렬도 구하기가 쉬우나, 예제 6.46에서 보는 바와 같이 역행렬을 계산하여야 한다. 직접 손으로 계산해야 한다면, 2×2인 경우를 제외하고 대개 가우스-조르당 소거법을 사용하여 구할 수 있다. 가우스-조르당 소거법을 변형하여, 예제 6.47에서와 같이 표준기저가 아닌 두 기저 사이의 기저변환 행렬을 구하여보자.

$\mathcal{B}=\{\mathbf{u}_1, \cdots, \mathbf{u}_n\}$과 $\mathcal{C}=\{\mathbf{v}_1, \cdots, \mathbf{v}_n\}$을 벡터공간 V의 기저라 하고, $P_{\mathcal{C}\leftarrow\mathcal{B}}$를 $\mathcal{B}$에서 $\mathcal{C}$로의 기저변환 행렬이라 하자. P의 i번째 열은

$$[\mathbf{u}_i]_{\mathcal{C}}=\begin{bmatrix} p_{1i} \\ \vdots \\ p_{ni} \end{bmatrix}$$

이고, 따라서 $\mathbf{u}_i=p_{1i}\mathbf{v}_1+\cdots+p_{ni}\mathbf{v}_n$이다. 만약 $\mathcal{E}$이 V의 임의의 기저이면

$$[\mathbf{u}_i]_{\mathcal{E}}=[p_{1i}\mathbf{v}_1+\cdots+p_{ni}\mathbf{v}_n]_{\mathcal{E}}=p_{1i}[\mathbf{v}_1]_{\mathcal{E}}+\cdots+p_{ni}[\mathbf{v}_n]_{\mathcal{E}}$$

이다. 이는 행렬을 이용하여 다음과 같이 다시 쓸 수 있다.

$$[[\mathbf{v}_i]_{\mathcal{E}} \cdots [\mathbf{v}_n]_{\mathcal{E}}]\begin{bmatrix} p_{1i} \\ \vdots \\ p_{ni} \end{bmatrix}=[\mathbf{u}_i]_{\mathcal{E}}$$

위의 식은 다음의 첨가행렬에 가우스-조르당 소거법을 적용하여 풀 수 있다.

$$[[\mathbf{v}_1]_{\mathcal{E}} \cdots [\mathbf{v}_n]_{\mathcal{E}} \mid [\mathbf{u}_i]_{\mathcal{E}}]$$

여기서 $P_{\mathcal{C}\leftarrow\mathcal{B}}$의 각 열에 위와 같은 연립방정식이 하나씩 있으므로 모두 n개의 위와 같은 연립방정식이 있다. 그러나 모든 경우에 계수행렬은 $[[\mathbf{v}_1]_{\mathcal{E}} \cdots [\mathbf{v}_n]_{\mathcal{E}}]$이다. 따라서 다음과 같은 $n\times 2n$첨가행렬에 가우스-조르당 소거법을 적용함으로써 모든 식을 동시에 풀 수 있다.

$$[[\mathbf{v}_1]_{\mathcal{E}} \cdots [\mathbf{v}_n]_{\mathcal{E}} \mid [\mathbf{u}_1]_{\mathcal{E}} \cdots [\mathbf{u}_n]_{\mathcal{E}}]=[C \mid B]$$

한편, $\{\mathbf{v}_1, \cdots, \mathbf{v}_n\}$이 일차독립이므로, 정리 6.7에 의해 $\{[\mathbf{v}_1]_{\mathcal{E}}, \cdots, [\mathbf{v}_n]_{\mathcal{E}}\}$도 일차독립이다. 그러므로 $[\mathbf{v}_1]_{\mathcal{E}}, \cdots, [\mathbf{v}_n]_{\mathcal{E}}$을 열로 가지는 행렬 C는 기본정리에 의해 $n\times n$ 단위행렬과 행동치이다. 즉, 가우스-조르당 소거법에 의해

$$[C \mid B]\rightarrow[I \mid P]$$

를 얻는다. 여기서 $P=P_{\mathcal{C}\leftarrow\mathcal{B}}$이다.

이상의 사실을 정리하면 다음의 정리는 얻는다.

정리 6.13 $\mathcal{B}=\{\mathbf{u}_1, \cdots, \mathbf{u}_n\}$과 $\mathcal{C}=\{\mathbf{v}_1, \cdots, \mathbf{v}_n\}$은 벡터공간 V의 기저이고, V의 임의의 기저 $\mathcal{E}$에 대하여 $B=[[\mathbf{u}_1]_{\mathcal{E}} \cdots [\mathbf{u}_n]_{\mathcal{E}}]$이고 $C=[[\mathbf{v}_1]_{\mathcal{E}} \cdots [\mathbf{v}_n]_{\mathcal{E}}]$이라 하자. 그러면 $n\times 2n$ 첨가행렬 $[C \mid B]$에 가우스-조르당 소거법을 적용하면, 다음이 성립한다.

$$[C \mid B]\rightarrow[I \mid P_{\mathcal{C}\leftarrow\mathcal{B}}]$$

만약 $\mathcal{E}$이 표준기저이면, $B=P_{\mathcal{E}\leftarrow\mathcal{B}}$이고 $C=P_{\mathcal{E}\leftarrow\mathcal{C}}$이기 때문에 이 방법은 아주 간단해진다. 다음 예제에서 이 방법을 사용하여 예제 6.47을 다시 풀어보자.

예제 6.48 가우스-조르당 소거법을 사용하여, 예제 6.47을 다시 풀어보아라.

풀이 M_{22}의 표준기저를 $\mathcal{E}$이라 하면

$$B = P_{\mathcal{E}\leftarrow\mathcal{B}} = \begin{bmatrix} 1 & 0 & 0 & 0 \\ 0 & 0 & 1 & 0 \\ 0 & 1 & 0 & 0 \\ 0 & 0 & 0 & 1 \end{bmatrix}, \quad C = P_{\mathcal{E}\leftarrow\mathcal{C}} = \begin{bmatrix} 1 & 1 & 1 & 1 \\ 0 & 1 & 1 & 1 \\ 0 & 0 & 1 & 1 \\ 0 & 0 & 0 & 1 \end{bmatrix}$$

이다. 행줄임을 적용하면

$$[C\,|\,B] = \left[\begin{array}{cccc|cccc} 1 & 1 & 1 & 1 & 1 & 0 & 0 & 0 \\ 0 & 1 & 1 & 1 & 0 & 0 & 1 & 0 \\ 0 & 0 & 1 & 1 & 0 & 1 & 0 & 0 \\ 0 & 0 & 0 & 1 & 0 & 0 & 0 & 1 \end{array}\right] \to \left[\begin{array}{cccc|cccc} 1 & 0 & 0 & 0 & 1 & 0 & -1 & 0 \\ 0 & 1 & 0 & 0 & 0 & -1 & 1 & 0 \\ 0 & 0 & 1 & 0 & 0 & 1 & 0 & -1 \\ 0 & 0 & 0 & 1 & 0 & 0 & 0 & 1 \end{array}\right]$$

이다. 따라서

$$P_{\mathcal{C}\leftarrow\mathcal{B}} = \begin{bmatrix} 1 & 0 & -1 & 0 \\ 0 & -1 & 1 & 0 \\ 0 & 1 & 0 & -1 \\ 0 & 0 & 0 & 1 \end{bmatrix}$$

이며, 이는 이미 확인한 사실이다.

6.3 연습문제

※ [1–4] 다음 물음에 답하여라.

(a) 기저 $\mathcal{B}$와 $\mathcal{C}$에 대한 벡터 $\mathbf{x}$의 좌표벡터 $[\mathbf{x}]_{\mathcal{B}}$와 $[\mathbf{x}]_{\mathcal{C}}$를 구하여라.

(b) 기저 $\mathcal{B}$에서 기저 $\mathcal{C}$로의 기저변환 행렬 $P_{\mathcal{C}\leftarrow\mathcal{B}}$를 구하여라.

(c) (b)를 사용하여 $[\mathbf{x}]_{\mathcal{C}}$을 구하여라. 그리고 (a)에서 구한 답과 비교하여라.

(d) 기저 $\mathcal{C}$에서 기저 $\mathcal{B}$로의 기저변환 행렬 $P_{\mathcal{B}\leftarrow\mathcal{C}}$를 구하여라.

(e) (c)와 (d)를 사용하여 $[\mathbf{x}]_{\mathcal{B}}$를 구하여라. 그리고 (a)에서 구한 답과 비교하여라.

1. 벡터공간 $\mathbb{R}^2$에서

$\mathbf{x} = \begin{bmatrix} 2 \\ 3 \end{bmatrix}$, $\mathcal{B} = \left\{\begin{bmatrix} 1 \\ 0 \end{bmatrix}, \begin{bmatrix} 0 \\ 1 \end{bmatrix}\right\}$, $\mathcal{C} = \left\{\begin{bmatrix} 1 \\ 1 \end{bmatrix}, \begin{bmatrix} 1 \\ -1 \end{bmatrix}\right\}$

2. 벡터공간 $\mathbb{R}^2$에서

$\mathbf{x} = \begin{bmatrix} 4 \\ -1 \end{bmatrix}$, $\mathcal{B} = \left\{\begin{bmatrix} 1 \\ 0 \end{bmatrix}, \begin{bmatrix} 1 \\ 1 \end{bmatrix}\right\}$, $\mathcal{C} = \left\{\begin{bmatrix} 0 \\ 1 \end{bmatrix}, \begin{bmatrix} 2 \\ 3 \end{bmatrix}\right\}$

3. 벡터공간 $\mathbb{R}^3$에서

$\mathbf{x} = \begin{bmatrix} 1 \\ 0 \\ -1 \end{bmatrix}$, $\mathcal{B} = \left\{\begin{bmatrix} 1 \\ 0 \\ 0 \end{bmatrix}, \begin{bmatrix} 0 \\ 1 \\ 0 \end{bmatrix}, \begin{bmatrix} 0 \\ 0 \\ 1 \end{bmatrix}\right\}$,

$\mathcal{C} = \left\{\begin{bmatrix} 1 \\ 1 \\ 1 \end{bmatrix}, \begin{bmatrix} 0 \\ 1 \\ 1 \end{bmatrix}, \begin{bmatrix} 0 \\ 0 \\ 1 \end{bmatrix}\right\}$

4. 벡터공간 $\mathbb{R}^3$에서

$\mathbf{x} = \begin{bmatrix} 3 \\ 1 \\ 5 \end{bmatrix}$, $\mathcal{B} = \left\{\begin{bmatrix} 0 \\ 1 \\ 0 \end{bmatrix}, \begin{bmatrix} 0 \\ 0 \\ 1 \end{bmatrix}, \begin{bmatrix} 1 \\ 0 \\ 0 \end{bmatrix}\right\}$,

$\mathcal{C} = \left\{\begin{bmatrix} 1 \\ 1 \\ 0 \end{bmatrix}, \begin{bmatrix} 0 \\ 1 \\ 1 \end{bmatrix}, \begin{bmatrix} 1 \\ 0 \\ 1 \end{bmatrix}\right\}$

※ [5–8] $\mathbf{x}$를 대신에 $p(x)$를 이용하여 문제 1–4에 주어진 물음에 답하여라.

5. 벡터공간 $\mathscr{P}_1$에서

$p(x) = 2 - x$, $\mathcal{B} = \{1,\ x\}$, $\mathcal{C} = \{x,\ 1+x\}$

6. 벡터공간 $\mathscr{P}_1$에서

$p(x) = 1 + 3x$, $\mathcal{B} = \{1+x,\ 1-x\}$, $\mathcal{C} = \{2x,\ 4\}$

7. 벡터공간 $\mathscr{P}_2$에서

$p(x)=1+x^2$, $\mathcal{B}=\{1+x+x^2,\ x+x^2,\ x^2\}$,

$\mathcal{C}=\{1,\ x,\ x^2\}$

8. 벡터공간 $\mathscr{P}_2$에서

$p(x)=4-2x-x^2$, $\mathcal{B}=\{x,\ 1+x^2,\ x+x^2\}$,

$\mathcal{C}=\{1,\ 1+x,\ x^2\}$

※ [9–10] **x** 대신에 A를 이용하여 문제 1–4에 주어진 물음에 답하여라.

9. 벡터공간 M_{22}에서

$A=\begin{bmatrix}4 & 2\\ 0 & -1\end{bmatrix}$, $\mathcal{B}$는 표준기저,

$\mathcal{C}=\left\{\begin{bmatrix}1 & 2\\ 0 & -1\end{bmatrix},\begin{bmatrix}2 & 1\\ 1 & 0\end{bmatrix},\begin{bmatrix}1 & 1\\ 0 & 1\end{bmatrix},\begin{bmatrix}1 & 0\\ 0 & 1\end{bmatrix}\right\}$

10. 벡터공간 M_{22}에서

$A=\begin{bmatrix}1 & 1\\ 1 & 1\end{bmatrix}$,

$\mathcal{B}=\left\{\begin{bmatrix}1 & 0\\ 0 & 1\end{bmatrix},\begin{bmatrix}0 & 1\\ 1 & 0\end{bmatrix},\begin{bmatrix}1 & 1\\ 0 & 0\end{bmatrix},\begin{bmatrix}1 & 0\\ 1 & 0\end{bmatrix}\right\}$,

$\mathcal{C}=\left\{\begin{bmatrix}1 & 1\\ 0 & 1\end{bmatrix},\begin{bmatrix}1 & 1\\ 1 & 0\end{bmatrix},\begin{bmatrix}1 & 0\\ 1 & 1\end{bmatrix},\begin{bmatrix}0 & 1\\ 1 & 1\end{bmatrix}\right\}$

※ [11–12] **x** 대신에 $f(x)$를 이용하여 문제 1–4에서 주어진 물음에 답하여라.

11. 벡터공간 $\mathrm{span}(\sin x,\ \cos x)$에서

$f(x)=2\sin x-3\cos x$,

$\mathcal{B}=\{\sin x+\cos x,\ \cos x\}$,

$\mathcal{C}=\{\sin x+\cos x,\ \sin x-\cos x\}$

12. 벡터공간 $\mathrm{span}(\sin x,\ \cos x)$에서

$f(x)=\sin x$, $\mathcal{B}=\{\sin x+\cos x,\ \cos x\}$,

$\mathcal{C}=\{\cos x-\sin x,\ \sin x+\cos x\}$

13. 평면의 xy축을 원점을 중심으로 반시계방향으로 $\theta=60°$ 회전하여 새로운 $x'y'$축을 얻었다. 이 절에서 소개된 방법으로 다음 문제를 풀어라.

(a) xy축 좌표 $(3,\ 2)$에 해당하는 $x'y'$축 좌표는 무엇인가?

(b) $x'y'$축 좌표 $(4,\ -4)$에 해당하는 xy축 좌표는 무엇인가?

14. 각도를 $\theta=135°$로 하여 문제 13을 다시 풀어보아라.

15. $\mathcal{B}$와 $\mathcal{C}$를 $\mathbb{R}^2$의 기저라 하자. 여기서 $\mathcal{C}=\left\{\begin{bmatrix}1\\2\end{bmatrix},\begin{bmatrix}2\\3\end{bmatrix}\right\}$ 이고 $P_{\mathcal{C}\leftarrow\mathcal{B}}=\begin{bmatrix}1 & -1\\ -1 & 2\end{bmatrix}$일 때, $\mathcal{B}$를 구하여라.

16. $\mathcal{B}$와 $\mathcal{C}$를 $\mathscr{P}_2$의 기저라 하자. 여기서

$$\mathcal{B}=\{x,\ 1+x,\ 1-x+x^2\},\quad P_{\mathcal{C}\leftarrow\mathcal{B}}=\begin{bmatrix}1 & 0 & 0\\ 0 & 2 & 1\\ -1 & 1 & 1\end{bmatrix}$$

일 때, $\mathcal{C}$를 구하여라.

※ 점 a에서의 n차 테일러 다항식은 다음과 같다.

$$p(x)=a_0+a_1(x-a)+a_2(x-a)^2+\cdots+a_n(x-a)^n$$

여기서 $a_n\neq 0$이다. 다시 말해서, 이 다항식은 x의 거듭제곱 대신에 $x-a$의 거듭제곱으로 확장한 것이다. 테일러 다항식은 $x=a$ 근방에서 매끄러운 함수를 근사적으로 구할 때 매우 유용하다.
임의의 스칼라 a에 대하여

$$\mathcal{B}=\{1,\ x-a,\ (x-a)^2,\ \cdots,\ (x-a)^n\}$$

은 $\mathscr{P}_n$의 기저이다. 이 사실과 이 장에서 소개된 내용을 이용하면, 다항식을 주어진 점 a에서의 테일러 다항식으로 표현할 수 있다.

17. 다항식 $p(x)=1+2x-5x^2$을 점 $a=1$에서의 테일러 다항식으로 표현하여라.

18. 다항식 $p(x)=1+2x-5x^2$을 점 $a=-2$에서의 테일러 다항식으로 표현하여라.

19. 다항식 $p(x)=x^3$을 점 $a=-1$에서의 테일러 다항식으로 표현하여라.

20. 다항식 $p(x)=x^3$을 점 $a=\frac{1}{2}$에서의 테일러 다항식으로 표현하라.

21. $\mathcal{B}$, $\mathcal{C}$, $\mathcal{D}$를 유한차원 벡터공간 V의 기저라 할 때

$$P_{\mathcal{D}\leftarrow\mathcal{C}}P_{\mathcal{C}\leftarrow\mathcal{B}}=P_{\mathcal{D}\leftarrow\mathcal{B}}$$

임을 증명하라.

22. $\mathcal{B}=\{\mathbf{v}_1,\ \mathbf{v}_2,\ \cdots,\ \mathbf{v}_n\}$을 n차원 벡터공간 V의 기저라 하자. 그리고 P를 $n\times n$ 가역행렬이라 하자. $i=1,\ 2,\ \cdots,\ n$에 대해서 $\mathbf{u}_i=p_{1i}\mathbf{v}_1+\cdots+p_{ni}\mathbf{v}_n$이라 하면, $\mathcal{C}=\{\mathbf{u}_1,\ \mathbf{u}_2,\ \cdots,\ \mathbf{u}_n\}$이 V의 기저임을 증명하고 $P=P_{\mathcal{B}\leftarrow\mathcal{C}}$임을 보여라.

6.4 선형변환

우리는 3.6절에서 선형변환을 $\mathbb{R}^n$에서 $\mathbb{R}^m$으로의 행렬변환으로 표현하였다. 이 절에서는 이러한 개념을 일반 벡터공간에서 정의되는 선형변환으로 확장한다.

정의 벡터공간 V에서 벡터공간 W로의 사상 $T: V \to W$가 V의 임의의 벡터 $\mathbf{u}$, $\mathbf{v}$와 임의의 스칼라 c에 대하여, 다음의 두 조건을 만족할 때 T를 V에서 W로의 **선형변환**(linear transformation)이라 한다.

1. $T(\mathbf{u}+\mathbf{v}) = T(\mathbf{u}) + T(\mathbf{v})$
2. $T(c\mathbf{u}) = cT(\mathbf{u})$

위의 정의로부터 선형변환은 일차결합을 보존하는 사상과 동치라는 것을 알 수 있다. 즉,

사상 $T: V \to W$가 선형변환일 필요충분조건은 V의 임의의 벡터 $\mathbf{v}_1$, $\mathbf{v}_2$, $\cdots$, $\mathbf{v}_k$와 스칼라 c_1, $\cdots$, c_k에 대하여

$$T(c_1\mathbf{v}_1 + c_2\mathbf{v}_2 + \cdots + c_k\mathbf{v}_k) = c_1T(\mathbf{v}_1) + c_2T(\mathbf{v}_2) + \cdots + c_kT(\mathbf{v}_k)$$

이다.

예제 6.49

모든 행렬변환은 선형변환이다. 즉, $m \times n$행렬 A에 대하여 변환 $T_A : \mathbb{R}^n \to \mathbb{R}^m$을 $\mathbb{R}^n$의 임의의 벡터 $\mathbf{x} \in \mathbb{R}^n$에 대하여

$$T_A(\mathbf{x}) = A\mathbf{x}$$

로 정의하면 선형변환이다. 이는 정리 3.30에서 언급된 내용이다.

예제 6.50

변환 $T: M_{nn} \to M_{nn}$을 $T(A) = A^T$로 정의하면, T는 선형변환이다.

풀이 M_{nn}의 임의의 벡터 A, B와 스칼라 c에 대하여

$$T(A+B) = (A+B)^T = A^T + B^T = T(A) + T(B)$$

이고

$$T(cA) = (cA)^T = cA^T = cT(A)$$

이다. 따라서 T는 선형변환이다.

예제 6.51 $D:\mathscr{D}\to\mathscr{F}$를 $D(f)=f'$로 정의된 **미분연산**(differential operator)이라 하면, D는 선형변환이다.

풀이 미분가능한 함수 f, g와 스칼라 c에 대하여

$$D(f+g)=(f+g)'=f'+g'=D(f)+D(g)$$

이고

$$D(cf)=(cf)'=cf'=cD(f)$$

이다. 따라서 D는 선형변환이다.

미분적분학에서 구간 $[a,\ b]$에서 연속인 모든 함수는 적분가능임을 알고 있다. 따라서 다음 예제는 정적분이 선형변환임을 보여준다.

예제 6.52 사상 $S:\mathscr{C}[a,\ b]\to\mathbb{R}$을 $S(f)=\int_a^b f(x)dx$로 정의하면, S는 선형변환이다.

풀이 $\mathscr{C}[a,\ b]$의 임의의 함수 f, g와 스칼라 c에 대하여

$$\begin{aligned}S(f+g)&=\int_a^b(f+g)(x)dx\\&=\int_a^b(f(x)+g(x))dx\\&=\int_a^b f(x)dx+\int_a^b g(x)dx\\&=S(f)+S(g)\end{aligned}$$

이고

$$\begin{aligned}S(cf)&=\int_a^b(cf)(x)dx\\&=\int_a^b cf(x)dx\\&=c\int_a^b f(x)dx\\&=cS(f)\end{aligned}$$

이다. 따라서 S는 선형변환이다.

예제 6.53 다음에 정의된 각 사상은 선형변환이 아님을 보여라.

(a) $T:\ M_{22}\to\mathbb{R},\ \ T(A)=\det(A)$

(b) $T:\ \mathbb{R}\to\mathbb{R},\ \ T(x)=2^x$

(c) $T: \mathbb{R} \to \mathbb{R}$, $T(x) = x + 1$.

풀이 각 경우에 대하여 적당한 반례를 들어 선형변환의 성질을 만족하지 않음을 보인다.

(a) $A = \begin{bmatrix} 1 & 0 \\ 0 & 0 \end{bmatrix}$와 $B = \begin{bmatrix} 0 & 0 \\ 0 & 1 \end{bmatrix}$라 두면, $A + B = \begin{bmatrix} 1 & 0 \\ 0 & 1 \end{bmatrix}$이다. 그러면

$$T(A+B) = \det(A+B) = \begin{vmatrix} 1 & 0 \\ 0 & 1 \end{vmatrix} = 1$$

이고

$$T(A) + T(B) = \det A + \det B = \begin{vmatrix} 1 & 0 \\ 0 & 0 \end{vmatrix} + \begin{vmatrix} 0 & 0 \\ 0 & 1 \end{vmatrix} = 0 + 0 = 0$$

이다. 따라서 $T(A+B) \neq T(A) + T(B)$이므로, T는 선형변환이 아니다.

(b) $x = 1$이고 $y = 2$라 두면

$$T(x+y) = T(3) = 2^3 = 8 \neq 6 = 2^1 + 2^2 = T(x) + T(y)$$

이다. 따라서 T는 선형변환이 아니다.

(c) $x = 1$이고 $y = 2$라 두면

$$T(x+y) = T(3) = 3 + 1 = 4 \neq 5 = (1+1) + (2+1) = T(x) + T(y)$$

이다. 따라서 T는 선형변환이 아니다.

주의 예제 6.53(c)로부터 우리는 '선형'이란 단어에 주의를 기울일 필요가 있다. 함수로서 $T(x) = x + 1$의 그래프는 직선이므로 선형이다. 그러나 벡터공간 $\mathbb{R}$에서 $\mathbb{R}$로의 변환으로서는 선형변환이 아니다. 그러면 $\mathbb{R}$에서 $\mathbb{R}$로의 어떤 선형함수가 선형변환인가?

다음 예제에서는 주목해야 할 두 개의 특수한 선형변환을 소개한다.

예제 6.54

(a) 벡터공간 V에서 W로의 변환 중 V의 모든 벡터를 W의 $\mathbf{0}$에 사상하는 변환을 **영변환**(zero transformation)이라 하고, $T_0: V \to W$로 나타낸다. 즉, V의 임의의 벡터 $\mathbf{v}$에 대하여

$$T_0(\mathbf{v}) = \mathbf{0}$$

(b) 임의의 벡터공간 V에서 V로의 변환 중에서 V의 모든 벡터를 고정하는 변환을 **항등변환**(identity transformation)이라 하고, $I: V \to V$로 나타낸다. 즉, V의 임의의 벡터 $\mathbf{v}$에 대하여

$$I(\mathbf{v}) = \mathbf{v}$$

이다. (주어진 벡터공간 V를 표시할 필요가 있는 경우는 I_V로 나타낸다.) 영변환

과 항등변환이 선형변환인 것을 연습문제에서 확인하여라.

선형변환의 성질

3장에서 소개된 모든 선형변환은 행렬변환이었다. 그리고 선형변환의 성질은 행렬의 성질과 직접적으로 연관되어 있었다. 다음 정리의 성질은 행렬변환에서 성립함을 쉽게 알 수 있다. 또한, 일반적인 선형변환에 대하여도 쉽게 증명되나 주의를 기울일 필요가 있다.

정리 6.14 변환 $T: V \to W$가 선형변환일 때, V의 임의의 벡터 $\mathbf{u}$, $\mathbf{v}$에 대하여 다음이 성립한다.

a. $T(\mathbf{0}) = \mathbf{0}$

b. $T(-\mathbf{v}) = -T(\mathbf{v})$

c. $T(\mathbf{u} - \mathbf{v}) = T(\mathbf{u}) - T(\mathbf{v})$

증명 성질 (a), (c)는 증명하고, 성질 (b)는 연습문제 21로 남겨둔다.

(a) V의 임의의 벡터 $\mathbf{v}$에 대하여 $T(\mathbf{0}) = T(0\mathbf{v}) = 0\,T(\mathbf{v}) = \mathbf{0}$이다.

(c) $T(\mathbf{u} - \mathbf{v}) = T(\mathbf{u} + (-1)\mathbf{v}) = T(\mathbf{u}) + (-1)\,T(\mathbf{v}) = T(\mathbf{u}) - T(\mathbf{v})$

주의 성질 (a)는 어떤 변환이 선형변환이 아님을 보일 때 유용하다. 예를 들어, 예제 6.53(b)를 살펴보자. 만약 $T(x) = 2^x$이면 $T(0) = 2^0 = 1 \neq 0$이다. 따라서 정리 6.14(a)에 의해서 T는 선형변환이 아니다. 그러나 영벡터를 영벡터로 보내지만 선형이 아닌 변환이 많이 있음을 주의해야 한다. 예제 6.53(a)가 바로 그 경우인데, 영벡터는 2×2 영행렬 O이고 $T(O) = \det O = 0$이지만 $T(A) = \det A$는 선형변환이 아니다.

선형변환 $T: V \to W$의 가장 중요한 성질은 T가 V의 기저에 대한 작용결과에 의해 완전히 결정된다는 사실이다. 다음 예제를 통하여 이 성질이 무엇을 의미하는지 살펴보자.

예제 6.55 선형변환 $T: \mathbb{R}^2 \to \mathscr{P}_2$가

$$T\begin{bmatrix} 1 \\ 1 \end{bmatrix} = 2 - 3x + x^2, \quad T\begin{bmatrix} 2 \\ 3 \end{bmatrix} = 1 - x^2$$

일 때, $T\begin{bmatrix} -1 \\ 2 \end{bmatrix}$와 $T\begin{bmatrix} a \\ b \end{bmatrix}$를 구하여라.

풀이 $\mathcal{B} = \left\{\begin{bmatrix} 1 \\ 1 \end{bmatrix}, \begin{bmatrix} 2 \\ 3 \end{bmatrix}\right\}$이 $\mathbb{R}^2$의 기저이므로, $\mathbb{R}^2$의 벡터는 span$(\mathcal{B})$에 포함된다.

$$c_1\begin{bmatrix}1\\1\end{bmatrix}+c_2\begin{bmatrix}2\\3\end{bmatrix}=\begin{bmatrix}-1\\2\end{bmatrix}$$

풀면, $c_1=-7$, $c_2=3$이다. 따라서

$$\begin{aligned}T\begin{bmatrix}-1\\2\end{bmatrix}&=T\left(-7\begin{bmatrix}1\\1\end{bmatrix}+3\begin{bmatrix}2\\3\end{bmatrix}\right)\\&=-7T\begin{bmatrix}1\\1\end{bmatrix}+3T\begin{bmatrix}2\\3\end{bmatrix}\\&=-7(2-3x+x^2)+3(1-x^2)\\&=-11+21x-10x^2\end{aligned}$$

이다. 유사한 방법으로

$$\begin{bmatrix}a\\b\end{bmatrix}=(3a-2b)\begin{bmatrix}1\\1\end{bmatrix}+(b-a)\begin{bmatrix}2\\3\end{bmatrix}$$

이므로

$$\begin{aligned}T\begin{bmatrix}a\\b\end{bmatrix}&=T\left((3a-2b)\begin{bmatrix}1\\1\end{bmatrix}+(b-a)\begin{bmatrix}2\\3\end{bmatrix}\right)\\&=(3a-2b)T\begin{bmatrix}1\\1\end{bmatrix}+(b-a)T\begin{bmatrix}2\\3\end{bmatrix}\\&=(3a-2b)(2-3x+x^2)+(b-a)(1-x^2)\\&=(5a-3b)+(-9a+6b)x+(4a-3b)x^2\end{aligned}$$

이다. [$a=-1$, $b=2$라 두면, $T\begin{bmatrix}-1\\2\end{bmatrix}=-11+21x-10x^2$을 얻는다.]

다음 정리에서 보는 바와 같이 일반적인 증명도 쉽게 얻을 수 있다.

정리 6.15 $T: V\to W$를 선형변환이라 하고, $\mathcal{B}=\{\mathbf{v}_1, \mathbf{v}_2, \cdots, \mathbf{v}_n\}$이 V를 생성한다고 하자. 그러면 $T(\mathcal{B})=\{T(\mathbf{v}_1), T(\mathbf{v}_2), \cdots, T(\mathbf{v}_n)\}$은 T의 치역을 생성한다.

증명 T의 치역은 W에 속해 있는 벡터의 모임으로 모든 원소는 V에 속하는 적당한 벡터 $\mathbf{v}$가 존재하여 $T(\mathbf{v})$로 표현된다. $T(\mathbf{v})$를 치역의 임의의 원소라 하자. 그러면 $\mathcal{B}$가 V를 생성하므로 스칼라 $c_1, \cdots, c_n$이 존재하여 다음과 같이 나타낼 수 있다.

$$\mathbf{v}=c_1\mathbf{v}_1+c_2\mathbf{v}_2+\cdots+c_n\mathbf{v}_n$$

양변에 T를 적용하고 선형변환의 성질을 사용하면

$$T(\mathbf{v})=T(c_1\mathbf{v}_1+\cdots+c_n\mathbf{v}_n)=c_1T(\mathbf{v}_1)+c_2T(\mathbf{v}_2)+\cdots+c_nT(\mathbf{v}_n)$$

을 얻는다. 이는 $T(\mathbf{v})$가 $\mathrm{span}(T(\mathcal{B}))$에 속함을 의미한다.

선형변환의 합성

3.6절에서 행렬변환의 합성을 정의하였다. 이제, 이 개념을 일반적인 선형변환에 자연스럽게 확장해본다.

정의 두 선형변환 $T: U \to V$, $S: V \to W$에 대하여, S와 T의 **합성변환**(composite transformation) $S \circ T$를 U의 임의의 벡터 $\mathbf{u}$에 대하여 다음과 같이 정의한다.

$$(S \circ T)(\mathbf{u}) = S(T(\mathbf{u}))$$

여기서 $S \circ T$는 U에서 W로의 함수이다(그림 6.6 참조). 합성변환 $S \circ T$는 T의 치역이 S의 정의역에 포함되어야 의미가 있음을 주목하여라.

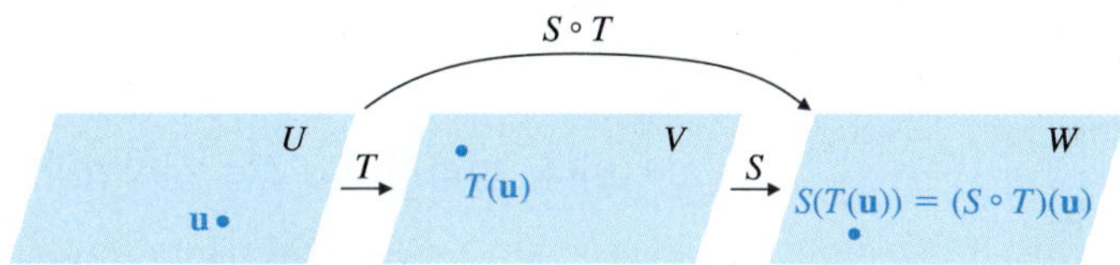

그림 6.6 선형변환의 합성

예제 6.56 두 선형변환 $T: \mathbb{R}^2 \to \mathscr{P}_1$과 $S: \mathscr{P}_1 \to \mathscr{P}_2$를

$$T\begin{bmatrix} a \\ b \end{bmatrix} = a + (a+b)x, \quad S(p(x)) = xp(x)$$

와 같이 정의할 때 $(S \circ T)\begin{bmatrix} 3 \\ -2 \end{bmatrix}$와 $(S \circ T)\begin{bmatrix} a \\ b \end{bmatrix}$를 구하여라.

풀이 합성변환의 정의에 의해

$$(S \circ T)\begin{bmatrix} 3 \\ -2 \end{bmatrix} = S\left(T\begin{bmatrix} 3 \\ -2 \end{bmatrix}\right) = S(3 + (3-2)x)$$
$$= S(3+x) = x(3+x) = 3x + x^2$$

이고

$$(S \circ T)\begin{bmatrix} a \\ b \end{bmatrix} = S\left(T\begin{bmatrix} a \\ b \end{bmatrix}\right) = S(a + (a+b)x) = x(a + (a+b)x)$$
$$= ax + (a+b)x^2$$

3장에서 두 행렬변환의 합성은 행렬변환임을 보였다. 일반적으로 다음의 정리가 성립한다.

정리 6.16 두 선형변환 $T: U \to V$, $S: V \to W$에 대하여, 합성변환 $S \circ T: U \to W$도 선형변환이다.

증명 U의 임의의 벡터 $\mathbf{u}$, $\mathbf{v}$와 임의의 스칼라 c에 대하여

$$\begin{aligned}(S \circ T)(\mathbf{u}+\mathbf{v}) &= S(T(\mathbf{u}+\mathbf{v})) \\ &= S(T(\mathbf{u})+T(\mathbf{v})) \\ &= S(T(\mathbf{u}))+S(T(\mathbf{v})) \\ &= (S \circ T)(\mathbf{u})+(S \circ T)(\mathbf{v})\end{aligned}$$

이고

$$\begin{aligned}(S \circ T)(c\mathbf{u}) &= S(T(c\mathbf{u})) \\ &= S(cT(\mathbf{u})) \\ &= cS(T(\mathbf{u})) \\ &= c(S \circ T)(\mathbf{u})\end{aligned}$$

이다. 따라서 $S \circ T$는 선형변환이다.

선형변환의 대수적 성질은 행렬변환의 대수적 성질과 일치한다. 예를 들어, 선형변환의 합성은 결합법칙을 만족한다. 즉, 임의의 선형변환 R, S, T에 대하여, 합성이 정의된다면

$$R \circ (S \circ T) = (R \circ S) \circ T$$

가 성립한다. 이 성질은 3.6절에 주어진 것과 일치한다.

다음의 예제는 선형변환의 또 다른 유용한 성질을 보여준다.

예제 6.57 두 선형변환 $S: U \to V$, $T: V \to W$와 항등변환 $I: V \to V$에 대하여, $\mathbf{v}$가 V의 임의의 벡터이면

$$(T \circ I)(\mathbf{v}) = T(I(\mathbf{v})) = T(\mathbf{v})$$

이다. $T \circ I$와 T는 정의역에 속하는 임의의 벡터에 대하여, 같은 값을 가지므로 $T \circ I = T$이다. 또한, 같은 방법으로 $I \circ S = S$임을 알 수 있다.

주의 예제 6.57에서 사용된 방법을 주목할 필요가 있다. 우리가 V에서 W로 정의되는 두 개의 선형변환 T_1과 T_2가 같다는 것을 보이기 위해서는 V의 임의의 벡터 $\mathbf{v}$에 대하여 $T_1(\mathbf{v}) = T_2(\mathbf{v})$임을 보이면 된다.

선형변환의 역변환

정의 선형변환 $T: V \to W$에 대하여, 선형변환 $T': W \to V$가 존재하여

$$T' \circ T = I_V, \quad T \circ T' = I_W$$

을 만족할 때, 선형변환 T를 **가역**(invertible)이라 하고 T'를 T의 **역변환**(inverse transformation)이라 한다.

주의

- 역행렬이 존재하는 행렬변환과는 달리 일반적인 선형변환의 정의역과 공역이 서로 같을 필요는 없다. 그러나 이들은 매우 밀접한 관계가 있다.
- 정의에서 T'가 선형변환이라는 조건은 필요 없다. 왜냐하면, 정리 6.24에서, 임의의 선형변환 $T: V \to W$에 대하여 변환 $T': W \to V$가 존재하여 조건 $T' \circ T = I_V$와 $T \circ T' = I_W$를 만족하면, T'가 선형변환임을 알게 될 것이기 때문이다.
- T'가 T의 역변환이면 T는 T'의 역변환이다. 따라서 T가 가역이면 T'도 가역이다.

예제 6.58 다음과 같이 정의된 두 선형변환 $T: \mathbb{R}^2 \to \mathscr{P}_1$과 $T': \mathscr{P}_1 \to \mathbb{R}^2$는 서로 역변환임을 보여라.

$$T\begin{bmatrix} a \\ b \end{bmatrix} = a + (a+b)x, \quad T'(c+dx) = \begin{bmatrix} c \\ d-c \end{bmatrix}$$

풀이 정의에 의해

$$(T' \circ T)\begin{bmatrix} a \\ b \end{bmatrix} = T'\left(T\begin{bmatrix} a \\ b \end{bmatrix}\right) = T'(a+(a+b)x) = \begin{bmatrix} a \\ (a+b)-a \end{bmatrix} = \begin{bmatrix} a \\ b \end{bmatrix}$$

이고

$$\begin{aligned}(T \circ T')(c+dx) = T(T'(c+dx)) = T\begin{bmatrix} c \\ d-c \end{bmatrix} &= c + (c + (d-c))x \\ &= c + dx\end{aligned}$$

이다. 따라서 $T' \circ T = I_{\mathbb{R}^2}$이고 $T \circ T' = I_{\mathscr{P}_1}$이다. 이는 T와 T'가 서로 역변환임을 보여준다.

행렬에서와 같이 선형변환이 역변환을 가지면 유일하다. 다음의 정리는 정리 3.6에 상응하는 정리이다.

정리 6.17 선형변환이 역변환을 가지면 유일하다.

증명 증명은 정리 3.6의 증명과 동일하다. 단지 행렬의 곱을 선형변환의 합성으로 바꾼 것이다(연습문제 31 참조).

선형변환 T가 역변환을 가질 때, 그 유일한 역변환을 T^{-1}로 표기한다. 다음의 두 절에서는 선형변환이 역변환을 갖는 조건을 살펴보고 역변환을 가질 경우 역변환을 구한다.

6.4 연습문제

※ [1–12] 다음에 주어진 T가 선형변환인지를 밝혀라.

1. $T: M_{22} \to M_{22}$, $T\begin{bmatrix} a & b \\ c & d \end{bmatrix} = \begin{bmatrix} a+b & 0 \\ 0 & c+d \end{bmatrix}$
2. $T: M_{22} \to M_{22}$, $T\begin{bmatrix} w & x \\ y & z \end{bmatrix} = \begin{bmatrix} 1 & w-z \\ x-y & 1 \end{bmatrix}$
3. $T: M_{nn} \to M_{nn}$, $T(A) = AB$, 여기서 B는 일정한 $n \times n$행렬이다.
4. $T: M_{nn} \to M_{nn}$, $T(A) = AB - BA$, 여기서 B는 일정한 $n \times n$행렬이다.
5. $T: M_{nn} \to \mathbb{R}$, $T(A) = \mathrm{tr}(A)$
6. $T: M_{nn} \to \mathbb{R}$, $T(A) = a_{11}a_{22} \cdots a_{nn}$
7. $T: M_{nn} \to \mathbb{R}$, $T(A) = \mathrm{rank}(A)$
8. $T: \mathscr{P}_2 \to \mathscr{P}_2$,
   $T(a+bx+cx^2) = (a+1)+(b+1)x+(c+1)x^2$
9. $T: \mathscr{P}_2 \to \mathscr{P}_2$,
   $T(a+bx+cx^2) = a+b(x+1)+b(x+1)^2$
10. $T: \mathscr{F} \to \mathscr{F}$, $T(f) = f(x^2)$
11. $T: \mathscr{F} \to \mathscr{F}$, $T(f) = (f(x))^2$
12. $T: \mathscr{F} \to \mathbb{R}$, $T(f) = f(c)$, 여기서 c는 상수이다.

13. 예제 6.56에서의 사상 S와 T가 선형변환임을 보여라.
14. $T: \mathbb{R}^2 \to \mathbb{R}^3$를

$$T\begin{bmatrix} 1 \\ 0 \end{bmatrix} = \begin{bmatrix} 1 \\ 2 \\ -1 \end{bmatrix}, \quad T\begin{bmatrix} 0 \\ 1 \end{bmatrix} = \begin{bmatrix} 3 \\ 0 \\ 4 \end{bmatrix}$$

를 만족하는 선형변환이라 할 때, $T\begin{bmatrix} 5 \\ 2 \end{bmatrix}$와 $T\begin{bmatrix} a \\ b \end{bmatrix}$를 구하여라.

15. $T: \mathbb{R}^2 \to \mathscr{P}_2$를

$$T\begin{bmatrix} 1 \\ 1 \end{bmatrix} = 1-2x, \quad T\begin{bmatrix} 3 \\ -1 \end{bmatrix} = x+2x^2$$

을 만족하는 선형변환이라 할 때, $T\begin{bmatrix} -7 \\ 9 \end{bmatrix}$와 $T\begin{bmatrix} a \\ b \end{bmatrix}$를 구하여라.

16. $T: \mathscr{P}_2 \to \mathscr{P}_2$를

$$T(1) = 3-2x, \ T(x) = 4x - x^2, \ T(x^2) = 2+2x^2$$

을 만족하는 선형변환이라 할 때, $T(6+x-4x^2)$와 $T(a+bx+cx^2)$을 구하여라.

17. $T: \mathscr{P}_2 \to \mathscr{P}_2$를 조건

$$T(1+x) = 1+x^2, \ T(x+x^2) = x-x^2,$$
$$T(1+x^2) = 1+x+x^2$$

을 만족하는 선형변환이라 할 때, $T(4-x+3x^2)$와 $T(a+bx+cx^2)$을 구하여라.

18. $T: M_{22} \to \mathbb{R}$을

$$T\begin{bmatrix} 1 & 0 \\ 0 & 0 \end{bmatrix} = 1, \quad T\begin{bmatrix} 1 & 1 \\ 0 & 0 \end{bmatrix} = 2,$$
$$T\begin{bmatrix} 1 & 1 \\ 1 & 0 \end{bmatrix} = 3, \quad T\begin{bmatrix} 1 & 1 \\ 1 & 1 \end{bmatrix} = 4$$

를 만족하는 선형변환이라 할 때, $T\begin{bmatrix} 1 & 3 \\ 4 & 2 \end{bmatrix}$와 $\begin{bmatrix} a & b \\ c & d \end{bmatrix}$를 구하여라.

19. $T: M_{22} \to \mathbb{R}$을 선형변환이라 할 때, 스칼라 a, b, c, d가 존재하여 M_{22}의 모든 원소 $\begin{bmatrix} w & x \\ y & z \end{bmatrix}$에 대하여

$$T\begin{bmatrix} w & x \\ y & z \end{bmatrix} = aw+bx+cy+dz$$

를 만족함을 보여라.

20. 다음의 성질을 만족하는 선형변환 $T:\mathbb{R}^3 \to \mathscr{P}_2$는 존재하지 않음을 보여라.

$$T\begin{bmatrix} 2 \\ 1 \\ 0 \end{bmatrix} = 1+x,\ T\begin{bmatrix} 3 \\ 0 \\ 2 \end{bmatrix} = 2-x+x^2,\ T\begin{bmatrix} 0 \\ 6 \\ -8 \end{bmatrix} = -2+2x^2$$

21. 정리 6.14(b)를 증명하여라.

22. $\{\mathbf{v}_1, \cdots, \mathbf{v}_n\}$을 벡터공간 V의 기저라 하고 $T: V \to V$를 선형변환이라 하자. 만약 $T(\mathbf{v}_1) = \mathbf{v}_1$, $T(\mathbf{v}_2) = \mathbf{v}_2$, $\cdots$, $T(\mathbf{v}_n) = \mathbf{v}_n$이면, T는 항등변환이다.

23. $T:\mathscr{P}_n \to \mathscr{P}_n$이 임의의 $k=0, 1, \cdots, n$에 대하여, $T(x^k) = kx^{n-1}$을 만족하는 선형변환이면, T는 미분연산임을 보여라.

24. $\mathbf{v}_1, \mathbf{v}_2, \cdots, \mathbf{v}_n$을 V의 벡터라 하고, $T: V \to W$를 선형변환이라 하자.
   (a) 만약 $\{T(\mathbf{v}_1), T(\mathbf{v}_2), \cdots, T(\mathbf{v}_n)\}$이 일차독립이면, $\{\mathbf{v}_1, \mathbf{v}_2, \cdots, \mathbf{v}_n\}$도 일차독립이다.
   (b) (a)의 역은 참이 아니다. 즉 $\{\mathbf{v}_1, \mathbf{v}_2, \cdots, \mathbf{v}_n\}$이 일차독립이라도 $\{T(\mathbf{v}_1), T(\mathbf{v}_2), \cdots, T(\mathbf{v}_n)\}$이 일차독립일 필요는 없다. 반례 $T:\mathbb{R}^2 \to \mathbb{R}^2$를 찾아보아라.

25. 두 선형변환 $S: \mathbb{R}^2 \to M_{22}$와 $T: \mathbb{R}^2 \to \mathbb{R}^2$를

$$S\begin{bmatrix} a \\ b \end{bmatrix} = \begin{bmatrix} a+b & b \\ 0 & a-b \end{bmatrix},\ T\begin{bmatrix} c \\ d \end{bmatrix} = \begin{bmatrix} 2c+d \\ -d \end{bmatrix}$$

로 정의할 때, $(S \circ T)\begin{bmatrix} 2 \\ 1 \end{bmatrix}$과 $(S \circ T)\begin{bmatrix} x \\ y \end{bmatrix}$를 구하여라. $(T \circ S)\begin{bmatrix} x \\ y \end{bmatrix}$를 계산할 수 있으면, 구하여라.

26. 선형변환 $S:\mathscr{P}_1 \to \mathscr{P}_2$와 $T:\mathscr{P}_2 \to \mathscr{P}_1$를

$$S(a+bx) = a+(a+b)x+2bx^2,$$
$$T(a+bx+cx^2) = b+2cx$$

로 정의할 때 $(S \circ T)(3+2x-x^2)$와 $(S \circ T)(a+bx+cx^2)$을 구하여라. $(T \circ S)(a+bx)$를 계산할 수 있으면 구하여라.

27. 선형변환 $S: \mathscr{P}_n \to \mathscr{P}_n$과 $T:\mathscr{P}_n \to \mathscr{P}_n$을

$$S(p(x)) = p(x+1),\ T(p(x)) = xp'(x)$$

로 정의할 때, $(S \circ T)(p(x))$와 $(T \circ S)(p(x))$를 구하여라. [힌트: 연쇄법칙을 이용]

28. 선형변환 $S: \mathscr{P}_n \to \mathscr{P}_n$과 $T:\mathscr{P}_n \to \mathscr{P}_n$을

$$S(p(x)) = p(x+1),\ T(p(x)) = xp'(x)$$

로 정의할 때, $(S \circ T)(p(x))$와 $(T \circ S)(p(x))$를 구하여라.

※ [29-30] 다음에 주어진 S와 T는 서로 역변환임을 보여라.

29. 선형변환 $S, T: \mathbb{R}^2 \to \mathbb{R}^2$는

$$S\begin{bmatrix} x \\ y \end{bmatrix} = \begin{bmatrix} 4x+y \\ 3x+y \end{bmatrix},\ T\begin{bmatrix} x \\ y \end{bmatrix} = \begin{bmatrix} x-y \\ -3x+4y \end{bmatrix}$$

로 정의된다.

30. 선형변환 $S, T: \mathscr{P}_1 \to \mathscr{P}_1$는

$$S(a+bx) = (-4a+b)+2ax,$$
$$T(a+bx) = b/2+(a+2b)x$$

로 정의된다.

31. 정리 6.17을 증명하여라.

32. 선형변환 $T: V \to V$가 $T \circ T = I$를 만족한다고 가정하자.
   (a) $\{\mathbf{v}, T(\mathbf{v})\}$이 일차종속일 필요충분조건은 $T(\mathbf{v}) = \pm\mathbf{v}$이다.
   (b) $V=\mathbb{R}^2$에서 이러한 성질을 만족하는 선형변환의 예를 들어라.

33. 선형변환 $T: V \to V$가 $T \circ T = T$를 만족한다고 가정하자.
   (a) $\{\mathbf{v}, T(\mathbf{v})\}$가 일차종속일 필요충분조건은 $T(\mathbf{v}) = \mathbf{v}$ 또는 $T(\mathbf{v}) = \mathbf{0}$이다.
   (b) $V=\mathbb{R}^2$에서 이러한 성질을 만족하는 선형변환의 예를 들어라.

※ 벡터공간 V에서 벡터공간 W로 가는 모든 선형변환의 집합을 $\mathscr{L}(V, W)$라 두자. $\mathscr{L}(V, W)$에 속하는 임의의 두 원소 S, T에 대하여, S와 T의 **합**(sum) $S+T$를 다음과 정의한다. V의 임의의 원소 $\mathbf{v}$에 대하여

$$(S+T)(\mathbf{v}) = S(\mathbf{v})+T(\mathbf{v})$$

또한, 임의의 스칼라 c에 대하여 T의 스칼라배 cT는 다음과 같이 정의한다. V의 임의의 원소 $\mathbf{v}$에 대하여

$$(cT)(\mathbf{v})=cT(\mathbf{v})$$

34. $S+T$와 cT가 선형변환임을 증명하여라.

35. $\mathscr{L}(V, W)$는 위에서 정의된 합과 스칼라배에 대하여 벡터공간을 이룸을 증명하여라.

36. R, S, T를 다음에 주어진 연산이 가능한 선형변환, c를 스칼라라 할 때, 다음을 증명하여라.

(a) $R\circ(S+T)=R\circ S+R\circ T$

(b) 임의의 스칼라 c에 대하여

$$c(R\circ S)=(cR)\circ S=R\circ(cS)$$

6.5 선형변환의 핵과 치역

영공간과 열공간은 행렬과 관계되는 두 개의 중요한 부분공간이다. 이 절에서는 이 두 개념의 확장인 선형변환의 핵과 치역을 알아본다.

단어 kernel(핵)은, '씨앗'이나 '곡식'을 의미하는 단어 corn의 한 형태인, 옛 영어단어 cyrnel에서 유래한다. 곡식의 알과 같이 선형변환의 핵은 선형변환의 많은 중요한 성질들에 대한 정보를 가지고 있다는 의미에서 그 '핵심'이나 '열매'이다.

정의 $T: V\to W$가 선형변환일 때, T에 의해 $\mathbf{0}$으로 사상되는 V에 속하는 벡터의 집합을 **핵**(kernel)이라 하고, $\ker(T)$로 나타낸다. 즉

$$\ker(T)=\{\mathbf{v}\in V \mid T(\mathbf{v})=\mathbf{0}\}$$

또한, T에 의한 V의 상을 T의 **치역**(range)이라 하고, $\mathrm{range}(T)$로 나타낸다. 즉,

$$\begin{aligned}\mathrm{range}(T)&=\{T(\mathbf{v}):\mathbf{v}\in V\}\\&=\{\mathbf{w}\in W:\mathbf{w}=T(\mathbf{v}),\ \mathbf{v}\in V\}\end{aligned}$$

예제 6.59 행렬 A를 $m\times n$행렬이라 하고, $T=T_A$를 A에 대응하는 행렬변환이라 하자. 즉, T는 $\mathbb{R}^n$에서 $\mathbb{R}^m$로의 행렬변환으로 $T(\mathbf{v})=A\mathbf{v}$로 정의된다. 그러면 3장에서 보는 바와 같이 T의 치역은 A의 열공간이다.

그리고 T의 핵 $\ker(T)$는

$$\begin{aligned}\ker(T)&=\{\mathbf{v}\in\mathbb{R}^n:T(\mathbf{v})=\mathbf{0}\}\\&=\{\mathbf{v}\in\mathbb{R}^n:A\mathbf{v}=\mathbf{0}\}\\&=\mathrm{null}(A)\end{aligned}$$

이다. 다시 말해서, 선형변환의 핵은 그에 대응하는 행렬의 영공간이다.

예제 6.60 미분변환 $D: \mathscr{P}_3 \to \mathscr{P}_2$가 $D(p(x)) = p'(x)$로 정의될 때, D의 핵과 치역을 구하여라.

풀이 정의에서 $D(a+bx+cx^2+dx^3) = b+2cx+3dx^2$이므로

$$\begin{aligned}\ker(D) &= \{a+bx+cx^2+dx^3 : D(a+bx+cx^2+dx^3)=0\} \\ &= \{a+bx+cx^2+dx^3 : b+2cx+3dx^2=0\}\end{aligned}$$

이다. 여기서 $b+2cx+3dx^2=0$일 필요충분조건은 $b=2c=3d=0$이다. 즉, $b=c=d=0$이다. 따라서

$$\begin{aligned}\ker(D) &= \{a+bx+cx^2+dx^3 : b=c=d=0\} \\ &= \{a : a \in \mathbb{R}\}\end{aligned}$$

이다. 다시 말해서 $\ker(D)$는 모든 상수다항식의 집합이다.

이제, D의 치역을 구하여보자. $\mathscr{P}_2$의 임의의 다항식은 $\mathscr{P}_3$의 적당한 다항식의 상이다. 구체적으로 말해 $\mathscr{P}_2$의 임의의 원소 $a+bx+cx^2$에 대하여

$$a+bx+cx^2 = D\left(ax+\left(\frac{b}{2}\right)x^2+\left(\frac{c}{3}\right)x^3\right)$$

이므로, D의 치역은 $\mathscr{P}_2$이다.

예제 6.61 선형변환 $S : \mathscr{P}_1 \to \mathbb{R}$를 다음과 같이 정의할 때, S의 핵과 치역을 구하여라.

$$S(p(x)) = \int_0^1 p(x)dx$$

풀이

$$\begin{aligned}S(a+bx) &= \int_0^1 (a+bx)dx \\ &= \left[ax+\frac{b}{2}x^2\right]_0^1 \\ &= \left(a+\frac{b}{2}\right)-0 = a+\frac{b}{2}\end{aligned}$$

이므로

$$\begin{aligned}\ker(S) &= \{a+bx : S(a+bx)=0\} \\ &= \left\{a+bx : a+\frac{b}{2}=0\right\} \\ &= \left\{a+bx : a=-\frac{b}{2}\right\} \\ &= \left\{-\frac{b}{2}+bx\right\}\end{aligned}$$

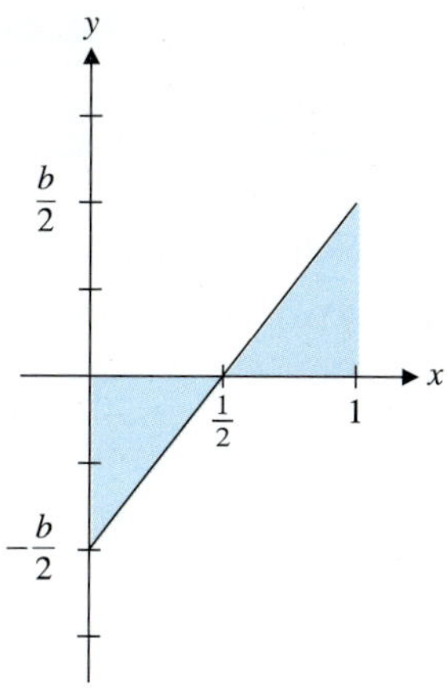

그림 6.7 $y=-\frac{b}{2}+bx$이면 $\int_0^1 y\,dx = 0$

이다. 기하학적으로, $\ker(S)$는 구간 $[0,\ 1]$에서 직선과 x축 사이의 넓이가 정확히 이등분되는 직선의 그래프를 갖는 모든 일차다항식의 집합이다(그림 6.7 참조).

임의의 실수 a에 대하여

$$\int_0^1 a\,dx = [ax]_0^1 = a - 0 = a$$

이므로, $a = S(a)$이다. 따라서 S의 치역은 $\mathbb{R}$이다.

예제 6.62 선형변환 $T\colon M_{22} \to M_{22}$를 $T(A) = A^T$로 정의할 때, T의 핵과 치역을 구하여라.

풀이 핵의 정의에 의해

$$\begin{aligned}\ker(T) &= \{A \in M_{22} \mid T(A) = O\} \\ &= \{A \in M_{22} \mid A^T = O\}\end{aligned}$$

이다. 여기서 $A^T = O$이면 $A = (A^T)^T = O^T = O$이다. 따라서 $\ker(T) = \{O\}$이다.

또한, M_{22}의 임의의 행렬 A에 대하여 $A = (A^T)^T = T(A^T)$이므로, $\text{range}(T) = M_{22}$이다.

이상의 예제에서 선형변환의 핵과 치역은 각각 선형변환의 정의역과 공역의 부분공간이다. 사실, 핵과 치역은 각각 행렬변환의 영공간과 열공간의 확장이므로, 놀라운 사실은 아니다.

정리 6.18 선형변환 $T\colon V \to W$에 대하여

a. $\ker(T)$는 V의 부분공간이다.

b. $\text{range}(T)$는 W의 부분공간이다.

증명 (a) $T(\mathbf{0}) = \mathbf{0}$이므로 $\mathbf{0}$은 $\ker(T)$에 속한다. 따라서 $\ker(T)$는 공집합이 아니다. $\ker(T)$에 속하는 임의의 두 벡터 $\mathbf{u}$, $\mathbf{v}$에 대하여 $T(\mathbf{u}) = T(\mathbf{v}) = \mathbf{0}$이다. 따라서

$$T(\mathbf{u}+\mathbf{v}) = T(\mathbf{u}) + T(\mathbf{v}) = \mathbf{0} + \mathbf{0} = \mathbf{0}$$

이고, 임의의 스칼라 c에 대하여

$$T(c\mathbf{u}) = c\,T(\mathbf{u}) = c\mathbf{0} = \mathbf{0}$$

이므로, $\mathbf{u}+\mathbf{v}$와 $c\mathbf{u}$는 $\ker(T)$에 속한다. 따라서 $\ker(T)$는 V의 부분공간이다.
(b) $\mathbf{0} = T(\mathbf{0})$이므로 W의 영벡터는 $\text{range}(T)$에 속한다. 따라서 $\text{range}(T)$는 공집합이 아니다. $\text{range}(T)$에 속하는 임의의 두 벡터 $T(\mathbf{u})$, $T(\mathbf{v})$에 대하여

$T(\mathbf{u})+T(\mathbf{v})=T(\mathbf{u}+\mathbf{v})$이다. 따라서 $T(\mathbf{u})+T(\mathbf{v})$는 $\mathbf{u}+\mathbf{v}$의 상이다. 여기서 $\mathbf{u}$와 $\mathbf{v}$는 V에 속하므로 $\mathbf{u}+\mathbf{v}$도 V에 속한다. 따라서 $T(\mathbf{u})+T(\mathbf{v})$는 $\text{range}(T)$에 속한다. 또한, 스칼라 c에 대하여 $cT(\mathbf{u})=T(c\mathbf{u})$이다. 여기서 $\mathbf{u}$가 V에 속하므로 $c\mathbf{u}$도 V에 속한다. 따라서 $cT(\mathbf{u})$가 $\text{range}(T)$에 속한다. 이는 $\text{range}(T)$가 W의 공집합이 아닌 부분집합으로 덧셈과 스칼라배에 대하여 닫혀 있음을 의미한다. 따라서 W의 부분공간이다.

그림 6.8은 선형변환의 핵과 치역을 그림으로 보여준다.

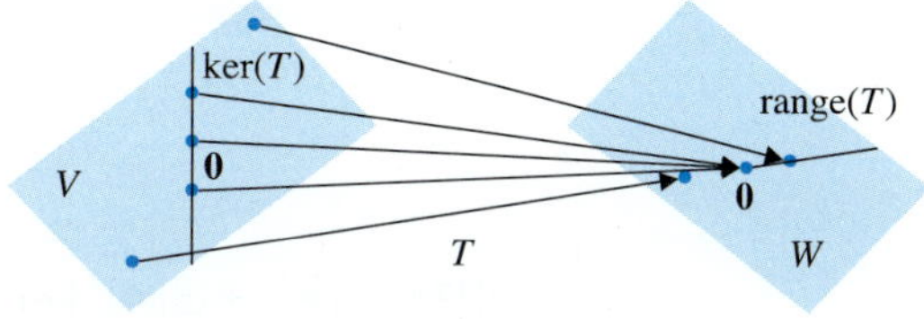

그림 6.8 $T: V\to W$의 핵과 치역

3장에서 행렬의 계수는 행공간의 차원으로 행렬의 퇴화차수는 영공간의 차원으로 정의하였다. 다음 정의에서 위의 개념을 일반적인 선형변환으로 확장한다.

정의 선형변환 $T: V\to W$에 대하여, T의 치역의 차원을 T의 **계수**(rank)라 하고 $\text{rank}(T)$로 나타내며, T의 핵의 차원은 T의 **퇴화차수**(nullity)라 하고 $\text{nullity}(T)$로 나타낸다.

예제 6.63 행렬 A에 대하여 $T=T_A$를 $T(\mathbf{v})=A\mathbf{v}$로 정의된 행렬변환이라 하자. 그러면 예제 6.59에 의하여 T의 치역과 핵은 각각 A의 열공간과 영공간이다. 따라서 3.5절로부터 다음이 성립한다.

$$\text{rank}(T)=\text{rank}(A),\ \text{nullity}(T)=\text{nullity}(A)$$

예제 6.64 선형변환 $D:\mathscr{P}_3\to\mathscr{P}_2$를 $D(p(x))=p'(x)$로 정의할 때, D의 계수와 퇴화차수를 구하여라.

풀이 예제 6.60에서 $\text{range}(D)=\mathscr{P}_2$임을 보았다. 따라서

$$\text{rank}(D)=\dim\mathscr{P}_2=3$$

이다. 한편, D의 핵은 모든 상수다항식의 모임이다. 즉, $\ker(D)=\{a: a\in\mathbb{R}\}=\{a\cdot 1: a\in\mathbb{R}\}$이다. 따라서 $\{1\}$이 $\ker(D)$의 기저이고

$$\text{nullity}(D)=\dim(\ker(D))=1$$

예제 6.65

선형변환 $S : \mathscr{P}_1 \to \mathbb{R}$을 다음과 같이 정의할 때, S의 계수와 퇴화차수를 구하여라.

$$S(p(x)) = \int_0^1 p(x)dx$$

풀이 예제 6.61에 의하여, $\operatorname{range}(S) = \mathbb{R}$이고 $\operatorname{rank}(S) = \dim \mathbb{R} = 1$이다. 그리고

$$\begin{aligned}\ker(S) &= \left\{-\frac{b}{2} + bx : b \in \mathbb{R}\right\} \\ &= \left\{b\left(-\frac{1}{2} + x\right) : b \in \mathbb{R}\right\} \\ &= \operatorname{span}\left(-\frac{1}{2} + x\right)\end{aligned}$$

이므로, $\{- \quad + x\}$이 $\ker(S)$의 기저이다. 따라서

$$\operatorname{nullity}(S) = \dim(\ker(S)) = 1$$

예제 6.66

선형변환 $T: M_{22} \to M_{22}$를 $T(A) = A^T$로 정의할 때, T의 계수와 퇴화차수를 구하여라.

풀이 예제 6.62로부터 $\operatorname{range}(T) = M_{22}$이고 $\ker(T) = \{O\}$이다. 따라서

$$\operatorname{rank}(T) = \dim M_{22} = 4, \ \operatorname{nullity}(T) = \dim\{O\} = 0$$

3장의 계수정리(정리 3.26)에서 행렬의 계수와 퇴화차수 사이에는 $\operatorname{rank}(A) + \operatorname{nullity}(A) = n$이 성립함을 보았다. 행렬 $T = T_A$의 정의역이 $\mathbb{R}^n$이므로, 위의 관계식은 다음과 같다.

$$\operatorname{rank}(A) + \operatorname{nullity}(A) = \dim(\mathbb{R}^n)$$

이 계수정리는 일반적인 선형변환에도 성립함을 위 예제에서 보았다. 즉, 마지막 세 예제에서 다음이 성립하였다.

$$\begin{aligned}\operatorname{rank}(D) + \operatorname{nullity}(D) &= 3 + 1 = 4 = \dim \mathscr{P}_3 && \text{예제 6.64} \\ \operatorname{rank}(S) + \operatorname{nullity}(S) &= 1 + 1 = 2 = \dim \mathscr{P}_1 && \text{예제 6.65} \\ \operatorname{rank}(T) + \operatorname{nullity}(T) &= 4 + 0 = 4 = \dim M_{22} && \text{예제 6.66}\end{aligned}$$

정리 6.19

계수정리

$T: V \to W$가 유한차원 벡터공간 V에서 벡터공간 W로의 선형변환일 때

$$\operatorname{rank}(T) + \operatorname{nullity}(T) = \dim(V)$$

가 성립한다.

다음 절에서 정리 3.26의 증명을 응용하여 위 정리를 증명하는 방법을 소개한다. 여기서는 행렬을 사용하지 않는다.

증명 $\dim V = n$이고 $\{\mathbf{v}_1, \cdots, \mathbf{v}_k\}$를 $\ker(T)$의 기저라 하자. 즉, $\text{nullity}(T) = \dim(\ker(T)) = k$이다. 기저 $\{\mathbf{v}_1, \mathbf{v}_2, \cdots, \mathbf{v}_k\}$는 일차독립이므로 정리 6.28에 의해 벡터공간 V의 기저로 확장될 수 있다. 확장된 V의 기저를

$$\mathcal{B} = \{\mathbf{v}_1, \cdots, \mathbf{v}_k, \mathbf{v}_{k+1}, \cdots, \mathbf{v}_n\}$$

이라 두자. 만약

$$\mathcal{C} = \{T(\mathbf{v}_{k+1}), \cdots, T(\mathbf{v}_n)\}$$

이 $\text{range}(T)$의 기저임을 보인다면, $\text{rank}(T) = \dim(\text{range}(T)) = n - k$이다. 따라서

$$\text{rank}(T) + \text{nullity}(T) = k + (n-k) = n = \dim V$$

이므로 증명은 끝난다.

먼저, $\mathcal{C}$가 $\text{range}(T)$를 생성함을 알아보자. $T(\mathbf{v})$를 $\text{range}(T)$의 임의의 원소라 하면, $\mathbf{v}$가 V에 속하고 $\mathcal{B}$가 V의 기저이므로 적당한 스칼라에 $c_1, \cdots, c_n$이 존재하여 다음과 같이 나타낼 수 있다.

$$\mathbf{v} = c_1\mathbf{v}_1 + \cdots + c_k\mathbf{v}_k + c_{k+1}\mathbf{v}_{k+1} + \cdots + c_n\mathbf{v}_n$$

여기서 $\mathbf{v}_1, \mathbf{v}_2, \cdots, \mathbf{v}_k$는 $\ker(T)$에 포함되므로, $T(\mathbf{v}_1) = \cdots = T(\mathbf{v}_k) = \mathbf{0}$이다. 따라서

$$\begin{aligned} T(\mathbf{v}) &= T(c_1\mathbf{v}_1 + \cdots + c_k\mathbf{v}_k + c_{k+1}\mathbf{v}_{k+1} + \cdots + c_n\mathbf{v}_n) \\ &= c_1T(\mathbf{v}_1) + \cdots + c_kT(\mathbf{v}_k) + c_{k+1}T(\mathbf{v}_{k+1}) + \cdots + c_nT(\mathbf{v}_n) \\ &= c_{k+1}T(\mathbf{v}_{k+1}) + \cdots + c_nT(\mathbf{v}_n) \end{aligned}$$

이다. 이는 $\mathcal{C}$가 $\text{range}(T)$를 생성함을 의미한다.

이제, $\mathcal{C}$가 일차독립임을 보이자. 스칼라 $c_{k+1}, \cdots, c_n$에 대하여

$$c_{k+1}T(\mathbf{v}_{k+1}) + \cdots + c_nT(\mathbf{v}_n) = \mathbf{0}$$

이라 두면, $T(c_{k+1}\mathbf{v}_{k+1} + \cdots + c_n\mathbf{v}_n) = \mathbf{0}$이다. 따라서 $c_{k+1}\mathbf{v}_{k+1} + \cdots + c_n\mathbf{v}_n$이 $\ker(T)$에 속한다. 여기서 $\mathbf{v}_1, \mathbf{v}_2, \cdots, \mathbf{v}_k$가 $\ker(T)$의 기저이므로, 다음과 같이 나타낼 수 있다.

$$c_{k+1}\mathbf{v}_{k+1} + \cdots + c_n\mathbf{v}_n = c_1\mathbf{v}_1 + \cdots + c_k\mathbf{v}_k$$

이는

$$c_1\mathbf{v}_1 + \cdots + c_k\mathbf{v}_k - c_{k+1}\mathbf{v}_{k+1} - \cdots - c_n\mathbf{v}_n = \mathbf{0}$$

와 동치이고, $\mathcal{B}$는 일차독립이므로 $c_1 = c_2 = \cdots = c_n = 0$이다. 특히 $c_{k+1} = c_{k+2}$

$= \cdots = c_n = 0$이다. 이는 $\mathcal{C}$가 일차독립임을 나타낸다. 따라서 $\mathcal{C}$는 range(T)의 기저이다.

예제 6.64, 6.65, 6.66에서 계수정리가 성립함을 보았다. 실제로, 선형변환의 계수와 퇴화차수를 구하는 문제는 이 둘 중 하나만 구하고 나머지는 계수정리를 이용하면 구할 수 있다. 이제, 이와 같은 방법이 사용된 예를 살펴보자.

예제 6.67 선형변환 $T : \mathscr{P}_2 \to \mathscr{P}_3$를 $T(p(x)) = xp(x)$로 정의할 때, T의 계수와 퇴화차수를 구하여라.

풀이 정의에 의해

$$T(a+bx+cx^2) = ax+bx^2+cx^3$$

이므로

$$\begin{aligned}\ker(T) &= \{a+bx+cx^2 : T(a+bx+cx^2)=0\}\\ &= \{a+bx+cx^2 : ax+bx^2+cx^3=0\}\\ &= \{a+bx+cx^2 : a=b=c=0\}\\ &= \{0\}\end{aligned}$$

이고 nullity(T)=dim(ker(T))$=0$이다. 따라서 T의 계수는 계수정리에 의하여

$$\text{rank}(T) = \dim\mathscr{P}_2 - \text{nullity}(T) = 3-0=3$$

주의 예제 6.67에서 $\{x,\ x^2,\ x^3\}$이 range(T)의 기저임은 쉽게 알 수 있으므로, T의 계수를 먼저 구하는 것이 편리하다. 선형변환의 계수나 퇴화차수 중에 쉽게 구할 수 있는 것을 먼저 구하고, 계수정리를 이용하여 나머지 것을 구한다. 많은 연습으로, 어느 것을 먼저 구해야 할지 알게 될 것이다.

예제 6.68 W를 모든 2×2 대칭행렬로 이루어진 벡터공간이라 하고, 선형변환 $T : W \to \mathscr{P}_2$를 다음과 같이 정의할 때, T의 계수와 퇴화차수를 구하여라.

$$T\begin{bmatrix} a & b \\ b & c \end{bmatrix} = (a-b)+(b-c)x+(c-a)x^2$$

풀이 먼저, 구하기 쉬운 nullity(T)를 다음과 같이 구한다.

$$\begin{aligned}\ker(T) &= \left\{\begin{bmatrix} a & b \\ b & c \end{bmatrix} : T\begin{bmatrix} a & b \\ b & c \end{bmatrix} = 0\right\}\\ &= \left\{\begin{bmatrix} a & b \\ b & c \end{bmatrix} : (a-b)+(b-c)x+(c-a)x^2=0\right\}\\ &= \left\{\begin{bmatrix} a & b \\ b & c \end{bmatrix} : (a-b)=(b-c)=(c-a)=0\right\}\end{aligned}$$

$$= \left\{ \begin{bmatrix} a & b \\ b & c \end{bmatrix} : a = b = c \right\}$$

$$= \left\{ \begin{bmatrix} c & c \\ c & c \end{bmatrix} \right\} = \text{span}\left(\begin{bmatrix} 1 & 1 \\ 1 & 1 \end{bmatrix} \right)$$

따라서 $\left\{ \begin{bmatrix} 1 & 1 \\ 1 & 1 \end{bmatrix} \right\}$이 $\ker(T)$의 기저이고, $\text{nullity}(T) = \dim(\ker(T)) = 1$이다. 계수정리와 예제 6.42로부터 $\text{rank}(T) = \dim(W) - \text{nullity}(T) = 3 - 1 = 2$이다.

일대일 변환과 위로의 변환

지금부터 선형변환이 역변환을 가지는 조건을 살펴보자. 이 판정법은 일대일 변환과 위로의 변환이라는 개념을 근거로 하고 있다.

정의 선형변환 $T: V \to W$가 V의 서로 다른 벡터를 W의 서로 다른 벡터로 사상할 때, T를 **일대일**(one-to-one)이라 한다. 또한, 선형변환 $T: V \to W$에 대하여 $\text{range}(T) = W$를 만족하면, T를 **위로의 변환**(onto)이라 한다.

주의

- 일대일 변환의 정의는 다음과 같이 형식적으로 나타낼 수 있다.

선형변환 $T: V \to W$가 V의 임의의 벡터 $\mathbf{u}$, $\mathbf{v}$에 대하여

$$\mathbf{u} \neq \mathbf{v}\text{이면,} \quad T(\mathbf{u}) \neq T(\mathbf{v})$$

일 때, T를 일대일이라 한다.

위 명제는 다음의 명제와 동치이다.

선형변환 $T: V \to W$가 V의 임의의 벡터 $\mathbf{u}$, $\mathbf{v}$에 대하여

$$T(\mathbf{u}) = T(\mathbf{v})\text{이면,} \quad \mathbf{u} = \mathbf{v}$$

일 때, T를 일대일이라 한다.

그림 6.9는 위의 두 명제를 그림을 보여준다.

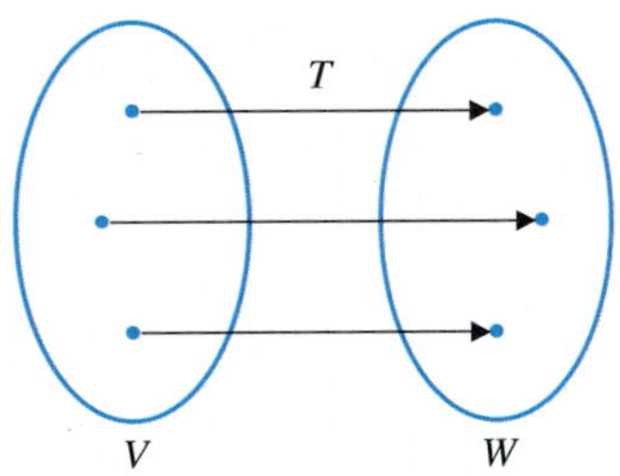

(a) T는 일대일 변환

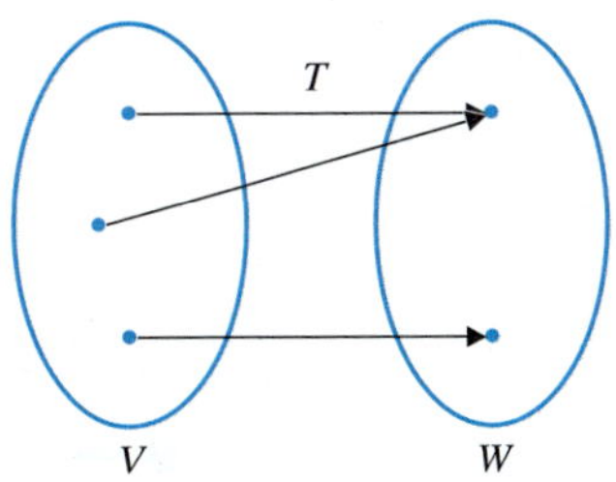

(b) T는 일대일 변환 아님

그림 6.9

• 위로의 변환에 대해서도 다음과 같이 표현할 수 있다.

선형변환 $T: V \to W$가 W의 임의의 벡터 $\mathbf{w}$에 대하여, V에 속하는 적당한 벡터 $\mathbf{v}$가 존재하여

$$\mathbf{w} = T(\mathbf{v})$$

일 때, T를 위로의 변환이라 한다.

다시 말해서, W의 주어진 벡터 $\mathbf{w}$에 대하여, $\mathbf{w} = T(\mathbf{v})$를 만족하는 V에 속하는 적당한 벡터 $\mathbf{v}$를 찾는 문제이다. 만약 W의 임의의 벡터 $\mathbf{w}$에 대하여, 이 방정식을 만족하는 $\mathbf{v}$를 찾으면 T는 위로의 변환이다(그림 6.10).

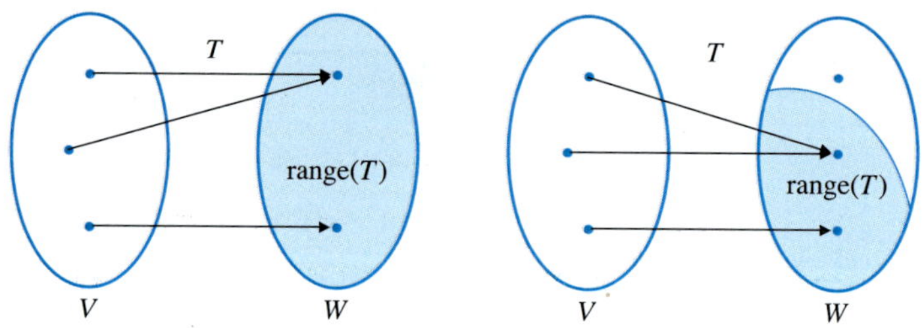

(a) T는 위로의 변환 (b) T는 위로의 변환 아님

그림 6.10

예제 6.69 다음의 각 선형변환에서 일대일 변환과 위로의 변환을 찾아보아라.

(a) $T: \mathbb{R}^2 \to \mathbb{R}^3$, $T\begin{bmatrix} x \\ y \end{bmatrix} = \begin{bmatrix} 2x \\ x-y \\ 0 \end{bmatrix}$

(b) $D: \mathscr{P}_3 \to \mathscr{P}_2$, $D(p(x)) = p'(x)$

(c) $T: M_{22} \to M_{22}$, $T(A) = A^T$

풀이 (a) $T\begin{bmatrix} x_1 \\ y_1 \end{bmatrix} = T\begin{bmatrix} x_2 \\ y_2 \end{bmatrix}$라 두면

$$\begin{bmatrix} 2x_1 \\ x_1 - y_1 \\ 0 \end{bmatrix} = \begin{bmatrix} 2x_2 \\ x_2 - y_2 \\ 0 \end{bmatrix}$$

이므로, $2x_1 = 2x_2$이고 $x_1 - y_1 = x_2 - y_2$이다. 이를 풀면 $x_1 = x_2$이고 $y_1 = y_2$이다. 즉, $\begin{bmatrix} x_1 \\ y_1 \end{bmatrix} = \begin{bmatrix} x_2 \\ y_2 \end{bmatrix}$이다. 따라서 T는 일대일 변환이다.

그러나 T의 치역은 $\mathbb{R}^3$가 아니므로, T는 위로의 변환은 아니다. 구체적으로 살펴보면 $T\begin{bmatrix} x \\ y \end{bmatrix} = \begin{bmatrix} 0 \\ 0 \\ 1 \end{bmatrix}$을 만족하는 $\mathbb{R}^2$의 벡터 $\begin{bmatrix} x \\ y \end{bmatrix}$가 존재하지 않는다.

(b) 예제 6.60에서 $\text{range}(D) = \mathscr{P}_2$임을 보였다. 따라서 D는 위로의 변환이다.

그러나 서로 다른 두 다항식이 같은 도함수를 가지므로 D는 일대일은 아니다. 예를 들어, $x^3 \neq x^3+1$이나 $D(x^3)=3x^2=D(x^3+1)$이다.

(c) M_{22}의 A, B에 대하여 $T(A)=T(B)$라 가정하면, $A^T=B^T$이고 $A=(A^T)^T=(B^T)^T=B$이다. 따라서 T는 일대일이다. 또한, 예제 6.62에서 $\text{range}(T)=M_{22}$이므로, T는 위로의 변환이다.

다음 정리는 선형변환이 일대일인지를 판별하는 간단한 방법을 소개한다.

정리 6.20 선형변환 $T: V \to W$가 일대일이 될 필요충분조건은 $\ker(T)=\{\mathbf{0}\}$이다.

증명 먼저, T가 일대일이라 가정하자. 만약 $\mathbf{v}$가 $\ker(T)$에 속한다면, $T(\mathbf{v})=\mathbf{0}$이다. 한편, $T(\mathbf{0})=\mathbf{0}$이므로 $T(\mathbf{v})=T(\mathbf{0})$이다. T가 일대일이므로 $\mathbf{v}=\mathbf{0}$이고, 따라서 $\ker(T)=\{\mathbf{0}\}$이다.

역으로, $\ker(T)=\{\mathbf{0}\}$이라 가정하자. T가 일대일임을 보이기 위하여, V의 두 벡터 $\mathbf{u}$, $\mathbf{v}$에 대하여 $T(\mathbf{u})=T(\mathbf{v})$라 가정하자. 그러면 $T(\mathbf{u}-\mathbf{v})=T(\mathbf{u})-T(\mathbf{v})=\mathbf{0}$이므로 $\mathbf{u}-\mathbf{v}$는 $\ker(T)$에 속한다. 가정에서 $\ker(T)=\{\mathbf{0}\}$이므로 $\mathbf{u}-\mathbf{v}=\mathbf{0}$이다. 따라서 $\mathbf{u}=\mathbf{v}$이고 T는 일대일이다.

예제 6.70 선형변환 $T:\mathbb{R}^2 \to \mathscr{P}_1$을 다음과 같이 정의할 때, T가 일대일이고 위로의 변환임을 보여라.

$$T\begin{bmatrix} a \\ b \end{bmatrix} = a+(a+b)x$$

풀이 $\ker(T)$를 구하여보자. 벡터 $\begin{bmatrix} a \\ b \end{bmatrix}$가 $\ker(T)$에 속한다고 가정하면

$$0=T\begin{bmatrix} a \\ b \end{bmatrix} = a+(a+b)x$$

이므로, $a=0$이고 $a+b=0$이다. 따라서 $b=0$이고 $\begin{bmatrix} a \\ b \end{bmatrix}=\begin{bmatrix} 0 \\ 0 \end{bmatrix}$이다. 결론적으로, $\ker(T)=\left\{\begin{bmatrix} 0 \\ 0 \end{bmatrix}\right\}$이다. 정리 6.20에 의하여 T는 일대일이다.

또한, 계수정리에 의하여

$$\text{rank}(T)=\dim \mathbb{R}^2 - \text{nullity}(T)=2-0=2$$

이므로, T의 치역은 $\mathbb{R}^2$의 2차원 부분공간이다. 이는 $\text{range}(T)=\mathbb{R}^2$를 의미한다. 따라서 T는 위로의 변환이다.

두 n차원 벡터공간 V, W에 정의된 선형변환의 일대일 성질과 위로의 성질은 매우 밀접한 관계를 가지고 있다. 선형변환 $T: V \to W$에 대하여 $\ker(T) = \{\mathbf{0}\}$일 필요충분조건은 $\text{nullity}(T) = 0$이다. 그리고 T가 위로의 변환일 필요충분조건은 $\text{rank}(T) = \dim W$이다. 다음 정리의 증명은 근본적으로 예제 6.70의 방법을 사용한다.

정리 6.21 벡터공간 V, W가 $\dim V = \dim W = n$일 때, $T: V \to W$가 일대일이 될 필요충분조건은 위로의 변환이다.

증명 먼저, T가 일대일 변환이라 가정하자. 정리 6.20과 정리 6.21 앞의 주의에 의해 $\text{nullity}(T) = 0$이다. 계수정리에 의해

$$\text{rank}(T) = \dim V - \text{nullity}(T) = n - 0 = n$$

이므로, T는 위로의 함수이다.

역으로, T를 위로의 변환이라 하면, $\text{rank}(T) = \dim W = n$이다. 계수정리에 의하여

$$\text{nullity}(T) = \dim V - \text{rank}(T) = n - n = 0$$

이므로, $\ker(T) = \{\mathbf{0}\}$이고 T는 일대일 변환이다.

6.4절에서 선형변환 $T: V \to W$에 의하여 V의 기저는 $\text{range}(T)$의 기저로 사상될 필요가 없음을 보았다. 다음 정리에서 V의 기저가 $\text{range}(T)$의 기저로 사상되는 조건을 살펴보자.

정리 6.22 선형변환 $T: V \to W$가 일대일 일 때, $S = \{\mathbf{v}_1, \mathbf{v}_2, \cdots, \mathbf{v}_k\}$가 일차독립이면, $T(S) = \{T(\mathbf{v}_1), T(\mathbf{v}_2), \cdots, T(\mathbf{v}_k)\}$도 일차독립이다.

증명 스칼라 $c_1, c_2, \cdots, c_k$에 대하여, 다음을 가정하자.

$$c_1 T(\mathbf{v}_1) + c_2 T(\mathbf{v}_2) + \cdots + c_k T(\mathbf{v}_k) = \mathbf{0}$$

그러면 $T(c_1\mathbf{v}_1 + \cdots + c_k\mathbf{v}_k) = \mathbf{0}$이므로, $c_1\mathbf{v}_1 + \cdots + c_k\mathbf{v}_k$는 $\ker(T)$에 속한다. 한편, T가 일대일 변환이므로 정리 6.20에 의해 $\ker(T) = \{\mathbf{0}\}$이다. 따라서

$$c_1\mathbf{v}_1 + \cdots + c_k\mathbf{v}_k = \mathbf{0}$$

이다. 가정에서 $\{\mathbf{v}_1, \mathbf{v}_2, \cdots, \mathbf{v}_k\}$가 일차독립이므로, 모든 스칼라 c_i는 0이다. 따라서 $\{T(\mathbf{v}_1), T(\mathbf{v}_2), \cdots, T(\mathbf{v}_k)\}$는 일차독립이다.

따름정리 6.23

벡터공간 V, W가 $\dim V = \dim W = n$일 때, 선형변환 $T: V \to W$가 일대일이면, T는 V의 기저를 W의 기저로 옮긴다.

증명 $\mathcal{B} = \{\mathbf{v}_1, \mathbf{v}_2, \cdots, \mathbf{v}_n\}$를 V의 기저라 하면, 정리 6.22에 의해서 W의 부분집합 $T(\mathcal{B}) = \{T(\mathbf{v}_1), T(\mathbf{v}_2), \cdots, T(\mathbf{v}_n)\}$은 일차독립이다. 이제, $T(\mathcal{B})$가 W를 생성함을 보이자. 정리 6.15에 의해 $T(\mathcal{B})$는 $\text{range}(T)$를 생성한다. 또한, 정리 6.21에 의해 T는 위로의 사상이므로 $\text{range}(T) = W$이다. 따라서 $T(\mathcal{B})$는 W를 생성한다.

예제 6.71

선형변환 $T: \mathbb{R}^2 \to \mathscr{P}_1$을 예제 6.70과 같이

$$T\begin{bmatrix} a \\ b \end{bmatrix} = a + (a+b)x$$

로 정의하면, 따름정리 6.23에 의해서 $\mathbb{R}^2$의 표준기저 $\mathcal{E} = \{\mathbf{e}_1, \mathbf{e}_2\}$는 $\mathscr{P}_1$의 기저 $T(\mathcal{E}) = \{T(\mathbf{e}_1), T(\mathbf{e}_2)\}$로 사상된다. 한편

$$T(\mathbf{e}_1) = T\begin{bmatrix} 1 \\ 0 \end{bmatrix} = 1 + x, \quad T(\mathbf{e}_2) = T\begin{bmatrix} 0 \\ 1 \end{bmatrix} = x$$

이므로, $\{1+x, x\}$는 $\mathscr{P}_1$의 기저이다.

이제, 다음 정리에서 선형변환이 역변환을 가질 조건을 살펴보자.

정리 6.24

선형변환 $T: V \to W$가 가역일 필요충분조건은 T가 일대일이고 위로의 변환이다.

증명 선형변환 T가 가역이라면, 선형변환 $T^{-1}: W \to V$가 존재하여 다음을 만족한다.

$$T^{-1} \circ T = I_V, \quad T \circ T^{-1} = I_W$$

T가 일대일임을 보이기 위하여, $\ker(T)$를 구하여보자. $\mathbf{v} \in \ker(T)$이려면 $T(\mathbf{v}) = \mathbf{0}$이어야 한다. 따라서

$$\begin{aligned} T^{-1}(T(\mathbf{v})) = T^{-1}(\mathbf{0}) &\Rightarrow (T^{-1} \circ T)(\mathbf{v}) = \mathbf{0} \\ &\Rightarrow I(\mathbf{v}) = \mathbf{0} \\ &\Rightarrow \mathbf{v} = \mathbf{0} \end{aligned}$$

이다. 이는 $\ker(T) = \{\mathbf{0}\}$를 의미한다. 정리 6.20에 의해 T는 일대일이다.

이제, T가 위로의 변환임을 보이자. W의 임의의 벡터 $\mathbf{w}$에 대하여 $\mathbf{v} = T^{-1}(\mathbf{w})$라 두면

$$\begin{aligned} T(\mathbf{v}) &= T\left(T^{-1}(\mathbf{w})\right) \\ &= \left(T \circ T^{-1}\right)(\mathbf{w}) \\ &= I(\mathbf{w}) \\ &= \mathbf{w} \end{aligned}$$

이다. 이는 $\mathbf{w}$가 T에 의한 $\mathbf{v}$의 상임을 나타낸다. 이는 T가 위로의 변환임을 나타낸다.

역으로, T가 일대일이고 위로의 변환이라 하자. 이는 $\text{nullity}(T)=0$이며 $\text{rank}(T)=\dim W$을 의미한다. 이제, $T' \circ T = I_V$와 $T \circ T' = I_W$을 만족하는 선형변환 $T' : W \to V$가 존재함을 보이자.

W의 임의의 벡터 $\mathbf{w}$에 대하여, T가 위로의 함수이므로 $T(\mathbf{v})=\mathbf{w}$을 만족하는 벡터 $\mathbf{v}$가 V에 존재한다. 만약 $T(\mathbf{v})=\mathbf{w}$이고 $T(\mathbf{v}')=\mathbf{w}$이면, T가 일대일이므로 $\mathbf{v}=\mathbf{v}'$이다. 이 사실로부터 함수 $T' : W \to V$를 $T'(\mathbf{w})=\mathbf{v}$로 정의할 수 있다.

이때, T', T에 대하여

$$\begin{aligned} (T' \circ T)(\mathbf{v}) &= T'(T(\mathbf{v})) = T'(\mathbf{w}) = \mathbf{v}, \\ (T \circ T')(\mathbf{w}) &= T(T'(\mathbf{w})) = T(\mathbf{v}) = \mathbf{w} \end{aligned}$$

가 성립한다. 이는 $T' \circ T = I_V$와 $T \circ T' = I_W$가 성립함을 의미한다. 마지막으로, T'가 선형변환임을 보이자.

W의 임의의 두 벡터 $\mathbf{w}_1$, $\mathbf{w}_2$와 스칼라 c_1, c_2에 대하여 $T(\mathbf{v}_1)=\mathbf{w}_1$, $T(\mathbf{v}_2)=\mathbf{w}_2$라 두면, $T'(\mathbf{w}_1)=\mathbf{v}_1$이고 $T'(\mathbf{w}_2)=\mathbf{v}_2$이다. 또한

$$\begin{aligned} T'(c_1\mathbf{w}_1 + c_2\mathbf{w}_2) &= T'(c_1 T(\mathbf{v}_1) + c_2 T(\mathbf{v}_2)) \\ &= T'(T(c_1\mathbf{v}_1 + c_2\mathbf{v}_2)) \\ &= I(c_1\mathbf{v}_1 + c_2\mathbf{v}_2) \\ &= c_1\mathbf{v}_1 + c_2\mathbf{v}_2 \\ &= c_1 T'(\mathbf{w}_1) + c_2 T'(\mathbf{w}_2) \end{aligned}$$

이다. 따라서, T'는 선형변환이고, 정리 6.17에 의해 $T' = T^{-1}$이다.

벡터공간의 동형사상

이제, 두 개의 벡터공간이 '근본적으로 같다'는 것은 무엇을 의미하는지 명확히 정의해보자.

정의 선형변환 $T: V \to W$가 일대일이고 위로의 변환일 때, T를 **동형사상**(isomorphism)이라 부른다. 두 벡터공간 V와 W에 대하여 V에서 W로의 동형사상이 존재하면, V와 W는 **동형**(isomorphic)이라고 하고 $V \cong W$로 나타낸다.

예제 6.72

두 벡터공간 $\mathscr{P}_{n-1}$과 $\mathbb{R}^n$은 동형임을 보여라.

풀이 다항식을 좌표벡터로 바꾸는 과정에서 동형사상을 찾을 수 있다. (사실 6.2절에서 동형사상이란 용어는 사용하지 않았지만, 이미 살펴보았다.) 구체적으로 살펴보면, 사상 $T:\mathscr{P}_{n-1}\to\mathbb{R}^n$을 $T(p(x))=[p(x)]_{\mathcal{E}}$로 정의해보자. 여기서, $\mathcal{E}=\{1,\ x,\ \cdots,\ x^{n-1}\}$은 $\mathscr{P}_{n-1}$의 표준기저이다. 즉

$$T\left(a_0+a_1x+\cdots+a_{n-1}x^{n-1}\right)=\begin{bmatrix} a_0 \\ a_1 \\ \vdots \\ a_{n-1} \end{bmatrix}$$

정리 6.6에 의해서 T는 선형변환이다. 만약 $p(x)=a_0+a_1x+\cdots+a_{n-1}x^{n-1}$이 $\ker(T)$에 속한다면

$$\begin{bmatrix} a_0 \\ a_1 \\ \vdots \\ a_{n-1} \end{bmatrix}=T\left(a_0+a_1x+\cdots+a_{n-1}x^{n-1}\right)=\begin{bmatrix} 0 \\ 0 \\ \vdots \\ 0 \end{bmatrix}$$

이다. 따라서 $a_0=a_1=\cdots=a_{n-1}=0$이고 $p(x)=0$이다. 이는 $\ker(T)=\{\mathbf{0}\}$를 의미하고 T는 일대일이다. 여기서 $\dim\mathscr{P}_{n-1}=\dim\mathbb{R}^n=n$이기 때문에 정리 6.21에 의해 T는 위로의 변환이다. 그러므로 T는 동형사상이고 $\mathscr{P}_{n-1}\cong\mathbb{R}^n$이다.

예제 6.73

두 벡터공간 M_{mn}과 $\mathbb{R}^{mn}$은 동형임을 보여라.

풀이 예제 6.36과 같이 M_{mn}로부터 $\mathbb{R}^{mn}$로의 좌표변환은 동형사상이다. 자세한 증명은 연습문제로 남긴다.

사실, 두 벡터공간의 동형 여부를 밝히는 간단한 방법은 다음 정리에서 보는 바와 같이 두 벡터공간의 차원을 비교하는 것이다.

정리 6.25

두 유한차원 벡터공간 V와 W가 동형일 필요충분조건은 $\dim V=\dim W$이다.

증명 $\dim V=n$이라 하자. 만약 V와 W가 동형이면, 동형사상 $T:V\to W$가 존재한다. 여기서, T는 일대일 변환이므로 $\text{nullity}(T)=0$이다. 계수정리에 의해

$$\text{rank}(T)=\dim V-\text{nullity}(T)=n-0=n$$

이다. 따라서 $\text{range}(T)$는 W의 n차원 부분공간이다. 그러나 T가 위로의 변환

이므로 $W = \mathrm{range}(T)$이다. 따라서 $\dim W = n$이다.

역으로, V와 W가 같은 n차원 공간이라 가정하자. $\mathcal{B} = \{\mathbf{v}_1, \mathbf{v}_2, \cdots, \mathbf{v}_n\}$을 V의 기저, $\mathcal{C} = \{\mathbf{w}_1, \mathbf{w}_2, \cdots, \mathbf{w}_n\}$을 W의 기저라 하자. 먼저, 선형변환 $T: V \to W$를 정의하여, 일대일이고 위로의 변환임을 보인다. V에 속하는 임의의 벡터 $\mathbf{v}$는 기저 $\mathcal{B}$에 있는 벡터의 일차결합으로 유일하게 표현되므로

$$\mathbf{v} = c_1\mathbf{v}_1 + \cdots + c_n\mathbf{v}_n$$

변환 $T: V \to W$를

$$T(\mathbf{v}) = c_1\mathbf{w}_1 + \cdots + c_n\mathbf{w}_n$$

으로 정의하면, T는 선형변환이다. T가 일대일임을 보이기 위하여 $\ker(T)$를 구하여보자. $\mathbf{v}$가 $\ker(T)$에 속하는 임의의 원소라 하면

$$c_1\mathbf{w}_1 + \cdots + c_n\mathbf{w}_n = T(\mathbf{v}) = \mathbf{0}$$

이다. 한편, $\mathcal{C}$가 일차독립이므로 $c_1 = \cdots = c_n = 0$이다. 따라서

$$\mathbf{v} = c_1\mathbf{v}_1 + \cdots + c_n\mathbf{v}_n = \mathbf{0}$$

이고, $\ker(T) = \{\mathbf{0}\}$이다. 이는 T가 일대일임을 의미한다. 가정에서 $\dim V = \dim W$이므로, 정리 6.21에 의해 T는 위로의 변환이다. 따라서 T는 동형사상이고 $V \cong W$이다.

예제 6.74

두 벡터공간 $\mathbb{R}^n$과 $\mathscr{P}_n$은 동형이 아님을 보여라.

풀이 $\dim \mathbb{R}^n = n \neq n+1 = \dim \mathscr{P}_n$이므로, 정리 6.25에 의해 $\mathbb{R}^n$과 $\mathscr{P}_n$은 동형이 아니다.

예제 6.75

W를 모든 2×2 대칭행렬로 이루어진 벡터공간이라 하면, W와 $\mathbb{R}^3$는 동형임을 보여라.

풀이 예제 6.42에서 $\dim W = 3$임을 보였다. 따라서 $\dim W = \dim \mathbb{R}^3$이고 정리 6.25에 의해 $W \cong \mathbb{R}^3$이다. (동형사상 $T: W \to \mathbb{R}^3$를 구하여 보아라.)

주의 지금까지의 모든 예는 실벡터공간이었다. 그러나 이제까지 증명한 모든 정리는 $\mathbb{C}$ 위의 벡터공간이나 $\mathbb{Z}_p$(p는 소수) 위의 벡터공간에서도 성립한다. 예로, $\mathbb{Z}_2$의 원소를 성분으로 갖는 모든 2×2행렬로 이루어진 벡터공간 $M_{22}(\mathbb{Z}_2)$는 $\mathbb{Z}_2$ 위에서 4차원 공간을 이룬다. 따라서 $M_{22}(\mathbb{Z}_2) \cong \mathbb{Z}_2^4$이다.

6.5 연습문제

1. 선형변환 $T: M_{22} \to M_{22}$를 $T\begin{bmatrix} a & b \\ c & d \end{bmatrix} = \begin{bmatrix} a & 0 \\ 0 & d \end{bmatrix}$로 정의할 때
   (a) 다음 중 어떠한 행렬이 $\ker(T)$에 속하는가?
   (i) $\begin{bmatrix} 1 & 2 \\ -1 & 3 \end{bmatrix}$ (ii) $\begin{bmatrix} 0 & 4 \\ 2 & 0 \end{bmatrix}$ (iii) $\begin{bmatrix} 3 & 0 \\ 0 & -3 \end{bmatrix}$
   (b) (a)에 있는 행렬 중 어떤 것이 $\text{range}(T)$에 속하는가?
   (c) $\ker(T)$와 $\text{range}(T)$를 구하여라.
2. 선형변환 $T: M_{22} \to \mathbb{R}$을 $T(A) = \text{tr}(A)$로 정의할 때,
   (a) 다음 중 어떠한 행렬이 $\ker(T)$에 속하는가?
   (i) $\begin{bmatrix} 1 & 2 \\ -1 & 3 \end{bmatrix}$ (ii) $\begin{bmatrix} 0 & 4 \\ 2 & 0 \end{bmatrix}$ (iii) $\begin{bmatrix} 1 & 3 \\ 0 & -1 \end{bmatrix}$
   (b) 다음 중 어떤 스칼라가 $\text{range}(T)$에 속하는가?
   (i) 0 (ii) 2 (iii) $\sqrt{2}/2$
   (c) $\ker(T)$와 $\text{range}(T)$를 구하여라.
3. 선형변환 $T: \mathscr{P}_2 \to \mathbb{R}^2$을 $T(a+bx+cx^2) = \begin{bmatrix} a-b \\ b+c \end{bmatrix}$로 정의할 때
   (a) 다음 중 어떤 다항식이 $\ker(T)$에 속하는가?
   (i) $1+x$ (ii) $x-x^2$ (iii) $1+x-x^2$
   (b) 다음 벡터 중 어떤 것이 $\text{range}(T)$에 속하는가?
   (i) $\begin{bmatrix} 0 \\ 0 \end{bmatrix}$ (ii) $\begin{bmatrix} 1 \\ 0 \end{bmatrix}$ (iii) $\begin{bmatrix} 0 \\ 1 \end{bmatrix}$
   (c) $\ker(T)$와 $\text{range}(T)$를 구하여라.
4. 선형변환 $T: \mathscr{P}_2 \to \mathscr{P}_2$를 $T(p(x)) = xp'(x)$로 정의할 때
   (a) 다음 중 어떤 다항식이 $\ker(T)$에 속하는가?
   (i) 1 (ii) x (iii) x^2
   (b) (a)에 있는 다항식 중 어떤 것이 $\text{range}(T)$에 속하는가?
   (c) $\ker(T)$와 $\text{range}(T)$를 구하여라.

※ [5–8] 다음에 주어진 연습문제에서 정의된 선형변환 T의 $\ker(T)$와 $\text{range}(T)$의 기저를 구하여라. 그리고 각 경우에서 $\text{nullity}(T)$와 $\text{rank}(T)$를 구하여, 계수정리를 확인하여라.

5. 연습문제 1
6. 연습문제 2
7. 연습문제 3
8. 연습문제 4

※ [9–14] 다음과 같이 정의된 선형변환 T의 $\text{nullity}(T)$와 $\text{rank}(T)$ 중 하나를 구하여라. 그리고 계수정리를 이용하여, 나머지도 구하여라.

9. $T: M_{22} \to \mathbb{R}^2$, $T\begin{bmatrix} a & b \\ c & d \end{bmatrix} = \begin{bmatrix} a-b \\ c-d \end{bmatrix}$
10. $T: \mathscr{P}_2 \to \mathbb{R}^2$, $T(p(x)) = \begin{bmatrix} p(0) \\ p(1) \end{bmatrix}$
11. $T: M_{22} \to M_{22}$, $T(A) = AB$, 단, $B = \begin{bmatrix} 1 & -1 \\ -1 & 1 \end{bmatrix}$
12. $T: M_{22} \to M_{22}$, $T(A) = AB - BA$, 단, $B = \begin{bmatrix} 1 & 1 \\ 0 & 1 \end{bmatrix}$
13. $T: \mathscr{P}_2 \to \mathbb{R}$, $T(p(x)) = p'(0)$
14. $T: M_{33} \to M_{33}$, $T(A) = A - A^T$

※ [15–20] 다음에 정의된 선형변환 T에 대하여 (a) 일대일 변환 여부와 (b) 위로의 변환 여부를 밝혀라.

15. $T: \mathbb{R}^2 \to \mathbb{R}^2$, $T\begin{bmatrix} x \\ y \end{bmatrix} = \begin{bmatrix} 2x-y \\ x+2y \end{bmatrix}$
16. $T: \mathbb{R}^2 \to \mathscr{P}_2$,
    $T\begin{bmatrix} a \\ b \end{bmatrix} = (a-2b) + (3a+b)x + (a+b)x^2$
17. $T: \mathscr{P}_2 \to \mathbb{R}^3$, $T(a+bx+cx^2) = \begin{bmatrix} 2a-b \\ a+b-3c \\ c-a \end{bmatrix}$
18. $T: \mathscr{P}_2 \to \mathbb{R}^2$, $T(p(x)) = \begin{bmatrix} p(0) \\ p(1) \end{bmatrix}$
19. $T: \mathbb{R}^3 \to M_{22}$, $T\begin{bmatrix} a \\ b \\ c \end{bmatrix} = \begin{bmatrix} a-b & b-c \\ a+b & b+c \end{bmatrix}$
20. $T: \mathbb{R}^3 \to W$, $T\begin{bmatrix} a \\ b \\ c \end{bmatrix} = \begin{bmatrix} a+b+c & b-2c \\ b-2c & a-c \end{bmatrix}$, 여기서, W는 모든 2×2 대칭행렬로 이루어진 벡터공간이다.

※ [21–26] 다음에 주어진 두 벡터공간 V와 W가 서로 동형인지를 밝혀라. 만약 동형이면, 구체적인 동형사상 $T: V \to W$를 구하여라.

21. $V = D_3$(3×3 대각행렬), $W = \mathbb{R}^3$
22. $V = S_3$(3×3 대칭행렬), $W = U_3$(3×3 상삼각행렬)
23. $V = S_3$(3×3 대칭행렬), $W = S_3'$(3×3 교대행렬)
24. $V = \mathscr{P}_2$, $W = \{p(x) \in \mathscr{P}_3 : p(0) = 0\}$
25. $V = \mathbb{C}$, $W = \mathbb{R}^2$

26. $V=\{A\in M_{22}:\mathrm{tr}(A)=0\}$, $W=\mathbb{R}^2$

27. 선형변환 $T:\mathscr{P}_n\to\mathscr{P}_n$가 $T(p(x))=p(x)+p'(x)$로 정의될 때, T는 동형사상임을 보여라.

28. 선형변환 $T:\mathscr{P}_n\to\mathscr{P}_n$가 $T(p(x))=p(x-2)$로 정의될 때, T는 동형사상임을 보여라.

29. 선형변환 $T:\mathscr{P}_n\to\mathscr{P}_n$가 $T(p(x))=x^n p\left(\frac{1}{x}\right)$로 정의될 때, T는 동형사상임을 보여라.

30. (a) $\mathscr{C}[0,1]\cong\mathscr{C}[2,3]$임을 보여라.
[힌트: 사상 $T:\mathscr{C}[0,1]\to\mathscr{C}[2,3]$에서 $T(f)$를 $(T(f))(x)=f(x-2)$로 정의하여라.]
(b) 임의의 스칼라 a에 대하여, $\mathscr{C}[0,1]\cong\mathscr{C}[a,a+1]$임을 보여라.

31. $\mathscr{C}[0,1]\cong\mathscr{C}[0,2]$임을 보여라.

32. $a<b$이고 $c<d$일 때, $\mathscr{C}[a,b]\cong\mathscr{C}[c,d]$임을 보여라.

33. $S:V\to W$와 $T:U\to V$를 선형변환이라 하자.
(a) S와 T가 일대일이면, $S\circ T$도 일대일임을 보여라.
(b) S와 T가 위로의 변환이면 $S\circ T$도 위로의 변환임을 보여라.

34. $S:V\to W$와 $T:U\to V$를 선형변환이라 하자.
(a) $S\circ T$가 일대일 변환이면, T도 일대일 변환임을 보여라.
(b) $S\circ T$가 위로의 변환이면, S도 위로의 변환임을 보여라.

35. 두 유한차원 벡터공간 V와 W에 대하여, $T:V\to W$를 선형변환이라 하자.
(a) 만약 $\dim V<\dim W$이면, T가 위로의 변환이 될 수 없음을 증명하여라.
(b) 만약 $\dim V>\dim W$이면, T가 일대일이 될 수 없음을 증명하여라.

36. $n+1$개의 서로 다른 실수 a_0, a_1, $\cdots$, a_n에 대하여 선형변환 $T:\mathscr{P}_n\to\mathbb{R}^{n+1}$을 다음과 같이 정의한다.

$$T(p(x))=\begin{bmatrix}p(a_0)\\p(a_1)\\\vdots\\p(a_n)\end{bmatrix}$$

이때, T가 동형사상임을 증명하여라.

37. $T:V\to V$를 유한차원 벡터공간 V의 선형변환이라 하자. 여기서 $\mathrm{rank}(T)=\mathrm{rank}(T^2)$이면, $\mathrm{range}(T)\cap\ker(T)=\{\mathbf{0}\}$임을 증명하여라.
[힌트: T^2은 $T\circ T$를 나타낸다. T의 핵과 T^2의 핵이 같은 것을 보이기 위해 계수정리를 이용하여라.]

38. U와 W를 유한차원 벡터공간 V의 부분공간이라 하자. 사상 $T:U\times W\to V$를 $T(\mathbf{u},\mathbf{w})=\mathbf{u}-\mathbf{w}$로 정의하면
(a) T가 선형변환임을 증명하여라.
(b) $\mathrm{range}(T)=U+W$임을 보여라.
(c) $\ker(T)\cong U\cap W$임을 보여라.
(d) 다음 그라스만의 항등식을 증명하여라.

$$\dim(U+W)=\dim U+\dim W-\dim(U\cap W)$$

[힌트: (a)와 (b)의 결과와 6.2절 연습문제 43(b)를 계수정리와 함께 사용하여라.]

6.6 선형변환의 행렬

정리 6.15에서 선형변환 $T:V\to W$는 V의 생성원 집합에 대한 그 작용결과에 의하여 완전히 결정됨을 보았다. 특히, V의 기저에 대한 T의 작용을 알면 V의 모든 벡터 $\mathbf{v}$에 대하여 $T(\mathbf{v})$를 알 수 있다. 예제 6.55에서 이 과정을 보았다. 또한, 정리 3.31에서 이 성질을 사용하여 선형변환 $T:\mathbb{R}^n\to\mathbb{R}^m$의 표준행렬을 구하였다. 이 절에서는 유한 벡터공간 사이에 정의되는 임의의 선형변환이 행렬변환으로 표현됨을 보인다.

V와 W를 각각 n과 m차원 벡터공간이라 하고, $T: V \to W$를 선형변환이라고 하자. 또한, $\mathcal{B}$와 $\mathcal{C}$를 각각 V와 W의 기저라 하면, 좌표벡터 사상 $R(\mathbf{v}) = [\mathbf{v}]_{\mathcal{B}}$은 동형사상 $R: V \to \mathbb{R}^n$을 정의한다. 동시에 $S(\mathbf{w}) = [\mathbf{w}]_{\mathcal{C}}$로 주어지는 동형사상 $S: W \to \mathbb{R}^m$을 얻는다. 여기서 동형사상 S는 $T(\mathbf{v})$를 $[T(\mathbf{v})]_{\mathcal{C}}$에 대응시킨다. 그림 6.11은 이 관계를 보여준다.

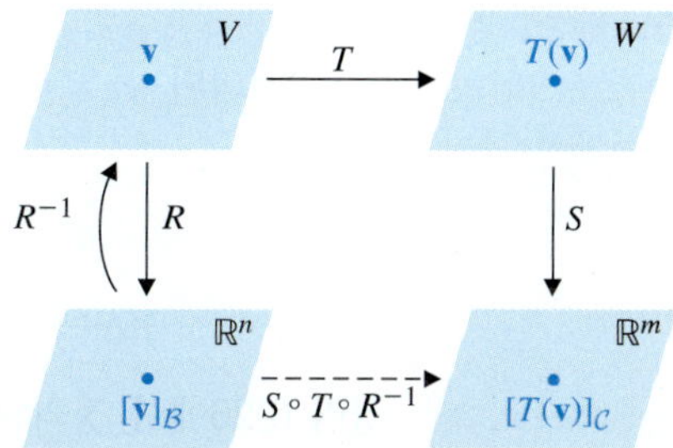

그림 6.11

한편, R이 동형사상이므로 역변환을 가진다. 따라서 다음과 같은 합성변환을 정의할 수 있다.

$$S \circ T \circ R^{-1} : \mathbb{R}^n \to \mathbb{R}^m$$

이 합성변환은 $[\mathbf{v}]_{\mathcal{B}}$를 $[T(\mathbf{v})]_{\mathcal{C}}$로 사상한다. 또한, 이 합성변환은 $\mathbb{R}^n$에서 $\mathbb{R}^m$으로의 사상이므로 3장의 사실로부터 행렬임을 알 수 있다. 그러면 $S \circ T \circ R^{-1}$의 표준행렬은 무엇일까? 즉, $A[\mathbf{v}]_{\mathcal{B}} = (S \circ T \circ R^{-1})([\mathbf{v}]_{\mathcal{B}})$를 만족하는 $m \times n$행렬 A는 무엇일까? 여기서 $(S \circ T \circ R^{-1})([\mathbf{v}]_{\mathcal{B}}) = [T(\mathbf{v})]_{\mathcal{C}}$이므로

$$A[\mathbf{v}]_{\mathcal{B}} = [T(\mathbf{v})]_{\mathcal{C}}$$

이다. 사실 이 행렬을 구하는 것은 쉽다. 기본적인 원리는 정리 3.31에 있다. A의 열은 $\mathbb{R}^n$의 표준기저에 있는 벡터의 $S \circ T \circ R^{-1}$에 의한 상이다. 그러나 만약 V의 기저가 $\mathcal{B} = \{\mathbf{v}_1, \cdots, \mathbf{v}_n\}$이면

$$\begin{aligned} R(\mathbf{v}_i) &= [\mathbf{v}_i]_{\mathcal{B}} \\ &= \begin{bmatrix} 0 \\ \vdots \\ 1 \\ \vdots \\ 0 \end{bmatrix} \quad \leftarrow i\text{번째 성분} \\ &= \mathbf{e}_i \end{aligned}$$

이다. 따라서 $R^{-1}(\mathbf{e}_i) = \mathbf{v}_i$이다. 그러므로 행렬 A의 i번째 열은 다음과 같이 주어진다.

$$\begin{aligned} (S \circ T \circ R^{-1})(\mathbf{e}_i) &= S\big(T\big(R^{-1}(\mathbf{e}_i)\big)\big) \\ &= S(T(\mathbf{v}_i)) \\ &= [T(\mathbf{v}_i)]_{\mathcal{C}} \end{aligned}$$

이것은 벡터 $T(\mathbf{v}_i)$의 W의 기저 $\mathcal{C}$에 대한 좌표벡터이다.

이상의 결과를 요약하면, 다음 정리가 성립한다.

정리 6.26

유한차원 벡터공간 V와 W의 기저를 각각 $\mathcal{B}$와 $\mathcal{C}$이라 하고, $\mathcal{B}=\{\mathbf{v}_1, \cdots, \mathbf{v}_n\}$이라 두자. $T: V \to W$가 선형변환이면

$$A = \left[\, [T(\mathbf{v}_1)]_{\mathcal{C}} \,\vdots\, [T(\mathbf{v}_2)]_{\mathcal{C}} \,\vdots\, \cdots \,\vdots\, [T(\mathbf{v}_n)]_{\mathcal{C}} \right]$$

로 정의된 $m\times n$행렬 A는 V의 임의의 원소 $\mathbf{v}$에 대하여

$$A[\mathbf{v}]_{\mathcal{B}} = [T(\mathbf{v})]_{\mathcal{C}}$$

이다.

정리 6.26에서 정의된 행렬 A를 **기저 $\mathcal{B}$와 $\mathcal{C}$에 대한 T의 행렬**이라 한다. 다음의 도표는 이 관계를 보여준다. 여기서, 선형변환 T_A는 벡터를 사상할 때, 행렬 A를 곱하는 행렬변환이다.

$$\begin{array}{ccc} \mathbf{v} & \xrightarrow{T} & T(\mathbf{v}) \\ \downarrow & & \downarrow \\ [\mathbf{v}]_{\mathcal{B}} & \xrightarrow{T_A} & A[\mathbf{v}]_{\mathcal{B}} = [T(\mathbf{v})]_{\mathcal{C}} \end{array}$$

주의

- 기저 $\mathcal{B}$와 $\mathcal{C}$에 대한 선형변환 T의 행렬을 때때로 $[T]_{\mathcal{C}\leftarrow\mathcal{B}}$로 나타낸다. 화살표의 방향에 주목하여라. $T: V\to W$와 달리 화살표가 오른쪽에서 왼쪽으로 향한다. 이 기호를 사용하면 정리 6.26은 다음과 같이 나타낼 수 있다.

$$[T]_{\mathcal{C}\leftarrow\mathcal{B}}[\mathbf{v}]_{\mathcal{B}} = [T(\mathbf{v})]_{\mathcal{C}}$$

  위의 표시에서 아래 첨자를 관찰하면 두 개의 $\mathcal{B}$가 나란히 위치하여 서로 상쇄된 것으로 보인다. 다시 말해서, T의 행렬과 $\mathbf{v}$의 좌표벡터를 곱하면 $T(\mathbf{v})$의 좌표벡터가 얻어진다. 특히, $V=W$이고 $\mathcal{B}=\mathcal{C}$인 경우 $[T]_{\mathcal{B}\leftarrow\mathcal{B}}$ 대신 간단히 $[T]_{\mathcal{B}}$로 표시한다. 이 경우 정리 6.26은 다음과 같이 나타낼 수 있다.

$$[T]_{\mathcal{B}}[\mathbf{v}]_{\mathcal{B}} = [T(\mathbf{v})]_{\mathcal{B}}$$

- 주어진 기저에 대한 선형변환의 행렬은 유일하다. 즉, V의 모든 벡터 $\mathbf{v}$에 대하여 정리 6.26에 주어진 성질, 즉

$$A[\mathbf{v}]_{\mathcal{B}} = [T(\mathbf{v})]_{\mathcal{C}}$$

  을 만족하는 행렬 A는 오직 하나이다(연습문제 39 참조).
- 정리 6.26 아래의 도표를 때때로 가환도표라 부른다. 왜냐하면, 도표에서 $\mathbf{v}$에서 출발하여 $[T(\mathbf{v})]_{\mathcal{B}}$로 가는 두 길이 서로 동치이기 때문이다. 이전과 같이 $\mathbf{v}$를 $[\mathbf{v}]_{\mathcal{B}}$로 보내는 좌표변환을 R이라고 하고 $\mathbf{w}$를 $[\mathbf{w}]_{\mathcal{C}}$로 보내는 좌표변환을 S라 하면 가환도표는

$$S\circ T = T_A \circ R$$

로 나타낼 수 있다. 특히, $V=W$이고 $\mathcal{B}=\mathcal{C}$이면 $R=S$이다. 이때, 가환도표는

$$R \circ T = T_A \circ R$$

로 나타낼 수 있다. 이 식을 보면 좌표변환 R과 선형변환 T가 서로 교환가능하므로, 가환도표에서 '가환'이란 용어를 사용한 이유가 더 명백해진다.

- 행렬 $[T]_{\mathcal{C}\leftarrow\mathcal{B}}$는 기저 $\mathcal{B}$와 기저 $\mathcal{C}$에 있는 벡터의 순서에 의존한다. 기저에 있는 벡터의 순서를 바꾸어 행렬 $[T]_{\mathcal{C}\leftarrow\mathcal{B}}$이 달라진다(예제 6.77(b)).

예제 6.76 $T:\mathbb{R}^3 \to \mathbb{R}^2$를 다음과 같이 정의된 선형변환이라 하자.

$$T\begin{bmatrix} x \\ y \\ z \end{bmatrix} = \begin{bmatrix} x-2y \\ x+y-3z \end{bmatrix}$$

그리고 $\mathcal{B}=\{\mathbf{e}_1, \mathbf{e}_2, \mathbf{e}_3\}$와 $\mathcal{C}=\{\mathbf{e}_2, \mathbf{e}_1\}$를 각각 $\mathbb{R}^3$와 $\mathbb{R}^2$의 기저라 하자. 이때, 기저 $\mathcal{B}$와 $\mathcal{C}$에 대한 T의 행렬을 구하여라. 또한, 벡터 $\mathbf{v}=\begin{bmatrix} 1 \\ 3 \\ -2 \end{bmatrix}$에 대하여 정리 6.26을 확인하여라.

풀이 선형변환 T의 정의로부터

$$T(\mathbf{e}_1)=\begin{bmatrix} 1 \\ 1 \end{bmatrix},\ T(\mathbf{e}_2)=\begin{bmatrix} -2 \\ 1 \end{bmatrix},\ T(\mathbf{e}_3)=\begin{bmatrix} 0 \\ -3 \end{bmatrix}$$

이다. 기저 $\mathcal{C}$에 대한 이들의 좌표벡터를 구하여보자.

$$\begin{bmatrix} 1 \\ 1 \end{bmatrix}=\mathbf{e}_2+\mathbf{e}_1,\ \begin{bmatrix} -2 \\ 1 \end{bmatrix}=\mathbf{e}_2-2\mathbf{e}_1,\ \begin{bmatrix} 0 \\ -3 \end{bmatrix}=-3\mathbf{e}_2+0\mathbf{e}_1$$

이므로

$$[T(\mathbf{e}_1)]_{\mathcal{C}}=\begin{bmatrix} 1 \\ 1 \end{bmatrix},\ [T(\mathbf{e}_2)]_{\mathcal{C}}=\begin{bmatrix} 1 \\ -2 \end{bmatrix},\ [T(\mathbf{e}_3)]_{\mathcal{C}}=\begin{bmatrix} -3 \\ 0 \end{bmatrix}$$

이다. 그러므로 $\mathcal{B}$와 $\mathcal{C}$에 대한 T의 행렬은

$$\begin{aligned} A=[T]_{\mathcal{C}\leftarrow\mathcal{B}} &= [\,[T(\mathbf{e}_1)]_{\mathcal{C}}\ \ [T(\mathbf{e}_2)]_{\mathcal{C}}\ \ [T(\mathbf{e}_3)]_{\mathcal{C}}\,] \\ &= \begin{bmatrix} 1 & 1 & -3 \\ 1 & -2 & 0 \end{bmatrix} \end{aligned}$$

이다.

벡터 $\mathbf{v}$에 대하여 정리 6.26을 확인해보자.

$$T(\mathbf{v})=T\begin{bmatrix} 1 \\ 3 \\ -2 \end{bmatrix}=\begin{bmatrix} -5 \\ 10 \end{bmatrix}$$

이다.

$$[\mathbf{v}]_{\mathcal{B}} = \begin{bmatrix} 1 \\ 3 \\ -2 \end{bmatrix}$$

이고

$$[T(\mathbf{v})]_{\mathcal{C}} = \begin{bmatrix} -5 \\ 10 \end{bmatrix}_{\mathcal{C}} = \begin{bmatrix} 10 \\ -5 \end{bmatrix}$$

이다. 이상의 모든 사실을 사용하여 아래와 같이 정리 6.26을 확인할 수 있다.

$$A[\mathbf{v}]_{\mathcal{B}} = \begin{bmatrix} 1 & 1 & -3 \\ 1 & -2 & 0 \end{bmatrix} \begin{bmatrix} 1 \\ 3 \\ -2 \end{bmatrix} = \begin{bmatrix} 10 \\ -5 \end{bmatrix} = [T(\mathbf{v})]_{\mathcal{C}}$$

예제 6.77 $D: \mathscr{P}_3 \to \mathscr{P}_2$를 $D(p(x)) = p'(x)$로 정의된 미분연산이라 하자. 그리고 $\mathcal{B} = \{1,\ x,\ x^2,\ x^3\}$와 $\mathcal{C} = \{1,\ x,\ x^2\}$를 각각 $\mathscr{P}_3$와 $\mathscr{P}_2$의 기저라 하자.

(a) $\mathcal{B}$와 $\mathcal{C}$에 대한 미분연산 D의 행렬 A를 구하여라.

(b) $\mathcal{B}'$와 $\mathcal{C}$에 대한 D의 행렬 A'를 구하여라. 여기서 $\mathcal{B}' = \{x^3,\ x^2,\ x,\ 1\}$이다.

(c) (a)를 사용하여 $D(5 - x + 2x^3)$와 $D(a + bx + cx^2 + dx^3)$를 구하고, 정리 6.26을 확인하여라.

풀이 먼저, $D(a + bx + cx^2 + dx^3) = b + 2cx + 3dx^2$이다(예제 6.60).

(a) 기저 $\mathcal{B}$의 D에 의한 상은 $D(1) = 0$, $D(x) = 1$, $D(x^2) = 2x$, $D(x^3) = 3x^2$이므로 $\mathcal{C}$에 대한 좌표벡터는

$$[D(1)]_{\mathcal{C}} = \begin{bmatrix} 0 \\ 0 \\ 0 \end{bmatrix},\ [D(x)]_{\mathcal{C}} = \begin{bmatrix} 1 \\ 0 \\ 0 \end{bmatrix},\ [D(x^2)]_{\mathcal{C}} = \begin{bmatrix} 0 \\ 2 \\ 0 \end{bmatrix},\ [D(x^3)]_{\mathcal{C}} = \begin{bmatrix} 0 \\ 0 \\ 3 \end{bmatrix}$$

이다. 따라서

$$\begin{aligned} A = [D]_{\mathcal{C} \leftarrow \mathcal{B}} &= [\,[D(1)]_{\mathcal{C}} \vdots [D(x)]_{\mathcal{C}} \vdots [D(x^2)]_{\mathcal{C}} \vdots [D(x^3)]_{\mathcal{C}}] \\ &= \begin{bmatrix} 0 & 1 & 0 & 0 \\ 0 & 0 & 2 & 0 \\ 0 & 0 & 0 & 3 \end{bmatrix} \end{aligned}$$

(b) 기저 $\mathcal{B}'$의 원소의 순서는 기저 $\mathcal{B}$의 원소가 역순으로 배열되어 있으므로

$$\begin{aligned} A' = [D]_{\mathcal{C} \leftarrow \mathcal{B}'} &= [\,[D(x^3)]_{\mathcal{C}} \vdots [D(x^2)]_{\mathcal{C}} \vdots [D(x)]_{\mathcal{C}} \vdots [D(1)]_{\mathcal{C}}] \\ &= \begin{bmatrix} 0 & 0 & 1 & 0 \\ 0 & 2 & 0 & 0 \\ 3 & 0 & 0 & 0 \end{bmatrix} \end{aligned}$$

이다. 이 예제에서 보듯이 기저에 있는 벡터의 순서는 기저에 대한 선형변환 행렬에 영향을 준다.

(c) 직접 계산으로 $D(5-x+2x^3)=-1+6x^2$을 얻는다. 따라서 좌표벡터는

$$[D(5-x+2x^3)]_{\mathcal{C}}=[-1+6x^2]_{\mathcal{C}}=\begin{bmatrix}-1\\0\\6\end{bmatrix}$$

이다. 한편

$$[5-x+2x^3]_{\mathcal{B}}=\begin{bmatrix}5\\-1\\0\\2\end{bmatrix}$$

이므로

$$A[5-x+2x^3]_{\mathcal{B}}=\begin{bmatrix}0&1&0&0\\0&0&2&0\\0&0&0&3\end{bmatrix}\begin{bmatrix}5\\-1\\0\\2\end{bmatrix}=\begin{bmatrix}-1\\0\\6\end{bmatrix}=[D(5-x+2x^3)]_{\mathcal{C}}$$

이다. 이 결과는 정리 6.26과 일치한다. 일반적인 경우의 증명은 연습문제로 남긴다.

예제 6.77에 있는 선형변환은 직접 계산이 간단하므로, 이 변환의 행렬을 이용하여 계산하는 것은 큰 장점이 없다. 그러나 다른 예에서는, 특히 많은 계산을 요구하는 예에서는 행렬이 컴퓨터에서 사용하기에 적합하므로, 행렬 접근이 간단할 수 있다. 예제 6.78은 행렬을 이용하는 간접적인 방법의 기초를 이루는 개념을 설명해준다.

예제 6.78 $T:\mathscr{P}_2\to\mathscr{P}_2$를 다음과 같이 정의된 선형변환이라 하자.

$$T(p(x))=p(2x-1)$$

(a) 기저 $\mathcal{E}=\{1,\ x,\ x^2\}$에 대한 T의 행렬을 구하여라.

(b) (a)를 이용하여, $T(3+2x-x^2)$을 계산하여라.

풀이 (a) T의 정의에 의해

$$T(1)=1,\ \ T(x)=2x-1,\ \ T(x^2)=(2x-1)^2=1-4x+4x^2$$

이다. 따라서 좌표벡터는

$$[T(1)]_{\mathcal{E}}=\begin{bmatrix}1\\0\\0\end{bmatrix},\ \ [T(x)]_{\mathcal{E}}=\begin{bmatrix}-1\\2\\0\end{bmatrix},\ \ [T(x^2)]_{\mathcal{E}}=\begin{bmatrix}1\\-4\\4\end{bmatrix}$$

이다. 그러므로

$$[T]_{\mathcal{E}}=[\,[T(1)]_{\mathcal{E}}\,\vdots\,[T(x)]_{\mathcal{E}}\,\vdots\,[T(x^2)]_{\mathcal{E}}]=\begin{bmatrix}1&-1&1\\0&2&-4\\0&0&4\end{bmatrix}$$

(b) $p(x) = 3 + 2x - x^2$의 $\mathcal{E}$에 대한 좌표벡터는 $[p(x)]_{\mathcal{E}} = \begin{bmatrix} 3 \\ 2 \\ -1 \end{bmatrix}$이다. 정리 6.26에 의해

$$\begin{aligned} [T(3+2x-x^2)]_{\mathcal{E}} &= [T(p(x))]_{\mathcal{E}} \\ &= [T]_{\mathcal{E}}[p(x)]_{\mathcal{E}} \\ &= \begin{bmatrix} 1 & -1 & 1 \\ 0 & 2 & -4 \\ 0 & 0 & 4 \end{bmatrix} \begin{bmatrix} 3 \\ 2 \\ -1 \end{bmatrix} = \begin{bmatrix} 0 \\ 8 \\ -4 \end{bmatrix} \end{aligned}$$

이다. 따라서 $T(3+2x-x^2) = 0 \cdot 1 + 8 \cdot x - 4 \cdot x^2 = 8x - 4x^2$이다. [이는 $T(3+2x-x^2) = 3 + 2(2x-1) - (2x-1)^2$를 직접 계산함으로써 확인할 수 있다.]

선형변환의 행렬은 다양한 방법으로 사용될 수 있다. 다음의 예제는 고전적인 미분적분학 문제에 행렬이 사용된 예이다.

예제 6.79

$\mathscr{D}$를 모든 미분가능한 함수로 구성된 벡터공간이라 하자. 그리고 $\mathscr{D}$의 부분공간 $W = \text{span}(e^{3x}, xe^{3x}, x^2e^{3x})$를 생각하자. 여기서 $\mathcal{B} = \{e^{3x}, xe^{3x}, x^2e^{3x}\}$는 일차독립이므로 W의 기저이다.

(a) 미분연산 D는 W를 W로 사상함을 보여라.

(b) 기저 $\mathcal{B}$에 대한 D의 행렬을 구하여라.

(c) $5e^{3x} + 2xe^{3x} - x^2e^{3x}$의 미분을 정리 6.26을 사용하여 구하여라. 그리고 (a)를 사용하여 확인하여라.

풀이 (a) W의 임의의 원소 $p(x) = ae^{3x} + bxe^{3x} + cx^2e^{3x}$에 D를 적용하면

$$D(ae^{3x} + bxe^{3x} + cx^2e^{3x}) = (3a+b)e^{3x} + (3b+2c)xe^{3x} + 3cx^2e^{3x}$$

이다. 이는 D에 의한 $p(x)$의 상이 W에 속함을 보여준다.

(b) (a)에서 얻어진 식을 이용하면

$$D(e^{3x}) = 3e^{3x},\ D(xe^{3x}) = e^{3x} + 3xe^{3x},\ D(x^2e^{3x}) = 2xe^{3x} + 3x^2e^{3x}$$

이다. 따라서

$$[D(e^{3x})]_{\mathcal{B}} = \begin{bmatrix} 3 \\ 0 \\ 0 \end{bmatrix},\ [D(xe^{3x})]_{\mathcal{B}} = \begin{bmatrix} 1 \\ 3 \\ 0 \end{bmatrix},\ [D(x^2e^{3x})]_{\mathcal{B}} = \begin{bmatrix} 0 \\ 2 \\ 3 \end{bmatrix}$$

이고, 다음이 성립한다.

$$[D]_{\mathcal{B}} = \left[[D(e^{3x})]_{\mathcal{B}} \,\vdots\, [D(xe^{3x})]_{\mathcal{B}} \,\vdots\, [D(x^2e^{3x})]_{\mathcal{B}} \right] = \begin{bmatrix} 3 & 1 & 0 \\ 0 & 3 & 2 \\ 0 & 0 & 3 \end{bmatrix}$$

(c) 기저 $\mathcal{B}$에 대한 $f(x)=5e^{3x}+2xe^{3x}-x^2e^{3x}$의 좌표벡터는

$$[f(x)]_{\mathcal{B}}=\begin{bmatrix}5\\2\\-1\end{bmatrix}$$

이다. 따라서 정리 6.26에 의해

$$[D(f(x))]_{\mathcal{B}}=[D]_{\mathcal{B}}[f(x)]_{\mathcal{B}}=\begin{bmatrix}3&1&0\\0&3&2\\0&0&3\end{bmatrix}\begin{bmatrix}5\\2\\-1\end{bmatrix}=\begin{bmatrix}17\\4\\-3\end{bmatrix}$$

이며, 이는 $f'(x)=D(f(x))=17e^{3x}+4xe^{3x}-3x^2e^{3x}$를 의미한다. 이는 (a)에서 얻어진 식의 결과와 일치한다.

주의 예제 6.79의 중요성은 이 방법이 직접적인 미분보다 간단하다는 사실에 있는 것이 아니다. 사실 (a)에서 식이 얻어지면 나머지는 복잡한 계산을 필요로 하지 않는다. 중요한 점은 미분적분학의 문제로 보이는 곳에서도 행렬의 방법이 사용될 수 있다는 것이다. 예제 6.83에서 이러한 개념을 좀 더 생각해 볼 것이다.

예제 6.80

V를 n차원 벡터공간이라 하고, $I: V \to V$를 항등변환이라 하자. V의 두 기저 $\mathcal{B}$와 $\mathcal{C}$에 대하여, $\mathcal{B}=\mathcal{C}$인 경우와 $\mathcal{B}\neq\mathcal{C}$인 경우로 나누어 기저 $\mathcal{B}$와 $\mathcal{C}$에 대한 항등변환의 행렬을 구하여 보자.

풀이 $\mathcal{B}=\{\mathbf{v}_1, \cdots, \mathbf{v}_n\}$이라 두면, $I(\mathbf{v}_1)=\mathbf{v}_1, \cdots, I(\mathbf{v}_n)=\mathbf{v}_n$이다. 따라서

$$[I(\mathbf{v}_1)]_{\mathcal{B}}=\begin{bmatrix}1\\0\\\vdots\\0\end{bmatrix}=\mathbf{e}_1,\ [I(\mathbf{v}_2)]_{\mathcal{B}}=\begin{bmatrix}0\\1\\\vdots\\0\end{bmatrix}=\mathbf{e}_2,\ \cdots,\ [I(\mathbf{v}_n)]_{\mathcal{B}}=\begin{bmatrix}0\\0\\\vdots\\1\end{bmatrix}=\mathbf{e}_n$$

이다. 여기서 $\mathcal{B}=\mathcal{C}$인 경우는

$$\begin{aligned}[I]_{\mathcal{B}}&=\big[\,[I(\mathbf{v}_1)]_{\mathcal{B}}\ \vdots\ [I(\mathbf{v}_2)]_{\mathcal{B}}\ \vdots\cdots\vdots\ [I(\mathbf{v}_n)]_{\mathcal{B}}\big]\\&=[\mathbf{e}_1\ \vdots\ \mathbf{e}_2\ \vdots\ \cdots\ \vdots\ \mathbf{e}_n]\\&=I_n\end{aligned}$$

으로 단위행렬이다.

그리고 $\mathcal{B}\neq\mathcal{C}$인 경우는

$$[I(\mathbf{v}_1)]_{\mathcal{C}}=[\mathbf{v}_1]_{\mathcal{C}},\ \cdots,\ [I(\mathbf{v}_n)]_{\mathcal{C}}=[\mathbf{v}_n]_{\mathcal{C}}$$

이다. 따라서 $\mathcal{B}$에서 $\mathcal{C}$로의 좌표변환 행렬은 다음과 같다.

$$\begin{aligned}[I]_{\mathcal{C}\leftarrow\mathcal{B}}&=\big[\,[\mathbf{v}_1]_{\mathcal{C}}\ \vdots\ \cdots\ \vdots\ [\mathbf{v}_n]_{\mathcal{C}}\big]\\&=P_{\mathcal{C}\leftarrow\mathcal{B}}\end{aligned}$$

합성변환과 역변환의 행렬

정리 3.32와 3.33을 일반화하여 유한차원 벡터공간 사이의 선형변환이 역변환을 가질 때, 이를 쉽게 구하는 방법을 알아보자.

정리 6.27

U, V, W를 유한차원 벡터공간이라 하고, $\mathcal{B}$, $\mathcal{C}$, $\mathcal{D}$를 각각 이들의 기저라 하자. $T: U \to V$와 $S: V \to W$가 선형변환이면

$$[S \circ T]_{\mathcal{D} \leftarrow \mathcal{B}} = [S]_{\mathcal{D} \leftarrow \mathcal{C}} [T]_{\mathcal{C} \leftarrow \mathcal{B}}$$

이다.

주의

- 위 정리는 합성변환의 행렬은 각 선형변환의 행렬의 곱임을 나타낸다.
- 위 식에서 안쪽에 있는 아래 첨자 $\mathcal{C}$는 서로 같아야 하며, 서로 상쇄되고 바깥쪽 아래 첨자가 $\mathcal{D} \leftarrow \mathcal{B}$ 형태로 남은 것에 주목하여라.

증명 두 행렬 $[S \circ T]_{\mathcal{D} \leftarrow \mathcal{B}}$와 $[S]_{\mathcal{D} \leftarrow \mathcal{C}}[T]_{\mathcal{C} \leftarrow \mathcal{B}}$의 i번째 열이 같음을 보이는 것으로 충분하다. 우선 $\mathbf{v}_i$를 기저 $\mathcal{B}$의 i번째 벡터라 하면, $[S \circ T]_{\mathcal{D} \leftarrow \mathcal{B}}$의 i번째 열은

$$\begin{aligned}[(S \circ T)(\mathbf{v}_i)]_{\mathcal{D}} &= [S(T(\mathbf{v}_i))]_{\mathcal{D}} \\ &= [S]_{\mathcal{D} \leftarrow \mathcal{C}}[T(\mathbf{v}_i)]_{\mathcal{C}} \\ &= [S]_{\mathcal{D} \leftarrow \mathcal{C}}[T]_{\mathcal{C} \leftarrow \mathcal{B}}[\mathbf{v}_i]_{\mathcal{B}}\end{aligned}$$

이다. 위의 계산에서 정리 6.26을 두 번 적용하였다. $[\mathbf{v}_i]_{\mathcal{B}} = \mathbf{e}_i$이므로

$$[S]_{\mathcal{D} \leftarrow \mathcal{C}}[T]_{\mathcal{C} \leftarrow \mathcal{B}}[\mathbf{v}_i]_{\mathcal{B}} = [S]_{\mathcal{D} \leftarrow \mathcal{C}}[T]_{\mathcal{C} \leftarrow \mathcal{B}}\ \mathbf{e}_i$$

는 $[S]_{\mathcal{D} \leftarrow \mathcal{C}}[T]_{\mathcal{C} \leftarrow \mathcal{B}}$의 i번째 열이 된다. 그러므로 두 행렬 $[S \circ T]_{\mathcal{D} \leftarrow \mathcal{B}}$와 $[S]_{\mathcal{D} \leftarrow \mathcal{C}}[T]_{\mathcal{C} \leftarrow \mathcal{B}}$는 i번째 열이 같다.

예제 6.81

예제 6.56에 정의된 선형변환 S, T에 대해 행렬 방법을 사용하여 $(S \circ T)\begin{bmatrix} a \\ b \end{bmatrix}$를 계산하여라.

풀이 선형변환 $T: \mathbb{R}^2 \to \mathscr{P}_1$과 $S: \mathscr{P}_1 \to \mathscr{P}_2$가 다음과 같이 정의되었다.

$$T\begin{bmatrix} a \\ b \end{bmatrix} = a + (a+b)x,\ \ S(a+bx) = ax + bx^2$$

$\mathcal{E}$, $\mathcal{E}'$와 $\mathcal{E}''$을 각각 벡터공간 $\mathbb{R}^2$, $\mathscr{P}_1$와 $\mathscr{P}_2$의 표준기저라 하면 다음이 성립한다.

$$[T]_{\mathcal{E}'\leftarrow\mathcal{E}} = \begin{bmatrix} 1 & 0 \\ 1 & 1 \end{bmatrix},\quad [S]_{\mathcal{E}''\leftarrow\mathcal{E}'} = \begin{bmatrix} 0 & 0 \\ 1 & 0 \\ 0 & 1 \end{bmatrix}$$

정리 6.27에 의해 기저 $\mathcal{E}$과 $\mathcal{E}'$에 대한 $S \circ T$의 행렬은

$$\begin{aligned} [(S \circ T)]_{\mathcal{E}''\leftarrow\mathcal{E}} &= [S]_{\mathcal{E}''\leftarrow\mathcal{E}'}[T]_{\mathcal{E}'\leftarrow\mathcal{E}} \\ &= \begin{bmatrix} 0 & 0 \\ 1 & 0 \\ 0 & 1 \end{bmatrix}\begin{bmatrix} 1 & 0 \\ 1 & 1 \end{bmatrix} = \begin{bmatrix} 0 & 0 \\ 1 & 0 \\ 1 & 1 \end{bmatrix} \end{aligned}$$

이다. 따라서 정리 6.26에 의해

$$\begin{aligned} \left[(S \circ T)\begin{bmatrix} a \\ b \end{bmatrix}\right]_{\mathcal{E}''} &= [(S \circ T)]_{\mathcal{E}''\leftarrow\mathcal{E}}\begin{bmatrix} a \\ b \end{bmatrix}_{\mathcal{E}} \\ &= \begin{bmatrix} 0 & 0 \\ 1 & 0 \\ 1 & 1 \end{bmatrix}\begin{bmatrix} a \\ b \end{bmatrix} = \begin{bmatrix} 0 \\ a \\ a+b \end{bmatrix} \end{aligned}$$

이다. 결과적으로, $(S \circ T)\begin{bmatrix} a \\ b \end{bmatrix} = ax + (a+b)x^2$이다. 이는 예제 6.56의 답과 일치한다.

선형변환이 가역일 필요충분조건은 일대일이고 위로의 변환인 것을 정리 6.24에서 증명하였다. 벡터공간이 유한차원일 경우 행렬 방법을 이용하여 선형변환의 역변환을 구할 수 있음을 다음 정리에서 살펴본다.

정리 6.28 두 n차원 벡터공간 V와 W에 대하여, $T: V \to W$를 선형변환이라 하고 $\mathcal{B}$와 $\mathcal{C}$를 각각 V와 W의 기저라 하자. 그러면 T가 가역일 필요충분조건은 행렬 $[T]_{\mathcal{C}\leftarrow\mathcal{B}}$가 가역행렬인 것이다. 이 경우

$$([T]_{\mathcal{C}\leftarrow\mathcal{B}})^{-1} = [T^{-1}]_{\mathcal{B}\leftarrow\mathcal{C}}$$

이다.

증명 T와 (T가 가역이라면) T^{-1}는 $n \times n$행렬이다. 먼저, T가 가역이면 $T^{-1} \circ T = I_V$이다. 여기서 정리 6.27을 적용하여 다음을 얻는다.

$$\begin{aligned} I_n = [I_V]_{\mathcal{B}} &= [T^{-1} \circ T]_{\mathcal{B}} \\ &= [T^{-1}]_{\mathcal{B}\leftarrow\mathcal{C}}[T]_{\mathcal{C}\leftarrow\mathcal{B}} \end{aligned}$$

이는 $[T]_{\mathcal{C}\leftarrow\mathcal{B}}$가 가역행렬이고 $([T]_{\mathcal{C}\leftarrow\mathcal{B}})^{-1} = [T^{-1}]_{\mathcal{B}\leftarrow\mathcal{C}}$임을 의미한다.

역으로, $A = [T]_{\mathcal{C}\leftarrow\mathcal{B}}$를 가역행렬이라 가정하자. T가 가역임을 보이기 위해 $\ker(T) = \{\mathbf{0}\}$을 보이면 충분하다. $\mathbf{v}$를 $\ker(T)$에 속하는 임의의 벡터라 하면 $T(\mathbf{v}) = \mathbf{0}$이다. 따라서

$$A[\mathbf{v}]_{\mathcal{B}} = [T]_{\mathcal{C}\leftarrow\mathcal{B}}[\mathbf{v}]_{\mathcal{B}} = [T(\mathbf{v})]_{\mathcal{C}} = [\mathbf{0}]_{\mathcal{C}} = \mathbf{0}$$

이다. 이는 $[\mathbf{v}]_{\mathcal{B}}$가 가역행렬 A의 영공간에 속함을 의미한다. 기본정리에 의해 $[\mathbf{v}]_{\mathcal{B}}=\mathbf{0}$이다. 따라서 $\mathbf{v}=\mathbf{0}$이고 $\ker(T)=\{\mathbf{0}\}$이다.

예제 6.82

예제 6.70에서 선형변환 $T:\mathbb{R}^2\to\mathscr{P}_1$이

$$T\begin{bmatrix}a\\b\end{bmatrix}=a+(a+b)x$$

로 정의될 때, 일대일이고 위로의 변환임을 보였다. 따라서 T는 역변환이 존재한다. 역변환 T^{-1}를 구하여라.

풀이 예제 6.81에서 $\mathbb{R}^2$의 표준기저 $\mathcal{E}$에서 $\mathscr{P}_1$의 기저 $\mathcal{E}'$에 대응하는 T의 행렬은

$$[T]_{\mathcal{E}'\leftarrow\mathcal{E}}=\begin{bmatrix}1&0\\1&1\end{bmatrix}$$

임을 보였다. 정리 6.28에 의해 기저 $\mathcal{E}'$와 $\mathcal{E}$에 대한 T^{-1}의 행렬은

$$[T^{-1}]_{\mathcal{E}\leftarrow\mathcal{E}'}=([T]_{\mathcal{E}'\leftarrow\mathcal{E}})^{-1}=\begin{bmatrix}1&0\\1&1\end{bmatrix}^{-1}=\begin{bmatrix}1&0\\-1&1\end{bmatrix}$$

이다. 또한, 정리 6.26에 의해

$$\begin{aligned}[T^{-1}(a+bx)]_{\mathcal{E}}&=[T^{-1}]_{\mathcal{E}\leftarrow\mathcal{E}'}[a+bx]_{\mathcal{E}'}\\&=\begin{bmatrix}1&0\\-1&1\end{bmatrix}\begin{bmatrix}a\\b\end{bmatrix}\\&=\begin{bmatrix}a\\b-a\end{bmatrix}\end{aligned}$$

이고, 다음을 의미한다.

$$T^{-1}(a+bx)=a\mathbf{e}_1+(b-a)\mathbf{e}_2=\begin{bmatrix}a\\b-a\end{bmatrix}$$

예제 6.79의 계속인 다음 예제에서는 행렬이 미분적분학의 적분문제 해결에 사용될 수 있음을 보여준다. 우리가 다루는 구체적인 적분은 미분적분학에서는 부분적분법을 두 번 사용하여 구한다. 이 방법과 우리가 사용하는 방법을 비교해보자.

예제 6.83

미분연산을 $\mathscr{D}$의 부분공간 $W=\text{span}(e^{3x},\ xe^{3x},\ x^2e^{3x})$에 한정했을 때, 역변환이 가능함을 보여라. 그리고 이를 이용하여 다음의 적분을 구하여라.

$$\int x^2e^{3x}\,dx$$

풀이 예제 6.79에서 W의 기저 $\mathcal{B}=\{e^{3x},\ xe^{3x},\ x^2e^{3x}\}$에 대한 D의 행렬은

$$[D]_{\mathcal{B}}=\begin{bmatrix}3&1&0\\0&3&2\\0&0&3\end{bmatrix}$$

임을 보았다. 정리 6.28에 의해 D는 W에서 역변환이 가능하고, D^{-1}의 행렬은

$$[D^{-1}]_{\mathcal{B}}=([D]_{\mathcal{B}})^{-1}=\begin{bmatrix}3&1&0\\0&3&2\\0&0&3\end{bmatrix}^{-1}=\begin{bmatrix}1/3&-1/9&3/27\\0&1/3&-2/9\\0&0&1/3\end{bmatrix}$$

이다. 적분은 미분의 역이므로, 이 행렬은 W 위의 적분에 해당한다. 함수 x^2e^{3x}를 적분하여보자. 함수의 좌표벡터는

$$[x^2e^{3x}]_{\mathcal{B}}=\begin{bmatrix}0\\0\\1\end{bmatrix}$$

이다. 따라서 정리 6.26에 의해

$$\begin{aligned}\left[\int x^2e^{3x}dx\right]_{\mathcal{B}}&=[D^{-1}(x^2e^{3x})]_{\mathcal{B}}\\&=[D^{-1}]_{\mathcal{B}}[x^2e^{3x}]_{\mathcal{B}}\\&=\begin{bmatrix}1/3&-1/9&2/27\\0&1/3&-2/9\\0&0&1/3\end{bmatrix}\begin{bmatrix}0\\0\\1\end{bmatrix}=\begin{bmatrix}2/27\\-2/9\\1/3\end{bmatrix}\end{aligned}$$

이므로

$$\int x^2e^{3x}dx=\frac{2}{27}e^{3x}-\frac{2}{9}xe^{3x}+\frac{1}{3}x^2e^{3x}$$

이다. (사실 정확한 적분은 적분상수를 더해야 한다. 그러나 우리는 선형변환을 다루고, 선형변환은 영벡터를 영벡터로 보내야 하므로 적분상수를 0으로 선택하기 때문에 여기서는 나타나지 않는다.)

경고 일반적으로 미분연산은 가역이 아니다(연습문제 22 참조). 앞의 예제에서 보는 바와 같이 적당한 조건을 추가하면 가역변환으로 생각할 수도 있다. 연습문제 27–30에서 이러한 개념을 좀 더 깊이 알아본다.

기저변환과 닮음

$T: V\to V$를 선형변환, $\mathcal{B}$와 $\mathcal{C}$를 V의 서로 다른 기저라 할 때, 행렬 $[T]_{\mathcal{B}}$와 $[T]_{\mathcal{C}}$는 어떠한 관계가 있는지 생각하는 것은 당연한 일이다. 이러한 질문에는 만족스러운 답이 있으며 4장에서 다룬 문제와 관련이 있다.

그림 6.12는 이러한 문제의 해법에 접근하는 길을 도식적으로 보여준다. 그림에서 왼쪽 위에서 오른쪽 아래까지 다르지만 동치인 두 가지 길을 따라가면

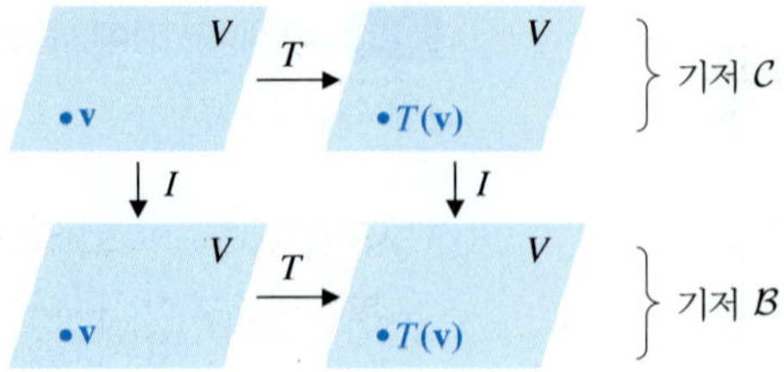

그림 6.12 $I \circ T = T \circ I$

$I \circ T = T \circ I$를 얻는다. 그림에서 위쪽에서는 V의 기저를 $\mathcal{C}$로 고정하고 아래쪽에서는 V의 기저를 $\mathcal{B}$로 고정하면, $T = I \circ T = T \circ I = T$의 정의역은 기저 $\mathcal{C}$를 갖는 V이고 공역은 기저 $\mathcal{B}$를 갖는 V이다. 따라서 T의 행렬은 $[T]_{\mathcal{B}\leftarrow\mathcal{C}}$이다. 여기서

$$[T]_{\mathcal{B}\leftarrow\mathcal{C}} = [I \circ T]_{\mathcal{B}\leftarrow\mathcal{C}} = [I]_{\mathcal{B}\leftarrow\mathcal{C}}[T]_{\mathcal{C}\leftarrow\mathcal{C}}$$

이고

$$[T]_{\mathcal{B}\leftarrow\mathcal{C}} = [T \circ I]_{\mathcal{B}\leftarrow\mathcal{C}} = [T]_{\mathcal{B}\leftarrow\mathcal{B}}[I]_{\mathcal{B}\leftarrow\mathcal{C}}$$

이므로, $[I]_{\mathcal{B}\leftarrow\mathcal{C}}[T]_{\mathcal{C}\leftarrow\mathcal{C}} = [T]_{\mathcal{B}\leftarrow\mathcal{B}}[I]_{\mathcal{B}\leftarrow\mathcal{C}}$이다.

예제 6.80에서 기저 $\mathcal{C}$에서 기저 $\mathcal{B}$로의 (가역인) 좌표변환 행렬 $[I]_{\mathcal{B}\leftarrow\mathcal{C}} = P_{\mathcal{B}\leftarrow\mathcal{C}}$를 얻었다. 여기서 $P = P_{\mathcal{B}\leftarrow\mathcal{C}}$라 두면

$$P^{-1} = (P_{\mathcal{B}\leftarrow\mathcal{C}})^{-1} = P_{\mathcal{C}\leftarrow\mathcal{B}}$$

이고

$$P[T]_{\mathcal{C}\leftarrow\mathcal{C}} = [T]_{\mathcal{B}\leftarrow\mathcal{B}}P$$

이다. 따라서

$$[T]_{\mathcal{C}\leftarrow\mathcal{C}} = P^{-1}[T]_{\mathcal{B}\leftarrow\mathcal{B}}P \text{ 또는 } [T]_{\mathcal{C}} = P^{-1}[T]_{\mathcal{B}}P$$

이다. 따라서 4.4절에 소개된 용어를 사용하면 $[T]_{\mathcal{C}}$와 $[T]_{\mathcal{B}}$는 서로 닮은 행렬이다.

이상의 사실을 다음의 정리로 표현할 수 있다.

정리 6.29 $\mathcal{B}$와 $\mathcal{C}$를 유한차원 벡터공간 V의 기저라 하고, $T: V \to V$를 선형변환이라 하면

$$[T]_{\mathcal{C}} = P^{-1}[T]_{\mathcal{B}}P$$

이다. 여기서, P는 기저 $\mathcal{C}$에서 기저 $\mathcal{B}$로의 기저변환 행렬이다.

주의 정리 6.29를 자세히 살펴보면, P가 기저 $\mathcal{B}$에서 $\mathcal{C}$로의 기저변환 행렬이 아니라 기저 $\mathcal{C}$에서 $\mathcal{B}$로의 기저변환 행렬임을 다시 확인할 수 있다. 다음에서 보는 바와 같이 안쪽 아래 첨자는 $\mathcal{B}$로 모두 같아야 한다. 그리고 이들은 서로 상쇄

되고 바깥쪽 아래 첨자 $\mathcal{C}$만 남는다.

$$[T]_{\mathcal{C}\leftarrow\mathcal{C}} = P_{\mathcal{C}\leftarrow\mathcal{B}}[T]_{\mathcal{B}\leftarrow\mathcal{B}}P_{\mathcal{B}\leftarrow\mathcal{C}}$$

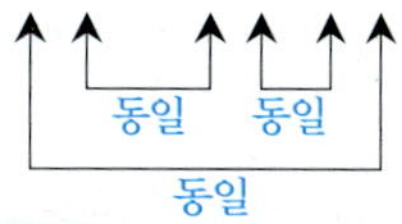

정리 6.29는 기저에 대한 선형변환의 행렬이 간단한 형태의 행렬이 되게 하는 기저를 구하는 데 종종 사용된다. 예를 들어, 선형변환 $T: V \to V$에 대하여 $[T]_{\mathcal{C}}$가 대각행렬이 되는 기저 $\mathcal{C}$를 구하는 경우다. 예제 6.84에서 이러한 문제를 다루어보자.

예제 6.84

선형변환 $T: \mathbb{R}^2 \to \mathbb{R}^2$를 다음과 같이 정의하자.

$$T\begin{bmatrix} x \\ y \end{bmatrix} = \begin{bmatrix} x+3y \\ 2x+2y \end{bmatrix}$$

이때, $[T]_{\mathcal{C}}$가 대각행렬이 되는 $\mathbb{R}^2$의 기저 $\mathcal{C}$를 가능하다면 구해보아라.

풀이 표준기저 $\mathcal{E}$에 대한 T의 행렬은

$$[T]_{\mathcal{E}} = \begin{bmatrix} 1 & 3 \\ 2 & 2 \end{bmatrix}$$

이다. 예제 4.24에서 이 행렬은 대각화 가능함을 보았다. 실제로

$$P = \begin{bmatrix} 1 & 3 \\ 1 & -2 \end{bmatrix}, \quad D = \begin{bmatrix} 4 & 0 \\ 0 & -1 \end{bmatrix}$$

이면, $P^{-1}[T]_{\mathcal{E}}P = D$이다. $\mathcal{C}$를 행렬 P의 열벡터로 이루어진 $\mathbb{R}^2$의 기저라 하면, P는 기저 $\mathcal{C}$에서 기저 $\mathcal{B}$로의 좌표변환 행렬 $P_{\mathcal{E}\leftarrow\mathcal{C}}$이다. 정리 6.29에 의해

$$[T]_{\mathcal{C}} = P^{-1}[T]_{\mathcal{E}}P = D$$

이므로, 기저 $\mathcal{C} = \left\{ \begin{bmatrix} 1 \\ 1 \end{bmatrix}, \begin{bmatrix} 3 \\ -2 \end{bmatrix} \right\}$에 대한 T의 행렬은 대각행렬이다.

주의

- 위의 풀이가 정확하다는 것은 $[T]_{\mathcal{C}}$를 직접 계산함으로써 쉽게 확인할 수 있다. T의 정의에 의해

$$T\begin{bmatrix} 1 \\ 1 \end{bmatrix} = \begin{bmatrix} 4 \\ 4 \end{bmatrix} = 4\begin{bmatrix} 1 \\ 1 \end{bmatrix} + 0\begin{bmatrix} 3 \\ -2 \end{bmatrix}, \quad T\begin{bmatrix} 3 \\ -2 \end{bmatrix} = \begin{bmatrix} -3 \\ 2 \end{bmatrix} = 0\begin{bmatrix} 1 \\ 1 \end{bmatrix} - \begin{bmatrix} 3 \\ -2 \end{bmatrix}$$

이다. 따라서 $[T]_{\mathcal{C}}$의 열을 구성하는 좌표벡터는 다음과 같다.

$$\left[T\begin{bmatrix} 1 \\ 1 \end{bmatrix}\right]_{\mathcal{C}} = \begin{bmatrix} 4 \\ 0 \end{bmatrix}, \quad \left[T\begin{bmatrix} 3 \\ -2 \end{bmatrix}\right]_{\mathcal{C}} = \begin{bmatrix} 0 \\ -1 \end{bmatrix}$$

- 예제 6.84와 같은 문제를 해결하는 일반적인 절차는 표준행렬 $[T]_{\mathcal{E}}$를 구한 다음, 4장에서와 같이 행렬의 고유공간들의 기저를 찾아 행렬이 대각화 가능한지를 확인하는 것이다.

예제 6.84는 다음 정의의 동기가 된다.

정의 $T: V \to V$를 유한차원 벡터공간 V의 선형변환이라 할 때, V의 적당한 기저 $\mathcal{C}$에 대해 $[T]_{\mathcal{C}}$가 대각행렬이면 T를 **대각화 가능**(diagonalizable)이라고 한다.

사실 V의 임의의 기저 $\mathcal{B}$에 대하여, T가 대각화 가능일 필요충분조건은 행렬 $[T]_{\mathcal{B}}$가 대각화 가능임을 증명하는 것은 어렵지 않다. 바로 앞의 예제에서 특별한 경우에 대하여 이 사실을 증명하였다. 일반적인 경우에 대해서는 연습문제 42에서 확인해보아라.

때때로 표준기저가 아닌 기저에 대한 선형변환의 행렬을 찾는 것이 쉬운 경우가 있다. 이 경우, 예제 6.84의 풀이 방법을 역으로 하여 표준행렬을 찾을 수 있다. 예제 3.59를 다시 살펴봄으로써 이 개념을 설명해보자.

예제 6.85

ℓ을 원점을 지나고 방향벡터 $\mathbf{d}=\begin{bmatrix} d_1 \\ d_2 \end{bmatrix}$를 갖는 평면 위의 직선이라고 할 때, 직선 ℓ 위로 정사영의 표준행렬을 구하여라.

풀이 T를 정사영이라 하자. 벡터 $\mathbf{d}$의 영 아닌 모든 스칼라배는 ℓ의 방향벡터로 생각할 수 있으므로 $\mathbf{d}$를 단위벡터로 가정할 수 있다. 즉, $d_1^2+d_2^2=1$임을 가정한다. $\mathbf{d}'=\begin{bmatrix} -d_2 \\ d_1 \end{bmatrix}$이라 두면, $\mathbf{d}$와 $\mathbf{d}'$는 서로 수직이고 $\mathbf{d}'$ 역시 단위벡터이므로, $\mathcal{D}=\{\mathbf{d}, \mathbf{d}'\}$는 $\mathbb{R}^2$의 정규직교기저이다.

그림 6.13에서 보는 바와 같이 $T(\mathbf{d})=\mathbf{d}$이고 $T(\mathbf{d}')=\mathbf{0}$이다. 따라서

$$[T(\mathbf{d})]_{\mathcal{D}}=\begin{bmatrix} 1 \\ 0 \end{bmatrix}, \quad [T(\mathbf{d}')]_{\mathcal{D}}=\begin{bmatrix} 0 \\ 0 \end{bmatrix}$$

이므로

$$[T]_{\mathcal{D}}=\begin{bmatrix} 1 & 0 \\ 0 & 0 \end{bmatrix}$$

이다.

기저 $\mathcal{D}$에서 표준기저 $\mathcal{E}$로의 좌표변환 행렬은

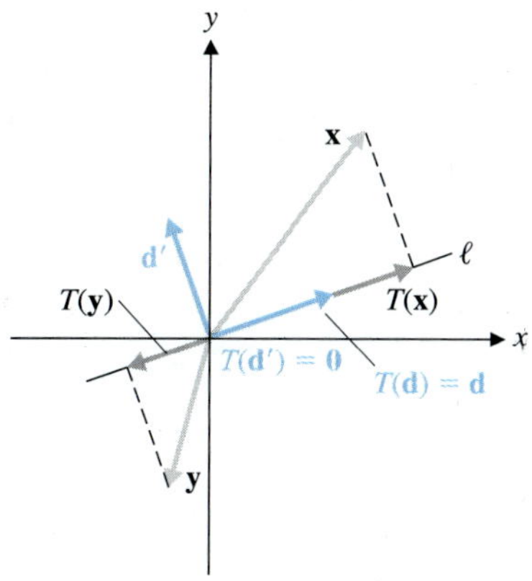

그림 6.13 ℓ위로의 사영

$$P_{\mathcal{E}\leftarrow\mathcal{D}} = \begin{bmatrix} d_1 & -d_2 \\ d_2 & d_1 \end{bmatrix}$$

이므로, 기저 $\mathcal{E}$에서 기저 $\mathcal{D}$로의 좌표변환 행렬은

$$P_{\mathcal{D}\leftarrow\mathcal{E}} = (P_{\mathcal{E}\leftarrow\mathcal{D}})^{-1} = \begin{bmatrix} d_1 & -d_2 \\ d_2 & d_1 \end{bmatrix}^{-1} = \begin{bmatrix} d_1 & d_2 \\ -d_2 & d_1 \end{bmatrix}$$

이다. 정리 6.29에 의해 T의 표준행렬은

$$\begin{aligned} [T]_{\mathcal{E}} &= P_{\mathcal{E}\leftarrow\mathcal{D}}[T]_{\mathcal{D}}P_{\mathcal{D}\leftarrow\mathcal{E}} \\ &= \begin{bmatrix} d_1 & -d_2 \\ d_2 & d_1 \end{bmatrix}\begin{bmatrix} 1 & 0 \\ 0 & 0 \end{bmatrix}\begin{bmatrix} d_1 & d_2 \\ -d_2 & d_1 \end{bmatrix} \\ &= \begin{bmatrix} d_1^2 & d_1d_2 \\ d_1d_2 & d_2^2 \end{bmatrix} \end{aligned}$$

이는 이제 예제 3.59(b)와 일치한다.

예제 6.86 선형변환 $T:\mathscr{P}_2 \to \mathscr{P}_2$를 다음과 같이 정의하자.

$$T(p(x)) = p(2x-1)$$

(a) $\mathscr{P}_2$의 기저 $\mathcal{B}=\{1+x,\ 1-x,\ x^2\}$에 대한 T의 행렬을 구하여라.

(b) T가 대각화 가능함을 보여라. 그리고 $[T]_{\mathcal{C}}$가 대각행렬이 되는 $\mathscr{P}_2$의 기저 $\mathcal{C}$를 구하여라.

풀이 (a) 예제 6.78에서 표준기저 $\mathcal{E}=\{1,\ x,\ x^2\}$에 대한 T의 행렬이

$$[T]_{\mathcal{E}} = \begin{bmatrix} 1 & -1 & 1 \\ 0 & 2 & -4 \\ 0 & 0 & 4 \end{bmatrix}$$

임을 보았다. 기저 $\mathcal{B}$에서 기저 $\mathcal{E}$로의 기저변환 행렬이

$$P = P_{\mathcal{E}\leftarrow\mathcal{B}} = \begin{bmatrix} 1 & 1 & 0 \\ 1 & -1 & 0 \\ 0 & 0 & 1 \end{bmatrix}$$

이므로, 기저 $\mathcal{B}$에 대한 T의 행렬은 다음과 같다.

$$\begin{aligned}[T]_{\mathcal{B}} &= P^{-1}[T]_{\mathcal{E}}P \\ &= \begin{bmatrix} \frac{1}{2} & \frac{1}{2} & 0 \\ \frac{1}{2} & -\frac{1}{2} & 0 \\ 0 & 0 & 1 \end{bmatrix}\begin{bmatrix} 1 & -1 & 1 \\ 0 & 2 & -4 \\ 0 & 0 & 4 \end{bmatrix}\begin{bmatrix} 1 & 1 & 0 \\ 1 & -1 & 0 \\ 0 & 0 & 1 \end{bmatrix} \\ &= \begin{bmatrix} 1 & 0 & -\frac{3}{2} \\ -1 & 2 & \frac{5}{2} \\ 0 & 0 & 4 \end{bmatrix}\end{aligned}$$

이다.

(b) $[T]_{\mathcal{E}}$의 고윳값은 1, 2, 4이다. 따라서 정리 4.25에 의해 $[T]_{\mathcal{E}}$는 대각화 가능하다. 각 고윳값에 대응하는 고유벡터는

$$\begin{bmatrix} 1 \\ 0 \\ 0 \end{bmatrix}, \begin{bmatrix} -1 \\ 1 \\ 0 \end{bmatrix}, \begin{bmatrix} 1 \\ -2 \\ 1 \end{bmatrix}$$

이며,

$$P = \begin{bmatrix} 1 & -1 & 1 \\ 0 & 1 & -2 \\ 0 & 0 & 1 \end{bmatrix}, \quad D = \begin{bmatrix} 1 & 0 & 0 \\ 0 & 2 & 0 \\ 0 & 0 & 4 \end{bmatrix}$$

라 두면 $P^{-1}[T]_{\mathcal{E}}P = D$이다. P는 기저 $\mathcal{C}$에서 기저 $\mathcal{E}$로의 좌표변환 행렬이며 P의 각 열은 $\mathcal{C}$의 각 벡터의 $\mathcal{E}$에 대한 좌표벡터이다. 따라서

$$\mathcal{C} = \{1, \ -1+x, \ 1-2x+x^2\}$$

이고 $[T]_{\mathcal{C}} = D$이다.

이상의 개념들을 일반화하여 주어진 선형변환 $T: V \to W$에서 $\mathcal{B}$와 $\mathcal{B}'$를 V의 기저들이라 하고 $\mathcal{C}$와 $\mathcal{C}'$를 W의 기저들이라 할 때, 행렬 $[T]_{\mathcal{C}\leftarrow\mathcal{B}}$는 행렬 $[T]_{\mathcal{C}'\leftarrow\mathcal{B}'}$와 연관지을 수 있다(연습문제 44).

이제, 우리는 가역행렬의 기본정리를 다시 정리하고, 이 장에서 얻어진 몇 가지 결과들을 통합하면서 이 절을 마친다.

정리 6.30 **가역행렬의 기본정리 : 버전 4**

A는 $n \times n$행렬이고 $T: V \to W$를 선형변환이라고 하자. V의 기저 $\mathcal{B}$와 W의 기저 $\mathcal{C}$에 대하여 $[T]_{\mathcal{C}\leftarrow\mathcal{B}} = A$라 하면, 다음의 명제는 모두 동치이다.

a. A가 가역행렬이다.

b. $\mathbb{R}^n$의 임의의 원소 $\mathbf{b}$에 대하여, $A\mathbf{x}=\mathbf{b}$의 해는 유일하다.

c. $A\mathbf{x}=\mathbf{0}$의 해는 자명해뿐이다.

d. A의 기약 행사다리꼴은 I_n이다.

e. A는 기본행렬의 곱으로 표현될 수 있다.

f. $\operatorname{rank}(A)=n$

g. $\operatorname{nullity}(A)=0$

h. A의 열벡터들은 일차독립이다.

i. A의 열벡터들은 $\mathbb{R}^n$을 생성한다.

j. A의 열벡터들은 $\mathbb{R}^n$의 기저를 이룬다.

k. A의 행벡터들은 일차독립이다.

l. A의 행벡터들은 $\mathbb{R}^n$을 생성한다.

m. A의 행벡터들은 $\mathbb{R}^n$의 기저를 이룬다.

n. $\det(A)\neq 0$

o. 0은 A의 고윳값이 아니다.

p. T는 가역이다.

q. T는 일대일이다.

r. T는 위로의 변환이다.

s. $\ker(T)=\{\mathbf{0}\}$

t. $\operatorname{range}(T)=W$

증명 정리 6.20에 의해 (q) ⇔ (s)이고, (r) ⇔ (t)는 위로의 변환에 대한 정의로부터 나온다. A가 $n\times n$ 행렬이므로, $\dim V=\dim W=n$이다. 정리 6.21과 6.24로부터, (p) ⇔ (q) ⇔ (r)을 알 수 있다. 마지막으로, 정리 6.28에 의해 마지막 5개의 명제는 다른 명제들과 동치이고, 이는 (a) ⇔ (p)를 유도한다.

6.6 연습문제

※ [1–12] 다음에 주어진 $\mathcal{B}$와 $\mathcal{C}$를 각각 벡터공간 V와 W의 기저라 하고 $T: V\to W$를 선형변환이라 하자. 기저 $\mathcal{B}$와 $\mathcal{C}$에 대한 T의 행렬 $[T]_{\mathcal{C}\leftarrow\mathcal{B}}$를 구하여라. 그리고 주어진 벡터 $\mathbf{v}$에 대하여 $T(\mathbf{v})$를 직접 계산으로 구하고, 정리를 이용하여 정리 6.26을 확인하여라.

1. $T:\mathscr{P}_1\to\mathscr{P}_1$, $T(a+bx)=b-ax$, $\mathcal{B}=\mathcal{C}=\{1,\ x\}$, $\mathbf{v}=p(x)=4+2x$

2. $T:\mathscr{P}_1\to\mathscr{P}_1$, $T(a+bx)=b-ax$, $\mathcal{B}=\{1+x,\ 1-x\}$, $\mathcal{C}=\{1,\ x\}$, $\mathbf{v}=p(x)=4+2x$

3. $T:\mathscr{P}_2\to\mathscr{P}_2$, $T(p(x))=p(x+2)$, $\mathcal{B}=\{1,\ x,\ x^2\}$, $\mathcal{C}=\{1,\ x+2,\ (x+2)^2\}$, $\mathbf{v}=p(x)=a+bx+cx^2$

4. $T:\mathscr{P}_2\to\mathscr{P}_2$, $T(p(x))=p(x+2)$, $\mathcal{B}=\{1,\ x+2,\ (x+2)^2\}$, $\mathcal{C}=\{1,\ x,\ x^2\}$, $\mathbf{v}=p(x)=a+bx+cx^2$

5. $T:\mathscr{P}_2\to\mathbb{R}^2$, $T(p(x))=\begin{bmatrix}p(0)\\p(1)\end{bmatrix}$, $\mathcal{B}=\{1,\ x,\ x^2\}$, $\mathcal{C}=\{\mathbf{e}_1,\ \mathbf{e}_2\}$, $\mathbf{v}=p(x)=a+bx+cx^2$

6. $T:\mathscr{P}_2\to\mathbb{R}^2$, $T(p(x))=\begin{bmatrix}p(0)\\p(1)\end{bmatrix}$, $\mathcal{B}=\{x^2,\ x,\ 1\}$, $\mathcal{C}=\left\{\begin{bmatrix}1\\0\end{bmatrix},\ \begin{bmatrix}1\\1\end{bmatrix}\right\}$, $\mathbf{v}=p(x)=a+bx+cx^2$

7. $T:\mathbb{R}^2\to\mathbb{R}^3$, $T\begin{bmatrix}a\\b\end{bmatrix}=\begin{bmatrix}a+2b\\-a\\b\end{bmatrix}$, $\mathcal{B}=\left\{\begin{bmatrix}1\\2\end{bmatrix},\ \begin{bmatrix}3\\-1\end{bmatrix}\right\}$, $\mathcal{C}=\left\{\begin{bmatrix}1\\0\\0\end{bmatrix},\ \begin{bmatrix}1\\1\\0\end{bmatrix},\ \begin{bmatrix}1\\1\\1\end{bmatrix}\right\}$, $\mathbf{v}=\begin{bmatrix}-7\\7\end{bmatrix}$

8. $\mathbf{v}=\begin{bmatrix} a \\ b \end{bmatrix}$에 대하여 연습문제 7을 반복하여라.

9. $T: M_{22} \to M_{22}$, $T(A)=A^T$,

$\mathcal{B}=\mathcal{C}=\{E_{11}, E_{12}, E_{21}, E_{22}\}$, $\mathbf{v}=A=\begin{bmatrix} a & b \\ c & d \end{bmatrix}$

10. $\mathcal{B}=\{E_{22}, E_{21}, E_{12}, E_{11}\}$, $\mathcal{C}=\{E_{12}, E_{21}, E_{22}, E_{11}\}$에 대하여, 연습문제 9를 반복하여라.

11. $T: M_{22} \to M_{22}$, $T(A)=AB-BA$,

$B=\begin{bmatrix} 1 & -1 \\ -1 & 1 \end{bmatrix}$, $\mathcal{B}=\mathcal{C}=\{E_{11}, E_{12}, E_{21}, E_{22}\}$,

$\mathbf{v}=A=\begin{bmatrix} a & b \\ c & d \end{bmatrix}$

12. $T: M_{22} \to M_{22}$, $T(A)=A-A^T$,

$\mathcal{B}=\mathcal{C}=\{E_{11}, E_{12}, E_{21}, E_{22}\}$, $\mathbf{v}=A=\begin{bmatrix} a & b \\ c & d \end{bmatrix}$

13. $\mathscr{D}$의 부분공간 W를 $W=\text{span}(\sin x, \cos x)$라 두자.
   (a) 미분연산 D는 W를 W로 보낸다.
   (b) 기저 $\mathcal{B}=\{\sin x, \cos x\}$에 대한 D의 행렬을 구하여라.
   (c) 정리 6.26을 이용하여 $f(x)=3\sin x-5\cos x$의 미분을 구하고, $f'(x)$를 직접 계산한 결과와 서로 일치하는지 확인하여라.

14. $\mathscr{D}$의 부분공간 W를 $W=\text{span}(e^{2x}, e^{-2x})$라 두자.
   (a) 미분변환 D는 W를 W로 보낸다.
   (b) 기저 $\mathcal{B}=\{e^{2x}, e^{-2x}\}$에 대한 D의 행렬을 구하여라.
   (c) 정리 6.26을 이용하여 $f(x)=e^{2x}-3e^{-2x}$의 미분을 구하고, $f'(x)$를 직접 계산한 결과와 서로 일치하는지 확인하여라.

15. $\mathscr{D}$의 부분공간 W를 $W=\text{span}(e^{2x}, e^{2x}\cos x, e^{2x}\sin x)$라 두자.
   (a) 기저 $\mathcal{B}=\{e^{2x}, e^{2x}\cos x, e^{2x}\sin x\}$에 대한 D의 행렬을 구하여라.
   (b) 정리 6.26을 이용하여 $f(x)=3e^{2x}-e^{2x}\cos x+e^{2x}\sin x$의 미분을 구하고, $f'(x)$를 직접 계산한 결과와 서로 일치하는지 확인하여라.

16. $\mathscr{D}$의 부분공간 W를 $W=\text{span}(\cos x, \sin x, x\cos x, x\sin x)$라 두자.
   (a) 기저 $\mathcal{B}=\{\cos x, \sin x, x\cos x, x\sin x\}$에 대한 D의 행렬을 구하여라.
   (b) 정리 6.26을 이용하여 $f(x)=\cos x+2x\cos x$의 미분을 구하고, $f'(x)$를 직접 계산한 결과와 서로 일치하는지 확인하여라.

※ [17–18] 다음에 주어진 $\mathcal{B}$, $\mathcal{C}$, $\mathcal{D}$를 각각 벡터공간 U, V, W의 기저라 하고, $T: U \to V$와 $S: V \to W$를 선형변환이라 할 때 $[S \circ T]_{\mathcal{D} \leftarrow \mathcal{B}}$를 다음 두 가지 방법으로 구하여라.
   (a) 직접 $S \circ T$를 구하여 그 행렬을 계산하여라.
   (b) S와 T의 행렬을 각각 구한 후 정리 6.27을 사용하여라.

17. $T: \mathscr{P}_1 \to \mathbb{R}^2$, $T(p(x))=\begin{bmatrix} p(0) \\ p(1) \end{bmatrix}$, $S: \mathbb{R}^2 \to \mathbb{R}^2$,

$S\begin{bmatrix} a \\ b \end{bmatrix}=\begin{bmatrix} a-2b \\ 2a-b \end{bmatrix}$, $\mathcal{B}=\{1, x\}$, $\mathcal{C}=\mathcal{D}=\{\mathbf{e}_1, \mathbf{e}_2\}$

18. $T: \mathscr{P}_1 \to \mathscr{P}_2$, $T(p(x))=p(x+1)$,

$S: \mathscr{P}_2 \to \mathscr{P}_2$, $S(p(x))=p(x+1)$

$\mathcal{B}=\{1, x\}$, $\mathcal{C}=\mathcal{D}=\{1, x, x^2\}$

※ [19–26] 다음에 주어진 선형변환 T의 표준기저에 대한 행렬을 조사하여, T의 가역 여부를 조사하여라. T가 가역이면 정리 6.28과 예제 6.82의 방법을 사용하여 T^{-1}을 구하여라.

19. 연습문제 1에 정의된 T

20. 연습문제 5에 정의된 T

21. 연습문제 3에 정의된 T

22. $T: \mathscr{P}_2 \to \mathscr{P}_2$, $T(p(x))=p'(x)$

23. $T: \mathscr{P}_2 \to \mathscr{P}_2$, $T(p(x))=p(x)+p'(x)$

24. $T: M_{22} \to M_{22}$, $T(A)=AB$, $B=\begin{bmatrix} 3 & 2 \\ 2 & 1 \end{bmatrix}$

25. 연습문제 11에 정의된 T

26. 연습문제 12에 정의된 T

※ [27–30] 예제 6.83의 방법을 이용하여, 다음에 주어진 적분을 계산하여라.

27. $\int (\sin x-3\cos x)\,dx$ (연습문제 13)

28. $\int 5e^{-2x}\,dx$ (연습문제 14)

29. $\int (e^{2x}\cos x-2e^{2x}\sin x)\,dx$ (연습문제 15)

30. $\int (x\cos x+x\sin x)\,dx$ (연습문제 16)

※ [31-36] 다음에 주어진 선형변환 $T: V \to V$에 대하여, $[T]_{\mathcal{C}}$가 대각행렬이 되게 하는 V의 기저 $\mathcal{C}$를 가능하다면 구해보아라.

31. $T:\mathbb{R}^2 \to \mathbb{R}^2$, $T\begin{bmatrix}a\\b\end{bmatrix}=\begin{bmatrix}-4b\\a+5b\end{bmatrix}$

32. $T:\mathbb{R}^2 \to \mathbb{R}^2$, $T\begin{bmatrix}a\\b\end{bmatrix}=\begin{bmatrix}a-b\\a+b\end{bmatrix}$

33. $T:\mathscr{P}_1 \to \mathscr{P}_1$, $T(a+bx)=(4a+2b)+(a+3b)x$

34. $T:\mathscr{P}_2 \to \mathscr{P}_2$, $T(p(x))=p(x+1)$

35. $T:\mathscr{P}_1 \to \mathscr{P}_1$, $T(p(x))=p(x)+xp'(x)$

36. $T:\mathscr{P}_2 \to \mathscr{P}_2$, $T(p(x))=p(3x+2)$

37. ℓ를 원점을 지나고 방향벡터 $\mathbf{d}=\begin{bmatrix}d_1\\d_2\end{bmatrix}$를 갖는 $\mathbb{R}^2$의 직선이라 하자. 예제 6.85의 방법을 사용하여, 직선 ℓ에 대한 대칭변환의 표준행렬을 구하여라.

38. W를 식 $x-y+2z=0$가 결정하는 $\mathbb{R}^3$의 평면이라 하자. 예제 6.85의 방법을 사용하여, 평면 W 위로의 정사영변환의 표준행렬을 구하여라. 그리고 W 위로의 벡터 $\mathbf{v}=\begin{bmatrix}3\\-1\\2\end{bmatrix}$의 정사영을 구하여라. 이를 예제 5.11과 비교하여라. [힌트: W의 직교기저를 이용하여, $\mathbb{R}^3=W+W^{\perp}$로 $\mathbb{R}^3$의 직교분해를 구하여라. 예제 5.3 참조]

39. $\mathcal{B}$와 $\mathcal{C}$를 각각 유한차원 벡터공간 V와 W의 기저라 하고, $T: V \to W$를 선형변환이라 하자. 기저 $\mathcal{B}$와 $\mathcal{C}$에 대한 T의 행렬은 유일함을 증명하여라. 즉, 만일 행렬 A가 V의 임의의 원소 $\mathbf{v}$에 대하여, $A[\mathbf{v}]_{\mathcal{B}}=[T(\mathbf{v})]_{\mathcal{C}}$을 만족하면 $A=[T]_{\mathcal{C}\leftarrow\mathcal{B}}$이다. [힌트 : 적당한 $\mathbf{v}$를 선택하여 두 행렬의 열을 한 번에 하나씩 비교하여라.]

※ [40-45] $\mathcal{B}$와 $\mathcal{C}$를 각각 유한차원 벡터공간 V와 W의 기저라 하고, $T: V \to W$를 선형변환이라 하자. 그리고 $A=[T]_{\mathcal{C}\leftarrow\mathcal{B}}$라 두자.

40. $\text{nullity}(T)=\text{nullity}(A)$임을 보여라.

41. $\text{rank}(T)=\text{rank}(A)$임을 보여라.

42. $V=W$이고 $\mathcal{B}=\mathcal{C}$인 경우, T가 대각화 가능할 필요충분조건은 A가 대각화 가능한 것임을 증명하여라.

43. 이 절의 결과를 이용하여, 계수정리를 행렬을 사용하여 증명하여라(정리 6.19).

44. $\mathcal{B}'$와 $\mathcal{C}'$를 각각 V와 W의 기저라 할 때, $[T]_{\mathcal{C}\leftarrow\mathcal{B}}$와 $[T]_{\mathcal{C}'\leftarrow\mathcal{B}'}$는 어떤 관계가 있는가? 그 관계를 증명하여라.

45. $\dim V=n$이고 $\dim W=m$일 때, $\mathscr{L}(V, W)\cong M_{mn}$임을 증명하여라(6.4절 연습문제). [힌트 : $\mathcal{B}$와 $\mathcal{C}$를 각각 V와 W의 기저라 하고, 선형변환 $\varphi:\mathscr{L}(V, W) \to M_{mn}$을 $\varphi(T)=[T]_{\mathcal{C}\leftarrow\mathcal{B}}$로 정의하고 이 변환이 동형사상임을 보여라.]

46. 벡터공간 V의 **쌍대공간**(dual space)은 $V^*=\mathscr{L}(V, \mathbb{R})$를 의미한다. V가 유한차원일 때, $V^*\cong V$임을 증명하여라.

탐구

타일링, 격자, 결정학적 제한

자연이나 인간의 작품 중에서 같은 문양이 반복되는 것을 종종 발견할 수 있다. 수정의 분자구조에서 계속되는 문양을 발견할 수 있고 문화 예술 작품 속에서도 반복되는 문양을 찾을 수 있다. 평면을 어떤 특정한 문양으로 겹치지 않고 완전히 덮는 것을 타일링 또는 쪽덮기라고 한다. 네덜란드 예술가 에셔(M. C. Escher, 1898–1972)는 많은 작품에서 아름다운 문양으로 평면을 타일링하는 방법을 보여 주었다.

그림 6.14 에셔의 '대칭그리기 E103'

이 탐구에서는 그림 6.14에서와 같이 평면의 모든 방향으로 무한히 계속되는 문양에 관심을 가져보자. 이러한 문양의 특징은 최소한 두 개의 일차독립인 벡터 방향으로 평행이동되는 성질을 가지고 있기 때문에 전혀 이동하지 않은 것처럼 보인다. 우리는 이러한 문양이 평행이동에 의하여 변하지 않는다고 하고 평행이동한

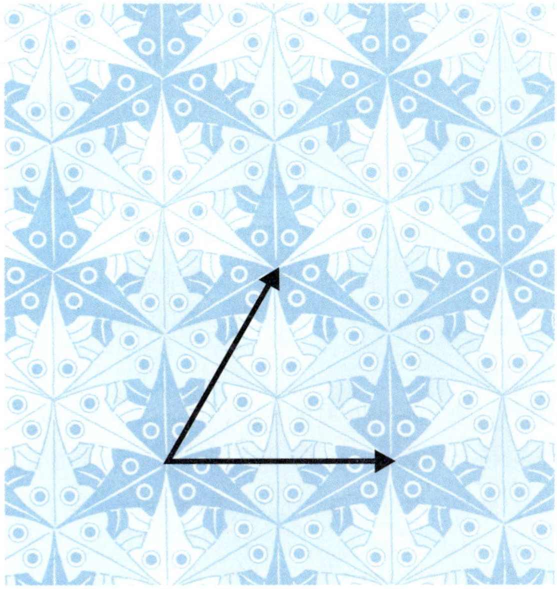

그림 6.15 평행이동하의 불면성

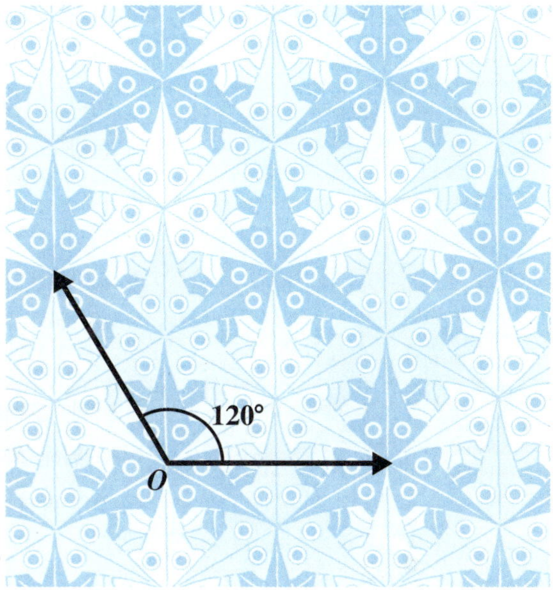

그림 6.17 회전대칭성

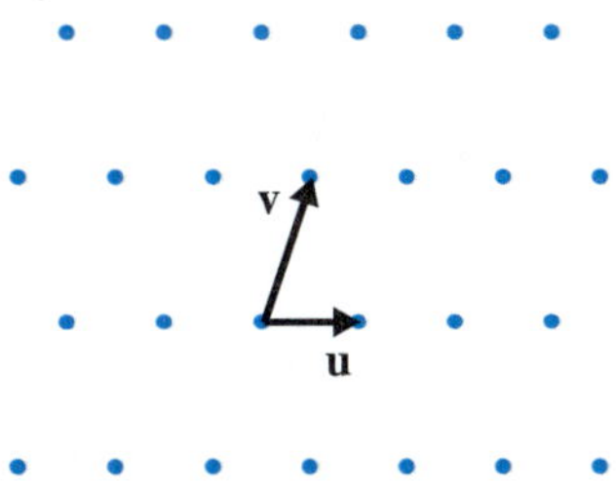

그림 6.16 격자

방향으로 **평행이동 대칭성**(translational symmetry)을 갖는다고 한다. 예를 들어, 그림 6.14의 문양은 그림 6.15에 나타낸 화살표 방향의 평행이동 대칭성을 갖는다.

문양이 두 벡터방향으로 평행이동 대칭성을 가지면, 무한히 많은 방향으로 평행이동 대칭성을 갖는다.

1. 그림 6.15에 나타난 두 벡터를 $\mathbf{u}$와 $\mathbf{v}$라 두자. 여기서, 그림 6.14의 문양은 벡터 $a\mathbf{u}+b\mathbf{v}$만큼 평행이동하여도 변하지 않음을 보여라. 단, a, b는 정수이다.

$\mathbb{R}^2$에 속하는 두 일차독립 벡터 $\mathbf{u}$, $\mathbf{v}$에 대하여, 벡터 $a\mathbf{u}+b\mathbf{v}$가 나타내는 모든 점의 집합을 **격자**(lattice)라고 한다. 단, a, b는 정수이다. 그림 6.16은 격자의 예이다.

2. 그림 6.15에 나타나는 벡터 $\mathbf{u}$, $\mathbf{v}$에 대응하는 격자를 그려보아라.

그림 6.14는 **회전대칭성**(rotational symmetry)을 역시 보여준다. 이는 전체 문양을 특정한 점을 중심으로 회전하여도 변화를 발견할 수 없다는 것을 의미한다. 이 경우 주어진 회전에 불변이라고 한다. 예를 들어, 그림 6.14의 문양은 그림 6.17에 나타난 점 O를 중심으로 $120°$ 회전하여도 불변한다. 이때, 점 O를 **회전대칭성 중심** 또는 **회전중심**(rotation center)이라고 한다.

어떤 문양이 격자 위에 존재한다면, 문양의 모든 대칭성을 격자가 가지고 있음을 주목하여라.

3. 한 점 O가 각 θ에 대한 회전중심이면, O는 각 $k\theta$에 대한 회전중심임을 보여라. 단, 여기서 k는 정수이다. 만약 $0 < \theta \leq 360°$이면, $360°/\theta$는 정수임을 밝혀라. 이때, $360°/\theta = n$이면, 문양 또는 격자가 **n겹**(n-fold) 회전대칭성을 갖는다고 한다.
4. 문제 2에 주어진 격자의 회전대칭성의 최소 각도를 구하여라. 그림 6.14에 나타난 문양 역시 이 각도 회전대칭성을 갖는지 살펴보아라.
5. $360°/\theta$이 정수인 다양한 각 θ를 택하여, $\theta°$의 회전대칭성을 갖는 격자를 그려 보아라. 특히, 8겹 회전대칭성을 갖는 격자를 그려보아라.

이제, 우리는 매우 특별한 각 θ에서만 회전대칭성이 가능하다는 것을 보인다. 이를 위해 회전대칭성을 다른 기저들을 통하여 표현해본다. R_θ를 원점을 중심으로 $\theta°$ 회전이라 하고 $\mathcal{E}$를 표준기저라 하면, R_θ의 표준행렬은

$$[R_\theta]_{\mathcal{E}} = \begin{bmatrix} \cos\theta & -\sin\theta \\ \sin\theta & \cos\theta \end{bmatrix}$$

이다.

6. 문제 2, 4로 돌아가 벡터 $\mathbf{u}$, $\mathbf{v}$의 시점을 원점으로 생각하자.
   (a) 이 경우 $[R_\theta]_{\mathcal{E}}$의 실제값을 구하여라.
   (b) $\mathcal{B}$를 기저 $\{\mathbf{u}, \mathbf{v}\}$라 할 때, $[R_\theta]_{\mathcal{B}}$를 구하여라.
7. 일반적으로, $\mathbf{u}$와 $\mathbf{v}$가 $\mathbb{R}^2$의 두 일차독립인 벡터이고 $\mathbf{u}$와 $\mathbf{v}$가 결정하는 격자가 $\theta°$ 회전대칭에 의해 불변이라 가정하자. 여기서 $\mathcal{B} = \{\mathbf{u}, \mathbf{v}\}$라 두면, $\mathcal{B}$에 대한 R_θ의 행렬은 다음과 같음을 보여라.

   $$[R_\theta]_{\mathcal{B}} = \begin{bmatrix} a & b \\ c & d \end{bmatrix}$$

   여기서, a, b, c, d는 정수이다.
8. 문제 7의 조건하에서 $2\cos\theta$는 정수임을 보여라. [힌트: 4.4절 연습문제 35와 정리 6.29를 사용하여라.]
9. 문제 8을 이용하여, 격자의 회전대칭각으로 가능한 모든 $\theta(0 < \theta \leq 360°)$를 구하여라. 각 θ에 대하여 $n = 360°/\theta$을 구하고, 격자가 n겹 회전대칭성을 가질 필요충분조건은 $n = 1, 2, 3, 4, 6$임을 증명하여라. **결정학적 제한정리**(crystallographic restriction)로 불리는 이 결과는 1894년 발로우(W. Barlow)가 처음으로 증명하였다.
10. 도서관이나 인터넷에서 위 5가지 회전대칭성이 에셔의 작품 속에 나타나는지 확인해보아라. 즉, 문양에 나타나는 회전대칭성의 최소각이 결정학적 제한정리에 의하여 구체화되는 것 중의 하나이어야 한다.

6.7 응용

동차 선형미분방정식

4.6절 연습문제 67–70에서 $y=y(t)$가 두 번 미분가능한 함수로 미분방정식

$$y''+ay'+by=0 \tag{1}$$

를 만족하고, 만약 λ_1, λ_2가 특성방정식 $\lambda^2+a\lambda+b=0$의 서로 다른 두 근이라면 y는 다음과 같은 형태의 해를 가짐을 보였다.

$$y=c_1e^{\lambda_1 t}+c_2e^{\lambda_2 t}$$

그리고 예제 6.12와 이 절 연습문제 20에서 미분방정식 (1)의 해집합은 모든 함수로 이루어진 벡터공간 $\mathscr{F}$의 부분공간임을 보인다. 이 절에서는 벡터공간, 기저 및 차원의 역할에 특별한 주의를 갖고 이와 같은 문제를 좀 더 깊이 다루어 본다.

이제, 간단한 예제로부터 시작해보자. 다음 미분방정식을 생각해보자.

$$y'+ay=0 \tag{2}$$

이러한 형태의 미분방정식을 **1계 동차 선형미분방정식**이라 부른다. (여기서 '1계'가 의미하는 것은 방정식에 포함된 미분의 최대 계수가 1이라는 것을 나타내고, '동차'가 의미하는 것은 오른쪽 상수항이 0임을 의미한다. 그럼 '선형'은 무엇을 의미하는가?) 모든 t값에 대하여 주어진 미분방정식을 만족하는 미분가능한 함수 $y=y(t)$를 주어진 미분방정식의 **해**(solution)라고 한다.

우리는 쉽게 $y=e^{-at}$가 주어진 미분방정식의 하나의 해라는 것을 알 수 있다. 그러나 우리는 주어진 미분방정식의 모든 해를 구하고자 한다. 바로 이 점에서 벡터공간의 개념이 사용된다. 다음 정리를 가진다.

정리 6.31 미분방정식 $y'+ay=0$의 해집합 S는 $\mathscr{F}$의 부분공간이다.

증명 영함수는 주어진 미분방정식을 만족하므로, S는 공집합이 아니다. S에 속하는 임의의 두 미분가능한 함수 $x=x(t)$, $y=y(t)$에 대하여

$$x'+ax=0,\ y'+ay=0$$

이다. 미분법에 의해

$$(x+y)'+a(x+y)=x'+y'+ax+ay=(x'+ax)+(y'+ay)=0+0=0$$

이고, 임의의 스칼라 c에 대하여

$$(cy)'+a(cy)=cy'+c(ay)=c(y'+ay)=c\cdot 0=0$$

이므로, $x+y$와 cy는 S에 속하고 따라서 S는 $\mathscr{F}$의 부분공간이다.

이제, S가 $\mathscr{F}$의 1차원 부분공간이고 $\{e^{-at}\}$가 기저임을 보일 것이다. $x=x(t)$를 S의 임의의 원소라 하면, 모든 t에 대하여

$$x'(t)+ax(t)=0 \text{ 또는 } x'(t)=-ax(t)$$

이다. 새로운 함수 $z(t)=x(t)e^{at}$를 정의하자. 미분의 연쇄법칙을 적용하면

$$\begin{aligned} z'(t) &= x(t)ae^{at}+x'(t)e^{at} \\ &= ax(t)e^{at}-ax(t)e^{at} \\ &= 0 \end{aligned}$$

이다.

z'가 항등적으로 0이므로, $z(t)$는 상수함수이다. 여기서 $z(t)=k$라 두자. 이는 모든 t에 대하여

$$x(t)e^{at}=z(t)=k$$

이고 $x(t)=ke^{-at}$임을 의미한다. 따라서 (2)의 모든 해는 해 $y=e^{-at}$의 스칼라배이다. 이로써 다음의 정리를 얻는다.

정리 6.32 S가 $y'+ay=0$의 해공간이면, $\dim S=1$이고 $\{e^{-at}\}$는 S의 기저이다.

개체수 증가의 모형에서는 개체수의 증가율은 개체수에 비례한다고 가정한다. 이 모형은 증가에 대한 제약조건(예를 들어, 한정된 공간, 먹이와 같은 것)이 거의 없다면 잘 적용된다. 만약 시간 t일 때, 개체수를 $p(t)$라 두면 개체수 증가율은 $p'(t)$이다. 그러면 개체수의 증가율이 개체수에 비례한다는 가정은 다음과 같이 나타낼 수 있다.

$$p'(t)=kp(t)$$

여기서, k는 비례상수이다. 따라서 p는 미분방정식 $p'-kp=0$를 만족하고 정리 6.32로부터 적당한 상수 c에 대하여

$$p(t)=ce^{kt}$$

이다. 여기서, 상수 c와 k는 실험자료로부터 구할 수 있다.

예제 6.87 장티푸스균(Escherichia coli, 간단히 E. coli)은 인간이나 다른 포유동물의 장에서 흔히 발견된다. 이 박테리아는 실험실 조건에서 매 20분마다 하나의 세포는 2개로 분열한다. 하나의 장티푸스균에서 시작한다고 가정하면 1일 후 얼마나 많은 세포로 분열하겠는가?

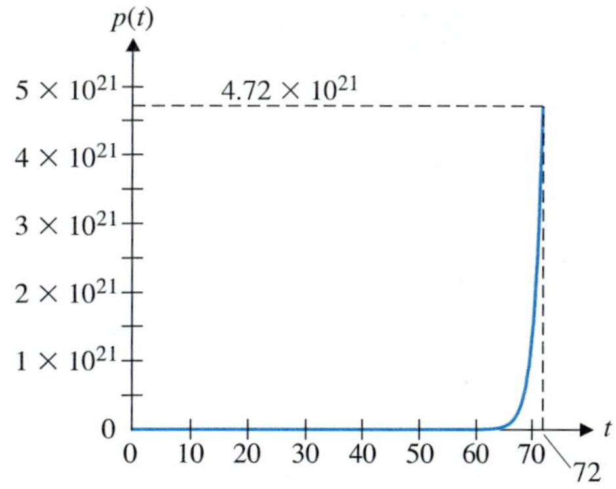

그림 6.18 지수적 증가

풀이 이 문제의 해결을 위해 미분방정식을 사용할 필요는 없다. 그러나 기본개념을 설명하기 위하여 미분방정식을 사용해보자.

문제에 주어진 가정을 이용하여 c와 k를 결정하여보자. 시간 20분을 1단위로 생각하면, $p(0)=1$이고 $p(1)=2$이다. 따라서

$$c = c \cdot 1 = ce^{k \cdot 0} = 1, \ 2 = ce^{k \cdot 1} = e^k$$

이므로 $k=\ln 2$이고

$$p(t)=e^{t \ln 2} = e^{\ln 2^t} = 2^t$$

이다. 1일 후면 $t=72$이므로, 따라서 장티푸스균의 세포수는 $p(72)=2^{72} \approx 4.72 \times 10^{21}$이다(그림 6.18).

방사능물질은 방사능을 방출하며 붕괴한다. 만약 시간 t일 때, 방사능물질의 질량을 $m(t)$라 하면 $m'(t)$는 붕괴율이다. 물리학자들은 방사능물질의 붕괴율이 질량에 비례한다는 사실을 발견하였다. 즉

$$m'(t)=km(t) \text{ 또는 } m'-km=0$$

이다. 여기서, k는 음의 상수이다. 정리 6.32를 적용하면, 적당한 상수 c에 대하여

$$m(t)=ce^{kt}$$

이다. 방사능물질의 질량이 반으로 줄 때까지 걸리는 시간을 **반감기**(half-life)라고 한다.

예제 6.88 방사능물질인 라돈-222 100mg 샘플이 5.5일 후에는 37mg으로 붕괴하였다.

(a) t일 후에 남은 질량의 식 $m(t)$를 구하여라.

(b) 라돈-222의 반감기는 얼마인가?

(c) 며칠 후 10mg의 라돈이 남겠는가?

풀이 (a) 식 $m(t)=ce^{kt}$와 가정으로부터

$$100=m(0)=ce^{k\cdot 0}=c\cdot 1=c$$

이므로

$$m(t)=100e^{kt}$$

이다. 한편, $m(5.5)=37$이므로

$$100e^{5.5k}=37$$

이고

$$e^{5.5k}=0.37$$

이다. 양변에 자연로그 ln를 취하면

$$5.5k=\ln(0.37)$$

이고

$$k=\frac{\ln(0.37)}{5.5}\approx -0.18$$

이다. 따라서 $m(t)=100e^{-0.18t}$이다.

(b) 라돈-222의 반감기를 구하기 위해서는 $m(t)=50$을 만족하는 t의 값이 필요하다. 이 방정식을 풀면

$$100e^{-0.18t}=50, \text{ 즉 } e^{-0.18t}=0.50$$

이므로

$$-0.18t=\ln\left(\frac{1}{2}\right)=-\ln 2$$

이고

$$t=\frac{\ln 2}{0.18}\approx 3.85$$

이다. 이는 라돈-222의 반감기가 대략 3.85일임을 나타낸다(그림 6.19).

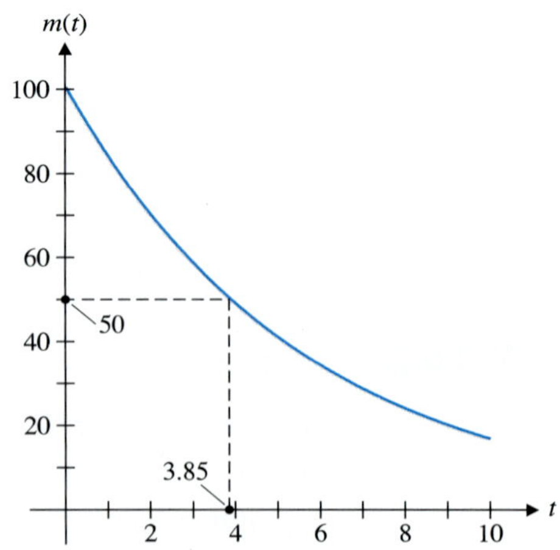

그림 6.19 방사능물질의 붕괴

(c) 식 $m(t)=10$을 만족하는 t의 값을 구해야 한다. 즉, 방정식

$$100e^{-0.18t}=10 \text{ 또는 } e^{-0.18t}=0.1$$

을 풀어야 한다. 양변에 자연로그를 취하면 $-0.18t=\ln 0.1$이고

$$t=\frac{\ln 0.1}{-0.18}\approx 12.79$$

이다. 따라서 대략 12.79일 후에는 샘플이 10mg 정도 남을 것이다.

2계 미분방정식 $y''+ay'+by=0$의 해집합 S 역시 $\mathscr{F}$의 부분공간을 이루며 2차원이다(연습문제 20 참조). 정리 6.32를 일반화한 정리 6.33(a)는 정리 4.40으로부터 얻어질 수 있다. 그러나 여기서 사용된 방법은 6.33(a)뿐만 아니라, 정리 6.33(b)를 얻을 수 있다. 이는 이전에 사용한 방법으로는 얻을 수 없는 결과이다.

정리 6.33

S를 다음 미분방정식의 해공간이라 하자.

$$y''+ay'+by=0$$

그리고 λ_1, λ_2를 특성방정식 $\lambda^2+a\lambda+b=0$의 근이라 하면, 다음이 성립한다.

a. 만약 $\lambda_1\neq\lambda_2$이면, $\{e^{\lambda_1 t},\ e^{\lambda_2 t}\}$는 S의 기저이다.

b. 만약 $\lambda_1=\lambda_2$이면, $\{e^{\lambda_1 t},\ te^{\lambda_1 t}\}$는 S의 기저이다.

주의

- 이 정리는 방정식 $y''+ay'+by=0$의 근이 첫 번째 경우는

$$y=c_1e^{\lambda_1 t}+c_2e^{\lambda_2 t}$$

  이고, 두 번째 경우는

$$y=c_1e^{\lambda_1 t}+c_2te^{\lambda_1 t}$$

  의 형태임을 의미한다.
- 정리 6.33과 정리 4.38을 비교하면 선형미분방정식과 선형점화관계식은 많은 공통점이 있음을 알 수 있다. 비록 전자는 연속수학에 속하고 후자는 이산수학에 속하지만 많은 유사점이 있다.

증명 (a) 먼저, $\{e^{\lambda_1 t},\ e^{\lambda_2 t}\}$가 S에 속함을 보이자. λ를 특성방정식의 근이라 하고 $f(t)=e^{\lambda t}$라 두자. 그러면

$$f'(t)=\lambda e^{\lambda t},\quad f''(t)=\lambda^2 e^{\lambda t}$$

이고, 이로부터 다음이 성립한다.

$$f'' + af' + bf = \lambda^2 e^{\lambda t} + a\lambda e^{\lambda t} + be^{\lambda t}$$
$$= (\lambda^2 + a\lambda + b)e^{\lambda t}$$
$$= 0 \cdot e^{\lambda t} = 0$$

따라서 f는 S에 속한다. 한편, λ_1과 λ_2가 특성방정식의 근이므로 $e^{\lambda_1 t}$와 $e^{\lambda_2 t}$가 S에 속한다.

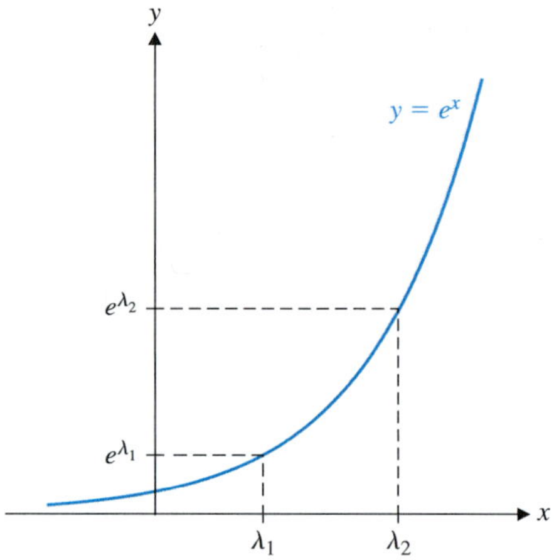

그림 6.20

이제, $\{e^{\lambda_1 t},\ e^{\lambda_2 t}\}$가 일차독립임을 보이자.

$$c_1 e^{\lambda_1 t} + c_2 e^{\lambda_2 t} = 0$$

라 가정하자. 여기서 $t = 0$라 두면

$$c_1 + c_2 = 0 \text{ 또는 } c_2 = -c_1$$

이다. 같은 방법으로 $t = 1$라 두면

$$c_1 e^{\lambda_1} - c_1 e^{\lambda_2} = 0 \text{ 또는 } c_1(e^{\lambda_1} - e^{\lambda_2}) = 0$$

이다. $e^{\lambda_1} - e^{\lambda_2} = 0$이면, $e^{\lambda_1} = e^{\lambda_2}$이고 $\lambda_1 = \lambda_2$이다. 이는 $\lambda_1 \neq \lambda_2$라는 사실에 모순이다(그림 6.20). 따라서 $e^{\lambda_1} - e^{\lambda_2} \neq 0$이므로 $c_1 = 0$이고 $c_2 = 0$이다. 결론적으로, $\{e^{\lambda_1 t},\ e^{\lambda_2 t}\}$는 일차독립이다.

$\dim S = 2$이므로 $\{e^{\lambda_1 t},\ e^{\lambda_2 t}\}$는 S의 기저이다.

(b) 연습문제 21에서 증명해보아라.

예제 6.89 미분방정식 $y'' - 5y' + 6y = 0$의 해를 구하여라.

풀이 특성방정식은 $\lambda^2 - 5\lambda + 6 = (\lambda - 2)(\lambda - 3) = 0$이며 근은 2와 3이다. 따라서 $\{e^{2t},\ e^{3t}\}$는 해공간의 기저이다. 이는 주어진 미분방정식의 해가 다음과 같은 형태를 가짐을 의미한다.

$$y = c_1 e^{2t} + c_2 e^{3t}$$

상수 c_1, c_2는 **경계조건**이라고 불리는 추가조건이 주어지면 결정될 수 있다.

예제 6.90 미분방정식 $y'' + 6y' + 9y = 0$의 해를 구하여라. 단, $y(0) = 1$, $y'(0) = 0$이다.

풀이 특성방정식은 $\lambda^2 + 6\lambda + 9 = (\lambda + 3)^2 = 0$이므로, 중근 -3을 가진다. 따라서 $\{e^{-3t},\ te^{-3t}\}$는 해공간의 기저이고 일반해는 다음과 같은 형태를 가진다.

$$y = c_1 e^{-3t} + c_2 te^{-3t}$$

첫 번째 경계조건에 의해

$$1 = y(0) = c_1 e^{-3\cdot 0} + 0 = c_1$$

이므로, $y = e^{-3t} + c_2 te^{-3t}$이다. 이 식을 미분하면

$$y' = -3e^{-3t} + c_2(-3te^{-3t} + e^{-3t})$$

을 얻는다. 다시 두 번째 경계조건을 적용하면

$$0 = y'(0) = -3e^{-3\cdot 0} + c_2(0 + e^{-3\cdot 0}) = -3 + c_2$$

또는

$$c_2 = 3$$

을 얻는다. 따라서 주어진 미분방정식의 해는 다음과 같다.

$$y = e^{-3t} + 3te^{-3t} = (1 + 3t)e^{-3t}$$

a + bi

정리 6.33은 특성방정식의 근이 복소수일 경우도 포함하고 있다. $\lambda = p + qi$가 특성방정식 $\lambda^2 + a\lambda + b = 0$의 복소수 근이면, 공액복소수 $\overline{\lambda} = p - qi$도 방정식의 근이다. 정리 6.33(a)에 의하여 미분방정식 $y'' + ay' + by = 0$의 해집합 S는 $\{e^{\lambda t},\ e^{\overline{\lambda} t}\}$를 기저로 갖는다. 여기서

$$e^{\lambda t} = e^{(p+qi)t} = e^{pt}e^{i(qt)} = e^{pt}(\cos qt + i\sin qt)$$

이고

$$e^{\overline{\lambda} t} = e^{(p-qi)t} = e^{pt}e^{i(-qt)} = e^{pt}(\cos qt - i\sin qt)$$

이다. 따라서

$$e^{pt}\cos qt = \frac{e^{\lambda t} + e^{\overline{\lambda} t}}{2},\quad e^{pt}\sin qt = \frac{e^{\lambda t} - e^{\overline{\lambda} t}}{2i}$$

이다. 이는 $\{e^{pt}\cos qt,\ e^{pt}\sin qt\}$가 $\mathrm{span}(e^{\lambda t},\ e^{\overline{\lambda} t}) = W$에 포함됨을 의미한다. 한편, $e^{pt}\cos qt$, $e^{pt}\sin qt$는 일차독립이고(연습문제 22 참조), $\dim S = 2$이므로, $\{e^{pt}\cos qt,\ e^{pt}\sin qt\}$도 S의 기저이다. 따라서 특성방정식이 복소수 근 $p + qi$를 가지면 미분방정식 $y'' + ay' + by = 0$의 해는

$$y = c_1 e^{pt}\cos qt + c_2 e^{pt}\sin qt$$

의 형태를 가진다.

a + bi

예제 6.91 미분방정식 $y'' - 2y' + 4 = 0$의 모든 해를 구하여라.

풀이 특성방정식 $\lambda^2 - 2\lambda + 4 = 0$는 $1 \pm i\sqrt{3}$을 근으로 갖는다. 따라서 앞에서 언급한 사실로부터 주어진 미분방정식의 일반해는 다음과 같다.

$$y = c_1 e^t \cos \sqrt{3}\,t + c_2 e^t \sin \sqrt{3}\,t$$

a + bi

예제 6.92 물체가 스프링에 수직으로 매달려 있다(그림 6.21). 이 물체를 아래로 당겼다가 놓으면 물체는 상하로 진동운동을 한다. 다음의 두 물리학 법칙이 이 운동을 설명한다. 첫 번째 법칙은 스프링이 x단위만큼 확장 혹은 압축되었을 때, 스프링이 원래 자리로 돌아가려는 힘은 x에 비례한다는 **훅의 법칙**(Hooke's Law)이다. 즉

$$F = -kx$$

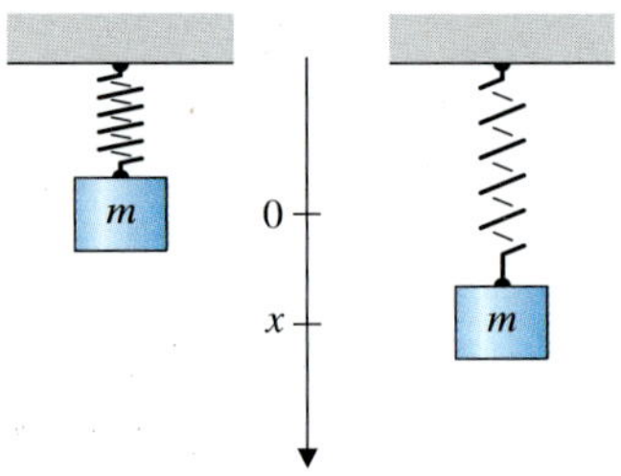

그림 6.21

여기서, k는 양의 상수로 스프링 상수라고 불린다. 두 번째 법칙은 **뉴턴의 제2운동법칙**(Newton's Second Law of Motion)으로 힘은 질량과 가속도의 곱으로 표현된다는 것이다. $x(t)$는 시간 t일 때 스프링이 늘어난 길이 또는 변화량이므로, x'는 스프링 운동의 속도를, x''는 가속도를 나타낸다. 따라서

$$mx'' = -kx \quad \text{또는} \quad x'' + \left(\frac{k}{m}\right)x = 0$$

가 성립한다. 상수 k와 m이 양수이므로 $K = k/m$도 양수이다. 따라서 주어진 미분방정식은 $x'' + Kx = 0$와 같은 형태를 가진다. 여기서, K는 양의 상수이다.

특성방정식은 $\lambda^2 + K = 0$이고 근은 $\pm i\sqrt{K}$이다. 따라서 진동하는 스프링에 관한 미분방정식의 일반해는

$$x = c_1 \cos \sqrt{K}\,t + c_2 \sin \sqrt{K}\,t$$

이다.

스프링이 시간 $t = 0$일 때 정지상태 $x = 0$이라 하고, 최대한 20cm를 당길 수 있다고 가정하자. 이제, 스프링을 20cm 당긴 후 놓았다면

$$0 = x(0) = c_1 \cos 0 + c_2 \sin 0 = c_1$$

이므로, $x = c_2 \sin \sqrt{K}\,t$이다. 함수 $\sin x$는 최댓값이 1이므로 $c_2 = 20$이다. 이는 시간 $t = \pi/2\sqrt{K}$일 때, 처음으로 일어난다. 따라서

$$x = 20 \sin \sqrt{K}\,t$$

이다(그림 6.22).

물론, 이 해는 모든 저항을 무시하고 스프링이 영원히 진동운동을 한다는 가정에서 얻어진 이상적인 것이다. 마찰과 같은 감폭 효과를 고려할 수도 있지만, 이 간단한 예를 통해서도 미분방정식에 어떻게 응용되는가를 볼 수 있다.

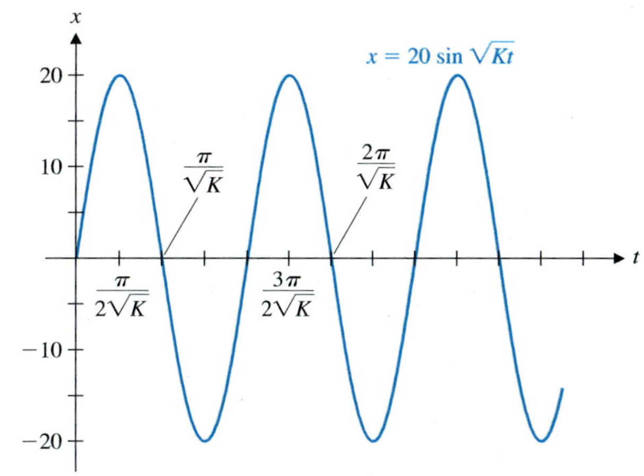

그림 6.22

6.7 연습문제

동차 선형미분방정식

※ [1–12] 다음에 주어진 경계조건을 만족하는 미분방정식의 해를 구하여라.

1. $y'-3y=0$, $y(1)=2$
2. $x'+x=0$, $x(1)=1$
3. $y''-7y'+12y=0$, $y(0)=y(1)=1$
4. $x''+x'-12x=0$, $x(0)=0$, $x'(0)=1$
5. $f''-f'-f=0$, $f(0)=0$, $f(1)=1$
6. $g''-2g=0$, $g(0)=1$, $g(1)=0$
7. $y''-2y'+y=0$, $y(0)=y(1)=1$
8. $x''+4x'+4x=0$, $x(0)=1$, $x'(0)=1$
9. $y''-k^2y=0$, $k\neq 0$, $y(0)=y'(0)=1$
10. $y''-2ky'+k^2y=0$, $k\neq 0$, $y(0)=1$, $y(1)=0$
11. $f''-2f'+5f=0$, $f(0)=1$, $f(\pi/4)=0$
12. $h''-4h'+5h=0$, $h(0)=0$, $h'(0)=-1$

13. 박테리아균의 성장률은 개체수에 비례한다. 최초에 100마리의 박테리아로 시작하여 3시간 후 1,600마리가 되었다고 가정하자.
    (a) t시간 후의 박테리아의 수를 나타내는 식 $p(t)$를 구하여라.
    (b) 박테리아의 개체수가 최초의 두 배가 되는 때는 언제인가?
    (c) 개체수가 1,000,000이 되는 때는 언제인가?

CAS 14. 표 6.2는 1900~2000년까지의 미국 인구를 10년 간격으로 나타내는 표이다.
    (a) 인구 증가율이 지수적 증가를 따른다고 가정할 때, 1900년과 1910년의 인구를 이용하여 t년의 인구를 나타내는 식 $p(t)$를 구하여라. [힌트 : 1900년을 $t=0$로 두고 1910년을 $t=1$로 두자.] 구한 공식이 얼마나 정확히 2000년 미국인구를 계산하는가?
    (b) 1970년과 1980년을 사용하여 t년의 인구를 나타내는 식 $p(t)$를 구하여라. 이 방법이 2000년에 대한 더 좋은 근삿값을 주는가?
    (c) 미국의 인구 성장률에 대하여 무엇을 말할 수 있는가?

표 6.2

연도	인구(단위 : 백만)
1900	76
1910	92
1920	106
1930	123
1940	131
1950	150
1960	179
1970	203
1980	227
1990	250
2000	281

출처: 미국 통계국

15. 라듐-226은 반감기가 1590년이다. 라듐-226 샘플 50mg으로 실험을 시작하자.
(a) t년 후의 남은 질량 $m(t)$의 식을 구하여라. 그리고 이 식을 이용하여, 1000년 후 남은 질량을 구하여라.
(b) 몇 년 후, 10mg이 남게 되는가?

16. 방사성탄소 연대측정은 뼈, 가죽, 나무 또는 종이와 같이 유기물을 포함하는 고대 물체의 연대를 측정할 때 과학자들이 사용하는 방법이다. 이 모두는 탄소를 포함하고 있으며, 이 중에서 대기권 상층부에서 계속적으로 형성되는 방사성 동위원소 탄소-14가 포함되어 있다. 이것의 비율은 생명체는 다른 탄소와 함께 방사능탄소를 계속 섭취하기 때문에 일정하게 유지된다. 그러나 일단 생명체가 죽으면, 세포 속의 탄소-14는 제공되지 않고 붕괴하며 반감기는 5730년이다. 따라서 물체의 탄소-14의 농도를 측정하여, 현재의 것과 비교함으로써 물체의 사망연대를 알 수 있다. 방사능탄소 연대측정이 가장 성공적으로 적용된 예는 영국 스톤헨지의 연대측정이다(그림 6.23). 나무기둥 잔재에서 발견된 시료에서 살아있는 나무에서 발견되는 탄소-14의 45%의 탄소-14가 발견되었다. 이 나무기둥의 연대를 추측하여라.

그림 6.23 스톤헨지

17. 물체가 스프링에 예제 6.92에서와 같이 매달려 있다. 시간 $t=0$일 때, 스프링은 원래 정지상태보다 10cm 아래로 당겨져 있다. 그리고 스프링을 놓은 후 10초 후에 원래 정지상태보다 5cm 아래에 있었다고 가정하자. 이때, t초 후 스프링의 길이를 나타내는 식을 구하여라.

18. 50g의 물체가 스프링에 예제 6.92에서와 같이 매달려 있다. 스프링의 진동 주기를 10초라 할 때, 스프링 상수를 구하여라.

19. 진자라고 불리는 물체가 길이 L인 줄 끝에 매달려 있다(그림 6.24). 진자를 정지상태에서 놓으면 좌우로 진동운동을 한다. 가장 높은 오른쪽 끝에서 가장 높은 왼쪽 끝까지 갔다가 다시 가장 높은 오른쪽 위치까지 돌아오는 데 걸리는 시간을 진자의 주기라 한다.

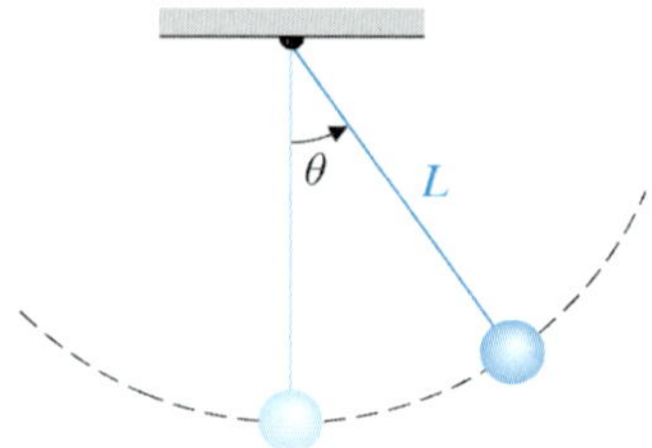

그림 6.24

$\theta=\theta(t)$를 진자 줄과 수직선 사이의 각이라 하자. 그러면 모든 저항을 무시하고 사잇각 θ가 작은 경우 진자는 다음 식을 만족한다.

$$\theta''+\frac{g}{L}\theta=0$$

여기서 g는 중력가속도이며, 약 $9.7\,\mathrm{m/s^2}$이다. $L=1$이고 $t=0$일 때 진자는 정지상태($\theta=0$)에 있다고 가정하자. 진자를 오른쪽으로 θ_1만큼 이동시킨 후 놓았다.
(a) 진자의 주기를 구하여라.
(b) (a)에서 구한 주기는 θ_1에 의존하는가? 이 문제는 1638년 갈릴레오가 해결하였다. [갈릴레오(Galileo Galilei, 1564~1642)는 피사 대학교의 의학도였다. 그러나 그의 관심사는 항상 수학이었다. 1592년 갈릴레오는 베니스에 있는 파두아 대학교의 교수로 임명되었다. 그리고 그 대학교에서 처음으로 기하학과 천문학을 가르쳤다. 그는 또 망원경을 사용하여 별과 행성을 관찰한 최초의 사람이었다. 이 관찰을 통하여 코페르니쿠스의 지동설을 지지하는 실험 데이터를 얻었다. 이 일로 그는 종교재판에 회부되었고 가택연금을 당했으며 그의 결과도 공표할 수 없게 됐다. 그의 논문은 몰래 이탈리아로 유출되었다가 1638년 〈두 새로운 과학에 관한 논설〉로 공표되었다.]

20. 2계 미분방정식 $y''+ay'+by=0$의 해집합 S는 $\mathscr{F}$의 부분공간임을 보여라.

21. 정리 6.33(b)를 증명하여라.

22. $e^{pt}\cos qt$와 $e^{pt}\sin qt$가 서로 일차독립임을 보여라.

6장 복습문제

1. 다음 명제의 참인지 거짓인지를 판정하여라.
   (a) $V=\text{span}(\mathbf{v}_1, \cdots, \mathbf{v}_n)$이면, V를 생성하는 모든 집합은 최소한 n개의 벡터를 가진다.
   (b) $\{\mathbf{u}, \mathbf{v}, \mathbf{w}\}$가 일차독립이면, 집합 $\{\mathbf{u}+\mathbf{v}, \mathbf{v}+\mathbf{w}, \mathbf{u}+\mathbf{w}\}$도 일차독립이다.
   (c) M_{22}는 가역행렬로 구성된 기저를 갖는다.
   (d) M_{22}는 대각합이 0인 행렬로 구성된 기저를 갖는다.
   (e) 변환 $T:\mathbb{R}^n \to \mathbb{R}$이 $T(\mathbf{x})=\|\mathbf{x}\|$로 정의되면, T는 선형변환이다.
   (f) $T: V\to W$가 선형변환이고 $\dim V \neq \dim W$이라면, T는 일대일과 위로의 변환 성질을 동시에 만족할 수는 없다.
   (g) $T: V\to W$가 선형변환이고 $\ker(T)=V$이면, $W=\{\mathbf{0}\}$이다.
   (h) $T: M_{33}\to \mathscr{P}_4$가 선형변환이고 $\text{nullity}(T)=4$이면, T는 위로의 변환이다.
   (i) 벡터공간 $V=\{p(x)\in\mathscr{P}_4 : p(1)=0\}$와 $\mathscr{P}_3$은 동형이다.
   (j) 항등변환 $I: V\to V$는 V의 임의의 기저 $\mathcal{B}$, $\mathcal{C}$에 대하여 $[I]_{\mathcal{C}\leftarrow\mathcal{B}}$는 단위행렬이다.

※ [2–5] 다음에 주어진 W가 V의 부분공간인지 확인하여라.

2. $V=\mathbb{R}^2$, $W=\left\{\begin{bmatrix}x\\y\end{bmatrix} : x^2+3y^2=0\right\}$
3. $V=M_{22}$, $W=\left\{\begin{bmatrix}a&b\\c&d\end{bmatrix} : a+b=c+d=a+c=b+d\right\}$
4. $V=\mathscr{P}_3$, $W=\{p(x)\in\mathscr{P}_3 : x^3p(1/x)=p(x)\}$
5. $V=\mathscr{F}$, $W=\{f\in\mathscr{F} : f(x+\pi)=f(x),\ \forall x\}$

6. 집합 $\{1, \cos 2x, 3\sin^2 x\}$가 일차종속인지 일차독립인지를 판정하여라.
7. A가 영행렬이 아닌 $n\times n$ 대칭행렬이고 B가 영행렬이 아닌 $n\times n$ 교대행렬이면, $\{A, B\}$는 일차독립임을 증명하여라.

※ [8–9] 다음에 주어진 벡터공간 W의 기저와 차원을 구하여라.

8. $W=\left\{\begin{bmatrix}a&b\\c&d\end{bmatrix} : a+d=b+c\right\}$
9. $W=\{p(x)\in\mathscr{P}_5 : p(-x)=p(x)\}$

10. $\mathscr{P}_2$의 기저 $\mathcal{B}=\{1, 1+x, 1+x+x^2\}$와 $\mathcal{C}=\{1+x, x+x^2, 1+x^2\}$에 대하여 좌표변환 행렬 $P_{\mathcal{C}\leftarrow\mathcal{B}}$와 $P_{\mathcal{B}\leftarrow\mathcal{C}}$를 구하여라.

※ [11–13] T의 선형변환 여부를 밝혀라.

11. $T:\mathbb{R}^2\to\mathbb{R}^2$, $T(\mathbf{x})=\mathbf{y}\mathbf{x}^T\mathbf{y}$, $\mathbf{y}=\begin{bmatrix}1\\2\end{bmatrix}$
12. $T: M_{nn}\to M_{nn}$, $T(A)=A^TA$
13. $T:\mathscr{P}_n\to\mathscr{P}_n$, $T(p(x))=p(2x-1)$

14. 선형변환 $T:\mathscr{P}_2\to M_{22}$가 $T(1)=\begin{bmatrix}1&0\\0&1\end{bmatrix}$, $T(1+x)=\begin{bmatrix}1&1\\0&1\end{bmatrix}$, $T(1+x+x^2)=\begin{bmatrix}0&-1\\1&0\end{bmatrix}$을 만족할 때, $T(5-3x+2x^2)$를 구하여라.
15. 선형변환 $T: M_{nn}\to\mathbb{R}$이 $T(A)=\text{tr}(A)$로 정의될 때, $\text{nullity}(T)$를 구하여라.
16. W를 모든 2×2 상삼각행렬로 이루어진 벡터공간이라 하자.
   (a) $\ker(T)=W$일 선형변환 $T: M_{22}\to M_{22}$를 구하여라.
   (b) $\text{range}(T)=W$인 선형변환 $T: M_{22}\to M_{22}$을 구하여라.
17. $\mathcal{B}=\{1, x, x^2\}$와 $\mathcal{C}=\{E_{11}, E_{12}, E_{21}, E_{22}\}$가 각각 $\mathscr{P}_2$와 M_{22}의 기저일 때, 문제 14에 주어진 선형변환 T에 대하여 $[T]_{\mathcal{C}\leftarrow\mathcal{B}}$를 구하여라.
18. $S=\{\mathbf{v}_1, \cdots, \mathbf{v}_n\}$를 벡터공간 V의 부분집합이라 하자. 여기서 V의 모든 벡터가 벡터 $\mathbf{v}_1, \cdots, \mathbf{v}_n$의 일차결합으로 표현되고 그 표현방법이 유일할 때, S가 V의 기저임을 보여라.
19. $T: U\to V$와 $S: V\to W$가 선형변환이고

$$\text{range}(T)\subseteq\ker(S)$$

일 때, $S\circ T$에 대하여 무엇을 말할 수 있는가?
20. $T: V\to V$가 선형변환이고 $\{\mathbf{v}_1, \cdots, \mathbf{v}_n\}$을 V의 기저라 하자. 이때, $\{T(\mathbf{v}_1), \cdots, T(\mathbf{v}_n)\}$이 V의 기저이면, T는 가역임을 보여라.

7 거리와 근사

직선은 두 점을 잇는 가장 짧은 거리이지만, 결코 가장 흥미로운 대상은 아니다.

–후(Doctor Who)
《시간 괴물》 로버트 슬로만(Robert Sloman) BBC, 1972

역설적이지만, 모든 정밀한 과학은 근삿값의 개념에 의해 지배된다.

–러셀(Bertrand Russell)
《W. H. Auden and L. Kronenberger》 격언의 바이킹 책
바이킹, 1962, p. 263

7.0 도입: 택시 기하학

우리는 3차원 유클리드 세계에 살고 있기 때문에, 유클리드 기하학의 개념으로 세상을 바라본다. 특별히 거리에 서 있는 사람들에게 다음 문장의 빈칸을 채워보라고 하자. "두 점 사이의 가장 짧은 거리는 ______이다." 그들은 거의 바로 '직선'이라고 대답할 것이다. 그러나 이와 동등하게 합리적이고 직관적인 다른 거리의 개념들이 있다. 우리 스스로 좀 더 유연하게 거리에 대해 생각한다면, 다항식들, 함수들, 행렬들 그리고 선형대수에서 배우는 여러 가지 대상들 사이에 '거리'를 정의할 수 있을 것이다.

이 절에서 유클리드 기하학에서 사용하는 직선거리와 거의 똑같은 '거리'의 유형을 발견할 것이다(그것은 피타고라스 정리의 한 결과이다). 이러한 새로운 '거리'의 유형은 우리에게 여전히 익숙한 방법으로 작용되고 있음을 확인할 수 있을 것이다.

당신이 도시의 한 교차로에 서 있고, 다른 교차로에 있는 식당에 가려고 한다고 가정해 보자. 만약 한 사람에게 그 식당이 얼마나 멀리 떨어져 있는지 물어본다면 그 사람은 아마 일직선으로 거리를 (즉, 거리의 유클리드 방법을 사용) 측정하려 하지 않을 것이다. 대신에 대답은 "다섯 블록 떨어져 있어요."와 같을 것이다. 이러한 방법은 택시기사들이 거리를 측정하는 방법으로, 이 거리의 개념을 **택시거리**(taxicab distance)라 한다.

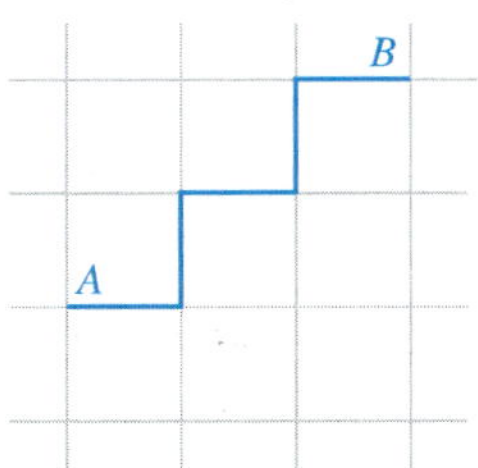

그림 7.1 택시거리

그림 7.1은 택시거리의 예를 보여준다. A에서 B까지 가장 짧은 길은 다섯 번의 도시블록을 지나야 한다. 물론 A에서 B까지 가는 길은 하나 이상 존재하지만, 가장 짧은 길은 가로로 세 번 움직이고 세로로 두 번 움직여야 한다. 여기서 '움직임'은 도시블록의 한 변을 나타낸다. (A에서 B까지 가는 가장 짧은 길은

얼마나 많이 존재할까?) 따라서 A에서 B까지 택시거리는 5이다.

좀 더 체계적인 표현을 위해, 모든 블록들은 단위정사각형이라고 가정하고 A에서 B까지 택시거리를 $d_t(A, B)$로 나타내자.

문제 1 주어진 두 점에 대하여 택시거리를 구하여라.

(a) $(1, 2)$와 $(5, 5)$ (b) $(2, 4)$와 $(3, -2)$

(c) $(0, 0)$와 $(-4, -3)$ (d) $(-2, 3)$와 $(1, 3)$

(e) $\left(1, \frac{1}{2}\right)$와 $\left(-\frac{3}{2}, \frac{2}{3}\right)$ (f) $(2.5, 4.6)$와 $(3.1, 1.5)$

문제 2 주어진 두 점 $A=(a_1, a_2)$와 $B=(b_1, b_2)$ 사이의 택시거리 $d_t(A, B)$에 대하여 옳은 식을 찾아라.

(a) $d_t(A, B)=(a_1-b_1)+(a_2-b_2)$

(b) $d_t(A, B)=(|a_1|-|b_1|)+(|a_2|-|b_2|)$

(c) $d_t(A, B)=|a_1-b_1|+|a_2-b_2|$

주어진 벡터 $\mathbf{v}$의 **택시크기**(taxicab norm)를

$$\|\mathbf{v}\|_t = d_t(\mathbf{v}, \mathbf{0})$$

로 정의할 수 있다.

문제 3 주어진 벡터들에 대하여 $\|\mathbf{v}\|_t$를 구하여라.

(a) $\mathbf{v}=\begin{bmatrix} 3 \\ -2 \end{bmatrix}$ (b) $\mathbf{v}=\begin{bmatrix} 6 \\ -4 \end{bmatrix}$

(c) $\mathbf{v}=\begin{bmatrix} -3 \\ -6 \end{bmatrix}$ (d) $\mathbf{v}=\begin{bmatrix} 1 \\ 2 \end{bmatrix}$

문제 4 택시크기에 대하여 정리 1.3이 성립함을 보여라.

문제 5 택시크기와 주어진 벡터 쌍을 이용하여 삼각부등식(정리 1.5)을 확인하여라.

(a) $\mathbf{u}=\begin{bmatrix} 3 \\ 1 \end{bmatrix}$, $\mathbf{v}=\begin{bmatrix} 1 \\ 2 \end{bmatrix}$ (b) $\mathbf{u}=\begin{bmatrix} 1 \\ -1 \end{bmatrix}$, $\mathbf{v}=\begin{bmatrix} -2 \\ 3 \end{bmatrix}$

문제 6 일반적으로 택시크기에 대하여 삼각부등식이 성립함을 보여라.

유클리드 기하학에서, 원점을 중심으로 하고 반지름이 r인 원은 $\|\mathbf{x}\|=r$을 만족하는 모든 $\mathbf{x}$의 집합으로 정의할 수 있다. 유사하게 원점을 중심으로 하고 반지름이 r인 **택시원**(taxicab circle)은 $\|\mathbf{x}\|_t=r$을 만족하는 모든 $\mathbf{x}$의 집합으로 정의할 수 있다.

문제 7 원점을 중심으로 하고 주어진 반지름을 가지는 택시 원을 그려라.

(a) $r=3$ (b) $r=4$ (c) $r=1$

문제 8 유클리드 기하학에서, 단위원(반지름이 1인 원)의 둘레의 반을 π로 정의한다. **택시파이**(taxicab pi) π_t를 택시 단위원의 둘레의 반으로 정의하자. π_t의 값은 얼마인가?

유클리드 기하학에서, 선분 $\overline{AB}$의 수직이등분선은 두 점 A와 B로부터 같은 거리에 있는 모든 점들의 집합으로 정의된다. 만약 유클리드거리 대신에 택시거리를 사용하면, 선분의 수직이등분선이 어떤 모양으로 그려지는지에 대해 생각해볼 수 있다. 정확히 말해서, $\overline{AB}$의 **택시 수직이등분선**(taxicab perpendicular bisector)은 다음의 조건

$$d_t(X,\ A) = d_t(X,\ B)$$

를 만족하는 모든 점 X의 집합이다.

문제 9 주어진 점들의 쌍에 대하여 택시 수직이등분선을 그려라.

(a) $A = (2,\ 1),\ B = (4,\ 1)$ (b) $A = (-1,\ 3),\ B = (-1,\ -2)$

(c) $A = (1,\ 1),\ B = (5,\ 3)$ (d) $A = (1,\ 1),\ B = (5,\ 5)$

이러한 문제들을 통해서 알 수 있듯이, 택시 기하학과 유클리드 기하학은 몇 가지 같은 성질을 가지고 있는 반면에 놀랄 만한 차이점들도 가지고 있다. 이 장에서 우리는 여러 가지 종류의 유용한 거리와 크기를 보게 될 것이다. 그리고 각 거리와 크기의 공통적인 성질을 발견하고 필요에 따라서 이러한 성질을 이용하기 위해 노력할 것이다. 또한 '거리'의 개념이 중요한 역할을 하는 다양한 근사 문제들을 탐구할 것이다.

7.1 내적공간

1장에서 우리는 $\mathbb{R}^n$의 두 벡터 $\mathbf{u}$와 $\mathbf{v}$의 스칼라적 $\mathbf{u} \cdot \mathbf{v}$를 정의했고, 이 연산을 계속해서 사용해왔다. 이 절에서는 스칼라적의 성질들을 일반적인 개념의 내적을 정의하는 수단으로 이용한다. 다음 절에서는 $\mathbb{R}^n$ 이외의 벡터공간에서 '길이'와 '거리'에 대응되는 대상들을 정의하기 위해 내적이 사용될 수 있음을 보일 것이다.

정리 1.2에서 증명된 스칼라적의 성질들을 기반으로 하는 다음의 정의를 통해서 시작해보자.

정의 벡터공간 V에서 **내적**(inner product)은 V의 임의의 두 벡터 $\mathbf{u}$와 $\mathbf{v}$에 대하여 실수 $\langle \mathbf{u},\ \mathbf{v} \rangle$가 결정되는 연산으로 정의하며 V의 모든 벡터 $\mathbf{u},\ \mathbf{v},\ \mathbf{w}$와 스칼라 c에 대하여 다음의 성질들이 성립한다.

1. $\langle \mathbf{u},\ \mathbf{v} \rangle = \langle \mathbf{v},\ \mathbf{u} \rangle$
2. $\langle \mathbf{u},\ \mathbf{v}+\mathbf{w} \rangle = \langle \mathbf{u},\ \mathbf{v} \rangle + \langle \mathbf{u},\ \mathbf{w} \rangle$
3. $\langle c\mathbf{u},\ \mathbf{v} \rangle = c\langle \mathbf{u},\ \mathbf{v} \rangle$
4. $\langle \mathbf{u},\ \mathbf{u} \rangle \geq 0$이고, $\langle \mathbf{u},\ \mathbf{u} \rangle = 0$일 필요충분조건은 $\mathbf{u} = \mathbf{0}$이다.

내적을 갖는 벡터공간을 **내적공간**(inner product space)이라 부른다.

주의 위의 정의에서는 V를 실벡터공간으로 가정하며 실벡터공간의 임의의 두 벡터의 내적은 실수가 되므로, 사실상 실내적공간을 정의한다. 물론 복소벡터공간도 존재하지만 정의는 약간 다르다. (이 절의 마지막 부분에 소개되는 '탐구: 복소수 성분을 가지는 벡터와 행렬' 참조)

예제 7.1

$\mathbb{R}^n$은 연산 $\langle \mathbf{u}, \mathbf{v} \rangle = \mathbf{u} \cdot \mathbf{v}$을 가지는 내적공간이다. 위의 정의의 성질 1~4는 정리 1.2에서 확인하였다.

스칼라적 $\mathbf{u} \cdot \mathbf{v}$가 $\mathbb{R}^n$ 위에서 정의되는 유일한 내적은 아니다.

예제 7.2

$\mathbf{u} = \begin{bmatrix} u_1 \\ u_2 \end{bmatrix}$, $\mathbf{v} = \begin{bmatrix} v_1 \\ v_2 \end{bmatrix}$는 $\mathbb{R}^2$ 위의 두 벡터라 하자. 연산

$$\langle \mathbf{u}, \mathbf{v} \rangle = 2u_1v_1 + 3u_2v_2$$

이 내적을 정의함을 보여라.

풀이 주어진 연산이 내적의 성질 1~4를 만족함을 보여야 한다.

$$\langle \mathbf{u}, \mathbf{v} \rangle = 2u_1v_1 + 3u_2v_2 = 2v_1u_1 + 3v_2u_2 = \langle \mathbf{v}, \mathbf{u} \rangle$$

이므로 성질 1을 만족한다. 다음으로 $\mathbf{w} = \begin{bmatrix} w_1 \\ w_2 \end{bmatrix}$라 놓자. 그러면

$$\begin{aligned} \langle \mathbf{u}, \mathbf{v} + \mathbf{w} \rangle &= 2u_1(v_1 + w_1) + 3u_2(v_2 + w_2) \\ &= 2u_1v_1 + 2u_1w_1 + 3u_2v_2 + 3u_2w_2 \\ &= (2u_1v_1 + 3u_2v_2) + (2u_1w_1 + 3u_2w_2) \\ &= \langle \mathbf{u}, \mathbf{v} \rangle + \langle \mathbf{u}, \mathbf{w} \rangle \end{aligned}$$

이므로 성질 2를 만족한다.

만일 c가 스칼라이면,

$$\begin{aligned} \langle c\mathbf{u}, \mathbf{v} \rangle &= 2(cu_1)v_1 + 3(cu_2)v_2 \\ &= c(2u_1v_1 + 3u_2v_2) \\ &= c\langle \mathbf{u}, \mathbf{v} \rangle \end{aligned}$$

이므로 성질 3을 확인할 수 있다.

마지막으로,

$$\langle \mathbf{u}, \mathbf{u} \rangle = 2u_1u_1 + 3u_2u_2 = 2u_1^2 + 3u_2^2 \geq 0$$

이고, $\langle \mathbf{u}, \mathbf{u} \rangle = 2u_1^2 + 3u_2^2 = 0$일 필요충분조건은 $u_1 = u_2 = 0$(즉, $\mathbf{u} = \mathbf{0}$)임이

분명하다. 따라서 성질 4가 증명되었고 연산 $\langle \mathbf{u}, \mathbf{v} \rangle$는 내적이 된다.

예제 7.2를 다음과 같이 일반화할 수 있다. 만일 $w_1, \cdots, w_n$이 양의 스칼라이고

$$\mathbf{u} = \begin{bmatrix} u_1 \\ \vdots \\ u_n \end{bmatrix} \quad \text{그리고} \quad \mathbf{v} = \begin{bmatrix} v_1 \\ \vdots \\ v_n \end{bmatrix}$$

이 $\mathbb{R}^n$의 벡터이면,

$$\langle \mathbf{u}, \mathbf{v} \rangle = w_1 u_1 v_1 + \cdots + w_n u_n v_n \tag{1}$$

는 **가중 스칼라적**(weighted dot product)이라 불리는 $\mathbb{R}^n$의 내적을 정의한다. 만약 가중값 w_i 중 어느 하나라도 음수이거나 0이면 식 (1)은 내적을 정의하지 않는다(연습문제 13과 14 참조).

스칼라적은 $\mathbf{u} \cdot \mathbf{v} = \mathbf{u}^T \mathbf{v}$로 표현될 수 있음을 기억하라. W를 $n \times n$ 대각행렬

$$W = \begin{bmatrix} w_1 & \cdots & 0 \\ \vdots & \ddots & \vdots \\ 0 & \cdots & w_n \end{bmatrix}$$

라고 놓으면, 식 (1)의 가중 스칼라적은

$$\langle \mathbf{u}, \mathbf{v} \rangle = \mathbf{u}^T W \mathbf{v}$$

로 쓸 수 있다. 다음 예제는 이러한 형식의 내적을 더 일반화한 것이다.

예제 7.3

A를 양의 정부호 $n \times n$ 대칭행렬(5.5절 참조)이라 하고 $\mathbf{u}$와 $\mathbf{v}$를 $\mathbb{R}^n$의 벡터라고 하자. 연산

$$\langle \mathbf{u}, \mathbf{v} \rangle = \mathbf{u}^T A \mathbf{v}$$

이 내적을 정의함을 보여라.

풀이 먼저

$$\begin{aligned} \langle \mathbf{u}, \mathbf{v} \rangle &= \mathbf{u}^T A \mathbf{v} = \mathbf{u} \cdot A\mathbf{v} = A\mathbf{v} \cdot \mathbf{u} \\ &= A^T \mathbf{v} \cdot \mathbf{u} = (\mathbf{v}^T A)^T \cdot \mathbf{u} = \mathbf{v}^T A \mathbf{u} = \langle \mathbf{v}, \mathbf{u} \rangle \end{aligned}$$

를 확인하자. 또한,

$$\langle \mathbf{u}, \mathbf{v}+\mathbf{w} \rangle = \mathbf{u}^T A(\mathbf{v}+\mathbf{w}) = \mathbf{u}^T A\mathbf{v} + \mathbf{u}^T A\mathbf{w} = \langle \mathbf{u}, \mathbf{v} \rangle + \langle \mathbf{u}, \mathbf{w} \rangle$$

그리고

$$\langle c\mathbf{u}, \mathbf{v} \rangle = (c\mathbf{u})^T A\mathbf{v} = c(\mathbf{u}^T A\mathbf{v}) = c\langle \mathbf{u}, \mathbf{v} \rangle$$

를 확인하자. 마지막으로, A가 양의 정부호이므로 모든 $\mathbf{u} \neq \mathbf{0}$에 대하여

$\langle \mathbf{u}, \mathbf{u} \rangle = \mathbf{u}^T A \mathbf{u} > 0$이므로, $\langle \mathbf{u}, \mathbf{u} \rangle = \mathbf{u}^T A \mathbf{u} = 0$일 필요충분조건은 $\mathbf{u} = \mathbf{0}$이다. 이것은 내적의 정의의 마지막 성질을 입증한다.

예제 7.3의 이해를 돕기 위해, $A = \begin{bmatrix} 4 & -2 \\ -2 & 7 \end{bmatrix}$라 하자. 그러면

$$\begin{aligned} \langle \mathbf{u}, \mathbf{v} \rangle = \mathbf{u}^T A \mathbf{v} &= [u_1 \; u_2] \begin{bmatrix} 4 & -2 \\ -2 & 7 \end{bmatrix} \begin{bmatrix} v_1 \\ v_2 \end{bmatrix} \\ &= 4u_1v_1 - 2u_1v_2 - 2u_2v_1 + 7u_2v_2 \end{aligned}$$

이다. A의 고윳값이 3과 8이므로, 정리 5.24에 의해서 행렬 A는 양의 정부호이다. 그러므로 $\langle \mathbf{u}, \mathbf{v} \rangle$는 $\mathbb{R}^2$ 위의 내적을 정의한다.

이제 $\mathbb{R}^n$ 이외의 벡터공간에서 내적을 정의해보자.

예제 7.4

$\mathscr{P}_2$에서, $p(x) = a_0 + a_1x + a_2x^2$이고 $q(x) = b_0 + b_1x + b_2x^2$라 하자.

$$\langle p(x), q(x) \rangle = a_0b_0 + a_1b_1 + a_2b_2$$

이 $\mathscr{P}_2$ 위에서 내적을 정의함을 보여라. (예를 들어서, $p(x) = 1 - 5x + 3x^2$이고 $q(x) = 6 + 2x - x^2$이면, $\langle p(x), q(x) \rangle = 1 \cdot 6 + (-5) \cdot 2 + 3 \cdot (-1) = -7$이다.)

풀이 $\mathscr{P}_2$는 $\mathbb{R}^3$와 동형이므로, $\mathbb{R}^3$에서 스칼라적이 내적이 됨을 보이면 된다. 우리는 이미 이것을 증명하였다.

예제 7.5

폐구간 $[a, b]$에서 정의되는 모든 연속함수들의 벡터공간 $\mathscr{C}[a, b]$에서 f와 g를 생각하자. 다음 연산

$$\langle f, g \rangle = \int_a^b f(x)g(x)dx$$

이 $\mathscr{C}[a, b]$ 위에서 내적을 정의함을 보여라.

풀이 $\langle f, g \rangle = \int_a^b f(x)g(x)dx = \int_a^b g(x)f(x)dx = \langle g, f \rangle$

가 성립한다. 또한, $\mathscr{C}[a, b]$ 위의 함수 h에 대하여

$$\begin{aligned} \langle f, g+h \rangle &= \int_a^b f(x)(g(x) + h(x))dx \\ &= \int_a^b (f(x)g(x) + f(x)h(x))dx \\ &= \int_a^b f(x)g(x)dx + \int_a^b f(x)h(x)dx \\ &= \langle f, g \rangle + \langle f, h \rangle \end{aligned}$$

이다. 만약 c가 스칼라이면,

$$\begin{aligned}\langle cf,\ g\rangle &= \int_a^b cf(x)g(x)dx \\ &= c\int_a^b f(x)g(x)dx \\ &= c\langle f,\ g\rangle\end{aligned}$$

이다. 마지막으로, $\langle f,\ f\rangle = \displaystyle\int_a^b (f(x))^2 dx \ge 0$이고 미적분학의 정리로부터 f가 연속이므로 $\langle f,\ f\rangle = \displaystyle\int_a^b (f(x))^2 dx = 0$일 필요충분조건은 f가 영함수임을 알 수 있다. 따라서 $\langle f,\ g\rangle$는 $\mathscr{C}[a,\ b]$ 위의 내적이다.

예제 7.5는 또한 $\mathscr{C}[a,\ b]$의 어떤 부분공간 위에서도 내적을 정의한다. 예를 들어서, 구간 $[a, b]$에서 정의되는 다항식들로 제한해보자. $\mathscr{P}[0,\ 1]$을 구간 $[0,\ 1]$에서 정의되는 모든 다항식들의 벡터공간이라고 가정하자. 그러면 예제 7.5의 내적을 이용하여

$$\begin{aligned}\langle x^2,\ 1+x\rangle &= \int_0^1 x^2(1+x)dx = \int_0^1 (x^2+x^3)dx \\ &= \left[\frac{x^3}{3}+\frac{x^4}{4}\right]_0^1 = \frac{1}{3}+\frac{1}{4} = \frac{7}{12}\end{aligned}$$

내적의 성질

다음 정리는 내적의 정의에 따르는 여러 가지 부가적인 성질들을 요약한 것이다.

정리 7.1 $\mathbf{u}$, $\mathbf{v}$, $\mathbf{w}$를 내적공간 V의 벡터라 하고 c를 스칼라라 하자.

a. $\langle \mathbf{u}+\mathbf{v},\ \mathbf{w}\rangle = \langle \mathbf{u},\ \mathbf{w}\rangle + \langle \mathbf{v},\ \mathbf{w}\rangle$

b. $\langle \mathbf{u},\ c\mathbf{v}\rangle = c\langle \mathbf{u},\ \mathbf{v}\rangle$

c. $\langle \mathbf{u},\ \mathbf{0}\rangle = \langle \mathbf{0},\ \mathbf{v}\rangle = 0$

증명 (a)는 여기서 증명하고 (b)와 (c)는 연습문제 23, 24로 남긴다. 내적의 정의를 이용하면,

$$\begin{aligned}\langle \mathbf{u}+\mathbf{v},\ \mathbf{w}\rangle &= \langle \mathbf{w},\ \mathbf{u}+\mathbf{v}\rangle && \text{(1) 이용} \\ &= \langle \mathbf{w},\ \mathbf{u}\rangle + \langle \mathbf{w},\ \mathbf{v}\rangle && \text{(2) 이용} \\ &= \langle \mathbf{u},\ \mathbf{w}\rangle + \langle \mathbf{v},\ \mathbf{w}\rangle && \text{(1) 이용}\end{aligned}$$

길이, 거리 그리고 직교성

내적공간에서는, 1.2절에서 수행했던 것처럼 벡터의 길이, 벡터 사이의 거리 그리고 직교벡터를 정의할 수 있다. 단지 스칼라적 $\mathbf{u}\cdot\mathbf{v}$를 사용하는 대신에 더 일반적인 내적 $\langle\mathbf{u}, \mathbf{v}\rangle$를 사용해야 한다.

정의 $\mathbf{u}$, $\mathbf{v}$를 내적공간 V의 벡터라 하자.

1. $\mathbf{v}$의 **길이**(length)(또는 **크기**(norm))는 $\|\mathbf{v}\| = \sqrt{\langle\mathbf{v}, \mathbf{v}\rangle}$ 이다.
2. $\mathbf{u}$와 $\mathbf{v}$의 **거리**(distance)는 $d(\mathbf{u}, \mathbf{v}) = \|\mathbf{u}-\mathbf{v}\|$이다.
3. 만약 $\langle\mathbf{u}, \mathbf{v}\rangle = 0$ 이면 $\mathbf{u}$와 $\mathbf{v}$는 서로 **수직**(orthogonal)이다.

내적의 정의에 의해서 $\langle\mathbf{v}, \mathbf{v}\rangle \geq 0$이므로 $\|\mathbf{v}\|$는 항상 정의되고, 따라서 음이 아닌 값의 제곱근을 택할 수 있다. $\mathbb{R}^n$에서처럼, 길이가 1인 벡터는 **단위벡터**(unit vector)라고 부른다. V의 **단위구**(unit sphere)는 V의 모든 단위벡터들의 집합 S이다.

예제 7.6 예제 7.5에 주어진 $\mathscr{C}[0, 1]$ 위의 내적을 생각하자. 만약 $f(x) = x$이고 $g(x) = 3x - 2$일 때, 다음을 구하여라.

(a) $\|f\|$ (b) $d(f, g)$ (c) $\langle f, g\rangle$

풀이 (a) $\langle f, f\rangle = \int_0^1 f^2(x)dx = \int_0^1 x^2 dx = \left.\frac{x^3}{3}\right]_0^1 = \frac{1}{3}$ 이므로

$\|f\| = \sqrt{\langle f, f\rangle} = \frac{1}{\sqrt{3}}$.

(b) $d(f, g) = \|f-g\| = \sqrt{\langle f-g, f-g\rangle}$ 이고,

$$f(x) - g(x) = x - (3x-2) = 2 - 2x = 2(1-x)$$

이므로

$$\begin{aligned}\langle f-g, f-g\rangle &= \int_0^1 (f(x)-g(x))^2 dx = \int_0^1 4(1-2x+x^2)dx \\ &= 4\left[x - x^2 + \frac{x^3}{3}\right]_0^1 = \frac{4}{3}\end{aligned}$$

를 얻는다. 따라서 $d(f, g) = \sqrt{4/3} = 2/\sqrt{3}$ 이다.

(c) $\langle f, g\rangle = \int_0^1 f(x)g(x)dx = \int_0^1 x(3x-2)dx$

$$= \int_0^1 (3x^2 - 2x)dx = \left[x^3 - x^2\right]_0^1 = 0$$

이므로 f와 g는 서로 수직이다.

예제 7.6의 f와 g 사이의 '거리'에 대해서, 이 함수들의 그래프들과 관련된 어떠한 측정도 언급하지 않았음을 염두에 두자. 또한 f와 g가 서로 수직이라는 의미를 두 그래프가 서로 직각으로 만난다는 사실로 간주하지 않음을 기억하자. 우리는 단순히 특별한 내적의 정의를 적용했을 뿐이다. 그러나 그러한 방식으로 $\mathbb{R}^2$와 $\mathbb{R}^3$에서 내적이 스칼라적인 경우에 대응되는 개념들을 통해서 새로운 내적을 쉽게 이해할 수 있게 해준다. 비록 같은 방법으로 시각화할 수는 없지만, 유클리드 공간의 기하학이 여전히 내적의 이해를 돕는다.

예제 7.7 예제 7.2에서 정의된 $\mathbb{R}^2$ 위의 내적을 이용해서 단위구(원)를 그려라.

풀이 만약 $\mathbf{x} = \begin{bmatrix} x \\ y \end{bmatrix}$이면, $\langle \mathbf{x}, \mathbf{x} \rangle = 2x^2 + 3y^2$이다. 단위구(원)는 $\|\mathbf{x}\| = 1$을 만족하는 모든 $\mathbf{x}$들의 집합이므로,

$$1 = \|\mathbf{x}\| = \sqrt{\langle \mathbf{x}, \mathbf{x} \rangle} = \sqrt{2x^2 + 3y^2} \quad \text{또는} \quad 2x^2 + 3y^2 = 1$$

이다. 이것은 타원의 방정식이며 타원의 그래프는 그림 7.2와 같다.

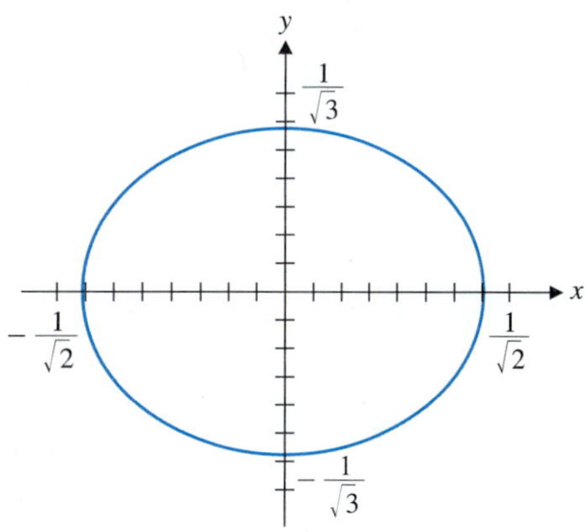

그림 7.2 단위원은 타원

다음 절과 연습문제에서 길이, 거리 그리고 수직의 성질에 대해서 논의한다. 이 절에서 필요한 한 가지 정리는 정리 1.6의 일반화된 피타고라스 정리이다.

정리 7.2 **피타고라스 정리**(Pythagoras' Theorem)

$\mathbf{u}$와 $\mathbf{v}$를 내적공간 V의 벡터라 하자. 그러면 $\mathbf{u}$와 $\mathbf{v}$가 서로 수직일 필요충분조건은

$$\|\mathbf{u}+\mathbf{v}\|^2 = \|\mathbf{u}\|^2 + \|\mathbf{v}\|^2$$

이다.

증명 연습문제 32를 통해서

$$\|\mathbf{u}+\mathbf{v}\|^2 = \langle \mathbf{u}+\mathbf{v},\ \mathbf{u}+\mathbf{v} \rangle = \|\mathbf{u}\|^2 + 2\langle \mathbf{u},\ \mathbf{v} \rangle + \|\mathbf{v}\|^2$$

를 얻는다. 따라서 $\|\mathbf{u}+\mathbf{v}\|^2 = \|\mathbf{u}\|^2 + \|\mathbf{v}\|^2$일 필요충분조건은 $\langle \mathbf{u},\ \mathbf{v} \rangle = 0$이다.

정사영과 그램-슈미트 과정

우리는 5장에서 $\mathbb{R}^n$에서의 직교에 대하여 논의하였다. 대부분의 이러한 내용들은 일반 내적공간으로 일반화된다. 예를 들어, 내적공간 V의 벡터들의 **직교집합**(orthogonal set)은 V의 벡터들의 집합 $\{\mathbf{v}_1, \cdots, \mathbf{v}_k\}$으로, 만약 $\mathbf{v}_i \neq \mathbf{v}_j$이면 $\langle \mathbf{v}_i,\ \mathbf{v}_j \rangle = 0$을 만족한다. 따라서 벡터들의 **정규직교집합**(orthonormal set)은 단위벡터들의 직교집합이다. V의 한 부분공간 W의 **직교기저**(orthogonal basis)는 직교집합이 되는 W의 기저이고, 유사하게 V의 한 부분공간 W의 **정규직교기저**(orthonormal basis)는 정규직교집합이 되는 W의 기저이다.

$\mathbb{R}^n$에서 그램-슈미트 과정(정리 5.15)은 임의의 부분공간에 직교기저가 존재함을 보여준다. 우리는 그램-슈미트 과정을 이용해서 내적공간의 모든 유한 차원의 부분공간에 직교기저가 존재함을 보일 수 있다. 차이는 단지 스칼라적을 대신해서 더 일반적인 내적을 사용하는 것뿐이다. 아래의 예는 이러한 접근방식을 설명한다. (예제 5.13과 아래의 각 단계를 비교하여라.)

예제 7.8 $\mathscr{P}_2$의 기저 $\{1,\ x,\ x^2\}$에 대해서 그램-슈미트 과정을 적용해서 내적

$$\langle f,\ g \rangle = \int_{-1}^{1} f(x)g(x)\,dx$$

에 대한 직교기저를 구하여라.

풀이 $\mathbf{x}_1 = 1$, $\mathbf{x}_2 = x$이고 $\mathbf{x}_3 = x^2$라 하자. $\mathbf{v}_1 = \mathbf{x}_1 = 1$이라 놓고 그램-슈미트 과정을 시작하자. 다음으로

$$\langle \mathbf{v}_1,\ \mathbf{v}_1 \rangle = \int_{-1}^{1} dx = x\Big]_{-1}^{1} = 2,\quad \langle \mathbf{v}_1,\ \mathbf{x}_2 \rangle = \int_{-1}^{1} x\,dx = \frac{x^2}{2}\Big]_{-1}^{1} = 0$$

이므로

$$\mathbf{v}_2 = \mathbf{x}_2 - \frac{\langle \mathbf{v}_1,\ \mathbf{x}_2 \rangle}{\langle \mathbf{v}_1,\ \mathbf{v}_1 \rangle}\mathbf{v}_1 = x - \frac{0}{2}(1) = x$$

를 구할 수 있다. 마지막으로 $\mathbf{v}_3$를 구하기 위해서 먼저

$$\langle \mathbf{v}_1, \mathbf{x}_3 \rangle = \int_{-1}^{1} x^2\, dx = \frac{x^3}{3}\bigg]_{-1}^{1} = \frac{2}{3}, \quad \langle \mathbf{v}_2, \mathbf{x}_3 \rangle = \int_{-1}^{1} x^3\, dx = \frac{x^4}{4}\bigg]_{-1}^{1} = 0,$$

$$\langle \mathbf{v}_2, \mathbf{v}_2 \rangle = \int_{-1}^{1} x^2\, dx = \frac{x^3}{3}\bigg]_{-1}^{1} = \frac{2}{3}$$

를 계산하면

$$\mathbf{v}_3 = \mathbf{x}_3 - \frac{\langle \mathbf{v}_1, \mathbf{x}_3 \rangle}{\langle \mathbf{v}_1, \mathbf{v}_1 \rangle}\mathbf{v}_1 - \frac{\langle \mathbf{v}_2, \mathbf{x}_3 \rangle}{\langle \mathbf{v}_2, \mathbf{v}_2 \rangle}\mathbf{v}_2 = x^2 - \frac{\frac{2}{3}}{2}(1) - \frac{0}{\frac{2}{3}}x = x^2 - \frac{1}{3}$$

이다. 따라서 $\{\mathbf{v}_1, \mathbf{v}_2, \mathbf{v}_3\}$는 구간 $[-1, 1]$에서 $\mathscr{P}_2$의 직교기저이다. 다항식들

$$1,\ x,\ x^2 - \frac{1}{3}$$

은 처음 3개의 **르장드르 다항식들**(Legendre polynomials)이다. 만약 각각의 다항식들을 같은 내적에 대하여 자신의 길이로 나누어주면 **정규 르장드르 다항식들**(normalized Legendre polynomials)을 얻을 수 있다(연습문제 41 참조).

르장드르(Adrien Marie Legendre, 1752–1833)는 천문학, 정수론 그리고 타원 함수론을 연구한 프랑스의 수학자였다. 그는 가우스와 몇 가지 열띤 논쟁을 하였다. 르장드르는 1765년에 정수론의 이차상호법칙을 처음으로 발표하였다. 그러나 가우스는 르장드르의 결과에 대하여 1801년 처음으로 엄밀한 증명을 발표하고 르장드르의 당연한 분노를 유도하며 그와 공을 다투었다. 그 후 1806년에 르장드르는 혜성의 궤도에 관한 책에서 최소제곱법의 응용을 처음으로 발표하였다. 1809년 가우스는 같은 주제에 대해서 발표하고 이러한 방법을 1795년 이후로 사용해왔다고 주장함으로써 다시 한번 르장드르를 격분하게 하였다.

5.2절에서 수행했던 것처럼, 내적공간의 부분공간 W 위의 한 벡터 $\mathbf{v}$의 **정사영**(orthogonal projection) $\mathrm{proj}_W(\mathbf{v})$을 정의할 수 있다. 만약 $\{\mathbf{u}_1, \cdots, \mathbf{u}_k\}$가 W의 직교기저이면,

$$\mathrm{proj}_W(\mathbf{v}) = \frac{\langle \mathbf{u}_1, \mathbf{v} \rangle}{\langle \mathbf{u}_1, \mathbf{u}_1 \rangle}\mathbf{u}_1 + \cdots + \frac{\langle \mathbf{u}_k, \mathbf{v} \rangle}{\langle \mathbf{u}_k, \mathbf{u}_k \rangle}\mathbf{u}_k$$

이다. 그러면 ***W*에 수직인 v의 성분**은 벡터

$$\mathrm{perp}_W(\mathbf{v}) = \mathbf{v} - \mathrm{proj}_W(\mathbf{v})$$

이다. 직교분해정리(정리 5.11)에서처럼 $\mathrm{proj}_W(\mathbf{v})$와 $\mathrm{perp}_W(\mathbf{v})$는 서로 수직이며(연습문제 43 참조) 그림 7.3에 개략적으로 설명되어 있다.

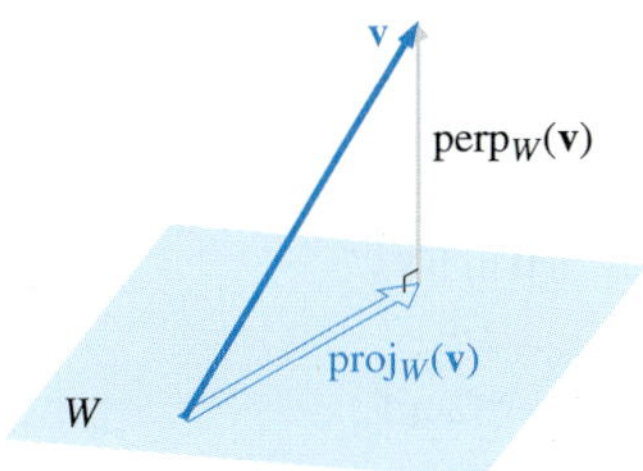

그림 7.3

우리는 7.3절과 7.5절의 근사 문제들을—특히 주어진 함수를 '좋은' 함수들을 이용해서 근사시키는 최선의 방법을 찾는 문제—고려할 때 이러한 식들을 사용하게 될 것이다. 따라서 근사 문제들을 더 쉽게 이해할 수 있을 때, 예제를 통해서 위의 식을 다루겠다. 우리는 1장에서 처음 접했던 부등식의 증명에 정사영을 이용할 수 있을 것이다.

코시-슈바르츠 부등식과 삼각부등식

$\mathbb{R}^n$의 스칼라적을 포함하는 항등식과 부등식의 증명들은 일반적인 내적공간에서 대응되는 결과들을 증명하는 데 쉽게 이용된다. 연습문제 31–36에 이러한 몇 가

지 문제가 주어진다. 우리는 1.2절에서 수학의 여러 분야에서 중요한 코시-슈바르츠 부등식을 처음으로 접했다. 여기서는 내적공간에 대해서 이 부등식을 증명하겠다.

정리 7.3 **코시-슈바르츠 부등식**(Cauchy-Schwarz Inequality)

$\mathbf{u}$와 $\mathbf{v}$를 내적공간 V의 벡터라 하자. 그러면

$$|\langle \mathbf{u}, \mathbf{v} \rangle| \le \|\mathbf{u}\|\|\mathbf{v}\|$$

이고, 등호가 성립할 필요충분조건은 $\mathbf{u}$와 $\mathbf{v}$가 서로 스칼라배일 때이다.

이 부등식은 여러 다른 문헌에서 여러 수학자들에 의해서 발견되었다. 이 부등식에 붙어있는 코시에 대하여는 그의 이름이 붙어있는 여러 정리들을 생각하면 그리 놀라운 일은 아니다. 이 부등식에 관계되는 두 번째 이름 **슈바르츠**(Karl Herman Amandus Schwarz, 1843-1921)는 베를린 대학에서 수학을 가르쳤던 독일 수학자이다. 슈바르츠의 이름이 붙어있는 이 부등식에 대한 내용은 1885년 최소영역의 곡면을 연구하는 적분방정식이 사용된 논문에서 발표되었다. 또한 이 중요한 결과와 관련된 세 번째 이름은 러시아 수학자 **부냐콥스키**(Viktor Yakovlevitch Bunyakovsky, 1804-1889)이다. 부냐콥스키는 슈바르츠의 결과보다 25년 전인 1859년에 이 부등식을 발표하였다. 따라서 코시-부냐콥스키-슈바르츠 부등식이라고 부르는 게 더 적절하다.

증명 만약 $\mathbf{u} = \mathbf{0}$이면,

$$|\langle \mathbf{0}, \mathbf{v} \rangle| = 0 = \|\mathbf{0}\|\|\mathbf{v}\|$$

이므로 부등호는 실제로 등호가 된다. 만약 $\mathbf{u} \ne \mathbf{0}$이면, W를 $\mathbf{u}$에 의해 생성되는 V의 부분공간이라 하자. 그러면 $\mathrm{proj}_W(\mathbf{v}) = \dfrac{\langle \mathbf{u}, \mathbf{v} \rangle}{\langle \mathbf{u}, \mathbf{u} \rangle}\mathbf{u}$와 $\mathrm{perp}_W(\mathbf{v}) = \mathbf{v} - \mathrm{proj}_W(\mathbf{v})$는 서로 수직이므로, 피타고라스 정리를 이용해서

$$\begin{aligned} \|\mathbf{v}\|^2 &= \|\mathrm{proj}_W(\mathbf{v}) + (\mathbf{v} - \mathrm{proj}_W(\mathbf{v}))\|^2 \\ &= \|\mathrm{proj}_W(\mathbf{v}) + \mathrm{perp}_W(\mathbf{v})\|^2 \\ &= \|\mathrm{proj}_W(\mathbf{v})\|^2 + \|\mathrm{perp}_W(\mathbf{v})\|^2 \end{aligned} \tag{2}$$

을 얻는다. 따라서 $\|\mathrm{proj}_W(\mathbf{v})\|^2 \le \|\mathbf{v}\|^2$이다. 이제

$$\begin{aligned} \|\mathrm{proj}_W(\mathbf{v})\|^2 &= \left\langle \frac{\langle \mathbf{u}, \mathbf{v} \rangle}{\langle \mathbf{u}, \mathbf{u} \rangle}\mathbf{u}, \frac{\langle \mathbf{u}, \mathbf{v} \rangle}{\langle \mathbf{u}, \mathbf{u} \rangle}\mathbf{u} \right\rangle \\ &= \left(\frac{\langle \mathbf{u}, \mathbf{v} \rangle}{\langle \mathbf{u}, \mathbf{u} \rangle}\right)^2 \langle \mathbf{u}, \mathbf{u} \rangle = \frac{\langle \mathbf{u}, \mathbf{v} \rangle^2}{\langle \mathbf{u}, \mathbf{u} \rangle} = \frac{\langle \mathbf{u}, \mathbf{v} \rangle^2}{\|\mathbf{u}\|^2} \end{aligned}$$

이므로

$$\frac{\langle \mathbf{u}, \mathbf{v} \rangle^2}{\|\mathbf{u}\|^2} \le \|\mathbf{v}\|^2 \quad \text{또는} \quad \langle \mathbf{u}, \mathbf{v} \rangle^2 \le \|\mathbf{u}\|^2\|\mathbf{v}\|^2$$

이다. 여기서 제곱근을 취하면 $|\langle \mathbf{u}, \mathbf{v} \rangle| \le \|\mathbf{u}\|\|\mathbf{v}\|$를 얻는다.

마지막 부등식의 등호가 성립할 필요충분조건은 $\|\mathrm{proj}_W(\mathbf{v})\|^2 = \|\mathbf{v}\|^2$이다. 방정식 (2)에 의해서 $\|\mathrm{proj}_W(\mathbf{v})\|^2 = \|\mathbf{v}\|^2$일 필요충분조건은

$$\mathrm{perp}_W(\mathbf{v}) = \mathbf{0} \quad \text{또는} \quad \mathbf{v} = \mathrm{proj}_W(\mathbf{v}) = \frac{\langle \mathbf{u}, \mathbf{v} \rangle}{\langle \mathbf{u}, \mathbf{u} \rangle}\mathbf{u}$$

이다. 따라서 $\mathbf{v}$는 $\mathbf{u}$의 스칼라배이다. 반대로 만약 $\mathbf{v} = c\mathbf{u}$이면,

$$\text{perp}_W(\mathbf{v}) = \mathbf{v} - \text{proj}_W(\mathbf{v}) = c\mathbf{u} - \frac{\langle \mathbf{u},\ c\mathbf{u}\rangle}{\langle \mathbf{u},\ \mathbf{u}\rangle}\mathbf{u} = c\mathbf{u} - \frac{c\langle \mathbf{u},\ \mathbf{u}\rangle}{\langle \mathbf{u},\ \mathbf{u}\rangle}\mathbf{u} = 0$$

이고, 따라서 코시-슈바르츠 부등식의 등호가 성립한다.

코시-슈바르츠 부등식의 또 다른 증명은 연습문제 44를 참조하여라. 이 절에 이어지는 탐구에서는 코시-슈바르츠 부등식과 이와 관계되는 여러 흥미로운 부등식들(기하부등식들과 최적화 문제들)을 공부할 것이다. 우선은 코시-슈바르츠 부등식을 이용해서 삼각부등식(정리 1.5)의 일반화된 버전을 증명한다.

정리 7.4 **삼각부등식**(The Triangle Inequality)

$\mathbf{u}$와 $\mathbf{v}$를 내적공간 V의 벡터라 하자. 그러면

$$\|\mathbf{u}+\mathbf{v}\| \le \|\mathbf{u}\| + \|\mathbf{v}\|$$

이다.

증명 연습문제 32에서 증명할 등식을 이용하면

$$\begin{aligned}\|\mathbf{u}+\mathbf{v}\|^2 &= \|\mathbf{u}\|^2 + 2\langle \mathbf{u},\ \mathbf{v}\rangle + \|\mathbf{v}\|^2 \\ &\le \|\mathbf{u}\|^2 + 2|\langle \mathbf{u},\ \mathbf{v}\rangle| + \|\mathbf{v}\|^2 \\ &\le \|\mathbf{u}\|^2 + 2\|\mathbf{u}\|\|\mathbf{v}\| + \|\mathbf{v}\|^2 \qquad \text{코시-슈바르츠 부등식 이용} \\ &= (\|\mathbf{u}\| + \|\mathbf{v}\|)^2\end{aligned}$$

이고 제곱근을 취하면 우리가 원하는 부등식을 얻는다.

7.1 연습문제

※ [1–4] $\mathbf{u} = \begin{bmatrix} 1 \\ -2 \end{bmatrix}$, $\mathbf{v} = \begin{bmatrix} 4 \\ 3 \end{bmatrix}$라 하자.

1. $\langle \mathbf{u},\ \mathbf{v}\rangle$는 예제 7.2의 내적이다. 다음을 계산하여라.
   (a) $\langle \mathbf{u},\ \mathbf{v}\rangle$ (b) $\|\mathbf{u}\|$ (c) $d(\mathbf{u},\ \mathbf{v})$
2. $\langle \mathbf{u},\ \mathbf{v}\rangle$는 예제 7.3의 내적이고 $A = \begin{bmatrix} 6 & 2 \\ 2 & 3 \end{bmatrix}$이다. 다음을 계산하여라.
   (a) $\langle \mathbf{u},\ \mathbf{v}\rangle$ (b) $\|\mathbf{u}\|$ (c) $d(\mathbf{u},\ \mathbf{v})$
3. 연습문제 1에서 $\mathbf{u}$에 수직인 영이 아닌 벡터를 찾아라.
4. 연습문제 2에서 $\mathbf{u}$에 수직인 영이 아닌 벡터를 찾아라.

※ [5–8] $p(x) = 3 - 2x$, $q(x) = 1 + x + x^2$이라 하자.

5. $\langle p(x),\ q(x)\rangle$는 예제 7.4의 내적이다. 다음을 계산하여라.
   (a) $\langle p(x),\ q(x)\rangle$ (b) $\|p(x)\|$
   (c) $d(p(x),\ q(x))$
6. (dy/dx) $\langle p(x),\ q(x)\rangle$는 벡터공간 $\mathscr{P}_2[0,\ 1]$에서 예제 7.5의 내적이다. 다음을 계산하여라.
   (a) $\langle p(x),\ q(x)\rangle$ (b) $\|p(x)\|$
   (c) $d(p(x),\ q(x))$
7. 연습문제 5에서 $p(x)$에 수직인 영이 아닌 벡터를 찾아라.
8. (dy/dx) 연습문제 6에서 $p(x)$에 수직인 영이 아닌 벡터를 찾아라.

※ [9–10] 예제 7.5에서 정의된 내적을 가지는 벡터공간 $\mathscr{C}[0, 2\pi]$에서 $f(x)=\sin x$와 $g(x)=\sin x+\cos x$라 하자.

9. 다음을 계산하여라.

(a) $\langle f, g\rangle$ (b) $\|f\|$ (c) $d(f, g)$

10. f에 수직인 영이 아닌 벡터를 찾아라.

11. a, b, c는 서로 다른 실수라고 하자.

$$\langle p(x), q(x)\rangle = p(a)q(a)+p(b)q(b)+p(c)q(c)$$

는 $\mathscr{P}_2$의 내적을 정의함을 보여라. [힌트: 차수가 n인 다항식은 많아야 n개의 근을 갖는다는 사실을 이용하여라.]

12. $a=0$, $b=1$, $c=2$일 때 연습문제 11의 내적을 이용해서 연습문제 5를 반복하여라.

※ [13–18] 내적의 네 가지 공리 중 어떤 공리를 만족하지 않는지 결정하여라. 그리고 이때 구체적인 예를 구하여라.

13. $\mathbf{u}=\begin{bmatrix}u_1\\u_2\end{bmatrix}$, $\mathbf{v}=\begin{bmatrix}v_1\\v_2\end{bmatrix}$를 $\mathbb{R}^2$의 두 벡터라 하자. $\langle \mathbf{u}, \mathbf{v}\rangle = u_1v_1$이라고 정의하자.

14. $\mathbf{u}=\begin{bmatrix}u_1\\u_2\end{bmatrix}$, $\mathbf{v}=\begin{bmatrix}v_1\\v_2\end{bmatrix}$를 $\mathbb{R}^2$의 두 벡터라 하자. $\langle \mathbf{u}, \mathbf{v}\rangle = u_1v_1-u_2v_2$이라고 정의하자.

15. $\mathbf{u}=\begin{bmatrix}u_1\\u_2\end{bmatrix}$, $\mathbf{v}=\begin{bmatrix}v_1\\v_2\end{bmatrix}$를 $\mathbb{R}^2$의 두 벡터라 하자. $\langle \mathbf{u}, \mathbf{v}\rangle = u_1v_2+u_2v_1$이라고 정의하자.

16. $\mathscr{P}_2$에서, $\langle p(x), q(x)\rangle = p(0)q(0)$이라고 정의하자.

17. $\mathscr{P}_2$에서, $\langle p(x), q(x)\rangle = p(1)q(1)$이라고 정의하자.

18. M_{22}에서, $\langle A, B\rangle = \det(AB)$라고 정의하자.

※ [19–20] $\mathbb{R}^2$의 두 벡터 $\mathbf{u}=\begin{bmatrix}u_1\\u_2\end{bmatrix}$, $\mathbf{v}=\begin{bmatrix}v_1\\v_2\end{bmatrix}$에 대하여 $\langle \mathbf{u}, \mathbf{v}\rangle$는 내적을 정의한다. $\langle \mathbf{u}, \mathbf{v}\rangle = \mathbf{u}^TA\mathbf{v}$를 만족하는 대칭행렬 A를 구하여라.

19. $\langle \mathbf{u}, \mathbf{v}\rangle = 4u_1v_1+u_1v_2+u_2v_1+4u_2v_2$

20. $\langle \mathbf{u}, \mathbf{v}\rangle = u_1v_1+2u_1v_2+2u_2v_1+5u_2v_2$

※ [21–22] $\mathbf{u}=\begin{bmatrix}u_1\\u_2\end{bmatrix}$, $\mathbf{v}=\begin{bmatrix}v_1\\v_2\end{bmatrix}$일 때 주어진 내적에 대하여 $\mathbb{R}^2$의 단위원을 그려라.

21. $\langle \mathbf{u}, \mathbf{v}\rangle = u_1v_1+\frac{1}{4}u_2v_2$

22. $\langle \mathbf{u}, \mathbf{v}\rangle = 4u_1v_1+u_1v_2+u_2v_1+4u_2v_2$

23. 정리 7.1(b)를 증명하여라.

24. 정리 7.1(c)를 증명하여라.

※ [25–29] 내적공간의 벡터 $\mathbf{u}$, $\mathbf{v}$, $\mathbf{w}$가

$$\langle \mathbf{u}, \mathbf{v}\rangle = 1,\ \langle \mathbf{u}, \mathbf{w}\rangle = 5,\ \langle \mathbf{v}, \mathbf{w}\rangle = 0$$
$$\|\mathbf{u}\|=1,\ \|\mathbf{v}\|=\sqrt{3},\ \|\mathbf{w}\|=2$$

를 만족한다고 가정하자. 연습문제 25–28에서 다음을 계산하여라.

25. $\langle \mathbf{u}+\mathbf{w}, \mathbf{v}-\mathbf{w}\rangle$

26. $\langle 2\mathbf{v}-\mathbf{w}, 3\mathbf{u}+2\mathbf{w}\rangle$

27. $\|\mathbf{u}+\mathbf{v}\|$

28. $\|2\mathbf{u}-3\mathbf{v}+\mathbf{w}\|$

29. $\mathbf{u}+\mathbf{v}=\mathbf{w}$임을 보여라. [힌트: $\mathbf{u}+\mathbf{v}-\mathbf{w}=\mathbf{0}$를 보일 때 내적의 성질들을 어떻게 이용할 수 있는지 생각해 보아라.]

30. 내적공간에는 $\langle \mathbf{u}, \mathbf{v}\rangle < -1$을 만족하는 단위벡터 $\mathbf{u}$, $\mathbf{v}$는 존재하지 않음을 보여라.

※ [31–36] 내적 $\langle \mathbf{u}, \mathbf{v}\rangle$가 주어져 있다. 연습문제 31–34에서 다음 항등식을 증명하여라.

31. $\langle \mathbf{u}+\mathbf{v}, \mathbf{u}-\mathbf{v}\rangle = \|\mathbf{u}\|^2-\|\mathbf{v}\|^2$

32. $\|\mathbf{u}+\mathbf{v}\|^2 = \|\mathbf{u}\|^2+2\langle \mathbf{u}, \mathbf{v}\rangle+\|\mathbf{v}\|^2$

33. $\|\mathbf{u}\|^2+\|\mathbf{v}\|^2 = \frac{1}{2}\|\mathbf{u}+\mathbf{v}\|^2+\frac{1}{2}\|\mathbf{u}-\mathbf{v}\|^2$

34. $\langle \mathbf{u}, \mathbf{v}\rangle = \frac{1}{4}\|\mathbf{u}+\mathbf{v}\|^2-\frac{1}{4}\|\mathbf{u}-\mathbf{v}\|^2$

35. $\|\mathbf{u}+\mathbf{v}\|=\|\mathbf{u}-\mathbf{v}\|$일 필요충분조건은 $\mathbf{u}$와 $\mathbf{v}$가 서로 수직임을 증명하여라.

36. $d(\mathbf{u}, \mathbf{v})=\sqrt{\|\mathbf{u}\|^2+\|\mathbf{v}\|^2}$일 필요충분조건은 $\mathbf{u}$와 $\mathbf{v}$가 서로 수직임을 증명하여라.

※ [37–40] 기저 $\mathcal{B}$에 대하여 그램–슈미트 과정을 적용해서 주어진 내적을 가지는 내적공간 V의 직교기저를 구하여라.

37. $V=\mathbb{R}^2$는 예제 7.2의 내적을 가지는 내적공간이고

$\mathcal{B} = \left\{ \begin{bmatrix} 1 \\ 0 \end{bmatrix}, \begin{bmatrix} 1 \\ 1 \end{bmatrix} \right\}$이다.

38. $V = \mathbb{R}^2$는 예제 7.3의 내적을 가지는 내적공간이고 $\mathcal{B} = \left\{ \begin{bmatrix} 1 \\ 0 \end{bmatrix}, \begin{bmatrix} 1 \\ 1 \end{bmatrix} \right\}$이다.

39. $V = \mathscr{P}_2$는 예제 7.4의 내적을 가지는 내적공간이고 $\mathcal{B} = \{1,\ 1+x,\ 1+x+x^2\}$이다.

40. $V = \mathscr{P}_2[0,\ 1]$는 예제 7.5의 내적을 가지는 내적공간이고 $\mathcal{B} = \{1,\ 1+x,\ 1+x+x^2\}$이다.

41. (a) 처음 3개의 정규 르장드르 다항식들을 구하여라 (예제 7.8 참조).

(b) 그램-슈미트 과정을 이용해서 네 번째 정규 르장드르 다항식을 구하여라.

42. 만약 차수가 n인 르장드르 다항식에 적당한 스칼라를 곱하면 $L_n(1) = 1$을 만족하는 다항식 $L_n(x)$를 구할 수 있다.

(a) $L_0(x)$, $L_1(x)$, $L_2(x)$, $L_3(x)$를 구하여라.

(b) $L_n(x)$는 모든 $n \geq 2$에 대하여 점화식

$$L_n(x) = \frac{2n-1}{n} x L_{n-1}(x) - \frac{n-1}{n} L_{n-2}(x)$$

을 만족한다. $L_2(x)$, $L_3(x)$에 대하여 점화식을 확인하고 이것을 이용하여 $L_4(x)$, $L_5(x)$를 구하여라.

43. W가 내적공간 V의 부분공간이고 $\mathbf{v}$가 V의 한 원소일 때 $\text{perp}_W(\mathbf{v})$는 W의 모든 원소 $\mathbf{w}$에 수직임을 확인하여라.

44. $\mathbf{u}, \mathbf{v}$를 내적공간 V의 두 벡터라 하자. 다음 과정을 통하여 $\mathbf{u} \neq \mathbf{0}$일 때 코시-슈바르츠 부등식을 증명하여라.

(a) t를 실수 스칼라라고 하자. 그러면 모든 t에 대하여 $\langle t\mathbf{u}+\mathbf{v},\ t\mathbf{u}+\mathbf{v} \rangle \geq 0$을 만족한다. 이 부등식을 전개해서 이차부등식 $at^2+bt+c \geq 0$을 구하여라. a, b, c를 $\mathbf{u}$, $\mathbf{v}$로 표현하여라.

(b) 이차방정식과 그래프에 대한 지식을 이용해서 (a)의 부등식이 성립하는 a, b, c의 조건을 구하여라.

(c) (b)에서 $\mathbf{u}$, $\mathbf{v}$로 표현되는 a, b, c의 조건이 코시-슈바르츠 부등식과 동치임을 보여라.

탐구

복소수 항을 가지는 벡터와 행렬

이 책에서는 실벡터공간에서 가장 기본적인 예인 $\mathbb{R}^n$의 이론과 응용들을 전개하였다. 또한, 유한 벡터공간 $\mathbb{Z}_p^n$과 이 공간의 여러 응용들도 탐구하였다. n개의 복소수 쌍들의 집합인 $\mathbb{C}^n$은 복소수체 $\mathbb{C}$를 스칼라로 가지는 벡터공간이다. $\mathbb{C}^n$에 대하여 벡터공간의 공리들(6.1절)이 모두 만족되고, 일차독립, 기저, 차원 등의 개념 또한 $\mathbb{R}^n$으로부터 어려움없이 확장된다.

$\mathbb{R}^n$과 $\mathbb{C}^n$ 사이의 첫 번째 주목할 만한 차이는 스칼라적의 정의에 있다. 만약 $\mathbb{C}^n$의 스칼라적을 $\mathbb{R}^n$에서처럼 정의하면, 0이 아닌 벡터 $\mathbf{v}=\begin{bmatrix} i \\ 1 \end{bmatrix}$에 대하여

$$\|\mathbf{v}\| = \sqrt{\mathbf{v}\cdot\mathbf{v}} = \sqrt{i^2+1^2} = \sqrt{-1+1} = \sqrt{0} = 0$$

이다. 이것은 분명히 우리가 원하지 않는 상황(길이가 0이지만 $\mathbf{0}$가 아닌 벡터의 존재)이고 정리 1.2(d)와 정리 1.3에 위배된다. 이제 이러한 어려움을 피해서 $\mathbb{R}^n$의 스칼라적을 $\mathbb{C}^n$의 스칼라적으로 일반화한다.

정의 $\mathbf{u}=\begin{bmatrix} u_1 \\ \vdots \\ u_n \end{bmatrix}$과 $\mathbf{v}=\begin{bmatrix} v_1 \\ \vdots \\ v_n \end{bmatrix}$을 $\mathbb{C}^n$의 두 벡터라 하면, $\mathbf{u}$와 $\mathbf{v}$의 **복소 스칼라적**(complex dot product)은

$$\mathbf{u}\cdot\mathbf{v} = \bar{u}_1 v_1 + \cdots + \bar{u}_n v_n$$

으로 정의된다.

복소벡터 $\mathbf{v}$의 크기(길이)는 $\|\mathbf{v}\| = \sqrt{\mathbf{v}\cdot\mathbf{v}}$로 실수에서와 같은 방법으로 정의된다. 비슷하게 두 복소벡터 $\mathbf{u}$와 $\mathbf{v}$ 사이의 거리는 $d(\mathbf{u}, \mathbf{v}) = \|\mathbf{u}-\mathbf{v}\|$로 정의된다.

1. $\mathbb{C}^n$의 벡터 $\mathbf{v}=\begin{bmatrix} v_1 \\ \vdots \\ v_n \end{bmatrix}$에 대하여 $\|\mathbf{v}\|=\sqrt{|v_1|^2+|v_2|^2+\cdots+|v_n|^2}$ 임을 보여라.

2. $\mathbf{u}=\begin{bmatrix} i \\ 1 \end{bmatrix}$과 $\mathbf{v}=\begin{bmatrix} 2-3i \\ 1+5i \end{bmatrix}$라 하자. 다음을 구하여라.

   (a) $\mathbf{u}\cdot\mathbf{v}$ (b) $\|\mathbf{u}\|$ (c) $\|\mathbf{v}\|$ (d) $d(\mathbf{u},\mathbf{v})$

   (e) $\mathbf{u}$에 수직인 $\mathbf{0}$가 아닌 벡터

   (f) $\mathbf{v}$에 수직인 $\mathbf{0}$가 아닌 벡터

복소 스칼라적은 실 내적의 조건과 비교해서 두 가지 예외를 가지는 더 일반적인 개념의 복소 내적의 한 예이다. 아래 문제 3을 보이라.

3. $\mathbb{C}^n$의 모든 벡터 $\mathbf{u}$, $\mathbf{v}$, $\mathbf{w}$와 모든 복소수 스칼라에 대하여 복소 스칼라적이 다음을 만족함을 보여라.

   (a) $\mathbf{u}\cdot\mathbf{v}=\overline{\mathbf{v}\cdot\mathbf{u}}$

   (b) $\mathbf{u}\cdot(\mathbf{v}+\mathbf{w})=\mathbf{u}\cdot\mathbf{v}+\mathbf{u}\cdot\mathbf{w}$

   (c) $(c\mathbf{u})\cdot\mathbf{v}=\bar{c}(\mathbf{u}\cdot\mathbf{v})$ 그리고 $\mathbf{u}\cdot(c\mathbf{v})=c(\mathbf{u}\cdot\mathbf{v})$

   (d) $\mathbf{u}\cdot\mathbf{u}\geq 0$ 그리고 $\mathbf{u}\cdot\mathbf{u}=0$일 필요충분조건은 $\mathbf{u}=\mathbf{0}$이다.

복소수 항을 가지는 행렬에 대하여 덧셈, 복소수 스칼라배, 전치행렬과 행렬들의 곱은 3.1절의 실수 항을 가지는 행렬에서처럼 엄밀하게 정의되고, 이러한 연산들의 대수적 성질들이 여전히 보존된다(3.2절 참조). 실수 위에서 수행했던 것처럼 비슷하게 복소수 정사각행렬에 대해 역행렬과 행렬식의 개념을 정의할 수 있으며 모든 성질과 기법들이 복소수의 경우로 확장된다(3.3절과 4.2절 참조).

그러나 전치행렬의 개념은 실수에서와 다르게 복소수에서는 유용하지 않다. 다음은 이를 대신하는 정의이다.

정의 A가 복소수 행렬이면 A의 **켤레 전치행렬**(conjugate transpose) A^*는

$$A^*=\overline{A}^T$$

로 정의된다.

위의 정의에서 $\overline{A}$는 행렬 A의 각 성분에 대응되는 켤레 복소수를 성분으로 가지는 행렬이다. 즉 $A=[a_{ij}]$이면, $\overline{A}=[\overline{a}_{ij}]$이다.

4. 주어진 행렬에 대하여 켤레 전치행렬 A^*를 구하여라.

(a) $A = \begin{bmatrix} i & 2i \\ -i & 3 \end{bmatrix}$　　(b) $A = \begin{bmatrix} 2 & 5-2i \\ 5+2i & -1 \end{bmatrix}$

(c) $A = \begin{bmatrix} 2-i & 1+3i & -2 \\ 4 & 0 & 3-4i \end{bmatrix}$　　(d) $A = \begin{bmatrix} 3i & 0 & 1+i \\ 1-i & 4 & i \\ 1+i & 0 & -i \end{bmatrix}$

켤레 복소수의 성질들은 다음 문제 5에서 보여주는 것처럼 행렬로 확장된다.

5. A와 B를 복소행렬이라 하고, c를 복소수 스칼라라고 하자. 다음의 성질을 증명하여라.

(a) $\overline{\overline{A}} = A$　　(b) $\overline{A+B} = \overline{A} + \overline{B}$

(c) $\overline{cA} = \overline{c}\,\overline{A}$　　(d) $\overline{AB} = \overline{A}\,\overline{B}$

(e) $(\overline{A})^T = (\overline{A^T})$

문제 5의 성질들은 실행렬에 대한 전치행렬의 성질(정리 3.4)과 유사하게 켤레 전치행렬의 다음의 성질들을 증명하는 데 이용될 수 있다.

6. A와 B를 복소행렬이라 하고, c를 복소수 스칼라라고 하자. 다음 성질을 증명하여라.

(a) $(A^*)^* = A$　　(b) $(A+B)^* = A^* + B^*$

(c) $(cA)^* = \overline{c}A^*$　　(d) $(AB)^* = B^*A^*$

7. $\mathbb{C}^n$의 두 벡터 $\mathbf{u}$, $\mathbf{v}$에 대하여 복소 스칼라적은 $\mathbf{u} \cdot \mathbf{v} = \mathbf{u}^*\mathbf{v}$를 만족함을 보여라. (이를 통해서 복소 스칼라적이 왜 앞에서와 같이 정의되었는지 이해할 수 있다. 이는 $\mathbb{R}^n$의 벡터에 대한 공식 $\mathbf{u} \cdot \mathbf{v} = \mathbf{u}^T\mathbf{v}$와 유사하다.)

실행렬에 대하여 특별히 대각화를 공부할 때, 대칭행렬의 중요성을 확인할 수 있었다. 실행렬 A에 대하여 $A^T = A$를 만족할 때 A는 대칭행렬임을 상기하여라. 다음 정의는 복소행렬에 대하여 수정된 일반화이다.

정의　복소 정사각행렬 A가 $A^* = A$, 즉 자신의 켤레 전치행렬과 같을 때, A를 **에르미트**(Hermite)행렬 또는 에르미션(Hermitian)이라 부른다.

에르미트행렬은 프랑스 수학자 **에르미트**(Charles Hermite, 1822–1901)의 이름을 따서 명명되었다. 에르미트는 e가 초월수임을 증명한 것으로 가장 잘 알려져 있으나, 그는 또한 처음으로 직교행렬의 용어를 사용하였고 대칭행렬(그리고 에르미트행렬)은 실수 고윳값을 가짐을 증명하였다.

8. 에르미트행렬의 대각성분은 실수임을 보여라.

9. 다음의 행렬 중 에르미트행렬을 찾아라.

(a) $A = \begin{bmatrix} 2 & 1+i \\ 1-i & i \end{bmatrix}$　　(b) $A = \begin{bmatrix} -1 & 2-3i \\ 2-3i & 5 \end{bmatrix}$

(c) $A=\begin{bmatrix}-3 & -1+5i\\ 1-5i & 3\end{bmatrix}$ (d) $A=\begin{bmatrix}1 & 1+4i & 3-i\\ 1-4i & 2 & i\\ 3+i & -i & 0\end{bmatrix}$

(e) $A=\begin{bmatrix}0 & 3 & 2\\ -3 & 0 & -1\\ -2 & 1 & 0\end{bmatrix}$ (f) $A=\begin{bmatrix}3 & 0 & -2\\ 0 & 2 & 1\\ -2 & 1 & 5\end{bmatrix}$

10. 에르미트행렬의 고윳값은 실수임을 보여라. [힌트: 켤레 전치행렬을 통한 정리 5.18의 증명을 이용하여라.]
11. A가 에르미트행렬이면 A의 서로 다른 고윳값에 대응되는 고유벡터는 서로 수직임을 보여라. [힌트: 정리 5.19의 증명을 이용하되 $\mathbf{u}\cdot\mathbf{v}=\mathbf{u}^T\mathbf{v}$ 대신에 $\mathbf{u}\cdot\mathbf{v}=\mathbf{u}^*\mathbf{v}$를 적용하여라.]

실 정사각행렬 Q에 대하여 $Q^{-1}=Q^T$를 만족하면 Q는 직교행렬임을 상기하여라. 다음은 복소 정사각행렬에 대한 유사한 정의이다.

정의 복소 정사각행렬 U가 $U^{-1}=U^*$를 만족하면 **유니타리**(unitary) 행렬이라 부른다.

특별히 U가 직교행렬인 경우는 U^{-1}를 바로 계산할 필요가 없다. U가 유니타리행렬임을 확인하기 위해 $U^*U=I$임을 확인하면 된다.

12. 다음의 행렬 중 유니타리행렬을 찾아라. 유니타리행렬에 대하여 역행렬을 구하여라.

(a) $A=\begin{bmatrix}i/\sqrt{2} & -i/\sqrt{2}\\ i/\sqrt{2} & i/\sqrt{2}\end{bmatrix}$ (b) $A=\begin{bmatrix}1+i & 1+i\\ 1-i & -1+i\end{bmatrix}$

(c) $A=\begin{bmatrix}3/5 & -4/5\\ 4i/5 & 3i/5\end{bmatrix}$ (d) $A=\begin{bmatrix}(1+i)/\sqrt{6} & 0 & 2/\sqrt{6}\\ 0 & 1 & 0\\ (-1-i)/\sqrt{3} & 0 & 1/\sqrt{3}\end{bmatrix}$

유니타리행렬은 대부분의 측면에서 직교행렬과 같이 작용한다. 다음은 유니타리행렬의 몇 가지 다른 특징에 관한 문제이다.

13. 복소 정사각행렬 U에 대하여 다음 명제들이 동치임을 증명하여라.
    (a) U는 유니타리행렬이다.
    (b) U의 열집합은 복소 스칼라적에 대한 $\mathbb{C}^n$의 정규직교집합이다.
    (c) U의 행집합은 복소 스칼라적에 대한 $\mathbb{C}^n$의 정규직교집합이다.
    (d) 모든 $\mathbf{x}\in\mathbb{C}^n$에 대하여 $\|U\mathbf{x}\|=\|\mathbf{x}\|$이다.
    (e) 모든 $\mathbf{x},\ \mathbf{y}\in\mathbb{C}^n$에 대하여 $U\mathbf{x}\cdot U\mathbf{y}=\mathbf{x}\cdot\mathbf{y}$이다.

[힌트: 정리 5.4-5.7의 증명을 이용하여라.]

14. 문제 13의 판정 기준 (b) 또는 (c)를 적용해서 문제 12를 다시 풀어라.

다음 정의은 직교대각화의 복소행렬에 대한 자연스런 일반화이다.

정의 복소 정사각행렬 A에 대하여 유니타리행렬 U와 대각행렬 D가 존재해서

$$U^* A U = D$$

를 만족하면 A는 **유니타리 대각화가능**(unitarily diagonalizable)이라고 한다.

유니타리 대각화가능 $n \times n$행렬 A의 대각화 과정은 실수인 경우와 흡사하다. U의 열집합은 A의 고유벡터들로 이루어진 $\mathbb{C}^n$의 정규직교기저를 형성해야 한다. 따라서 (1) A의 고윳값을 계산한다. (2) 각 고유공간의 기저를 찾는다. (3) 각 고유공간의 기저가 정규직교기저로 구성되었는지 확인한다(필요하다면 복소 스칼라적과 그램-슈미트과정을 이용하여라). (4) 방금 찾은 정규직교벡터들로 U의 열을 구성하여라. 그러면 $U^* A U$는 대각행렬 D가 되고, 이때 D의 대각성분은 A의 고유벡터들로 이루어진 U의 열의 순서에 따라서 각 고유벡터에 대응하는 A의 고윳값들이 배열된다.

15. 다음 주어진 행렬에 대하여 유니타리행렬 U와 $U^* A U = D$를 만족하는 대각행렬 D를 구하여라.

(a) $A = \begin{bmatrix} 2 & i \\ -i & 2 \end{bmatrix}$ (b) $A = \begin{bmatrix} 0 & -1 \\ 1 & 0 \end{bmatrix}$

(c) $A = \begin{bmatrix} -1 & 1+i \\ 1-i & 0 \end{bmatrix}$ (d) $A = \begin{bmatrix} 1 & 0 & 0 \\ 0 & 2 & 1-i \\ 0 & 1+i & 3 \end{bmatrix}$

위 문제 15의 (a), (c), (d) 행렬은 모두 에르미트행렬이다. 모든 에르미트행렬은 유니타리 대각화가능이라고 밝혀졌다. (이것은 복소수 스펙트럴 정리(Complex Spectral Theorem)로, 정리 5.20의 증명을 이용해서 증명될 수 있다.) 이 시점에서 아마도 이 결과의 역도 참인지 궁금할 것이다—즉, 모든 유니타리 대각화가능한 행렬은 에르미트행렬이다. 하지만 불행히도 이것은 거짓이다! (복소수를 이용한 정리 5.17의 증명에서 어떤 부분에 문제가 발생하는지 알 수 있겠는가?)

《선형대수의 응용》(Linear Algebra with Applications) 참조-레온(S. J. Leon), 어퍼 새들 리버(Upper Saddle River, NJ: Prentice-Hall, 2002).

구체적인 반례로 문제 15(b)의 행렬을 취하자. 이 행렬은 에르미트행렬은 아니지만 유니타리 대각화가능하다.

다음 정리는 유니타리 대각화가능성에 대한 올바른 판별법을 나타내주며, 증명은 고등 선형대수학 교과서를 통해서 찾아볼 수 있다.

복소 정사각행렬 A가 **유니타리 대각화가능**(unitarily diagonalizable)일 필요충분조건은

$$A^*A = AA^*$$

이다.

$A^*A = AA^*$를 만족하는 행렬 A를 **정규행렬**(normal matrix)이라 부른다.

16. 모든 에르미트행렬, 유니타리행렬 그리고 반에르미트행렬($A^* = -A$)은 정규행렬임을 보여라. (실수체인 경우에서 이 결과는 각각 대칭행렬, 직교행렬 그리고 반대칭행렬을 나타낸다.)
17. 복소 정사각행렬이 유니타리 대각화가능하면 정규행렬임을 보여라.

기하 부등식과 최적화 문제

이번 탐구에서는 코시-슈바르츠 부등식의 경우처럼 다양한 부등식들의 강력한 (그리고 아마도 놀라운) 응용을 소개할 것이다. 미적분학에서 일반적으로 발생하는 어떤 최대화/최소화 문제(최적화 문제)가 미적분학을 전혀 사용하지 않고 해결될 수 있음을 경험할 것이다!

$\mathbb{R}^n$에서 코시-슈바르츠 부등식은 모든 벡터 $\mathbf{u}$, $\mathbf{v}$에 대하여

$$|\mathbf{u} \cdot \mathbf{v}| \le \|\mathbf{u}\|\|\mathbf{v}\|$$

를 만족하고 등호가 성립할 필요충분조건은 $\mathbf{u}$와 $\mathbf{v}$가 서로의 스칼라배임을 상기하여라. $\mathbf{u} = [x_1 \cdots x_n]^T$, $\mathbf{v} = [y_1 \cdots y_n]^T$이면, 위의 부등식은

$$|x_1y_1 + \cdots + x_ny_n| \le \sqrt{x_1^2 + \cdots x_n^2}\ \sqrt{y_1^2 + \cdots y_n^2}$$

과 동치이다. 양변을 제곱하고 합의 기호를 써서

$$\left(\sum_{i=1}^{n} x_iy_i\right)^2 \le \left(\sum_{i=1}^{n} x_i^2\right)\left(\sum_{i=1}^{n} y_i^2\right)$$

을 얻는다. 또한 등호가 성립할 필요충분조건은 스칼라 k가 존재해서 모든 $i = 1, \cdots, n$에 대하여 $y_i = kx_i$이다.

코시–슈바르츠를 이용해서 가장 유용한 부등식 중 하나의 특별한 경우를 유도해 보자.

1. x, y를 음이 아닌 실수라 하자. $\mathbf{u}=\begin{bmatrix}\sqrt{x}\\ \sqrt{y}\end{bmatrix}$와 $\mathbf{v}=\begin{bmatrix}\sqrt{y}\\ \sqrt{x}\end{bmatrix}$에 대하여 코시–슈바르츠 부등식을 적용하여 다음 부등식

$$\sqrt{xy} \le \frac{x+y}{2} \tag{1}$$

를 만족하고 등호가 성립할 필요충분조건은 $x=y$임을 보여라.

2. (a) 부등식 (1)을 직접 증명하여라. [힌트: 양변을 제곱하여라.] (b) 그림 7.4는 O를 중심으로 하고 지름이 $AB=AC+CB=x+y$인 원을 나타낸다. 선분 $\overline{CD}$는 $\overline{AB}$에 수직이다. $CD=\sqrt{xy}$임을 증명하고 이 결과를 이용해서 부등식 (1)이 성립함을 밝혀라. [힌트: 삼각형의 닮음을 이용하여라.]

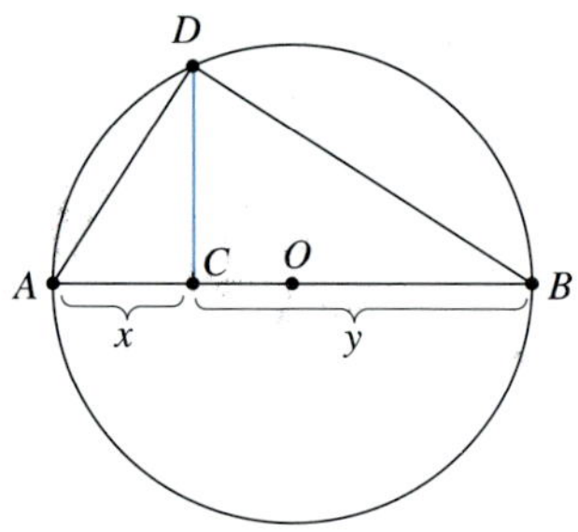

그림 7.4

부등식 (1)의 오른쪽 항은 두 수 x, y에 대하여 우리에게 친숙한 **산술평균**(또는 평균)(arithmetic mean 또는 average)이다. 왼쪽 항은 덜 익숙한 x, y에 대한 **기하평균**(geometric mean)이다. 따라서 부등식 (1)은 **산술평균–기하평균 부등식**(Arithmetic Mean–Geometric Mean Inequality, AMGM)으로 알려져 있다. 이 부등식은 음이 아닌 모든 변수 $x_1, \cdots, x_n$에 대하여 더 일반적으로 성립한다.

$$\sqrt[n]{x_1 x_2 \cdots x_n} \le \frac{x_1+x_2+\cdots+x_n}{n}$$

이고 등호가 성립할 필요충분조건은 $x_1=x_2=\cdots=x_n$이다.

즉, AMGM 부등식은 음이 아닌 수의 집합에 대하여 기하평균은 항상 산술평균보다 작거나 같고 모든 수가 같을 때 두 평균이 정확히 같아짐을 의미한다.

이제 이러한 부등식이 최적화 문제에 어떻게 적용되는지 알아본다. 다음은 일반적인 미적분학 문제이다.

예제 7.9 둘레가 100인 모든 직사각형 중에서, 정사각형이 최대 넓이를 가짐을 증명하여라.

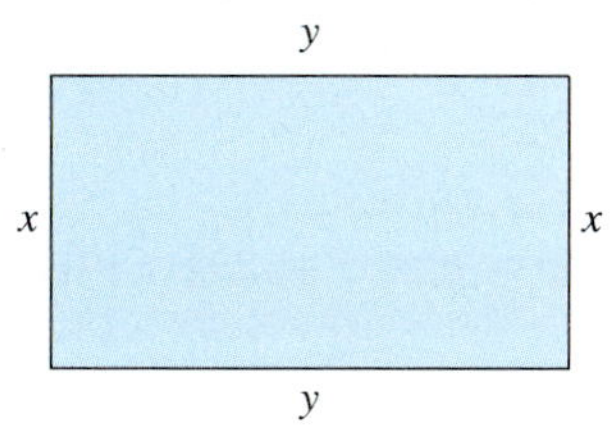

그림 7.5

풀이 x와 y를 직사각형의 두 변의 길이라고 하면(그림 7.5 참조), 최대화시키려는 넓이는

$$A = xy$$

이다. 또한 둘레는

$$2x + 2y = 100$$

즉 $x + y = 50$을 만족한다. AMGM 부등식을 이용해서 xy와 $x + y$의 관계식을 얻을 수 있다.

$$\sqrt{xy} \le \frac{x+y}{2} \quad \text{또는 동치조건으로,} \quad xy \le \frac{1}{4}(x+y)^2$$

$x + y = 50$은 상수이므로(그리고 이것이 핵심이다), $A = xy$의 최댓값은 $50^2/4 = 625$이고 $x = y = 25$를 만족할 때 발생한다.

여기서 미분을 이용하지 않았다! 인상적이지 않는가? 이러한 최대화 문제에서는 AMGM 부등식의 오른쪽 항이 상수임을 보이는 것이 결정적인 단계이다. 유사한 방식으로 만일 왼쪽 항이 상수임을 보일 수 있으면 이 부등식을 최소화 문제에 적용할 수 있을 것이다.

예제 7.10 부피가 $8\,\text{m}^3$인 모든 직육면체 중에서 정육면체가 최소 겉넓이를 가짐을 증명하여라.

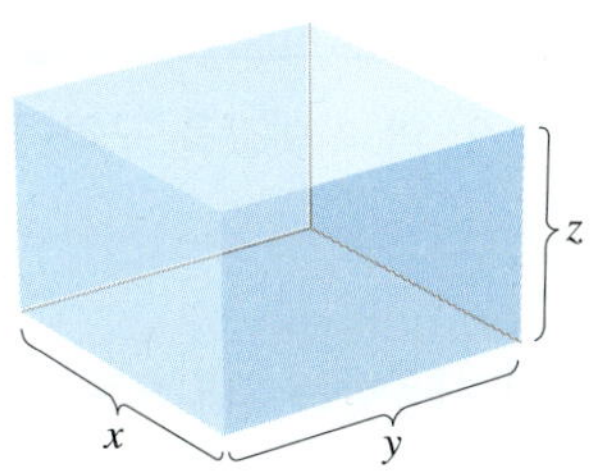

그림 7.6

풀이 그림 7.6에서처럼 x, y, z를 직육면체의 세 변의 길이라고 하면, 부피는

$$V = xyz$$

이다. 따라서 $xyz = 8$이다. 최소화하려는 넓이는

$$S = 2xy + 2yz + 2zx$$

이다. 이 문제는 3-변수 문제이므로, $n = 3$에 대한 AMGM 부등식, 즉

$$\sqrt[3]{xyz} \le \frac{x+y+z}{3}$$

를 이용해야 한다. 불행히도 이 표현 안에는 S가 나타나지 않는다. 하지만 AMGM 부등식을 적절히 이용하면

$$\begin{aligned}\frac{S}{3} = \frac{2xy + 2yz + 2zx}{3} &\ge \sqrt[3]{(2xy)(2yz)(2zx)} \\ &= 2\sqrt[3]{(xyz)^2} \\ &= 2\sqrt[3]{64} = 8\end{aligned}$$

이고, 즉 $S \geq 24$를 얻을 수 있다. 따라서 S의 최솟값은 24이고

$$2xy = 2yz = 2zx$$

를 만족할 때 발생한다. (왜 그러한가?) 위의 등식은 $x = y = z = 2$를 의미한다. (즉 직육면체는 정육면체이다.)

3. 넓이가 100인 직사각형 중에서, 정사각형이 최소 둘레를 가짐을 보여라.
4. 모든 $x > 0$에 대하여 $f(x) = x + \dfrac{1}{x}$의 최솟값은 얼마인가?
5. 한 변의 길이가 10 cm인 정사각 골판지의 네 모서리에서 정사각형을 잘라내고 위로 접어서 바닥이 정사각형이고 위가 열린 골판지 상자를 만든다. 부피가 가능한 한 최대가 되려면 상자의 한 변의 길이를 얼마로 해야 하는가?
6. 양의 실수 x, y, z가 $xyz = 1$을 만족할 때

$$f(x, y, z) = (x+y)(y+z)(z+x)$$

의 최솟값을 구하여라.

7. $x > y > 0$에 대하여 $x + \dfrac{8}{y(x-y)}$의 최솟값을 구하여라. [힌트: 치환이 도움이 될 것이다.]

다음 예제를 통해서 알 수 있듯이 코시-슈바르츠 부등식은 그 자체로 비슷한 최적화 문제에 적용될 수 있다.

예제 7.11 $x^2 + y^2 + z^2 = 1$에 대하여 함수 $f(x, y, z) = 3x + y + 2z$의 최댓값을 구하여라. 언제 최댓값이 발생하는가?

풀이 이런 종류의 문제는 보통 다변수 미적분학 수업에서 사용하는 기법으로 다룬다. 여기서는 코시-슈바르츠 부등식을 사용하는 방법을 익힐 것이다. 함수 $3x + y + 2z$는 스칼라적의 형식을 가지고 있으므로

$$\mathbf{u} = \begin{bmatrix} 3 \\ 1 \\ 2 \end{bmatrix}, \quad \mathbf{v} = \begin{bmatrix} x \\ y \\ z \end{bmatrix}$$

라 하자. 성분별로 코시-슈바르츠 부등식에 적용하면

$$(3x + y + 2z)^2 \leq (3^2 + 1^2 + 2^2)(x^2 + y^2 + z^2) = 14$$

임을 알 수 있다. 따라서 함수의 최댓값은 $\sqrt{14}$이고,

$$\begin{bmatrix} x \\ y \\ z \end{bmatrix} = k \begin{bmatrix} 3 \\ 1 \\ 2 \end{bmatrix}$$

일 때 발생한다. 따라서 $x = 3k$, $y = k$, $z = 2k$이고 $3x + y + 2z = \sqrt{14}$에 대입하면 $3(3k) + k + 2(2k) = \sqrt{14}$를 얻는다. 그러므로 $k = \dfrac{1}{\sqrt{14}}$이고

$$\begin{bmatrix} x \\ y \\ z \end{bmatrix} = \begin{bmatrix} 3/\sqrt{14} \\ 1/\sqrt{14} \\ 2/\sqrt{14} \end{bmatrix}$$

이다.

8. $x^2 + 2y^2 + z^2 = 1$에 대하여 함수 $f(x, y, z) = x + 2y + 4z$의 최댓값을 구하여라.
9. $x + y + z = 10$에 대하여 함수 $f(x, y, z) = x^2 + y^2 + \dfrac{z^2}{2}$의 최댓값을 구하여라.
10. $\sin\theta + \cos\theta$의 최댓값을 구하여라.
11. 직선 $x + 2y = 5$ 위의 점 중에서 원점과 가장 가까운 점을 찾아라.

최적화 문제를 해결하는 데 이용될 수 있는 많은 또 다른 부등식이 존재한다. $x_1, \cdots, x_n$의 **이차평균**(quadratic mean)은

$$\sqrt{\frac{x_1^2 + \cdots + x_n^2}{n}}$$

으로 정의된다. $x_1, \cdots, x_n$이 영이 아니면, **조화평균**(harmonic mean)은

$$\frac{n}{1/x_1 + 1/x_2 + \cdots + 1/x_n}$$

이다. 이차평균, 산술평균, 기하평균, 그리고 조화평균은 모두 서로 관계가 있다고 알려져 있다.

12. x, y를 양의 실수라 하자. 그러면

$$\sqrt{\frac{x^2 + y^2}{2}} \geq \frac{x + y}{2} \geq \sqrt{xy} \geq \frac{2}{1/x + 1/y}$$

이고, 등호가 성립할 필요충분조건은 $x = y$임을 보여라. (가운데 부등식은 바로 AMGM이므로, 처음과 셋째 부등식이 성립함을 보이면 된다.)

13. 반지름이 r인 원에 내접하는 직사각형의 넓이의 최댓값을 구하여라(그림 7.7).

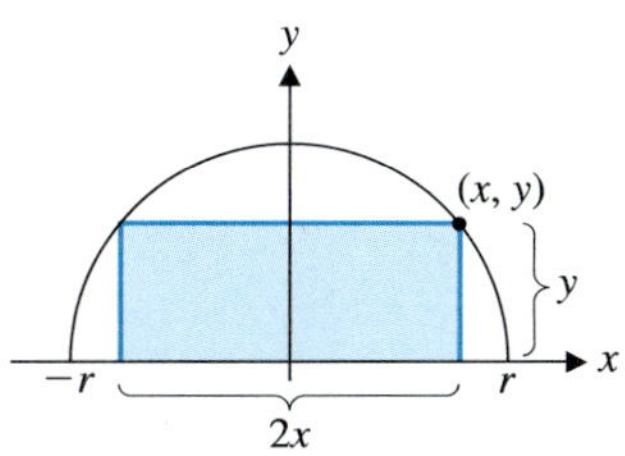

그림 7.7

14. $x, y > 0$에 대하여 함수

$$f(x,\ y) = \frac{(x+y)^2}{xy}$$

의 최솟값을 구하여라. [힌트: $(x+y)^2/xy = (x+y)(1/x+1/y)$]

15. x, y를 $x+y=1$을 만족하는 양의 실수라 하자. 함수

$$f(x,\ y) = \left(x+\frac{1}{x}\right)^2 + \left(y+\frac{1}{y}\right)^2$$

의 최솟값이 $\frac{25}{2}$임을 보이고, 최솟값이 발생하는 경우의 x와 y를 결정하여라.

7.2 크기와 거리함수

앞 절에서, 우리는 길이와 거리를 내적공간에서 정의할 수 있음을 확인하였다. 내적으로 정의되지 않은 길이와 거리 또한 존재하는데, 이 절에서 간단히 확인할 것이다.

우선 우리는 '길이함수'가 만족하기를 원하는 성질들을 지정할 필요가 있다. 정리 1.3과 삼각부등식을 이용해서 길이함수를 다음과 같이 정의할 수 있다.

정의 한 벡터공간 V의 각 원소 $\mathbf{v}$에 대해 실수 $\|\mathbf{v}\|$를 대응시키는 함수를 벡터 $\mathbf{v}$의 **크기**(norm)라고 한다. 이때 임의의 벡터 $\mathbf{u}$, $\mathbf{v}$와 스칼라 c에 대해 다음이 성립되어야 한다.

1. $\|\mathbf{v}\| \geq 0$이고 $\|\mathbf{v}\| = 0$일 필요충분조건은 $\mathbf{v} = \mathbf{0}$이다.
2. $\|c\mathbf{v}\| = |c| \, \|\mathbf{v}\|$
3. $\|\mathbf{u} + \mathbf{v}\| \leq \|\mathbf{u}\| + \|\mathbf{v}\|$

크기가 정의된 벡터공간을 **크기선형공간**(normed linear space)이라 부른다.

예제 7.12 내적공간에서 $\|\mathbf{v}\| = \sqrt{\langle \mathbf{v}, \mathbf{v} \rangle}$는 크기가 됨을 보여라.

풀이 $\sqrt{\langle \mathbf{v}, \mathbf{v} \rangle} \geq 0$임은 명백하다. 게다가 내적공간의 정의에 의해서

$$\sqrt{\langle \mathbf{v}, \mathbf{v} \rangle} = 0 \Leftrightarrow \langle \mathbf{v}, \mathbf{v} \rangle = 0 \Leftrightarrow \mathbf{v} = \mathbf{0}$$

이다. 따라서 성질 (1)이 증명되었다.

성질 (2)에 대해서는

$$\|c\mathbf{v}\| = \sqrt{\langle c\mathbf{v}, c\mathbf{v} \rangle} = \sqrt{c^2 \langle \mathbf{v}, \mathbf{v} \rangle} = \sqrt{c^2} \sqrt{\langle \mathbf{v}, \mathbf{v} \rangle} = |c| \|\mathbf{v}\|$$

임을 보이면 충분하다.

성질 (3)은 정리 7.4에서 확인된 삼각부등식이다.

이제 내적으로 정의되지 않은 크기의 몇 가지 예를 살펴보자. 예제 7.13은 이 장의 도입에서 소개된 택시크기를 $\mathbb{R}^n$에 수학적으로 일반화시킨 것이다.

예제 7.13 $\mathbb{R}^n$의 벡터 $\mathbf{v}$의 **합크기**(sum norm) $\|\mathbf{v}\|_s$는 $\mathbf{v}$의 모든 성분들의 절댓값의 합이다. 즉, $\mathbf{v} = [v_1 \cdots v_n]^T$이면

$$\|\mathbf{v}\|_s = |v_1| + \cdots + |v_n|$$

이다. 합크기가 $\mathbb{R}^n$의 크기가 됨을 보여라.

풀이 $\|\mathbf{v}\|_s = |v_1| + \cdots + |v_n| \geq 0$임은 분명하고 여기서 등호가 성립할 필요충분조건은 $|v_1| = \cdots = |v_n| = 0$이다. 한편 이 조건이 성립할 필요충분조건은 $v_1 = \cdots = v_n = 0$ 또는 $\mathbf{v} = \mathbf{0}$와 동치이며, 따라서 성질 (1)이 증명되었다. 성질 (2)에 대해서는 $c\mathbf{v} = [cv_1 \cdots cv_n]^T$이므로

$$\|c\mathbf{v}\|_s = |cv_1| + \cdots + |cv_n| = |c|(|v_1| + \cdots + |v_n|) = |c|\|\mathbf{v}\|_s$$

이다. 마지막으로 만일 $\mathbf{u} = [u_1 \cdots u_n]^T$라 하면,

$$\begin{aligned}\|\mathbf{u} + \mathbf{v}\|_s &= |u_1 + v_1| + \cdots + |u_n + v_n| \\ &\leq (|u_1| + |v_1|) + \cdots + (|u_n| + |v_n|) \\ &= (|u_1| + \cdots + |u_n|) + (|v_1| + \cdots + |v_n|) = \|\mathbf{u}\|_s + \|\mathbf{v}\|_s\end{aligned}$$

이므로 삼각부등식이 성립한다.

합크기는 또한 **1-크기**(1-norm)로 알려져 있고 종종 $\|\mathbf{v}\|_1$으로 표기된다. 이는 $\mathbb{R}^2$에서 택시크기와 같다. 예제 7.13에서 보는 것과 같이 동일한 벡터공간에서 몇 개의 서로 다른 크기를 정의하는 것이 가능하다. 예제 7.14에서는 $\mathbb{R}^n$에서의 또 다른 크기를 소개한다.

예제 7.14

$\mathbb{R}^n$의 벡터 $\mathbf{v}$의 **최대크기**(max norm) $\|\mathbf{v}\|_m$은 $\mathbf{v}$의 각 성분들의 절댓값 중의 최댓값이다. 즉, $\mathbf{v} = [v_1 \cdots v_n]^T$에 대하여

$$\|\mathbf{v}\|_m = \max\{|v_1|, \cdots, |v_n|\}$$

이다. 최대크기는 $\mathbb{R}^n$의 크기가 됨을 보여라.

풀이 다시 $\|\mathbf{v}\|_m \geq 0$이 성립함을 알 수 있다. 만일 $\|\mathbf{v}\|_m = 0$이라면 각 성분들의 절댓값 중에서 가장 큰 값이 0이므로 모든 절댓값이 0이다. 따라서 $v_1 = \cdots = v_n = 0$이므로 $\mathbf{v} = \mathbf{0}$이고 성질 (1)을 만족함을 확인할 수 있다. 다음으로 임의의 스칼라 c에 대하여

$$\|c\mathbf{v}\|_m = \max\{|cv_1|, \cdots, |cv_n|\} = |c|\max\{|v_1|, \cdots, |v_n|\} = |c|\|\mathbf{v}\|_m$$

이다. 마지막으로, $\mathbf{u} = [u_1 \cdots u_n]^T$에 대하여

$$\begin{aligned}\|\mathbf{u}+\mathbf{v}\|_m &= \max\{|u_1+v_1|,\ \cdots,\ |u_n+v_n|\}\\ &\le \max\{(|u_1|+|v_1|),\ \cdots,\ (|u_n|+|v_n|)\}\\ &\le \max\{(|u_1|,\ \cdots,\ |u_n|)\}+\max\{(|v_1|,\ \cdots,\ |v_n|)\}\\ &= \|\mathbf{u}\|_m+\|\mathbf{v}\|_m\end{aligned}$$

이다.(두 번째 부등식이 성립하는 이유는 무엇인가?) 이는 삼각부등식이 성립함을 확인한다.

최대크기는 또한 **∞-크기**(∞-norm) 또는 **고른 크기**(uniform norm)로 알려져 있고, 종종 $\|\mathbf{v}\|_\infty$로 표기한다. 일반적으로 $\mathbb{R}^n$ 위에서 모든 실수 $p \ge 1$에 대하여 크기 $\|\mathbf{v}\|_p$를

$$\|\mathbf{v}\|_p = (|v_1|^p + \cdots + |v_n|^p)^{1/p}$$

로 정의할 수 있다. $p=1$일 때 $\|\mathbf{v}\|_1 = \|\mathbf{v}\|_s$가 되어 1-크기 용어를 정당화한다. $p=2$이면 스칼라적을 통해서 얻어지는 친숙한 크기인

$$\|\mathbf{v}\|_2 = (|v_1|^2 + \cdots + |v_n|^2)^{1/2} = \sqrt{v_1^2 + \cdots + v_n^2}$$

이다. 이는 **2-크기**(2-norm) 또는 **유클리드 크기**(Euclidean norm)라 부르고 $\|\mathbf{v}\|_E$로 표기한다. 실수 p가 커지면 $\|\mathbf{v}\|_p$는 $\|\mathbf{v}\|_m$에 가까워짐을 미적분학을 통해 보일 수 있다. 이러한 사실을 통해 $\|\mathbf{v}\|_m$을 $\|\mathbf{v}\|_\infty$로 표기함이 타당함을 알 수 있다.

예제 7.15 $\mathbb{Z}_2^n$의 벡터 $\mathbf{v}$에 대하여, $\|\mathbf{v}\|_H$를 $\mathbf{v}$의 무게 $w(\mathbf{v})$로 정의한다. $\|\mathbf{v}\|_H$가 $\mathbb{Z}_2^n$의 크기가 됨을 보여라.

풀이 분명히 $\|\mathbf{v}\|_H = w(\mathbf{v}) \ge 0$이고, 무게가 0인 유일한 벡터는 영벡터이다. 따라서 성질 (1)을 만족한다. 스칼라 c로 선택될 수 있는 유일한 것은 0 또는 1이기 때문에 성질 (2)도 만족한다.

삼각부등식이 성립함을 보이기 위해 먼저 $\mathbb{Z}_2^n$의 임의의 벡터 $\mathbf{u}$, $\mathbf{v}$에 대해 $w(\mathbf{u}+\mathbf{v})$는 $\mathbf{u}$와 $\mathbf{v}$의 서로 다른 성분을 가지는 자리의 개수와 같음을 확인하자. [예를 들어, 만약

$$\mathbf{u} = [1\ 1\ 0\ 1\ 0]^T,\quad \mathbf{v} = [0\ 1\ 1\ 1\ 1]^T$$

이면 $\mathbf{u}+\mathbf{v} = [1\ 0\ 1\ 0\ 1]^T$이고 $w(\mathbf{u}+\mathbf{v}) = 3$, 즉 $\mathbf{u}$와 $\mathbf{v}$의 서로 다른 성분을 가지는 자리의 개수와 일치한다.] 임의의 벡터 $\mathbf{u}$, $\mathbf{v}$에 대해 n_0개의 자리에서 동시에 0을 가지고 n_1개의 자리에서 동시에 1을 가지고 n_{01}개의 자리에서 $\mathbf{u}$가 0일 때 $\mathbf{v}$는 1이고 n_{10}개의 자리에서 $\mathbf{u}$가 1일 때 $\mathbf{v}$는 0이라고 가정하자. (위의 예에

서 $n_0 = 0$, $n_1 = 2$, $n_{01} = 2$, $n_{10} = 1$.) 그러면

$$w(\mathbf{u}) = n_1 + n_{10},\ w(\mathbf{v}) = n_1 + n_{01},\ w(\mathbf{u}+\mathbf{v}) = n_{10} + n_{01}$$

이다. 따라서

$$\begin{aligned}\|\mathbf{u}+\mathbf{v}\|_H &= w(\mathbf{u}+\mathbf{v}) = n_{10} + n_{01} \\ &= (n_1 + n_{10}) + (n_1 + n_{01}) - 2n_1 \\ &\le (n_1 + n_{10}) + (n_1 + n_{01}) \\ &= w(\mathbf{u}) + w(\mathbf{v}) = \|\mathbf{u}\|_H + \|\mathbf{v}\|_H\end{aligned}$$

이다. 이러한 크기 $\|\mathbf{v}\|_H$를 **해밍크기**(Hamming norm)라 한다.

여러 가지 거리함수

임의의 크기에 대하여, 거리함수를 앞 절에서 다루었던 것처럼 다음과 같이

$$\mathrm{d}(\mathbf{u},\ \mathbf{v}) = \|\mathbf{u} - \mathbf{v}\|$$

정의할 수 있다.

예제 7.16

$\mathbf{u} = \begin{bmatrix} 3 \\ -2 \end{bmatrix}$, $\mathbf{v} = \begin{bmatrix} -1 \\ 1 \end{bmatrix}$이라 놓자. (a) 유클리드 크기, (b) 합크기, (c) 최대크기에 대해 $\mathrm{d}(\mathbf{u},\ \mathbf{v})$를 계산하여라.

풀이 $\mathbf{u} - \mathbf{v} = \begin{bmatrix} 4 \\ -3 \end{bmatrix}$이므로 다음을 각각 계산할 수 있다.

(a) 잘 알고 있는 방법대로

$$\mathrm{d}_E(\mathbf{u},\ \mathbf{v}) = \|\mathbf{u} - \mathbf{v}\|_E = \sqrt{4^2 + (-3)^2} = \sqrt{25} = 5$$

이다.

(b) $\mathrm{d}_s(\mathbf{u},\ \mathbf{v}) = \|\mathbf{u} - \mathbf{v}\|_s = |4| + |-3| = 7$

(c) $\mathrm{d}_m(\mathbf{u},\ \mathbf{v}) = \|\mathbf{u} - \mathbf{v}\|_m = \max\{|4|,\ |-3|\} = 4$

해밍크기에 의해 정의된 $\mathbb{Z}_2^n$ 위에서의 거리함수를 **해밍거리**(Hamming distance)라고 부른다. 우리는 추후 8.2절에서 **오류-정정코드**에 이를 이용함을 볼 수 있을 것이다. 예제 7.17은 해밍거리의 한 예이다.

예제 7.17

$\mathbf{u} = [1\ 1\ 0\ 1\ 0]^T$, $\mathbf{v} = [0\ 1\ 1\ 1\ 1]^T$일 때 $\mathbf{u}$와 $\mathbf{v}$ 사이의 해밍거리를 구하여라.

풀이 $\mathbb{Z}_2$ 위에서 수행하고 있으므로 $\mathbf{u} - \mathbf{v} = \mathbf{u} + \mathbf{v}$이다. 따라서

$$d_H(\mathbf{u},\ \mathbf{v}) = \|\mathbf{u}+\mathbf{v}\|_H = w(\mathbf{u}+\mathbf{v})$$

이다. 예제 7.15에서 본 것처럼, 이는 단지 $\mathbf{u}$와 $\mathbf{v}$의 서로 다른 성분을 가지는 자리의 개수이다. 주어진 두 벡터는 예제 7.15에서 이용한 것과 같다. 때문에 계산은 정확히 동일하다. 따라서 $d_H(\mathbf{u},\ \mathbf{v}) = 3$이다.

정리 7.5는 거리함수의 가장 중요한 성질들을 요약한 것이다.

정리 7.5 d를 크기를 갖는 선형공간 V에서 정의된 거리함수라 하자. V의 모든 벡터 $\mathbf{u}$, $\mathbf{v}$, $\mathbf{w}$에 대해 다음이 성립한다.

a. $d(\mathbf{u},\ \mathbf{v}) \geq 0$이고 $d(\mathbf{u},\ \mathbf{v}) = 0$일 필요충분조건은 $\mathbf{u} = \mathbf{v}$이다.

b. $d(\mathbf{u},\ \mathbf{v}) = d(\mathbf{v},\ \mathbf{u})$

c. $d(\mathbf{u},\ \mathbf{w}) \leq d(\mathbf{u},\ \mathbf{v}) + d(\mathbf{v},\ \mathbf{w})$

증명 (a) 크기의 정의로부터 성질 1을 이용하면 $d(\mathbf{u},\ \mathbf{v}) = \|\mathbf{u}-\mathbf{v}\| \geq 0$임을 쉽게 보일 수 있으며, $\|\mathbf{u}-\mathbf{v}\| = 0$이 성립할 필요충분조건으로 $\mathbf{u}-\mathbf{v} = \mathbf{0}$이고, 이는 $\mathbf{u} = \mathbf{v}$와 동치이다.

(b) 연습문제 19로 남긴다.

(c) 삼각부등식으로부터 다음의 결과

$$\begin{aligned} d(\mathbf{u},\ \mathbf{v}) + d(\mathbf{v},\ \mathbf{w}) &= \|\mathbf{u}-\mathbf{v}\| + \|\mathbf{v}-\mathbf{w}\| \\ &\geq \|(\mathbf{u}-\mathbf{v}) + (\mathbf{v}-\mathbf{w})\| \\ &= \|\mathbf{u}-\mathbf{w}\| = d(\mathbf{u},\ \mathbf{w}) \end{aligned}$$

를 얻는다.

정리 7.5의 세 가지 성질을 만족하는 함수 d를 **거리**(metric)라 부르고 이러한 함수를 가진 벡터공간을 **거리공간**(metric space)이라 부른다. 이러한 개념들은 수학의 여러 분야에서 매우 중요한 역할을 하며 좀 더 고급 과정에서 자세히 다루어진다.

여러 가지 행렬크기

$\mathbb{R}^n$의 벡터에 대하여 크기를 정의했던 것처럼 행렬의 크기를 정의할 수 있다. 결국 $m \times n$행렬들의 벡터공간 M_{mn}은 $\mathbb{R}^{mn}$과 동형이기 때문에 크기를 정의하는 것은 어렵지 않다. 물론 크기의 세 가지 성질은 행렬의 경우에도 성립할 것이다. 행렬에 대해서 가장 유용한 크기들은 하나의 추가적인 성질을 만족한다는 것을 확인할 수 있다. (우리는 관심을 정사각행렬(square matrix)에 제한하지만, 모든 것을 임의의 행렬로 일반화시키는 것이 가능하다.)

정의 M_{nn}에서 **행렬크기**(matrix norm)는 임의의 $n\times n$행렬 A에 대하여 A의 크기인 실숫값 $\|A\|$를 대응하고 임의의 $n\times n$행렬 A, B와 스칼라 c에 대해 다음 성질들을 만족한다.

1. $\|A\|\geq 0$이고 $\|A\|=0$일 필요충분조건은 $A=O$이다.
2. $\|cA\|=|c|\,\|A\|$
3. $\|A+B\|\leq \|A\|+\|B\|$
4. $\|AB\|\leq \|A\|\|B\|$

모든 $n\times n$행렬 A와 $\mathbb{R}^n$의 모든 벡터 $\mathbf{x}$에 대해 다음의 식

$$\|A\mathbf{x}\|\leq \|A\|\|\mathbf{x}\|$$

를 만족하면 M_{nn}에서의 행렬크기 $\|A\|$는 $\mathbb{R}^n$에서의 벡터크기 $\|\mathbf{x}\|$와 **양립**(compatible)할 수 있다고 한다.

예제 7.18 행렬 A의 **프로베니우스 크기**(Frobenius norm) $\|A\|_F$는 행렬 A의 각 성분들을 벡터로 늘어놓은 뒤 유클리드 크기를 취한 것으로 얻을 수 있다. 즉, $\|A\|_F$는 A의 각 성분들의 제곱을 모두 더한 값의 제곱근이다. 따라서 만일 $A=[a_{ij}]$이면,

$$\|A\|_F=\sqrt{\sum_{i,j=1}^{n} a_{ij}^2}$$

이다.

(a) 다음의 프로베니우스 크기를 구하여라.

$$A=\begin{bmatrix}3 & -1\\ 2 & 4\end{bmatrix}$$

(b) 프로베니우스 크기는 유클리드 크기와 양립할 수 있는 크기임을 보여라.

(c) 프로베니우스 크기는 행렬크기임을 보여라.

풀이 (a) $\|A\|_F=\sqrt{3^2+(-1)^2+2^2+4^2}=\sqrt{30}$ 이다.

계속하기에 앞서, 만일 $\mathbf{A}_1=[3\ \ -1]$과 $\mathbf{A}_2=[2\ \ 4]$가 A의 행벡터이면 $\|\mathbf{A}_1\|_E=\sqrt{3^2+(-1)^2}$ 이고 $\|\mathbf{A}_2\|_E=\sqrt{2^2+4^2}$ 임을 확인할 수 있다. 따라서

$$\|A\|_F=\sqrt{\|\mathbf{A}_1\|_E^2+\|\mathbf{A}_2\|_E^2}$$

이다. 같은 방법으로 $\mathbf{a}_1=\begin{bmatrix}3\\2\end{bmatrix}$와 $\mathbf{a}_2=\begin{bmatrix}-1\\4\end{bmatrix}$가 A의 열벡터이면

$$\|A\|_F=\sqrt{\|\mathbf{a}_1\|_E^2+\|\mathbf{a}_2\|_E^2}$$

이다. 일반적으로 $n \times n$행렬에 대해서도 위와 같이 성립함을 쉽게 보일 수 있다. 우리는 이러한 관찰을 통해 (b)와 (c)를 확인할 수 있다.

(b) $A = \begin{bmatrix} \mathbf{A}_1 \\ \vdots \\ \mathbf{A}_n \end{bmatrix}$라 하자. 그러면

$$\begin{aligned} \|A\mathbf{x}\|_E &= \left\| \begin{bmatrix} \mathbf{A}_1\mathbf{x} \\ \vdots \\ \mathbf{A}_n\mathbf{x} \end{bmatrix} \right\|_E \\ &= \sqrt{\|\mathbf{A}_1\mathbf{x}\|_E^2 + \cdots + \|\mathbf{A}_n\mathbf{x}\|_E^2} \\ &\le \sqrt{\|\mathbf{A}_1\|_E^2\|\mathbf{x}\|_E^2 + \cdots + \|\mathbf{A}_n\|_E^2\|\mathbf{x}\|_E^2} \\ &= \sqrt{\|\mathbf{A}_1\|_E^2 + \cdots + \|\mathbf{A}_n\|_E^2}\,\|\mathbf{x}\|_E \\ &= \|\mathbf{A}\|_F\|\mathbf{x}\|_E \end{aligned}$$

이며, 부등식 부분은 코시–슈바르츠 부등식을 행벡터 $\mathbf{A}_i$들과 열벡터 $\mathbf{x}$의 스칼라적에 적용시켜 얻어낼 수 있는 결과이다. (코시–슈바르츠 부등식을 어떻게 적용했는지 확인할 수 있는가?) 따라서 프로베니우스 크기는 유클리드 크기와 양립할 수 있는 크기임을 알 수 있다.

(c) $\mathbf{b}_i$를 B의 i번째 열이라고 하자. 곱 AB의 행렬–열 표현을 이용해서

$$\begin{aligned} \|AB\|_F &= \|[A\mathbf{b}_1 \cdots A\mathbf{b}_n]\|_F \\ &= \sqrt{\|A\mathbf{b}_1\|_E^2 + \cdots + \|A\mathbf{b}_n\|_E^2} \\ &\le \sqrt{\|A\|_F^2\|\mathbf{b}_1\|_E^2 + \cdots + \|A\|_F^2\|\mathbf{b}_n\|_E^2} && \text{(b)} \\ &= \|A\|_F\sqrt{\|\mathbf{b}_1\|_E^2 + \cdots + \|\mathbf{b}_n\|_E^2} \\ &= \|A\|_F\|B\|_F \end{aligned}$$

를 얻는다. 이 결과는 행렬크기의 정의의 성질 4를 증명한다. 프로베니우스 크기가 성질 1부터 성질 3을 만족하는 유클리드 크기에서 유도되므로 성질 1부터 성질 3이 성립한다. 따라서 프로베니우스 크기는 행렬크기가 된다.

여러 활용적인 면에 있어서, 프로베니우스 행렬크기는 이용하기에 가장 좋은 (혹은 가장 쉬운) 크기는 아니다. 가장 유용한 행렬크기는 정사각행렬 A에 대하여 벡터 $\mathbf{x}$를 $A\mathbf{x}$로 보내는 행렬 변환을 생각할 때 얻을 수 있다. 행렬 A의 크기를 계산하는 방법 중 하나는 임의의 편리한 (벡터)크기를 이용해서 $\|\mathbf{x}\|$와 $\|A\mathbf{x}\|$를 비교하는 방법이다. 이에 대해 생각해보자. 행렬 A의 크기 $\|A\|$를 어떻게 정의하든 간에, 이 크기가 우리가 사용하고 있는 벡터크기와 양립할 수 있는 크기가 되기를 원한다. 즉, 우리가 필요한 것은 모든 $\mathbf{0}$가 아닌 벡터 $\mathbf{x}$에 대하여

$$\|A\mathbf{x}\| \le \|A\|\|\mathbf{x}\| \quad \text{또는} \quad \frac{\|A\mathbf{x}\|}{\|\mathbf{x}\|} \le \|A\|$$

이다. $\dfrac{\|A\mathbf{x}\|}{\|\mathbf{x}\|}$라는 표현은 A의 '늘어날 수 있는 정도(stretching capability)'를 측정한다. 만약 각각의 $\mathbf{0}$가 아닌 벡터 $\mathbf{x}$를 자신의 크기로 나누어서 **정규화**하면

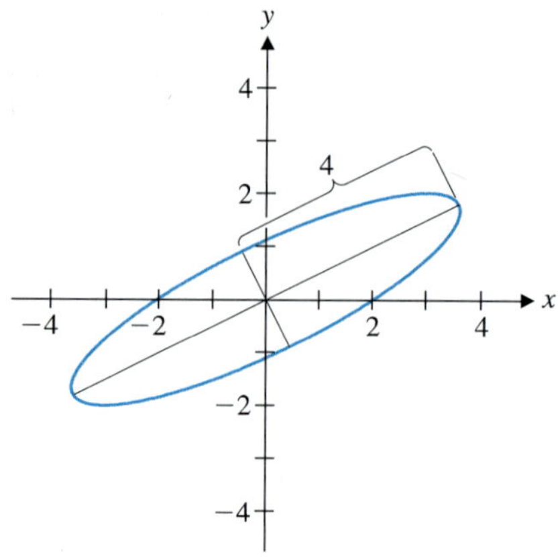

그림 7.8

단위벡터 $\hat{\mathbf{x}} = \frac{1}{\|\mathbf{x}\|}\mathbf{x}$를 얻을 수 있고, 따라서

$$\frac{\|A\mathbf{x}\|}{\|\mathbf{x}\|} = \frac{1}{\|\mathbf{x}\|}\|A\mathbf{x}\| = \left\|\frac{1}{\|\mathbf{x}\|}(A\mathbf{x})\right\| = \left\|A\left(\frac{1}{\|\mathbf{x}\|}\mathbf{x}\right)\right\| = \|A\hat{\mathbf{x}}\|$$

이다. $\mathbf{x}$가 $\mathbb{R}^n$의 모든 $\mathbf{0}$가 아닌 벡터들이라면, $\hat{\mathbf{x}}$은 $\mathbb{R}^n$의 모든 단위벡터들(즉, 단위구)이고 $A\hat{\mathbf{x}}$ 형태의 모든 벡터들의 집합은 $\mathbb{R}^n$에서 한 곡선을 결정한다. 예를 들어, 그림 7.8에서 행렬 $A = \begin{bmatrix} 3 & 2 \\ 2 & 0 \end{bmatrix}$이 $\mathbb{R}^2$의 단위원에 어떠한 영향을 주는지 — 단위원을 타원으로 옮기는 것을 확인할 수 있다. 유클리드 크기로, $\|A\hat{\mathbf{x}}\|$의 최댓값은 분명히 주축 길이의 반이며 — 이 경우 4단위이다. 이것을 $\max_{\|\hat{\mathbf{x}}\|=1}\|A\hat{\mathbf{x}}\| = 4$로 표현한다.

7.4절에서 이 상황은 고립된 현상이 아님을 확인할 것이다. 즉,

$$\max_{\mathbf{x}\neq\mathbf{0}} \frac{\|A\mathbf{x}\|}{\|\mathbf{x}\|} = \max_{\|\hat{\mathbf{x}}\|=1}\|A\hat{\mathbf{x}}\|$$

가 항상 존재하고, $\|A\mathbf{y}\|$가 최대가 되도록 하는 특별한 단위벡터 $\mathbf{y}$가 존재한다. 이제 $\|A\| = \max_{\|\mathbf{x}\|=1}\|A\mathbf{x}\|$가 행렬크기가 됨을 보이자.

정리 7.6 만약 $\|\mathbf{x}\|$가 $\mathbb{R}^n$의 벡터크기이면, $\|A\| = \max_{\|\mathbf{x}\|=1}\|A\mathbf{x}\|$는 M_{nn}의 행렬크기가 되며 이 크기는 유도하는 벡터크기와 양립 가능하다.

증명 (1) 임의의 벡터 $\mathbf{x}$에 대해 분명히 $\|A\mathbf{x}\| \geq 0$이고, 특별히 $\|\mathbf{x}\| = 1$이면 이 부등식이 참이다. 따라서 $\|A\| = \max_{\|\mathbf{x}\|=1}\|A\mathbf{x}\| \geq 0$임을 알 수 있다. 만일 $\|A\| = 0$이면 $\|\mathbf{x}\| = 1$인 임의의 벡터 $\mathbf{x}$에 대해 반드시 $\|A\mathbf{x}\| = 0$이고, 따라서 $A\mathbf{x} = \mathbf{0}$이다. 특히 $\mathbb{R}^n$의 각 표준기저벡터 $\mathbf{e}_i$에 대하여 $A\mathbf{e}_i = \mathbf{0}$가 성립한다. 그런데 $A\mathbf{e}_i$는 A의 i번째 열이므로, 반드시 $A = O$이다. 이와 반대로, $A = O$이

면 분명히 $\|A\| = 0$이다. (왜 그러한가?)

(2) c를 스칼라라고 하자. 그러면

$$\|cA\| = \max_{\|\mathbf{x}\|=1} \|cA\mathbf{x}\| = \max_{\|\mathbf{x}\|=1} |c|\|A\mathbf{x}\| = |c|\max_{\|\mathbf{x}\|=1} \|A\mathbf{x}\| = |c|\|A\|$$

이다.

(3) B는 $n \times n$행렬이라 하고 $\mathbf{y}$는

$$\|A+B\| = \max_{\|\mathbf{x}\|=1} \|(A+B)\mathbf{x}\| = \|(A+B)\mathbf{y}\|$$

를 만족시키는 단위벡터라고 하자. 그러면

$$\begin{aligned}\|A+B\| &= \|(A+B)\mathbf{y}\| \\ &= \|A\mathbf{y} + B\mathbf{y}\| \\ &\le \|A\mathbf{y}\| + \|B\mathbf{y}\| \\ &\le \|A\| + \|B\|\end{aligned}$$

이다. (두 번째 부등식은 왜 성립하는가?) 다음으로, 우리의 정의가 벡터크기와 양립 가능함[성질 (5)]을 보이고 이 사실을 이용해서 행렬크기임을 보이는 증명을 마친다.

(5) 만약 $\mathbf{x} = \mathbf{0}$이면, $\|A\mathbf{x}\| = 0$이고 $\|A\|\|\mathbf{x}\| = 0$이므로 $\|A\mathbf{x}\| \le \|A\|\|\mathbf{x}\|$가 성립한다. 만약 $\mathbf{x} \ne \mathbf{0}$이면, 이 정리 이전에 언급한 식으로부터

$$\frac{\|A\mathbf{x}\|}{\|\mathbf{x}\|} \le \max_{\mathbf{x} \ne \mathbf{0}} \frac{\|A\mathbf{x}\|}{\|\mathbf{x}\|} = \|A\|$$

이고, 따라서 $\|A\mathbf{x}\| \le \|A\|\|\mathbf{x}\|$이다.

(4) $\mathbf{z}$는 $\|AB\| = \max_{\|\mathbf{x}\|=1} \|(AB)\mathbf{x}\| = \|AB\mathbf{z}\|$를 만족시키는 단위벡터라고 하자. 그러면

$$\begin{aligned}\|AB\| &= \|AB\mathbf{z}\| \\ &= \|A(B\mathbf{z})\| \\ &\le \|A\|\,\|B\mathbf{z}\| && \text{성질 (5)} \\ &\le \|A\|\,\|B\|\|\mathbf{z}\| && \text{성질 (5)} \\ &= \|A\|\,\|B\|\end{aligned}$$

이로부터 $\|A\| = \max_{\|\mathbf{x}\|=1} \|A\mathbf{x}\|$는 M_{nn}의 행렬크기가 되며 이 크기를 유도하는 벡터크기와 양립 가능한 크기임을 알 수 있다.

정의 정리 7.6의 행렬크기 $\|A\|$를 벡터크기 $\|\mathbf{x}\|$에서 유도되는 **연산자 크기**(operator norm)라고 한다.

연산자크기란 용어는 정사각행렬을 통한 행렬변환이 또한 선형연산자(linear operator)라 불리는 사실을 반영한다. 따라서 이 크기는 선형연산자의 늘릴 수 있는 정도에 대한 측도인 셈이다.

세 가지 가장 대표적으로 사용되는 연산자크기는 합크기와 유클리드 크기, 그

리고 최대크기에 의해 유도되는 것들이다. 즉 각각

$$\|A\|_1 = \max_{\|\mathbf{x}\|_\sigma = 1} \|A\mathbf{x}\|_s,$$
$$\|A\|_2 = \max_{\|\mathbf{x}\|_E = 1} \|A\mathbf{x}\|_E \text{ 그리고 } \|A\|_\infty = \max_{\|\mathbf{x}\|_\mu = 1} \|A\mathbf{x}\|_m$$

이다. 첫째와 셋째 식은 아주 쉽게 계산되는, 특히 좋은 식이라는 사실이 알려져 있다.

정리 7.7

A를 $n \times n$행렬이라 하고 $i = 1, \cdots, n$에 대하여 A의 열벡터를 $\mathbf{a}_i$, A의 행벡터를 $\mathbf{A}_i$라 하자. 그러면 다음이 성립한다.

a. $\|A\|_1 = \max\limits_{j=1,\cdots,n} \{\|\mathbf{a}_j\|_s\} = \max\limits_{j=1,\cdots,n} \left\{\sum_{i=1}^{n} |a_{ij}|\right\}$

b. $\|A\|_\infty = \max\limits_{i=1,\cdots,n} \{\|\mathbf{A}_i\|_s\} = \max\limits_{i=1,\cdots,n} \left\{\sum_{j=1}^{n} |a_{ij}|\right\}$

즉, $\|A\|_1$은 각 열벡터의 성분들의 절댓값을 합한 값 중 가장 큰 값이고, $\|A\|_\infty$는 각 행벡터의 성분들의 절댓값을 합한 값 중 가장 큰 값이다. 이 정리를 증명하기 전에 예제를 통해 이 크기가 얼마나 사용하기 편리한지 살펴보도록 하자.

예제 7.19

행렬 A를

$$A = \begin{bmatrix} 1 & -3 & 2 \\ 4 & -1 & -2 \\ -5 & 1 & 3 \end{bmatrix}$$

이라 하자. $\|A\|_1$과 $\|A\|_\infty$를 구하여라.

풀이 각 열벡터의 성분들의 절댓값을 합한 것들 중 가장 큰 값은 첫 번째 열에서 가지므로

$$\|A\|_1 = \|\mathbf{a}_1\|_s = |1| + |4| + |-5| = 10$$

이다. 세 번째 행이 각 행벡터의 성분들의 절댓값을 합한 것들 중 가장 큰 값을 가지므로

$$\|A\|_\infty = \|\mathbf{A}_3\|_s = |-5| + |1| + |3| = 9$$

이다.

정의 $\|A\|_1 = \max\limits_{\|\mathbf{x}\|_s = 1} \|A\mathbf{x}\|_s$와 관련하여 최댓값 10이 $\mathbf{x} = \mathbf{e}_1$일 때 실제로 얻어지고 그때

$$\|A\mathbf{e}_1\|_s = \|\mathbf{a}_1\|_s = 10 = \|A\|_1$$

임을 알 수 있다. 정의 $\|A\|_\infty = \max_{\|\mathbf{x}\|_m = 1} \|A\mathbf{x}\|_m$에 대해서, 만일 벡터 $\mathbf{x}$를

$$\mathbf{x} = \begin{bmatrix} -1 \\ 1 \\ 1 \end{bmatrix}$$

이라 하면

$$\|A\mathbf{x}\|_m = \left\|\begin{bmatrix} 1 & -3 & 2 \\ 4 & -1 & -2 \\ -5 & 1 & 3 \end{bmatrix}\begin{bmatrix} -1 \\ 1 \\ 1 \end{bmatrix}\right\|_m = \left\|\begin{bmatrix} -2 \\ -7 \\ 9 \end{bmatrix}\right\|_m$$

$$= \max\{|-2|,\ |-7|,\ |9|\} = 9 = \|A\|_\infty$$

이다.

정리 7.7의 증명에 이러한 관찰을 이용할 것이다.

정리 7.7의 증명 증명 방법은 행에 대한 경우와 열에 대한 경우 모두 같다. 만일 M을 각 경우에 해당하는 최댓값이라 하면 우리는 임의의 단위벡터 $\mathbf{x}$에 대하여 $\|A\mathbf{x}\| \le M$임을 보인 뒤 등식을 만족하는 어떤 특별한 단위벡터 $\mathbf{x}$를 찾으면 된다. 기억해야 할 중요한 것은 성질 (a)에서 벡터크기가 합크기지만 (b)에서는 최대크기라는 것이다.

(a) (a)를 증명하기 위해 $M = \max_{j=1,\cdots,n} \{\|\mathbf{a}_j\|_s\}$, $\|\mathbf{x}\|_s = 1$이라 하자. 그러면 $|x_1| + \cdots + |x_n| = 1$이고, 따라서

$$\begin{aligned} \|A\mathbf{x}\|_s &= \|x_1\mathbf{a}_1 + \cdots + x_n\mathbf{a}_n\|_s \\ &\le |x_1|\|\mathbf{a}_1\|_s + \cdots + |x_n|\|\mathbf{a}_n\|_s \\ &\le |x_1|M + \cdots + |x_n|M \\ &\le (|x_1| + \cdots + |x_n|)M = 1 \cdot M = M \end{aligned}$$

이다. 만일 최댓값을 k번째 열로부터 얻을 수 있다면 $\mathbf{x} = \mathbf{e}_k$로

$$\|A\mathbf{e}_k\|_s = \|\mathbf{a}_k\|_s = M$$

을 얻는다. 따라서 $\|A\|_1 = \max_{\|\mathbf{x}\|_s = 1} \|A\mathbf{x}\|_s = M = \max_{j=1,\cdots,n} \{\|\mathbf{a}_j\|_s\}$임을 알 수 있다.

(b) 성질 (b)의 증명은 연습문제 32로 남긴다.

7.4절에서 우리는 연산자크기 $\|A\|_2$에 관한 식을 구할 것이다. 하지만 $\|A\|_1$이나 $\|A\|_\infty$처럼 계산하기 쉽지는 않다.

행렬의 조건수

2장 탐구의 '컴퓨터가 내게 한 거짓말'에서, 우리는 불량조건 연립일차방정식에 대한 개념을 접한 적이 있다. 다음은 이를 행렬에 적용한 정의이다.

정의 행렬 A에 대하여 A의 성분의 작은 변화가 $A\mathbf{x}=\mathbf{b}$의 해에 큰 변화를 가져올 때 행렬 A는 **불량조건**(ill-conditioned)이라 한다. 만일 정리 A의 성분의 작은 변화가 $A\mathbf{x}=\mathbf{b}$의 해에 아주 작은 변화만 가져올 때 행렬 A는 **좋은 조건**(well-conditioned)이라 한다.

위 정의는 임의의 행렬에 대하여 적용할 수 있지만, 여기서는 정사각행렬들에 대해서만 위 정의를 살펴볼 것이다.

예제 7.20 행렬 $A=\begin{bmatrix}1 & 1\\ 1 & 1.0005\end{bmatrix}$는 불량조건임을 보여라.

풀이 만약 $\mathbf{b}=\begin{bmatrix}3\\ 3.0010\end{bmatrix}$이라 하면, $A\mathbf{x}=\mathbf{b}$의 해는 $\mathbf{x}=\begin{bmatrix}1\\ 2\end{bmatrix}$이다. 한편, 만일 행렬 A를 $A'=\begin{bmatrix}1 & 1\\ 1 & 1.0010\end{bmatrix}$으로 바꾸면 해는 $\mathbf{x}'=\begin{bmatrix}2\\ 1\end{bmatrix}$로 바뀐다. (참임을 확인해보라.) 따라서 상대 변화 $0.0005/1.0005\approx 0.0005$ 또는 약 0.05%는 x_1에 대하여 $(2-1)/1=1$ 또는 100%, 그리고 x_2에 대하여 $(1-2)/2=-0.5$ 또는 -50%의 변화를 가져온다. 따라서 A는 불량조건이다.

우리는 어떤 행렬이 불량조건인지를 결정하는 더 정확한 방법으로 행렬크기를 사용할 수 있다. 행렬 A에서 행렬 A'로의 변화를 오차 ΔA로 고려하면, 다음으로 $A\mathbf{x}=\mathbf{b}$의 해 $\mathbf{x}$에 대한 오차 $\Delta\mathbf{x}$를 유발한다고 하자. 그러면 $A'=A+\Delta A$이고 $\mathbf{x}'=\mathbf{x}+\Delta\mathbf{x}$이다. 예제 7.20에서는

$$\Delta A=\begin{bmatrix}0 & 0\\ 0 & 0.0005\end{bmatrix}\text{이고 } \Delta\mathbf{x}=\begin{bmatrix}1\\ -1\end{bmatrix}$$

이다. 그러면 $A\mathbf{x}=\mathbf{b}$이고 $A'\mathbf{x}'=\mathbf{b}$이므로 $(A+\Delta A)(\mathbf{x}+\Delta\mathbf{x})=\mathbf{b}$이다. 전개하고 $A\mathbf{x}=\mathbf{b}$를 소거하면

$$A(\Delta\mathbf{x})+(\Delta A)\mathbf{x}+(\Delta A)(\Delta\mathbf{x})=\mathbf{0}\ \text{ 또는 }\ A(\Delta\mathbf{x})=-\Delta A(\mathbf{x}+\Delta\mathbf{x})$$

를 얻는다. $A\mathbf{x}=\mathbf{b}$는 해를 갖는다는 가정에 의해 행렬 A가 가역행렬이므로 마지막 방정식을

$$\Delta\mathbf{x}=-A^{-1}(\Delta A)(\mathbf{x}+\Delta\mathbf{x})=-A^{-1}(\Delta A)\mathbf{x}'$$

로 다시 쓸 수 있다. 이제 양변에 크기를 적용하면(벡터크기와 양립이 가능한 행렬크기를 이용하면)

$$\begin{aligned}\|\Delta\mathbf{x}\| &= \|-A^{-1}(\Delta A)\mathbf{x}'\| = \|A^{-1}(\Delta A)\mathbf{x}'\| \\ &\le \|A^{-1}(\Delta A)\|\|\mathbf{x}'\| \\ &\le \|A^{-1}\|\|\Delta A\|\|\mathbf{x}'\|\end{aligned}$$

이다. (각 단계의 등식과 부등식이 성립하는 이유는 무엇인가?) 따라서

$$\frac{\|\Delta\mathbf{x}\|}{\|\mathbf{x}'\|} \le \|A^{-1}\|\|\Delta A\| = (\|A^{-1}\|\|A\|)\frac{\|\Delta A\|}{\|A\|}$$

이다. $\|A^{-1}\|\|A\|$를 행렬 A의 **조건수**(condition number)라 부르고 이를 $\mathrm{cond}(A)$로 표기한다. 만일 A가 가역행렬이 아니면, $\mathrm{cond}(A)=\infty$라고 정의한다.

방금 위의 식에서 부등호를 무엇이라 이해할 수 있는가? $\frac{\|\Delta A\|}{\|A\|}$는 행렬 A에서 상대적인 변화에 대한 측정값이고, 이를 우리는 작은 값으로 가정하고 있는 것이다. 이와 비슷하게, $\frac{\|\Delta\mathbf{x}\|}{\|\mathbf{x}'\|}$는 $A\mathbf{x}=\mathbf{b}$의 해에서 발생하는 상대오차의 측정값이다. (그럼에도 불구하고 이 경우 오차는 원래의 해 $\mathbf{x}$가 아닌 새로운 해 $\mathbf{x}'$와 관련하여 측정된다.) 따라서 부등식

$$\frac{\|\Delta\mathbf{x}\|}{\|\mathbf{x}'\|} \le \mathrm{cond}(A)\frac{\|\Delta A\|}{\|A\|} \tag{1}$$

은 해의 상대오차가 얼마나 큰지 계수행렬(coefficient matrix)의 상대오차를 이용해서 상한을 제공한다. 조건수가 크면 클수록 행렬이 조금 더 불량조건을 의미하는데, 이는 해가 변화될 수 있는 더 큰 '범위(room)'가 생기기 때문이다.

주의

- 행렬의 조건수는 크기의 선택에 따라 달라진다. 가장 자주 사용되는 크기는 연산자크기 $\|A\|_1$과 $\|A\|_\infty$이다.
- 임의의 크기에 대하여, $\mathrm{cond}(A)\ge 1$이다(연습문제 45 참조).

예제 7.21

행렬 $A=\begin{bmatrix}1 & 1\\ 1 & 1.0005\end{bmatrix}$에 대하여 ∞-크기에 관한 조건수를 구하여라.

풀이 먼저 행렬 A의 역행렬은

$$A^{-1}=\begin{bmatrix}2001 & -2000\\ -2000 & 2000\end{bmatrix}$$

이다. 그러므로 ∞-크기(각 행벡터의 성분들의 절댓값을 합한 값 중 가장 큰 값)

에서

$$\|A\|_\infty = 1+1.0005 = 2.0005, \quad \|A^{-1}\|_\infty = 2001+|-2000| = 4001$$

이고, 따라서 $\mathrm{cond}_\infty(A) = \|A^{-1}\|_\infty \|A\|_\infty = 4001(2.0005) \approx 8004$이다.

잘 알려진 사실로, 만일 조건수가 어떤 양립 가능한 행렬크기와 관련하여 크다면 임의의 양립 가능한 행렬크기와 관련하여서도 크다는 것이다. 예를 들어, 예제 7.20과 예제 7.21에서 $\mathrm{cond}_1(\mathrm{A}) \approx 8004$, $\mathrm{cond}_2(A) \approx 8002$(2-크기), 그리고 $\mathrm{cond}_F(\mathrm{A}) \approx 8002$(프로베니우스 크기)임을 보일 수 있다.

반복법의 수렴

2.5절에서, 우리는 연립일차방정식을 풀기 위한 두 가지 반복법인 야코비 방법과 가우스-자이델 방법을 살펴보았다. 정리 2.9에서, 우리는 증명 없이 만일 A가 순대각우세 $n \times n$행렬이면, 두 방법은 모두 $A\mathbf{x} = \mathbf{b}$의 해로 수렴한다고 언급했다. 이제 우리는 이 정리에 대한 증명을 할 수 있다. 실제로, 행렬크기의 중요한 사용방법 중 하나는 다양한 반복법의 수렴 성질을 보이는 것이다.

우리는 여기에서 오직 야코비 방법에 대해서만 다루고자 한다. (가우스-자이델 방법은 이와 유사한 방법을 이용해 다뤄볼 수 있는데, 여기에는 좀 더 조심스러운 접근이 요구된다.) 핵심 아이디어는 반복 과정을 행렬로 다시 표현하는 것이다. 이를 염두에 두고 예제 2.37을 다시 생각해보자. 연립방정식은

$$\begin{aligned} 7x_1 - x_2 &= 5 \\ 3x_1 - 5x_2 &= -7 \end{aligned} \tag{2}$$

이고, 따라서

$$A = \begin{bmatrix} 7 & -1 \\ 3 & -5 \end{bmatrix}, \quad \mathbf{b} = \begin{bmatrix} 5 \\ -7 \end{bmatrix}$$

이다. 식 (2)를 다시 쓰면

$$x_1 = \frac{5+x_2}{7}, \quad x_2 = \frac{7+3x_1}{5} \tag{3}$$

이고 이는

$$\begin{aligned} 7x_1 &= \phantom{-3x_1+{}} x_2 + 5 \\ -5x_2 &= -3x_1 - 7 \end{aligned} \tag{4}$$

과 동치이므로 행렬로 표현하면

$$\begin{bmatrix} 7 & 0 \\ 0 & -5 \end{bmatrix} \begin{bmatrix} x_1 \\ x_2 \end{bmatrix} = \begin{bmatrix} 0 & 1 \\ -3 & 0 \end{bmatrix} \begin{bmatrix} x_1 \\ x_2 \end{bmatrix} + \begin{bmatrix} 5 \\ -7 \end{bmatrix} \tag{5}$$

이다. 식 (5)를 주의깊게 살펴보자. 왼쪽에 있는 행렬은 행렬 A의 대각 성분들을

포함하고 있는 반면에 오른쪽에는 행렬 A의 대각 성분을 뺀 나머지 성분의 음수 행렬과 벡터 $\mathbf{b}$가 있음을 볼 수 있다. 따라서 만일 행렬 A를

$$A=\begin{bmatrix}7 & -1\\ 3 & -5\end{bmatrix}=\begin{bmatrix}0 & 0\\ 3 & 0\end{bmatrix}+\begin{bmatrix}7 & 0\\ 0 & -5\end{bmatrix}+\begin{bmatrix}0 & -1\\ 0 & 0\end{bmatrix}=L+D+U$$

와 같이 분해하면 식 (5)는

$$D\mathbf{x}=-(L+U)\mathbf{x}+\mathbf{b}$$

로 다시 쓸 수 있고, 행렬 D는 가역이므로 위의 식은

$$\mathbf{x}=-D^{-1}(L+U)\mathbf{x}+D^{-1}\mathbf{b} \tag{6}$$

와 동치이다. 식 (6)은 식 (3)의 행렬 표현이다. 일반적인 $n\times n$행렬 A에 대해서도 위의 방법을 쉽게 적용할 수 있는데, 즉 행렬 A를 $A=L+D+U$로 나타낼 수 있고, 이때 D는 A의 대각 성분, L과 U는 각각 행렬 A의 대각 아래와 대각 위 성분을 갖는 행렬이다. 여기에서 D가 가역행렬이면, 즉 A가 순대각우세 행렬이면 D가 가역행렬이다. (왜 그러한가?) 연립방정식 $A\mathbf{x}=\mathbf{b}$는 식 (6)의 형태로 나타낼 수 있다. 표현을 간단히 하기 위해 $M=-D^{-1}(L+U)$, $\mathbf{c}=D^{-1}\mathbf{b}$라 놓으면 식 (6)은

$$\mathbf{x}=M\mathbf{x}+\mathbf{c} \tag{7}$$

이다.

야코비 방법에서 이 식을 어떻게 사용했는지 기억하자. 초기 벡터 $\mathbf{x}_0$로 시작해서 이를 식 (7)의 오른쪽 항의 $\mathbf{x}$에 대입하여 첫 번째 반복 결과 $\mathbf{x}_1$, 즉 $\mathbf{x}_1=M\mathbf{x}_0+\mathbf{c}$를 얻는다. 다시 $\mathbf{x}_1$을 식 (7)의 오른쪽 항의 $\mathbf{x}$에 대입하여 두 번째 반복 결과 $\mathbf{x}_2=M\mathbf{x}_1+\mathbf{c}$를 얻는다. 일반적으로 $k\geq 0$에 대하여

$$\mathbf{x}_{k+1}=M\mathbf{x}_k+\mathbf{c} \tag{8}$$

이다. 예제 2.37에 대해서

$$M=-D^{-1}(L+U)=-\begin{bmatrix}7 & 0\\ 0 & -5\end{bmatrix}^{-1}\begin{bmatrix}0 & -1\\ 3 & 0\end{bmatrix}=\begin{bmatrix}0 & 1/7\\ 3/5 & 0\end{bmatrix}$$

이고

$$\mathbf{c}=D^{-1}\mathbf{b}=\begin{bmatrix}7 & 0\\ 0 & -5\end{bmatrix}^{-1}\begin{bmatrix}5\\ -7\end{bmatrix}=\begin{bmatrix}5/7\\ 7/5\end{bmatrix}$$

이므로 반복 방법에 의해서

$$\mathbf{x}_1=\begin{bmatrix}0 & 1/7\\ 3/5 & 0\end{bmatrix}\begin{bmatrix}0\\ 0\end{bmatrix}+\begin{bmatrix}5/7\\ 7/5\end{bmatrix}=\begin{bmatrix}5/7\\ 7/5\end{bmatrix}\approx\begin{bmatrix}0.714\\ 1.400\end{bmatrix}$$
$$\mathbf{x}_2=\begin{bmatrix}0 & 1/7\\ 3/5 & 0\end{bmatrix}\begin{bmatrix}0.714\\ 1.400\end{bmatrix}+\begin{bmatrix}5/7\\ 7/5\end{bmatrix}\approx\begin{bmatrix}0.914\\ 1.829\end{bmatrix}$$

이고, 계속해서 같은 방법으로 $\mathbf{x}_k$를 구할 수 있다. (행렬식으로 표현하긴 했지만,

이 결과는 예제 2.37에서 우리가 한 계산과 정확히 같다.)

야코비 방법이 수렴함을 보이기 위해, 우리는 k번째 반복한 결과 $\mathbf{x}_k$가 $A\mathbf{x}=\mathbf{b}$의 실질적 해 $\mathbf{x}$로 접근해가는 것을 보여야 한다. 따라서 **오차벡터**(error vectors) $\mathbf{x}_k-\mathbf{x}$가 영벡터에 가까워짐을 보이는 것으로 충분하다. 위에서 수행했던 계산으로부터, $A\mathbf{x}=\mathbf{b}$는 $\mathbf{x}=M\mathbf{x}+\mathbf{c}$와 같다. 식 (8)을 이용하면

$$\begin{aligned}\mathbf{x}_{k+1}-\mathbf{x}&=M\mathbf{x}_k+\mathbf{c}-(M\mathbf{x}+\mathbf{c})\\&=(M\mathbf{x}_k-\mathbf{x})\end{aligned}$$

이다. 양변에 행렬크기를 적용하자. (현 시점에서 벡터크기와 양립 가능한 행렬크기를 선택하기만 하면 우리가 사용할 행렬크기가 어떤 행렬크기인지는 중요하지 않다.) 일단

$$\|\mathbf{x}_{k+1}-\mathbf{x}\|=\|M(\mathbf{x}_k-\mathbf{x})\|\le\|M\|\|\mathbf{x}_k-\mathbf{x}\| \tag{9}$$

임을 알 수 있다. 만일 $\|M\|<1$임을 보이면 모든 $k\ge 0$에 대하여 $\|\mathbf{x}_{k+1}-\mathbf{x}\|<\|\mathbf{x}_k-\mathbf{x}\|$이므로 $\|\mathbf{x}_k-\mathbf{x}\|$는 0에 가까워지고, 따라서 오차벡터 $\mathbf{x}_k-\mathbf{x}$는 영벡터에 가까워진다고 결론지을 수 있다.

순대각우세는 행렬의 각 행에 있는 성분들의 절댓값들에 의해서 정의되었다는 사실은 행렬의 ∞-크기(최대크기로부터 유도되는 연산자크기)가 우리가 선택할 수 있는 크기 중 하나임을 알려준다. 만일 $A=[a_{ij}]$이면,

$$M=\begin{bmatrix}0 & -a_{12}/a_{11} & \cdots & -a_{1n}/a_{11}\\ -a_{21}/a_{22} & 0 & \cdots & -a_{2n}/a_{22}\\ \vdots & \vdots & \ddots & \vdots\\ -a_{n1}/a_{nn} & -a_{n2}/a_{nn} & \cdots & 0\end{bmatrix}$$

이고(확인해보라.) 정리 7.7에 의해서 $\|M\|_\infty$는 M의 각 행 성분들의 절댓값의 합 중 가장 큰 값과 같다. 이제 k번째 행에서 위의 최댓값이 발생한다고 가정하자. 그러면 A는 순대각우세 행렬이므로

$$\begin{aligned}\|M\|_\infty&=\left|\frac{-a_{k1}}{a_{kk}}\right|+\cdots+\left|\frac{-a_{k,k-1}}{a_{kk}}\right|+\left|\frac{-a_{k,k+1}}{a_{kk}}\right|+\cdots+\left|\frac{-a_{kn}}{a_{kk}}\right|\\&=\frac{|a_{k1}|+\cdots+|a_{k,k-1}|+|a_{k,k+1}|+\cdots+|a_{kn}|}{|a_{kk}|}<1\end{aligned}$$

이다. 따라서 $\|M\|_\infty<1$이고, 우리가 원하던 $\|\mathbf{x}_k-\mathbf{x}\|\to 0$을 얻는다.

예제 7.22

예제 2.37에서 $\|M\|_\infty$를 계산하고 이 값을 이용하여 초기 벡터가 $\mathbf{x}_0=\mathbf{0}$라면(반올림을 한 다음) 소수점 아래 세 자리까지 정확하게 해를 근사하는 데 요구되는 반복 횟수를 구하여라.

풀이 $M=\begin{bmatrix}0 & 1/7\\ 3/5 & 0\end{bmatrix}$ 이므로, $\|M\|_\infty = \frac{3}{5} = 0.6 < 1$ 이다. (전에 확인했던 것처럼, 예제 2.37에서 야코비 방법이 수렴함을 의미한다.) 근삿값 $\mathbf{x}_k$는 오차벡터 $\mathbf{x}_k - \mathbf{x}$의 각 성분의 절댓값이 0.0005보다 작으면 소수점 아래 세 자리까지 정확할 것이다. (왜 그러한가?) 따라서 $\mathbf{x}_k - \mathbf{x}$의 성분의 절댓값의 최대가 0.0005보다 작음을 보장하는 것으로 충분하다. 즉, 다음 식

$$\|\mathbf{x}_k - \mathbf{x}\|_m < 0.0005$$

를 만족하는 가장 작은 k를 찾으면 된다. 위 식 (9)를 이용하면

$$\begin{aligned}\|\mathbf{x}_k - \mathbf{x}\|_m &\le \|M\|_\infty \|\mathbf{x}_{k-1} - \mathbf{x}\|_m \le \|M\|_\infty^2 \|\mathbf{x}_{k-2} - \mathbf{x}\|_m\\ &\le \cdots \le \|M\|_\infty^k \|\mathbf{x}_0 - \mathbf{x}\|_m\end{aligned}$$

임을 알 수 있다. 이제 $\|M\|_\infty = 0.6$이고

$$\|\mathbf{x}_0 - \mathbf{x}\|_m \approx \|\mathbf{x}_0 - \mathbf{x}_1\|_m = \|\mathbf{x}_1\|_m = \left\|\begin{bmatrix}0.714\\ 1.400\end{bmatrix}\right\|_m = 1.4$$

이므로 $\|M\|_\infty^k \|\mathbf{x}_0 - \mathbf{x}\|_m \approx (0.6)^k(1.4)$이다. (만일 미리 정확한 해를 알고 있었다면, 이 값을 $\mathbf{x}_1$을 대신해서 사용했을 것이다. 실제로, 이 경우는 고려할 수 없으며, 따라서 여기에서 구한 것과 같이 해의 근삿값을 사용한다.) 그러므로 다음 부등식

$$(0.6)^k(1.4) < 0.0005$$

를 만족하는 k를 찾아야 한다. 양변에 (밑수가 10인) 로그를 취하여 이 부등식을 풀 수 있는데, 따라서 다음의 결과

$$\begin{aligned}\log_{10}((0.6)^k(1.4)) < \log_{10}(5\times 10^{-4}) &\Rightarrow k\log_{10}(0.6) + \log_{10}(1.4) < \log_{10}5 - 4\\ &\Rightarrow -0.222k + 0.146 < -3.301\\ &\Rightarrow k > 15.5\end{aligned}$$

k가 정수이기 때문에, $k = 16$일 때 성립하고 이 예제에서 야코비 방법을 16번 반복하면 소수점 아래 세 자리 정확도를 제공한다고 결론을 내릴 수 있다. (사실, 예제 2.37에서 수행한 계산으로부터 이 정도의 정확도를 더 빨리 얻을 수 있지만, 여기에서의 목표는 오직 추정값을 내놓는 것이었다.)

7.2 연습문제

※ [1-3] $\mathbf{u} = \begin{bmatrix}-1\\ 4\\ -5\end{bmatrix}$, $\mathbf{v} = \begin{bmatrix}2\\ -2\\ 0\end{bmatrix}$ 이라 하자.

1. $\mathbf{u}$의 유클리드 크기, 합크기 그리고 최대크기를 구하여라.
2. $\mathbf{v}$의 유클리드 크기, 합크기 그리고 최대크기를 구하여라.

3. 유클리드 크기, 합크기 그리고 최대크기에 대하여 각각 $d(\mathbf{u}, \mathbf{v})$를 구하여라.

4. (a) $d_s(\mathbf{u}, \mathbf{v})$는 무엇을 측정하는가?
   (b) $d_m(\mathbf{u}, \mathbf{v})$는 무엇을 측정하는가?

※ [5-6] $\mathbf{u} = [1\ 0\ 1\ 1\ 0\ 0\ 1]^T$, $\mathbf{v} = [0\ 1\ 1\ 0\ 1\ 1\ 1]^T$라 하자.

5. $\mathbf{u}$와 $\mathbf{v}$의 해밍크기를 구하여라.

6. $\mathbf{u}$와 $\mathbf{v}$ 사이의 해밍거리를 구하여라.

7. (a) $\|\mathbf{v}\|_E = \|\mathbf{v}\|_m$을 만족하는 벡터 $\mathbf{v}$는 어떤 벡터인가? 이에 대해 답을 설명하여라.
   (b) $\|\mathbf{v}\|_s = \|\mathbf{v}\|_m$을 만족하는 벡터 $\mathbf{v}$는 어떤 벡터인가? 이에 대해 답을 설명하여라.
   (c) $\|\mathbf{v}\|_s = \|\mathbf{v}\|_m = \|\mathbf{v}\|_E$를 만족하는 벡터 $\mathbf{v}$는 어떤 벡터인가? 이에 대해 답을 설명하여라.

8. (a) $\|\mathbf{u}+\mathbf{v}\|_E = \|\mathbf{u}\|_E + \|\mathbf{v}\|_E$를 만족하는 벡터 $\mathbf{u}$와 $\mathbf{v}$는 어떤 조건을 갖는가? 이에 대해 답을 설명하여라.
   (b) $\|\mathbf{u}+\mathbf{v}\|_s = \|\mathbf{u}\|_s + \|\mathbf{v}\|_s$를 만족하는 벡터 $\mathbf{u}$와 $\mathbf{v}$는 어떤 조건을 갖는가? 이에 대해 답을 설명하여라.
   (c) $\|\mathbf{u}+\mathbf{v}\|_m = \|\mathbf{u}\|_m + \|\mathbf{v}\|_m$을 만족하는 벡터 $\mathbf{u}$와 $\mathbf{v}$는 어떤 조건을 갖는가? 이에 대해 답을 설명하여라.

9. $\mathbb{R}^n$의 임의의 벡터 $\mathbf{v}$에 대하여, $\|\mathbf{v}\|_m \le \|\mathbf{v}\|_E$를 만족함을 보여라.

10. $\mathbb{R}^n$의 임의의 벡터 $\mathbf{v}$에 대하여, $\|\mathbf{v}\|_E \le \|\mathbf{v}\|_s$를 만족함을 보여라.

11. $\mathbb{R}^n$의 임의의 벡터 $\mathbf{v}$에 대하여, $\|\mathbf{v}\|_s \le n\|\mathbf{v}\|_m$을 만족함을 보여라.

12. $\mathbb{R}^n$의 임의의 벡터 $\mathbf{v}$에 대하여, $\|\mathbf{v}\|_E \le \sqrt{n}\,\|\mathbf{v}\|_E$를 만족함을 보여라.

13. $\mathbb{R}^2$에서 합크기와 최대크기에 관하여 단위원을 그려라.

14. 7.1절의 연습문제 33의 항등식이 합크기의 경우 성립하지 않음을 보임으로써 합크기는 어떠한 내적으로부터 얻을 수 없음을 보여라.

※ [15-18] 벡터공간 V에서 주어진 $\|\ \|$이 크기가 됨을 보여라.

15. $V = \mathbb{R}^2$, $\left\|\begin{bmatrix} a \\ b \end{bmatrix}\right\| = \max\{|2a|, |3a|\}$

16. $V = M_{mn}$, $\|A\| = \max\limits_{i\,j}\{|a_{ij}|\}$

17. $V = \mathscr{C}[0, 1]$, $\|f\| = \int_0^1 |f(x)|\,dx$

18. $\|f\| = \max\limits_{0 \le x \le 1} |f(x)|$

19. 정리 7.5(b)를 증명하여라.

※ [20-25] $\|A\|_F$, $\|A\|_1$, $\|A\|_\infty$를 구하여라.

20. $A = \begin{bmatrix} 2 & 3 \\ 4 & 1 \end{bmatrix}$

21. $A = \begin{bmatrix} 0 & -1 \\ -3 & 3 \end{bmatrix}$

22. $A = \begin{bmatrix} 1 & 5 \\ -2 & -1 \end{bmatrix}$

23. $A = \begin{bmatrix} 2 & 1 & 1 \\ 1 & 3 & 2 \\ 1 & 1 & 3 \end{bmatrix}$

24. $A = \begin{bmatrix} 0 & -5 & 2 \\ 3 & 1 & -3 \\ -4 & -4 & 3 \end{bmatrix}$

25. $A = \begin{bmatrix} 4 & -2 & -1 \\ 0 & -1 & 2 \\ 3 & -3 & 0 \end{bmatrix}$

※ [26-31] 주어진 행렬 A에 대하여 $\|\mathbf{x}\|_s = 1$, $\|\mathbf{y}\|_m = 1$이며 $\|A\|_1 = \|A\mathbf{x}\|_s$, $\|A\|_\infty = \|A\mathbf{y}\|_m$을 만족하는 벡터 $\mathbf{x}$와 $\mathbf{y}$를 구하여라.

26. 연습문제 20 27. 연습문제 21 28. 연습문제 22
29. 연습문제 23 30. 연습문제 24 31. 연습문제 25

32. 정리 7.7(b)를 증명하여라.

33. (a) 만일 $\|A\|$가 연산자크기이고 I가 항등행렬일 때 $\|I\| = 1$임을 보여라.
    (b) 연산자크기로서 프로베니우스 크기로부터 얻어지는 벡터크기가 존재하는가? 존재하는지 혹은 그렇지 않은지 설명하여라.

34. $\|A\|$를 벡터크기 $\|\mathbf{x}\|$와 양립할 수 있는 행렬크기라고 하자. A의 모든 고윳값 λ에 대하여 $\|A\| \ge |\lambda|$임을 보여라.

※ [35-40] $\mathrm{cond}_\infty(A)$와 $\mathrm{cond}_1(A)$를 구하여라. 주어진 행렬이 불량조건인지 여부를 서술하여라.

35. $A = \begin{bmatrix} 3 & 1 \\ 4 & 2 \end{bmatrix}$

36. $A = \begin{bmatrix} 1 & -2 \\ -3 & 6 \end{bmatrix}$

37. $A = \begin{bmatrix} 1 & 0.99 \\ 1 & 1 \end{bmatrix}$

38. $A = \begin{bmatrix} 150 & 200 \\ 3001 & 4002 \end{bmatrix}$

39. $A = \begin{bmatrix} 1 & 1 & 1 \\ 5 & 5 & 6 \\ 1 & 0 & 0 \end{bmatrix}$

40. $A = \begin{bmatrix} 1 & 1/2 & 1/3 \\ 1/2 & 1/3 & 1/4 \\ 1/3 & 1/4 & 1/5 \end{bmatrix}$

41. $A=\begin{bmatrix}1 & k\\ 1 & 1\end{bmatrix}$ 이라 하자.

(a) k에 관한 $\text{cond}_\infty(\text{A})$의 식을 구하여라.

(b) k가 1에 접근하면 $\text{cond}_\infty(\text{A})$에는 어떤 일이 일어나는가?

42. A가 가역행렬일 때 연립일차방정식 $A\mathbf{x}=\mathbf{b}$를 고려하자. $\Delta\mathbf{b}$를 $\mathbf{b}$에서 $\mathbf{b}'=\mathbf{b}+\Delta\mathbf{b}$로 변하는 오차라 가정하자. $\mathbf{x}'$를 새로운 연립일차방정식 $A\mathbf{x}'=\mathbf{b}'$에 대한 해라고 하자. $\mathbf{x}'=\mathbf{x}+\Delta\mathbf{x}$라 하고 $\Delta\mathbf{x}$를 연립일차방정식의 해로부터 나오는 오차라 하자. 임의의 양립 가능한 행렬크기에 대하여

$$\frac{\|\Delta\mathbf{x}\|}{\|\mathbf{x}\|}\le \text{cond}(A)\frac{\|\Delta\mathbf{b}\|}{\|\mathbf{b}\|}$$

임을 보여라.

43. $A=\begin{bmatrix}10 & 10\\ 10 & 9\end{bmatrix}$, $\mathbf{b}=\begin{bmatrix}100\\ 99\end{bmatrix}$라 하자.

(a) $\text{cond}_\infty(A)$를 구하여라.

(b) 행렬 A가 $A'=\begin{bmatrix}10 & 10\\ 10 & 11\end{bmatrix}$로 바뀌었다고 가정하자. $A\mathbf{x}=\mathbf{b}$의 해에 얼마나 큰 상대변화를 가져오는가? [힌트: 이 절의 부등식 (1)을 이용하여라.]

(c) 행렬 A와 A'에 대한 연립방정식을 풀고 실제 상대오차를 결정하여라.

(d) 벡터 $\mathbf{b}$가 $\mathbf{b}'=\begin{bmatrix}100\\ 101\end{bmatrix}$로 바뀌었다고 가정하자. $A\mathbf{x}=\mathbf{b}$의 해에 얼마나 큰 상대변화를 가져오는가? [힌트: 연습문제 42를 이용하여라.]

(e) 벡터 $\mathbf{b}$와 $\mathbf{b}'$에 대한 연립방정식을 풀고 실제 상대오차를 결정하여라.

44. $A=\begin{bmatrix}1 & 1 & 1\\ 2 & 5 & 0\\ 1 & -1 & 2\end{bmatrix}$, $\mathbf{b}=\begin{bmatrix}1\\ 2\\ 3\end{bmatrix}$이라 하자.

(a) $\text{cond}_1(A)$를 구하여라.

(b) 행렬 A가 $A'=\begin{bmatrix}1 & 1 & 1\\ 1 & 5 & 0\\ 1 & -1 & 2\end{bmatrix}$로 바뀌었다고 가정하자. $A\mathbf{x}=\mathbf{b}$의 해에 얼마나 큰 상대변화를 가져오는가? [힌트: 이 절의 부등식 (1)을 이용하여라.]

(c) 행렬 A와 A'에 대한 연립방정식을 풀고 실제 상대오차를 결정하여라.

(d) 벡터 $\mathbf{b}$가 $\mathbf{b}'=\begin{bmatrix}1\\ 1\\ 3\end{bmatrix}$으로 바뀌었다고 가정하자. $A\mathbf{x}=\mathbf{b}$의 해에 얼마나 큰 상대변화를 가져오는가? [힌트: 연습문제 42를 이용하여라.]

(e) 벡터 $\mathbf{b}$와 $\mathbf{b}'$에 대한 연립방정식을 풀고 실제 상대오차를 결정하여라.

45. A가 가역행렬이면 임의의 행렬크기에 대하여 $\text{cond}(A)\ge 1$임을 보여라.

46. A와 B가 가역행렬이면 임의의 행렬크기에 대하여 $\text{cond}(AB)\le \text{cond}(A)\,\text{cond}(B)$임을 보여라.

47. A를 가역행렬이라 하고 λ_1과 λ_n을 각각 A의 고윳값의 절댓값 중 가장 큰 값과 가장 작은 값이라고 하자. 다음 부등식

$$\text{cond}(A)\ge\frac{|\lambda_1|}{|\lambda_n|}$$

을 보여라. [힌트: 4.3절의 연습문제 34와 정리 4.18(b)를 참조하여라.]

CAS ※ [48–51] 주어진 연립방정식을 식 (7)로 나타내어라. 그러면 예제 7.22의 방법을 이용해서 소수점 아래 셋째 자리까지 정확한 해를 근사시키는 데 필요한 야코비 방법에서의 반복 횟수를 추정하여라. ($\mathbf{x}_0=\mathbf{0}$를 이용하여라.) 여기서 구한 값과 2.5절에 주어진 연습문제에서 계산한 해를 비교하여라.

48. 2.5절 연습문제 1

49. 2.5절 연습문제 3

50. 2.5절 연습문제 4

51. 2.5절 연습문제 5

※ 연습문제 52(c)는 2.4절과 3.7절에서 논의한 것으로 개방 경제학에서의 레온티예프 모형을 나타낸다.

52. A를 합크기나 최대크기에서 $\|A\|<1$을 만족시키는 $n\times n$행렬이라 하자.

(a) $n\to\infty$일 때 $A^n\to O$임을 보여라.

(b) (a)로부터 $I-A$는 가역행렬이고

$$(I-A)^{-1}=I+A+A^2+A^3+\cdots$$

임을 보여라. [힌트: 정리 3.34의 증명을 참조하여라.]

(c) (b)를 이용해서 따름정리 3.35와 3.36을 증명할 수 있음을 보여라.

7.3 최소제곱근사

과학의 여러 분야에서 실험한 자료들은 측정한 변수들 사이의 수학적 관계를 추론하기 위해서 사용된다. 예를 들어 시간에 맞춰서 여러 지점에서 나무의 높이를 측정하고 나무의 높이 h를 표현하는 시간 t에 관한 함수를 추론하려고 시도한다. 또는 시간의 경과에 따른 집단의 크기 p를 측정해서 집단의 크기 p를 시간 t와 관련시키는 규칙을 찾으려고 한다. 변수들 사이의 관계는 역시 사업에 대한 관심이다. 예를 들어 작은 부품을 생산하는 회사는 그것의 총 비용 c와 생산된 작은 부품들의 수 n 사이의 관계를 아는 데 관심이 있다.

이러한 예들의 각각에서 자료들은 두 가지의 측정값들의 형태로 나타난다. 하나는 독립변수를 위한 것이고 다른 하나는 종속변수를 위한 것이다. 따라서 우리는 자료점 (x_i, y_i)들의 집합을 가지고 있고, 독립변수 x와 종속변수 y 사이의 관계를 근사하는 함수를 찾고 있다. 그림 7.9는 자료점들을 근사적으로 맞추는 곡선과 함께 실험적 자료점들이 표시되어 있는 예들이다.

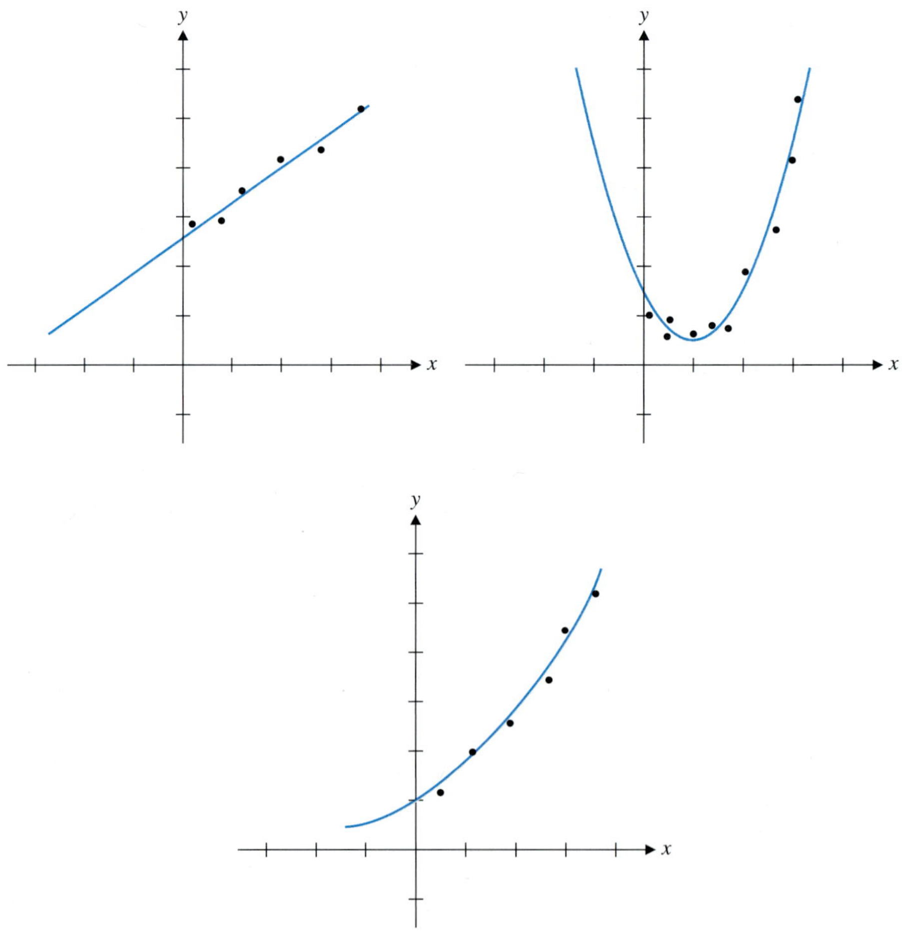

그림 7.9 최적 맞춤 곡선들

코테스(Roger Cotes, 1682–1716)는 케임브리지 대학에서 선임연구원이었던 동안에 뉴턴의 프린키피아 2판을 편집한 영국의 수학자였다. 그는 많은 발표를 하지 않았지만 로그, 적분 계산 및 수치 방법의 이론에 있어서 중요한 발견들을 하였다.

지금 막 고려하고 있는 최소제곱 방법은 가우스 덕분이다. 새로운 소행성 세레스(Ceres)는 1801년 새해 첫날에 발견되었지만 관측된 직후에 태양 뒤로 사라졌다. 천문학자들은 세레스가 언제 어디에서 다시 나타날지를 예측하였지만 그들의 계산은 가우스가 독자적으로 한 계산과 크게 달랐다. 세레스는 가우스가 일어날 것이라고 예상해온 곳과 거의 일치하는 곳에서 1801년 12월 7일에 다시 나타났다. 가우스는 그 당시에 그의 방법을 밝히지 않았지만 1809년 논문으로 기술한 그의 최소제곱근사 방법을 사용했다. 같은 방법은 사실 좀 더 일찍 알려졌다. 코테스는 18세기 초에 그 방법을 예상했고 르장드르는 1806년에 그것에 대한 논문을 발표했다. 그럼에도 불구하고 가우스는 최소제곱근사 방법에 대한 공로를 일반적으로 인정받고 있다.

더 일반적인 결과를 가지고 근사의 탐사를 시작하자.

최적근사 정리

과학에서 많은 문제들이 일반적으로 "형태 Y의 X에 대한 최적근사는 무엇인가?"와 같이 표현된다. X는 자료점들의 집합, 함수, 벡터 또는 여러 가지 것일 수 있는 데 반해 Y는 함수의 특정한 형태, 어떤 벡터공간에 속하는 벡터 등일 수 있다. 그와 같은 문제의 대표적인 예는 벡터공간 V에 속하는 주어진 벡터 $\mathbf{v}$를 최적으로 근사하는(즉 가장 가까운) 부분공간 W에 속하는 벡터 $\mathbf{w}$를 찾는 문제이다. 이 문제는 다음 정의를 야기한다.

정의 크기 선형공간 V의 한 벡터 $\mathbf{v}$와 한 부분공간 W가 있을 때 벡터 $\mathbf{v}$에 대한 W에서의 **최적근사**(best approximation) 벡터 $\bar{\mathbf{v}}$는 $\bar{\mathbf{v}}$와 다른 W에 속하는 임의의 벡터 $\mathbf{w}$에 대해서

$$\|\mathbf{v}-\bar{\mathbf{v}}\| < \|\mathbf{v}-\mathbf{w}\|$$

를 만족하는 W에 속하는 벡터 $\bar{\mathbf{v}}$이다.

$\mathbb{R}^2$ 또는 $\mathbb{R}^3$에서 '최단거리'는 '수직거리'로 생각하는 데 사용된다. 대수적 용어들에서 최단거리는 정사영의 개념과 관련된다. 만일 W가 $\mathbb{R}^n$의 부분공간이고 $\mathbf{v}$가 $\mathbb{R}^n$에 속하는 벡터라면 W 위로의 $\mathbf{v}$의 정사영 $\mathrm{proj}_W(\mathbf{v})$는 $\mathbf{v}$에 가장 가까운 W에 속하는 벡터일 것으로 기대한다(그림 7.10 참조).

정사영은 임의의 내적공간에서 정의될 수 있으므로 다음 정리를 얻는다.

정리 7.8 **최적근사 정리**

W가 내적공간 V의 유한 차원 부분공간이고 $\mathbf{v}$가 V에 속하는 벡터라면 $\mathrm{proj}_W(\mathbf{v})$는 W에 속하는 $\mathbf{v}$에 대한 최적근사이다.

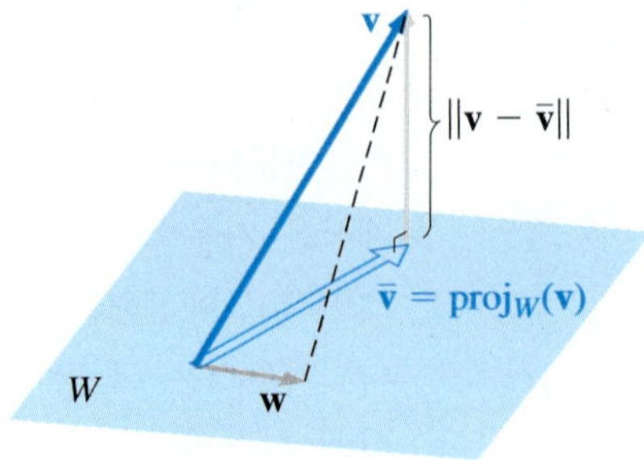

그림 7.10 만일 $\bar{\mathbf{v}} = \mathrm{proj}_W(\mathbf{v})$라면 $\bar{\mathbf{v}}$와 다른 임의의 벡터 $\mathbf{w}$에 대해서 $\|\mathbf{v} - \bar{\mathbf{v}}\| < \|\mathbf{v} - \mathbf{w}\|$이다.

증명 $\mathbf{w}$는 W에 속하는 벡터로 $\mathrm{proj}_W(\mathbf{v})$와 다르다고 하자. 그러면 $\mathrm{proj}_W(\mathbf{v}) - \mathbf{w}$도 역시 W에 속해서 7.1절에 있는 연습문제 43에 의해 $\mathbf{v} - \mathrm{proj}_W(\mathbf{v}) = \mathrm{perp}_W(\mathbf{v})$는 $\mathrm{proj}_W(\mathbf{v}) - \mathbf{w}$에 직교한다. 피타고라스 정리는 그림 7.10이 보여주듯이

$$\begin{aligned} &\|\mathbf{v} - \mathrm{proj}_W(\mathbf{v})\|^2 + \|\mathrm{proj}_W(\mathbf{v}) - \mathbf{w}\|^2 \\ &\quad = \|(\mathbf{v} - \mathrm{proj}_W(\mathbf{v})) + (\mathrm{proj}_W(\mathbf{v}) - \mathbf{w})\|^2 \\ &\quad = \|\mathbf{v} - \mathbf{w}\|^2 \end{aligned}$$

임을 의미한다. 그러나 $\mathbf{w} \neq \mathrm{proj}_W(\mathbf{v})$이므로 $\|\mathrm{proj}_W(\mathbf{v}) - \mathbf{w}\|^2 > 0$가 되어

$$\begin{aligned} \|\mathbf{v} - \mathrm{proj}_W(\mathbf{v})\|^2 &< \|\mathbf{v} - \mathrm{proj}_W(\mathbf{v})\|^2 + \|\mathrm{proj}_W(\mathbf{v}) - \mathbf{w}\|^2 \\ &= \|\mathbf{v} - \mathbf{w}\|^2 \end{aligned}$$

또는 동등하게

$$\|\mathbf{v} - \mathrm{proj}_W(\mathbf{v})\| < \|\mathbf{v} - \mathbf{w}\|$$

가 성립한다.

예제 7.23

$$\mathbf{u}_1 = \begin{bmatrix} 1 \\ 2 \\ -1 \end{bmatrix}, \quad \mathbf{u}_2 = \begin{bmatrix} 5 \\ -2 \\ 1 \end{bmatrix}, \quad \mathbf{v} = \begin{bmatrix} 3 \\ 2 \\ 5 \end{bmatrix}$$

라 하자. 공간 $W = \mathrm{span}(\mathbf{u}_1, \mathbf{u}_2)$에서 $\mathbf{v}$에 대한 최적근사를 구하고 $\mathbf{v}$에서 W까지 유클리드 거리를 구하여라.

풀이 $\mathbf{v}$를 최적으로 근사하는 W에 속하는 벡터는 $\mathrm{proj}_W(\mathbf{v})$이다. $\mathbf{u}_1$, $\mathbf{u}_2$가 직교이므로

$$\mathrm{proj}_W(\mathbf{v}) = \left(\frac{\mathbf{u}_1 \cdot \mathbf{v}}{\mathbf{u}_1 \cdot \mathbf{u}_1}\right)\mathbf{u}_1 + \left(\frac{\mathbf{u}_2 \cdot \mathbf{v}}{\mathbf{u}_2 \cdot \mathbf{u}_2}\right)\mathbf{u}_2$$

$$= \frac{2}{6}\begin{bmatrix} 1 \\ 2 \\ -1 \end{bmatrix} + \frac{16}{30}\begin{bmatrix} 5 \\ -2 \\ 1 \end{bmatrix} = \begin{bmatrix} 3 \\ -2/5 \\ 1/5 \end{bmatrix}$$

이다. $\mathbf{v}$에서 W까지 거리는 $\mathbf{v}$에 가장 가까운 W에 속하는 점까지 거리이다. 그러나 이 거리는 정확히 $\|\operatorname{perp}_W(\mathbf{v})\| = \|\mathbf{v} - \operatorname{proj}_W(\mathbf{v})\|$ 이다.

$$\mathbf{v} - \operatorname{proj}_W(\mathbf{v}) = \begin{bmatrix} 3 \\ 2 \\ 5 \end{bmatrix} - \begin{bmatrix} 3 \\ -2/5 \\ 1/5 \end{bmatrix} = \begin{bmatrix} 0 \\ 12/5 \\ 24/5 \end{bmatrix}$$

로 계산되어 $\mathbf{v}$에서 W까지 거리는

$$\|\mathbf{v} - \operatorname{proj}_W(\mathbf{v})\| = \sqrt{0^2 + \left(\frac{12}{5}\right)^2 + \left(\frac{24}{5}\right)^2} = \sqrt{\frac{720}{25}} = 12\sqrt{5}/5$$

이다.

7.5절에서 함수들을 근사하는 문제를 논할 때 최적근사 정리의 또 다른 예들에 대해서 살필 것이다.

주의 부분공간 W 위로 벡터 $\mathbf{v}$의 정사영은 W에 대한 직교기저에 의해서 정의된다. 최적근사 정리는 W에 속하는 $\mathbf{v}$에 가장 가까운 벡터, 즉 $\operatorname{proj}_W(\mathbf{v})$가 단 하나만 있을 수 있기 때문에 $\operatorname{proj}_W(\mathbf{v})$가 이런 기저의 선택에 의존하지 않는다는 또 다른 증명을 제공한다.

최소제곱근사

이제 자료점들의 집합을 '최적으로 맞추는' 곡선을 찾는 문제로 가 보자. 그러나 진행하기에 앞서서 '최적으로 맞추는'이 무슨 의미인지 정의할 필요가 있다. 자료점들 (1, 2), (2, 2), (3, 4)가 실험을 하는 동안에 측정으로부터 얻었다고 가정하자. 또한 x와 y의 값들은 선형함수에 의해서 관계되어 있다고 믿을 근거를 가지고 있다고 가정하자. 즉 점들이 식 $y = a + bx$를 가지는 직선 위에 놓이기를 바란다. 만일 측정이 정확했더라면 모든 세 점들은 이 식을 만족할 것이고

$$2 = a + b \cdot 1 \qquad 2 = a + b \cdot 2 \qquad 4 = a + b \cdot 3$$

이다. 이는 두 개의 변수와 세 개의 일차방정식으로 이루어진 연립방정식

$$\begin{aligned} a + b &= 2 \\ a + 2b &= 2 \\ a + 3b &= 4 \end{aligned} \qquad \text{또는} \qquad \begin{bmatrix} 1 & 1 \\ 1 & 2 \\ 1 & 3 \end{bmatrix}\begin{bmatrix} a \\ b \end{bmatrix} = \begin{bmatrix} 2 \\ 2 \\ 4 \end{bmatrix}$$

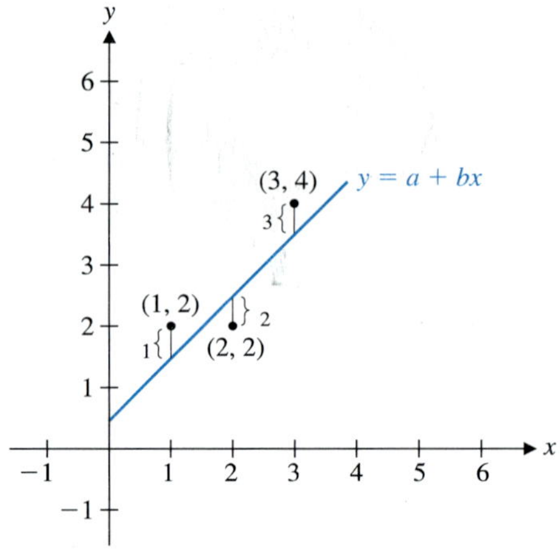

그림 7.11 $\varepsilon_1^2+\varepsilon_2^2+\varepsilon_3^2$을 최소화하는 직선 찾기

이다. 불행하게도 이 연립방정식은 불능(세 점들이 하나의 직선 위에 놓이지 않기 때문)이다. 그래서 가능한 가깝게 점들을 지나는 직선에 만족할 것이다. 어떤 직선에 대해서 각 자료 점으로부터 그 직선까지 수직거리(y방향으로 오차를 나타내는)를 측정하여, 전체 오차를 최소화하는 직선을 선택하려고 할 것이다. 그림 7.11은 그런 상황을 설명한다.

만일 오차들을 ε_1, ε_2, ε_3로 나타내면 오차벡터

$$\mathbf{e} = \begin{bmatrix} \varepsilon_1 \\ \varepsilon_2 \\ \varepsilon_3 \end{bmatrix}$$

를 형성할 수 있다. $\mathbf{e}$가 가능한 작아지기를 원하므로 $\|\mathbf{e}\|$는 가능한 0에 가까워야만 한다. 어떠한 크기를 사용해야 하는가? 친숙한 유클리드 크기가 최선의 선택이다.($\|\mathbf{e}\|_s = |\varepsilon_1|+|\varepsilon_2|+|\varepsilon_3|$는 그림 7.11에서 오차들의 실질적인 합이므로, 합크기가 역시 합리적인 선택일 것이다. 하지만 절댓값 기호는 다루기 어렵고, 곧 보면 알겠지만 유클리드 크기의 선택은 어느 정도 아주 좋은 공식들로 이어진다.) 그래서

$$\|\mathbf{e}\| = \sqrt{\varepsilon_1^2+\varepsilon_2^2+\varepsilon_3^2} \quad \text{또는 동등하게} \quad \|\mathbf{e}\|^2 = \varepsilon_1^2+\varepsilon_2^2+\varepsilon_3^2$$

을 최소화할 것이다. 이로부터 최소제곱이라는 말이 나온다. 앞선 식의 의미에서, 제곱들의 가장 작은 합을 찾아야 한다. 수 $\|\mathbf{e}\|$를 근사의 **최소제곱오차**(least squares error)라 부른다.

그림 7.11로부터 예제에 있어서 ε_1, ε_2, ε_3에 대한 다음 공식들을 얻는다.

$$\varepsilon_1 = 2-(a+b\cdot 1),\ \varepsilon_2 = 2-(a+b\cdot 2),\ \varepsilon_3 = 4-(a+b\cdot 3)$$

예제 7.24 다음 직선들 중에서 자료점들 (1, 2), (2, 2), (3, 4)에 대해서 가장 작은 최소제곱오차를 주는 것은?

(a) $y=1+x$

(b) $y=-2+2x$

(c) $y=\frac{2}{3}+x$

풀이 표 7.1은 필요한 계산을 보여준다.

표 7.1

	$y=1+x$	$y=-2+2x$	$y=\frac{2}{3}+x$
ε_1	$2-(1+1)=0$	$2-(-2+2)=2$	$2-\left(\frac{2}{3}+1\right)=\frac{1}{3}$
ε_2	$2-(1+2)=-1$	$2-(-2+4)=0$	$2-\left(\frac{2}{3}+2\right)=-\frac{2}{3}$
ε_3	$4-(1+3)=0$	$4-(-2+6)=0$	$4-\left(\frac{2}{3}+3\right)=\frac{1}{3}$
$\varepsilon_1^2+\varepsilon_2^2+\varepsilon_3^2$	$0^2+(-1)^2+0^2=1$	$2^2+0^2+0^2=4$	$\left(\frac{1}{3}\right)^2+\left(-\frac{2}{3}\right)^2+\left(\frac{1}{3}\right)^2=\frac{2}{3}$
$\lVert\mathbf{e}\rVert$	1	2	$\sqrt{\frac{2}{3}}\approx 0.816$

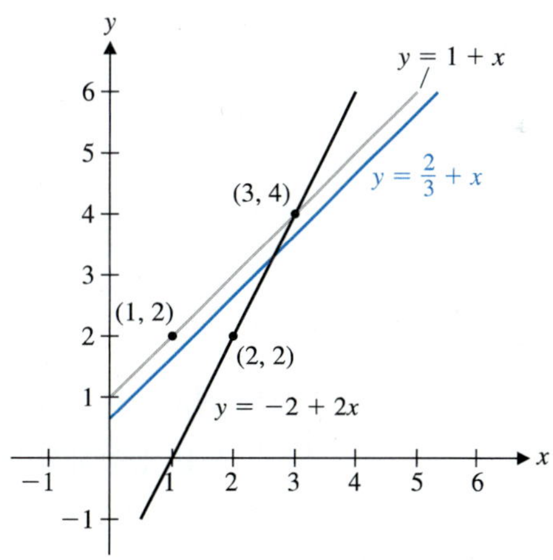

그림 7.12

우리는 직선 $y=\frac{2}{3}+x$가 세 직선들 중에서 가장 작은 최소제곱오차를 만들어 내는 것을 안다. 그림 7.12는 자료점들과 세 직선들을 보여준다.

예제 7.24에서 직선 $y=\frac{2}{3}+x$는 주어진 점들 중 어느 하나도 지나지 않는다 할지라도 이 직선이 직선의 가장 작은 최소제곱오차를 가지는 것으로 판명된다.

이 절의 나머지 부분은 이러한 이유를 설명하는 데 집중한다.

일반적으로, n개의 자료점들 $(x_1, y_1), \cdots, (x_n, y_n)$과 직선 $y = a + bx$를 가진다고 가정하자. 오차벡터는

$$\mathbf{e} = \begin{bmatrix} \varepsilon_1 \\ \vdots \\ \varepsilon_n \end{bmatrix}, \quad \varepsilon_i = y_i - (a + bx_i)$$

이다. $\varepsilon_1^2 + \cdots + \varepsilon_n^2$을 최소화하는 직선 $y = a + bx$는 자료점들 $(x_1, y_1), \cdots, (x_n, y_n)$에 대한 **최소제곱근사직선**(least squares approximating line) (또는 **최적 맞춤직선**(line of best fit))이라 불린다. 예제 7.24보다 앞서서 언급했듯이 이 문제를 행렬로 표현할 수 있다. 만일 주어진 자료점들이 실제로 직선 $y = a + bx$ 위에 놓인다면 n개의 일차방정식

$$\begin{aligned} a + bx_1 &= y_1 \\ &\vdots \\ a + bx_n &= y_n \end{aligned}$$

이 모두 성립한다(즉 연립방정식은 해를 갖는다). 우리의 관심은 자료 점들이 동일한 직선 위에 있지 않는 경우, 즉 연립방정식이 해를 가지지 않는 경우이다. 행렬의 형태로

$$\begin{bmatrix} 1 & x_1 \\ 1 & x_2 \\ \vdots & \vdots \\ 1 & x_n \end{bmatrix} \begin{bmatrix} a \\ b \end{bmatrix} = \begin{bmatrix} y_1 \\ y_2 \\ \vdots \\ y_n \end{bmatrix}$$

이고 이는

$$A = \begin{bmatrix} 1 & x_1 \\ 1 & x_2 \\ \vdots & \vdots \\ 1 & x_n \end{bmatrix}, \quad \mathbf{x} = \begin{bmatrix} a \\ b \end{bmatrix}, \quad \mathbf{b} = \begin{bmatrix} y_1 \\ y_2 \\ \vdots \\ y_n \end{bmatrix}$$

일 때 $A\mathbf{x} = \mathbf{b}$ 형태이다. 오차벡터 $\mathbf{e}$는 단지 $\mathbf{b} - A\mathbf{x}$ 이고(이를 확인하여라), $\|\mathbf{e}\|^2$ 또는 동등하게 $\|\mathbf{e}\|$를 최소화하기를 원한다. 그래서 주어진 문제는 행렬에 의해서 다음과 같이 바꾸어 말할 수 있다.

정의 만일 A가 $m \times n$행렬이고 $\mathbf{b} \in \mathbb{R}^m$라면 $A\mathbf{x} = \mathbf{b}$의 **최소제곱해**(least squares solution)는 모든 $\mathbf{x} \in \mathbb{R}^n$에 대해서

$$\|\mathbf{b} - A\overline{\mathbf{x}}\| \le \|\mathbf{b} - A\mathbf{x}\|$$

를 만족하는 벡터 $\overline{\mathbf{x}} \in \mathbb{R}^n$이다.

최소제곱문제의 해

$A\mathbf{x}$ 형태의 임의의 벡터는 A의 열공간에 있고, $\mathbf{x}$가 $\mathbb{R}^n$에 있는 모든 벡터들에 따라 변하므로 $A\mathbf{x}$는 $\mathrm{col}(A)$에 속하는 모든 벡터들에 따라 변한다. 그래서 $A\mathbf{x}=\mathbf{b}$의 최소제곱해는 모든 $\mathbf{y}\in\mathrm{col}(A)$에 대해서

$$\|\mathbf{b}-\overline{\mathbf{y}}\| \le \|\mathbf{b}-\mathbf{y}\|$$

를 만족하는 벡터 $\overline{\mathbf{y}}\in\mathrm{col}(A)$와 동등하다. 다시 말하면 $\mathbf{b}$에 가장 가까운 $\mathrm{col}(A)$에 속하는 벡터를 필요로 한다. 최적근사 정리에 의하면 원하는 벡터는 $\mathrm{col}(A)$ 위로의 $\mathbf{b}$의 정사영이다. 따라서 $\overline{\mathbf{x}}$가 $A\mathbf{x}=\mathbf{b}$의 최소제곱해이면

$$A\overline{\mathbf{x}} = \mathrm{proj}_{\mathrm{col}(A)}(\mathbf{b}) \tag{1}$$

이다. $\overline{\mathbf{x}}$를 구하기 위해선 우선 $\mathrm{proj}_{\mathrm{col}(A)}(\mathbf{b})$를 계산하고 나서 연립방정식 (1)을 푸는 것이 필요하다. 그러나 이보다 나은 방법이 있다.

$$\mathbf{b}-A\overline{\mathbf{x}} = \mathbf{b}-\mathrm{proj}_{\mathrm{col}(A)}(\mathbf{b}) = \mathrm{perp}_{\mathrm{col}(A)}(\mathbf{b})$$

가 $\mathrm{col}(A)$에 직교하는 것을 안다. 그래서 $\mathbf{b}-A\overline{\mathbf{x}}$는 $(\mathrm{col}(A))^{\perp}=\mathrm{null}(A^T)$에 속한다. 그러므로 $A^T(\mathbf{b}-A\overline{\mathbf{x}})=\mathbf{0}$이고 결국 $A^T\mathbf{b}-A^TA\overline{\mathbf{x}}=\mathbf{0}$ 또는

$$A^TA\overline{\mathbf{x}} = A^T\mathbf{b}$$

이다. 이는 $\overline{\mathbf{x}}$에 대한 **정규방정식**(normal equations)들로 알려진 연립방정식을 나타낸다.

$\overline{\mathbf{x}}$에 대한 정규방정식들의 해들이 바로 $A\mathbf{x}=\mathbf{b}$의 최소제곱해들임을 방금 밝혔다. 이는 다음 정리의 앞부분을 증명한다.

정리 7.9

최소제곱정리

A가 $m\times n$행렬이고 $\mathbf{b}\in\mathbb{R}^m$라 두자. 그러면 $A\mathbf{x}=\mathbf{b}$는 항상 최소한 하나의 최소제곱해 $\overline{\mathbf{x}}$를 가진다. 나아가서

a. $\overline{\mathbf{x}}$가 $A\mathbf{x}=\mathbf{b}$의 최소제곱해일 필요충분조건은 $\overline{\mathbf{x}}$가 정규방정식 $A^TA\overline{\mathbf{x}}=A^T\mathbf{b}$의 해이다.

b. A가 일차독립인 열들을 가질 필요충분조건은 A^TA가 가역이다. 이 경우에 $A\mathbf{x}=\mathbf{b}$의 최소제곱해는 유일하고

$$\overline{\mathbf{x}} = (A^TA)^{-1}A^T\mathbf{b}$$

로 주어진다.

증명 성질 (a)는 이미 밝혔다. 성질 (b)에 대해서 A의 n개의 열들이 일차독립일 필요충분조건은 $\mathrm{rank}(A)=n$이다. 그러나 정리 3.28에 의해서 이것이 사실

일 필요충분조건은 A^TA가 가역이다. 만일 A^TA가 가역이면 $A^TA\bar{\mathbf{x}} = A^T\mathbf{b}$의 유일한 해는 확실하게 $\bar{\mathbf{x}} = (A^TA)^{-1}A^T\mathbf{b}$이다.

예제 7.25 해를 가지지 않는 연립방정식 $A\mathbf{x} = \mathbf{b}$에 대한 최소제곱해를 구하여라. 여기서

$$A = \begin{bmatrix} 1 & 5 \\ 2 & -2 \\ -1 & 1 \end{bmatrix} \text{이고} \quad \mathbf{b} = \begin{bmatrix} 3 \\ 2 \\ 5 \end{bmatrix}$$

풀이 계산하면

$$A^TA = \begin{bmatrix} 1 & 2 & -1 \\ 5 & -2 & 1 \end{bmatrix} \begin{bmatrix} 1 & 5 \\ 2 & -2 \\ -1 & 1 \end{bmatrix} = \begin{bmatrix} 6 & 0 \\ 0 & 30 \end{bmatrix}$$

이고

$$A^T\mathbf{b} = \begin{bmatrix} 1 & 2 & -1 \\ 5 & -2 & 1 \end{bmatrix} \begin{bmatrix} 3 \\ 2 \\ 5 \end{bmatrix} = \begin{bmatrix} 2 \\ 16 \end{bmatrix}$$

이다. 정규방정식 $A^TA\bar{\mathbf{x}} = A^T\mathbf{b}$는 정확히

$$\begin{bmatrix} 6 & 0 \\ 0 & 30 \end{bmatrix} \bar{\mathbf{x}} = \begin{bmatrix} 2 \\ 16 \end{bmatrix}$$

이고 $\bar{\mathbf{x}} = \begin{bmatrix} 1/3 \\ 8/15 \end{bmatrix}$이 된다. 이 해가 유일하다는 사실은 A의 열들이 분명하게 일차독립이므로 정리 7.9(b)에 의해서 보장된다.

주의 예제 7.25를 다음과 같이 표현할 수 있을 것이다. A의 열공간에서 $\mathbf{b}$에 대한 최적근사를 구하여라. 결과 방정식들은 연립방정식 $A\mathbf{x} = \mathbf{b}$를 가지고 이 연립방정식의 최소제곱해는 방금 구했다. (이를 확인하여라.) 이 경우에 $\bar{\mathbf{x}}$의 성분들은 $\mathbf{b}$에 대한 최적근사를 만드는 A의 열들의 일차결합의 계수들이다. 즉,

$$\frac{1}{3}\begin{bmatrix} 1 \\ 2 \\ -1 \end{bmatrix} + \frac{8}{15}\begin{bmatrix} 5 \\ -2 \\ 1 \end{bmatrix} = \begin{bmatrix} 3 \\ -2/5 \\ 1/5 \end{bmatrix}$$

이것은 정확히 예제 7.23의 결과이다. 두 접근법을 비교하여라.

예제 7.26 예제 7.24로부터 자료 점들 (1, 2), (2, 2), (3, 4)에 대한 최소제곱근사직선을 구하여라.

풀이 대응하는 연립방정식 $A\mathbf{x} = \mathbf{b}$가

$$\begin{bmatrix} 1 & 1 \\ 1 & 2 \\ 1 & 3 \end{bmatrix} \begin{bmatrix} a \\ b \end{bmatrix} = \begin{bmatrix} 2 \\ 2 \\ 4 \end{bmatrix}$$

인 것을 이미 보였다. 여기서 $y = a + bx$는 우리가 찾는 직선이다. A의 열들이 분명하게 일차독립이므로 최소제곱정리의 (b)부분에 의해서 일의적인 최소제곱해가 있을 것이다. 계산하면

$$A^TA = \begin{bmatrix} 1 & 1 & 1 \\ 1 & 2 & 3 \end{bmatrix} \begin{bmatrix} 1 & 1 \\ 1 & 2 \\ 1 & 3 \end{bmatrix} = \begin{bmatrix} 3 & 6 \\ 6 & 14 \end{bmatrix}$$

이고

$$A^T\mathbf{b} = \begin{bmatrix} 1 & 1 & 1 \\ 1 & 2 & 3 \end{bmatrix} \begin{bmatrix} 2 \\ 2 \\ 4 \end{bmatrix} = \begin{bmatrix} 8 \\ 18 \end{bmatrix}$$

이다. 그러므로 정규방정식 $A^TA\overline{\mathbf{x}} = A^T\mathbf{b}$를 풀 수 있고, 가우스 소거법을 이용해서

$$[\,A^TA \mid A^T\mathbf{b}\,] = \left[\begin{array}{cc|c} 3 & 6 & 8 \\ 6 & 14 & 18 \end{array}\right] \to \left[\begin{array}{cc|c} 1 & 0 & 2/3 \\ 0 & 1 & 1 \end{array}\right]$$

을 얻는다. 그래서 $\overline{\mathbf{x}} = \begin{bmatrix} 2/3 \\ 1 \end{bmatrix}$ 이고 이로부터 $a = \frac{2}{3}$, $b = 1$은 최소제곱근사직선 $y = \frac{2}{3} + x$의 의 계수들이다.

방금 구한 직선은 예제 7.24(c)에 있는 직선이다. 따라서 이 직선이 자료점들 (1, 2), (2, 2), (3, 4)에 대해서 가장 작은 최소제곱오차를 초래한다는 주장이 타당함을 보여준다. 만일 $\overline{\mathbf{x}}$가 $A\mathbf{x} = \mathbf{b}$의 최소제곱해이면 최소제곱오차를 $\|\mathbf{e}\| = \|\mathbf{b} - A\overline{\mathbf{x}}\|$로 계산한다. $A\overline{\mathbf{x}} = \mathrm{proj}_{\mathrm{col}(A)}(\mathbf{b})$이므로 이것은 정확히 $\mathrm{perp}_{\mathrm{col}(A)}(\mathbf{b})$의 길이, 즉 $\mathbf{b}$에서 A의 열공간까지 거리이다. 예제 7.26에서

$$\mathbf{e} = \mathbf{b} - A\overline{\mathbf{x}} = \begin{bmatrix} 2 \\ 2 \\ 4 \end{bmatrix} - \begin{bmatrix} 1 & 1 \\ 1 & 2 \\ 1 & 3 \end{bmatrix} \begin{bmatrix} 2/3 \\ 1 \end{bmatrix} = \begin{bmatrix} 1/3 \\ -2/3 \\ 1/3 \end{bmatrix}$$

이다. 그래서 예제 7.24(c)처럼 최소제곱 오차 $\|\mathbf{e}\| = \sqrt{\frac{2}{3}} \approx 0.816$을 가진다.

주의 예제 7.26에 있는 A의 열들이 일차독립이므로 $(A^TA)^{-1}$가 존재하고 $\overline{\mathbf{x}}$를 $\overline{\mathbf{x}} = (A^TA)^{-1}A^T\mathbf{b}$로 계산할 수 있음을 주의하여라. 그러나 가우스 소거법을 이용해서 정규방정식을 푸는 것(혹은 CAS가 대신 하도록 하는 것!)이 대개 더 쉽다.

두 가지 다른 기하학적 관점에서 예제 7.26을 살펴보는 것은 흥미롭다. 한편으

로 그림 7.13(a)에 표시한 것처럼 대응하는 오차들 $\varepsilon_1 = \frac{1}{3}$, $\varepsilon_2 = -\frac{2}{3}$, $\varepsilon_3 = \frac{1}{3}$을 갖는 최소제곱근사직선 $y = \frac{2}{3} + x$를 가진다. 동등하게 그림 7.13(b)에 표시한 것처럼 A의 열공간 위로 $\mathbf{b}$의 정사영을 가진다. 여기서

$$\mathbf{p} = \text{proj}_{\text{col}(A)}(\mathbf{b}) = A\bar{\mathbf{x}} = \begin{bmatrix} 1 & 1 \\ 1 & 2 \\ 1 & 3 \end{bmatrix}\begin{bmatrix} 2/3 \\ 1 \end{bmatrix} = \begin{bmatrix} 5 \\ 8 \\ 11 \end{bmatrix}$$

이고 최소제곱오차벡터는 $\mathbf{e} = \begin{bmatrix} \varepsilon_1 \\ \varepsilon_2 \\ \varepsilon_3 \end{bmatrix}$ 이다. (만일 자료점들이 동일한 직선 위에 있다면 그림 7.13(b)는 어떻게 생겼을까?)

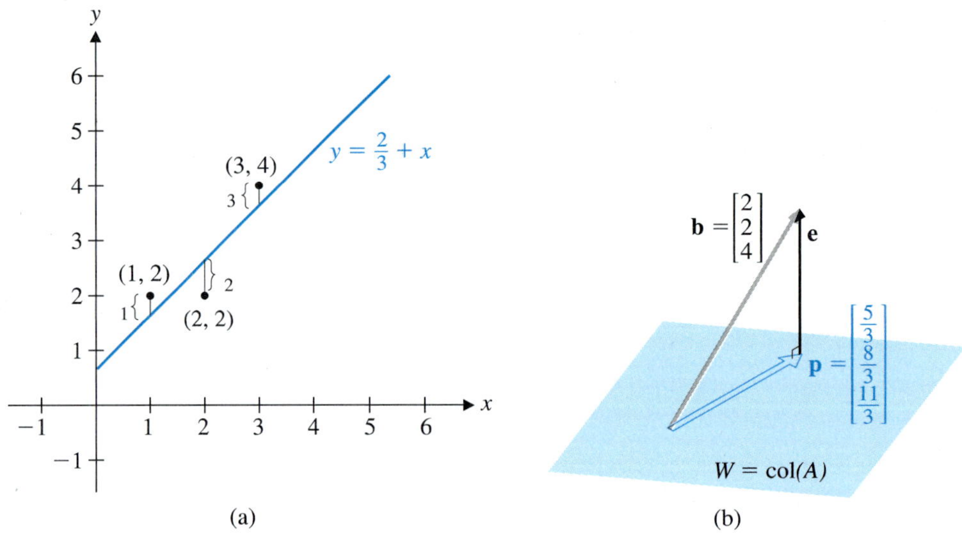

그림 7.13

예제 7.27

점들 $(1, 1)$, $(2, 2)$, $(3, 2)$, $(4, 3)$에 대한 최소제곱근사직선과 최소제곱오차를 구하여라.

풀이 $y = a + bx$를 찾는 직선이라 두자. 그리고 네 점들을 이 직선에 대입하면

$$\begin{aligned} a + b &= 1 \\ a + 2b &= 2 \\ a + 3b &= 2 \\ a + 4b &= 3 \end{aligned} \quad \text{또는} \quad \begin{bmatrix} 1 & 1 \\ 1 & 2 \\ 1 & 3 \\ 1 & 4 \end{bmatrix}\begin{bmatrix} a \\ b \end{bmatrix} = \begin{bmatrix} 1 \\ 2 \\ 2 \\ 3 \end{bmatrix}$$

을 얻는다. 그래서 $A\mathbf{x} = \mathbf{b}$의 최소제곱해를 원하고,

$$A = \begin{bmatrix} 1 & 1 \\ 1 & 2 \\ 1 & 3 \\ 1 & 4 \end{bmatrix} \text{이고} \quad \mathbf{b} = \begin{bmatrix} 1 \\ 2 \\ 2 \\ 3 \end{bmatrix}$$

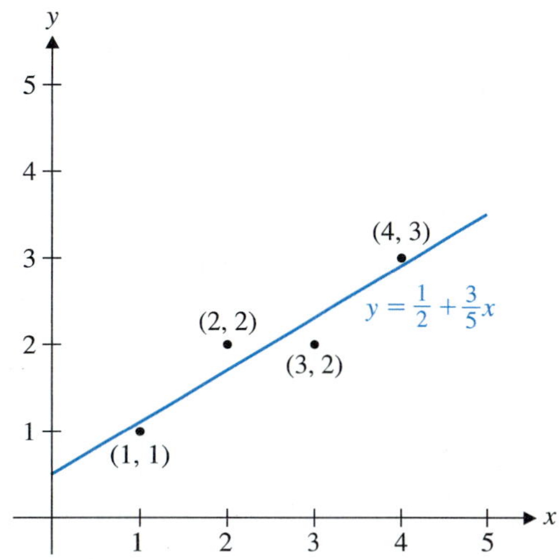

그림 7.14

이다. A의 열들이 일차독립이므로 원하는 해는

$$\bar{\mathbf{x}} = (A^TA)^{-1}A^T\mathbf{b} = \begin{bmatrix} 1/2 \\ 3/5 \end{bmatrix}$$

이다. (계산을 확인하여라.) 그러므로 $a = \frac{1}{2}$, $b = \frac{3}{5}$을 사용하여 그림 7.14에 표시한 것처럼 최소제곱근사직선 $y = \frac{1}{2} + \frac{3}{5}x$를 만든다.

$$\mathbf{e} = \mathbf{b} - A\bar{\mathbf{x}} = \begin{bmatrix} 1 \\ 2 \\ 2 \\ 3 \end{bmatrix} - \begin{bmatrix} 1 & 1 \\ 1 & 2 \\ 1 & 3 \\ 1 & 4 \end{bmatrix}\begin{bmatrix} 1/2 \\ 3/5 \end{bmatrix} = \begin{bmatrix} -1 \\ 3 \\ -3 \\ 1 \end{bmatrix}$$

이므로 최소제곱오차는 $\|\mathbf{e}\| = \sqrt{5}/5 \approx 0.447$이다.

주어진 자료점들을 근사하기 위하여 직선들 외에 곡선들로 최소제곱방법을 사용할 수 있다.

예제 7.28 점들 $(-1, 1)$, $(0, -1)$, $(1, 0)$, $(2, 2)$에 대해서 최적의 최소제곱근사를 가지는 포물선을 구하여라.

풀이 포물선의 식은 이차식 $y = a + bx + cx^2$이다. 주어진 점들을 이 이차식에 대입해서 선형연립방정식

$$\begin{aligned} a - \ b + \ c &= \ 1 \\ a \qquad\quad &= -1 \\ a + \ b + \ c &= \ 0 \\ a + 2b + 4c &= \ 2 \end{aligned} \quad \text{또는} \quad \begin{bmatrix} 1 & -1 & 1 \\ 1 & 0 & 0 \\ 1 & 1 & 1 \\ 1 & 2 & 4 \end{bmatrix}\begin{bmatrix} a \\ b \\ c \end{bmatrix} = \begin{bmatrix} 1 \\ -1 \\ 0 \\ 2 \end{bmatrix}$$

를 얻는다. 그러므로 $A\mathbf{x} = \mathbf{b}$의 최소제곱근사를 원한다. 여기서

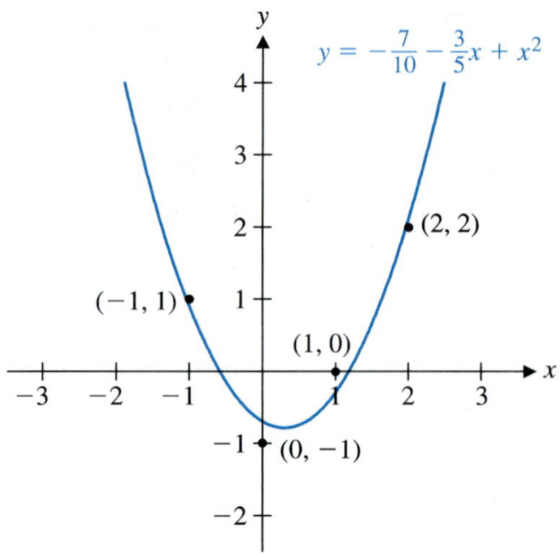

그림 7.15 최소제곱근사포물선

$$A = \begin{bmatrix} 1 & -1 & 1 \\ 1 & 0 & 0 \\ 1 & 1 & 1 \\ 1 & 2 & 4 \end{bmatrix}, \quad \mathbf{b} = \begin{bmatrix} 1 \\ -1 \\ 0 \\ 2 \end{bmatrix}$$

이다. 계산하면

$$A^TA = \begin{bmatrix} 4 & 2 & 6 \\ 2 & 6 & 8 \\ 6 & 8 & 18 \end{bmatrix} \text{이고} \quad A^T\mathbf{b} = \begin{bmatrix} 2 \\ 3 \\ 9 \end{bmatrix}$$

이다. 그러므로 정규방정식은

$$\begin{bmatrix} 4 & 2 & 6 \\ 2 & 6 & 8 \\ 6 & 8 & 18 \end{bmatrix} \bar{\mathbf{x}} = \begin{bmatrix} 2 \\ 3 \\ 9 \end{bmatrix}$$

로 주어지고 해는

$$\bar{\mathbf{x}} = \frac{1}{10} \begin{bmatrix} -7 \\ -6 \\ 10 \end{bmatrix}$$

이다. 따라서 최소제곱근사포물선은 그림 7.15에 표시한 것처럼 식

$$y = -\frac{7}{10} - \frac{3}{5}x + x^2$$

을 가진다.

최소제곱근사의 중요한 용도 중 하나는 여러 과정들과 연관된 상수들을 추정하는 것이다. 다음 예제는 인구성장의 맥락에서 이것의 응용을 실제로 보여준다. 지수적으로 성장하는(혹은 감소하는) 인구는 $p(t) = ce^{kt}$ 형태의 식을 만족한다는 것을 6.7절로부터 기억하여라. 여기서 $p(t)$는 시간 t에서 인구의 크기이고, c와

k는 상수들이다. 분명히 $c = p(0)$이지만 k는 결정하기 아주 쉬운 것은 아니다.

$$k = \frac{p'(t)}{p(t)}$$

인 것은 알기 쉽고, k가 때때로 인구의 상대 증가율로 언급되는 이유를 설명한다. 이것은 인구의 크기 $p(t)$에 대한 증가율 $p'(t)$의 비율이다.

CAS

예제 7.29 표 7.2는 20세기 후반부 동안 10년 주기로 전 세계 인구를 나타낸다. 지수적 증가 모형을 가정하고서, 상대 증가율을 구하고 2010년 세계 인구를 예측하여라.

표 7.2

연도	인구 수 (10억)
1950	2.56
1960	3.04
1970	3.71
1980	4.46
1990	5.28
2000	6.08

출처: 미국국세조사국, 국제자료은행

풀이 $t=0$은 1950, $t=1$은 1960 등이 되도록 시간 t는 10년 간격으로 측정하는 것으로 동의하자. $c = p(0) = 2.56$이므로 인구 증가율에 대한 식은

$$p = 2.56\, e^{kt}$$

이다. 최소제곱방법을 이 식에 어떻게 사용할 수 있을까? 양변에 자연로그를 취하면 주어진 식은 일차식

$$\begin{aligned} \ln p &= \ln(2.56\, e^{kt}) \\ &= \ln 2.56 + \ln(e^{kt}) \\ &\approx 0.94 + kt \end{aligned}$$

으로 바뀐다. 표 7.2로부터 t와 p의 값들을 대입해서 다음 연립방정식(소수점 아래 세 자리까지 반올림하여 계산한다.)

$$\begin{aligned} 0.94 &= 0.94 \\ k &= 0.172 \\ 2k &= 0.371 \\ 3k &= 0.555 \\ 4k &= 0.724 \\ 5k &= 0.865 \end{aligned}$$

를 얻는다. 첫 번째 식을 무시할 수 있다. (이 식은 단지 초기 조건 $c = p(0) = 2.56$에 대응한다.) 나머지 식들은 연립방정식 $A\mathbf{x} = \mathbf{b}$에 대응하는데

$$A = \begin{bmatrix} 1 \\ 2 \\ 3 \\ 4 \\ 5 \end{bmatrix}, \quad \mathbf{b} = \begin{bmatrix} 0.172 \\ 0.371 \\ 0.555 \\ 0.724 \\ 0.865 \end{bmatrix}$$

이다. $A^TA = 55$이고 $A^T\mathbf{b} = 9.80$이므로 대응하는 정규방정식은 단지 하나의 식

$$55\,\overline{\mathbf{x}} = 9.80$$

이다. 그래서 $k = \overline{\mathbf{x}} = 9.80/55 \approx 0.178$이다. 결국 최소제곱해는 $p = 2.56\, e^{0.178t}$ 형태를 가진다(그림 7.16 참조).

2010년 세계 인구는 $t = 6$에 대응하고

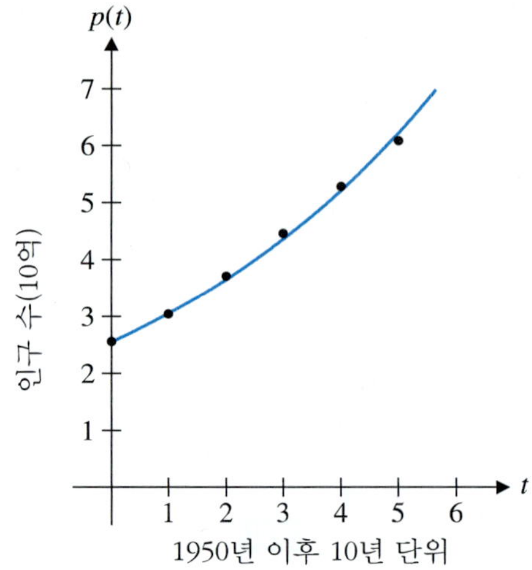

그림 7.16

$$p(6) = 2.56\,e^{0.178(6)} \approx 7.448$$

을 얻는다. 따라서 모형이 정확하다면 2010년에는 약 74.5억 명의 사람이 지구상에 있을 것이다. (미국국세조사국은 전 세계 인구가 2010년에 단지 68.2억 명일 것으로 추정한다. 왜 우리의 추정값이 더 크다고 생각하는가?)

QR 분해를 통한 최소제곱

최소제곱문제에 대한 정규방정식이 불량조건인 것은 종종 사실이다. 그래서 가우스 소거를 수행하는 데 있어서 작은 수치적 오차가 최소제곱해에 있어서 큰 오차를 초래할 것이다. 결국 실제는 다른 방법들이 최소제곱근사를 계산하기 위하여 보통 사용된다.

A의 QR 분해가 $A\mathbf{x} = \mathbf{b}$의 최소제곱근사를 계산하는 좀 더 신뢰할 수 방법을 제공하는 것으로 밝혀졌다.

정리 7.10 A는 일차독립인 열들을 가지는 $m \times n$행렬이고 $\mathbf{b}$는 $\mathbb{R}^m$에 속한다고 하자. 만일 $A = QR$이 A의 QR 분해라면 $A\mathbf{x} = \mathbf{b}$의 유일한 최소제곱해 $\overline{\mathbf{x}}$는

$$\overline{\mathbf{x}} = R^{-1}Q^T\mathbf{b}$$

이다.

증명 정리 5.16으로부터 QR 분해 $A = QR$은 정규직교 열벡터를 갖는 $m \times n$ 행렬 Q와 가역인 상삼각행렬 R을 포함하는 것을 상기하여라. 최소제곱정리로부터 $Q^TQ = I$ (이유는?)이기 때문에

$$\begin{aligned} A^TA\bar{\mathbf{x}} &= A^T\mathbf{b} \\ \Rightarrow \quad (QR)^TQR\bar{\mathbf{x}} &= (QR)^T\mathbf{b} \\ \Rightarrow \quad R^TQ^TQR\bar{\mathbf{x}} &= R^TQ^T\mathbf{b} \\ \Rightarrow \quad R^TR\bar{\mathbf{x}} &= R^TQ^T\mathbf{b} \end{aligned}$$

이다.

R이 가역이므로 R^T도 가역이다. 그래서

$$R\bar{\mathbf{x}} = Q^T\mathbf{b} \quad \text{또는 동등하게} \quad \bar{\mathbf{x}} = R^{-1}Q^T\mathbf{b}$$

를 얻는다.

주의 R이 상삼각이므로 R의 역행렬을 구해서 $R^{-1}Q^T\mathbf{b}$를 계산하는 것보다는 $R\bar{\mathbf{x}} = Q^T\mathbf{b}$를 직접 푸는 것이 실제로는 더 쉽다.

예제 7.30 $A\mathbf{x} = \mathbf{b}$의 최소제곱해를 구하기 위하여 QR 분해를 이용하여라. 여기서 그 역

$$A = \begin{bmatrix} 1 & 2 & 2 \\ -1 & 1 & 2 \\ -1 & 0 & 1 \\ 1 & 1 & 2 \end{bmatrix} \text{이고} \quad \mathbf{b} = \begin{bmatrix} 2 \\ -3 \\ -2 \\ 0 \end{bmatrix}$$

풀이 예제 5.15로부터

$$A = QR = \begin{bmatrix} 1/2 & 3\sqrt{5}/10 & -\sqrt{6}/6 \\ -1/2 & 3\sqrt{5}/10 & 0 \\ -1/2 & \sqrt{5}/10 & \sqrt{6}/6 \\ 1/2 & \sqrt{5}/10 & \sqrt{6}/3 \end{bmatrix} \begin{bmatrix} 2 & 1 & 1/2 \\ 0 & \sqrt{5} & 3\sqrt{5}/2 \\ 0 & 0 & \sqrt{6}/2 \end{bmatrix}$$

이다.

$$Q^T\mathbf{b} = \begin{bmatrix} 1/2 & -1/2 & -1/2 & 1/2 \\ 3\sqrt{5}/10 & 3\sqrt{5}/10 & \sqrt{5}/10 & \sqrt{5}/10 \\ -\sqrt{6}/6 & 0 & \sqrt{6}/6 & \sqrt{6}/3 \end{bmatrix} \begin{bmatrix} 2 \\ -3 \\ -2 \\ 0 \end{bmatrix} = \begin{bmatrix} 7/2 \\ -\sqrt{5}/2 \\ -2\sqrt{6}/3 \end{bmatrix}$$

이고 그래서 $R\bar{\mathbf{x}} = Q^T\mathbf{b}$ 또는

$$\begin{bmatrix} 2 & 1 & 1/2 \\ 0 & \sqrt{5} & 3\sqrt{5}/2 \\ 0 & 0 & \sqrt{6}/2 \end{bmatrix} \bar{\mathbf{x}} = \begin{bmatrix} 7/2 \\ -\sqrt{5}/2 \\ -2\sqrt{6}/3 \end{bmatrix}$$

에 대한 해를 요구한다. 후진대입법으로 빠르게 구하면

$$\bar{\mathbf{x}} = \begin{bmatrix} 4/3 \\ 3/2 \\ -4/3 \end{bmatrix}$$

이다.

정사영 다시 생각

최소제곱방법의 좋은 부산물 중 하나는 $\mathbb{R}^m$의 부분공간 위로의 벡터의 정사영에 대한 새로운 공식이다.

정리 7.11

W는 $\mathbb{R}^m$의 부분공간이고 A는 열들이 W에 대한 기저인 $m\times n$행렬이라 하자. 만일 $\mathbf{v}$는 $\mathbb{R}^m$에 속하는 임의의 벡터라면 W 위로의 $\mathbf{v}$의 정사영은 벡터

$$\operatorname{proj}_W(\mathbf{v}) = A(A^TA)^{-1}A^T\mathbf{v}$$

이다. $\mathbb{R}^m$을 W 위로 사영하는 선형변환 $P: \mathbb{R}^m \to \mathbb{R}^m$는

$$A(A^TA)^{-1}A^T$$

를 P의 표준행렬로 가진다.

증명 A를 만든 것을 고려해 볼 때 A의 열공간이 W이다. A의 열들이 일차독립이므로 최소제곱정리는 $\overline{\mathbf{x}} = (A^TA)^{-1}A^T\mathbf{v}$로 주어지는 $A\mathbf{x} = \mathbf{v}$에 대한 일의적인 최소제곱해가 존재하는 것을 보장한다. 식 (1)에 의해서

$$A\overline{\mathbf{x}} = \operatorname{proj}_{\operatorname{col}(A)}(\mathbf{v}) = \operatorname{proj}_W(\mathbf{v})$$

이다. 그래서 요구하는 대로

$$\operatorname{proj}_W(\mathbf{v}) = A((A^TA)^{-1}A^T\mathbf{v}) = (A(A^TA)^{-1}A^T)\mathbf{v}$$

모든 $\mathbf{v}\in\mathbb{R}^m$에 대해서 이 방정식이 성립하므로 정리의 마지막 주장이 곧바로 성립된다.

예제 5.11을 다시 논의하여 정리 7.11을 설명할 것이다.

예제 7.31

$\mathbb{R}^3$에서 식 $x-y+2z=0$으로 주어진 평면 W 위로의 $\mathbf{v} = \begin{bmatrix} 3 \\ -1 \\ 2 \end{bmatrix}$의 정사영을 구하고, W 위로의 정사영 변환의 표준행렬을 구하여라.

풀이 예제 5.11에서처럼 집합

$$\left\{\begin{bmatrix} 1 \\ 1 \\ 0 \end{bmatrix}, \begin{bmatrix} -1 \\ 1 \\ 1 \end{bmatrix}\right\}$$

을 W에 대한 기저로 택할 것이다. 이러한 기저벡터들을 열벡터로 가지는 행렬

$$A = \begin{bmatrix} 1 & -1 \\ 1 & 1 \\ 0 & 1 \end{bmatrix}$$

을 만든다. 그러면

$$A^TA = \begin{bmatrix} 1 & 1 & 0 \\ -1 & 1 & 1 \end{bmatrix}\begin{bmatrix} 1 & -1 \\ 1 & 1 \\ 0 & 1 \end{bmatrix} = \begin{bmatrix} 2 & 0 \\ 0 & 3 \end{bmatrix}$$

이므로

$$(A^TA)^{-1} = \begin{bmatrix} 1/2 & 0 \\ 0 & 1/3 \end{bmatrix}$$

이다. 정리 7.11에 의해서 W 위로의 정사영 변환의 표준행렬은

$$A(A^TA)^{-1}A^T = \begin{bmatrix} 1 & -1 \\ 1 & 1 \\ 0 & 1 \end{bmatrix}\begin{bmatrix} 1/2 & 0 \\ 0 & 1/3 \end{bmatrix}\begin{bmatrix} 1 & 1 & 0 \\ -1 & 1 & 1 \end{bmatrix} = \begin{bmatrix} 5/6 & 1/6 & -1/3 \\ 1/6 & 5/6 & 1/3 \\ -1/3 & 1/3 & 1/3 \end{bmatrix}$$

이고, 따라서 W 위로의 $\mathbf{v}$의 정사영은

$$\text{proj}_W(\mathbf{v}) = A(A^TA)^{-1}A^T\mathbf{v} = \begin{bmatrix} 5/6 & 1/6 & -1/3 \\ 1/6 & 5/6 & 1/3 \\ -1/3 & 1/3 & 1/3 \end{bmatrix}\begin{bmatrix} 3 \\ -1 \\ 2 \end{bmatrix} = \begin{bmatrix} 5/3 \\ 1/3 \\ -2/3 \end{bmatrix}$$

이다. 이는 예제 5.11에 대한 해와 일치한다.

주의 부분공간 W 위로의 $\mathbf{v}$의 정사영이 유일하므로 이러한 선형변환의 표준행렬(정리 7.11에 의해서 주어진 것처럼)은 W에 대한 기저의 선택에 의존할 수 없다. 다시 말해서, W에 대한 다른 기저를 가지고 다른 행렬 A를 가지지만 행렬 $A(A^TA)^{-1}A^T$는 같을 것이다! (이것의 증명은 연습문제 43으로 남겨둔다.)

유사역행렬

만일 A가 일차독립인 열들을 가지는 $n \times n$행렬이라면, A는 가역이고 $A\mathbf{x} = \mathbf{b}$에 대한 유일한 해는 $\mathbf{x} = A^{-1}\mathbf{b}$이다. 만일 $m > n$이고 A가 일차독립인 열들을 가지는 $m \times n$행렬이라면, $A\mathbf{x} = \mathbf{b}$는 정확한 해를 가지지 않지만 최적근사는 유일한 최소제곱 해 $\overline{\mathbf{x}} = (A^TA)^{-1}A^T\mathbf{b}$에 의해서 주어진다. 그래서 행렬 $(A^TA)^{-1}A^T$는 이 상황에서 'A의 역' 역할을 한다.

정의 만일 A가 일차독립인 열들을 가지는 행렬이라면, A의 **유사역행렬**(pseudoinverse matrix)은

$$A^+ = (A^TA)^{-1}A^T$$

에 의해서 정의되는 행렬 A^+이다.

A가 $m\times n$행렬이면 A^+는 $n\times m$행렬임을 주목하여라.

예제 7.32

$A=\begin{bmatrix}1&1\\1&2\\1&3\end{bmatrix}$의 유사역행렬을 구하여라.

풀이 예제 7.26에서 대부분의 계산을 이미 했다. 이전 계산을 이용하면

$$A^+=(A^TA)^{-1}A^T=\begin{bmatrix}7/3&-1\\-1&1/2\end{bmatrix}\begin{bmatrix}1&1&1\\1&2&3\end{bmatrix}=\begin{bmatrix}4/3&1/3&-3/2\\-1/2&0&1/2\end{bmatrix}$$

유사역행렬은 논의해 온 몇 가지 개념들에 대한 편리한 약칭 표기이다. 예를 들어, 만일 A가 일차독립인 열들을 가지는 $m\times n$행렬이면, $A\mathbf{x}=\mathbf{b}$의 최소제곱해는

$$\overline{\mathbf{x}}=A^+\mathbf{b}$$

에 의해서 주어지고 $\mathbb{R}^m$으로부터 $\mathrm{col}(A)$ 위로의 정사영 P의 표준행렬은

$$[P]=AA^+$$

이다.

만일 A가 실제로 정사각행렬이면, $A^+=A^{-1}$(연습문제 53)임을 보이는 것은 쉽다. 이 경우에 있어서 $\overline{\mathbf{x}}=A^+\mathbf{b}=A^{-1}\mathbf{b}=\mathbf{x}$ 이므로 $A\mathbf{x}=\mathbf{b}$의 최소제곱해는 정확한 해이다. 사영행렬은 $[P]=AA^+=AA^{-1}=I$이다. (이 등호의 기하학적 해석은 무엇인가?)

정리 7.12는 유사역행렬의 주요한 성질들을 요약한다. (이 정리의 증명을 읽기 전에 예제 7.32에 있는 행렬에 대한 이러한 성질들을 확인하여라.)

정리 7.12

A는 일차독립인 열들을 가지는 행렬이라 하자. 그러면 A의 유사역행렬 A^+는 다음 성질들(A에 대한 **펜로즈 조건**(Penrose conditions))을 만족한다.

a. $AA^+A=A$

b. $A^+AA^+=A^+$

c. AA^+와 A^+A는 대칭이다.

증명 조건 (a)와 조건 (c)의 절반만 증명하고 나머지 조건들의 증명은 연습문제 54와 55로 남겨둔다.

(a) 계산하면

$$\begin{aligned} AA^+A &= A((A^TA)^{-1}A^T)A \\ &= A(A^TA)^{-1}(A^TA) \\ &= AI = A \end{aligned}$$

이다.

(c) 정리 3.4에 의해서 A^TA는 대칭이다. 그래서 3.3절에 있는 연습문제 46에 의해 $(A^TA)^{-1}$도 역시 대칭이다. AA^+의 전치를 취하면

$$\begin{aligned} (AA^+)^T &= (A(A^TA)^{-1}A^T))^T \\ &= (A^T)^T((A^TA)^{-1})^TA^T \\ &= A(A^TA)^{-1}A^T \\ &= AA^+ \end{aligned}$$

연습문제 56은 유사역행렬의 추가적인 성질을 다룬다. 다음 절에서는 A의 열들이 일차독립이든 아니든 모든 행렬을 다루기 위하여 A^+의 정의를 어떻게 확장하는지 볼 것이다.

7.3 연습문제

CAS

※ [1–3] 자료점들 (1, 0), (2, 1), (3, 5)를 고려하여라. 주어진 직선에 대한 최소제곱오차를 계산하여라. 각 경우에 점들과 직선을 그려라.

1. $y=-2+2x$ 2. $y=x$ 3. $y=-3+\frac{5}{2}x$

※ [4–6] 자료점들 (−5, 3), (0, 3), (5, 2), (10, 0)을 고려하여라. 주어진 직선에 대한 최소제곱오차를 계산하여라. 각 경우에 점들과 직선을 그려라.

4. $y=3-\frac{1}{3}x$ 5. $y=\frac{5}{2}$ 6. $y=2-\frac{1}{5}x$

※ [7–14] 주어진 점들에 대한 최소제곱근사직선을 구하고 대응하는 최소제곱오차를 계산하여라.

7. (1, 0), (2, 1), (3, 5)
8. (1, 6), (2, 3), (3, 1)
9. (0, 4), (1, 1), (2, 0)
10. (0, 3), (1, 3), (2, 5)
11. (−5, −1), (0, 1), (5, 2), (10, 4)
12. (−5, 3), (0, 3), (5, 2), (10, 0)
13. (1, 1), (2, 3), (3, 4), (4, 5), (5, 7)
14. (1, 10), (2, 8), (3, 5), (4, 3), (5, 0)

※ [15–18] 주어진 점들에 대한 최소제곱근사포물선을 구하여라.

15. (1, 1), (2, −2), (3, 3), (4, 4)
16. (1, 6), (2, 0), (3, 0), (4, 2)
17. (−2, 4), (−1, 7), (0, 3), (1, 0), (2, −1)
18. (−2, 0), (−1, −11), (0, −10), (1, −9), (2, 8)

※ [19–22] 그리기와 정규방정식 풀기로 $A\mathbf{x}=\mathbf{b}$의 최소제곱해를 구하여라.

19. $A=\begin{bmatrix} 3 & 1 \\ 1 & 1 \\ 1 & 2 \end{bmatrix}$, $\mathbf{b}=\begin{bmatrix} 1 \\ 1 \\ 1 \end{bmatrix}$

20. $A=\begin{bmatrix} 1 & -2 \\ 3 & -2 \\ 2 & 1 \end{bmatrix}$, $\mathbf{b}=\begin{bmatrix} 1 \\ 1 \\ 1 \end{bmatrix}$

21. $A=\begin{bmatrix} 1 & -2 \\ 0 & -3 \\ 2 & 5 \\ 3 & 0 \end{bmatrix}$, $\mathbf{b}=\begin{bmatrix} 4 \\ 1 \\ -2 \\ 4 \end{bmatrix}$

22. $A=\begin{bmatrix} 1 & 0 \\ 2 & -1 \\ -1 & 1 \\ 0 & 2 \end{bmatrix}$, $\mathbf{b}=\begin{bmatrix} 1 \\ 5 \\ -1 \\ 2 \end{bmatrix}$

※ [23–24] $A\mathbf{x}=\mathbf{b}$의 최소제곱해가 유일하지 않음을 보이고 모든 최소제곱해들을 구하기 위하여 정규방정식을 풀어라.

23. $A=\begin{bmatrix} 1 & 1 & 0 & 0 \\ 1 & 0 & 1 & 1 \\ 0 & -1 & 1 & 1 \\ 1 & -1 & 1 & 0 \end{bmatrix}$, $\mathbf{b}=\begin{bmatrix} 1 \\ -3 \\ 2 \\ 4 \end{bmatrix}$

24. $A=\begin{bmatrix} 0 & 1 & 1 & 0 \\ 1 & -1 & 1 & -1 \\ 1 & 0 & 1 & 0 \\ 1 & 1 & 1 & 1 \end{bmatrix}$, $\mathbf{b}=\begin{bmatrix} 5 \\ 3 \\ -1 \\ 1 \end{bmatrix}$

※ [25–26] 주어진 연립방정식의 해에 대한 최적근사를 구하여라.

25. $$\begin{aligned} x + y \quad - z &= 2 \\ -y \quad + 2z &= 6 \\ 3x + 2y \quad - z &= 11 \\ -x + \quad z &= 0 \end{aligned}$$

26. $$\begin{aligned} 2x + 3y + z &= 21 \\ x + y + z &= 7 \\ -x + y - z &= 14 \\ 2y + z &= 0 \end{aligned}$$

※ [27–28] A의 QR 분해가 주어진다. 이를 이용하여 $A\mathbf{x}=\mathbf{b}$의 최소제곱해를 구하여라.

27. $A=\begin{bmatrix} 2 & 1 \\ 2 & 0 \\ 1 & 1 \end{bmatrix}$, $Q=\begin{bmatrix} \frac{2}{3} & \frac{1}{3} \\ \frac{2}{3} & -\frac{2}{3} \\ \frac{1}{3} & \frac{2}{3} \end{bmatrix}$, $R=\begin{bmatrix} 3 & 1 \\ 0 & 1 \end{bmatrix}$,

$\mathbf{b}=\begin{bmatrix} 2 \\ 3 \\ -1 \end{bmatrix}$

28. $A=\begin{bmatrix} 1 & 0 \\ 2 & -1 \\ -1 & 1 \end{bmatrix}$, $Q=\begin{bmatrix} 1/\sqrt{6} & 1/\sqrt{2} \\ 2/\sqrt{6} & 0 \\ -1/\sqrt{6} & 1/\sqrt{2} \end{bmatrix}$,

$R=\begin{bmatrix} \sqrt{6} & -\sqrt{6}/2 \\ 0 & 1/\sqrt{2} \end{bmatrix}$, $\mathbf{b}=\begin{bmatrix} 1 \\ 1 \\ 1 \end{bmatrix}$

29. 테니스공이 여러 높이에서 떨어지고 첫 번째 바운드에서 볼의 높이가 측정된다. 표 7.3에 있는 자료를 이용하여 바운드 높이 b에 대한 최소제곱근사직선을 최초 높이 h의 일차함수로 구하여라.

표 7.3

h(cm)	20	40	48	60	80	100
b(cm)	14.5	31	36	45.5	59	73.5

30. 훅의 법칙은 용수철의 길이 L은 용수철에 작용되는 힘 F의 일차함수라고 말한다. (그림 7.17과 예제 6.92를 보아라.) 그래서

$$L=a+bF$$

를 만족하는 상수 a와 b가 존재한다. 표 7.4는 여러 무게를 용수철에 붙인 결과를 보여준다.

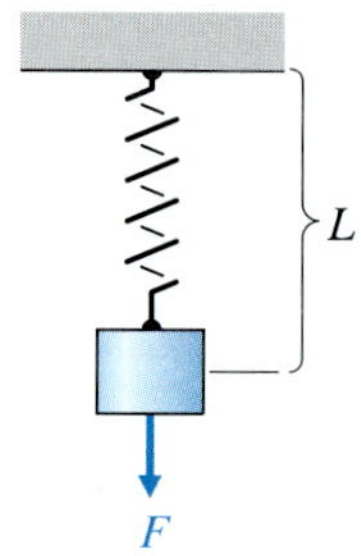

그림 7.17

표 7.4

F(oz)	2	4	6	8
L(in.)	7.4	9.6	11.5	13.6

(a) 이러한 자료들에 대한 최소제곱근사직선을 구해서 상수 a와 b를 결정하여라.

(b) 5 oz 무게가 붙어 있는 용수철의 길이를 추정하여라.

31. 표 7.5는 주어진 연도에 미국에서 태어난 사람의 평균 수명을 제공한다.

(a) 이러한 자료들에 대한 최소제곱근사직선을 구하고 이를 이용하여 2000년에 태어난 어떤 사람의 평균 수명을 예측하여라.

(b) 이 모델이 얼마나 적합한가? 설명하여라.

표 7.5

출생 연도	1920	1930	1940	1950	1960	1970	1980	1990
평균 수명(년)	54.1	59.7	62.9	68.2	69.7	70.8	73.7	75.4

출처: 세계 연감. 뉴욕: 세계 연감 출판, 1999

32. 어떤 물체가 공중에 수직으로 던져졌을 때 뉴턴의 운동 제2법칙은 시간 t에서 그 물체의 높이 $s(t)$는

$$s(t) = s_0 + v_0 t + \frac{1}{2} g t^2$$

으로 주어진다고 말한다. 여기서 v_0는 물체의 초기 속도이고 g는 중력에 따른 가속도 상수이다. 표 7.6에 제시된 측정값을 가진다고 가정하자.

표 7.6

시간(s)	0.5	1	1.5	2	3
높이(m)	11	17	21	23	18

(a) 이러한 자료들에 대한 최소제곱근사이차식을 구하여라.

(b) 물체가 놓아질 때 높이(m), 물체의 초기 속도(m/s), 중력에 따른 물체의 가속도(m/s^2)를 추정하여라.

(c) 근사적으로 언제 물체가 땅에 닿을까?

33. 표 7.7은 1950년부터 2000년까지 동안에 10년 주기로 미국의 인구를 제공한다.

(a) 시간 t일 때 인구 $p(t)$는 $p(t) = ce^{kt}$형태의 지수적 증가모델이라고 가정한 후에 최소제곱을 이용하여 인구 증가율에 대한 식을 구하여라. [힌트: $t=0$은 1950년으로 두어라.]

(b) 이 식을 이용하여 2010년 미국 인구를 추정하여라.

표 7.7

연도	인구(백만)
1950	150
1960	179
1970	203
1980	227
1990	250
2000	281

출처: 미국 통계국

34. 표 7.8은 1970년부터 2005년까지 동안에 평균 메이저리그 야구선수의 연봉을 보여준다.

(a) 이러한 자료들에 대한 최소제곱근사이차식을 구하여라.

(b) 이러한 자료들에 대한 최소제곱근사지수식을 구하여라.

(c) 어느 식이 더 나은 근사를 제공하는가? 이유는?

(d) 2010년과 2015년에 평균 메이저리그 야구선수의 연봉이 얼마일 거라고 추정하는가?

표 7.8

연도	평균 연봉(천 달러)
1970	29.3
1975	44.7
1980	143.8
1985	371.6
1990	597.5
1995	1110.8
2000	1895.6
2005	2476.6

출처: 메이저리그 야구선수협회

35. 방사성 폴로늄-210의 200 mg 샘플이 붕괴되는 동안에 관찰된다. 표 7.9는 여러 시간에서 남아 있는 질량을 보여준다.

지수적 감소모델을 가정한 후에 최소제곱을 이용하여 폴로늄-210의 반감기를 구하여라(6.7절)

표 7.9

시간(날짜)	0	30	60	90
질량(mg)	200	172	148	128

36. 자료점들 $(0, -4, 0)$, $(5, 0, 0)$, $(4, -1, 1)$, $(1, -3, 1)$, $(-1, 5, -2)$를 최적으로 접합하는 평면

$$z = a + bx + cy$$

를 구하여라.

※ [37-42] 부분공간 W 위로의 정사영의 표준행렬을 구하여라. 그러고 나서 이 행렬을 이용하여 W 위로의 $\mathbf{v}$의 정사영을 구하여라.

37. $W = \text{span}\left(\begin{bmatrix}1\\1\end{bmatrix}\right)$, $\mathbf{v} = \begin{bmatrix}3\\4\end{bmatrix}$

38. $W = \text{span}\left(\begin{bmatrix}1\\-2\end{bmatrix}\right)$, $\mathbf{v} = \begin{bmatrix}1\\1\end{bmatrix}$

39. $W = \text{span}\left(\begin{bmatrix}1\\1\\1\end{bmatrix}\right)$, $\mathbf{v} = \begin{bmatrix}1\\2\\3\end{bmatrix}$

40. $W = \text{span}\left(\begin{bmatrix}2\\2\\-1\end{bmatrix}\right)$, $\mathbf{v} = \begin{bmatrix}1\\0\\0\end{bmatrix}$

41. $W = \text{span}\left(\begin{bmatrix}1\\0\\-1\end{bmatrix}, \begin{bmatrix}1\\1\\1\end{bmatrix}\right)$, $\mathbf{v} = \begin{bmatrix}1\\0\\0\end{bmatrix}$

42. $W = \text{span}\left(\begin{bmatrix}1\\-2\\1\end{bmatrix}, \begin{bmatrix}1\\0\\-1\end{bmatrix}\right)$, $\mathbf{v} = \begin{bmatrix}1\\2\\3\end{bmatrix}$

43. 예제 7.31에 있는 W 위로의 사영의 표준행렬(정리 7.11에서 만든 것처럼)은 기저의 선택에 의존하지 않음을 입증하여라.

$$\left\{\begin{bmatrix}1\\1\\0\end{bmatrix}, \begin{bmatrix}1\\3\\1\end{bmatrix}\right\}$$

을 W에 대한 기저로 택하고 다시 계산하여 결과적인 사영행렬이 같음을 보여라.

44. A는 일차독립인 열들을 가지는 행렬이고 $P = A(A^TA)^{-1}A^T$는 $\text{col}(A)$ 위로의 사영행렬이라 하자.
(a) P가 대칭임을 보여라.
(b) P가 멱등임을 보여라.

※ [45–52] A의 유사역행렬을 구하여라.

45. $A = \begin{bmatrix}1\\2\end{bmatrix}$

46. $A = \begin{bmatrix}1\\-1\\2\end{bmatrix}$

47. $A = \begin{bmatrix}1 & 3\\-1 & 1\\0 & 2\end{bmatrix}$

48. $A = \begin{bmatrix}1 & 3\\3 & 1\\2 & 2\end{bmatrix}$

49. $A = \begin{bmatrix}1 & 1\\0 & 1\end{bmatrix}$

50. $A = \begin{bmatrix}1 & 2\\3 & 4\end{bmatrix}$

51. $A = \begin{bmatrix}1 & 0 & 0\\1 & 0 & 1\\0 & 1 & 1\\1 & 1 & 1\end{bmatrix}$

52. $A = \begin{bmatrix}1 & 2 & 0\\0 & 1 & -1\\1 & 1 & -2\\0 & 0 & 2\end{bmatrix}$

53. (a) A가 일차독립인 열들을 가지는 정사각행렬이면 $A^+ = A^{-1}$임을 보여라.
(b) A가 정규직교인 열들을 가지는 $m \times n$행렬이면 A^+는 무엇인가?

54. 정리 7.12(b)를 증명하여라.

55. 정리 7.12(c)의 남아 있는 부분을 증명하여라.

56. A는 일차독립인 열들을 가지는 행렬이라 하자. 다음을 증명하여라.
(a) 모든 스칼라 $c \neq 0$에 대해

$$(cA)^+ = (1/c)A^+$$

(b) A가 정사각행렬이면 $(A^+)^+ = A$
(c) A가 정사각행렬이면 $(A^T)^+ = (A^+)^T$

57. n개의 자료점들 (x_1, y_1), (x_2, y_2), $\cdots$, (x_n, y_n)이 주어졌다고 하자. 자료점들이 동일한 수직 직선 위에 모두가 놓이지 않는다면 그들은 유일한 최소제곱근사 직선을 가짐을 보여라.

58. n개의 자료점들 (x_1, y_1), (x_2, y_2), $\cdots$, (x_n, y_n)이 주어졌다고 하자. x_1, x_2, $\cdots$, x_n 중에서 최소한 $k+1$개가 서로 다르다면 주어진 점들은 유일한 최대 k차의 최소제곱근사다항식을 가짐을 보이기 위하여 연습문제 57을 일반화하여라.

7.4 특잇값 분해

5장에서 모든 대칭행렬 A는 $A = PDP^T$로 분해될 수 있다는 것을 알았다. 여기서 P는 직교행렬이고 D는 A의 고윳값을 보여주는 대각행렬이다. A가 대칭이 아니면 그와 같은 분해는 불가능하지만, 4장에서 배웠듯이 정사각행렬 A를 $A = PDP^{-1}$로 여전히 분해할 수 있을 것이다. 여기서 D는 이전과 같지만, P는 이제 단순히 가역행렬이다. 그러나 모든 행렬이 대각화 가능이 아니므로, 모든 행렬(대칭이든 아니든, 정사각형이든 아니든)이 $A = PDQ^T$ 형태의 분해를 가지는 것을 알게 되면 아마 놀랄 것이다. 여기서 P와 Q는 직교행렬이고 D는 대각행렬이다! 이런 뛰어난 결과는 특잇값 분해(SVD)이고 모든 행렬분해들의 가장 중요한 것 중의 하나이다.

이 절에서는 행렬의 특잇값 분해를 어떻게 계산하는지를 보여줄 것이고 그리고 나서 많은 응용 중 몇 가지를 고려할 것이다. 도중에 앞 절들에서 해결되지 않고 남겨졌던 몇 가지 질문들을 답하면서 마무리를 할 것이다.

행렬의 특잇값

임의의 $m \times n$ 행렬 A에 대해서 $n \times n$ 행렬 A^TA는 대칭이므로 스펙트럼 정리에 의해서 직교대각화할 수 있다. A^TA의 고윳값은 모두 실수(정리 5.18)일 뿐만 아니라 모두 음이 아니다. 이를 보이기 위하여 λ를 대응하는 단위 고유벡터 $\mathbf{v}$를 가지는 A^TA의 고윳값이라 두자. 그러면

$$\begin{aligned} 0 \le \|A\mathbf{v}\|^2 &= (A\mathbf{v}) \cdot (A\mathbf{v}) = (A\mathbf{v})^T A\mathbf{v} = \mathbf{v}^{\mathrm{T}} \mathrm{A}^{\mathrm{T}} \mathrm{A}\mathbf{v} \\ &= \mathbf{v}^{\mathrm{T}} \lambda \mathbf{v} = \lambda(\mathbf{v} \cdot \mathbf{v}) = \lambda \|\mathbf{v}\|^2 = \lambda \end{aligned}$$

이다. 그래서 이러한 고윳값의 (양수) 제곱근을 취하는 것은 의미가 있다.

정의 A가 $m \times n$ 행렬이면 A의 **특잇값**(singular values)은 A^TA의 고윳값의 제곱근들이고 $\sigma_1, \sigma_2, \cdots, \sigma_n$으로 나타낸다. 특잇값이 $\sigma_1 \ge \sigma_2 \ge \cdots \ge \sigma_n$이 되도록 정리하는 것이 관례적이다.

예제 7.33

$A = \begin{bmatrix} 1 & 1 \\ 1 & 0 \\ 0 & 1 \end{bmatrix}$의 특잇값을 구하여라.

풀이 행렬

$$A^TA = \begin{bmatrix} 1 & 1 & 0 \\ 1 & 0 & 1 \end{bmatrix} \begin{bmatrix} 1 & 1 \\ 1 & 0 \\ 0 & 1 \end{bmatrix} = \begin{bmatrix} 2 & 1 \\ 1 & 2 \end{bmatrix}$$

는 고윳값들 $\lambda_1 = 3$과 $\lambda_2 = 1$을 가진다. 따라서 A의 특잇값은 $\sigma_1 = \sqrt{\lambda_1} = \sqrt{3}$, $\sigma_2 = \sqrt{\lambda_2} = 1$이다.

$m \times n$ 행렬 A의 고윳값의 중요성을 이해하기 위하여 A^TA의 고유벡터를 고려하자. A^TA가 대칭이므로 A^TA의 고유벡터로 이루어진 $\mathbb{R}^n$에 대한 정규직교 기저가 존재하는 것을 안다. $\{\mathbf{v}_1, \mathbf{v}_2, \cdots, \mathbf{v}_n\}$을 $\lambda_1 \geq \lambda_2 \geq \cdots \geq \lambda_n$이 되도록 순서가 주어진 A^TA의 고윳값에 대응하는 기저라고 하자. 정의 바로 직전에서의 계산으로부터

$$\lambda_i = \|A\mathbf{v}_i\|^2$$

그러므로

$$\sigma_i = \sqrt{\lambda_i} = \|A\mathbf{v}_i\|$$

다시 말해서 A의 특잇값은 벡터들 $A\mathbf{v}_1, \cdots, A\mathbf{v}_n$의 길이이다.

기하학적으로 이 결과는 좋은 해석을 가진다. 예제 7.33을 다시 고려해보자. 만일 $\mathbf{x}$가 $\mathbb{R}^2$에서 단위원 위에 놓인다면(즉, $\|\mathbf{x}\| = 1$),

$$\begin{aligned} \|A\mathbf{x}\|^2 &= (A\mathbf{x}) \cdot (A\mathbf{x}) = (A\mathbf{x})^T A\mathbf{x} = \mathbf{x}^T A^T A\mathbf{x} \\ &= \begin{bmatrix} x_1 & x_2 \end{bmatrix} \begin{bmatrix} 2 & 1 \\ 1 & 2 \end{bmatrix} \begin{bmatrix} x_1 \\ x_2 \end{bmatrix} = 2x_1^2 + 2x_1x_2 + 2x_2^2 \end{aligned}$$

이는 이차형식이다. 정리 5.25에 의하면, $\|\mathbf{x}\| = 1$이라는 제약조건에서 이 이차형식의 최댓값과 최솟값은 각각 $\lambda_1 = 3$과 $\lambda_2 = 1$이고 A^TA의 대응하는 고유벡터들에서, 말하자면 각각 $\mathbf{x} = \mathbf{v}_1 = \begin{bmatrix} 1/\sqrt{2} \\ 1/\sqrt{2} \end{bmatrix}$이고 $\mathbf{x} = \mathbf{v}_2 = \begin{bmatrix} -1/\sqrt{2} \\ 1/\sqrt{2} \end{bmatrix}$일 때 존재한다. $i = 1, 2$에 대해서

$$\|A\mathbf{v}_i\|^2 = \mathbf{v}_i^T A^T A\mathbf{v}_i = \lambda_i$$

이므로 $\mathbf{x}$가 $\mathbb{R}^2$에서 단위원 위를 횡단할 때 $\sigma_1 = \|A\mathbf{v}_1\| = \sqrt{3}$과 $\sigma_2 = \|A\mathbf{v}_2\| = 1$이 길이 $\|A\mathbf{x}\|$의 최댓값과 최솟값이라는 것을 안다.

이제 A에 대응하는 선형변환은 $\mathbb{R}^2$를 식 $x - y - z = 0$을 가지고 $\mathbb{R}^3$에 있는 평면과 연관시키고(이를 입증하여라) 이 변환에 따라 단위원의 상은 이 평면에 놓이는 타원이다. (이러한 사실을 일반적으로 곧 보일 것이다. 그림 7.18) 그래서 그림 7.19에 표시한 것처럼 σ_1과 σ_2는 이 타원의 장축과 단축의 절반의 길이이다. 이제 행렬의 특잇값 분해를 기술할 수 있다.

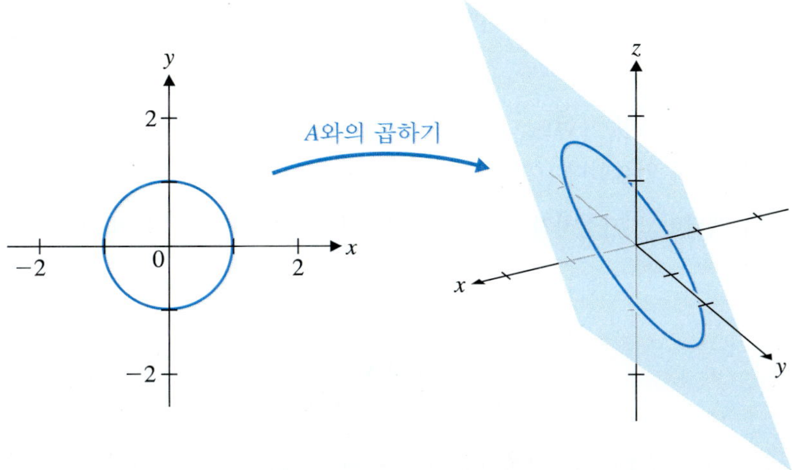

그림 7.18 행렬 A는 $\mathbb{R}^2$에서 단위원을 $\mathbb{R}^3$에서 타원으로 변환시킨다.

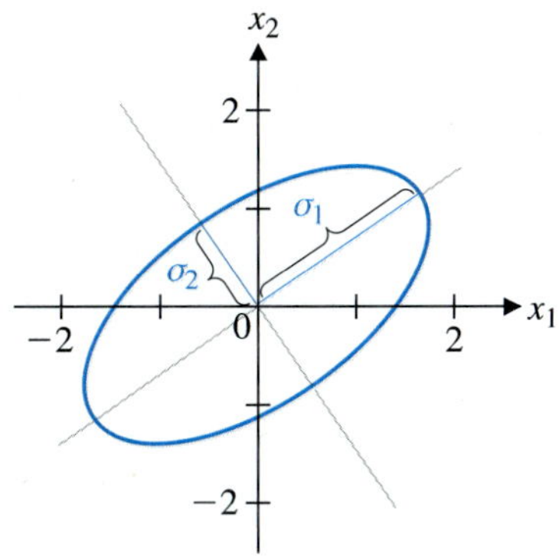

그림 7.19

특잇값 분해

$m\times n$ 행렬 A는 $A=U\Sigma V^T$로 분해할 수 있다는 것을 보여주고자 한다. 여기서 U는 $m\times m$ 직교행렬, V는 $n\times n$ 직교행렬, Σ는 $m\times n$ 대각행렬이다. A의 0이 아닌 특잇값이

$$\sigma_1 \geq \sigma_2 \geq \cdots \geq \sigma_r > 0$$

이고 $\sigma_{r+1}=\sigma_{r+2}=\cdots=\sigma_n=0$이라면 Σ는 블록형태

$$\Sigma = \begin{bmatrix} D & O \\ O & O \end{bmatrix} \quad \begin{matrix} \}\, r \\ \}\, m-r \end{matrix} \qquad (\text{columns: } r,\ n-r) \tag{1}$$

를 가질 것이다. 여기서

$$D = \begin{bmatrix} \sigma_1 & \cdots & 0 \\ \vdots & \ddots & \vdots \\ 0 & \cdots & \sigma_r \end{bmatrix}$$

이고 각각의 행렬 O는 적절한 크기의 영행렬이다. (만일 $r=m$ 또는 $r=n$이면 몇몇의 이러한 O들은 나타나지 않을 것이다.) $r=2$를 가지는 그와 같은 행렬 Σ의 몇 가지 예들은

$$\Sigma = \begin{bmatrix} 4 & 0 & 0 \\ 0 & 3 & 0 \end{bmatrix},\quad \Sigma = \begin{bmatrix} 2 & 0 \\ 0 & 2 \\ 0 & 0 \end{bmatrix},\quad \Sigma = \begin{bmatrix} 8 & 0 & 0 \\ 0 & 3 & 0 \\ 0 & 0 & 0 \end{bmatrix},\quad \Sigma = \begin{bmatrix} 5 & 0 & 0 \\ 0 & 2 & 0 \\ 0 & 0 & 0 \\ 0 & 0 & 0 \end{bmatrix}$$

이다. (각각의 경우에 D는 무엇인가?)

직교행렬 V를 만들기 위하여, $n\times n$ 대칭행렬 A^TA의 고유벡터들로 이루어진 $\mathbb{R}^n$에 대한 정규직교 기저 $\{\mathbf{v}_1, \cdots, \mathbf{v}_n\}$을 먼저 구한다. 그러면

$$V = \left[\mathbf{v}_1 \ \cdots \ \mathbf{v}_n \right]$$

은 $n \times n$ 직교행렬이다.

직교행렬 U에 대하여, $\{ A\mathbf{v}_1, \cdots, A\mathbf{v}_n \}$이 $\mathbb{R}^m$에 속하는 벡터들의 직교집합이라는 것을 먼저 언급한다. 이를 보이기 위하여, $\mathbf{v}_i$가 고윳값 λ_i에 대응하는 A^TA의 고유벡터라고 가정하자. $i \neq j$에 대해서 고유벡터들 $\mathbf{v}_i$는 직교이므로

$$\begin{aligned}(A\mathbf{v}_i) \cdot (A\mathbf{v}_j) &= (A\mathbf{v}_i)^T A\mathbf{v}_j \\ &= \mathbf{v}_i^T A^T A\mathbf{v}_j \\ &= \mathbf{v}_i^T \lambda_j \mathbf{v}_j \\ &= \lambda_j (\mathbf{v}_i \cdot \mathbf{v}_j) = 0\end{aligned}$$

이제 특잇값은 $\sigma_i = \| A\mathbf{v}_i \|$를 만족하고 이들 중에서 처음 r개는 0이 아닌 것을 상기하여라. 그러므로

$$\mathbf{u}_i = \frac{1}{\sigma_i} A\mathbf{v}_i, \quad i = 1, 2 \cdots, r$$

로 놓고 $A\mathbf{v}_1, \cdots, A\mathbf{v}_r$을 정규화할 수 있다. 이것은 $\{ \mathbf{u}_1, \cdots, \mathbf{u}_r \}$이 $\mathbb{R}^m$에서 정규직교 집합이지만, 만일 $r < m$이면 $\mathbb{R}^m$에 대한 기저가 아니라는 것을 보장한다. 이 경우에는 집합 $\{ \mathbf{u}_1, \cdots, \mathbf{u}_r \}$을 $\mathbb{R}^m$에 대한 정규직교 기저 $\{ \mathbf{u}_1, \cdots, \mathbf{u}_m \}$으로 확장한다. (이것이 만들기의 유일하게 까다로운 부분이다. 아래의 예제들과 연습문제에 있어서 그것을 실행하기 위한 기법들을 설명할 것이다.) 그 다음에는

$$U = \left[\mathbf{u}_1 \ \cdots \ \mathbf{u}_m \right]$$

으로 둔다.

이제 할 일은 이것이 작용한다는 것이다. 즉 설명된 U, V, Σ를 가지고 $A = U\Sigma V^T$인 것을 증명해야 한다. $V^T = V^{-1}$이므로 이것은

$$AV = U\Sigma$$

임을 보이는 것과 동일하다.

$$A\mathbf{v}_i = \sigma_i \mathbf{u}_i, \quad i = 1, 2, \cdots, r$$

이고

$$\| A\mathbf{v}_i \| = \sigma_i = 0, \quad i = r+1, \cdots, n$$

임을 안다. 이 때문에

$$A\mathbf{v}_i = \mathbf{0}, \quad i = r+1, \cdots, n$$

이다. 그러므로 요구하는 것처럼

$$AV = A\left[\mathbf{v}_1 \ \cdots \ \mathbf{v}_n \right]$$

$$
\begin{aligned}
&= \begin{bmatrix} A\mathbf{v}_1 & \cdots & A\mathbf{v}_n \end{bmatrix} \\
&= \begin{bmatrix} A\mathbf{v}_1 & \cdots & A\mathbf{v}_r & 0 & \cdots & 0 \end{bmatrix} \\
&= \begin{bmatrix} \sigma_1\mathbf{u}_1 & \cdots & \sigma_r\mathbf{u}_r & 0 & \cdots & 0 \end{bmatrix} \\
&= \begin{bmatrix} \mathbf{u}_1 & \cdots & \mathbf{u}_m \end{bmatrix} \left[\begin{array}{ccc|c} \sigma_1 & \cdots & 0 & \\ \vdots & \ddots & \vdots & O \\ 0 & \cdots & \sigma_r & \\ \hline & O & & O \end{array}\right] \\
&= U\Sigma
\end{aligned}
$$

방금 다음의 아주 중요한 정리를 증명했다.

정리 7.13

특잇값 분해

A가 특잇값 $\sigma_1 \geq \sigma_2 \geq \cdots \geq \sigma_r > 0$과 $\sigma_{r+1} = \sigma_{r+2} = \cdots = \sigma_n = 0$을 가지는 $m \times n$ 행렬이라 하자. 그러면

$$A = U\Sigma V^T$$

를 만족하는 $m \times m$ 직교행렬 U, $n \times n$ 직교행렬 V, 식 (1)에서 보인 형태의 $m \times n$ 행렬 Σ가 존재한다.

정리 7.13에서처럼 A의 분해를 A의 **특잇값 분해**(singular value decomposition, SVD)라고 부른다. U의 열들은 A의 **왼쪽 특이벡터**(left singular vectors)라고 부르고, V의 열들은 A의 **오른쪽 특이벡터**(right singular vectors)라고 부른다. 행렬 U와 V는 A에 의해서 일의적으로 결정되지 않지만, Σ는 식 (1)에서처럼 A의 특잇값을 포함해야만 한다(연습문제 25).

예제 7.34

다음 행렬들에 대한 특잇값 분해를 구하여라.

(a) $A = \begin{bmatrix} 1 & 1 & 0 \\ 0 & 0 & 1 \end{bmatrix}$ (b) $A = \begin{bmatrix} 1 & 1 \\ 1 & 0 \\ 0 & 1 \end{bmatrix}$

풀이 (a) 계산하면

$$A^TA = \begin{bmatrix} 1 & 1 & 0 \\ 1 & 1 & 0 \\ 0 & 0 & 1 \end{bmatrix}$$

이고 A^TA의 고윳값들은 대응하는 고유벡터들

$$\begin{bmatrix} 1 \\ 1 \\ 0 \end{bmatrix}, \begin{bmatrix} 0 \\ 0 \\ 1 \end{bmatrix}, \begin{bmatrix} -1 \\ 1 \\ 0 \end{bmatrix}$$

을 가지는 $\lambda_1 = 2$, $\lambda_2 = 1$, $\lambda_3 = 0$임을 알아낸다.(이를 증명하여라.) 이들 벡터

들은 직교하므로

$$\mathbf{v}_1 = \begin{bmatrix} 1/\sqrt{2} \\ 1/\sqrt{2} \\ 0 \end{bmatrix}, \quad \mathbf{v}_2 = \begin{bmatrix} 0 \\ 0 \\ 1 \end{bmatrix}, \quad \mathbf{v}_3 = \begin{bmatrix} -1/\sqrt{2} \\ 1/\sqrt{2} \\ 0 \end{bmatrix}$$

을 얻기 위하여 이들을 정규화한다. A의 특잇값은 $\sigma_1 = \sqrt{2}$, $\sigma_2 = \sqrt{1} = 1$, $\sigma_3 = \sqrt{0} = 0$이다. 따라서

$$V = \begin{bmatrix} 1/\sqrt{2} & 0 & -1/\sqrt{2} \\ 1/\sqrt{2} & 0 & 1/\sqrt{2} \\ 0 & 1 & 0 \end{bmatrix}, \quad \Sigma = \begin{bmatrix} \sqrt{2} & 0 & 0 \\ 0 & 1 & 0 \end{bmatrix}$$

U를 구하기 위해서, 계산하면

$$\mathbf{u}_1 = \frac{1}{\sigma_1} A\mathbf{v}_1 = \frac{1}{\sqrt{2}} \begin{bmatrix} 1 & 1 & 0 \\ 0 & 0 & 1 \end{bmatrix} \begin{bmatrix} 1/\sqrt{2} \\ 1/\sqrt{2} \\ 0 \end{bmatrix} = \begin{bmatrix} 1 \\ 0 \end{bmatrix}$$

이고

$$\mathbf{u}_2 = \frac{1}{\sigma_2} A\mathbf{v}_2 = \frac{1}{1} \begin{bmatrix} 1 & 1 & 0 \\ 0 & 0 & 1 \end{bmatrix} \begin{bmatrix} 0 \\ 0 \\ 1 \end{bmatrix} = \begin{bmatrix} 0 \\ 1 \end{bmatrix}$$

이 벡터들은 이미 $\mathbb{R}^2$에 대한 정규직교 기저(표준기저)를 이루므로

$$U = \begin{bmatrix} 1 & 0 \\ 0 & 1 \end{bmatrix}$$

을 가진다. 이는 쉽게 확인될 수 있는 SVD

$$A = \begin{bmatrix} 1 & 1 & 0 \\ 0 & 0 & 1 \end{bmatrix} = \begin{bmatrix} 1 & 0 \\ 0 & 1 \end{bmatrix} \begin{bmatrix} \sqrt{2} & 0 & 0 \\ 0 & 1 & 0 \end{bmatrix} \begin{bmatrix} 1/\sqrt{2} & 1/\sqrt{2} & 0 \\ 0 & 0 & 1 \\ -1/\sqrt{2} & 1/\sqrt{2} & 0 \end{bmatrix} = U\Sigma V^T$$

를 얻는다. (V는 행과 열을 바꾸었음에 주의하여라. 또한 특잇값 σ_3가 Σ에 나타나지 않음에 주의하여라.)

(b) 이 행렬은 예제 7.33에 있는 행렬이어서 특잇값은

$$\mathbf{v}_1 = \begin{bmatrix} 1/\sqrt{2} \\ 1/\sqrt{2} \end{bmatrix}, \quad \mathbf{v}_2 = \begin{bmatrix} -1/\sqrt{2} \\ 1/\sqrt{2} \end{bmatrix}$$

에 대응하는 $\sigma_1 = \sqrt{3}$, $\sigma_2 = 1$이라는 것을 이미 알고 있다. 그래서

$$\Sigma = \begin{bmatrix} \sqrt{3} & 0 \\ 0 & 1 \\ 0 & 0 \end{bmatrix}, \quad V = \begin{bmatrix} 1/\sqrt{2} & -1/\sqrt{2} \\ 1/\sqrt{2} & 1/\sqrt{2} \end{bmatrix}$$

U를 구하기 위해서, 계산하면

$$\mathbf{u}_1 = \frac{1}{\sigma_1} \mathrm{A}\mathbf{v}_1 = \frac{1}{\sqrt{3}} \begin{bmatrix} 1 & 1 \\ 1 & 0 \\ 0 & 1 \end{bmatrix} \begin{bmatrix} 1/\sqrt{2} \\ 1/\sqrt{2} \end{bmatrix} = \begin{bmatrix} 2/\sqrt{6} \\ 1/\sqrt{6} \\ 1/\sqrt{6} \end{bmatrix}$$

이고

$$\mathbf{u}_2 = \frac{1}{\sigma_2}A\mathbf{v}_2 = \frac{1}{1}\begin{bmatrix}1 & 1\\1 & 0\\0 & 1\end{bmatrix}\begin{bmatrix}-1/\sqrt{2}\\1/\sqrt{2}\end{bmatrix} = \begin{bmatrix}0\\-1/\sqrt{2}\\1/\sqrt{2}\end{bmatrix}$$

이번에는 $\{\mathbf{u}_1, \mathbf{u}_2\}$를 $\mathbb{R}^3$에 대한 정규직교 기저로 확장해야 한다. 이를 위한 여러 방법들이 있다. 하나의 방법은 예제 5.14에서처럼 그램-슈미트 과정을 사용하는 것이다. 먼저 $\mathbf{u}_1$, $\mathbf{u}_2$를 포함하는 세 벡터들의 일차독립인 집합을 구한다. $\mathbf{e}_3$가 $\mathbb{R}^3$에서 세 번째 표준 기저벡터라면 $\{\mathbf{u}_1, \mathbf{u}_2, \mathbf{e}_3\}$가 일차독립인 것은 분명하다. (여기서 점검에 의해서 이것을 결정할 수 있지만, 일반적으로 사용하는 믿을 수 있는 방법은 세 벡터를 열로 가지는 행렬을 행줄임하고 기본 정리를 사용하는 것이다.) (정규화를 가지는) 그램-슈미트를 $\{\mathbf{u}_1, \mathbf{u}_2, \mathbf{e}_3\}$에 적용하면(마지막 단계만 필요하다.)

$$\mathbf{u}_3 = \begin{bmatrix}-1/\sqrt{3}\\1/\sqrt{3}\\1/\sqrt{3}\end{bmatrix}$$

이므로

$$U = \begin{bmatrix}2/\sqrt{6} & 0 & -1/\sqrt{3}\\1/\sqrt{6} & -1/\sqrt{2} & 1/\sqrt{3}\\1/\sqrt{6} & 1/\sqrt{2} & 1/\sqrt{3}\end{bmatrix}$$

이고 SVD는

$$\begin{aligned} A &= \begin{bmatrix}1 & 1\\1 & 0\\0 & 1\end{bmatrix}\\ &= \begin{bmatrix}2/\sqrt{6} & 0 & -1/\sqrt{3}\\1/\sqrt{6} & -1/\sqrt{2} & 1/\sqrt{3}\\1/\sqrt{6} & 1/\sqrt{2} & 1/\sqrt{3}\end{bmatrix}\begin{bmatrix}\sqrt{3} & 0\\0 & 1\\0 & 0\end{bmatrix}\begin{bmatrix}1/\sqrt{2} & 1/\sqrt{2}\\-1/\sqrt{2} & 1/\sqrt{2}\end{bmatrix}\\ &= U\Sigma V^T \end{aligned}$$

이다.

대칭행렬의 스펙트럼 분해에 유사한 특잇값 분해의 또 다른 모양이 있다. 이것은 외적전개에 의해서 SVD로부터 얻어진다. 스펙트럼 분해를 얻기 위하여 했던 것을 모방하여 SVD의 이러한 형태를 얻을 수 있다. 그래서 블록 곱셈과 곱의 열-행 표현을 이용하여

$$\begin{aligned} A &= U\Sigma V^T\\ &= \begin{bmatrix}\mathbf{u}_1 & \cdots & \mathbf{u}_m\end{bmatrix}\left[\begin{array}{ccc|c}\sigma_1 & \cdots & 0 & \\ \vdots & \ddots & \vdots & O\\ 0 & \cdots & \sigma_r & \\ \hline & O & & O\end{array}\right]\begin{bmatrix}\mathbf{v}_1^T\\ \vdots\\ \mathbf{v}_n^T\end{bmatrix} \end{aligned}$$

$$= \left[\mathbf{u}_1 \ \cdots \ \mathbf{u}_r \ \vdots \ \mathbf{u}_{r+1} \ \cdots \ \mathbf{u}_m \right] \left[\begin{array}{ccc|c} \sigma_1 & \cdots & 0 & \\ \vdots & \ddots & \vdots & O \\ 0 & \cdots & \sigma_r & \\ \hline & O & & O \end{array} \right] \left[\begin{array}{c} \mathbf{v}_1^T \\ \vdots \\ \mathbf{v}_r^T \\ \hline \mathbf{v}_{r+1}^T \\ \vdots \\ \mathbf{v}_n^T \end{array} \right]$$

$$= \left[\mathbf{u}_1 \ \cdots \ \mathbf{u}_r \right] \begin{bmatrix} \sigma_1 & \cdots & 0 \\ \vdots & \ddots & \vdots \\ 0 & \cdots & \sigma_r \end{bmatrix} \begin{bmatrix} \mathbf{v}_1^T \\ \vdots \\ \mathbf{v}_r^T \end{bmatrix} + \left[\mathbf{u}_{r+1} \ \cdots \ \mathbf{u}_m \right] [\, O \,] \begin{bmatrix} \mathbf{v}_{r+1}^T \\ \vdots \\ \mathbf{v}_n^T \end{bmatrix}$$

$$= \left[\mathbf{u}_1 \ \cdots \ \mathbf{u}_r \right] \begin{bmatrix} \sigma_1 & \cdots & 0 \\ \vdots & \ddots & \vdots \\ 0 & \cdots & \sigma_r \end{bmatrix} \begin{bmatrix} \mathbf{v}_1^T \\ \vdots \\ \mathbf{v}_r^T \end{bmatrix}$$

$$= \left[\sigma_1 \mathbf{u}_1 \ \cdots \ \sigma_r \mathbf{u}_r \right] \begin{bmatrix} \mathbf{v}_1^T \\ \vdots \\ \mathbf{v}_r^T \end{bmatrix}$$

$$= \sigma_1 \mathbf{u}_1 \mathbf{v}_1^T + \cdots + \sigma_r \mathbf{u}_r \mathbf{v}_r^T$$

다음 정리는 SVD의 이러한 외적 형태를 얻기 위한 과정을 요약한다.

정리 7.14 **SVD의 외적 형태**

A 는 특잇값 $\sigma_1 \geq \sigma_2 \geq \cdots \geq \sigma_r > 0$과 $\sigma_{r+1} = \sigma_{r+2} = \cdots = \sigma_n = 0$을 가지는 $m \times n$ 행렬이라 하자. $\mathbf{u}_1, \cdots, \mathbf{u}_r$ 은 이러한 특잇값에 대응하는 A 의 왼쪽 특이벡터들, $\mathbf{v}_1, \cdots, \mathbf{v}_r$ 은 A 의 오른쪽 특이벡터라고 놓자. 그러면

$$A = \sigma_1 \mathbf{u}_1 \mathbf{v}_1^T + \cdots + \sigma_r \mathbf{u}_r \mathbf{v}_r^T$$

주의 만일 A 가 양의 정부호이고 대칭행렬이면 정리 7.13과 정리 7.14는 모두 우리가 알고 있는 결과들로 축소된다. 이 경우에는 SVD가 스펙트럼 정리를 일반화하고 정리 7.14가 스펙트럼 분해를 일반화하는 것을 입증하는 것은 어렵지 않다(연습문제 27).

행렬 A 의 SVD는 중요한 정리 7.15에서 서술한 것처럼 A 에 대한 많은 중요한 정보를 포함한다.

정리 7.15 $A = U\Sigma V^T$를 $m \times n$ 행렬 A 의 특잇값 분해라고 하자. $\sigma_1, \sigma_2, \cdots, \sigma_r$을 모두 0이 아닌 A 의 특잇값이라 하자. 그러면

a. A 의 계수는 r 이다.

b. $\{\mathbf{u}_1, \cdots, \mathbf{u}_r\}$은 col$(A)$에 대한 정규직교 기저이다.

c. $\{\mathbf{u}_{r+1}, \cdots, \mathbf{u}_m\}$은 null$(A^T)$에 대한 정규직교 기저이다.

d. $\{\mathbf{v}_1, \cdots, \mathbf{v}_r\}$은 row$(A)$에 대한 정규직교 기저이다.

e. $\{\mathbf{v}_{r+1}, \cdots, \mathbf{v}_n\}$은 null$(A)$에 대한 정규직교 기저이다.

증명 (a) 3.5절에 있는 연습문제 61에 의해서

$$\begin{aligned}\text{rank}(A) &= \text{rank}(U\Sigma V^T)\\ &= \text{rank}(\Sigma V^T)\\ &= \text{rank}(\Sigma) = r\end{aligned}$$

(b) $\{\mathbf{u}_1, \cdots, \mathbf{u}_r\}$이 정규직교 집합인 것은 이미 안다. 그러므로 정리 5.1에 의해서 이것은 일차독립이다. $i = 1, \cdots, r$에 대해서 $\mathbf{u}_i = (1/\sigma_i)A\mathbf{v}_i$이므로 각각의 $\mathbf{u}_i$는 A의 열공간에 속한다. (왜?) 뿐만 아니라

$$r = \text{rank}(A) = \dim(\text{col}(A))$$

그러므로 정리 6.10(c)에 의해서 $\{\mathbf{u}_1, \cdots, \mathbf{u}_r\}$은 col$(A)$에 대한 정규직교 기저이다.

(c) $\{\mathbf{u}_1, \cdots, \mathbf{u}_m\}$은 $\mathbb{R}^m$에 대한 정규직교 기저이고 성질 (b)에 의해서 $\{\mathbf{u}_1, \cdots, \mathbf{u}_r\}$은 col$(A)$에 대한 기저이므로 $\{\mathbf{u}_{r+1}, \cdots, \mathbf{u}_m\}$이 col$(A)$의 직교 여공간에 대한 정규직교 기저가 된다는 것이 성립한다. 그렇지만 정리 5.10에 의해서

$$(\text{col}(A))^\perp = \text{null}(A^T)$$

(e) $A\mathbf{v}_{r+1} = \cdots = A\mathbf{v}_n = \mathbf{0}$이므로 $\{\mathbf{v}_{r+1}, \cdots, \mathbf{v}_n\}$은 A의 영공간에 포함되는 정규직교 집합이다. 그러므로 $\{\mathbf{v}_{r+1}, \cdots, \mathbf{v}_n\}$은 null$(A)$에 속하는 $n-r$개의 벡터들의 일차독립인 집합이다. 그러나 계수정리에 의해서

$$\dim(\text{null}(A)) = n - r$$

이므로 정리 6.10(c)에 의해서 $\{\mathbf{v}_{r+1}, \cdots, \mathbf{v}_n\}$은 null$(A)$에 대한 정규직교 기저이다.

(d) 성질 (d)는 성질 (e)와 정리 5.10으로부터 성립한다. (이것의 증명은 연습문제 32로 남겨둔다.)

SVD는 행렬 변환의 효과에 대한 새로운 기하학적 이해를 제공한다. $m \times n$ 행렬이 $\mathbb{R}^n$의 단위구를 $\mathbb{R}^m$의 타원체로 변형시킨다는 것을 여러 번(증명을 하지 않고) 언급해 왔다. 이 점은 예를 들어 이 절의 특잇값에 대한 소개에서뿐만 아니라 페롱 정리의 논의와 연산자 크기의 논의에서 일어난다. 이제 이러한 결과를 증명한다.

정리 7.16 A를 계수 r을 가지는 $m \times n$ 행렬이라 하자. 그러면 $\mathbf{x}$를 $A\mathbf{x}$에 대응시키는 행렬변환에 따른 $\mathbb{R}^n$의 단위구의 사상은

a. $r = n$이면 $\mathbb{R}^m$의 타원체의 곡면이다.
b. $r < n$이면 $\mathbb{R}^m$의 타원체이다.

증명 $A = U\Sigma V^T$를 $m \times n$ 행렬 A의 특잇값 분해라고 하자. A의 왼쪽과 오른쪽 특이벡터들을 각각 $\mathbf{u}_1, \cdots, \mathbf{u}_m$과 $\mathbf{v}_1, \cdots, \mathbf{v}_n$이라고 두자. $\text{rank}(A) = r$이므로 정리 7.15(a)에 의해서 A의 특잇값은

$$\sigma_1 \geq \sigma_2 \geq \cdots \geq \sigma_r > 0 \text{과} \quad \sigma_{r+1} = \sigma_{r+2} = \cdots = \sigma_n = 0$$

을 만족한다. $\mathbf{x} = \begin{bmatrix} x_1 \\ \vdots \\ x_n \end{bmatrix}$을 $\mathbb{R}^n$에서 단위벡터라고 두자. 이제 V가 직교행렬이므로 V^T도 직교행렬이고, 정리 5.6에 의해 $V^T\mathbf{x}$는 단위벡터이다. 이제

$$V^T\mathbf{x} = \begin{bmatrix} \mathbf{v}_1^T \\ \vdots \\ \mathbf{v}_n^T \end{bmatrix} \mathbf{x} = \begin{bmatrix} \mathbf{v}_1^T\mathbf{x} \\ \vdots \\ \mathbf{v}_n^T\mathbf{x} \end{bmatrix}$$

이므로 $(\mathbf{v}_1^T\mathbf{x})^2 + \cdots + (\mathbf{v}_n^T\mathbf{x})^2 = 1$이다.

SVD의 외적 형태에 의해서 $A = \sigma_1\mathbf{u}_1\mathbf{v}_1^T + \cdots + \sigma_r\mathbf{u}_r\mathbf{v}_r^T$이다. 따라서

$$\begin{aligned} A\mathbf{x} &= \sigma_1\mathbf{u}_1\mathbf{v}_1^T\mathbf{x} + \cdots + \sigma_r\mathbf{u}_r\mathbf{v}_r^T\mathbf{x} \\ &= (\sigma_1\mathbf{v}_1^T\mathbf{x})\mathbf{u}_1 + \cdots + (\sigma_r\mathbf{v}_r^T\mathbf{x})\mathbf{u}_r \\ &= y_1\mathbf{u}_1 + \cdots + y_r\mathbf{u}_r \end{aligned}$$

여기서 y_i는 스칼라 $\sigma_i\mathbf{v}_i^T\mathbf{x}$를 나타내는 것으로 한다.

(a) $r = n$이면 $n \leq m$이고 $A\mathbf{x} = y_1\mathbf{u}_1 + \cdots + y_n\mathbf{u}_n = U\mathbf{y}$여야 한다. 여기서 $\mathbf{y} = \begin{bmatrix} y_1 \\ \vdots \\ y_n \end{bmatrix}$이다. 따라서 다시 정리 5.6에 의해서 U가 직교행렬이므로 $\|A\mathbf{x}\| = \|U\mathbf{y}\| = \|\mathbf{y}\|$이다. 그러나

$$\left(\frac{y_1}{\sigma_1}\right)^2 + \cdots + \left(\frac{y_n}{\sigma_n}\right)^2 = (\mathbf{v}_1^T\mathbf{x})^2 + \cdots + (\mathbf{v}_n^T\mathbf{x})^2 = 1$$

은 벡터들 $A\mathbf{x}$가 $\mathbb{R}^m$에서 타원체의 표면을 이룬다는 것을 보여준다. (이유는?)

(b) $r < n$이면 위의 단계들에서 유일한 차이는 일부의 항들이 빠지므로 식은

$$\left(\frac{y_1}{\sigma_1}\right)^2 + \cdots + \left(\frac{y_n}{\sigma_n}\right)^2 \leq 1$$

이 되는 것이다. 이 부등식은 $\mathbb{R}^m$에서 타원체에 대응한다.

예제 7.35

행렬 $A = \begin{bmatrix} 1 & 1 & 0 \\ 0 & 0 & 1 \end{bmatrix}$ 의 작용에 따른 $\mathbb{R}^3$에서 단위구의 사상을 서술하여라.

풀이 예제 7.34(a)에서 행렬 A의 다음 SVD를 구하였다.

$$\begin{bmatrix} 1 & 1 & 0 \\ 0 & 0 & 1 \end{bmatrix} = \begin{bmatrix} 1 & 0 \\ 0 & 1 \end{bmatrix} \begin{bmatrix} \sqrt{2} & 0 & 0 \\ 0 & 1 & 0 \end{bmatrix} \begin{bmatrix} 1/\sqrt{2} & 1/\sqrt{2} & 0 \\ 0 & 0 & 1 \\ -1/\sqrt{2} & 1/\sqrt{2} & 0 \end{bmatrix}$$

$r = \text{rank}(A) = 2 < 3 = n$이므로 정리 7.16의 후반부가 적용된다. 단위구의 사상은 $\mathbb{R}^2$에서 $y_1 y_2$ 좌표축들에(왼쪽 특이벡터들 $\mathbf{u}_1$, $\mathbf{u}_2$에 대응하는) 관한 부등식

$$\left(\frac{y_1}{\sqrt{2}}\right)^2 + \left(\frac{y_2}{1}\right)^2 \leq 1 \text{ 또는 } \frac{y_1^2}{2} + y_2^2 \leq 1$$

을 만족할 것이다. $\mathbf{u}_1 = \mathbf{e}_1$이고 $\mathbf{u}_2 = \mathbf{e}_2$이므로 사상은 그림 7.20에서 보여주는 대로이다.

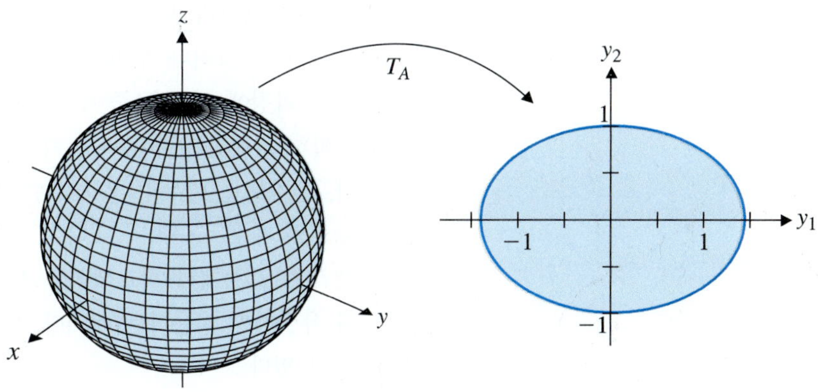

그림 7.20

일반적으로 $\mathbb{R}^n$에서 단위구에 관한 $m \times n$ 행렬 A의 영향을 A의 SVD, $A = U\Sigma V^T$에서 오른쪽에서 왼쪽으로 각 인자의 영향에 관해서 서술할 수 있다. V^T는 직교행렬이므로 단위구를 단위구로 옮긴다. $m \times n$ 행렬 Σ는 두 가지 일을 한다. 대각 성분들 $\sigma_{r+1} = \sigma_{r+2} = \cdots = \sigma_n = 0$은 단위구의 $n - r$차원들을 쇠퇴시켜서 r차원의 단위구를 남긴 후 모두 0이 아닌 대각 성분들 σ_1, σ_2, $\cdots$, σ_r이 타원체로 왜곡시킨다. 직교행렬 U는 $\mathbb{R}^m$에서의 정규직교 기저벡터들 $\mathbf{u}_1$, $\cdots$, $\mathbf{u}_r$에 맞추어서 이러한 타원체를 조절한다(그림 7.21).

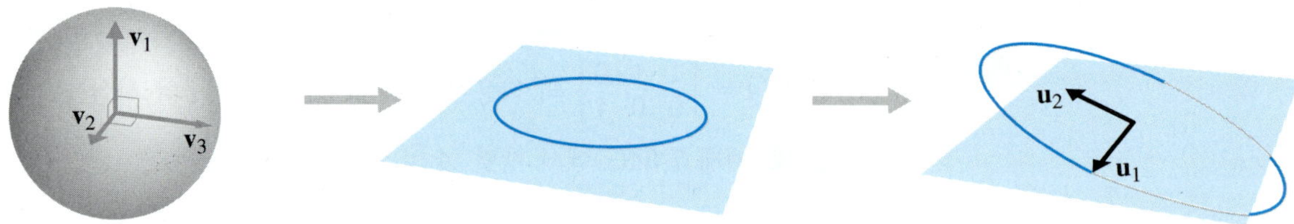

그림 7.21

SVD의 응용들

특잇값 분해는 실질적으로나 이론적으로 아주 유용한 도구이다. 여러 응용들 중에 단지 몇 개를 살펴볼 것이다.

계수

지금까지 계산적 관점으로부터 행렬의 계수를 계산하는 것에 대해 걱정을 하지 않았다. 행렬을 행사다리꼴로 행줄임을 하고 0이 아닌 행의 수를 세어서 행렬의 계수를 계산한다. 그러나 우리가 보았듯이, 특히 행렬이 불량조건이라면 마무리 오차는 이런 과정에 영향을 줄 수 있다. 0인 성분이 계수와 행렬과 관련된 다른 양들을 정확히 결정하는 우리의 능력에 영향을 주는 아주 작은 0이 아닌 수가 될 수도 있다. 실제로는 마무리 오차가 존재할 때 SVD가 훨씬 더 믿을 수 있으므로 SVD는 행렬의 계수를 구하기 위하여 종종 사용된다. 이러한 접근의 뒤에 있는 기본적인 생각은 SVD에서 직교행렬들 U와 V는 길이를 보존하고 따라서 부가적인 오차를 유발하지 않는다는 것이다. 발생하는 어떠한 오차들도 행렬 Σ에 나타나는 경향이 있다.

예제 7.36

$$A = \begin{bmatrix} 8.1650 & -0.0041 & -0.0041 \\ 4.0825 & -3.9960 & 4.0042 \\ 4.0825 & 4.0042 & -3.9960 \end{bmatrix} \text{이고 } B = \begin{bmatrix} 8.17 & 0 & 0 \\ 4.08 & -4 & 4 \\ 4.08 & 4 & -4 \end{bmatrix}$$

라고 두자. 행렬 B는 A에 있는 성분들을 소수점 아래 2자리까지 반올림하여 얻어진다. 이러한 두 개의 근사적으로 동일한 행렬의 계수를 계산하면 $\operatorname{rank}(A) = 3$이지만 $\operatorname{rank}(B) = 2$라는 것을 안다. 기본 정리에 의하면 이것은 다른 여러 가지 중에서 A는 가역이지만 B는 가역이 아니라는 것을 의미한다.

근사적으로 동일한 두 행렬들 사이에 이러한 매우 중요한 차이에 대한 이유는 그들의 SVD들에 있다. A의 특잇값들은 10, 8, 0.01이고 그래서 A는 계수 3을 가진다. B의 특잇값들은 10, 8, 0이고 그래서 B는 계수 2를 가진다.

실제 응용들에서 특잇값이 0에 가깝게 계산된다면 마무리 오차가 영향을 미치기 시작했고 실제 값은 0이어야 한다고 종종 가정된다. 이런 방법으로 잡음은 걸러내어 질 수 있다. 이 예제에서 $A = U\Sigma V^T$를 계산하고

$$\Sigma = \begin{bmatrix} 10 & 0 & 0 \\ 0 & 8 & 0 \\ 0 & 0 & 0.01 \end{bmatrix} \text{를 } \Sigma' = \begin{bmatrix} 10 & 0 & 0 \\ 0 & 8 & 0 \\ 0 & 0 & 0 \end{bmatrix}$$

으로 바꾼다면 $U\Sigma' V^T = B$이다. (시도해 보아라!)

행렬 크기와 조건수

SVD는 행렬 크기를 포함하는 어떤 수식들에 대해서 단순한 공식들을 제공할 수 있다. 예로써 행렬의 프로베니우스 크기를 고려해보자. 다음 정리는 행렬의 프로베니우스 크기가 행렬의 특잇값에 의해서 완전히 결정된다는 것을 보여준다.

정리 7.17 A를 $m \times n$ 행렬이고 $\sigma_1, \sigma_2, \cdots, \sigma_r$을 모두 0이 아닌 A의 특잇값들이라 하자. 그러면

$$\|A\|_F = \sqrt{\sigma_1^2 + \cdots + \sigma_r^2}$$

이 정리의 증명은 정리 5.6의 다음 유사결과에 의존한다.

A가 $m \times n$ 행렬이고 Q가 $m \times m$ 직교행렬이라면

$$\|QA\|_F = \|A\|_F \tag{2}$$

이것이 성립함을 보이기 위하여 계산하면

$$\begin{aligned} \|QA\|_F^2 &= \|[Q\mathbf{a}_1 \cdots Q\mathbf{a}_n]\|_F^2 \\ &= \|Q\mathbf{a}_1\|_F^2 + \cdots + \|Q\mathbf{a}_n\|_F^2 \\ &= \|\mathbf{a}_1\|_F^2 + \cdots + \|\mathbf{a}_n\|_F^2 \\ &= \|A\|_F^2 \end{aligned}$$

정리 7.17의 증명 $A = U\Sigma V^T$를 A의 특잇값 분해라고 하자. 그러면 식 (2)를 두 번 사용하여

$$\begin{aligned} \|A\|_F^2 &= \|U\Sigma V^T\|_F^2 \\ &= \|\Sigma V^T\|_F^2 = \|(\Sigma V^T)^T\|_F^2 \\ &= \|V\Sigma^T\|_F^2 = \|\Sigma^T\|_F^2 = \sigma_1^2 + \cdots + \sigma_r^2 \end{aligned}$$

이다. 이는 결과를 분명히 한다.

예제 7.37 예제 7.18에 있는 행렬 A에 대해서 정리 7.17을 확인하여라.

풀이 행렬 $A = \begin{bmatrix} 3 & -1 \\ 2 & 4 \end{bmatrix}$는 특잇값들 4.5150과 3.1008을 가진다. 예제 7.18과 일치하는

$$\sqrt{4.5150^2 + 3.1008^2} = \sqrt{30} = \|A\|_F$$

를 확인한다.

7.2절에서 행렬 A의 연산자 2-크기에 대한 어떠한 쉬운 공식도 없다고 말했다. 그것이 사실이긴 하지만, A의 SVD는 $\|A\|_2$에 대한 아주 좋은 공식을 제공한다. 벡터의 크기가 일상적인 유클리드 크기인 경우에는

$$\|A\|_2 = \max_{\|\mathbf{x}\| = 1} \|A\mathbf{x}\|$$

임을 기억하여라. 정리 7.16에 의하면 $\|\mathbf{x}\| = 1$에 대해서 벡터들 $\|A\mathbf{x}\|$의 집합은 타원체의 반 축들이 A의 0이 아닌 특잇값들과 같은 타원체의 표면이나 내부에 놓인다. 이러한 특잇값들 중에서 가장 큰 값은 σ_1이고 그래서

$$\|A\|_2 = \sigma_1$$

이라는 결론이 즉시 나온다.

이것은 연산자 2-크기에 관해서 (정사각)행렬의 조건수를 표현하는 간결한 방법을 제시한다. 가역인 행렬 A의 (연산자 2-크기에 관한) 조건수는

$$\text{cond}_2(A) = \|A^{-1}\|_2 \|A\|_2$$

로 정의됨을 기억하여라. 연습문제 28에서 보이라고 요구되듯이 $A = U\Sigma V^T$이면 $A^{-1} = V\Sigma^{-1}U^T$이다. 그러므로 A^{-1}의 특잇값들은 $1/\sigma_1, \cdots, 1/\sigma_n$이고 (이유?)

$$1/\sigma_n \geq \cdots \geq 1/\sigma_1$$

이다. $\|A^{-1}\|_2 = 1/\sigma_n$이고 그래서

$$\text{cond}_2(A) = \frac{\sigma_1}{\sigma_n}$$

이라는 결론이 나온다.

예제 7.38 예제 7.36에 있는 행렬 A의 2-조건수를 구하여라.

풀이 $\sigma_1 = 10$ 이고 $\sigma_3 = 0.01$ 이므로

$$\text{cond}_2(A) = \frac{\sigma_1}{\sigma_3} = \frac{10}{0.01} = 1000$$

이 수는 A 가 불량조건일지도 모르고 우리가 마무리 오차의 효과를 경계해야 한다고 제시할 만큼 충분히 크다.

유사역행렬과 최소제곱근사

7.3절에서 행렬 A 의 유사역행렬에 대한 공식 $A^+ = (A^TA)^{-1}A^T$ 를 만들어내었다. 분명하게 이 공식은 당시에 언급하였듯이 A^TA 가 가역일 때만 성립한다. SVD를 갖고서 이전 공식을 일반화하는 어떠한 행렬의 유사역행렬을 이제 정의할 수 있다.

무어(E. H. Moore, 1862–1932)는 군론, 정수론, 기하학 분야에서 연구했던 미국 수학자로, 1892년에 개설한 시카고 대학교 수학과의 초대학과장이었다. 1920년에 직사각행렬들을 포함하는 일반화된 역행렬을 소개하였다. 그의 업적은 그의 이해하기 힘든 문체 때문에 많은 관심을 받지 못했다.

정의 $A = U\Sigma V^T$가 $m\times n$ 행렬 A 의 SVD라고 두자. 여기서 $\Sigma = \begin{bmatrix} D & O \\ O & O \end{bmatrix}$이고 D는 A 의 0이 아닌 특잇값들 $\sigma_1 \geq \sigma_2 \geq \cdots \geq \sigma_r > 0$을 포함하는 $r\times r$ 대각행렬이다. A 의 **유사역행렬** 또는 **무어-펜로즈 역행렬**(pseudoinverse 또는 Moore-Penrose inverse matrix)은

$$A^+ = V\Sigma^+U^T$$

로 정의되는 $n\times m$ 행렬 A^+ 이다. 여기서 Σ^+ 는 $n\times m$ 행렬

$$\Sigma^+ = \begin{bmatrix} D^{-1} & O \\ O & O \end{bmatrix}$$

이다.

예제 7.39 예제 7.34에 있는 행렬들의 유사역행렬을 구하여라.

풀이 (a) SVD

$$A = \begin{bmatrix} 1 & 1 & 0 \\ 0 & 0 & 1 \end{bmatrix} = \begin{bmatrix} 1 & 0 \\ 0 & 1 \end{bmatrix}\begin{bmatrix} \sqrt{2} & 0 & 0 \\ 0 & 1 & 0 \end{bmatrix}\begin{bmatrix} 1/\sqrt{2} & 1/\sqrt{2} & 0 \\ 0 & 0 & 1 \\ -1/\sqrt{2} & 1/\sqrt{2} & 0 \end{bmatrix} = U\Sigma V^T$$

로부터

$$\Sigma^+ = \begin{bmatrix} 1/\sqrt{2} & 0 \\ 0 & 1 \\ 0 & 0 \end{bmatrix}$$

을 만들어낸다. 그러면

$$A^+ = V\Sigma^+ U^T = \begin{bmatrix} 1/\sqrt{2} & 0 & -1/\sqrt{2} \\ 1/\sqrt{2} & 0 & 1/\sqrt{2} \\ 0 & 1 & 0 \end{bmatrix} \begin{bmatrix} 1/\sqrt{2} & 0 \\ 0 & 1 \\ 0 & 0 \end{bmatrix} \begin{bmatrix} 1 & 0 \\ 0 & 1 \end{bmatrix} = \begin{bmatrix} 1/2 & 0 \\ 1/2 & 0 \\ 0 & 1 \end{bmatrix}$$

(b) SVD가

$$A = \begin{bmatrix} 1 & 1 \\ 1 & 0 \\ 0 & 1 \end{bmatrix} = \begin{bmatrix} 2/\sqrt{6} & 0 & -1/\sqrt{3} \\ 1/\sqrt{6} & -1/\sqrt{2} & 1/\sqrt{3} \\ 1/\sqrt{6} & 1/\sqrt{2} & 1/\sqrt{3} \end{bmatrix} \begin{bmatrix} \sqrt{3} & 0 \\ 0 & 1 \\ 0 & 0 \end{bmatrix} \begin{bmatrix} 1/\sqrt{2} & 1/\sqrt{2} \\ -1/\sqrt{2} & 1/\sqrt{2} \end{bmatrix}$$
$$= U\Sigma V^T$$

이다. 그래서

$$\Sigma^+ = \begin{bmatrix} 1/\sqrt{3} & 0 & 0 \\ 0 & 1 & 0 \end{bmatrix}$$

이고

$$\begin{aligned} A^+ &= V\Sigma^+ U^T \\ &= \begin{bmatrix} 1/\sqrt{2} & -1/\sqrt{2} \\ 1/\sqrt{2} & 1/\sqrt{2} \end{bmatrix} \begin{bmatrix} 1/\sqrt{3} & 0 & 0 \\ 0 & 1 & 0 \end{bmatrix} \begin{bmatrix} 2/\sqrt{6} & 1/\sqrt{6} & 1/\sqrt{6} \\ 0 & -1/\sqrt{2} & 1/\sqrt{2} \\ -1/\sqrt{3} & 1/\sqrt{3} & 1/\sqrt{3} \end{bmatrix} \\ &= \begin{bmatrix} 1/3 & 2/3 & -1/3 \\ 1/3 & -1/3 & 2/3 \end{bmatrix} \end{aligned}$$

이다.

Jerry Bauer

역행렬에 대한 무어의 결과를 알지 못했던 사람들 중 한 사람은 **로저 펜로즈**(Roger Penrose, b. 1931)였다. 그는 1955년에 일반화된 행렬 역의 자신의 개념을 소개했다. 펜로즈는 기학학과 이론 물리학에 많은 기여를 하였다. 또한 단지 두 가지의 다른 형태의 타일로만 평면을 덮고 어떠한 반복적인 무늬를 가지지 않는 한 종류의 비주기적 타일링의 발명가였다. 그는 스티븐 호킹과 공동 수상한 물리학 분야 1988년도 울프 상을 포함하여 많은 상을 수상하였다. 1994년에는 과학에 대한 공헌으로 나이트 작위를 서임받았다. 로저 펜로즈 경은 현재 옥스퍼드 대학교 수학과의 라우스 볼 석좌교수이다.

유사역행렬의 이러한 새로운 정의가 오래된 정의를 일반화하는 것을 확인하는 것은 간단하다. 왜냐하면 $m \times n$ 행렬 $A = U\Sigma V^T$가 일차독립인 열들을 가진다면 직접적인 대입은 $(A^TA)^{-1}A^T = V\Sigma^+U^T$임을 보여준다. (연습문제 50에서 이것을 입증하도록 요구된다.) 유사역행렬의 다른 성질들은 연습문제들에서 검토된다.

A가 일차독립인 열들을 가질 때 $A\mathbf{x} = \mathbf{b}$에 대한 유일한 최소제곱해 $\bar{\mathbf{x}}$가 존재한다는 것, 즉 정규방정식들 $A^TA\mathbf{x} = A^T\mathbf{b}$가 유일한 해

$$\bar{\mathbf{x}} = (A^TA)^{-1}A^T\mathbf{b} = A^+\mathbf{b}$$

를 가진다는 것을 보였다. A의 열들이 일차종속일 때 A^TA는 가역이 아니다. 그래서 정규방정식들은 무수히 많은 해들을 가진다. 이 경우에 있어서 최소길이의 해(원점에 가장 가까운 해) $\bar{\mathbf{x}}$를 찾을 것이다. 이번에는 유사역행렬의 일반적인 설명을 단순히 사용한다는 것이 밝혀졌다.

정리 7.18 최소제곱문제 $A\mathbf{x} = \mathbf{b}$는

$$\bar{\mathbf{x}} = A^+\mathbf{b}$$

로 주어지는 최소길이의 유일한 최소제곱해 $\bar{\mathbf{x}}$를 가진다.

증명 A는 ($A^+ = V\Sigma^+ U^T$가 되도록) SVD $A = U\Sigma V^T$를 가지는 계수 r의 $m \times n$ 행렬이라 하자. $\mathbf{y} = V^T\mathbf{x}$이고 $\mathbf{c} = U^T\mathbf{b}$라고 두자. $\mathbf{y}$와 $\mathbf{c}$를

$$\mathbf{y} = \begin{bmatrix} \mathbf{y}_1 \\ \mathbf{y}_2 \end{bmatrix} \text{와} \quad \mathbf{c} = \begin{bmatrix} \mathbf{c}_1 \\ \mathbf{c}_2 \end{bmatrix}$$

처럼 블록형태로 쓰자. 여기서 $\mathbf{y}_1$과 $\mathbf{c}_1$은 $\mathbb{R}^r$에 속한다.

$\|\mathbf{b} - A\mathbf{x}\|$ 또는 동등하게 $\|\mathbf{b} - A\mathbf{x}\|^2$을 최소화하기를 원한다. 정리 5.6과 U^T가 직교(U가 직교이기 때문에)라는 사실을 이용해서

$$\begin{aligned} \|\mathbf{b} - A\mathbf{x}\|^2 &= \|U^T(\mathbf{b} - A\mathbf{x})\|^2 = \|U^T(\mathbf{b} - U\Sigma V^T\mathbf{x})\|^2 \\ &= \|U^T\mathbf{b} - U^T U\Sigma V^T\mathbf{x}\|^2 = \|\mathbf{c} - \Sigma\mathbf{y}\|^2 \\ &= \left\| \begin{bmatrix} \mathbf{c}_1 \\ \mathbf{c}_2 \end{bmatrix} - \begin{bmatrix} D & O \\ O & O \end{bmatrix} \begin{bmatrix} \mathbf{y}_1 \\ \mathbf{y}_2 \end{bmatrix} \right\|^2 = \left\| \begin{bmatrix} \mathbf{c}_1 - D\mathbf{y}_1 \\ \mathbf{c}_2 \end{bmatrix} \right\|^2 \end{aligned}$$

이 표현에 대한 통제를 가지는 유일한 부분은 $\mathbf{y}_1$이므로 최솟값은 $\mathbf{c}_1 - D\mathbf{y}_1 = \mathbf{0}$ 또는 동등하게 $\mathbf{y}_1 = D^{-1}\mathbf{c}_1$일 때 발생한다. 그래서 모든 최소제곱해 $\mathbf{x}$는

$$\mathbf{x} = V\mathbf{y} = V\begin{bmatrix} D^{-1}\mathbf{c}_1 \\ \mathbf{y}_2 \end{bmatrix}$$

의 형태이다.

$$\overline{\mathbf{x}} = V\overline{\mathbf{y}} = V\begin{bmatrix} D^{-1}\mathbf{c}_1 \\ \mathbf{0} \end{bmatrix}$$

라고 두자. 이것 $\overline{\mathbf{x}}$가 최소길이의 최소제곱해라고 주장한다. 이를 보이기 위하여,

$$\mathbf{x}' = V\mathbf{y}' = V\begin{bmatrix} D^{-1}\mathbf{c}_1 \\ \mathbf{y}_2 \end{bmatrix}$$

가 다른 최소제곱해라고 가정하자(이런 이유로 $\mathbf{y}_2 \neq \mathbf{0}$). 그러면 주장하는 것처럼

$$\|\overline{\mathbf{x}}\| = \|V\overline{\mathbf{y}}\| = \|\overline{\mathbf{y}}\| < \|\mathbf{y}'\| = \|V\mathbf{y}'\| = \|\mathbf{x}'\|$$

이제 $\overline{\mathbf{x}}$가 $A^+\mathbf{b}$와 같음을 보여야 한다. 이를 위하여 계산하면

$$\begin{aligned} \overline{\mathbf{x}} &= V\overline{\mathbf{y}} = V\begin{bmatrix} D^{-1}\mathbf{c}_1 \\ \mathbf{0} \end{bmatrix} = V\begin{bmatrix} D^{-1} & O \\ O & O \end{bmatrix}\begin{bmatrix} \mathbf{c}_1 \\ \mathbf{c}_2 \end{bmatrix} \\ &= V\Sigma^+\mathbf{c} = V\Sigma^+U^T\mathbf{b} = A^+\mathbf{b} \end{aligned}$$

예제 7.40 $A\mathbf{x} = \mathbf{b}$의 최소길이 최소제곱해를 구하여라. 여기서

$$A = \begin{bmatrix} 1 & 1 \\ 1 & 1 \end{bmatrix} \text{이고} \quad \mathbf{b} = \begin{bmatrix} 0 \\ 1 \end{bmatrix}$$

풀이 대응하는 방정식들

$$x+y=0$$
$$x+y=1$$

은 분명하게 불능이다. 그래서 최소제곱해가 유일한 희망이다. 더구나 A의 열들이 일차종속이다. 그래서 무수히 많은 최소제곱해들이 있을 것이고 그 중에서 최소길이를 갖기를 원한다.

A의 SVD는

$$A=\begin{bmatrix}1&1\\1&1\end{bmatrix}=\begin{bmatrix}1/\sqrt{2}&1/\sqrt{2}\\1/\sqrt{2}&-1/\sqrt{2}\end{bmatrix}\begin{bmatrix}2&0\\0&0\end{bmatrix}\begin{bmatrix}1/\sqrt{2}&1/\sqrt{2}\\1/\sqrt{2}&-1/\sqrt{2}\end{bmatrix}=U\Sigma V^T$$

로 주어진다.(이를 입증하여라.)

$$\begin{aligned}A^+&=V\Sigma^+U^T\\&=\begin{bmatrix}1/\sqrt{2}&1/\sqrt{2}\\1/\sqrt{2}&-1/\sqrt{2}\end{bmatrix}\begin{bmatrix}1/2&0\\0&0\end{bmatrix}\begin{bmatrix}1/\sqrt{2}&1/\sqrt{2}\\1/\sqrt{2}&-1/\sqrt{2}\end{bmatrix}=\begin{bmatrix}1/4&1/4\\1/4&1/4\end{bmatrix}\end{aligned}$$

이 된다. 그 결과

$$\bar{\mathbf{x}}=A^+\mathbf{b}=\begin{bmatrix}1/4&1/4\\1/4&1/4\end{bmatrix}\begin{bmatrix}0\\1\end{bmatrix}=\begin{bmatrix}1/4\\1/4\end{bmatrix}$$

예제 7.40에서 최소길이 최소제곱해는 $x+y=\frac{1}{2}$을 만족한다는 것을 알 수 있다. 어떤 의미에서 이것은 출발했던 두 방정식 사이의 타협이다. 연습문제 49에서는 이 문제에 대한 정규방정식들을 직접 풀도록, 그리고 이 해가 정말 원점에서 가장 가까운 해임을 확인하도록 요구받는다.

가역행렬의 기본정리

가역인 행렬들의 기본정리를 한 번 더 논의함으로써 마무리 짓는 것은 적절하다. 당연히 정사각행렬의 특잇값들은 행렬이 언제 가역인지 말해준다.

정리 7.19 **가역행렬의 기본정리: 최종 버전**

A는 $m\times n$행렬이고 $T: V\to W$는 선형변환으로 V의 기저 $\mathcal{B}$와 W의 기저 $\mathcal{C}$에 대하여 $[T]_{\mathcal{C}\leftarrow\mathcal{B}}=A$라고 하자. 다음의 명제는 모두 동치이다.

a. A가 가역행렬이다.
b. $\mathbb{R}^n$의 임의의 원소 $\mathbf{b}$에 대하여, $A\mathbf{x}=\mathbf{b}$는 유일한 해를 가진다.
c. $A\mathbf{x}=\mathbf{0}$는 유일한 자명해를 가진다.
d. A의 기약 행사다리꼴은 I_n이다.
e. A는 기본행렬의 곱으로 표현될 수 있다.
f. $\operatorname{rank}(A)=n$
g. $\operatorname{nullity}(A)=0$

h. A의 열벡터들은 일차독립이다.

i. A의 열벡터들은 $\mathbb{R}^n$을 생성한다.

j. A의 열벡터들은 $\mathbb{R}^n$의 기저를 이룬다.

k. A의 행벡터들은 일차독립이다.

l. A의 행벡터들은 $\mathbb{R}^n$을 생성한다.

m. A의 행벡터들은 $\mathbb{R}^n$의 기저를 이룬다.

n. $\det(A) \neq 0$

o. 0은 A의 고윳값이 아니다.

p. T는 가역이다.

q. T는 일대일이다.

r. T는 위로의 변환이다.

s. $\ker(T) = \{\mathbf{0}\}$

t. $\text{range}(T) = W$

u. 0은 A의 특잇값이 아니다.

증명 특잇값의 정의에 따르면, 0이 A의 특잇값일 필요충분 조건은 0이 A^TA의 고윳값임에 우선 주목하자.

(a) ⇒ (u) A가 가역이면 A^T도 가역이기 때문에 A^TA도 가역이다. 그러므로 성질 (o)는 0이 A^TA의 고윳값이 아니므로 0이 A의 특잇값이 아니라는 것을 의미한다.

(u) ⇒ (a) 0이 A의 특잇값이 아니면 0이 A^TA의 고윳값이 아니다. 그러므로 성질 (a)와 (o)의 동치에 의해서 A^TA는 가역이다. 하지만 정리 3.28에 따르면 $\text{rank}(A) = n$이고 성질 (a)와 (f)의 동치에 의해서 A는 가역이다.

비네트

디지털 영상 압축

SVD의 많은 응용들 중에서 가장 인상적인 것의 하나는 디지털 영상들을 압축하는 데에 그것의 사용이며 디지털 영상들을 전자적으로(위성, 팩스, 인터넷, 또는 그밖에 유사한 것에 의해서) 효과적으로 전송될 수 있도록 한다. 그와 같은 전송에서 오류를 발견하고 수정하는 문제를 이미 논의했다. 이제 고려하기 바라는 문제는 어떠한 근본적인 정보도 잃어버리지 않고 전송해야만 하는 정보의 양을 줄이는 것에 관련이 있다.

디지털 영상들의 경우, 크기로 340×280 화소인 흑백 사진을 가지고 있다고 가정하자. 각 화소는 회색의 256 색조들 중에서 하나이고 0 과 255 사이의 숫자로 표현될 수 있다. 이러한 정보는 340×280 행렬 A 에 저장할 수 있지만 이러한 95,200 개의 숫자들을 전송하고 다루는 것은 매우 비싸다. 영상 압축의 이면의 생각은 사진의 일부분은 다른 부분보다 덜 흥미롭다는 것이다. 예를 들어 밖에서 있는 사람의 사진에는 배경에 많은 하늘이 있을 수 있고, 반면에 사람의 얼굴이 많은 세부 사항들을 포함한다. 배경에 있는 매 두 번째 또는 세 번째마다의 화소를 전달하는 것을 아마도 피할 수 있지만, 얼굴 부분에 있는 모든 화소들은 유지하고 싶어 한다.

Bettmann/Corbis

그림 7.22

행렬 A 의 SVD에서 작은 특잇값은 영상의 '지루한' 부분에서 나오고 그들 중에서 많은 것들을 무시할 수 있는 것으로 밝혀졌다. 그리고 나서 A 의 SVD는 외적 형태로

$$A = \sigma_1 \mathbf{u}_1 \mathbf{v}_1^T + \cdots + \sigma_r \mathbf{u}_r \mathbf{v}_r^T$$

를 가진다고 가정하자. $k \le r$이라 두고

$$A_k = \sigma_1 \mathbf{u}_1 \mathbf{v}_1^T + \cdots + \sigma_k \mathbf{u}_k \mathbf{v}_k^T$$

라 정의하자. 그러면 A_k 는 처음 k 개만의 특잇값과 대응하는 특이벡터를 유지하는 데에 대응하는 A 의 근사이다. 우리의 340×280 예에 대해서 처음 20 개의 특잇값에 대응하는 자료만을 전송하는 것이 충분하다는 것을 발견할 것이다. 그렇다면 95,200 개의 숫자들을 전송하는 대신에, 20개의 특잇값에 더하여 $\mathbb{R}^{340}$에 속하는 20개의 벡터들 $\mathbf{u}_1, \cdots, \mathbf{u}_{20}$ 과 $\mathbb{R}^{280}$에 속하는 20개의 벡터들 $\mathbf{u}_1, \cdots, \mathbf{u}_{20}$ 총

Original, $k = r = 280$
$k = 2$
$k = 4$
$k = 8$
$k = 16$
$k = 32$
$k = 64$
$k = 128$
$k = 256$
Bettmann/Corbis

그림 7.23

$20+20\cdot 340+20\cdot 280=12,420$ 개의 숫자들을 보낼 뿐이다. 이것은 상당한 절약을 나타낸다.

그림 7.22에 있는 수학자 가우스의 사진은 340×280 화소 모습이다. 그것은 회색의 256 색조들을 가지므로 대응하는 행렬 A 는 0 과 255 사이의 성분들을 갖는 340×280 크기이다.

행렬 A 는 계수 280 을 가지는 것으로 밝혀졌다. A 를 위에서 설명한 것처럼 A_k 로 근사한다면 A 의 처음 k 개만의 특잇값에 대응하는 모습을 가진다. 그림 7.23은 2 에서부터 256 까지 k 의 값들에 대한 이러한 모습들의 몇몇을 보여준다. 처음에는 모습이 아주 흐릿하지만, 상당히 빠르게 모습을 갖춘다. A_{32} 는 실제 모습(그림 7.23의 상단 좌측 코너에 나타난 것과 같이, $A=A_{280}$ 으로부터 만들어진)에 매우 좋은 근사 모습을 이미 제공함을 주목하여라.

A 의 특잇값들의 몇몇은 $\sigma_1=49096$, $\sigma_{16}=22589$, $\sigma_{32}=10187$, $\sigma_{64}=484$, $\sigma_{128}=182$, $\sigma_{256}=5$, $\sigma_{280}=0.5$ 이다. 가장 작은 특잇값은 모습에 아주 적게 기여를 한다. 이는 근사 모습이 빠르게 실제 모습에 가깝게 보이는 이유이다.

7.4 연습문제

※ [1–10] 주어진 행렬의 특잇값을 구하여라.

1. $A=\begin{bmatrix}2&0\\0&3\end{bmatrix}$

2. $A=\begin{bmatrix}2&1\\1&2\end{bmatrix}$

3. $A=\begin{bmatrix}1&1\\0&0\end{bmatrix}$

4. $A=\begin{bmatrix}\sqrt{2}&1\\0&\sqrt{2}\end{bmatrix}$

5. $A=\begin{bmatrix}3\\4\end{bmatrix}$

6. $A=\begin{bmatrix}3&4\end{bmatrix}$

7. $A=\begin{bmatrix}0&0\\0&3\\-2&0\end{bmatrix}$

8. $A=\begin{bmatrix}0&1\\1&0\\2&-2\end{bmatrix}$

9. $A=\begin{bmatrix}2&0&1\\0&2&0\end{bmatrix}$

10. $A=\begin{bmatrix}1&0&1\\0&-3&0\\1&0&1\end{bmatrix}$

※ [11–20] 표시된 행렬의 SVD를 구하여라.

11. 연습문제 3에 있는 A

12. $A=\begin{bmatrix}1&1\\1&1\end{bmatrix}$

13. $A=\begin{bmatrix}0&-2\\-3&0\end{bmatrix}$

14. $A=\begin{bmatrix}1&-1\\1&1\end{bmatrix}$

15. 연습문제 5에 있는 A

16. 연습문제 6에 있는 A

17. 연습문제 7에 있는 A

18. 연습문제 8에 있는 A

19. 연습문제 9에 있는 A

20. $A=\begin{bmatrix}1&1&1\\1&1&1\end{bmatrix}$

※ [21–24] 주어진 연습문제에 있는 행렬에 대한 SVD의 외적 형태를 구하여라.

21. 연습문제 3과 11

22. 연습문제 14

23. 연습문제 7과 17

24. 연습문제 9와 19

25. SVD에 있는 행렬 U와 V는 유일하게 결정되지 않음을 보여라. [힌트: 이러한 행렬을 만드는 데 다른 선택을 하는 것이 가능한 예를 구하여라.]

26. A를 대칭행렬이라 두자. A의 특잇값은
(a) A의 고윳값의 절댓값
(b) A가 양의 정부호이면 A의 고윳값
임을 보여라.

27. (a) 양의 정부호이고 대칭인 행렬 A에 대해서 정리 7.13은 스펙트럼 정리에 의해 보장되는 것처럼 A의 직교대각화를 주는 것을 보여라.
(b) 양의 정부호이고 대칭인 행렬 A에 대해서 정리 7.14는 A의 스펙트럼 분해를 주는 것을 보여라.

28. SVD $A=U\Sigma V^T$를 가지는 A가 가역인 행렬이면 Σ가 가역임을 보이고 $A^{-1}=V\Sigma^{-1}U^T$가 A^{-1}의 SVD임을 보여라.

29. $A=U\Sigma V^T$가 A의 SVD이면 왼쪽 특이벡터들은 AA^T의 고유벡터들임을 보여라.

30. A와 A^T는 같은 특잇값을 가짐을 보여라.

31. Q는 QA가 의미를 갖는 직교행렬이라 두자. A와 QA가 같은 특잇값을 가짐을 보여라.

32. 정리 7.15(d)를 증명하여라.

33. 연습문제 3에 있는 행렬의 작용에 따른 $\mathbb{R}^2$에서 단위원의 사상은 무엇인가?

34. 연습문제 7에 있는 행렬의 작용에 따른 $\mathbb{R}^2$에서 단위원의 사상은 무엇인가?

35. 연습문제 9에 있는 행렬의 작용에 따른 $\mathbb{R}^3$에서 단위구의 사상은 무엇인가?

36. 연습문제 10에 있는 행렬의 작용에 따른 $\mathbb{R}^3$에서 단위구의 사상은 무엇인가?

※ [37–40] 나타낸 행렬에 대해서 (a) $\|A\|_2$, (b) $\mathrm{cond}_2(A)$를 계산하여라.

37. 연습문제 3에 있는 A

38. 연습문제 8에 있는 A

39. $A=\begin{bmatrix}1&0.9\\1&1\end{bmatrix}$

40. $A=\begin{bmatrix}10&10&0\\100&100&1\end{bmatrix}$

※ [41–44] 주어진 연습문제에 있는 A의 유사역 A^+를 계산하여라.

41. 연습문제 3

42. 연습문제 8

43. 연습문제 9

43. 연습문제 10

※ [45–48] A^+를 구하고, $A\mathbf{x}=\mathbf{b}$에 대한 최소길이 최소제곱해를 계산하기 위하여 이를 사용하여라.

45. $A=\begin{bmatrix}1&2\\2&4\end{bmatrix}$, $\mathbf{b}=\begin{bmatrix}3\\5\end{bmatrix}$

46. $A=\begin{bmatrix}3&0&0\\0&0&2\end{bmatrix}$, $\mathbf{b}=\begin{bmatrix}3\\0\end{bmatrix}$

47. $A=\begin{bmatrix}1&1\\1&1\\1&1\end{bmatrix}$, $\mathbf{b}=\begin{bmatrix}1\\2\\3\end{bmatrix}$

48. $A=\begin{bmatrix}1&0&1\\0&1&0\\1&0&1\end{bmatrix}$, $\mathbf{b}=\begin{bmatrix}1\\1\\1\end{bmatrix}$

49. (a) 예제 7.40에 있는 연립방정식에 대한 정규방정식을 만들고 풀어라.
(b) (a)에서 해 벡터의 길이에 대한 매개변수 표현을 구하여라.
(c) 최소길이의 해 벡터를 구하고 이것이 예제 7.40의 방법으로 만든 해가 됨을 입증하여라. [힌트: 포물선의 꼭짓점 좌표를 어떻게 구하는지 기억하여라.]

50. A가 일차독립인 열들을 가지면 이 절에서와 7.3절에서의 유사역행렬의 정의들이 같음을 입증하여라.

51. 유사역행렬(이 절에서 정의된 것처럼)은 A에 대한 펜로즈 조건들(7.3절에 있는 정리 7.12)을 만족함을 입증하여라.

52. A^+가 A에 대한 펜로즈 조건들을 만족하는 유일한 행렬임을 보여라. 이것을 하기 위해서, A'이 펜로즈 조건들 (a) $AA'A=A$, (b) $A'AA'=A'$, (c) AA'와 $A'A$는 대칭이다를 만족하는 행렬이라고 가정하여라. $A'=A^+$임을 증명하여라. [힌트: $A^+=A'AA^+$와 $A'=A'AA^+$를 보이기 위하여 A^+와 A'에 대한 펜로즈 조건들을 사용하여라. 조건 (c)는 A^+에 대한 유사한 버전과 함께 $AA'=(A')^TA^T$와 $A'A=A^T(A')^T$로 쓸 수 있음을 언급하는 것은 도움이 된다.]

53. $(A^+)^+=A$임을 보여라. [힌트: A가 A^+에 대한 펜로즈 조건들을 만족함을 보여라. 연습문제 52에 의하면 A는 $(A^+)^+$여야 한다.]

54. $(A^+)^T=(A^T)^+$ 임을 보여라. [힌트: $(A^+)^T$가 A^T에 대한 펜로즈 조건들을 만족함을 보여라. 연습문제 52에 의하면 $(A^+)^T$는 $(A^T)^+$여야 한다.]

55. A가 대칭인 멱등행렬이면 $A^+=A$임을 보여라.

56. Q는 QA가 의미를 갖는 직교행렬이라 두자. $(QA)^+=A^+Q^T$임을 보여라.

57. A가 SVD $A=U\Sigma V^T$를 가지는 양의 정부호 행렬이면 $U=V$임을 보여라.

58. 대각행렬에 대해서 1-, 2-, ∞-크기들이 같음을 증명하여라.

59. 임의의 정사각행렬 A에 대해서

$$\|A\|_2^2 \le \|A\|_1 \|A\|_\infty$$

임을 증명하여라. [힌트: $\|A\|_2^2$는 A의 가장 큰 특잇값의 제곱이므로 A^TA의 가장 큰 고윳값과 같다. 이제 7.2절에 있는 연습문제 34를 이용하여라.]

a + bi ※ 모든 복소수는 $z=re^{i\theta}$와 같이 극형식으로 쓸 수 있다. 여기서 $r=|z|$는 음이 아닌 실수이고, $|e^{i\theta}|=1$을 가지는 θ는 z의 편각이다. 따라서 z는 늘림인자 r과 회전인자 $e^{i\theta}$로 분해되어 왔다. 정사각행렬에 대해서 **극 분해**(polar decomposition)라고 불리는 유사한 분해 $A=RQ$가 있다.

60. 모든 정사각행렬 A는 $A=RQ$로 인수분해될 수 있다. 여기서 R은 대칭인 양의 반정부호이고 Q는 직교이다. [힌트: SVD는

$$\begin{aligned}A&=U\Sigma V^T=U\Sigma(U^TU)V^T\\&=(U\Sigma U^T)(UV^T)\end{aligned}$$

를 제공하기 위해서 다시 쓸 수 있음을 보여라. 그러면 $R=U\Sigma U^T$와 $Q=UV^T$가 알맞은 성질을 가짐을 보여라.]

※ [61–64] 행렬의 극 분해를 구하여라.

61. 연습문제 3에 있는 A

62. 연습문제 14에 있는 A

63. $A=\begin{bmatrix}1&2\\-3&-1\end{bmatrix}$

64. $A=\begin{bmatrix}4&2&-3\\-2&2&6\\4&-1&6\end{bmatrix}$

7.5 응용

함수들의 근사

많은 응용들에서 주어진 함수를 더 좋은 함수로 근사하는 것이 필요하다. 예를 들어 $f(x)=e^x$를 구간 $[a, b]$에서 일차함수 $g(x)=c+dx$로 근사하기를 원할지도 모른다. 이 경우에는 연속함수 f를 가지고 구간 $[a, b]$에서 부분공간 $\mathscr{P}_1$에 속하는 함수 g로 가능한 가깝게 근사하기를 원한다. 일반적인 문제는 다음과 같이 표현될 수 있다.

> 구간 $[a, b]$에서 연속함수 f가 주어지고 $\mathscr{C}[a, b]$의 부분공간 W가 주어질 때, W에 속하는 f에 가장 가까운 함수를 구하여라.

이제 무수히 많은 자료점들, 즉 함수 f의 그래프에 놓인 점들을 가진다는 점만 제외하면, 문제는 자료점들의 최소제곱 맞춤과 유사하다. 이 문맥에서 '근사하는'은 무엇을 의미하는가? 또 다시 최적근사 정리가 답을 제공한다.

주어진 함수 f는 구간 $[a, b]$에서 연속인 함수들의 벡터공간 $\mathscr{C}[a, b]$에 있다. 이 벡터공간은 내적

$$< f, g > = \int_a^b f(x)g(x)\,dx$$

를 가지는 내적공간이다. W가 $\mathscr{C}[a, b]$의 유한차원 부분공간이면 W에 속하는 f에 대한 최적근사는 정리 7.8에 따르면 W 위로 f의 사영에 의해 주어진다. 뿐만 아니라 $\{\mathbf{u}_1, \cdots, \mathbf{u}_k\}$가 W에 대한 직교기저이면

$$\text{proj}_W(f) = \frac{<\mathbf{u}_1, f>}{<\mathbf{u}_1, \mathbf{u}_1>}\mathbf{u}_1 + \cdots + \frac{<\mathbf{u}_k, f>}{<\mathbf{u}_k, \mathbf{u}_k>}\mathbf{u}_k$$

예제 7.41 구간 $[-1, 1]$에서 $f(x)=e^x$에 대한 최적 선형근사를 구하여라.

풀이 선형 함수들은 일차 다항식들이므로 내적

$$< f, g > = \int_{-1}^1 f(x)g(x)\,dx$$

를 가지는 $\mathscr{C}[-1, 1]$의 부분공간 $W=\mathscr{P}_1[-1, 1]$을 사용한다. $\mathscr{P}_1[-1, 1]$에 대한 기저는 $\{1, x\}$로 주어진다.

$$< 1,\ x > = \int_{-1}^{1} x\,dx = 0$$

이므로 이 기저는 직교기저이다. 그래서 W에 속하는 f에 대한 최적근사는

$$\begin{aligned} g(x) = \operatorname{proj}_W(e^x) &= \frac{< 1,\ e^x >}{< 1,\ 1 >}1 + \frac{< x,\ e^x >}{< x,\ x >}x \\ &= \frac{\int_{-1}^{1}(1 \cdot e^x)\,dx}{\int_{-1}^{1}(1 \cdot 1)dx} + \frac{\int_{-1}^{1}(x \cdot e^x)\,dx}{\int_{-1}^{1}(x \cdot x)dx}x \\ &= \frac{e - e^{-1}}{2} + \frac{2e^{-1}}{\frac{2}{3}}x \\ &= \frac{1}{2}(e - e^{-1}) + 3e^{-1}x \approx 1.18 + 1.10x \end{aligned}$$

여기서 $\int_{-1}^{1} xe^x\,dx$를 계산하기 위하여 부분적분법을 사용한다.(이러한 계산들을 확인하여라.) 그림 7.24를 보아라.

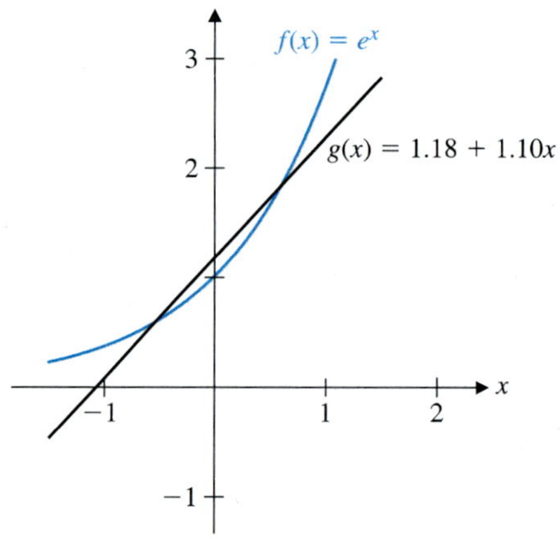

그림 7.24

f를 g로 근사하는 데 있어서 오차는 최적근사 정리에 의해서 지정된 것인 $\mathscr{C}[-1,\ 1]$에서 내적에 관한 f와 g 사이의 거리는 $\|f - g\|$이다. 이 오차는 정확히

$$\|f - g\| = \sqrt{\int_{-1}^{1}(f(x) - g(x))^2\,dx}$$

이고 이를 종종 **제곱근 평균제곱오차**(root mean square error)라고 부른다. CAS의 도움으로 예제 7.41에서 제곱근 평균제곱오차는

$$\|e^x - (\frac{1}{2}(e-e^{-1}) + 3e^{-1}x)\| = \sqrt{\int_{-1}^{1} \frac{1}{2}(e^x - \quad (e-e^{-1}) - 3e^{-1}x)^2\,dx}$$

$$\approx 0.23$$

임을 안다.

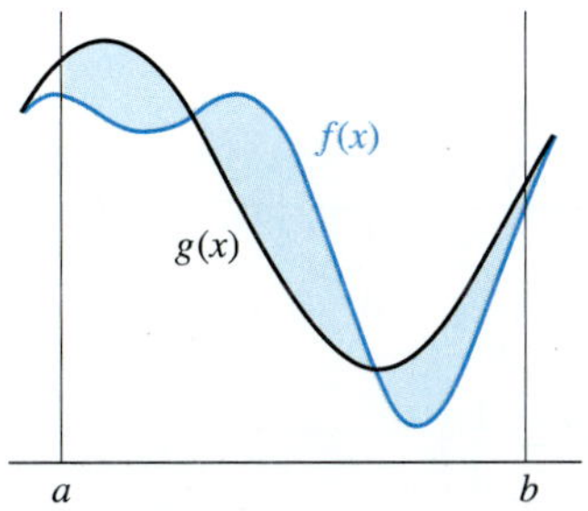

그림 7.25

주의 제곱근 평균제곱오차는 주어진 구간에서 f와 g의 그래프들 사이의 넓이와 유사한 것으로 생각될 수 있다. 구간 $[a,\ b]$에서 f와 g의 그래프들 사이의 넓이는

$$\int_a^b |f(x) - g(x)|\,dx$$

로 주어짐을 기억하여라(그림 7.25).

위의 주의에 있는 식은 f와 g 사이의 '오차'의 합리적인 측정이라 할지라도 절댓값 기호는 다루기 어렵게 한다. 제곱근은 제곱오차가 사용하기 더 쉽고 그래서 더 나은 것을 의미한다. 제곱근은 제곱하는 것을 보상하기 위해서 그리고 측정 단위를 곡선들 사이의 넓이에 대한 단위와 동일하게 유지하기 위해서 필요하다. 비교의 목적으로 예제 7.41에서 f와 g의 그래프들 사이의 넓이는

$$\int_{-1}^{1} |e^x - \frac{1}{2}(e-e^{-1}) - 3e^{-1}x|\,dx \approx 0.28$$

예제 7.42

구간 $[-1,\ 1]$에서 $f(x) = e^x$에 대한 최적 이차근사를 구하여라.

풀이 이차함수들은 $W = \mathscr{P}_2[-1,\ 1]$에서 형태 $g(x) = a + bx + cx^2$의 다항식이다. 이번에는 표준기저 $\{1,\ x,\ x^2\}$이 직교가 아니다. 그러나 예제 7.8에서 했던 것처럼 그램-슈미트 과정을 이용하여 직교기저를 만들 수 있다. 그 결과는 르장드르 다항식들의 집합

$$\left\{1,\ x,\ x^2 - \frac{1}{3}\right\}$$

이다. 이 집합을 기저로 이용해서 W에 속하는 f에 대한 최적근사를 $g(x) = \mathrm{proj}_W(e^x)$로 계산한다. 이 계산에서 일차항들은 예제 7.41에서와 정확히 일치하므로 부가적인 계산들

$$\begin{aligned} < x^2 - \frac{1}{3},\ e^x > &= \int_{-1}^{1} \frac{1}{3}(x^2 - \quad)e^x\,dx \\ &= \int_{-1}^{1} \frac{1}{3}x^2 e^x\,dx - \int_{-1}^{1} \frac{2}{3}e^x\,dx = \quad (e - 7e^{-1}), \end{aligned}$$

$$< x^2 - \frac{1}{3},\ x^2 - \frac{1}{3} > \ = \int_{-1}^{1}\left(x^2 - \frac{1}{3}\right)^2 dx$$
$$= \int_{-1}^{1}\left(x^4 - \frac{2}{3}x^2 + \frac{1}{9}\right)dx = \frac{8}{45}$$

만을 필요로 한다. 그러면 구간 $[-1, 1]$에서 $f(x) = e^x$에 대한 최적 이차근사는

$$g(x) = \operatorname{proj}_W(e^x)$$
$$= \frac{< 1,\ e^x >}{< 1,\ 1 >}1 + \frac{< x,\ e^x >}{< x,\ x >}x + \frac{< x^2 - \frac{1}{3},\ e^x >}{< x^2 - \frac{1}{3},\ x^2 - \frac{1}{3} >}\left(x^2 - \frac{1}{3}\right)$$
$$= \frac{1}{2}(e - e^{-1}) + 3e^{-1}x + \frac{\frac{2}{3}(e - 7e^{-1})}{\frac{8}{45}}\left(x^2 - \frac{1}{3}\right)$$
$$= \frac{3(11e^{-1} - e)}{4} + 3e^{-1}x + \frac{15(e - 7e^{-1})}{4}x^2 \approx 1.00 + 1.10x + 0.54x^2$$

이다(그림 7.26).

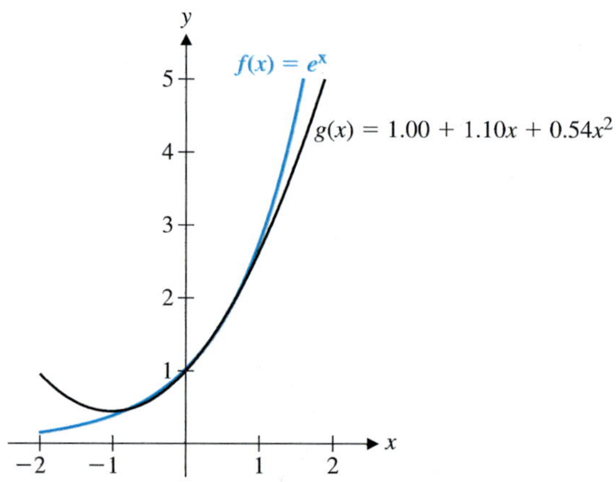

그림 7.26

예제 7.42에서 이차근사가 예제 7.41에서 일차근사보다 얼마나 더 좋은가를 주목하여라. 이차 경우에 있어서 제곱근 평균제곱오차는

$$\|e^x - g(x)\| = \sqrt{\int_{-1}^{1}(e^x - g(x))^2 dx} \approx 0.04$$

이다. 일반적으로 근사다항식의 차수가 높아질수록 오차는 더 작아지고 근사는 더 좋아진다.

많은 응용에서 함수들은 사인과 코사인 함수들의 결합에 의해서 근사된다. 근사될 함수가 주기적이거나 거의 주기적인 움직임(음파, 전기적 충격, 또는 진동계의 운동의 움직임과 같은)을 드러낸다면 이 방법은 매우 유용하다. 형식

(1)

$$\begin{aligned} p(x) = & \ a_0 + a_1 \cos x + a_2 \cos 2x + \cdots + a_n \cos nx \\ & + b_1 \sin x + b_2 \sin 2x + \cdots + b_n \sin nx \end{aligned}$$

의 함수는 **삼각다항식**(trigonometric polynomial)이라 불리고, 만일 a_n과 b_n이 동시에 0이 아니라면 $p(x)$는 **n 차**(order n)를 가진다고 말한다. 예를 들어,

$$p(x) = 3 - \cos x + \sin 2x + 4 \sin 3x$$

는 3차의 삼각다항식이다.

우리의 관심을 내적

$$< f, g > = \int_{-\pi}^{\pi} f(x) g(x) \, dx$$

를 가지는 벡터공간 $\mathscr{C}[-\pi, \pi]$로 제한하자. 식 (1)에 있는 형식의 삼각다항식들은 집합

$$\mathscr{B} = \{1, \cos x, \cdots, \cos nx, \sin x, \cdots, \sin nx\}$$

의 일차결합이다. 따라서 n차 삼각다항식에 의한 $\mathscr{C}[-\pi, \pi]$에 속하는 함수 f에 대한 최적근사는 $\mathrm{proj}_W(f)$일 것이다. 여기서 $W = \mathrm{span}(\mathscr{B})$이다. $\mathscr{B}$가 직교집합이고 그래서 W에 대한 기저임이 밝혀졌다. 이 사실의 입증은 $\mathscr{B}$에 속하는 임의의 두 개의 서로 다른 함수들이 주어진 내적에 관해서 직교임을 보이는 것을 포함한다. 예제 7.43은 필요한 계산의 일부를 제시한다. 연습문제 17-19에서는 남아있는 계산들을 제공해야 한다.

예제 7.43 $j, k \geq 1$에 대해서 $\mathscr{C}[-\pi, \pi]$에서 $\sin jx$는 $\cos kx$에 직교한다.

풀이 삼각항등식을 이용하며 다음과 같이 계산한다. $j \neq k$이면 코사인 함수는 주기 2π를 가지는 주기함수이므로

$$\begin{aligned} \int_{-\pi}^{\pi} \sin jx \cos kx \, dx &= \frac{1}{2} \int_{-\pi}^{\pi} [\sin(j+k)x + \sin(j-k)x] \, dx \\ &= -\frac{1}{2} \left[\frac{\cos(j+k)x}{j+k} + \frac{\cos(j-k)x}{j-k} \right]_{-\pi}^{\pi} \\ &= 0 \end{aligned}$$

$j = k$이면 임의의 k에 대해서 $\sin k\pi = 0$이므로

$$\int_{-\pi}^{\pi} \sin kx \cos kx \, dx = \frac{1}{2k} [\sin^2 kx]_{-\pi}^{\pi} = 0$$

직교기저 $\mathscr{B}$에 의해서 생성되는 부분공간 W 위로의 $\mathscr{C}[-\pi, \pi]$에 속하는 함수 f의 정사영을 구하기 위하여 기저벡터들의 크기의 제곱을 알 필요가 있다. 예를 들어 반각 공식을 이용하면

$$
\begin{aligned}
< \sin kx,\ \sin kx > &= \int_{-\pi}^{\pi} \sin^2 kx\,dx \\
&= \frac{1}{2}\int_{-\pi}^{\pi} (1-\cos 2kx)\,dx \\
&= \frac{1}{2}\left[x - \frac{\sin 2kx}{2k}\right]_{-\pi}^{\pi} \\
&= \pi
\end{aligned}
$$

연습문제 20에 $< \cos kx,\ \cos kx > = \pi$와 $< 1,\ 1 > = 2\pi$임을 보이도록 남겨둔다.

이제

$$\text{proj}_W(f) = a_0 + a_1\cos x + \cdots + a_n\cos nx + b_1\sin x + \cdots + b_n\sin nx \quad (2)$$

를 가진다. 여기서

$$
\begin{aligned}
a_0 &= \frac{< 1,\ f >}{< 1,\ 1 >} = \frac{1}{2\pi}\int_{-\pi}^{\pi} f(x)\,dx \\
a_k &= \frac{< \cos kx,\ f >}{< \cos kx,\ \cos kx >} = \frac{1}{\pi}\int_{-\pi}^{\pi} f(x)\cos kx\,dx \\
b_k &= \frac{< \sin kx,\ f >}{< \sin kx,\ \sin kx >} = \frac{1}{\pi}\int_{-\pi}^{\pi} f(x)\sin kx\,dx, \quad k \geq 1
\end{aligned}
\quad (3)
$$

식 (2)와 (3)에 의해서 주어지는 f에 대한 근사를 $[-\pi,\ \pi]$에서 f에 대한 **n번째 차 푸리에 근사**(n th-order Fourier approximation)라고 한다. 계수들 a_0, a_1, $\cdots$, a_n, b_1, $\cdots$, b_n은 f의 **푸리에 계수**(Fourier coefficient)라 한다.

예제 7.44 $[-\pi,\ \pi]$에서 $f(x) = x$에 대한 4번째 차 푸리에 근사를 구하여라.

풀이 식 (3)을 이용하여

$$a_0 = \frac{1}{2\pi}\int_{-\pi}^{\pi} x\,dx = \frac{1}{2\pi}\left[\frac{x^2}{2}\right]_{-\pi}^{\pi} = 0$$

이고, $k \geq 1$에 대해서 부분적분법으로

$$a_k = \frac{1}{\pi}\int_{-\pi}^{\pi} x\cos kx\,dx = \frac{1}{\pi}\left[\frac{x}{k}\sin kx + \frac{1}{k^2}\cos kx\right]_{-\pi}^{\pi} = 0,$$

$$
\begin{aligned}
b_k &= \frac{1}{\pi}\int_{-\pi}^{\pi} x\sin kx\,dx = \frac{1}{\pi}\left[-\frac{x}{k}\cos kx + \frac{1}{k^2}\sin kx\right]_{-\pi}^{\pi} \\
&= \frac{1}{\pi}\left[\frac{-\pi\cos k\pi - \pi\cos(-k\pi)}{k}\right]
\end{aligned}
$$

$$= \begin{cases} -\dfrac{2}{k}, & k\text{가 짝수이면} \\ \dfrac{2}{k}, & k\text{가 홀수이면} \end{cases}$$

$$= \frac{2(-1)^{k+1}}{k}$$

$[-\pi,\ \pi]$ 에서 $f(x) = x$ 에 대한 4번째 차 푸리에 근사는

$$2\left(\sin x - \frac{1}{2}\sin 2x + \frac{1}{3}\sin 3x - \frac{1}{4}\sin 4x\right)$$

가 된다. 그림 7.27은 $[-\pi,\ \pi]$ 에서 $f(x) = x$ 에 대한 처음 4개의 푸리에 근사들을 보여준다.

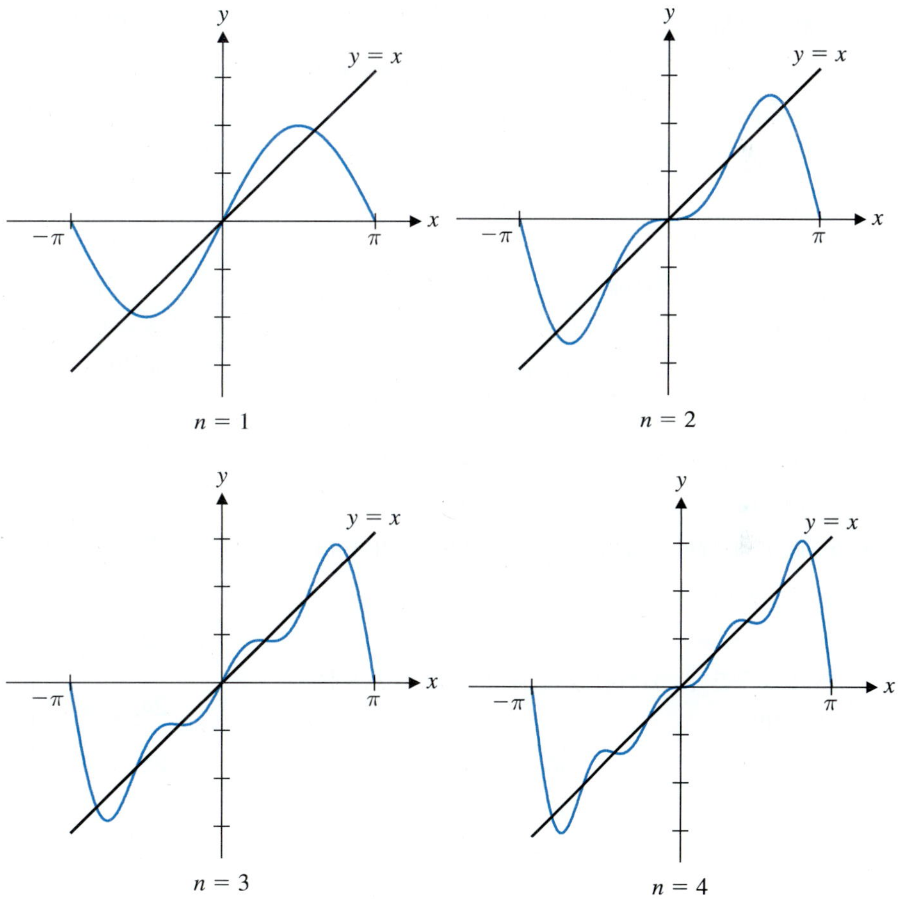

그림 7.27

Photo Researchers

조제프 푸리에(Jean-Baptiste Joseph Fourier, 1768–1830)는 열이론에 대한 그의 연구를 통해서 명성을 얻은 프랑스 수학자이자 물리학자였다. 소위 열방정식에 대한 획기적인 해에서 그는 수학, 물리학, 공학의 여러 분야들에서 널리 사용되는 도구로써 오늘날 푸리에 급수로 알려진 것과 관련된 기법들을 소개했다. 푸리에는 프랑스 혁명기간 동안에는 정치 운동가였고 1798년 나폴레옹의 이집트 군사작전에 동행하며 나폴레옹이 총애하는 사람이 되었다. 나중에 나폴레옹은 푸리에를 이제르 주지사로 임명하였고, 그곳에서 그는 많은 공학적 프로젝트를 감독하였다. 1808년에 푸리에는 남작이 되었다. 그는 에펠 탑에 있는 명판에 의해서 기념되고 있다.

그림 7.27에서 근사들이 개선되고 있는 것을 각각의 경우에 제곱근 평균제곱오차를 계산하여 확인할 수 있는 사실을 분명히 알 수 있다. 푸리에 근사의 차가 증가함에 따라서 이러한 오차가 0에 접근하는 것을 보일 수 있다. 이때 삼각다항식은 무한급수가 되고,

$$f(x) = a_0 + \sum_{k=1}^{\infty}(a_k\cos kx + b_k\sin kx)$$

로 쓴다. 이것은 $[-\pi, \pi]$에서 f의 **푸리에 급수**(Fourier series)라고 부른다.

7.5 연습문제

함수들의 근사

※ [1–4] 구간 $[-1, 1]$에서 f에 대한 최적 선형근사를 구하여라.

1. $f(x) = x^2$
2. $f(x) = x^2 + 2x$
3. $f(x) = x^3$
4. $f(x) = \sin(\pi x/2)$

※ [5–6] 구간 $[-1, 1]$에서 f에 대한 최적 이차근사를 구하여라.

5. $f(x) = |x|$
6. $f(x) = \cos(\pi x/2)$

7. $\mathscr{P}_1[0, 1]$에 대한 직교기저를 만들기 위하여 기저 $\{1, x\}$에 그램–슈미트 과정을 적용하여라.
8. $\mathscr{P}_2[0, 1]$에 대한 직교기저를 만들기 위하여 기저 $\{1, x, x^2\}$에 그램–슈미트 과정을 적용하여라.

※ [9–12] 구간 $[0, 1]$에서 f에 대한 최적 선형근사를 구하여라.

9. $f(x) = x^2$
10. $f(x) = \sqrt{x}$
11. $f(x) = e^x$
12. $f(x) = \sin(\pi x/2)$

※ [13–16] 구간 $[0, 1]$에서 f에 대한 최적 이차근사를 구하여라.

13. $f(x) = x^3$
14. $f(x) = \sqrt{x}$
15. $f(x) = e^x$
16. $f(x) = \sin(\pi x/2)$

17. $k \geq 1$에 대해서 1이 $\mathscr{C}[-\pi, \pi]$에서 $\sin kx$와 $\cos kx$에 직교함을 보여라.
18. $j \neq k$, $j, k \geq 1$에 대해서 $\cos jx$가 $\mathscr{C}[-\pi, \pi]$에서 $\cos kx$에 직교함을 보여라.
19. $j \neq k$, $j, k \geq 1$에 대해서 $\sin jx$가 $\mathscr{C}[-\pi, \pi]$에서 $\sin kx$에 직교함을 보여라.
20. $\mathscr{C}[-\pi, \pi]$에서 $\|1\|^2 = 2\pi$와 $\|\cos kx\|^2 = \pi$임을 보여라.

※ [21–22] $[-\pi, \pi]$에서 f에 대한 3번째 차 푸리에 근사를 구하여라.

21. $f(x) = |x|$
22. $f(x) = x^2$

※ [23–26] $[-\pi, \pi]$에서 f의 푸리에 계수 a_0, a_k와 b_k를 구하여라.

23. $f(x) = \begin{cases} 0, & -\pi \leq x < 0 \\ 1, & 0 \leq x \leq \pi \end{cases}$
24. $f(x) = \begin{cases} -1, & -\pi \leq x < 0 \\ 1, & 0 \leq x \leq \pi \end{cases}$
25. $f(x) = \pi - x$
26. $f(x) = |x|$

※ 모든 x에 대해서 $f(-x) = f(x)$이면 함수 f는 **짝함수**로, 모든 x에 대해서 $f(-x) = -f(x)$이면 함수 f는 **홀함수**로 불리는 것을 기억하여라.

27. (a) f가 홀함수라면 $\int_{-\pi}^{\pi} f(x)\,dx = 0$임을 보여라.
   (b) f가 홀함수라면 f의 푸리에 계수 a_k는 모두 0임을 보여라.

28. (a) f 가 짝함수라면

$$\int_{-\pi}^{\pi} f(x)\,dx = 2\int_{0}^{\pi} f(x)\,dx$$

임을 보여라.

(b) f 가 짝함수라면 f 의 푸리에 계수 b_k 는 모두 0 임을 보여라.

7장 복습문제

1. 다음 명제의 참인지 거짓인지를 판정하여라.

(a) $\mathbf{u}=\begin{bmatrix}u_1\\u_2\end{bmatrix}$ 이고 $\mathbf{v}=\begin{bmatrix}v_1\\v_2\end{bmatrix}$ 이면 $<\mathbf{u},\ \mathbf{v}> = u_1v_1+\pi u_2v_2$ 는 $\mathbb{R}^2$ 에서 내적을 정의한다.

(b) $\mathbf{u}=\begin{bmatrix}u_1\\u_2\end{bmatrix}$ 이고 $\mathbf{v}=\begin{bmatrix}v_1\\v_2\end{bmatrix}$ 이면 $<\mathbf{u},\mathbf{v}> = 4u_1v_1-2u_1v_2-2u_2v_1+4u_2v_2$ 는 $\mathbb{R}^2$ 에서 내적을 정의한다.

(c) $<A,\ B> = \mathrm{tr}(A)+\mathrm{tr}(B)$ 는 M_{22} 에서 내적을 정의한다.

(d) $\mathbf{u}$ 와 $\mathbf{v}$ 가 $\|\mathbf{u}\|=4$, $\|\mathbf{v}\|=\sqrt{5}$, $<\mathbf{u},\ \mathbf{v}>=2$ 인 내적공간의 벡터이면 $\|\mathbf{u}+\mathbf{v}\|=5$ 이다.

(e) $n=1$ 일 때 $\mathbb{R}^n$ 에서 합크기, 최대크기 및 유클리드 크기는 절댓값 함수와 모두 같다.

(f) 행렬 A 가 좋은 조건이면 조건수 $\mathrm{cond}(A)$ 는 작다.

(g) 조건수 $\mathrm{cond}(A)$ 가 작으면 행렬 A 는 좋은 조건이다.

(h) 모든 선형연립방정식은 일의적인 최소제곱해를 가진다.

(i) A 가 정규직교인 열들을 가지는 행렬이면 A 의 열공간 위로의 정사영의 표준행렬은 $P=AA^T$ 이다.

(j) A 가 대칭행렬이면 A 의 특잇값은 A 의 고윳값들과 동일하다.

※ [2–4] 정의가 내적이 되는지를 결정하여라.

2. $\mathcal{P}_1$ 에 속하는 $p(x)$ 와 $q(x)$ 에 대해서

$$<p(x),\ q(x)> = p(0)q(1)+p(1)q(0)$$

3. M_{22} 에 속하는 A 와 B 에 대해서

$$<A,\ B> = \mathrm{tr}(A^TB)$$

4. $\mathscr{C}[0,\ 1]$ 에 속하는 f 와 g 에 대해서

$$<f,\ g> = (\max_{0\le x\le 1} f(x))(\max_{0\le x\le 1} g(x))$$

※ [5–6] 지정된 내적을 이용하여 표시된 양을 계산하여라.

5. $<a_0+a_1x+a_2x^2,\ b_0+b_1x+b_2x^2> = a_0b_0+a_1b_1+a_2b_2$ 라면 $\|1+x+x^2\|$

6. $<p(x),\ q(x)> = \int_0^1 p(x)q(x)\,dx$ 라면 $d(x,\ x^2)$

※ [7–8] 지정된 내적을 이용하여 벡터들의 주어진 집합에 그램–슈미트 과정을 적용하여 벡터들의 직교집합을 계산하여라.

7. $A=\begin{bmatrix}6&4\\4&6\end{bmatrix}$ 이고 $<\mathbf{u},\ \mathbf{v}> = \mathbf{u}^TA\mathbf{v}$ 라면

$$\left\{\begin{bmatrix}1\\1\end{bmatrix},\ \begin{bmatrix}1\\2\end{bmatrix}\right\}$$

8. $<p(x),\ q(x)> = \int_0^1 p(x)q(x)\,dx$ 라면

$$\{1,\ x,\ x^2\}$$

※ [9–10] 정의가 크기가 되는지를 결정하여라.

9. $\mathbb{R}^n$ 에 속하는 $\mathbf{v}$ 에 대해서 $\|\mathbf{v}\|=\mathbf{v}^T\mathbf{v}$

10. $\mathcal{P}_1$ 에 속하는 $p(x)$ 에 대해서

$$\|p(x)\|=|p(0)|+|p(1)-p(0)|$$

11. 행렬

$$A=\begin{bmatrix}1&0.1&0.11\\0.1&0.11&0.111\\0.11&0.111&0.1111\end{bmatrix}$$

은 불량조건임을 보여라.

12. Q 가 $n\times n$ 직교행렬이면 프로베니우스 크기는

$$\|Q\|_F=\sqrt{n}$$

임을 증명하여라.

13. 점들 (1, 2), (2, 3), (3, 5), (4, 7)을 최적으로 맞추는 직선을 구하여라.

14. $$\begin{bmatrix}1&2\\1&0\\2&-1\\0&5\end{bmatrix}\begin{bmatrix}x_1\\x_2\end{bmatrix}=\begin{bmatrix}1\\0\\-1\\3\end{bmatrix}$$

의 최소제곱해를 구하여라.

15. $A = \begin{bmatrix} 1 & 1 \\ 0 & 1 \\ 1 & 0 \end{bmatrix}$의 열공간 위로의 $\mathbf{x} = \begin{bmatrix} 1 \\ 2 \\ 3 \end{bmatrix}$의 정사영을 구하여라.

16. $\mathbf{u}$와 $\mathbf{v}$가 정규직교 벡터들이라면 $P = \mathbf{u}\mathbf{u}^{\mathrm{T}} + \mathbf{v}\mathbf{v}^{T}$가 span($\mathbf{u}$, $\mathbf{v}$) 위로의 정사영의 표준행렬임을 보여라. [힌트: 적당한 행렬 A에 대해서 $P = A(A^TA)^{-1}A^T$임을 보여라.]

※ [17–18] 행렬 A의 (a) 특잇값, (b) 특잇값 분해 및 (c) 유사역행렬을 구하여라.

17. $A = \begin{bmatrix} 1 & 1 \\ 0 & 0 \\ 1 & -1 \end{bmatrix}$

18. $A = \begin{bmatrix} 1 & 1 & -1 \\ 1 & 1 & -1 \end{bmatrix}$

19. P와 Q가 PAQ가 정의되는 직교행렬이면 PAQ는 A와 동일한 특잇값을 가짐을 보여라.

20. A가 $A^2 = O$이 되는 정사각행렬이면 $(A^+)^2 = O$이 됨을 보여라.

8 코드

8.1 코드벡터

역사적으로, 사람들은 코드를 사용하여 정보를 전송해왔다. 때때로 보내려는 메시지를 위장하려고 할 경우에, 낱말 속의 각 문자가 치환규칙에 의해 다른 문자로 바뀌어진다. 이러한 비밀코드나 암호들은, 비록 매혹적이긴 하지만, 여기서는 관심이 없다. 그것들은 암호 분야의 관심사이다. 오히려, 우리는 자료를 컴퓨터로 전송해야 할 때 이용되는 코드에만 관심을 가질 것이다.

Lucent Technologies Bell Labs

코드에 대한 현대적인 이론은 미국의 수학자이자 컴퓨터 과학자인 **클로드 섀넌**(Claude Shannon, 1916–2001)의 연구로부터 시작되었는데, 그의 1937년 논문에서 전자회로를 설계하고 분석하는 데 있어 대수학이 어떤 역할을 하는지를 설명하였다. 후에 샤논은 정보이론 분야의 형성에 도움을 주었으며 오늘날 오류정정코드라 불리는 분야에 대한 이론적인 토대를 제공하였다.

이러한 코드의 친숙한 예가 모스부호인데, 그 체계는 점과 점선으로 되어 있다. 20세기에 디지털 컴퓨터의 출현은 대량의 자료를 빠르고 정확하게 전송해야 할 필요성을 요구하였다. 컴퓨터는 0과 1의 수열로 자료를 코드화하도록 설계되었다. 최근의 많은 기술적인 발달은 코드에 의존하고, 우리는 그것을 알지 못하면서도 매일 그것들과 접하고 있다. 예로서, 위성통신, 콤팩트 디스크 플레이어, 상품에 부착된 바코드와 관련된 세계상품코드(UPC), 오늘날 출판되는 모든 책에 부착된 국제표준 도서번호(ISBN) 등이다.

이 절에서, 우리는 자료를 전송할 때 발생할 수 있는 오류를 감지하기 위한 코드를 설계하는 데 벡터를 이용한다. 다음 절들에서는 오류를 감지할 뿐만 아니라 정정할 수 있는 코드를 만들 것이다. 코드를 연구할 때 나타나는 벡터들은 $\mathbb{R}^n$의 벡터가 아니라 $\mathbb{Z}_2^n$이나 더 일반적으로 $\mathbb{Z}_m^n$의 벡터들이다. 이러한 벡터들은 1.1절에서 살펴보았다. 컴퓨터에서는 (꺼짐/켜짐, 열림/닫힘, 거짓/참, 아니오/예 등과 같이 해석될 수 있는) 0과 1에 의해 자료를 표시하므로, 각 성분이 $\mathbb{Z}_2$의 원소인 벡터들로 구성된 이진코드를 생각한다.

실제로, 우리가 전송하고자 하는(낱말, 수 또는 기호 등으로 구성된) 메시지가 있다고 하자. 이진벡터로 메시지의 각 낱말을 코드화하는 것으로부터 시작해보자.

정의 **이진코드**(binary code)는 **코드벡터**(code vector)라 불리는 (같은 길이의) 이진벡터들의 집합이다. 메시지를 코드벡터로 바꾸는 과정을 **코드화**(encoding)라 하고, 반대 과정을 **코드 복원화**(decoding)라고 한다.

코드벡터를 전송하는 과정에서 오류가 발생했을 때 오류를 찾아내고, 가능하다면 그 오류를 정정하는 방법을 제시하는 능력과 같은 여러 가지 성질들을 코드가 갖는 것이 바람직할 것이다.

이미 이진코드 벡터들의 집합으로 코드화된 메시지를 가졌다고 가정하자. 이제 (라디오 송신기, 전화선, 광섬유 케이블 또는 CD 레이저와 같은) 채널을 지나는 이진코드 벡터들을 보내고자 한다. 불행히도, (전자방해, 경쟁신호 또는 먼지와 스크래치 등 때문에) 그 채널에 잡음이 있을 수 있고, 결과적으로, 오류가 유입될 수 있다. 몇 개의 0이 1로 바뀔 수도 있고, 그 반대가 될 수도 있다. 어떻게 이 문제들로부터 보호할 수 있을까?

예제 8.1 상, 하, 좌, 우 단어 중의 하나로 구성된 메시지를 코드화하여 전송하고자 한다. 표 8.1에서와 같이, 이진코드로 $\mathbb{Z}_2^2$에 있는 네 개의 벡터를 사용하기로 한다.

수신자 또한 이 표를 가지고 있고 코드화된 메시지가 오류 없이 전달된다면, 코드 복원은 자명하다. 그러나 하나의 오류가 발생했다고 가정하자. (이는 오류에 의해, 코드벡터의 한 성분이 바뀌었음을 의미한다.) 예를 들어, [0, 1]로 코드화된 '하'라는 메시지를 보냈지만 첫 번째 성분의 전송에서 0이 1로 바뀌는 오류가 발생했다고 가정하자. 그러면 수신자는 대신에 [1, 1]로 인식할 것이고 '우'라는 메시지를 복원한다. (우리는 단지 이처럼 하나의 오류만 발생하는 경우에 관심을 둘 것이다. 특히, 통상적으로 다중 오류의 가능성은 무시해도 좋을 만큼 적다고 가정한다.) 비록 수신자가 하나의 오류가 발생되었음을 알았다고 할지라도, 그 사람이 옳은 코드벡터가 [0, 1]이었는지 [1, 0]이었는지를 알 수는 없을 것이다.

표 8.1

메시지	상	하	좌	우
코드	[0, 0]	[0, 1]	[1, 0]	[1, 1]

그러나 표 8.2에서 보듯이, 길이가 3인 이진코드인 $\mathbb{Z}_2^3$의 부분집합을 코드로 사용하는 메시지를 보냈다고 가정하자.

표 8.2

메시지	상	하	좌	우
코드	[0, 0, 0]	[0, 1, 1]	[1, 0, 1]	[1, 1, 0]

이 코드는 어떤 한 오류를 감지할 수 있다. 예를 들어, '하'가 [0, 1, 1]로 보내졌고 한 성분에서 오류가 발생되었다면, 수신자는 [1, 1, 1], [0, 0, 1] 또는 [0, 1, 0]으로 읽을 수 있는데, 그들 중 어떤 것도 코드벡터가 아니다. 그래서 수신자는 오류가 발생했음을 알 수도 있고 코드화된 메시지를 재전송해달라고 요청할 수도 있다. (왜 수신자가 오류가 발생한 곳을 알 수 없었을까?)

표 8.2의 코드는 **오류감지 코드**(error-detecting code)의 한 예이다. 1940년대까지는, 이것이 성취할 수 있는 최선이었으나, 디지털 컴퓨터의 출현은 오류를 감지할 뿐만 아니라 정정할 수 있는 코드의 발전을 가져왔다. 8.2절, 8.4절, 8.5절에서 이들에 대해 살펴볼 것이다.

라틴어 par로부터 유래된 parity는 'equal' 또는 'even'을 의미한다. 두 정수가 모두 짝수이거나 모두 홀수일 때, 두 정수는 같은 패리티를 가진다고 한다.

전송 메시지는 그 자체가 이진벡터로 되어 있을 수도 있다. 이러한 경우에, 간단하지만 유용한 오류감지 코드가 **패리티검사 코드**(parity check code)인데, 그것은 1의 개수가 짝수가 되도록 하는 **검사숫자**(check digit)라 불리는 여분의 성분을 벡터에 추가함으로써 만들어진다.

예제 8.2 전송된 메시지가 홀수 개의 1을 갖는 이진벡터 [1, 0, 0, 1, 0, 1]이면, 검사숫자는 (코드벡터에 있는 1의 총 개수가 짝수가 되도록 만들기 위하여) 1이 될 것이고 코드벡터는 [1, 0, 0, 1, 0, 1, 1]이 될 것이다.

코드벡터의 패리티가 짝수에서 홀수로 바뀌게 될 것이므로, 하나의 오류가 있음을 감지할 수 있다. 예를 들어, 세 번째 성분에서 오류가 발생했다면, 코드벡터는 [1, 0, 1, 1, 0, 1, 1]로 수신될 것이고, 5개의 1을 가지므로 그 패리티는 홀수이다.

이 개념을 조금 더 형식적으로 살펴보자. 메시지가 $\mathbb{Z}_2^n$의 이진벡터 $\mathbf{b}=[b_1, b_2, \cdots, b_n]$이라고 가정하자. 그러면 패리티검사 코드벡터는 $\mathbb{Z}_2^{n+1}$에 있는 $\mathbf{v}=[b_1, b_2, \cdots, b_n, d]$인데, 여기서 검사숫자 d는 $\mathbb{Z}_2$에 있는 원소로서

$$b_1+b_2+\cdots+b_n+d=0$$

또는 동치인

$$\mathbf{1}\cdot\mathbf{v}=0$$

을 만족하도록 선택되는데, 여기서 $\mathbf{1}=[1, 1, \cdots, 1]$은 모든 성분이 1인 벡터이다. 이때, 벡터 $\mathbf{1}$을 **검사벡터**(check vector)라고 한다. 벡터 $\mathbf{v}'$가 수신되고 $\mathbf{1}\cdot\mathbf{v}'=1$이면, 오류가 발생하였음을 확신할 수 있다. (비록 하나 이상의 오류 발생 가능성을 생각하고 있지 않지만, 이 기구가 짝수 개의 오류를 감지하지는 않을 것임을 관찰하여라.)

패리티검사 코드는 좀 더 일반적인 **검사숫자 코드**의 특별한 경우인데, 먼저 앞의 개념들을 좀 더 일반적인 설정에 대해 확장한 후에 생각할 것이다. m진 벡터

들을 이용하는 코드를 **m진 코드**(m-ary code)라고 한다. 다음 예제는 예제 8.2의 삼진코드에 대한 직접적인 확장이다.

예제 8.3

$\mathbf{b}=[b_1, b_2, \cdots, b_n]$이 $\mathbb{Z}_3^n$의 벡터라 하자. 그러면 검사숫자 코드벡터는 $\mathbb{Z}_3^{n+1}$에 있는 $\mathbf{v}=[b_1, b_2, \cdots, b_n, d]$로 정의될 수 있는데, 검사숫자 d는

$$\mathbf{1}\cdot\mathbf{v}=0$$

을 만족하도록 선택한다. (여기서 검사벡터 $\mathbf{1}=[1, 1, \cdots, 1]$은 $\mathbb{Z}_3^{n+1}$에 있는 모든 성분이 1인 벡터이다.) 즉, 검사숫자는 $\mathbb{Z}_3$에서

$$b_1+b_2+\cdots+b_n+d=0$$

을 만족한다.

예를 들어, 벡터 $\mathbf{u}=[2, 2, 0, 1, 2]$를 생각하자. 그것의 성분들의 합은 $2+2+0+1+2=1$이고, 따라서 검사숫자는 ($1+2=0$이므로) 2가 되어야만 한다. 따라서 관련된 코드벡터는 $\mathbf{v}=[2, 2, 0, 1, 2, 2]$이다.

단순 검사숫자 코드가 하나의 오류를 감지하지만, 인접한 두 성분들의 우발적인 상호교환이나 위치교환과 같은 다른 공통형태의 오류를 찾아낼 때에도 종종 중요하다. (예를 들어, 예제 8.3에 있는 $\mathbf{v}$의 두 번째 성분과 세 번째 성분의 위치를 바꾸면 잘못된 벡터는 $\mathbf{v}'=[2, 0, 2, 1, 2, 2]$가 된다.) 이러한 목적을 위해, 다른 형태의 검사숫자 코드가 고안되었다. 이들 중 많은 것은 단순히 검사벡터 $\mathbf{1}$을 신중하게 선택한 어떤 벡터 $\mathbf{c}$로 바꾸는 것이다.

예제 8.4

세계상품코드(Universal Product Code 또는 UPC) (그림 8.1)는 다양한 형태의 상품에 부여된 바코드와 결합된 코드이다.

상점의 계산대에서 레이저로 스캔되는 검은색과 흰색의 막대들은 길이가 12인 10진 벡터 $\mathbf{u}=[u_1, u_2, \cdots, u_{11}, d]$에 대응된다. 처음 11개 성분들은 생산자와 상품의 정보를 제공하는 $\mathbb{Z}_{10}^{11}$의 벡터를 형성하고, 마지막 성분 d는 $\mathbb{Z}_{10}$에서 $\mathbf{c}\cdot\mathbf{u}=0$을 만족하도록 선택되는 검사숫자이다. 여기서 검사벡터 $\mathbf{c}$는 벡터 $[3, 1, 3, 1, 3, 1, 3, 1, 3, 1, 3, 1]$이다. 즉, 다시 정렬하면

$$3(u_1+u_3+u_5+u_7+u_9+u_{11})+(u_2+u_4+u_6+u_8+u_{10})+d=0$$

이다. 다시 말해서, 위 식의 좌변이 10의 배수가 되도록 하는 검사숫자 d를 택한다.

그림 8.1에 있는 UPC에 대하여, $\mathbb{Z}_{10}$에서 다음 계산을 실행하여, 검사숫자가 6임을 알 수 있다.

0 74927 02094 6

그림 8.1 세계상품코드

$$\begin{aligned}\mathbf{c} \cdot \mathbf{u} &= 3\cdot 0+7+3\cdot 4+9+3\cdot 2+7+3\cdot 0+2+3\cdot 0+9+3\cdot 4+d \\ &= 3(0+4+2+0+0+4)+(7+9+7+2+9)+d \\ &= 3(0)+4+d \\ &= 4+d\end{aligned}$$

즉 $\mathbb{Z}_{10}$에서 계산결과가 0이 되기 위해서는 검사숫자 d가 6이 되어야만 한다. (이 예제에서 검사숫자를 생각하는 또 다른 방법은 $\mathbf{c}\cdot\mathbf{u}$가 10의 배수가 되도록 그것을 택하는 것이다.)

세계상품코드는 모든 단일오류와 인접한 성분에서 나타나는 대부분의 위치교환 오류들을 감지한다. 이를 알아보기 위하여, 예제 8.4의 UPC가 네 번째와 다섯 번째 성분이 서로 바뀌어 $\mathbf{u}'=[0, 7, 4, 2, 9, 7, 0, 2, 0, 9, 4, 6]$으로 잘못 쓰였다고 가정하자. 검사벡터를 적용하면, $\mathbf{c}\cdot\mathbf{u}'=4\neq 0$(이를 확인하여라!)인데, 이것이 오류를 가지고 있음을 알려준다(연습문제 15와 16).

예제 8.5

10 자리수 국제표준 도서번호(ISBN-10) 코드는 널리 사용되는 또 다른 검사숫자 코드이다. 이것은 세계상품코드보다 더 많은 형태의 오류들을 감지할 수 있도록 고안됐는데, 결과적으로는 약간 더 복잡해졌다. 그러나 기본원리는 같다.

코드벡터는 $\mathbb{Z}_{11}^{10}$에 있는 벡터이다. 처음 아홉 개 성분들은 국가, 발행자, 도서정보 등을 제공하고, 열 번째 성분은 검사숫자이다. 어떤 책의 ISBN-10이 0-534-34450-X라고 하자. 이것은 벡터

$$\mathbf{b}=[0, 5, 3, 4, 3, 4, 4, 5, 0, X]$$

로 나타낼 수 있는데, 여기서 검사 '숫자'는 문자 X이다.

ISBN-10 코드에 대하여, 검사벡터는 벡터 $\mathbf{c}=[10, 9, 8, 7, 6, 5, 4, 3, 2, 1]$인데, $\mathbb{Z}_{11}$에서 $\mathbf{c}\cdot\mathbf{b}=0$이어야만 한다. 이 예에서 벡터 $\mathbf{b}$에 대한 검사숫자를 정하자.

$$\mathbf{c}\cdot\mathbf{b}=10\cdot 0+9\cdot 5+8\cdot 3+7\cdot 4+6\cdot 3+5\cdot 4+4\cdot 4+3\cdot 5+2\cdot 0+d$$

를 계산해야 하는데, 여기서 d가 검사숫자이다. $\mathbb{Z}_{11}$에서 모든 곱셈들을 실행하는 것으로부터 시작한다. (예를 들어, 45는 11의 배수 중에서 45에 가장 가깝고도 작은 44보다 1이 더 크므로, $9\cdot 5=1$이다. 즉, 11시 시계에서, 45시는 1시와 같다.) 위의 식을 간단히 정리하면

$$0+1+2+6+7+9+5+4+0+d$$

이고 $\mathbb{Z}_{11}$에서 더하면 $1+d$가 남는다. 따라서 $\mathbb{Z}_{11}$에서 마지막 결과가 0이 되도록 검사숫자 d를 구하면 $d=10$이다. ISBN-10의 각 성분들은 단일숫자이므로, 여기서 처럼 검사숫자인 로마자 X는 10이 되기도 한다.

ISBN 코드에서는 모든 단일오류와 인접위치교환 오류들을 감지할 것이다(연습문제 19–21).

주의 ISBN–10 코드는 1970년부터 사용되어왔다. 그러나 2007년부터 대부분의 책들은 13자리수 ISBN 코드로도 식별된다. 이러한 ISBN–13 코드는 13자리수 유럽논문번호코드(EAN–13)와 호환성이 있고, UPC와 유사한 검사숫자를 사용한다. 구체적으로, ISBN–13 코드는 $\mathbb{Z}_{10}^{13}$에 있는 벡터이고 여기서 마지막 자릿수가 검사숫자, 검사벡터는 $\mathbb{Z}_{10}^{13}$의 $[1, 3, 1, 3, \cdots, 3, 1]$이다. UPC 사촌처럼, ISBN–13 코드는 단일오류를 감지하지만 모든 인접위치교환 오류를 다 감지하지는 못한다.

8.1 연습문제

코드벡터

※ [1–2] 이진벡터 $\mathbf{u}$에 대한 패리티검사 코드벡터를 구하여라.

1. $\mathbf{u}=[1, 0, 1, 1]$
2. $\mathbf{u}=[1, 1, 0, 1, 1]$

※ [3–6] 패리티검사 코드벡터 $\mathbf{v}$가 주어져 있다. $\mathbf{v}$를 전송하는 과정에서 단일오류가 발생할 수 있는지의 여부를 판단하여라.

3. $\mathbf{v}=[1, 0, 1, 0]$
4. $\mathbf{v}=[1, 1, 1, 0, 1, 1]$
5. $\mathbf{v}=[0, 1, 0, 1, 1, 1]$
6. $\mathbf{v}=[1, 1, 0, 1, 0, 1, 1, 1]$

※ [7–10] 검사벡터가 적당한 길이의 벡터 $\mathbf{c}=[1, 1, \cdots, 1]$인 검사숫자 코드와 관계가 있다. 각각의 경우에, 벡터 $\mathbf{u}$에 추가될 수 있는 검사숫자 d를 구하여라.

7. $\mathbb{Z}_3^4$에서 $\mathbf{u}=[1, 2, 2, 2]$
8. $\mathbb{Z}_5^4$에서 $\mathbf{u}=[3, 4, 2, 3]$
9. $\mathbb{Z}_7^5$에서 $\mathbf{u}=[1, 5, 6, 4, 5]$
10. $\mathbb{Z}_9^6$에서 $\mathbf{u}=[3, 0, 7, 5, 6, 8]$

11. 임의의 양의 정수 m, n에 대하여, 검사벡터 $\mathbf{c}=\mathbf{1}=[1, 1, \cdots, 1]$을 갖는 $\mathbb{Z}_m^n$에 있는 검사숫자 코드가 모든 단일오류들을 감지할 수 있음을 증명하여라. (즉, $\mathbb{Z}_m^n$에 있는 벡터 $\mathbf{u}$와 $\mathbf{v}$가 정확히 한 성분에서 다르면, $\mathbf{c}\cdot\mathbf{u}\neq\mathbf{c}\cdot\mathbf{v}$임을 증명하여라.)

※ [12–13] 주어진 세계상품코드에 있는 검사숫자 d를 구하여라.

12. $[0, 5, 9, 4, 6, 4, 7, 0, 0, 2, 7, d]$
13. $[0, 1, 4, 0, 1, 4, 1, 8, 4, 1, 2, d]$

14. UPC $[0, 4, 6, 9, 5, 6, 1, 8, 2, 0, 1, 5]$를 생각하자.
    (a) 이 UPC가 틀렸을 수 있음을 보여라.
    (b) 단일오류가 발생하였고 잘못된 숫자가 세 번째 성분 6이라고 가정할 때, 옳은 UPC를 구하여라.
15. 세계상품코드는 모든 단일오류들을 감지할 수 있음을 증명하여라.
16. (a) UPC $[0, 7, 4, 9, 2, 7, 0, 2, 0, 9, 4, 6]$의 두 번째와 세 번째 성분에서 위치교환 오류가 발생하였다면, 그 오류는 감지할 수 있음을 보여라.
    (b) (a)에 있는 UPC에서 두 인접한 성분들을 포함하는 감지할 수 없는 위치교환이 있음을 보여라.
    (c) 일반적으로, 세계상품코드가 두 인접한 성분을 포함하는 위치교환 오류를 감지하지 못할 때는 언제인가?

※ [17–18] 주어진 국제표준 도서번호(ISBN–10)에 있는 검사숫자 d를 구하여라.

17. $[0, 3, 8, 7, 9, 7, 9, 9, 3, d]$

18. $[0, 3, 9, 4, 7, 5, 6, 8, 2, d]$

19. ISBN-10 $[0, 4, 4, 9, 5, 0, 8, 3, 5, 6]$을 생각하자.
   (a) 이 ISBN-10이 틀렸을 수 있음을 보여라.
   (b) 단일오류가 발생했으며 잘못된 숫자가 다섯 번째 성분인 5라고 가정하고, 옳은 ISBN-10을 구하여라.

20. (a) ISBN-10 $[0, 6, 7, 9, 7, 6, 2, 9, 0, 6]$의 네 번째와 다섯 번째 성분에서 위치교환 오류가 발생하였다면, 그 오류는 감지될 수 있음을 증명하여라.
   (b) (a)에 있는 ISBN-10의 임의의 두 인접한 성분에서 위치교환 오류가 발생했다면, 그 오류는 감지될 수 있음을 증명하여라.
   (c) 일반적으로, ISBN-10 코드는 두 인접한 성분을 포함하는 위치교환 오류를 감지할 수 있음을 증명하여라.

21. ISBN-10 $[0, 8, 3, 7, 0, 9, 9, 0, 2, 6]$을 생각하자.
   (a) ISBN-10이 틀렸을 수 있음을 보여라.
   (b) 오류가 두 인접한 성분을 포함하는 위치교환 오류라고 가정하고, 옳은 ISBN-10을 구하여라.
   (c) 두 인접한 성분을 포함하는 위치교환 오류는 감지할 수 있지만, 정정할 수는 없는 ISBN-10의 예를 들어라.

비네트

코다바 시스템

모든 신용카드와 ATM 카드는 검사숫자 코드를 나타내는 16개의 숫자에 의해 유일하게 식별된다. 이 절에 있는 예에서와 같이, 처음 15 숫자는 카드 발급 은행에 의해 부여되지만, 마지막 숫자는 모듈 계산을 이용한 공식에 의해 결정된다.

모든 주요 은행들은 검사숫자를 부여하기 위해 코다바라는 시스템을 이용한다. 이것은 세계상품코드의 방법과는 약간 다르다.

여러분의 카드의 처음 15 숫자가

$$5412\ 3456\ 7890\ 432$$

이고 검사숫자를 d라고 가정하자. 이것은 $\mathbb{Z}_{10}^{16}$에 있는 벡터

$$\mathbf{x} = [5,\ 4,\ 1,\ 2,\ 3,\ 4,\ 5,\ 6,\ 7,\ 8,\ 9,\ 0,\ 4,\ 3,\ 2,\ d]$$

에 대응한다. 코다바 시스템은 검사벡터 $\mathbf{c} = [2,\ 1,\ 2,\ 1,\ 2,\ 1,\ 2,\ 1,\ 2,\ 1,\ 2,\ 1,\ 2,\ 1,\ 2,\ 1]$을 이용하지만, $\mathbb{Z}_{10}$에서 $\mathbf{c} \cdot \mathbf{x} = 0$을 요구하지는 않으며, 나머지 계산은 코드의 오류감지 역량이 증가되도록 추가된다. h가 4보다 크면서 홀수 번째에 있는 숫자들의 개수라 하자. 이 예에서, 이들 숫자는 5, 5, 7, 9이므로, $h = 4$이다.

이제 $\mathbb{Z}_{10}$에서 $\mathbf{c} \cdot \mathbf{x} + h = 0$이 요구된다. 따라서 예에서 다시 배열하고 모듈로 10에 대하여 계산하면

$$\begin{aligned}\mathbf{c} \cdot \mathbf{x} + h &= (2 \cdot 5 + 4 + 2 \cdot 1 + 2 + 2 \cdot 3 + 4 + 2 \cdot 5 + 6 + 2 \cdot 7 + 8 + 2 \cdot 9 \\ &\qquad + 0 + 2 \cdot 4 + 3 + 2 \cdot 2 + d) + 4 \\ &= 2(5 + 1 + 3 + 5 + 7 + 9 + 4 + 2) + (4 + 2 + 4 + 6 + 8 + 0 \\ &\qquad + 3 + d) + 4\end{aligned}$$

$$= 2(6) + 7 + d + 4$$
$$= 3 + d$$

을 얻는다. 따라서 이 카드의 검사숫자 d는 7이고, 계산 결과는 $\mathbb{Z}_{10}$에서 0이다.

코다바 시스템은 가장 효율적인 오류감지 방법 중의 하나이다. 이것은 모든 단일오류뿐만 아니라 인접위치교환 오류와 같은 대부분의 다른 일상적인 오류들을 감지한다.

8.2 오류정정코드

8.1절에서 오류감지 코드의 예를 다루었다. 이제, 어떤 종류의 오류를 감지할 뿐 아니라 정정할 수 있는 코드를 설계하는 문제로 넘어가자. 우리의 메시지는 어떤 k에 대한 $\mathbb{Z}_2^k$의 벡터 $\mathbf{x}$이고 $n > k$에 대하여 행렬변환 $T : \mathbb{Z}_2^k \to \mathbb{Z}_2^n$을 사용하여 $\mathbf{x}$를 암호화할 것이다. 벡터 $T(\mathbf{x})$를 **코드벡터**(code vector)라 한다. 예제 8.1의 패리티검사 벡터를 일반화한 우리가 하고자 하는 접근법을 간단한 예로 설명한다.

예제 8.6 메시지가 이진숫자 0, 1이라 하자. 만약 우리가 단순히 메시지를 두 번 반복하는 것으로 메시지를 암호화한다면, 코드벡터는 [0, 0]과 [1, 1]이다. 이 코드는 단일 오류를 감지할 수 있다. 예를 들면, 만일 [0, 0]을 전송하고 오류가 첫 번째 성분에서 발생하면 [1, 0]을 받아서 이것은 정당한 코드가 아니므로 오류를 감지한다. 그럼에도 [1, 0]을 [1, 1]로 전송했을 경우 두 번째 성분에 오류가 있는 결과일 수도 있으므로 수신자는 오류를 정정할 수가 없다.

우리는 메시지를 두 번이 아닌 세 번을 반복한 더 길게 만들어진 코드벡터로 이 문제를 해결할 수 있다. 그래서 0과 1은 각각 [0, 0, 0]과 [1, 1, 1]로 암호화한다. 만약 단일오류가 발생하면 우리는 그것을 감지할 뿐만 아니라 정정할 수 있다. 예를 들면, [0, 1, 0]을 받으면 [1, 1, 1]에서 단일오류로 [0, 1, 0]을 만들 수 없기 때문에, 우리는 [0, 0, 0]의 전송에서 단일오류가 있음을 안다.

당연한 것이지만, 예제 8.6의 코드는 행렬변환에 의하여 이루어질 수 있음을 주목하여라. $G = \begin{bmatrix} 1 \\ 1 \\ 1 \end{bmatrix}$이고 $T : \mathbb{Z}_2 \to \mathbb{Z}_2^3$를 $T(\mathbf{x}) = G\mathbf{x}$로 정의하자. (여기서 $\mathbb{Z}_2$의 원소를 1×1행렬로 생각하자.) 행렬 G를 코드에 대한 **생성행렬**(generator matrix)이라 한다.

전달받은 벡터가 코드벡터인지를 알기 위하여 우리는 한 번이 아닌 두 번의 패리티검사를 시행한다. 전달받은 벡터 $\mathbf{c} = \begin{bmatrix} c_1 \\ c_2 \\ c_3 \end{bmatrix}$가 $c_1 = c_2 = c_3$를 만족하여야 한다. $\mathbb{Z}_2$위의 연립방정식으로 이들 방정식을 나타낼 수 있다.

$$\begin{aligned} c_1 &= c_2 \\ c_1 &= c_3 \end{aligned} \quad \text{또는} \quad \begin{aligned} c_1 + c_2 &= 0 \\ c_1 + c_3 &= 0 \end{aligned} \qquad (1)$$

만일 $P = \begin{bmatrix} 1 & 1 & 0 \\ 1 & 0 & 1 \end{bmatrix}$이라 두면, (1)은 $P\mathbf{c} = \mathbf{0}$와 동치이다. 이때, 행렬 P는 코드에 관한 **패리티검사 행렬**(parity check matrix)이라 한다. $PG = \begin{bmatrix} 0 \\ 0 \end{bmatrix} = O$임을 주

시하여라.

이들 행렬이 오류정정에 어떻게 작용하게 되는지를 알기 위하여, 1을 $\begin{bmatrix}1\\1\\1\end{bmatrix}=$ $[1\ 1\ 1]^T$로 보내고 한 번의 오류가 발생하여 1이 $\mathbf{c}'=[1\ \ 0\ \ 1]$로 받았다고 가정하자.

$$P\mathbf{c}'=\begin{bmatrix}1&1&0\\1&0&1\end{bmatrix}\begin{bmatrix}1\\0\\1\end{bmatrix}=\begin{bmatrix}1\\0\end{bmatrix}\neq\mathbf{0}$$

이므로, $\mathbf{c}'$는 코드벡터가 될 수 없음을 알 수 있다. 오류는 어디서 발생하였는가? $P\mathbf{c}'$는 패리티검사 행렬 P의 두 번째 열임을 주목하여라. 이것은 우리에게 오류가 $\mathbf{c}'$의 두 번째 성분에 있음을 알려주며(아래의 정리 8.1에서 증명할 것이다), 또한 오류를 정정하도록 한다. (물론 이 예제에서 우리는 행렬을 이용하지 않고 더 빠르게 오류를 발견할 수는 있지만 이 개념은 유용하다.)

마지막 예제의 개념을 일반화하기 위하여 다음을 정의한다.

정의 만일 $k<n$이면, 임의의 $G=\begin{bmatrix}I_k\\A\end{bmatrix}$의 형태의 $n\times k$행렬을 $(n,\ k)$ 이진코드 $T:\mathbb{Z}_2^k\to\mathbb{Z}_2^n$에 대한 **표준 생성행렬**(standard generator matrix)이라고 한다. 여기서 A는 $\mathbb{Z}_2$ 위의 $(n-k)\times k$행렬이다. $P=[B\ I_{n-k}]$ 형태의 $(n-k)\times n$행렬을 **표준 패리티검사 행렬**(standard parity check matrix)이라 한다. 여기서 B는 $\mathbb{Z}_2$ 위의 $(n-k)\times k$행렬이다. 이 코드는 **길이**(length) n과 **차원**(dimension) k를 가진다고 한다.

여기에 우리가 알아두어야 할 것이 있다. (a) 언제 G가 오류정정 이진코드에 대한 표준 생성행렬이 되는가? (b) 주어진 G에서 우리는 연관된 표준 패리티검사 행렬 P를 어떻게 찾을 수 있는가? 그 답은 다음 정리에서 쉽게 구할 수 있다.

정리 8.1 $G=\begin{bmatrix}I_k\\A\end{bmatrix}$가 표준 생성행렬이고 $P=[B\ I_{n-k}]$가 표준 패리티검사 행렬이라면 P가 G와 관련된 표준 패리티검사 행렬이 되기 위한 필요충분조건은 $A=B$이다. 그리고 대응하는 $(n,\ k)$ 이진코드가 한 번의 오류정정이기 위한 필요충분조건은 P의 열들이 서로 다르며 영이 아니어야 한다.

이 정리를 증명하기 전에 이것을 설명하는 예제를 살펴보자.

예제 8.7 우리가 세 개의 패리티검사 방정식을 사용하는 오류정정코드를 설계하려고 한다. 이 방정식들은 P의 행에 나타나므로, $n-k=3$이고 $k=n-3$이다. 메시지벡터는 $\mathbb{Z}_2^k$로부터 발생하므로 가능한 많은 정보를 전달하려면 k가 가능한 크면 좋을 것이다. 정리 8.1에 의하여 P의 n열들은 0이 아니며 서로 달라야 하므로, 최댓값은 $\mathbb{Z}_2^{n-1}=\mathbb{Z}_2^3$의 $2^3-1=7$개의 $\mathbf{0}$가 아닌 벡터로 구성되었을 때 생긴다. 이 중의 하나가

$$P=\begin{bmatrix}1&1&0&1&1&0&0\\1&0&1&1&0&1&0\\0&1&1&1&0&0&1\end{bmatrix}$$

이다. 이는

$$A=\begin{bmatrix}1&1&0&1\\1&0&1&1\\0&1&1&1\end{bmatrix}$$

을 의미하며, 정리 8.1에 의하여 이 코드에 대한 표준 생성행렬은

$$G=\begin{bmatrix}1&0&0&0\\0&1&0&0\\0&0&1&0\\0&0&0&1\\1&1&0&1\\1&0&1&1\\0&1&1&1\end{bmatrix}$$

이다.

생성행렬이 어떻게 작용하는가에 관한 예제에서와 같이 코드벡터

$$\mathbf{c}=G\mathbf{x}=[0\ 1\ 0\ 1\ 0\ 1\ 0]^T$$

를 얻기 위하여 $\mathbf{x}=[0\ 1\ 0\ 1]^T$를 암호화한다고 가정하자. 이 벡터를 수신하면 $P\mathbf{c}=\mathbf{0}$이므로 정확하게 보내졌음을 알 수 있다. 반면에, $\mathbf{c}'=[0\ 1\ 1\ 1\ 0\ 1\ 0]^T$를 수신하였다면

$$P\mathbf{c}'=\begin{bmatrix}1&1&0&1&1&0&0\\1&0&1&1&0&1&0\\0&1&1&1&0&0&1\end{bmatrix}\begin{bmatrix}0\\1\\1\\1\\0\\1\\0\end{bmatrix}=\begin{bmatrix}0\\1\\1\end{bmatrix}$$

로 계산되어, P의 제3열로 인식한다. 따라서 오류는 $\mathbf{c}'$의 세 번째 성분에 있고 그것을 바꿈으로써 우리는 옳은 코드벡터 $\mathbf{c}$를 되찾는다. 또한, 코드벡터의 처음 4개의 성분이 원래의 메시지벡터임을 알고 있어서 이러한 경우 원래의 $\mathbf{x}=[0\ 1\ 0\ 1]^T$를 구하기 위하여 복원한다.

Naval Postgraduate School

해밍(Richard W. Hamming, 1915–1998)은 어바나 샴페인(Urbana–Champaign)에 있는 일리노이대학교에서 1942년에 수학전공으로 박사학위를 받았다. 그의 수학적 연구의 관심은 미분방정식과 수치해석 분야이다. 1946년에서 1976년까지 그는 벨 연구소에서 일을 하였으며, 그 후 캘리포니아의 몬트레이에 있는 미 해군 대학원(U. S. Naval Postgraduate School) 교수로 재직하였다. 1950년에 오류정정코드에 관한 그의 주요한 논문을 발표하였는데, 클로드 섀넌이 1948년에 이론적으로 가능하다고 증명한 최적코드에 대한 명백한 예를 제시하였다.

예제 8.7의 코드를 (7, 4) 해밍코드라고 한다. 이러한 형태로 구성된 이진코드를 **(n, k) 해밍코드**(Hamming code)라 부르고, 이 경우 (n, k) 해밍코드의 수는 $n=2^{n-k}-1$개임을 주목하여라.

정리 8.1의 증명 (이 증명에서 우리는 $\mathbf{a}_i$를 행렬 A의 i번째 열이라 하자.) 정리에서 P와 G가, 같은 이진코드에 대한 표준 패리티검사 행렬과 생성행렬이라고 가정하면 $\mathbb{Z}_2^k$의 각각의 $\mathbf{x}$에 대하여 $PG\mathbf{x}=\mathbf{0}$이다. 블록 곱셈을 이용하면

$$\mathbb{Z}_2^k\text{의 임의의 }\mathbf{x}\text{에 대하여 } [B\ \ I]\begin{bmatrix} I \\ A \end{bmatrix}\mathbf{x}=\mathbf{0}$$

이고, 동치로

$$B\mathbf{x}+A\mathbf{x}=(B+A)\mathbf{x}=(BI+IA)\mathbf{x}=[B\ \ I]\begin{bmatrix} I \\ A \end{bmatrix}\mathbf{x}=\mathbf{0}$$

또는

$$B\mathbf{x}=A\mathbf{x}$$

가 성립한다. 만일 $\mathbf{x}=\mathbf{e}_i$가 $\mathbb{Z}_2^k$의 i번째의 표준기저이면

$$\text{모든 } i\text{에 대하여 } \mathbf{b}_i=B\mathbf{e}_i=A\mathbf{e}_i=\mathbf{a}_i$$

이므로, $B=A$이다.

역으로, 만일 $B=A$이면 $\mathbb{Z}_2^k$의 임의의 $\mathbf{x}$에 대하여 $PG\mathbf{x}=\mathbf{0}$임을 쉽게 알 수 있다(연습문제 14).

만일 P의 열들이 $\mathbf{0}$가 아니고 서로 다르다면, 위와 같은 한 쌍이 오류정정코드를 결정한다는 것을 알기 위하여, $\mathbf{x}$가 $\mathbb{Z}_2^k$에서 메시지벡터라 하고 대응하는 코드벡터를 $\mathbf{c}=G\mathbf{x}$라 하자. 그러면 $P\mathbf{c}=\mathbf{0}$이다. 만일 i번째 성분에 오류가 있다고 가정하고 벡터 $\mathbf{c}'$를 초래한다고 하자. $\mathbf{c}'=\mathbf{c}+\mathbf{e}_i$가 된다. 계산에 따르면 i번째 성분에 오류가 있다고 정확히 알리는

$$P\mathbf{c}'=P(\mathbf{c}+\mathbf{e}_i)=P\mathbf{c}+P\mathbf{e}_i=\mathbf{0}+\mathbf{p}_i=\mathbf{p}_i$$

가 된다.

한편, $\mathbf{p}_i=\mathbf{0}$이면 i번째 성분의 오류는 감지되지 않고(즉 $P\mathbf{c}'=\mathbf{0}$) 만일 $\mathbf{p}_i=\mathbf{p}_j$이면, 오류가 i번째 또는 j번째에서 일어났는지를 결정할 수가 없다(연습문제 15).

이 절의 주된 개념을 요약하면 다음과 같다.

1. $n>k$에 대하여 ($\mathbb{Z}_2$의 원소를 성분으로 하는) $n\times k$행렬 G와 $(n-k)\times n$행렬 P가 각각 (n, k) 이진코드에 대한 표준 생성행렬과 표준 패리

티검사 행렬이기 위한 필요충분조건은 적당한 $\mathbb{Z}_2$ 위의 $(n-k)\times k$행렬 A에 대하여 블록형태로

$$G=\begin{bmatrix} I_k \\ A \end{bmatrix} \text{이고 } P=[A \ \ I_{n-k}]$$

이다.

2. G는 $\mathbf{c}=G\mathbf{x}$에 의하여 $\mathbb{Z}_2^k$에서의 메시지벡터 $\mathbf{x}$를 $\mathbb{Z}_2^n$에서의 코드벡터 $\mathbf{c}$로 암호화한다.
3. G가 오류정정이기 위한 필요충분조건은 P의 열들이 $\mathbf{0}$가 아니고 서로 달라야 한다. $\mathbb{Z}_2^n$의 벡터 $\mathbf{c}'$가 코드벡터이기 위한 필요충분조건은 $P\mathbf{c}'=\mathbf{0}$이다. 이 경우에 대응하는 메시지벡터는 $\mathbf{c}'$의 처음 k개의 성분으로 이루어진 $\mathbb{Z}_2^k$의 벡터 $\mathbf{x}$이다. 만일, $P\mathbf{c}'\neq\mathbf{0}$이면 $\mathbf{c}'$는 코드벡터가 아니고 $P\mathbf{c}'$는 P의 열들 중의 하나이다. $P\mathbf{c}'$가 P의 i번째 열이면 오류는 $\mathbf{c}'$의 i번째 성분에 있고 성분을 바꿈으로써 옳은 코드벡터와 메시지벡터를 되찾을 수 있다.

8.2 연습문제

오류정정코드

1. 벡터를 두 번 쓰는 것으로 $\mathbb{Z}_2^2$에서의 4개의 벡터를 암호화한다고 하자. 즉

$$[0,\ 0]\rightarrow[0,\ 0,\ 0,\ 0]$$
$$[0,\ 1]\rightarrow[0,\ 1,\ 0,\ 1]$$
$$[1,\ 0]\rightarrow[1,\ 0,\ 1,\ 0]$$
$$[1,\ 1]\rightarrow[1,\ 1,\ 1,\ 1]$$

이라 할 때, 이들은 이는 오류정정코드가 아님을 보여라.

2. 이진수 0과 1을 각각의 숫자를 다섯 번 반복하는 것으로 암호화한다고 하자. 그래서

$$0\rightarrow[0,\ 0,\ 0,\ 0,\ 0]$$
$$1\rightarrow[1,\ 1,\ 1,\ 1,\ 1]$$

이다. 이는 이중오류를 정정할 수 있음을 보여라.

※ [3–5] 예제 8.7의 (7, 4) 해밍코드를 활용하여 메시지를 암호화한 결과는 무엇인가?

3. $\mathbf{x}=\begin{bmatrix}1\\1\\0\\0\end{bmatrix}$ 4. $\mathbf{x}=\begin{bmatrix}0\\1\\1\\1\end{bmatrix}$ 5. $\mathbf{x}=\begin{bmatrix}1\\1\\1\\1\end{bmatrix}$

※ [6–8] 예제 8.7의 (7, 4) 해밍코드를 활용하여 메시지 $\mathbf{c}'$를 받았다고 가정하자. 오류가 발생하였는지 그리고 원래의 메시지벡터 $\mathbf{x}$를 되찾도록 $\mathbf{c}'$를 복원할 수 있는지를 결정하기 위하여 표준 패리티검사 행렬을 $\mathbf{c}'$에 적용하여라.

6. $\mathbf{c}'=[0\ \ 1\ \ 0\ \ 0\ \ 1\ \ 0\ \ 1]^T$
7. $\mathbf{c}'=[1\ \ 1\ \ 0\ \ 0\ \ 1\ \ 1\ \ 0]^T$
8. $\mathbf{c}'=[0\ \ 0\ \ 1\ \ 1\ \ 1\ \ 1\ \ 0]^T$

9. 예제 8.1의 패리티검사 코드는 코드 $\mathbb{Z}_2^6\rightarrow\mathbb{Z}_2^7$이다.
   (a) 이 코드에 대한 표준 패리티검사 행렬을 구하여라.
   (b) 표준 생성행렬을 구하여라.
   (c) 이 코드가 오류정정코드가 아닌 이유를 설명하기 위하여 정리 8.1을 적용하여라.
10. 표준 생성행렬

$$G=\begin{bmatrix} 1 & 0 \\ 0 & 1 \\ 1 & 0 \\ 0 & 1 \\ 1 & 1 \end{bmatrix}$$

을 활용하여 코드 $\mathbb{Z}_2^2 \to \mathbb{Z}_2^5$를 정의하자.

(a) 모든 네 개의 코드 낱말을 나열하라.

(b) 이 코드에 대한 연관된 표준 패리티검사 행렬을 구하여라. 이 코드는 (한 번의) 오류정정인가?

11. 표준 생성행렬

$$G=\begin{bmatrix} 1 & 0 & 0 \\ 0 & 1 & 0 \\ 0 & 0 & 1 \\ 1 & 0 & 0 \\ 1 & 1 & 0 \\ 1 & 1 & 1 \end{bmatrix}$$

을 활용하여 코드 $\mathbb{Z}_2^3 \to \mathbb{Z}_2^6$를 정의하자.

(a) 모든 여덟 개의 코드 낱말을 나열하여라.

(b) 이 코드에 대한 연관된 표준 패리티검사 행렬을 구하여라. 이 코드는 (한 번의) 오류정정인가?

12. 예제 8.6에서의 코드는 (3, 1) 해밍코드임을 보여라.

13. (15, 11) 해밍코드에 대한 표준 패리티검사 행렬과 생성행렬을 구하여라.

14. 정리 8.1에서 $B=A$이면, $\mathbb{Z}_2^k$에 속하는 모든 $\mathbf{x}$에 대하여 $PG\mathbf{x}=\mathbf{0}$임을 증명하여라.

15. 정리 8.1에서 $\mathbf{p}_i=\mathbf{p}_j$이면, 오류가 수신벡터의 i번째 또는 j번째 성분에서 일어났는지를 결정할 수 없음을 보여라.

8.3 쌍대코드

기존의 코드로부터 새로운 코드를 만들어내는 다양한 방법들이 있다. 이 절에서는 이들 중에서 가장 중요한 방법 하나를 소개하기로 한다.

먼저, 코드에 대한 생성과 패리티검사 행렬의 개념을 일반화할 필요가 있다. 코드에 대한 표준 생성행렬은 다음과 같은 형태의 $n\times m$행렬이고

$$G=\begin{bmatrix} I_m \\ \hdashline A \end{bmatrix}$$

표준 패리티검사 행렬은

$$P=\begin{bmatrix} B \; \vdots \; I_{n-m} \end{bmatrix}$$

형태의 $(n-m)\times n$행렬이다(8.2절 참조). 따라서 G의 열벡터들이 일차독립이고 P의 행벡터들이 일차독립이다(왜?). 정리 8.1을 증명하면서 G와 P가 같은 코드와 관련되어 있음과 $A=B$ (또는, $PG=O$)는 필요충분조건임을 보였다. 이 성질을 기반으로 다음과 같이 정의한다.

정의 $n>m$일 때, ($\mathbb{Z}_2$의 원소를 성분으로 하는) $n\times m$행렬 G와 $(n-k)\times n$행렬 P가 다음 성질을 만족하면 각각 (n, k) 이진코드 C에 대한 **생성행렬**(generator matrix)과 **패리티검사 행렬**(parity check matrix)이라고 한다.

1. G의 열벡터들이 일차독립이다.

2. P의 행벡터들이 일차독립이다.
3. $PG=O$

이 정의에서 세 번째 성질은 G의 모든 열벡터 $\mathbf{v}$가 $P\mathbf{v}=\mathbf{0}$를 만족하고 따라서 C에 있는 코드벡터이다. 또한, 벡터 $\mathbf{y}$가 C에 있는 것과 $\mathbb{Z}_2^n$의 어떤 벡터 $\mathbf{u}$에 대하여, $\mathbf{y}=G\mathbf{u}$로 표현된다는 것이 필요충분조건이다. 다시 말해서, C는 G의 열공간이다.

같은 코드에 대한 다른 생성행렬 사이의 관계를 이해하기 위해서는 기본 행변환이 행렬의 행공간에는 아무런 영향을 미치지 않고(정리 3.20), 기본 열변환은 열공간에 아무런 영향을 미치지 않았음을 기억하면 된다. $\mathbb{Z}_2$의 원소를 성분으로 갖는 행렬에 대하여는 의미있는 기본변환이 두 개만 존재한다. 두 개의 열벡터를 교환하는 것(C1)과 한 열에 다른 열을 더하는 것(C2)이다. (왜 $\mathbb{Z}_2$의 원소를 성분으로 갖는 행렬의 기본 열변환은 이 두 가지밖에 없는가?)

마찬가지로 기본 행변환은 P의 행벡터들의 일차독립성을 보존한다. 거기에다 만약 E가 기본행렬이고 $\mathbf{c}$가 코드벡터이면

$$(EP)\mathbf{c}=E(P\mathbf{c})=E\mathbf{0}=\mathbf{0}$$

이다. 이로부터 EP 역시 C의 패리티검사 행렬임을 알 수 있다. 그러므로 임의의 패리티검사 행렬은 일련의 행변환을 통하여 다른 패리티검사 행렬로 변환하는 것이 가능하다. 여기서, 행변환은 두 행을 바꾸는 것(R1)과 한 행을 다른 행에 더하는 것(R2)만 존재한다. 이제, 생성행렬이나 패리티검사 행렬을 표준형태로 나타내는 방법을 알아보기로 하자. 이를 위한 정의가 필요하다. 두 코드 C_1과 C_2에 대하여 다음과 같은 치환행렬 M이 존재하면, 두 코드는 **동치**(equivalent)라고 정의한다.

$$\{M\mathbf{x}:\mathbf{x}\in C_1\}=C_2$$

바꾸어 말하면, C_1의 벡터들의 성분을 바꾸어 (모두를 같은 방법으로) C_2를 얻을 수 있으면, C_1, C_2는 동치라고 한다. 예를 들어

$$C_1=\left\{\begin{bmatrix}0\\0\\0\end{bmatrix},\ \begin{bmatrix}1\\0\\0\end{bmatrix},\ \begin{bmatrix}1\\0\\1\end{bmatrix},\ \begin{bmatrix}0\\0\\1\end{bmatrix}\right\},\quad C_2=\left\{\begin{bmatrix}0\\0\\0\end{bmatrix},\ \begin{bmatrix}0\\1\\0\end{bmatrix},\ \begin{bmatrix}1\\1\\0\end{bmatrix},\ \begin{bmatrix}1\\0\\0\end{bmatrix}\right\}$$

은 치환행렬 $M=\begin{bmatrix}0&0&1\\1&0&0\\0&1&0\end{bmatrix}$에 의하여 동치이다. 코드벡터의 성분을 치환하는 것은 생성행렬의 행벡터를 치환하는 것과 패리티검사 행렬의 열벡터를 치환하는 것에 대응한다(왜?).

기본변환 C1, C2, R1을 통하여 코드의 생성행렬을 표준형태로 바꿀 수 있다. 만약 R1이 사용되지 않으면 우리는 같은 코드를 갖는다. 만약 R1이 사용되면 동치인 코드를 갖는다. 어떤 코드에 대한 패리티검사 행렬을 기본변환 R1, R2, C1

에 의하여 표준형태로 변환할 수 있다. 만약 C1이 사용되지 않으면 같은 코드를 갖고 C1이 사용되면 동치인 코드를 갖는다.

이러한 논의를 다음 예제에서 살펴보기로 하자.

예제 8.8 (a) 생성행렬

$$G=\begin{bmatrix}1&0\\1&0\\0&1\end{bmatrix}$$

을 표준형태로 바꾸고 관련되는 패리티검사 행렬을 구하여라.

(b) 패리티검사 행렬

$$P=\begin{bmatrix}1&0&0&1\\0&1&1&1\end{bmatrix}$$

을 표준형태로 바꾸고 관련되는 생성행렬을 구하여라.

풀이 (a) 생성행렬 G를 다음과 같이 표준형태로 바꿀 수 있다.

$$G=\begin{bmatrix}1&0\\1&0\\0&1\end{bmatrix}\xrightarrow{R_2\leftrightarrow R_3}\begin{bmatrix}1&0\\0&1\\1&0\end{bmatrix}=\left[\frac{I}{A}\right]=G'$$

(왜 R1을 사용하지 않으면 표준형태를 얻을 수 없는지 설명할 수 있는가?) 그러므로 $A=[1\ \ 0]$이고 정리 8.1에 의하여 관련되는 패리티검사 행렬은

$$P=[A\,\vdots\,I]=[1\ \ 0\ \ 1]$$

이다.

(b) 가우스-조르당 소거법에서처럼 왼쪽이 아니라 오른쪽에 단위행렬이 오도록 해야 함을 기억하면서 P를 표준형태로 바꾸기 위하여 기본 행변환을 하면

$$P=\begin{bmatrix}1&0&0&1\\0&1&1&1\end{bmatrix}\xrightarrow{R_1\leftrightarrow R_2}\begin{bmatrix}0&1&1&1\\1&0&0&1\end{bmatrix}\xrightarrow{R_1+R_2}\begin{bmatrix}1&1&1&0\\1&0&0&1\end{bmatrix}=[A\,\vdots\,I]=P'$$

이다. 그러므로 $A=\begin{bmatrix}1&1\\1&0\end{bmatrix}$이고 정리 8.1에 의하면 관련되는 생성행렬은

$$G=\left[\frac{I}{A}\right]=\begin{bmatrix}1&0\\0&1\\1&1\\1&0\end{bmatrix}$$

이다.

주의 (a)에서 G와 G'는 동치이지만 동일하지는 않은 코드를 생성하는 것을 확인할 필요가 있다. $\{G\mathbf{x}:\mathbf{x}\in\mathbb{Z}_2^2\}$와 $\{G'\mathbf{x}:\mathbf{x}\in\mathbb{Z}_2^2\}$을 계산하여 이를 확인하여라.

이제 이 절의 중심 주제인 쌍대코드의 개념에 대하여 알아보기로 하자.

정의 C가 $\mathbb{Z}_2^n$의 코드벡터의 집합이라고 하자. C의 직교여집합을 C의 **쌍대코드**(dual code)라고 하고 $C^\perp$로 나타낸다. 즉

$$C^\perp = \{\mathbf{x} \in \mathbb{Z}_2^n : \text{임의의 } \mathbf{c} \in C\text{에 대하여 } \mathbf{c} \cdot \mathbf{x} = 0\}$$

이다.

$\mathbb{Z}_2^n$에서의 스칼라적은 하나의 중요한 성질을 제외하고는 $\mathbb{R}^n$에서의 스칼라적과 같은 성질을 갖는다. 정리 1.2의 성질 (d)는 성립하지 않는다. 바꾸어 말하면, $\mathbb{Z}_2^n$에서는 영벡터가 아닌 벡터가 자기 자신과 수직인 것이 가능하다. 예를 들어, $\mathbf{x} = \begin{bmatrix}1\\1\end{bmatrix} \in \mathbb{Z}_2^2$라고 하면 $\mathbf{x} \cdot \mathbf{x} = 1 + 1 = 0$이다.

예제 8.9 예제 8.8(b)에 주어진 코드의 쌍대코드를 구하여라.

풀이 코드 C는

$$\begin{aligned} C &= \{G\mathbf{x} : \mathbf{x} \in \mathbb{Z}_2^2\} \\ &= \left\{G\begin{bmatrix}0\\0\end{bmatrix}, G\begin{bmatrix}0\\1\end{bmatrix}, G\begin{bmatrix}1\\0\end{bmatrix}, G\begin{bmatrix}1\\1\end{bmatrix}\right\} = \left\{\begin{bmatrix}0\\0\\0\\0\end{bmatrix}, \begin{bmatrix}0\\1\\1\\0\end{bmatrix}, \begin{bmatrix}1\\0\\1\\1\end{bmatrix}, \begin{bmatrix}1\\1\\0\\1\end{bmatrix}\right\} \end{aligned}$$

[대신에 $C = \{\mathbf{c} \in \mathbb{Z}^4 : P\mathbf{c} = \mathbf{0}\} = \text{null}(P)$이다. 실제로, 이것이 같은 코드를 생성함을 확인하여라.]

$C^\perp$를 구하기 위하여, C의 모든 네 개의 벡터와 수직인 $\mathbb{Z}_2^4$의 벡터를 찾아야 한다. $\mathbb{Z}_2^4$에는 모두 16개의 벡터만 존재하므로, 시행착오로 그런 벡터를 찾는 것도 가능하지만 더 좋은 방법이 있다. $\mathbf{y} = [y_1\ y_2\ y_3\ y_4]^T \in C^\perp$라고 하자. 모든 $\mathbf{c} \in C$에 대하여 $\mathbf{y} \cdot \mathbf{c} = 0$이므로 네 개의 방정식을 얻는다. 그러나 그 중에서 하나는 $0 = 0$이므로 제외하고, 나머지를 나타내면 다음과 같다.

$$\begin{aligned} y_2 + y_3 \phantom{{}+y_4} &= 0 \\ y_1 + \phantom{y_2+{}} y_3 + y_4 &= 0 \\ y_1 + y_2 + \phantom{y_3+{}} y_4 &= 0 \end{aligned}$$

이 연립방정식을 풀면

$$\left[\begin{array}{cccc|c} 0 & 1 & 1 & 0 & 0 \\ 1 & 0 & 1 & 1 & 0 \\ 1 & 1 & 0 & 1 & 0 \end{array}\right] \longrightarrow \left[\begin{array}{cccc|c} 1 & 0 & 1 & 1 & 0 \\ 0 & 1 & 1 & 0 & 0 \\ 0 & 0 & 0 & 0 & 0 \end{array}\right]$$

를 얻는다. 따라서 $y_1 = y_3 + y_4$와 $y_2 = y_3$가 성립하므로

$$C^{\perp} = \left\{ \begin{bmatrix} y_3 + y_4 \\ y_3 \\ y_3 \\ y_4 \end{bmatrix} \right\} = \left\{ y_3 \begin{bmatrix} 1 \\ 1 \\ 1 \\ 0 \end{bmatrix} + y_4 \begin{bmatrix} 1 \\ 0 \\ 0 \\ 1 \end{bmatrix} \right\} = \left\{ \begin{bmatrix} 0 \\ 0 \\ 0 \\ 0 \end{bmatrix}, \begin{bmatrix} 1 \\ 1 \\ 1 \\ 0 \end{bmatrix}, \begin{bmatrix} 1 \\ 0 \\ 0 \\ 1 \end{bmatrix}, \begin{bmatrix} 0 \\ 1 \\ 1 \\ 1 \end{bmatrix} \right\}$$

이다.

이제 코드와 쌍대코드의 생성행렬과 패리티검사 행렬 사이의 관계를 살펴보기로 하자.

정리 8.2

C가 생성행렬 G와 패리티검사 행렬 P를 갖는 (n, k) 이진코드라고 하자. 그러면 $C^{\perp}$는 생성행렬 $P^{\top}$와 패리티검사 행렬 $G^{\top}$를 갖는 $(n, n-k)$ 이진코드이다.

증명 정의에 의하여 G는 일차독립인 열벡터를 갖는 $n \times k$행렬, P는 일차독립인 행벡터를 갖는 $(n-k) \times n$행렬이고 $PG = O$이다. 따라서 G^T의 행벡터들은 일차독립이고, P^T의 열벡터들도 일차독립이며

$$G^T P^T = (PG)^T = O^T = O$$

이다. 이는 G^T가 $C^{\perp}$에 대한 패리티검사 행렬이고 $P^{\top}$는 $C^{\perp}$에 대한 생성행렬임을 의미한다. P^T는 $n \times (n-k)$이므로, $C^{\perp}$는 $(n, n-k)$ 코드이다.

예제 8.10

예제 8.9로부터, 쌍대코드 $C^{\perp}$에 대한 생성행렬과 패리티검사 행렬을 구하여라.

풀이 다음과 같이 두 가지 방법으로 구해 보기로 한다.

방법 1 : 정리 8.2(b)에 따르면, $C^{\perp}$에 대한 생성행렬 $G^{\perp}$는

$$G^{\perp} = P^T = \begin{bmatrix} 1 & 0 & 0 & 1 \\ 0 & 1 & 1 & 1 \end{bmatrix}^T = \begin{bmatrix} 1 & 0 \\ 0 & 1 \\ 0 & 1 \\ 1 & 1 \end{bmatrix}$$

로 주어진다. 이 행렬은 $A = \begin{bmatrix} 0 & 1 \\ 1 & 1 \end{bmatrix}$인 표준형태이고, 따라서 $C^{\perp}$에 대한 패리티검사 행렬은 정리 8.1에 의하여 다음과 같다.

$$P^{\perp} = [A \quad I] = \begin{bmatrix} 0 & 1 & 1 & 0 \\ 1 & 1 & 0 & 1 \end{bmatrix}$$

방법 2 : 정리 8.2(a)와 예제 8.8(b)에 의하여, $C^{\perp}$에 대한 패리티검사 행렬 $P^{\perp}$는 다음과 같다.

$$P^{\perp}=G^T=\begin{bmatrix}1&0\\0&1\\1&1\\1&0\end{bmatrix}^T=\begin{bmatrix}1&0&1&1\\0&1&1&0\end{bmatrix}$$

이 행렬은 표준형태가 아니므로 기본 행변환을 적용하여 다음과 같이 바꾸어준다.

$$P^{\perp}=\begin{bmatrix}1&0&1&1\\0&1&1&0\end{bmatrix}\to\begin{bmatrix}0&1&1&0\\1&1&0&1\end{bmatrix}=[A\quad I]=P_1^{\perp}$$

이제 정리 8.1에 의하여 다음과 같은 $C^{\perp}$에 대한 생성행렬 $G^{\perp}$를 얻는다.

$$G^{\perp}=\begin{bmatrix}I\\A\end{bmatrix}=\begin{bmatrix}1&0\\0&1\\0&1\\1&1\end{bmatrix}$$

예제 8.11 코드 C에 대한 생성행렬이

$$G=\begin{bmatrix}1&0\\0&1\\1&0\\0&1\end{bmatrix}$$

라고 하자. C와 $C^{\perp}$의 벡터들을 나열하여라.

풀이 코드 C는

$$C=\{G\mathbf{x}:\mathbf{x}\in\mathbb{Z}_2^4\}=\left\{\begin{bmatrix}0\\0\\0\\0\end{bmatrix},\begin{bmatrix}1\\0\\1\\0\end{bmatrix},\begin{bmatrix}0\\1\\0\\1\end{bmatrix},\begin{bmatrix}1\\1\\1\\1\end{bmatrix}\right\}$$

이다. (C는 $\mathbb{Z}_2^2$의 벡터를 두 번 반복하여 $\mathbb{Z}_2^4$의 벡터를 만드는 이중반복 코드이다. 8.2절의 연습문제 1을 참고하라). 정리 8.2를 이용하면, $C^{\perp}$에 대한 패리티 검사 행렬 $P^{\perp}$가

$$P^{\perp}=G^T=\begin{bmatrix}1&0\\0&1\\1&0\\0&1\end{bmatrix}^T=\begin{bmatrix}1&0&1&0\\0&1&0&1\end{bmatrix}$$

임을 알 수 있다. $P^{\perp}$는 $[A\quad I]$ 형태를 갖는데, 여기서 $A=I$이고 $C^{\perp}$에 대한 생성행렬 $G^{\perp}$는 다음과 같다.

$$G^{\perp}=\begin{bmatrix}I\\A\end{bmatrix}=\begin{bmatrix}1&0\\0&1\\1&0\\0&1\end{bmatrix}=G$$

따라서 $C^{\perp}$는 C와 같은 생성행렬을 갖는다. 따라서 $C^{\perp}=C$이다.

Courtesy Walter MacWilliams

맥 윌리엄(F. Jessie MacWilliams, 1917–1990)은 코드이론의 선구자 중 하나이다. 그녀는 1938–1939에 케임브리지 대학에서 학사와 석사학위를 받았고, 그 이후 미국의 존스 홉킨스 대학과 하버드 대학에서 공부를 계속하였다. 결혼 이후 그녀는 뉴저지에 있는 벨 연구소에서 컴퓨터 프로그래머로 일하게 되었는데 이곳에서 코드 이론에 관심을 갖게 된다. 1961년 하버드로 돌아온 그녀는 1년 후 박사학위를 취득한다.

그녀의 논문은 코드 이론에서 가장 강력한 정리 중 하나를 포함하고 있다. 맥 윌리엄의 항등식으로 알려진 이 정리는 선형코드의 무게분포(가능한 무게 코드어(code word)의 수)와 이것의 쌍대코드의 무게분포의 관계에 대한 것이다. 맥 윌리엄의 항등식은 코드이론가들이 오류정정코드에 대한 정보를 얻기 위하여 사용하기도 하고 특정 코드의 무게 분포를 결정하기 위하여도 널리 사용한다.

맥 윌리엄은 벨 연구소의 N. J. A. Sloane과 함께 저술한 저서 《The Theory of Error-Correcting Codes》(1977)로도 유명하다. 이 책은 '코드 이론의 바이블'이라고 종종 일컬어지기도 한다.

$C^{\perp}=C$인 코드 C를 **자기쌍대**(self dual)라고 한다. 예제 8.11의 코드는 C의 각 벡터가 C의 모든 벡터와 수직임을 보임으로써 자기쌍대임을 확인할 수 있다.

예제 8.11의 자기쌍대인 코드에서 C의 모든 벡터는 짝수개의 1을 갖는다. 이 사실은 모든 쌍대코드에 대하여 사실임을 보이기로 하자. 이를 위해 다음의 유용한 정의를 소개한다.

정의 $\mathbf{x}$가 $\mathbb{Z}_2^n$의 벡터라고 하자. $\mathbf{x}$에서 1의 개수를 $\mathbf{x}$의 **무게**(weight)라고 정의하고 $w(\mathbf{x})$로 표시한다.

예를 들어, $w([1\ 1\ 0\ 1\ 0\ 0\ 1]^T)=4$이다. $\mathbf{x}$를 잠시 $\mathbb{R}^n$의 벡터로 생각한다면, $w(\mathbf{x})$를 다음과 같이 설명할 수 있다. 모든 성분이 1인 $\mathbb{R}^n$의 벡터를 $\mathbf{1}$로 나타내면, $w(\mathbf{x})=\mathbf{x}\cdot\mathbf{1}$이고 $w(\mathbf{x})=\mathbf{x}\cdot\mathbf{x}$이다. 이제, 자기쌍대 코드에 대한 흥미로운 결과를 증명하기로 한다.

정리 8.3 C가 자기쌍대 코드이면

a. C의 모든 벡터의 무게는 짝수이다.

b. $\mathbf{1}\in C$이다.

증명 (a) $\mathbb{Z}_2^n$의 벡터 $\mathbf{x}$가 짝수 무게를 갖는 것은 $\mathbb{Z}_2$에서 $w(\mathbf{x})=0$와 필요충분조건이다. 그런데 C는 자기쌍대이므로

$$w(\mathbf{x})=\mathbf{x}\cdot\mathbf{x}=0$$

이다.

(b) 성질 (a)를 사용하면, C의 모든 $\mathbf{x}$에 대하여 $\mathbb{Z}_2$에서 $\mathbf{1}\cdot\mathbf{x}=w(\mathbf{x})=0$이다.

이는 $\mathbf{1}$이 C의 모든 벡터와 수직임을 의미한다. 따라서 $\mathbf{1}$는 $C^{\perp}=C$에 속한다.

8.3 연습문제

쌍대코드

※ [1-4] 다음에 주어진 G가 코드 C에 대한 생성행렬이라고 하자. G를 표준형태로 바꾸고 대응하는 코드가 C와 같은지를 판정하여라.

1. $G=\begin{bmatrix}1&0\\1&1\\1&0\end{bmatrix}$

2. $G=\begin{bmatrix}1&0&1\\1&0&0\\0&1&1\\1&1&0\\0&0&1\end{bmatrix}$

3. $G=\begin{bmatrix}0&0&0\\1&0&1\\0&1&1\\1&1&1\end{bmatrix}$

4. $G=\begin{bmatrix}1&1\\1&1\\1&0\\0&0\\1&0\end{bmatrix}$

※ [5-8] P가 C에 대한 패리티검사 행렬이라고 하자. P를 표준형태로 바꾸고 대응하는 코드가 C와 같은지를 판정하여라.

5. $P=[1\ \ 1\ \ 0]$

6. $P=\begin{bmatrix}1&1&0&1\\1&1&1&1\end{bmatrix}$

7. $P=\begin{bmatrix}0&1&1&1&0\\1&1&0&0&1\\0&0&1&1&1\end{bmatrix}$

8. $P=\begin{bmatrix}0&1&0&1\\1&0&0&1\end{bmatrix}$

※ [9-12] 다음에 주어진 코드 C의 쌍대코드 $C^{\perp}$를 구하여라.

9. $C=\left\{\begin{bmatrix}0\\0\\0\end{bmatrix},\begin{bmatrix}0\\1\\0\end{bmatrix}\right\}$

10. $C=\left\{\begin{bmatrix}0\\0\\0\end{bmatrix},\begin{bmatrix}1\\1\\0\end{bmatrix},\begin{bmatrix}0\\0\\1\end{bmatrix},\begin{bmatrix}1\\1\\1\end{bmatrix}\right\}$

11. $C=\left\{\begin{bmatrix}0\\0\\0\\0\end{bmatrix},\begin{bmatrix}0\\1\\0\\0\end{bmatrix},\begin{bmatrix}0\\1\\0\\1\end{bmatrix},\begin{bmatrix}0\\0\\0\\1\end{bmatrix}\right\}$

12. $C=\left\{\begin{bmatrix}0\\0\\0\\0\\0\end{bmatrix},\begin{bmatrix}0\\1\\1\\0\\1\end{bmatrix},\begin{bmatrix}1\\0\\0\\1\\0\end{bmatrix},\begin{bmatrix}1\\1\\1\\1\\1\end{bmatrix}\right\}$

※ [13-16] 코드 C에 대하여 생성행렬 G 또는 패리티검사 행렬 P가 주어져 있다. C의 쌍대코드에 대하여 생성행렬 $G^{\perp}$나 패리티검사 행렬 $P^{\perp}$를 구하여라.

13. $G=\begin{bmatrix}1&1\\1&1\\1&0\\0&1\end{bmatrix}$

14. $G=\begin{bmatrix}1&0\\0&1\\1&0\\1&1\\0&1\end{bmatrix}$

15. $P=\begin{bmatrix}1&1&1&0\\0&1&0&1\end{bmatrix}$

16. $P=\begin{bmatrix}1&0&1&1&0\\0&1&0&0&1\\0&0&1&0&1\end{bmatrix}$

17. 예제 8.7의 (7, 4) 해밍코드의 생성행렬과 패리티검사 행렬을 구하여라.

※ **짝 패리티 코드** E_n은 짝수 무게를 갖는 $\mathbb{Z}_2^n$의 벡터들의 집합이다. **n번 반복코드** Rep_n은 $\mathbb{Z}_2^n$의 두 벡터 $\mathbf{0}$과 $\mathbf{1}$로 이루어진다.

18. (a) E_3와 Rep_3에 대한 생성행렬과 패리티검사 행렬을 구하여라.
    (b) E_3와 Rep_3는 서로 쌍대임을 보여라.

19. E_n과 Rep_n은 서로 쌍대임을 보여라.

20. C와 D가 $C\subseteq D$인 코드이면, $D^{\perp}\subseteq C^{\perp}$임을 보여라.

21. C가 생성행렬을 갖는 코드이면, $(C^{\perp})^{\perp}=C$임을 보여라.

22. 길이가 6인 자기쌍대코드를 하나 구하여라.

8.4 선형코드

이제, 가장 중요하고 가장 폭넓게 사용되는 선형코드를 살펴보자. 사실 우리가 이미 살펴본 많은 예제가 이 범주에 속한다. NASA는 우주에서 사진을 전송받을 때 선형코드를 많이 사용하였다. 1972년 리드–뮬러라고 불리는 선형코드를 사용하여 우주선 마리너 9호에서 화성의 흑백사진을 전송받았다(그림 8.2). 그 후 1979년에서 1981년 사이에 골레이 코드라 불리는 선형코드를 사용하여 보이저 1호와 보이저 2호로부터 목성과 토성의 놀라운 컬러사진을 전송받았다. (그림 8.3은 흑백으로 변환된 사진을 보여준다.)

정의 $\mathbb{Z}_p^n$의 부분공간 C를 p진 **선형코드**(linear code)라 한다.

우리의 주 관심대상은 $p=2$인 **이진 선형코드**(binary linear code)이다. $\mathbb{Z}_2^n$의 부분집합 C가 부분공간을 이루는지는 C가 정리 6.2를 만족하는가를 확인하는 것이다. $\mathbb{Z}_2^n$에서 스칼라는 0과 1 두 개밖에 없으므로, 스칼라배에 대하여 닫혀있는가를 확인하는 문제는 C가 영벡터 $\mathbf{0}$를 포함하는가를 확인하는 것이다. 다음은 단지 덧셈에 닫혀있는가만 확인하면 충분하다.

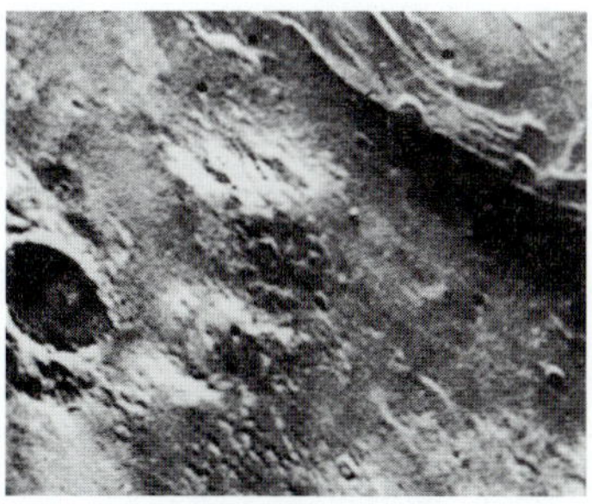

NASA

그림 8.2 화성의 남극관 그림

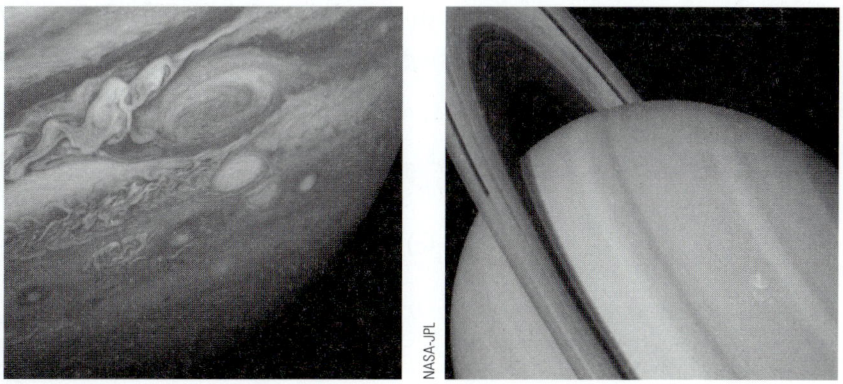

NASA-JPL NASA-JPL

그림 8.3 목성의 적반점과 토성의 꼬리

예제 8.12

$$C_1=\left\{\begin{bmatrix}0\\0\\0\\0\end{bmatrix},\begin{bmatrix}0\\0\\1\\1\end{bmatrix},\begin{bmatrix}1\\1\\0\\0\end{bmatrix},\begin{bmatrix}1\\1\\1\\1\end{bmatrix}\right\},\quad C_2=\left\{\begin{bmatrix}0\\0\\0\end{bmatrix},\begin{bmatrix}1\\0\\0\end{bmatrix},\begin{bmatrix}1\\0\\1\end{bmatrix}\right\}$$

은 (이진) 선형코드인가?

풀이 가정으로부터 C_1은 영벡터 $\mathbf{0}$를 포함한다. 그리고 덧셈에 대해 닫혀있다.

따라서 C_1는 선형코드이다. 그러나 C_2는 다음에서 보는 바와 같이 덧셈에 대해 닫혀있지 않다.

$$\begin{bmatrix}1\\0\\0\end{bmatrix}+\begin{bmatrix}1\\0\\1\end{bmatrix}=\begin{bmatrix}0\\0\\1\end{bmatrix}$$

따라서 C_2는 선형코드가 아니다.

이제부터, 우리가 고려하는 모든 선형코드는 이진 선형코드이므로 이진을 생략하고 간단한 선형코드라고 한다. 선형코드 C가 $\mathbb{Z}_2^n$의 k차원 부분공간일 때, C를 $(n,\ k)$ **선형코드**라 한다.

예제 8.13

(a) 예제 8.12의 선형코드 C_1은 $\mathbb{Z}_2^4$의 부분공간이고

$$\left\{\begin{bmatrix}0\\0\\1\\1\end{bmatrix},\ \begin{bmatrix}1\\1\\0\\0\end{bmatrix}\right\}$$

는 C_1의 기저이므로, 차원은 2이다. (사실, C_1은 세 개의 서로 두 개의 원소로 된 기저를 가지고 있다. 다른 두 기저를 연습문제 9에서 찾아보아라.) 따라서 C_1은 $(4, 2)$ 선형코드이다.

(b) 8.2절에 소개된 $(7,\ 4)$ 해밍코드 H는 $(7,\ 4)$ 선형코드이다. 이는 생성행렬 G를 가지고 있으므로 선형이다. 또한, 모든 벡터는 $G\mathbf{x}$의 형태를 가진다. 여기서, $\mathbf{x}$는 $\mathbb{Z}_2^4$에 속한다. 따라서 이는 7×4행렬 G의 열공간이고, 따라서 $\mathbb{Z}_2^7$의 부분공간이다. G의 4개의 열벡터는 일차독립이므로, H의 기저를 이룬다. 그러므로 H는 $(7,\ 4)$ 선형코드이다.

(c) 코드

$$C=\left\{\begin{bmatrix}0\\0\\0\end{bmatrix},\ \begin{bmatrix}1\\1\\1\end{bmatrix}\right\}\text{과 } C^{\perp}=\left\{\begin{bmatrix}0\\0\\0\end{bmatrix},\ \begin{bmatrix}1\\1\\0\end{bmatrix},\ \begin{bmatrix}1\\0\\1\end{bmatrix},\ \begin{bmatrix}0\\1\\1\end{bmatrix}\right\}$$

는 쌍대코드이다. 각각이 선형코드이고, 또한 $\dim C=1$이고 $\dim C^{\perp}=2$임을 보이는 것은 쉽다. 그러므로 C는 $(3,\ 1)$ 선형코드이고 $C^{\perp}$는 $(3,\ 2)$ 선형코드이다. 여기서 $3=1+2$라는 사실은 다음 정리에서 보는 바와 같이 우연의 일치가 아니다.

정리 8.4

C를 $(n,\ k)$ 선형코드라 하자. 그러면

a. 쌍대코드 $C^{\perp}$는 $(n,\ n-k)$ 선형코드이다.

b. C는 2^k개의 벡터를 포함하고, $C^{\perp}$는 2^{n-k}개의 벡터를 포함한다.

증명 (a) C가 $(n,\ k)$ 선형코드이므로, $\mathbb{Z}_2^n$의 k차원 부분공간이다. 쌍대코드 $C^{\perp}$는 C의 직교여공간이므로, 정리 5.9(a)에 의해 $\mathbb{Z}_2^n$의 부분공간이다. 따라서 $C^{\perp}$는 선형코드이다.

여기서 정리 5.13을 적용하면

$$\dim C^{\perp} = n - \dim C = n - k$$

이다. (참고 : 정리 5.9와 5.13은 벡터공간 $\mathbb{R}^n$을 $\mathbb{Z}_2^n$으로 대치하여도 성립한다.) 따라서 $C^{\perp}$는 $(n,\ n-k)$ 선형코드이다.

(b) $\{\mathbf{v}_1,\ \cdots,\ \mathbf{v}_k\}$를 C의 기저라 하자. 그러면 C의 모든 벡터는 다음과 같이 표현된다.

$$\mathbf{v} = c_1\mathbf{v}_1 + c_2\mathbf{v}_2 + \cdots + c_k\mathbf{v}_k$$

여기서, 스칼라 c_i는 0 또는 1이다. 따라서 각각의 c_i가 두 개의 값을 가질 수 있으므로, 벡터 $\mathbf{v}$의 가능한 경우의 수는

$$\underbrace{2 \times 2 \times \cdots \times 2}_{k\text{번}} = 2^k$$

이다. 즉, C는 정확히 2^k개의 벡터를 가진다. 이 식을 $(n,\ n-k)$ 쌍대코드에 적용하면 $C^{\perp}$가 2^{n-k}개의 원소를 갖는다는 것을 알 수 있다.

리드-뮬러 코드는 1954년, 독립적으로 이 코드에 관한 논문을 발표한 컴퓨터 과학자 Irving S. Reed와 David E. Muller의 이름을 따서 붙여졌다.

이제, 가장 오래된 리드-뮬러 선형코드를 살펴보자. 이 절의 도입부분에서 언급한 것처럼 이 코드는 마리너 9호가 화성사진을 전송할 때 사용한 코드이다. 사진 전송을 위하여 사진을 화소로 분해한다. 이는 사진을 700×832화소판에 올려놓고 각 화소의 농도를 나타내는 값을 부여한다. 농도를 나타내는 값은 흰색의 값을 0으로 하며 증가시켜 검은색을 63으로 한다. $64 = 2^6$이므로 각 화소를 나타내기 위하여 이진대수를 사용할 수 있다. 예를 들어, 흰색은 000000이고 검은색은 111111이다. 이제 64개의 이진수를 벡터공간 $\mathbb{Z}_2^6$의 벡터로 간주할 수 있다. 다음으로, 가능한 많은 오류를 정정할 수 있는 코드를 사용하여 코드화한다. 마리너 9호에서 사용한 코드는 귀납적으로 쉽게 정의할 수 있는 큰 코드류에 속한다.

수의 이진법 표현은 그 수를 서로 다른 2의 거듭제곱들의 합으로 나타낼 때 나온다는 것을 상기하자. 만약 $n = b_k \cdot 2^k + \cdots + b_1 \cdot 2 + b_0$, 여기서 각 b_i는 0 또는 1이면 2를 바탕으로, $n = b_k \cdots b_1 b_0$로 나타낼 수 있다. 예를 들어, $25 = 16 + 8 + 1 = 1 \cdot 2^4 + 1 \cdot 2^3 + 0 \cdot 2^2 + 0 \cdot 2^1 + 1$이므로 25의 이진법 표현은 11001이다.

정의 1계 **리드-뮬러 코드**(Reed-Muller code) R_n은 다음과 같이 귀납적으로 정의한다.

1. $n = 0$이면, $R_0 = \mathbb{Z}_2 = \{0,\ 1\}$이다.
2. $n \geq 1$이면, R_n은 다음 형태의 모든 벡터로 이루어진 기저를 갖는 $\mathbb{Z}_2^{2^n}$의 부분공간이다.

$$\begin{bmatrix}\mathbf{u}\\ \mathbf{u}\end{bmatrix},\ \begin{bmatrix}\mathbf{0}\\ \mathbf{1}\end{bmatrix}$$

단, $\mathbf{u}$는 R_{n-1}에서 기저벡터이고 $\mathbf{0}$는 $\mathbb{Z}_2^{2^{n-1}}$에서 영벡터이며, $\mathbf{1}$은 $\mathbb{Z}_2^{2^{n-1}}$에서 1들로 이루어진 벡터이다.

리드-뮬러 코드가 어떠한 벡터로 구성되는지 알아보자. 먼저, 정의에 따라 R_1과 R_2를 구하여보자. $R_0 = \mathbb{Z}_2$의 기저는 $\{1\}$이므로, R_1의 기저는

$$\left\{\begin{bmatrix}1\\1\end{bmatrix},\ \begin{bmatrix}0\\1\end{bmatrix}\right\}$$

이다. R_1은 덧셈에 닫혀있으므로 다음 두 벡터를 포함한다.

$$\begin{bmatrix}1\\1\end{bmatrix}+\begin{bmatrix}0\\1\end{bmatrix}=\begin{bmatrix}1\\0\end{bmatrix},\ \begin{bmatrix}1\\1\end{bmatrix}+\begin{bmatrix}1\\1\end{bmatrix}=\begin{bmatrix}0\\0\end{bmatrix}$$

위의 두 벡터를 제외한 어떠한 벡터도 덧셈으로 만들어 낼 수 없으므로

$$R_1=\left\{\begin{bmatrix}0\\0\end{bmatrix},\ \begin{bmatrix}0\\1\end{bmatrix},\ \begin{bmatrix}1\\0\end{bmatrix},\ \begin{bmatrix}1\\1\end{bmatrix}\right\}=\mathbb{Z}_2^2$$

이다. 유사한 방법에 의해 R_2의 한 기저는

$$\left\{\begin{bmatrix}1\\1\\1\\1\end{bmatrix},\ \begin{bmatrix}0\\1\\0\\1\end{bmatrix},\ \begin{bmatrix}0\\0\\1\\1\end{bmatrix}\right\}$$

이다. 덧셈을 이용하여 R_2에 속하는 $8=2^3$개의 다음 벡터들을 구할 수 있다.

$$R_2=\left\{\begin{bmatrix}0\\0\\0\\0\end{bmatrix},\ \begin{bmatrix}0\\0\\1\\1\end{bmatrix},\ \begin{bmatrix}0\\1\\0\\1\end{bmatrix},\ \begin{bmatrix}0\\1\\1\\0\end{bmatrix},\ \begin{bmatrix}1\\0\\1\\0\end{bmatrix},\ \begin{bmatrix}1\\0\\0\\1\end{bmatrix},\ \begin{bmatrix}1\\1\\0\\0\end{bmatrix},\ \begin{bmatrix}1\\1\\1\\1\end{bmatrix}\right\}$$

R_1에 있는 $\mathbf{0}$과 $\mathbf{1}$을 제외한 모든 코드벡터의 무게가 1이고 R_2에 있는 $\mathbf{0}$과 $\mathbf{1}$을 제외한 모든 코드벡터의 무게가 2임에 주목하여라. 이러한 성질은 리드-뮬러 코드의 일반적인 성질이다. 그러나 먼저 $\mathbb{Z}_2^n$에 속하는 임의의 벡터 $\mathbf{x}$의 **여벡터**(complement) $\overline{\mathbf{x}}$는 $\mathbf{x}$의 좌표에서 0은 1로, 1은 0으로 바꿈으로써 얻어진다. 예를 들어

$$\mathbf{x}=\begin{bmatrix}1\\1\\0\\1\end{bmatrix}\ \Leftrightarrow\ \overline{\mathbf{x}}=\begin{bmatrix}0\\0\\1\\0\end{bmatrix}$$

이다. 이는 $\mathbf{1}$을 모든 좌표가 1인 벡터라 하면, $\overline{\mathbf{x}}=\mathbf{x}+\mathbf{1}$임을 의미한다.

정리 8.5 양의 정수 n에 대하여 리드–뮬러 코드 R_n은 $(2^n,\ n+1)$ 선형코드이고, $\mathbf{0}$와 $\mathbf{1}$을 제외한 모든 코드벡터의 무게는 2^{n-1}이다.

증명 수학적 귀납법으로 증명해보자. 이미 $R_1 = \mathbb{Z}_2^2$는 $(2,\ 2) = (2^1,\ 1+1)$ 선형코드이고 $\mathbf{0}$과 $\mathbf{1}$을 제외한 모든 코드벡터의 무게가 $1 = 2^{1-1}$임을 보였으므로, $n=1$의 경우는 성립한다. $n=k$일 때 정리가 성립한다고 가정하자. 즉, R_k는 $(2^k,\ k+1)$ 선형코드이고 $\mathbf{0}$과 $\mathbf{1}$을 제외한 모든 코드벡터의 무게가 2^{k-1}이라 가정하자.

정의로부터 R_{k+1}의 기저는 $\begin{bmatrix}\mathbf{u}\\ \mathbf{u}\end{bmatrix}$ 형태의 벡터와 $\begin{bmatrix}\mathbf{0}\\ \mathbf{1}\end{bmatrix}$ 벡터로 이루어진다. 여기서 $\mathbf{u}$는 R_k의 기저에 속하는 벡터이다. 귀납법 가정에서 벡터 $\mathbf{u}$, $\mathbf{0}$, $\mathbf{1}$은 $\mathbb{Z}_2^{2^k}$에 속한다. 따라서 R_{k+1}의 기저에 속하는 벡터는 $\mathbb{Z}_2^{2^{k+1}}$에 속한다. 또한, R_k의 차원이 $k+1$이므로 $k+1$개의 $\begin{bmatrix}\mathbf{u}\\ \mathbf{u}\end{bmatrix}$ 형태의 벡터와 1개의 $\begin{bmatrix}\mathbf{0}\\ \mathbf{1}\end{bmatrix}$ 벡터가 있다. 따라서 R_{k+1}의 차원은 $k+2$이며 $(2^{k+1},\ k+2)$ 선형코드이다.

이제, 벡터의 무게를 구하여보자. R_{k+1}의 모든 벡터는 기저벡터의 일차결합이므로 다음과 같이 나타낼 수 있다.

$$\mathbf{v} = c_1\begin{bmatrix}\mathbf{u}_1\\ \mathbf{u}_1\end{bmatrix} + \cdots + c_{k+1}\begin{bmatrix}\mathbf{u}_{k+1}\\ \mathbf{u}_{k+1}\end{bmatrix} + c_{k+2}\begin{bmatrix}\mathbf{0}\\ \mathbf{1}\end{bmatrix}$$

여기서, $\{\mathbf{u}_1,\ \cdots,\ \mathbf{u}_{k+1}\}$은 R_k의 기저이고, $\mathbf{0}$과 $\mathbf{1}$은 $\mathbb{Z}_2^{2^k}$에 속하며, 각 c_i는 0 또는 1이다. $\mathbf{v} \neq \mathbf{0},\ \mathbf{1}$이고 $\mathbf{u} = c_1\mathbf{u}_1 + \cdots + c_{k+1}\mathbf{u}_{k+1}$이라 가정하자. 만약 $c_{k+2} = 0$이면 $\mathbf{u} \neq \mathbf{0},\ \mathbf{1}$이다. 귀납법 가정에서 $\mathbf{u}$의 무게는 2^{k-1}이다. 그러면 $\mathbf{v}$의 무게는 $2 \cdot 2^{k-1} = 2^k$이다. 만약 $c_{k+2} = 1$이면 $\mathbf{v}$를 다음과 같이 나타낼 수 있다.

$$\mathbf{v} = \begin{bmatrix}\mathbf{u}\\ \mathbf{u}\end{bmatrix} + \begin{bmatrix}\mathbf{0}\\ \mathbf{1}\end{bmatrix} = \begin{bmatrix}\mathbf{u}\\ \mathbf{u}+\mathbf{1}\end{bmatrix} = \begin{bmatrix}\mathbf{u}\\ \overline{\mathbf{u}}\end{bmatrix}$$

여기서, $\mathbf{u}$는 R_k에 속한다. 한편

$$w(\overline{\mathbf{u}}) = 2^k - w(\mathbf{u})$$

이기 때문에(왜?)

$$w(\mathbf{v}) = w(\mathbf{u}) + w(\overline{\mathbf{u}}) = 2^k$$

가 성립한다. 따라서 정리는 모든 양의 정수에 대하여 성립한다.

앞에서 언급한 바와 같이 마리너 9호는 $64 = 2^6$개의 벡터를 가지는 선형코드를 사용하였다. 정리 8.5에 의해 리드–뮬러 코드 R_5는 $\mathbb{Z}_2$ 위에서 2차원 공간을 이룬다. 이러한 이유에서 NASA가 마리너 9호에서 사진을 전송하는 데 리드–뮬

러 코드를 사용하였다. 연습문제 13-16에서 이 중요한 코드류의 특징을 더 깊이 살펴보자.

8.4 연습문제

선형코드

※ [1-8] 다음 중에서 선형코드인 것을 찾아보아라.

1. $C=\left\{\begin{bmatrix}1\\0\end{bmatrix}, \begin{bmatrix}0\\1\end{bmatrix}, \begin{bmatrix}1\\1\end{bmatrix}\right\}$

2. $C=\left\{\begin{bmatrix}0\\0\end{bmatrix}, \begin{bmatrix}1\\1\end{bmatrix}\right\}$

3. $C=\left\{\begin{bmatrix}0\\0\\0\end{bmatrix}, \begin{bmatrix}1\\0\\1\end{bmatrix}, \begin{bmatrix}1\\1\\0\end{bmatrix}, \begin{bmatrix}0\\1\\0\end{bmatrix}\right\}$

4. $C=\left\{\begin{bmatrix}0\\0\\0\end{bmatrix}, \begin{bmatrix}1\\0\\0\end{bmatrix}, \begin{bmatrix}0\\1\\0\end{bmatrix}, \begin{bmatrix}0\\0\\1\end{bmatrix}\right\}$

5. $C=\left\{\begin{bmatrix}0\\0\\0\end{bmatrix}, \begin{bmatrix}0\\1\\0\end{bmatrix}, \begin{bmatrix}0\\1\\1\end{bmatrix}, \begin{bmatrix}0\\0\\1\end{bmatrix}\right\}$

6. $C=\left\{\begin{bmatrix}0\\0\\0\\0\end{bmatrix}, \begin{bmatrix}1\\0\\1\\0\end{bmatrix}, \begin{bmatrix}0\\1\\0\\1\end{bmatrix}, \begin{bmatrix}1\\1\\0\\0\end{bmatrix}, \begin{bmatrix}0\\0\\1\\1\end{bmatrix}, \begin{bmatrix}1\\1\\1\\1\end{bmatrix}\right\}$

7. 짝 패리티 코드 E_n (8.3절 연습문제 18 참조)

8. $\mathbb{Z}_2^n$에 있는 홀수 무게를 갖는 모든 벡터로 이루어진 홀에 대해서 패리티 코드 O_n

9. 예제 8.13에 있는 코드 C_1의 서로 다른 두 기저를 구하여라.

10. (a) (9, 4) 선형코드의 생성행렬 G와 패리티검사 행렬 P의 차원을 구하여라.
    (b) (n, k)에 대하여 문제 (a)를 풀어보아라.

11. 선형코드 C에 대하여, 행렬을 사용하지 않고 $(C^{\perp})^{\perp}=C$임을 보여라.

12. (n, k) 선형코드가 자기쌍대일 때, n이 짝수임을 보여라. [힌트: 정리 5.13의 $\mathbb{Z}_2^n$에서와 유사한 방법을 사용하여라.]

13. 리드-뮬러 코드 R_3의 모든 벡터를 나열하여라.

14. 행렬족을 다음과 같이 귀납적으로 정의한다. $G_0=[1]$이고, 모든 양의 정수 n에 대하여,

$$G_n=\left[\begin{array}{c:c} G_{n-1} & \mathbf{0} \\ \hdashline G_{n-1} & \mathbf{1}\end{array}\right]$$

여기서, $\mathbf{0}$는 영벡터이고 $\mathbf{1}$은 모든 성분이 1인 벡터이다.
    (a) G_1, G_2, G_3를 구하여라.
    (b) 수학적 귀납법을 사용하여 모든 $n(\geq 0)$에 대하여, G_n이 리드-뮬러 코드 R_n에 대한 생성행렬임을 증명하여라.

15. R_2에 대한 패리티검사 행렬을 구하여라.

16. R_3에 대한 패리티검사 행렬을 구하여라.

17. 선형코드 C에 대해서 C의 모든 코드벡터가 짝수 무게를 가지거나, 아니면 C의 모든 코드벡터 중 정확히 반이 짝수 무게를 가짐을 증명하여라. [힌트: C에서 짝수 무게를 갖는 모든 원소의 집합과 홀수 무게를 갖는 모든 원소의 집합을 각각 E와 O라 하자. 만약 O가 공집합이 아니면, O에 속하는 원소 $\mathbf{c}_o$에 대하여 $O'=\{\mathbf{c}_o+\mathbf{e} : \mathbf{e}\in E\}$를 생각하자. 그리고 $O'=O$임을 보여라.]

8.5 코드의 최소거리

다음 삼중 반복코드를 생각해보자.

$$C = \{\mathbf{c}_0, \mathbf{c}_1\} = \left\{ \begin{bmatrix} 0 \\ 0 \\ 0 \end{bmatrix}, \begin{bmatrix} 1 \\ 1 \\ 1 \end{bmatrix} \right\}$$

만약 이들 코드벡터들 중 어느 하나의 전송 과정에서 한두 개의 오류가 발생한다면 그 결과 벡터는 C에 있는 다른 벡터일 수가 없다. 그래서 C는 두 개의 오류까지 감지할 수 있다. 예를 들어, $\mathbf{c}_0$를 전송하였을 때 만약 처음과 두 번째 성분에서 오류가 있다면 벡터

$$\mathbf{c}' = \begin{bmatrix} 1 \\ 1 \\ 0 \end{bmatrix}$$

을 받게 된다. 그러나 $\mathbf{c}'$는 $\mathbf{c}_1$을 전송하는 동안 한 개의 오류가 발생하여 받은 결과일 수도 있으므로 전송받는 사람은 그 오류를 정정할 방법이 없다. 그러나 단 한 개의 오류는 결과 벡터가 단지 하나의 방법으로만 생길 수 있으므로 정정될 수 있다. 예를 들어

$$\mathbf{c}'' = \begin{bmatrix} 0 \\ 1 \\ 0 \end{bmatrix}$$

을 전송받고 많아야 한 개의 오류가 발생할 수 있다는 것을 알고 있다면 원래의 벡터는 $\mathbf{c}_0$여야 한다. 왜냐하면 $\mathbf{c}''$는 $\mathbf{c}_1$으로부터 한 개의 오류로 얻을 수 없기 때문이다.

이제, 이러한 생각들을 일반화하도록 한다. 해밍거리의 개념이 다음 정의에 대한 핵심적인 역할을 한다는 것을 곧 알게 될 것이다.

정의 C를 (이진)코드라고 하자. C의 **최소거리**(minimum distance)는 C의 임의의 두 벡터들 사이의 가장 작은 해밍거리이다. 즉,

$$d(C) = \min\{d_H(\mathbf{x}, \mathbf{y}) : \mathbf{x} \neq \mathbf{y} \in C\}$$

분명히, 앞의 삼중 반복코드 C의 최소거리는 3이다.

예제 8.14 코드 $C = \{\mathbf{c}_0, \mathbf{c}_1, \mathbf{c}_2, \mathbf{c}_3\}$의 최소거리를 구하여라. 여기서

$$\mathbf{c}_0 = \begin{bmatrix} 0 \\ 0 \\ 0 \\ 0 \end{bmatrix}, \ \mathbf{c}_1 = \begin{bmatrix} 0 \\ 1 \\ 0 \\ 1 \end{bmatrix}, \ \mathbf{c}_2 = \begin{bmatrix} 1 \\ 0 \\ 1 \\ 0 \end{bmatrix}, \ \mathbf{c}_3 = \begin{bmatrix} 1 \\ 1 \\ 1 \\ 1 \end{bmatrix}$$

풀이 다른 벡터들의 짝들 사이의 해밍거리를 계산하여야 한다. [네 개의 벡터들이 있으므로 $\binom{4}{2} = 6$개의 짝들이 있다.] 다음을 알 수 있다.

$$d_H(\mathbf{c}_0, \mathbf{c}_1) = 2 \qquad d_H(\mathbf{c}_0, \mathbf{c}_2) = 2 \qquad d_H(\mathbf{c}_0, \mathbf{c}_3) = 4$$
$$d_H(\mathbf{c}_1, \mathbf{c}_2) = 4 \qquad d_H(\mathbf{c}_1, \mathbf{c}_3) = 2 \qquad d_H(\mathbf{c}_2, \mathbf{c}_3) = 2$$

따라서 $d(C) = 2$이다.

최소거리의 개념과 오류정정을 기하학적으로 그릴 수 있다. 앞의 삼중 반복코드 C의 경우에 $\mathbb{Z}_2^3$의 어떤 부분집합(사실은 부분공간)을 얻게 될 것이다. 그림 8.4(a)에서처럼, $\mathbb{Z}_2^3$의 벡터들을 단위 정육면체의 꼭짓점으로 나타낼 수 있다. 임의의 두 벡터 $\mathbf{x}$와 $\mathbf{y}$의 해밍거리는 바로 $\mathbf{x}$에서 $\mathbf{y}$를 잇는 가장 짧은 경로에 속하는 모서리의 개수이다. 코드 C는 이 꼭짓점 중에 두 개인 $\mathbf{c}_0$, $\mathbf{c}_1$에 대응한다. $d(C) = 3$이라는 사실은 $\mathbf{c}_0$와 $\mathbf{c}_1$이 세 단위만큼 떨어져 있다는 사실에 대응한다. 만약 전송받은 벡터 $\mathbf{x}$가 이들 코드벡터들 각각의 한 단위 이내에 있고, 많아야 하나의 오류가 생길 수 있다는 것을 알고 있다면, 우리는 $\mathbf{x}$를 정확하게 복원할 수 있다. 그림 8.4(b)에서 $\mathbf{x}$는 $\mathbf{c}_0$로 복원되고, $\mathbf{y}$는 $\mathbf{c}_1$으로 복원될 것이다. 이것은 C가 두 개가 아닌 하나의 오류를 정정할 수 있다는 사실과 일치한다.

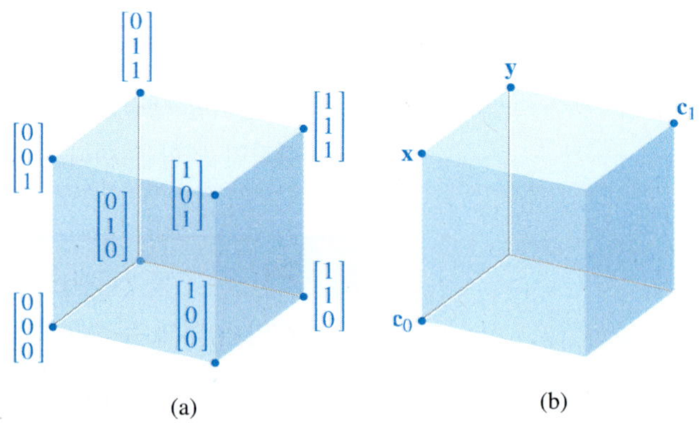

그림 8.4

연습문제 13에서, 예제 8.14의 상황을 설명하는 그림을 그려보라고 한다. 일반적으로, 우리는 $\mathbb{Z}_2^n$의 그림들을 그릴 수 없으나 유클리드 경우의 대응하는 유사성이 도움이 된다. 만약 어떤 코드가 k개까지 오류를 정정할 수 있다면 코드벡터들을 반지름이 k인 공들의 중심들로 생각한다. 그 코드벡터들은 적어도 d 단위 이상 서로 떨어져 있다. 그러면 만약 전송받은 벡터 $\mathbf{x}$가 이 공들의 하나의 내부에 있다면, 그것은 그 공의 중심에 대응하는 벡터로 복원될 것이다. 그림 8.5에서 $\mathbf{x}$는 $\mathbf{c}_0$로 복원될 것이다. 이 과정은 **가장 가까운 이웃 복원화**(nearest neighbor decoding)로 알려져 있다.

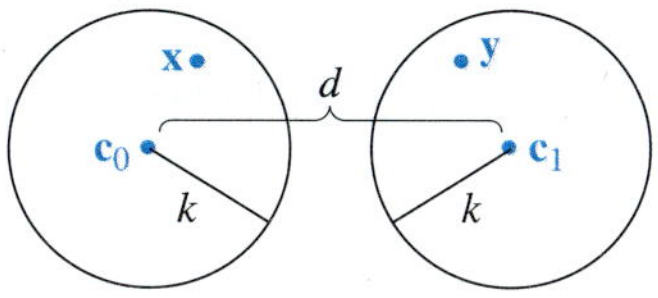

그림 8.5

그림 8.5는 만일 코드가 k개의 오류를 정정할 수 있다면 코드벡터에 중심을 둔 '공'들은 접하거나 겹쳐질 수 없다는 것을 시사한다. 즉 $d > 2k$여야 한다. 이제 우리가 명확하게 하는 것처럼, 이것은 올바른 것으로 판명된다. 각각의 코드벡터 $\mathbf{c}$와 $\mathbf{c}$의 성분을 k개까지 변화시켜서 얻어지는 벡터 $\mathbf{c}'$에 대해서 $\mathbf{c}'$가 코드벡터가 아니면 코드가 k개의 오류를 감지한다고 말한다. 각각의 코드벡터 $\mathbf{c}$와 $\mathbf{c}$의 성분을 k개까지 변화시켜서 얻어지는 벡터 $\mathbf{c}'$에 대해서 $\mathbf{c}'$의 가장 가까운 이웃 복원화가 $\mathbf{c}$를 만들어 내면 코드가 k개의 오류를 정정한다고 말한다.

정리 8.6 C를 최소거리 d를 가지는 (이진)코드라 하자.

a. C가 k개의 오류를 감지할 필요충분조건은 $d \geq k+1$이다.

b. C가 k개의 오류를 정정할 필요충분조건은 $d \geq 2k+1$이다.

증명 (a) $d \geq k+1$이고 $\mathbf{c}$는 C의 벡터라고 가정하자. $\mathbf{c}$에 k개까지의 오류가 도입된다면 그 결과 벡터 $\mathbf{c}'$는 $d_H(\mathbf{c}, \mathbf{c}') \leq k$라는 성질을 가진다. 그러나 만일 $\mathbf{c}'$가 코드벡터라면

$$k+1 \leq d \leq d_H(\mathbf{c}, \mathbf{c}') \leq k$$

가 성립하기 (불가능한) 때문에 $\mathbf{c}'$는 코드벡터가 될 수 없다.

역으로 C가 k개까지의 오류를 감지할 수 있다면 임의의 두 코드벡터 사이의 최소거리는 k보다는 커야만 한다. (이유는?) 따라서 $d \geq k+1$이다.

(b) $d \geq 2k+1$이고 $\mathbf{c}$는 C의 벡터라고 가정하자. (a)의 증명에서처럼 $\mathbf{c}'$는 $d_H(\mathbf{c}, \mathbf{c}') \leq k$를 만족하는 벡터라고 두자. $\mathbf{b}$는 C의 또 다른 벡터라고 두자. 그러면 $d_H(\mathbf{c}, \mathbf{b}) \geq 2k+1$이므로 삼각부등식에 의해서

$$d_H(\mathbf{c}, \mathbf{c}') + d_H(\mathbf{c}', \mathbf{b}) \geq d_H(\mathbf{c}, \mathbf{b}) \geq 2k+1$$

이다. 그러므로

$$d_H(\mathbf{c}', \mathbf{b}) \geq 2k+1 - d_H(\mathbf{c}, \mathbf{c}') \geq 2k+1-k = k+1 > d_H(\mathbf{c}', \mathbf{c})$$

그래서 $\mathbf{c}'$는 $\mathbf{b}$보다는 $\mathbf{c}$에 더 가깝고, 가장 가까운 이웃 복원화는 $\mathbf{c}'$를 $\mathbf{c}$로 복원한다.

역으로 C가 k개까지의 오류를 정정할 수 있다고 가정하자. $d < 2k+1$ (즉 $d \leq 2k$)라면 모순을 얻을 수 있음을 보일 것이다. 이를 위하여 코드벡터 $\mathbf{c}$와 $d_H(\mathbf{c}, \mathbf{c}') \leq k$인 벡터 $\mathbf{c}'$를 찾을 것이다. 그렇지만 가장 가까운 이웃 복원화는 $\mathbf{c}'$를 $\mathbf{c}$와 다른 잘못된 코드벡터 $\mathbf{b}$로 복원한다.

b와 c를 $d_H(\mathbf{b}, \mathbf{c}) = d \le 2k$인 C의 코드벡터라고 두자. 이러한 d개의 오류가 b의 첫 d개의 성분에서 발생한다고 가정해서 나쁠 것은 없다.(그렇지 않다면 이것이 사실이 될 때까지 모든 벡터들의 성분들을 단지 교환할 수 있다.) C의 코드벡터들이 길이 n을 가진다고 가정하고 $\mathbb{Z}_2^n$의 벡터 $\mathbf{c}'$를 다음과 같이 만든다. $\mathbf{c}'$는 첫 k개의 성분에서 b와 일치하고, 다음 $d-k$개의 성분에서 c와 일치하고, 마지막 $n-d$개의 성분에서 b와 c에 일치하도록 만들자. 다시 말해서 $\mathbf{c}'$의 성분들은

$$c_i' = \begin{cases} b_i \ne c_i, & i = 1, \cdots, k \\ c_i \ne b_i, & i = k+1, \cdots, d \\ b_i = c_i, & i = d+1, \cdots, n \end{cases}$$

를 만족한다.

이제 $d_H(\mathbf{c}, \mathbf{c}') = k$이고 $d_H(\mathbf{c}', \mathbf{b}) = d - k \le k$이다. (이유는?) 그러므로 $d_H(\mathbf{c}', \mathbf{b}) \le d_H(\mathbf{c}', \mathbf{c})$이다. 그러면 등호가 성립하고 $\mathbf{c}'$가 b나 c로 복원되는지를 결정하는 것이 불가능하거나, 순부등호가 성립하고 $\mathbf{c}'$는 b로 부정확하게 복원될 것이다. 어느 경우에도 C가 k개의 오류를 정정할 수 없어서 가정에 모순됨을 보인다. $d \ge 2k+1$라고 결론을 내린다.

어떤 책들은 그와 같은 코드를 $(n, 2^k, d)$ 코드 또는 좀 더 일반적으로 (n, M, d) 코드라 부른다. 여기서 n은 벡터의 길이이고, M은 코드벡터들의 개수이고, d는 최소거리이다.

선형코드의 경우에 있어서 다음 기호를 가진다. (n, k) 선형코드가 최소거리 d를 가지면 그것을 **(n, k, d) 코드**(code)라고 언급한다. 예를 들어 예제 8.14에서 코드는 (4, 2, 2) 코드이다. 선형코드들은 그들의 최소거리가 쉽게 결정될 수 있는 장점을 가진다. 연습문제 14에서 선형코드의 최소거리는 0이 아닌 코드벡터의 최소무게와 같다는 것을 보이도록 요구된다. C에 대한 패리티검사 행렬을 검토하여 $d(C)$를 결정하는 것이 역시 가능하다.

정리 8.7

C는 패리티검사 행렬 P를 가지는 (n, k) 선형코드라 하자. C의 최소거리는 행렬 P의 d개의 열이 일차종속이 되는 가장 작은 정수 d이다.

증명 $d(C) = d$라고 가정하자. 패리티검사 행렬 P는 $(n-k) \times n$행렬로 다음의 성질—$\mathbb{Z}_2^n$의 임의의 벡터 $\mathbf{x}$에 대하여 $P\mathbf{x} = \mathbf{0}$일 필요충분조건은 $\mathbf{x}$는 C에 속해 있다—을 가진다. 연습문제 14에서 C는 무게가 d인 벡터 c를 포함하고 있음을 보일 것이다. 그러면 $P\mathbf{c}$는 P의 정확히 d개의 열의 일차결합이다. 하지만 $P\mathbf{c} = \mathbf{0}$이므로 이는 P의 어떤 d개의 열의 집합이 일차종속임을 의미한다. 한편 P의 어떤 $d-1$개의 열의 집합이 일차종속이라고 가정하자. 즉,

$$\mathbf{p}_{i_1} + \mathbf{p}_{i_2} + \cdots + \mathbf{p}_{i_{d-1}} = \mathbf{0}$$

$\mathbf{x}$는 $i_1, \cdots, i_{d-1}$ 위치에는 1이고 나머지 위치에는 0인 $\mathbb{Z}_2^n$의 벡터라고 하자.

그러면 $\mathbf{x}$는 무게가 $d-1$인 벡터로 $P\mathbf{x}=\mathbf{0}$이다. 따라서 $\mathbf{x}$는 무게가 $d-1<d=\mathrm{d}(C)$인 코드벡터이다. 연습문제 14에 의해서 이는 불가능하므로 $\mathrm{rank}(P)=d-1$임을 알 수 있다.

역으로 P의 모든 $d-1$개의 열의 집합이 일차독립이지만 P의 어떤 d개의 열의 집합이 일차종속이라고 가정하자. $P\mathbf{x}$는 $\mathbf{x}$의 성분 중 1인 위치에 대응되는 P의 열들의 일차결합이므로 무게가 $d-1$보다 작거나 같은 벡터 $\mathbf{x}$에 대하여 $P\mathbf{x}\neq\mathbf{0}$이다. 그러므로 d보다 작은 무게의 영이 아닌 코드벡터는 존재하지 않는다. 하지만 P의 어떤 d개의 열의 집합은 일차종속이므로 $P\mathbf{x}=\mathbf{0}$인 무게 d의 벡터 $\mathbf{x}$는 존재한다. 따라서 $\mathbf{x}$는 무게 d의 코드벡터이다. 다시 연습문제 14를 이용하면 $\mathrm{d}(C)=d$이다.

예제 8.15 모든 해밍코드는 최소거리 3을 가짐을 보여라.

풀이 $(n,\ k)$ 해밍코드는 $(n-k)\times n$ 패리티검사 행렬 P를 가지고 있고, 이때 P의 모든 열은 $\mathbb{Z}_2^{n-k}$의 영벡터가 아닌 벡터로 구성되어 있으며 마지막 $n-k$개의 열에 $(n-k)\times(n-k)$ 단위행렬이 놓이도록 배열되어 있음을 상기하자. 예를 들어서, (7, 4) 해밍코드는 패리티검사 행렬

$$P=\begin{bmatrix}1&1&0&1&1&0&0\\1&0&1&1&0&1&0\\0&1&1&1&0&0&1\end{bmatrix}$$

을 가진다. 우리는 항상 3개의 일차종속인 열을 찾을 수 있다. $\mathbf{e}_1,\ \mathbf{e}_2,\ \mathbf{e}_1+\mathbf{e}_2$에 대응되는 열을 단지 선택한다. (행렬 P에서 여기에 해당되는 열은 각각 5번째, 6번째 그리고 1번째 열이다.) 그러나 모든 두 개의 열은 일차독립이다. 정리 8.7에 의해서 이는 해밍코드는 최소거리 3을 가짐을 의미한다.

예제 8.15와 정리 8.6을 통해서 해밍코드는 모두 단일오류-정정임을 알 수 있다. 우리가 주목해야 할 또 다른 주요한 선형코드 형식은 리드-뮬러 코드의 모임이다. 이것들은 많은 오류를 정정할 수 있으며, 이는 우주에서 사진을 전송할 때 이것들이 사용되는 이유 중의 하나이다.

예제 8.16 리드-뮬러 코드 R_n은 최소거리 $2^{n-1}(n\geq 1)$를 가짐을 보여라.

풀이 정리 8.5에 의해서 R_n의 $\mathbf{0}$과 $\mathbf{1}$이 아닌 모든 벡터는 무게 2^{n-1}을 가진다. $\mathbf{1}$은 무게 2^n을 가지므로 R_n의 영벡터가 아닌 코드벡터의 최소무게는 2^{n-1}이다. 따라서 연습문제 14에 의해서 $\mathrm{d}(R_n)=2^{n-1}$이다.

마리너 9는 최소거리가 $2^4 = 16$ 인 리드–뮬러 코드 R_5 를 사용했다. 정리 8.6에 의하면 이 코드는 $2k+1 \le 16$인 k개의 오류들을 정정할 수 있다. 이 부등식이 성립하는 가장 큰 k의 값은 $k=7$이다. 따라서 R_5는 회색의 64 색조들을 전송하기 위한 정확히 올바른 수의 코드 벡터들을 포함할 뿐만 아니라 신뢰할 수 있도록 만드는 7개까지의 오류들을 정정할 수도 있다. 이것은 마리너 9가 전송한 영상들이 아주 선명한 이유를 설명한다.

8.5 연습문제

코드의 최소거리

※ [1–6] 주어진 코드의 최소거리를 구하여라.

1. $C = \left\{ \begin{bmatrix} 0 \\ 0 \\ 0 \end{bmatrix}, \begin{bmatrix} 0 \\ 1 \\ 0 \end{bmatrix}, \begin{bmatrix} 1 \\ 1 \\ 0 \end{bmatrix} \right\}$

2. $C = \left\{ \begin{bmatrix} 0 \\ 0 \\ 1 \\ 1 \end{bmatrix}, \begin{bmatrix} 1 \\ 1 \\ 0 \\ 0 \end{bmatrix}, \begin{bmatrix} 1 \\ 0 \\ 1 \\ 0 \end{bmatrix}, \begin{bmatrix} 0 \\ 1 \\ 0 \\ 1 \end{bmatrix} \right\}$

3. 짝 패리티 코드 E_n

4. n번 반복 코드 Rep_n

5. 패리티검사 행렬 $P = [I|A]$를 가지는 코드,

$$A = \begin{bmatrix} 1&1&0&1&1&0&1 \\ 1&0&1&1&1&1&0 \\ 0&1&1&1&0&0&0 \\ 0&0&0&1&1&1&1 \end{bmatrix}$$

6. 패리티검사 행렬

$$P = \begin{bmatrix} 1&1&0&0 \\ 1&1&1&1 \\ 1&0&0&1 \end{bmatrix}$$

을 가지는 코드

※ [7–8] 코드 C의 최소거리를 계산하고 가장 가까운 이웃 복원화를 이용해서 벡터 $\mathbf{u}$, $\mathbf{v}$, $\mathbf{w}$를 복원하여라.

7. $C = \left\{ \begin{bmatrix} 1 \\ 0 \\ 0 \\ 1 \\ 0 \end{bmatrix}, \begin{bmatrix} 1 \\ 1 \\ 0 \\ 0 \\ 1 \end{bmatrix}, \begin{bmatrix} 0 \\ 0 \\ 1 \\ 0 \\ 1 \end{bmatrix}, \begin{bmatrix} 0 \\ 1 \\ 1 \\ 1 \\ 0 \end{bmatrix} \right\}$, $\mathbf{u} = \begin{bmatrix} 1 \\ 1 \\ 0 \\ 0 \\ 0 \end{bmatrix}$, $\mathbf{v} = \begin{bmatrix} 0 \\ 1 \\ 0 \\ 0 \\ 0 \end{bmatrix}$

$\mathbf{w} = \begin{bmatrix} 0 \\ 0 \\ 0 \\ 0 \\ 1 \end{bmatrix}$

8. C는 생성행렬

$$G = \begin{bmatrix} 1&0&0 \\ 0&1&0 \\ 0&0&1 \\ 1&1&0 \\ 1&0&1 \\ 0&1&1 \\ 1&1&1 \end{bmatrix}, \ \mathbf{u} = \begin{bmatrix} 1 \\ 0 \\ 0 \\ 0 \\ 1 \\ 1 \\ 0 \end{bmatrix}, \ \mathbf{v} = \begin{bmatrix} 1 \\ 1 \\ 1 \\ 0 \\ 0 \\ 0 \\ 0 \end{bmatrix}, \ \mathbf{w} = \begin{bmatrix} 0 \\ 0 \\ 0 \\ 0 \\ 1 \\ 1 \\ 1 \end{bmatrix}$$

을 가진다.

※ [9–12] 선형 (n, k, d) 코드를 구성하거나 또는 그러한 코드가 존재하지 않음을 증명하여라.

9. $n=8,\ k=1,\ d=8$

10. $n=8,\ k=2,\ d=8$

11. $n=8,\ k=5,\ d=5$

12. $n=8,\ k=4,\ d=4$

13. 예제 8.14를 설명하는 그림(그림 8.4와 유사하게)을 그려라.

14. C는 선형코드이다. C의 최소거리는 영벡터가 아닌 코드벡터의 최소무게와 같음을 보여라.

15. 모든 선형 (n, k, d) 코드에 대하여 $d-1 \le n-k$임을 보여라.

16. C는 패리티검사 행렬 P를 가지는 선형 (n, k, d) 코드이다. $d = n-k+1$일 필요충분조건은 P의 모든 $n-k$개의 열들은 일차독립임을 증명하여라.

연습문제 및 장 복습문제 해답

제1장

1.1 연습문제

1.

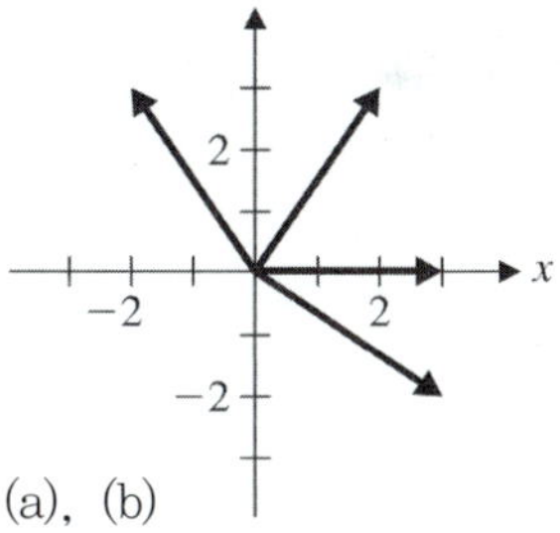

3. (a), (b)

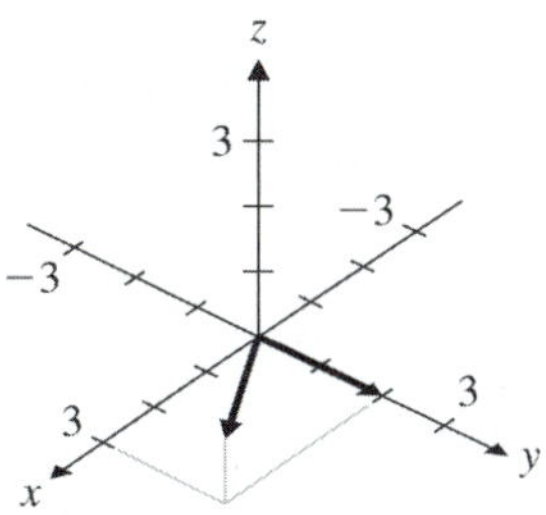

(c)

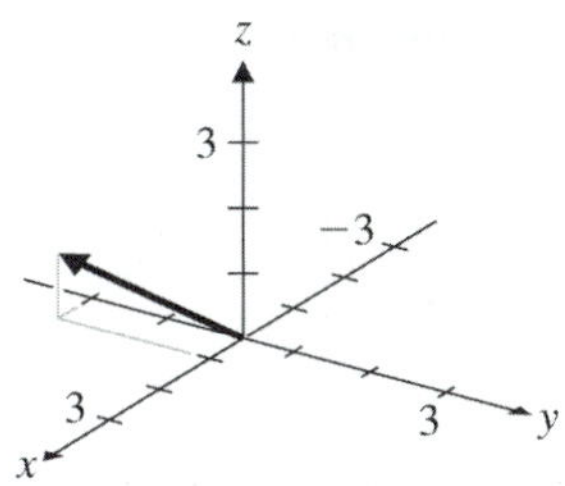

(d)

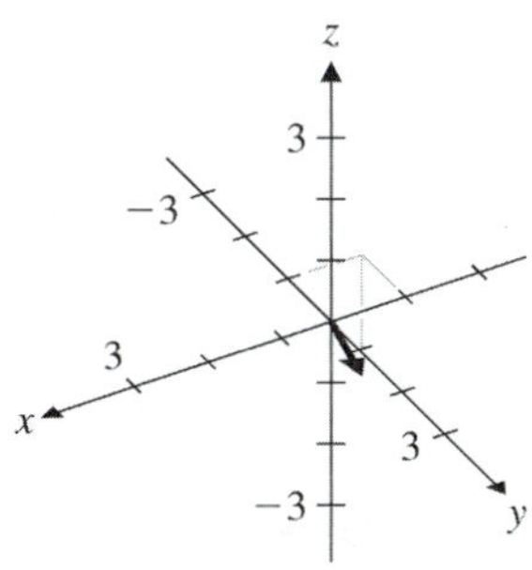

5. (a)

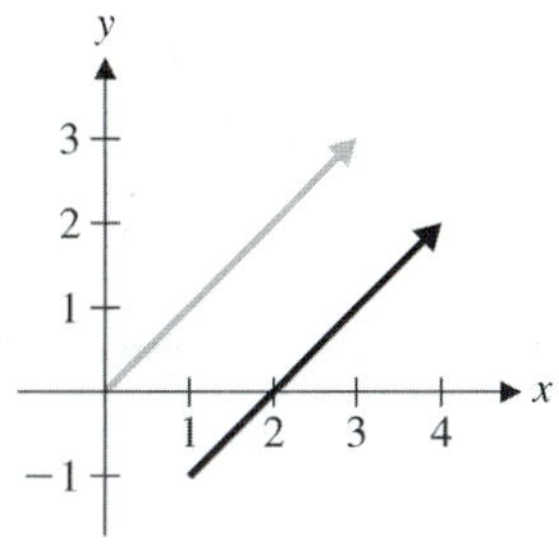

(b)

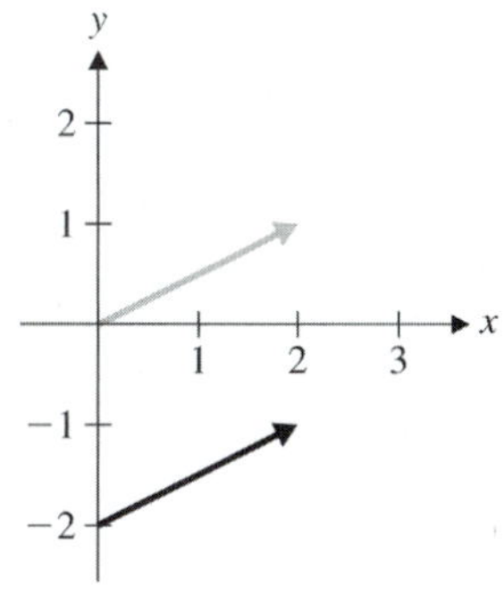

(c)

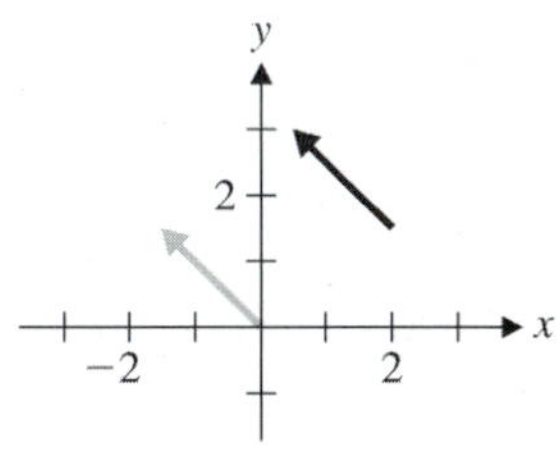

(d)

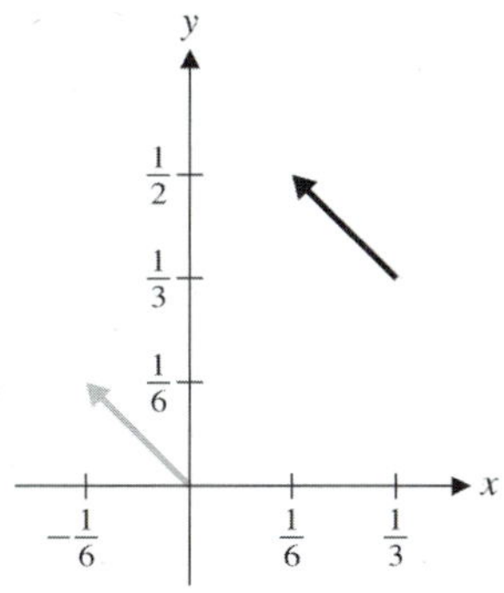

7. $\mathbf{a}+\mathbf{b}=[5,\ 3]$

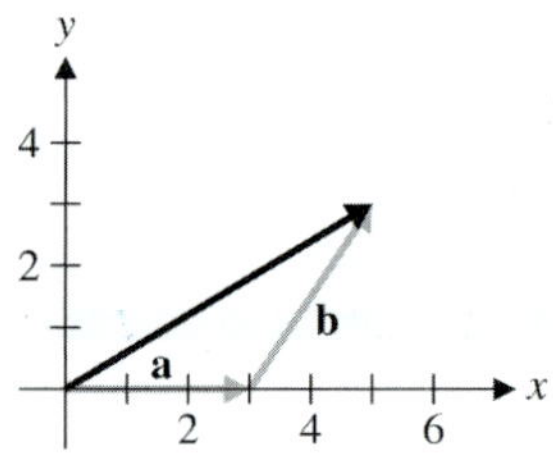

9. $\mathbf{d}-\mathbf{c}=[5,\ -5]$

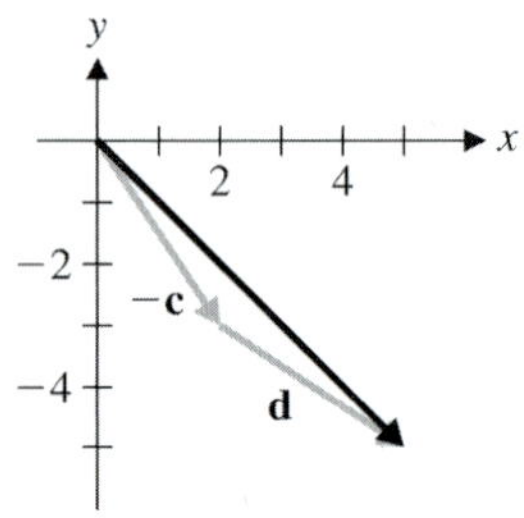

11. $[3,\ -2,\ 3]$

13. $\mathbf{u}=\begin{bmatrix} 1/2 \\ \sqrt{3}/2 \end{bmatrix},\ \mathbf{v}=\begin{bmatrix} -\sqrt{3}/2 \\ -1/2 \end{bmatrix},$

$\mathbf{u}+\mathbf{v}=\begin{bmatrix} (1-\sqrt{3})/2 \\ (\sqrt{3}-1)/2 \end{bmatrix},\ \mathbf{u}-\mathbf{v}=\begin{bmatrix} (1+\sqrt{3})/2 \\ (1+\sqrt{3})/2 \end{bmatrix}$

15. $5\mathbf{a}$

17. $\mathbf{x}=3\mathbf{a}$

19.

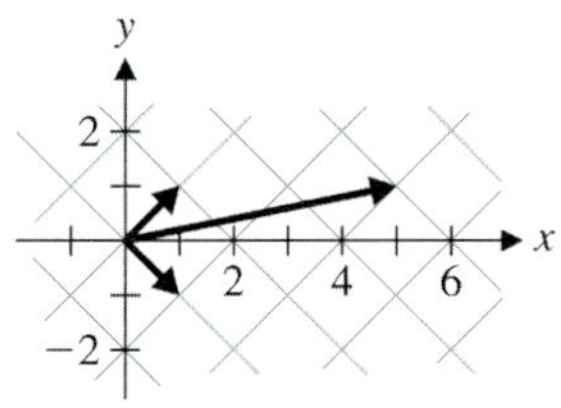

21. $\mathbf{w}=-2\mathbf{u}+4\mathbf{v}$

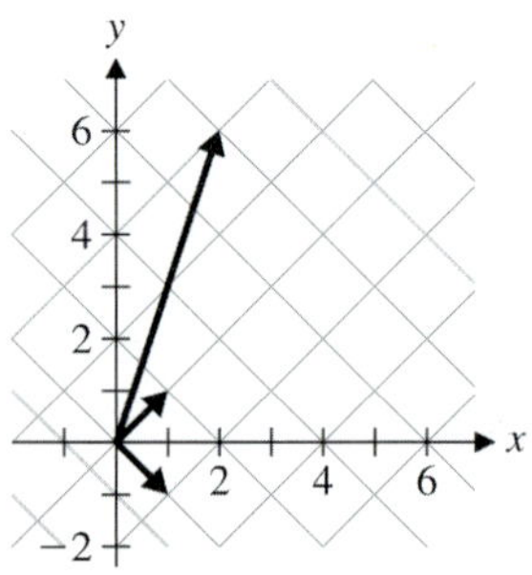

25. $\mathbf{u}+\mathbf{v}=\begin{bmatrix} 1 \\ 0 \end{bmatrix}$

27. $\mathbf{u}+\mathbf{v}=[0,\ 1,\ 0,\ 0]$

29.

+	0	1	2	3
0	0	1	2	3
1	1	2	3	0
2	2	3	0	1
3	3	0	1	2

·	0	1	2	3
0	0	0	0	0
1	0	1	2	3
2	0	2	0	2
3	0	3	2	1

31. 0

33. 1

35. 0

37. 2, 0, 3

39. 5

41. $[1,\ 1,\ 0]$

43. $[0, 0, 2, 2],\ [2, 3, 1, 1]$

45. $x=2$

47. 해가 없다.

49. $x=3$

51. 해가 없다.

53. $x=2$

55. $x=1$ 또는 $x=5$

57. (a) $a\neq 0$ (b) $a=1,\ 5$

(c) a와 m은 서로 소이어야 한다.

1.2 연습문제

1. -1

3. 11

5. 2

7. $\sqrt{5},\ \begin{bmatrix} -1/\sqrt{5} \\ 2/\sqrt{5} \end{bmatrix}$

9. $\sqrt{14},\ \begin{bmatrix} 1/\sqrt{14} \\ 2/\sqrt{14} \\ 3/\sqrt{14} \end{bmatrix}$

11. $\sqrt{6},\ [1/\sqrt{6},\ 1/\sqrt{3},\ 1/\sqrt{2},\ 0]$

13. $\sqrt{17}$

15. $\sqrt{6}$

17. (a) $\mathbf{u}\cdot\mathbf{v}$는 스칼라이지, 벡터가 아니다.

(c) $\mathbf{v}\cdot\mathbf{w}$는 스칼라이고 $\mathbf{u}$는 벡터이다.

19. 예각

21. 예각

23. 예각

25. 60°

27. 약 88.10°

29. 약 14.34°

31. 한편, $\overrightarrow{AB}\cdot\overrightarrow{AC}=\begin{bmatrix} -4 \\ 1 \\ -1 \end{bmatrix}\cdot\begin{bmatrix} 1 \\ 1 \\ -3 \end{bmatrix}=0$이므로, $\angle BAC$는 직각이다.

33. 그림 1.34에서와 같이 단위 정육면체를 택하면 네 개의 대각선은 다음 벡터들로 주어진다.

$$\mathbf{d}_1=\begin{bmatrix} 1 \\ 1 \\ 1 \end{bmatrix},\ \mathbf{d}_2=\begin{bmatrix} 1 \\ 1 \\ -1 \end{bmatrix},\ \mathbf{d}_3=\begin{bmatrix} -1 \\ 1 \\ 1 \end{bmatrix},\ \mathbf{d}_4=\begin{bmatrix} 1 \\ -1 \\ 1 \end{bmatrix}$$

한편, 모든 $i\neq j$에 대하여 $\mathbf{d}_i\cdot\mathbf{d}_j\neq 0$이므로, 대각선 벡터들은 서로 직교하지 않는다.

35. $\begin{bmatrix} -3/5 \\ 4/5 \end{bmatrix}$

37. $\begin{bmatrix} 3/2 \\ -3/2 \\ 3/2 \\ -3/2 \end{bmatrix}$

39. $\begin{bmatrix} -0.301 \\ 0.033 \\ -0.252 \end{bmatrix}$

41. $\mathcal{A}=\sqrt{45}/2$

43. $k=-2,\ 3$

45. v는 스칼라 k에 대하여 $k\begin{bmatrix} b \\ -a \end{bmatrix}$의 형태이다.

61. 코시–슈바르츠 부등식에 위배된다.

1.3 연습문제

1. (a) $\begin{bmatrix} 3 \\ 2 \end{bmatrix} \cdot \begin{bmatrix} x \\ y \end{bmatrix}=0$ (b) $3x+2y=0$

3. (a) $\begin{bmatrix} x \\ y \end{bmatrix}=\begin{bmatrix} 1 \\ 0 \end{bmatrix}+t\begin{bmatrix} -1 \\ 3 \end{bmatrix}$ (b) $\begin{aligned} x&=1-t \\ y&=\quad 3t \end{aligned}$

5. (a) $\begin{bmatrix} x \\ y \\ z \end{bmatrix}=t\begin{bmatrix} 1 \\ -1 \\ 4 \end{bmatrix}$ (b) $\begin{aligned} x&=t \\ y&=-t \\ z&=4t \end{aligned}$

7. (a) $\begin{bmatrix} 3 \\ 2 \\ 1 \end{bmatrix} \cdot \begin{bmatrix} x \\ y \\ z \end{bmatrix}=2$ (b) $3x+2y+z=2$

9. (a) $\begin{bmatrix} x \\ y \\ z \end{bmatrix}=s\begin{bmatrix} 2 \\ 1 \\ 2 \end{bmatrix}+t\begin{bmatrix} -3 \\ 2 \\ 1 \end{bmatrix}$

   (b) $\begin{aligned} x&=2s-3t \\ y&=\ \ s+2t \\ z&=2s+\ \ t \end{aligned}$

11. $\begin{bmatrix} x \\ y \end{bmatrix}=\begin{bmatrix} 1 \\ -2 \end{bmatrix}+t\begin{bmatrix} 2 \\ 2 \end{bmatrix}$

13. $\begin{bmatrix} x \\ y \\ z \end{bmatrix}=\begin{bmatrix} 1 \\ 1 \\ 1 \end{bmatrix}+s\begin{bmatrix} 3 \\ -1 \\ 1 \end{bmatrix}+t\begin{bmatrix} -1 \\ 0 \\ -2 \end{bmatrix}$

15. (a) $\begin{aligned} x&=\qquad t \\ y&=-1+3t \end{aligned}$ $\begin{bmatrix} x \\ y \end{bmatrix}=\begin{bmatrix} 0 \\ -1 \end{bmatrix}+t\begin{bmatrix} 1 \\ 3 \end{bmatrix}$

17. 두 직선의 방향벡터를 각각 $\mathbf{d}_1=\begin{bmatrix} 1 \\ m_1 \end{bmatrix}$, $\mathbf{d}_2=\begin{bmatrix} 1 \\ m_2 \end{bmatrix}$라 하자. 이때, 두 직선이 서로 수직일 필요충분조건은 $\mathbf{d}_1$과 $\mathbf{d}_2$가 수직이므로, $\mathbf{d}_1 \cdot \mathbf{d}_2=0$이다. 따라서 $1+m_1m_2=0$, 즉 $m_1m_2=-1$이다.

19. (a) 수직 (b) 평행
    (c) 수직 (d) 수직

21. $\begin{bmatrix} x \\ y \end{bmatrix}=\begin{bmatrix} 2 \\ -1 \end{bmatrix}+t\begin{bmatrix} 3 \\ 2 \end{bmatrix}$

23. $\begin{bmatrix} x \\ y \\ z \end{bmatrix}=\begin{bmatrix} -1 \\ 0 \\ 3 \end{bmatrix}+t\begin{bmatrix} -1 \\ 3 \\ -1 \end{bmatrix}$

25. (a) $x=0,\ x=1,\ y=0,\ y=1,\ z=0,\ z=1$
    (b) $x-y=0$ (c) $x+y-z=0$

27. $3\sqrt{2}/2$

29. $2\sqrt{3}/3$

31. $\left(\frac{1}{2},\ \frac{1}{2}\right)$

33. $\left(\frac{4}{3},\ \frac{4}{3},\ \frac{8}{3}\right)$

35. $18\sqrt{13}/13$

37. $\frac{5}{3}$

43. 약 78.9°

45. 약 80.4°

1.4 연습문제

1. 약 N67.38E 방향 13N
3. $\mathbf{f}_1$과 30°의 각 $8\sqrt{3}$ N
5. $\mathbf{f}_2$과 60°의 각 4N
7. 주어진 힘과 60°의 각 5N, 5N 힘과 수직 $5\sqrt{3}$ N
9. $750\sqrt{2}$ N 11. 980N
13. 15cm 철사 줄 약 117.6N, 20cm 철사 줄 약 88.2N

1장 복습문제

1. (a) T (c) F (e) T (g) F (i) T

3. $\mathbf{x}=\begin{bmatrix} 8 \\ 11 \end{bmatrix}$

5. 120°

7. $\begin{bmatrix} -2/\sqrt{5} \\ 1/\sqrt{5} \\ 0 \end{bmatrix}$

9. $2x+3y-z=7$

11. $\sqrt{6}/2$

13. 코시–슈바르츠 부등식에 위배된다.

15. $2\sqrt{6}/3$

17. $x=2$

19. 3

제2장

2.1 연습문제

1. 일차방정식
3. x^{-1}항이 있으므로 일차방정식이 아니다.
5. 일차방정식이 아니다.
7. $2x+4y=7$
9. $x+y=4\ (x,\ y\neq 0)$
11. $\left\{\begin{bmatrix} 2t \\ t \end{bmatrix}\right\}$
13. $\left\{\begin{bmatrix} 4-2s-3t \\ s \\ t \end{bmatrix}\right\}$
15. 유일한 해, $x=3,\ y=-3$

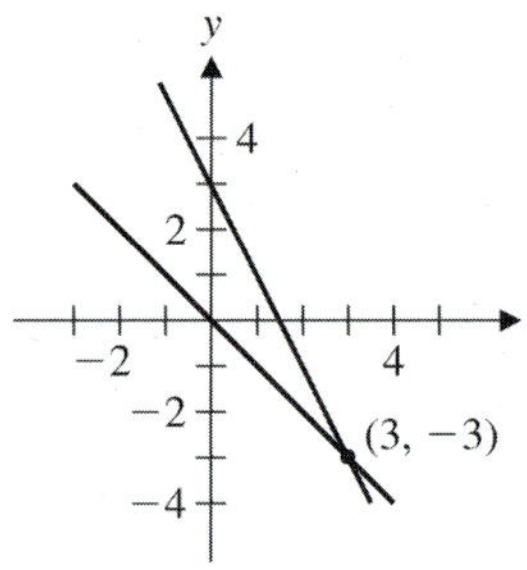

17. 불능

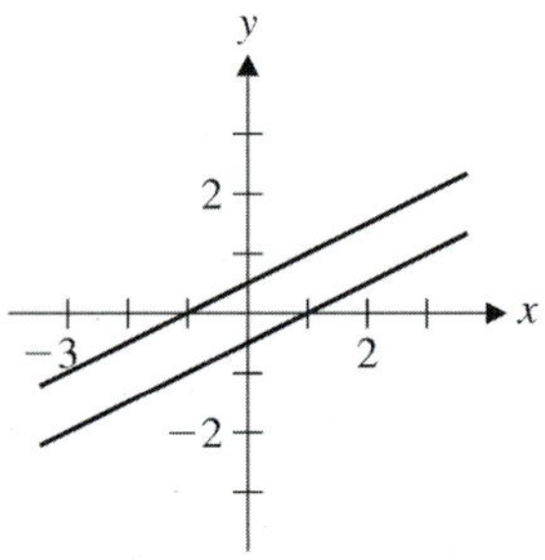

19. $[7,\ 3]$

21. $\left[\frac{2}{3},\ \frac{1}{3},\ -\frac{1}{3}\right]$

23. $[5,\ -2,\ 1,\ 1]$

25. $[2,\ -7,\ -32]$

27. $\left[\begin{array}{rr|r} 1 & -1 & 0 \\ 2 & 1 & 3 \end{array}\right]$

29. $\left[\begin{array}{rr|r} 1 & 5 & -1 \\ -1 & 1 & -5 \\ 2 & 4 & 4 \end{array}\right]$

31. $\begin{aligned} y+z&=1 \\ x-y\quad &=1 \\ 2x-y+z&=1 \end{aligned}$

33. $[1,\ 1]$

35. $[4,\ -1]$

37. 불능

39. (a) $\begin{aligned} 2x+\ y&=3 \\ 4x+2y&=6 \end{aligned}$ (b) $x=\frac{3}{2}-\frac{1}{2}s$, $y=s$

41. $u=\frac{1}{x}$, $v=\frac{1}{y}$로 치환, 해는 $x=\frac{1}{3}$, $y=-\frac{1}{2}$

43. $u=\tan x$, $v=\sin y$, $w=\cos z$로 치환, 한 해는 $x=\pi/4$, $y=-\pi/6$, $z=\pi/3$이고 무수히 많은 해를 갖는다.

2.2 연습문제

1. 행사다리꼴이 아님

3. 기약 행사다리꼴

5. 행사다리꼴이 아님

7. 행사다리꼴이 아님

9. (a) $\begin{bmatrix} 1 & 1 & 1 \\ 0 & 1 & 1 \\ 0 & 0 & 1 \end{bmatrix}$

11. (b) $\begin{bmatrix} 1 & 0 \\ 0 & 1 \\ 0 & 0 \end{bmatrix}$

13. (b) $\begin{bmatrix} 1 & 0 & -1 \\ 0 & 1 & -1 \\ 0 & 0 & 0 \end{bmatrix}$

15. 기본 행변환을 R_4+29R_3, $8R_3$, R_4-3R_2, $R_2 \leftrightarrow R_3$, R_4-R_1, R_3+2R_1, R_2+2R_1의 순서로 시행

17. 행렬 A에 R_2-3R_1, $\frac{1}{2}R_2$, R_1+2R_2, R_2+3R_1, $R_1 \leftrightarrow R_2$의 순서로 기본 행변환을 시행

21. 주어진 변환은 $3R_2$와 R_2-2R_1의 두 기본 행변환을 결합한 것이다.

23. 연습문제 1: 3, 연습문제 3: 2, 연습문제 5: 2, 연습문제 7: 3

25. $\begin{bmatrix} 2 \\ 5 \\ 1 \end{bmatrix}$

27. $t\begin{bmatrix} 1 \\ 1 \\ -1 \end{bmatrix}$

29. $\begin{bmatrix} 2 \\ -1 \end{bmatrix}$

31. $\begin{bmatrix} 24 \\ -10 \\ 0 \\ 0 \\ 0 \end{bmatrix}+r\begin{bmatrix} 6 \\ -2 \\ 1 \\ 0 \\ 0 \end{bmatrix}+s\begin{bmatrix} 0 \\ 6 \\ 0 \\ 1 \\ 0 \end{bmatrix}+t\begin{bmatrix} 12 \\ -6 \\ 0 \\ 0 \\ 1 \end{bmatrix}$

33. 불능

35. 유일한 해

37. 부정

41. (a) $k=-1$이면, 불능
   (b) $k \neq \pm 1$이면, 유일한 해
   (c) $k=1$이면, 부정

43. (a) $k=1$이면, 불능
   (b) $k \neq -2,\ 1$이면, 유일한 해
   (c) $k=-2$이면, 부정

45. $\begin{bmatrix} x \\ y \\ z \end{bmatrix}=\begin{bmatrix} 0 \\ -1 \\ 1 \end{bmatrix}+t\begin{bmatrix} 9 \\ -10 \\ -7 \end{bmatrix}$

49. 만나지 않는다.

51. 구하려는 벡터 $\mathbf{x}=\begin{bmatrix} x_1 \\ x_2 \\ x_3 \end{bmatrix}$는 다음을 첨가 계수행렬로 갖는 동차 연립일차방정식의 해이다.

$$\left[\begin{array}{ccc|c} u_1 & u_2 & u_3 & 0 \\ v_1 & v_2 & v_3 & 0 \end{array}\right]$$

따라서 정리 3에 의하여 무수히 많은 해를 갖는다. 또한, $u_1 \neq 0$, $u_1v_2-u_2v_1 \neq 0$이면, 해는 다음과 같이 주어진다.

$$t\begin{bmatrix} u_2v_3-u_3v_2 \\ u_3v_1-u_1v_3 \\ u_1v_2-u_2v_1 \end{bmatrix}$$

그리고 $u_1=0$ 또는 $u_1v_2-u_2v_1=0$인 경우에도 해가 존재한다.

53. $\begin{bmatrix} 0 \\ 2 \end{bmatrix}$

55. $\begin{bmatrix} 1 \\ 0 \\ 0 \end{bmatrix}$

57. $\begin{bmatrix} 3 \\ 3 \end{bmatrix}$

연습문제 2.3

1. 일차결합
3. 일차결합 아님
5. 일차결합
7. 일차결합
9. 임의의 실수 a, b에 대하여, $x\begin{bmatrix} 1 \\ 1 \end{bmatrix}+y\begin{bmatrix} 1 \\ -1 \end{bmatrix}=\begin{bmatrix} a \\ b \end{bmatrix}$를 만족하는 x, y를 구해보자. 이 벡터방정식은 유일한 해 $x=(a+b)/2$, $y=(a-b)/2$를 가지므로, $\mathbb{R}^2=\text{span}\left(\begin{bmatrix} 1 \\ 1 \end{bmatrix}, \begin{bmatrix} 1 \\ -1 \end{bmatrix}\right)$이다.
11. 임의의 실수 a, b, c에 대하여, 벡터방정식

$$x\begin{bmatrix} 1 \\ 0 \\ 1 \end{bmatrix}+y\begin{bmatrix} 1 \\ 1 \\ 0 \end{bmatrix}+z\begin{bmatrix} 0 \\ 1 \\ 1 \end{bmatrix}=\begin{bmatrix} a \\ b \\ c \end{bmatrix}$$

가 해를 가지는지 알아보자. 이 벡터방정식은 다음의 행렬을 첨가 계수행렬로 하는 연립일차방정식과 동치이다.

$$\left[\begin{array}{ccc|c} 1 & 1 & 0 & a \\ 0 & 1 & 1 & b \\ 1 & 0 & 1 & c \end{array}\right]$$

행줄임을 적용하면 $\left[\begin{array}{ccc|c} 1 & 1 & 0 & a \\ 0 & 1 & 1 & b \\ 0 & 0 & 2 & b+c-a \end{array}\right]$로 변형되므로, 유일한 해 $x=(a-b+c)/2$, $y=(a+b-c)/2$, $z=(-a+b+c)/2$를 갖는다. 따라서

$\mathbb{R}^3=\text{span}\left(\begin{bmatrix} 1 \\ 0 \\ 1 \end{bmatrix}, \begin{bmatrix} 1 \\ 1 \\ 0 \end{bmatrix}, \begin{bmatrix} 0 \\ 1 \\ 1 \end{bmatrix}\right)$이다.

13. (a) 원점을 지나고 방향벡터가 $\begin{bmatrix} -1 \\ 2 \end{bmatrix}$인 직선

(b) 일반 방정식 $2x+y=0$를 갖는 직선

15. (a) 원점을 지나고 방향벡터가 $\begin{bmatrix} 1 \\ 2 \\ 0 \end{bmatrix}$, $\begin{bmatrix} 3 \\ 2 \\ -1 \end{bmatrix}$인 평면

(b) 일반 방정식 $2x-y+4z=0$를 갖는 평면

17. 문제의 가정에서 다음 연립일차방정식

$$\begin{aligned} a+\quad\;\; 3c&=0 \\ -a+b-3c&=0 \end{aligned}$$

는 해 $t\begin{bmatrix} -3 \\ 0 \\ 1 \end{bmatrix}$를 갖는다. 따라서 무수히 많은 해를 가지고, $a=-3$, $b=0$, $c=1$은 그 중의 한 해이다.

19. $\mathbf{u}=\mathbf{u}+0(\mathbf{u}+\mathbf{v})+0(\mathbf{u}+\mathbf{v}+\mathbf{w})$

$\mathbf{v}=(-1)\,\mathbf{u}+(\mathbf{u}+\mathbf{v})+0(\mathbf{u}+\mathbf{v}+\mathbf{w})$

$\mathbf{w}=0\,\mathbf{u}+(-1)(\mathbf{u}+\mathbf{v})+(\mathbf{u}+\mathbf{v}+\mathbf{w})$

21. (c) $\text{span}(\mathbf{e}_1, \mathbf{e}_2, \mathbf{e}_3)=\text{span}(\mathbf{e}_1, \mathbf{e}_1+\mathbf{e}_2, \mathbf{e}_1+\mathbf{e}_2+\mathbf{e}_3)$임을 보여야 한다. $\text{span}(\mathbf{e}_1, \mathbf{e}_1+\mathbf{e}_2, \mathbf{e}_1+\mathbf{e}_2+\mathbf{e}_3)\subseteq \mathbb{R}^3=\text{span}(\mathbf{e}_1, \mathbf{e}_2, \mathbf{e}_3)$임을 알고 있다. 연습문제 19에 의하여, $\mathbf{e}_1$, $\mathbf{e}_2$, $\mathbf{e}_3$는 모두 $\text{span}(\mathbf{e}_1, \mathbf{e}_1+\mathbf{e}_2, \mathbf{e}_1+\mathbf{e}_2+\mathbf{e}_3)$에 속한다. 따라서 연습문제 21(b)에 의하여

$$\text{span}(\mathbf{e}_1, \mathbf{e}_2, \mathbf{e}_3)=\text{span}(\mathbf{e}_1, \mathbf{e}_1+\mathbf{e}_2, \mathbf{e}_1+\mathbf{e}_2+\mathbf{e}_3)$$

가 성립한다.

23. 일차독립
25. $-\begin{bmatrix} 0 \\ 1 \\ 2 \end{bmatrix}+\begin{bmatrix} 2 \\ 1 \\ 3 \end{bmatrix}=\begin{bmatrix} 2 \\ 0 \\ 1 \end{bmatrix}$을 만족하므로, 일차종속
27. 영벡터를 포함하므로, 일차종속
29. 일차독립
31. $\begin{bmatrix} 3 \\ -1 \\ 1 \\ -1 \end{bmatrix}+\begin{bmatrix} -1 \\ 3 \\ 1 \\ -1 \end{bmatrix}+\begin{bmatrix} -1 \\ -1 \\ 1 \\ 3 \end{bmatrix}=\begin{bmatrix} 1 \\ 1 \\ 3 \\ 1 \end{bmatrix}$을 만족하므로, 일차종속
43. (a) 일차독립

(b) 일차독립이 아니다.

연습문제 2.4

1. $x_1=160$, $x_2=120$, $x_3=160$
3. 작은 규모 2개, 중간 규모 3개, 큰 규모 4개
5. 하우스블랜드 65봉지, 스페셜 30봉지, 미식가용 45봉지
7. $4FeS_2+11O_2 \;\rightarrow\; 2Fe_2O_3+8SO_2$
9. $2C_4H_{10}+13O_2 \;\rightarrow\; 8CO_2+10H_2O$
11. $2C_5H_{11}OH+15O_2 \;\rightarrow\; 12H_2O+10CO_2$
13. $Na_2CO_3+4C+N_2 \;\rightarrow\; 2NaCN+3CO$
15. (a) $\begin{aligned} f_1&=30-t \\ f_2&=-10+t \\ f_3&=t \end{aligned}$

(b) $f_1=15$, $f_3=15$

(c) $\begin{aligned} 0\le f_1&\le 20 \\ 0\le f_2&\le 20 \\ 10\le f_3&\le 30 \end{aligned}$

(d) 음의 유량은 화살표 방향과는 반대로 물이 뒤쪽으로 흐름을 의미한다.

17. (a) $f_1 = -200 + s + t$ (b) $200 \le f_3 \le 300$

$f_2 = 300 - s - t$

$f_3 = s$

$f_4 = 150 - t$

$f_5 = t$

(c) f_1 방정식에서 $f_3 = s = 0$이면 $f_5 = t \ge 200$이고, f_4 방정식에서 $f_5 = t \le 150$이므로, 이는 모순이다.

(d) $50 \le f_3 \le 300$

19. $I_1 = 3$암페어, $I_2 = 5$암페어, $I_3 = 2$암페어

21. (a) $I = 10$암페어, $I_1 = I_5 = 6$암페어,

$I_2 = I_4 = 4$암페어, $I_3 = 2$암페어

(b) $R_{eff} = \dfrac{7}{5}$옴

(c) 저항을 4옴으로 바꾸면 된다.

23. 농업 : 제조업 = 2 : 3

25. 도장공은 시간당 39달러, 배관공은 시간당 42달러, 전기 기사는 시간당 54달러를 청구한다.

27. (a) 석탄 산업은 100,000,000달러만큼 생산하고 철강 산업은 160,000,000달러만큼 생산해야 한다.

(b) 석탄 산업은 생산을 4,200,000달러만큼 줄여야 하고, 철강 산업은 생산을 5,700,000달러만큼 늘려야 한다.

29. (a) 1, 2, 3 스위치 또는 3, 4, 5 스위치를 누르면 켤 수 있다.

(b) 켤 수 없다.

31. 전구의 모든 가능한 상태는 $\mathbb{Z}_2^5$에 속하는 다음 벡터로 나타낼 수 있다.

$$\begin{bmatrix} x_1 \\ x_2 \\ x_3 \\ x_4 \\ x_5 \end{bmatrix}$$

단, $x_1 + x_2 + x_4 + x_5 = 0$이다. 따라서 16가지 경우가 가능하다.

33. 0 = 켜짐, 1 = 연한 푸른색, 2 = 진한 푸른색이라 두면, 연립일차방정식의 첨가 계수행렬은 다음과 같다.

$$\left[\begin{array}{ccccc|c} 1 & 1 & 0 & 0 & 0 & 2 \\ 1 & 1 & 1 & 0 & 0 & 1 \\ 0 & 1 & 1 & 1 & 0 & 2 \\ 0 & 0 & 1 & 1 & 1 & 1 \\ 0 & 0 & 0 & 1 & 1 & 2 \end{array}\right]$$

이를 $\mathbb{Z}_3$상에서 행줄임 하면

$$\left[\begin{array}{ccccc|c} 1 & 0 & 0 & 0 & 1 & 1 \\ 0 & 1 & 0 & 0 & 2 & 1 \\ 0 & 0 & 1 & 0 & 0 & 2 \\ 0 & 0 & 0 & 1 & 1 & 2 \\ 0 & 0 & 0 & 0 & 0 & 0 \end{array}\right]$$

이므로 $t \in \mathbb{Z}_3$에 대하여 다음의 해를 구할 수 있다.

$$\begin{bmatrix} x_1 \\ x_2 \\ x_3 \\ x_4 \\ x_5 \end{bmatrix} = \begin{bmatrix} 1 \\ 1 \\ 2 \\ 2 \\ 0 \end{bmatrix} + t \begin{bmatrix} 2 \\ 1 \\ 0 \\ 2 \\ 1 \end{bmatrix}$$

따라서 정확히 다음 세 개의 해를 얻는다.

$$\begin{bmatrix} 1 \\ 1 \\ 2 \\ 2 \\ 0 \end{bmatrix}, \begin{bmatrix} 0 \\ 2 \\ 2 \\ 1 \\ 1 \end{bmatrix}, \begin{bmatrix} 2 \\ 0 \\ 2 \\ 0 \\ 2 \end{bmatrix}$$

여기서, 각 성분은 대응하는 스위치를 누르는 횟수를 나타낸다.

35. (a) 3번과 7번

(b) 9×9 계수행렬 A가 $\mathbb{Z}_2$와 행동치이므로, 임의의 $\mathbb{Z}_2^9$에 대하여 $A\mathbf{x} = \mathbf{b}$는 유일한 해를 갖는다.

37. 소미 15세, 상구 5세

39. 1200제곱 야드, 600제곱 야드

41. (a) $a = 4 - d$, $b = 5 - d$, $c = -2 + d$, d는 임의의 수

(b) 불능

43. (a) 불능

(b) $[a, b, c, d, e, f] = [4, 5, 6, -3, -1, 0] + f[-1, -1, -1, 1, 1, 1]$

45. (a) $y = x^2 - 2x + 1$ (b) $y = x^2 + 6x + 10$

47. $A = 1$, $B = 2$

49. $A = -\dfrac{1}{5}$, $B = \dfrac{1}{3}$, $C = 0$, $D = -\dfrac{2}{15}$, $E = -\dfrac{1}{5}$

51. $a = \dfrac{1}{2}$, $b = \dfrac{1}{2}$, $c = 0$

2.5 연습문제

1.

n	0	1	2	3	4	5
x_1	0	0.8571	0.9714	0.9959	0.9991	0.9998
x_2	0	0.8000	0.9714	0.9943	0.9992	0.9998

정확한 답 : $x_1 = 1$, $x_2 = 1$

3.

n	0	1	2	3	4	5	6
x_1	0	0.2222	0.2539	0.2610	0.2620	0.2622	0.2623
x_2	0	0.2857	0.3492	0.3582	0.3603	0.3606	0.3606

소수 넷째 자리까지 정확한 답 : $x_1 = 0.2623$, $x_2 = 0.3606$

5.

n	0	1	2	3	4	5	6	7	8
x_1	0	0.3333	0.2500	0.3055	0.2916	0.3009	0.2986	0.3001	0.2997
x_2	0	0.2500	0.0834	0.1250	0.0972	0.1042	0.0996	0.1008	0.1000
x_3	0	0.3333	0.2500	0.3055	0.2916	0.3009	0.2986	0.3001	0.2997

정확한 답 : $x_1 = 0.3$, $x_2 = 0.1$, $x_3 = 0.3$

7.

n	0	1	2	3	4
x_1	0	0.8571	0.9959	0.9998	1.0000
x_2	0	0.9714	0.9992	1.0000	1.0000

세 번 반복하면, 가우스-자이델 방법이 정확한 답과 0.001 범위 내에 들어간다. 같은 정확성을 가지려면 야코비 방법으로 네 번을 반복하여야 한다.

9.

n	0	1	2	3	4
x_1	0	0.2222	0.2610	0.2622	0.2623
x_2	0	0.3492	0.3603	0.3606	0.3606

세 번 반복하면, 가우스-자이델 방법이 정확한 답과 0.001 범위 내에 들어간다. 같은 정확성을 가지려면 야코비 방법으로 네 번을 반복하여야 한다.

11.

n	0	1	2	3	4	5	6
x_1	0	0.3333	0.2777	0.2962	0.2993	0.2998	0.3000
x_2	0	0.1667	0.1112	0.1020	0.1004	0.1000	0.1000
x_3	0	0.2777	0.2962	0.2993	0.2998	0.3000	0.3000

가우스-자이델 방법을 네 번 반복하면, 정확한 답과 0.001 범위 내에 들어간다. 같은 정확성을 가지려면 야코비 방법으로는 일곱 번을 반복하여야 한다.

13.

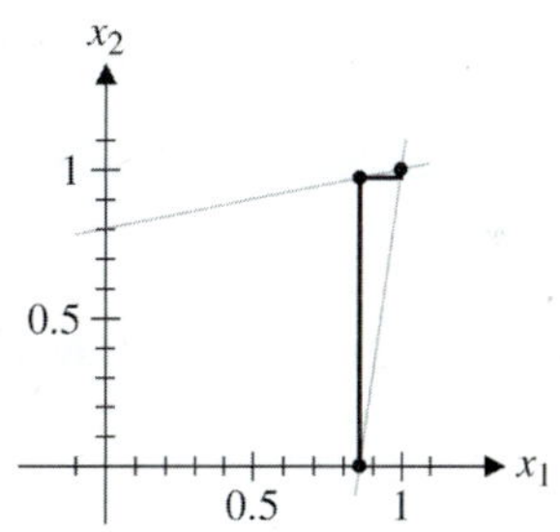

15.

n	0	1	2	3	4
x_1	0	3	−5	19	−53
x_2	0	−4	8	−28	80

방정식들은 서로 바꾸어 가우스-자이델 방법을 다음의 동치인 연립일차방정식

$$
\begin{aligned}
3x_1 + 2x_2 &= 1 \\
x_1 - 2x_2 &= 3
\end{aligned}
$$

에 적용하면

n	0	1	2	3	4	5	6	7	8
x_1	0	0.3333	1.2222	0.9260	1.0247	0.9918	1.0027	0.9991	1.0003
x_2	0	−1.3333	−0.8889	−1.0370	−0.9876	−1.0041	−0.9986	−1.0004	−0.9998

이다. 따라서 일곱 번을 반복하면, 정확한 답 $x_1 = 1$, $x_2 = -1$과 0.001 범위 내에 들어간다.

17.

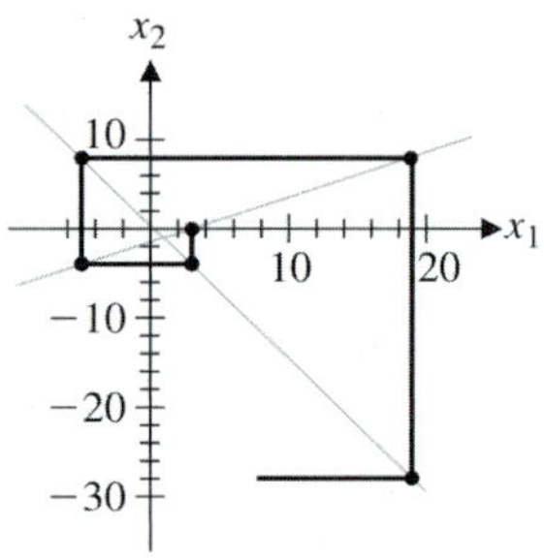

19.

n	0	1	2	3	4	5	6
x_1	0	-1.6	14.97	8.550	10.740	9.839	10.120
x_2	0	25.9	11.408	14.051	11.615	11.718	11.249
x_3	0	-10.35	-9.311	-11.200	-11.322	-11.721	-11.816

n	7	8	9	10	11	12
x_1	9.989	10.022	10.002	10.005	10.001	10.001
x_2	11.187	11.082	11.052	11.026	11.015	11.008
x_3	-11.912	-11.948	-11.973	-11.985	-11.992	-11.996

가우스–자이델 방법을 12번 반복하면, 정확한 답 $x_1 = 10$, $x_2 = 11$, $x_3 = -12$와 0.01 범위 내에 들어간다.

21.

n	13	14	15	16
x_1	10.0004	10.0003	10.0001	10.0001
x_2	11.0043	11.0023	11.0014	11.0007
x_3	-11.9976	-11.9986	-11.9993	-11.9996

23. 가우스 자이델 방법을 적용하면

n	0	1	2	3	4	5	6	7	8	9
x_1	0	0	12.5	21.875	24.219	24.805	24.951	24.988	24.997	24.999
x_2	0	0	18.75	21.438	24.609	24.902	24.976	24.994	24.998	24.999
x_3	0	50	68.75	73.438	74.609	74.902	74.976	74.994	74.998	74.999
x_4	0	62.5	71.875	74.219	74.805	74.951	74.988	74.997	74.999	75.000

이므로, 정확한 답은 $x_1 = 25$, $x_2 = 25$, $x_3 = 75$, $x_4 = 75$이다.

25. 가우스 자이델 방법은 다음의 반복을 수행한다.

n	0	1	2	3	4	5	6
t_1	0	20	21.25	22.8125	23.3301	23.6596	23.7732
t_2	0	5	11.25	13.3203	14.6386	15.0926	15.2732
t_3	0	21.25	24.6094	26.9873	27.7303	27.9626	28.0352
t_4	0	2.5	5.8594	8.2373	8.9804	9.2126	9.2852
t_5	0	7.1875	14.6289	16.2829	16.7578	16.9036	16.9491
t_6	0	23.0469	24.9072	25.3207	25.4394	25.4759	25.4873

n	7	8	9	10	11	12
t_1	23.8093	23.8206	23.8242	23.8252	23.8256	23.8257
t_2	15.2824	15.2966	15.3010	15.3024	15.3029	15.3029
t_3	28.0579	28.0650	28.0671	28.0678	28.0681	28.0681
t_4	9.3079	9.3150	9.3172	9.3178	9.3181	9.3181
t_5	16.9633	16.9677	16.9690	16.9695	16.9696	16.9696
t_6	25.4908	25.4919	25.4922	25.4924	25.4924	25.4924

27. (a)

n	0	1	2	3	4	5	6
x_1	0	0	$\frac{1}{4}$	$\frac{1}{4}$	$\frac{5}{16}$	$\frac{5}{16}$	$\frac{21}{64}$
x_2	1	$\frac{1}{2}$	$\frac{1}{2}$	$\frac{3}{8}$	$\frac{3}{8}$	$\frac{11}{32}$	$\frac{11}{32}$

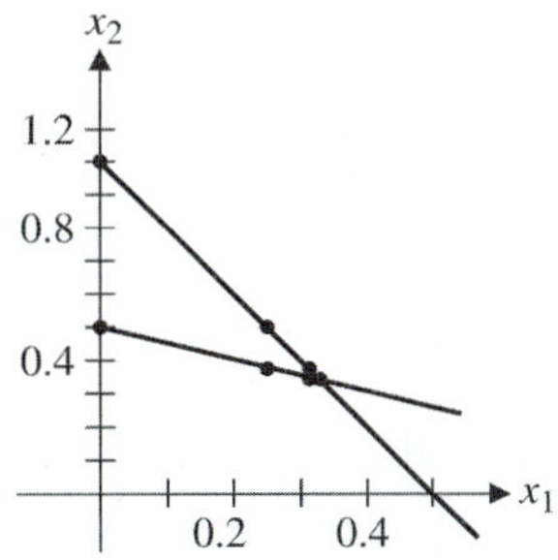

(b) $2x_1 + x_2 = 1$

$x_1 + 2x_2 = 1$

(c)

n	0	1	2	3	4	5	6	7
x_1	0	0	0.25	0.3125	0.3281	0.3320	0.3330	0.3332
x_2	1	0.5	0.375	0.3438	0.3360	0.3340	0.3335	0.3334

이 표의 1, 2, 3열은 (a)의 표에서 1, 3, 5열이다. 반복시행으로 $x_1 = x_2 = 0.3333$을 얻는다.

(d) $x_1 = x_2 = \dfrac{1}{3}$

2장 복습문제

1. (a) F (c) F (e) T (g) T (i) F

3. $\begin{bmatrix} 0 \\ 2 \\ -1 \end{bmatrix}$

5. $\begin{bmatrix} 6 \\ 2 \end{bmatrix}$

7. $k = -1$

9. $(0,\ 3,\ 1)$

11. $x - 2y + z = 0$

13. (a) 생성한다.

15. 1 또는 2

17. $c_1(\mathbf{u}+\mathbf{v}) + c_2(\mathbf{u}-\mathbf{v}) = \mathbf{0}$라 두면

$$(c_1+c_2)\mathbf{u} + (c_1-c_2)\mathbf{v} = \mathbf{0}$$

이고, $\mathbf{u}$, $\mathbf{v}$가 일차독립이므로

$$c_1+c_2=0,\ c_1-c_2=0$$

이어야 한다. 따라서 $c_1=c_2=0$이므로, $\mathbf{u}+\mathbf{v}$와 $\mathbf{u}-\mathbf{v}$는 일차독립이다.

19. 계수가 같아야 한다.

제3장

3.1 연습문제

1. $\begin{bmatrix} 3 & -6 \\ -5 & 7 \end{bmatrix}$

3. 정의되지 않는다.

5. $\begin{bmatrix} 12 & -6 & 3 \\ -4 & 12 & 14 \end{bmatrix}$

7. $\begin{bmatrix} 3 & 3 \\ 19 & 27 \end{bmatrix}$

9. $[10]$

11. $\begin{bmatrix} -4 & -2 \\ 8 & 4 \end{bmatrix}$

13. $\begin{bmatrix} 0 & 0 & 0 \\ 0 & 0 & 0 \\ 0 & 0 & 0 \end{bmatrix}$

15. $\begin{bmatrix} 27 & 0 \\ -49 & 125 \end{bmatrix}$

17. $\begin{bmatrix} 0 & 1 \\ 0 & 0 \end{bmatrix}$

19. $B = \begin{bmatrix} 1.50 & 1.00 & 2.00 \\ 1.75 & 1.50 & 1.00 \end{bmatrix}$, $BA = \begin{bmatrix} 650.00 & 462.50 \\ 675.00 & 406.25 \end{bmatrix}$

i열은 창고 i를, 1행은 트럭에 대한 운송비용, 2행은 기차에 의한 운송비용을 나타낸다.

21. $\begin{bmatrix} 1 & -2 & 3 \\ 2 & 1 & -5 \end{bmatrix} \begin{bmatrix} x_1 \\ x_2 \\ x_3 \end{bmatrix} = \begin{bmatrix} 0 \\ 4 \end{bmatrix}$

23. $AB = [2\mathbf{a}_1 + \mathbf{a}_2 - \mathbf{a}_3 \ \ 3\mathbf{a}_1 - \mathbf{a}_2 + 6\mathbf{a}_3 \ \ \mathbf{a}_2 + 4\mathbf{a}_3]$

(단, $\mathbf{a}_i$는 A의 i번째 열임)

25. $\begin{bmatrix} 2 & 3 & 0 \\ -6 & -9 & 0 \\ 4 & 6 & 0 \end{bmatrix} + \begin{bmatrix} 0 & 0 & 0 \\ 1 & -1 & 1 \\ 0 & 0 & 0 \end{bmatrix} + \begin{bmatrix} 2 & -12 & -8 \\ -1 & 6 & 4 \\ 1 & -6 & -4 \end{bmatrix}$

27. $BA = \begin{bmatrix} 2\mathrm{A}_1 + 3\mathrm{A}_2 \\ \mathrm{A}_1 - \mathrm{A}_2 + \mathrm{A}_3 \\ -\mathrm{A}_1 + 6\mathrm{A}_2 + 4\mathrm{A}_3 \end{bmatrix}$(단, A_i는 A의 i번째 행임)

29. $\mathbf{b}_i$가 B의 i번째 열이면 $A\mathbf{b}_i$는 AB의 i번째 열이다. 만약, B의 모든 열벡터들이 일차종속이면 $c_1\mathbf{b}_1 + \cdots + c_n\mathbf{b}_n = \mathbf{0}$이면서 모두는 0이 아닌 스칼라 $c_1, \cdots, c_n$이 존재한다. 이때, $c_1(A\mathbf{b}_1) + \cdots + c_n(A\mathbf{b}_n) = A(c_1\mathbf{b}_1 + \cdots + c_n\mathbf{b}_n) = A\mathbf{0} = \mathbf{0}$이므로 AB의 모든 열벡터들도 일차종속이다.

31. $\left[\begin{array}{rr|r} 3 & 2 & 0 \\ -1 & 1 & 0 \\ \hline 0 & 0 & 5 \end{array}\right]$

33. $\left[\begin{array}{rr|rr} 1 & 2 & 2 & 0 \\ 3 & 4 & 5 & 3 \\ \hline 1 & 0 & 1 & 2 \\ 0 & 1 & 0 & -1 \end{array}\right]$

35. (a) $A^2=\begin{bmatrix} -1 & 1 \\ -1 & 0 \end{bmatrix}$, $A^3=\begin{bmatrix} -1 & 0 \\ 0 & -1 \end{bmatrix}$,

$A^4=\begin{bmatrix} 0 & -1 \\ 1 & -1 \end{bmatrix}$, $A^5=\begin{bmatrix} 1 & -1 \\ 1 & 0 \end{bmatrix}$,

$A^6=\begin{bmatrix} 1 & 0 \\ 0 & 1 \end{bmatrix}$, $A^7=\begin{bmatrix} 0 & 1 \\ -1 & 1 \end{bmatrix}$

(b) $A^{2015}=\begin{bmatrix} 1 & -1 \\ 1 & 0 \end{bmatrix}$

37. $A^n=\begin{bmatrix} 1 & n \\ 0 & 1 \end{bmatrix}$

39. (a) $\begin{bmatrix} 1 & -1 & 1 & -1 \\ -1 & 1 & -1 & 1 \\ 1 & -1 & 1 & -1 \\ -1 & 1 & -1 & 1 \end{bmatrix}$ (c) $\begin{bmatrix} 0 & 0 & 0 & 0 \\ 1 & 1 & 1 & 1 \\ 2 & 4 & 8 & 16 \\ 3 & 9 & 27 & 81 \end{bmatrix}$

3.2 연습문제

1. $X=\begin{bmatrix} 5 & 4 \\ 3 & 5 \end{bmatrix}$

3. $X=\begin{bmatrix} -2/3 & 4/3 \\ 10/3 & 4 \end{bmatrix}$

5. $B=2A_1+A_2$

7. 일차결합으로 나타낼 수 없다.

9. $\text{span}(A_1,\ A_2)=\left\{\begin{bmatrix} c_1 & 2c_1+c_2 \\ -c_1+2c_2 & c_1+c_2 \end{bmatrix}\right\}$

$=\left\{\begin{bmatrix} w & x \\ 2x-5w & x-w \end{bmatrix}\right\}$

11. $\text{span}(A_1,\ A_2,\ A_3)=$

$\left\{\begin{bmatrix} c_1-c_2+c_3 & 2c_2+c_3 & -c_1+c_3 \\ 0 & c_1+c_2 & 0 \end{bmatrix}\right\}=$

$\left\{\begin{bmatrix} -3b+4c+5e & b & c \\ 0 & e & 0 \end{bmatrix}\right\}$

13. 일차독립

15. 일차독립

23. $a=d,\ c=0$

25. $3b=2c,\ a=d-c$

27. $a=d,\ b=c=0$

29. $A=[a_{ij}]$와 $B=[b_{ij}]$가 $n\times n$ 상삼각행렬이라 하자. $i>j$이면, 정의에 의해

$$a_{i1}=a_{i2}=\cdots=a_{i,i-1}=0$$
$$b_{ij}=b_{i+1,j}=\cdots=b_{nj}=0$$

를 만족한다. 이때, $C=AB$라 두면

$$\begin{aligned} c_{ij}&=a_{i1}b_{1j}+a_{i2}b_{2j}+\cdots+a_{1,i-1}b_{i-1,j}+a_{ii}b_{ij} \\ &\quad+a_{i,i+1}b_{i+1,j}+\cdots+a_{in}b_{nj} \\ &=0\cdot b_{1j}+0\cdot b_{2j}+\cdots+0\cdot b_{i-1,j}+a_{ii}\cdot 0 \\ &\quad+a_{i,i+1}\cdot 0+\cdots+a_{in}\cdot 0=0 \end{aligned}$$

이므로, C는 상삼각행렬이다.

35. (a) A, B가 대칭행렬이면, $(A+B)^T=A^T+B^T=A+B$이므로 $A+B$도 대칭행렬이다.

37. (b), (c)

41. $A=O$ 또는 $B=O$

43. (b) $\begin{bmatrix} 1 & 2 & 3 \\ 4 & 5 & 6 \\ 7 & 8 & 9 \end{bmatrix}=\begin{bmatrix} 1 & 3 & 5 \\ 3 & 5 & 7 \\ 5 & 7 & 9 \end{bmatrix}+\begin{bmatrix} 0 & -1 & -2 \\ 1 & 0 & -1 \\ 2 & 1 & 0 \end{bmatrix}$

3.3 연습문제

1. $\begin{bmatrix} 2 & -7 \\ -1 & 4 \end{bmatrix}$

3. 가역행렬이 아니다.

5. 가역행렬이 아니다.

7. $\begin{bmatrix} -1.6 & -2.8 \\ 0.\bar{3} & 1 \end{bmatrix}$

9. $\begin{bmatrix} a/(a^2+b^2) & b/(a^2+b^2) \\ -b/(a^2+b^2) & a/(a^2+b^2) \end{bmatrix}$

11. $\begin{bmatrix} -5 \\ 9 \end{bmatrix}$

13. (a) $\mathbf{x}_1=\begin{bmatrix} 4 \\ -1/2 \end{bmatrix}$, $\mathbf{x}_2=\begin{bmatrix} -5 \\ 2 \end{bmatrix}$, $\mathbf{x}_3=\begin{bmatrix} 6 \\ -2 \end{bmatrix}$

(c) (b)에서의 방법이 곱셈의 횟수를 줄여준다.

17. (b) $AB=BA$

21. $X=A^{-1}(BA)^2B^{-1}$

23. $X=(AB)^{-1}BA+A$

25. $E=\begin{bmatrix} 0 & 0 & 1 \\ 0 & 1 & 0 \\ 1 & 0 & 0 \end{bmatrix}$

27. $E=\begin{bmatrix} 1 & 0 & 0 \\ 0 & 1 & 0 \\ -1 & 0 & 1 \end{bmatrix}$

29. $E=\begin{bmatrix} 1 & 0 & 0 \\ 0 & 1 & 2 \\ 0 & 0 & 1 \end{bmatrix}$

31. $\begin{bmatrix} 1/3 & 0 \\ 0 & 1 \end{bmatrix}$

33. $\begin{bmatrix} 0 & 1 \\ 1 & 0 \end{bmatrix}$

35. $\begin{bmatrix} 1 & 0 & 0 \\ 0 & 1 & 2 \\ 0 & 0 & 1 \end{bmatrix}$

37. $\begin{bmatrix} 1 & 0 & 0 \\ 0 & 1/c & 0 \\ 0 & 0 & 1 \end{bmatrix}$

39. $A=\begin{bmatrix} 1 & 0 \\ -1 & 1 \end{bmatrix}\begin{bmatrix} 1 & 0 \\ 0 & -2 \end{bmatrix}$, $A^{-1}=\begin{bmatrix} 1 & 0 \\ 0 & -1/2 \end{bmatrix}\begin{bmatrix} 1 & 0 \\ 1 & 1 \end{bmatrix}$

43. (a) $(BA)A^{-1}=(CA)A^{-1}\Rightarrow B(AA^{-1})=C(AA^{-1})\Rightarrow BI=CI\Rightarrow B=C$

45. $A^2-2A+I=O\Rightarrow A(2I-A)=I\Rightarrow A^{-1}=2I-A$

47. AB가 가역행렬이면 $(AB)X=X(AB)=I$를 만족하는 정사각행렬 X가 존재한다. 따라서 $A(BX)=I$에서 A는 가역행렬, $(XA)B=I$에서 B도 가역행렬이다.

49. $\begin{bmatrix} 1/10 & 2/5 \\ 3/10 & 1/5 \end{bmatrix}$

51. $\begin{bmatrix} 1/(a^2+1) & -a/(a^2+1) \\ a/(a^2+1) & 1/(a^2+1) \end{bmatrix}$

53. 가역행렬이 아니다.

55. $\begin{bmatrix} 1/a & 0 & 0 \\ -1/a^2 & 1/a & 0 \\ 1/a^3 & -1/a^2 & 1/a \end{bmatrix}$, $a \neq 0$

57. $\begin{bmatrix} -11 & -2 & 5 & -4 \\ 4 & 1 & -2 & 2 \\ 5 & 1 & -2 & 2 \\ 9 & 2 & -4 & 3 \end{bmatrix}$

59. $\begin{bmatrix} 1 & 0 & 0 & 0 \\ 0 & 1 & 0 & 0 \\ 0 & 0 & 1 & 0 \\ -a/d & -b/d & -c/d & 1/d \end{bmatrix}$, $d \neq 0$

61. 가역행렬이 아니다.

63. $\begin{bmatrix} 4 & 6 & 4 \\ 5 & 3 & 2 \\ 0 & 6 & 5 \end{bmatrix}$

69. $\left[\begin{array}{cc|cc} 1 & 0 & 0 & 0 \\ 0 & 1 & 0 & 0 \\ \hline -2 & -3 & 1 & 0 \\ -1 & -2 & 0 & 1 \end{array}\right]$

71. $\left[\begin{array}{cc|cc} -1 & 0 & 1 & 1 \\ 0 & 1 & -1 & 0 \\ \hline 0 & 1 & 0 & 0 \\ 1 & -1 & 0 & 0 \end{array}\right]$

3.4 연습문제

1. $\begin{bmatrix} -2 \\ 1 \end{bmatrix}$

3. $\begin{bmatrix} -3/2 \\ -2 \\ -1 \end{bmatrix}$

5. $\begin{bmatrix} -7 \\ -15 \\ -2 \\ 2 \end{bmatrix}$

7. $\begin{bmatrix} 1 & 0 \\ -3 & 1 \end{bmatrix}\begin{bmatrix} 1 & 2 \\ 0 & 5 \end{bmatrix}$

9. $\begin{bmatrix} 1 & 0 & 0 \\ 4 & 1 & 0 \\ 8 & 3 & 1 \end{bmatrix}\begin{bmatrix} 1 & 2 & 3 \\ 0 & -3 & -6 \\ 0 & 0 & 3 \end{bmatrix}$

11. $\begin{bmatrix} 1 & 0 & 0 & 0 \\ 2 & 1 & 0 & 0 \\ 0 & 3 & 1 & 0 \\ -1 & 0 & -2 & 1 \end{bmatrix}\begin{bmatrix} 1 & 2 & 3 & -1 \\ 0 & 2 & -3 & 2 \\ 0 & 0 & 3 & 1 \\ 0 & 0 & 0 & 1 \end{bmatrix}$

13. $\begin{bmatrix} 1 & 0 & 0 \\ 0 & 1 & 0 \\ 0 & 0 & 1 \end{bmatrix}\begin{bmatrix} 1 & 0 & 1 & -2 \\ 0 & 3 & 3 & 1 \\ 0 & 0 & 0 & 5 \end{bmatrix}$

15. $L^{-1}=\begin{bmatrix} 1 & 0 \\ 1 & 1 \end{bmatrix}$, $U^{-1}=\begin{bmatrix} -1/2 & 1/12 \\ 0 & 1/6 \end{bmatrix}$,

$A^{-1}=\begin{bmatrix} -5/12 & 1/12 \\ 1/6 & 1/6 \end{bmatrix}$

19. $\begin{bmatrix} 0 & 0 & 1 \\ 0 & 1 & 0 \\ 1 & 0 & 0 \end{bmatrix}\begin{bmatrix} 0 & 1 & 0 \\ 1 & 0 & 0 \\ 0 & 0 & 1 \end{bmatrix}$

21. $\begin{bmatrix} 0 & 1 & 0 & 0 \\ 1 & 0 & 0 & 0 \\ 0 & 0 & 1 & 0 \\ 0 & 0 & 0 & 1 \end{bmatrix}\begin{bmatrix} 0 & 0 & 0 & 1 \\ 0 & 1 & 0 & 0 \\ 0 & 0 & 1 & 0 \\ 1 & 0 & 0 & 0 \end{bmatrix}\begin{bmatrix} 0 & 0 & 1 & 0 \\ 0 & 1 & 0 & 0 \\ 1 & 0 & 0 & 0 \\ 0 & 0 & 0 & 1 \end{bmatrix}$

23. $\begin{bmatrix} 0 & 1 & 0 \\ 1 & 0 & 0 \\ 0 & 0 & 1 \end{bmatrix}\begin{bmatrix} 1 & 0 & 0 \\ 0 & 1 & 0 \\ -1 & 5 & 1 \end{bmatrix}\begin{bmatrix} -1 & 2 & 1 \\ 0 & 1 & 4 \\ 0 & 0 & -16 \end{bmatrix}$

25. $\begin{bmatrix} 0 & 1 & 0 & 0 \\ 1 & 0 & 0 & 0 \\ 0 & 0 & 0 & 1 \\ 0 & 0 & 1 & 0 \end{bmatrix}\begin{bmatrix} 1 & 0 & 0 & 0 \\ 0 & 1 & 0 & 0 \\ 0 & 0 & 1 & 0 \\ 0 & -1 & 0 & 1 \end{bmatrix}\begin{bmatrix} -1 & 1 & 1 & 2 \\ 0 & -1 & 1 & 3 \\ 0 & 0 & 1 & 1 \\ 0 & 0 & 0 & 4 \end{bmatrix}$

27. $\begin{bmatrix} 4 \\ -1 \\ -2 \end{bmatrix}$

31. $\begin{bmatrix} 1 & 0 \\ -1 & 1 \end{bmatrix}\begin{bmatrix} -2 & 0 \\ 0 & 6 \end{bmatrix}\begin{bmatrix} 1 & -1/2 \\ 0 & 1 \end{bmatrix}$

3.5 연습문제

1. 부분공간

3. 부분공간

5. 부분공간

7. 부분공간이 아니다.

11. $\mathbf{b} \in \mathrm{col}(A)$, $\mathbf{w} \notin \mathrm{row}(A)$

15. 포함되지 않는다.

17. $\{[1\ 0\ -1], [0\ 1\ 2]\}$는 $\mathrm{row}(A)$의 기저,

$\left\{\begin{bmatrix} 1 \\ 1 \end{bmatrix}, \begin{bmatrix} 0 \\ 1 \end{bmatrix}\right\}$은 $\mathrm{col}(A)$의 기저,

$\left\{\begin{bmatrix} 1 \\ -2 \\ 1 \end{bmatrix}\right\}$은 $\mathrm{null}(A)$의 기저

19. $\{[1\ 0\ 1\ 0], [0\ 1\ -1\ 0], [0\ 0\ 0\ 1]\}$은 $\mathrm{row}(A)$의 기저,

$\left\{\begin{bmatrix} 1 \\ 0 \\ 0 \end{bmatrix}, \begin{bmatrix} 1 \\ 1 \\ 1 \end{bmatrix}, \begin{bmatrix} 1 \\ 1 \\ -1 \end{bmatrix}\right\}$은 $\mathrm{col}(A)$의 기저,

$\left\{\begin{bmatrix} -1 \\ 1 \\ 1 \\ 0 \end{bmatrix}\right\}$는 $\mathrm{null}(A)$의 기저

21. $\{[1\ 0\ -1], [1\ 1\ 1]\}$은 $\mathrm{row}(A)$의 기저,

$\left\{\begin{bmatrix} 1 \\ 0 \end{bmatrix}, \begin{bmatrix} 0 \\ 1 \end{bmatrix}\right\}$은 $\mathrm{col}(A)$의 기저

23. $\{[1\ 1\ 0\ 1], [0\ 1\ -1\ 1], [0\ 1\ -1\ -1]\}$은 $\mathrm{row}(A)$의 기저,

$\left\{\begin{bmatrix} 1 \\ 0 \\ 0 \end{bmatrix}, \begin{bmatrix} 0 \\ 1 \\ 0 \end{bmatrix}, \begin{bmatrix} 0 \\ 0 \\ 1 \end{bmatrix}\right\}$은 $\mathrm{col}(A)$의 기저

25. $\{[1\ 0\ -1], [0\ 1\ 2]\}$와 $\{[1\ 0\ -1], [1\ 1\ 1]\}$은 둘 다 $\mathrm{row}(A)=\{[a\ \ b\ \ -a+2b]\}$를 생성하는 일차독립,

$\left\{\begin{bmatrix} 1 \\ 1 \end{bmatrix}, \begin{bmatrix} 0 \\ 1 \end{bmatrix}\right\}$과 $\left\{\begin{bmatrix} 1 \\ 0 \end{bmatrix}, \begin{bmatrix} 0 \\ 1 \end{bmatrix}\right\}$은 둘 다 $\mathrm{col}(A)=\mathbb{R}^2$을 생

성하는 일차독립

27. $\left\{\begin{bmatrix} 1 \\ -1 \\ 0 \end{bmatrix}, \begin{bmatrix} -1 \\ 0 \\ 1 \end{bmatrix}\right\}$

29. $\{[1\ 0\ 0], [0\ 1\ 0], [0\ 0\ 1]\}$

31. $\{[2\ -3\ 1], [1\ -1\ 0], [4\ -4\ 1]\}$

35. $\text{rank}(A)=2$, $\text{nullity}(A)=1$

37. $\text{rank}(A)=3$, $\text{nullity}(A)=1$

39. A가 3×5행렬이면 $\text{rank}(A)\le 3$이므로 세 개보다 많은 일차독립인 열이 있을 수 없다.

41. $\text{nullity}(A)=2, 3, 4$ 또는 5

43. $a=-1$이면 $\text{rank}(A)=1$, $a=2$이면 $\text{rank}(A)=2$, $a\neq-1, 2$인 경우는 $\text{rank}(A)=3$

45. 기저이다. 47. 기저이다. 49. 기저가 아니다.

51. $\mathbf{w}\in\text{span}(\mathcal{B})$일 필요충분조건은 첨가행렬 $[\mathcal{B}|\mathbf{w}]$를 갖는 연립일차방정식이 해를 가질 때이다. 이 경우 기약 행사다리꼴

$$[\mathcal{B}|\mathbf{w}]=\left[\begin{array}{rr|r} 1 & 1 & 1 \\ 2 & 0 & 6 \\ 0 & -1 & 2 \end{array}\right]\longrightarrow\left[\begin{array}{rr|r} 1 & 0 & 3 \\ 0 & 1 & -2 \\ 0 & 0 & 0 \end{array}\right]$$

로부터 $[\mathbf{w}]_{\mathcal{B}}=\begin{bmatrix} 3 \\ -2 \end{bmatrix}$이다.

53. $\text{rank}(A)=2$, $\text{nullity}(A)=1$

55. $\text{rank}(A)=3$, $\text{nullity}(A)=1$

57. $\text{row}(A)=\text{span}(\mathbf{A}_1, \cdots, \mathbf{A}_m)$를 만족하는 열벡터들은 $\mathbf{A}_1, \cdots, \mathbf{A}_m$이라 하자. 만약, $\mathbf{x}\in\text{null}(A)$이면 $A\mathbf{x}=\mathbf{0}$이므로, 각 $i=1, \cdots, m$에 대하여 $\mathbf{A}_i\cdot\mathbf{x}=0$이다. 만약 $\mathbf{r}\in\text{row}(A)$이면 $\mathbf{r}=c_1\mathbf{A}_1+\cdots+c_m\mathbf{A}_m$의 형태이므로 다음이 성립한다.

$$\begin{aligned}\mathbf{r}\cdot\mathbf{x}&=(c_1\mathbf{A}_1+\cdots+c_m\mathbf{A}_m)\cdot\mathbf{x}\\&=c_1(\mathbf{A}_1\cdot\mathbf{x})+\cdots+c_m(\mathbf{A}_m\cdot\mathbf{x})=0\end{aligned}$$

59. (a) AB의 열벡터들이 일차독립이면, 대응하는 B의 열벡터들도 일차독립이다. 따라서 AB에서 일차독립인 열의 최대 개수 k는 B에서 일차독립인 열의 최대 개수 r을 초과할 수 없다. 즉, $\text{rank}(AB)\le\text{rank}(B)$이다.

61. (a) 연습문제 59(a)로부터, $\text{rank}(UA)\le\text{rank}(A)$이고 $\text{rank}(A)=\text{rank}((U^{-1}U)A)=\text{rank}(U^{-1}(UA))\le\text{rank}(UA)$이므로, $\text{rank}(UA)=\text{rank}(A)$이다.

3.6 연습문제

1. $T(\mathbf{u})=\begin{bmatrix} 0 \\ 11 \end{bmatrix}$, $T(\mathbf{v})=\begin{bmatrix} 8 \\ 1 \end{bmatrix}$

11. $\begin{bmatrix} 1 & 1 \\ 1 & -1 \end{bmatrix}$

13. $\begin{bmatrix} 1 & -1 & 1 \\ 2 & 1 & -3 \end{bmatrix}$

15. $[F]=\begin{bmatrix} -1 & 0 \\ 0 & 1 \end{bmatrix}$

17. $[D]=\begin{bmatrix} 2 & 0 \\ 0 & 3 \end{bmatrix}$

19. $\begin{bmatrix} k & 0 \\ 0 & 1 \end{bmatrix}$은 x축 방향으로 확대 또는 축소된다(만약, $k<0$이면 y축에 대한 대칭과 결합하여). $\begin{bmatrix} 1 & 0 \\ 0 & k \end{bmatrix}$는 y축 방향으로 확대 또는 축소된다(만약, $k<0$이면 x축에 대한 대칭과 결합하여). $\begin{bmatrix} 0 & 1 \\ 1 & 0 \end{bmatrix}$은 직선 $y=x$에 대한 대칭이다; $\begin{bmatrix} 1 & k \\ 0 & 1 \end{bmatrix}$은 x축 방향으로 층밀림이다. $\begin{bmatrix} 1 & 0 \\ k & 1 \end{bmatrix}$은 y축 방향으로 층밀림이다. 예를 들어,

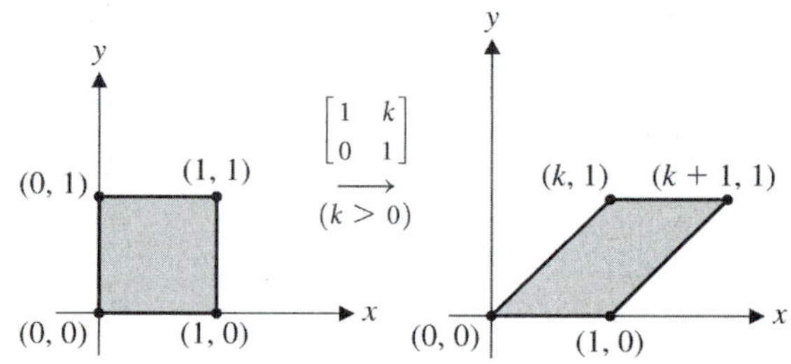

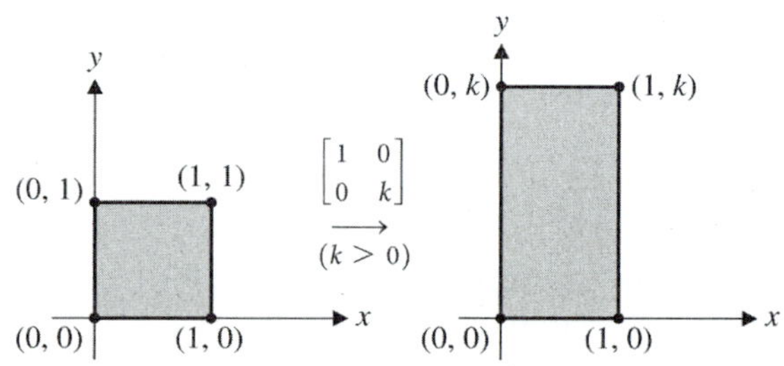

21. $\begin{bmatrix} \sqrt{3}/2 & 1/2 \\ -1/2 & \sqrt{3}/2 \end{bmatrix}$ 23. $\begin{bmatrix} 1/2 & -1/2 \\ -1/2 & 1/2 \end{bmatrix}$

25. $\begin{bmatrix} 0 & -1 \\ -1 & 0 \end{bmatrix}$ 27. $\begin{bmatrix} -3/5 & 4/5 \\ 4/5 & 3/5 \end{bmatrix}$

31. $[S\circ T]=\begin{bmatrix} -8 & 5 \\ 4 & 1 \end{bmatrix}$ 33. $[S\circ T]=\begin{bmatrix} 0 & 6 & -6 \\ 1 & -2 & 2 \end{bmatrix}$

35. $[S\circ T]=\begin{bmatrix} 1 & 0 & -1 \\ -1 & 1 & 0 \\ 0 & -1 & 1 \end{bmatrix}$ 37. $\begin{bmatrix} -\sqrt{3}/2 & 1/2 \\ 1/2 & \sqrt{3}/2 \end{bmatrix}$

39. $\begin{bmatrix} -\sqrt{3}/2 & -1/2 \\ 1/2 & -\sqrt{3}/2 \end{bmatrix}$

45. 벡터의 형태로, 평행선은 $\mathbf{x}=\mathbf{p}+t\mathbf{d}$와 $\mathbf{x}'=\mathbf{p}'+t\mathbf{d}$로 주어진다. 그 상은 $T(\mathbf{x})=T(\mathbf{p})+tT(\mathbf{d})$와 $T(\mathbf{x}')=T(\mathbf{p}')+tT(\mathbf{d}')$이다. $T(\mathbf{d})\neq\mathbf{0}$라고 가정하자. 만약 $T(\mathbf{p}')-T(\mathbf{p})$가 $T(\mathbf{d})$와 평행하면 그 상들은 같은 직선으로 나타난다. 그렇지 않으면 그 상들은 다른 평행직선으로 나타난다. 한편, $T(\mathbf{d})=\mathbf{0}$이면 그 상들은 $T(\mathbf{p}')\neq T(\mathbf{p})$이면 두 개의 다른 점으로 나타나고 그렇지 않으면 하나의 점으로 나타난다.

47.

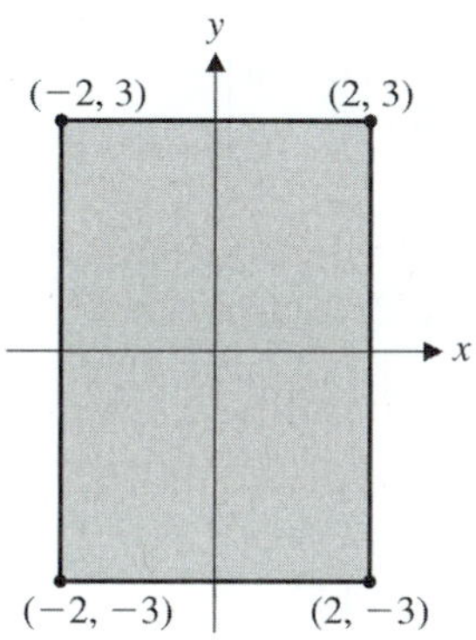

49.

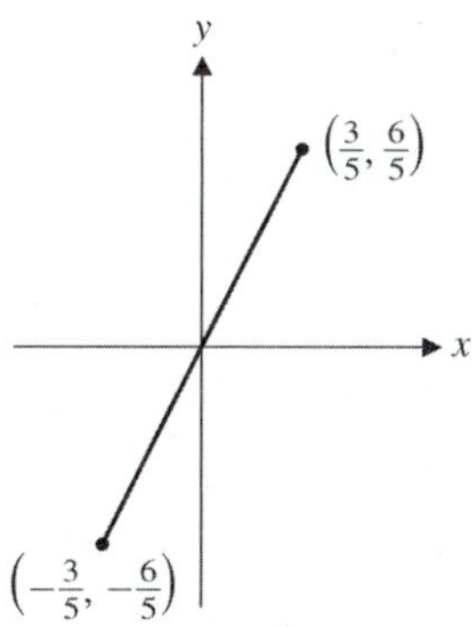

51.

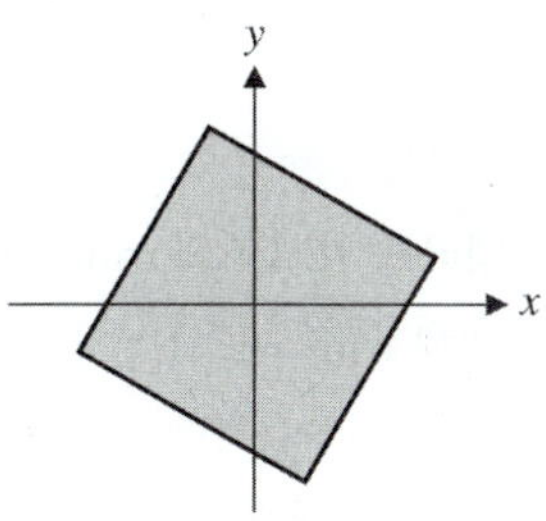

3.7 연습문제

1. $\mathbf{x}_1=\begin{bmatrix}0.4\\0.6\end{bmatrix}$, $\mathbf{x}_2=\begin{bmatrix}0.38\\0.62\end{bmatrix}$ **3.** 64%

5. $\mathbf{x}_1=\begin{bmatrix}150\\120\\120\end{bmatrix}$, $\mathbf{x}_2=\begin{bmatrix}155\\120\\115\end{bmatrix}$ **7.** $\frac{5}{18}$

9. (a) $P=\begin{bmatrix}0.662 & 0.250\\0.338 & 0.750\end{bmatrix}$ (b) 0.353

(c) 비오는 날 : 42.5%, 비가 오지 않는 날 : 57.5%

11. (a) $P=\begin{bmatrix}0.08 & 0.09 & 0.11\\0.07 & 0.11 & 0.05\\0.85 & 0.80 & 0.84\end{bmatrix}$

(b) 0.08, 0.1062, 0.1057, 0.1057, 0.1057

(c) 좋을 확률 : 10.6%, 괜찮을 확률 : 5.5%, 나쁠 확률 : 83.9%

13. 벡터 $\mathbf{j}P$의 성분은 행렬 P의 각 열벡터의 합으로 주어진다. 따라서 P가 확률행렬일 필요충분조건은 $\mathbf{j}P=\mathbf{j}$이다.

15. 4 **17.** 9.375

19. 예, $\mathbf{x}=\begin{bmatrix}1\\2\end{bmatrix}$ **21.** 아니오

23. 아니오 **25.** 예, $\mathbf{x}=\begin{bmatrix}10\\27\\35\end{bmatrix}$

27. 생산적이다.

29. 생산적이 아니다.

31. $\mathbf{x}=\begin{bmatrix}10\\16\end{bmatrix}$

33. 예, $\mathbf{x}=\begin{bmatrix}10\\6\\8\end{bmatrix}$

37. $\mathbf{x}_1=\begin{bmatrix}45\\6\end{bmatrix}$, $\mathbf{x}_2=\begin{bmatrix}120\\27\end{bmatrix}$, $\mathbf{x}_3=\begin{bmatrix}375\\72\end{bmatrix}$

39. $\mathbf{x}_1=\begin{bmatrix}500\\70\\50\end{bmatrix}$, $\mathbf{x}_2=\begin{bmatrix}720\\350\\35\end{bmatrix}$, $\mathbf{x}_3=\begin{bmatrix}1175\\504\\175\end{bmatrix}$

41 (a) L_1에 대하여, 다음을 얻는다.

$\mathbf{x}_1=\begin{bmatrix}50\\8\end{bmatrix}$, $\mathbf{x}_2=\begin{bmatrix}40\\40\end{bmatrix}$, $\mathbf{x}_3=\begin{bmatrix}200\\32\end{bmatrix}$,

$\mathbf{x}_4=\begin{bmatrix}160\\160\end{bmatrix}$, $\mathbf{x}_5=\begin{bmatrix}800\\128\end{bmatrix}$, $\mathbf{x}_6=\begin{bmatrix}640\\640\end{bmatrix}$,

$\mathbf{x}_7=\begin{bmatrix}3200\\512\end{bmatrix}$, $\mathbf{x}_8=\begin{bmatrix}2560\\2560\end{bmatrix}$, $\mathbf{x}_9=\begin{bmatrix}12800\\2048\end{bmatrix}$,

$\mathbf{x}_{10}=\begin{bmatrix}10240\\10240\end{bmatrix}$

(b) 처음 개체수는 두 상태 사이에서 변화하며, 두 번째는 안정상태에 접근한다.

43. 개체수는 세 가지 상태의 사이클을 움직인다. $0.1<s\leq 1$이면 실제 개체수는 증가하고, $s=0.1$이면 길이가 3인 사이클을 순환한다. 그리고 $0\leq s<0.1$이면 개체수는 감소하여 결국에는 멸종된다.

45. $A=\begin{bmatrix}0&1&0&1\\1&0&1&0\\0&1&0&1\\1&0&1&0\end{bmatrix}$ **47.** $A=\begin{bmatrix}0&1&1&1&1\\1&0&1&0&0\\1&1&0&1&0\\1&0&1&0&1\\1&0&0&1&0\end{bmatrix}$

49.

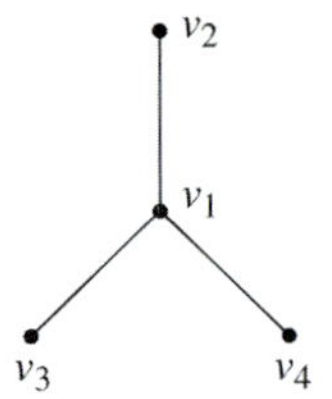

51.

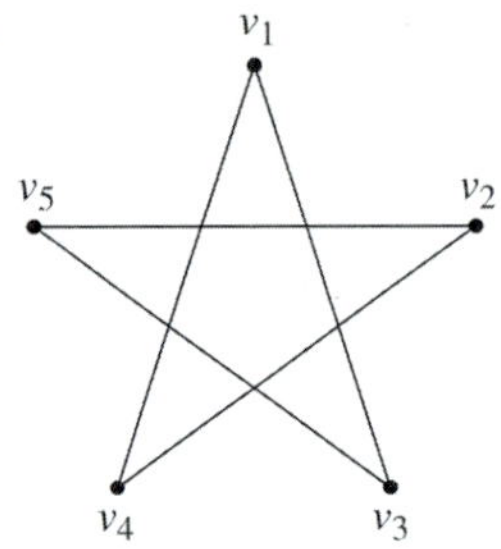

53. $A=\begin{bmatrix}0&1&1&0\\0&0&0&0\\0&1&0&1\\1&0&0&0\end{bmatrix}$

55. $A=\begin{bmatrix}0&1&0&1&0\\1&0&0&1&0\\1&1&0&0&0\\1&0&0&0&1\\1&0&0&0&0\end{bmatrix}$

57.

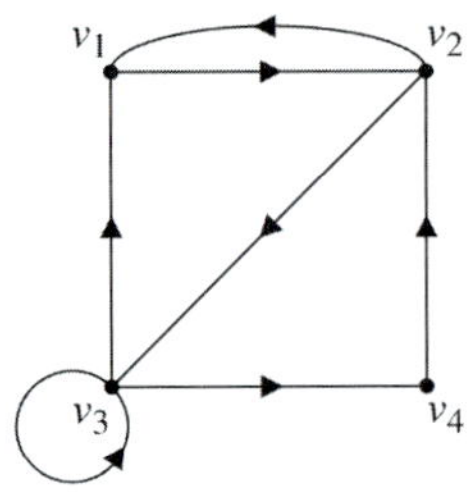

59.

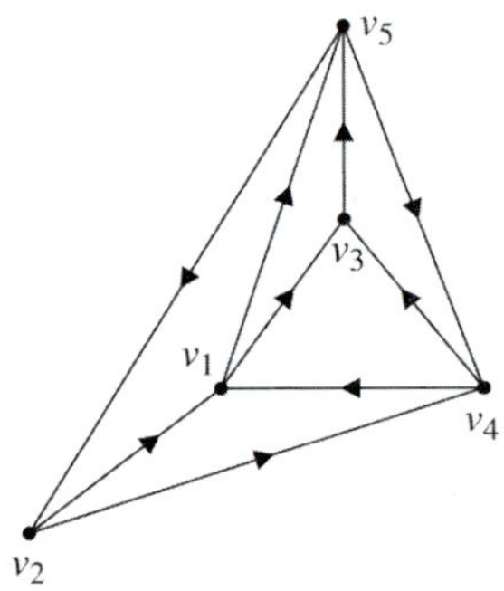

61. 2

63. 3

65. 0

67. 3

69. (a) 꼭짓점 i는 어떤 다른 꼭짓점과도 인접하지 않는다.

73. (a)

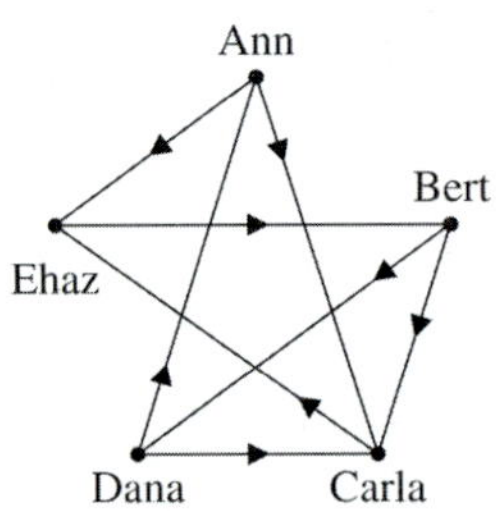

$A=\begin{bmatrix}0&0&1&0&1\\0&0&1&1&0\\0&0&0&0&1\\1&0&1&0&0\\0&1&0&0&0\end{bmatrix}$

(b) 2단계 : $A+A^2$의 두 번째 행에서 대각성분을 제외한 모두가 0이 아니다.

(d) 그래프가 n개의 꼭짓점을 가지면, $k=1,\ \cdots,\ n-1$에 대하여 A^k의 $(i,\ j)$성분을 확인하여라. 꼭짓점 i가 k 단계를 거쳐 j와 연결된 필요충분조건은 $(A^k)_{ij}\neq 0$이다.

75. $(AA^T)_{ij}$는 꼭짓점 i와 꼭짓점 j에 인접하는 꼭짓점들의 수를 나타낸다.

77. 이분그래프

79. 이분그래프

3장 복습문제

1. (a) T (c) F (e) T (g) T (i) T

3. 불가능

5. $\begin{bmatrix}17/83&-1/83\\-1/83&5/106\end{bmatrix}$

7. $\begin{bmatrix}1&3\\3&9\end{bmatrix}+\begin{bmatrix}4&10\\10&25\end{bmatrix}$

9. $\begin{bmatrix}0&-9\\2&4\\1&-6\end{bmatrix}$

11. $(I-A)(I+A+A^2)=I-A^3=I-O=I$이므로, $(I-A)^{-1}=I+A+A^2$이다.

13. row(A)의 기저 : $\{[1,\ -2,\ 0,\ -1,\ 0],\ \ [0,\ 0,\ 1,\ 2,\ 0],\ [0,\ 0,\ 0,\ 0,\ 1]\}$,

col(A)의 기저 : $\left\{\begin{bmatrix}2\\1\\4\end{bmatrix},\ \begin{bmatrix}5\\2\\3\end{bmatrix},\ \begin{bmatrix}5\\1\\6\end{bmatrix}\right\}$

(또는 $\mathbb{R}^3$의 표준기저),

null(A)의 기저 : $\left\{\begin{bmatrix}2\\1\\0\\0\\0\end{bmatrix},\ \begin{bmatrix}1\\0\\-2\\1\\0\end{bmatrix}\right\}$

15. 가역행렬의 영공간은 $\{\mathbf{0}\}$이다. 만약 A가 가역행렬이면, A^T도 가역행렬이고, 따라서 둘 다 영공간 $\{\mathbf{0}\}$를 갖는다. 그러나 A가 가역행렬이 아니면 A와 A^T는 같은 영공간을 갖지 않는다. 예로써, 다음의 행렬을 택하자.

$$A=\begin{bmatrix}1&1\\0&0\end{bmatrix}$$

17. A가 n개의 일차독립인 열벡터를 가지므로 rank$(A)=n$이다. 따라서 정리 3.28에 의해 rank$(A^TA)=n$이다. 한편, A^TA는 $n\times n$행렬이므로 가역이지만, 가역행렬의 기본정리에 의해 AA^T도 가역일 필요는 없다. 예로써 $A=\begin{bmatrix}1\\0\end{bmatrix}$를 생각해보아라.

19. $\begin{bmatrix}-1/5\sqrt{2}&-3/5\sqrt{2}\\2/5\sqrt{2}&6/5\sqrt{2}\end{bmatrix}$

제4장

4.1 연습문제

1. $A\mathbf{v}=\begin{bmatrix}3\\3\end{bmatrix}=3\mathbf{v},\ \lambda=3$

3. $A\mathbf{v}=\begin{bmatrix}-3\\6\end{bmatrix}=-3\mathbf{v},\ \lambda=-3$

5. $A\mathbf{v}=\begin{bmatrix}6\\-3\\3\end{bmatrix}=3\mathbf{v},\ \lambda=3$

7. $\begin{bmatrix}2\\1\end{bmatrix}$

9. $\begin{bmatrix}4\\1\end{bmatrix}$

11. $\begin{bmatrix}1\\1\\-1\end{bmatrix}$

13. $\lambda=1,\ E_1=\text{span}\left(\begin{bmatrix}0\\1\end{bmatrix}\right);\lambda=-1,\ E_{-1}=\text{span}\left(\begin{bmatrix}1\\0\end{bmatrix}\right)$

15. $\lambda=0,\ E_0=\text{span}\left(\begin{bmatrix}0\\1\end{bmatrix}\right);\lambda=1,\ E_1=\text{span}\left(\begin{bmatrix}1\\0\end{bmatrix}\right)$

17. $\lambda=2,\ E_2=\text{span}\left(\begin{bmatrix}1\\0\end{bmatrix}\right);\lambda=3,\ E_3=\text{span}\left(\begin{bmatrix}0\\1\end{bmatrix}\right)$

19. $\mathbf{v}=\begin{bmatrix}1\\0\end{bmatrix},\ \lambda=1;\ \mathbf{v}=\begin{bmatrix}0\\1\end{bmatrix},\ \lambda=2$

21. $\mathbf{v}=\begin{bmatrix}1/\sqrt{2}\\1/\sqrt{2}\end{bmatrix},\ \lambda=2;\ \mathbf{v}=\begin{bmatrix}-1/\sqrt{2}\\1/\sqrt{2}\end{bmatrix},\ \lambda=0$

23. $\lambda=2,\ E_2=\text{span}\left(\begin{bmatrix}1\\2\end{bmatrix}\right);\lambda=3,\ E_3=\text{span}\left(\begin{bmatrix}1\\1\end{bmatrix}\right)$

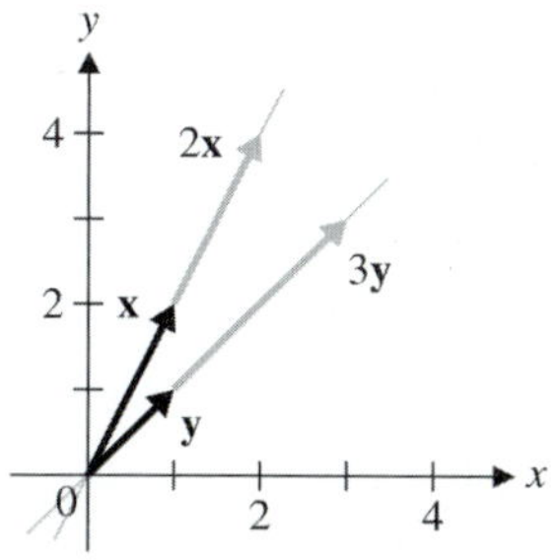

25. $\lambda=2,\ E_2=\text{span}\left(\begin{bmatrix}1\\0\end{bmatrix}\right)$

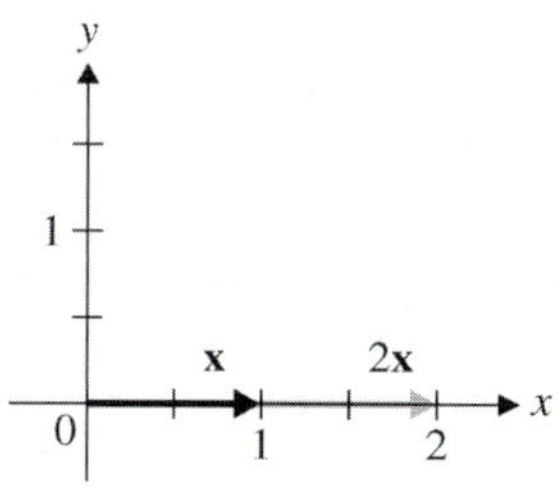

27. $\lambda=1+i,\ E_{1+i}=\text{span}\left(\begin{bmatrix}1\\i\end{bmatrix}\right);\lambda=1-i,$

$E_{1-i}=\text{span}\left(\begin{bmatrix}1\\-i\end{bmatrix}\right)$

29. $\lambda=1+i,\ E_{1+i}=\text{span}\left(\begin{bmatrix}1\\1\end{bmatrix}\right);\lambda=1-i,$

$E_{1-i}=\text{span}\left(\begin{bmatrix}1\\-1\end{bmatrix}\right)$

31. $\lambda=1,\ 2$

33. $\lambda=4$

4.2 연습문제

1. 16
3. 0
5. -18
7. 6
9. -12
11. a^2b+ab^2
13. 4
15. $abdg$
17. 0
25. 2
27. -24
29. 0
31. 0
33. -24
35. 8
37. -4
39. -8
45. $k\neq 0,\ 2$
47. -6
49. $-\frac{3}{2}$
51. $(-2)3^n$
53. $\det(AB)=(\det A)(\det B)=(\det B)(\det A)$

$=\det(BA)$

55. 0, 1
57. $x=\dfrac{3}{2},\ y=-\dfrac{1}{2}$
59. $x=-1,\ y=0,\ z=1$
61. $\begin{bmatrix}1/2 & 1/2\\1/2 & -1/2\end{bmatrix}$
63. $\begin{bmatrix}1/2 & -1/2 & -1\\0 & 1 & -1\\0 & 0 & 1\end{bmatrix}$

4.3 연습문제

1. (a) $\lambda^2-7\lambda+12$ (b) $\lambda=3,\ 4$

(c) $E_3=\text{span}\left(\begin{bmatrix}3\\2\end{bmatrix}\right),\ E_4=\text{span}\left(\begin{bmatrix}1\\1\end{bmatrix}\right)$

(d) 대수적 중복도와 기하적 중복도는 모두 1이다.

3. (a) $-\lambda^3+2\lambda^2+5\lambda-6$ (b) $\lambda=-2,\ 1,\ 3$

(c) $E_{-2}=\text{span}\left(\begin{bmatrix}1\\-3\\0\end{bmatrix}\right),\ E_1=\text{span}\left(\begin{bmatrix}1\\0\\0\end{bmatrix}\right),$

$E_3=\text{span}\left(\begin{bmatrix}1\\2\\10\end{bmatrix}\right)$

(d) 대수적 중복도와 기하적 중복도는 모두 1이다.

5. (a) $-\lambda^3+\lambda^2$ (b) $\lambda=0,\ 1$

(c) $E_0=\text{span}\left(\begin{bmatrix}2\\-1\\1\end{bmatrix}\right),\ E_1=\text{span}\left(\begin{bmatrix}1\\0\\1\end{bmatrix}\right)$

(d) $\lambda=0$는 대수적 중복도 2와 기하적 중복도 1을 갖는다. $\lambda=1$은 대수적 중복도와 기하적 중복도 1을 갖는다.

7. (a) $-\lambda^3+9\lambda^2-27\lambda+27$

(b) $\lambda=3$

(c) $E_3=\text{span}\left(\begin{bmatrix}-1\\0\\1\end{bmatrix}, \begin{bmatrix}0\\1\\0\end{bmatrix}\right)$

(d) $\lambda=3$는 대수적 중복도 3, 기하적 중복도 2를 갖는다.

9. (a) $\lambda^4-6\lambda^3+9\lambda^2+4\lambda-12$

(b) $\lambda=-1,\ 2,\ 3$

(c) $E_{-1}=\text{span}\left(\begin{bmatrix}0\\0\\-2\\1\end{bmatrix}\right),\ E_2=\text{span}\left(\begin{bmatrix}1\\-1\\0\\0\end{bmatrix}\right),$

$E_3=\text{span}\left(\begin{bmatrix}0\\0\\2\\1\end{bmatrix}\right)$

(d) $\lambda=-1$과 $\lambda=3$는 대수적 중복도와 기하적 중복도 1을 갖는다. $\lambda=2$는 대수적 중복도 2와 기하적 중복도 1을 갖는다.

11. (a) $\lambda^4-4\lambda^3+2\lambda^2+4\lambda-3$

(b) $\lambda=-1,\ 1,\ 3$

(c) $E_{-1}=\text{span}\left(\begin{bmatrix}0\\0\\0\\1\end{bmatrix}\right),\ E_1=\text{span}\left(\begin{bmatrix}-2\\0\\1\\3\end{bmatrix}, \begin{bmatrix}-2\\2\\0\\3\end{bmatrix}\right),$

$E_3=\text{span}\left(\begin{bmatrix}0\\0\\2\\1\end{bmatrix}\right)$

(d) $\lambda=-1$과 $\lambda=3$는 대수적 중복도와 기하적 중복도 1을 갖는다. $\lambda=1$은 대수적 중복도와 기하적 중복도 2를 갖는다.

15. $\begin{bmatrix}2^{-9}+3\cdot 2^{10}\\-2^{-9}+3\cdot 2^{10}\end{bmatrix}$

17. $\begin{bmatrix}2\\(2\cdot 3^{20}-1)/3^{20}\\2\end{bmatrix}$

23. (a) $\lambda=-2,\ E_{-2}=\text{span}\left(\begin{bmatrix}2\\-5\end{bmatrix}\right);$

$\lambda=5,\ E_5=\text{span}\left(\begin{bmatrix}1\\1\end{bmatrix}\right)$

(b) (i) $\lambda=-\frac{1}{2},\ E_{-1/2}=\text{span}\left(\begin{bmatrix}2\\-5\end{bmatrix}\right);$

$\lambda=\frac{1}{5},\ E_{1/5}=\text{span}\left(\begin{bmatrix}1\\1\end{bmatrix}\right)$

(ii) $\lambda=0,\ E_0=\text{span}\left(\begin{bmatrix}2\\-5\end{bmatrix}\right);$

$\lambda=7,\ E_7=\text{span}\left(\begin{bmatrix}1\\1\end{bmatrix}\right)$

27. $\begin{bmatrix}-3&4&-12\\1&0&0\\0&1&0\end{bmatrix},\ -\lambda^3-3\lambda^2+4\lambda-12$

35. $A^2=4A-5I,\ A^3=11A-20I$

$A^4=24A-55I$

37. $A^{-1}=-\frac{1}{5}A+\frac{4}{5}I,\ A^{-2}=-\frac{4}{25}A+\frac{11}{25}I$

4.4 연습문제

1. A의 특성다항식은 $\lambda^2-5\lambda+1$이고 B의 특성다항식은 $\lambda^2-2\lambda+1$이므로, 닮은 행렬이 아니다.

3. A의 고윳값은 $\lambda=2$와 $\lambda=4$이고, B의 고윳값은 $\lambda=1$과 $\lambda=4$이므로, 닮은 행렬이 아니다.

5. $\lambda_1=4,\ E_4=\text{span}\left(\begin{bmatrix}1\\1\end{bmatrix}\right);\ \lambda_2=3,\ E_3=\text{span}\left(\begin{bmatrix}1\\2\end{bmatrix}\right)$

7. $\lambda_1=6,\ E_6=\text{span}\left(\begin{bmatrix}3\\2\\3\end{bmatrix}\right);$

$\lambda_2=-2,\ E_{-2}=\text{span}\left(\begin{bmatrix}0\\1\\-1\end{bmatrix}, \begin{bmatrix}1\\0\\-1\end{bmatrix}\right)$

9. 대각화 가능하지 않다.

11. $P=\begin{bmatrix}1&1&-1\\1&1&1\\1&-2&0\end{bmatrix},\ D=\begin{bmatrix}2&0&0\\0&-1&0\\0&0&1\end{bmatrix}$

13. 대각화 가능하지 않다.

15. $P=\begin{bmatrix}1&0&0&-1\\0&1&0&0\\0&0&1&0\\0&0&0&1\end{bmatrix},\ D=\begin{bmatrix}2&0&0&0\\0&2&0&0\\0&0&-2&0\\0&0&0&-2\end{bmatrix}$

17. $\begin{bmatrix}35839&-69630\\-11605&24234\end{bmatrix}$

19. $\begin{bmatrix}(3^k+3(-1)^k)/4&(3^{k+1}-3(-1)^k)/4\\(3^k-(-1)^k)/4&(3^{k+1}+(-1)^k)/4\end{bmatrix}$

21. $\begin{bmatrix}1&1&1\\0&-1&0\\0&0&-1\end{bmatrix}$

23.

$$\begin{bmatrix}(5+2^{k+2}+(-3)^k)/10&(2^k-(-3)^k)/5&(-5+2^{k+2}+(-3)^k)/10\\(2^{k+1}-2(-3)^k)/5&(2^k+4(-3)^k)/5&(2^{k+1}-2(-3)^k)/5\\(-5+2^{k+2}+(-3)^k)/10&(2^k-(-3)^k)/5&(5+2^{k+2}+(-3)^k)/10\end{bmatrix}$$

25. $k=0$

27. $k=0$

29. k의 모든 실수 값

37. A와 B가 닮은 행렬이면 $B=P^{-1}AP$를 만족하는 가역행렬 P가 존재한다. 따라서 3.2절의 연습문제 45를 이용하여 다음을 얻는다.

$$\operatorname{tr}(B)=\operatorname{tr}(P^{-1}AP)=\operatorname{tr}(P^{-1}(AP))=\operatorname{tr}((AP)P^{-1})$$
$$=\operatorname{tr}(APP^{-1})=\operatorname{tr}(AI)=\operatorname{tr}(A)$$

39. $P=\begin{bmatrix} 7 & -2 \\ 10 & -3 \end{bmatrix}$

41. $P=\begin{bmatrix} 1/2 & -1/2 & 0 \\ -3/2 & -3/2 & 1 \\ -5/2 & -3/2 & 0 \end{bmatrix}$

51. (b) $\dim E_{-1}=1$, $\dim E_1=2$, $\dim E_2=3$

4.5 연습문제

1. (a) $\begin{bmatrix} 1 \\ 2.5 \end{bmatrix}$, 6.000 (b) $\lambda_1=6$

3. (a) $\begin{bmatrix} 1 \\ 0.618 \end{bmatrix}$, 2.618

(b) $\lambda_1=(3+\sqrt{5})/2\approx 2.618$

5. (a) $m_5=11.001$, $\mathbf{y}_5=\begin{bmatrix} -0.333 \\ 1.000 \end{bmatrix}$

7. (a) $m_8=10.000$, $\mathbf{y}_8=\begin{bmatrix} 1 \\ 0 \\ 1 \end{bmatrix}$

9.

k	0	1	2
$\mathbf{x}_k$	$\begin{bmatrix} 1 \\ 1 \end{bmatrix}$	$\begin{bmatrix} 26 \\ 8 \end{bmatrix}$	$\begin{bmatrix} 17.692 \\ 5.923 \end{bmatrix}$
$\mathbf{y}_k$	$\begin{bmatrix} 1 \\ 1 \end{bmatrix}$	$\begin{bmatrix} 1 \\ 0.308 \end{bmatrix}$	$\begin{bmatrix} 1 \\ 0.335 \end{bmatrix}$
m_k	1	26	17.692

k	3	4	5
$\mathbf{x}_k$	$\begin{bmatrix} 18.018 \\ 6.004 \end{bmatrix}$	$\begin{bmatrix} 17.999 \\ 6.000 \end{bmatrix}$	$\begin{bmatrix} 18.000 \\ 6.000 \end{bmatrix}$
$\mathbf{y}_k$	$\begin{bmatrix} 1 \\ 0.333 \end{bmatrix}$	$\begin{bmatrix} 1 \\ 0.333 \end{bmatrix}$	$\begin{bmatrix} 1 \\ 0.333 \end{bmatrix}$
m_k	18.018	17.999	18.000

그러므로 $\lambda_1\approx 18$, $\mathbf{v}_1\approx\begin{bmatrix} 1 \\ 0.333 \end{bmatrix}$이다.

11.

k	0	1	2	3	4	5	6
$\mathbf{x}_k$	$\begin{bmatrix} 1 \\ 0 \end{bmatrix}$	$\begin{bmatrix} 7 \\ 2 \end{bmatrix}$	$\begin{bmatrix} 7.571 \\ 2.857 \end{bmatrix}$	$\begin{bmatrix} 7.755 \\ 3.132 \end{bmatrix}$	$\begin{bmatrix} 7.808 \\ 3.212 \end{bmatrix}$	$\begin{bmatrix} 7.823 \\ 3.234 \end{bmatrix}$	$\begin{bmatrix} 7.827 \\ 3.240 \end{bmatrix}$
$\mathbf{y}_k$	$\begin{bmatrix} 1 \\ 0 \end{bmatrix}$	$\begin{bmatrix} 1 \\ 0.286 \end{bmatrix}$	$\begin{bmatrix} 1 \\ 0.377 \end{bmatrix}$	$\begin{bmatrix} 1 \\ 0.404 \end{bmatrix}$	$\begin{bmatrix} 1 \\ 0.411 \end{bmatrix}$	$\begin{bmatrix} 1 \\ 0.413 \end{bmatrix}$	$\begin{bmatrix} 1 \\ 0.414 \end{bmatrix}$
m_k	1	7	7.571	7.755	7.808	7.823	7.827

그러므로 $\lambda_1\approx 7.827$, $\mathbf{v}_1\approx\begin{bmatrix} 1 \\ 0.414 \end{bmatrix}$이다.

13.

k	0	1	2	3	4	5
$\mathbf{x}_k$	$\begin{bmatrix} 1 \\ 1 \\ 1 \end{bmatrix}$	$\begin{bmatrix} 21 \\ 15 \\ 13 \end{bmatrix}$	$\begin{bmatrix} 16.809 \\ 12.238 \\ 10.714 \end{bmatrix}$	$\begin{bmatrix} 17.011 \\ 12.371 \\ 10.824 \end{bmatrix}$	$\begin{bmatrix} 16.999 \\ 12.363 \\ 10.818 \end{bmatrix}$	$\begin{bmatrix} 17.000 \\ 12.363 \\ 10.818 \end{bmatrix}$
$\mathbf{y}_k$	$\begin{bmatrix} 1 \\ 1 \\ 1 \end{bmatrix}$	$\begin{bmatrix} 1 \\ 0.714 \\ 0.619 \end{bmatrix}$	$\begin{bmatrix} 1 \\ 0.728 \\ 0.637 \end{bmatrix}$	$\begin{bmatrix} 1 \\ 0.727 \\ 0.636 \end{bmatrix}$	$\begin{bmatrix} 1 \\ 0.727 \\ 0.636 \end{bmatrix}$	$\begin{bmatrix} 1 \\ 0.727 \\ 0.636 \end{bmatrix}$
m_k	1	21	16.809	17.011	16.999	17.000

그러므로 $\lambda_1\approx 17$, $\mathbf{v}_1\approx\begin{bmatrix} 1 \\ 0.727 \\ 0.636 \end{bmatrix}$이다.

15. $\lambda_1\approx 5$, $\mathbf{v}_1\approx\begin{bmatrix} 1 \\ 0 \\ 0.333 \end{bmatrix}$

17.

k	0	1	2	3	4	5	6
$\mathbf{x}_k$	$\begin{bmatrix} 1 \\ 0 \end{bmatrix}$	$\begin{bmatrix} 7 \\ 2 \end{bmatrix}$	$\begin{bmatrix} 7.571 \\ 2.857 \end{bmatrix}$	$\begin{bmatrix} 7.755 \\ 3.132 \end{bmatrix}$	$\begin{bmatrix} 7.808 \\ 3.212 \end{bmatrix}$	$\begin{bmatrix} 7.823 \\ 3.234 \end{bmatrix}$	$\begin{bmatrix} 7.827 \\ 3.240 \end{bmatrix}$
$R(\mathbf{x}_k)$	7	7.755	7.823	7.828	7.828	7.828	7.828
$\mathbf{y}_k$	$\begin{bmatrix} 1 \\ 0 \end{bmatrix}$	$\begin{bmatrix} 1 \\ 0.286 \end{bmatrix}$	$\begin{bmatrix} 1 \\ 0.377 \end{bmatrix}$	$\begin{bmatrix} 1 \\ 0.404 \end{bmatrix}$	$\begin{bmatrix} 1 \\ 0.411 \end{bmatrix}$	$\begin{bmatrix} 1 \\ 0.413 \end{bmatrix}$	$\begin{bmatrix} 1 \\ 0.414 \end{bmatrix}$

19.

k	0	1	2	3	4	5
$\mathbf{x}_k$	$\begin{bmatrix}1\\1\\1\end{bmatrix}$	$\begin{bmatrix}21\\15\\13\end{bmatrix}$	$\begin{bmatrix}16.809\\12.238\\10.714\end{bmatrix}$	$\begin{bmatrix}17.011\\12.371\\10.824\end{bmatrix}$	$\begin{bmatrix}16.999\\12.363\\10.818\end{bmatrix}$	$\begin{bmatrix}17.000\\12.363\\10.818\end{bmatrix}$
$R(\mathbf{x}_k)$	16.333	16.998	17.000	17.000	17.000	17.000
$\mathbf{y}_k$	$\begin{bmatrix}1\\1\\1\end{bmatrix}$	$\begin{bmatrix}1\\0.714\\0.619\end{bmatrix}$	$\begin{bmatrix}1\\0.728\\0.637\end{bmatrix}$	$\begin{bmatrix}1\\0.727\\0.636\end{bmatrix}$	$\begin{bmatrix}1\\0.727\\0.636\end{bmatrix}$	$\begin{bmatrix}1\\0.727\\0.636\end{bmatrix}$

21.

k	0	1	2	3	4	5	6	7	8
$\mathbf{x}_k$	$\begin{bmatrix}1\\1\end{bmatrix}$	$\begin{bmatrix}5\\4\end{bmatrix}$	$\begin{bmatrix}4.8\\3.2\end{bmatrix}$	$\begin{bmatrix}4.667\\2.667\end{bmatrix}$	$\begin{bmatrix}4.571\\2.286\end{bmatrix}$	$\begin{bmatrix}4.500\\2.000\end{bmatrix}$	$\begin{bmatrix}4.444\\1.778\end{bmatrix}$	$\begin{bmatrix}4.400\\1.600\end{bmatrix}$	$\begin{bmatrix}4.364\\1.455\end{bmatrix}$
$\mathbf{y}_k$	$\begin{bmatrix}1\\1\end{bmatrix}$	$\begin{bmatrix}1\\0.8\end{bmatrix}$	$\begin{bmatrix}1\\0.667\end{bmatrix}$	$\begin{bmatrix}1\\0.571\end{bmatrix}$	$\begin{bmatrix}1\\0.500\end{bmatrix}$	$\begin{bmatrix}1\\0.444\end{bmatrix}$	$\begin{bmatrix}1\\0.400\end{bmatrix}$	$\begin{bmatrix}1\\0.364\end{bmatrix}$	$\begin{bmatrix}1\\0.333\end{bmatrix}$
m_k	1	5	4.8	4.667	4.571	4.500	4.444	4.400	4.364

한편, $\lambda_1=\lambda_2=4$, $\mathbf{v}_1=\begin{bmatrix}1\\0\end{bmatrix}$이므로, m_k는 정확한 답에 천천히 수렴한다.

23.

k	0	1	2	3	4	5	6	7	8
$\mathbf{x}_k$	$\begin{bmatrix}1\\1\\1\end{bmatrix}$	$\begin{bmatrix}5\\4\\1\end{bmatrix}$	$\begin{bmatrix}4.2\\3.2\\0.2\end{bmatrix}$	$\begin{bmatrix}4.048\\3.048\\0.048\end{bmatrix}$	$\begin{bmatrix}4.012\\3.012\\0.012\end{bmatrix}$	$\begin{bmatrix}4.003\\3.003\\0.003\end{bmatrix}$	$\begin{bmatrix}4.001\\3.001\\0.001\end{bmatrix}$	$\begin{bmatrix}4.000\\3.000\\0.000\end{bmatrix}$	$\begin{bmatrix}4.000\\3.000\\0.000\end{bmatrix}$
$\mathbf{y}_k$	$\begin{bmatrix}1\\1\\1\end{bmatrix}$	$\begin{bmatrix}1\\0.8\\0.2\end{bmatrix}$	$\begin{bmatrix}1\\0.762\\0.048\end{bmatrix}$	$\begin{bmatrix}1\\0.753\\0.012\end{bmatrix}$	$\begin{bmatrix}1\\0.751\\0.003\end{bmatrix}$	$\begin{bmatrix}1\\0.750\\0.001\end{bmatrix}$	$\begin{bmatrix}1\\0.750\\0\end{bmatrix}$	$\begin{bmatrix}1\\0.750\\0\end{bmatrix}$	$\begin{bmatrix}1\\0.750\\0\end{bmatrix}$
m_k	1	5	4.2	4.048	4.012	4.003	4.001	4.000	4.000

이 경우, $\lambda_1=\lambda_2=4$이고 $E_4=\mathrm{span}\left(\begin{bmatrix}1\\0\\0\end{bmatrix}, \begin{bmatrix}0\\1\\0\end{bmatrix}\right)$이다.

그리고 m_k는 4에, $\mathbf{y}_k$는 고유공간 E_4에 속하는 벡터 $\begin{bmatrix}1\\0\\0\end{bmatrix}+0.75\begin{bmatrix}0\\1\\0\end{bmatrix}$에 수렴한다.

25.

k	0	1	2	3	4	5
$\mathbf{x}_k$	$\begin{bmatrix}1\\1\end{bmatrix}$	$\begin{bmatrix}1\\0\end{bmatrix}$	$\begin{bmatrix}-1\\-1\end{bmatrix}$	$\begin{bmatrix}1\\0\end{bmatrix}$	$\begin{bmatrix}-1\\-1\end{bmatrix}$	$\begin{bmatrix}1\\0\end{bmatrix}$
$\mathbf{y}_k$	$\begin{bmatrix}1\\1\end{bmatrix}$	$\begin{bmatrix}1\\0\end{bmatrix}$	$\begin{bmatrix}1\\1\end{bmatrix}$	$\begin{bmatrix}1\\0\end{bmatrix}$	$\begin{bmatrix}1\\1\end{bmatrix}$	$\begin{bmatrix}1\\0\end{bmatrix}$
m_k	1	1	-1	1	-1	1

정확한 고윳값은 복소수 $\pm i$이므로 실수인 초기 반복벡터로 시작한다면 거듭제곱법은 우세 고윳값이나 우세 고유벡터에 수렴할 수 없다. 그러나 거듭제곱법은 실벡터들의 두 집합 사이에서 움직인다.

27.

k	0	1	2	3	4	5
$\mathbf{x}_k$	$\begin{bmatrix}1\\1\\1\end{bmatrix}$	$\begin{bmatrix}3\\4\\3\end{bmatrix}$	$\begin{bmatrix}2.500\\4.000\\2.500\end{bmatrix}$	$\begin{bmatrix}2.250\\4.000\\2.250\end{bmatrix}$	$\begin{bmatrix}2.125\\4.000\\2.125\end{bmatrix}$	$\begin{bmatrix}2.063\\4.000\\2.063\end{bmatrix}$
$\mathbf{y}_k$	$\begin{bmatrix}1\\1\\1\end{bmatrix}$	$\begin{bmatrix}0.750\\1\\0.750\end{bmatrix}$	$\begin{bmatrix}0.625\\1\\0.625\end{bmatrix}$	$\begin{bmatrix}0.562\\1\\0.562\end{bmatrix}$	$\begin{bmatrix}0.531\\1\\0.531\end{bmatrix}$	$\begin{bmatrix}0.516\\1\\0.516\end{bmatrix}$
m_k	1	4	4	4	4	4

고윳값은 $\lambda_1=-12$, $\lambda_2=4$, $\lambda_3=2$이고, 이들 각각에 대응하는 고유벡터는 다음과 같다.

$$\mathbf{v}_1=\begin{bmatrix}1\\0\\-1\end{bmatrix},\ \mathbf{v}_2=\begin{bmatrix}1\\2\\1\end{bmatrix},\ \mathbf{v}_3=\begin{bmatrix}1\\0\\1\end{bmatrix}$$

한편, $\mathbf{x}_0=\frac{1}{2}\mathbf{v}_2+\frac{1}{2}\mathbf{v}_3$이므로, 우세 고유벡터 방향의 초기벡터 $\mathbf{x}_0$의 성분은 0이다. 따라서 거듭제곱법은 우세 고윳값/고유벡터에 수렴할 수 없다. 반면에 계산을 통하여 보는 바와 같이 두 번째 고윳값/고유벡터에 수렴한다.

29. $A-18I=\begin{bmatrix}-4 & 12\\5 & -15\end{bmatrix}$에 거듭제곱법을 적용하여라.

k	0	1	2	3
$\mathbf{x}_k$	$\begin{bmatrix}1\\1\end{bmatrix}$	$\begin{bmatrix}8\\-10\end{bmatrix}$	$\begin{bmatrix}15.2\\-19\end{bmatrix}$	$\begin{bmatrix}15.2\\-19\end{bmatrix}$
$\mathbf{y}_k$	$\begin{bmatrix}1\\1\end{bmatrix}$	$\begin{bmatrix}-0.8\\1\end{bmatrix}$	$\begin{bmatrix}-0.8\\1\end{bmatrix}$	$\begin{bmatrix}-0.8\\1\end{bmatrix}$
m_k	1	-10	-19	-19

따라서 -19는 $A-18I$의 우세 고윳값이고, $\lambda_2=-19+18=-1$은 A의 두 번째 고윳값이다.

31. $A-17I=\begin{bmatrix}-8 & 4 & 8\\4 & -2 & -4\\8 & -4 & -8\end{bmatrix}$에 거듭제곱법을 적용하여라.

k	0	1	2	3
$\mathbf{x}_k$	$\begin{bmatrix}1\\1\\1\end{bmatrix}$	$\begin{bmatrix}4\\-2\\-4\end{bmatrix}$	$\begin{bmatrix}-18\\9\\18\end{bmatrix}$	$\begin{bmatrix}-18\\9\\18\end{bmatrix}$
$\mathbf{y}_k$	$\begin{bmatrix}1\\1\\1\end{bmatrix}$	$\begin{bmatrix}1\\-0.5\\-1\end{bmatrix}$	$\begin{bmatrix}1\\-0.5\\-1\end{bmatrix}$	$\begin{bmatrix}1\\-0.5\\-1\end{bmatrix}$
m_k	1	4	-18	-18
$R(\mathbf{x}_k)$	-0.667	-18	-18	-18

이 경우, 우세 고윳값은 없다. 그러나 레일리 몫 방법(연습문제 17–20)은 -18에 수렴한다. 따라서 -18은 $A-17I$의 우세 고윳값이고 $\lambda_2=-18+17=-1$은 A의 두 번째 고윳값이다.

33.

k	0	1	2	3	4	5
$\mathbf{x}_k$	$\begin{bmatrix}1\\1\end{bmatrix}$	$\begin{bmatrix}0.5\\-0.5\end{bmatrix}$	$\begin{bmatrix}-0.833\\1.056\end{bmatrix}$	$\begin{bmatrix}0.798\\-0.997\end{bmatrix}$	$\begin{bmatrix}0.800\\-1.000\end{bmatrix}$	$\begin{bmatrix}0.800\\-1.000\end{bmatrix}$
$\mathbf{y}_k$	$\begin{bmatrix}1\\1\end{bmatrix}$	$\begin{bmatrix}1\\-1\end{bmatrix}$	$\begin{bmatrix}-0.789\\1\end{bmatrix}$	$\begin{bmatrix}-0.801\\1\end{bmatrix}$	$\begin{bmatrix}-0.800\\1\end{bmatrix}$	$\begin{bmatrix}-0.800\\1\end{bmatrix}$
m_k	1	0.5	1.056	-0.997	-1.000	-1.000

따라서 크기가 가장 작은 A의 고윳값은 $1/(-1)=-1$이다.

35.

k	0	1	2	3	4	5
$\mathbf{x}_k$	$\begin{bmatrix}1\\1\\-1\end{bmatrix}$	$\begin{bmatrix}-0.500\\0.000\\0.500\end{bmatrix}$	$\begin{bmatrix}0.500\\0.333\\-0.500\end{bmatrix}$	$\begin{bmatrix}0.500\\0.111\\-0.500\end{bmatrix}$	$\begin{bmatrix}0.500\\0.259\\-0.500\end{bmatrix}$	$\begin{bmatrix}0.500\\0.160\\-0.500\end{bmatrix}$
$\mathbf{y}_k$	$\begin{bmatrix}1\\1\\-1\end{bmatrix}$	$\begin{bmatrix}-1.000\\0.000\\1.000\end{bmatrix}$	$\begin{bmatrix}-1.000\\-0.667\\1.000\end{bmatrix}$	$\begin{bmatrix}-1.000\\-0.222\\1.000\end{bmatrix}$	$\begin{bmatrix}-1.000\\-0.518\\1.000\end{bmatrix}$	$\begin{bmatrix}-1.000\\-0.321\\1.000\end{bmatrix}$
m_k	1	-0.500	-0.500	-0.500	-0.500	-0.500

m_k가 -0.5에 수렴하므로, A의 가장 작은 고윳값은 $1/(-0.5)=-2$이다.

37. 계산은 연습문제 33과 같다.

39. $A-5I=\begin{bmatrix}-1 & 0 & 6\\ -1 & -2 & 1\\ 6 & 0 & -1\end{bmatrix}$에 역거듭제곱법을 적용하여라. $\mathbf{x}_0=\begin{bmatrix}1\\1\\1\end{bmatrix}$을 택하면 다음을 얻는다.

k	0	1	2	3
$\mathbf{x}_k$	$\begin{bmatrix}1\\1\\1\end{bmatrix}$	$\begin{bmatrix}0.200\\-0.500\\0.200\end{bmatrix}$	$\begin{bmatrix}-0.080\\-0.500\\-0.080\end{bmatrix}$	$\begin{bmatrix}0.032\\-0.500\\0.032\end{bmatrix}$
$\mathbf{y}_k$	$\begin{bmatrix}1\\1\\1\end{bmatrix}$	$\begin{bmatrix}-0.400\\1\\-0.400\end{bmatrix}$	$\begin{bmatrix}0.160\\1\\0.160\end{bmatrix}$	$\begin{bmatrix}-0.064\\1\\-0.064\end{bmatrix}$
m_k	1	-0.500	-0.500	-0.500

m_k가 -0.5에 수렴하므로, 5에 가장 가까운 A의 고윳값은 $5+1/(-0.5)=5-2=3$이다.

41. 0.732

43. -0.619

47.

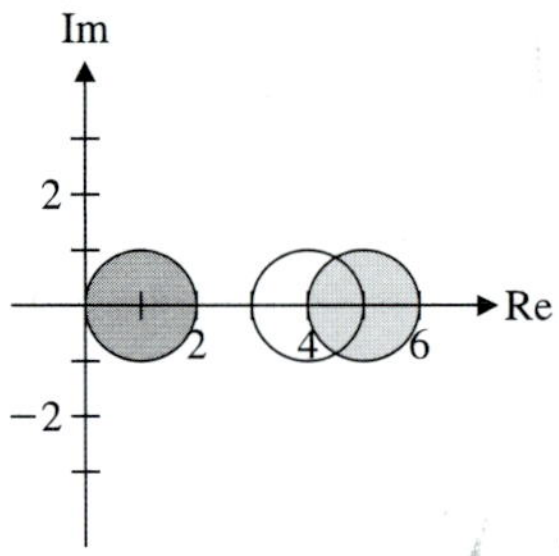

49.

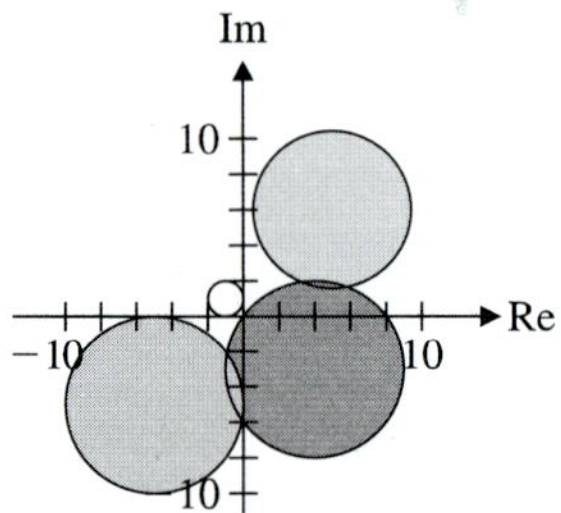

51. 힌트 : 0이 게르시고린 원판에 속하지 않음을 보이고, 정리 4.16을 적용하여라.

53. 연습문제 52는 각 고윳값 λ에 대하여 $|\lambda|$가 대응하는 A의 열벡터의 합보다 작거나 같음을 보여준다. 그런데 확률행렬에서 열의 합은 모두 1이므로, $|\lambda|\le 1$이다.

4.6 연습문제

1. 고른행렬이 아니다.

3. 고른행렬

5. 고른행렬이 아니다.

7. $L=\begin{bmatrix}1/5 & 1/5\\ 4/5 & 4/5\end{bmatrix}$

9. $L=\begin{bmatrix}0.304 & 0.304 & 0.304\\ 0.354 & 0.354 & 0.354\\ 0.342 & 0.342 & 0.342\end{bmatrix}$

11. 1, $\begin{bmatrix}2\\1\end{bmatrix}$

13. 2, $\begin{bmatrix}16\\4\\1\end{bmatrix}$

15. 개체수는 각각 증가, 감소 그리고 일정하다.

17. $P^{-1}LP=$

$$\begin{bmatrix} b_1 & b_2s_1 & b_3s_1s_2 & \cdots & b_{n-1}s_1s_2\cdots s_{n-2} & b_ns_1s_2\cdots s_{n-1}\\ 1 & 0 & 0 & \cdots & 0 & 0\\ 0 & 1 & 0 & \cdots & 0 & 0\\ \vdots & \vdots & \vdots & \ddots & \vdots & \vdots\\ 0 & 0 & 0 & \cdots & 0 & 0\\ 0 & 0 & 0 & \cdots & 1 & 0\end{bmatrix}$$

의 특성다항식은 $(\lambda^n-b_1\lambda^{n-1}-b_2s_1\lambda^{n-2}-b_3s_1s_2\lambda^{n-3}-\cdots-b_ns_1s_2\cdots s_{n-1})(-1)^n$이다.

19. $\lambda\approx 1.746$, $\mathbf{p}\approx\begin{bmatrix}0.660\\0.264\\0.076\end{bmatrix}$

21. $\lambda\approx 1.092$, $\mathbf{p}\approx\begin{bmatrix}0.535\\0.147\\0.094\\0.078\\0.064\\0.053\\0.029\end{bmatrix}$

25. (a) $h\approx 0.082$

29. 3, $\begin{bmatrix}3/5\\2/5\end{bmatrix}$

31. 3, $\begin{bmatrix}1/2\\1/4\\1/4\end{bmatrix}$

33. 가약행렬

35. 기약행렬

43. 1, 2, 4, 8, 16

45. 0, 1, 1, 0, -1

47. $x_n=4^n-(-1)^n$

49. $y_n=\left(n-\dfrac{1}{2}\right)2^n$

51. $b_n=\dfrac{1}{2\sqrt{3}}\left[(1+\sqrt{3})^n-(1-\sqrt{3})^n\right]$

57. (a) $d_1=1,\ d_2=2,\ d_3=3,\ d_4=5,\ d_5=8$

(b) $d_n=d_{n-1}+d_{n-2}$

(c) $d_n=\dfrac{1}{\sqrt{5}}\left[\left(\dfrac{1+\sqrt{5}}{2}\right)^{n+1}-\left(\dfrac{1-\sqrt{5}}{2}\right)^{n+1}\right]$

59. 일반해 : $x(t)=-3C_1e^{-t}+C_2e^{4t}$,

$y(t)=2C_1e^{-t}+C_2e^{4t}$

특수해 : $x(t)=-3e^{-t}+3e^{4t}$, $y(t)=2e^{-t}+3e^{4t}$

61. 일반해 : $x_1(t)=(1+\sqrt{2})C_1e^{\sqrt{2}t}+(1-\sqrt{2})C_2e^{-\sqrt{2}t}$,

$x_2(t)=C_1e^{\sqrt{2}t}+C_2e^{-\sqrt{2}t}$

특수해 : $x_1(t)=(2+\sqrt{2})e^{\sqrt{2}t}/4+(2-\sqrt{2})e^{-\sqrt{2}t}/4$,

$x_2(t)=\sqrt{2}e^{\sqrt{2}t}/4-\sqrt{2}e^{-\sqrt{2}t}/4$

63. 일반해 : $x(t)=-C_1+C_3e^{-t}$,

$y(t)=C_1+C_2e^{t}-C_3e^{-t}$,

$z(t)=C_1+C_2e^{t}$

특수해 : $x(t)=2-e^{-t}$, $y(t)=-2+e^{t}+e^{-t}$,

$z(t)=-2+e^{t}$

65. (a) $x(t)=-120e^{8t/5}+520e^{11t/10}$,

$y(t)=240e^{8t/5}+260e^{11t/10}$

박테리아 X는 약 2.93일 이후에 죽게 되고, 박테리아 Y는 계속 성장한다.

67. $a=10$, $b=20$; $x(t)=10e^{t}(\cos t+\sin t)+10$,

$y(t)=10e^{t}(\cos t-\sin t)+20$.

약 $t=1.22$일 때 종 Y는 멸종한다.

71. $x(t)=C_1e^{2t}+C_2e^{3t}$

77. (a) $\begin{bmatrix}1\\1\end{bmatrix}$, $\begin{bmatrix}3\\3\end{bmatrix}$, $\begin{bmatrix}9\\9\end{bmatrix}$, $\begin{bmatrix}27\\27\end{bmatrix}$ (c) 반발

79. (a) $\begin{bmatrix}1\\1\end{bmatrix}$, $\begin{bmatrix}1\\1\end{bmatrix}$, $\begin{bmatrix}1\\1\end{bmatrix}$, $\begin{bmatrix}1\\1\end{bmatrix}$

(c) 아무것도 아님

81. (a) $\begin{bmatrix}1\\1\end{bmatrix}$, $\begin{bmatrix}0.5\\-1\end{bmatrix}$, $\begin{bmatrix}1.75\\-0.5\end{bmatrix}$, $\begin{bmatrix}3.125\\-1.75\end{bmatrix}$

(c) 안장점

83. (a) $\begin{bmatrix}1\\1\end{bmatrix}$, $\begin{bmatrix}0.6\\0.6\end{bmatrix}$, $\begin{bmatrix}0.36\\0.36\end{bmatrix}$, $\begin{bmatrix}0.216\\0.216\end{bmatrix}$ (c) 당김

85. $r=\sqrt{2}$, $\theta=45°$, 나선형 반발

87. $r=2$, $\theta=-60°$, 나선형 반발

89. $P=\begin{bmatrix}-1 & -1\\1 & 0\end{bmatrix}$, $C=\begin{bmatrix}0.2 & -0.1\\0.1 & 0.2\end{bmatrix}$, 나선형 당김

91. $P=\begin{bmatrix}1/2 & -\sqrt{3}/2\\1 & 0\end{bmatrix}$, $C=\begin{bmatrix}1/2 & -\sqrt{3}/2\\\sqrt{3}/2 & 1/2\end{bmatrix}$,

궤도 중심

4장 복습문제

1. (a) F (c) F (e) F (g) T (i) F

3. -18

5. 한편, $A^T=-A$이고, 정리 4.7과 n이 홀수라는 사실로부터

$$\det A=\det(A^T)=\det(-A)=(-1)^n\det A=-\det A$$

이므로 $\det A=0$이다.

7. $A\mathbf{x}=\begin{bmatrix}5\\10\end{bmatrix}=5\mathbf{x}$, $\lambda=5$

9. (a) $4-3\lambda^2-\lambda^3$

(c) $E_1=\text{span}\left(\begin{bmatrix}1\\-1\\0\end{bmatrix}\right)$, $E_{-2}=\text{span}\left(\begin{bmatrix}2\\-1\\0\end{bmatrix}, \begin{bmatrix}1\\0\\1\end{bmatrix}\right)$

11. $\begin{bmatrix}162\\158\end{bmatrix}$

13. 닮은 행렬이 아니다.

15. 닮은 행렬이 아니다.

17. 0, 1, -1

19. $A\mathbf{x}=\lambda\mathbf{x}$이면, $(A^2-5A+2I)\mathbf{x}=A^2\mathbf{x}-5A\mathbf{x}+2\mathbf{x}=3^2\mathbf{x}-5(3\mathbf{x})+2\mathbf{x}=-4\mathbf{x}$이다.

제5장

5.1 연습문제

1. 직교집합

3. 직교집합이 아니다.

5. 직교집합

7. $[\mathbf{w}]_B=\begin{bmatrix}1/2\\-1\end{bmatrix}$

9. $[\mathbf{w}]_B=\begin{bmatrix}0\\2/3\\1/3\end{bmatrix}$

11. 정규직교 집합

13. $\begin{bmatrix}1/3\\2/3\\2/3\end{bmatrix}$, $\begin{bmatrix}2/\sqrt{5}\\-1/\sqrt{5}\\0\end{bmatrix}$, $\begin{bmatrix}2/3\sqrt{5}\\4/3\sqrt{5}\\-5/3\sqrt{5}\end{bmatrix}$

15. 정규직교 집합

17. 직교집합, $\begin{bmatrix}1/\sqrt{2} & -1/\sqrt{2}\\1/\sqrt{2} & 1/\sqrt{2}\end{bmatrix}$

19. 직교집합, $\begin{bmatrix}\cos\theta\sin\theta & \cos^2\theta & \sin\theta\\-\cos\theta & \sin\theta & 0\\-\sin^2\theta & -\cos\theta\sin\theta & \cos\theta\end{bmatrix}$

21. 직교행렬이 아니다.

27. $$\cos(\angle(Q\mathbf{x}, Q\mathbf{y}))=\frac{(Q\mathbf{x})\cdot(Q\mathbf{y})}{\|Q\mathbf{x}\|\cdot\|Q\mathbf{y}\|}=\frac{(Q\mathbf{x})^TQ\mathbf{y}}{\sqrt{(Q\mathbf{x})^TQ\mathbf{x}}\sqrt{(Q\mathbf{y})^TQ\mathbf{y}}}=\frac{\mathbf{x}^TQ^TQ\mathbf{y}}{\sqrt{\mathbf{x}^TQ^TQ\mathbf{x}}\sqrt{\mathbf{y}^TQ^TQ\mathbf{y}}}=\frac{\mathbf{x}^T\mathbf{y}}{\sqrt{\mathbf{x}^T\mathbf{x}}\sqrt{\mathbf{y}^T\mathbf{y}}}=\frac{\mathbf{x}\cdot\mathbf{y}}{\|\mathbf{x}\|\|\mathbf{y}\|}=\cos(\angle(\mathbf{x}, \mathbf{y}))$$

29. 회전, $\theta=45°$

31. 대칭, $y=\sqrt{3}x$

33. (a) $A(A^T+B^T)B=AA^TB+AB^TB=IB+AI$
$$=B+A=A+B$$

(b) (a)로부터
$$\begin{aligned}\det(A+B)&=\det(A(A^T+B^T)B)\\&=\det A\det(A^T+B^T)\det B\\&=\det A\det((A+B)^T)\det B\\&=\det A\det(A+B)\det B\end{aligned}$$
이 성립한다. $\det A+\det B=0$이고 $A+B$가 가역행렬이라고 가정하면,
$$1=\det A\det B=\det A(-\det A)=-(\det A)^2$$
이 되어 모순이다. 따라서 $A+B$는 가역행렬이 될 수 없다.

5.2 연습문제

1. $W^{\perp}=\left\{\begin{bmatrix}x\\y\end{bmatrix}: x+2y=0\right\}$, $\mathcal{B}^{\perp}=\left\{\begin{bmatrix}-2\\1\end{bmatrix}\right\}$

3. $W^{\perp}=\left\{\begin{bmatrix}x\\y\\z\end{bmatrix}: x=t,\ y=t,\ z=-t\right\}$, $\mathcal{B}^{\perp}=\left\{\begin{bmatrix}1\\1\\-1\end{bmatrix}\right\}$

5. $W^{\perp}=\left\{\begin{bmatrix}x\\y\\z\end{bmatrix}: x-y+3z=0\right\}$, $\mathcal{B}^{\perp}=\left\{\begin{bmatrix}1\\1\\0\end{bmatrix},\begin{bmatrix}0\\3\\1\end{bmatrix}\right\}$

7. $\text{row}(A):\{[1\ 0\ 1],\ [0\ 1\ -2]\}$, $\text{null}(A):\left\{\begin{bmatrix}1\\2\\1\end{bmatrix}\right\}$

9. $\text{col}(A):\left\{\begin{bmatrix}1\\5\\0\\-1\end{bmatrix},\begin{bmatrix}-1\\2\\1\\-1\end{bmatrix}\right\}$, $\text{null}(A^T):\left\{\begin{bmatrix}1\\0\\2\\1\end{bmatrix},\begin{bmatrix}-5\\1\\-7\\0\end{bmatrix}\right\}$

11. $\left\{\begin{bmatrix}1\\-10\\-4\end{bmatrix}\right\}$

13. $\left\{\begin{bmatrix}-4\\1\\0\\3\end{bmatrix},\begin{bmatrix}-3\\0\\1\\0\end{bmatrix}\right\}$

15. $\begin{bmatrix}3/2\\3/2\end{bmatrix}$

17. $\begin{bmatrix}-1/2\\1/2\\3\end{bmatrix}$

19. $\mathbf{v}=\begin{bmatrix}-2/5\\-6/5\end{bmatrix}+\begin{bmatrix}12/5\\-4/5\end{bmatrix}$

21. $\mathbf{v}=\begin{bmatrix}7/2\\-2\\7/2\end{bmatrix}+\begin{bmatrix}1/2\\0\\-1/2\end{bmatrix}$

25. 아니다.

5.3 연습문제

1. $\mathbf{v}_1=\begin{bmatrix}1\\1\end{bmatrix}$, $\mathbf{v}_2=\begin{bmatrix}-1/2\\1/2\end{bmatrix}$; $\mathbf{q}_1=\begin{bmatrix}1/\sqrt{2}\\1/\sqrt{2}\end{bmatrix}$,
$\mathbf{q}_2=\begin{bmatrix}-1/\sqrt{2}\\1/\sqrt{2}\end{bmatrix}$

3. $\mathbf{v}_1=\begin{bmatrix}1\\-1\\-1\end{bmatrix}$, $\mathbf{v}_2=\begin{bmatrix}2\\1\\1\end{bmatrix}$, $\mathbf{v}_3=\begin{bmatrix}0\\-1\\1\end{bmatrix}$;
$\mathbf{q}_1=\begin{bmatrix}1/\sqrt{3}\\-1/\sqrt{3}\\-1/\sqrt{3}\end{bmatrix}$, $\mathbf{q}_2=\begin{bmatrix}2/\sqrt{6}\\1/\sqrt{6}\\1/\sqrt{6}\end{bmatrix}$, $\mathbf{q}_3=\begin{bmatrix}0\\-1/\sqrt{2}\\1/\sqrt{2}\end{bmatrix}$

5. $\left\{\begin{bmatrix}1\\1\\0\end{bmatrix},\begin{bmatrix}-1/2\\1/2\\2\end{bmatrix}\right\}$

7. $\mathbf{v}=\begin{bmatrix}-2/9\\2/9\\8/9\end{bmatrix}+\begin{bmatrix}38/9\\-38/9\\19/9\end{bmatrix}$

9. $\left\{\begin{bmatrix}0\\1\\1\end{bmatrix},\begin{bmatrix}1\\-1/2\\1/2\end{bmatrix},\begin{bmatrix}2/3\\2/3\\-2/3\end{bmatrix}\right\}$

11. $\left\{\begin{bmatrix}3\\1\\5\end{bmatrix},\begin{bmatrix}-3/35\\34/35\\-1/7\end{bmatrix},\begin{bmatrix}-15/34\\0\\9/34\end{bmatrix}\right\}$

13. $Q=\begin{bmatrix}1/\sqrt{2}&1/\sqrt{3}&1/\sqrt{6}\\0&1/\sqrt{3}&-2/\sqrt{6}\\-1/\sqrt{2}&1/\sqrt{3}&1/\sqrt{6}\end{bmatrix}$

15. $\begin{bmatrix}0&2/\sqrt{6}&1/\sqrt{3}\\1/\sqrt{2}&-1/\sqrt{6}&1/\sqrt{3}\\1/\sqrt{2}&1/\sqrt{6}&-1/\sqrt{3}\end{bmatrix}\begin{bmatrix}\sqrt{2}&1/\sqrt{2}&1/\sqrt{2}\\0&3/\sqrt{6}&1/\sqrt{6}\\0&0&2/\sqrt{3}\end{bmatrix}$

17. $R=\begin{bmatrix}3&9&1/3\\0&6&2/3\\0&0&7/3\end{bmatrix}$

19. $A=AI$

21. $A^{-1}=(QR)^{-1}=R^{-1}Q^{-1}=R^{-1}Q^T=$
$$\begin{bmatrix}1/\sqrt{2}&-1/\sqrt{6}&-1/2\sqrt{3}\\0&2/\sqrt{6}&-1/2\sqrt{3}\\0&0&3/2\sqrt{3}\end{bmatrix}\begin{bmatrix}0&1/\sqrt{2}&1/\sqrt{2}\\2/\sqrt{6}&-1/\sqrt{6}&1/\sqrt{6}\\1/\sqrt{3}&1/\sqrt{3}&-1/\sqrt{3}\end{bmatrix}$$

23. $R\mathbf{x}=\mathbf{0}$라 하면, $A\mathbf{x}=QR\mathbf{x}=Q\mathbf{0}=\mathbf{0}$이다. 한편, $A\mathbf{x}$는 A의 열벡터들의 일차결합으로 나타나므로, $\mathbf{x}=\mathbf{0}$이어야 한다. 따라서 기본정리에 의해 R의 가역행렬이다.

5.4 연습문제

1. $Q=\begin{bmatrix}1/\sqrt{2}&1/\sqrt{2}\\1/\sqrt{2}&-1/\sqrt{2}\end{bmatrix}$, $D=\begin{bmatrix}5&0\\0&3\end{bmatrix}$

3. $Q=\begin{bmatrix}2/\sqrt{6}&1/\sqrt{3}\\1/\sqrt{3}&-2/\sqrt{6}\end{bmatrix}$, $D=\begin{bmatrix}2&0\\0&-1\end{bmatrix}$

5. $Q=\begin{bmatrix}1&0&0\\0&1/\sqrt{2}&-1/\sqrt{2}\\0&1/\sqrt{2}&1/\sqrt{2}\end{bmatrix}$, $D=\begin{bmatrix}5&0&0\\0&4&0\\0&0&-2\end{bmatrix}$

7. $Q=\begin{bmatrix}-1/\sqrt{2}&0&1/\sqrt{2}\\0&1&0\\1/\sqrt{2}&0&1/\sqrt{2}\end{bmatrix}$, $D=\begin{bmatrix}2&0&0\\0&1&0\\0&0&0\end{bmatrix}$

9. $Q=\begin{bmatrix} 1/\sqrt{2} & 0 & 1/\sqrt{2} & 0 \\ 1/\sqrt{2} & 0 & -1/\sqrt{2} & 0 \\ 0 & 1/\sqrt{2} & 0 & 1/\sqrt{2} \\ 0 & 1/\sqrt{2} & 0 & -1/\sqrt{2} \end{bmatrix}$,

$D=\begin{bmatrix} 2 & 0 & 0 & 0 \\ 0 & 2 & 0 & 0 \\ 0 & 0 & 0 & 0 \\ 0 & 0 & 0 & 0 \end{bmatrix}$

11. $Q^TAQ=\begin{bmatrix} 1/\sqrt{2} & 1/\sqrt{2} \\ 1/\sqrt{2} & -1/\sqrt{2} \end{bmatrix}\begin{bmatrix} a & b \\ b & a \end{bmatrix}\cdot$

$\begin{bmatrix} 1/\sqrt{2} & 1/\sqrt{2} \\ 1/\sqrt{2} & -1/\sqrt{2} \end{bmatrix}=\begin{bmatrix} a+b & 0 \\ 0 & a-b \end{bmatrix}=D$

13. (a) A, B가 직교대각화 가능하면, 이들은 스펙트럼 정리에 의해 대칭행렬이다. 따라서 3.2절의 연습문제 35에서 $A+B$도 대칭행렬이고 스펙트럼 정리에 의해 $A+B$도 직교대각화 가능하다.

15. A, B가 직교대각화 가능하면 이들은 스펙트럼 정리에 의해 대칭행렬이다. 한편, $AB=BA$이므로 3.2절의 연습문제 36에 의해서 AB도 역시 대칭행렬이다. 따라서 스펙트럼 정리에 의해 AB는 직교대각화 가능하다.

17. $A=\begin{bmatrix} 5/2 & 5/2 \\ 5/2 & 5/2 \end{bmatrix}+\begin{bmatrix} 3/2 & -3/2 \\ -3/2 & 3/2 \end{bmatrix}$

19. $A=\begin{bmatrix} 5 & 0 & 0 \\ 0 & 0 & 0 \\ 0 & 0 & 0 \end{bmatrix}+\begin{bmatrix} 0 & 0 & 0 \\ 0 & 2 & 2 \\ 0 & 2 & 2 \end{bmatrix}+\begin{bmatrix} 0 & 0 & 0 \\ 0 & -1 & 1 \\ 0 & 1 & -1 \end{bmatrix}$

21. $\begin{bmatrix} 1/2 & -3/2 \\ -3/2 & 1/2 \end{bmatrix}$

23. $\begin{bmatrix} 5/3 & -2/3 & -1/3 \\ -2/3 & 5/3 & 1/3 \\ -1/3 & 1/3 & 8/3 \end{bmatrix}$

5.5 연습문제

1. $2x^2+6xy+4y^2$

3. 123

5. -5

7. $\begin{bmatrix} 1 & 3 \\ 3 & 2 \end{bmatrix}$

9. $\begin{bmatrix} 3 & -3/2 \\ -3/2 & -1 \end{bmatrix}$

11. $\begin{bmatrix} 5 & 1 & -2 \\ 1 & -1 & 2 \\ -2 & 2 & 2 \end{bmatrix}$

13. $Q=\begin{bmatrix} 2/\sqrt{5} & 1/\sqrt{5} \\ 1/\sqrt{5} & -2/\sqrt{5} \end{bmatrix}$, $y_1^2+6y_2^2$

15. $Q=\begin{bmatrix} 2/\sqrt{5} & 2/3\sqrt{5} & -1/3 \\ 0 & 5/3\sqrt{5} & 2/3 \\ 1/\sqrt{5} & -4/3\sqrt{5} & 2/3 \end{bmatrix}$, $9y_1^2+9y_2^2-9y_3^2$

17. $Q=\begin{bmatrix} 1/\sqrt{3} & 1/\sqrt{2} & 1/\sqrt{6} \\ -1/\sqrt{3} & 0 & 2/\sqrt{6} \\ -1/\sqrt{3} & 1/\sqrt{2} & -1/\sqrt{6} \end{bmatrix}$,

$2(x')^2+(y')^2-(z')^2$

19. 양의 정부호

21. 음의 정부호

23. 양의 정부호

25. 부정부호

29. 임의의 벡터 $\mathbf{x}$에 대하여

$$\mathbf{x}^TA\mathbf{x}=\mathbf{x}^TB^TB\mathbf{x}=(B\mathbf{x})^T(B\mathbf{x})=\|B\mathbf{x}\|^2\geq 0$$

이다. 만약 $\mathbf{x}^TA\mathbf{x}=0$이면, $\|B\mathbf{x}\|^2=0$이고 따라서 $B\mathbf{x}=\mathbf{0}$이다. 한편, B가 가역행렬이므로, $\mathbf{x}=\mathbf{0}$이다. 즉, $\mathbf{x}\neq\mathbf{0}$인 모든 $\mathbf{x}$에 대하여 $\mathbf{x}^TA\mathbf{x}>0$이므로, $A=B^TB$는 양의 정부호이다.

31. (a) cA의 임의의 고윳값은 A의 어떤 고윳값 λ에 대하여 $c\lambda$의 형태이다. 정리 5.22에 의하여 $\lambda>0$이고 c가 양의 상수이므로, $c\lambda>0$이다. 따라서 정리 5.22에 의해 cA는 양의 정부호이다.

(c) $\mathbf{x}\neq\mathbf{0}$이면, A와 B가 양의 정부호이므로 $\mathbf{x}^TA\mathbf{x}>0$이고 $\mathbf{x}^TB\mathbf{x}>0$이다. 따라서 $\mathbf{x}^T(A+B)\mathbf{x}=\mathbf{x}^TA\mathbf{x}+\mathbf{x}^TB\mathbf{x}>0$이므로 $A+B$도 양의 정부호이다.

33. $\mathbf{x}=\pm\begin{bmatrix} 1/\sqrt{2} \\ -1/\sqrt{2} \end{bmatrix}$일 때 $f(\mathbf{x})$의 극댓값 2,

$\mathbf{x}=\pm\begin{bmatrix} 1/\sqrt{2} \\ 1/\sqrt{2} \end{bmatrix}$일 때 $f(\mathbf{x})$의 극솟값 0

35. $\mathbf{x}=\pm\begin{bmatrix} 1/\sqrt{3} \\ 1/\sqrt{3} \\ 1/\sqrt{3} \end{bmatrix}$일 때 $f(\mathbf{x})$의 극댓값 4,

$\mathbf{x}=\pm\begin{bmatrix} 1/\sqrt{2} \\ 0 \\ -1/\sqrt{2} \end{bmatrix}$ 또는 $\pm\begin{bmatrix} -1/\sqrt{2} \\ 1/\sqrt{2} \\ 0 \end{bmatrix}$일 때

$f(\mathbf{x})$의 극솟값 1

39. 타원

41. 포물선

43. 쌍곡선

45. 원, $x'=x-2$, $y'=y-2$, $(x')^2+(y')^2=4$

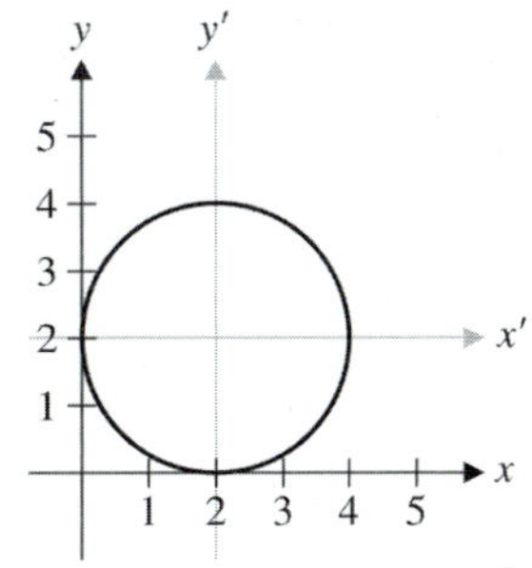

47. 쌍곡선, $x'=x$, $y'=y+\dfrac{1}{2}$, $(x')^2/4-(y')^2/9=1$

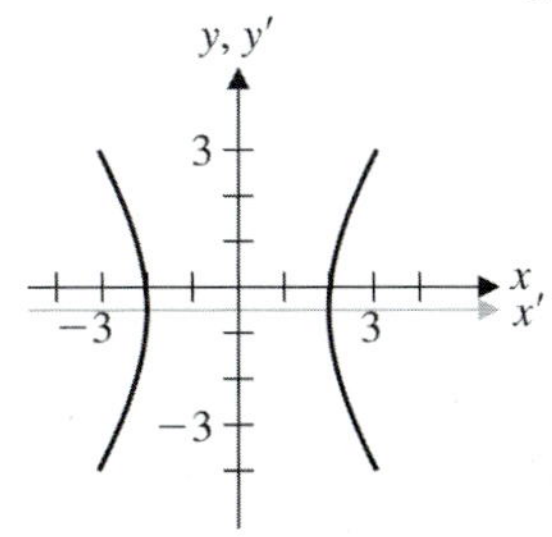

49. 포물선, $x' = x - 2,\ y' = y + 2,\ x' = -\ (y')^2$

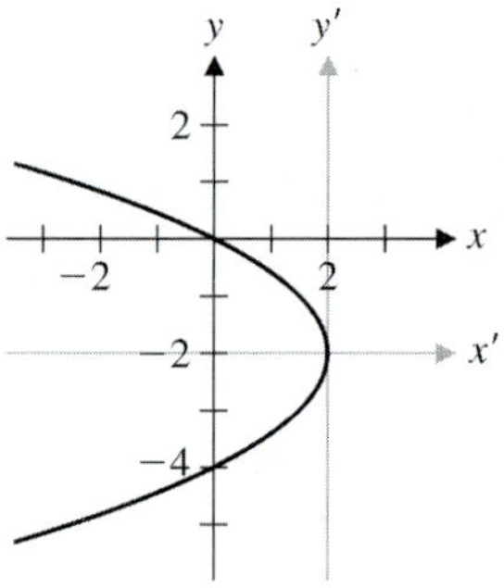

51. 타원, $(x')^2/4 + (y')^2/12 = 1$

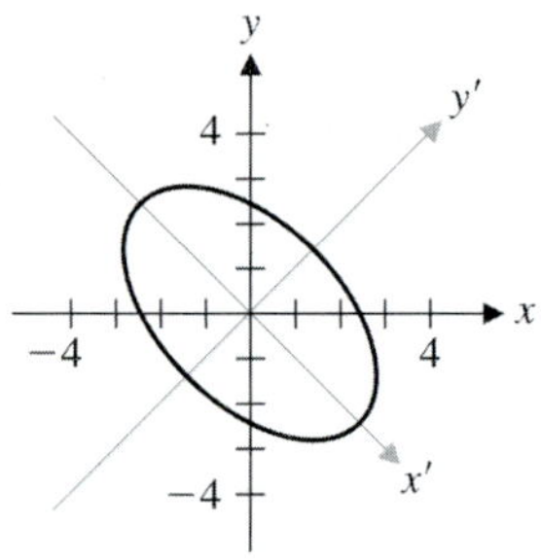

53. 쌍곡선, $(x')^2 - (y')^2 = 1$

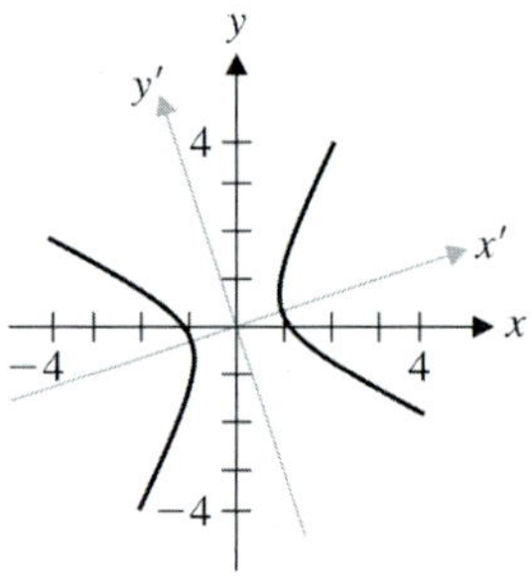

55. 타원, $(x'')^2/50 + (y'')^2/10 = 1$

57. 쌍곡선, $(x'')^2 - (y'')^2 = 1$

59. 퇴화 원뿔곡선(두 직선)

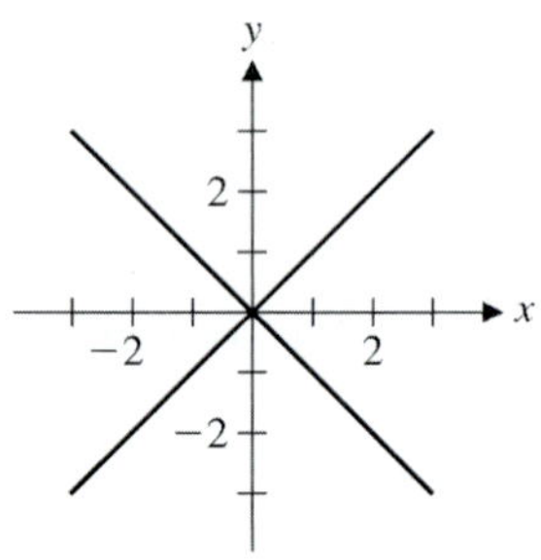

61. 퇴화 원뿔곡선(한 점)

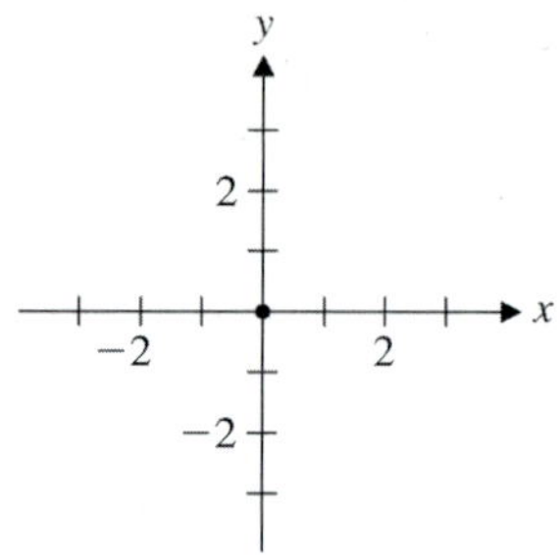

63. 퇴화원뿔곡선(두 직선)

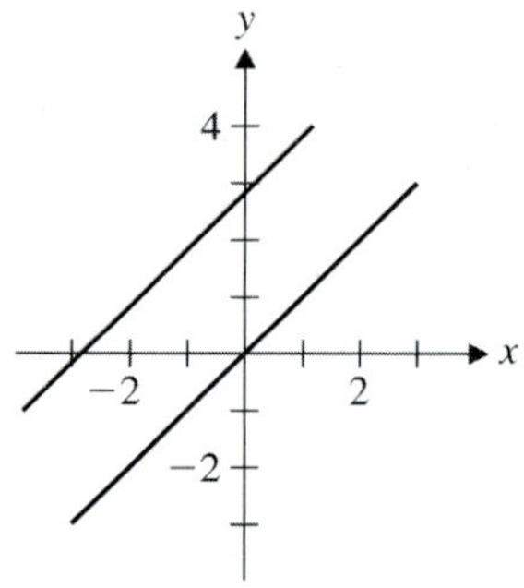

67. 일엽쌍곡면, $(x')^2 - (y')^2 + 3(z')^2 = 1$

69. 쌍곡포물면, $z = -(x')^2 + (y')^2$

71. 쌍곡포물면, $x' = -\sqrt{3}(y')^2 + \sqrt{3}(z')^2$

73. 타원면, $3(x'')^2 + (y'')^2 + 2(z'')^2 = 4$

5장 복습문제

1. (a) T (c) T (e) F (g) F (i) F

3. $\begin{bmatrix} 9/2 \\ 2/3 \\ -11/6 \end{bmatrix}$

5. $Q^TQ = I$임을 증명하여라.

7. $\mathbf{v}_i \cdot \mathbf{v}_j = 0$이므로, 정리 5.6(c)로부터 $Q\mathbf{v}_i \cdot Q\mathbf{v}_j = 0$이다. 또한, 각 $\mathbf{v}_i$는 단위벡터이므로, 정리 5.6(b)에 의해 각 $Q\mathbf{v}_i$도 단위벡터이다. 따라서 $\{Q\mathbf{v}_1, \cdots, Q\mathbf{v}_k\}$는 정규직교 집합이다.

9. $\left\{\begin{bmatrix} 2 \\ -5 \end{bmatrix}\right\}$

11. $\left\{\begin{bmatrix} -1 \\ 3 \\ 1 \end{bmatrix}\right\}$

13. $\mathrm{row}(A): \{[1\ 0\ 2\ 3\ 4],\ [0\ 1\ 0\ 2\ 1]\}$

$\mathrm{col}(A): \left\{\begin{bmatrix} 1 \\ -1 \\ 2 \\ 3 \end{bmatrix}, \begin{bmatrix} -1 \\ 2 \\ 1 \\ -5 \end{bmatrix}\right\}$

$$\text{null}(A): \left\{ \begin{bmatrix} -2 \\ 0 \\ 1 \\ 0 \\ 0 \end{bmatrix}, \begin{bmatrix} -3 \\ -2 \\ 0 \\ 1 \\ 0 \end{bmatrix}, \begin{bmatrix} -4 \\ -1 \\ 0 \\ 0 \\ 1 \end{bmatrix} \right\}$$

$$\text{null}(A^T): \left\{ \begin{bmatrix} -5 \\ -3 \\ 1 \\ 0 \end{bmatrix}, \begin{bmatrix} -1 \\ 2 \\ 0 \\ 1 \end{bmatrix} \right\}$$

15. (a) $\left\{ \begin{bmatrix} 1 \\ 1 \\ 1 \\ 1 \end{bmatrix}, \begin{bmatrix} 1/4 \\ 1/4 \\ 1/4 \\ -3/4 \end{bmatrix}, \begin{bmatrix} -2/3 \\ 1/3 \\ 1/3 \\ 0 \end{bmatrix} \right\}$

17. $\left\{ \begin{bmatrix} -1 \\ 1 \\ 0 \\ 0 \end{bmatrix}, \begin{bmatrix} 1/2 \\ 1/2 \\ -1 \\ 0 \end{bmatrix}, \begin{bmatrix} 1/3 \\ 1/3 \\ 1/3 \\ -1 \end{bmatrix} \right\}$

19. $\begin{bmatrix} -1/2 & 3/2 & 0 \\ 3/2 & -1/2 & 0 \\ 0 & 0 & 1 \end{bmatrix}$

제6장

6.1 연습문제

1. 벡터공간
3. 벡터공간이 아님; 공리 1을 만족하지 않는다.
5. 벡터공간이 아님; 공리 8을 만족하지 않는다.
7. 벡터공간
9. 벡터공간
11. 벡터공간
15. 복소 벡터공간
17. 복소 벡터공간이 아님; 공리 6을 만족하지 않는다.
19. 벡터공간이 아님; 공리 1, 4, 6을 만족하지 않는다.
21. 벡터공간이 아님; 덧셈과 스칼라곱셈의 연산조차도 같지 않다.
25. 부분공간
27. 부분공간이 아니다.
29. 부분공간이 아니다.
31. 부분공간
33. 부분공간
35. 부분공간
37. 부분공간이 아니다.
39. 부분공간
41. 부분공간
43. 부분공간이 아니다.
45. 부분공간이 아니다.
47. 예로서, U를 x축, W를 y축으로 택하면 $\begin{bmatrix} 1 \\ 0 \end{bmatrix}, \begin{bmatrix} 0 \\ 1 \end{bmatrix} \in U \cup W$이지만, $\begin{bmatrix} 1 \\ 1 \end{bmatrix} = \begin{bmatrix} 1 \\ 0 \end{bmatrix} + \begin{bmatrix} 0 \\ 1 \end{bmatrix}$은 $U \cup W$에 속하지 않는다.
51. 속하지 않는다.
53. 속한다 ; $s(x) = (3+2t)p(x) + (1+t)q(x) + \text{tr}(x)$, $t \in \mathbb{R}$
55. 속한다; $h(x) = f(x) + g(x)$
57. 속하지 않는다.
59. 생성하지 않는다.
61. 생성한다.

6.2 연습문제

1. 일차독립
3. 일차종속; $\begin{bmatrix} -1 & 0 \\ -1 & 7 \end{bmatrix} = 4\begin{bmatrix} -1 & 1 \\ -2 & 2 \end{bmatrix} + \begin{bmatrix} 3 & 0 \\ 1 & 1 \end{bmatrix} - 2\begin{bmatrix} 0 & 2 \\ -3 & 1 \end{bmatrix}$
5. 일차독립
7. 일차종속; $3x + 2x^2 = 7x - 2(2x - x^2)$
9. 일차독립
11. 일차종속; $1 = \sin^2 x + \cos^2 x$
13. 일차종속; $\ln(x^2) = -2\ln 2 \cdot 1 + 2 \cdot \ln(2x)$
17. (a) 일차독립 (b) 일차종속
19. 기저이다.
21. 기저가 아니다.
23. 기저가 아니다.
25. 기저가 아니다.
27. $[A]_{\mathcal{B}} = \begin{bmatrix} -1 \\ -1 \\ -1 \\ 4 \end{bmatrix}$
29. $[p(x)]_{\mathcal{B}} = \begin{bmatrix} 6 \\ -1 \\ 3 \end{bmatrix}$
35. $\dim V = 2$, $\mathcal{B} = \{1 - x, 1 - x^2\}$
37. $\dim V = 3$, $\mathcal{B} = \left\{ \begin{bmatrix} 1 & 0 \\ 0 & 0 \end{bmatrix}, \begin{bmatrix} 0 & 1 \\ 0 & 0 \end{bmatrix}, \begin{bmatrix} 0 & 0 \\ 0 & 1 \end{bmatrix} \right\}$
39. $\dim V = 2$, $\mathcal{B} = \left\{ \begin{bmatrix} 1 & 0 \\ 0 & 1 \end{bmatrix}, \begin{bmatrix} 0 & 1 \\ 0 & 0 \end{bmatrix} \right\}$
41. $(n^2 - n)/2$
43. (a) $\dim(U \times V) = \dim U + \dim V$
    (b) $\{\mathbf{w}_1, \cdots, \mathbf{w}_n\}$이 W의 기저이면, $\{(\mathbf{w}_1, \mathbf{w}_1), \cdots, (\mathbf{w}_n, \mathbf{w}_n)\}$은 Δ의 기저임을 보여라.
45. $\{1 + x, 1 + x + x^2, 1\}$
47. $\left\{ \begin{bmatrix} 1 & 0 \\ 0 & 1 \end{bmatrix}, \begin{bmatrix} 0 & 1 \\ 1 & 0 \end{bmatrix}, \begin{bmatrix} 0 & -1 \\ 1 & 0 \end{bmatrix}, \begin{bmatrix} 1 & 0 \\ 0 & 0 \end{bmatrix} \right\}$
49. $\{1, 1 + x\}$
51. $\{1 - x, x - x^2\}$
53. $\{\sin^2 x, \cos^2 x\}$
59. (a) $p_0(x) = \dfrac{1}{2}x^2 - \dfrac{5}{2}x + 3$, $p_1(x) = -x^2 + 4x - 3$,
    $p_2(x) = \dfrac{1}{2}x^2 - \dfrac{3}{2}x + 1$
61. (c) (i) $3x^2 - 16x + 19$ (ii) $x^2 - 4x + 5$
63. $(p^n - 1)(p^n - p)(p^n - p^2) \cdots (p^n - p^{n-1})$

6.3 연습문제

1. $[\mathbf{x}]_B=\begin{bmatrix}2\\3\end{bmatrix}$, $[\mathbf{x}]_C=\begin{bmatrix}5/2\\-1/2\end{bmatrix}$, $P_{C\leftarrow B}=\begin{bmatrix}1/2 & 1/2\\1/2 & -1/2\end{bmatrix}$,

$P_{B\leftarrow C}=\begin{bmatrix}1 & 1\\1 & -1\end{bmatrix}$

3. $[\mathbf{x}]_B=\begin{bmatrix}1\\0\\-1\end{bmatrix}$, $[\mathbf{x}]_C=\begin{bmatrix}1\\-1\\-1\end{bmatrix}$, $P_{C\leftarrow B}=\begin{bmatrix}1 & 0 & 0\\-1 & 1 & 0\\0 & -1 & 1\end{bmatrix}$,

$P_{B\leftarrow C}=\begin{bmatrix}1 & 0 & 0\\1 & 1 & 0\\1 & 1 & 1\end{bmatrix}$

5. $[p(x)]_B=\begin{bmatrix}2\\-1\end{bmatrix}$, $[p(x)]_C=\begin{bmatrix}-3\\2\end{bmatrix}$,

$P_{C\leftarrow B}=\begin{bmatrix}-1 & 1\\1 & 0\end{bmatrix}$, $P_{B\leftarrow C}=\begin{bmatrix}0 & 1\\1 & 1\end{bmatrix}$

7. $[p(x)]_B=\begin{bmatrix}1\\-1\\1\end{bmatrix}$, $[p(x)]_C=\begin{bmatrix}1\\0\\1\end{bmatrix}$, $P_{C\leftarrow B}=\begin{bmatrix}1 & 0 & 0\\1 & 1 & 0\\1 & 1 & 1\end{bmatrix}$,

$P_{B\leftarrow C}=\begin{bmatrix}1 & 0 & 0\\-1 & 1 & 0\\0 & -1 & 1\end{bmatrix}$

9. $[A]_B=\begin{bmatrix}4\\2\\0\\-1\end{bmatrix}$, $[A]_C=\begin{bmatrix}5/2\\0\\-3\\9/2\end{bmatrix}$,

$P_{C\leftarrow B}=\begin{bmatrix}1/2 & 0 & -1 & -1/2\\0 & 0 & 1 & 0\\-1 & 1 & 1 & 1\\3/2 & -1 & -2 & -1/2\end{bmatrix}$, $P_{B\leftarrow C}=\begin{bmatrix}1 & 2 & 1 & 1\\2 & 1 & 1 & 0\\0 & 1 & 0 & 0\\-1 & 0 & 1 & 1\end{bmatrix}$

11. $[f(x)]_B=\begin{bmatrix}2\\-5\end{bmatrix}$, $[f(x)]_C=\begin{bmatrix}-1/2\\5/2\end{bmatrix}$,

$P_{C\leftarrow B}=\begin{bmatrix}1 & 1/2\\0 & -1/2\end{bmatrix}$, $P_{B\leftarrow C}=\begin{bmatrix}1 & 1\\0 & -2\end{bmatrix}$

13. (a) $\begin{bmatrix}(3-2\sqrt{3})/2\\(-3\sqrt{3}+2)/2\end{bmatrix}\approx\begin{bmatrix}3.232\\-1.598\end{bmatrix}$

(b) $\begin{bmatrix}2+2\sqrt{3}\\2\sqrt{3}-2\end{bmatrix}\approx\begin{bmatrix}5.464\\1.464\end{bmatrix}$

15. $B=\left\{\begin{bmatrix}-1\\-1\end{bmatrix}, \begin{bmatrix}3\\4\end{bmatrix}\right\}$

17. $-2-8(x-1)-5(x-1)^2$

19. $-1+3(x+1)-3(x+1)^2+(x+1)^3$

6.4 연습문제

1. 선형변환
3. 선형변환
5. 선형변환
7. 선형변환이 아니다.
9. 선형변환
11. 선형변환이 아니다.

13. $S(p(x)+q(x))=S((p+q)(x))=x((p+q)(x))$

$=x(p(x)+q(x))=xp(x)+xq(x)$

$=S(p(x))+S(q(x))$

이고 $S(cp(x))=S((cp)(x))=x((cp)(x))$

$=x(cp(x))=cxp(x)=cS(p(x))$

이므로 S는 선형변환이다. 그리고

$$\begin{aligned}T\left(\begin{bmatrix}a\\b\end{bmatrix}+\begin{bmatrix}c\\d\end{bmatrix}\right)&=T\begin{bmatrix}a+c\\b+d\end{bmatrix}\\&=(a+c)+((a+c)+(b+d))x\\&=(a+(a+b)x)+(c+(c+d)x)\\&=T\left(\begin{bmatrix}a\\b\end{bmatrix}\right)+T\left(\begin{bmatrix}c\\d\end{bmatrix}\right)\end{aligned}$$

이고 $T\left(k\begin{bmatrix}a\\b\end{bmatrix}\right)=T\begin{bmatrix}ka\\kb\end{bmatrix}=(ka)+(ka+kb)x$

$=k(a+(a+b)x)=kT\left(\begin{bmatrix}a\\b\end{bmatrix}\right)$

이므로, T는 선형변환이다.

15. $T\begin{bmatrix}-7\\9\end{bmatrix}=5-14x-8x^2$,

$T\left(\begin{bmatrix}a\\b\end{bmatrix}\right)=\left(\frac{a+3b}{4}\right)-\left(\frac{a+7b}{4}\right)x+\left(\frac{a-b}{2}\right)x^2$

17. $T(4-x+3x^2)=4+3x+5x^2$,

$T(a+bx+cx^2)=a+cx+\left(\frac{3a-b-c}{2}\right)x^2$

19. 힌트 : $a=T(E_{11})$, $b=T(E_{12})$, $c=T(E_{21})$,

$d=T(E_{22})$

25. $(S\circ T)\begin{bmatrix}2\\1\end{bmatrix}=\begin{bmatrix}4 & -1\\0 & 6\end{bmatrix}$,

$(S\circ T)\begin{bmatrix}x\\y\end{bmatrix}=\begin{bmatrix}2x & -y\\0 & 2x+2y\end{bmatrix}$, $(T\circ S)\begin{bmatrix}x\\y\end{bmatrix}$는 정의되지 않는다.

27. $(S\circ T)(p(x))=p'(x+1)$,

$(T\circ S)(p(x))=(p(x+1))'=p'(x+1)$

29. $(S\circ T)\begin{bmatrix}x\\y\end{bmatrix}=S\left(T\begin{bmatrix}x\\y\end{bmatrix}\right)=S\left(\begin{bmatrix}x-y\\-3x+4y\end{bmatrix}\right)$

$=\begin{bmatrix}4(x-y)+(-3x+4y)\\3(x-y)+(-3x+4y)\end{bmatrix}=\begin{bmatrix}x\\y\end{bmatrix}$

$(T\circ S)\begin{bmatrix}x\\y\end{bmatrix}=T\left(S\begin{bmatrix}x\\y\end{bmatrix}\right)=T\left(\begin{bmatrix}4x+y\\3x+y\end{bmatrix}\right)$

$=\begin{bmatrix}(4x+y)-(3x+y)\\-3(4x+y)+4(3x+y)\end{bmatrix}=\begin{bmatrix}x\\y\end{bmatrix}$

이므로, $S\circ T=I$이고 $T\circ S=I$이다. 따라서 S와 T는 서로 역변환관계이다.

6.5 연습문제

1. (a) (ii) (b) (iii)

(c) $\ker(T)=\left\{\begin{bmatrix}0 & b\\c & 0\end{bmatrix}\right\}$, $\text{range}(T)=\left\{\begin{bmatrix}a & 0\\0 & d\end{bmatrix}\right\}$

3. (a) (iii) (b) (i), (ii), (iii)

(c) $\ker(T)=\{a+bx+cx^2 : a=-c,\ b=-c\}$
$=\{t+tx-tx^2\}$, $\text{range}(T)=\mathbb{R}^2$

5. $\ker(T)$의 기저 : $\left\{\begin{bmatrix}0&1\\0&0\end{bmatrix}, \begin{bmatrix}0&0\\1&0\end{bmatrix}\right\}$,

range(T)의 기저 : $\left\{\begin{bmatrix}1&0\\0&0\end{bmatrix}, \begin{bmatrix}0&0\\0&1\end{bmatrix}\right\}$;

$\text{rank}(T)=\text{nullity}(T)=2$,

$\text{rank}(T)+\text{nullity}(T)=4=\dim M_{22}$

7. $\ker(T)$의 기저 : $\{1+x-x^2\}$

range(T)의 기저 : $\left\{\begin{bmatrix}1\\0\end{bmatrix}, \begin{bmatrix}0\\1\end{bmatrix}\right\}$;

$\text{rank}(T)=2$, $\text{nullity}(T)=1$,

$\text{rank}(T)+\text{nullity}(T)=3=\dim \mathscr{P}_2$

9. $\text{rank}(T)=\text{nullity}(T)=2$

11. $\text{rank}(T)=\text{nullity}(T)=2$

13. $\text{rank}(T)=1$, $\text{nullity}(T)=2$

15. 일대일이고 위로의 변환

17. 일대일 변환도 아니고 위로의 변환도 아니다.

19. 일대일 변환이지만 위로의 변환은 아니다.

21. 동형, $T\begin{bmatrix}a&0&0\\0&b&0\\0&0&c\end{bmatrix}=\begin{bmatrix}a\\b\\c\end{bmatrix}$

23. 동형이 아니다.

25. 동형, $T(a+bi)=\begin{bmatrix}a\\b\end{bmatrix}$

31. 힌트 : $T : \mathscr{C}[0, 1]\to\mathscr{C}[0, 2]$를 $x\in[0, 2]$에 대해 $(T(f))(x)=f(x/2)$로 $T(f)$를 정의하여라.

33. (a) $(S\circ T)(\mathbf{v}_1)=(S\circ T)(\mathbf{v}_2)$라 두면, $S(T(\mathbf{v}_1))=S(T(\mathbf{v}_2))$이고 S가 일대일이므로, $T(\mathbf{v}_1)=T(\mathbf{v}_2)$이다. 또한, T가 일대일이므로 $\mathbf{v}_1=\mathbf{v}_2$이고, 따라서 $S\circ T$는 일대일 변환이다.

35. (a) 만약 T가 위로의 변환이면 $\text{rank}(T)=\dim(\text{range}(T))=\dim W$이므로,

$$\begin{aligned}\dim V+\text{nullity}(T)&<\dim W+\text{nullity}(T)\\&=\text{rank}(T)+\text{nullity}(T)\\&=\dim V\end{aligned}$$

($\because$ 계수정리)이다. 따라서 $\text{nullity}(T)<0$이고, 이는 모순이므로 T는 위로의 변환이 될 수 없다.

6.6 연습문제

1. $[T]_{C\leftarrow B}=\begin{bmatrix}0&1\\-1&0\end{bmatrix}$,

$$[T]_{C\leftarrow B}[4+2x]_B=\begin{bmatrix}0&1\\-1&0\end{bmatrix}\begin{bmatrix}4\\2\end{bmatrix}=\begin{bmatrix}2\\-4\end{bmatrix}$$
$$=[2-4x]_C=[T(4+2x)]_C$$

3. $[T]_{C\leftarrow B}=\begin{bmatrix}1&0&0\\0&1&0\\0&0&1\end{bmatrix}$,

$$[T]_{C\leftarrow B}[a+bx+cx^2]_B=\begin{bmatrix}1&0&0\\0&1&0\\0&0&1\end{bmatrix}\begin{bmatrix}a\\b\\c\end{bmatrix}=\begin{bmatrix}a\\b\\c\end{bmatrix}$$
$$=[a+b(x+2)+c(x+2)^2]_C=[T(a+bx+cx^2)]_C$$

5. $[T]_{C\leftarrow B}=\begin{bmatrix}1&0&0\\1&1&1\end{bmatrix}$,

$$[T]_{C\leftarrow B}[a+bx+cx^2]_B=\begin{bmatrix}1&0&0\\1&1&1\end{bmatrix}\begin{bmatrix}a\\b\\c\end{bmatrix}$$
$$=\begin{bmatrix}a\\a+b+c\end{bmatrix}=\begin{bmatrix}a+b\cdot 0+c\cdot 0^2\\a+b\cdot 1+c\cdot 1^2\end{bmatrix}_C$$
$$=[T(a+bx+cx^2)]_C$$

7. $[T]_{C\leftarrow B}=\begin{bmatrix}6&4\\-3&-2\\2&-1\end{bmatrix}$,

$$[T]_{C\leftarrow B}\begin{bmatrix}-7\\7\end{bmatrix}_B=\begin{bmatrix}6&4\\-3&-2\\2&-1\end{bmatrix}\begin{bmatrix}2\\-3\end{bmatrix}=\begin{bmatrix}0\\0\\7\end{bmatrix}$$
$$=\begin{bmatrix}7\\7\\7\end{bmatrix}_C=\left[T\begin{bmatrix}-7\\7\end{bmatrix}\right]_C$$

9. $[T]_{C\leftarrow B}=\begin{bmatrix}1&0&0&0\\0&0&1&0\\0&1&0&0\\0&0&0&1\end{bmatrix}$,

$$[T]_{C\leftarrow B}[A]_B=\begin{bmatrix}1&0&0&0\\0&0&1&0\\0&1&0&0\\0&0&0&1\end{bmatrix}\begin{bmatrix}a\\b\\c\\d\end{bmatrix}=\begin{bmatrix}a\\c\\b\\d\end{bmatrix}=\left[\begin{bmatrix}a&c\\b&d\end{bmatrix}\right]_C$$
$$=[T(A)]_C$$

11. $[T]_{C\leftarrow B}=\begin{bmatrix}0&-1&1&0\\-1&0&0&1\\1&0&0&-1\\0&1&-1&0\end{bmatrix}$,

$$[T]_{C\leftarrow B}[A]_B=\begin{bmatrix}0&-1&1&0\\-1&0&0&1\\1&0&0&-1\\0&1&-1&0\end{bmatrix}\begin{bmatrix}a\\b\\c\\d\end{bmatrix}=\begin{bmatrix}c-b\\d-a\\a-d\\b-c\end{bmatrix}$$
$$=\left[\begin{bmatrix}c-b&d-a\\a-d&b-c\end{bmatrix}\right]_C=[AB-BA]_C$$
$$=[T(A)]_C$$

13. (b) $[D]_B=\begin{bmatrix}0 & -1\\ 1 & 0\end{bmatrix}$

(c) $[D]_B[3\sin x-5\cos x]_B=\begin{bmatrix}0 & -1\\ 1 & 0\end{bmatrix}\begin{bmatrix}3\\ -5\end{bmatrix}$

$=\begin{bmatrix}5\\ 3\end{bmatrix}=[3\cos x-5\sin x]_B$

$=[D(3\sin x-5\cos x)]_B$

15. (a) $[D]_B=\begin{bmatrix}2 & 0 & 0\\ 0 & 2 & 1\\ 0 & -1 & 2\end{bmatrix}$

17. $[S\circ T]_{D\leftarrow B}=\begin{bmatrix}-1 & -2\\ 1 & -1\end{bmatrix}$

19. 가역변환, $T^{-1}(a+bx)=-b+ax$

21. 가역변환, $T^{-1}(p(x))=p(x-2)$

23. 가역변환, $T^{-1}(a+bx+cx^2)=(a-b+2c)+(b-2c)x+cx^2$ 또는 $T^{-1}(p(x))=p(x)-p'(x)+p''(x)$

25. 가역변환이 아니다.

27. $-3\sin x-\cos x+C$

29. $\frac{4}{5}e^{2x}\cos x-\frac{3}{5}e^{2x}\sin x+C$

31. $\mathcal{C}=\left\{\begin{bmatrix}1\\ -1\end{bmatrix}, \begin{bmatrix}-4\\ 1\end{bmatrix}\right\}$

33. $\mathcal{C}=\{1-x,\ 2+x\}$

35. $\mathcal{C}=\{1,\ x\}$

37. $[T]_{\mathcal{E}}=\begin{bmatrix}(d_1^2-d_2^2)/(d_1^2+d_2^2) & 2d_1d_2/(d_1^2+d_2^2)\\ 2d_1d_2/(d_1^2+d_2^2) & (d_2^2-d_1^2)/(d_1^2+d_2^2)\end{bmatrix}$

6.7 연습문제

1. $y(t)=2e^{3t}/e^3$

3. $y(t)=((1-e^4)e^{3t}+(e^3-1)e^{4t})/(e^3-e^4)$

5. $f(t)=\left(\frac{e^{(\sqrt{5}-1)/2}}{e^{\sqrt{5}}-1}\right)\left[e^{(1+\sqrt{5})t/2}-e^{(1-\sqrt{5})t/2}\right]$

7. $y(t)=e^t-(1-e^{-1})te^t$

9. $y(t)=((k+1)e^{kt}+(k-1)e^{-kt})/2k$

11. $y(t)=e^t\cos(2t)$

13. (a) $p(t)=100e^{\ln(16)t/3}=100e^{0.924t}$

(b) 45분

(c) 9.968시간

15. (a) $m(t)=50e^{-ct}$, $c=\ln 2/1590\approx 4.36\times 10^{-4}$

(b) 3691.9년 후

17. $x(t)=\frac{5-10\cos(10\sqrt{K})}{\sin(10\sqrt{K})}\sin(\sqrt{K}t)+10\cos(\sqrt{K}t)$

19. (b) 의존하지 않는다.

6장 복습문제

1. (a) F (c) T (e) F (g) F (i) T

3. 부분공간

5. 부분공간

7. $c_1A+c_2B=O$라 두면

$$c_1A-c_2B=c_1A^T+c_2B^T=(c_1A+c_2B)^T=O$$

이다. 따라서 $c_1A=O$이고 $A\neq 0$이므로, $c_1=0$이다. 또한 $c_2=0$이어야 하므로, $\{A,\ B\}$는 일차독립이다.

9. $\{1,\ x^2,\ x^4\}$, $\dim W=3$

11. 선형변환

13. 선형변환

15. n^2-1

17. $\begin{bmatrix}1 & 0 & -1\\ 0 & 1 & -2\\ 0 & 0 & 1\\ 1 & 0 & -1\end{bmatrix}$

19. $S\circ T$는 영변환이다.

제7장

7.1 연습문제

1. (a) -10 (b) $\sqrt{14}$ (c) $\sqrt{93}$

3. $\begin{bmatrix}3\\ 1\end{bmatrix}$의 임의의 영이 아닌 스칼라배

5. (a) 1 (b) $\sqrt{13}$ (c) $\sqrt{14}$

7. x^2

9. (a) π (b) $\sqrt{\pi}$ (c) $\sqrt{\pi}$

13. 공리 (4): $\mathbf{u}=\begin{bmatrix}0\\ 1\end{bmatrix}\neq\mathbf{0}$, $\langle\mathbf{u},\ \mathbf{u}\rangle=0$

15. 공리 (4): $\mathbf{u}=\begin{bmatrix}0\\ 1\end{bmatrix}\neq\mathbf{0}$, $\langle\mathbf{u},\ \mathbf{u}\rangle=0$

17. 공리 (4): $p(x)=1-x$는 영다항식이 아니지만,

$\langle p(x),\ (x)\rangle=0$.

19. $A=\begin{bmatrix}4 & 1\\ 1 & 4\end{bmatrix}$

21.

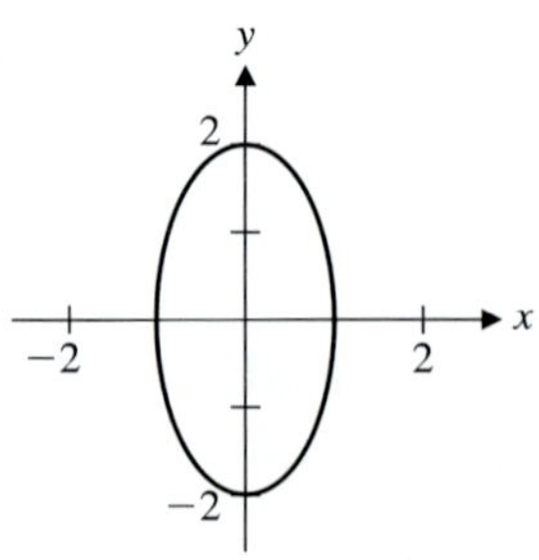

25. -8

27. $\sqrt{6}$

29. $\|\mathbf{u}+\mathbf{v}-\mathbf{w}\|^2 = \langle \mathbf{u}+\mathbf{v}-\mathbf{w},\ \mathbf{u}+\mathbf{v}-\mathbf{w}\rangle$
$= \langle \mathbf{u},\ \mathbf{u}\rangle + \langle \mathbf{v},\ \mathbf{v}\rangle + \langle \mathbf{w},\ \mathbf{w}\rangle$
$+ 2\langle \mathbf{u},\ \mathbf{v}\rangle - 2\langle \mathbf{u},\ \mathbf{w}\rangle - 2\langle \mathbf{v},\ \mathbf{w}\rangle$
$= 1+3+4+2-10-0=0$

따라서 $\|\mathbf{u}+\mathbf{v}-\mathbf{w}\|=0$이고 공리 (4)에 의해서 $\mathbf{u}+\mathbf{v}-\mathbf{w}=\mathbf{0}$ 또는 $\mathbf{u}+\mathbf{v}=\mathbf{w}$이다.

31. $\langle \mathbf{u}+\mathbf{v},\ \mathbf{u}-\mathbf{v}\rangle = \langle \mathbf{u},\ \mathbf{u}\rangle - \langle \mathbf{u},\ \mathbf{v}\rangle + \langle \mathbf{v},\ \mathbf{u}\rangle - \langle \mathbf{v},\ \mathbf{v}\rangle$
$= \|\mathbf{u}\|^2 - \langle \mathbf{u},\ \mathbf{v}\rangle + \langle \mathbf{u},\ \mathbf{v}\rangle - \|\mathbf{v}\|^2$
$= \|\mathbf{u}\|^2 - \|\mathbf{v}\|^2$

33. $\|\mathbf{u}-\mathbf{v}\|^2$에 대하여 연습문제 32와 비슷한 등식을 이용하면

$$\begin{aligned}\|\mathbf{u}+\mathbf{v}\|^2+\|\mathbf{u}-\mathbf{v}\|^2 &= \langle \mathbf{u}+\mathbf{v},\ \mathbf{u}+\mathbf{v}\rangle + \langle \mathbf{u}-\mathbf{v},\ \mathbf{u}-\mathbf{v}\rangle \\ &= \|\mathbf{u}\|^2 + 2\langle \mathbf{u},\ \mathbf{v}\rangle + \|\mathbf{v}\|^2 \\ &\quad + \|\mathbf{u}\|^2 - 2\langle \mathbf{u},\ \mathbf{v}\rangle + \|\mathbf{v}\|^2 \\ &= 2\|\mathbf{u}\|^2 + 2\|\mathbf{v}\|^2\end{aligned}$$

이므로 양변을 2로 나누면 원하는 등식을 얻는다

35. $\|\mathbf{u}+\mathbf{v}\|=\|\mathbf{u}-\mathbf{v}\| \Leftrightarrow \|\mathbf{u}+\mathbf{v}\|^2=\|\mathbf{u}-\mathbf{v}\|^2$
$\Leftrightarrow \|\mathbf{u}\|^2+2\langle \mathbf{u},\ \mathbf{v}\rangle+\|\mathbf{v}\|^2$
$= \|\mathbf{u}\|^2-2\langle \mathbf{u},\ \mathbf{v}\rangle+\|\mathbf{v}\|^2$
$\Leftrightarrow 2\langle \mathbf{u},\ \mathbf{v}\rangle = -2\langle \mathbf{u},\ \mathbf{v}\rangle$
$\Leftrightarrow \langle \mathbf{u},\ \mathbf{v}\rangle = 0$

37. $\left\{\begin{bmatrix}1\\0\end{bmatrix}, \begin{bmatrix}0\\1\end{bmatrix}\right\}$ 39. $\{1,\ x,\ x^2\}$

41. (a) $1/\sqrt{2}$, $\sqrt{3}\,x/\sqrt{2}$, $\sqrt{5}\,(3x^2-1)/2\sqrt{2}$
(b) $\sqrt{7}\,(5x^3-3x)/2\sqrt{2}$

7.2 연습문제

1. $\|\mathbf{u}\|_E=\sqrt{42}$, $\|\mathbf{u}\|_s=10$, $\|\mathbf{u}\|_m=5$

3. $d_E(\mathbf{u},\mathbf{v})=\sqrt{70}$, $d_s(\mathbf{u},\mathbf{v})=14$, $d_m(\mathbf{u},\mathbf{v})=6$

5. $\|\mathbf{u}\|_H=4$, $\|\mathbf{v}\|_H=5$

7. (a) $\mathbf{v}$의 성분 중 많아야 한 성분만 영이 아니다.

9. $\|\mathbf{v}\|_m=|v_k|$라고 가정하자. 그러면

$$\|\mathbf{v}\|_E=\sqrt{v_1^2+\cdots+v_k^2+\cdots+v_n^2} \ge \sqrt{v_k^2}=|v_k|=\|\mathbf{v}\|_m$$

11. $\|\mathbf{v}\|_m=|v_k|$라고 가정하자. 그러면 모든 $i=1,\ \cdots,\ n$에 대하여 $|v_i|\le|v_k|$이고

$$\begin{aligned}\|\mathbf{v}\|_s &= |v_1|+\cdots+|v_n|\le|v_k|+\cdots+|v_k| \\ &= n|v_k| = n\|\mathbf{v}\|_m\end{aligned}$$

이다.

13.

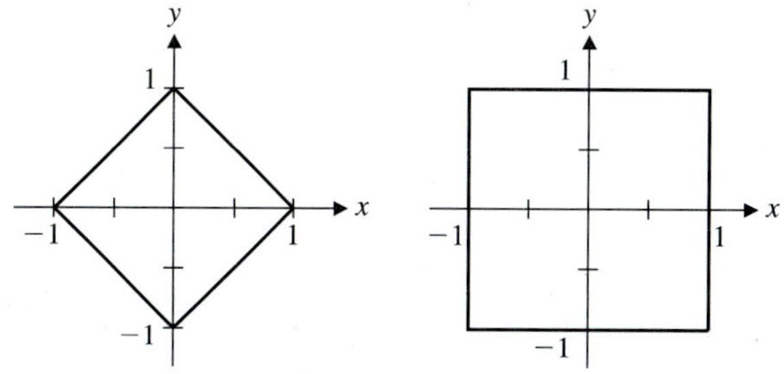

21. $\|A\|_F=\sqrt{19}$, $\|A\|_1=4$, $\|A\|_\infty=6$

23. $\|A\|_F=\sqrt{31}$, $\|A\|_1=6$, $\|A\|_\infty=6$

25. $\|A\|_F=2\sqrt{11}$, $\|A\|_1=7$, $\|A\|_\infty=7$

27. $\mathbf{x}=\begin{bmatrix}0\\1\end{bmatrix}$, $\mathbf{y}=\begin{bmatrix}-1\\1\end{bmatrix}$ 29. $\mathbf{x}=\begin{bmatrix}0\\0\\1\end{bmatrix}$, $\mathbf{y}=\begin{bmatrix}1\\1\\1\end{bmatrix}$

31. $\mathbf{x}=\begin{bmatrix}1\\0\\0\end{bmatrix}$, $\mathbf{y}=\begin{bmatrix}1\\-1\\-1\end{bmatrix}$

33. (a) 연산자 크기의 정의에 의해서,

$$\|I\|=\max_{\|\mathbf{x}\|=1}\|I\mathbf{x}\|=\max_{\|\mathbf{x}\|=1}\|\mathbf{x}\|=1$$

이다.

35. $\text{cond}_1(A)=\text{cond}_\infty(A)=21$; 좋은 조건

37. $\text{cond}_1(A)=\text{cond}_\infty(A)=400$; 불량조건

39. $\text{cond}_1(\text{A})=77$, $\text{cond}_\infty(\text{A})=128$; 적당히 불량조건

41. (a) $\text{cond}_\infty(A)=(\max\{|k|+1,2\})$

$$\left(\max\left\{\left|\frac{k}{k-1}\right|+\left|\frac{1}{k-1}\right|,\ \left|\frac{2}{k-1}\right|\right\}\right)$$

43. (a) $\text{cond}_\infty(A)=40$
(b) 많아야 400% 변한다.

45. 연습문제 33(a)를 이용하면

$$\text{cond}(A)=\|A\|\|A^{-1}\|\ge\|AA^{-1}\|=\|I\|=1$$

이다.

49. $k\ge 6$ 51. $k\ge 10$

7.3 연습문제

1. $\|\mathbf{e}\|=\sqrt{2}\approx 1.414$

3. $\|\mathbf{e}\|=\sqrt{6}/2\approx 1.225$

5. $\|\mathbf{e}\|=\sqrt{7}\approx 2.646$

7. $y=-3+\dfrac{5}{2}x$, $\|\mathbf{e}\|\approx 1.225$

9. $y=\dfrac{11}{3}-2x$, $\|\mathbf{e}\|\approx 0.816$

11. $y=\dfrac{7}{10}+\dfrac{8}{25}x$, $\|\mathbf{e}\|\approx 0.447$

13. $y=-\frac{1}{5}+\frac{7}{5}x$, $\|\mathbf{e}\|\approx 0.632$

15. $y=3-\frac{18}{5}x+x^2$

17. $y=\frac{18}{5}-\frac{17}{10}x-\frac{1}{2}x^2$

19. $\bar{\mathbf{x}}=\begin{bmatrix}1/5\\7/15\end{bmatrix}$

21. $\bar{\mathbf{x}}=\begin{bmatrix}4/3\\-6/5\end{bmatrix}$

23. $\bar{\mathbf{x}}=\begin{bmatrix}4+t\\-5-t\\-5-2t\\t\end{bmatrix}$

25. $\begin{bmatrix}42/11\\19/11\\42/11\end{bmatrix}$

27. $\bar{\mathbf{x}}=\begin{bmatrix}5/3\\-2\end{bmatrix}$

29. $y=0.92+0.73x$

31. (a) 1920년이 $t=0$에 대응한다고 두면

$y=56.6+2.9t$; 79.9년

33. (a) $p(t)=150e^{0.131t}$

35. 139일

37. $\begin{bmatrix}1/2 & 1/2\\1/2 & 1/2\end{bmatrix}$, $\begin{bmatrix}7/2\\7/2\end{bmatrix}$

39. $\begin{bmatrix}1/3 & 1/3 & 1/3\\1/3 & 1/3 & 1/3\\1/3 & 1/3 & 1/3\end{bmatrix}$, $\begin{bmatrix}2\\2\\2\end{bmatrix}$

41. $\begin{bmatrix}5/6 & 1/3 & -1/6\\1/3 & 1/3 & 1/3\\-1/6 & 1/3 & 5/6\end{bmatrix}$, $\begin{bmatrix}5/6\\1/3\\-1/6\end{bmatrix}$

45. $A^+=[1/5 \quad 2/5]$

47. $A^+=\begin{bmatrix}1/3 & -2/3 & -1/6\\1/6 & 1/6 & 1/6\end{bmatrix}$

49. $A^+=\begin{bmatrix}1 & -1\\0 & 1\end{bmatrix}$

51. $A^+=\begin{bmatrix}2/3 & 0 & -1/3 & 1/3\\1/3 & -1 & 1/3 & 2/3\\-2/3 & 1 & 1/3 & -1/3\end{bmatrix}$

53. (a) A가 가역이면 A^T도 가역이고

$A^+=(A^TA)^{-1}A^T=A^{-1}(A^T)^{-1}A^T=A^{-1}$

7.4 연습문제

1. 2, 3

3. $\sqrt{2}$, 0

5. 5

7. 2, 3

9. $\sqrt{5}$, 2, 0

11. $A=\begin{bmatrix}1 & 0\\0 & 1\end{bmatrix}\begin{bmatrix}\sqrt{2} & 0\\0 & 0\end{bmatrix}\begin{bmatrix}1/\sqrt{2} & 1/\sqrt{2}\\1/\sqrt{2} & -1/\sqrt{2}\end{bmatrix}$

13. $A=\begin{bmatrix}0 & 1\\1 & 0\end{bmatrix}\begin{bmatrix}3 & 0\\0 & 2\end{bmatrix}\begin{bmatrix}-1 & 0\\0 & -1\end{bmatrix}$

15. $A=\begin{bmatrix}3/5 & -4/5\\4/5 & 3/5\end{bmatrix}\begin{bmatrix}5\\0\end{bmatrix}[1]$

17. $A=\begin{bmatrix}0 & 0 & 1\\1 & 0 & 0\\0 & -1 & 0\end{bmatrix}\begin{bmatrix}3 & 0\\0 & 2\\0 & 0\end{bmatrix}\begin{bmatrix}0 & 1\\1 & 0\end{bmatrix}$

19. $A=\begin{bmatrix}1 & 0\\0 & 1\end{bmatrix}\begin{bmatrix}\sqrt{5} & 0 & 0\\0 & 2 & 0\end{bmatrix}\begin{bmatrix}2/\sqrt{5} & 0 & 1/\sqrt{5}\\0 & 1 & 0\\1/\sqrt{5} & 0 & -2/\sqrt{5}\end{bmatrix}$

21. $A=\sqrt{2}\begin{bmatrix}1\\0\end{bmatrix}[1/\sqrt{2} \quad 1/\sqrt{2}]+0\begin{bmatrix}0\\1\end{bmatrix}$

$[-1/\sqrt{2} \quad 1/\sqrt{2}]$ (연습문제 3)

23. (연습문제 7) $A=3\begin{bmatrix}0\\1\\0\end{bmatrix}[0 \quad 1]+2\begin{bmatrix}0\\0\\-1\end{bmatrix}[1 \quad 0]$

33. 선분 $[-1, 1]$

35. 타원 판 $\frac{y_1^2}{5}+\frac{y_2^2}{4}\le 1$

37. (a) $\|A\|_2=\sqrt{2}$ (b) $\mathrm{cond}_2(A)=\infty$

39. (a) $\|A\|_2=1.95$ (b) $\mathrm{cond}_2(A)=38.11$

41. $A^+=\begin{bmatrix}1/2 & 0\\1/2 & 0\end{bmatrix}$

43. $A^+=\begin{bmatrix}2/5 & 0\\0 & \\1/5 & 0\end{bmatrix}$

45. $A^+=\begin{bmatrix}1/25 & 2/25\\2/25 & 4/25\end{bmatrix}$, $\bar{\mathbf{x}}=\begin{bmatrix}0.52\\1.04\end{bmatrix}$

47. $A^+=\begin{bmatrix}1/6 & 1/6 & 1/6\\1/6 & 1/6 & 1/6\end{bmatrix}$, $\bar{\mathbf{x}}=\begin{bmatrix}1\\1\end{bmatrix}$

61. $\begin{bmatrix}\sqrt{2} & 0\\0 & 0\end{bmatrix}\begin{bmatrix}1/\sqrt{2} & 1/\sqrt{2}\\-1/\sqrt{2} & 1/\sqrt{2}\end{bmatrix}$

63. $\begin{bmatrix}2 & -1\\-1 & 3\end{bmatrix}\begin{bmatrix}0 & 1\\-1 & 0\end{bmatrix}$

7.5 연습문제

1. $g(x)=\frac{1}{3}$

3. $g(x)=\frac{3}{5}x$

5. $g(x)=\frac{3}{16}+\frac{15}{16}x^2$

7. $\left\{1,\ x-\frac{1}{2}\right\}$

9. $g(x)=x-\frac{1}{6}$

11. $g(x)=(4e-10)+(18-6e)x\approx 0.87+1.69x$

13. $g(x)=\frac{1}{20}-\frac{3}{5}x+\frac{3}{2}x^2$

15. $g(x)=39e-105+(588-216e)x+(210e-570)x^2$

$\approx 1.01+0.85x+0.84x^2$

21. $\frac{\pi}{2}-\frac{4}{\pi}\left(\cos x+\frac{\cos 3x}{9}\right)$

23. $a_0=\frac{1}{2}$, $a_k=0$, $b_k=\frac{1-(-1)^k}{k\pi}$

25. $a_0=\pi$, $a_k=0$, $b_k=\frac{2(-1)^k}{k}$

7장 복습문제

1. (a) T (c) F (e) T (g) T (i) T

3. 내적

5. $\sqrt{3}$

7. $\left\{\begin{bmatrix}1\\1\end{bmatrix}, \begin{bmatrix}-1/2\\1/2\end{bmatrix}\right\}$

9. 크기 아님

11. $\text{cond}_\infty(A) \approx 2432$

13. $y = 1.7x$

15. $\begin{bmatrix}7/3\\2/3\\5/3\end{bmatrix}$

17. (a) $\sqrt{2}$, $\sqrt{2}$

(b) $A = \begin{bmatrix}1/\sqrt{2} & 1/\sqrt{2} & 0\\0 & 0 & 1\\1/\sqrt{2} & -1/\sqrt{2} & 0\end{bmatrix}\begin{bmatrix}\sqrt{2} & 0\\0 & \sqrt{2}\\0 & 0\end{bmatrix}\begin{bmatrix}1 & 0\\0 & 1\end{bmatrix}$

(c) $A^+ = \begin{bmatrix}1/2 & 0 & 1/2\\1/2 & 0 & -1/2\end{bmatrix}$

19. PAQ의 특잇값들은 $(PAQ)^T(PAQ) = Q^TA^TP^TPAQ = Q^T(A^TA)Q$의 고윳값들의 제곱근이다. $Q^T = Q^{-1}$이므로 $Q^T(A^TA)Q$는 A^TA에 닮음이고, 때문에 A^TA와 동일한 고윳값들을 가진다. 따라서 PAQ와 A는 동일한 특잇값들을 가진다.

제8장

8.1 연습문제

1. [1, 0, 1, 1, 1]

3. 오류 없음

5. 오류 없음

7. $d = 2$

9. $d = 0$

13. $d = 0$

17. $d = X$

19. (b) [0, 4, 4, 9, 9, 0, 8, 3, 5, 6]

21. (b) [0, 3, 8, 7, 0, 9, 9, 0, 2, 6]

8.2 연습문제

1. 단일 오류는 코드벡터 $\mathbf{c}_2 = [0, 1, 0, 1]$을 $\mathbf{c}' = [1, 1, 0, 1]$로 바꿀 수 있다. 또한 $\mathbf{c}'$는 단일오류에 의해 코드벡터 $\mathbf{c}_4 = [1, 1, 1, 1]$로부터 얻을 수 있다. 따라서 이들은 오류를 정정할 수 없다.

3. $\begin{bmatrix}1\\1\\0\\0\\0\\1\\1\end{bmatrix}$

5. $\begin{bmatrix}1\\1\\1\\1\\1\\1\\1\end{bmatrix}$

7. $P\mathbf{c}' = \begin{bmatrix}1\\0\\1\end{bmatrix}$은 P의 두 번째 열이므로, 오류는 $\mathbf{c}'$의 두 번째 성분에서 발생한다. 옳은 메시지벡터는 $\mathbf{x} = \begin{bmatrix}1\\0\\0\\0\end{bmatrix}$이다.

9. (a) $P = [1\ 1\ 1\ 1\ 1\ 1\ 1]$

(b) $G = \begin{bmatrix}1&0&0&0&0&0\\0&1&0&0&0&0\\0&0&1&0&0&0\\0&0&0&1&0&0\\0&0&0&0&1&0\\0&0&0&0&0&1\\1&1&1&1&1&1\end{bmatrix}$

(c) P의 열들은 구별되지 않는다.

11. (a) $\begin{bmatrix}0\\0\\0\\0\\0\\0\end{bmatrix}, \begin{bmatrix}0\\0\\1\\0\\0\\1\end{bmatrix}, \begin{bmatrix}0\\1\\0\\0\\1\\1\end{bmatrix}, \begin{bmatrix}0\\1\\1\\0\\1\\0\end{bmatrix}, \begin{bmatrix}1\\0\\0\\1\\1\\1\end{bmatrix}, \begin{bmatrix}1\\0\\1\\1\\1\\0\end{bmatrix}, \begin{bmatrix}1\\1\\0\\1\\0\\0\end{bmatrix}, \begin{bmatrix}1\\1\\1\\1\\0\\1\end{bmatrix}$

(b) $P = \begin{bmatrix}1&0&0&1&0&0\\1&1&0&0&1&0\\1&1&1&0&0&1\end{bmatrix}$; 오류정정 코드가 아니다.

13. $P = \begin{bmatrix}1&1&1&1&1&0&1&0&1&1&1&1&0&0&0\\1&0&1&1&0&1&1&0&1&0&1&0&1&0&0\\0&1&0&1&0&0&0&1&0&1&1&0&0&1&0\\0&0&0&0&1&1&1&1&1&1&1&0&0&0&1\end{bmatrix}$

$G = \begin{bmatrix}1&0&0&0&0&0&0&0&0&0&0\\0&1&0&0&0&0&0&0&0&0&0\\0&0&1&0&0&0&0&0&0&0&0\\0&0&0&1&0&0&0&0&0&0&0\\0&0&0&0&1&0&0&0&0&0&0\\0&0&0&0&0&1&0&0&0&0&0\\0&0&0&0&0&0&1&0&0&0&0\\0&0&0&0&0&0&0&1&0&0&0\\0&0&0&0&0&0&0&0&1&0&0\\0&0&0&0&0&0&0&0&0&1&0\\0&0&0&0&0&0&0&0&0&0&1\\1&1&1&1&1&0&1&0&1&1&1\\1&0&1&1&0&1&1&0&1&0&1\\0&1&0&1&0&0&0&1&0&1&1\\0&0&0&0&1&1&1&1&1&1&1\end{bmatrix}$

8.3 연습문제

1. $G' = \begin{bmatrix}1&0\\0&1\\1&0\end{bmatrix}$, $C' = C$

3. $G' = \begin{bmatrix}1&0&0\\0&1&0\\0&0&1\\0&0&0\end{bmatrix}$, C'는 C와 동형이지만 같지는 않다.

5. $P' = [1\ 0\ 1]$, C'는 C와 동형이지만 같지는 않다.

7. $P' = \begin{bmatrix} 1 & 1 & 1 & 0 & 0 \\ 0 & 0 & 0 & 1 & 0 \\ 0 & 1 & 0 & 0 & 1 \end{bmatrix}$, C'는 C와 동형이지만 같지는 않다.

9. $C^{\perp} = \left\{ \begin{bmatrix} 0 \\ 0 \\ 0 \end{bmatrix}, \begin{bmatrix} 0 \\ 0 \\ 1 \end{bmatrix}, \begin{bmatrix} 1 \\ 0 \\ 0 \end{bmatrix}, \begin{bmatrix} 1 \\ 0 \\ 1 \end{bmatrix} \right\}$

11. $C^{\perp} = \left\{ \begin{bmatrix} 0 \\ 0 \\ 0 \\ 0 \end{bmatrix}, \begin{bmatrix} 0 \\ 0 \\ 1 \\ 0 \end{bmatrix}, \begin{bmatrix} 1 \\ 0 \\ 0 \\ 1 \end{bmatrix}, \begin{bmatrix} 1 \\ 0 \\ 1 \\ 0 \end{bmatrix} \right\}$

13. $G^{\perp} = \begin{bmatrix} 1 & 0 \\ 0 & 1 \\ 1 & 1 \\ 1 & 1 \end{bmatrix}$, $P^{\perp} = \begin{bmatrix} 1 & 1 & 1 & 0 \\ 1 & 1 & 0 & 1 \end{bmatrix}$

15. $G^{\perp} = \begin{bmatrix} 1 & 0 \\ 0 & 1 \\ 1 & 0 \\ 1 & 1 \end{bmatrix}$, $P^{\perp} = \begin{bmatrix} 1 & 0 & 1 & 0 \\ 1 & 1 & 0 & 1 \end{bmatrix}$

17. $G^{\perp} = \begin{bmatrix} 1 & 0 & 0 \\ 0 & 1 & 0 \\ 0 & 0 & 1 \\ 1 & 1 & 0 \\ 1 & 0 & 1 \\ 0 & 1 & 1 \\ 1 & 1 & 1 \end{bmatrix}$, $P^{\perp} = \begin{bmatrix} 1 & 1 & 0 & 1 & 0 & 0 & 0 \\ 1 & 0 & 1 & 0 & 1 & 0 & 0 \\ 0 & 1 & 1 & 0 & 0 & 1 & 0 \\ 1 & 1 & 1 & 0 & 0 & 0 & 1 \end{bmatrix}$

8.4 연습문제

1. 선형코드가 아니다.

3. 선형코드가 아니다.

5. 선형코드

7. 선형코드

9. $\left\{ \begin{bmatrix} 0 \\ 0 \\ 1 \\ 1 \end{bmatrix}, \begin{bmatrix} 1 \\ 1 \\ 1 \\ 1 \end{bmatrix} \right\}, \left\{ \begin{bmatrix} 1 \\ 1 \\ 0 \\ 0 \end{bmatrix}, \begin{bmatrix} 1 \\ 1 \\ 1 \\ 1 \end{bmatrix} \right\}$

13. $R_3 = \left\{ \begin{bmatrix} 0 \\ 0 \\ 0 \\ 0 \\ 0 \\ 0 \\ 0 \\ 0 \end{bmatrix} \begin{bmatrix} 0 \\ 0 \\ 0 \\ 0 \\ 1 \\ 1 \\ 1 \\ 1 \end{bmatrix} \begin{bmatrix} 0 \\ 0 \\ 1 \\ 1 \\ 0 \\ 0 \\ 1 \\ 1 \end{bmatrix} \begin{bmatrix} 0 \\ 0 \\ 1 \\ 1 \\ 1 \\ 1 \\ 0 \\ 0 \end{bmatrix} \begin{bmatrix} 0 \\ 1 \\ 0 \\ 1 \\ 0 \\ 1 \\ 0 \\ 1 \end{bmatrix} \begin{bmatrix} 0 \\ 1 \\ 0 \\ 1 \\ 1 \\ 0 \\ 1 \\ 0 \end{bmatrix} \begin{bmatrix} 0 \\ 1 \\ 1 \\ 0 \\ 0 \\ 1 \\ 1 \\ 0 \end{bmatrix} \begin{bmatrix} 0 \\ 1 \\ 1 \\ 0 \\ 1 \\ 0 \\ 0 \\ 1 \end{bmatrix} \begin{bmatrix} 1 \\ 0 \\ 1 \\ 0 \\ 1 \\ 0 \\ 1 \\ 0 \end{bmatrix} \begin{bmatrix} 1 \\ 0 \\ 1 \\ 0 \\ 0 \\ 1 \\ 0 \\ 1 \end{bmatrix} \begin{bmatrix} 1 \\ 0 \\ 0 \\ 1 \\ 1 \\ 0 \\ 0 \\ 1 \end{bmatrix} \begin{bmatrix} 1 \\ 0 \\ 0 \\ 1 \\ 0 \\ 1 \\ 1 \\ 0 \end{bmatrix} \begin{bmatrix} 1 \\ 1 \\ 0 \\ 0 \\ 1 \\ 1 \\ 0 \\ 0 \end{bmatrix} \begin{bmatrix} 1 \\ 1 \\ 0 \\ 0 \\ 0 \\ 0 \\ 1 \\ 1 \end{bmatrix} \begin{bmatrix} 1 \\ 1 \\ 1 \\ 1 \\ 0 \\ 0 \\ 0 \\ 0 \end{bmatrix} \begin{bmatrix} 1 \\ 1 \\ 1 \\ 1 \\ 1 \\ 1 \\ 1 \\ 1 \end{bmatrix} \right\}$

15. $\begin{bmatrix} 1 & 1 & 1 & 1 \end{bmatrix}$

찾아보기

ㄱ

ㄴ

ㄷ

ㅇ

ㅈ

기타

■ 수학교재편찬위원회

고관표 김경수 김도상 김병학 김인현 김정산 김진용 김태화
김혜현 박상원 박진한 서종진 송현종 신준용 심효섭 우현균
이규명 이선미 이완석 정진문 조경미 조낙은 조성진 최 원
최형준 표용수 하준홍 한성휴 한응섭 한창용 함남우 홍범일

선형대수학

Linear Algebra: A Modern Introduction, 4th Edition

지은이 David Poole
옮긴이 수학교재편찬위원회
펴낸이 조경희
펴낸곳 경문사
펴낸날 2016년 3월 2일 4판 1쇄
2025년 3월 3일 4판 9쇄
등 록 1979년 11월 9일 제 313-1979-23호
주 소 04057, 서울특별시 마포구 와우산로 174
전 화 (02)332-2004 팩스 (02)336-5193
이메일 kyungmoon@kyungmoon.com

값 40,000원

ISBN 978-89-6105-979-4